세페이드

CEPHEID

통합과학

CEPHEID

단원별 내용 구성

이론 정리 – 개념 체크 – +탐구 / +강의 – 꼭짚기 – 스스로 실력 높이기 – 단원 마무리 – 핵심 요약 & 내신 기출 모의고사(2회)로 이어지는 **단계별 학습**으로 가장 효과적인 **자기 주도 학습**이 가능합니다.

이론 정리, 개념 체크

▷ 교과서의 개념을 소주제별로 정리하여 이해하기 쉽게 하였습니다.
▷ 본문의 보충과 심화 내용을 보조단에서 와 주석으로 자세히 설명하였습니다.
▷ **개념 체크** 문제를 통해 기본 개념을 제대로 이해하였는지 확인할 수 있습니다.

+강의

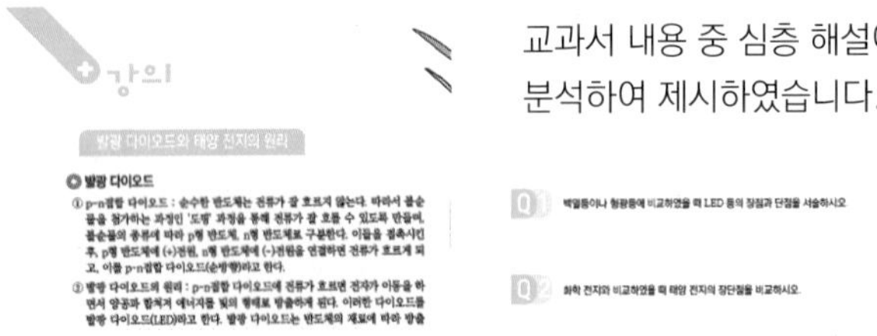

교과서 내용 중 심층 해설이 필요한 내용을 분석하여 제시하였습니다.

+탐구

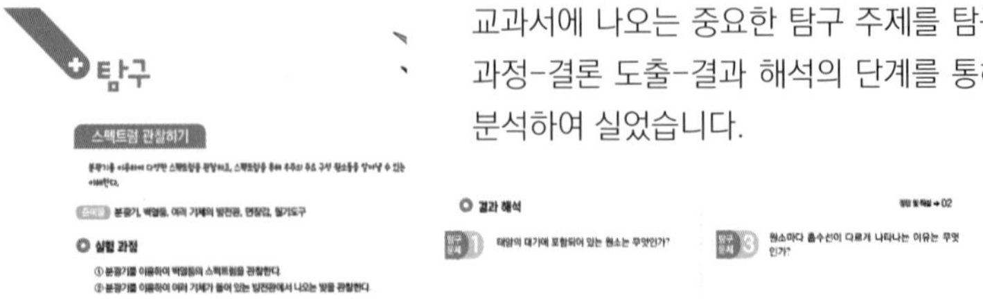

교과서에 나오는 중요한 탐구 주제를 탐구 과정-결론 도출-결과 해석의 단계를 통해 분석하여 실었습니다.

꼭짚기

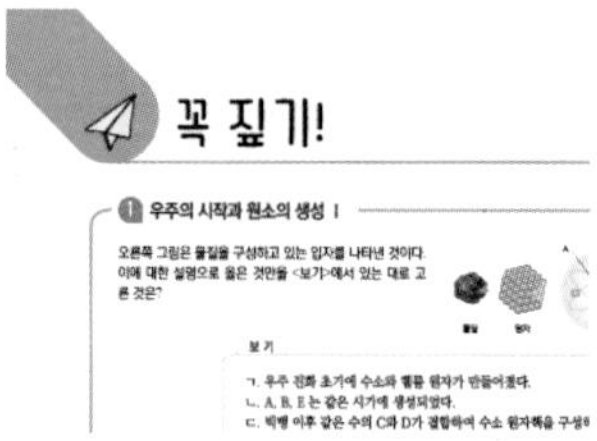

소단원 문제 중 시험 출제율이 높은 알짜 문제들로 대표 유형 형식으로 꾸몄습니다.

스스로 실력 높이기

폭넓고 다양한 객관식·서술형 문제들을 단계별로 구성하였습니다. 자기주도적 학습으로 문제풀이 능력을 끌어올릴 수 있을 것입니다.

단원 마무리

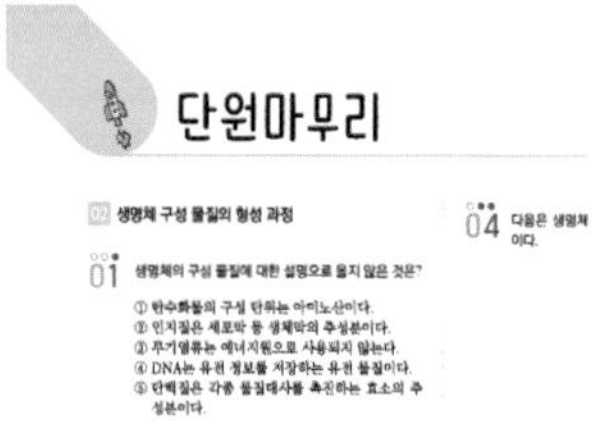

중단원 내용의 마무리 문제들로 구성되었으며, 중단원 내용을 다시 한 번 복습하고 틀리기 쉬운 문제를 제고하여 문제풀이 능력을 정교하게 다듬도록 하였습니다.

핵심 요약 & 내신 기출 모의 고사

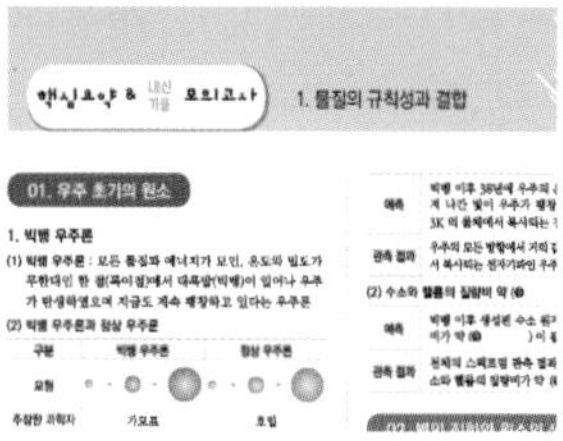

핵심 요약을 통해 소단원별 핵심 내용을 정리하고, 내신 기출 모의고사 (2회)에서 실력을 확인하고, 실전에 대비할 수 있도록 구성하였습니다.

창/의/력/과/학

세페이드 통합과학과 내 교과서 비교하기

대단원	중단원	소단원	세페이드	동아	미래엔	비상	금성	천재 교과서
Ⅰ 물질과 규칙성	1 물질의 규칙성과 결합	01 우주 초기의 원소	10 ~ 21	14 ~ 21	17 ~ 25	14 ~ 21	14 ~ 21	16 ~ 21
		02 별의 진화와 원소의 생성	22 ~ 33	22 ~ 25	26 ~ 33	22 ~ 25	22 ~ 27	22 ~ 28
		03 원소의 주기성	34 ~ 45	28 ~ 35	34 ~ 45	26 ~ 35	28 ~ 37	30 ~ 39
		04 화학 결합과 물질의 생성	46 ~ 71	36 ~ 50	46 ~ 55	36 ~ 47	38 ~ 53	40 ~ 49
	2 자연의 구성 물질	01 지각과 생명체를 구성하는 물질	72 ~ 79	60 ~ 66	61 ~ 65	58 ~ 63	60 ~ 67	62 ~ 68
		02 생명체 구성 물질의 형성	80 ~ 87	68 ~ 71	66 ~ 72	64 ~ 69	68 ~ 73	69 ~ 72
		03 신소재의 개발과 이용	88 ~ 111	74 ~ 81	73 ~ 79	70 ~ 71	74 ~ 81	74 ~ 79
Ⅱ 시스템과 상호 작용	1 역학적 시스템	01 중력과 역학적 시스템	112 ~ 123	88 ~ 97	91 ~ 97	88 ~ 95	88 ~ 97	92 ~ 99
		02 운동량과 충격량, 안전	124 ~ 145	98 ~ 107	98 ~ 105	96 ~ 103	98 ~ 107	100~105
	2 지구 시스템	01 지구 시스템의 구성	146 ~ 155	114~121	111~117	114~121	114~119	116~121
		02 지구 시스템의 에너지와 물질 순환	156 ~ 163	122~127	118~124	122~127	120~127	122~126
		03 지구 시스템의 지권 변화	164 ~ 187	128~139	125~131	128~135	128~139	128~136
	3 생명 시스템	01 생명 시스템의 기본 단위	188 ~ 197	148~152	137~143	146~151	148~153	146~154
		02 물질 대사와 효소	198 ~ 207	154~157	144~150	152~161	154~159	155~160
		03 세포 내 정보의 흐름	208 ~ 233	160~167	151~157	162~165	160~169	162~168
Ⅲ 변화와 다양성	1 화학 변화	01 다양한 산화 환원 반응	234 ~ 245	176~183	169~173	176~180	176~191	182~187
		02 우리 주변의 산과 염기	246 ~ 255	184~191	174~179	181~185	192~205	188~193
		03 환경을 살리는 중화 반응	256 ~ 279	192~215	180~193	186~199	206~215	194~209
	2 생물 다양성과 유지	01 지질 시대와 생물 다양성	280 ~ 291	222~231	199~208	210~215	222~231	220~226
		02 진화와 자연 선택	292 ~ 303	232~240	209~217	216~225	232~241	228~233
		03 생물 다양성과 보전	304 ~ 329	242~245	218~225	226~233	242~247	234~238
Ⅳ 환경과 에너지	1 생태계와 환경	01 생태계 구성 요소와 환경	330 ~ 343	254~259	237~244	244~249	254~259	252~257
		02 생태계 평형	344 ~ 353	260~265	245~250	250~257	260~267	258~264
		03 지구 환경 변화와 인간 생활	354 ~ 365	268~279	251~261	258~267	268~279	266~275
		04 에너지의 전환과 효율적 이용	366 ~ 395	280~288	262~269	268~275	280~291	276~281
	2 발전과 신재생 에너지	01 발전과 전력 수송	396 ~ 409	298~309	275~286	286~297	292~309	292~303
		02 태양 에너지와 대체 에너지	410 ~ 419	310~313	287~292	298~301	310~313	304~305
		03 미래를 위한 에너지 기술	420 ~ 444	314~323	293~307	302~319	314~323	306~319

통합과학 살짝 엿보기

통합과학은 세상에 대한 네 가지 과학적 주제를 제시하고 이에 대한 창의적 해결을 추구해 가는 여정입니다.

Ⅰ 물질과 규칙성

세상을 이루는 물질은 어디에서 왔고 물질은 어떻게 구성되는가?

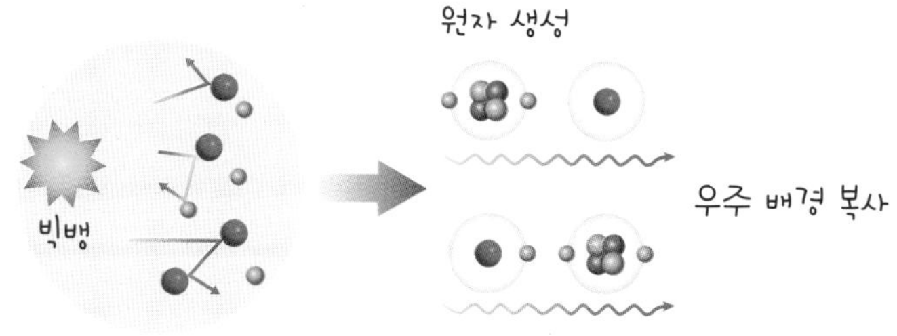

- 우주는 한 점에서 출발하여 물질들이 만들어졌고, 이 과정에서 생명체도 탄생했으며, 인류는 다양한 물질을 만들어 활용하고 있다.

Ⅱ 시스템과 상호 작용

우리가 살고있는 세상은 어떻게 이루어져 있는가?

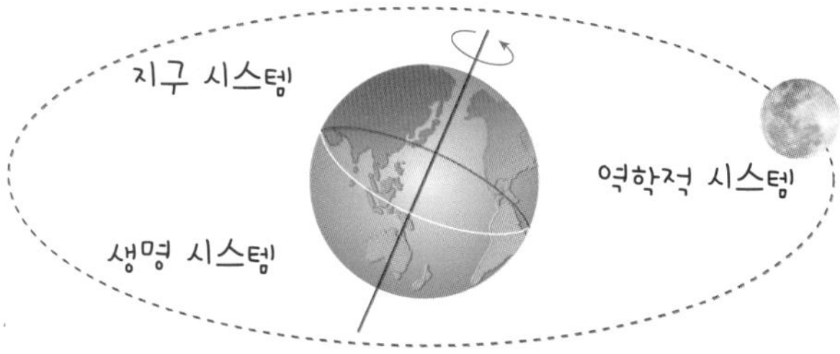

- 우리가 사는 세상은 여러 구성 요소들이 끊임없이 상호 작용하며 평형을 유지한다.

Ⅲ 변화와 다양성

우리가 살고있는 세상은 어떤 변화를 겪고 있으며 생물들은 외부 환경에 어떻게 대응해 왔는가?

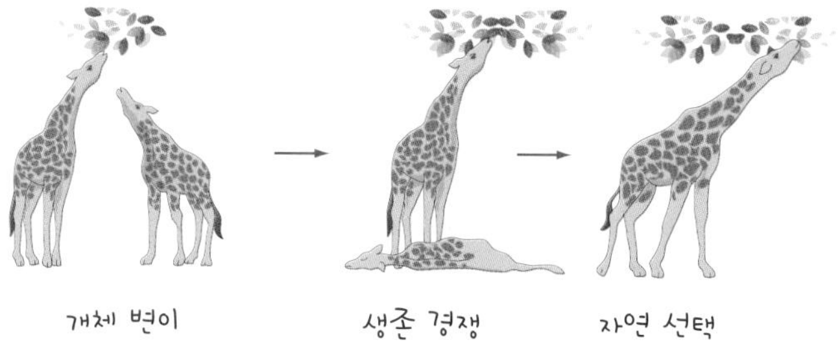

- 우리 주변에는 다양한 화학 반응과 변화가 일어나고 있으며 생물들은 이러한 환경 변화에 적응하며 진화해 왔다.

Ⅳ 환경과 에너지

우리는 환경 변화에 어떻게 대응하며 살아가야 하는가?

- 우리는 생태계를 위협하는 환경 문제와 청정 에너지를 개발하는 문제를 창의적으로 해결하기 위해 지속적인 노력을 해야 한다.

CONTENTS

III 변화와 다양성

지구상의 생물들은 어떻게 살아남았을까?

IV 환경과 에너지

우리가 지구의 환경 변화에 적응하며 살아갈 수 있는 방법은 무엇일까?

물질과 규칙성

세상을 이루는 물질은 어디에서 왔을까?

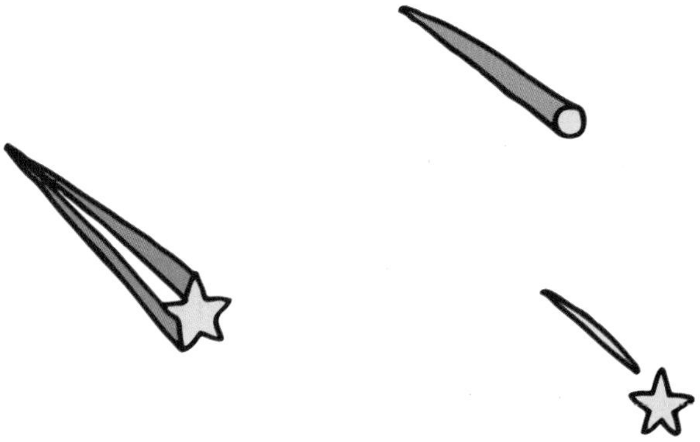

배울 내용 미리보기

1 물질의 규칙성과 결합

2 자연의 구성 물질

01 우주 초기의 원소

핵심 Point

- □ 빅뱅 우주론
- □ 우주 배경 복사
- □ 우주 초기 원소 생성
- □ 스펙트럼

우주의 구성 원소들은 어떻게 생겨났을까?

A 우주론

1. 우주론의 발전 : 다양한 우주론❶ 이 등장하였으며, 이후 정상 우주론과 빅뱅 우주론이 대립하다가 빅뱅 우주론의 증거가 발견되면서 빅뱅 우주론이 확립되었다.

정적 우주론 (~1920년대)	정상 우주론 & 빅뱅(대폭발)우주론 (1920년대 ~ 현재)	
우주는 크기가 변하지 않고 항상 같은 모습으로 존재한다. (아인쉬타인, 프리드만)	정상 우주론 : 우주는 성장하고 팽창하지만 전체적으로 같은 모습으로 존재한다. 팽창 시 물질이 생성된다. (호일)	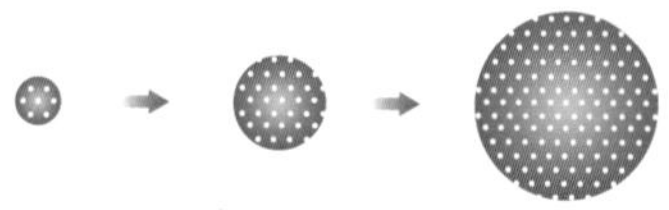 ▲ 정상 우주론 : 우주는 팽창하지만 밀도, 온도는 일정하다. → 크기와 질량 증가
	빅뱅 우주론 : 우주는 초밀도, 초고온의 한 점에서 대폭발(빅뱅)이 일어나 탄생하였고, 지금까지 팽창하고 있다. (가모프)	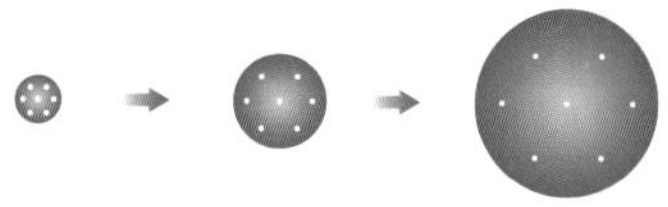 ▲ 빅뱅 우주론 : 우주가 팽창해감에 따라 밀도, 온도가 각각 감소한다. → 우주의 크기 증가, 질량은 일정

2. 빅뱅(대폭발) 우주론

① **빅뱅 우주론** : 아주 오래전 모든 물질과 에너지가 모인 초고온, 초밀의 한 점(특이점)에서 대폭발이 일어나 우주가 탄생하였고, 지금도 계속 팽창하고 있다. 빅뱅 직후 기본 입자들이 만들어졌고, 이 기본 입자들이 모든 물질의 근원이 되어 물질이 생성되었으며, 팽창 시에는 우주의 초기 질량이 일정하게 유지된다.

② **빅뱅 우주론의 증거** : 우주 배경 복사, 우주에 존재하는 수소와 헬륨의 질량비 3 : 1

- 우주 배경 복사 : 우주 전역으로부터 오는 마이크로파 복사.
- 수소와 헬륨의 질량비 : 현재 우주 전역에 존재하는 수소 원자(H)와 헬륨 원자(He)의 질량비는 3 : 1이며 이것은 우주 초기와 같다.

B 우주 초기 물질의 탄생과 원소의 생성

1. 물질의 구성 : 모든 물질은 원자로 이루어져 있으며, 원자는 원자핵과 전자로 이루어지며, 원자핵은 양성자와 중성자로, 양성자와 중성자는 쿼크로 구성되어 있다.

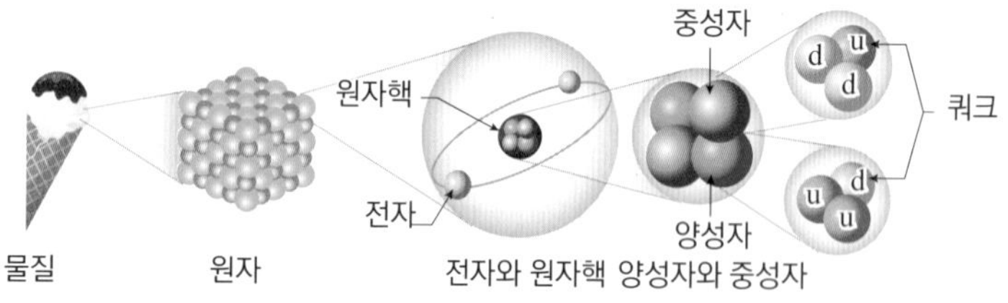

① **원자** : 원자핵과 그 주위를 도는 전자(전하량 : -1)로 이루어지며 전기적으로 중성이다.

② **원자핵** : 양성자와 중성자로 이루어진 입자로 양(+)전하를 띤다.

③ **양성자** : 위 쿼크(u : 전하량 +2/3) 2개와 아래 쿼크(d : 전하량 -1/3) 1개로 이루어진 입자로, 총 +1 의 전기를 띠며, 원자의 종류에 따라 양성자수(원자 번호)가 다르다.

④ **중성자** : 위 쿼크(u) 1개와 아래 쿼크(d) 2개로 이루어진 입자로, 전기적으로 중성이며, 같은 원자(양성자수가 같은 원자)라도 중성자수가 다르면 질량이 다른 동위 원소★ 가 된다. 원자핵 내에서 중성자는 양성자들이 단단하게 뭉칠 수 있도록 도와준다.

⑤ **기본 입자❷** : 더 이상 분해할 수 없는 물질의 기본 단위로 6종류의 쿼크와 6종류의 경입자(렙톤)로 구성된다.

개념 +

❶ 우주론의 확립 과정

① 아인슈타인의 '상대론적 정적 우주론'과 프리드만의 '팽창 우주론'의 대립 : 1920년대까지 우주는 정적인 상태를 유지한다는 아인슈타인의 이론과 중력에 의해 우주가 진화하고 팽창한다는 프리드만의 이론이 대립하였다.

② 허블(Hubble)은 은하 관측을 통해 우주가 팽창한다는 사실을 밝혀냈다(1929년).

③ 이후 호일의 '정상 우주론'과 가모프의 '빅뱅 우주론'이 대립하다가 빅뱅 우주론의 증거가 발견되면서 빅뱅 우주론이 우세해졌다.

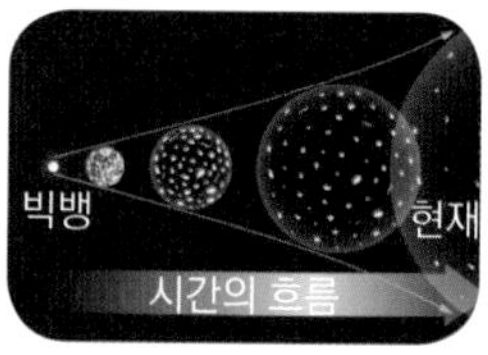

▲ 빅뱅 우주론 모형

❷ 기본 입자의 종류

더 이상 분해할 수 없는 가장 작은 입자로 6종의 쿼크와 6종의 경입자가 있으며 물질을 이루는 기본 입자이다.

기본 입자	종류
쿼크 (6종)	위(up) : u 아래(down) : d 맵시(charm) 야릇한(strange) 꼭대기(top) 바닥(bottom)
경입자 (렙톤) (6종)	전자, 전자 중성미자, 뮤온, 뮤온 중성 미자, 타우, 타우 중성 미자

미니사전

★ **동위 원소**

[同 같다 位 위치 - 원소] 중성자의 수는 다르지만 양성자의 수는 같아서 질량은 다르나 원자 번호가 같고 화학적 성질도 같은 원소

2. 빅뱅 이후 물질이 만들어 지는 과정

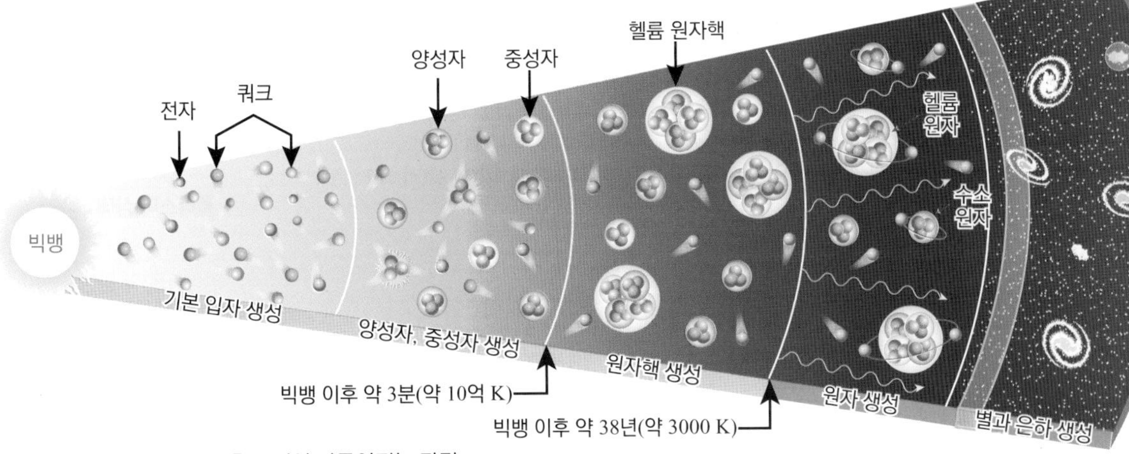

▲ 빅뱅 이후 물질이 만들어지는 과정

① **기본 입자 생성** : 빅뱅 직후 지극히 짧은 시간 동안 급격한 우주의 팽창으로 온도가 낮아지면서 쿼크, 전자 등의 기본 입자가 생성되었다.

② **양성자와 중성자 생성**③ : 우주의 계속된 팽창으로 온도가 더 낮아지면서 쿼크 3개가 결합하여 양성자와 중성자가 각각 생성되었다.

③ **원자핵 생성 : 빅뱅 후 약 3분**이 되었을 때(우주의 온도 10억 K④) 수소 원자핵과 헬륨 원자핵이 생성되었다. 헬륨 원자핵이 생성된 후 우주에 분포하는 수소 원자핵과 헬륨 원자핵의 질량비는 약 3 : 1 로 유지되었다.

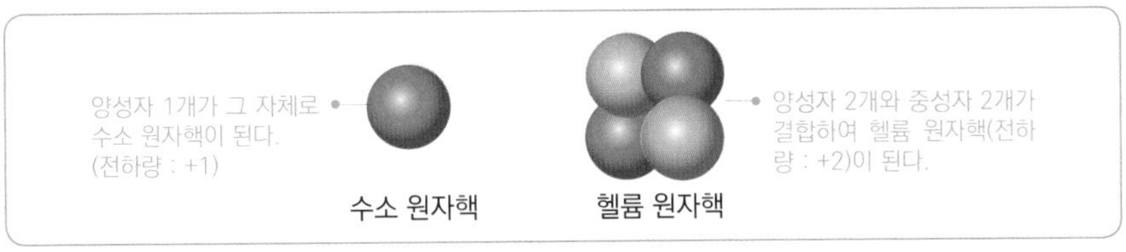

더 알아보기 헬륨 원자핵의 생성

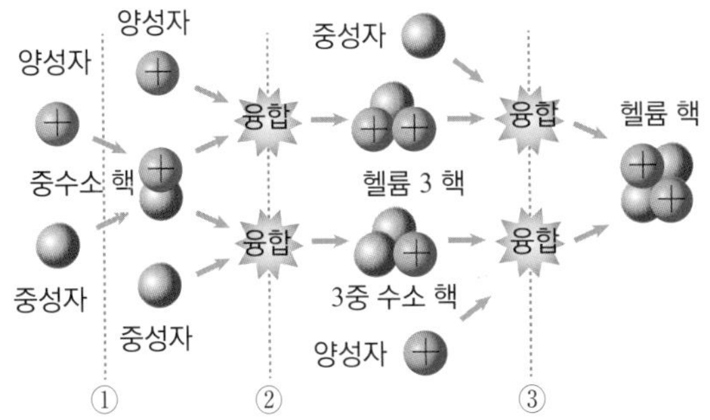

수소 원자핵과 헬륨 원자핵의 합성 과정

① 양성자(수소 (원자)핵) + 중성자
→ 중수소 (원자)핵

② 중수소 핵 + 양성자 → 헬륨 3 핵
중수소 핵 + 중성자 → 3중 수소 핵

③ 헬륨 3 핵 + 중성자 → 헬륨 핵
3중 수소 핵 + 양성자 → 헬륨 핵

→ 헬륨 3 원자핵은 양성자 2개+중성자 1개로 헬륨의 동위 원소이다.

중수소 원자핵 증가 → 양성자 2개와 중성자 2개가 결합한 헬륨 원자핵 생성

④ **원자 생성 : 빅뱅 후 약 38만 년**이 되었을 때 우주의 온도는 3,000 K 정도로 낮아지면서 원자핵과 전자의 운동 에너지가 감소하여 결합할 수 있게 되어 수소 원자와 헬륨 원자가 생성되었다. 그 결과 빛이 산란되지 않고 빠져 나갈 수 있게 되어 투명한 우주가 되었다.

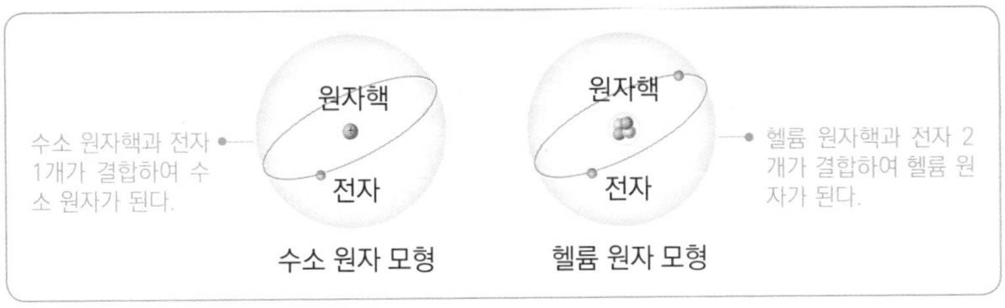

⑤ **별과 은하 생성 : 빅뱅이 일어난 지 약 4억 ~ 7억 년 후**에 수소 원자와 헬륨 원자가 중력에 의해 모여 들어 별과 은하를 형성하였다.

개념 +

③ 양성자와 중성자 개수비 변화

- 생성 초기의 양성자와 중성자의 개수비 : 우주 온도가 매우 높아 양성자와 중성자는 서로 변환되었으며 양성자와 중성자수가 거의 같게 유지되어 양성자와 중성자의 개수비는 1 : 1 이었다.
- 헬륨 원자핵이 생성될 당시의 개수비 : 우주의 팽창으로 온도가 낮아지면서 질량이 큰 중성자는 불안정하여 에너지를 방출하고 양성자로 붕괴되었지만 양성자가 중성자로 변하는 과정은 일어나기 어려워졌다. 그 결과 양성자와 중성자의 개수비가 약 7 : 1 로 변하였다.

● 수소의 동위 원소

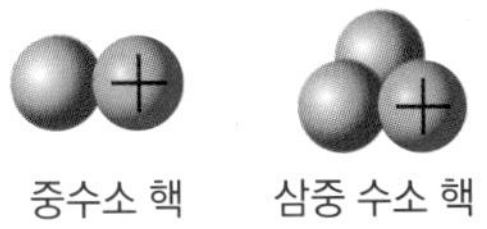

핵 / 종류	수소	중수소	3중수소
양성자	1	1	1
중성자	0	1	2
질량수	1	2	3
전자수	1	1	1

④ K (켈빈)

절대 온도의 단위이다. 절대 온도 0 K 는 -273 ℃ 로 정한 이론적인 온도이다. 절대 온도 T 와 섭씨 온도 t 의 관계는 다음과 같다.

$$T\,(K) = t\,(℃) + 273$$

C 우주 배경 복사

1. 원자 생성 이전의 불투명한 우주 : 원자가 생성되기 전의 우주는 고온의 플라스마 상태⑤로 빛이 입자와 충돌하는 과정이 끊임없이 반복되었다. 따라서 빛이 통과하지 못하고 산란되어 주위 공간으로 흩어져 우주가 불투명하였다(뿌연 우주).

2. 원자 생성 이후의 투명한 우주 : 전자와 원자핵이 결합하여 원자가 생성됨으로써 운동하는 입자가 감소하여 빛이 산란하지 않고 통과하면서, 불투명했던 우주가 투명해지고 어두워졌다.

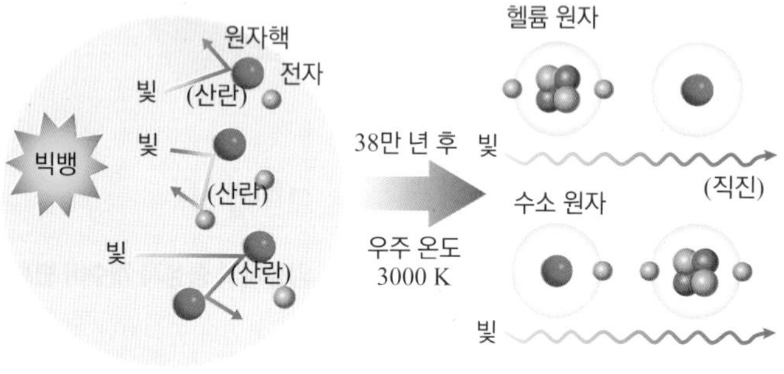

▲ 불투명한(뿌연) 우주 ▲ 투명한 우주

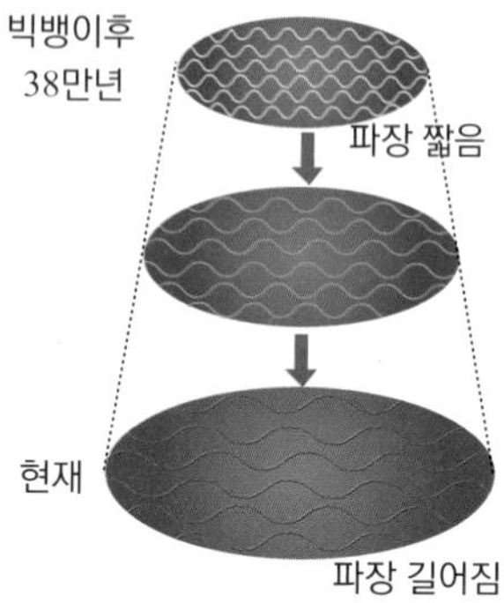

▲ 우주 배경 복사 파장의 변화

3. 우주 배경 복사⑥ : 현재 우주 전역으로부터 지구에 도달하는 복사파를 말한다. 이것은 빅뱅 이후 약 38만 년 후 원자가 생성되면서 우주 공간으로 퍼져 나간 빛이다.

① **예측** : 가모프는 우주의 온도가 약 3000 K 일 때 퍼져 나간 빛이 우주가 계속 팽창하면서 온도가 낮아져, 현재 약 3 K 물체에서 나오는 마이크로파 형태로 관측될 것이라고 하였다.

② **관측** : 1965년 펜지어스와 윌슨이 우주의 모든 방향에서 오는 동일한 세기의 전파 신호를 관측하였다. 이것이 우주 배경 복사의 발견이라고 할 수 있으며, 이는 온도 약 3 K 인 물체(흑체)에서 방출되는 복사선인 마이크로파의 파장과 일치하였다.

③ **의미** : 빅뱅 우주론에서 예측된 우주 배경 복사가 실제로 관측됨으로써 빅뱅 우주론의 증거가 되었다.

• 빛을 반사하지 않고 모두 흡수하는 이상적인 물체로 온도에 따른 복사파가 정확히 방출된다.

개념+

⑤ 플라스마 상태

수백만 ~ 수천만 K의 초고온에서 전자(음이온)와 양성자(양이온), 중성자, 헬륨 원자핵(양이온) 등이 서로 결합하지 못하고 섞여서 고속 운동하고 있는 상태를 말하며, 고체, 액체, 기체 상태와 더불어 제4 상태라고도 한다. 이곳을 통과하는 빛은 각 입자에 부딪혀 산란되므로 주위가 뿌옇게 된다.

⑥ 우주 배경 복사의 관측

더블유맵(WMAP) 위성에 의해 우주 전역에서 오는 마이크로파 형태의 복사파가 관측되었다.

▲ WMAP 위성 관측 우주 배경 복사(2003)

ⓐ 붉은 곳은 온도가 높은 지역, 푸른 곳은 온도가 낮은 지역으로 온도 분포의 미세한 차이가 나타난다.

ⓑ 미세한 밀도 차이가 관측되는데, 이것 때문에 중력 차이가 발생하여 물질이 결합할 수 있었다.

개념 체크

정답 및 해설 ➜ 02

Point

01 모든 물질과 에너지가 모인 한 점에서 대폭발이 일어나 우주가 시작되었으며 지금도 계속 팽창하고 있다는 우주론은 무엇인가?

( )

02 <보기>의 물질들을 빅뱅 이후 우주에서 물질이 만들어진 순서대로 기호로 나열하시오.

보기

ㄱ. 쿼크 ㄴ. 헬륨 원자핵 ㄷ. 양성자 ㄹ. 수소 원자

( )

03 빅뱅 후 약 3분이 되었을 때 헬륨 원자핵이 생성되었다. 이후 우주 전체에 존재하는 수소 원자핵과 헬륨 원자핵의 질량비는?

( )

04 우주의 모든 방향에서 같은 세기로 관측되는 복사파로 빅뱅 우주론의 증거가 되는 것은 무엇인가?

( )

D 스펙트럼과 우주의 원소 분포

1. 스펙트럼 : 빛이 프리즘이나 분광기를 통과할 때 파장에 따라 분산되어 나타나는 색의 띠를 말한다.

스펙트럼			예
연속 스펙트럼		모든 파장 영역에 걸쳐 연속적으로 나타나는 스펙트럼	고온의 별에서 방출된 빛은 색의 띠가 연속으로 나타난다.
선 스펙트럼	흡수 스펙트럼	연속 스펙트럼에서 검은색 흡수선이 나타나는 선 스펙트럼	별빛이 저온의 기체(별의 대기, 성운)를 통과할 때 저온의 기체가 특정 파장의 빛을 흡수하여 검은 선이 생긴다.
	방출 스펙트럼	특정 파장의 영역에서 몇 가지 색의 띠만 나타나는 선 스펙트럼	고온의 별 주위에서 에너지를 얻어 가열된 고온의 기체 덩어리(성운)의 원자가 특정 파장의 빛을 방출하여 밝은 선이 생긴다.

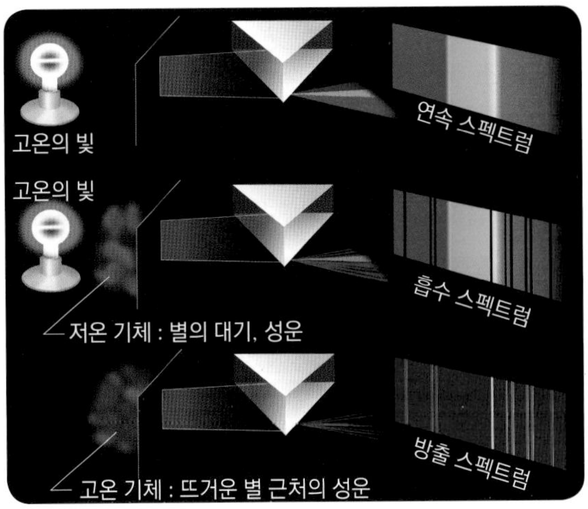

더 알아보기 선스펙트럼의 생성

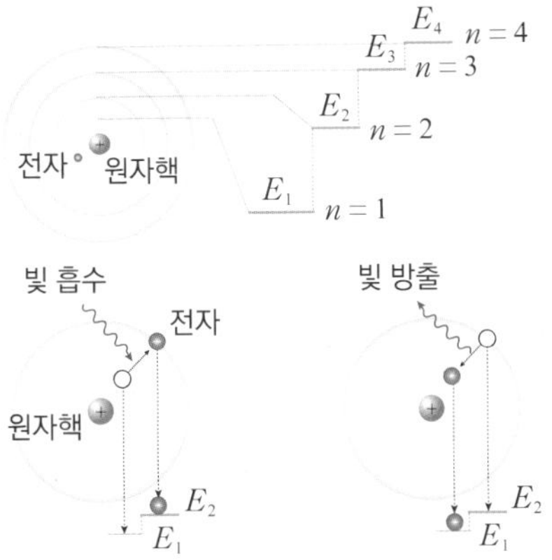

원자핵 주위를 돌고 있는 전자들은 특정한 에너지 준위의 궤도에만 존재할 수 있으며 선 스펙트럼은 전자의 에너지 준위(E) 변화에 따라 나타난다($E_1<E_2<E_3<E_4$).

- **흡수 스펙트럼** : 전자가 낮은 에너지 준위에서 높은 에너지 준위로 이동할 때 빛을 흡수하여 생성
- **방출 스펙트럼** : 전자가 높은 에너지 준위에서 낮은 에너지 준위로 이동할 때 빛을 방출하여 생성

2. 별빛의 스펙트럼 분석 : 스펙트럼에 나타나는 흡수선 또는 방출선의 두께와 위치는 원소마다 다르므로 별의 스펙트럼 분석을 통해 별의 구성 성분, 표면 온도, 밀도 등을 알 수 있다.

① **원소의 종류** : 별빛의 스펙트럼과 원소의 스펙트럼을 비교하면 별을 구성하고 있는 원소의 종류를 알 수 있다. ❼

② **원소의 질량비** : 원소의 밀도에 비례하여 선스펙트럼의 선폭(두께)이 두꺼워지므로 선폭을 비교하여 빛을 방출하거나 흡수하는 원소의 질량비를 알 수 있다.

개념 +

❼ 원소의 선스펙트럼

- 흡수 스펙트럼 : 검은 선(흡수선)의 위치는 저온의 기체를 이루는 원소의 스펙트럼 위치와 같다.
- 방출 스펙트럼 : 밝은 선(방출선)의 위치는 고온의 기체를 이루는 원소의 스펙트럼 위치와 같다.

수소의 흡수 스펙트럼

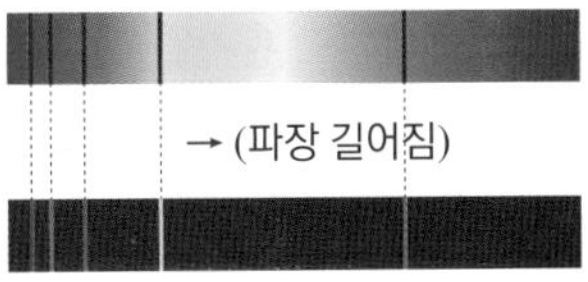

수소의 방출 스펙트럼

→ 한 원소의 흡수선과 방출선은 동일한 위치에서 나타난다.

개념 체크

정답 및 해설 ➜ 02

Point

05 다음 설명에 해당하는 스펙트럼의 종류를 각각 쓰시오.

(1) 별빛이 저온의 기체를 통과할 때 나타나는 스펙트럼 (   )

(2) 고온의 기체에서 나오는 빛을 분산시켰을 때 나타나는 스펙트럼 (   )

(3) 백열 전구 빛을 분광기로 분산시켰을 때 무지개색의 띠가 연속적으로 나타나는 스펙트럼 (   )

06 별빛의 스펙트럼을 분석할 때, 흡수선을 원소의 스펙트럼과 비교하면 원소의 (㉠ 종류 ㉡ 질량비) 를 알 수 있고, 흡수선의 선폭(두께)을 비교하면 원소의 (㉠ 종류 ㉡ 질량비) 를 알 수 있다.

3. 우주의 원소 분포 : 우주를 구성하고 있는 여러 천체의 스펙트럼 분석을 통해 우주의 원소 분포를 알아낸다.

→ 별빛의 스펙트럼 분석 결과, 우주 전역에 수소와 헬륨이 존재하며, 수소가 약 74%, 헬륨이 약 24%를 차지한다는 것을 알게 되었다. 이는 빅뱅 우주론에서 예측한 값과 일치함으로써 빅뱅 우주론의 유력한 증거가 되었다.

잠깐 자료 분석 빅뱅 우주론에서 예측한 수소와 헬륨의 질량비

수소 원자핵(양성자) 중성자

헬륨 생성 전

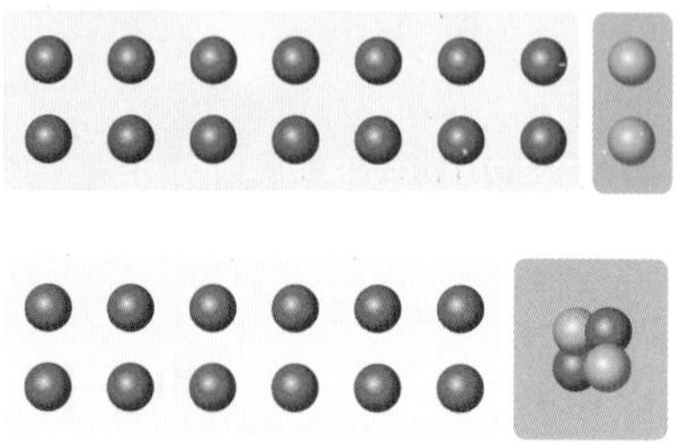

헬륨 생성 후

수소 원자핵 12개 헬륨 원자핵 1개

질량 : 12 질량 : 4

헬륨 원자핵 생성 직전
양성자와 중성자의 개수비 = 7 : 1

헬륨 원자핵 생성 후
→ 수소 원자핵과 헬륨 원자핵의 개수비 = 12 : 1
→ 수소 원자핵과 헬륨 원자핵의 질량비 = 12 : 4 = 3 : 1 ❽
(헬륨 원자핵 질량은 수소 원자핵 질량의 약 4배이므로)

개념+

❽ 수소와 헬륨 원자의 질량비

전자의 질량은 매우 작기 때문에 원자의 질량은 원자핵의 질량과 거의 같다. 따라서 우주 전역에 분포한 수소 원자와 헬륨 원자의 질량비도 3 : 1 이다.

빅뱅 우주론의 예측과 관측 결과

예측		관측 결과
• 우주의 온도가 약 3,000 K일 때 퍼져 나간 빛이 우주가 팽창하면서 파장이 길어져 현재 약 3 K에 해당하는 복사 에너지로 관측될 것이다.	→	우주 전역으로부터 지구로 들어오는 약 3 K 물체의 복사파에 해당하는 마이크로파 우주 배경 복사가 모든 방향에서 같은 세기로 관측되었다.
• 빅뱅 후 생성된 수소 원자핵과 헬륨 원자핵의 질량비가 약 3 : 1이 될 것으로 예측하였다.	→	천체의 스펙트럼 관측 결과 우주 전역에 분포하는 수소와 헬륨의 질량비가 약 3 : 1임을 알아냈다.

→

빅뱅 우주론의 증거

① 우주 배경 복사
② 수소와 헬륨의 질량비 약 3 : 1

개념 체크

정답 및 해설 → 02

Point

07 별빛의 스펙트럼으로 분석한 결과 우주를 구성하는 원소 중 가장 높은 비율을 차지하는 두 원소는 무엇인가?

( )

08 빅뱅 우주론에서 예측한 수소와 헬륨의 질량비와 관련된 내용이다. 빈칸에 알맞은 말을 각각 쓰시오.

헬륨 원자핵이 생성되기 직전	양성자와 중성자의 개수비 = ㉠ (:)
헬륨 원자핵이 생성된 후	수소 원자핵과 헬륨 원자핵의 질량비 = ㉡ (:)

09 우주 배경 복사와 수소와 헬륨의 질량비가 약 3 : 1 인 것이 증거가 되는 우주론은 무엇인가?

( )

탐구

스펙트럼 관찰하기

목표 : 분광기를 이용하여 다양한 스펙트럼을 관찰하고, 스펙트럼을 통해 우주의 주요 구성 원소들을 알아낼 수 있는 원리를 이해한다.

준비물 분광기, 백열등, 여러 기체의 방전관, 면장갑, 필기도구

!주의

방전관은 매우 뜨겁고, 고전압이 발생하므로 맨손으로 다뤄서는 안되며, 깨지지 않도록 주의한다.

실험 과정

① 분광기를 이용하여 백열등의 스펙트럼을 관찰한다.

② 분광기를 이용하여 여러 기체가 들어 있는 방전관에서 나오는 빛을 관찰한다.

탐구 결과

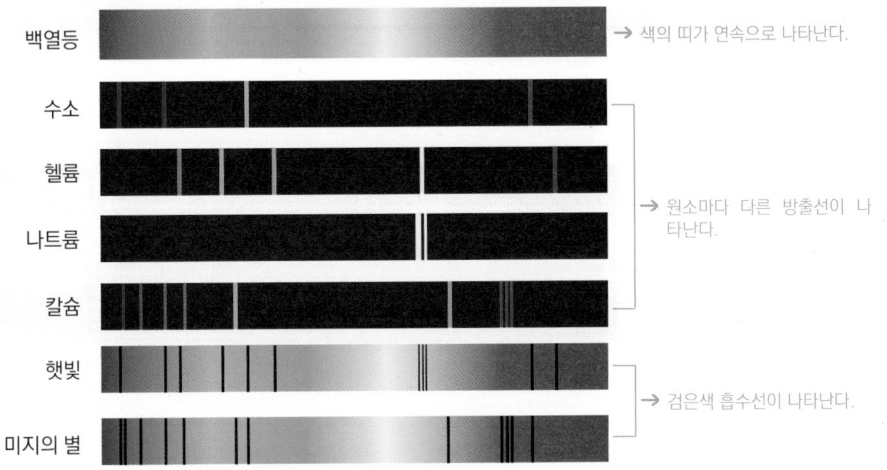

● 프라운호퍼 선

1814년 프라운호퍼는 분광기를 이용하여 태양의 연속 스펙트럼을 분석하여 여러 개의 검은 선을 발견하였다. 이 흡수선을 프라운호퍼 선이라고 한다.

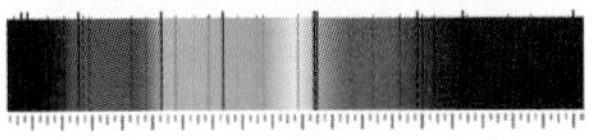

프라운호퍼 선은 태양 빛이 지구의 대기나 태양의 대기에서 흡수되기 때문에 나타나며, 이는 태양의 대기가 여러 가지 원소(수소, 헬륨, 나트륨 등)로 이루어져 있음을 알려준다.

결과 해석

정답 및 해설 ➡ 02

탐구 문제 1 태양의 대기에 포함되어 있는 원소는 무엇인가?

탐구 문제 2 미지의 별에 포함되어 있는 원소는 무엇인가?

탐구 문제 3 원소마다 흡수선이 다르게 나타나는 이유는 무엇인가?

탐구 문제 4 스펙트럼 관찰을 통해 우주를 구성하고 있는 원소를 알아낼 수 있는 이유에 대하여 서술하시오.

꼭 짚기!

1 우주의 시작과 원소의 생성 I

물질을 구성하고 있는 입자를 나타낸 것이다. 이에 대한 설명으로 옳은 것만을 <보기>에서 있는 대로 고른 것은?

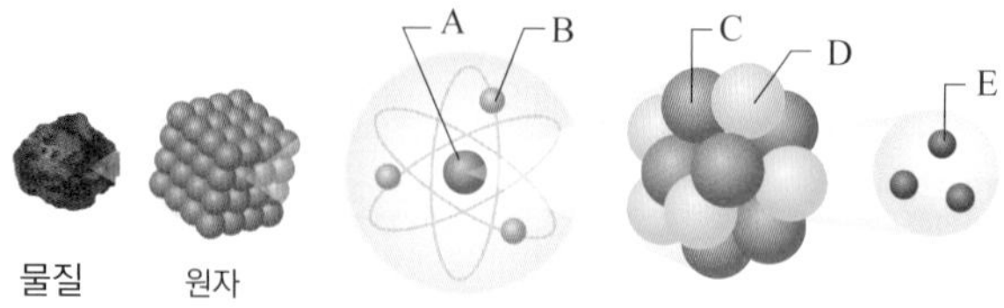

보 기

ㄱ. 빅뱅 이후 38만년이 지나 수소 원자와 헬륨 원자가 만들어졌다.
ㄴ. A, B, E 는 같은 시기에 생성되었다.
ㄷ. 빅뱅 이후 같은 수의 C와 D가 결합하여 수소 원자핵을 구성하였다.

① ㄱ ② ㄴ ③ ㄷ ④ ㄱ, ㄷ ⑤ ㄱ, ㄴ, ㄷ

2 우주의 시작과 원소의 생성 II

빅뱅 우주론에 근거하여 초기 우주에서 물질이 형성되는 과정을 나타낸 모식도이다. 이에 대한 설명으로 옳은 것만을 <보기>에서 있는 대로 고른 것은?

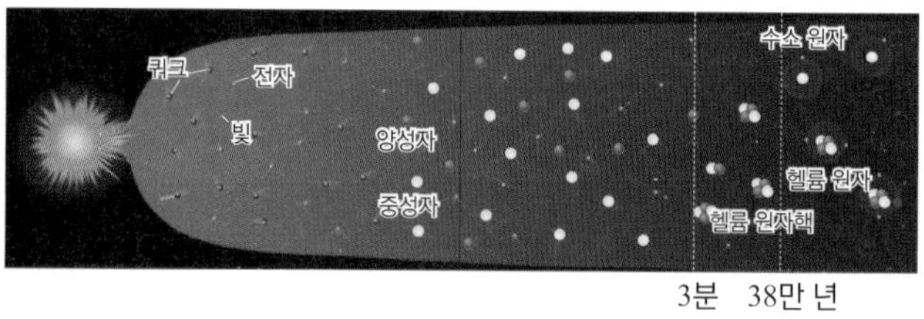

보 기

ㄱ. 빅뱅 이후 우주의 온도는 내려가고, 밀도는 감소했다.
ㄴ. 양성자 수와 중성자 수의 비는 생성 초기에서부터 일정하게 유지되고 있다.
ㄷ. 빅뱅 직후 온도가 낮아지면서 처음으로 기본 입자인 쿼크와 전자가 만들어졌다.

① ㄱ ② ㄴ ③ ㄷ ④ ㄱ, ㄷ ⑤ ㄱ, ㄴ, ㄷ

3 스펙트럼을 이용한 원소의 분석

그림 (가)와 (나)는 서로 다른 종류의 스펙트럼을 나타낸 것이다. 이에 대한 설명으로 옳은 것만을 <보기>에서 있는 대로 고른 것은?

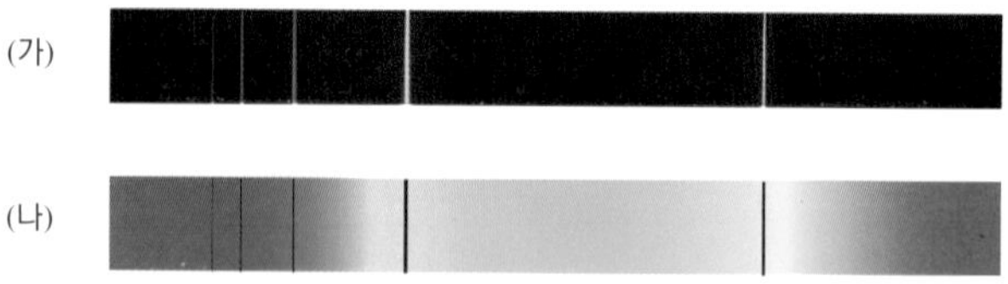

보 기

ㄱ. (가)와 (나)는 같은 원소의 스펙트럼이다.
ㄴ. (가)는 흡수 스펙트럼, (나)는 방출 스펙트럼이다.
ㄷ. (가)는 별빛이 저온의 성간 물질을 통과할 때 생기는 스펙트럼이다.

① ㄱ ② ㄷ ③ ㄱ, ㄴ ④ ㄱ, ㄷ ⑤ ㄱ, ㄴ, ㄷ

A 우주론

○○●
01 빅뱅 우주론과 정상 우주론의 비교 설명으로 옳지 않은 것은?

	빅뱅 우주론	정상 우주론
① 우주의 총 질량	일정	점점 증가
② 우주의 밀도	점점 감소	일정
③ 우주의 모습	변함	변하지 않음
④ 우주의 팽창	빅뱅 이후 계속 팽창함	우주 크기는 변하지 않음
⑤ 물질의 생성	빅뱅 시 생기고 그 이후에는 생기지 않음	새로운 천체 및 물질들이 계속 생김

○○●
02 다음은 어느 우주론의 모형을 나타낸 것이다. 이에 대한 설명으로 옳은 것만을 <보기>에서 있는 대로 고른 것은?

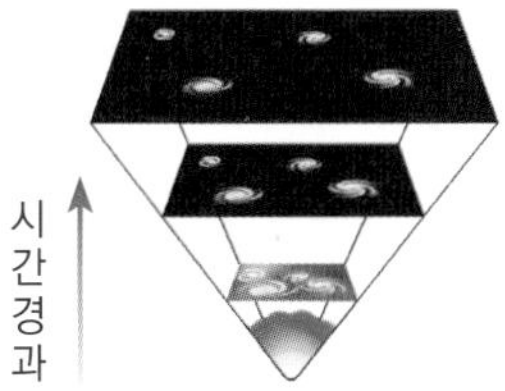

보 기

ㄱ. 호일의 정상 우주론 모형이다.
ㄴ. 우주가 팽창할 때 우주의 전체적인 밀도는 일정하게 유지된다.
ㄷ. 현재 우주 전역에서 관측되는 약 3 K 물질 복사와 같은 우주 배경 복사는 이 우주론의 증거이다.

① ㄱ ② ㄴ ③ ㄷ
④ ㄴ, ㄷ ⑤ ㄱ, ㄴ, ㄷ

○○●
03 빅뱅 이후 우주의 온도와 밀도 변화에 대한 설명으로 옳은 것은?

① 우주의 온도와 밀도는 모두 증가했다.
② 우주의 온도는 증가하고, 밀도는 감소했다.
③ 우주의 온도는 내려가고, 밀도는 증가했다.
④ 우주의 온도는 내려가고, 밀도는 일정했다.
⑤ 우주의 온도는 내려가고, 밀도는 감소했다.

B 우주 초기 물질의 탄생과 원소의 생성

○●●
04 우주 대폭발 후 원자의 형성 과정과 관련된 설명으로 옳지 않은 것은?

① 원자가 형성된 이후 우주는 투명해졌다.
② 원자가 형성된 이후 우주는 더 밝아졌다.
③ 원자가 형성되던 시기에 물질과 분리되어 빠져나간 빛이 현재 우주 배경 복사로 관측된다.
④ 대폭발 후 우주의 온도가 내려가면서 전자와 원자핵이 결합할 수 있게 되었다.
⑤ 우주의 온도가 3,000 K 보다 높았을 때에는 빛이 산란되어 공간으로 흩어져 우주는 뿌연 상태였다.

○●●
05 물질을 이루는 입자에 대한 설명으로 옳은 것은?

① 원자는 전기적으로 양전하를 띤다.
② 쿼크는 우주의 온도가 약 3,000 K가 되었을 때 생성되었다.
③ 전자는 빅뱅 직후 생성되었으며 더 이상 분해할 수 없는 입자이다.
④ 양성자는 우주가 팽창하면서 중성자와 전자가 결합하여 생성된 입자이다.
⑤ 원자핵은 빅뱅 이후 약 38만 년후 양성자와 중성자가 결합하여 생성되었다.

06 그림 (가)와 (나)는 서로 다른 원자의 구조를 각각 나타낸 것이다. 이에 대한 설명으로 옳은 것만을 <보기>에서 있는 대로 고른 것은?

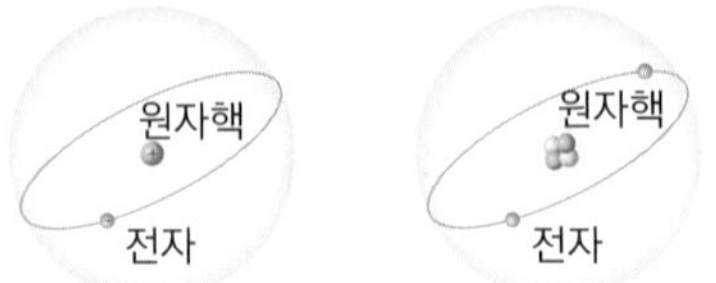

(가) (나)

보기

ㄱ. (가)의 원자핵은 쿼크 3개로 이루어져 있다.
ㄴ. (나) 원자의 질량은 (가)의 4배이다.
ㄷ. (가)와 (나)는 빅뱅 후 약 38만 년이 되었을 때 생성되었다.

① ㄱ ② ㄴ ③ ㄷ
④ ㄱ, ㄴ ⑤ ㄱ, ㄴ, ㄷ

07 다음은 빅뱅 초기 원자가 형성되는 과정을 도표화한 것이다. A ~ E에 해당하는 입자에 대한 설명으로 옳은 것은?

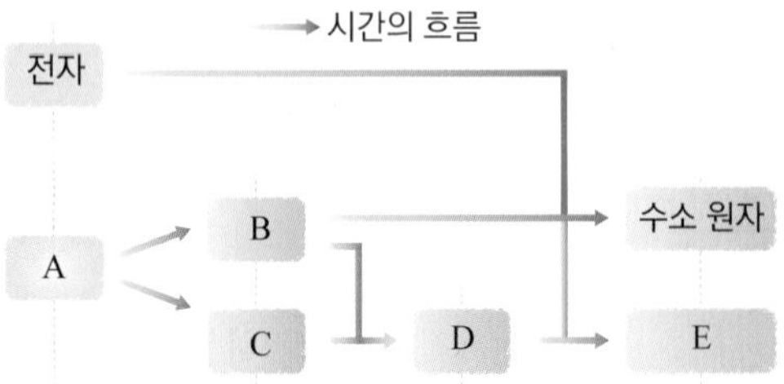

① A는 기본 입자 중 경입자에 해당한다.
② 같은 원자라도 B가 달라지면 질량이 다른 동위원소가 된다.
③ 원자의 종류에 따라 C의 수가 다르다.
④ 빅뱅 후 약 3분 무렵 D가 생성되었다.
⑤ D와 전자 1개가 결합하여 E가 만들어졌다.

08 빅뱅 이후 어느 시기 우주의 양성자와 중성자의 개수비를 나타낸 것이다. 이에 대한 설명으로 옳은 것만을 <보기>에서 있는 대로 고른 것은?

보기

ㄱ. 헬륨 원자핵이 생성된 후 우주 전역의 수소 원자핵과 헬륨 원자핵의 질량비는 약 3 : 1 이다.
ㄴ. 헬륨 원자핵이 생성된 후 우주 전역의 수소 원자핵과 헬륨 원자핵의 개수비는 7 : 1이다.
ㄷ. 빅뱅 이후 우주의 양성자와 중성자의 개수비는 7 : 1로 유지되어 왔다.

① ㄱ ② ㄴ ③ ㄷ
④ ㄱ, ㄷ ⑤ ㄱ, ㄴ, ㄷ

09 핵융합 반응에 의해 원자핵이 형성되는 과정 중 1개를 나타낸 것이다. 이에 대한 설명으로 옳은 것만을 <보기>에서 있는 대로 고른 것은?

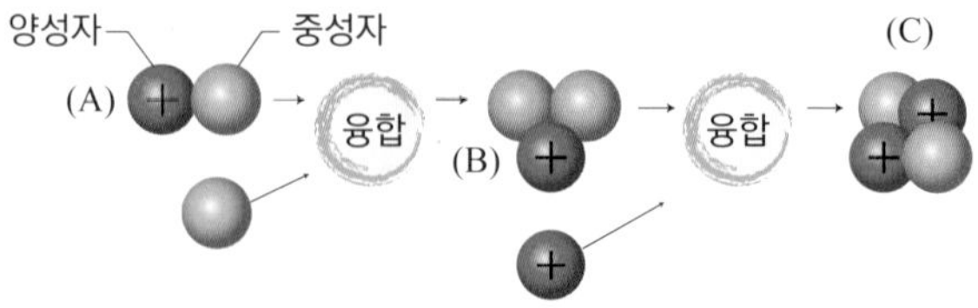

보기

ㄱ. (A)와 (B)는 동위 원소이다.
ㄴ. (B)의 질량수는 3이며, 헬륨의 동위 원소이다.
ㄷ. (C)와 전자 2개가 결합하여 원자가 되면 (+) 전기를 띠게 된다.

① ㄱ ② ㄴ ③ ㄷ
④ ㄱ, ㄷ ⑤ ㄱ, ㄴ, ㄷ

C 우주 배경 복사

10 그림은 더블유맵(WMAP) 위성이 관측한 우주 배경 복사 사진이다. 이에 대한 설명으로 옳은 것은?

① 정상 우주론의 증거이다.
② 우주의 모든 방향에서 관측된다.
③ 빅뱅 이후 약 3분이 되었을 때 생성되었다.
④ 3 ℃의 물체에서 방출되는 마이크로파의 파장과 일치한다.
⑤ 양성자와 중성자가 생성되었을 때 우주 공간으로 퍼져나간 빛이 현재 관측되는 것이다.

11 다음 그림 (가), (나)는 빅뱅 이후 서로 다른 시기에 빛이 진행하는 모습을 나타낸 것이다. 이에 대한 설명으로 옳은 것만을 <보기>에서 있는 대로 고른 것은?

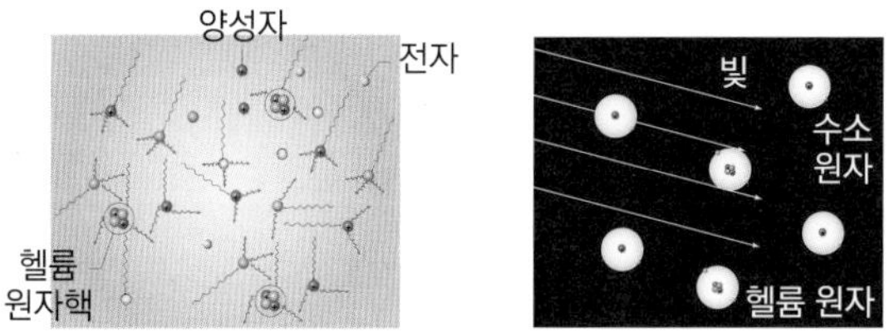

(가) (나)

보 기

ㄱ. (가) 시기에 우주의 온도는 약 3,000 K이었다.
ㄴ. (가)에서 (나) 시기가 되면서 우주는 투명해졌으나 암흑 상태가 되었다.
ㄷ. (나) 시기가 시작되면서 빛은 우주 전역으로 퍼져나갔다.

① ㄱ ② ㄴ ③ ㄷ
④ ㄴ, ㄷ ⑤ ㄱ, ㄴ, ㄷ

12 빅뱅 이후 현재까지 경과된 시간을 나타낸 것이다. 이에 대한 설명으로 옳은 것만을 <보기>에서 있는 대로 고른 것은?

우주 대폭발 → (A) 빅뱅 3분 후 → (B) 빅뱅 38만 년 후 → 현재

보 기

ㄱ. A 시기에 우주 배경 복사가 시작되었다.
ㄴ. B 시기 이후 우주가 투명해졌다.
ㄷ. 우주 대폭발 후 A시기까지 양성자와 중성자의 개수비가 7 : 1 로 일정하게 유지되었다.

① ㄱ ② ㄴ ③ ㄱ, ㄷ
④ ㄴ, ㄷ ⑤ ㄱ, ㄴ, ㄷ

13 우주 배경 복사에 대한 설명으로 옳은 것만을 <보기>에서 있는 대로 고른 것은?

보 기

ㄱ. 빛이 우주로 퍼져나갈 때 수소와 헬륨의 질량비는 3 : 1 이었다.
ㄴ. 현재 우주의 모든 방향에서 지구에 도달하는 적외선이 관측된다.
ㄷ. 빅뱅 초기 원자핵이 생성되면서 우주로 퍼져 나간 빛이다.

① ㄱ ② ㄷ ③ ㄱ, ㄷ
④ ㄴ, ㄷ ⑤ ㄱ, ㄴ, ㄷ

14 우주 배경 복사의 파장 변화에 대한 설명으로 옳은 것만을 <보기>에서 있는 대로 고른 것은?

보 기

ㄱ. 빅뱅 후 우주로 빠져 나간 빛의 파장은 현재 관측되는 빛의 파장보다 길다.
ㄴ. 시간이 흐를수록 우주 배경 복사의 파장이 길어졌다.
ㄷ. 현재 관측되는 우주 배경 복사의 파장은 3 ℃ 흑체에서 방출되는 복사파의 파장과 거의 같다.

① ㄱ ② ㄴ ③ ㄱ, ㄷ
④ ㄴ, ㄷ ⑤ ㄱ, ㄴ, ㄷ

D 스펙트럼과 우주의 원소 분포

15 그림은 원소 A, B, C 와 미지의 물질 D, E 의 선 스펙트럼을 나타낸 것이다. 물질 D, E 에 공통으로 포함된 원소를 있는 대로 고른 것은?

① A ② B ③ C
④ A, B ⑤ A, C

16 서로 다른 종류의 스펙트럼이 형성되는 경우를 나타낸 것이다. 이에 대한 설명으로 옳은 것만을 <보기>에서 있는 대로 고른 것은?

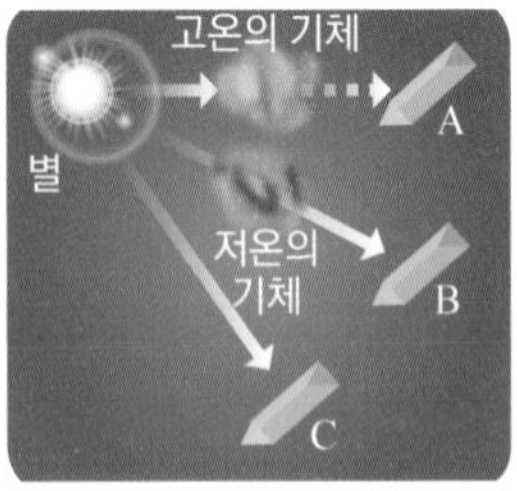

보 기

ㄱ. A에서는 방출 스펙트럼이 관측된다.
ㄴ. 고온의 별빛이 저온의 별의 대기를 통과하면 대기를 구성하는 원소가 특정 파장의 빛을 흡수하여 B와 같은 스펙트럼으로 관측된다.
ㄷ. 백열등을 분광기를 통해 관찰하면 C 와 같은 스펙트럼으로 관측된다.

① ㄱ ② ㄴ ③ ㄷ
④ ㄴ, ㄷ ⑤ ㄱ, ㄴ, ㄷ

17 별빛의 스펙트럼 분석을 통해 알 수 있는 사실로 옳은 것만을 <보기>에서 있는 대로 고른 것은?

보 기

ㄱ. 별의 크기
ㄴ. 별과 지구와의 거리
ㄷ. 별을 구성하는 원소의 종류
ㄹ. 별을 구성하는 원소의 질량비

① ㄱ, ㄴ ② ㄴ, ㄷ ③ ㄷ, ㄹ
④ ㄱ, ㄴ, ㄷ ⑤ ㄴ, ㄷ, ㄹ

18 그림 (가)와 (나)는 원자 내에서 전자가 이동하는 모습을 나타낸 것이다.

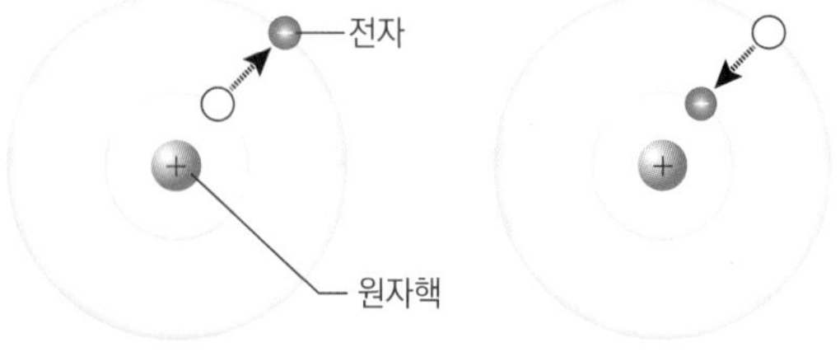

(가) (나)

이에 대한 설명으로 옳은 것만을 <보기>에서 있는 대로 고른 것은?

보 기

ㄱ. (가)와 같이 이동할 때 흡수 스펙트럼이 나타난다.
ㄴ. 원자핵에서 멀수록 에너지 준위가 낮다.
ㄷ. (나)와 같이 이동할 때 빛을 방출한다.

① ㄱ ② ㄴ ③ ㄷ
④ ㄱ, ㄴ ⑤ ㄱ, ㄷ

정답 및 해설 → 03

19 현재 우주에 존재하는 수소와 헬륨에 대한 설명으로 옳지 않은 것은?

① 수소 원자와 헬륨 원자의 질량비는 3 : 1 이다.
② 수소 원자핵과 헬륨 원자핵의 개수비는 12 : 1 이다.
③ 우주를 구성하는 물질의 대부분은 수소와 헬륨이다.
④ 별빛의 스펙트럼 분석을 통해 수소와 헬륨의 질량비를 알 수 있다.
⑤ 수소 원자핵과 헬륨 원자핵의 질량비는 빅뱅 이후 항상 일정하게 유지되었다.

서술형

20 빅뱅 우주론의 증거 두 가지를 쓰고, 각각이 증거가 되는 이유를 서술하시오.

서술형

21 초기 빅뱅 우주에서 헬륨 원자핵이 생성될 무렵 양성자와 중성자의 개수비를 나타낸 것이다.

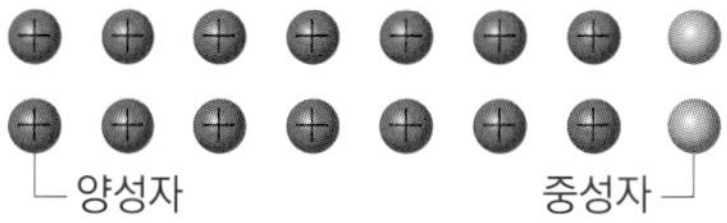

헬륨 원자핵이 생성되었을 때 수소 원자핵과 헬륨 원자핵의 질량비는 어떻게 될 지 서술하시오.

서술형

22 빅뱅 이후 약 38만 년이 지났을 때 우주에서 일어난 변화에 대하여 서술하시오.

서술형

23 초기 우주에서 헬륨 원자핵이 생성된 후 더 무거운 원자핵이 만들어지기 어려웠던 이유를 우주의 온도 변화를 근거로 서술하시오.

24 1814년 독일의 프라운호퍼는 프리즘 앞에 볼록 렌즈를 놓고 태양의 스펙트럼을 망원경으로 확대해 본 결과 500여 개의 어두운 선이 그림과 같이 나타나는 것을 관찰하였다. 오늘날 이 어두운 선을 프라운호퍼 선이라고 한다. 이에 대한 설명으로 옳은 것만을 <보기>에서 있는 대로 고른 것은?

보 기

ㄱ. 태양의 대기는 태양에 비해 상대적으로 온도가 낮다.
ㄴ. 태양의 대기는 한 종류의 원소로 이루어져 있다.
ㄷ. 태양의 대기를 이루는 원소의 종류를 알 수 있다.

① ㄱ ② ㄴ ③ ㄷ
④ ㄱ, ㄴ ⑤ ㄱ, ㄷ

02 별의 진화와 원소의 생성

핵심 Point

□ 우주의 주요 원소　□ 핵융합 반응
□ 적색 거성　□ 초거성　□ 초신성 폭발

별과 태양계, 지구는 어떻게 탄생했으며, 그 과정에서 우주를 이루는 원소는 어떻게 생성되었을까?

A 지구와 생명체를 구성하는 원소

1. 우주의 주요 원소 : 빅뱅 초기에 생성된 수소(74%)와 헬륨(24%)이 전체 원소 질량의 98%를 차지한다.

2. 지구와 생명체의 주요 원소 : 수소와 헬륨에 비해 무거운 원소가 많으며, 빅뱅 후 수억 년이 지나면서 별이 탄생하고 진화하는 과정에서 생성되었다.

더 알아보기 우주, 지구, 사람의 주요 구성 원소 질량비

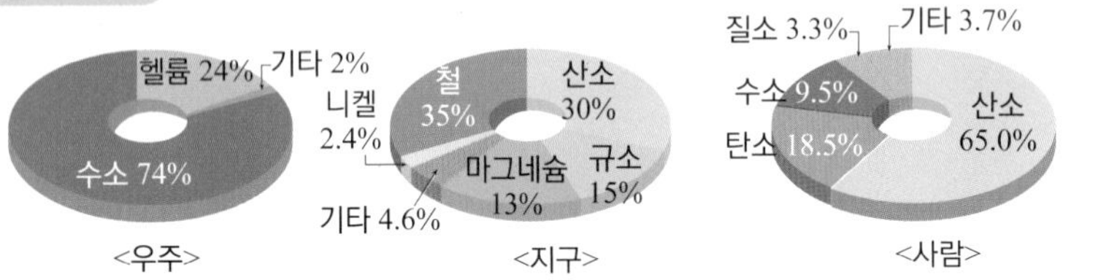

· **우주** : 수소(H) > 헬륨(He) 등
· **지구** : 철(Fe) > 산소 (O)> 규소(Si) > 마그네슘(Mg) > 니켈(Ni) 등
→ 지각에는 산소와 규소가 많지만 핵에는 철과 니켈이 많아 전체적으로 철이 가장 많다.
· **사람** : 산소(O) > 탄소(C) > 수소(H) > 질소(N) 등
→ 사람의 몸은 대부분 물(H_2O)로 구성되어 산소와 수소가 풍부하고, 탄소, 질소, 칼슘 등이 뼈나 근육을 이룬다.

B 별의 탄생과 원소의 생성

1. 별의 탄생 : 성간 물질이 뭉쳐지면서 원시별이 생성되고, 별이 탄생한다. 별(주계열성)은 핵융합 반응으로 스스로 빛을 내며, 여러 원소를 생성한다.

① **별의 탄생 과정** : 별은 성운의 밀도가 크고 온도가 낮을수록 탄생하기 쉽다.

성운의 형성		원시별의 형성		별(주계열성)의 탄생
주로 수소와 헬륨으로 이루어진 성간 물질이 가스 구름을 이루고 밀도가 큰 곳은 중력이 커서 주변 물질을 끌어모은다.	⇒	밀도가 높고 온도가 낮은 곳에서 성운이 수축하여 여러 개의 원시별이 만들어진다. 원시별의 에너지원은 중력 수축 에너지❶로, 수축하면서 내부 온도를 높이고 빛을 낸다.	⇒	원시별이 수축하면서 압력이 커지고 중심 온도가 1000만 K에 이르면 수소 핵융합 반응이 시작되어 주계열성이 탄생한다.

② **주계열성** : 수소 핵융합 반응으로 에너지를 방출하는 별로, 크기가 일정하게 유지된다.❷ 별은 일생 중 대부분을 주계열성으로 보낸다.

③ **수소 핵융합 반응** : 수소 원자핵 4개가 융합하여 1개의 헬륨 원자핵을 생성하며 에너지를 방출하는 반응이다.❸

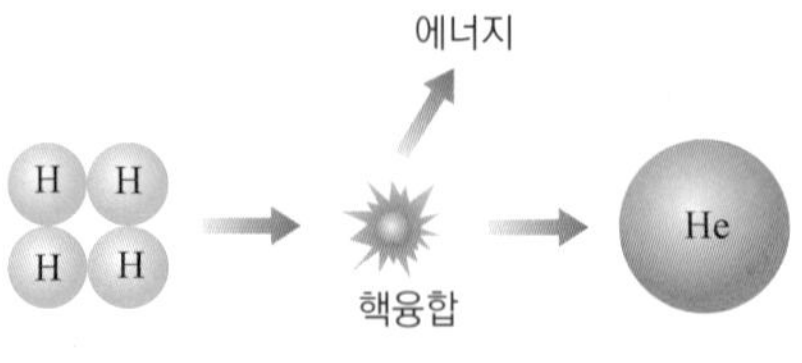

▲ 수소 핵융합 반응

2. 별의 진화와 원소의 생성 : 주계열성 이후 별은 질량에 따라 다르게 진화하는데, 질량이 클수록 내부 온도가 높아 더 무거운 원소가 생성된다. 가장 질량이 큰 별은 내부에서 철(Fe)까지 생성된다.❹

개념+

❶ 중력 수축 에너지

성간 물질이나 원시별 등이 중력에 의해 수축할 때 물체의 위치 에너지가 감소하면서 에너지(열)가 발생한다. 이때 발생하는 에너지를 중력 수축 에너지라고 한다.

❸ 수소 핵융합 에너지

수소 원자핵 4개가 핵융합하여 헬륨 원자핵이 생성될 때 (양성자 2개+중성자 2개)의 질량보다 헬륨 원자핵 1개의 질량이 약간 작다. 이때 줄어든 질량(질량 결손)만큼의 에너지가 외부로 방출되며, 이것이 수소 핵융합 에너지이다.

❷ 별(주계열성)의 크기

주계열성에서는 중력과 내부 기체의 내부 팽창 압력에 의한 힘이 평형을 이루어 별의 크기가 일정하게 유지된다.

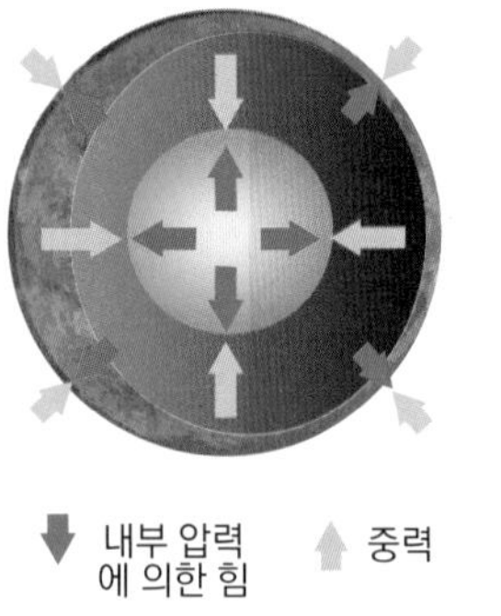

❹ 질량에 따른 핵융합 반응

핵융합 반응은 적절한 온도와 압력이 주어질 때 일어날 수 있는데, 별의 질량이 클수록 중심부의 온도와 압력이 커진다. 질량이 태양 정도인 별의 중심부는 탄소가 만들어지되, 탄소 핵융합 반응이 일어나는 온도와 압력까지 높아지지 못한다.

① **태양과 질량이 비슷한 별** : 적색 거성★ → 행성상 성운과 백색 왜성★ (헬륨, 탄소 생성)

적색 거성 (헬륨, 탄소, 산소 형성)	· 주계열성의 중심부에서 수소가 고갈되면 핵융합 반응이 멈추고 중심부가 수축하면서 열이 발생하여 중심부 바깥의 수소 층이 가열된다. · 수소 층에서 수소 핵융합 반응이 일어나면 내부 압력이 커지면서 별이 팽창하여 적색 거성이 되고, 중심부에서는 더욱 온도가 올라가 헬륨 핵융합 반응이 일어나 탄소, 산소가 생성된다.
행성상 성운, 백색 왜성	중심부의 헬륨이 고갈되어 헬륨 핵융합 반응이 멈추면 바깥층은 팽창하여 퍼져 나가 행성상 성운이 되고, 중심부의 탄소핵은 수축하여 백색 왜성이 된다.

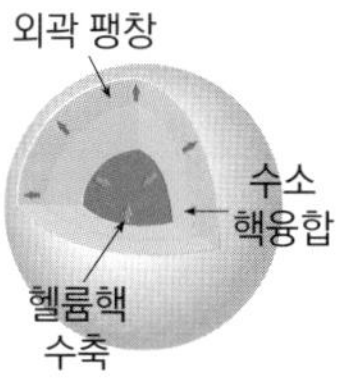

▲ 적색 거성 형성

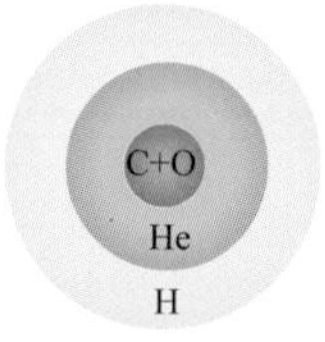

▲ 적색 거성 내부 구조

② **태양보다 질량이 약 10배 이상인 별** : 초거성 → 초신성 → 중성자별 또는 블랙홀(헬륨 ~ 철, 철보다 무거운 원소 생성) + 초신성 잔해(성운)

초거성 (헬륨, 탄소, 산소, 네온, 마그네슘, 규소, 황, 철 형성)	· 주계열성 이후 별이 급격히 팽창하여 초거성이 된다. 중심부의 온도가 계속 높아지면 헬륨, 탄소, 산소, 규소 핵융합 반응이 계속해서 일어나면서 철까지 생성된다. · 핵융합 반응으로 철까지만 생성되는 이유 : 철 원자핵이 매우 안정하기 때문에 핵융합 반응이 더이상 일어나지 않는다.
초신성	초거성의 중심부에서 철까지 만들어지고 핵융합 반응이 멈추면, 별이 급격하게 수축하다가 폭발하면서 초신성이 된다. 이때 발생하는 막대한 에너지로 금, 우라늄, 납 등과 같은 철보다 무거운 원소가 생성된다.
중성자별, 블랙홀	초신성이 폭발하여 외곽은 초신성의 잔해가 형성되고, 남은 중심부는 중력에 의해 수축하여 밀도가 큰 중성자별이 되거나 질량이 매우 큰 경우 계속 수축하는 블랙홀이 되기도 한다.

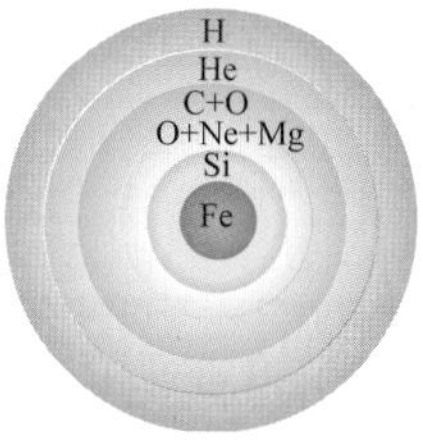

▲ 초거성 내부 구조

3. 새로운 별의 생성 : 별에서 만들어진 원소들이 별의 죽음과 함께 우주 공간으로 방출되면서⑤ 무거운 원소의 양이 증가하고, 이는 새로운 별이나 행성, 생명체를 이루는 재료가 된다.

개념+

⑤ 원소의 방출

- 행성상 성운 : 별의 바깥층을 이루는 기체가 우주 공간으로 방출되어 행성상 성운이 된다.
- 초신성 잔해 : 초신성에서 원소들이 우주 공간으로 방출되어 초신성 잔해가 된다.

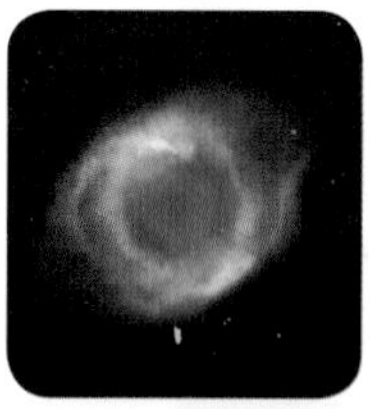
◀ 행성상 성운 (헬릭스 성운)

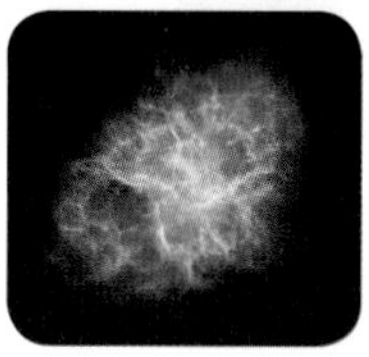
◀ 초신성 잔해 (게 성운)

미니사전

★ **적색 거성**
주계열성이 팽창하여 크기가 커지고 표면 온도가 낮아지면서 붉은 색을 띠는 별

★ **백색 왜성**
작고 밀도가 큰, 온도가 높은 청백색 별로, 핵융합 반응이 일어나지 않는다.

개념 체크

정답 및 해설 → 06

Point

01 빈칸에 알맞은 말을 넣으시오.

우주의 전체 원소 중 (㉠)와/과 (㉡)이/가 차지하는 질량 비율이 98%이며 이들은 빅뱅 초기에 생성되었고, 빅뱅 후 수억 년이 지나 별이 탄생하고 진화하는 과정에서 무거운 원소들이 생성되었다.

02 별의 탄생과 진화에 대한 설명 중 옳은 것은 ○표, 옳지 않은 것은 ×표 하시오.

(1) 원시별은 중력에 의해 수축하면서 중심부 온도가 높아진다. ( )

(2) 주계열성의 핵융합 반응은 헬륨을 재료로 하는 헬륨 핵융합 반응이다. ( )

(3) 질량이 태양과 비슷한 별은 중심부의 수소가 모두 소모된 후 적색 거성으로 진화한다. ( )

03 빈칸에 알맞은 말을 넣으시오.

별의 내부에서 핵융합에 의해 생성될 수 있는 가장 무거운 원소는 (㉠)이며, 이보다 무거운 원소는 (㉡) 에서 생성된다.

C 태양계의 형성

1. 태양계 형성 과정⑥

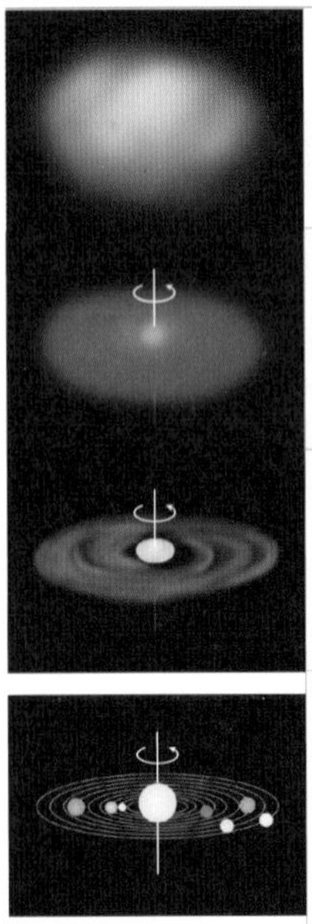

태양계 성운의 형성과 성운의 수축⑦	우리은하의 나선팔에 있던 성운 주변에서 초신성 폭발이 일어나 태양계 성운이 형성되었다. 안정한 상태였던 성운 내부의 물질의 밀도가 초신성 폭발로 불균일해지고, 밀도가 큰 부분이 중력에 의해 수축하며 회전하기 시작했다.
원시 태양과 원시 원반의 형성	수축하며 회전하는 성운 중심부의 온도가 높아지고 밀도가 커져 원시 태양이 형성되었다. 원시 태양의 바깥 쪽은 수축에 의해 회전이 점점 빨라지면서 납작한 원시 원반이 형성되었다.
미행성체의 형성	원시 태양의 중심부는 중력 수축으로 온도가 더욱 높아지고, 원시 원반에서는 여러 개의 큰 고리가 형성되었고, 고리에서는 가스와 먼지가 뭉치면서 수많은 미행성체가 생성되었다.
태양계 형성	원시 태양에서 수소 핵융합 반응이 시작되면서 태양(주계열성)이 되었고, 미행성체가 서로 충돌하여 합해지면서 원시 행성이 되었고 성장하여 행성이 되었다. 남은 가스와 먼지는 태양풍에 의해 태양계 바깥으로 밀려나면서 현재의 태양계가 완성되었다.

2. 태양계 행성의 형성

① 태양계가 형성되는 과정에서 태양으로부터의 거리에 따라 원시 원반을 이루는 물질이 달라졌다.

② **태양계 행성들의 특징** : 태양과 가까운 곳에서는 지구형 행성, 태양에서 멀리 떨어진 곳에서는 목성형 행성이 생성되었다.⑧

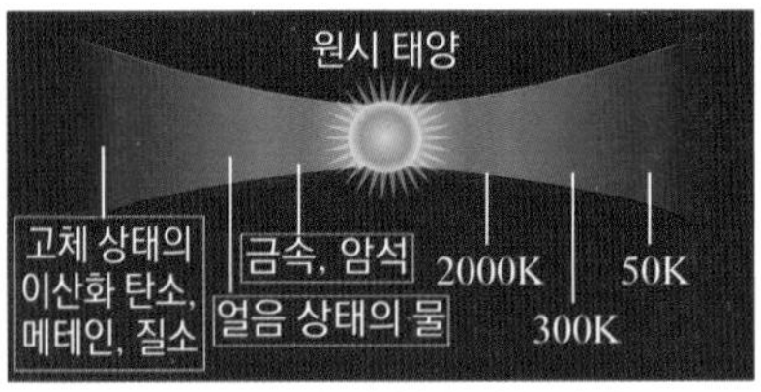

▲ 태양계 성운의 원반 성분과 온도

지구형 행성	구분	목성형 행성
가깝다	**태양으로부터의 거리**	멀다
높은 곳에서 형성	**온도**	낮은 곳에서 형성
작다	**반지름과 질량**	크다
크다	**평균 밀도**	작다
메테인 같은 가벼운 물질은 증발하고 철, 니켈, 규소와 같이 녹는점이 높고 무거운 물질이 응축하여 형성됨	**미행성체의 고체 물질 형성**	녹는점이 낮은 물, 메테인, 암모니아 고체나 얼음으로 둘러싸인 금속, 암석 티끌 등 다양한 물질이 응축하여 형성됨
무거운 물질을 끌어들여 암석 성분으로 이루어짐	**행성의 주요 성분**	수소나 헬륨 등의 가벼운 물질로 이루어짐
수성, 금성, 지구, 화성	**행성**	목성, 토성, 천왕성, 해왕성

목성형 행성에 비해 반지름이 작고, 무거운 물질들로 구성되어 밀도가 크다.

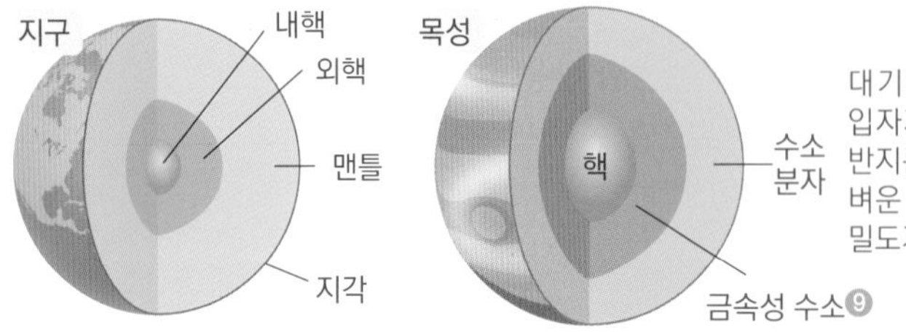

대기에 얼어붙은 입자가 풍부하며, 반지름이 크고 가벼운 물질이 많아 밀도가 작다.

▲ 지구형 행성과 목성형 행성의 비교

개념+

⑥ 태양계의 생성

태양계는 초신성 폭발로 만들어진 거대한 성운에서 약 50억 년 전에 형성되었다.
태양계 성운의 구성 성분은 현재 태양의 구성과 같이 약 98%의 기체, 약 2%의 무거운 원소로 이루어져 있을 것으로 추측되며 태양계 성운의 지름은 7천 ~ 2만 AU로 현재의 태양계보다 매우 컸고, 질량은 현재의 태양보다 미세하게 컸을 것으로 추측된다. (1AU : 태양-지구 간 거리 약 1억 5000만 km)

⑦ 성운설

회전하는 성운의 수축에 의해 태양계가 형성되었다는 학설로, 태양계의 형성 과정을 설명하는 학설 중 현재까지 가장 유력한 이론이다.

→ 태양과 행성이 같은 원시 원반에서 형성되었기 때문에 태양과 행성들의 나이가 거의 비슷하며, 태양의 자전 방향과 행성들의 공전/자전 방향이 같다.

● 태양계 바깥의 구조물

태양계 바깥에는 작은 천체들이 분포하는 카이퍼 벨트와 가장 바깥쪽에 먼지, 얼음 조각들로 이루어진 오르트 구름이 있다.

⑧ 지구형 행성, 목성형 행성의 생성 과정

미행성체 상태에서 원시 태양에서 가까운 쪽은 온도가 높아 가벼운 물질들이 이탈하여 무거운 원소들이 많이 분포하는 지구형 행성이 되었고, 원시 태양에서 먼 쪽은 온도가 비교적 낮아 가벼운 물질들이 많이 남아있을 수 있었으며, 성장 속도가 크고 빨라 부피가 크고 자전 주기가 짧은 목성형 행성이 되었다.

⑨ 금속성 수소

가장 가벼운 수소 원소(H)로 구성된 수소 기체(H_2)는 매우 높은 밀도로 압축되어 응고하면 다른 1족 원소처럼 금속성을 나타내며 이를 금속성 수소(Metallic hydrogen)라 한다.

D 지구의 형성

1. 지구의 형성 과정 : 규산염 물질[10]과 철 등의 무거운 원소가 거의 균질하게 혼합된 상태였던 원시 지구가 층상 구조를 이루면서 지각과 원시 바다가 생성되었다.

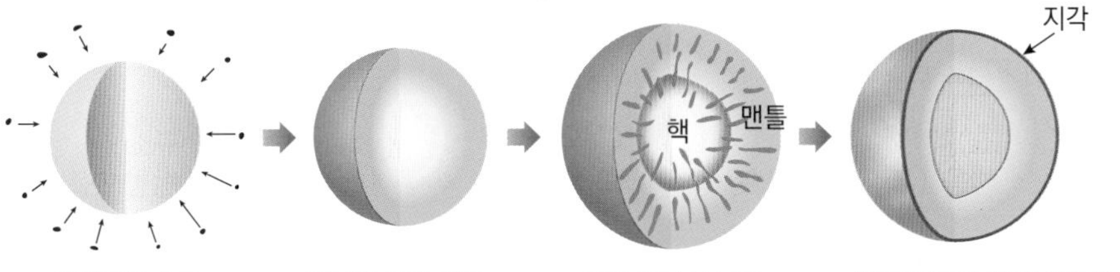

미행성체의 충돌	미행성체들이 서로 충돌하면서 합쳐져 원시 행성들이 탄생되었다. 이 과정에서 원시 지구도 형성되었고, 충돌이 계속되어 크기와 질량이 점차 증가하였다.
마그마 바다 형성	원시 지구의 표면에 수많은 미행성체들이 충돌하면서 발생한 열, CO_2와 수증기의 온실 효과 등으로 지표의 온도가 높아져 마그마 바다가 형성되었다.
내부 층상 구조 형성	마그마 바다가 생성되면서 철, 니켈 등의 무거운 성분은 중심부로 모여 핵을 이루었고, 규소, 산소 등의 가벼운 암석질 물질은 위로 떠올라 맨틀을 이루어 층상 구조를 형성하였다.
원시 지각의 형성	미행성의 충돌이 줄어들면서 지표가 냉각되어 원시 지각이 생성되었다.[11]
원시 바다의 형성	화산 활동으로 공급된 대기 중의 수증기가 비를 이루어 많은 비가 내려 지표에 모이면서 원시 바다가 만들어졌다.
생명체의 탄생	지구 최초의 생명체가 바다에서 탄생하였다.

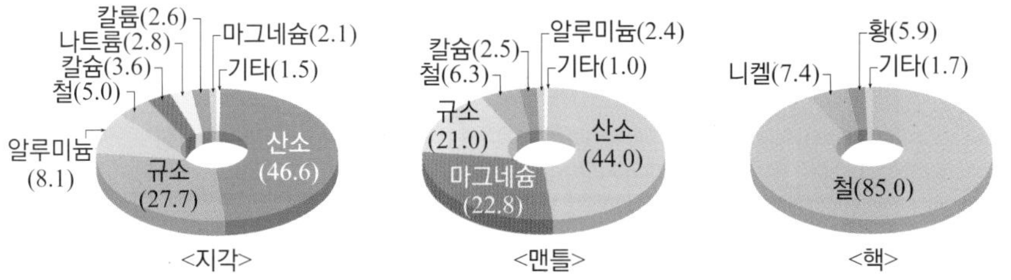

▲ 지구의 지각, 맨틀, 핵의 원소 질량비

개념 +

원시 대기의 진화

지구 탄생 초기에 화산 활동으로 인해 수소, 이산화 탄소, 질소, 수증기 등이 분출되었으나 수소와 같은 가벼운 기체는 우주로 날아가고 질소, 이산화 탄소와 같은 무거운 기체들이 남아 대기를 이루었다.

- 이산화 탄소 : 원시 바다가 형성된 후 바닷물에 녹아 석회암으로 침전되면서 대기 중의 양이 감소하였다.
- 산소 : 바다에서 광합성을 하는 생물이 출현한 이후 대기 중 산소량이 증가하였다.
- 수증기 : 비가 되어 지표면에 내리면서 대기 중의 양이 감소하였다.

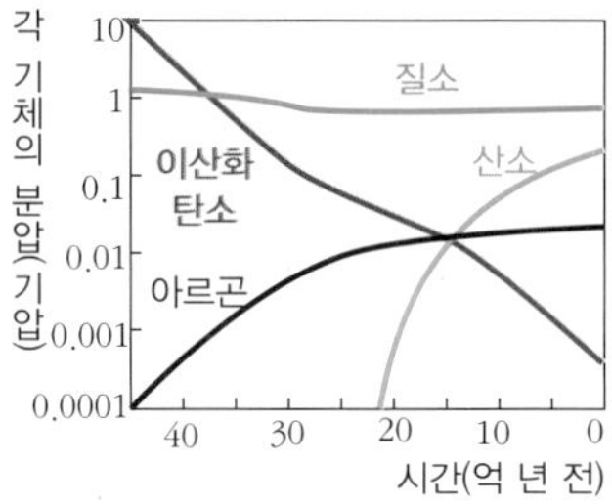

[10] 규산염 물질

주로 규소(Si)와 산소(O), 약간의 금속의 화합물로 지구의 암석을 이루는 주성분이다.

[11] 바다보다 지각이 먼저?

원시 지각이 형성되기 전의 지구 표면은 마그마 바다로 이루어져 있었고, 너무 뜨거워서 빗물이 고일 수 없었다. 지표가 냉각되어 원시 지각이 생성된 후에 비가 지표에 고이면서 원시 바다가 생성되었다.

개념 체크

정답 및 해설 ➜ 06

Point

04 태양계의 생성에 대한 설명 중 옳은 것은 ○표, 옳지 않은 것은 ×표 하시오.

(1) 지구형 행성은 목성형 행성에 비해 태양으로부터 먼 곳에서 생성되었다. ( )

(2) 태양계 성운은 회전하면서 물질이 퍼져나가 태양과 행성을 형성하였다. ( )

05 지구의 형성 과정에서 일어난 현상들을 <보기>에서 골라 각각 시간 순서대로 나열하시오.

보기

ㄱ. 마그마 바다 형성　　ㄴ. 원시 지각 형성　　ㄷ. 미행성의 충돌

06 지구의 층상 구조가 형성되는 과정에 대한 설명이다. 괄호 안에 알맞은 말을 고르시오.

마그마 바다가 형성되면서 철, 니켈과 같이 밀도가 (큰 , 작은) 물질들은 (맨틀 , 핵)을 형성하였고, 규소, 산소와 같이 밀도가 (큰 , 작은) 물질들은 (맨틀 , 핵)을 형성하였다.

강의

원소의 생성과 별의 진화 과정

무거운 원소의 생성 : 더 무거운 원소일수록 더 높은 온도와 압력에서 핵융합 반응에 의해 생성된다.

핵융합 반응	수소(H) 핵융합 반응	헬륨(He) 핵융합 반응	탄소(C) 핵융합 반응	네온(Ne) 핵융합 반응	산소(O) 핵융합 반응	규소(Si) 핵융합 반응
반응물	H	He	C	Ne	O	Si
생성물	He	C, O	O, Ne, Na, Mg	Mg	Si	Fe(철)
반응 조건	약 1000만 K	약 2억 K	약 8억 K	약 12억 K	약 15억 K	약 30억 K

별의 진화 과정과 생성 원소 : 질량이 큰 별일수록 내부의 압력과 온도가 더 높고, 따라서 더 무거운 원소가 생성된다.

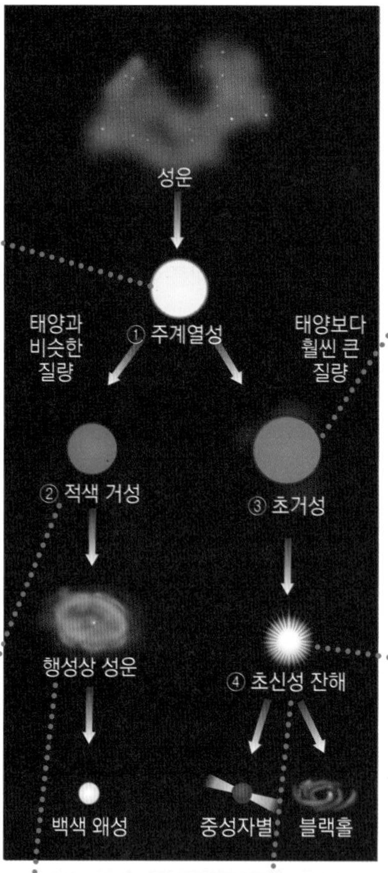

① 주계열성

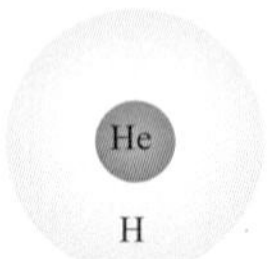

헬륨 생성

중력 수축 에너지로 인해 원시별 중심부의 온도가 1000만 K 이상이 되면 수소 핵융합 반응이 일어나 중심부에 헬륨이 생성된다.

② 적색 거성

태양과 질량이 비슷할 때

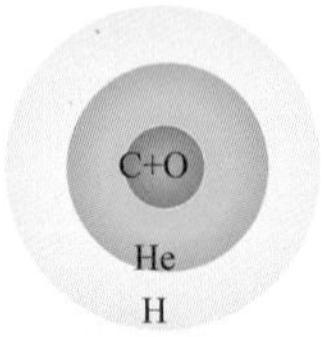

탄소, 산소 생성

중심부의 수소가 모두 소모되면 중심핵 바깥층에서는 수소 핵융합 반응이, 중심부에서는 헬륨 핵융합 반응이 일어나서 탄소, 산소가 만들어진다.

③ 초거성

태양보다 질량이 매우 클 때

네온, 산소, 규소, 철 생성

중심부의 온도와 압력이 매우 높아 탄소 생성 후에도 네온, 산소, 규소 핵융합 반응이 일어나 중심핵에는 철(Fe)까지 형성된다.

④ 초신성

태양보다 질량이 매우 클 때

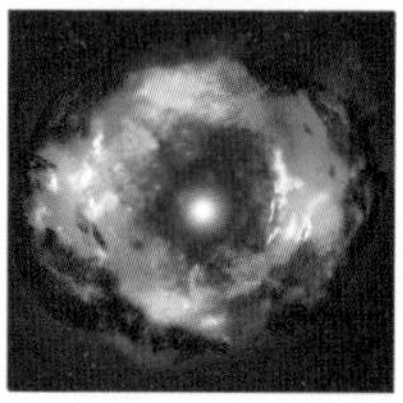

철보다 무거운 원소 생성

초거성의 반응물이 모두 소모되면 급격히 수축하다가 대규모로 폭발하여 초신성이 되는데, 이때 온도가 별의 중심핵보다 훨씬 높아지므로 철보다 무거운 원소인 금, 우라늄 등이 한꺼번에 만들어진다.

원소의 방출

별에서 생성된 원소는 행성상 성운과 초신성 잔해의 형태로 우주 공간으로 방출되어 또다른 별이나 생명체를 구성한다.

정답 및 해설 ➔ 06

Q1 빈칸에 알맞은 말을 쓰거나 고르시오.

(1) 적색 거성의 내부에서 (헬륨 , 네온) 핵융합 반응이 일어난다.

(2) 별의 질량이 태양보다 매우 클 때 내부에서 생성되는 가장 무거운 원소는 (　　　　)이다.

(3) 별의 질량이 태양과 비슷할 때 진화 과정은 주계열성 → (㉠　　　) → 행성상 성운, (㉡　　　　)이다.

Q2 설명에 해당하는 별의 진화 단계를 쓰시오.

(1) 철보다 무거운 금, 우라늄 등이 생성되는 단계는? (　　)

(2) 별의 중심핵에서 철이 생성되는 단계는?(　　)

(3) 주에너지원이 수소 핵융합 반응 에너지인 단계는? (　　)

1 우주, 지구, 사람의 주요 구성 원소

(가) ~ (다)는 각각 우주, 지구, 사람을 이루는 원소의 질량비를 나타낸 것이다.

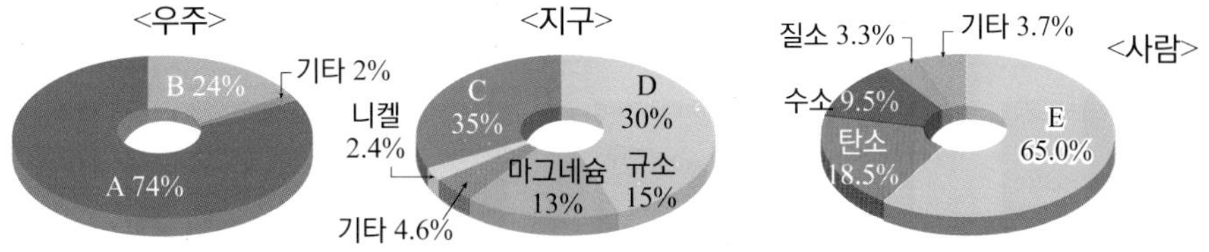

(가) (나) (다)

(1) A ~ E에 해당하는 원소를 옳게 짝지은 것은?

① A - 헬륨 ② B - 수소 ③ C - 규소 ④ D - 산소 ⑤ E - 수소

(2) 이에 대한 설명으로 옳은 것만을 〈보기〉에서 있는 대로 고른 것은?

보기

ㄱ. 우주에서 가장 많은 원소는 수소이다.
ㄴ. 사람의 몸을 이루는 원소 중 가장 많은 것은 산소이다.
ㄷ. 우주에 별이 탄생하기 전에 지구를 이루는 대부분의 원소가 만들어졌다.

① ㄱ ② ㄴ ③ ㄷ ④ ㄱ, ㄴ ⑤ ㄱ, ㄴ, ㄷ

2 별의 탄생과 진화

질량이 서로 다른 두 별의 진화 과정 (가), (나)를 나타낸 것이다.

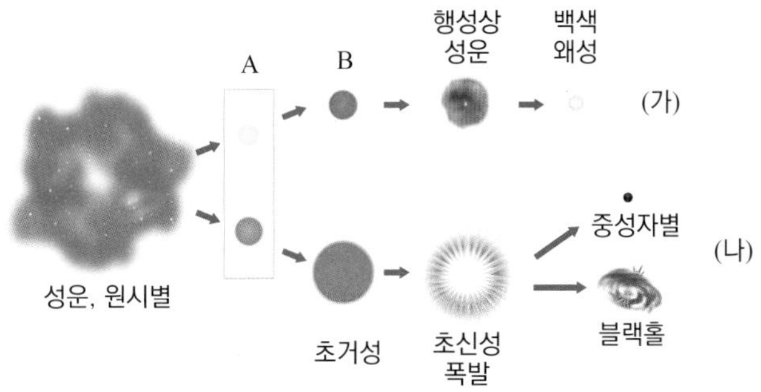

이에 대한 설명으로 옳은 것만을 〈보기〉에서 있는 대로 고른 것은?

보기

ㄱ. B에서는 중심핵에서 탄소를 만들 수 있다.
ㄴ. (나)는 질량이 태양보다 10배 이상 큰 별의 진화 과정이다.
ㄷ. 철보다 무거운 원소는 (가) 과정에서 만들어진다.
ㄹ. A 단계에서는 두 별 모두 수소 핵융합 반응을 통해 에너지를 방출한다.

① ㄱ, ㄴ ② ㄴ, ㄹ ③ ㄱ, ㄴ, ㄷ ④ ㄱ, ㄴ, ㄹ ⑤ ㄴ, ㄷ, ㄹ

꼭 짚기!

정답 및 해설 → 06

3 태양계의 형성

다음은 태양계의 형성 과정을 나타낸 것이다. 이에 대한 설명으로 옳지 않은 것은?

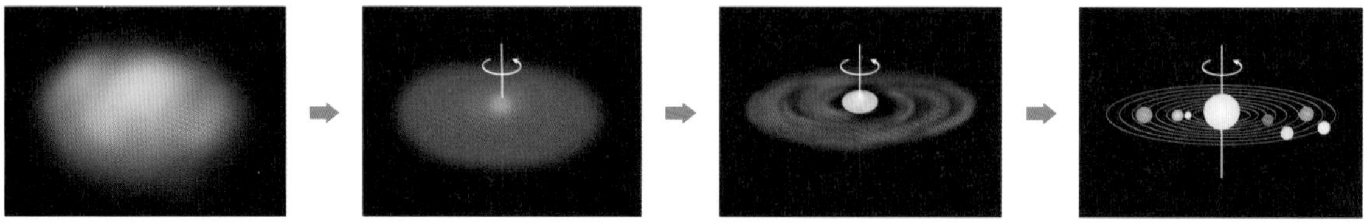

(가) → (나) → (다) → (라)

① (가)에서 밀도 균형이 무너진 성운이 수축하기 시작하였다.
② (나)에서 성운은 원시 태양을 중심으로 납작한 원반 모양으로 회전한다.
③ (다)에서 여러 개의 큰 고리와 수많은 미행성체가 생성되었다.
④ (라)에서 태양의 자전 방향과 행성의 공전 방향이 반대이다.
⑤ 태양과 가까운 곳에는 밀도가 크고 무거운 원소로 이루어진 행성이 형성되었다.

4 지구의 형성

지구의 형성 과정을 나타낸 것이다. 이에 대한 설명으로 옳지 않은 것은?

미행성체의 충돌 ⇒ (가) ⇒ 내부 층상 구조 형성 ⇒ (나) ⇒ (다) ⇒ 생명체의 탄생

① (가)는 마그마 바다의 형성이다.
② 최초의 생명체는 바다에서 탄생하였다.
③ (나)는 원시 바다, (다)는 원시 지각의 형성이다.
④ 미행성체의 충돌 과정에서 지구의 질량은 증가하였다.
⑤ 내부 층상 구조가 형성될 때 무거운 원소가 중심부로 가라앉았다.

A 우주, 지구, 사람의 주요 구성 원소

01 우주를 구성하는 원소에 대한 설명 중 옳은 것은 ○표, 옳지 않은 것은 ×표 하시오.

(1) 지구를 구성하는 원소 중 가장 많은 것은 수소이다. ( )

(2) 사람의 몸에 가장 많은 원소는 규소이다. ( )

(3) 우주를 구성하는 여러 종류의 원소 대부분은 별이 진화하는 과정에서 형성되었다. ( )

02 (가)는 지구, (나)는 사람을 이루는 원소의 비율을 나타낸 것이다.

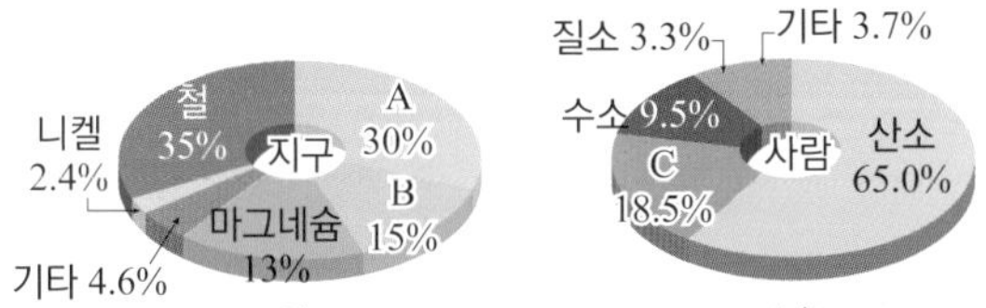

(가) (나)

A ~ C에 해당하는 원소를 옳게 짝지은 것은?

	A	B	C
①	철	수소	산소
②	산소	규소	탄소
③	산소	헬륨	수소
④	헬륨	규소	철
⑤	헬륨	탄소	수소

B 별의 탄생과 진화

03 별의 탄생 과정에 대한 설명으로 옳은 것만을 보기에서 있는 대로 고른 것은?

보기

ㄱ. 원시별이 주로 만들어지는 곳은 성운 내에서 밀도가 높고 온도가 낮은 곳이다.
ㄴ. 원시별의 크기가 크면 주계열성이 되고, 크기가 작으면 미행성체가 된다.
ㄷ. 원시별 중심에서 수소 핵융합 반응이 시작되면 주계열성이 된다.

① ㄱ ② ㄴ ③ ㄷ
④ ㄱ, ㄷ ⑤ ㄴ, ㄷ

04 주계열성에 대한 설명으로 옳은 것은?

① 별의 크기가 주기적으로 변한다.
② 중심부 온도가 1000만 K 이상이다.
③ 핵의 수소 양이 점차 증가한다.
④ 별의 일생의 극히 일부분에 해당한다.
⑤ 중력 수축에 의한 에너지가 외부로 방출된다.

05 별의 내부에서 일어나는 핵융합 반응에 대한 설명으로 옳은 것만을 <보기>에서 있는 대로 고르시오.

보기

ㄱ. 주계열성의 중심부에서는 헬륨 핵융합 반응이 일어난다.
ㄴ. 가벼운 원자핵 몇 개가 융합하여 더 무거운 원자핵이 되는 과정이다.
ㄷ. 반응 전의 질량의 합이 반응 후의 질량의 합보다 크다.

06 질량이 태양 정도인 별이 주계열성에서 진화하는 과정을 나타낸 것이다. 이에 대한 설명으로 옳은 것은?

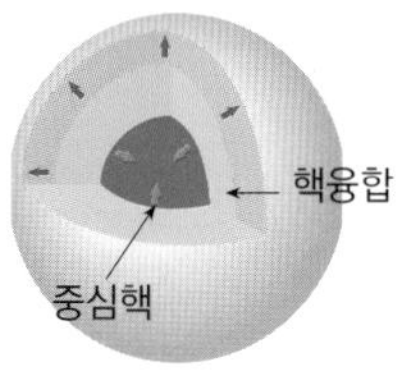

① 중심핵이 팽창하여 온도가 낮아진다.
② 수소로 이루어진 중심핵 부피가 커진다.
③ 핵의 외곽에서 규소 핵융합이 일어난다.
④ 중심핵이 팽창하여 별의 크기가 커진다.
⑤ 질량이 큰 별일수록 중심부의 온도가 높아지게 된다.

07 어느 별의 진화 과정을 나타낸 것이다.

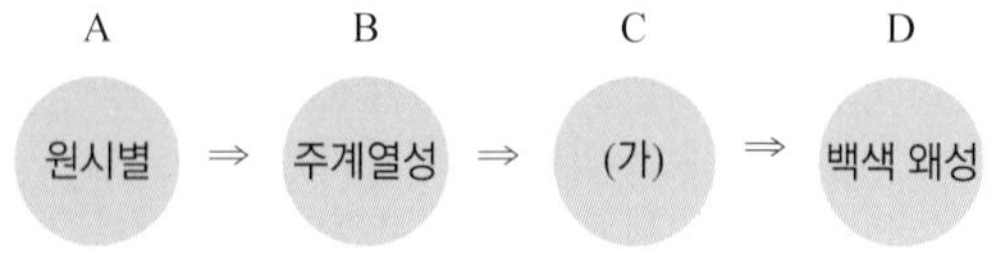

이에 대한 설명으로 옳은 것만을 <보기>에서 있는 대로 고른 것은?

보 기

ㄱ. (가)는 초신성이다.
ㄴ. D의 내부에서는 철이 생성된다.
ㄷ. A에서 B로 진화할 때 별의 중심부 온도가 높아진다.

① ㄱ ② ㄴ ③ ㄷ
④ ㄱ, ㄴ ⑤ ㄱ, ㄷ

08 어느 별의 중심부에서 일어나는 핵융합 반응의 과정을 나타낸 것이다.

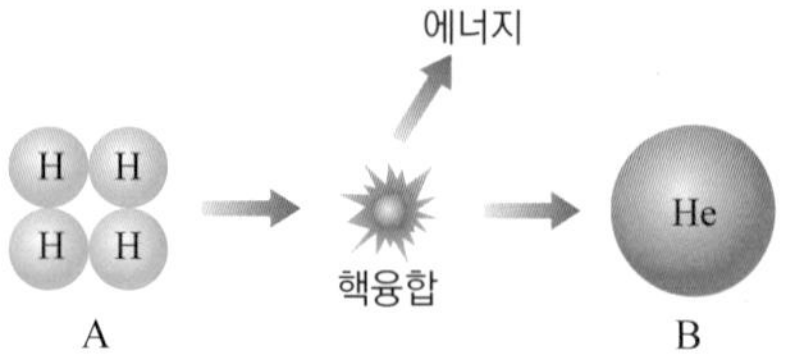

이에 대한 설명 중 옳은 것은 ○표, 옳지 않은 것은 × 표 하시오.

(1) A의 총 질량은 B보다 작다. ( )
(2) 원시별에서 일어나는 반응이다. ( )
(3) 현재 태양의 내부에서 일어나고 있는 반응이다. ( )

09 원시별과 주계열성에 작용하는 중력(A)과 내부 압력에 의한 힘(B)의 크기를 비교한 것으로 옳은 것은?

	원시별	주계열성
①	A < B	A = B
②	A < B	A > B
③	A = B	A = B
④	A > B	A < B
⑤	A > B	A = B

10 그림 (가)와 (나)는 질량이 서로 다른 두 별의 중심부에서 핵융합 반응이 일어나지 않을 때의 내부 구조를 나타낸 것이다.

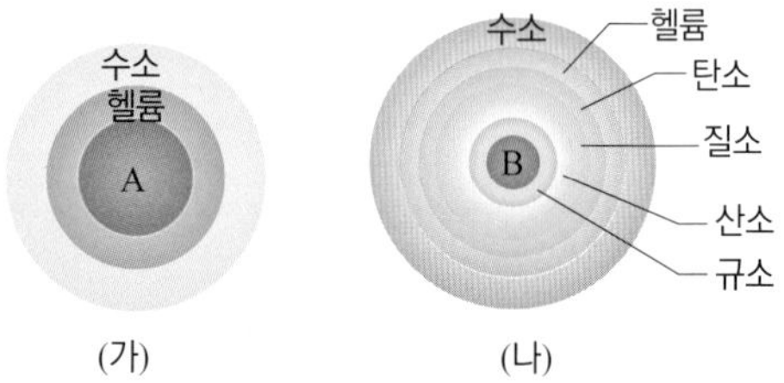

이에 대한 설명으로 옳은 것만을 <보기>에서 있는 대로 고른 것은?

보 기

ㄱ. A는 탄소, B는 철이다.
ㄴ. A는 수소 핵융합 반응 결과 만들어진다.
ㄷ. B보다 무거운 원소는 핵분열 결과 만들어진다.

① ㄱ ② ㄴ ③ ㄷ
④ ㄱ, ㄷ ⑤ ㄴ, ㄷ

11 별이 진화하는 과정에서 형성되는 천체들을 순서 없이 나타낸 것이다. 질량이 태양보다 매우 큰 별의 진화 과정에서 형성되는 천체를 모두 골라 진화 과정 순으로 기호를 나열하시오.

(가) 초거성 (나) 초신성
(다) 블랙홀 (라) 적색 거성
(마) 주계열성
(바) 백색 왜성과 행성상 성운

12 주계열성 내부에서 중력과 내부 압력에 의한 힘을 나타낸 것이다.

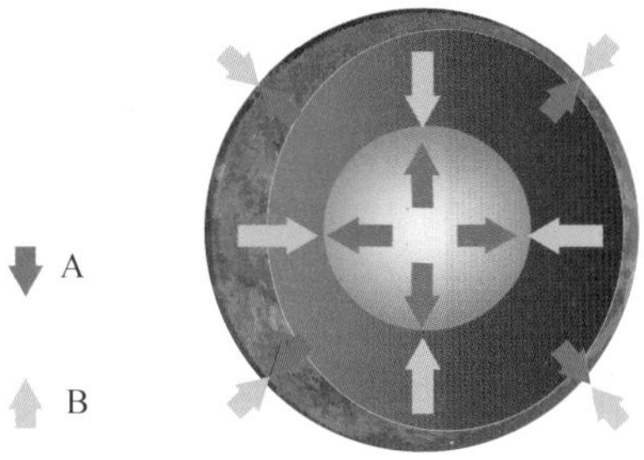

이에 대한 설명으로 옳은 것만을 <보기>에서 있는 대로 고른 것은?

보 기

ㄱ. A는 내부 압력에 의한 힘이다.
ㄴ. 적색 거성으로 진화할 때 A의 압력이 B보다 강해진다.
ㄷ. 이 단계에서 별은 수축과 팽창을 반복하여 크기가 주기적으로 변한다.

① ㄱ ② ㄴ ③ ㄷ
④ ㄱ, ㄴ ⑤ ㄴ, ㄷ

13 별의 탄생 과정의 일부를 나타낸 것이다.

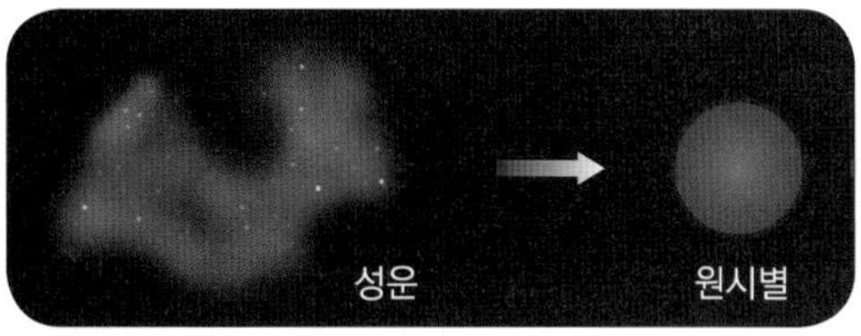

이에 대한 설명 중 옳은 것은 ○표, 옳지 않은 것은 ×표 하시오.

(1) 성운의 밀도가 균일한 곳에서 별이 탄생한다. ( )
(2) 원시별이 빛을 내는 에너지원은 중력 수축 에너지이다. ( )
(3) 원시별의 중심부 온도가 계속해서 올라가면 주계열성으로 진화할 수 있다. ( )

14 성운에서 주계열성이 탄생하기까지의 과정을 나타낸 것이다.

성운 ⇒ 원시별 ⇒ 주계열성
(가) (나) (다)

이에 대한 설명으로 옳은 것만을 <보기>에서 있는 대로 고른 것은?

보 기

ㄱ. (나)의 반지름이 (다)보다 크다.
ㄴ. (가) → (나)에서 성운의 온도는 올라간다.
ㄷ. (나) → (다)에서 수소 핵융합 반응이 시작된다.

① ㄱ ② ㄷ ③ ㄱ, ㄴ
④ ㄴ, ㄷ ⑤ ㄱ, ㄴ, ㄷ

C 태양계의 형성

15 태양계의 형성 과정 중 일부를 나타낸 것이다.

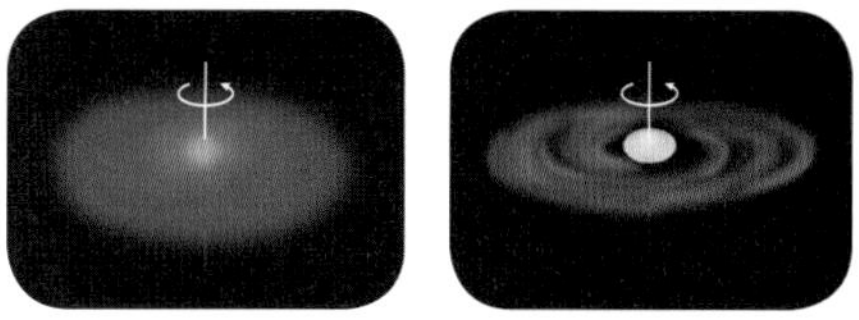

(가) 원반 모양 성운 형성 (나) 원시 태양과 미행성체 형성

이에 대한 설명으로 옳은 것만을 <보기>에서 있는 대로 고른 것은?

보 기

ㄱ. (가)의 중심부에 원시 태양이 형성되었다.
ㄴ. (나)에서 중심과 멀수록 가벼운 성분이 많다.
ㄷ. (가) → (나) 과정에서 중심부 온도는 높아졌다.

① ㄱ ② ㄷ ③ ㄱ, ㄴ
④ ㄴ, ㄷ ⑤ ㄱ, ㄴ, ㄷ

16 태양계 행성들을 물리량에 따라 두 집단으로 분류한 것이다.

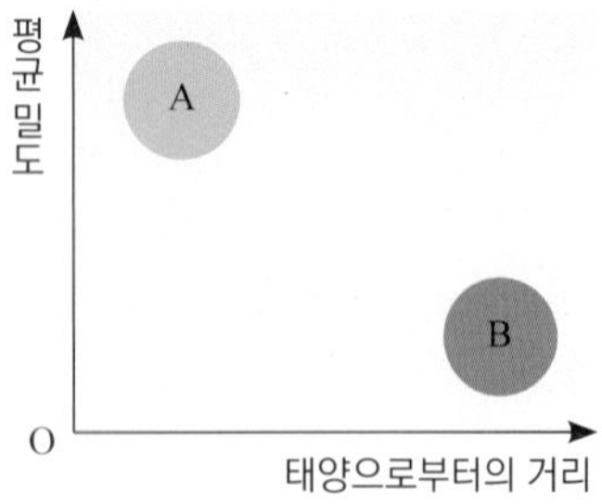

이에 대한 설명으로 옳은 것만을 <보기>에서 있는 대로 고른 것은?

보 기

ㄱ. A는 지구형 행성, B는 목성형 행성이다.
ㄴ. A는 B보다 저온의 환경에서 형성되었다.
ㄷ. B는 주로 철, 규산염 등의 무거운 물질로 이루어졌다.
ㄹ. B는 녹는점이 낮은 물, 메테인, 암모니아가 응축된 고체 물질을 가진 미행성체로부터 생성되었다.

① ㄱ, ㄷ ② ㄱ, ㄹ ③ ㄴ, ㄹ
④ ㄱ, ㄴ, ㄷ ⑤ ㄴ, ㄷ, ㄹ

17 태양계의 형성 과정에 대한 설명으로 옳은 것은?

① 미행성체가 서로 충돌하여 원시 태양이 되었다.
② 원시 행성이 형성된 이후에 원시 태양이 형성되었다.
③ 태양계 성운이 천천히 수축하며 회전하여 납작한 원반 모양이 형성되었다.
④ 성운이 수축하는 과정에서 회전은 점차 느려졌다.
⑤ 원시 태양과 원시 행성의 생성 시기는 매우 차이가 난다.

18 태양계의 형성 과정을 순서 없이 나타낸 것이다.

(가) 중심부가 볼록한 원반 모양 성운 형성
(나) 원시 행성 형성
(다) 태양계 성운의 형성
(라) 미행성체 형성

오래된 시간 순서대로 나열하시오.

서술형

19 태양의 스펙트럼을 나타낸 것이다. 이와 같이 태양의 스펙트럼에서 헬륨보다 무거운 원소들의 흡수선이 나타나는 까닭을 별의 진화를 들어 서술하시오.

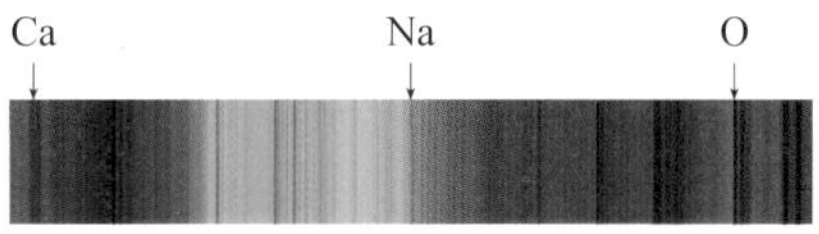

D 지구의 형성

20 지구의 형성 과정에 대한 설명 중 옳은 것은 ○표, 옳지 않은 것은 ×표 하시오.

(1) 철, 니켈 등의 물질이 가라앉아 층상 구조를 형성하였다. ( )
(2) 원시 바다가 형성된 후 원시 대기 중의 이산화 탄소가 증가하였다. ( )
(3) 지구 탄생 초기에는 화산 활동에 의해 수소, 이산화 탄소 등이 분출되었다. ( )

정답 및 해설 ➔ 07

21 원시 지구의 형성 과정 (가) ~ (라)를 시간 순서대로 나열하시오.

(가) 원시 지각 형성	(나) 핵과 맨틀의 분리
(다) 미행성체 충돌	(라) 마그마 바다의 형성

22 지구를 구성하는 원소에 대한 설명으로 옳은 것만을 <보기>에서 있는 대로 고르시오.

보 기

ㄱ. 지구 전체에서 가장 많은 원소는 철이다.
ㄴ. 지각을 구성하는 원소 중 가장 많은 것은 산소이다.
ㄷ. 지구 대기를 이루는 질소와 이산화 탄소의 양은 탄생 초기부터 현재까지 큰 변화가 없다.

23 (가) ~ (다)는 원시 지구에서 층상 구조가 형성된 과정을 순서 없이 나타낸 것이다.

(가) 지표가 식으면서 원시 지각이 형성되었다.
(나) 미행성체들의 충돌로 인해 열이 발생하여 마그마 바다가 형성되었다.
(다) 철과 니켈 등의 무거운 성분이 지구 중심부로 가라앉아 핵을 형성하였다.

이에 대한 설명으로 옳은 것만을 <보기>에서 있는 대로 고른 것은?

보 기

ㄱ. 원시 바다는 (가) 이후에 형성되었다.
ㄴ. (가) → (나) → (다)의 순으로 진행되었다.
ㄷ. (다) 시기에 지구 중심부에는 산소와 규소가 풍부하였다.

① ㄱ ② ㄴ ③ ㄷ
④ ㄱ, ㄴ ⑤ ㄴ, ㄷ

24 지구 형성 과정 중 일부를 나타낸 것이다.

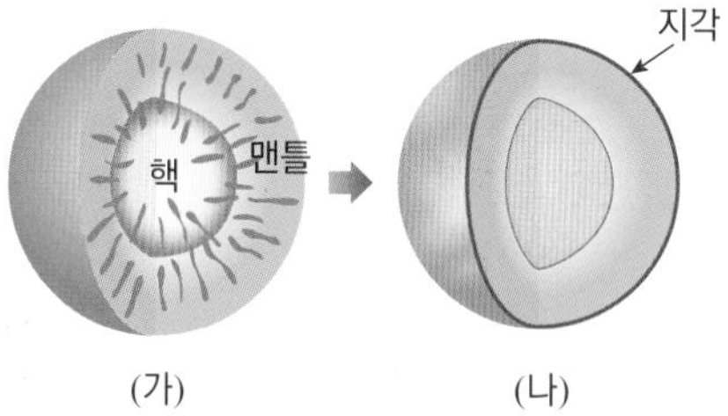

이에 대한 설명으로 옳은 것만을 <보기>에서 있는 대로 고른 것은?

보 기

ㄱ. (가)에서 규소, 산소와 같은 물질이 핵을 이루었다.
ㄴ. (나)에서 원시 지각이 형성된 후 원시 바다가 형성되었다.
ㄷ. (가) → (나) 과정에서 원시 지구 표면의 온도는 증가하였다.

① ㄱ ② ㄴ ③ ㄷ
④ ㄱ, ㄴ ⑤ ㄴ, ㄷ

25 지구의 형성 과정에 대한 설명으로 옳은 것만을 <보기>에서 있는 대로 고른 것은?

보 기

ㄱ. 원시 바다가 형성된 이후 대기 중의 산소의 양이 증가하였다.
ㄴ. 탄생 초기 미행성체와의 충돌 과정에서 화산 활동에 의해 이산화 탄소가 생성되었다.
ㄷ. 철, 니켈 등의 물질이 핵을 형성하였다.

① ㄱ ② ㄴ ③ ㄷ
④ ㄱ, ㄴ ⑤ ㄱ, ㄴ, ㄷ

03 원소들의 주기성

핵심 Point

□ 현대 주기율표의 특징　□ 원소들의 주기성
□ 알칼리 금속과 할로젠 원소의 성질　□ 여러 가지 원자의 전자 배치

현대의 주기율표는 어떻게 만들어졌으며, 원자 내 전자는 어떻게 배치되어 있을까?

A 주기율표

1. 주기율 : 원소들을 원자 번호 순서대로 배열할 때 비슷한 성질을 가지는 원소가 주기적으로 나타나는 현상이다.

2. 주기율표 : 성질이 비슷한 원소가 주기적으로 나타나도록 원소들을 배열한 표이다.

3. 주기율의 발견 과정

① **되베라이너의 세 쌍 원소설**(1817년) : 화학적 성질이 비슷한 원소를 3개씩 묶어 세 쌍 원소라고 하였다. 현재의 각 족에 포함된 3개의 원소(Li-Na-K 등)이었다.

② **뉴렌즈의 옥타브설**(1865년) : 원소를 원자량 ❶ 순으로 나열하면 8번째마다 화학적 성질이 비슷한 원소가 나타나는 규칙성을 발견하고, 8음계를 딴 옥타브설을 발표하였다.

③ **멘델레예프의 주기율표**(1869년) : 당시까지 발견된 63종의 원소를 원자량 순서로 배열하여 최초의 주기율표를 만들었다. → 원자량 순서대로 나열하였기 때문에 몇몇 원소들의 화학적 성질이 주기성을 벗어나는 문제점이 있었다.

④ **모즐리의 주기율표**(1913년) : X선 연구를 통해 원자핵의 양성자 수를 알아내고 양성자 수를 원자 번호로 결정하였다. 원자량이 아닌 원자 번호 ❷ 에 따라 원소 배열을 함으로써 현대 주기율표의 토대가 되는 주기율표를 만들었다.

4. 현대의 주기율표 : 원소들을 원자 번호 순으로 배열하여 화학적 성질이 비슷한 원소들이 같은 세로줄(족)에 오도록 하였다.

① **족** : 주기율표의 세로줄을 말하며, 1 ~ 18 족으로 구성된다.

② **주기** : 주기율표의 가로줄을 말하며, 1 ~ 7 주기로 구성된다.

개념+

원소와 원자

- 원소 : 물질을 구성하는 가장 기본적인 성분으로 더 이상 다른 성분으로 분해되지 않는다. 현대까지 알려진 원소는 약 110 종류이다.
- 원자 : 물질을 구성하는 가장 기본적인 입자이다.

❶ 원자량

원자량은 ^{12}C 원자의 질량을 12로 하여 각 원자의 질량을 상대적으로 나타낸 값으로, 원자량이 클수록 무거운 원소이다.

❷ 원자 번호

원자는 원자핵과 전자로 구성되어 있으며, 원자핵은 다시 양성자와 중성자로 구성된다. 원자를 구성하는 양성자의 수가 원자 번호이다.

→ 원자 번호가 클수록 반드시 원자량이 크지는 않다. 예을 들어 $_{18}Ar$의 원자량은 39.95이고 $_{19}K$ 의 원자량은 39.10 이다.

1 ── 원자 번호
H ── 원소 기호
수소 ── 원소 이름

금속 원소
비금속 원소
준금속 원소
전이 원소(금속)

원소 기호의 색 : 홑원소 물질의 상태(상온, 상압)
고체, 액체, 기체

	1족	2족	3족	4족	5족	6족	7족	8족	9족	10족	11족	12족	13족	14족	15족	16족	17족	18족
1주기	1 H 수소																	2 He 헬륨
2주기	3 Li 리튬	4 Be 베릴륨											5 B 붕소	6 C 탄소	7 N 질소	8 O 산소	9 F 플루오린	10 Ne 네온
3주기	11 Na 나트륨	12 Mg 마그네슘											13 Al 알루미늄	14 Si 규소	15 P 인	16 S 황	17 Cl 염소	18 Ar 아르곤
4주기	19 K 칼륨	20 Ca 칼슘	21 Sc 스칸듐	22 Ti 타이타늄	23 V 바나듐	24 Cr 크로뮴	25 Mn 망가니즈	26 Fe 철	27 Co 코발트	28 Ni 니켈	29 Cu 구리	30 Zn 아연	31 Ga 갈륨	32 Ge 저마늄	33 As 비소	34 Se 셀레늄	35 Br 브로민	36 Kr 크립톤
5주기	37 Rb 루비듐	38 Sr 스트론튬	39 Y 이트륨	40 Zr 지르코늄	41 Nb 나이오븀	42 Mo 몰리브데넘	43 Tc 테크네튬	44 Ru 루테늄	45 Rh 로듐	46 Pd 팔라듐	47 Ag 은	48 Cd 카드뮴	49 In 인듐	50 Sn 주석	51 Sb 안티모니	52 Te 텔루륨	53 I 아이오딘	54 Xe 제논
6주기	55 Cs 세슘	56 Ba 바륨	57 La * 란타넘족	72 Hf 하프늄	73 Ta 탄탈럼	74 W 텅스텐	75 Re 레늄	76 Os 오스뮴	77 Ir 이리듐	78 Pt 백금	79 Au 금	80 Hg 수은	81 Tl 탈륨	82 Pb 납	83 Bi 비스무트	84 Po 폴로늄	85 At 아스타틴	86 Rn 라돈
7주기	87 Fr 프랑슘	88 Ra 라듐	89 Ac** 악티늄족	104 Rf 러더퍼듐	105 Db 더브늄	106 Sg 시보귬	107 Bh 보륨	108 Hs 하슘	109 Mt 마이트너륨	110 Ds 다름슈타튬	111 Rg 뢴트게늄	112 Cn 코페르니슘	113	114	115	116	117	118

* 란타넘족 원소	57 La 란타넘	58 Ce 세륨	59 Pr 프라세오디뮴	60 Nd 네오디뮴	61 Pm 프로메튬	62 Sm 사마륨	63 Eu 유로퓸	64 Gd 가돌리늄	65 Tb 타븀	66 Dy 디스프로슘	67 Ho 홀뮴	68 Er 어븀	69 Tm 툴륨	70 Yb 이터븀	71 Lu 루테튬
** 악티늄족 원소	89 Ac 악티늄	90 Th 토륨	91 Pa 프로트악티늄	92 U 우라늄	93 Np 넵투늄	94 Pu 플루토늄	95 Am 아메리슘	96 Cm 퀴륨	97 Bk 버클륨	98 Cf 캘리포늄	99 Es 아인슈타이늄	100 Fm 페르뮴	101 Md 멘델레븀	102 No 노벨륨	103 Lr 로렌슘

▲현대의 주기율표

5. 금속 원소와 비금속 원소

구분	금속 원소	비금속 원소
이온의 형성	전자를 잃고 양이온이 되기 쉽다. $M \longrightarrow M^{n+} + ne^-$	전자를 얻어 음이온이 되기 쉽다. $X + ne^- \longrightarrow X^{n-}$
주기율표에서의 위치	왼쪽과 가운데(단, 수소는 비금속)	오른쪽
실온★에서의 상태	고체 상태(단, 수은은 액체)	기체, 고체 상태(단, 브로민은 액체)
열, 전기 전도성★	크다.	매우 작다.(단, 흑연은 제외)
연성과 전성③	연성과 전성이 있다.	연성과 전성이 없다.
산화물의 성질	금속 산화물의 수용액은 염기성을 나타낸다. ($CaO+H_2O \rightarrow Ca^{2+} + 2OH^-$)	비금속 산화물의 수용액은 산성을 나타낸다. ($NO_2+ H_2O \rightarrow NO_3^{2-} + 2H^+$)
광택의 유무	대부분 특유의 광택이 있다.	광택이 없다.

B 알칼리 금속과 할로젠 원소

1. 알칼리 금속 : 주기율표에서 수소를 제외한 1족에 속하는 금속 원소이다.

예 리튬(Li), 나트륨(Na), 칼륨(K), 루비듐(Rb) 등

① 실온에서 모두 고체 상태이고, 은백색의 광택을 띤다.

② 다른 금속에 비해 밀도가 작고, 칼로 쉽게 잘릴 정도로 무르다.

③ 반응성이 매우 커서 산소, 물과 잘 반응한다.

예 나트륨이 공기 중에서 산소와 반응하면 광택을 잃는다. $4Na + O_2 \longrightarrow 2Na_2O$

예 나트륨이 물과 격렬히 반응하면 수소 기체가 발생하고, 이때 생성된 수용액은 염기성을 띤다. $2Na + 2H_2O \longrightarrow 2NaOH + H_2$ (NaOH: 염기성)

④ 반응성이 매우 크기 때문에 산소, 물과의 접촉을 막기 위해 석유나 액체 파라핀 속에 넣어 보관한다.

2. 할로젠 원소 : 주기율표에서 17족에 속하는 비금속 원소이다.

예 플루오린(F), 염소(Cl), 브로민(Br), 아이오딘(I) 등

① 실온에서 원자 2개가 결합한 2원자 분자로 존재하며, 브로민은 액체 상태이다.

구분	플루오린(F_2)	염소(Cl_2)	브로민(Br_2)	아이오딘(I_2)
상태	기체	기체	액체	고체
색깔	담황색 (옅은 노란색)	황록색 (노란색)	적갈색	보라색

② 반응성이 매우 커서(반응성 크기 : $F_2 > Cl_2 > Br_2 > I_2$) 금속, 수소와 잘 반응한다.
(반응성 크기: 원자핵이 전자를 잡아당기는 정도의 순서와 같다.)

예 나트륨과 격렬하게 반응하면서 열과 빛을 낸다. $2Na + Cl_2 \longrightarrow 2NaCl$

예 수소와 반응하여 생성된 할로젠화 수소(HF, HCl, HBr 등)를 물에 녹이면 산성을 띤다.
$HCl + H_2O \longrightarrow H_3O^+ + Cl^-$
(H_3O^+: 하이드로늄 이온 : 물과 H^+ 가 결합한 형태이다.)

C 원자의 전자 배치

1. 원자의 구조 : 원자는 원자핵과 그 주위를 돌고 있는 전자로 구성되어 있고, 원자핵은 양성자와 중성자로 이루어져 있다.

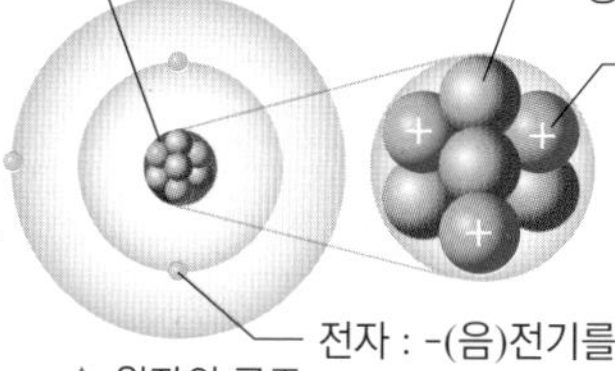

▲ 원자의 구조

개념+

준금속 원소

준금속 원소는 금속 원소와 비금속 원소의 중간 성질이거나, 금속 원소와 비금속 원소의 성질이 모두 있는 원소이다.

③ 연성과 전성

- 연성 : 힘을 가하면 가늘고 길게 늘어나는 성질이다.
- 전성 : 힘을 가하면 얇게 펴지는 성질이다.

금속성과 비금속성

- 금속성 : 원자가 전자를 잃어 양이온이 되기 쉬운 원소일수록 금속성이 크다.
- 비금속성 : 원자가 전자를 얻어 음이온이 되기 쉬운 원소일수록 비금속성이 크다.

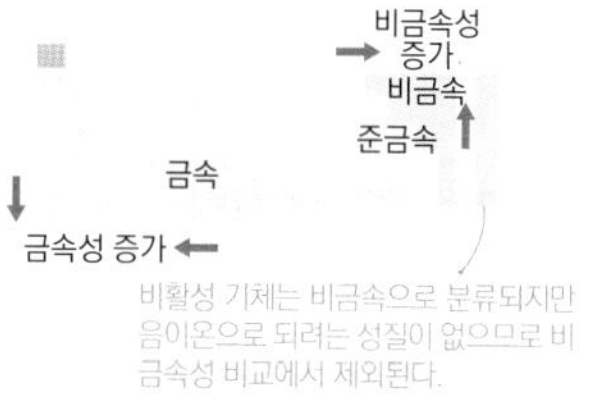

알칼리 금속의 이용

- 리튬 : 휴대 전화의 전지
- 나트륨 : 도로, 터널의 조명
- 칼륨 : 비료

할로젠 원소의 이용

- 플루오린 : 충치 예방 치약
- 염소 : 물의 소독, 표백제
- 아이오딘 : 상처 소독약

▲ 아이오딘 소독약

미니사전

★ **실온**
실내의 평균 온도로 20±5℃ 범위이다.

★ **전도성** [傳 전하다, 道 통하다, 性 성질]
어떤 물질이 열이나 전기를 한 부분에서 다른 부분으로 옮기는 성질

① 한 중성 원자를 구성하는 양성자 수와 전자 수는 같다. → 원자는 전기적으로 중성이다.
② 양성자 수는 원자마다 다르다. → 양성자 수는 원자 번호와 같다.

> 원자 번호 = 양성자 수 = 전자 수(중성 원자)

2. 원자의 전자 배치

① **전자 껍질** : 보어 모형[4]에 근거하여 원자핵 주위의 전자가 운동하는 특정한 에너지 준위의 궤도를 말한다.
② **최외각 전자** : 바닥 상태[5] 전자 배치에서 가장 바깥 껍질에 배치된 전자이다.
③ **원자가 전자** : 바닥 상태 전자 배치에서 가장 바깥 껍질에 배치된 전자로, 화학 반응에 참여하여 원소의 화학적 성질을 결정한다.
④ **에너지 준위** : 원자 내의 전자는 정해진 궤도에서만 존재할 수 있으므로 정해진 에너지 값((-)값)을 가지는데, 이때 전자가 가질 수 있는 에너지 값을 에너지 준위라고 한다. 원자핵으로부터 멀어질수록 에너지 준위는 높아지며 원자 내의 전자가 가지는 에너지 준위의 최대값은 0 이다.

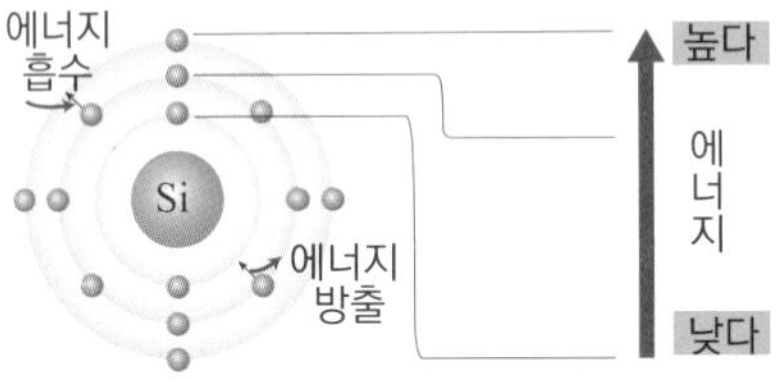

▲ 규소(Si) 원자의 구조와 에너지 준위

· 전자는 궤도와 궤도 사이를 이동할 수 있으며 이때 에너지의 출입이 일어난다.

⑤ **전자 배치의 원리**
· 전자는 원자핵에 가까운(에너지가 낮은) 전자 껍질부터 차례로 채워진다.
· 첫 번째 전자 껍질에는 최대 2개, 두 번째와 세 번째 전자 껍질에는 최대 8개가 배치된다.

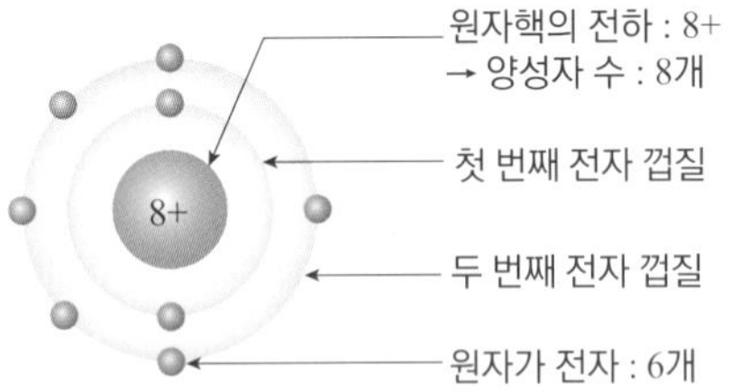

▲ 산소의 전자 배치

· 전자가 배치되어 있는 전자 껍질의 수는 주기 번호와 같다. → 산소의 전자 껍질 수가 2개이므로 산소는 2주기 원소
· 산소는 가장 바깥 전자 껍질에 배치된 전자가 6개이다. → 원자가 전자 수 6개

3. 주기율표와 전자 배치의 관계

① **주기와 전자 배치** : 같은 주기 원소들은 전자가 들어 있는 전자 껍질 수가 같고, 원자 번호가 증가함에 따라 원자가 전자 수는 증가하다가 18족 원소에서 0이 된다.
② **족과 전자 배치** : 같은 족 원소들은 원자가 전자 수가 같아 화학적 성질이 비슷하다. (단, 수소 및 3 ~ 12족은 예외)
③ **원소들의 주기성이 나타나는 까닭** : 원자 번호가 증가함에 따라 원자가 전자 수가 주기적으로 같아지기 때문이다.

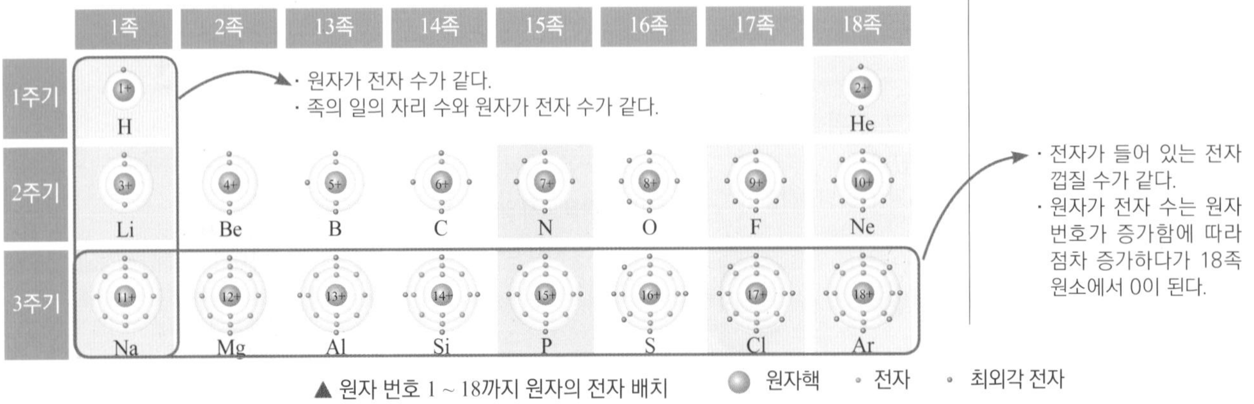

▲ 원자 번호 1 ~ 18까지 원자의 전자 배치

개념 +

④ 보어 모형

보어(Bohr, 1885~1962)는 수소 원자 선 스펙트럼을 설명하기 위해 다음과 같은 두 가지 가설을 세웠다.
① 전자는 원자핵 주위의 특정한 에너지를 가지는 궤도를 따라 원운동하고 있다.
② 전자가 다른 전자 껍질로 이동하기 위해서는 에너지 차이만큼 에너지를 흡수 또는 방출한다.
보어 모형은 수소 원자 선 스펙트럼은 잘 설명할 수 있지만, 전자를 2개 이상 가진 다전자 원자의 스펙트럼을 설명하는 데에는 한계가 있다.

⑤ 바닥 상태와 들뜬 상태

- 바닥 상태 : 전자가 가장 낮은 에너지 준위의 전자 껍질에 존재하여 안정한 상태이다.
- 들뜬 상태 : 전자가 에너지를 흡수하여 높은 에너지 준위의 전자 껍질로 전이된 불안정한 상태이다.

18족 원소의 최외각 전자와 원자가 전자

18족 원소의 가장 바깥 껍질에 배치된 전자의 수는 He을 제외하고 모두 8개이지만, 화학 반응에 참여하는 전자가 없으므로 원자가 전자 수는 0개이다.

전자의 이동과 에너지 출입

전자는 에너지 준위가 다른 전자 껍질로 이동할 수 있다. 전자가 낮은 에너지 준위(바닥 상태)에서 높은 에너지 준위(들뜬 상태)로 이동할 때에는 그 차이만큼 에너지를 흡수하고, 높은 에너지 준위에서 낮은 에너지 준위로 이동할 때에는 그 차이만큼 에너지를 빛의 형태로 방출한다.

개념 체크

정답 및 해설 → 10

Point

01 성질이 비슷한 원소가 주기적으로 나타나도록 원소들을 배열한 표를 무엇이라고 하는지 쓰시오.

02 <보기>에서 금속인 원소를 모두 고르시오.

보 기					
Na	Fe	F	Ne	Mg	Si

03 현대의 주기율표에 대한 설명으로 옳은 것은 ○표, 옳지 않은 것은 ×표 하시오.

(1) 원소들은 원자 번호 순으로 배열되어 있다. (　　)
(2) 1 ~ 7주기와 1 ~ 18족으로 이루어져 있다. (　　)
(3) 같은 족 원소들은 전자 껍질 수가 같다. (　　)
(4) 왼쪽과 가운데 부분에는 비금속 원소가, 오른쪽 부분에는 금속 원소가 위치한다. (　　)

04 알칼리 금속에 대한 설명은 '알', 할로젠 원소에 대한 설명은 '할'이라고 쓰시오.

(1) 원자가 전자 수가 7개이다. (　　)
(2) 상대적으로 밀도가 작고, 칼로 쉽게 잘릴 정도로 무르다. (　　)
(3) 물에 녹아 염기성을 나타낸다. (　　)
(4) 실온에서 2개의 원자가 결합한 2원자 분자로 존재한다. (　　)
(5) 반응성이 매우 커서 금속, 수소와 잘 반응한다. (　　)

05 원자 모형과 전자 배치에 대한 설명이다. (　　) 안에 들어갈 알맞은 말을 쓰시오.

> 전자는 (　　　　) 주위의 특정한 에너지 준위의 궤도를 따라 운동하는데, 이 궤도를 (　　　　)이라고 한다. 원자핵에 가까울수록 에너지 준위가 (　　), 원자핵에서 멀수록 에너지 준위가 (　　). 바닥 상태 전자 배치는 에너지 준위가 낮은 안쪽 전자 껍질부터 전자가 차례로 채워진다.

06 나트륨의 전자 배치 모형이다.

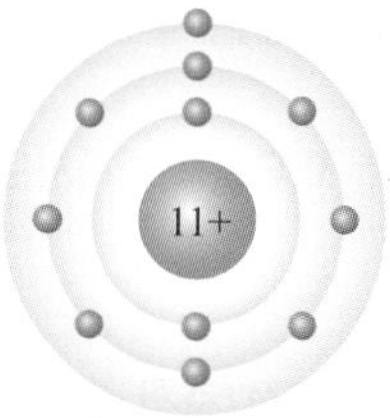

(1) 나트륨의 원자 번호를 쓰시오.

(2) 원자가 전자 수를 쓰시오.

탐구

알칼리 금속의 성질

목표

알칼리 금속의 성질을 알아보고, 같은 족의 원소는 비슷한 성질이 있다는 것을 확인한다.

준비물 리튬(Li), 나트륨(Na), 칼륨(K) 조각, 핀셋, 칼, 실린더, 성냥, 페놀프탈레인 용액

실험 과정

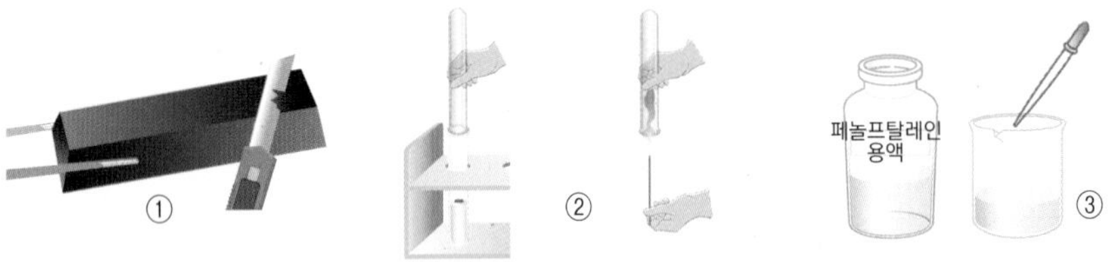

① 리튬(Li)을 유리판 위에 올려 놓고 핀셋으로 잡은 후, 칼로 자르면서 단면의 색 변화를 관찰한다.
② 물이 들어 있는 시험관에 좁쌀 크기의 리튬 조각을 넣고 생성되는 기체를 또 다른 시험관에 모은 후, 불이 붙은 성냥을 대어 기체의 성질을 확인한다.
③ ②에서 리튬 조각을 넣은 시험관의 물을 비커에 옮기고 페놀프탈레인 용액을 1 ~ 2 방울 떨어뜨린다.
④ 수용액의 색 변화를 관찰한다.
⑤ 나트륨(Na)과 칼륨(K)을 사용하여 ① ~ ④ 과정을 반복한다.

용액의 액성을 확인하는 지시약으로, 산성과 중성에서 무색, 염기성에서 붉은색을 띤다.

수소, 메테인, 알코올 등과 같이 불에 잘 탈 수 있거나 타기 쉬운 성질을 말한다.

실험 결과

구분	단단한 정도	단면의 변화	물과의 반응	기체 확인	수용액의 색 변화
리튬(Li)	약간 자르기 힘듦	천천히 광택을 잃음	천천히 기체 발생	가연성 있는 수소 기체가 발생하므로 펑하고 불이 붙음	무색 → 붉은색
나트륨(Na)	쉽게 잘림	빠르게 광택 잃음	빠르게 기체 발생		무색 → 붉은색
칼륨(K)	쉽게 잘림	빠르게 광택 잃음	격렬하고 빠르게 기체 발생		무색 → 붉은색

정리 및 해석

- 알칼리 금속은 대체로 무르기 때문에 칼로 자를 수 있다.
- 알칼리 금속은 칼로 잘랐을 때 단면이 광택을 잃는다.
  → 알칼리 금속은 반응성이 클수록 공기 중의 산소와 빠르게 반응하여 광택을 잃는다.
- 알칼리 금속은 물과 반응하여 수소 기체를 발생한다.
- 수용액이 무색에서 붉은색으로 변한 것은 수용액의 액성이 염기성이 되었기 때문이다.
- 리튬, 나트륨, 칼륨은 모두 1족 원소로 같은 족 원소는 화학적 성질이 서로 비슷함을 알 수 있다.

!주의

- 알칼리 금속과 시약이 피부에 닿지 않도록 주의한다.
- 알칼리 금속은 반응성이 크므로 물과 반응할 때 너무 가까이에 서 있지 않는다.
- 실험 후 남은 알칼리 금속은 지정된 곳에 따로 버려야 한다.

정답 및 해설 → 10

탐구 문제 1 위 실험을 통해 리튬(Li), 나트륨(Na), 칼륨(K)의 반응성을 부등호를 이용하여 비교하시오.

탐구 문제 2 알칼리 금속을 칼로 자르면 광택을 잃는 이유를 서술하시오.

탐구 문제 3 알칼리 금속이 물과 반응하면 수용액은 (산성, 중성, 염기성)이 된다.

강의

원자의 전자 배치

원자의 전자 배치(바닥 상태)

① 원자 번호 = 양성자 수 = 전자 수(중성 원자)
② 전자는 원자핵과 가까운 전자 껍질부터 차례로 채워지고, 첫 번째 전자 껍질에 최대 2개, 두 번째, 세 번째 전자 껍질에는 각각 최대 8개의 전자가 채워진다.
③ 전자가 배치되어 있는 전자 껍질 수는 주기와 같다.
④ 18족 원소를 제외하고, 족 번호 끝자리 수와 원자가 전자 수가 같다.

원자가 전자

원자가 전자는 원자를 구성하는 전자 중 가장 바깥 껍질에 존재하고, 화학 반응에 참여하는 전자를 말한다. 18족 원소들은 다른 원소와 화학 반응하지 않으므로 원자가 전자 수가 0이다. 원소들이 주기성을 나타내는 이유는 원자 번호가 증가함에 따라 원소의 화학적 성질을 결정하는 원자가 전자 수가 주기적으로 같아지기 때문이다.

정답 및 해설 ➜ 10

Q1 원자 모형에 전자를 배치해 보고, 빈칸을 채우시오.

원소	헬륨(He)	리튬(Li)	산소(O)	마그네슘(Mg)	염소(Cl)
원자 번호	2				17
양성자 수		3		12	
전자 수			8		
원자 모형					
주기					
족					
원자가 전자 수					

Q2 주기율표에서 괄호 안에 해당 원소의 원자가 전자 수를 채우시오.

주기 \ 족	1	2	13	14	15	16	17	18
1	H ( )							He ( )
2	Li ( )	Be ( )	B ( )	C ( )	N ( )	O ( )	F ( )	Ne ( )
3	Na ( )	Mg ( )	Al ( )	Si ( )	P ( )	S ( )	Cl ( )	Ar ( )
4	K ( )	Ca ( )						

1 원소들의 주기성

주기율표의 일부를 나타낸 것이다.

주기＼족	1	2	13	14	15	16	17	18
1	A							
2						B		
3	C				D		E	

원소 A ~ E 중 물질 (가)와 (나)를 이루는 원소로 옳게 짝지은 것은? (단, A ~ E 는 임의의 원소 기호이다.)

> · (가)와 (나)는 각각 비금속 원소로 이루어져 있다.
> · (가)는 실온에서 황록색을 띠는 기체로 존재한다.
> · (나)의 원소는 원자가 전자 수가 1개이다.

	(가)	(나)
①	A	B
②	B	C
③	D	A
④	E	A
⑤	E	C

2 원자의 전자 배치

4 가지 원자 A ~ D 의 바닥 상태 전자 배치 모형을 나타낸 것이다.

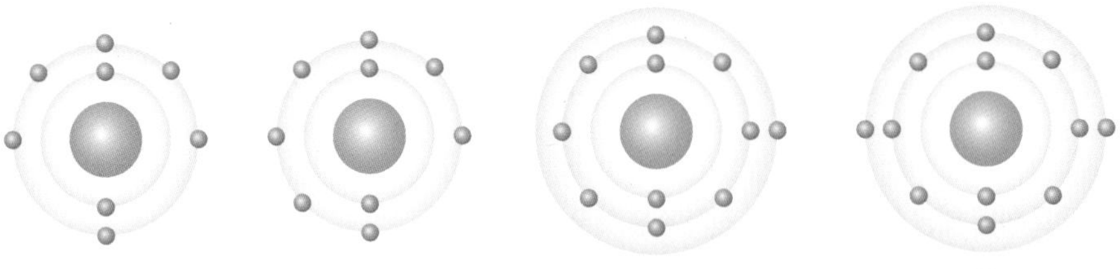

A　　　B　　　C　　　D

이에 대한 설명으로 옳지 않은 것은? (단, A ~ D는 임의의 원소 기호이다.)

① A는 16족 원소이다.
② B는 2원자 분자로 존재한다.
③ C는 알칼리 금속이다.
④ C와 D는 2주기 원소이다.
⑤ A ~ D의 원자가 전자 수의 합은 16개이다.

1 원소와 주기율표

01 현대 주기율표에 대한 설명이다. 이에 대한 설명으로 옳지 않은 것은?

① 주기율표의 가로줄을 주기라 하며, 1 ~ 7 주기로 구성된다.
② 주기율표의 세로줄을 족이라 하며, 1 ~ 18 족으로 구성된다.
③ 1족 원소들은 모두 알칼리 금속이다.
④ 18족 원소들은 가장 바깥 전자 껍질에 전자가 모두 채워진다.
⑤ 같은 족 원소들은 원자가 전자 수가 같다.

02 주기율의 발견과 관련된 과학자에 대한 설명으로 옳 옳은 것만을 <보기>에서 있는 대로 고른 것은?

보 기

ㄱ. 되베라이너는 화학적 성질이 비슷한 원소 5개의 원소 사이의 관계를 알아내었다.
ㄴ. 멘델레예프는 63종의 원소들을 원자 번호 순으로 배열하였다.
ㄷ. 모즐리는 원소들의 주기적 성질이 원자 번호와 관련 있다는 사실을 알아내었다.

① ㄱ ② ㄷ ③ ㄱ, ㄴ
④ ㄴ, ㄷ ⑤ ㄱ, ㄴ, ㄷ

03 원소에 대한 설명으로 옳지 않은 것은?

① 원소의 종류는 물질의 종류에 비해 적다.
② 더 이상 다른 물질로 분해되지 않는다.
③ 현재까지 약 110 종류가 발견되었다.
④ 원자 번호가 큰 원소일수록 무거운 원소이다.
⑤ 종류가 같거나 다른 원소들이 서로 화학 결합하여 물질을 구성할 수 있다.

04 원자 번호 1 ~ 20 인 원소들을 나타낸 주기율표이다.

주기 \ 족	1	2	13	14	15	16	17	18
1	H							He
2	Li	Be	B	C	N	O	F	Ne
3	Na	Mg	Al	Si	P	S	Cl	Ar
4	K	Ca						

이에 대한 설명으로 옳은 것만을 <보기>에서 있는 대로 고른 것은?

보 기

ㄱ. Li, Na, K은 금속성이 크다.
ㄴ. 비금속성이 가장 큰 원소는 He이다.
ㄷ. O와 S은 화학적 성질이 비슷하다.

① ㄱ ② ㄴ ③ ㄷ
④ ㄱ, ㄷ ⑤ ㄴ, ㄷ

05 다음 설명에 해당하는 원소는?

· 열과 전기가 잘 통하지 않는다.
· 전자를 얻어 음이온이 되기 쉽다.
· 주기율표의 오른쪽에 위치한다.

① 나트륨 ② 수소 ③ 황
④ 철 ⑤ 칼슘

06 금속 원소의 성질에 대한 설명으로 옳지 않은 것은?

① 전성과 연성이 있다.
② 열과 전기를 잘 통한다.
③ 대부분 특유의 광택이 있다.
④ 전자를 얻어 음이온이 되기 쉽다.
⑤ 실온에서 대부분 고체 상태로 존재한다.

07 주기율표의 일부를 나타낸 것이다.

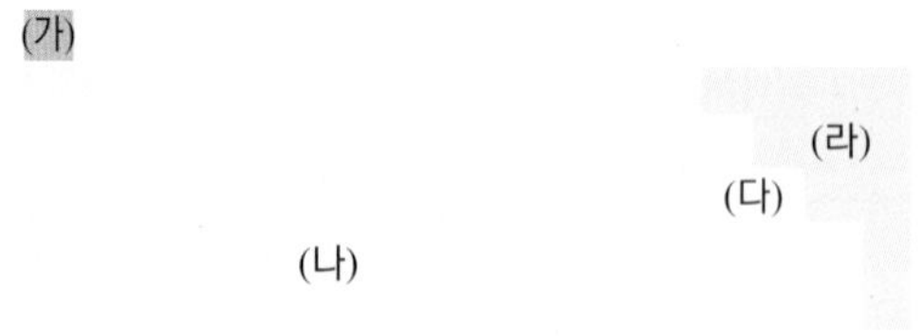

이에 대한 설명으로 옳은 것만을 <보기>에서 있는 대로 고른 것은?

보 기

ㄱ. (가)는 금속 원소로 양이온이 되기 쉽다.
ㄴ. (나)는 (라)보다 전자를 잃기 쉽다.
ㄷ. (다)는 금속과 비금속의 중간 성질을 갖는다.

① ㄱ ② ㄴ ③ ㄷ
④ ㄱ, ㄷ ⑤ ㄴ, ㄷ

08 몇 가지 원소의 열과 전기 전도성에 대한 자료이다.

구분	구리(Cu)	산소(O)	철(Fe)	염소(Cl)
열 전도성	O	X	O	X
전기 전도성	O	X	O	X

이에 대한 설명으로 옳은 것만을 <보기>에서 있는 대로 고른 것은?

보 기

ㄱ. 금속 원소는 2 가지이다.
ㄴ. 산소와 염소는 비금속 원소이다.
ㄷ. 구리는 전선에 이용된다.

① ㄱ ② ㄴ ③ ㄱ, ㄷ
④ ㄴ, ㄷ ⑤ ㄱ, ㄴ, ㄷ

09 어떤 원자의 전자 배치를 모형으로 나타낸 것이다.

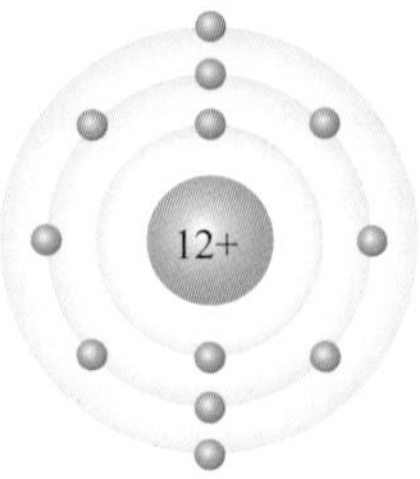

이에 대한 설명으로 옳은 것만을 <보기>에서 있는 대로 고른 것은?

보 기

ㄱ. 원자 번호는 12이다.
ㄴ. 3주기 12족 원소이다.
ㄷ. 전자를 잃어 양이온이 되기 쉽다.

① ㄱ ② ㄴ ③ ㄷ
④ ㄱ, ㄷ ⑤ ㄴ, ㄷ

10 원자 번호가 1 ~ 20 에 속하는 원소들 중 같은 족 원소끼리 같은 값을 가지는 것을 <보기>에서 있는 대로 고른 것은?

보 기

ㄱ. 전자 껍질 수 ㄴ. 중성자 수
ㄷ. 양성자 수 ㄹ. 원자가 전자 수

① ㄱ ② ㄹ ③ ㄱ, ㄴ
④ ㄴ, ㄷ ⑤ ㄱ, ㄴ, ㄹ

2 알칼리 금속과 할로젠 원소

11 할로젠 원소에 대한 설명으로 옳지 않은 것은?

① 수소보다 공기 중의 산소와 더 잘 반응한다.
② 주기율표에서 17족에 해당하는 원소이다.
③ 플루오린, 염소, 브로민, 아이오딘 등이 속한다.
④ 수소와 반응하여 화합물을 생성한다.
⑤ 할로젠 원자 2개가 결합하여 2원자 분자로 존재한다.

12 몇 가지 원소의 원소 기호를 나타낸 것이다.

Li　　Na　　K　　Rb

이 원소들의 공통점으로 옳지 않은 것은?

① 알칼리 금속이다.
② 주기율표의 1족 원소이다.
③ 다른 금속에 비해 밀도가 크고, 단단하다.
④ 석유나 액체 파라핀 속에 넣어 보관한다.
⑤ 반응성이 매우 커서 물, 산소와 잘 반응한다.

13 시험관 3개에 물과 페놀프탈레인 1 ~ 2 방울을 넣고 칼륨(K), 나트륨(Na), 리튬(Li) 조각을 넣었을 때 변화를 나타낸 것이다.

금속	칼륨(K)	나트륨(Na)	리튬(Li)
물과의 반응	격렬하게 기체 발생	빠르게 기체 발생	느리게 기체 발생
수용액의 색 변화	(가)	무색 → 붉은색	(나)

이에 대한 설명으로 옳은 것만을 <보기>에서 있는 대로 고른 것은?

보기
ㄱ. 반응성은 칼륨이 나트륨보다 크다.
ㄴ. (가)와 (나)는 모두 무색 → 붉은색이다.
ㄷ. 위 물질 모두 물과 반응하면 산소 기체가 생성된다.

① ㄱ　② ㄷ　③ ㄱ, ㄴ
④ ㄴ, ㄷ　⑤ ㄱ, ㄴ, ㄷ

14 물기 없는 유리판 위에 리튬, 나트륨, 칼륨을 각각 올려 놓고 칼로 자른 후 단면의 색 변화를 관찰하였다. 이에 대한 설명으로 옳지 않은 것은?

① 각 물질을 칼로 자른 순간 단면은 광택이 있다.
② 각 물질은 물러서 칼로 잘 잘라진다.
③ 시간이 지나면 단면의 광택이 사라진다.
④ 공기 중 산소와 반응하여 광택을 잃는다.
⑤ 단면의 광택은 리튬이 가장 빨리 사라진다.

15 3가지 물질의 성질을 나타낸 것이다.

	플루오린(F_2)	염소(Cl_2)	브로민(Br_2)
나트륨과의 반응	매우 격렬하게 반응함	격렬하게 반응함	잘 반응함
실온에서의 상태	기체	기체	(가)
녹는점(℃)	-219.7	-101.5	-7.2
끓는점(℃)	-188.1	-34.0	58.8

이에 대한 설명으로 옳은 것만을 <보기>에서 있는 대로 고른 것은?

보기
ㄱ. (가)는 액체이다.
ㄴ. 반응성이 가장 큰 물질은 염소이다.
ㄷ. 위 물질은 모두 금속, 수소와 잘 반응한다.

① ㄱ　② ㄷ　③ ㄱ, ㄷ
④ ㄴ, ㄷ　⑤ ㄱ, ㄴ, ㄷ

16 원자 A, B의 바닥상태 전자 배치를 모형으로 나타낸 것이다.

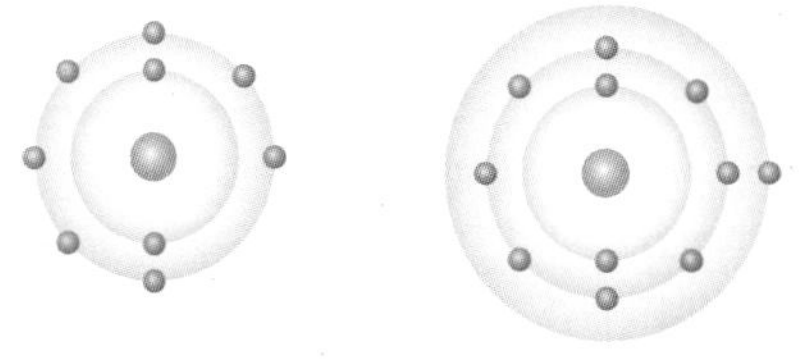

A　　B

이에 대한 설명으로 옳은 것만을 <보기>에서 있는 대로 고른 것은?

보기
ㄱ. 원자가 전자 수는 A가 B보다 많다.
ㄴ. A는 금속 원소, B는 비금속 원소이다.
ㄷ. A와 B는 같은 주기의 원소이다.

① ㄱ　② ㄴ　③ ㄷ
④ ㄱ, ㄴ　⑤ ㄱ, ㄴ, ㄷ

[17-18] 주기율표의 일부를 나타낸 것이다. (단, A~E 는 임의의 원소 기호이다.)

	1족	2족	13족	14족	15족	16족	17족	18족
1주기	A							
2주기	B						C	
3주기	D						E	

17 A~E 중 다음 설명에 해당하는 것은 무엇인지 쓰고 원소 기호를 같이 쓰시오.

· 비금속 원소이다.
· 금속과 잘 반응한다.
· 물의 소독이나 표백제로 사용된다.

18 원소 A~E 에 대한 설명으로 옳은 것만을 <보기>에서 있는 대로 고른 것은?

보 기

ㄱ. A와 B는 물과 반응하여 각각 수소를 발생시킨다.
ㄴ. C는 E보다 금속과의 반응성이 크다.
ㄷ. D는 E와 격렬히 반응하여 열과 빛을 낸다.

① ㄱ ② ㄴ ③ ㄱ, ㄷ
④ ㄴ, ㄷ ⑤ ㄱ, ㄴ, ㄷ

19 알칼리 금속과 할로젠이 생활 속에서 이용되는 예이다. (A~C는 임의의 원소이다.)

원소	A	B	C
이용 예	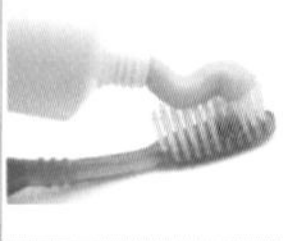		
	충치 예방 치약	비료	상처 소독약

이에 대한 설명으로 옳은 것만을 <보기>에서 있는 대로 고른 것은?

보 기

ㄱ. A와 C는 각각 금속과 잘 반응한다.
ㄴ. B와 C는 같은 족 원소이다.
ㄷ. A와 B는 서로 반응하지 않는다.

① ㄱ ② ㄴ ③ ㄱ, ㄷ
④ ㄴ, ㄷ ⑤ ㄱ, ㄴ, ㄷ

3 원자의 전자 배치

20 원자 구조와 전자 배치에 대한 설명으로 옳지 않은 것은?

① 중성 원자를 구성하는 양성자의 수와 전자의 수는 같다.
② 같은 족 원소는 같은 원자가 전자 수를 가진다.
③ 같은 주기 원소는 전자가 배치되어 있는 전자 껍질 수가 같다.
④ 전자 껍질에 배치될 수 있는 최대 전자 수는 항상 8개이다.
⑤ 원자에서 전자는 특정한 에너지 준위의 궤도에 존재한다.

[21-22] 주기율표의 일부를 나타낸 것이다. (단, A~G 는 임의의 원소 기호이다.)

	1족	2족	13족	14족	15족	16족	17족	18족
1주기	A							B
2주기		C					D	
3주기	E				F	G		

21 이에 대한 설명으로 옳은 것만을 <보기>에서 있는 대로 고른 것은?

보 기

ㄱ. 원소 A, C, E는 모두 금속 원소이다.
ㄴ. 원소 A~G 중 원소 B의 비금속성이 가장 크다.
ㄷ. 원소 D는 전자를 얻어 음이온이 되기 쉽다.

① ㄱ ② ㄴ ③ ㄷ
④ ㄱ, ㄴ ⑤ ㄱ, ㄷ

22 이 주기율표에 나타낸 원소 A~E 중 한 원소에 대한 설명이다.

· 상온, 상압에서 고체 상태로 존재하며, 양이온이 되기 쉽다.
· 중성 원자의 전자껍질 수는 2 개이다.

이 설명에 해당하는 원소로 옳은 것은?

① A ② B ③ C
④ D ⑤ E

23 수소 원자의 전자 껍질과 전자 껍질의 에너지 준위를 나타낸 것이다.

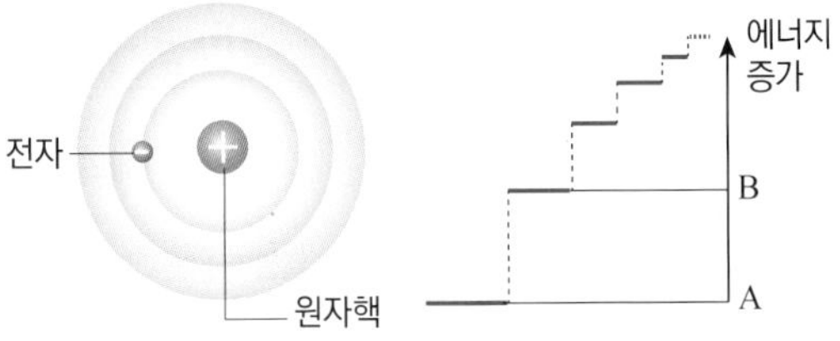

(가) (나)

이에 대한 설명으로 옳은 것만을 <보기>에서 있는 대로 고른 것은?

보 기

ㄱ. 원자핵에 가까운 전자 껍질일수록 에너지 준위가 크다.
ㄴ. 원자핵에 가장 가까운 전자 껍질에 전자가 있을 때 바닥 상태가 된다.
ㄷ. 전자는 (나)의 A와 B 사이의 에너지를 가질 수 없다.

① ㄱ ② ㄴ ③ ㄷ
④ ㄱ, ㄴ ⑤ ㄴ, ㄷ

24 원자 번호 11~17 번까지 원소들의 원자 번호에 따른 성질 변화를 나타낸 것이다.

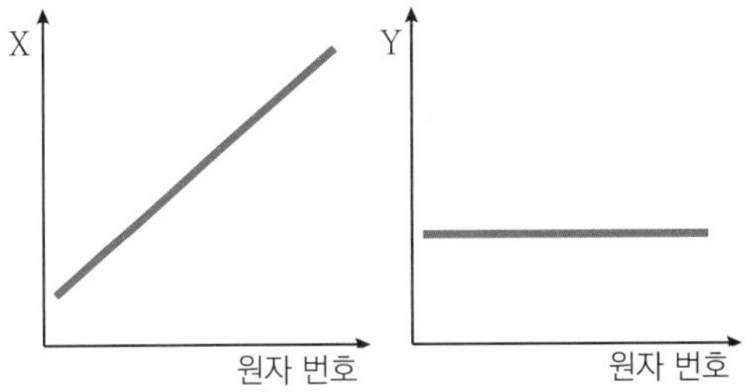

이에 대한 설명으로 옳은 것만을 <보기>에서 있는 대로 고른 것은?

보 기

ㄱ. X 에 해당하는 성질은 전자껍질 수이다.
ㄴ. Y 에 해당하는 성질은 원자가 전자 수이다.
ㄷ. 원자 번호 11~17 번까지의 원소들은 모두 3주기의 원소들이다.

① ㄱ ② ㄴ ③ ㄷ
④ ㄱ, ㄴ ⑤ ㄱ, ㄷ

25 주기율표의 일부를 나타낸 것이다.

주기＼족	1	2	13	14	15	16	17	18
1								A
2	B					C	D	
3	E						F	

이에 대한 설명으로 옳지 않은 것은? (단, A ~ F 는 임의의 원소 기호이다.)

① A의 최외각 전자 수는 2개이다.
② B, C, D는 화학적 성질이 비슷하다.
③ D와 F는 원자가 전자 수가 같다.
④ E와 F는 전자가 배치되어 있는 전자 껍질 수가 같다.
⑤ A ~ F 중 원자 번호가 가장 큰 원소는 F이다.

26 다음은 3 가지 원자 X ~ Z의 바닥 상태 전자 배치 모형을 나타낸 것이다.

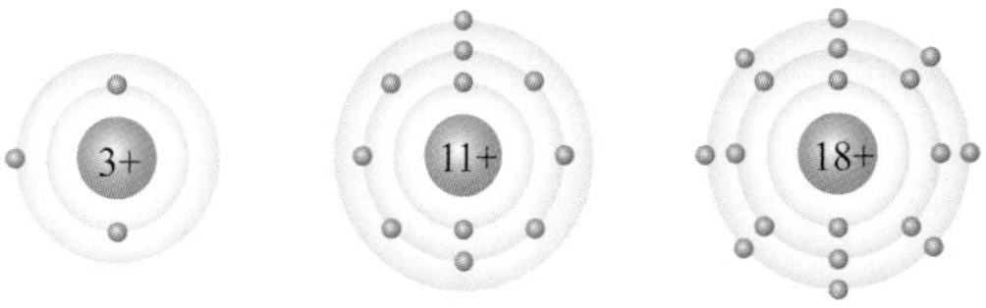

X Y Z

이에 대한 설명으로 옳은 것만을 <보기>에서 있는 대로 고른 것은? (단, X ~ Z는 임의의 원소 기호이다.)

보 기

ㄱ. X와 Y는 화학적 성질이 비슷하다.
ㄴ. Y와 Z는 같은 주기 원소이다.
ㄷ. 원자가 전자 수가 가장 큰 원소는 Z이다.

① ㄱ ② ㄷ ③ ㄱ, ㄴ
④ ㄴ, ㄷ ⑤ ㄱ, ㄴ, ㄷ

서술형

27 원소들의 주기성이 나타나는 이유를 원자가 전자 수와 관련하여 서술하시오.

04 화학 결합과 물질의 생성

핵심 Point
- □ 옥텟 규칙
- □ 이온 결합 물질
- □ 화학 결합의 종류
- □ 공유 결합 물질

원소들은 어떻게 화학 결합을 할까?

A 화학 결합의 원리

1. 비활성★ 기체 : 주기율표에서 18족 원소이다.
예 헬륨(He), 네온(Ne), 아르곤(Ar), 크립톤(Kr) 등

2. 비활성 기체의 전자 배치 : 주기율표에서 18족에 위치한 비활성 기체는 가장 바깥 전자 껍질에 8개의 전자가 배치되어 있다(단, He은 2개). 전자를 잃거나 얻지 않아 화학적으로 안정하다.

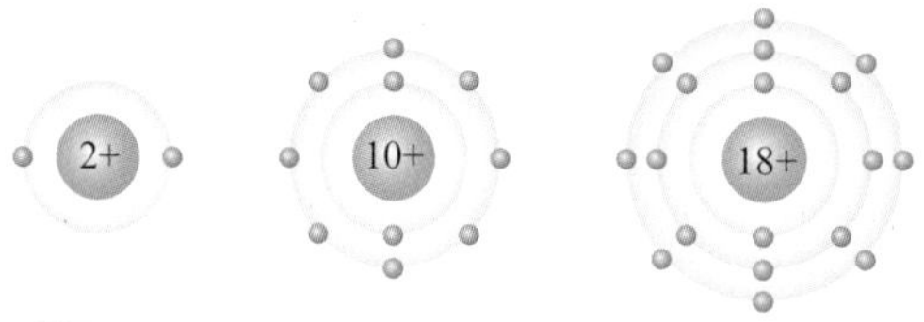

헬륨(He) 네온(Ne) 아르곤(Ar)

3. 옥텟 규칙 ❶ : 원자가 전자를 잃거나 얻어서 비활성 기체와 같이 가장 바깥 전자 껍질에 전자 8개를 가져(단, He 은 2개) 안정해지려는 경향을 말한다.

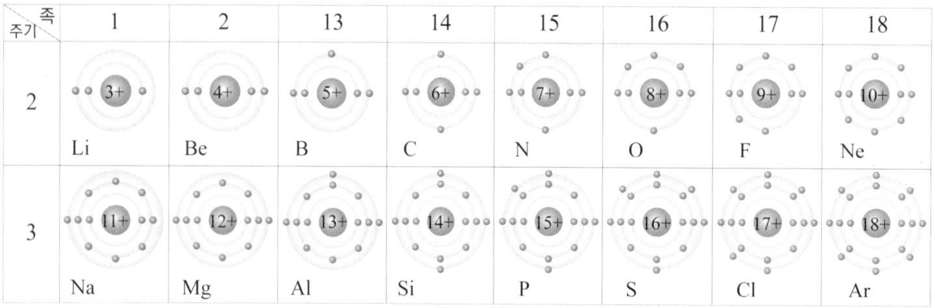

- 1족 원소는 전자 1개, 2족 원소는 전자 2개, 13족 원소는 전자 3개를 잃어 비활성 기체와 같은 전자 배치를 이룬다.
- 15족 원소는 전자 3개, 16족 원소는 전자 2개, 17족 원소는 전자 1개를 얻어 비활성 기체와 같은 전자 배치를 이룬다.

4. 이온의 형성 : 원자가 18족 원소와 같은 안정한 전자 배치를 이루면서 이온이 형성된다.

구분	양이온	음이온
생성 원리	금속 원소는 가장 바깥 전자 껍질의 전자(원자가 전자)를 잃고 양이온이 되기 쉽다.	비금속 원소는 가장 바깥 전자 껍질에 전자를 얻어 음이온이 되기 쉽다.
예	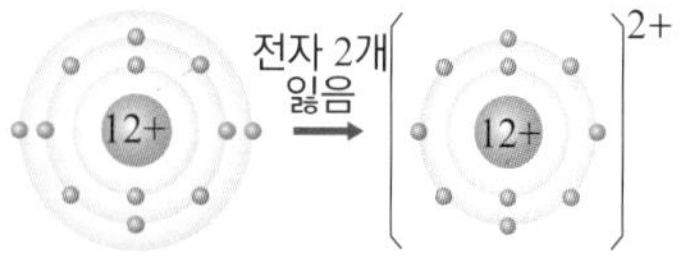 마그네슘 원자 마그네슘 이온 / 네온(Ne)과 같이 가장 바깥 껍질에 전자가 8개를 채워 안정해진다.	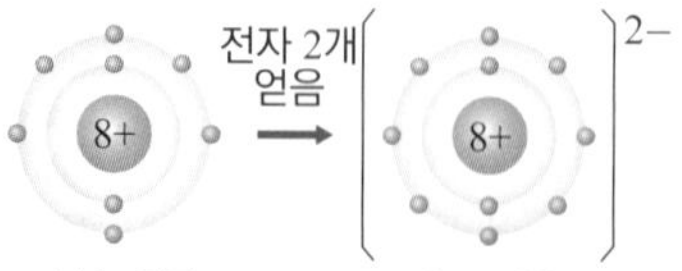 산소 원자 산소 이온 / 네온(Ne)과 같이 가장 바깥 껍질에 전자가 8개를 채워 안정해진다.

개념 +

● 비활성 기체의 이용

헬륨(He)	광고용 기구의 충전 기체
네온(Ne)	빛을 내는 광고용 간판
아르곤(Ar)	· 형광등의 충전 기체 · 금속과 산소의 반응을 막는 보호 기체

He (비행선) Ne (간판) Ar (형광등)

❶ 옥텟★ 규칙

원자들이 화학 결합을 통해 가장 바깥 전자 껍질에 전자 8개가 채워진 전자 배치를 가지려는 경향으로 팔전자 규칙이라고도 한다.

● 화학 결합이 형성되는 까닭

원소들은 화학 결합을 형성하여 비활성 기체와 같은 가장 바깥 전자 껍질에 전자를 모두 채운 안정한 전자 배치를 이루려고 하고 화학 결합을 통해 안정화된다.

미니사전

★ 비활성
[非 아니다, 活 살다, 性 성질]
활성이 없는 기체라는 뜻으로 실온에서 기체로 존재하고, 반응성이 매우 작다.

★ 옥텟(octet)
숫자 '8'을 의미하는 옥타(octa)에서 유래된 말로, 전자 8개를 의미한다.

B 화학 결합의 종류

1. 이온 결합 : 금속 양이온과 비금속 음이온 사이의 정전기적 인력이 작용하여 형성되는 결합이다.

└• + 전하와 − 전하 사이의 서로 잡아당기는 전기력

① 이온 결합의 형성

[나트륨(Na)과 염소(Cl)의 이온 결합 형성 과정]

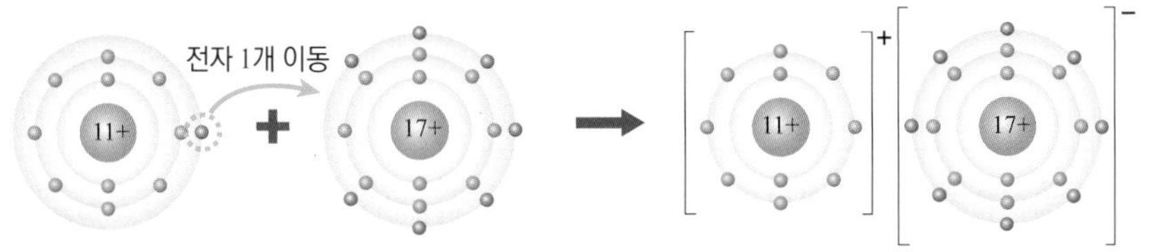

나트륨 원자 | 염소 원자 | 염화 나트륨

원자가 전자 1개 | 원자가 전자 7개 | 양이온이 되어 네온(Ne)과 같은 전자 배치를 이룬다. | 음이온이 되어 아르곤(Ar)과 같은 전자 배치를 이룬다.

② 양이온이 되기 쉬운 금속 원소와 음이온이 되기 쉬운 비금속 원소 사이에서 형성된다.

③ 금속 원소가 잃은 전자 수와 비금속 원소가 얻은 전자 수가 같도록 결합한다.

예) NaCl의 생성 : Na은 전자 1개를 잃고, Cl는 전자 1개를 얻으므로 1 : 1 로 결합한다.

→ $Na^+ + Cl^- \longrightarrow NaCl$

예) $MgCl_2$의 생성 : Mg은 전자 2개를 잃고, Cl는 전자 1개를 얻으므로 1 : 2 로 결합한다.

→ $Mg^{2+} + 2Cl^- \longrightarrow MgCl_2$

2. 공유 결합 : 비금속 원소들이 전자를 서로 공유하여 형성되는 결합이다.

① 공유 결합의 형성

[물 분자(H_2O)의 공유 결합 형성 과정]

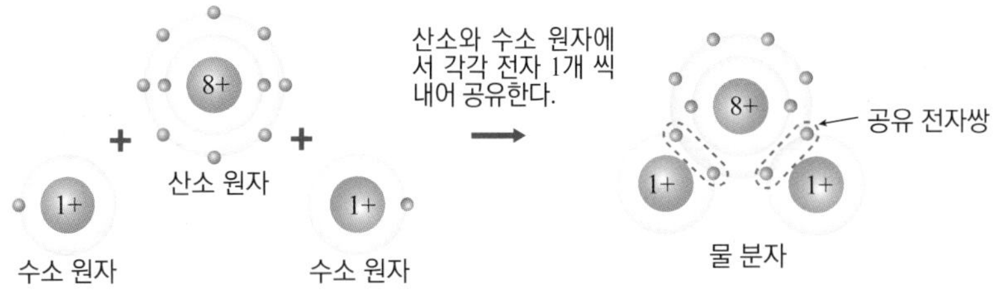

수소 원자의 원자가 전자 수는 1개, 산소 원자의 원자가 전자 수는 6개 | 수소는 헬륨(He)과 같은 전자 배치를 이루고, 산소는 네온(Ne)과 같은 전자 배치를 이룬다.

② 비금속 원소 사이에서 형성된다.

③ 비활성 기체와 같은 전자 배치를 이루기 위해 원자들이 서로 전자를 내놓아 전자쌍을 이루고 이 전자쌍을 서로 공유하여 결합한다.

④ 공유 결합의 종류

단일 결합	2중 결합	3중 결합
전자쌍 1개를 공유하는 결합	전자쌍 2개를 공유하는 결합	전자쌍 3개를 공유하는 결합
예) F_2, H_2, HCl 등 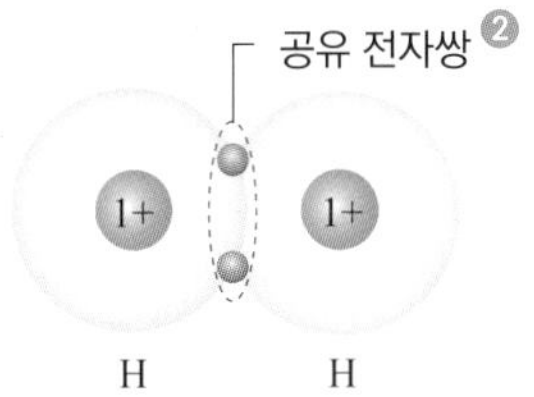	예) O_2, CO_2 등 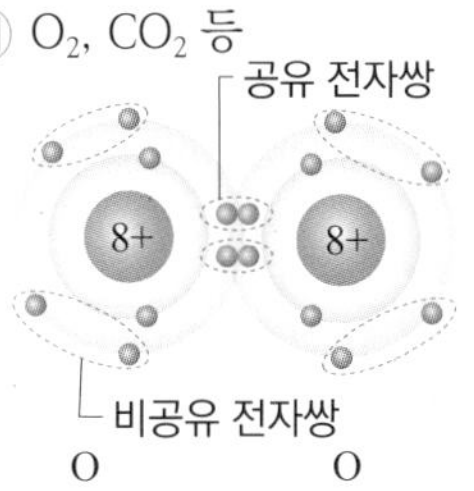	예) N_2 등 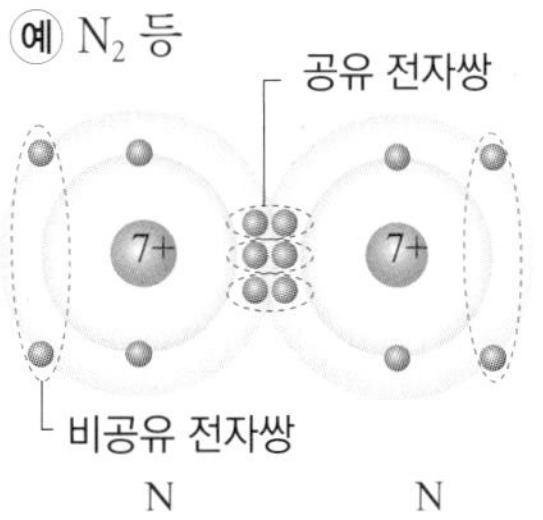

개념 +

● **이온 결합 물질의 예**

물질	이용
염화 나트륨(NaCl)	소금의 주성분
수산화 나트륨(NaOH)	비누를 만들 때 이용
탄산 칼슘($CaCO_3$)	조개 껍데기나 달걀 껍데기의 주성분
염화 칼슘($CaCl_2$)	습기 제거제나 제설제의 주성분
수산화 마그네슘($Mg(OH)_2$)	제산제의 주성분 └•위산 중화, 속쓰림 방지
탄산수소 나트륨($NaHCO_3$)	베이킹 파우더의 주성분

● **이온 결합 물질의 화학식**

이온 결합 물질은 전기적으로 중성이다. 따라서 (+) 전하량의 총합 = (−) 전하량의 총합이다. X^{a+} 과 Y^{b-} 이 결합하여 생성되는 물질의 화학식은 다음과 같다.

$$X^{a+} + Y^{b-} \rightarrow X_bY_a$$

이때 a와 b는 가장 간단한 정수비로 나타내고, 1 인 경우는 생략한다.

❷ **공유 전자쌍과 비공유 전자쌍**

- 공유 전자쌍 : 공유 결합에서 두 원자가 공유하고, 결합에 참여하는 전자쌍이다.
- 비공유 전자쌍 : 공유 결합에 참여하지 않고 한 원자에만 속해 있는 전자쌍이다.

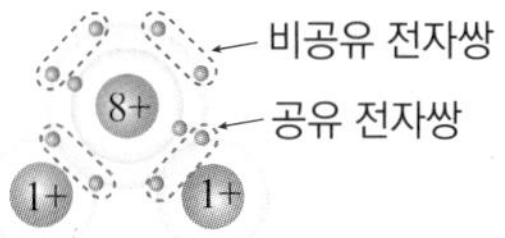

● **공유 결합 물질의 예**

물질	이용
메테인(CH_4)	LNG의 주성분
암모니아(NH_3)	비료로 사용
에탄올(C_2H_5OH)	소독용 알코올, 술의 주성분
설탕($C_{12}H_{22}O_{11}$)	감미료
뷰테인(C_4H_{10})	부탄 가스
아스피린($C_9H_8O_4$)	의약품

C 이온 결합 물질과 공유 결합 물질

1. 이온 결합 물질

① 이온 결합 물질은 수많은 양이온과 음이온이 연속적으로 결합하여 규칙적인 모양의 입체 구조를 이룬다.

② 양이온의 양전하의 합과 음이온의 음전하의 합이 같아 전체적으로는 전기적으로 중성이다.

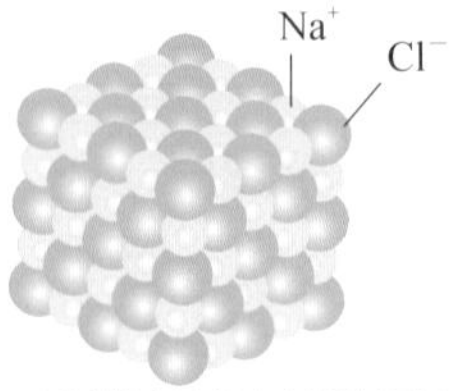

▲ NaCl(염화 나트륨) 결정 구조

(양이온의 전하 × 양이온의 수) + (음이온의 전하 × 음이온의 수) = 0

③ **이온 결합 물질의 성질**

성질	내용
녹는점과 끓는점	녹는점과 끓는점이 매우 높아 실온(25℃)에서 고체 상태이다.
물에 대한 용해성	대부분 물에 잘 녹으며 양이온과 음이온이 물 분자에 둘러싸여 수화❷된다.
결정의 변형	비교적 단단하지만, 외부에서 힘을 가하면 반발력이 작용하여 쉽게 쪼개지거나 부스러진다.❸
전기 전도성	고체 상태에서는 이온이 이동할 수 없어 전류가 흐르지 않지만, 액체나 수용액 상태에서는 이온화되어 이온이 이동할 수 있으므로 전류가 흐른다.

[염화 나트륨 수용액의 전기 전도성]

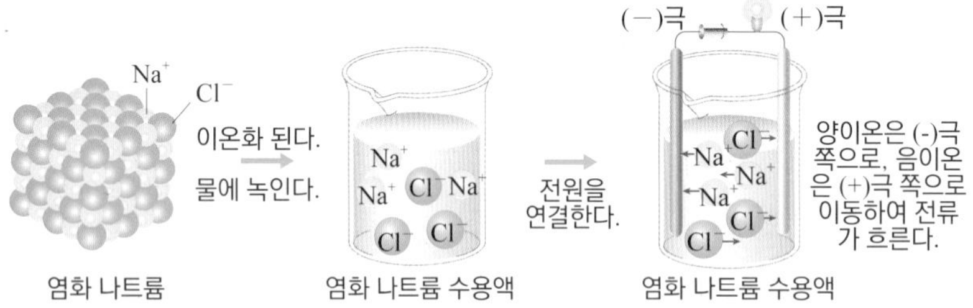

2. 공유 결합 물질

① 일반적으로 일정한 개수의 원자가 전자쌍을 공유하여 결합한 분자로 이루어져 있다.

② **공유 결합 물질의 성질**

성질	내용
녹는점과 끓는점	녹는점과 끓는점이 비교적 낮아 실온(25℃)에서 대부분 액체나 기체 상태이다.
물에 대한 용해성❹	대부분 물에 잘 녹지 않지만, 설탕($C_{12}H_{22}O_{11}$), 염화 수소(HCl), 암모니아(NH_3) 등과 같은 물질은 물에 잘 녹는다.
전기 전도성❺	전하를 이동시킬 수 있는 이온이나 전자가 존재하지 않으므로 대부분 전기 전도성이 없다. (단, 흑연 제외)

[설탕 수용액의 전기 전도성]

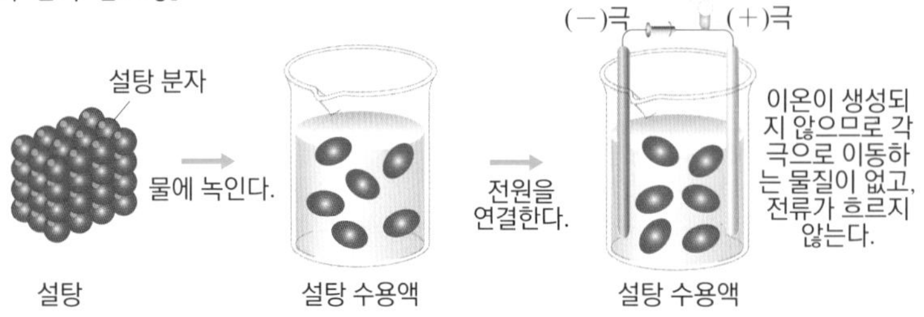

개념+

❷ 수화

물질을 물에 녹이면 물 분자가 용질 분자나 이온을 둘러싸고 그 전체가 하나의 분자처럼 되면서 쉽게 나누어 지는데, 이때 분자나 이온은 수화되었다라고 한다.

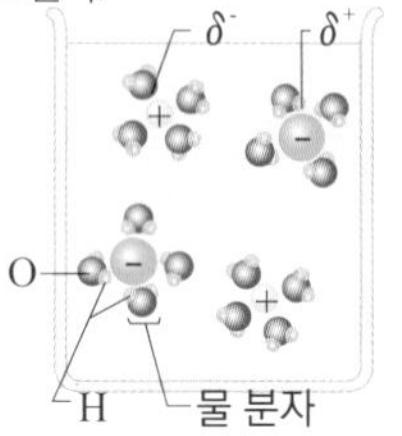

❸ 이온 결합 물질의 쪼개짐

외부에서 힘을 가하면 이온 층이 밀리면서 같은 전하를 띠는 이온 사이의 반발력이 작용하여 쉽게 쪼개지거나 부서진다.

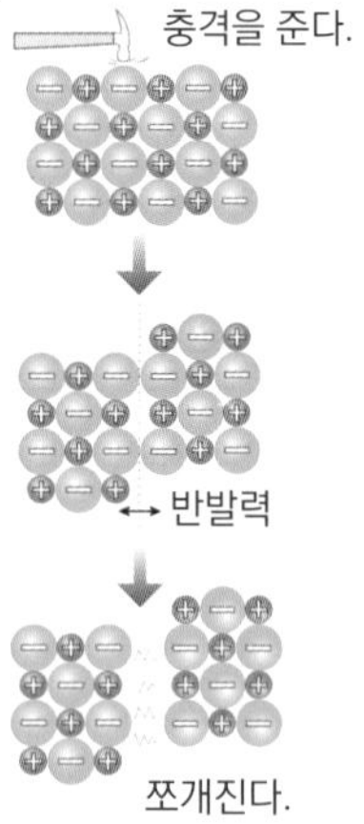

❹ 공유 결합 물질의 물에 대한 용해성

공유 결합 물질은 물에 잘 녹는 물질과 물에 잘 녹지 않는 물질이 있다.

- 물에 잘 녹는 물질 : 설탕, 포도당, 염화 수소, 암모니아 등
- 물에 잘 녹지 않는 물질 : 수소, 산소, 질소, 메테인, 브로민, 아이오딘 등

❺ 공유 결합 물질의 전기 전도성

- 고체 상태 : 흑연(C)의 경우 고체 상태에서 이동할 수 있는 전자를 가지고 있으므로 전기 전도성이 있다.
- 수용액 상태 : 공유 결합 물질은 대부분 물에 녹은 상태에서 분자로 존재하므로 전기 전도성이 없지만 염화 수소(HCl), 암모니아(NH_3) 등은 물에 녹아 이온을 형성하므로 전기 전도성이 있다.

$HCl + H_2O \rightarrow H_3O^+ + Cl^-$

$NH_3 + H_2O \rightarrow NH_4^+ + OH^-$

($H_2O + H^+ \rightarrow H_3O^+$(하이드로늄 이온))

D 지구 시스템과 생명 시스템을 구성하는 물질

우리 주변의 수많은 이온 결합 물질과 공유 결합 물질은 우리가 살고 있는 지구 시스템과 생명 시스템을 유지하게 한다.

종류	특징
산소(O_2)	· 산소 원자 2개가 2중 공유 결합하여 생성된 분자★이다. · 식물의 광합성★ 과정에서 생성되어 생명체의 호흡에 관여한다. · 대기의 약 21%를 구성한다.
질소(N_2)	· 질소 원자 2개가 3중 공유 결합한다. 대기의 약 78%를 구성한다.
물(H_2O)	· 산소 원자 1개와 수소 원자 2개가 단일 공유 결합하여 생성된 분자이다. · 우리 몸의 약 70%를 차지한다. · 생명체 내에서 다양한 화학 반응이 일어나도록 돕는다.
이산화 탄소(CO_2)	· 탄소 원자 1개와 산소 원자 2개가 2중 공유 결합하여 생성된 분자이다. · 생명체의 호흡 과정에서 발생하며 물과 함께 광합성의 재료가 된다.
염화 나트륨(NaCl)	· 나트륨 이온과 염화 이온이 이온 결합하여 생성된 물질이다. · 소금의 주성분이다.
산화 철 (Fe_2O_3, Fe_3O_4)	· 철 이온과 산소 이온이 이온 결합하여 생성된 물질이다. · 철은 반응성이 커서 산소와 결합한 산화 철 형태로 존재한다.
규산염 광물⑥	· 규산 이온(SiO_4^{4-})이 비금속이나 금속 원소의 양이온과 이온 결합하여 생성된 물질이다. · 지각의 대부분을 차지하고 있다.

개념+

⑥ 규산염 광물

규산염 광물 중 하나인 감람석은 마그네슘 이온, 철 이온이 규산 이온과 결합하여 생성된 물질이고, 석영은 규산 이온들이 서로의 산소를 공유하여 생성된 물질이다.

▲ 감람석

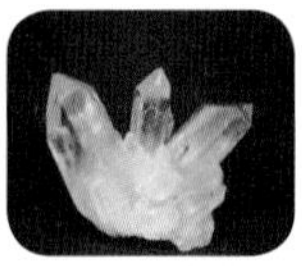

▲ 석영

미니사전

★ **분자**

물질의 고유한 성질을 가지는 가장 작은 입자

★ **광합성**

[光 빛, 合 합하다, 成 이루다]

생물들이 빛에너지를 이용하여 이산화 탄소와 물로부터 유기물을 합성하는 과정

개념 체크

정답 및 해설 ➡ 13

Point

01 화학 결합에 대한 설명으로 옳은 것은 ○표, 옳지 않은 것은 ×표 하시오.

(1) 이온 결합 물질은 외부의 충격에 의해 쪼개지거나 부서지기 쉽다. (　　)

(2) 공유 결합 물질은 일반적으로 일정한 개수의 원자가 서로 결합한 분자로 이루어져 있다. (　　)

(3) 이온 결합 물질은 고체, 액체, 수용액 상태에서 모두 전류가 흐른다. (　　)

(4) Mg과 O는 1 : 2 의 개수비로 이온 결합한다. (　　)

(5) 물 분자(H_2O)는 2개의 공유 전자쌍으로 결합하고 있다. (　　)

02 빈칸에 들어갈 물질을 각각 쓰시오.

(1) (　　　　　)는 18족 원소로 안정한 전자 배치를 이루기 때문에 다른 원자와 화학 결합을 하지 않는다.

(2) 이온 결합은 (　　　　) 양이온과 (　　　　) 음이온의 정전기적 인력에 의해 형성된다.

(3) (　　　　　　)의 녹는점과 끓는점은 비교적 낮아 실온에서 대부분 액체나 기체 상태이다.

(4) 지각을 구성하는 (　　　　　)은 규산 이온이 다른 원소나 이온과 결합한 물질이다.

03 수용액에서 전류가 흐르지 않는 물질을 있는 대로 고르시오.

염화 나트륨(NaCl)	수소(H_2)	포도당($C_6H_{12}O_6$)	염화 수소(HCl)

강의

이온 결합 물질의 화학식

원소와 이온의 전자 배치

[원소의 전자 배치] [안정한 이온의 전자 배치]

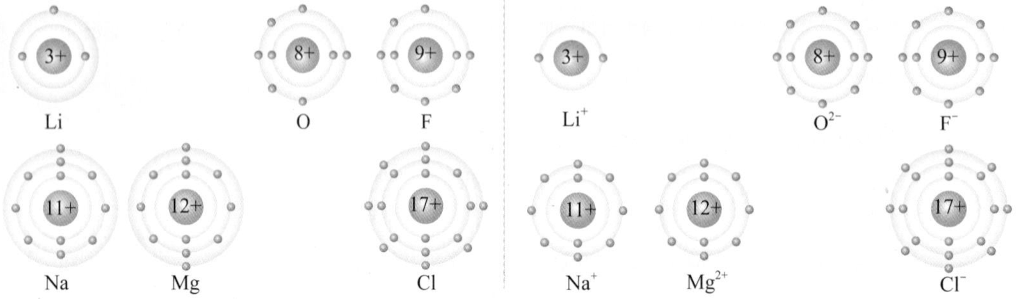

· 비활성 기체(18족 원소)와 같은 전자 배치가 되면 안정한 이온이 된다.
· 금속 원소는 전자를 잃어 양이온이 되기 쉽고, 비금속 원소는 전자를 얻어 음이온이 되기 쉽다.

이온 결합 물질의 화학식

금속 양이온과 비금속 음이온이 정전기적 인력에 의한 이온 결합을 형성한다.

〈화학식 만들기〉

[1 단계] 금속 원소와 비금속 원소가 안정한 이온이 되었을 때 전자 수를 파악한다.

원소	Na	Mg	Al	O	F	Cl
잃거나 얻은 전자 수	1개 잃음	2개 잃음	3개 잃음	2개 얻음	1개 얻음	1개 얻음
원자가 전자 수	1	2	3	6	7	7
(안정한) 이온식	Na^+	Mg^{2+}	Al^{3+}	O^{2-}	F^-	Cl^-

[2 단계] 양이온이 잃은 전자 수와 음이온이 얻은 전자 수가 같도록 화합물(이온 결합 물질)의 화학식을 완성한다.

① **Na과** F : Na^+과 F^-이 1 : 1로 결합하여 NaF이 된다. → $Na^+ + F^- \longrightarrow NaF$
② **Na과** O : Na^+과 O^{2-}이 2 : 1로 결합하여 Na_2O이 된다. → $2Na^+ + O^{2-} \longrightarrow Na_2O$
③ **Mg과** Cl : Mg^{2+}과 Cl^-이 1 : 2로 결합하여 $MgCl_2$이 된다. → $Mg^{2+} + 2Cl^- \longrightarrow MgCl_2$
④ **Al과** O : Al^{3+}과 O^{2-}이 2 : 3로 결합하여 Al_2O_3이 된다. → $2Al^{3+} + 3O^{2-} \longrightarrow Al_2O_3$

정답 및 해설 ➜ 13

Q1 원소의 전자 배치에 대한 설명으로 옳은 것은 ○표, 옳지 않은 것은 ×표 하시오.

(1) Na^+과 F^-의 전자 배치는 같다. ( )
(2) Li^+과 Na^+의 전자 배치는 같다. ( )
(3) Al과 Cl의 이온 결합 물질의 화학식은 $AlCl_3$이다. ( )

Q2 다음의 두 원소가 결합하여 생성된 물질의 화학식을 쓰시오.

(1) Li과 Cl (2) Li과 O
(3) Mg과 F (4) Mg과 O

1 화학 결합의 원리

4 가지 원자 A ~ D의 전자 배치를 모형으로 나타낸 것이다.

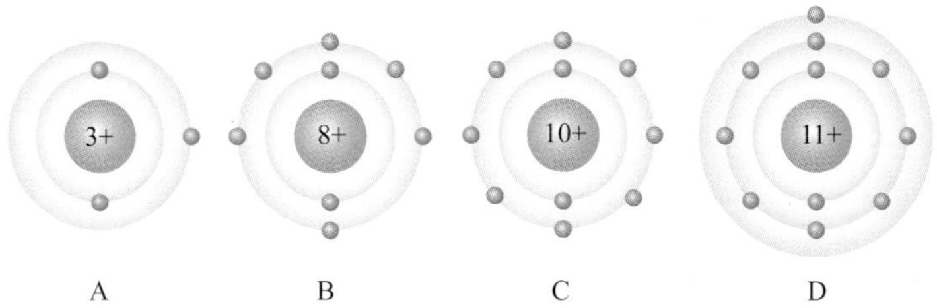

이에 대한 설명으로 옳은 것만을 <보기>에서 있는 대로 고른 것은? (단, A ~ D는 임의의 원소 기호이다.)

보 기

ㄱ. A와 B가 결합한 화합물의 화학식은 AB_2이다.
ㄴ. B와 D가 안정한 이온이 되면 C와 같은 전자 배치를 갖는다.
ㄷ. C는 금속 원자와 결합하여 이온 결합 물질을 생성한다.

① ㄱ ② ㄴ ③ ㄱ, ㄷ ④ ㄴ, ㄷ ⑤ ㄱ, ㄴ, ㄷ

2 이온 결합 물질과 공유 결합 물질

이온 결합 물질 (가)와 공유 결합 물질 (나)의 수용액에 전원을 연결하였을 때 모형을 나타낸 것이다.

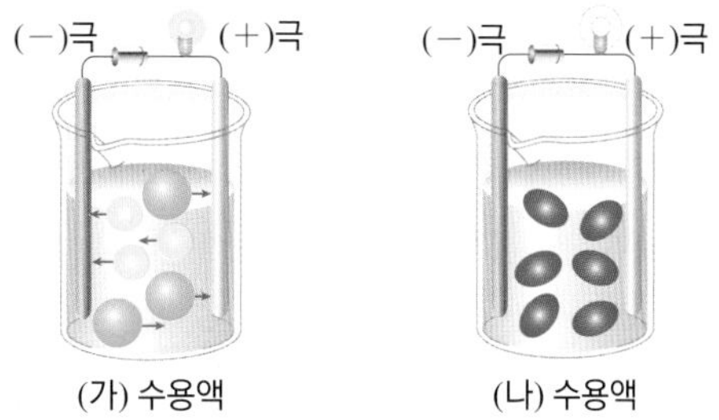

이에 대한 설명으로 옳은 것만을 <보기>에서 있는 대로 고른 것은?

보 기

ㄱ. (가)는 수용액 상태에서 전류가 흐른다.
ㄴ. (나)는 수용액에서 분자로 존재한다.
ㄷ. (가)와 (나)는 모두 액체 상태에서 전류가 흐르지 않는다.

① ㄱ ② ㄷ ③ ㄱ, ㄴ ④ ㄴ, ㄷ ⑤ ㄱ, ㄴ, ㄷ

1 화학 결합의 원리

01 3 가지 원자의 전자 배치 모형을 나타낸 것이다.

3 가지 원자들의 공통점으로 옳은 것만을 <보기>에서 있는 대로 고른 것은?

보 기

ㄱ. 주기율표에서 같은 족에 위치한다.
ㄴ. 반응성이 매우 크다.
ㄷ. 다른 원소와 화학 결합을 형성하기 쉽다.

① ㄱ ② ㄴ ③ ㄷ
④ ㄱ, ㄷ ⑤ ㄴ, ㄷ

서술형

02 원자가 화학 결합을 형성하는 이유에 대해 전자 배치와 관련하여 서술하시오.

03 주기율표의 일부를 나타낸 것이다.

주기 \ 족	1	2	13	14	15	16	17	18
1	A							B
2	C							D
3						E	F	

이에 대한 설명으로 옳지 않은 것은? (단, A ~ F는 임의의 원소 기호이다.)

① A는 비금속 원소이다.
② B와 D는 비활성 기체이다.
③ C가 가장 안정한 이온이 되면 D와 같은 전자 배치를 갖는다.
④ E가 가장 안정한 이온이 되면 비활성 기체의 전자 배치를 갖는다.
⑤ F가 가장 안정한 이온이 될 때 옥텟 규칙을 만족한다.

2 화학 결합의 종류

04 이온 결합에 대한 설명으로 옳지 않은 것은?

① 한 원자에서 다른 원자로 전자가 이동한다.
② 금속 원소와 비금속 원소 사이에 형성된다.
③ 이온 사이의 정전기적인 인력에 의해 결합이 형성된다.
④ 이온 결합 물질의 화학식은 양이온의 전하량 총합과 음이온의 전하량 총합이 같다.
⑤ Li과 F은 1 : 2 의 개수비로 결합한다.

05 원자 A와 B의 전자 배치를 모형으로 나타낸 것이다.

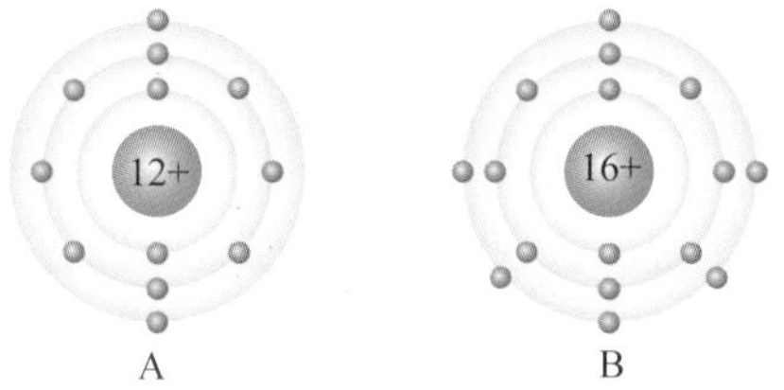

A와 B가 결합하여 안정한 화합물을 형성할 때에 대한 설명으로 옳은 것만을 <보기>에서 있는 대로 고른 것은? (단, A와 B는 임의의 원소 기호이다.)

보 기

ㄱ. A와 B는 이온 결합한다.
ㄴ. 전자는 A에서 B로 이동한다.
ㄷ. 생성된 화합물의 화학식은 AB이다.

① ㄱ ② ㄴ ③ ㄱ, ㄷ
④ ㄴ, ㄷ ⑤ ㄱ, ㄴ, ㄷ

06 리튬(Li)과 산소(O)가 결합하여 생성되는 화합물의 화학식을 옳게 나타낸 것은?

① LiO ② LiO_2 ③ Li_2O
④ Li_2O_3 ⑤ Li_3O_2

07 (가) ~ (다) 물질을 모형으로 나타낸 것이다.

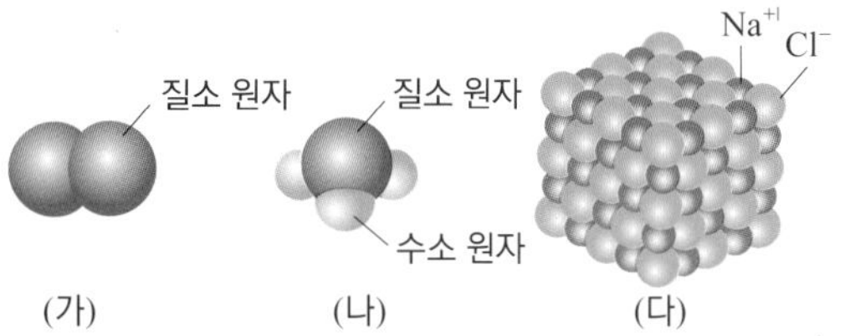

(가) ~ (다)에 대한 설명으로 옳은 것은?

① (가)는 질소 분자, (나)는 암모니아 분자이다.
② (가)의 구성 입자는 모두 전하를 띤다.
③ (나)는 전자를 내놓은 물질과 전자를 얻은 물질이 결합하여 이루어진다.
④ (다)는 원자들 사이에 전자를 공유하면서 결합한다.
⑤ (가) ~ (다)는 원자가 전자를 주고받아 결합이 이루어진다.

08 주어진 두 원소끼리 서로 결합할 때 이온 결합을 하는 원소들과 공유 결합을 하는 원소들이 각각 옳게 짝지어진 것은?

	이온 결합	공유 결합
①	수소, 산소	황, 마그네슘
②	산소, 나트륨	수소, 질소
③	헬륨, 수소	리튬, 아이오딘
④	철, 산소	칼륨, 브로민
⑤	수소, 플루오린	산소, 질소

09 A^-, B^{2+}, C 의 전자 배치를 각각 모형으로 나타낸 것이다.

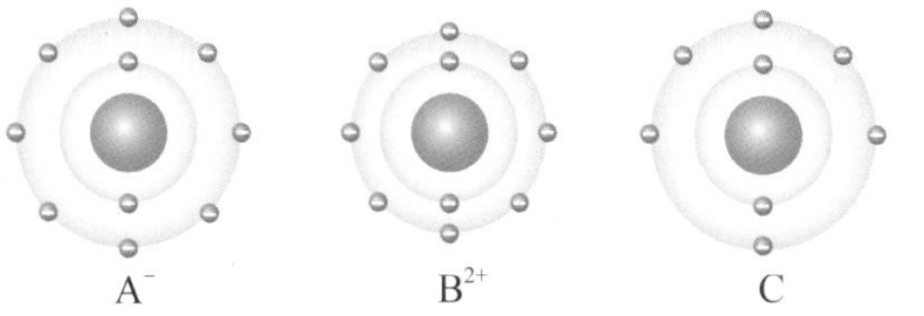

이에 대한 설명으로 옳은 것만을 <보기>에서 있는 대로 고른 것은? (단, A ~ C 는 임의의 원소 기호이다.)

보 기

ㄱ. A와 B는 이온 결합을 형성한다.
ㄴ. 원자가 전자 수는 A가 가장 많다.
ㄷ. A와 C는 공유 결합을 형성한다.

① ㄱ ② ㄴ ③ ㄱ, ㄷ
④ ㄴ, ㄷ ⑤ ㄱ, ㄴ, ㄷ

10 나트륨 원자와 염소 원자가 반응하여 염화 나트륨을 생성하는 화학 결합 모형을 나타낸 것이다.

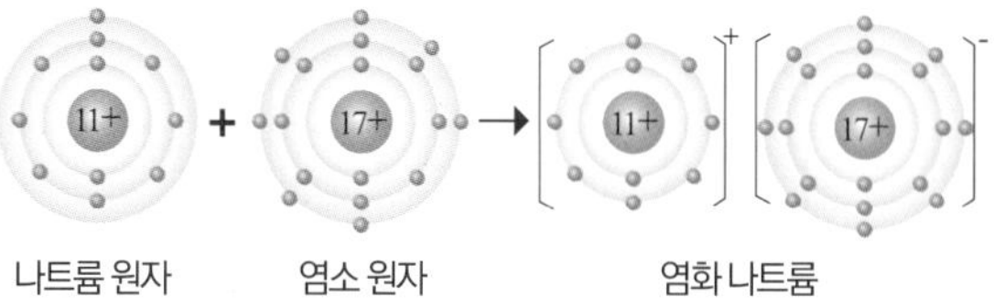

이에 대한 설명으로 옳은 것만을 <보기>에서 있는 대로 고른 것은?

보 기

ㄱ. 나트륨 원자에서 염소 원자로 전자 1개가 이동한다.
ㄴ. 나트륨과 염소가 이온이 될 때에는 모두 전자가 들어 있는 전자껍질 수가 달라진다.
ㄷ. 염화 나트륨에서 나트륨 이온과 염소 이온은 모두 비활성 기체와 같은 전자 배치를 한다.

① ㄱ ② ㄴ ③ ㄱ, ㄷ
④ ㄴ, ㄷ ⑤ ㄱ, ㄴ, ㄷ

11 물 분자(H_2O)의 화학 결합 모형을 나타낸 것이다.

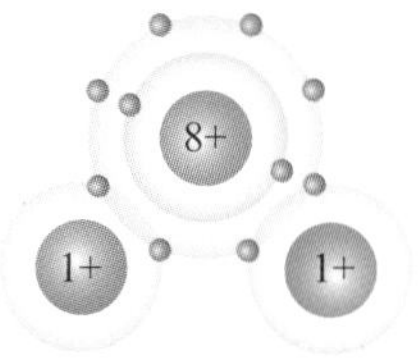

이에 대한 설명으로 옳은 것만을 <보기>에서 있는 대로 고른 것은?

보 기

ㄱ. 공유 전자쌍 수는 4개이다.
ㄴ. 산소와 수소 사이에 단일 결합이 있다.
ㄷ. 물 분자를 구성하는 산소 원자는 옥텟 규칙을 만족한다.

① ㄱ ② ㄴ ③ ㄱ, ㄷ
④ ㄴ, ㄷ ⑤ ㄱ, ㄴ, ㄷ

12 원소 A와 B로 이루어진 어떤 화합물의 화학 결합 모형을 나타낸 것이다.

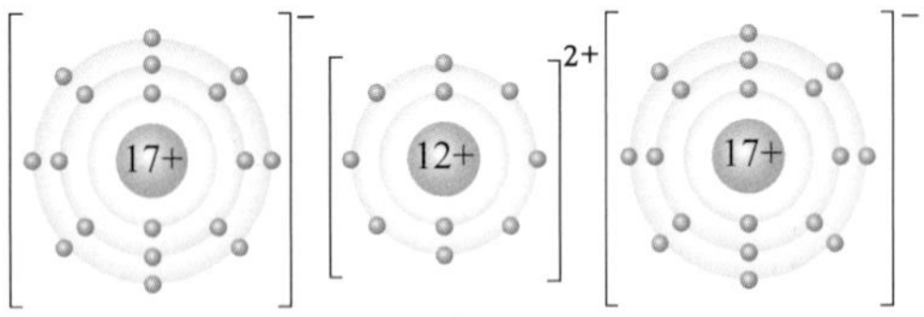

B^- A^{2+} B^-

이에 대한 설명으로 옳은 것만을 <보기>에서 있는 대로 고른 것은? (단, A와 B는 임의의 원소 기호이다.)

보기

ㄱ. 화학식은 AB_2이다.
ㄴ. 분자 상태로 존재한다.
ㄷ. A와 B는 같은 주기 원소이다.

① ㄱ ② ㄴ ③ ㄱ, ㄷ
④ ㄴ, ㄷ ⑤ ㄱ, ㄴ, ㄷ

13 그림은 분자 AB_2의 화학 결합 모형을 나타낸 것이다.

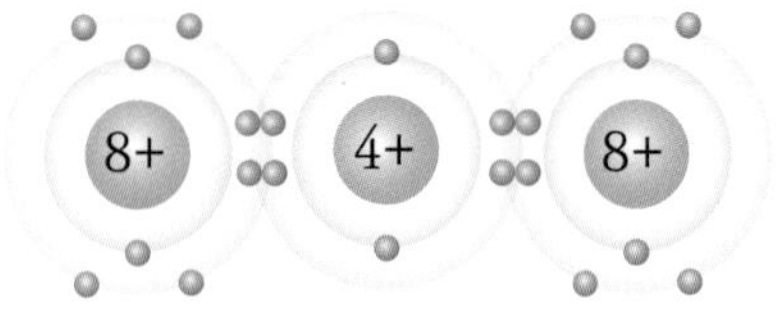

B A B

이에 대한 설명으로 옳은 것만을 <보기>에서 있는 대로 고른 것은? (단, A, B는 임의의 원소 기호이다.)

보기

ㄱ. A의 원자가 전자 수는 4 이다.
ㄴ. 분자 AB_2 의 비공유 전자쌍은 6개이다.
ㄷ. 분자 AB_2 에서 A, B는 모두 비활성 기체와 같은 전자 배치를 이룬다.

① ㄱ ② ㄴ ③ ㄱ, ㄷ
④ ㄴ, ㄷ ⑤ ㄱ, ㄴ, ㄷ

14 그림은 물질 A_2와 B_2의 전자 배치를 모형으로 나타낸 것이다.

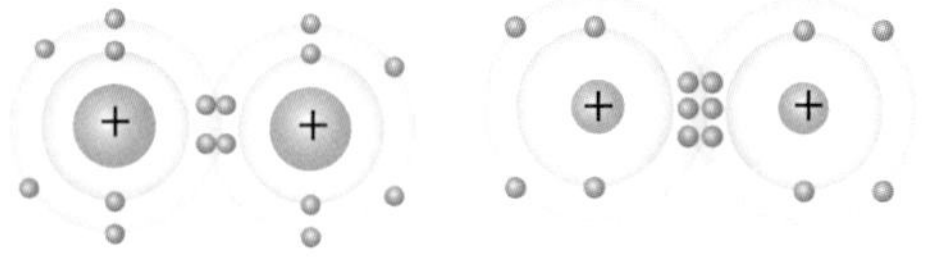

A_2 B_2

이에 대한 설명으로 옳지 않은 것은? (단, A와 B는 임의의 원소 기호이다.)

① A와 B는 모두 비금속 원소이다.
② A_2는 2중 결합을 하고 있다.
③ B_2는 전자쌍 3개를 공유하고 있다.
④ A와 B는 모두 옥텟 규칙을 만족한다.
⑤ 원자가 전자 수는 A < B이다.

15 공유 결합 물질로만 옳게 짝지어진 것은?

① KOH, NH_3
② HCl, Fe_2O_3
③ NaF, CO_2
④ H_2O, CO_2
⑤ $CaCO_3$, NaCl

서술형

16 그림은 마그네슘(Mg)과 산소(O)의 전자 배치를 모형으로 나타낸 것이다.

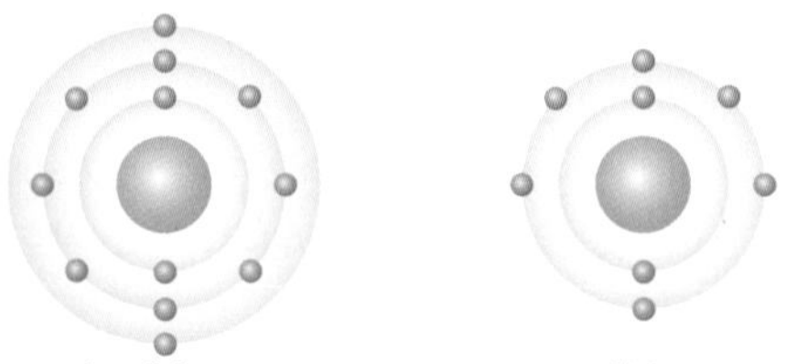

마그네슘(Mg) 산소(O)

마그네슘(Mg)과 산소(O)가 결합하여 형성된 물질의 화학식을 쓰고, 화학 결합이 형성되는 과정을 서술하시오.

3 이온 결합 물질과 공유 결합 물질

17 그림은 고체 A와 B를 각각 물에 녹였을 때의 모형을 나타낸 것이다.

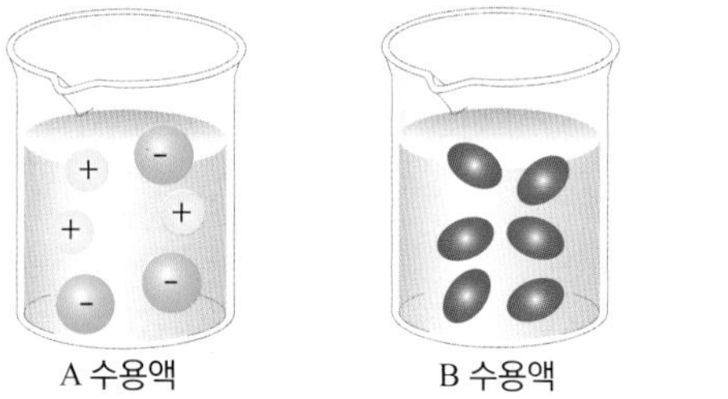

이에 대한 설명으로 옳은 것만을 <보기>에서 있는 대로 고른 것은?

보기

ㄱ. A는 고체 상태에서 전기 전도성이 있다.
ㄴ. A는 이온 결합 물질, B는 공유 결합 물질이다.
ㄷ. A와 B는 수용액 상태에서 모두 전기 전도성이 있다.

① ㄱ ② ㄴ ③ ㄱ, ㄷ
④ ㄴ, ㄷ ⑤ ㄱ, ㄴ, ㄷ

18 설탕의 전기 전도성을 알아보기 위한 실험 과정을 나타낸 것이다.

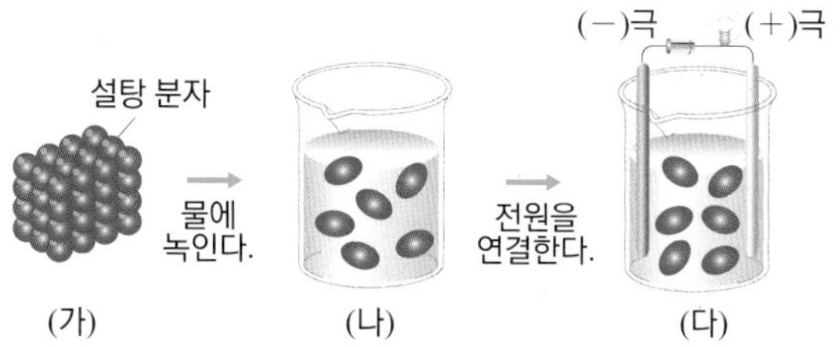

이에 대한 설명으로 옳은 것은?

① 설탕 분자는 양이온과 음이온의 결합으로 이루어져 있다.
② 설탕은 금속 원소와 비금속 원소로 이루어져 있다.
③ (가)에 전극을 꽂고 전원을 연결하면 전류가 흐른다.
④ (나)에서 설탕은 분자 상태로 존재한다.
⑤ (다)에서 설탕 분자는 양쪽 극으로 이동한다.

서술형

19 염화 나트륨(NaCl)이 고체 상태에서는 전기 전도성이 없지만 액체 상태에서는 전기 전도성이 있는 이유를 서술하시오.

20 원자 A ~ D의 전자 배치를 모형으로 나타낸 것이다.

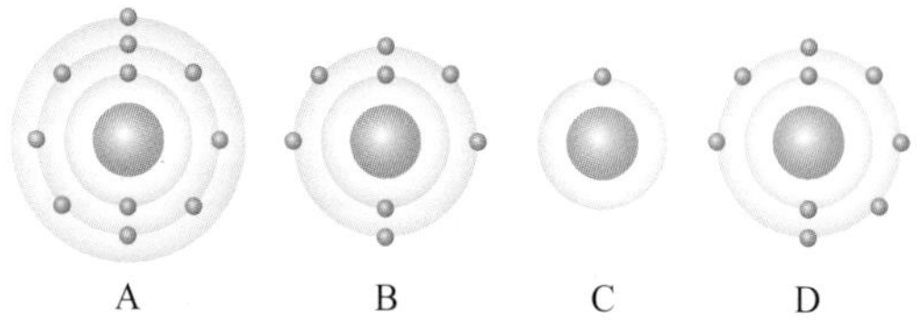

이에 대한 설명으로 옳은 것만을 <보기>에서 있는 대로 고른 것은? (단, A ~ D는 임의의 원소 기호이다.)

보기

ㄱ. A와 D는 이온 결합으로 화합물을 형성한다.
ㄴ. B_2는 공유 전자쌍 수가 2개이다.
ㄷ. C와 D로 이루어진 화합물은 액체 상태에서 전기 전도성이 있다.

① ㄱ ② ㄷ ③ ㄱ, ㄴ
④ ㄴ, ㄷ ⑤ ㄱ, ㄴ, ㄷ

4 지구 시스템과 생명 시스템을 구성하는 물질

21 지구 시스템과 생명 시스템의 구성 물질 중 2 가지 물질의 분자 모형을 나타낸 것이다.

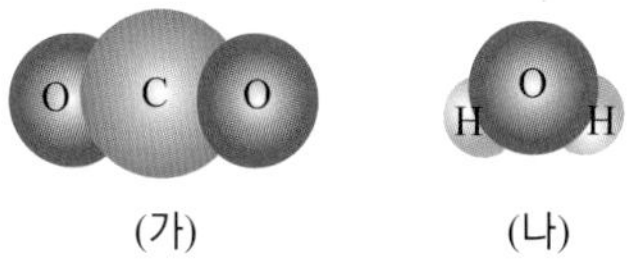

이에 대한 설명으로 옳은 것만을 <보기>에서 있는 대로 고른 것은?

보기

ㄱ. (가)는 대기의 약 21%를 구성한다.
ㄴ. (나)는 생명체 내의 다양한 화학 반응을 돕는다.
ㄷ. (가)와 (나)는 공유 전자쌍 수가 서로 같다.

① ㄱ ② ㄴ ③ ㄱ, ㄷ
④ ㄴ, ㄷ ⑤ ㄱ, ㄴ, ㄷ

01 우주 초기의 원소

01 그림은 어느 우주론의 모형을 나타낸 것이다. 빅뱅 이후 현재로 진행되면서 변하는 물리량에 대한 설명으로 옳은 것만을 <보기>에서 있는 대로 고른 것은?

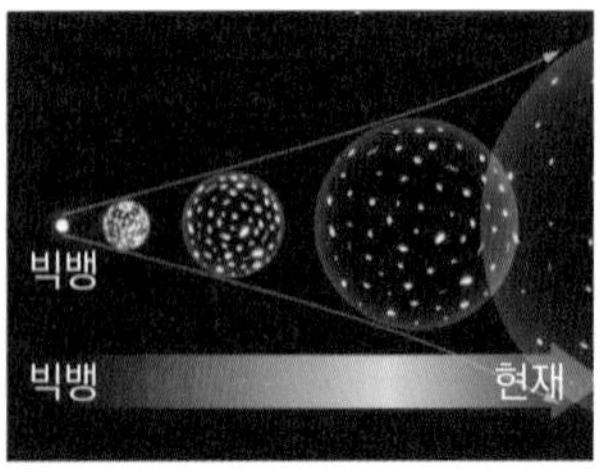

보기

ㄱ. 우주의 부피는 증가하였다.
ㄴ. 우주의 평균 온도는 감소하였다.
ㄷ. 우주 배경 복사의 파장은 길어졌다.

① ㄱ ② ㄴ ③ ㄷ
④ ㄱ, ㄴ ⑤ ㄱ, ㄴ, ㄷ

02 <보기>는 우주 초기 물질의 탄생과 원소의 생성 과정을 순서 없이 나타낸 것이다. 이를 시간 순서대로 바르게 나열한 것은?

보기

ㄱ. 수소 원자가 생성되었다.
ㄴ. 헬륨 원자핵이 생성되었다.
ㄷ. 쿼크와 전자가 생성되었다.
ㄹ. 중수소 원자핵이 생성되었다.
ㅁ. 양성자와 중성자가 생성되었다.

① ㄱ - ㄴ - ㄷ - ㄹ - ㅁ
② ㄴ - ㄷ - ㄹ - ㅁ - ㄱ
③ ㄷ - ㅁ - ㄴ - ㄹ - ㄱ
④ ㄷ - ㅁ - ㄹ - ㄴ - ㄱ
⑤ ㅁ - ㄷ - ㄴ - ㄹ - ㄱ

03 빅뱅이 일어난 후 3분이 지난 시점까지 발생한 일이 아닌 것은?

① 전자와 원자핵이 결합하였다.
② 양성자와 중성자가 만들어졌다.
③ 기본 입자인 쿼크와 전자가 만들어졌다.
④ 양성자와 중성자가 결합하여 안정적인 원자핵이 만들어졌다.
⑤ 중수소 원자핵과 양성자가 결합하여 헬륨의 동위 원소가 만들어졌다.

04 그림은 빅뱅 이후 입자가 생성되는 과정을 모식적으로 나타낸 것이다. 이에 대한 설명으로 옳은 것만을 <보기>에서 있는 대로 고른 것은?

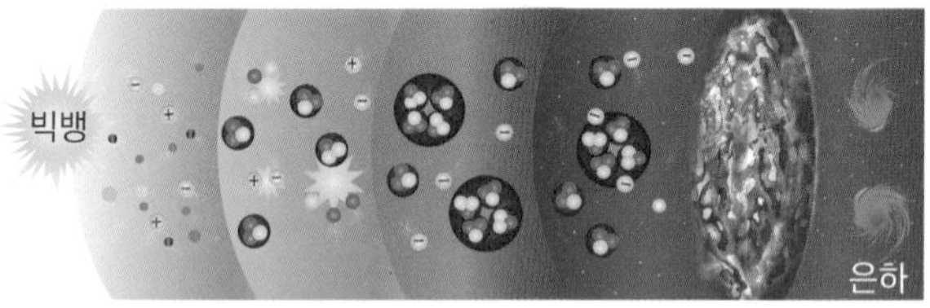

보기

ㄱ. 대부분의 원소가 우주 초기에 만들어졌다.
ㄴ. 빅뱅 이후 원자가 만들어질 때까지 중성자에 대한 양성자의 개수 비는 증가한다.
ㄷ. 현재 관측되는 우주 배경 복사의 파장는 빅뱅 후 약 38만 년이 되었을 때 우주로 퍼져나간 빛의 파장과 같다.

① ㄱ ② ㄴ ③ ㄷ
④ ㄴ, ㄷ ⑤ ㄱ, ㄴ, ㄷ

05 빅뱅 이후 어느 시기에 우주에 분포되어 있는 수소 원자핵과 헬륨 원자핵의 개수 비가 처음으로 아래와 같아졌다. 이에 대한 설명으로 옳은 것만을 <보기>에서 있는 대로 고른 것은?

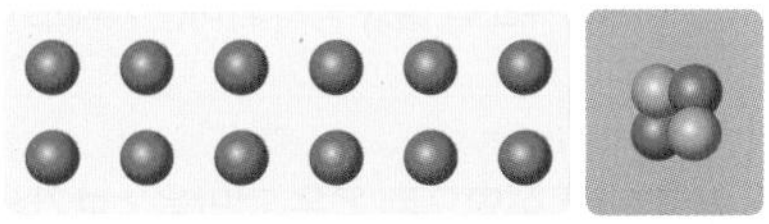

수소 원자핵 12개　　헬륨 원자핵 1개

보 기

ㄱ. 빅뱅 이후 3분이 지난 시점을 나타낸다.
ㄴ. 우주에 분포하는 양성자와 중성자의 개수비는 7 : 1이다.
ㄷ. 우주에 분포하는 수소 원자핵과 헬륨 원자핵의 질량비는 12 : 1 이다.

① ㄱ　② ㄴ　③ ㄷ
④ ㄱ, ㄴ　⑤ ㄱ, ㄴ, ㄷ

06 그림은 COBE 위성이 관측한 우주 배경 복사의 파장에 따른 에너지 세기 분포를 나타낸 것이다. 이에 대한 설명으로 옳은 것만을 <보기>에서 있는 대로 고른 것은?

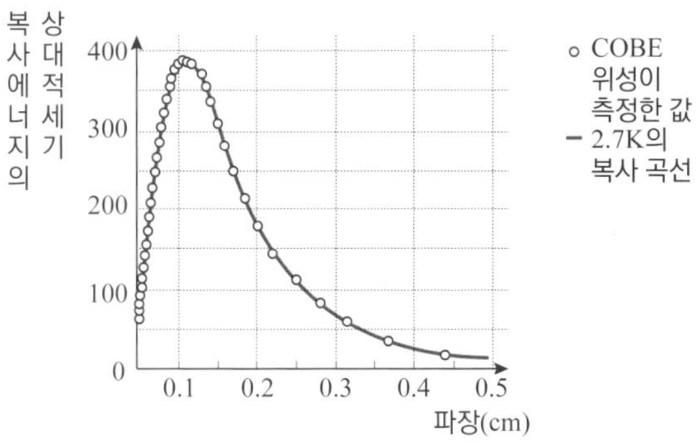

보 기

ㄱ. 현재 우주 배경 복사는 2.7 K의 물체(흑체)에서 방출되는 복사파와 파장이 비슷하다.
ㄴ. 우주 배경 복사는 우주 공간의 모든 방향에서 고르게 관측된다.
ㄷ. 우주 초기에 퍼져나간 빛의 파장은 현재의 우주 배경 복사파의 파장보다 길다.

① ㄱ　② ㄴ　③ ㄷ
④ ㄱ, ㄴ　⑤ ㄱ, ㄴ, ㄷ

07 그림 (가)와 (나)는 서로 다른 종류의 스펙트럼을 나타낸 것이다. 이에 대한 설명으로 옳은 것만을 <보기>에서 있는 대로 고른 것은?

보 기

ㄱ. (가)와 (나)는 각각 동일한 원소들이 포함된 기체를 지난 별빛을 분석한 것이다.
ㄴ. (가)는 전자가 높은 에너지 준위에서 낮은 에너지 준위로 이동할 때 나타나는 스펙트럼이다.
ㄷ. (나)는 저온의 기체를 통과한 별빛의 스펙트럼과 같은 종류의 스펙트럼이다.

① ㄱ　② ㄴ　③ ㄷ
④ ㄱ, ㄴ　⑤ ㄱ, ㄴ, ㄷ

02 별의 진화와 원소의 생성

08 별의 탄생에 대한 설명으로 옳은 것은?

① 별은 성운의 온도가 높은 곳에서 형성된다.
② 하나의 성운 내에서는 반드시 하나의 별만이 형성된다.
③ 성간 물질이 수축하여 온도가 높아지는 곳에서 원시별이 형성된다.
④ 원시별의 중심 온도가 높아지면서 헬륨 핵융합 반응이 시작된다.
⑤ 핵융합 반응으로 생성된 에너지는 화학 에너지의 형태로 저장된다.

09 그림은 별의 진화 과정 중 일부를 나타낸 것이다.

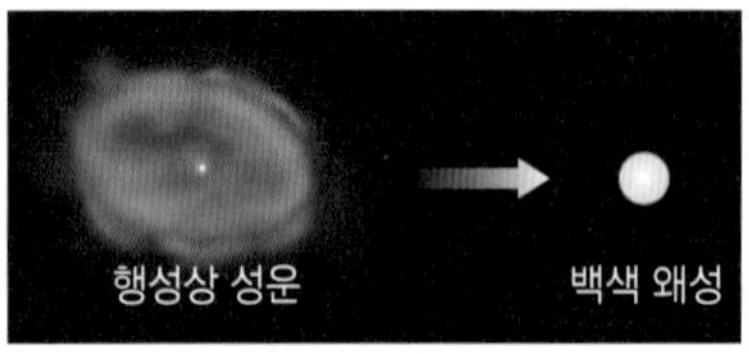

이에 대한 설명으로 옳은 것만을 <보기>에서 있는 대로 고른 것은?

보 기

ㄱ. 적색 거성 이후의 진화 과정이다.
ㄴ. 태양과 질량이 비슷한 별의 진화 과정이다.
ㄷ. 행성상 성운을 통해 철이 우주 공간에 공급된다.

① ㄱ ② ㄴ ③ ㄷ
④ ㄱ, ㄴ ⑤ ㄴ, ㄷ

서술형

10 질량이 태양과 비슷한 어느 별에서 행성상 성운으로 진화하기 직전의 내부 구조를 나타낸 것이다. A에 해당하는 원소에 대해 서술하고, 이 별의 진화 단계가 무엇일지 쓰시오.

서술형

11 어떤 별의 내부에서 핵융합 반응으로 만들어지는 원소의 종류 중 일부를 순서 없이 나타낸 것이다. 이 별의 질량을 태양과 비교하고 별의 진화 단계가 무엇인지 서술하시오.

철	규소	네온

12 다음은 지구형 행성과 목성형 행성에 대한 설명을 순서 없이 나타낸 것이다.

(가) 질량과 반지름이 비교적 작다.
(나) 수소나 헬륨 등의 가벼운 기체로 이루어졌다.

이에 대한 설명으로 옳은 것만을 <보기>에서 있는 대로 고른 것은?

보 기

ㄱ. (가)는 목성형 행성이다.
ㄴ. (가)보다 (나)의 밀도가 더 크다.
ㄷ. (나)는 태양으로부터의 거리가 (가)보다 더 멀다.

① ㄱ ② ㄴ ③ ㄷ
④ ㄱ, ㄴ ⑤ ㄴ, ㄷ

서술형

13 지구의 전체 원소 중에서 철이 가장 많지만, 지각에서는 그 일부만 발견된다. 그 이유를 지구의 형성 과정을 통하여 설명하시오.

03 원소들의 주기성

14 주기율 및 주기율표와 관련된 과학자와 그 과학자가 원소를 배열한 기준을 옳게 짝지은 것은?

	과학자	기준
①	되베라이너	원자 번호
②	멘델레예프	원자 번호
③	멘델레예프	원자량
④	모즐리	원자량
⑤	모즐리	중성자 수

15 다음은 주기율표에 있는 원소들을 대략적인 성질에 따라 분류한 것이다.

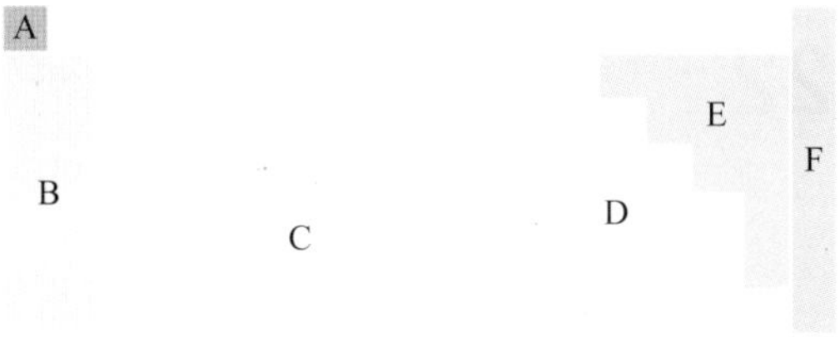

이에 대한 설명으로 옳은 것만을 <보기>에서 있는 대로 고른 것은?

보 기

ㄱ. 금속 원소는 A, B, C, D이다.
ㄴ. E, F는 음이온이 되기 쉽다.
ㄷ. E의 원소는 B의 원소보다 원자가 전자 수가 크다.

① ㄱ ② ㄷ ③ ㄱ, ㄴ
④ ㄴ, ㄷ ⑤ ㄱ, ㄴ, ㄷ

16 몇 가지 원소를 분류하는 과정을 나타낸 모식도이다.

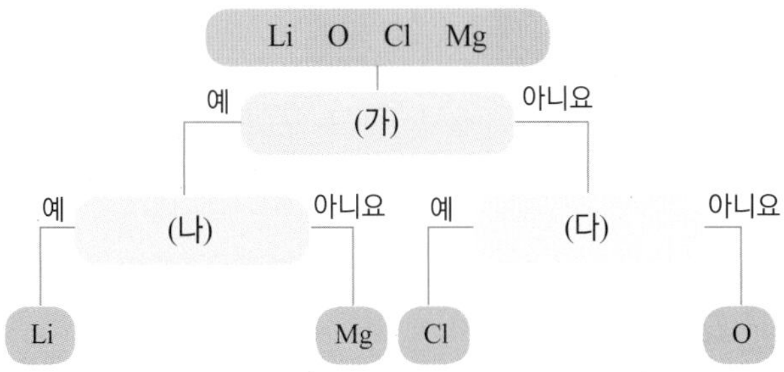

(가) ~ (다)의 기준으로 적합한 것을 옳게 연결하시오.

(가) · · ㉠ 알칼리 금속인가?
(나) · · ㉡ 금속 원소인가?
(다) · · ㉢ 원자가 전자 수가 7개인가?

17 다음은 할로젠 물질에 대한 자료이다.

구분	원자 번호	실온에서 상태	수소와의 반응
F_2	9	기체	매우 빠르게 반응
Cl_2	17	기체	빠르게 반응
(가)	35	㉠	잘 반응
(나)	53	㉡	㉢

이에 대한 설명으로 옳은 것만을 <보기>에서 있는 대로 고른 것은?

보 기

ㄱ. ㉠은 액체, ㉡은 고체이다.
ㄴ. ㉢은 '반응 없음'이다.
ㄷ. (가)는 표백제의 성분으로 사용된다.
ㄹ. (나)는 4주기 원소이다.

① ㄱ ② ㄷ ③ ㄱ, ㄹ
④ ㄱ, ㄴ, ㄷ ⑤ ㄴ, ㄷ, ㄹ

18 그림은 원자 A ~ C의 전자 배치를 나타낸 것이다.

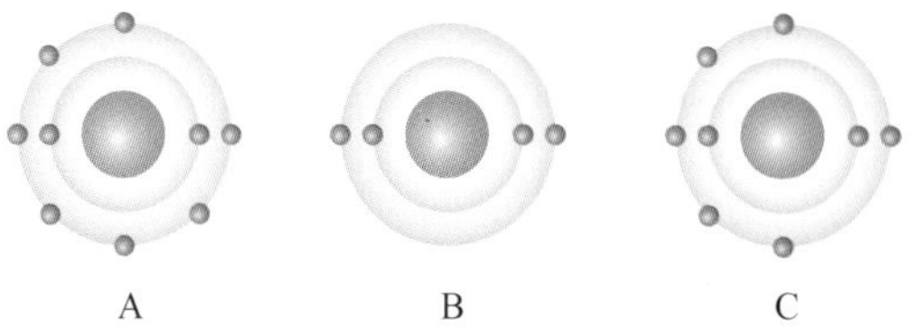

이에 대한 설명으로 옳은 것만을 <보기>에서 있는 대로 고른 것은? (단, A ~ C는 임의의 원소 기호이다.)

보 기

ㄱ. 금속 원소는 1개이다.
ㄴ. A, B, C는 모두 같은 주기 원소이다.
ㄷ. 양성자 수는 A가 C보다 크다.

① ㄱ ② ㄴ ③ ㄱ, ㄷ
④ ㄴ, ㄷ ⑤ ㄱ, ㄴ, ㄷ

19 다음은 원소 A ~ D의 원자가 전자 수와 이온이 되어 안정한 전자 배치를 이루었을 때의 총 전자 수를 나타낸 것이다.

원소	A	B	C	D
원자가 전자 수	6	2	7	1
이온의 총 전자 수	10	10	18	18

이에 대한 설명으로 옳은 것만을 <보기>에서 있는 대로 고른 것은? (단, A ~ D는 임의의 원소 기호이다.)

보 기

ㄱ. 원자 번호가 가장 큰 것은 A이다.
ㄴ. B와 C는 같은 주기 원소이다.
ㄷ. B와 D는 실온(25℃)에서 기체 상태로 존재한다.

① ㄴ ② ㄷ ③ ㄱ, ㄴ
④ ㄴ, ㄷ ⑤ ㄱ, ㄴ, ㄷ

서술형

20 알칼리 금속을 보관하는 방법과 그 이유를 서술하시오.

21 원자 번호가 17인 염소(Cl)와 임의의 원소 X, Y의 양성자 수가 원자량이 적힌 카드를 나타낸 것이다.

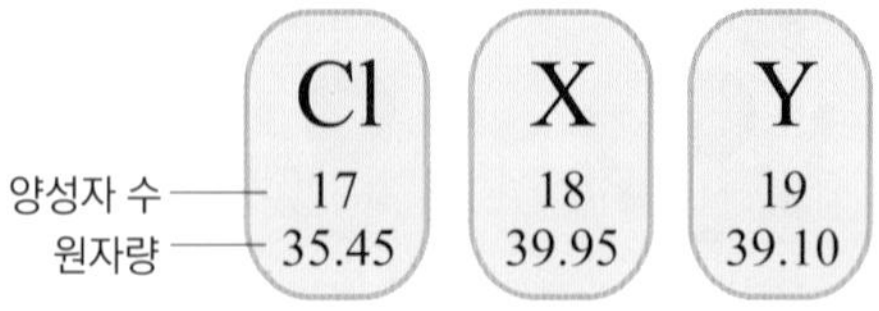

이에 대한 설명으로 옳은 것만을 <보기>에서 있는 대로 고른 것은?

보 기

ㄱ. 원소 X의 원자 번호는 18이다.
ㄴ. Y의 원자가 전자 수는 1이다.
ㄷ. X와 Y는 같은 주기 원소이다.

① ㄴ ② ㄷ ③ ㄱ, ㄴ
④ ㄴ, ㄷ ⑤ ㄱ, ㄴ, ㄷ

04 화학 결합과 물질의 성질

22 화학 결합의 종류에 대한 설명으로 옳은 것은?

① 이온 결합은 금속이 잃은 전자 수와 비금속이 얻은 전자 수가 같도록 결합한다.
② 이온 결합을 형성한 각각의 이온의 가장 바깥 껍질에는 항상 전자 8개가 존재한다.
③ 공유 결합은 금속 원소 사이에 형성된다.
④ 공유 결합이 형성될 때에는 원자들이 전자를 주고받는다.
⑤ 공유 결합 물질의 공유 전자쌍 수와 비공유 전자쌍 수는 항상 같다.

23 다음은 분자 XYZ의 전자 배치를 나타낸 것이다.

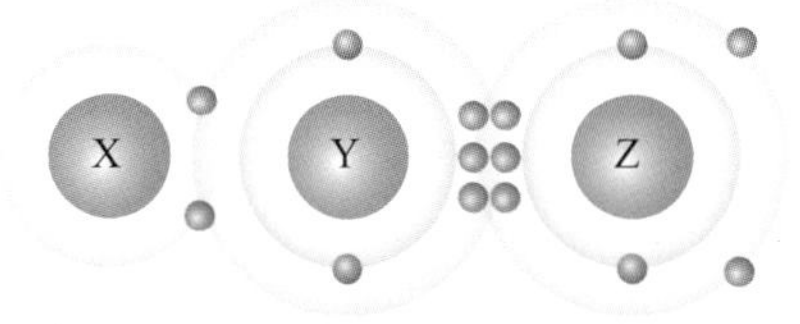

이에 대한 설명으로 옳은 것만을 <보기>에서 있는 대로 고른 것은? (단, X ~ Z는 임의의 원소 기호이다.)

보 기

ㄱ. Y는 탄소이다.
ㄴ. Y와 Z는 3중 결합을 한다.
ㄷ. Z의 원자가 전자 수는 5개이다.

① ㄱ ② ㄷ ③ ㄱ, ㄴ
④ ㄴ, ㄷ ⑤ ㄱ, ㄴ, ㄷ

24 물(H_2O)과 메테인(CH_4)의 전자 배치의 공통점만을 <보기>에서 있는 대로 고른 것은?

보 기

ㄱ. 공유 전자쌍 수
ㄴ. 중심 원자의 전자가 배치되어 있는 전자 껍질의 수
ㄷ. 중심 원자의 가장 바깥 전자 껍질에 배치되어 있는 전자의 수

① ㄱ ② ㄷ ③ ㄱ, ㄴ
④ ㄴ, ㄷ ⑤ ㄱ, ㄴ, ㄷ

정답 및 해설 ➔ 16

25 다음은 산소와 염화 나트륨의 화학식과 모형이다.

구분	산소	염화 나트륨
화학식	(가)	NaCl
모형	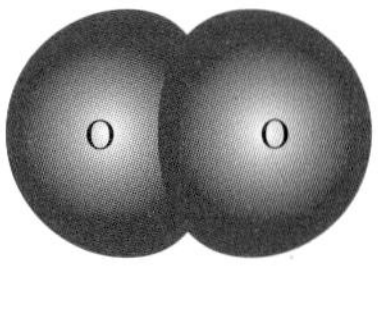	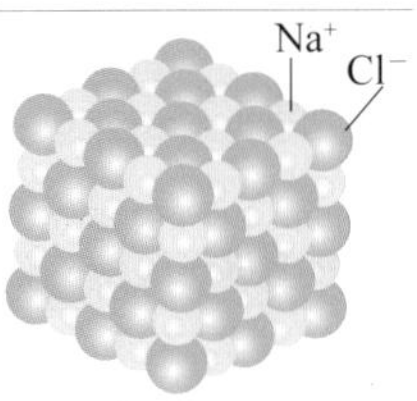

이에 대한 설명으로 옳은 것을 ○표, 옳지 않은 것은 ×표 하시오.

(1) (가)에 들어갈 화학식은 O_2이다. (　　)
(2) 고체 상태의 염화 나트륨은 전기 전도성이 있다. (　　)
(3) 염화 나트륨 수용액에 전류를 흘려주면 전류가 흐른다. (　　)
(4) 산소는 실온에서 기체 상태이고, 염화 나트륨은 실온에서 고체 상태이다. (　　)

26 몇 가지 물질을 주어진 기준에 따라 분류한 것이다.

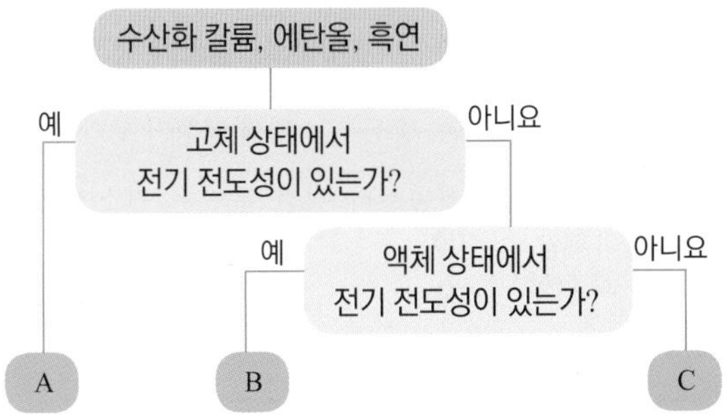

이에 대한 설명으로 옳은 것만을 <보기>에서 있는 대로 고른 것은?

보기

ㄱ. A와 B는 분자이다.
ㄴ. 고체 상태에서 B는 외부 충격에 쉽게 부스러진다.
ㄷ. C는 B에 비해 녹는점과 끓는점이 높다.

① ㄴ ② ㄷ ③ ㄱ, ㄴ ④ ㄴ, ㄷ ⑤ ㄱ, ㄴ, ㄷ

27 무한이는 주변의 물질을 화학 결합의 종류에 따라 다음과 같이 분류하였다.

· 공유 결합 물질 : 설탕($C_{12}H_{22}O_{11}$), 염화 수소(HCl)
· 이온 결합 물질 : 염화 나트륨(NaCl), 산화 철 (Fe_2O_3)

두 물질을 분류하는 기준이 되는 물질의 성질에 대한 설명으로 옳은 것만을 <보기>에서 있는 대로 고른 것은?

보기

ㄱ. 공유 결합 물질은 물에 녹지 않고, 이온 결합 물질은 물에 녹는다.
ㄴ. 수용액의 전기 전도성 유무로 공유 결합 물질과 이온 결합 물질을 구분할 수 있다.
ㄷ. 액체 상태의 전기 전도성 유무로 공유 결합 물질과 이온 결합 물질을 구분할 수 있다.

① ㄱ ② ㄷ ③ ㄱ, ㄴ ④ ㄴ, ㄷ ⑤ ㄱ, ㄴ, ㄷ

28 원자 A, B와 이온 C^{2+}, D^-의 전자 배치를 모형으로 나타낸 것이다.

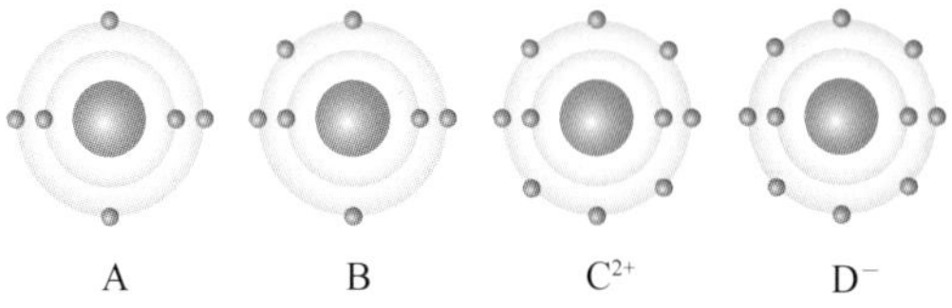

이에 대한 설명으로 옳은 것만을 <보기>에서 있는 대로 고른 것은? (단, A ~ D는 임의의 원소 기호이다.)

보기

ㄱ. A와 C는 같은 주기 원소이다.
ㄴ. B_2에는 2중 결합이 있다.
ㄷ. CD_2는 액체 상태에서 전기 전도성이 있다.

① ㄱ ② ㄷ ③ ㄱ, ㄴ ④ ㄴ, ㄷ ⑤ ㄱ, ㄴ, ㄷ

정답 및 해설 ➡ 69

01. 우주 초기의 원소

1. 빅뱅 우주론

(1) 빅뱅 우주론 : 모든 물질과 에너지가 모인, 온도와 밀도가 무한대인 한 점(특이점)에서 대폭발(빅뱅)이 일어나 우주가 탄생하였으며 지금도 계속 팽창하고 있다는 우주론

(2) 빅뱅 우주론과 정상 우주론

구분	빅뱅 우주론	정상 우주론
모형	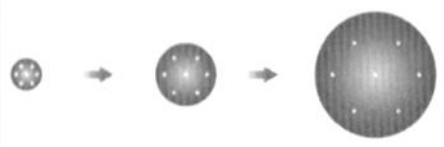	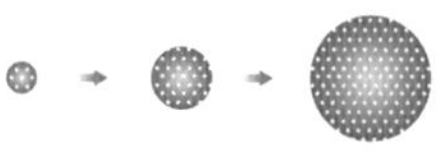
주장한 과학자	가모프	호일
우주의 온도	(❶)	일정
우주의 크기	증가	증가
우주의 밀도	(❷)	(❸)
우주의 질량	(❹)	증가

2. 물질의 탄생과 원소의 생성

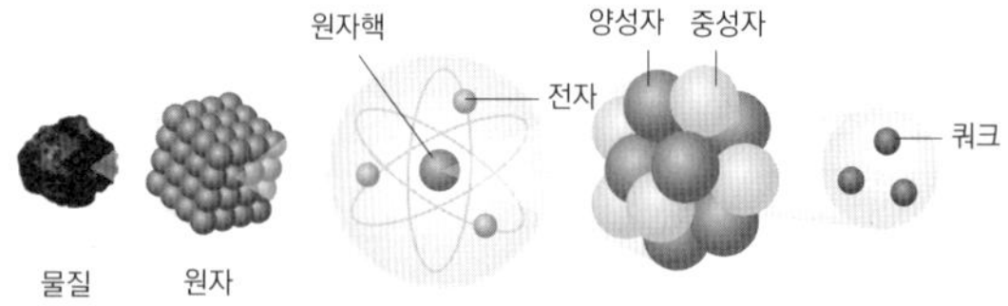

→ 우주의 온도가 낮아지면서 점차 무거운 입자가 생성되었다.

기본 입자 생성	빅뱅 직후 쿼크, 전자 등의 기본 입자가 생성
양성자와 중성자 생성	기본 입자인 (❺) 3개가 결합하여 양성자와 중성자가 생성됨.
원자핵 생성 (빅뱅 이후 약 3분)	양성자 2개 + 중성자 2개 → 헬륨 원자핵
원자 생성 (빅뱅 이후 약 38만 년)	수소 원자핵 + 전자 1개 → 수소 원자 헬륨 원자핵 + 전자 2개 → 헬륨 원자

→ 불투명한(뿌연) 우주가 원자가 생성된 후 투명한 우주로 되었다.

3. 스펙트럼

(1) 스펙트럼의 종류

연속 스펙트럼	고온의 별에서 방출된 빛은 색의 띠가 연속으로 나타난다.
흡수 스펙트럼	별빛이 저온의 기체를 통과할 때 저온의 기체가 특정 파장의 빛을 (❻)하여 검은 선이 생긴다.
방출 스펙트럼	고온의 별 주위에서 에너지를 얻어 가열된 고온의 기체가 특정 파장의 빛을 (❼)하여 밝은 선이 생긴다.

(2) 스펙트럼의 분석 : 별빛 스펙트럼 분석을 통해 별을 구성하고 있는 원소의 종류와 원소의 질량비를 알 수 있다.

4. 빅뱅 우주론의 증거

(1) (❽)

예측	빅뱅 이후 38만년에 우주의 온도가 약 3,000 K일 때 퍼져나간 빛이 우주가 팽창하면서 파장이 길어져 약 3 K의 물체에서 복사되는 마이크로파로 관측될 것이다.
관측 결과	우주의 모든 방향에서 거의 같은 세기로, 약 3 K의 물체에서 복사되는 전자기파인 우주 배경 복사가 관측되었다.

(2) 수소와 헬륨의 질량비 약 (❾)

예측	빅뱅 이후 생성된 수소 원자핵과 헬륨 원자핵의 질량비가 약 (❾)이 될 것으로 계산하였다.
관측 결과	천체의 스펙트럼 관측 결과 우주 전역에 분포하는 수소와 헬륨의 질량비가 약 (❾)임을 알아냈다.

02. 별의 진화와 원소의 생성

1. 지구와 생명체를 구성하는 원소

(1) 우주의 주요 원소 : (❶)(74%)와 헬륨(24%)이 대부분이다.

(2) 지구와 생명체의 주요 원소 : 수소(H), 헬륨(He)보다 무거운 원소의 비율이 높다.

2. 별의 탄생과 진화 과정

(1) 별의 탄생 : 밀도가 크고 온도가 낮은 성운 속에서 원시별이 탄생하여 별(주계열성)로 진화한다. 원시별은 (❷)과정에서, 별은 핵융합 반응으로 에너지가 생성된다.

(2) (❸) : 수소 핵융합 반응으로 에너지를 생성하고, 내부 압력과 중력이 평형을 이루어 크기가 일정하다.

(3) 철보다 가벼운 원소의 생성 : 별 내부의 핵융합 반응으로 생성된다.

질량이 태양 정도인 별	· (❹), 탄소, 산소가 생성된다. · 핵융합 반응이 멈추면 바깥층은 행성상 성운, 중심부는 백색 왜성이 된다.
질량이 태양의 10배 이상인 별	· 헬륨부터 점점 무거운 원소가 생성되어 (❺)까지 생성된다. · (❺)은 매우 안정하여 철이 만들어진 이후에는 핵융합 반응이 더이상 일어나지 않는다.

(4) 철보다 무거운 원소의 생성 : (❻) 폭발 과정에서 금, 우라늄, 납 등과 같은 철보다 무거운 원소가 생성된다.

3. 태양계의 형성 : 태양계 성운이 수축하여 중심부에서 원시 태양이, 원시 원반에서 원시 행성이 생성되었다.

지구형 행성	· 반지름과 질량이 작다. · 무거운 물질로 이루어져 평균 밀도가 크다. 예 수성, 금성, 지구, 화성
목성형 행성	· 반지름과 질량이 (❼). · 가벼운 물질로 이루어져 평균 밀도가 작다. 예 목성, 토성, 천왕성, 해왕성

4. 지구의 형성 : 미행성체 충돌 → 마그마 바다 형성 → 맨틀과 핵 분리 → (❽)과 바다 형성 → 생명체 탄생

03. 원소들의 주기성

1. 원소와 주기율표

(1) (❶   ) : 물질을 이루는 기본 성분으로, 더 이상 다른 성분으로 분해되지 않는다.

(2) 현대의 주기율표 : 원소들을 (❷   ) 순으로 배열하여 화학적 성질이 비슷한 원소들이 같은 줄에 배치되어 있다.

2. 금속 원소와 비금속 원소

구분	(❸) 원소	(❹) 원소
주기율표에서 위치	왼쪽과 가운데	오른쪽(단, 수소 예외)
실온에서 상태	고체(단, 수은은 액체)	기체나 고체 (단, 브로민은 액체)
열, 전기 전도성	크다	작다(단, 흑연은 예외)
광택	있다	없다

3. 알칼리 금속과 할로젠 원소

구분	알칼리 금속	할로젠 원소
정의	주기율표의 (❺)에 속하는 금속 원소	주기율표의 (❻) 에 속하는 비금속 원소
예	Li, Na, K 등	F, Cl, Br, I 등
성질	다른 금속에 비해 밀도가 작고 반응성이 커서 공기 중의 산소, 물과 잘 반응한다.	실온에서 2원자 분자로 존재하고, 특유의 색을 띠며, 반응성이 커서 금속, 수소와 잘 반응한다.

4. 원자의 전자 배치

(1) 원자의 전자 배치 : 전자는 원자핵에서 가까운 전자 껍질부터 차례대로 채워진다. 전자는 첫 번째 전자 껍질에 최대 2개, 두 번째, 세 번째 전자 껍질에 최대 (❼   )가 채워진다.

(2) (❽   ) 수 : 원자의 전자 배치에서 가장 바깥 껍질에 배치된 전자로 화학 반응에 참여하여 원소의 화학적 성질을 결정한다.

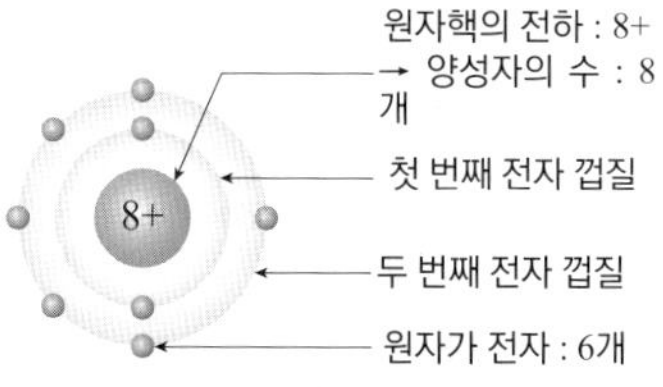

▲ 산소의 전자 배치

같은 주기	전자가 들어 있는 (❾) 수가 같다.
같은 족	(❿) 수가 같아 화학적 성질이 비슷하다.
주기성이 나타나는 까닭	원자 번호가 증가함에 따라 원자가 전자 수가 주기적으로 변하기 때문이다.

04. 화학 결합과 물질의 생성

1. 화학 결합의 원리

(1) 비활성 기체 : 주기율표 (❶   )에 속하는 원소

(2) 화학 결합이 형성되는 까닭 : 원소들은 화학 결합을 형성하여 비활성 기체와 같이 가장 바깥 전자 껍질에 전자를 모두 채운 안정한 전자 배치를 이루려고 한다.

2. 이온 결합 물질

이온 결합	금속 양이온과 비금속 음이온 사이의 (❷) 에 의해 형성되는 결합
이온 결합의 형성	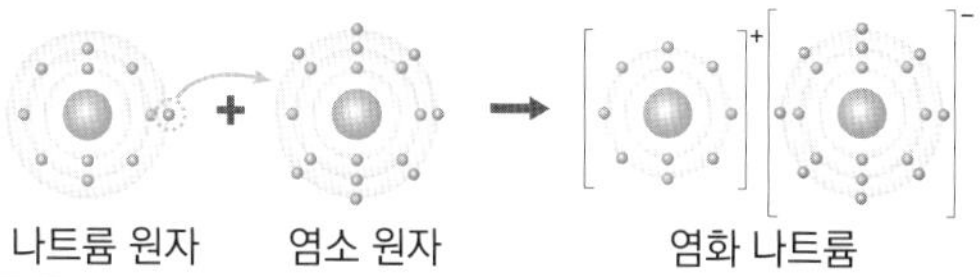
이온 결합 물질의 성질	· 수많은 양이온과 음이온이 연속적으로 결합하여 규칙적인 모양의 입체 구조를 이룬다. · 대부분 물에 잘 녹는다. · 비교적 단단하지만, 외부에서 힘을 가하면 쉽게 쪼개지거나 부스러진다. · 전기 전도성 - 고체 상태에서는 (❸). 액체, 수용액 상태에서는 (❹).

3. 공유 결합 물질

공유 결합	비금속 원소들이 전자쌍을 서로 공유하여 형성되는 결합
공유 결합의 형성	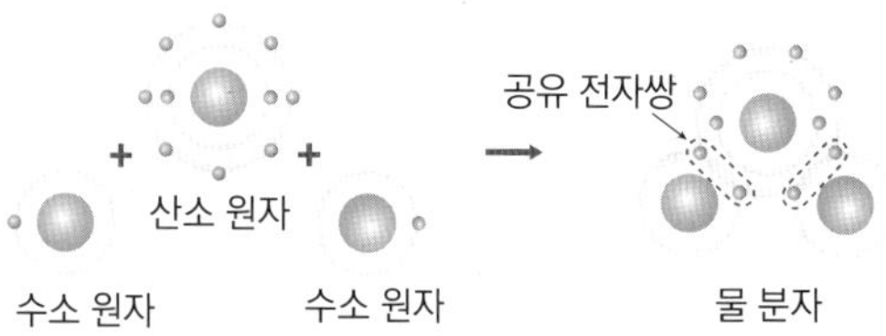
공유 결합 물질의 성질	· 일정한 개수의 원자가 결합한 (❺)로 이루어져 있다. · 분자의 성질에 따라 물에 녹는 물질도 있고, 녹지 않는 물질도 있다. · 대부분 전기 전도성이 (❻).

4. 지구 시스템과 생명 시스템을 구성하는 물질

산소(O_2)	광합성으로 생성, 호흡에 이용, 대기의 약 21% 구성
질소(N_2)	대기의 약 78% 구성
물(H_2O)	우리 몸의 약 70% 구성 생명체 내에서 다양한 화학 반응 도움
이산화 탄소(CO_2)	호흡으로 생성, 광합성에 이용
염화 나트륨 (NaCl)	소금의 주성분
산화 철 (Fe_2O_3, Fe_3O_4)	반응성이 큰 산소와 철이 이온 결합하여 생성. 철광석의 성분.
규산염 광물	규소(Si)와 산소(O)를 함유. 지각의 대부분을 차지한다.

내신 기출 모의고사 1회

(20 문항 30분)

01. 우주 초기의 원소

01 그림 (가)와 (나)는 우주의 탄생과 진화를 설명하는 우주론 모형을 각각 나타낸 것이다.

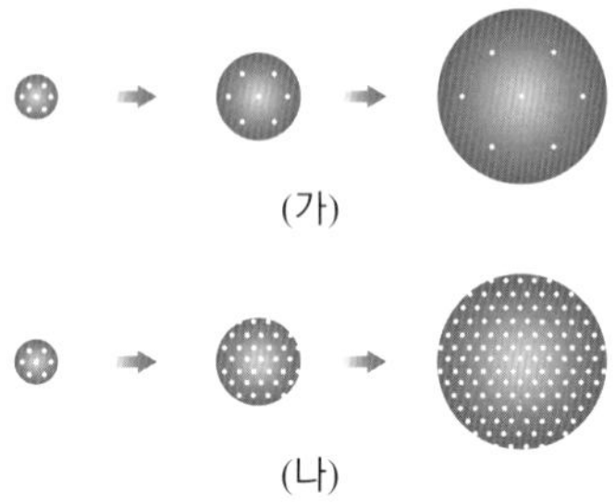

(가)

(나)

이에 대한 설명으로 옳은 것만을 <보기>에서 있는 대로 고른 것은?

보기

ㄱ. (가)에서 우주의 질량은 일정하다.
ㄴ. (나)에서 우주의 밀도는 일정하다.
ㄷ. 우주 배경 복사는 (나)의 증거가 된다.

① ㄱ ② ㄴ ③ ㄷ
④ ㄱ, ㄴ ⑤ ㄱ, ㄴ, ㄷ

02 그림은 원자를 이루는 입자를 나타낸 것이다.

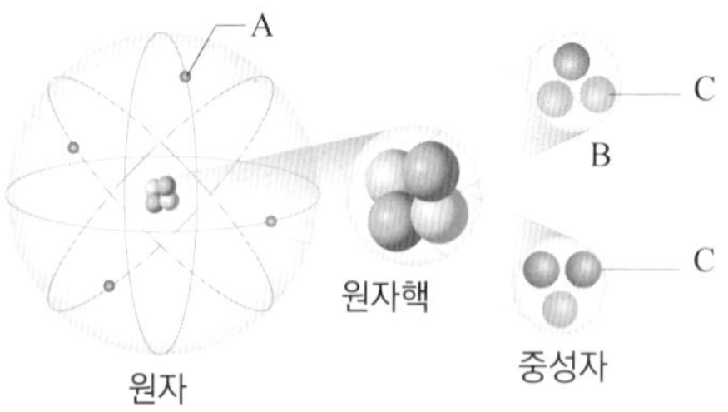

이에 대한 설명으로 옳은 것만을 <보기>에서 있는 대로 고른 것은?

보기

ㄱ. A는 물질의 기본 입자이다.
ㄴ. 원자핵과 B는 양전하를 띤다.
ㄷ. A가 생성될 때보다 C가 생성될 때 우주의 온도가 더 높았다.

① ㄱ ② ㄴ ③ ㄱ, ㄴ
④ ㄱ, ㄷ ⑤ ㄱ, ㄴ, ㄷ

03 그림은 분광기를 이용한 스펙트럼 관찰 실험을 통해 얻은 실험 결과이다. (가)는 선 모양이 나타나지 않았다.

이에 대한 설명으로 옳지 않은 것은?

① (가)는 연속 스펙트럼이다.
② (가)는 백열등 빛을 관측하여 얻은 결과이다.
③ 미지의 물질에는 Na와 Cl 원소가 포함되어 있다.
④ 저온의 성운을 통과한 별빛의 스펙트럼은 (가)를 제외한 스펙트럼의 형태와 같다.
⑤ Ca 원소의 스펙트럼은 전자가 높은 에너지 준위에서 낮은 에너지 준위로 이동할 때 나타나는 형태이다.

04 그림 (가)와 (나)는 백뱅 이후 38만년이 지나기 전과 후의 우주의 모습을 순서없이 나타낸 것이다.

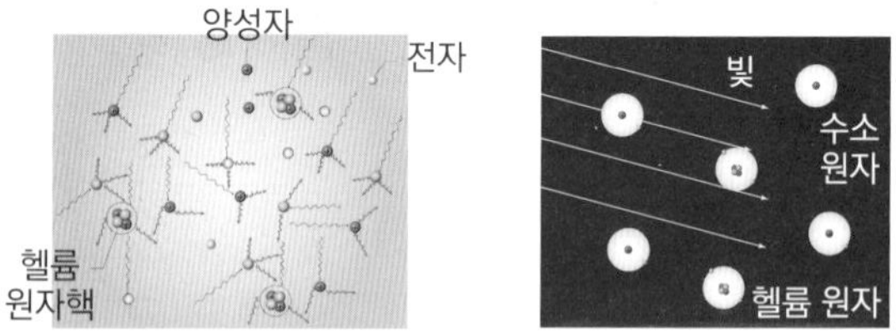

(가) (나)

이에 대한 설명으로 옳은 것만을 <보기>에서 있는 대로 고른 것은?

보기

ㄱ. (가) 시기에 우주는 투명하여 빛이 잘 통과하였다.
ㄴ. (나)는 빅뱅 이후 38만 년이 지난 후의 우주의 모습이다.
ㄷ. (나)가 (가)보다 온도가 높다.

① ㄱ ② ㄴ ③ ㄷ
④ ㄱ, ㄴ ⑤ ㄱ, ㄴ, ㄷ

05 다음 중 별의 탄생 과정에 대한 설명으로 옳지 않은 것은?

① 별은 성운 내부의 밀도가 큰 곳에서 형성된다.
② 하나의 성운 내에서 여러 개의 원시별이 형성된다.
③ 성운 내부에서 일어나는 중력 수축으로 원시별이 생성된다.
④ 원시별은 핵융합 반응에 의해 에너지를 빛의 형태로 방출한다.
⑤ 원시별의 중심 온도가 1000만 K 이상으로 높아지면 주계열성이 된다.

06 다음은 어느 별의 중심부에서 일어나는 핵융합 반응을 나타낸 것이다.

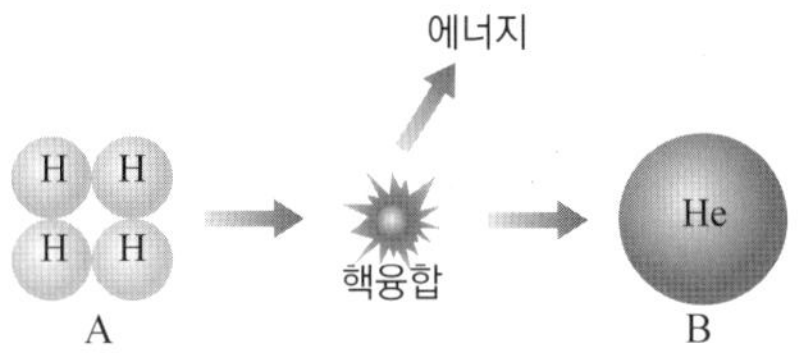

이에 대한 설명으로 옳은 것만을 <보기>에서 있는 대로 고른 것은?

보기
ㄱ. 헬륨 핵융합 반응이다.
ㄴ. 태양 중심부에서 일어난다.
ㄷ. A와 B의 질량 차이는 에너지로 전환된다.

① ㄱ ② ㄴ ③ ㄱ, ㄴ
④ ㄴ, ㄷ ⑤ ㄱ, ㄴ, ㄷ

02. 별의 진화와 원소의 생성

07 그림은 어떤 별의 진화 과정을 단계별로 나타낸 것이다.

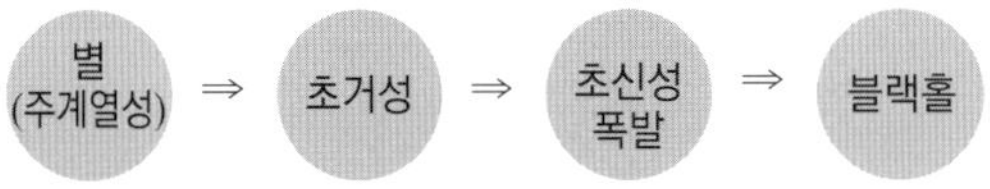

이에 대한 설명으로 옳은 것만을 <보기>에서 있는 대로 고른 것은?

보기
ㄱ. 이 별의 질량은 태양과 비슷하다.
ㄴ. 초거성 단계에서 철보다 무거운 원소가 생성된다.
ㄷ. 초신성 폭발에 의해 생성된 원소 중 일부는 생명체를 구성하는 물질이 된다.

① ㄱ ② ㄴ ③ ㄷ
④ ㄱ, ㄴ ⑤ ㄱ, ㄷ

08 태양계 성운이 수축하면 중심에 원시 태양이 형성되고 주위에는 원시 원반이 형성된다. 다음은 원시 원반에서 원시 태양으로부터의 거리에 따른 온도 변화와 물질의 분포 변화를 나타낸 것이다.

이에 대한 설명으로 옳은 것만을 <보기>에서 있는 대로 고른 것은?

보기
ㄱ. 지구형 행성은 목성형 행성보다 평균 밀도가 더 크다.
ㄴ. 목성형 행성은 지구형 행성보다 온도가 높은 곳에서 형성된다.
ㄷ. 원시 태양에서 멀어질수록 녹는점이 점점 낮은 물질이 고체로 존재한다.

① ㄴ ② ㄱ, ㄴ ③ ㄱ, ㄷ
④ ㄴ, ㄷ ⑤ ㄱ, ㄴ, ㄷ

09 태양계 행성들을 물리량에 따라 두 집단으로 분류한 것이다.

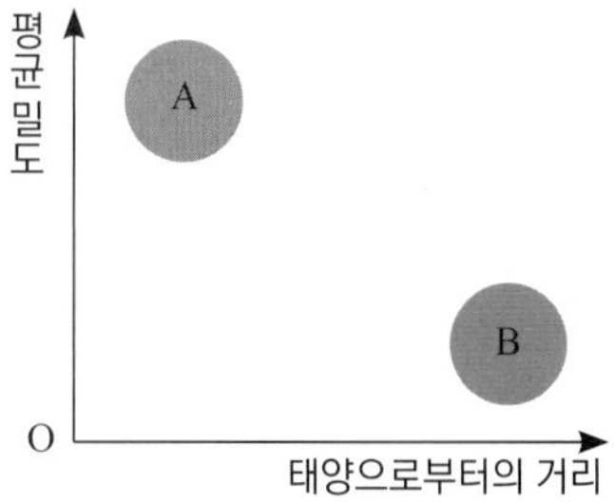

이에 대한 설명으로 옳은 것만을 <보기>에서 있는 대로 고른 것은?

보기
ㄱ. A는 지구형 행성, B는 목성형 행성이다.
ㄴ. B는 주로 철, 규산염 등의 무거운 물질로 이루어졌다.
ㄷ. B는 A 보다 질량이 크다.

① ㄱ ② ㄴ ③ ㄱ, ㄷ
④ ㄴ, ㄷ ⑤ ㄱ, ㄴ, ㄷ

10 다음은 태양계 형성 과정을 간단히 나타낸 것이다.

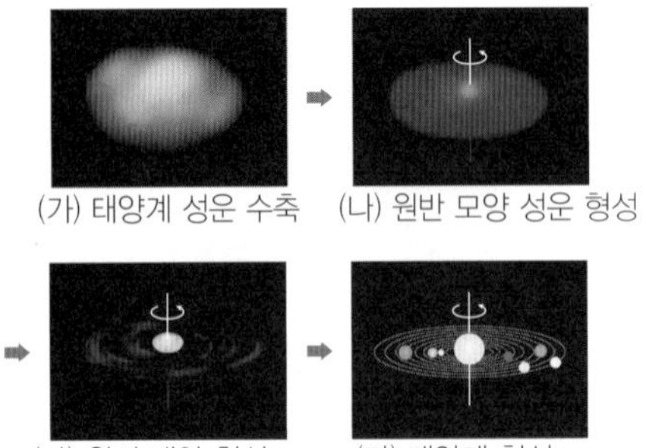

(가) 태양계 성운 수축 → (나) 원반 모양 성운 형성 → (다) 원시 태양 형성 → (라) 태양계 형성

이에 대한 설명으로 옳은 것만을 <보기>에서 있는 대로 고른 것은?

보 기

ㄱ. (가) → (나) 과정에서 성운의 회전이 점점 빨라진다.
ㄴ. (나)→(다) 과정에서 성운의 중심부는 온도가 점점 상승한다.
ㄷ. (라)의 행성의 공전 방향과 태양의 자전 방향은 서로 같다.

① ㄱ ② ㄴ ③ ㄱ, ㄷ
④ ㄴ, ㄷ ⑤ ㄱ, ㄴ, ㄷ

11 다음은 지구의 형성 과정을 간단히 나타낸 것이다.

미행성체의 충돌 (가) → 마그마 바다 형성 (나) → 내부 층상 구조 형성 (다) → 원시 지각과 바다의 형성 (라)

이에 대한 설명으로 옳은 것만을 <보기>에서 있는 대로 고른 것은?

보 기

ㄱ. (가) → (나) 과정에서 지구의 크기와 질량이 증가하였다.
ㄴ. (다)에서 지구 중심부를 이루는 원소는 현재와 같다.
ㄷ. (라)에서 원시 바다가 원시 지각보다 먼저 형성되었다.

① ㄱ ② ㄴ ③ ㄱ, ㄴ
④ ㄴ, ㄷ ⑤ ㄱ, ㄴ, ㄷ

03. 원소들의 주기성

12 현대의 주기율표에 대한 설명으로 옳은 것만을 <보기>에서 있는 대로 고른 것은?

보 기

ㄱ. 주기율표의 가로줄을 족, 세로줄을 주기라고 한다.
ㄴ. 주기율표에서 같은 족 원소는 원자가 전자 수가 같다.
ㄷ. 주기율표에서 원소는 원자 번호 순으로 나열되어 있다.
ㄹ. 주기율표에서 원자 번호 1 ~ 20번인 원소의 원자가 전자 수는 1에서 8까지 존재한다.

① ㄱ, ㄹ ② ㄴ, ㄷ ③ ㄱ, ㄴ, ㄷ
④ ㄱ, ㄷ, ㄹ ⑤ ㄴ, ㄷ, ㄹ

13 다음은 주기율표의 일부를 나타낸 것이다.

주기 \ 족	1	2	13	14	15	16	17	18
1								
2							A	
3	B						C	
4	D	E						

이에 대한 설명으로 옳지 않은 것은? (단, A ~ E는 임의의 원소 기호이다.)

① A는 수소와 반응하여 할로젠화 수소를 생성한다.
② B와 C는 서로 격렬하게 반응한다.
③ B와 D는 공기 중에 두면 산소와 반응한다.
④ D와 E는 화학적 성질이 비슷하다.
⑤ 비금속 원소는 두 가지이다.

14 원자의 구조에 대한 설명으로 옳은 것만을 <보기>에서 있는 대로 고른 것은?

보 기

ㄱ. 원자핵은 양성자와 중성자로 이루어져 있다.
ㄴ. 원자를 구성하는 양성자 수와 전자 수는 같다.
ㄷ. 양성자는 양전하를 띠고, 중성자는 음전하를 띤다.

① ㄱ ② ㄴ ③ ㄷ
④ ㄱ, ㄴ ⑤ ㄴ, ㄷ

15 주기율표의 일부와 몇 가지 원소의 특성을 나타낸 원소 카드를 나타낸 것이다.

주기 \ 족	1	2	13	14	15	16	17	18
1								(가)
2	(나)						(다)	
3		(라)				(마)		

원자 번호	원자가 전자 수	족 이름	원소 기호
12	1	할로젠	He

4장의 원소 카드를 주기율표의 (가) ~ (마) 중 한 곳에 각각 배치할 때 원소 카드가 배치되지 않는 자리는?

① (가)　② (나)　③ (다)
④ (라)　⑤ (마)

16 다음은 알칼리 금속의 성질을 알아보기 위한 실험이다.

(실험 과정)
페놀프탈레인 용액을 1~2 방울 넣은 물에 나트륨 조각을 작게 썰어 넣는다.
(실험 결과)
A. 나트륨이 물 위에 떠서 격렬하게 반응하였다.
B. 기체가 발생하면서 용액은 붉은색으로변하였다.

이에 대한 설명으로 옳은 것만을 <보기>에서 있는 대로 고른 것은?

보 기

ㄱ. B에서 발생한 기체는 수소이다.
ㄴ. 나트륨이 물에 녹은 용액은 산성이다.
ㄷ.나트륨은 물과 반응하면 전자를 얻는다.

① ㄱ　② ㄴ　③ ㄱ, ㄴ
④ ㄴ, ㄷ　⑤ ㄱ, ㄴ, ㄷ

17 다음 원소들의 공통점으로 옳지 않은 것은?

헬륨　네온　아르곤

① 비활성 기체이다.
② 반응성이 작고 안정하다.
③ 주기율표에서 18족에 속한다.
④ 화학 결합을 형성하지 않는다.
⑤ 가장 바깥 전자 껍질에 전자 8개가 채워져 있다.

04. 화학 결합과 물질의 생성

18 3 가지 원자 X ~ Z의 전자 배치를 모형으로 나타낸 것이다.

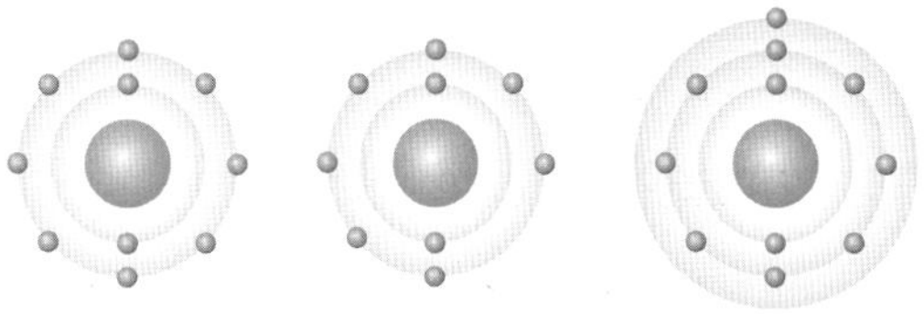

X　Y　Z

이에 대한 설명으로 옳은 것만을 <보기>에서 있는 대로 고른 것은? (단, X ~ Z는 임의의 원소 기호이다.)

보 기

ㄱ. X는 Y와 공유 결합을 한다.
ㄴ. Y와 Z가 결합할 때 Y는 음이온이 된다.
ㄷ. Z는 화학 결합할 때 X와 같은 전자 배치를 이룬다.

① ㄱ　② ㄴ　③ ㄱ, ㄷ
④ ㄴ, ㄷ　⑤ ㄱ, ㄴ, ㄷ

19 다음은 3 가지 분자의 화학 결합 모형을 나타낸 것이다.

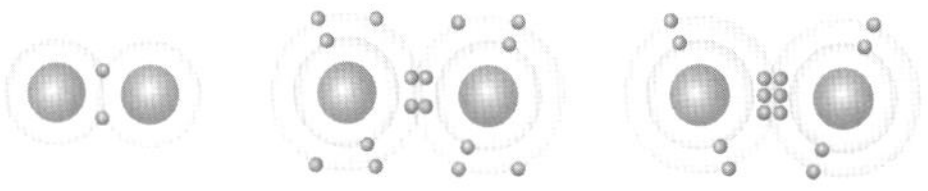

(가)　(나)　(다)

(가) ~ (다) 분자에 들어 있는 공유 전자쌍의 수를 각각 쓰시오.

20 다음은 원소 A ~ D 에 대한 설명과 주기율표의 일부를 각각 나타낸 것이다.

· A의 원자가 전자 수는 5이다.
· B는 금속 원소이다.
· C는 D보다 원자가 전자수가 6개 더 많다.

주기 \ 족	1	2	13	14	15	16	17	18
1	(가)							
2					(다)		(라)	
3	(나)							

A ~ D로 이루어진 물질 중 액체 상태에서 전기 전도성이 있는 것은? (단, A ~ D는 임의의 원소 기호이고, 각각 (가) ~ (라) 중 하나이다.)

① AD_3　② BC　③ C_2
④ DC　⑤ D_2

내신 기출 모의고사 2회

20 문항 30분

01. 우주 초기의 원소

01 그림은 어떤 우주론을 모형으로 나타낸 것이다.

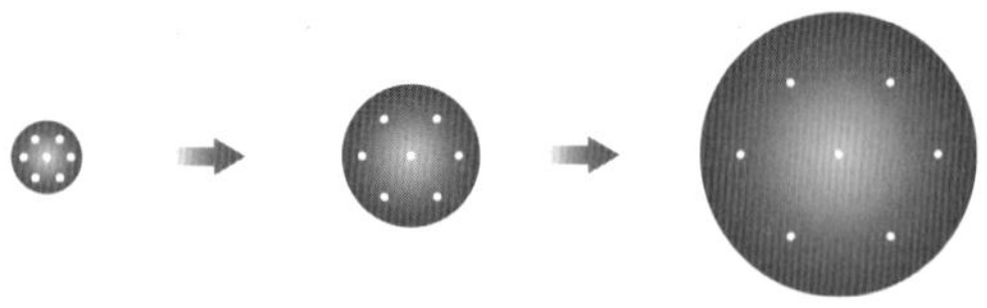

이에 대한 설명으로 옳은 것만을 <보기>에서 있는 대로 고른 것은?

보 기

ㄱ. 정상 우주론에 관한 것이다.
ㄴ. 우주 배경 복사는 이 우주론을 뒷받침한다.
ㄷ. 우주가 팽창하면서 전체적으로 질량도 같이 증가한다.

① ㄴ　② ㄷ　③ ㄱ, ㄴ
④ ㄱ, ㄷ　⑤ ㄴ, ㄷ

서술형

02 빅뱅 이후 우주의 온도와 밀도의 변화를 간략하게 설명하고, 그 이유에 대하여 서술하시오.

03 다음은 초기 우주에서 입자가 생성되는 과정을 나타낸 것이다.

기본 입자 생성 (가) ⇒ 양성자 중성자 생성 (나) ⇒ 원자핵 생성 (다) ⇒ 원자 생성 (라)

이에 대한 설명으로 옳은 것만을 <보기>에서 있는 대로 고른 것은?

보 기

ㄱ. (가) 시기 우주의 온도가 가장 높다.
ㄴ. (나)는 빅뱅 이후 약 3분이 되었을 때이다.
ㄷ. (다) 이후 수소 원자핵과 헬륨 원자핵의 질량비는 약 3 : 1이 되었다.
ㄹ. (라) 시기에 우주 배경 복사가 퍼져나갔다.

① ㄱ, ㄴ　② ㄱ, ㄷ　③ ㄱ, ㄹ
④ ㄱ, ㄴ, ㄷ　⑤ ㄱ, ㄷ, ㄹ

04 그림은 우주 배경 복사의 파장 변화를 모식적으로 나타낸 것이다.

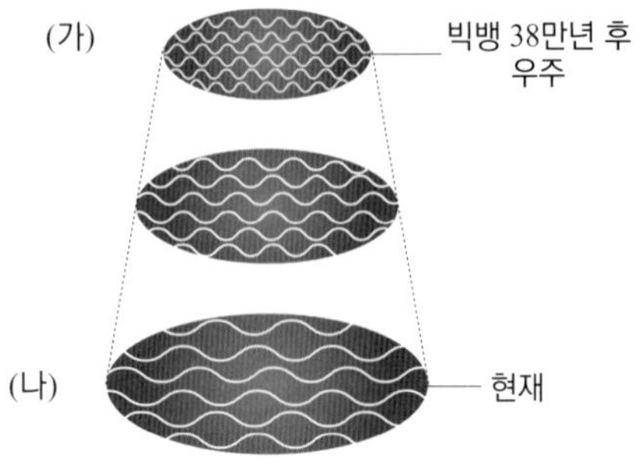

이에 대한 설명으로 옳은 것만을 <보기>에서 있는 대로 고른 것은?

보 기

ㄱ. (가) 시기에 쿼크가 모여 양성자와 중성자가 생성되었다.
ㄴ. 우주 배경 복사는 (가) 시기에 퍼져나갔다.
ㄷ. (가)에서 (나)시기로 갈수록 우주 배경 복사의 파장은 길어졌다.

① ㄴ　② ㄷ　③ ㄱ, ㄴ
④ ㄱ, ㄷ　⑤ ㄴ, ㄷ

02. 별의 진화와 원소의 생성

05 그림 (가) ~ (다)는 우주, 지구, 사람을 이루는 원소의 구성비를 나타낸 것이다.

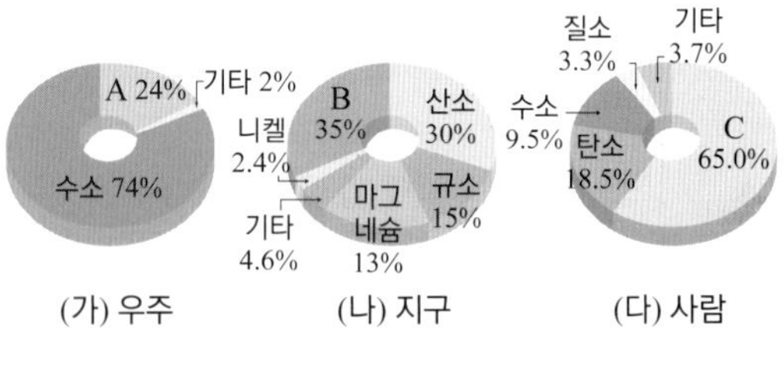

이에 대한 설명으로 옳은 것만을 <보기>에서 있는 대로 고른 것은?

보 기

ㄱ. A는 대부분 초신성 폭발이 일어날 때 생성되었다.
ㄴ. B는 질량이 태양의 10배 이상인 별의 내부에서 생성되는 원소이다.
ㄷ. C는 지구의 대기와 해수에는 거의 존재하지 않는다.

① ㄱ　② ㄴ　③ ㄷ
④ ㄱ, ㄴ　⑤ ㄴ, ㄷ

06 다음은 새로운 원자핵이 만들어지는 3가지 유형을 나타낸 것이다.

> · A : 고온, 고압 조건에서 수소 원자핵 4개가 합쳐져 헬륨 원자핵을 형성한다.
> · B : 초신성 폭발로 발생한 에너지에 의해 새로운 원자핵이 만들어진다.
> · C : 매우 높은 온도와 압력에서 원자핵이 핵융합을 반복하여 철 원자핵까지 만들어진다.

이에 대한 설명으로 옳은 것만을 <보기>에서 있는 대로 고른 것은?

보 기

ㄱ. A 과정에서는 에너지 출입이 없다.
ㄴ. B 과정에서는 철보다 무거운 원자핵이 만들어진다.
ㄷ. 태양의 진화 과정 중에 C 과정이 포함된다.

① ㄱ ② ㄴ ③ ㄱ, ㄴ
④ ㄱ, ㄷ ⑤ ㄴ, ㄷ

07 원시 태양으로부터 거리와 물리적 특성에 따라 원시 행성의 궤도를 A와 B로 구분하여 나타낸 것이다. (단, 지구는 A 영역에 포함된다.)

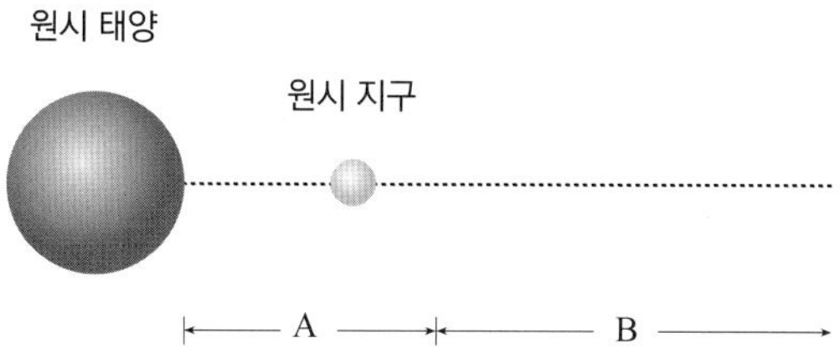

이에 대한 설명 중 옳은 것은 ○표, 옳지 않은 것은 × 표 하시오.

(1) A에서는 기체 성분이 대부분인 행성이 형성되었다. ( )
(2) A에서는 지구형 행성, B에서는 목성형 행성이 형성된다. ( )
(3) 원시 행성을 형성한 물질의 녹는점은 A보다 B에서 더 낮다. ( )
(4) B에서 형성된 원시 행성은 A에서 형성된 원시 행성보다 더 무거운 물질로 이루어졌다. ( )

08 그림은 별의 진화 마지막 단계에 있는 두 별 (가), (나)의 내부 구조를 각각 나타낸 것이다.

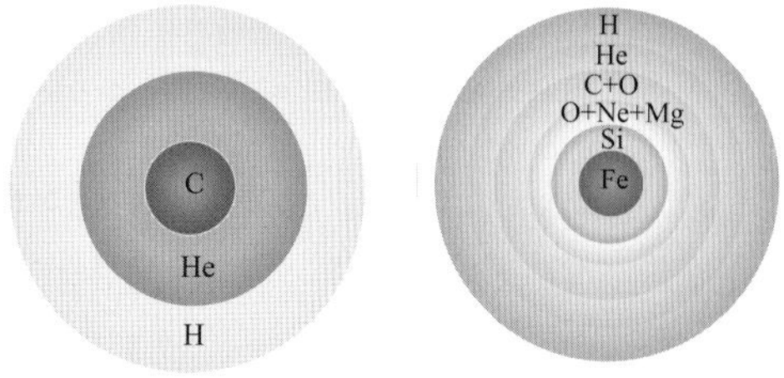

(가) (나)

이에 대한 설명으로 옳은 것만을 <보기>에서 있는 대로 고른 것은?

보 기

ㄱ. 별의 질량은 (가)가 (나)보다 크다.
ㄴ. 중심부의 온도는 (가)가 (나)보다 작다.
ㄷ. 철보다 무거운 원소는 (나)가 폭발하는 과정에서 생성된다.

① ㄴ ② ㄷ ③ ㄱ, ㄴ
④ ㄱ, ㄷ ⑤ ㄴ, ㄷ

09 그림은 주계열성 내부에서 중력과 내부 압력에 의한 힘을 나타낸 것이다.

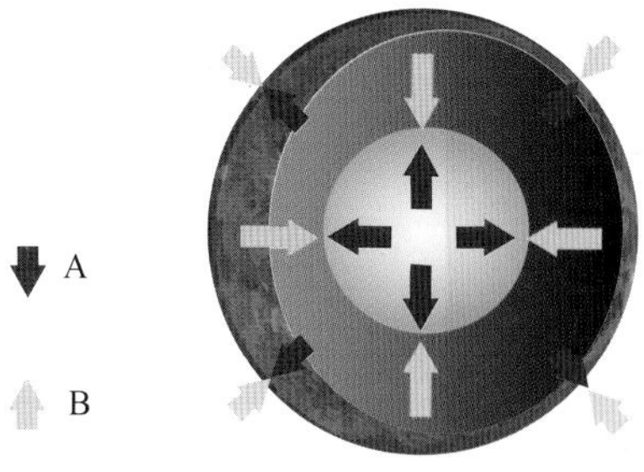

이에 대한 설명으로 옳은 것만을 <보기>에서 있는 대로 고른 것은?

보 기

ㄱ. A는 내부 압력에 의한 힘이다.
ㄴ. 주계열성에서는 B보다 A가 크다.
ㄷ. 주계열성이 다음 단계로 진화할 때 A와 B가 평형을 이룬다.

① ㄱ ② ㄴ ③ ㄷ
④ ㄱ, ㄴ ⑤ ㄱ, ㄴ, ㄷ

10 지구의 형성 과정에 대한 설명으로 옳은 것만을 <보기>에서 있는 대로 고른 것은?

보기

ㄱ. 산소, 규소 등의 물질이 맨틀을 형성하였다.
ㄴ. 원시 바다가 형성된 이후 대기 중 이산화 탄소량이 감소하였다.
ㄷ. 원시 지구에서는 화산 활동에 의해 많은 기체가 분출되어 산소, 질소가 대기의 주성분이었다.

① ㄱ ② ㄴ ③ ㄱ, ㄴ
④ ㄴ, ㄷ ⑤ ㄱ, ㄴ, ㄷ

03. 원소들의 주기성

11 금속 원소와 비금속 원소에 대한 설명으로 옳지 않은 것은?

① 금속 원소는 대부분 특유의 광택이 있다.
② 비금속 원소는 대부분 주기율표의 오른쪽에 있다.
③ 금속 원소는 비금속 원소에 비해 전기 전도성이 크다.
④ 금속 원소는 실온에서 대부분 고체 상태로 존재한다.
⑤ 비금속 원소는 대부분 전자를 잃어 양이온이 되기 쉽다.

12 몇 가지 원소를 분류하는 과정을 나타낸 모식도이다.

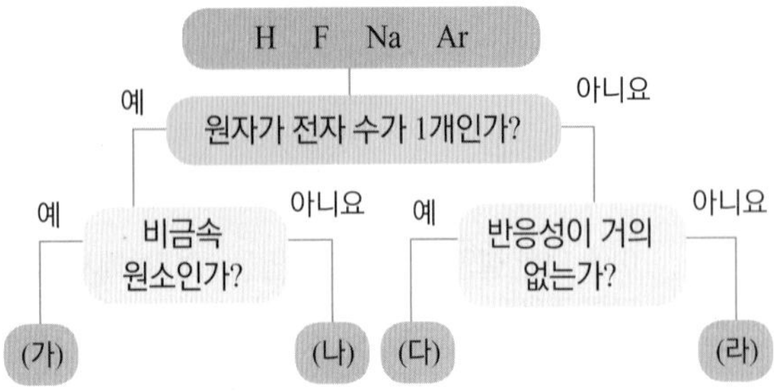

(가)와 (다)에 해당하는 원소를 옳게 짝지은 것은?

	(가)	(다)
①	H	F
②	H	Ar
③	Na	F
④	Na	Ar
⑤	Ar	Na

13 다음은 몇 가지 원소의 성질을 나타낸 것이다.

원소	칼슘	알루미늄	염소	산소
열전도성	크다	크다	작다	작다
전기 전도성	있다	있다	없다	없다
녹는점(℃)	842	658	-102	-218

이에 대한 설명으로 옳은 것만을 <보기>에서 있는 대로 고른 것은?

보기

ㄱ. 산소와 염소는 음이온이 되기 쉬운 원소이다.
ㄴ. 알루미늄은 염소보다 원자가 전자 수가 많다.
ㄷ. 실온(25℃)에서 고체 상태인 원소는 2개이다.

① ㄱ ② ㄴ ③ ㄱ, ㄷ
④ ㄴ, ㄷ ⑤ ㄱ, ㄴ, ㄷ

14 할로젠 원소에 대한 설명으로 옳지 않은 것은?

① 17족 원소로 원자가 전자는 7개이다.
② 실온에서 Br_2는 액체로 존재한다.
③ 반응성의 크기는 $F_2 > Cl_2 > Br_2 > I_2$ 이다.
④ 실온에서 원자 2개가 결합한 분자로 존재한다.
⑤ 수소와는 잘 반응하지만 금속과는 잘 반응하지 않는다.

15 나트륨 원자의 전자 배치를 모형으로 나타낸 것이다.

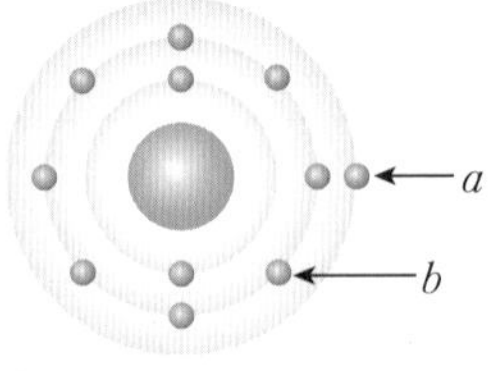

이에 대한 설명으로 옳은 것만을 <보기>에서 있는 대로 고른 것은?

보기

ㄱ. a는 b보다 안정하다.
ㄴ. 전자의 에너지 준위는 a가 b보다 높다.
ㄷ. 나트륨 원자의 전자는 a와 b의 에너지 준위 사이의 에너지 값을 가질 수 있다.

① ㄱ ② ㄴ ③ ㄱ, ㄴ
④ ㄱ, ㄷ ⑤ ㄴ, ㄷ

04. 화학 결합과 물질의 생성

16 비활성 기체와 같은 안정한 전자 배치를 이루는 이온이 <u>아닌</u> 것은?

① O^{2-} ② Cl^{-} ③ Mg^{2+}
④ Al^{3+} ⑤ Ca^{+}

17 XY와 Y_2의 전자 배치를 나타낸 것이다.

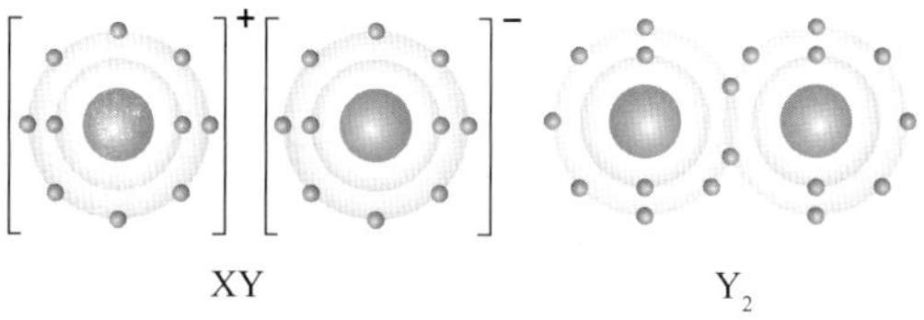

이에 대한 설명으로 옳은 것만을 <보기>에서 있는 대로 고른 것은? (단, X와 Y는 임의의 원소 기호이다.)

보 기

ㄱ. X는 3주기, Y는 2주기 원소이다.
ㄴ. 원자가 전자 수는 Y가 X보다 많다.
ㄷ. XY와 Y_2를 형성하는 결합의 종류는 같다.

① ㄱ ② ㄷ ③ ㄱ, ㄴ
④ ㄴ, ㄷ ⑤ ㄱ, ㄴ, ㄷ

18 우리 주변의 물질을 기준 (가)에 따라 분류한 것이다.

기준	((가))	
구분	예	아니오
물질	수산화 칼륨, 염화 나트륨	설탕, 포도당

(가)에 적용할 수 있는 기준으로 옳은 것은?

① 물에 녹는가?
② 공유 결합 물질인가?
③ 비금속 원소로만 이루어져 있는가?
④ 고체 상태에서 전기 전도성이 있는가?
⑤ 수용액 상태에서 전기 전도성이 있는가?

19 다음은 3 가지 원자 A ~ C가 가장 안정한 상태일 때 각 전자 껍질에 들어 있는 전자 수를 나타낸 것이다.

원자	A	B	C
첫 번째 전자 껍질의 전자 수	x	2	2
두 번째 전자 껍질의 전자 수	6	y	z
세 번째 전자 껍질의 전자 수	0	1	7

이에 대한 설명으로 옳은 것만을 <보기>에서 있는 대로 고른 것은? (단, A ~ C는 임의의 원소 기호이다.)

보 기

ㄱ. $x + y + z$는 18이다.
ㄴ. 액체 상태의 화합물 BC는 전기 전도성이 있다.
ㄷ. A_2와 C_2는 모두 공유 전자쌍 1개를 갖고 있다.

① ㄱ ② ㄷ ③ ㄱ, ㄴ
④ ㄴ, ㄷ ⑤ ㄱ, ㄴ, ㄷ

20 그림은 원소 A와 B로 이루어진 어떤 화합물의 화학 결합 모형을 나타낸 것이다.

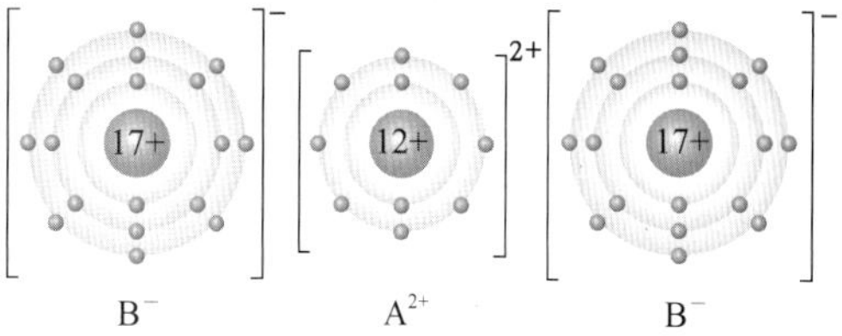

이에 대한 설명으로 옳은 것만을 <보기>에서 있는 대로 고른 것은? (단, A와 B는 임의의 원소 기호이다.)

보 기

ㄱ. 화학식은 AB_2이다.
ㄴ. A와 B는 공유 결합을 하고 있다.
ㄷ. A와 B는 같은 주기 원소이다.

① ㄱ ② ㄴ ③ ㄱ, ㄷ
④ ㄴ, ㄷ ⑤ ㄱ, ㄴ, ㄷ

01 지각과 생명체를 구성하는 물질

핵심 Point

- □ 지각과 생명체의 구성 물질
- □ 규산염 광물
- □ 규산염 광물의 결합 구조
- □ 탄소 화합물
- □ 탄소 화합물의 결합 구조

지각과 생명체를 구성하는 물질은 무엇이며, 그 결합 구조의 특성은 무엇일까?

A 지각과 생명체의 구성 물질[1]

구분	지각	생명체
구성	암석으로 이루어져 있으며, 암석은 광물로, 광물은 원소의 화학 결합으로 이루어진다.	물과 일부의 무기물을 제외하고 탄수화물, 단백질, 핵산 등의 유기물로 구성된다.
주요 특징	산소(O)와 규소(Si)를 주성분으로 하는 규산염 광물이 전체의 92%를 차지한다.	유기물은 탄소(C)를 기본 골격으로 하여 산소, 수소 등과 결합하는 탄소 화합물이다.
구성 원소 (질량비)	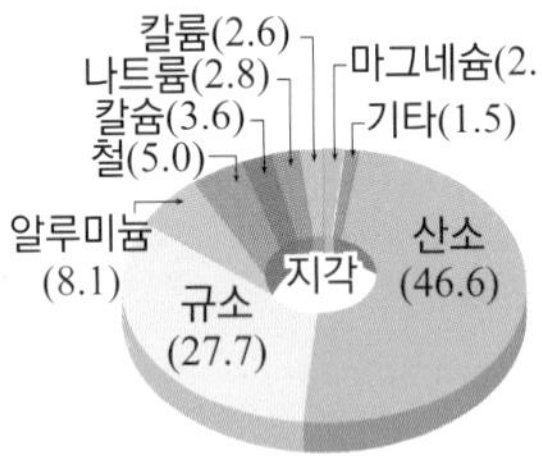	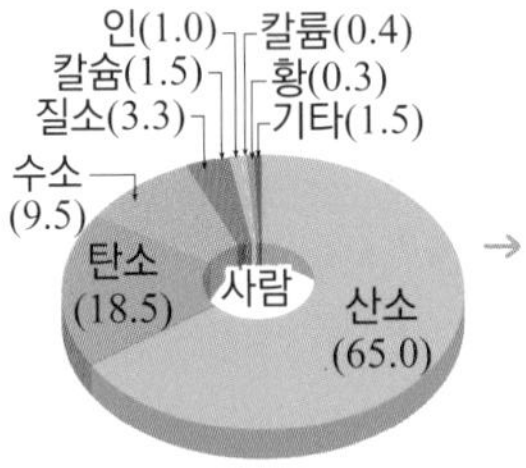

→ 산소는 수소, 탄소, 규소 등 다른 원소와 쉽게 결합할 수 있어 지각과 생명체에 공통으로 많이 포함되며, 다양한 물질을 만드는데 기여한다.

B 지각을 구성하는 물질의 결합 규칙성

1. 규산염 광물

① 규소(Si)[2]와 산소(O)를 주성분으로 여러 원소들과 화학적으로 결합하여 만들어진 광물이다.

② **규산염(Si-O) 사면체** : 1개의 규소와 4개의 산소가 정사면체 모양으로 공유 결합한 것으로, 전체적으로 음전하를 띠며 규산염 광물의 기본 골격을 이룬다.

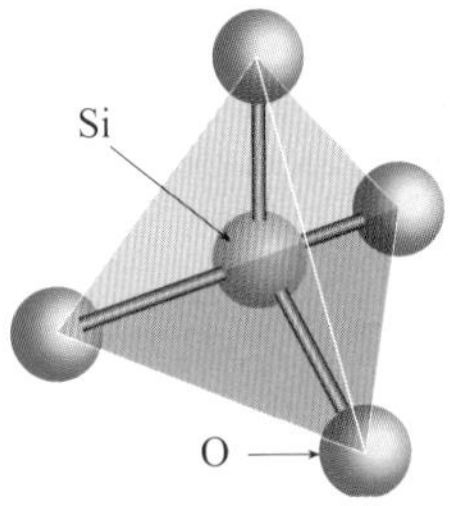

▲ 규산염 사면체의 구조

2. 규산염 광물의 결합 규칙성

① **결합 방식** : 전기적으로 음전하를 띠는 규산염 사면체는 인접한 양이온과 결합하거나 다른 규산염 사면체와 산소를 공유하여 결합하면서 전기적으로 중성이 된다.

② **결합 구조** : 규산염 사면체들끼리 결합할 때 결합 구조에 따라 광물의 특성이 달라진다.[3]

독립형 구조	단사슬 구조	복사슬 구조	판상 구조	망상 구조
		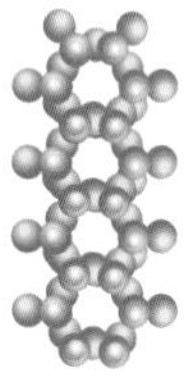	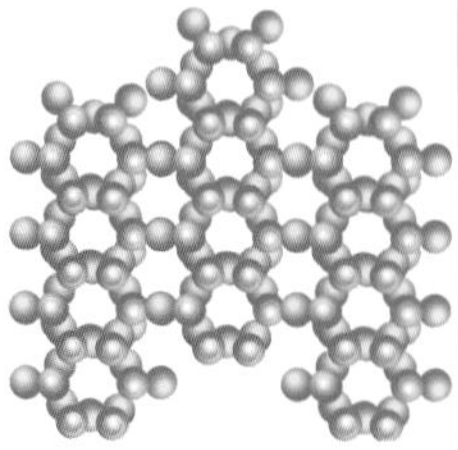	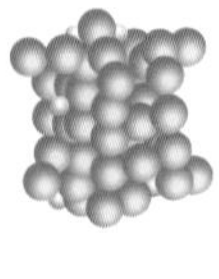
규산염 사면체가 독립적으로 존재 (깨짐)	규산염 사면체끼리 양쪽 산소를 공유 결합한 단일 사슬 모양 (쪼개짐)	단일 사슬 구조 2개가 엇갈리게 결합한 2중 사슬 모양 (쪼개짐)	규산염 사면체끼리 산소 3개를 공유 결합한 얇은 판 모양의 평면 구조 (쪼개짐)	규산염 사면체끼리 산소 4개를 모두 공유 결합한 3차원 입체 구조 (깨짐)
감람석	휘석	각섬석	흑운모	석영, 장석[4]

개념 +

우주, 지구, 지각, 해수, 대기의 구성 원소 질량비

- 우주 : 수소 > 헬륨 등
- 지구 전체 : 철 > 산소 > 규소 > 마그네슘 등
- 지각 : 산소 > 규소 > 알루미늄 > 철 등
- 해수 : 산소 > 수소 > 염소 > 나트륨 등
- 대기 : 질소 > 산소 > 아르곤 등

❶ 구성 원소의 기원

- 빅뱅 직후 : 수소, 헬륨
- 별 내부의 핵융합 : 탄소, 산소, 규소, 철, 네온 등
- 초신성 폭발 : 금, 우라늄 등 철보다 무거운 원소

❷ 규소(Si)의 전자 배치

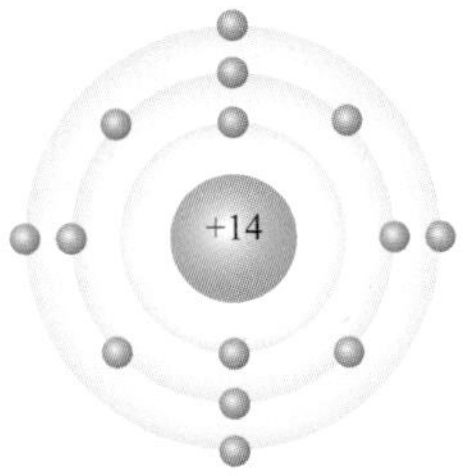

규소(Si)는 원자가 전자의 수가 4개이기 때문에 최대 4개의 원자와 공유 결합이 가능하다.

❸ 규산염 광물의 깨짐/쪼개짐

- 감람석 : 독립 사면체와 이온과의 이온 결합의 강도가 균일하여 외부 충격에 깨짐이 나타난다.
- 휘석, 각섬석 : 결정이 기둥 모양이며 외부 충격에 쪼개짐이 나타난다.
- 흑운모 : 얇은 판이 쌓인 형태로 외부 충격에 얇게 쪼개진다.
- 석영, 장석 : 사면체 간의 결합이 강하여 안정하고, 풍화에 강하다. 외부 충격에 깨짐이 나타난다.

❹ 석영과 장석의 비교

- 공통점 : 같은 망상 구조
- 차이점 : 구성 원소

석영	장석
규소, 산소 (SiO_2)	규소, 산소, 양이온(알루미늄 등)

C 생명체를 구성하는 물질의 결합 규칙성

1. 탄소 화합물 : 생명체를 구성하는 탄수화물, 단백질, 지질 등은 모두 탄소 화합물로, 탄소(C)⑤와 수소(H)의 공유 결합을 기본으로 산소(O), 질소(N) 등이 결합하여 이루어진다.

▲ 탄소 원자 1개가 수소 원자 4개와 공유 결합하여 메테인 분자가 생성된다.

2. 탄소 화합물의 결합 규칙성 : 탄소는 탄소끼리 및 다양한 원소들과 결합하여 다양한 탄소 화합물이 형성되는 토대가 된다.

① **탄소끼리 결합** : 탄소는 다른 탄소와 공유 결합이 가능하며 단일 결합 뿐만 아니라 2중 결합이나 3중 결합을 만들 수 있어 다양한 모양의 탄소 골격을 형성할 수 있다.

2중 결합	3중 결합	사슬 모양	가지 모양	고리 모양
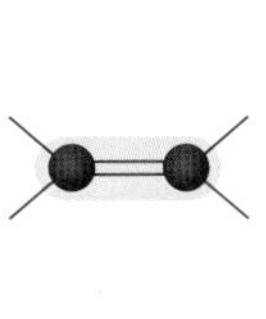			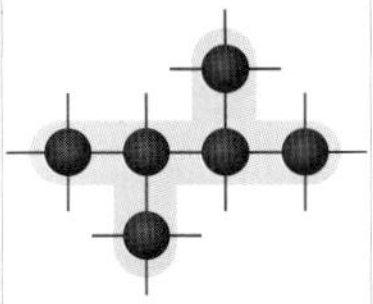	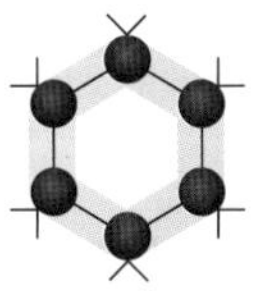

② **탄소와 다른 원소들의 결합** : 길이와 모양이 다양한 탄소 골격에 수소, 산소, 질소, 황 등의 여러 원소가 결합하여 다양한 탄소 화합물을 생성할 수 있다.

3. 탄소가 생명체에서 중요한 이유

① 연속적으로 결합하여 길이와 모양이 매우 다양한 탄소 골격을 만들 수 있다.

② 탄소 결합 사이에 다양한 원소들과의 공유 결합이 가능하다.

→ 생명체를 구성하는 복잡하고 다양한 분자를 만드는데 유리하다.⑥

더 알아보기 우주, 지구, 생명체의 주요 구성 원소 질량비 비교표

구분	수소	헬륨	산소	탄소	질소	규소	철	칼슘	나트륨	염소	기타
우주	73.9	24.0	1.04	0.46	0.10	0.07	0.11	-	-	-	0.32
지각	-	-	**46.6**	-	-	27.7	5.0	3.6	2.8	-	14.3
바다	10.8	-	**85.8**	0.003	-	-	-	0.04	1.1	1.94	0.317
대기	-	-	20.9	-	**78.1**	-	-	-	-	-	1.0
사람	9.5	-	**65.0**	18.5	3.3	-	0.1	1.5	0.2	0.2	1.7

개념 +

⑤ 탄소의 전자 배치

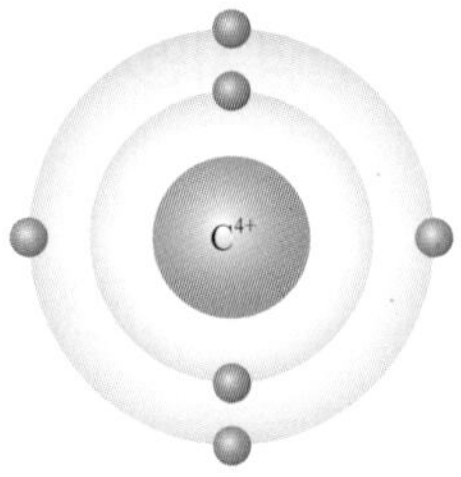

탄소(C)는 원자가 전자의 수가 4개이기 때문에 최대 4개의 원자와 공유 결합이 가능하다.

● 메테인 분자의 입체성

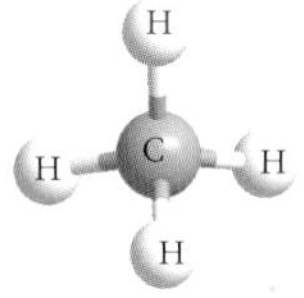

메테인 분자(CH_4)는 정사면체 모양의 입체 구조이다. 수소 원자가 다른 원자와 치환될 수 있다.

⑥ 생명체의 탄소 화합물

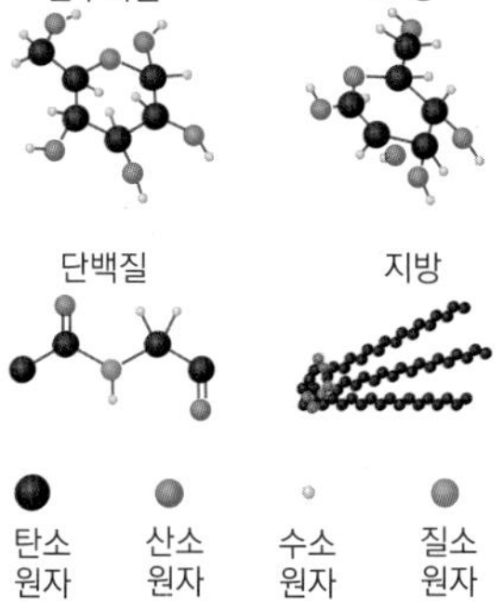

생명체에서 탄소 화합물의 역할 : 몸 구성, 에너지원, 유전 정보 저장 등

개념 체크

정답 및 해설 → 24

Point

01 다른 원소와 쉽게 결합할 수 있어 지각과 생명체에 공통으로 많이 포함되는 원소는 무엇인가?

( )

02 규산염 사면체에 대한 설명 중 옳은 것은 ○표, 옳지 않은 것은 ×표 하시오.

(1) 규산염 사면체 각각은 전기적으로 중성을 띤다. ( )

(2) 규산염 사면체끼리 결합할 때 규소를 공유하여 결합한다. ( )

(3) 규산염 사면체는 1개의 규소와 4개의 산소로 이루어져 있다. ( )

규산염 광물의 결합 규칙성

규산염 사면체의 구조와 성질

규소

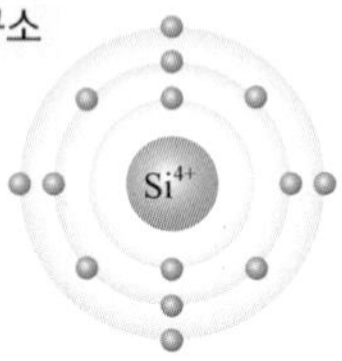

원자가 전자 : 4개
→ 결합 시 +4의 전하를 띤다.

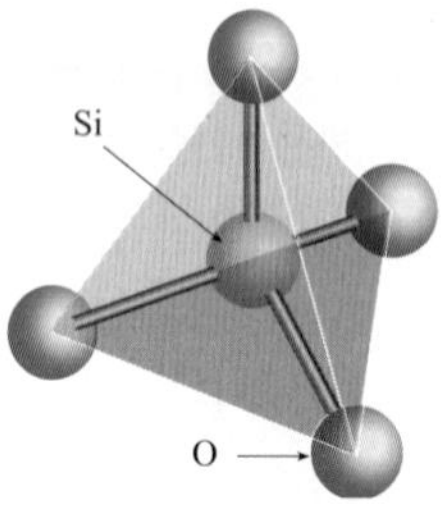

▲ 규산염 사면체의 확대 구조

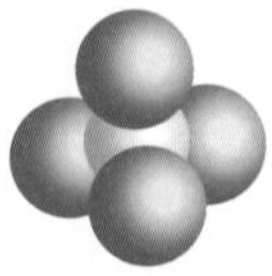

▲ 규산염 사면체 실제 모습

산소

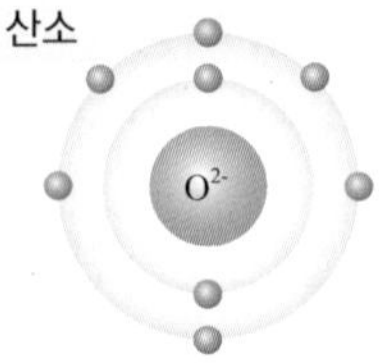

원자가 전자 : 6개
→ 결합 시 −2의 전하를 띤다.

규산염 사면체의 구성 요소
= 규소(Si^{4+}) × 1 + 산소(O^{2-}) × 4

규산염 사면체가 띠는 전하는 (+4) × 1 + (-2) × 4 = -4 (음전하)이다.

독립형 구조의 규산염 광물이 만들어지는 과정

각 규산염 사면체는 주위의 규산염 사면체와 +2가의 양이온 4개를 공유하여 전기적으로 중성이 되어 안정해진다.

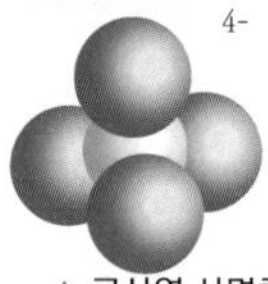

▲ 규산염 사면체

+ $\frac{1}{2}(4Fe^{2+})$ or $\frac{1}{2}(4Mg^{2+})$ or $\frac{1}{2}(2Mg^{2+}+2Fe^{2+})$

감람석 생성 (독립형 구조)

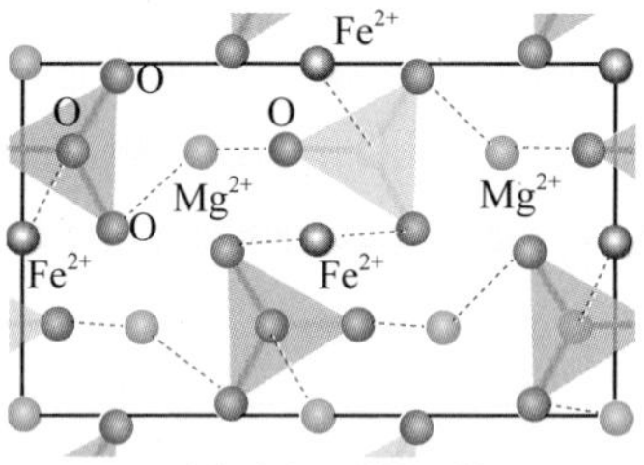

▲ 감람석의 독립형 결합 구조
규산염 사면체 간에는 산소를 공유하지 않는다.

규산염 사면체 간의 결합으로 규산염 광물이 만들어지는 과정

규산염 사면체 간에 산소 1개를 공유하면 Si : O = 1 : 3의 구조가 되므로 -2 의 전하(SiO_3^{2-})를 띤다.
이때 규산염 사면체에 Mg^{2+} 또는 Fe^{2+} 1개가 결합하여 전기적으로 중성이 되어 안정해진다.

산소를 양옆으로 공유하여 결합하는 과정이 길게 반복되면 단사슬 구조의 휘석이 형성된다.

단사슬이 서로 엇갈리면 → 복사슬 구조(이중 사슬 구조)
산소 3개를 공유하면 → 얇은 판 모양의 판상 구조
산소 4개를 모두 공유하면 → 입체인 망상 구조가 된다.
(석영은 양이온이 포함되지 않은 망상 구조이다.)

산소를 공유하는 규산염 사면체 구조가 한 줄로 이어진다.

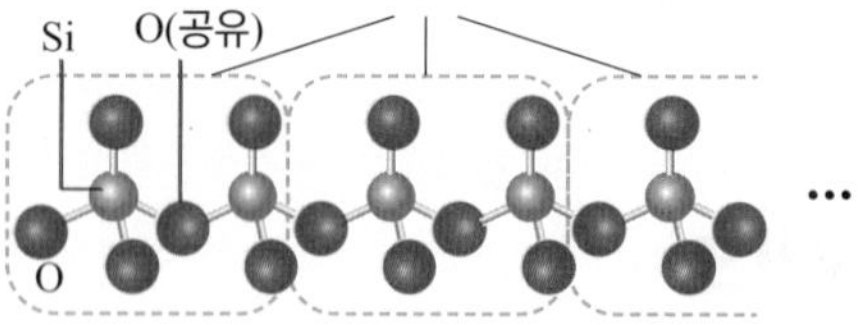

▲ 단사슬 구조가 만들어지는 과정

정답 및 해설 → 24

Q1 다음 설명에 해당하는 결합 구조를 쓰시오.

(1) 규산염 사면체 1개 당 +2가의 양이온 2개와 결합한 구조는? ( )
(2) 규산염 사면체의 산소 4개가 모두 공유 결합한 구조는? ( )
(3) 규산염 사면체가 산소 3개를 공유 결합한 구조는? ( )

Q2 옳은 것은 ○표, 옳지 않은 것은 ×표 하시오.

(1) 휘석은 단사슬 구조이다. ( )
(2) 규산염 사면체는 음전하를 띤다. ( )
(3) 규산염 사면체는 +2가의 양이온 하나와 결합하면 안정해 진다. ( )

정답 및 해설 ➔ 24

1 규산염 광물

서로 다른 규산염 광물의 결합 구조를 나타낸 것이다. 이에 대한 설명으로 옳지 않은 것은?

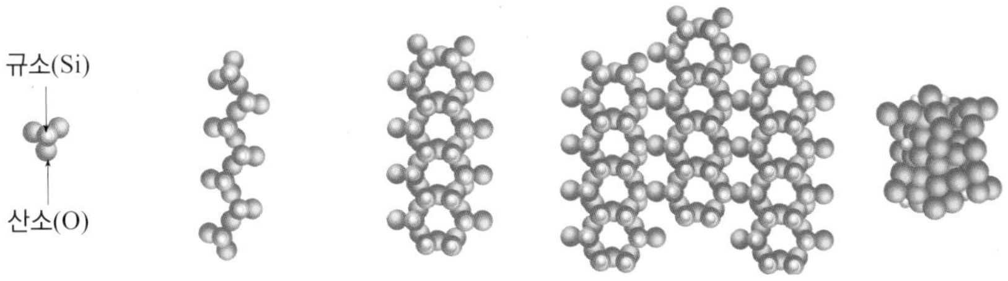

(가) (나) (다) (라) (마)

① (가)는 다른 규산염 사면체와 결합하지 않는다.
② (나)의 광물은 기둥 모양의 결정을 이룬다.
③ (다)는 3차원 입체 구조를 이룬다.
④ (라)의 광물에 힘을 주면 얇은 판 모양으로 쪼개진다.
⑤ (마)는 안정한 형태로 풍화에 강하다.

2 탄소 화합물

탄소의 여러 가지 결합 방식을 나타낸 것이다.

2중 결합	3중 결합	사슬 모양	가지 모양	고리 모양
		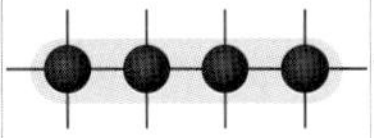	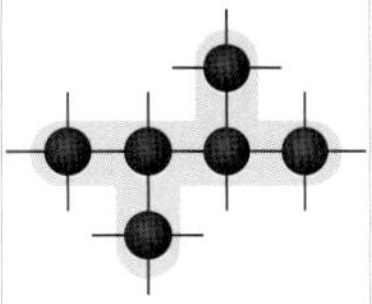	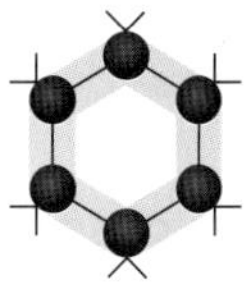

이에 대한 설명으로 옳은 것만을 〈보기〉에서 있는 대로 고른 것은?

보 기

ㄱ. 탄소는 탄소끼리 단일 결합을 하지 않는다.
ㄴ. 탄소 결합 사이에 다른 원자가 결합할 수 있다.
ㄷ. 탄소는 최대 4개의 다른 원자와 공유 결합을 할 수 있다.
ㄹ. 가지 모양의 결합 방식은 결합 위치가 항상 정해져 있다.

① ㄱ, ㄴ ② ㄴ, ㄷ ③ ㄱ, ㄴ, ㄷ ④ ㄱ, ㄴ, ㄹ ⑤ ㄴ, ㄷ, ㄹ

스스로 실력 높이기

A 지각과 생명체를 구성하는 물질

01 지각을 구성하는 물질에 대한 설명 중 옳은 것은 ○표, 옳지 않은 것은 ×표 하시오.

(1) 지각을 이루는 암석은 대부분 철로 이루어져 있다. (　　)
(2) 규소 원자 1개는 산소 원자 4개와 결합할 수 있다. (　　)
(3) 지각을 이루는 규산염 광물은 규소끼리 결합하는 결합 구조를 이룬다. (　　)

02 지각을 이루는 원소의 질량비를 나타낸 것이다. 이에 대한 설명으로 옳은 것은?

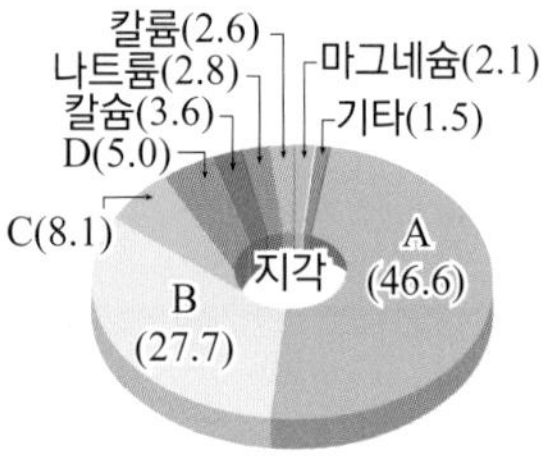

① A는 규소이다.
② B는 지구 전체 질량비 중 가장 많다.
③ C는 주로 사람의 몸에 존재한다.
④ D는 빅뱅 우주 초기에 생성되었다.
⑤ A와 B가 결합하여 규산염 광물의 기본 구조를 이룬다.

03 사람을 이루는 원소의 질량비를 % 로 나타낸 것이다. 이에 대한 설명으로 옳은 것은?

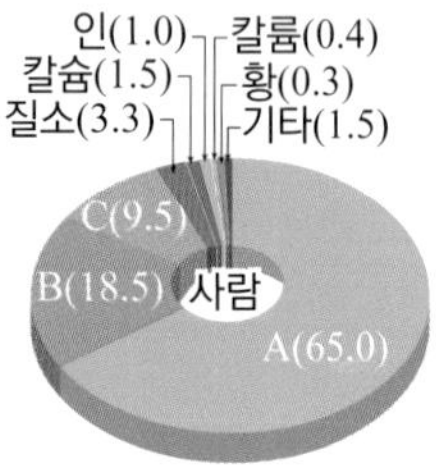

① A는 지구 대기의 주요 성분이 아니다.
② B는 지구 전체 질량비 중 가장 크다.
③ C는 사람 몸에서 주로 물의 형태로 존재한다.
④ B는 지구의 핵을 이루는 주요 원소이다.
⑤ 유기물은 모두 A를 기본 골격으로 하여 형성된 화합물이다.

B 지각을 구성하는 물질의 결합 규칙성

04 지각을 구성하는 규산염 광물에 대한 설명 중 옳은 것은 ○표, 옳지 않은 것은 ×표 하시오.

(1) 각섬석은 결정이 기둥 모양이다. (　　)
(2) 석영과 장석은 서로 다른 규산염 사면체 결합 구조를 가진다. (　　)
(3) 독립형 구조는 규소 원소만으로 이루어진 구조이다. (　　)

[05~06] 다음은 산소와 규소로 이루어진 어떤 광물의 기본 구조를 나타낸 것이다.

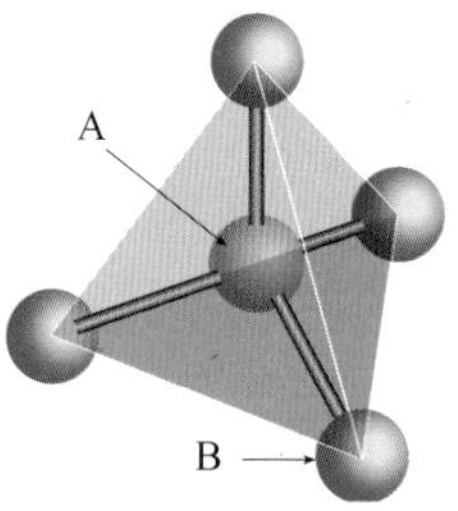

05 이에 대한 설명 중 빈칸에 알맞은 말을 차례대로 쓰시오.

> (　　) 1개와 (　　) 4개가 정사면체 모양으로 전자를 공유하여 결합한 기본 구조를 (　　　　) 사면체라 한다.

06 이 기본 구조끼리 입체적으로 결합하여 이루어진 광물에 대한 설명으로 옳은 것만을 <보기>에서 있는 대로 고른 것은?

보 기

ㄱ. 기본 구조는 전기적으로 양전하를 띤다.
ㄴ. 같은 기본 구조끼리 공유 결합한다.
ㄷ. 기본 구조끼리 강하게 결합되어 풍화에 강하다.

① ㄱ　② ㄴ　③ ㄷ
④ ㄱ, ㄷ　⑤ ㄴ, ㄷ

07 규산염 광물의 결합 구조에 대한 설명이다. 괄호 안에 알맞은 말을 고르시오.

(1) 흑운모의 결합 구조는 (판 , 기둥)모양이다.
(2) 규산염 광물을 이루는 규소의 원자가 전자의 수는 (3 , 4)개이다.
(3) 규산염 사면체끼리 결합하지 않는 결합 구조를 가진 광물은 (감람석 , 휘석)이다.

08 망상 구조를 가진 규산염 광물 중 하나를 나타낸 것이다. 규소와 산소로만 이루어진 이 광물은 무엇인가?

(　　　　　　　　)

09 설명에 알맞는 광물을 쓰시오.

· 겉보기 색은 밝은 색이다.
· 규산염 사면체가 산소 4개를 서로 공유하여 3차원 입체 구조를 이룬다.
· 규산염 사면체의 규소 일부가 알루미늄 등의 양이온과 결합되어 있다.

(　　　　　　　　)

10 설명에 알맞은 광물은?

· 광물의 결정이 기둥 모양이다.
· 규산염 사면체가 단사슬 구조를 이룬다.
· 광물에 힘을 주었을 때 쪼개짐이 나타난다.

① 휘석 ② 석영 ③ 각섬석
④ 흑운모 ⑤ 감람석

11 어느 광물의 결합 구조를 나타낸 그림이다.

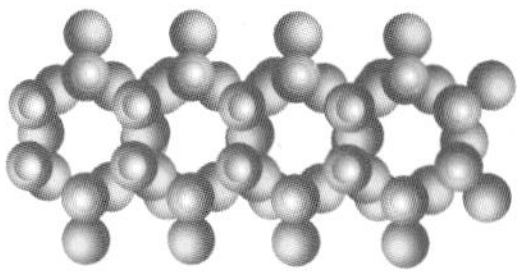

이에 대한 설명으로 옳은 것만을 <보기>에서 있는 대로 고른 것은?

보 기

ㄱ. 단사슬 구조이다.
ㄴ. 대표적인 광물로는 각섬석이 있다.
ㄷ. 규산염 사면체의 모든 산소가 주변의 규산염 사면체와 공유 결합한다.

① ㄱ ② ㄴ ③ ㄷ
④ ㄱ, ㄴ ⑤ ㄱ, ㄷ

12 (가) ~ (라)는 여러 규산염 광물의 결합 구조를 나타낸 것이다. 설명에 알맞게 짝지으시오.

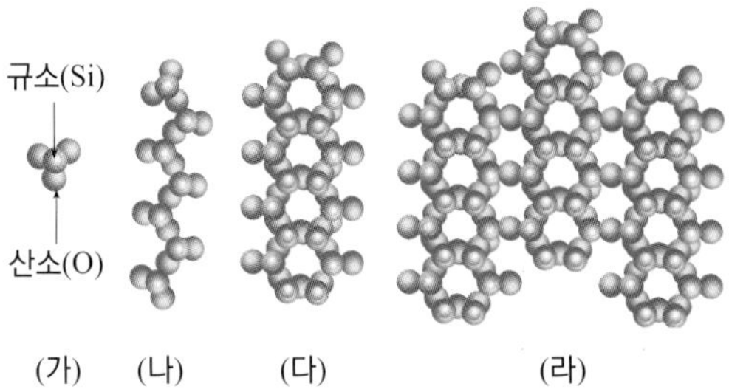

(1) 깨짐이 나타나는 광물의 결합 구조이다. (　　)
(2) +2가의 양이온 2개와 결합하여 전기적으로 중성이 된다. (　　)
(3) (가) ~ (라) 중 규산염 사면체 사이에 공유하는 산소의 수가 가장 많다. (　　)

13 (가)는 지각을 구성하는 광물 중 하나인 흑운모를, (나)는 어떤 규산염 광물의 결합 구조를 나타낸 것이다.

(가)

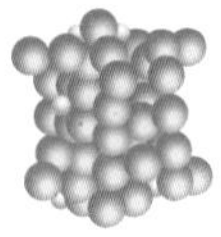
(나)

이에 대한 설명으로 옳은 것만을 <보기>에서 있는 대로 고른 것은?

보 기

ㄱ. (가)는 (나)의 구조로 되어있다.
ㄴ. (나)는 (가)보다 풍화에 강하다.
ㄷ. (가)는 힘을 주었을 때 얇은 판 모양으로 쪼개진다.

① ㄱ ② ㄴ ③ ㄷ
④ ㄱ, ㄴ ⑤ ㄴ, ㄷ

C 생명체를 구성하는 물질의 결합 규칙성

14 생명체를 이루는 어느 원자의 전자 배치를 모형으로 나타낸 것이다.

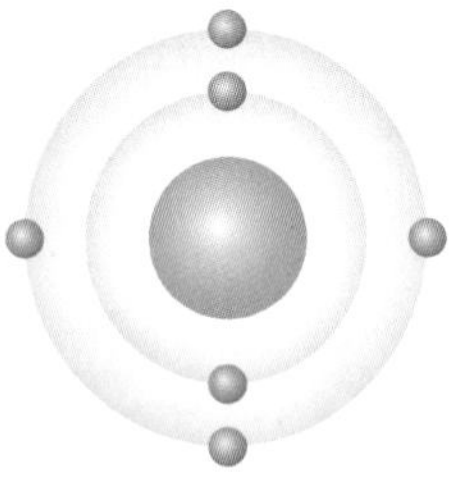

이에 대한 설명으로 옳은 것만을 <보기>에서 있는 대로 고른 것은?

보 기

ㄱ. 탄소의 전자 배치이다.
ㄴ. 다양한 모양의 골격을 형성할 수 있다.
ㄷ. 산소와 공유 결합을 하여 기본 구조가 되는 사면체를 이룬다.

① ㄱ ② ㄱ, ㄴ ③ ㄱ, ㄷ
④ ㄴ, ㄷ ⑤ ㄱ, ㄴ, ㄷ

15 탄소 화합물에 대한 설명 중 옳은 것은 ○표, 옳지 않은 것은 ×표 하시오.

(1) 탄소 화합물은 연속적으로 결합하는 데 한계가 있다. ( )
(2) 탄소 화합물은 생명체에서 에너지원으로만 이용된다. ( )
(3) 탄소 화합물은 탄소 외의 다른 원자와도 다양한 방식으로 결합한다. ( )

16 다음은 유기물 중 일부의 모형을 나타낸 것이다. 이에 관련된 탄소 원자의 결합 규칙으로 옳은 것을 있는 대로 고르시오. (3개)

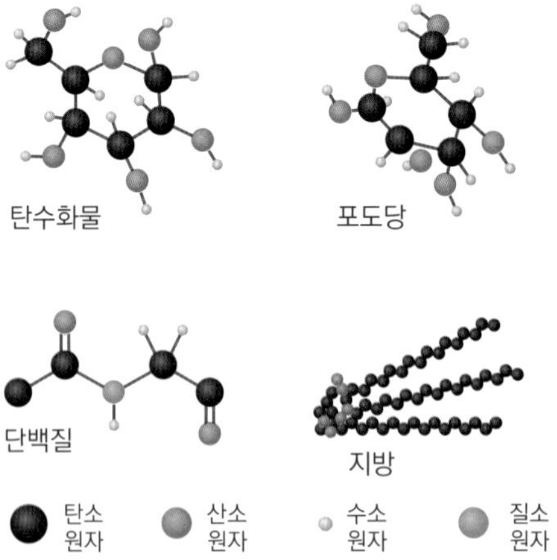

① 탄소 원자끼리는 공유 결합한다.
② 탄소 원자는 2중 결합만 가능하다.
③ 최대 4개의 원소와 결합할 수 있다.
④ 탄소 결합 사이에 다른 원자가 결합할 수 없다.
⑤ 탄소 골격이 만들 수 있는 모양은 매우 다양하다.

정답 및 해설 ➔ 24

17 서로 다른 종류의 탄소 화합물의 일부를 나타낸 것이다.

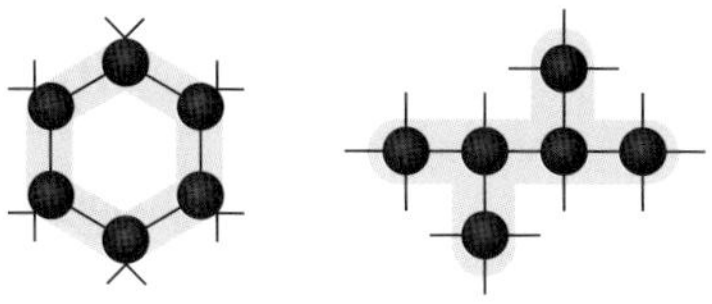

(가) (나)

이에 대한 설명으로 옳은 것만을 <보기>에서 있는 대로 고른 것은?

보 기

ㄱ. (가)는 고리 모양의 구조이다.
ㄴ. (나)는 모두 이중 결합으로 이루어져 있다.
ㄷ. 탄소는 복잡하고 다양한 유기물을 만드는 데 유리하다.

① ㄱ ② ㄴ ③ ㄱ, ㄴ
④ ㄱ, ㄷ ⑤ ㄱ, ㄴ, ㄷ

18 다음 중 생명체를 구성하는 탄소 화합물만을 있는 대로 골라 기호를 쓰시오.

ㄱ. 물	ㄴ. 지질	ㄷ. 포도당
ㄹ. 단백질	ㅁ. 탄수화물	ㅂ. 무기 염류

19 메테인의 생성 과정을 나타낸 것이다. 이에 대한 설명 중 괄호 안에 알맞은 말을 고르시오.

(1) 탄소 원자와 수소 원자 사이의 결합은 (단일 , 이중) 결합이다.
(2) 탄소 원자 1개가 수소 원자 (3 , 4)개와 한 결합은 공유 결합이다.
(3) 수소 원자의 자리에 다른 원소가 대신 들어갈 수 (있다 , 없다).

20 다음은 탄소끼리 서로 결합하여 만든 탄소 골격을 나타낸 것이다. 이중 존재하지 않는 것은?

①
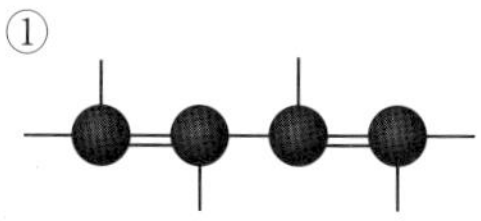
②
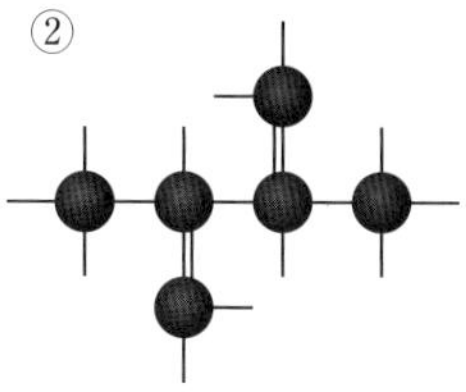
③
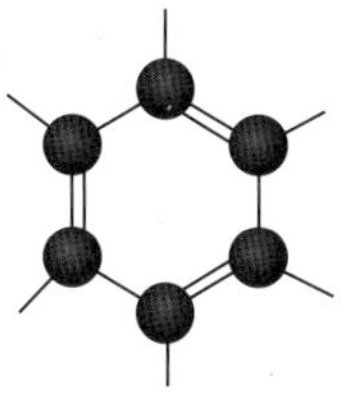
④

⑤
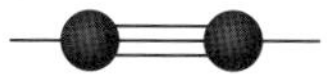

21 지각과 생명체를 구성하는 주요 원소 A ~ C에 대한 설명이다.

· A와 C는 원자가 전자 수가 같다.
· A와 B는 규산염 광물의 기본 구조를 이룬다.
· C는 생명체를 구성하는 물질의 기본 골격을 이룬다.

이에 대한 설명으로 옳은 것만을 <보기>에서 있는 대로 고른 것은? (단, A ~ C는 임의의 원소 기호이다.)

보 기

ㄱ. A는 탄소이다.
ㄴ. B는 지각을 구성하는 원소 중 가장 질량비가 크다.
ㄷ. C는 연속적으로 결합하여 다양한 길이와 모양의 골격을 만들 수 있다.

① ㄱ ② ㄴ ③ ㄷ
④ ㄱ, ㄴ ⑤ ㄴ, ㄷ

02 생명체 구성 물질의 형성

핵심 Point
- □ 단백질 □ 핵산(DNA, RNA) □ 탄수화물
- □ 지질 □ 물과 무기염류

생명체를 구성하는 탄소 화합물에는 어떤 것이 있을까?

A 단백질

1. 구성 원소 및 단위

① **구성 원소 :** C(탄소), H(수소), O(산소), N(질소), S(황을 포함하는 것도 있다.)

② **단위체**★ : 아미노산이며, 20종류가 있다.

2. 형성 : 20종류의 아미노산이 다양한 조합으로 결합하여 수많은 종류의 단백질이 만들어진다.

(1) 아미노산의 구조❶ : 모든 아미노산은 탄소를 중심으로 수소 원자, 아미노기($-NH_2$), 카복시기(-COOH), 곁사슬(R)을 가지며, 곁사슬의 종류에 따라 20종류의 아미노산이 구분된다.

(2) 펩타이드 결합 : 2개의 아미노산 사이의 공유 결합으로 물 분자가 1개가 빠지면서 형성된다.

(3) 폴리★ 펩타이드 : 수많은 아미노산이 펩타이드 결합으로 연결되어 긴 사슬 모양을 이루는 물질이다.

(4) 단백질 형성 과정

① 펩타이드 결합으로 2개의 아미노산이 연결되어 다이펩타이드가 된다.

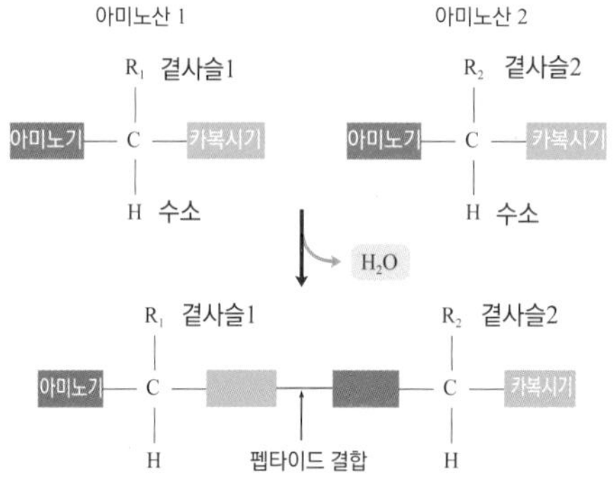

▲ 다이펩타이드 : 아미노산 2개의 펩타이드 결합

② 펩타이드 결합이 반복되어 폴리펩타이드가 형성된다.

③ 폴리펩타이드가 접히고 구부러져 독특한 입체 구조를 가지는 단백질이 형성된다.

3. 기능 및 특성

(1) 단백질의 기능

① 근육, 뼈, 연골, 손톱, 머리카락, 털 등 몸을 구성하고 지탱하는 성분이다.

② 에너지원(4 kcal/g)으로 사용되며, 세포와 세포막의 주성분이다.

③ 효소와 호르몬의 주성분으로 물질대사를 촉매하며, 생리 기능을 조절한다.
 (물질대사: 생명체에서 일어나는 모든 화학 반응)

④ 운반 작용을 한다. 예 적혈구의 헤모글로빈, 세포막의 운반 단백질

⑤ 병원균에 대한 면역 기능을 하는 항체의 주성분으로서 몸을 방어한다.
 (항체: 항원(세균이나 독소 등)의 자극에 의하여 생체 내에 만들어져 특정 항원과 결합하는 단백질)

(2) 단백질의 특성

① DNA에 저장된 아미노산의 종류와 배열 정보에 따라 폴리펩타이드가 접히고 구부러져 단백질의 입체 구조가 결정되며, 입체 구조에 따라 단백질의 기능이 결정된다.

② 어떤 단백질은 서로 다른 입체 구조의 폴리펩타이드가 여러 개 모여서 특정한 기능을 수행한다. 예 4개의 폴리펩타이드로 구성된 적혈구의 헤모글로빈(산소 운반 기능 수행)

③ 열이나 산 · 염기(pH) 등에 의해 입체 구조가 변하면 기능을 잃는다. → **단백질 변성**

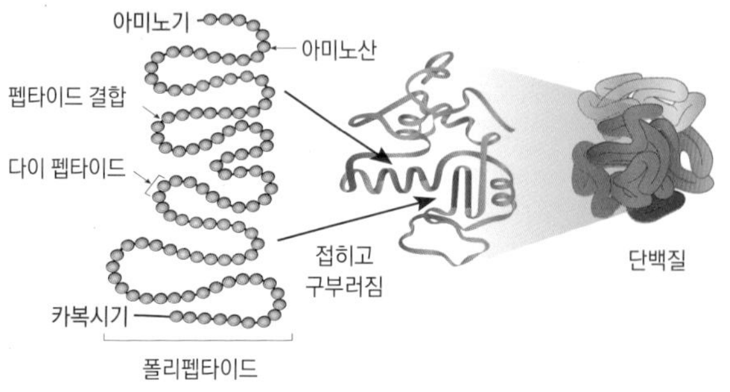

▲ 단백질 형성 과정

개념 +

● **생명체와 탄소 화합물**

화학적 진화의 결과 생명체를 구성하는 다양한 탄소(C) 화합물이 생성되었으며, 생명체는 탄소 화합물(단백질, 핵산, 탄수화물, 지질)에 의해 생명 활동이 이루어진다.

● **생명체를 구성하는 물질의 종류 및 특징**

단백질, 핵산, 탄수화물은 각각 비슷한 구조의 물질을 단위체로 가지며, 여러 개의 단위체가 공유 결합하여 형성된다.

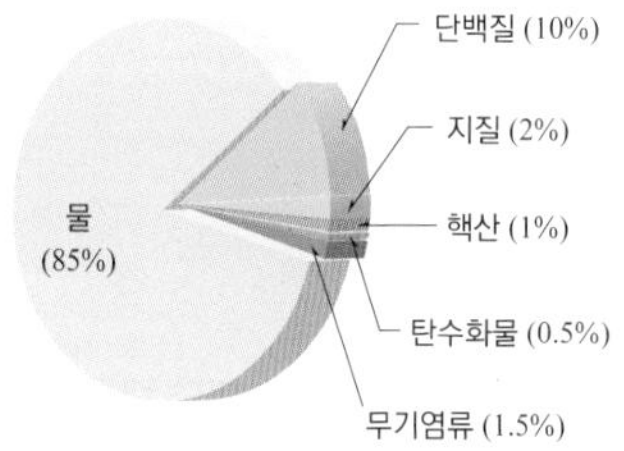

▲ 생명체를 구성하는 물질의 질량비

❶ **아미노산의 구조**

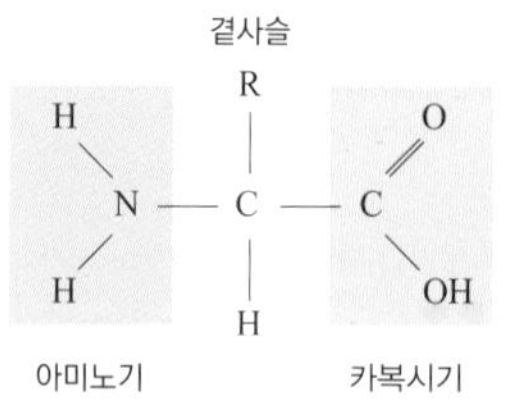

미니사전

★ **단위체**
[單 홑 位 자리 體 몸]
고분자 화합물과 같은 큰 물질을 만들 때 기본 단위가 되는 작은 분자

★ **폴리**(Poly-)
'많은' 또는 '다수'라는 뜻의 접두어

B 핵산[2] (DNA, RNA)

1. 구성 원소 : C(탄소), H(수소), O(산소), N(질소), P(인)

2. 뉴클레오타이드 : 핵산의 구성하는 단위(단위체)로서 당, 인산, 염기로 구성된다.

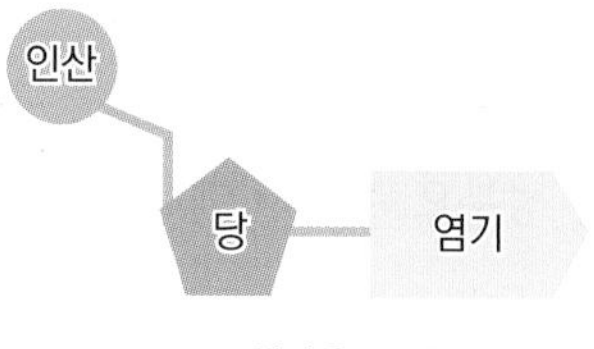

▲ 핵산을 구성하는 뉴클레오타이드

① **당 :** 5개의 탄소로 이루어져 있으며(5탄당), 종류에는 디옥시리보스, 리보스가 있다.

② **인산 :** 당과 공유 결합하여 핵산의 골격을 형성한다.

③ **염기 :** 유전 정보를 암호화하여 저장하며, 종류에는 아데닌(A), 구아닌(G), 사이토신(C), 타이민(T), 유라실(U)이 있다.

3. 특징

① **뉴클레오타이드의 구조 :** 당, 인산, 염기가 1 : 1 : 1로 공유 결합되어 있으며, 염기의 종류에 따라 4종류가 존재한다. 서로 다른 당과 염기로 DNA, RNA를 형성한다.

② **당과 인산의 공유 결합 :** 뉴클레오타이드의 인산은 다른 뉴클레오타이드의 당과 공유 결합하며, 당 - 인산 공유결합은 긴 사슬 모양의 폴리뉴클레오타이드의 골격이 된다.

③ **염기의 상보결합**[3] **:** 폴리뉴클레오타이드의 염기는 다른 폴리뉴클레오타이드의 염기와 상보결합으로 연결된다. → 아데닌(A)은 타이민(T) 또는 유라실(U)과, 구아닌(G)은 사이토신(C)과 상보결합한다.

4. 종류 : 핵산에는 DNA, RNA가 있다.

구분		DNA	RNA
공통점		· 뉴클레오타이드로 구성 · 유전 정보와 관련 있음	
차이점	당	디옥시리보스	리보스
	염기	A, G, C, T	A, G, C, U
	분자 구조	폴리뉴클레오타이드 두 가닥이 꼬여 붙어 있는 2중 나선 구조	폴리뉴클레오타이드 한 가닥으로 구성된 단일 가닥 구조
	기능	유전 정보의 저장 (유전자의 본체 역할)	· DNA의 유전 정보 전달 · 단백질 합성에 관여

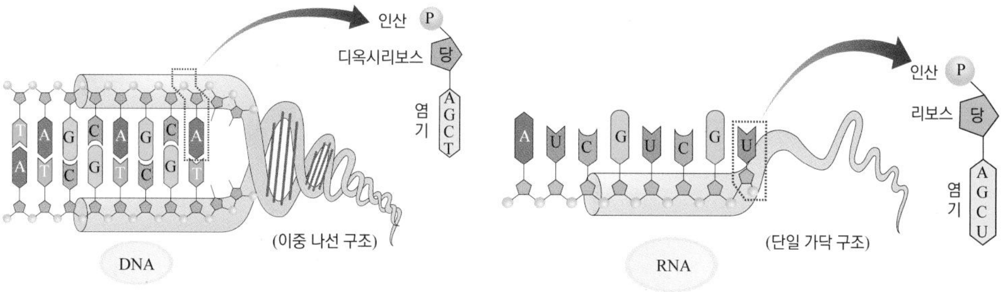

▲ DNA와 RNA의 구조 비교

5. DNA의 유전 정보 : DNA의 유전 정보는 단백질을 만드는데 필요한 정보(아미노산 배열 순서)를 저장한다.

① A, G, C, T의 염기를 각각 가진 4종류의 뉴클레오타이드가 다양한 순서로 결합함으로써 다양한 염기 서열을 가진 DNA가 만들어진다. → DNA의 염기 서열에 따라 서로 다른 유전 정보가 저장될 수 있다.

② DNA의 염기 배열 순서에 따라 아미노산의 배열 순서가 달라지며, 만들어지는 단백질의 종류 또한 달라진다.

개념+

② 핵산

- '핵 속의 산성 물질'이라는 뜻이다.
- 모든 생물의 세포 속에 들어 있는 고분자 유기물의 한 종류이다.
- 유전 물질로서 생명체의 유전 정보를 저장하거나 전달하며, 단백질 합성에 관여한다.

→ 생명체의 특성을 나타낸다.

③ DNA 염기의 상보결합

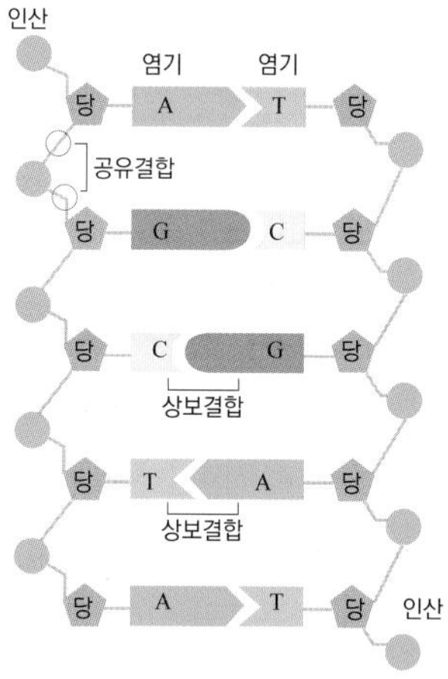

▲ 폴리뉴클레오타이드 간 결합 : 염기끼리의 상보결합으로 이루어진다. 상보결합은 전기적인 결합으로 수소 결합에 해당한다.

02 생명체 구성 물질의 형성

C 탄수화물

1. 구성 원소 및 구성 단위 : C(탄소), H(수소), O(산소), 구성 단위는 **포도당**[4] 이다.

2. 기능 및 특성 : 몸을 구성하는 성분으로 주된 에너지원 (4 kcal/g)으로 사용된다.

3. 종류

① **단당류 :** 탄수화물을 구성하는 기본 단위로서 리보스, 디옥시리보스, 포도당, 과당, 갈락토스 등이 있다.

② **이당류 :** 단당류가 2개 결합한 것으로서 엿당(포도당 + 포도당), 설탕(포도당 + 과당), 젖당(포도당 + 갈락토스)이 있다.

③ **다당류 :** 수백 ~ 수천 개의 단당류가 결합한 것으로서 녹말, 글리코젠, 셀룰로스 등이 있다.

D 지질

1. 구성 원소 : C(탄소), H(수소), O(산소)

2. 구성 단위 : 지방산, 글리세롤

3. 기능 및 특성 : 몸을 구성하는 성분으로 에너지원 (9 kcal/g)으로 사용되며, 체온 유지에 중요한 역할을 한다.

4. 종류

① **중성 지방**[5] **:** 주요 에너지원으로 사용된다.

② **인지질**[6] **:** 세포막, 핵막 등 생체막을 이루는 주요 구성 성분이다.

③ **스테로이드 :** 성 호르몬, 콜레스테롤, 부신 겉질 호르몬 등을 구성하는 성분이다.

E 물과 무기염류

1. 물 : 생명체를 구성하는 물질 중 가장 많은 양을 차지하며, 비열이 커서 생명체의 체온을 유지하는데 도움을 준다. 에너지원으로 사용되지 않는다.

2. 무기염류 : 생명체가 다양한 생리 작용을 조절하는데 관여한다. 생물체를 구성하는 원소 중 3원소(C, H, O)를 제외한 생물체의 무기적 구성 요소로 인(P), 칼륨(K), 칼슘(Ca), 나트륨(Na) 등이 있다. 물, 핵산과 마찬가지로 에너지원으로 사용되지 않는다.

개념 +

④ 포도당의 구조

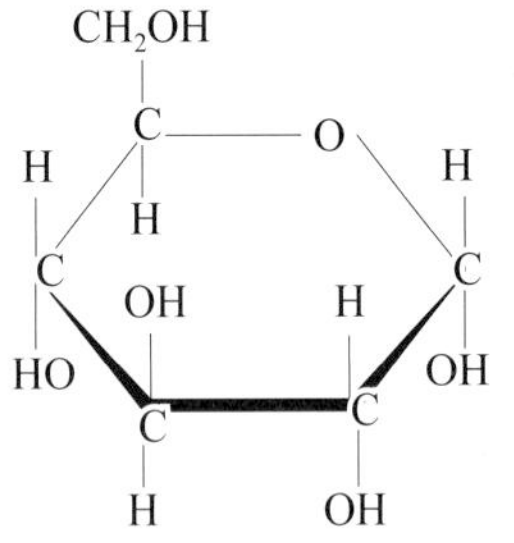

⑤ 중성 지방의 구조

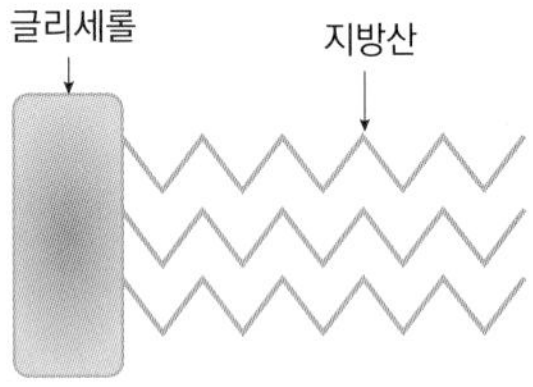

⑥ 인지질의 구조

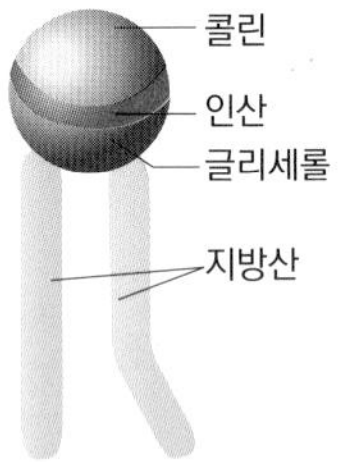

개념 체크

정답 및 해설 → 26

Point

01 아미노산은 (아미노기 , 카복시기 , 곁사슬)의 종류에 따라 종류가 나뉜다.

02 뉴클레오타이드가 단위체이며, 2중 가닥 구조를 갖는 것은 무엇인가?
( )

03 탄수화물의 구성 단위는 ( )이다.

04 몸을 구성하는 성분으로 에너지원(9kcal/g)으로 사용되며, 체온 유지에 중요한 역할을 하는 생명체 구성 물질은 무엇인가? ( )

05 지질, 탄수화물, 단백질, 핵산은 원소(C , H , O , N , P)을(를) 공통으로 가진다.

강의

생명체 구성 물질의 규칙성

DNA 구조의 규칙성

· DNA의 전체 모양은 두 가닥의 폴리뉴클레오타이드가 나선형으로 꼬여 있는 2중 나선 구조이다.

· DNA 2중 나선은 지름이 균일하며, 나선 1회전마다 10개의 염기쌍이 들어 있다.

나선: 물체의 겉모양이 소라껍데기처럼 빙빙 비틀린 것

· 나선의 바깥쪽에는 당과 인산으로 이루어진 골격이 있고, 나선의 안쪽에는 염기쌍이 일정한 간격을 두고 규칙적으로 배열되어 있다.

· 나선형 바깥쪽 골격은 당 - 인산 - 당 - 인산 … 결합(공유 결합)이 규칙적으로 반복되어 있다.

· 나선의 안쪽을 향하고 있는 염기는 특정 염기하고만 상보적으로 결합한다.

· 마주 보는 염기는 수소 결합으로 연결되어 있다.

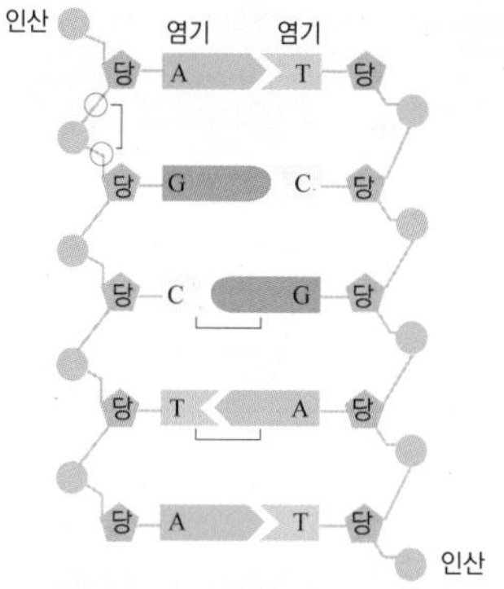

▲ DNA 염기의 상보적 결합

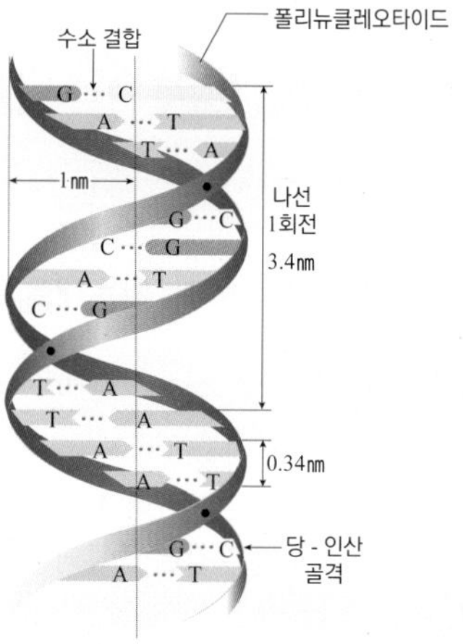

▲ DNA 분자 구조 - 이중 나선 구조

단백질과 핵산(DNA)의 구조적 특징 비교

구분	단백질	핵산(DNA)
단위체	아미노산	뉴클레오타이드
결합 방식	펩타이드 결합(공유 결합)	· 골격 : 당-인산 공유 결합 · 염기쌍 : 상보결합(수소 결합)
다양성 획득 방식	20종류의 아미노산이 다양한 순서로 결합하여 다양한 단백질을 형성한다. → 몸을 구성하거나 생리 기능(효소, 호르몬의 성분) 조절 등 다양한 기능을 수행한다.	4종류의 뉴클레오타이드가 다양한 순서로 결합하여 다양한 염기 서열을 가지는 DNA를 형성한다. → 다양한 유전 정보를 저장한다.
결론	적은 종류의 단위체가 다양한 조합으로 결합하여 구조와 기능이 다양한 고분자 물질을 만든다. → 생명체가 복잡한 생명 현상을 나타낼 수 있다.	

정답 및 해설 → 26

Q1 생명체를 구성하는 물질 중 핵산과 단백질이 만들어지는 원리의 공통점을 쓰시오.

Q2 생명체에서 다양한 종류의 단백질이 합성되는 원리와 핵산이 다양한 유전 정보를 저장하는 원리의 공통점을 쓰시오.

1 단백질의 형성 원리

다음은 두 아미노산이 결합하여 다이펩타이드를 만드는 과정을 나타낸 것이다.

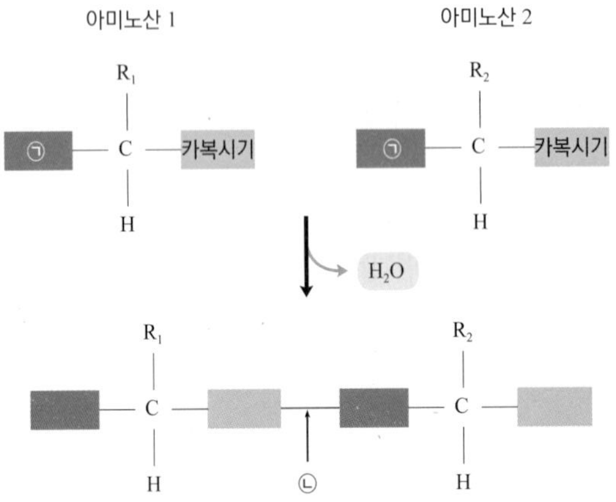

이에 대한 설명으로 옳은 것만을 <보기>에서 있는 대로 고른 것은?

보 기

ㄱ. ㉠은 아미노기이다.
ㄴ. ㉡은 펩타이드 결합이다.
ㄷ. 두 아미노산은 같은 종류의 아미노산이다.

① ㄱ ② ㄴ ③ ㄷ ④ ㄱ, ㄴ ⑤ ㄴ, ㄷ

2 핵산의 구조 및 염기 분석

어떤 핵산의 폴리펩타이드 한 가닥의 구조를 나타낸 모식도이다.

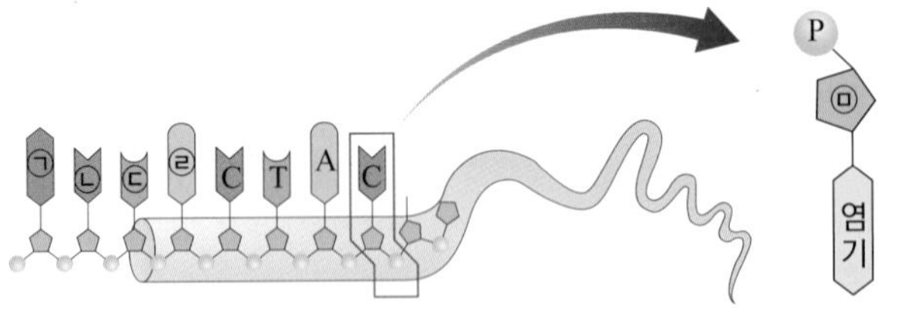

이에 대한 설명으로 옳은 것만을 <보기>에서 있는 대로 고른 것은?

보 기

ㄱ. ㉠은 G(구아닌)이다.
ㄴ. ㉤은 리보스이다.
ㄷ. RNA의 폴리뉴클레오타이드의 구조이다.
ㄹ. ㉠ ~ ㉣에 상보적인 염기 서열은 순서대로 C, G, A, T이다.

① ㄱ, ㄴ ② ㄱ, ㄹ ③ ㄴ, ㄹ ④ ㄱ, ㄴ, ㄷ ⑤ ㄱ, ㄷ, ㄹ

A 단백질

01 단백질의 단위체에 대한 설명으로 옳은 것을 모두 고르시오. (2개)

① 아미노산이다.
② 뉴클레오타이드이다.
③ 생명체 내에는 5종류가 존재한다.
④ 2개의 단위체는 수소결합으로 연결된다.
⑤ 2개의 단위체는 펩타이드 결합으로 연결된다.

02 단백질의 기능에 대한 설명으로 옳은 것만을 <보기>에서 있는 대로 고른 것은?

보 기

ㄱ. 에너지원으로 사용된다.
ㄴ. 유전 정보를 저장, 전달한다.
ㄷ. 물질대사를 촉매하며, 생리 기능을 조절한다.
ㄹ. 면역 기능을 하는 항체의 성분으로서 몸을 보호한다.

① ㄱ, ㄴ　② ㄷ, ㄹ　③ ㄱ, ㄴ, ㄷ
④ ㄱ, ㄷ, ㄹ　⑤ ㄴ, ㄷ, ㄹ

03 단백질에 대한 설명 중 옳은 것은 ○표, 옳지 않은 것은 ×표 하시오.

(1) 단위체는 아미노산이다. (　　)
(2) 유전 정보를 저장하고 있다. (　　)
(3) C(탄소), H(수소), O(산소)로만 구성되어 있다. (　　)

04 단백질의 다양한 기능의 입체 구조를 결정하는 것은?

① 아미노산의 수
② 탄소의 배열 순서
③ 펩타이드 결합의 수
④ 아미노산 배열 순서
⑤ 폴리펩타이드의 개수

05 다음은 단백질이 합성되는 과정의 일부를 나타낸 것이다.

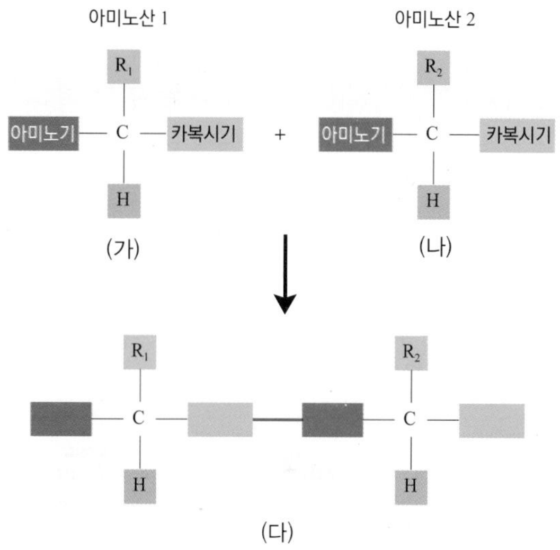

이에 대한 설명으로 옳은 것만을 <보기>에서 있는 대로 고른 것은?

보 기

ㄱ. 수소 결합에 의해 (다)가 만들어진다.
ㄴ. (가)와 (나)는 같은 종류의 아미노산이다.
ㄷ. 아미노산 2개가 결합하는 과정에서 물이 빠져나온다.

① ㄱ　② ㄷ　③ ㄱ, ㄴ
④ ㄴ, ㄷ　⑤ ㄱ, ㄴ, ㄷ

06 단백질에 대한 설명으로 옳지 않은 것은?

① 탄소 화합물이다.
② 생리 기능을 조절한다.
③ 단위체는 상보결합으로 형성된다.
④ 생명체를 구성하는 비율이 물 다음으로 크다.
⑤ 병원균으로부터 몸을 방어하기 위해 면역 기능을 하는 항체의 주성분이다.

B 핵산

07 생명체를 구성하는 물질 중 하나에 대한 설명이다. ㉠ ~ ㉢에 해당하는 것을 쓰시오.

> '핵 속의 산성 물질'이라는 뜻을 가지는 (㉠)의 종류에는 유전 정보를 저장하고 다음 세대로 전달하는 (㉡)와 (㉡)로부터 유전 정보를 전달받아 단백질 합성에 관여하는 (㉢)가 있다.

㉠ : (   )
㉡ : (   )
㉢ : (   )

08 두 종류의 핵산 구조를 나타낸 모식도이다. 물음에 답하시오.

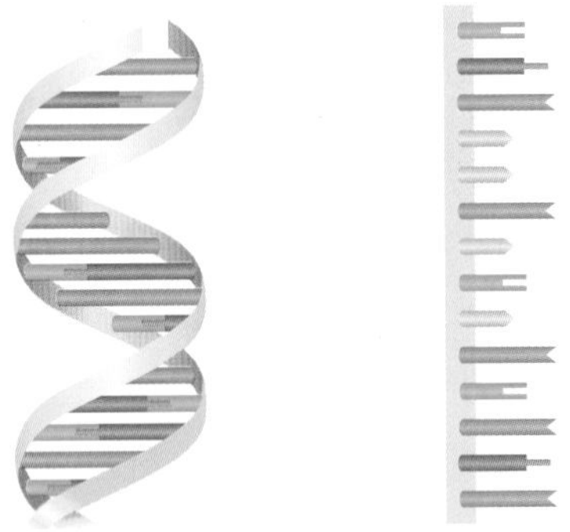

(가)　　(나)

(1) 핵산 (가)와 (나)의 이름을 각각 차례대로 쓰시오. (   )

(2) (가), (나)를 구성하는 단위체를 쓰시오. (   )

09 다음 중 DNA를 구성하는 염기가 아닌 것은?

① A(아데닌)　② U(유라실)　③ T(타이민)
④ G(구아닌)　⑤ C(사이토신)

10 핵산에 대한 설명 중 옳은 것은 ○표, 옳지 않은 것은 ×표 하시오.

(1) RNA를 구성하는 당은 리보스이다. (   )

(2) DNA를 구성하는 뉴클레오타이드는 염기, 당, 탄소로 구성되어 있다. (   )

(3) RNA와 DNA 모두 염기 C(사이토신)과 상보결합하는 염기는 G(구아닌)이다. (   )

11 핵산에 대한 설명이다. 괄호 안에 알맞은 것을 골라 차례대로 쓰시오.

> 핵산을 구성하는 단위체는 (뉴클레오타이드 , 아미노산)이며, 핵산의 종류에는 폴리뉴클레오타이드 두 가닥이 서로 꼬여서 2중 나선 구조를 가지는 (DNA , RNA)와 폴리뉴클레오타이드 한 가닥의 단일 가닥 구조를 가지는 (DNA , RNA)가 있다.

(   )

12 그림은 DNA를 구성하는 뉴클레오타이드를 나타낸 것이다.

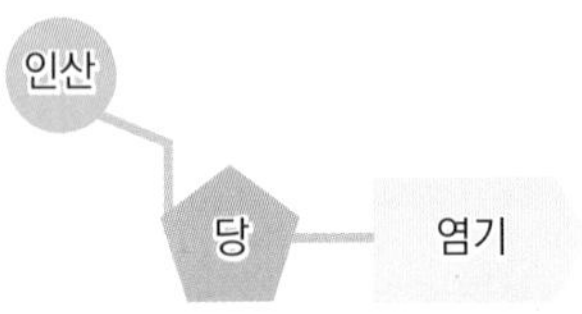

이에 대한 설명으로 옳은 것만을 <보기>에서 있는 대로 고른 것은?

보기

ㄱ. 당은 리보스이다.
ㄴ. 4종류의 뉴클레오타이드가 존재한다.
ㄷ. 뉴클레오타이드의 인산은 다른 뉴클레오타이드의 당과 공유 결합을 한다.

① ㄱ　② ㄷ　③ ㄱ, ㄴ
④ ㄴ, ㄷ　⑤ ㄱ, ㄴ, ㄷ

정답 및 해설 ➜ 27

[13~14] 핵산의 구조를 나타낸 모식도이다.

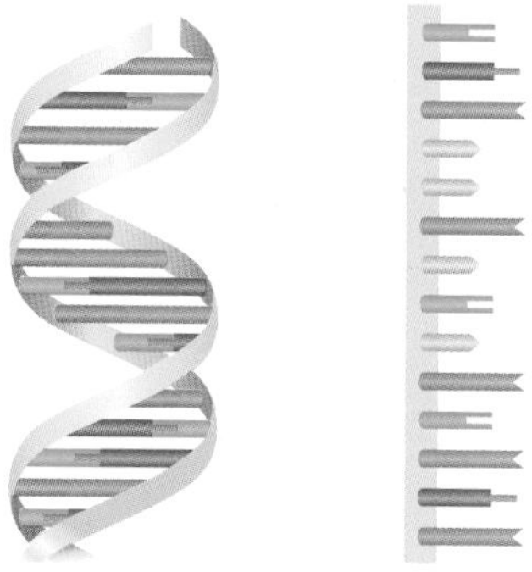

(가) (나)

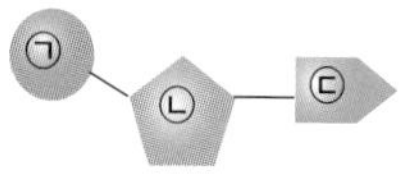

(다)

13 이에 대한 설명 중 옳은 것은 ○표, 옳지 않은 것은 ×표 하시오.

(1) (가)를 구성하는 당은 리보스이다. ( )

(2) (나)를 구성하는 당은 디옥시리보스이다. ( )

(3) (다)의 모형에서 ㉠은 인산, ㉡은 당, ㉢은 염기를 나타낸다. ( )

14 (가) ~ (다)에 대한 설명으로 옳은 것을 모두 고르시오. (3개)

① (가)는 유전 정보를 전달하는 역할을 한다.
② (나)는 단백질 합성에 관여한다.
③ (나)를 구성하는 염기에는 T(타이민)이 있다.
④ (가), (나)를 구성하는 단위체는 각각 4종류이다.
⑤ (다)는 (가)와 (나)를 구성하는 단위체이다.

C 지질 · 탄수화물

15 지질에 대한 설명 중 옳은 것은 ○표, 옳지 않은 것은 ×표 하시오.

(1) 1g당 4kcal의 열량을 낸다. ( )

(2) 탄수화물과 구성 원소가 같다. ( )

(3) 생체막을 이루는 주요 구성 성분이다. ( )

16 탄수화물과 지질에 대한 설명 중 옳은 것은 ○표, 옳지 않은 것은 ×표 하시오.

(1) 탄수화물은 주된 에너지원으로 사용된다. ( )

(2) 지질의 종류에는 중성 지방, 인지질, 스테로이드가 있다. ( )

(3) 지질은 에너지원으로 사용되며, 체온 유지에 중요한 역할을 한다. ( )

(4) 탄수화물의 종류에는 단당류, 이당류, 다당류가 있으며, 디옥시리보스와 리보스는 이당류이다. ( )

17 탄수화물의 종류가 <u>아닌</u> 것은?

① 리보스 ② 포도당 ③ 글리코젠
④ 셀룰로스 ⑤ 스테로이드

서술형

18 그림은 서로 다른 종류의 단백질을 입체 구조로 나타낸 것이다. 입체 구조가 서로 다른 단백질은 기능 또한 서로 다른데, 그 이유를 단백질의 단위체와 형성 원리를 토대로 서술하시오.

서술형

19 그림은 두 종류의 핵산 구조를 나타낸 것이다. (가), (나) 중 염기 비율이 A + G : T(or U) + C = 1 : 1인 것을 고르고 그 이유를 서술하시오.

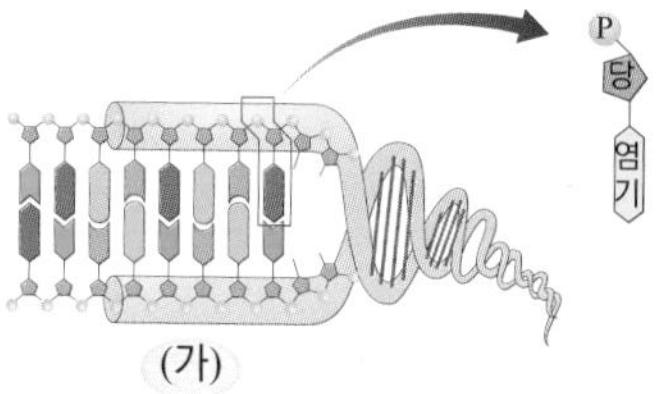

(가)

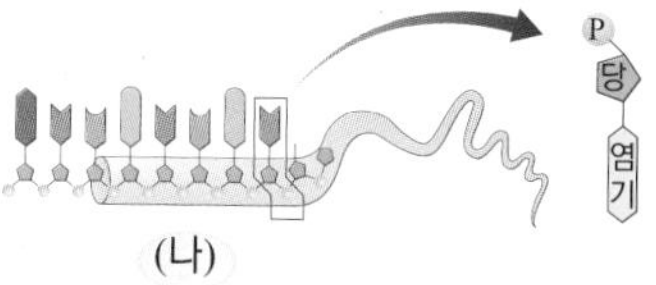

(나)

03 신소재의 개발과 이용

핵심 Point

☐ 액정 ☐ 반도체 ☐ 초전도체
☐ 네오디뮴 자석 ☐ 나노 기술 ☐ 신소재

신소재는 어떻게 개발하며, 그 장단점은 무엇일까?

A 신소재

1. 소재의 발달과 문명 : 인류는 필요에 따라 자연의 재료를 이용하고 변화시켜 문명을 발전시켜왔다. 그 시대가 다룰 수 있는 재료에 따라 석기 시대, 청동기 시대, 철기 시대로 구분하였으며, 현대를 플라스틱 시대라고도 한다.

2. 신소재 : 기존에 사용하던 금속, 섬유 등의 소재들의 물리적, 화학적 성질을 변화시켜 새로운 성질을 띠게 만든 물질을 신소재라고 한다. 신소재는 새로운 물질일 수도 있고 가공 방법을 달리하여 새로운 성질이 나타나게 만든 것일 수도 있다.

B 물질의 전자기적 성질을 이용한 신소재

1. 물질의 물리적 성질에 따른 분류 ❶

① **물질의 전기적 성질에 따른 분류** : 물질은 전기적 성질(전기 전도성)에 따라 전류가 잘 흐르는 물질과 전류가 잘 흐르지 않는 물질로 분류할 수 있다.

구분	성질	예
도체	전기 저항이 매우 작아 전류가 잘 흐르는 물질	철, 구리, 알루미늄 등
절연체	전기 저항이 매우 커서 전류가 거의 흐르지 않는 물질	종이, 유리, 나무, 플라스틱 등
반도체	온도나 압력 등 조건에 따라 전류가 흐르는 성질이 달라지는 물질	저마늄(Ge), 규소(Si) 등

② **물질의 자기적 성질에 따른 분류** : 물질은 자기적 성질에 따라 자석이 될 수 있는 물질과 자석이 될 수 없는 물질로 분류할 수 있다.

구분	성질	예
강자성체	외부에서 강한 자기장을 걸어주면 강하게 자성의 성질을 띠며 외부 자기장을 제거해도 자석의 성질을 유지하는 물질(자석이 될 수 있는 물질)	철, 코발트, 니켈 등
상자성체	외부에서 강한 자기장을 걸어주면 약하게 자성의 성질을 띠지만 외부 자기장을 제거하면 자석의 성질이 사라지는 물질	알루미늄, 백금, 산소 등
반자성체	외부에서 강한 자기장을 걸어주면 외부 자기장과 반대 방향으로 자석의 성질을 띠는 물질	금, 은, 유리, 물 등

개념 +

❶ 물질의 물리적 성질

- 전기 전도성 : 전류가 잘 흐르는 정도
- 자성 : 자석과 같은 성질
- 강도 : 물질이 굳거나 무른 정도
- 열전도성 : 열을 잘 전달하는 정도

그 외 밀도, 비열, 녹는점, 끓는점 등이 있다.

개념 체크

정답 및 해설 ➜ 29

Point

01 물질을 전기적 성질에 따라 분류할 때, 관계 있는 것을 각각 연결하시오.

(1) 도체 • • ㉠ 전기 저항이 매우 작아 전류가 잘 흐르는 물질
(2) 절연체 • • ㉡ 순수한 규소에 불순물을 첨가하여 전기 전도성을 증가시킨 물질
(3) 반도체 • • ㉢ 종이, 유리, 나무, 플라스틱 등

2. 액정 (Liquid Crystal) : 액정이란 가늘고 긴 분자가 거의 일정한 방향으로 나란히 배열되어 있고, 고체 결정이면서도 액체처럼 흐르는 성질을 가진 물질이다.

→ 물질의 전기적 성질을 변화시킨 신소재

① **액정의 성질** : 전압을 가하여 분자 배열을 조절하면 배경 광원에서 나온 빛을 투과시키거나 투과시키지 않도록 할 수 있다.

② **액정의 이용** : 휴대 전화나 TV 등의 화면을 나타내는 다양한 액정 디스플레이(LCD❷, Liquid Crystal Display)에 주로 사용된다.

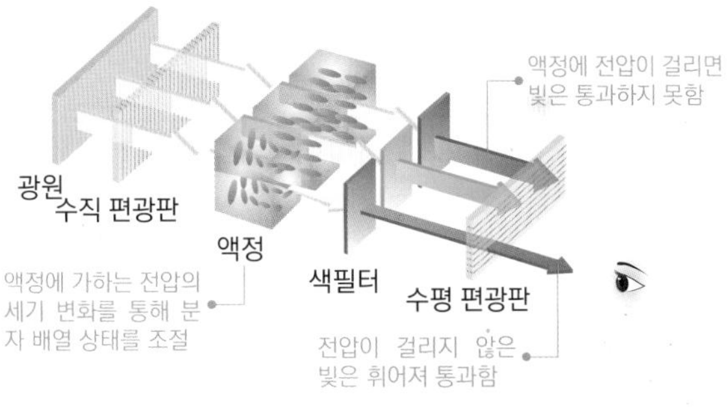

▲ 액정 디스플레이(LCD)

3. 반도체(semiconductor) : 도체와 절연체의 중간 정도의 전기적 성질❸을 가지는 물질이다. → 물질의 전기적 성질을 변화시킨 신소재

① **불순물 반도체** : 반도체의 재료가 되는 규소(Si)는 지각에 두 번째로 많은 원소이다. 순수한 규소는 원자가 전자가 4개로, 전류가 잘 흐르지 않지만 불순물(인, 비소, 붕소 등)을 첨가하면 전류가 잘 흐른다. 이처럼 순수한 규소나 저마늄(Ge)에 불순물을 첨가하여 전기 전도성을 증가시킨 소재를 불순물 반도체라고 한다.

더 알아보기 불순물 반도체

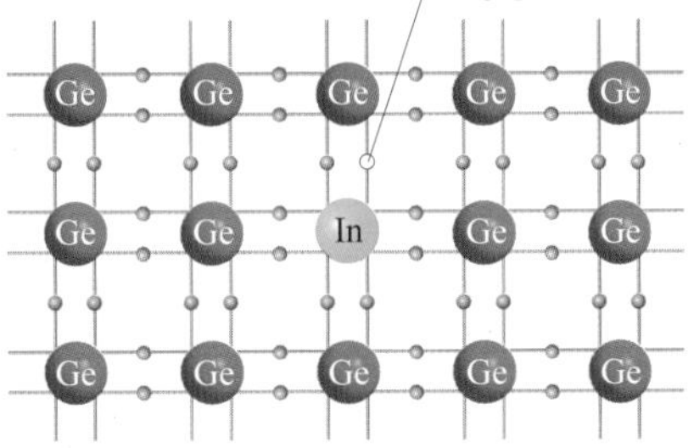

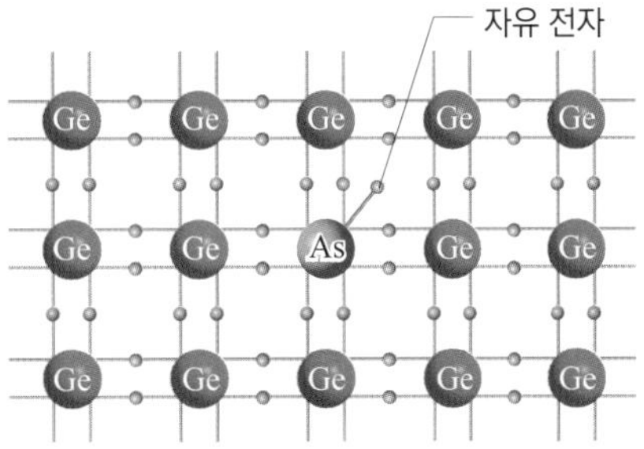

〈p형 반도체〉
원자가 전자가 4개인 규소(Si) 또는 저마늄(Ge)에 불순물로 원자가 전자가 3개인 원소(인듐(In) 등)를 섞으면 양공이 전하 운반자가 되는 p형 반도체가 된다.

〈n형 반도체〉
원자가 전자가 4개인 규소(Si) 또는 저마늄(Ge)에 불순물로 원자가 전자가 5개인 원소(비소(As) 등)를 섞으면 자유 전자가 전하 운반자가 되는 n형 반도체가 된다.

② **반도체의 이용** : 각종 감지기, 다이오드(Diode), 발광 다이오드(LED)❹, 유기 발광 다이오드(OLED)❷, 트랜지스터, 태양 전지 등

트랜지스터	다이오드
 ▲ 다양한 트랜지스터 전기 소자	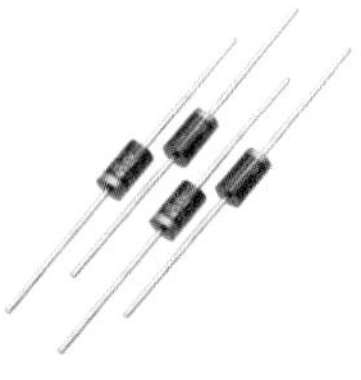 ▲ 다이오드 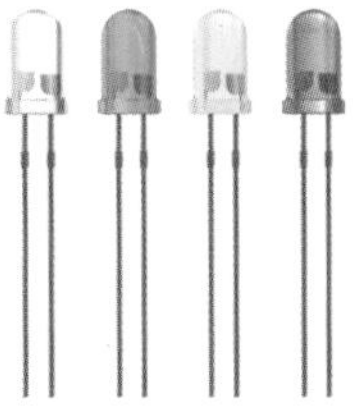 ▲ 발광 다이오드
약한 신호를 강한 신호로 바꿔주는 증폭기나 디지털 회로 제작에 이용되는 반도체 전기 소자이다. 0과 1로 구성된 디지털 정보를 기록하거나 읽는 역할을 한다. 소비 전력이 작고, 열도 거의 발생하지 않으며, 매우 작은 크기로 제작할 수 있어 대부분의 전자 기기에 이용되는 반도체 핵심 부품이다.	한쪽 방향으로만 전류가 흐를 수 있으므로 교류 전류를 직류 전류로 바꿔주는 전기 소자이다. 전류가 흐를 때 반도체에서 빛을 방출하는 성질이 있는 발광 다이오드(LED)는 사용되는 반도체 물질의 종류에 따라 방출되는 빛의 색이 다르다.

개념+

▲ 액정을 이용한 영상 표시 장치 (LCD, Liquid Crystal Display)

❷ LCD와 OLED

LCD는 화면에 영상을 표시하기 위해 배경 광원(back light)가 필요하지만 OLED(Organic LED)는 자체적으로 빛을 내는 유기물 반도체를 이용하므로 배경 광원이 필요없어 LCD 보다 얇고 가볍게 디스플레이를 만들 수 있다.

❸ 반도체의 전기적 성질

- 빛을 비추면 전류가 흐른다. → 태양 전지, 광센서, 적외선 감지기
- 전류가 흐르면 빛을 방출한다. → 레이저의 광원, 발광 다이오드
- 조건에 따라 전기 저항이 변한다. → 압력 센서, 온도 센서

● 적외선 감지기

적외선에 해당하는 빛이 센서(반도체)를 비추면 p-n 접합 다이오드에서 전류가 흘러 스위치를 작동시키는 원리이다. 태양 전지의 원리와 비슷하다고 할 수 있다.

❹ 발광 다이오드(LED, Light Emitting Diode) 구조

발광 다이오드는 p형 반도체와 n형 반도체를 붙여서 만든다.(p-n 접합 다이오드) 저전력의 빛을 낸다.

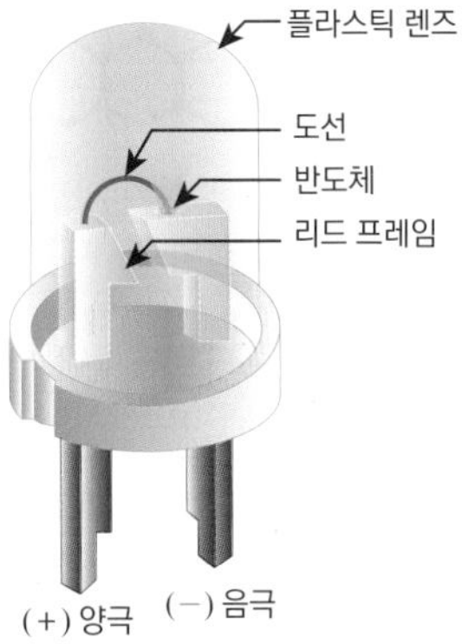

4. 초전도체 : 초전도 현상이 나타나는 물질을 초전도체라고 한다. → 상황에 따라 전기적 성질과 자기적 성질을 이용한다.

① **초전도 현상 :** 특정한 온도(임계 온도 ④) 이하에서 전기 저항이 0이 되는 현상을 초전도 현상이라고 한다.

② **초전도체의 성질 :** 초전도체는 임계 온도 이하에서 전기 저항이 없어 많은 전류가 흘러도 열이 발생하지 않아 손실 전력이 0이 되며, 외부 자기장을 바깥으로 밀어내는 성질(마이스너 효과 ⑤)도 가진다.

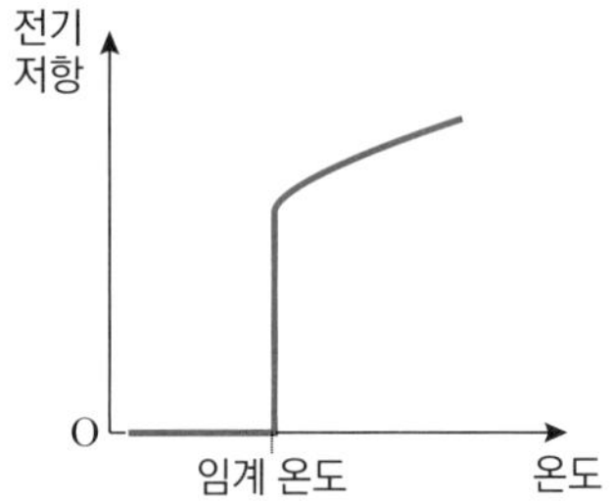

▲ 초전도 현상

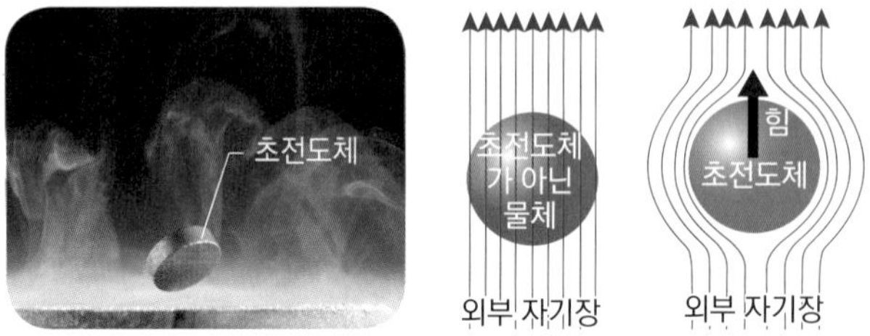

▲ 마이스너 효과

③ **초전도체의 이용 :** 전력 손실이 없는 송전선(초전도 전력 케이블), 자기 공명 영상 장치, 자기 부상 열차, 핵융합 장치 ⑥ 등에 이용된다.

5. 네오디뮴 자석 : 철 원자 사이에 네오디뮴과 붕소를 첨가하여 철 원자의 자기장 방향이 흐트러지지 않도록 만든 강한 자석이다. → 물질의 자기적 성질을 변화시킨 신소재

① **특성 :** 가공하기 쉽고, 가격이 저렴하지만 열에 의해 자성이 쉽게 약해지고, 녹이 잘 스는 단점이 있다.

② **이용 :** 하드 디스크의 헤드를 움직이는 장치, 고출력 소형 스피커, 강력한 모터 등에 이용된다.

▲ 하드 디스크

C 여러 가지 신소재

1. 나노 기술을 이용한 신소재 : 원자나 분자 정도의 크기인 나노미터(nm) ⑦ 단위의 물질을 만들거나 성질을 규명하여, 우리 생활에 적용하는 기술을 나노 기술이라고 하며, 이를 이용하면 원자의 결합 구조나 배열을 변화시킨 신소재를 개발할 수 있다.

구분	그래핀 ⑧	풀러렌	탄소 나노 튜브
구조	탄소 원자가 2차원 상에서 육각형 모양으로 공유 결합하여 연결된 평면 구조 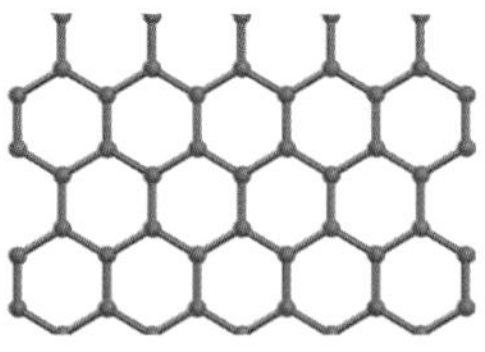	탄소 원자 60개가 육각형과 오각형으로 공유 결합하여 연결된 공 모양 구조 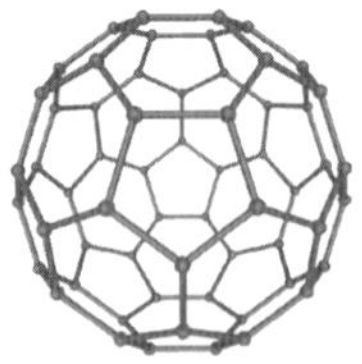	그래핀이 원통 튜브 모양으로 말려 있는 구조 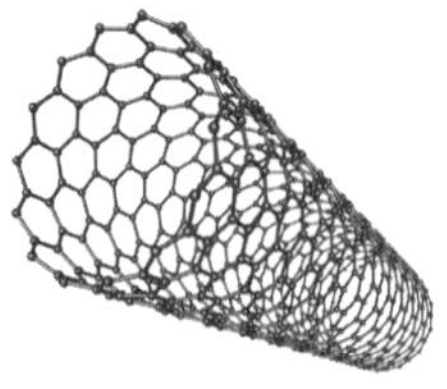
특징	• 높은 전기 전도성 • 강철의 200배 이상의 강도 • 얇고 가벼움 • 구리보다 높은 열 전도성 • 유연성과 투명성	• 다이아몬드 같은 강도 • 반응성이 적고, 인체에 무해 • 기름에 잘 녹음 • 빛을 흡수, 전자를 쉽게 포획	• 높은 전기 전도성 • 가벼움 • 강철보다 강한 강도 • 구리보다 높은 열전도성 • 큰 인장력, 유연성
이용	휘어지는 디스플레이, 차세대 반도체 소재, 야간 투시용 콘택트 렌즈, 우주 왕복선 외장재	체내 약물 전달 물질, 섬유, 우주선 소재, 센서 등	첨단 현미경의 탐침, 나노 핀셋, 초강력 섬유, 박막 히터, 우주선 몸체, 세라믹 복합 재료 등

면적이 늘어나거나 휘어지더라도 전기 전도성이 변하지 않는다.

→ 그래핀은 대량 생산이 어렵고, 생산 비용이 많이 들며, 제품의 수송과 저장이 어렵다. 또한 반도체에 비해 전기적 성질을 변화시키기도 어렵다.

개념 +

④ 여러 물질의 임계 온도

원소	임계 온도
아연(Zn)	0.88K
알루미늄(Al)	1.2K
주석(Sn)	3.7K
수은(Hg)	4.2K
나이오븀(Nb)	9.5K

위와 같이 초전도체는 아주 낮은 온도를 유지해야 하기 때문에 냉각 비용이 많이 든다.

⑤ 마이스너 효과

초전도체는 임계 온도 이하에서 반자성체의 성질을 나타내어 외부 자기장을 밀어내면서 내부 자기장의 세기가 0이 된다. → 자기 부상 열차의 뜨는 힘 발생

▲ 자기 부상 열차

⑥ 초전도체를 이용한 전자석

초전도체는 전기 저항이 없어 많은 전류를 흐르게 할 수 있기 때문에 매우 강한 전자석을 만들 수 있다. 이러한 전자석은 자기 공명 영상 장치(MRI), 인공 핵융합 장치 등에 사용된다.

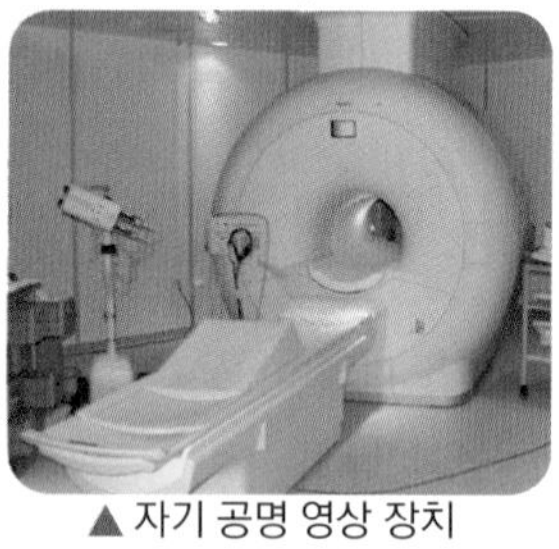

▲ 자기 공명 영상 장치

⑧ 그래핀과 흑연

흑연의 한 층만 떼어내어 만든, 탄소 원자들이 육각형으로 배열된 평면 구조 물질이 그래핀이다.

▲ 그래핀을 이용한 휘어지는 디스플레이

2. 자연을 모방한 신소재 : 나노 기술을 응용하여 동, 식물의 행동이나 구조 등을 모방한 다양한 신소재가 개발되고 있다.

생명체	특징 및 응용 분야
	• 거미줄은 같은 굵기의 강철보다 20배나 강하며, 질기고 신축성이 뛰어남 • **이용** : 방탄복, 수술용 봉합실, 인공 힘줄, 낙하산 등 ◀ 거미줄
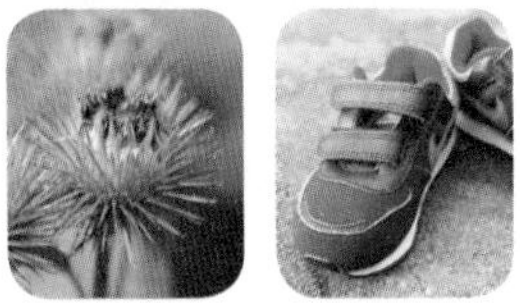	• 도꼬마리, 엉겅퀴, 도깨비풀 씨앗은 바늘 모양의 고리를 이용해 동물에 달라붙어 자신의 씨를 퍼뜨리면서 번식을 함 • **이용** : 벨크로 테이프 ◀ (좌) 도꼬마리 열매 (우) 벨크로 테이프가 이용된 운동화
	• 연잎 표면의 나노 크기 ❼의 작은 돌기 때문에 연잎이 물에 젖지 않음 • **이용** : 물에 젖지 않고 때가 타지 않는 섬유, 물만 뿌려도 청소가 가능한 코팅제 ◀ 연잎 위에 맺힌 물방울
	• 홍합은 족사라는 접착 단백질을 생산, 분비하여 파도가 아무리 세게 쳐도 바위에 붙어 떨어지지 않음 • **이용** : 의료용 생체 접착제, 물 속에서도 떨어지지 않는 친환경 접착제 ◀ 바위 위에 붙어 있는 홍합
	• 게코 도마뱀의 발은 나노 크기의 잔가지 빨판으로 이루어진 털로 되어 있어 미끄러운 돌 위에서도 미끄러지지 않음 • **이용** : 미끄러운 면에서 이동할 수 있는 청소 로봇, 특수 장갑 ◀ 게코 도마뱀의 발
	• 상어 피부에는 작은 돌기가 있어서 물속에서 나아갈 때 마찰과 저항을 줄여줌 • **이용** : 전신 수영복 ◀ 상어의 피부

개념 +

❼ 나노미터(nm)

1nm = 10^{-9}m 로 머리카락 두께의 10만 분의 1 정도의 크기이다.

● 생체 모방

환경을 오염시키지 않고 자원과 에너지를 낭비하지 않으며, 진화를 통해 환경에 적응한 자연의 생명체를 모방하는 방법을 말한다.

개념 체크

정답 및 해설 ➜ 29

Point

02 다음 장치에 이용되는 신소재를 <보기>에서 골라 각각 쓰시오.

보 기

ㄱ. 액정　　ㄴ. 반도체　　ㄷ. 그래핀　　ㄹ. 초전도체

(1) 휘어지는 성질을 이용한 웨어러블 기기의 디스플레이 (　　)
(2) 태양의 빛에너지를 전기 에너지로 바꿔주는 태양 전지 (　　)
(3) 차체를 레일에서 1cm 정도 띄운 상태로 운행하는 자기 부상 열차 (　　)
(4) 전자 계산기, 온도계 등의 정보 표시 장치 (　　)

03 생체 모방 기술을 이용한 제품을 옳게 연결하시오.

(1) 연잎 •　　• ㉠ 수중 공사에 사용할 수 있는 접착제
(2) 도꼬마리 •　　• ㉡ 물이 맺히지 않고 흐르게 만드는 코팅제
(3) 홍합 •　　• ㉢ 벨크로 테이프

강의

발광 다이오드(LED)와 태양 전지의 원리

발광 다이오드(LED)

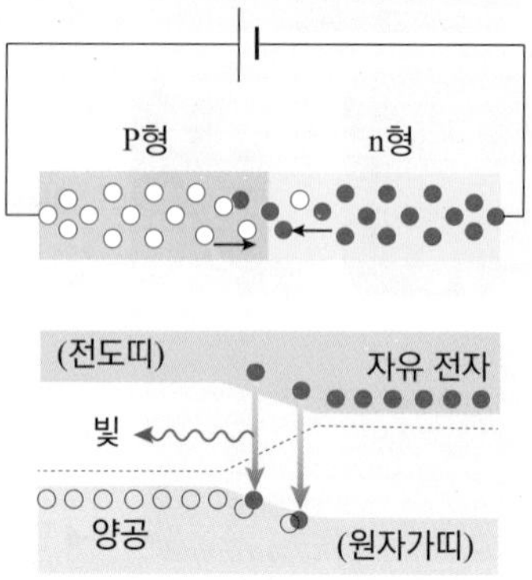

▲ 발광 다이오드(LED) 작동 원리

① **p-n접합 다이오드** : 순수한 반도체는 전류가 잘 흐르지 않는다. 따라서 불순물을 첨가하는 과정인 '도핑' 과정을 통해 전류가 잘 흐를 수 있도록 만들며, 불순물의 종류에 따라 p형 반도체, n형 반도체로 구분한다. 이들을 접촉시킨 후, p형 반도체에 전원의 (+)극, n형 반도체에 전원의 (-)극을 연결하면 전류가 흐르게 되고, 이를 p-n접합 다이오드(순방향)라고 한다.

② **발광 다이오드의 원리** : p-n접합 다이오드에 전류가 흐르면 자유 전자가 이동을 하면서 양공과 합쳐져 에너지를 빛의 형태로 방출하게 된다. 이러한 다이오드를 발광 다이오드(LED)라고 한다. 발광 다이오드는 반도체의 재료에 따라 방출하는 빛의 색깔이 달라져서 다양한 영상 표시 장치와 조명 장치 등으로 응용되고 있다.

반도체 재료	파장(nm)/ 색	반도체 재료	파장(nm)/ 색
GaAsP (갈륨 비소 인)	650 / 빨강	SiC (탄화 규소)	480 / 파랑
GaP (갈륨 인)	555 / 녹색	GaN(갈륨 질소)	450 / 파랑

▲ 재료에 따른 LED 방출색

태양 전지

태양 전지에 태양 빛을 쪼여주면 에너지를 흡수하여 p형 반도체와 n형 반도체 속에 양공(+)과 자유 전자(-)가 생성된다. p-n 접합면에서 만들어진 전기장에 의해 자유 전자(-)는 n형 반도체 쪽으로, 양공(+)은 p형 반도체 쪽으로 이동하여 반도체 표면에 전극이 형성되고, 이를 도선과 연결하면 전류가 흐른다.

▲ 위성에 설치된 태양 전지

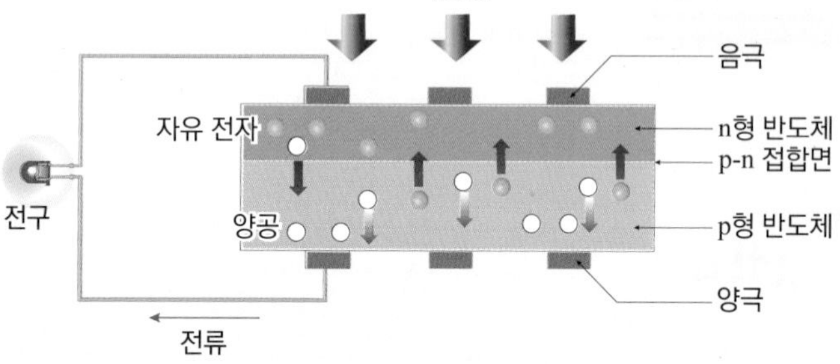

▲ 태양 전지의 작동 원리

정답 및 해설 ➜ 29

Q1 백열등이나 형광등에 비교하였을 때 LED 등의 장점과 단점을 서술하시오.

Q2 화학 전지와 비교하였을 때 태양 전지의 장단점을 비교하시오.

1 물질의 물리적 성질을 이용한 신소재

어떤 물질의 절대 온도에 따른 저항을 나타낸 것이다. 이에 대한 설명으로 옳은 것만을 <보기>에서 있는 대로 고른 것은?

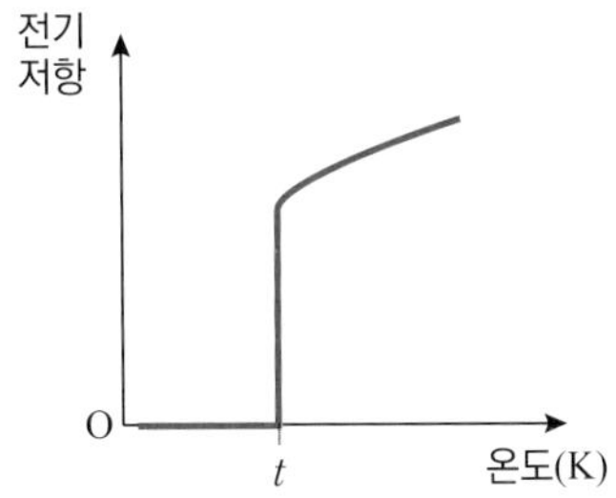

보 기

ㄱ. 온도 t 이하에서 반자성을 띤다.
ㄴ. 온도 t 이상에서 강한 전자석을 만들 수 있다.
ㄷ. 온도 t 이하에서 전류가 흐를 때 전력 손실이 발생하지 않는다.
ㄹ. 이러한 특성을 보이는 물질은 자기 공명 영상 장치(MRI)에 사용된다.

① ㄱ, ㄴ ② ㄱ, ㄷ ③ ㄷ, ㄹ ④ ㄱ, ㄴ, ㄷ ⑤ ㄱ, ㄷ, ㄹ

2 여러 가지 신소재

(가)와 (나)는 어떤 신소재의 구조를 각각 나타낸 것이다. 이에 대한 설명으로 옳은 것만을 <보기>에서 있는 대로 고른 것은?

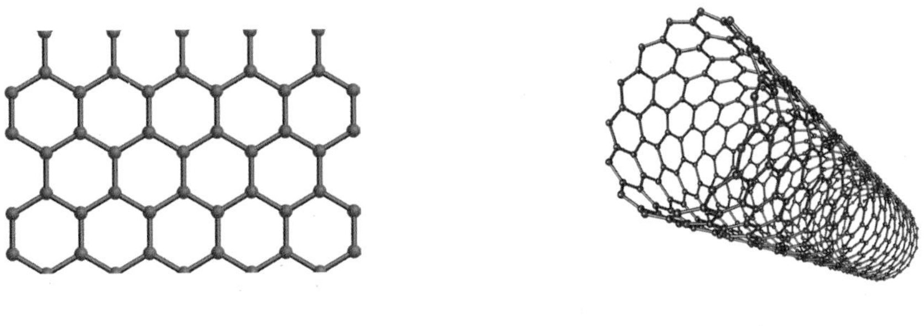

(가) (나)

보 기

ㄱ. (가)와 (나)는 모두 탄소 원자로 이루어진 나노 물질이다.
ㄴ. (가)는 강철보다 강도가 약하다.
ㄷ. (가)를 첨가하여 데이터 전송 속도가 빠른 초고속 반도체를 만들 수 있다.
ㄹ. (나)를 이용하여 만든 골프채는 가볍고 강도가 크다.

① ㄱ, ㄴ ② ㄱ, ㄷ ③ ㄷ, ㄹ ④ ㄱ, ㄴ, ㄷ ⑤ ㄱ, ㄷ, ㄹ

스스로 실력 높이기

A 신소재

01 신소재에 대한 설명으로 옳지 않은 것은?

① 과학 기술을 이용하여 기존 물질의 결점을 보완한 재료이다.
② 자연을 모방하여 만들어진 소재는 신소재로 분류할 수 없다.
③ 청동기 시대의 철과 같이 당시에는 사용하지 않은 새로운 물질이다.
④ 자연에 존재하고 있는 자원의 성질을 변화시켜 만들어낸 새로운 종류의 소재이다.
⑤ 금속, 유기 또는 무기 원료 등의 소재들을 새로운 제조 기술을 사용하여 만든 특수한 성질을 갖는 재료이다.

02 각각의 분류 기준에 해당하는 신소재로 옳은 것만을 <보기>에서 있는 대로 골라 기호로 쓰시오.

보 기

ㄱ. 액정　　ㄴ. 반도체
ㄷ. 그래핀　　ㄹ. 초전도체

(1) 물질의 전기적 성질을 이용한 신소재 (　　)
(2) 물질의 자기적 성질을 이용한 신소재 (　　)
(3) 나노 기술을 이용한 신소재 (　　)

B 물질의 전자기적 성질을 이용한 신소재

[03~04] 그림 (가)는 중앙 처리 장치(CPU)에 사용되는 전기 소자이고, (나)는 발광 다이오드(LED)이다. 물음에 답하시오.

(가)

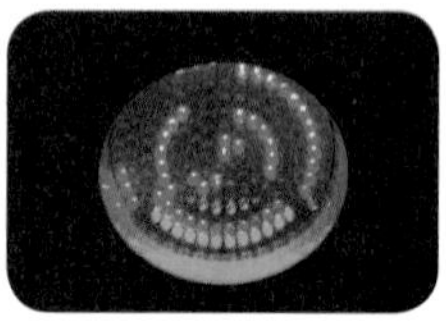
(나)

03 공통적으로 사용된 신소재는 무엇인가?

① 액정　② 반도체　③ 그래핀
④ 초전도체　⑤ 탄소 나노 튜브

04 공통적으로 사용된 신소재에 대한 설명으로 옳은 것은?

① 물질의 자기적 성질을 이용한 신소재이다.
② 탄소 원자가 육각형 벌집 모양의 구조를 이루는 소재이다.
③ 전압을 가하면 분자의 배열이 변하는 성질이 있는 소재이다.
④ 특정 온도 이하에서 전기 저항이 0이 되는 현상이 나타나는 소재이다.
⑤ 순수한 규소에 인이나 붕소 등을 첨가하여 전기 전도성을 증가시킨 소재이다.

05 그림은 액정을 이용한 영상 표시창이 설치된 장치들이다. 이에 대한 설명으로 옳은 것만을 <보기>에서 있는 대로 고른 것은?

전자 계산기

노트북

보 기

ㄱ. 액정 분자의 배열을 조절하여 빛의 세기를 조절한다.
ㄴ. 액정은 고체와 액체의 중간 물질이다.
ㄷ. 자체에서 빛을 내므로 광원이 필요 없다.

① ㄱ　② ㄴ　③ ㄷ
④ ㄱ, ㄴ　⑤ ㄱ, ㄴ, ㄷ

06 규소(Si)에 각각 인듐(In)과 비소(As)를 도핑한 p형 반도체와 n형 반도체의 결정 구조를 각각 나타낸 것이다. 이에 대한 설명으로 옳은 것만을 <보기>에서 있는 대로 고른 것은?

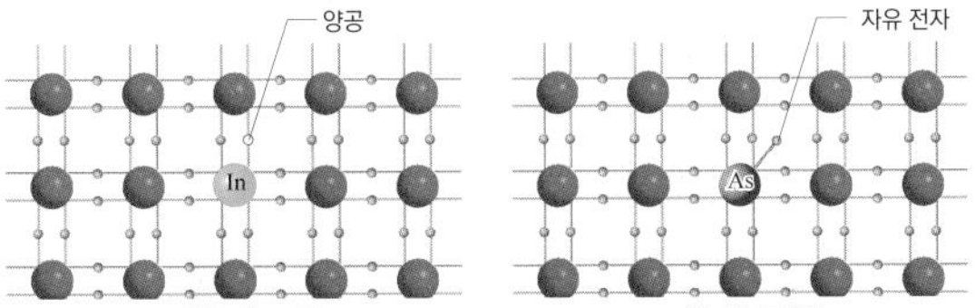

p형 반도체 (가)　　n형 반도체 (나)

보기

ㄱ. (가)와 (나)는 절연체보다 전류가 잘 흐른다.
ㄴ. 태양 전지는 (가)와 같은 반도체 2개를 접합시켜 만든다.
ㄷ. (가)에서는 양공이, (나)에서는 자유 전자가 전하 운반자가 된다.

① ㄱ　② ㄴ　③ ㄷ　④ ㄱ, ㄷ　⑤ ㄱ, ㄴ, ㄷ

07 <보기>는 전기 저항이 도체와 부도체의 중간 물질인 신소재가 이용된 다양한 제품들이다.

보기

ㄱ. 태양 전지　ㄴ. 발광 다이오드
ㄷ. 압력 감지기　ㄹ. 적외선 감지기
ㅁ. 레이저의 광원

이 신소재의 다음과 같은 전기적 성질을 이용한 제품들로 옳은 것만을 있는 대로 골라 각각 기호로 쓰시오.

(1) 압력이나 온도의 조건에 따라 전기 저항이 변하는 성질
( )

(2) 빛을 비추면 빛에너지가 전기 에너지로 전환되어 전류가 흐르는 성질
( )

(3) 전류가 흐를 때 빛을 방출하는 성질
( )

서술형

08 휴대 전화에 사용되는 신소재를 두 가지 쓰고, 각각의 신소재가 가져야 할 특징에 대하여 각각 서술하시오.

09 그림과 같이 특정 온도 이하에서 자석 위에 떠 있을 수 있는 물질에 대한 설명으로 옳은 것만을 <보기>에서 있는 대로 고른 것은?

보기

ㄱ. 0℃ 에 전기 저항이 0이 된다.
ㄴ. 외부 자기장을 밀어내는 성질이 있다.
ㄷ. 이 물질을 이용한 전자석은 일반 전자석보다 강한 자기장을 얻을 수 있다.

① ㄱ　② ㄴ　③ ㄷ　④ ㄴ, ㄷ　⑤ ㄱ, ㄴ, ㄷ

10 초전도체를 이용한 것이 아닌 것은?

① 입자 가속기
② 전자기 센서
③ 자기 부상 열차
④ 손실 전력이 없는 케이블
⑤ 자기 공명 영상(MRI) 장치

11 주석(Sn)에 전류가 흐를 때 전기 저항을 온도에 따라 나타낸 것이다. 이에 대한 설명으로 옳은 것만을 <보기>에서 있는 대로 고른 것은?

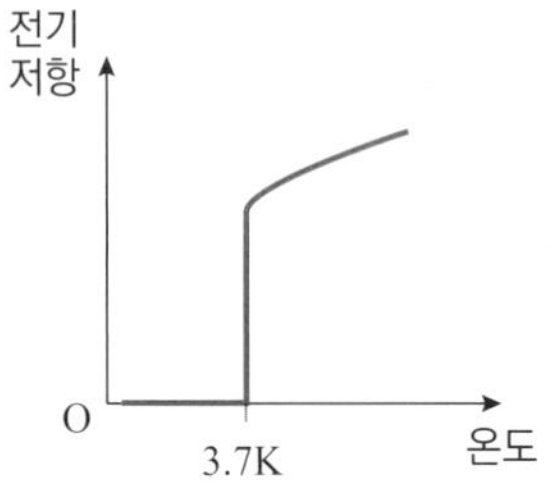

보 기

ㄱ. 주석의 임계 온도는 3.7 K이다.
ㄴ. 3.7 K 이하에서 주석은 반자성체가 된다.
ㄷ. 20 ℃ 상온에서 주석에 전류가 흐를 때 열이 발생하지 않는다.

① ㄱ ② ㄴ ③ ㄷ
④ ㄱ, ㄴ ⑤ ㄱ, ㄴ, ㄷ

12 여러 물질의 임계 온도를 나타낸 것이다. 이에 대한 설명으로 옳은 것만을 <보기>에서 있는 대로 고른 것은?

물질	임계 온도(K)
아연	0.9
수은	4.2
나이오븀, 저마늄의 합금 Nb_3Ge	23.2
이트륨, 바륨, 구리의 합금 $YBa_2Cu_3O_7$	90

보 기

ㄱ. 아연은 0.9 K 이상에서 온도가 증가할수록 전기 전도도가 증가한다.
ㄴ. 상온 20 ℃에서 2가지 합금의 내부 저항은 0이 된다.
ㄷ. 각각의 임계 온도 이하에서 아무리 큰 전류가 흘러도 초전도성은 사라지지 않는다.

① ㄱ ② ㄴ ③ ㄷ
④ ㄱ, ㄷ ⑤ ㄱ, ㄴ, ㄷ

C 여러 가지 신소재

13 (가)는 탄소로 이루어진 신소재 물질이고, (나)는 이를 이용한 예이다. 이 신소재의 성질로 옳은 것만을 <보기>에서 있는 대로 고른 것은?

(가)

우주선 몸체 박막 히터

(나)

보 기

ㄱ. 전기 및 열 전도도가 크다.
ㄴ. 가벼우며, 강도가 매우 크다.
ㄷ. 얇게 만들 수 있으나 변형에 약하다.

① ㄱ ② ㄴ ③ ㄷ
④ ㄱ, ㄴ ⑤ ㄱ, ㄴ, ㄷ

[14~15] 탄소 원자가 육각형 벌집 모양의 구조를 이루고 있는 신소재를 나타낸 것이다.

14 이 신소재와 이용되고 있는 분야를 연결한 것으로 옳은 것은?

① 그래핀 - 첨단 현미경의 탐침
② 그래핀 - 체내 약물 전달 물질
③ 그래핀 - 휘어지는 디스플레이
④ 탄소 나노 튜브 - 초강력 섬유
⑤ 풀러렌 - 야간 투시용 콘텍트 렌즈

정답 및 해설 → 30

15 이 신소재에 대한 설명으로 옳은 것만을 <보기>에서 있는 대로 고른 것은?

보 기

ㄱ. 나노 기술을 이용한 신소재이다.
ㄴ. 강철보다 강도는 세지만 열이 잘 전달되지 않는다.
ㄷ. 전기 전도성이 높아 차세대 반도체 소자에 이용된다.

① ㄱ　② ㄴ　③ ㄷ
④ ㄱ, ㄷ　⑤ ㄱ, ㄴ, ㄷ

16 다음은 연잎에 대한 설명이다.

연잎 표면을 전자 현미경을 이용해 나노미터 수준으로 관찰한 결과 물과 친하지 않은 성질인 소수성의 비밀이 밝혀졌다.

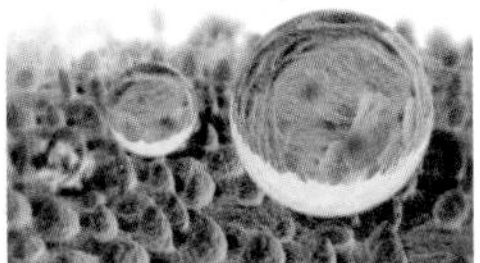

그림과 같이 연잎 표면에는 무수히 많은 미세 돌기가 퍼져 있어 물방울이 퍼지지 않고 둥글게 뭉쳐서 굴러 떨어지게 되는 것이다. 이처럼 표면이 거칠수록 소수성이 강해지는 특이한 현상을 '연잎 효과'라고 한다.

연잎의 구조를 모방하여 만든 제품으로 옳은 것은?

① 전신 수영복
② 손실 전력이 없는 송전선
③ 강도와 복원력이 뛰어난 섬유
④ 물속에서도 떨어지지 않는 접착제
⑤ 물만 뿌려도 청소가 가능한 페인트

17 다음은 자연을 모방한 신소재를 이용하여 만든 제품들이다.

(가) 전신 수영복

(나) 방탄복

(다) 벨크로 테이프

각각의 신소재에 대한 설명으로 옳은 것만을 <보기>에서 있는 대로 고른 것은?

보 기

ㄱ. (가)는 상어 피부를 모방한 것으로 마찰과 저항을 줄여준다.
ㄴ. (나)는 가벼우면서 강하고 튼튼한 소재의 특성을 이용한 것이다.
ㄷ. (다)는 게코 도마뱀의 발바닥에 있는 빨판을 모방한 것이다.

① ㄱ　② ㄴ　③ ㄷ
④ ㄱ, ㄴ　⑤ ㄱ, ㄴ, ㄷ

서술형

18 바퀴벌레는 여러 개의 다리를 이용하여 울퉁불퉁한 곳을 이동할 때 몸체가 뒤틀리지 않고 똑바로 나아갈 수 있다. 이를 모방하여 만들 수 있는 제품을 고안하시오.

01 지각과 생명체를 구성하는 물질

01 지각과 생명체를 구성하는 물질 중 가장 질량 비가 큰 원소는?

① 철　② 규소　③ 산소
④ 수소　⑤ 탄소

02 (가)~(다)는 각각 지구, 지각, 사람을 이루는 원소 중 일부를 질량 비(%)가 큰 순으로 순서 없이 나타낸 것이다.

(가)		(나)		(다)	
철	35.0	산소	65.0	산소	46.6
산소	30.0	탄소	18.5	규소	27.7
규소	15.0	수소	9.5	알루미늄	8.1
마그네슘	13.0	질소	3.3	철	5.0
니켈	2.4	칼슘	1.5	칼슘	3.6

이에 대한 설명으로 옳은 것만을 <보기>에서 있는 대로 고른 것은?

보 기

ㄱ. (가)는 지구, (나)는 지각에 해당한다.
ㄴ. (다)를 구성하는 광물은 규산염 사면체를 기본 골격으로 가진다.
ㄷ. 지구와 지각에서 가장 큰 질량 비를 차지하는 원소는 산소이다.

① ㄱ　② ㄴ　③ ㄷ
④ ㄱ, ㄴ　⑤ ㄴ, ㄷ

서술형

03 규산염 광물이 다양하게 형성되는 이유를 규산염 사면체의 전기적 성질을 들어 설명하시오.

04 규소와 산소가 결합하여 형성된 몇 가지 광물의 결합 구조를 나타낸 것이다. 이에 대한 설명으로 옳은 것을 모두 고르시오. (2개)

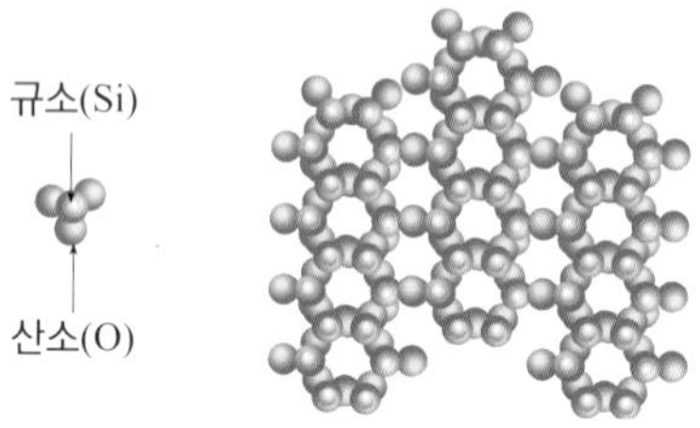

(가)　(나)

① (가)는 독립형 구조이다.
② (나)의 광물은 얇게 쪼개진다.
③ (나)는 3차원 입체 구조를 이룬다.
④ (가)는 다른 구조와 산소를 공유하여 결합한다.
⑤ 규소끼리의 공유 결합으로 결합 구조가 형성된다.

05 (가)~(마)는 규산염 광물의 결합 구조를 나타낸 것이다.

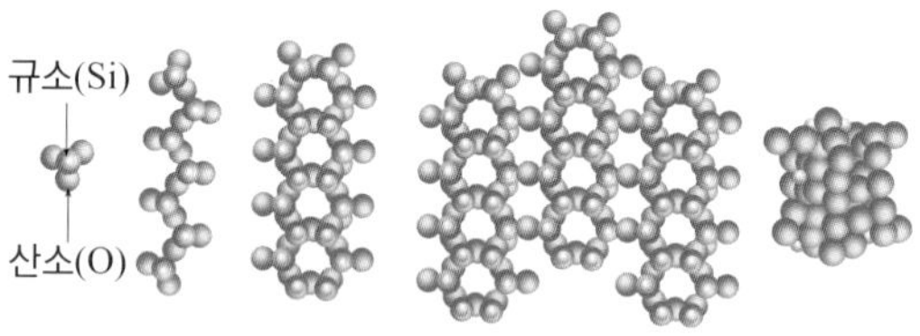

(가)　(나)　(다)　(라)　(마)

이에 대한 설명으로 옳은 것만을 <보기>에서 있는 대로 고른 것은?

보 기

ㄱ. (가)는 감람석, (다)는 각섬석의 결합 구조이다.
ㄴ. (나)는 규산염 사면체끼리 산소 3개를 공유하여 결합한 구조이다.
ㄷ. (라)의 광물은 쪼개짐이, (마)의 광물은 깨짐이 나타난다.

① ㄱ　② ㄷ　③ ㄱ, ㄴ
④ ㄱ, ㄷ　⑤ ㄴ, ㄷ

정답 및 해설 → 32

06 탄소 화합물의 종류가 다양한 이유로 옳은 것을 모두 고르시오. (3개)

① 탄소는 탄소끼리만 결합할 수 있기 때문이다.
② 지구의 구성 원소 중 탄소가 가장 많기 때문이다.
③ 탄소 원자끼리 연속적으로 결합할 수 있기 때문이다.
④ 탄소의 원자가 전자 4개가 모두 공유 결합이 가능하기 때문이다.
⑤ 여러 개의 탄소 원자가 다양한 방식으로 결합할 수 있기 때문이다.

07 규산염 사면체가 산소 3개를 공유하여 형성된 규산염 광물의 결합 구조를 무엇이라 하는가?

( )

08 탄소 화합물에 대한 설명 중 옳은 것은 ○표, 옳지 않은 것은 ×표 하시오.

(1) 탄소는 원자가 전자가 3개로 최대 3개의 원자와 공유 결합한다. ( )
(2) 탄소끼리는 단일 결합이나 2중 결합, 3중 결합 등 다양한 결합이 가능하다. ( )
(3) 서로 결합하는 탄소 수에 한계가 있어 고분자 유기물을 형성하는 데 불리하다. ( )

02 생명체 구성 물질의 형성 과정

09 생명체의 구성 물질에 대한 설명으로 옳지 않은 것은?

① 탄수화물의 구성 단위는 아미노산이다.
② 인지질은 세포막 등 생체막의 주성분이다.
③ 무기염류는 에너지원으로 사용되지 않는다.
④ DNA는 유전 정보를 저장하는 유전 물질이다.
⑤ 단백질은 각종 물질대사를 촉진하는 효소의 주성분이다.

10 다음의 생명체를 구성하는 물질 중 탄소 화합물이 아닌 것은?

① 지질 ② 핵산 ③ 포도당
④ 물 ⑤ 아미노산

11 생명체의 구성 물질에 대한 설명으로 옳은 것만을 모두 고르시오. (3개)

① DNA에는 공유 결합과 수소 결합이 존재한다.
② 핵산과 무기염류는 에너지원으로 사용되지 않는다.
③ 탄수화물과 지질을 구성하는 공통 원소는 C, H, O이다.
④ 아미노산의 배열 순서에 따라 다양한 유전 정보가 저장된다.
⑤ 단백질은 pH에 의해 입체 구조가 변해도 기능을 잃지 않는다.

12 다음은 생명체를 구성하는 여러 단위체를 나타낸 것이다.

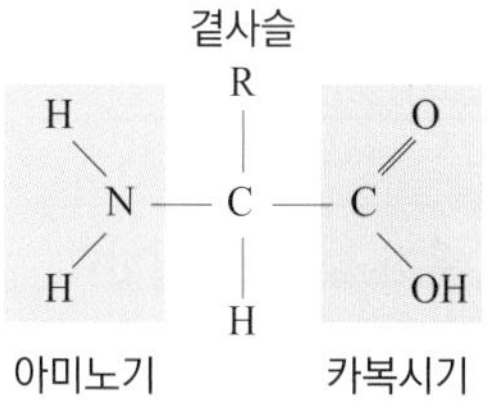

(가) 아미노산

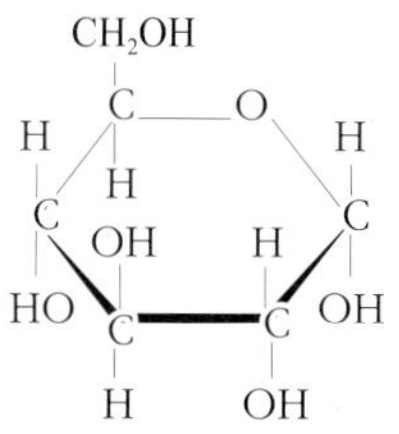

(나) 포도당

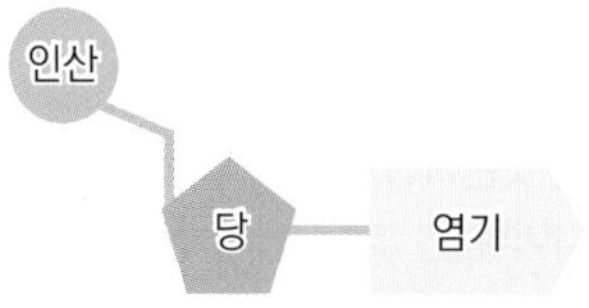

(다) 뉴클레오타이드

이에 대한 설명으로 옳은 것은?

① (가)는 지질의 구성 성분이다.
② (가)는 1g 당 9 kcal의 열량을 낸다.
③ (나)는 탄수화물의 단위체로서 세포의 주된 에너지원이다.
④ (다)는 단백질의 구성 단위이다.
⑤ (가) ~ (다)의 공통 구성 원소는 C, H, O, N이다.

13 생명체를 구성하는 물질의 기능 및 특성을 나타낸 것이다.

(가) 지방산과 글리세롤로 구성되어 있다.
(나) 생명체의 유전 정보를 저장하고 있다.
(다) 생명체의 주요 에너지원으로 사용된다.

이에 대한 설명으로 옳은 것만을 <보기>에서 있는 대로 고른 것은? (단, (가) ~ (다)는 각각 핵산, 탄수화물, 지질 중 하나이다.)

보 기

ㄱ. (가)의 구성 원소에는 P 가 포함된다.
ㄴ. (나)의 구성 단위는 뉴클레오타이드이다.
ㄷ. (가)와 (나)는 에너지원으로 사용되지 않는다.
ㄹ. (다)는 1g 당 방출하는 열량이 4 kcal이다.

① ㄱ, ㄴ ② ㄴ, ㄹ ③ ㄱ, ㄴ, ㄷ
④ ㄱ, ㄷ, ㄹ ⑤ ㄴ, ㄷ, ㄹ

14 생명체를 구성하는 물질 (가) ~ (다)의 기능을 나타낸 것이다.

물질	주요 기능
(가)	유전 정보를 저장한다.
(나)	1g 당 9 kcal의 열량을 낸다.
(다)	세포와 세포막의 주성분이다.

이에 대한 설명으로 옳은 것만을 <보기>에서 있는 대로 고른 것은? (단, (가) ~ (다)는 각각 DNA, 단백질, 지질 중 하나이다.)

보 기

ㄱ. (가)는 단위체의 배열 순서에 따라 유전 정보를 저장한다.
ㄴ. (나)의 구성 원소는 C, H, O, N 이다.
ㄷ. (다)는 단위체의 배열 순서에 따라 구조와 기능이 결정된다.

① ㄱ ② ㄴ ③ ㄱ, ㄷ
④ ㄴ, ㄷ ⑤ ㄱ, ㄴ, ㄷ

15 생명체를 구성하는 4가지 물질을 구분하는 과정을 도표로 나타내었다.

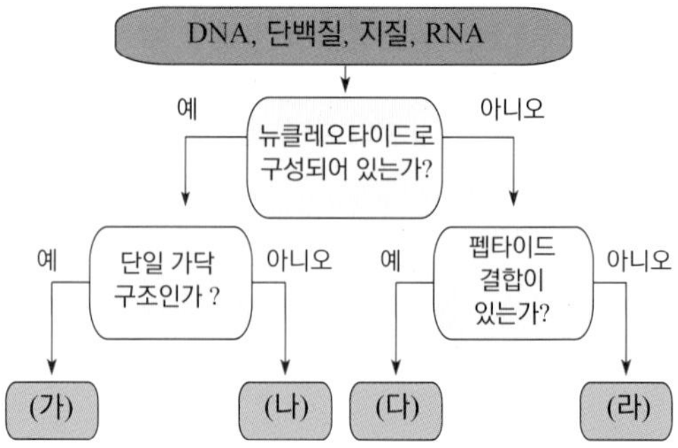

(가) ~ (라)에 대한 설명으로 옳은 것만을 <보기>에서 있는 대로 고른 것은?

보 기

ㄱ. (가)는 (다)의 합성에 관여한다.
ㄴ. (나)에는 유라실(U)은 A(아데닌)과 상보결합한다.
ㄷ. (다)는 (나)에 저장되어 있는 유전 정보에 의해 만들어진다.
ㄹ. (라)는 1g 당 4 kcal의 열량을 낸다.

① ㄱ, ㄷ ② ㄴ, ㄹ ③ ㄱ, ㄴ, ㄷ
④ ㄱ, ㄷ, ㄹ ⑤ ㄴ, ㄷ, ㄹ

03 신소재 개발과 이용

16 (가)는 발광 다이오드, (나)는 트랜지스터 전기 소자를 각각 나타낸 것이다. 이에 대한 설명으로 옳은 것만을 <보기>에서 있는 대로 고른 것은?

(가)

(나)

보 기

ㄱ. (가)는 LCD 에 사용된다.
ㄴ. (나)는 매우 작은 크기로 제작이 가능하여 대부분의 전자 기기에 이용되는 핵심 부품이다.
ㄷ. (가)와 (나)에 사용된 신소재의 전기 저항은 절연체보다 크다.

① ㄱ ② ㄴ ③ ㄷ
④ ㄴ, ㄷ ⑤ ㄱ, ㄴ, ㄷ

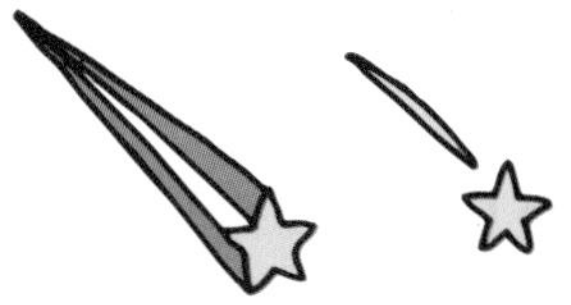

정답 및 해설 ➜ 32

17 (가)는 상온에 놓인 물체 A 위에 자석을 올려놓았을 때 물체 A 위에 자석이 접촉한 상태로 놓여 있는 것을 나타낸 것이고, 그림 (나)는 자석을 치운 상태에서 물체 A에 액체 질소를 부어 온도를 낮춘 후, 자석을 놓았더니 자석이 떠 있는 모습을 나타낸 것이다.

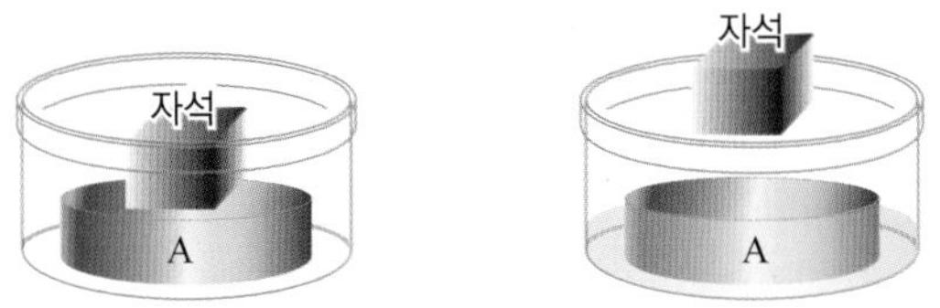

(가) (나)

이에 대한 설명으로 옳은 것만을 <보기>에서 있는 대로 고른 것은? (단, 액체 질소의 끓는점은 약 77 K이다.)

보 기

ㄱ. 물체 A는 초전도체이다.
ㄴ. (가)와 (나)에서 물체 A의 전기 저항은 모두 0이다.
ㄷ. 물체 A의 임계 온도는 77 K보다 높다.

① ㄱ ② ㄴ ③ ㄷ
④ ㄱ, ㄷ ⑤ ㄱ, ㄴ, ㄷ

18 어떤 물질의 전기 저항과 절대 온도의 관계를 나타낸 것이다. 이에 대한 설명으로 옳은 것만을 <보기>에서 있는 대로 고른 것은?

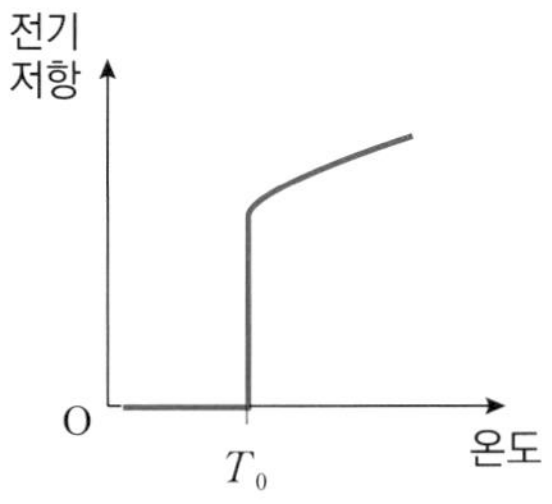

보 기

ㄱ. 이 물질로 강한 전자석을 만들 수 있다.
ㄴ. T_0가 낮아질수록 경제적이고, 실생활에 광범위하게 응용이 가능해진다.
ㄷ. 온도가 T_0 이하일 때 이 물질은 자석에 달라붙는다.

① ㄱ ② ㄴ ③ ㄷ
④ ㄱ, ㄷ ⑤ ㄱ, ㄴ, ㄷ

19 (가) ~ (다)는 어떤 신소재의 구조를 각각 나타낸 것이다. 이에 대한 설명으로 옳은 것만을 <보기>에서 있는 대로 고른 것은?

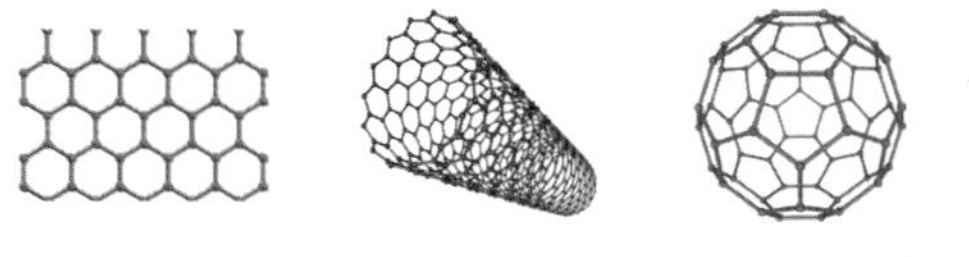

(가) (나) (다)

보 기

ㄱ. (가)는 야간 투시용 콘택트 렌즈에 적용될 차세대 소재로 이용된다.
ㄴ. (나)의 구조적 특성으로 체내 약물 전달 물질로 사용된다.
ㄷ. (가) ~ (다)는 모두 탄소로 되어 있지만 구조가 달라지면서 새로운 성질을 나타낸다.

① ㄱ ② ㄷ ③ ㄱ, ㄷ
④ ㄴ, ㄷ ⑤ ㄱ, ㄴ, ㄷ

서술형

20 초전도체는 다음 그림과 같이 자석 위에 떠 있을 수 있다. ㉠ 이러한 현상을 무엇이라고 하며 ㉡ 자석 위에 떠 있을 수 있는 이유를 설명하시오.

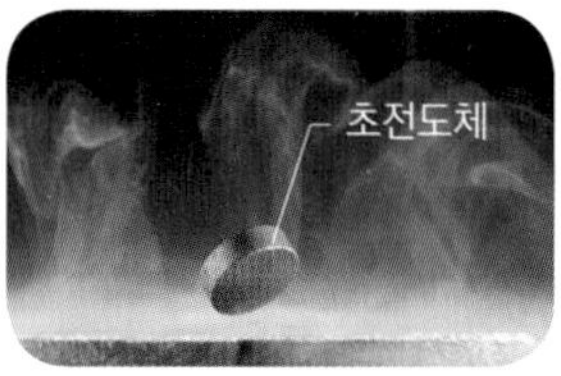

21 자연과 그것을 모방하여 개발한 신소재를 옳게 짝지은 것은?

	자연	신소재
①	상어의 피부	방탄복
②	도꼬마리 열매	벨크로 테이프
③	연잎 표면 돌기	전신 수영복
④	홍합의 접착 단백질	코팅제
⑤	게코 도마뱀의 발바닥	접착제

01. 지구와 생명체를 구성하는 물질

1. 지각과 생명체의 구성 원소 : 지각에는 산소, (❶) 가 많고, 생명체에는 (❷), 탄소가 많다.

2. 지각과 생명체를 구성하는 물질 : 지각은 대부분 규산염 광물로 이루어져 있고, 생명체는 탄소 화합물로 이루어져 있다.

(1) 규산염 광물 : 규산염 사면체를 기본 골격으로 하여 규산염 사면체 간의 화학 결합으로 만들어진 광물이다.

① **규소(Si) :** 원자가 전자가 (❸)개로 최대 (❹)개의 결합을 할 수 있다.

② **규산염 사면체 :** 규소 1개를 중심으로 산소 4개가 공유 결합하여 (❺) 모양을 이룬다.

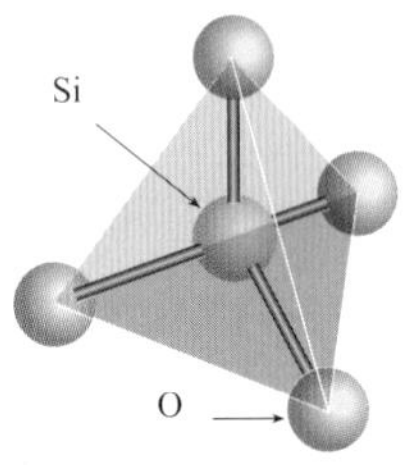

▲ 규산염 사면체

③ **규산염 광물의 결합 구조**

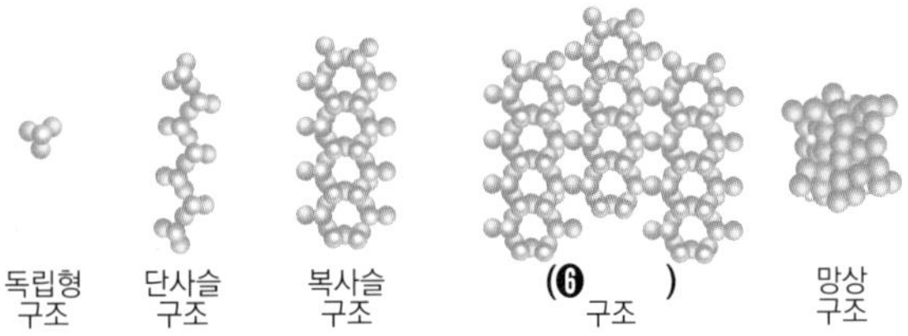

(2) 탄소 화합물 : 탄소로 이루어진 기본 골격에 여러 원소가 공유 결합하여 만들어진 고분자 물질이다.

① **탄소(C) :** 원자가 전자가 4개로 최대 4개의 결합을 할 수 있다.

② **탄소 원자의 결합 방식**

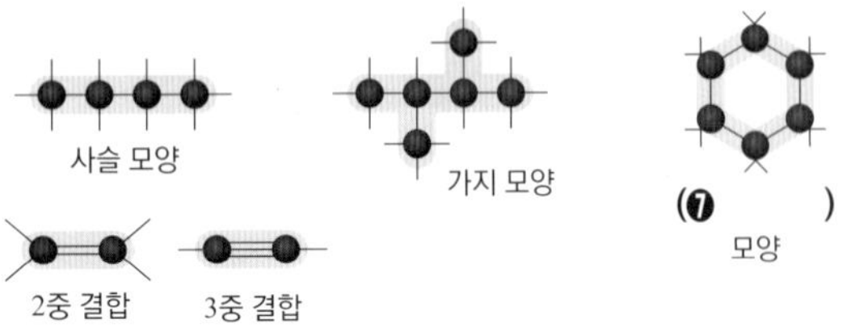

③ **탄소가 생명체에서 중요한 이유 :** 다양한 결합 방식을 가지기 때문에 복잡하고 다양한 분자를 만드는데 유리하다.

02. 생명체 구성 물질의 형성

1. 단백질의 형성

(❶)	· 단백질을 구성하는 단위체이다. · 탄소를 중심으로 아미노기, 카복실기, 수소 원자, (❷)이 결합된 구조이다. · 곁사슬의 종류에 따라 20 여 종류가 있다.	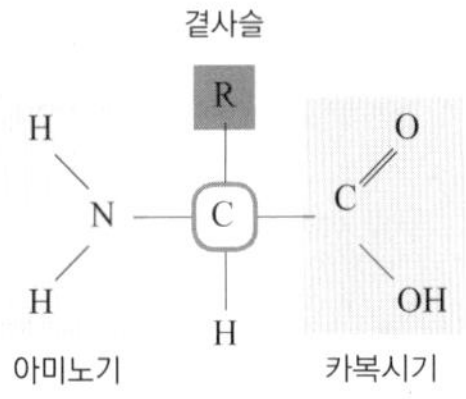▲ 아미노산의 구조
단백질	· 여러 개의 아미노산이 (❸) 결합으로 연결되어 긴 사슬 모양의 폴리펩타이드가 형성된다. → 폴리펩타이드가 구부러지고 접혀져 고유의 (❹)와 기능을 가진 단백질이 된다. · 단백질을 구성하는 아미노산의 수, 종류, 배열 순서에 따라 단백질의 구조와 기능이 결정된다. · 단백질은 입체 구조가 변하면 기능을 잃는다. → 변성	

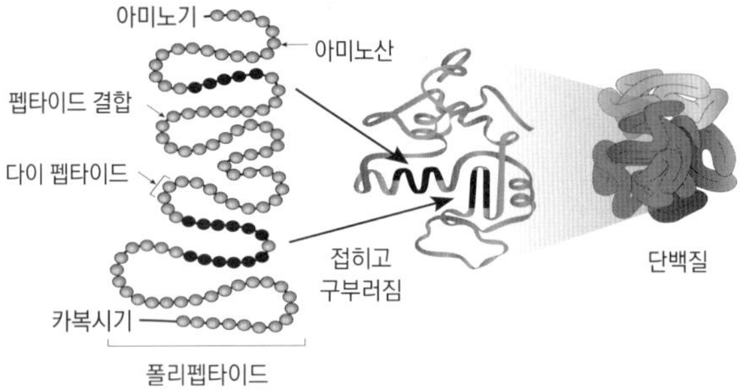

▲ 단백질 형성 과정

2. 핵산

(1) 뉴클레오타이드와 핵산

뉴클레오타이드	· 핵산을 구성하는 단위체이다. · 인산 : 당 : 염기 = (❺)로 결합되어 있다. · DNA와 RNA는 각각 염기의 종류에 따라 (❻) 종류의 뉴클레오타이드로 구성되어 있다.	▲ 뉴클레오타이드 구조
핵산	· (❼) : 한 뉴클레오타이드의 당과 다른 뉴클레오타이드의 (❽)이/가 공유 결합하여 만들어진다. · 종류 : DNA, RNA	

(2) DNA와 RNA의 비교

핵산	DNA	RNA
당	(❾)	리보스
염기	아데닌(A), 구아닌(G), 사이토신(C), (❿)	아데닌(A), 구아닌(G), 사이토신(C), (⓫)
분자 구조	2중 나선 구조	단일 가닥 구조
기능	유전 정보 (⓬)	유전 정보 (⓭) 단백질 합성에 관여

(3) DNA 구조

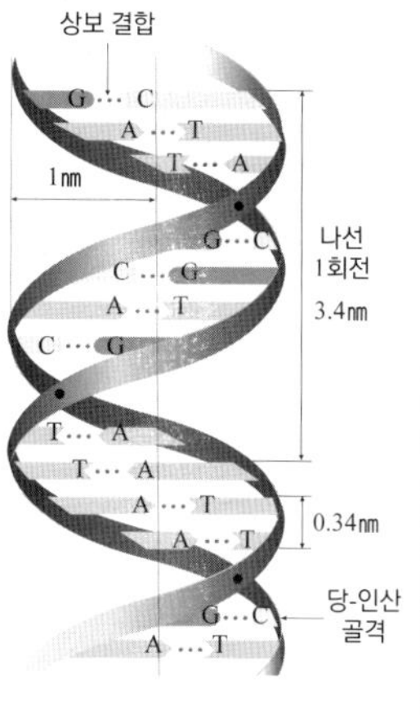

▲ DNA 분자 구조

· (⓮) 구조 : 두 가닥의 폴리뉴클레오타이드가 나선 모양으로 꼬여 있는 구조이다.
· 뉴클레오타이드의 당 - 인산 결합으로 이중 나선의 바깥쪽 골격이 형성되어 있고, 염기는 나선 안쪽을 향해 배열되어 있다.
· 염기의 (⓯) 결합 : 한 폴리뉴클레오타이드의 염기는 마주 보고 있는 다른 뉴클레오타이드의 염기와 상보적으로 결합한다. → 아데닌(A)은 타이민(T)과, 구아닌(G)은 사이토신(C)과 결합한다.

03. 신소재의 개발과 이용

1. 물질의 전자기적 성질을 이용한 신소재

(1) (❶) : 고체 결정이면서도 액체처럼 흐르는 성질을 가진 물질

특징	전압을 가하여 분자 배열을 조절하면 빛이 투과되는 정도가 변함
이용	다양한 영상 표시 장치(LCD)

(2) (❷) : 도체와 절연체의 중간 정도의 전기적 성질을 갖는 물질

불순물 반도체	순수한 규소나 저마늄에 불순물을 첨가하여 전기 전도성을 증가시킨 소재
이용	컴퓨터나 스마트폰 등을 작동하게 하는 대부분의 부품을 이루는 전기 소자들(트랜지스터, 다이오드), 발광 다이오드, 태양 전지 등

(3) 초전도체 : 임계 온도 이하에서 (❸)이 0이 되는 초전도 현상이 나타나는 물질

<table>
<tr><td rowspan="2">특징</td><td colspan="2">전류가 흐를 때 열이 발생하지 않음</td><td rowspan="2">외부 자기장을 밀어내는 성질 → (❹) 효과</td></tr>
<tr><td>손실 전력이 없음</td><td>강한 자석을 만들 수 있음</td></tr>
<tr><td>이용</td><td>전력 손실이 없는 송전선</td><td>자기 공명 영상 장치(MRI), 핵융합 장치</td><td>자기 부상 열차</td></tr>
</table>

(4) 네오디뮴 자석 : 철 원자 사이에 네오디뮴과 붕소를 첨가하여 철 원자의 자기장 방향이 흐트러지지 않도록 만든 강한 자석

특징	가공하기 쉽고, 가격이 저렴하지만 부식이 잘되고 열에 의해 자성이 쉽게 약해짐
이용	하드 디스크의 헤드를 움직이는 장치, 강력한 모터 등

2. 여러 가지 신소재

(1) 그래핀 : (❺) 원자가 육각형 모양으로 연결된 평면 구조의 나노 물질

특징	전기 전도성, 열전도성, 강도 등이 모두 뛰어남 유연성과 투명성
이용	휘어지는 투명 디스플레이, 차세대 반도체 소재 등

(2) 풀러렌 : 탄소 원자 60개가 육각형과 오각형으로 연결된 공 모양의 나노 물질

특징	다이아몬드 같은 강도, 반응성이 적고 인체에 무해, 기름에 잘 녹고 빛을 흡수함.
이용	체내 약물 전달 물질, 섬유, 우주선 소재

(3) 탄소 나노 튜브 : 탄소 원자가 원통 모양으로 결합한 구조

특징	가볍고 강철보다 강함. 높은 전기 전도성, 열전도성
이용	첨단 현미경의 탐침, 나노 핀셋, 우주선 소재

(4) 자연을 닮은 신소재 : 진화를 통해 환경에 적응한 생명체의 강점을 모방하는 방법을 (❻)이라고 한다.

생명체	모방한 소재
거미줄은 같은 굵기의 강철보다 강하고, 질기며, 신축성이 뛰어남	방탄복, 수술용 봉합실 등
도꼬마리 열매는 바늘 모양의 고리로 털에 붙어 잘 떨어지지 않음	벨크로 테이프
연잎 표면의 나노 크기의 작은 돌기로 표면이 물에 젖지 않음	유리 코팅제
접착 단백질을 분비하는 홍합은 파도에도 바위에 붙어 떨어지지 않음	생체 접착제, 수중 접착제
게코 도마뱀의 발바닥은 미세 섬모로 되어 있어 나무나 벽에 쉽게 붙음	게코 테이프, 특수 장갑
상어 피부에는 작은 돌기가 있어 수중에서 마찰과 저항을 줄여줌	전신 수영복

내신 기출 모의고사 1회

19 문항 30분

01. 지각과 생명체를 구성하는 물질

01 (가)와 (나)는 지각을 구성하는 원소와 생명체를 구성하는 원소에 대한 그래프를 순서 없이 나타낸 것이다.

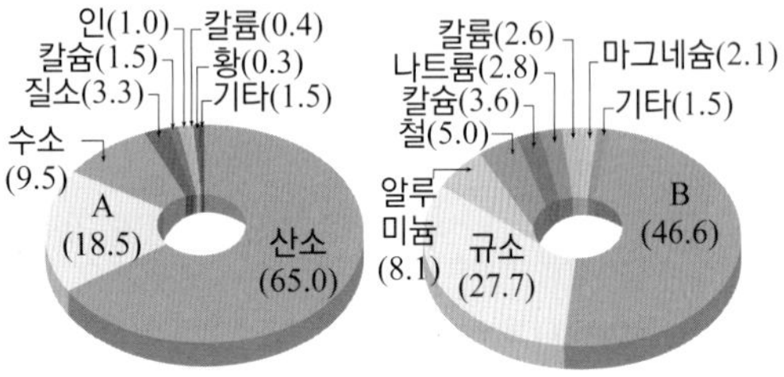

(가) (나)

이에 대한 설명으로 옳은 것만을 <보기>에서 있는 대로 고른 것은?

보 기

ㄱ. A는 철이다.
ㄴ. 지각의 구성 원소에 대한 그래프는 (나)이다.
ㄷ. B를 중심으로 하여 규산염 광물의 기본 구조가 만들어진다.

① ㄱ ② ㄴ ③ ㄷ
④ ㄱ, ㄴ ⑤ ㄴ, ㄷ

서술형

02 다음은 어느 광물의 결합 구조를 나타낸 것이다. 이 결합 구조를 가진 광물에 힘을 주었을 때 나타나는 특징과 그 이유를 결합 구조와 연관지어 서술하시오.

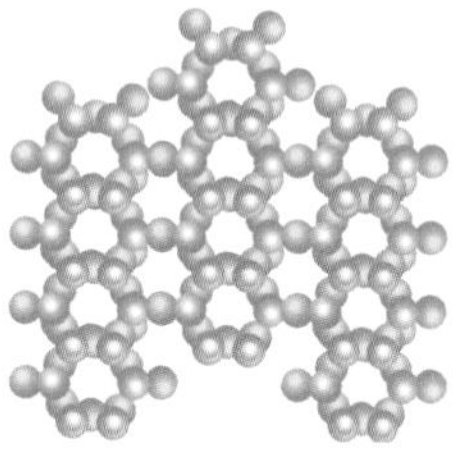

03 그림은 규산염 사면체 구조를 나타낸 것이다. ㉠과 ㉡은 각각 규소 또는 산소 중 하나이다.

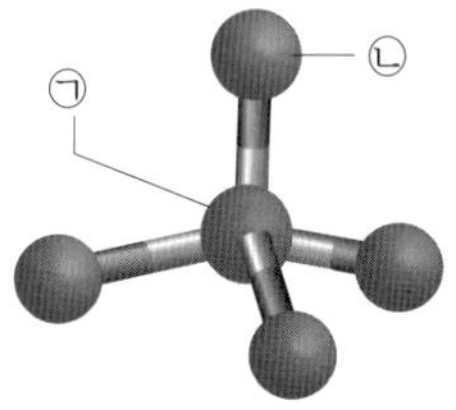

이에 대한 설명으로 옳은 것만을 <보기>에서 있는 대로 고른 것은?

보 기

ㄱ. ㉠은 규소이다.
ㄴ. 전체 모양은 삼각뿔 모양이다.
ㄷ. 규산염 광물의 골격은 ㉡을 공유하는 개수에 따라서 달라진다.

① ㄱ ② ㄴ ③ ㄱ, ㄷ
④ ㄴ, ㄷ ⑤ ㄱ, ㄴ, ㄷ

04 탄소 화합물에 대한 설명으로 옳은 것은?

① 탄소와 탄소 사이에는 이중 결합만 가능하다.
② 탄소가 산소와 결합하여 사면체의 기본 구조를 형성한다.
③ 탄소 원자는 최대 4개의 원소와 공유 결합을 할 수 있다.
④ 탄소 화합물은 생명체에서 몸을 구성하는 역할로만 이용된다.
⑤ 탄소가 다른 탄소와 결합하여 형성할 수 있는 탄소 골격은 고리 모양 뿐이다.

05 사람을 구성하는 원소에 대한 설명이다. ㉠ 과 ㉡에 해당하는 원소를 각각 쓰시오.

사람을 구성하는 원소 중 가장 비율이 높은 것은 (㉠) 이고, 탄수화물, 단백질, 지질 등의 유기물은 (㉡) 골격을 토대로 하여 만들어진다.

06 탄소 원자의 결합 방식에 대한 탐구 활동이다.

[탐구 과정]
탄소 원자 모형과 결합 막대로 아래의 결합 규칙에 따라 탄소 골격을 만든다.
(규칙 1) : 탄소 원자 모형 1개에는 결합 막대 4개를 연결해야 한다.
(규칙 2) : 탄소 원자 모형 1개끼리 연결할 때에는 결합 막대를 최대 3개까지 사용할 수 있다.
[탐구 결과]
아래와 같이 결합 방식이 다양한 탄소 골격을 만들었다.

이에 대한 설명으로 옳은 것만을 <보기>에서 있는 대로 고른 것은?

보 기

ㄱ. 탄소의 원자가 전자 수는 3개이다.
ㄴ. 결합 막대는 공유 전자쌍을 의미한다.
ㄷ. 탄소 골격에는 수소, 산소, 질소 원자 등이 다양하게 결합할 수 있다.

① ㄱ ② ㄷ ③ ㄱ, ㄷ
④ ㄴ, ㄷ ⑤ ㄱ, ㄴ, ㄷ

02. 생명체 구성 물질의 형성

07 그림은 생명체를 구성하는 물, 탄수화물, 단백질을 구분하는 과정을 나타낸 것이다.

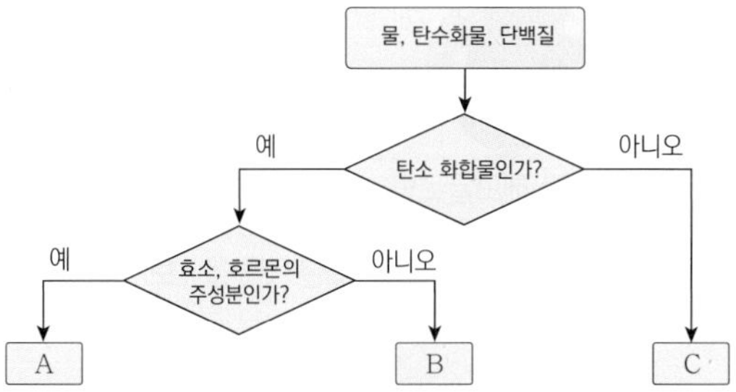

A~C 에 해당하는 물질을 옳게 짝지은 것은?

	A	B	C
①	물	탄수화물	단백질
②	탄수화물	단백질	물
③	탄수화물	물	단백질
④	단백질	물	탄수화물
⑤	단백질	탄수화물	물

[08~09] 그림 A, B는 생명체를 구성하는 물질 구조를 나타낸 것이다. 다음 물음에 답하시오. (단, (A)와 (B)는 각각 단백질과 핵산 중 하나이다.)

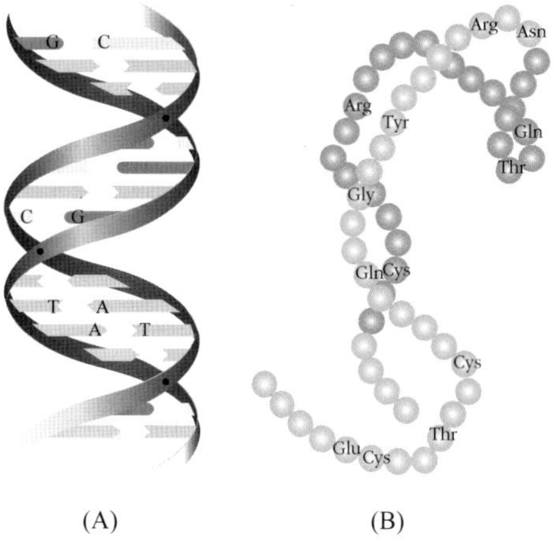

08 A, B에 대한 설명으로 옳은 것만을 <보기>에서 있는 대로 고른 것은?

보 기

ㄱ. 단위체의 종류는 (A)가 (B)보다 많다.
ㄴ. (B)는 펩타이드 결합으로 연결되어 있다.
ㄷ. (A)의 한쪽 가닥을 구성하는 A(아데닌)과 T(타이민)의 개수는 항상 같다.

① ㄱ ② ㄴ ③ ㄱ, ㄷ
④ ㄴ, ㄷ ⑤ ㄱ, ㄴ, ㄷ

09 생명체의 구성 물질 A, B 에 대한 설명으로 옳지 않은 것은?

① (A)에는 상보결합이 존재한다.
② (A)의 구성 원소에는 N이 있다.
③ (B)는 입체 구조가 서로 다른 20 종류가 있다.
④ (A)는 단위체가 당 - 인산 결합으로 길게 연결되어 있다.
⑤ (B)의 단위체 배열 순서에 대한 정보는 (A)에 저장되어 있다.

10 생명체에서 단백질이 형성되는 원리에 대한 설명으로 옳은 것만을 <보기>에서 있는 대로 고른 것은?

보기

ㄱ. 단백질의 기능은 입체 구조에 따라 결정된다.
ㄴ. 단백질을 구성하는 단위체의 종류와 수가 달라도 같은 종류의 단백질이 만들어진다.
ㄷ. 단백질을 구성하는 단위체의 종류와 수가 같더라도 배열 순서가 다르면 서로 다른 종류의 단백질이 만들어진다.

① ㄱ ② ㄷ ③ ㄱ, ㄴ
④ ㄱ, ㄷ ⑤ ㄴ, ㄷ

11 DNA에 대한 설명으로 옳은 것만을 <보기>에서 있는 대로 고른 것은?

보기

ㄱ. 당과 염기는 DNA 2중 나선의 골격을 형성한다.
ㄴ. 두 가닥의 폴리뉴클레오타이드 염기 사이에 상보결합이 존재한다.
ㄷ. 서로 다른 염기를 가진 4종류 뉴클레오타이드의 배열 순서에 따라 다양한 유전 정보를 저장한다.

① ㄱ ② ㄴ ③ ㄱ, ㄷ
④ ㄴ, ㄷ ⑤ ㄱ, ㄴ, ㄷ

12 그림은 단백질 X를 구성하는 단위체 A, B의 결합 과정을 나타낸 것이다.

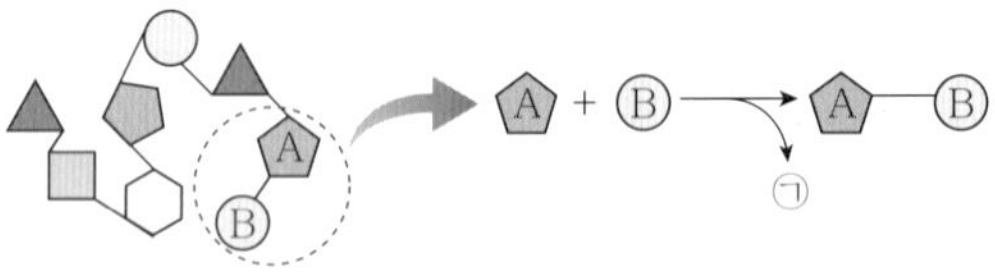

이에 대한 설명으로 옳은 것만을 <보기>에서 있는 대로 고른 것은?

보기

ㄱ. A와 B는 아미노산이다.
ㄴ. ㉠은 물이다.
ㄷ. 단백질 X는 8개의 펩타이드 결합으로 이루어진다.

① ㄱ ② ㄴ ③ ㄱ, ㄴ
④ ㄱ, ㄷ ⑤ ㄴ, ㄷ

13 다음은 51개의 아미노산으로 이루어진 인슐린 분자를 나타낸 것이다.

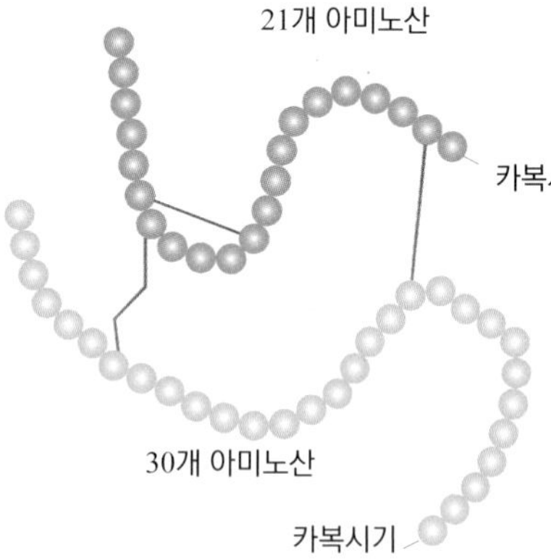

이에 대한 설명으로 옳은 것만을 <보기>에서 있는 대로 고른 것은?

보기

ㄱ. 아미노산은 핵산의 단위체이다.
ㄴ. 두 아미노산이 결합할 때 물 분자가 빠져나온다.
ㄷ. 인슐린 한 분자에는 펩타이드 결합이 50개 존재한다.

① ㄱ ② ㄴ ③ ㄱ, ㄴ
④ ㄱ, ㄷ ⑤ ㄴ, ㄷ

14 그림은 서로 다른 종류의 단백질을 입체 구조로 나타낸 것이다.

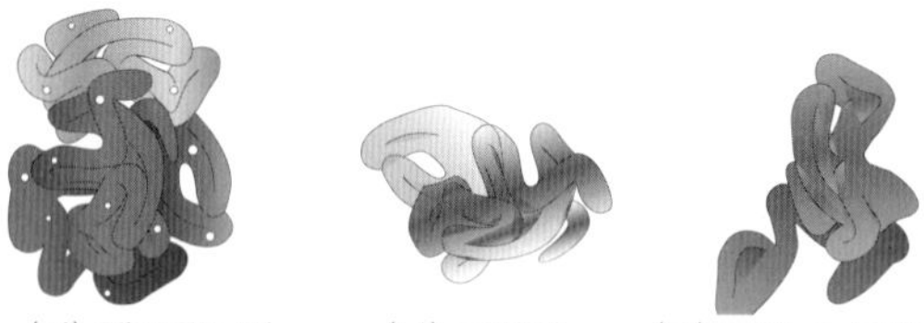

(가) 헤모글로빈 (나) 콜라젠 (다) 근육 속 단백질

이에 대한 설명으로 옳은 것만을 <보기>에서 있는 대로 고른 것은?

보기

ㄱ. (가)~(다)의 단위체는 아미노산이다.
ㄴ. (가)와 (나)는 아미노산의 배열 순서가 다르다.
ㄷ. (다)의 단위체는 공유 결합으로 연결된다.

① ㄱ ② ㄴ ③ ㄱ, ㄴ
④ ㄱ, ㄷ ⑤ ㄱ, ㄴ, ㄷ

03. 신소재의 개발과 이용

15 여러 가지 신소재에 대한 특징으로 옳은 것은?

① 초전도체는 열에 의해 자성이 쉽게 약해진다.
② 액정은 전압을 걸어주면 분자 배열이 변한다.
③ 탄소 나노 튜브는 탄소 원자가 결합한 공모양 구조로 되어 있다.
④ 반도체는 전류가 흐를 때 열이 발생하지 않아 에너지 손실이 없다.
⑤ 네오디뮴 자석은 특정 온도 이하에서 강한 자기장을 만들 수 있다.

16 그림은 탄소 원자가 평면 구조로 배열된 신소재를 나타낸 것이다. 이에 대한 설명으로 옳은 것만을 <보기>에서 있는 대로 고른 것은?

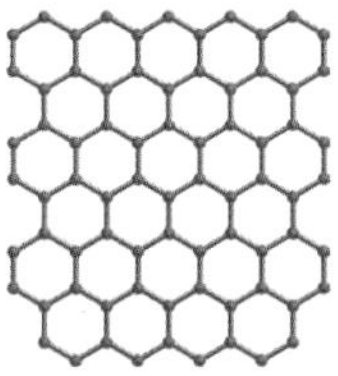

보 기

ㄱ. 탄소 원자 간에는 공유 결합을 한다.
ㄴ. 유연하고 투명한 소재로 활용 가능하다.
ㄷ. 높은 전기 전도성이 있다.

① ㄱ ② ㄷ ③ ㄱ, ㄷ
④ ㄴ, ㄷ ⑤ ㄱ, ㄴ, ㄷ

17 (가)는 어떤 신소재의 온도에 따른 전기 저항을 나타낸 것이고, (나)는 (가)를 활용한 자기 부상 열차이다.

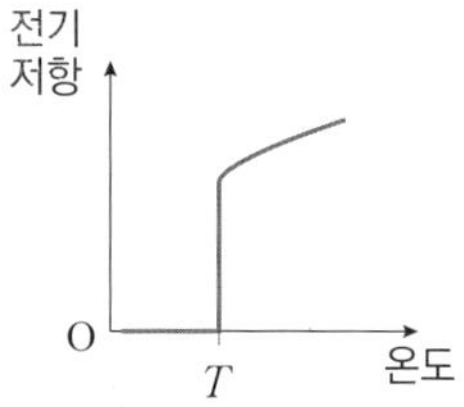

(가)

(나)

이에 대한 설명으로 옳은 것만을 <보기>에서 있는 대로 고른 것은?

보 기

ㄱ. 이 신소재는 온도가 T 보다 낮을 때 에너지 손실 없이 강한 전류를 흐르게 할 수 있다.
ㄴ. (나)는 온도가 T 보다 높을 때 나타나는 신소재의 성질을 이용한 것이다.
ㄷ. 강한 자석이 이용되는 하드 디스크의 헤드를 움직이는 장치에도 이 신소재가 이용된다.

① ㄱ ② ㄴ ③ ㄷ
④ ㄱ, ㄷ ⑤ ㄱ, ㄴ, ㄷ

18 그림 (가)~(다)는 액정, 나노 신소재, 초전도체를 순서없이 나타낸 것이다..

(가) (나) (다)

이에 대한 설명으로 옳은 것만을 <보기>에서 있는 대로 고른 것은?

보 기

ㄱ. (가)는 액정 디스플레이의 예로 전압을 가하여 배경 광원에서 나오는 빛의 세기를 조절한다.
ㄴ. (나)의 초전도체는 온도가 임계 온도보다 낮다.
ㄷ. (다)는 전기 전도성이 좋지만 열전도성은 없다.

① ㄱ ② ㄴ ③ ㄱ, ㄴ
④ ㄱ, ㄷ ⑤ ㄴ, ㄷ

19 (가)는 바위에 단단히 붙어 있는 홍합을, (나)는 게코 도마뱀과 게코 도마뱀의 발바닥을 나타낸 것이다.

(가) (나)

이에 대한 설명으로 옳은 것만을 <보기>에서 있는 대로 고른 것은?

보 기

ㄱ. (가)의 특성을 모방하여 수중 접착제를 만든다.
ㄴ. (나)를 모방하여 쉽게 붙었다 떨어졌다 할 수 있는 접착 테이프를 만든다.
ㄷ. (가)와 (나)의 기능을 인위적으로 모방하는 방법을 생체 모방이라고 한다.

① ㄱ ② ㄷ ③ ㄱ, ㄷ
④ ㄴ, ㄷ ⑤ ㄱ, ㄴ, ㄷ

내신 기출 모의고사 2회

19 문항 30분

01. 지각과 생명체를 구성하는 물질

01 표 (가), (나)는 사람과 지각을 구성하는 원소의 질량비를 순서없이 나타낸 것이다.

구성원소	질량 비(%)
㉠	46.6
㉡	27.7
알루미늄	8.1
철	5.0
기타	12.6

(가)

구성원소	질량 비(%)
㉢	65.0
㉣	18.5
수소	9.5
질소	3.3
기타	3.7

(나)

이에 대한 설명으로 옳은 것만을 <보기>에서 있는 대로 고른 것은?

보 기

ㄱ. (가)는 지각을 구성하는 원소의 질량비이다.
ㄴ. ㉠과 ㉢은 같은 원소이다.
ㄷ. ㉡과 ㉣은 같은 족 원소이다.

① ㄱ ② ㄴ ③ ㄱ, ㄴ
④ ㄴ, ㄷ ⑤ ㄱ, ㄴ, ㄷ

02 지각을 구성하는 물질에 대한 설명 중 옳은 것은 ○표, 옳지 않은 것은 ×표 하시오.

(1) 지각에 가장 많이 존재하는 원소는 규소이다. ( )
(2) 규산염 사면체는 산소와 규소가 결합하여 만들어진다. ( )
(3) 모든 규산염 광물은 규산염 사면체 간의 결합 구조가 동일하다. ( )

03 어느 규산염 광물의 결합 구조를 나타낸 것이다.

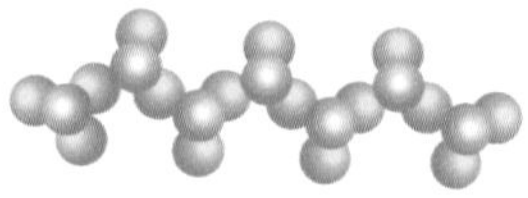

이에 대한 설명으로 옳은 것만을 <보기>에서 있는 대로 고른 것은?

보 기

ㄱ. 단사슬 구조이다.
ㄴ. 이 광물에 힘을 주면 깨짐이 일어난다.
ㄷ. 규산염 사면체 간에 산소 2개를 공유한다.

① ㄱ ② ㄷ ③ ㄱ, ㄴ
④ ㄱ, ㄷ ⑤ ㄴ, ㄷ

04 그림은 규산염 사면체와 주요 규산염 광물 A, B의 결합 구조 일부를 나타낸 것이다.

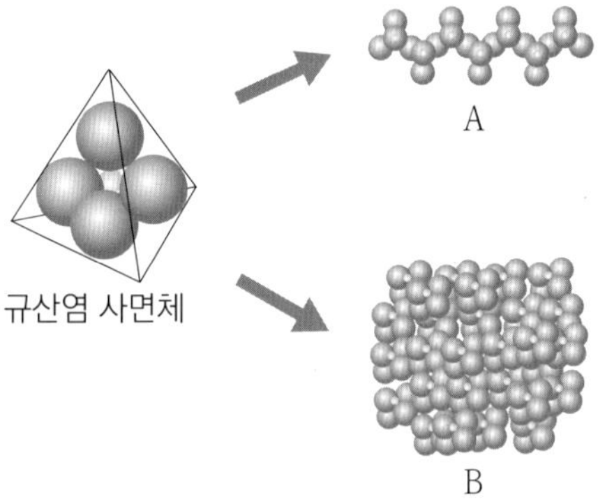

이에 대한 설명으로 옳은 것만을 <보기>에서 있는 대로 고른 것은?

보 기

ㄱ. 감람석은 A와 같은 결합 구조이다.
ㄴ. 규산염 광물은 규산염 사면체를 기본 구조로 하고 있다.
ㄷ. B에서 규산염 사면체의 산소 4개 모두 인접한 규산염 사면체와 각각 공유 결합한다.

① ㄱ ② ㄷ ③ ㄱ, ㄴ
④ ㄱ, ㄷ ⑤ ㄴ, ㄷ

05 다양한 탄소 골격 형태의 예를 나타낸 것이다. 이와 가장 관련이 깊은 것은?

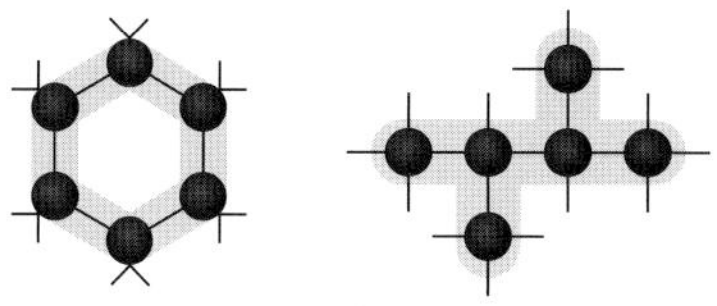

① 원소 사이에 공유 결합이 일어나는 이유
② 다양한 종류의 규산염 광물이 생성되는 이유
③ 다양한 종류의 탄소 화합물이 생성되는 이유
④ 생명체의 구성 원소 중 산소의 비율이 가장 높은 이유
⑤ 지각을 구성하는 광물이 특정한 결합 구조를 가지는 이유

02. 생명체 구성 물질의 형성

06 생명체를 이루는 기본 요소에 대한 설명으로 옳은 것을 모두 고르시오. (2개)

① DNA는 유전 정보를 전달하는 유전 물질이다.
② 단백질은 생명체의 물질대사에 관여하지 않는다.
③ 뉴클레오타이드는 당 : 염기 : 인산 = 1 : 1 : 1로 구성된다.
④ 중성 지방은 글리세롤 3분자에 지방산 1분자가 결합하여 형성된다.
⑤ 탄수화물의 단당류에는 리보스, 디옥시리보스, 포도당, 과당, 갈락토스 등이 있다.

07 그림은 생명체를 구성하는 4가지 물질을 구분하는 과정이다.

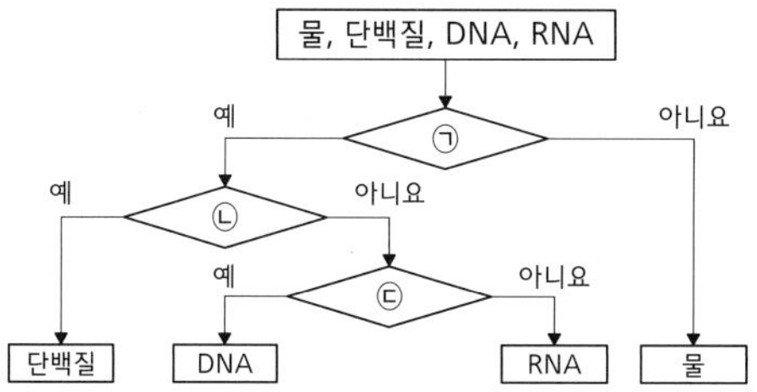

다음 보기 중 ㉠, ㉡, ㉢에 들어갈 수 있는 분류 기준을 바르게 나열한 것은?

보 기

ㄱ. 탄소 화합물인가?
ㄴ. 구성 원소 중에 산소가 포함되는가?
ㄷ. 펩타이드 결합이 있는가?
ㄹ. 염기로 타이민(T)을 가지고 있는가?

	㉠	㉡	㉢
①	ㄱ	ㄴ	ㄹ
②	ㄱ	ㄷ	ㄹ
③	ㄴ	ㄷ	ㄹ
④	ㄴ	ㄹ	ㄷ
⑤	ㄷ	ㄴ	ㄹ

08 생명체를 구성하는 물질 (가)~(다)의 특성 ㉠~㉢을 나타낸 것이다. (가)~(다)는 각각 무기염류, 단백질, 핵산(DNA) 중 하나이며, ㉠~㉢은 각각 에너지원, 공유 결합, 단위체 중 하나이다.

구분	㉠	㉡	㉢
(가)	○	○	○
(나)	○	○	×
(다)	×	×	×

(○ : 있음, × : 없음)

이에 대한 설명으로 옳은 것만을 <보기>에서 있는 대로 고른 것은?

보 기

ㄱ. ㉡은 공유 결합 또는 단위체이다.
ㄴ. (가)는 단백질, (다)는 무기염류이다.
ㄷ. (나)는 핵산(DNA)이며, ㉠은 에너지원이다.

① ㄱ ② ㄴ ③ ㄱ, ㄴ
④ ㄴ, ㄷ ⑤ ㄱ, ㄴ, ㄷ

09 DNA를 구성하는 전체 염기(100%) 중 사이토신(C)의 비율이 32%라면, 아데닌(A)의 비율은 얼마인가?

① 16% ② 18% ③ 32%
④ 34% ⑤ 36%

10 2중 나선 DNA의 한쪽 가닥(폴리뉴클레오타이드)의 염기 배열 순서를 나타낸 것이다.

㉠ - A C G T T C C A G G T G - ㉡

이 가닥과 상보적으로 결합을 하는 폴리뉴클레오타이드의 염기 배열 순서를 ㉠ → ㉡ 방향으로 옳게 나타낸 것은?

① A C G U U C C A G G U G
② T C G A A C C T G G A G
③ U G C A A G G U C C A C
④ T G C A A G G T C C A C
⑤ A C G T T C C A G G T G

11 그림은 DNA의 일부를 평면으로 펼쳐 나타낸 모식도이다.

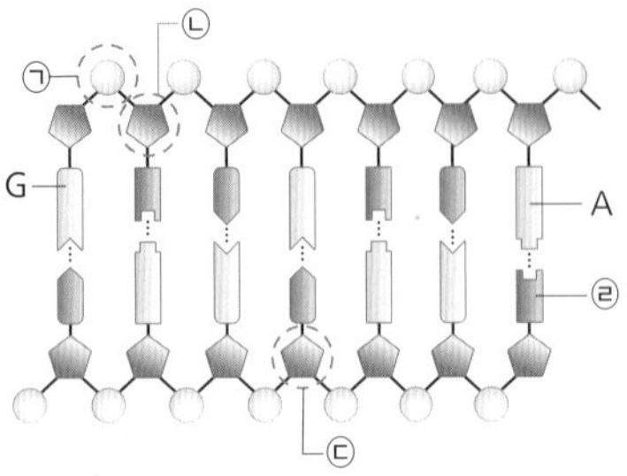

이에 대한 설명으로 옳은 것만을 <보기>에서 있는 대로 고른 것은?

보 기

ㄱ. ㉠과 ㉡은 공유 결합한다.
ㄴ. ㉡과 ㉢은 서로 다른 종류의 당이다.
ㄷ. ㉣은 유라실(U)이다.

① ㄱ ② ㄴ ③ ㄱ, ㄴ
④ ㄴ, ㄷ ⑤ ㄱ, ㄴ, ㄷ

12 다음은 탄수화물에 대한 설명이다.

> 탄수화물은 몸을 구성하는 성분으로 주된 에너지원으로 사용되며, 구성 단위는 ㉠(　　)으로 구성 원소는 ㉡(　　)이다. 탄수화물을 구성하는 기본 단위는 단당류이며 ㉢(　　) 등이 있다. 이당류는 단당류가 2개 결합한 것으로서 ㉣(　　) 등이 있다. 수백~수천 개의 단당류가 결합해서 고분자 물질인 다당류가 되는데, 녹말, 글리코젠, 셀룰로스가 그 예이다.

㉠, ㉡, ㉢, ㉣을 옳게 짝지은 것은?

	㉠	㉡	㉢	㉣
①	포도당	C, H, O	리보스	엿당
②	포도당	C, H, O, N	디옥시리보스	설탕
③	아미노산	C, H, O	갈락토스	엿당
④	아미노산	C, H, O, N	디옥시리보스	설탕
⑤	글리세롤	C, H, O	리보스	설탕

13 그림은 DNA를 구성하는 뉴클레오타이드를 나타낸 것이다.

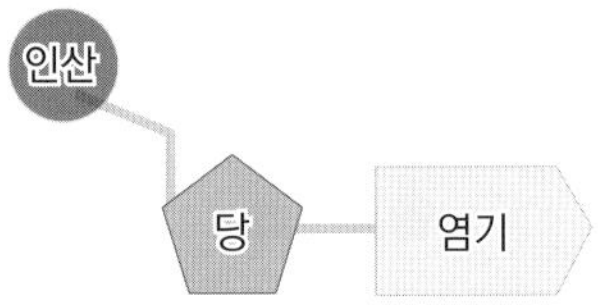

이에 대한 설명으로 옳은 것만을 <보기>에서 있는 대로 고른 것은?

보 기

ㄱ. 당은 리보스이다.
ㄴ. 뉴클레오타이드의 인산은 다른 뉴클레오타이드의 당과 공유 결합을 한다.
ㄷ. DNA는 폴리뉴클레오타이드 두 가닥이 꼬여 있는 이중 나선 구조를 가진다.

① ㄱ ② ㄷ ③ ㄱ, ㄴ
④ ㄴ, ㄷ ⑤ ㄱ, ㄴ, ㄷ

03. 신소재의 개발과 이용

14 그림 (가)는 신소재 A를 네오디뮴 자석 레일 위에 올려놓았을 때 자석 레일에 접촉한 채로 정지해 있는 모습을, 그림 (나)는 A를 액체 질소에 넣었다가 자석 레일에 올려 밀었을 때 A가 뜬 상태로 이동하는 모습을 나타낸 것이다.

신소재 A에 대한 설명으로 옳은 것만을 <보기>에서 있는 대로 고른 것은?

보 기

ㄱ. 신소재 A는 초전도체이다.
ㄴ. (나)에서 A의 전기 저항이 0이다.
ㄷ. (나)에서 A는 네오디뮴 자석의 자기장을 밀어낸다.

① ㄱ ② ㄴ ③ ㄱ, ㄴ
④ ㄴ, ㄷ ⑤ ㄱ, ㄴ, ㄷ

15 다음은 어떤 신소재에 대한 설명이다. 이 신소재가 활용된 장치가 <u>아닌</u> 것은?

> 순수한 규소나 저마늄에 약간의 원소를 넣어 전기가 흐르는 성질을 증가시킨 소재이다.

①

태양 전지

②

트랜지스터

③
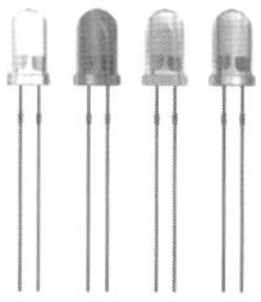
LED

④

다이오드

⑤

LCD

16 규소(Si)에 각각 인듐(In)과 비소(As)를 도핑한 p형 반도체와 n형 반도체의 결정 구조를 각각 나타낸 것이다. 이에 대한 설명으로 옳은 것만을 <보기>에서 있는 대로 고른 것은?

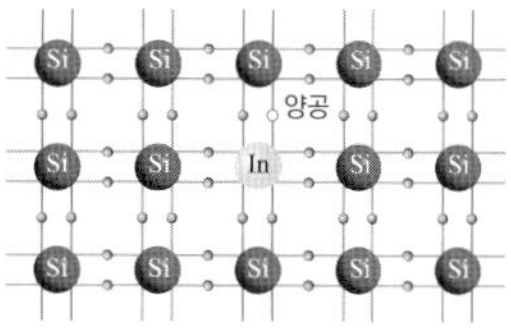

p형 반도체
(가)

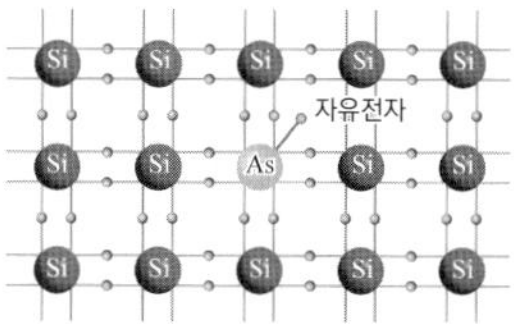

n형 반도체
(나)

보 기

ㄱ. (가)와 (나)는 절연체보다 전류가 잘 흐른다.
ㄴ. (가)에서는 양공이, (나)에서는 자유 전자가 전하 운반자가 된다.
ㄷ. 발광 다이오드(LED)는 (가)와 같은 반도체 2개를 접합시켜 만든다.

① ㄱ ② ㄴ ③ ㄷ
④ ㄱ, ㄴ ⑤ ㄱ, ㄴ, ㄷ

17 (가)는 탄소로 이루어진 신소재 물질이고, (나)는 이를 이용한 예이다. 이 신소재의 성질로 옳은 것만을 <보기>에서 있는 대로 고른 것은?

(가)

우주선 몸체

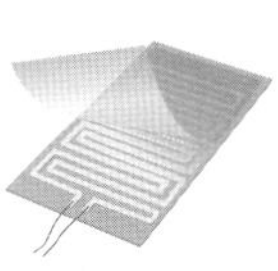
박막 히터

(나)

보 기

ㄱ. 전기 및 열 전도도가 크다.
ㄴ. 가벼우며, 강도가 매우 크다.
ㄷ. 금속이나 세라믹과 섞어 강도를 높인 복합 재료에 사용된다.

① ㄱ ② ㄴ ③ ㄷ
④ ㄱ, ㄴ ⑤ ㄱ, ㄴ, ㄷ

18 (가)는 나노 기술을 이용한 신소재이고, (나)는 (가)를 이용하여 만든 영상 장치의 모습이다.

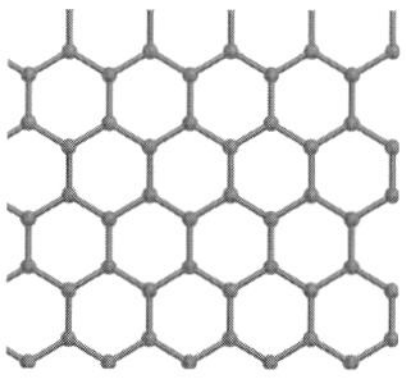
(가)

(나)

이에 대한 설명으로 옳지 <u>않은</u> 것은?

① (가)는 그래핀이다.
② (가)는 탄소로만 이루어져 있다.
③ (가)는 대량 생산이 쉽고 생산 비용도 적게 든다.
④ (가)는 반도체보다 전기적 성질을 변화시키기 어렵다.
⑤ (가)의 투명하면서 휘거나 구부릴 수 있는 성질을 이용한 것이 (나)이다.

서술형

19 인공 핵융합 장치에 대한 설명이다.

> 인공 핵융합 장치란 핵융합 반응을 일으키는 장치이다. 도넛 형태의 진공 용기 내부에 고온의 플라스마를 가둘 수 있어야 하며, 이때 <u>강한 자기장</u>을 장시간 유지하는 것이 중요한 기술이다.
>
> 

이 장치에 사용되는 신소재를 쓰고, 이용된 성질을 서술하시오.

시스템과 상호작용

우리가 살고 있는 세상의 시스템은 어떻게 유지되고 있을까?

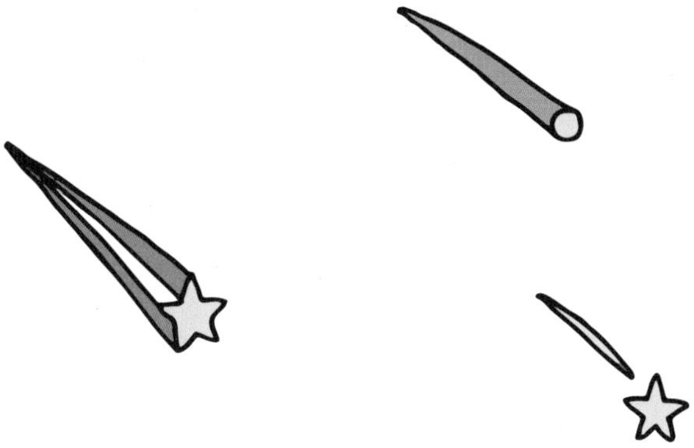

배울 내용 미리보기

01 중력과 역학적 시스템

핵심 Point

☐ 중력
☐ 수평으로 던진 물체의 운동
☐ 자유 낙하 운동
☐ 중력의 영향

중력을 받는 물체의 운동은 어떤 모습일까? 중력이 작용할 때 역학적 시스템은 어떻게 유지될까?

A 중력을 받는 물체의 운동

1. 중력 : 질량이 있는 모든 물체 사이에 상호 작용하며, 서로 잡아당기는 힘이다.

① **방향** : 지구가 물체에 작용하는 중력의 방향은 지구 중심 방향(연직 방향)이다.

② **크기** : 지구가 물체에 작용하는 중력의 크기는 물체의 질량이 클수록, 지구 중심으로부터의 거리가 가까울수록 커진다.

→ 중력의 크기 = 무게 = 질량(m)❶ × 중력 가속도(g)

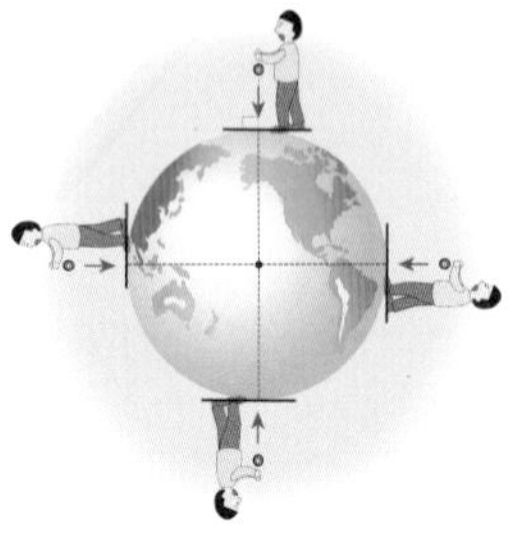
▲ 중력의 방향

2. 힘과 물체의 운동

① **물체에 힘이 작용하지 않을 때** : 물체의 운동 상태가 변하지 않으며, 물체에 작용하는 알짜힘이 0이다. → 물체는 정지 상태를 유지하거나 등속 직선 운동을 한다.
(등속 직선 운동: 속력과 운동 방향이 일정한 운동)

② **물체에 일정한 크기의 힘이 작용할 때** : 물체의 운동 상태가 변하며, 물체에 작용하는 알짜힘의 크기는 일정하다. → 물체는 등가속도 직선 운동을 한다.
(등가속도 직선 운동: 가속도의 방향과 크기가 일정한 운동)

3. 자유 낙하 운동

① **가속도** : 단위 시간당 속도 변화량이다. 등가속도 운동에서 가속도는 아래와 같다.

$$\text{가속도} = \frac{\text{나중 속도} - \text{처음 속도}}{\text{시간}},\ a = \frac{v - v_0}{t}\ [\text{단위} : \text{m/s}^2]$$

② **중력 가속도** : 지구 상에서 중력을 받으며 운동하는 물체의 가속도로 지표면 부근에서는 물체의 질량에 관계없이 약 9.8 m/s² 으로 일정하다. 즉, 중력만 받으며 운동하는 물체의 속력은 1초 동안 약 9.8 m/s 씩 증가하거나 감소한다.→ 위도나 높이에 따라 약간의 차이가 있다.

③ **자유 낙하 운동**❷ : 공기의 저항을 무시할 때, 정지해 있던(처음 속도 = 0) 물체가 중력을 받아서 아래로 떨어지는 운동으로, 가속도가 연직 아래 방향으로 9.8 m/s² 로 일정한 등가속도 운동이다. 자유 낙하하는 물체의 가속도는 물체의 질량, 크기, 모양에 관계없이 같다.

잠깐 자료 분석 < 자유 낙하 운동의 그래프

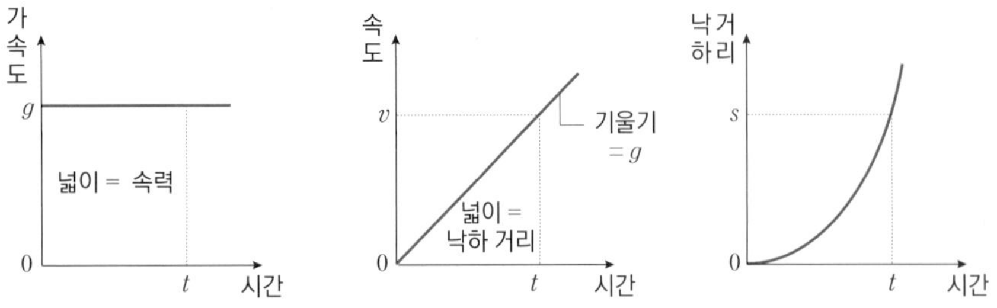

가속도-시간 그래프
$a = g$(중력 가속도) : 일정

속도-시간 그래프
$v = gt$

낙하 거리-시간 그래프
$s = \frac{1}{2}gt^2$

개념+

❶ 무게와 질량

구분	무게	질량
뜻	중력의 크기 (만유인력)	물체의 고유한 양
단위	N, kgf	g, kg
장소에 따라	변함	변하지 않음
관계	지구 표면에서 물체의 무게는 질량에 비례함	

질량이 1kg 인 물체의 무게
= 1kgf = 9.8N
= 질량 1kg인 물체에 작용하는 중력

● 만유인력

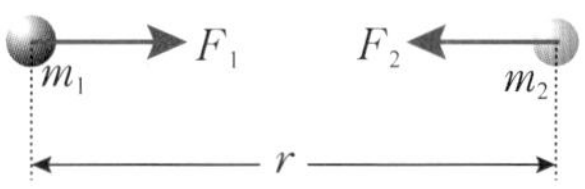

거리가 r 만큼 떨어져 있는 질량이 m_1, m_2 인 두 물체 사이에 상호 작용하여 서로 잡아당기는 힘으로 두 힘의 크기는 같고, 두 물체의 질량의 곱에 비례하고, 거리의 제곱에 반비례한다.

$$F_1 = F_2 = G\frac{m_1 m_2}{r^2}$$

(G : 만유인력 상수)

→ 지구상에서 중력은 지구가 물체에 작용하는 만유인력이다.

❷ 자유 낙하 운동

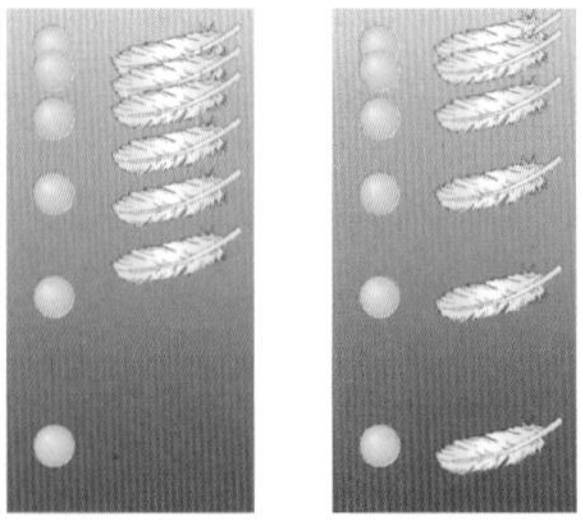
공기 중 낙하　　진공 중 낙하

공기 중 낙하	진공 중 낙하
중력 외에 운동 반대 방향으로 공기 저항력이 작용하여 깃털이 공보다 늦게 떨어진다.	중력만 작용하므로 질량, 모양에 상관없이 속력이 일정하게 증가하여 깃털과 공은 동시에 떨어진다.

4. 수평으로 던진 물체의 운동[3] : 공기의 저항을 무시할 때, 지표면에서 수평 방향으로 던진 물체는 운동 방향과 속력이 계속 변하는 운동을 한다.

① **수평 방향 운동** : 수평 방향으로는 힘이 작용하지 않으므로 등속 직선 운동을 한다.

② **연직 방향 운동** : 연직 방향으로는 중력이 작용하므로 자유 낙하하는 물체와 같이 등가속도 운동을 한다.

→ 수평 방향의 등속 직선 운동과 연직 방향의 자유 낙하 운동이 동시에 일어나므로 물체는 포물선 궤도를 그리며 운동한다.

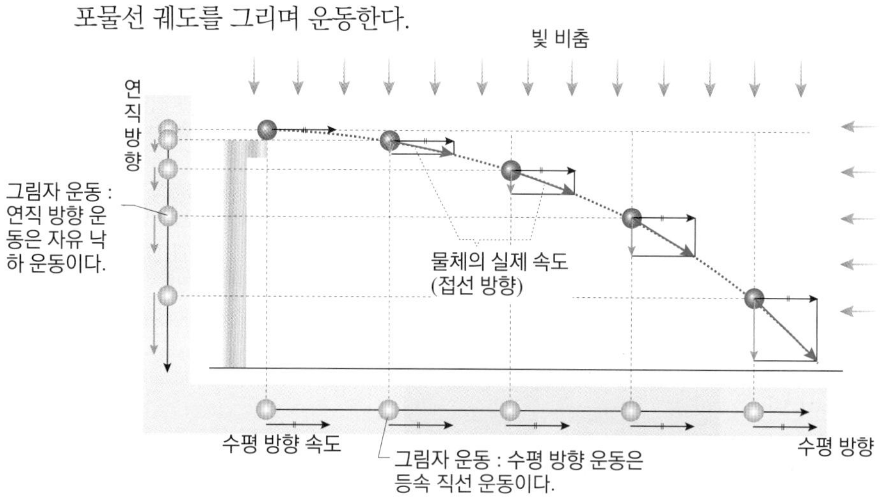

연직 방향 운동	물리량	수평 방향 운동
중력(연직 아래 방향)	**물체에 작용하는 힘**	없음
일정하게 증가	**물체의 속력**	일정
g(=9.8 m/s^2) (연직 아래 방향)	**가속도 크기**	0

더 알아보기 인공 위성의 원리

〈뉴턴의 사고 실험〉[4]

뉴턴은 1687년 자신의 저서에서 물체는 중력에 의해 지표면으로 떨어지지만 산꼭대기에서 지평선과 평행하고 속도가 매우 빠르게 발사된 포탄은 지구 둘레를 도는 원운동을 한다고 설명하였다. 이와 같은 원리로 지구 주위를 원운동하는 달이나 인공 위성이 지구로 떨어지지 않는다.

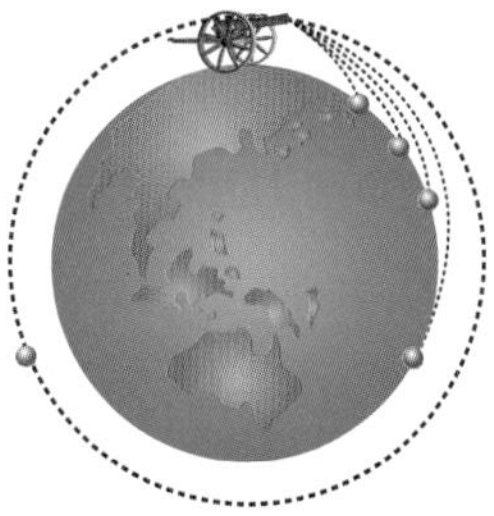

개념 +

③ 수평으로 던진 속력에 따른 물체의 운동

처음 높이가 같을 때, 수평 방향으로 물체를 던지는 속력이 클수록 물체의 수평 방향 이동 거리가 커지지만 연직 방향 운동은 같은 높이에서의 자유 낙하 운동이므로 바닥에 도달할 때까지 걸린 시간은 같다.

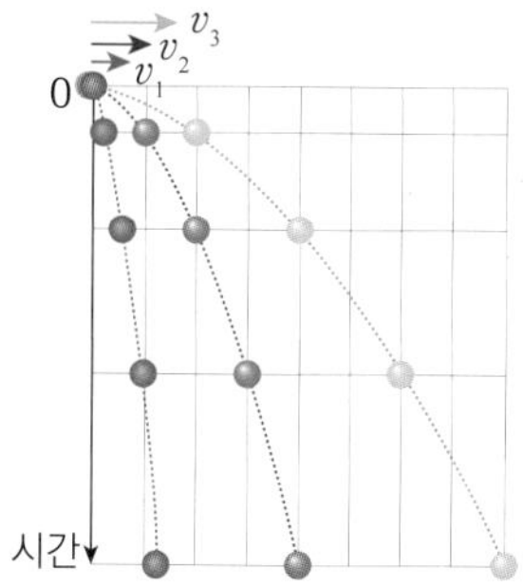

수평 방향 출발 속력
$v_1 < v_2 < v_3$

④ 뉴턴의 사고 실험

지표면에서 자유 낙하하는 물체는 1초에 약 5m 씩 낙하한다. 지구는 지표면에 수평하게 8km 진행할 때마다 5m 씩 낙하하는 구형이므로 포탄을 수평 방향으로 8km/s의 속력으로 쏜다면 지표면에 닿지 않고 지구 주위를 계속 원운동할 수 있다고 뉴턴은 생각하였다.

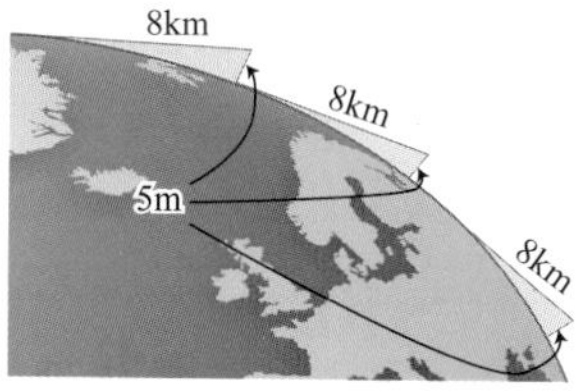

개념 체크

정답 및 해설 ➜ 38

Point

[01~02] 그림은 O점에서 수평으로 던진 축구공의 운동 모습을 나타낸 것이다. 단, 공기의 저항은 무시한다.

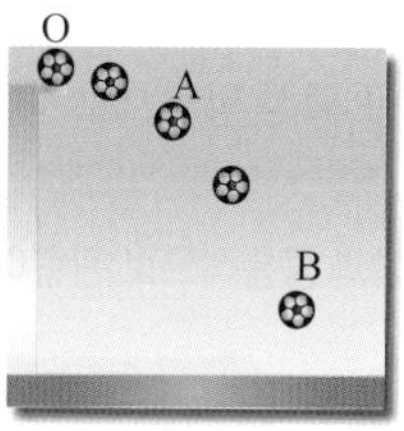

01 A, B 지점에서 물체에 작용하는 힘의 방향을 각각 그림에 표시하시오.

02 축구공의 운동에 대한 설명이다. 빈칸에 알맞은 말을 각각 쓰시오.

> 공기 저항이 없을 때, 축구공은 수평 방향으로 (㉠   ) 운동을 하고, 연직 방향으로는 (㉡   ) 운동을 한다.

B 중력과 역학적 시스템

1. 역학적 시스템과 중력 : 자연에 존재하는 여러 가지 힘[5] 이 물체들 사이에서 상호 작용하면서 전체적으로 일정한 운동 체계를 유지하고 있는 시스템을 역학적 시스템이라고 한다. 중력은 지구 시스템과 생명 시스템에서 일어나는 다양한 현상에 영향을 미쳐 시스템을 유지하는 데 필수적인 역할을 한다.

2. 지구 시스템에서 중력의 영향

① **지구 대기** : 지구의 중력에 의해 상대적으로 무거운 산소와 질소 같은 기체가 붙잡혀 대기층을 이루었다. 이때 지표면에서 높은 곳일수록 중력이 약해져 대기가 희박해지고 압력이 낮아진다.

② **기상 현상** : 지구 중력에 의해 공기와 바닷물의 대류[6] 현상이 일어나 바람이 불고, 구름이 생긴다. 이때 구름 속에서 성장한 물방울은 중력에 의해 비나 눈이 되어 떨어진다.

③ **밀물과 썰물** : 태양과 달이 지구에 작용하는 중력에 의해 밀물과 썰물 현상이 일어난다. 이때 태양의 영향력은 달의 영향력보다 작다.

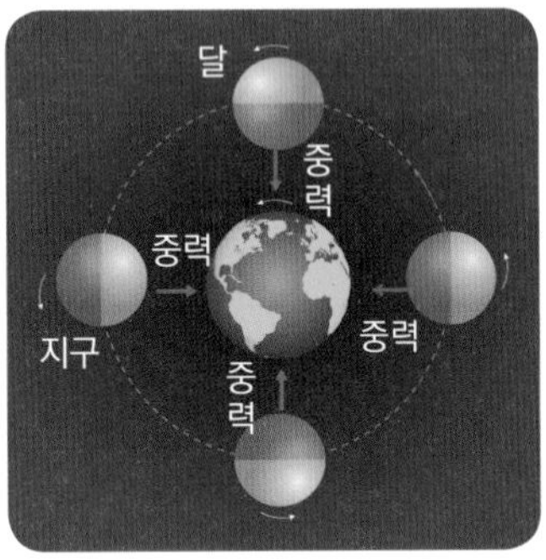

▲ 달의 위치에 따라 지구가 작용하는 중력의 방향이 다르다.

④ **지형 변화** : 강물은 중력에 의해 높은 곳에서 낮은 곳으로 흐르면서 오랜 시간에 걸쳐 지표를 변화시킨다.

3. 생명 시스템에서 중력의 영향

① **식물** : 식물의 뿌리는 중력 방향인 땅속으로 뻗어 몸을 지지하고, 줄기는 중력 반대 방향으로 자란다.

② **동물** : 육상 동물은 중력에 적응하기 위한 몸의 구조로 진화하였으며, 골격과 근육이 발달했다. 척추 동물의 귓속에 있는 전정 기관은 중력을 감지하여 몸의 평형을 유지한다. → 지구 중력에 적응하기 위한 진화의 결과이다.

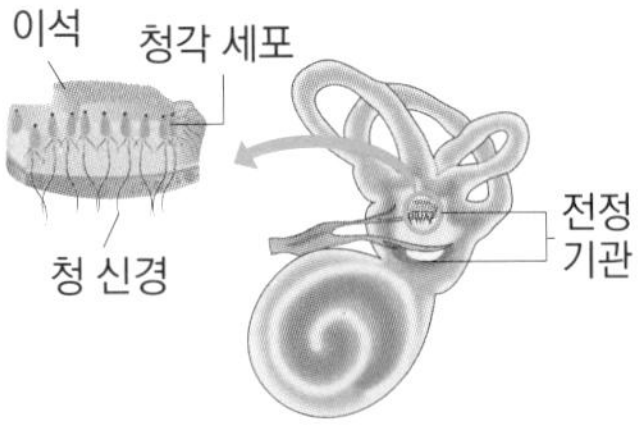

▲ 사람 귓속의 전정 기관 : 중력에 의해 '이석'이 움직이고, 청각 세포가 이를 감지하여 평형을 유지한다.

개념+

⑤ 여러 가지 힘

- 전기력 : 전기를 띤 물체 사이에 작용하는 서로 밀거나 당기는 힘
- 자기력 : 자석과 쇠붙이 또는 자석과 자석 사이에 서로 밀거나 당기는 힘
- 마찰력 : 두 물체의 접촉면 사이에서 물체의 운동을 방해하는 힘
- 탄성력 : 물체가 변형되었을 때 원래의 상태로 되돌아 가려는 힘

⑥ 대류

밀도가 큰 차가운 공기는 중력에 의해 하강하고, 밀도가 작은 뜨거운 공기는 상승한다. 이에 따라 공기의 대류가 일어나 바람이 불게 되며, 이러한 현상은 액체의 흐름에서도 일어난다.

개념 체크

정답 및 해설 → 38

Point

03 중력에 대한 설명 중 옳은 것은 ○표, 옳지 않은 것은 ×표 하시오.

(1) 물체에 작용하는 중력의 크기는 그 물체의 무게와 같다. ( )

(2) 지표면 근처에서 자유 낙하하는 물체의 중력 가속도는 물체의 질량에 관계없이 일정하다. ( )

(3) 지구상의 물체에는 지구 중심 방향으로 중력이 작용한다. ( )

04 (가)~(다)와 같은 자연 현상과 공통적으로 관련이 있는 힘을 쓰시오.

(가) 산소와 질소로 이루어진 지구 대기

(나) 높은 곳에서 낮은 곳으로 흐르는 물

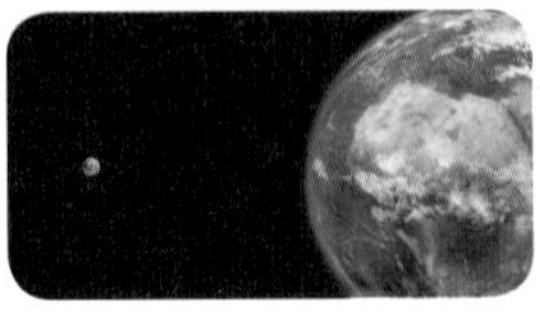
(다) 지구 주위를 공전하는 달

탐구

자유 낙하하는 물체와 수평 방향으로 던진 물체의 운동 비교

자유 낙하하는 물체의 운동과 수평 방향으로 던진 물체의 운동을 비교하여 설명할 수 있다.

준비물 쇠구슬 발사 장치, 카메라

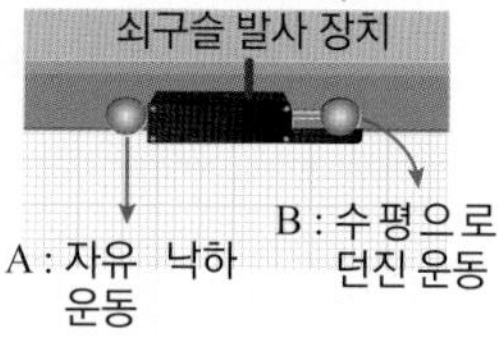

실험 과정

① 일정한 높이에 쇠구슬 발사 장치를 설치한 후, 한 개의 쇠구슬을 자유 낙하시키는 것과 동시에 나머지 한 개의 쇠구슬을 수평 방향으로 발사시킨 후 두 쇠구슬의 운동을 관찰한다.

② 바닥에 쇠구슬이 닿는 소리를 주의 깊게 들어서 어느 구슬이 먼저 바닥에 닿는지 비교한다.

③ 쇠구슬 1개를 자유 낙하시키고 운동 모습을 촬영한다.

④ 쇠구슬 1개를 수평 방향으로 발사한 후 운동 모습을 촬영한다.

⑤ 촬영한 동영상을 재생하여 같은 시간 간격으로 쇠구슬의 위치를 기록한다.

탐구 결과

① 자유 낙하시킨 쇠구슬의 시간 구간 당 이동 거리와 평균 속력은 다음과 같다.

시간(초)	0	0.1	0.2	0.3	0.4	0.5
연직 방향 이동 거리(m)	0.049	0.147	0.245	0.343	0.441	
평균 속력(m/s)	0.49	1.47	2.45	3.43	4.41	

② 수평 방향으로 발사된 쇠구슬의 수평 및 연직 방향의 이동 거리와 평균 속력은 다음과 같다.

시간(초)		0	0.1	0.2	0.3	0.4	0.5
연직 방향	이동 거리(m)	0.049	0.147	0.245	0.343	0.441	
	평균 속력(m/s)	0.49	1.47	2.45	3.43	4.41	
수평 방향	이동 거리(m)	0.23	0.23	0.23	0.23	0.23	
	평균 속력(m/s)	2.3	2.3	2.3	2.3	2.3	

!주의

집에서 해볼까요?

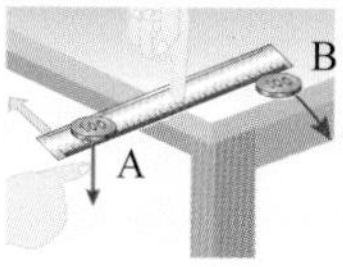

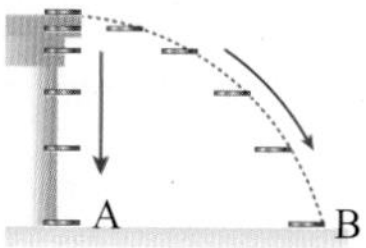

① 책상 끝에 그림과 같이 자를 설치한 후 동전 두 개를 각각 A와 B 위치에 놓는다.

② 화살표 방향으로 자를 빠르게 친 후, 동전이 각각 떨어져 바닥에 닿는 소리를 비교한다.

③ 자를 치는 속도를 변화시켜 가면서 실험을 한다.

→ A는 관성에 의해서 자유 낙하 운동을 하고, B는 수평으로 던져진 운동을 한다. 자의 속도를 빨리 변화시키면 A는 그대로 자유 낙하 운동을 하지만 B의 수평 방향 속도가 증가한다. 어느 경우에나 A와 B는 바닥에 동시에 도달한다.

• 평균 속력 = $\frac{\text{이동 거리}}{\text{시간}}$

정답 및 해설 ➔ 38

결과 해석

탐구 문제 1 두 쇠구슬 중 어느 것이 먼저 바닥에 도달하였는지 쓰고, 그 이유에 대하여 서술하시오.

탐구 문제 2 자유 낙하하는 쇠구슬의 속력 변화에 대하여 서술하시오.

탐구 문제 3 수평 방향으로 발사된 쇠구슬의 수평 및 연직 방향 속력 변화에 대하여 서술하시오.

1 중력

질량이 각각 m_1, m_2 인 두 물체 A와 B 사이에 상호 작용하는 힘 F_1, F_2 를 나타낸 것이다. 이에 대한 설명으로 옳은 것만을 <보기>에서 있는 대로 고른 것은?

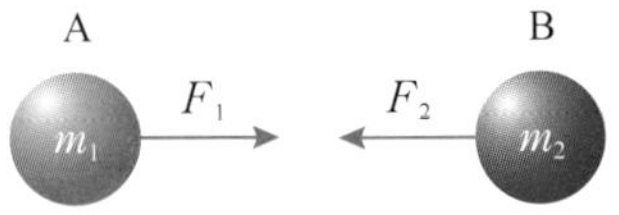

보 기

ㄱ. F_1 과 F_2 는 크기가 서로 같고 방향은 반대이다.
ㄴ. m_1 만 커지면 F_1 은 커지고, F_2 는 변하지 않는다.
ㄷ. 두 물체 사이의 거리가 가까워지면 두 물체 사이의 중력의 크기는 커진다.

① ㄱ ② ㄴ ③ ㄷ ④ ㄱ, ㄷ ⑤ ㄱ, ㄴ, ㄷ

2 중력을 받는 물체의 운동

(1) 쇠구슬과 깃털이 낙하하는 모습을 공기 중에서와 진공 중에서 각각 비교한 것이다. 이에 대한 설명 중 옳은 것만을 <보기>에서 있는 대로 고르시오.

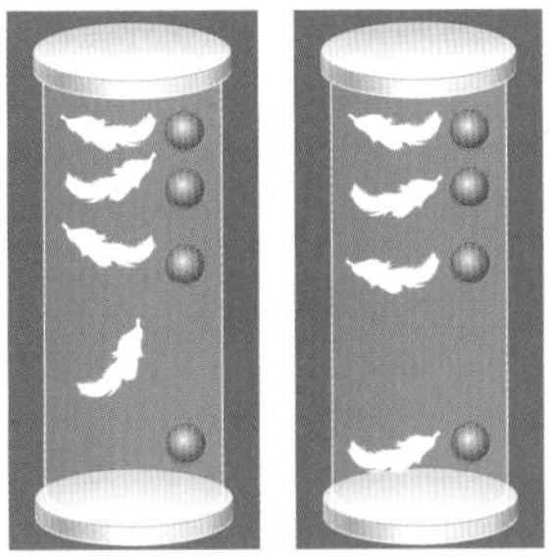

공기 중 진공 중

보 기

ㄱ. 공기 중에서는 공기 저항력을 받는다.
ㄴ. 진공 중에서는 아무런 힘도 작용하지 않는다.
ㄷ. 공기 중에서 쇠구슬이 깃털보다 먼저 떨어지는 이유는 깃털보다 쇠구슬에 더 큰 중력이 작용하기 때문이다.

(2) 오른쪽 그림과 같이 같은 높이 h 에서 물체 A 를 가만히 놓는 순간 물체 B 를 수평 방향으로 던졌다. 두 물체의 운동에 대한 설명으로 옳은 것만을 <보기>에서 있는 대로 고른 것은? (단, A와 B의 질량은 같으며, 공기의 저항은 무시한다.)

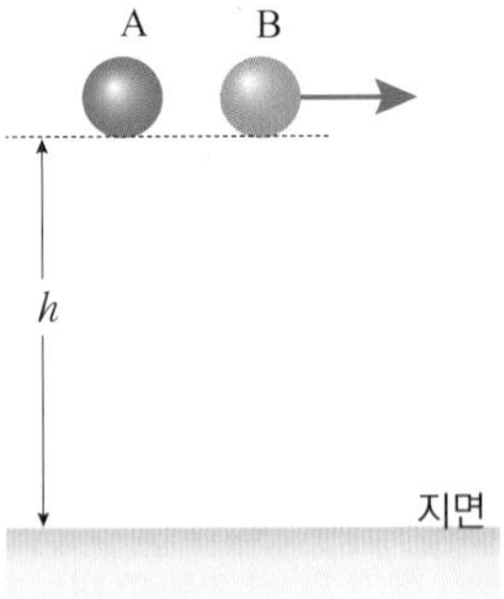

보 기

ㄱ. 물체 A와 B는 동시에 지면에 도달한다.
ㄴ. 물체 A와 B가 운동하는 동안 받는 힘의 크기는 같다.
ㄷ. 물체 A와 B가 지면에 닿는 순간의 속력은 같다.

① ㄱ ② ㄴ ③ ㄱ, ㄴ ④ ㄱ, ㄷ ⑤ ㄱ, ㄴ, ㄷ

(3) h = 19.6 m일 때, 가만히 떨어뜨린 물체 A는 2초 후 지면에 떨어졌으며, 수평 방향으로 던진 물체 B는 수평 거리로 5 m 이동한 후 떨어졌다. 이때 물체 B를 던진 수평 방향 속력 v 는 얼마인가? (단, 중력 가속도는 9.8 m/s^2 이고, 공기 저항은 무시한다.)

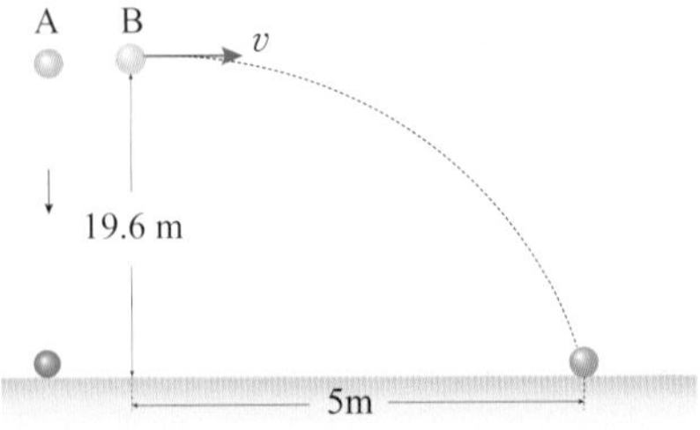

(   )m/s

A 중력을 받는 물체의 운동

01 지구상에 있는 나무를 나타낸 것이다. 나무에 작용하는 힘에 대한 설명으로 옳은 것은?

① 지구와 접촉해 있을 때만 작용하는 힘이다.
② 나무의 질량이 커져도 중력은 변하지 않는다.
③ 지구 외부에서 지구에 작용하는 힘이다.
④ 지구는 타원체이므로 지구 표면에서의 중력은 장소에 따라 달라진다.
⑤ 지구가 나무를 잡아당기는 힘이 나무가 지구를 잡아당기는 힘보다 크다.

02 질량이 400 g 인 축구공과 4 kg 인 볼링공이 지면에 놓여 있다. 이에 대한 설명으로 옳은 것만을 <보기>에서 있는 대로 고른 것은? (단, 공기의 저항은 무시한다.)

보 기

ㄱ. 지구가 축구공과 볼링공에 작용하는 중력의 크기는 서로 같다.
ㄴ. 볼링공의 무게는 축구공 무게의 10배이다.
ㄷ. 두 공이 같은 높이에서 자유 낙하하면 지면에 동시에 도착한다.

① ㄱ ② ㄴ ③ ㄷ
④ ㄴ, ㄷ ⑤ ㄱ, ㄴ, ㄷ

[03~04] 그림과 같이 실험 장치를 꾸민 후 시간 기록계를 작동시키고 추를 자유 낙하시켰다. (단, 공기의 저항과 모든 마찰은 무시한다.)

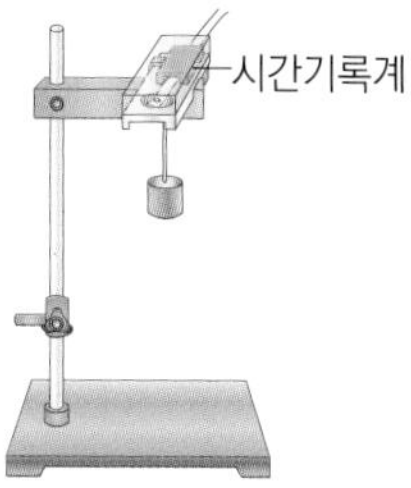

03 추의 시간에 따른 속력 그래프로 옳은 것은?

①
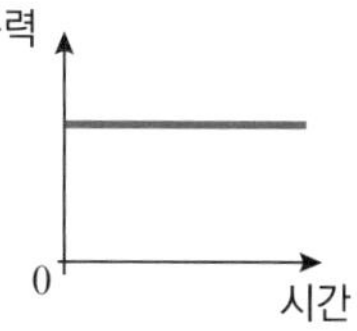

②
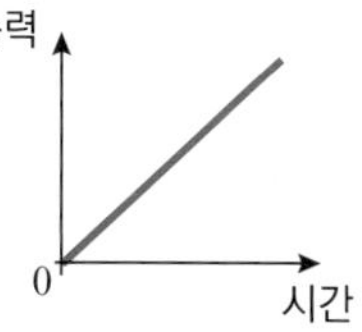

③
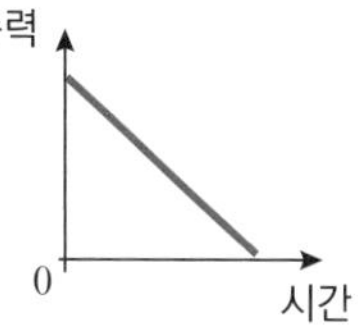

④
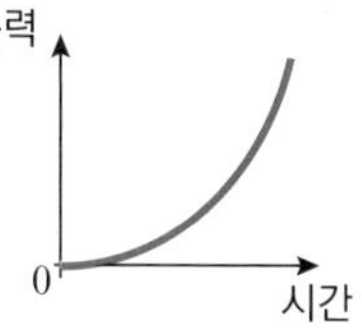

⑤
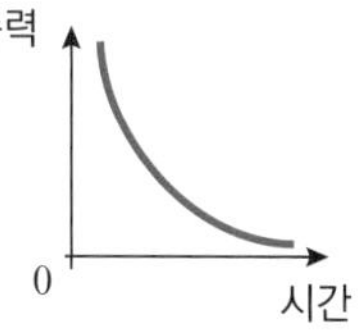

04 추에 작용하는 알짜힘을 시간에 따라 나타낸 그래프로 옳은 것은?

①
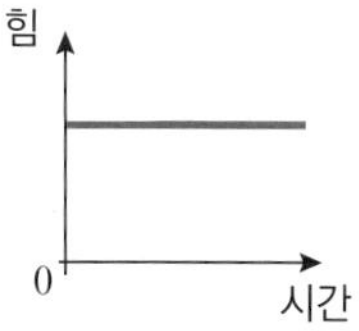

②
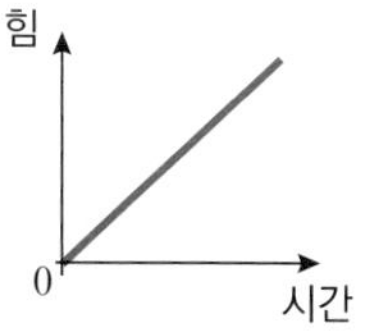

③
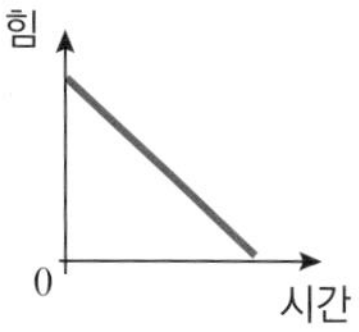

④
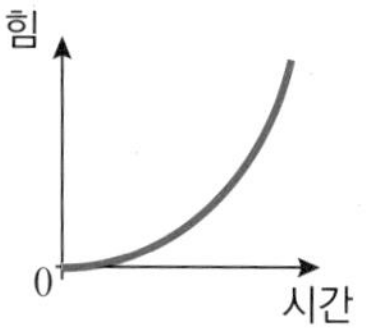

⑤
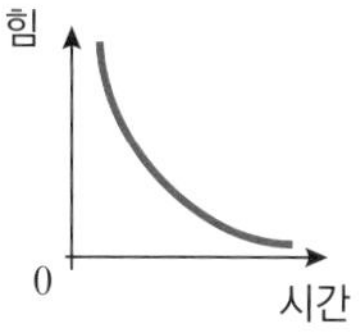

05 쇠구슬을 가만히 놓아 자유 낙하시킨 후, 1초, 2초일 때 쇠구슬의 모습을 나타낸 것이다. 1초, 2초일 때, 쇠구슬의 속력은 각각 얼마인가? (단, 공기의 저항은 무시하고, 중력 가속도의 크기는 9.8 m/s^2 이다.)

㉠ 1초 : (　　　　　　)m/s
㉡ 2초 : (　　　　　　)m/s

06 자유 낙하하는 물체의 위치를 1초 간격으로 측정하여 기록한 것이다.

시간(초)	0	1	2	3
위치(m)	0	4.9	19.6	44.1

이 물체의 운동에 대한 설명 중 옳은 것은 ○표, 옳지 않은 것은 ×표 하시오.

(1) 물체에 작용하는 힘의 크기는 일정하다. (　　)
(2) 물체의 속력은 1초에 4.9m/s 씩 일정하게 증가한다. (　　)
(3) 4초 후 물체의 위치는 78.4m 이다. (　　)

07 그림은 자유 낙하하는 물체의 속력을 시간에 따라 나타낸 것이다. (단, 중력 가속도는 9.8 m/s^2 이며, 공기의 저항은 무시한다.)

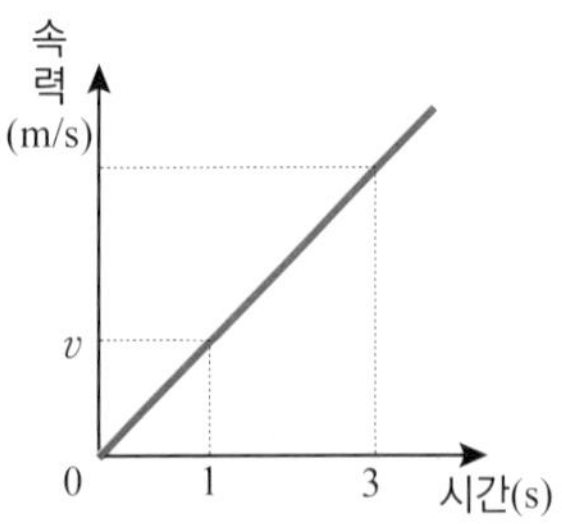

(1) 속력 v 는 얼마인지 쓰시오.
(2) 그래프의 기울기는 무엇을 의미하는지 쓰고, 그 값을 쓰시오.
(3) 0~3초 간 물체의 낙하 거리는 얼마인지 구하시오.

08 수평 방향으로 던진 물체의 운동 모습을 나타낸 것이다. 이에 대한 설명으로 옳은 것만을 <보기>에서 있는 대로 고른 것은? (단, 공기의 저항은 무시한다.)

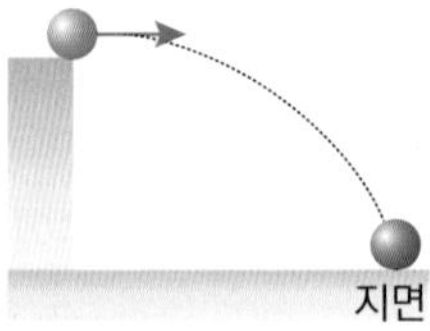

보기

ㄱ. 물체에 수평 방향으로 작용하는 힘은 일정하다.
ㄴ. 공의 연직 방향의 운동은 자유 낙하 운동이다.
ㄷ. 지면에 닿을 때까지 공에 작용하는 중력의 크기는 일정하다.

① ㄱ　② ㄴ　③ ㄷ
④ ㄱ, ㄴ　⑤ ㄴ, ㄷ

09 같은 높이에 있던 물체 A ~ C 를 각각 수평 방향으로 속력을 다르게 하여 던졌을 때 운동 경로를 나타낸 것이다.

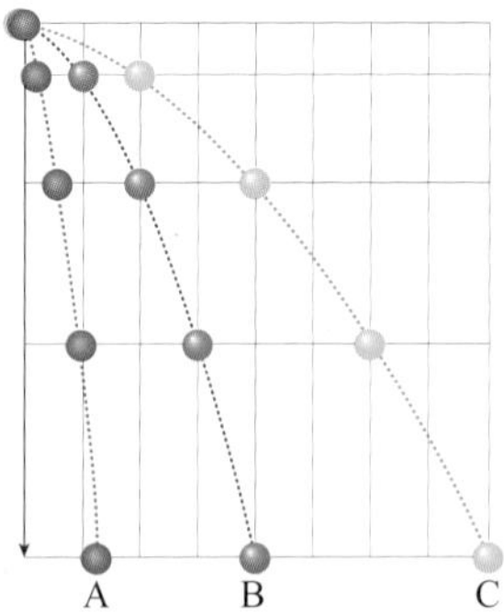

(1) 물체 A ~ C 의 수평 방향 속력을 등호 또는 부등호를 이용하여 비교하시오.
(　　　　　)

(2) 물체 A ~ C 를 던진 후 지면에 도달하기까지 걸린 시간을 등호 또는 부등호를 이용하여 비교하시오.
(　　　　　)

10 (가)와 같이 책상 위에 놓인 자 위의 A, B 지점에 각각 동전을 올려 놓은 후 잡고있다가 파란 화살표 방향으로 자를 빠르게 쳤더니 그림 (나)와 같이 A는 자유 낙하하고, B는 포물선 궤도를 그리며 지면에 떨어졌다.

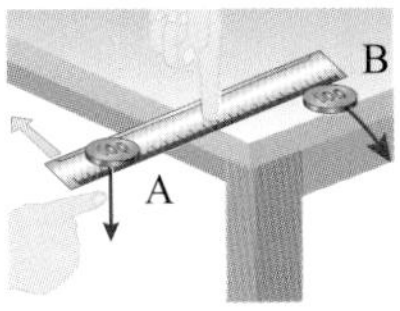

(가)

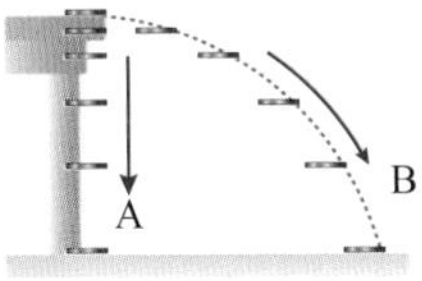

(나)

이에 대한 설명으로 옳은 것만을 <보기>에서 있는 대로 고른 것은? (단, 공기의 저항과 모든 마찰은 무시한다.)

보 기

ㄱ. 동전 A와 B의 가속도는 같다.
ㄴ. 동전 A는 등가속도 운동을 한다.
ㄷ. 동전 B의 수평 방향 운동은 등속도 운동이다.
ㄹ. 동전 A가 동전 B 보다 먼저 지면에 떨어진다.

① ㄱ, ㄴ ② ㄴ, ㄷ ③ ㄷ, ㄹ
④ ㄱ, ㄴ, ㄷ ⑤ ㄴ, ㄷ, ㄹ

11 지면으로부터 어느 높이에서 수평 방향으로 5m/s 의 속력으로 공을 던졌더니 1초 후 지면에 도달하였다. 공이 지면에 도달하기까지 이동한 수평 거리 s 는 얼마인가? (단, 공기의 저항은 무시한다.)

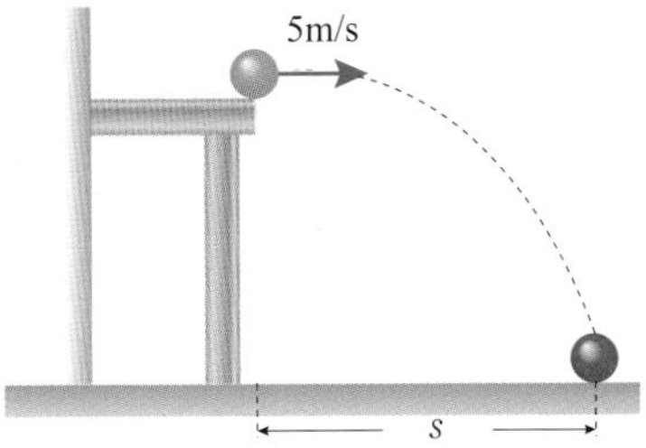

( )m

12 높이가 각각 h, $0.5h$ 인 곳에서 동일한 물체 A, B를 수평 방향으로 같은 속력 v 로 동시에 던졌다. 이때 물체 A는 t 초 후 수평 방향으로 s 만큼 떨어진 지점에 떨어졌다.

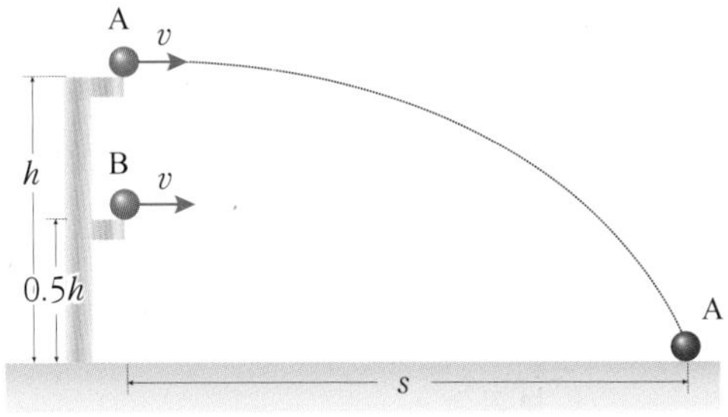

물체 A, B의 운동에 대한 설명으로 옳은 것은?

① 물체 B도 t 초 후 지면에 떨어진다.
② 지면에 도달한 순간 연직 방향 속력은 A와 B가 같다.
③ 물체 B는 수평 방향으로 $\frac{1}{2}s$ 지점에 떨어진다.
④ 지면에 도달한 순간 수평 방향 속력은 A가 B보다 크다.
⑤ 물체 A를 수평 방향으로 $2v$ 의 속력으로 던지면 수평 방향으로 $2s$ 만큼 떨어진 지점에 떨어진다.

13 높이가 같은 곳에서 질량이 각각 m, $2m$ 인 공 A, B 를 속력 v_A, v_B 로 각각 수평 방향으로 던졌다. 이때 공 A 는 수평 방향으로 s 인 지점에 떨어졌고, 공 B 는 $2s$ 인 지점에 떨어졌다.

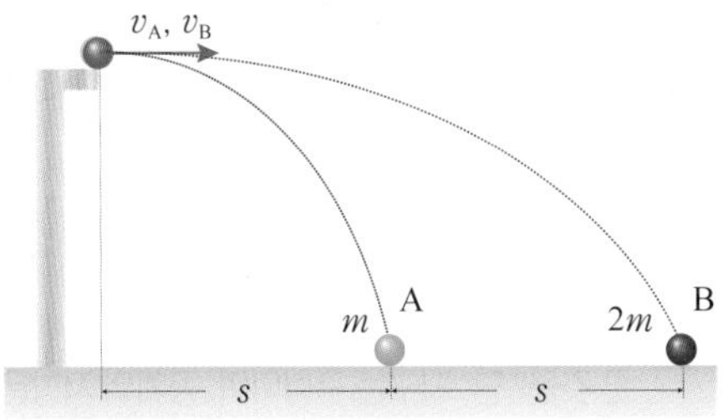

공 A, B의 물리량을 비교했을 때 같은 것만을 <보기>에서 있는 대로 고르시오. (단, 공기 저항은 무시한다.)

보 기

ㄱ. 수평 방향으로 던진 속력
ㄴ. 지면에 도달하는 시간
ㄷ. 공에 작용하는 중력의 크기
ㄹ. 연직 방향의 가속도

14 그림은 일정한 높이에서 물체 A를 가만히 놓는 순간 같은 높이에서 물체 B를 연직 위로 던졌을 때 A, B가 서로 반대 방향으로 운동하는 모습을 나타낸 것이다. 이에 대한 설명으로 옳은 것만을 <보기>에서 있는 대로 고른 것은? 단, 공기의 저항은 무시한다.

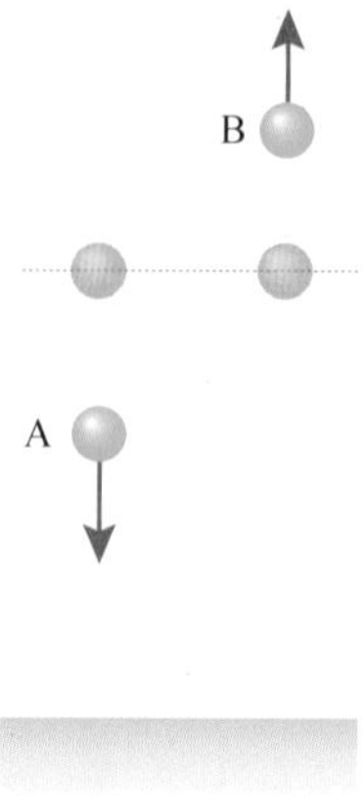

보기

ㄱ. A와 B의 가속도 크기는 서로 같다.
ㄴ. A와 B에 작용하는 중력의 방향은 서로 반대이다.
ㄷ. A의 속력은 일정하게 증가한다.

① ㄱ ② ㄴ ③ ㄷ
④ ㄱ, ㄷ ⑤ ㄱ, ㄴ, ㄷ

15 같은 높이에서 수평 방향으로 질량이 같은 대포알 A~E를 쏘았을 때 각각의 운동 경로를 나타낸 것이다.

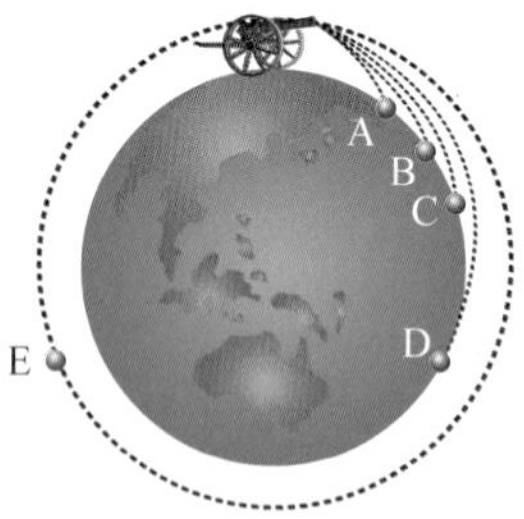

이에 대한 설명으로 옳은 것만을 <보기>에서 있는 대로 고른 것은? 단, 지구는 구형이며, 공기의 저항은 무시한다.

보기

ㄱ. 대포알을 쏜 속도는 D가 가장 크다.
ㄴ. 운동하는 동안의 가속도는 모두 같다.
ㄷ. 운동하는 동안 대포알에 작용하는 중력은 A가 가장 크다.

① ㄱ ② ㄴ ③ ㄷ
④ ㄱ, ㄴ ⑤ ㄱ, ㄴ, ㄷ

16 질량이 서로 다른 쇠구슬과 깃털을 (가) 공기 중에서와 (나) 진공 중에서 같은 높이에서 동시에 놓아서 떨어뜨렸을 때의 모습을 일정한 시간 간격으로 나타낸 것이다.

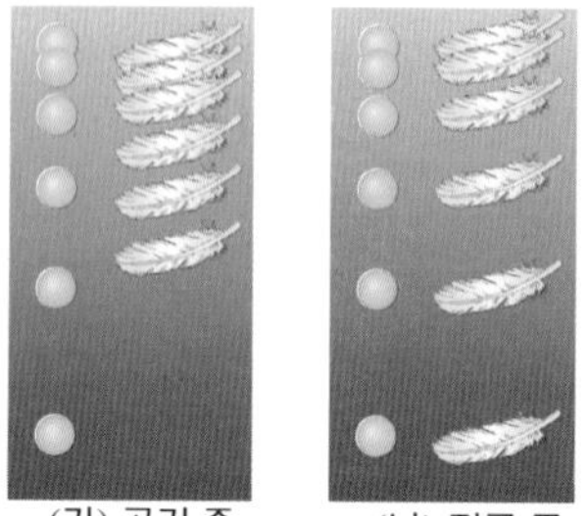

(가) 공기 중 (나) 진공 중

이에 대한 설명으로 옳은 것만을 <보기>에서 있는 대로 고른 것은?

보기

ㄱ. (가)에서 쇠구슬과 깃털의 가속도는 서로 같다.
ㄴ. (나)에서 쇠구슬과 깃털은 바닥에 동시에 도달한다.
ㄷ. (가)와 (나)에서 쇠구슬에 작용하는 힘은 서로 같으나, 깃털에 작용하는 힘은 서로 다르다.

① ㄱ ② ㄴ ③ ㄷ
④ ㄱ, ㄴ ⑤ ㄱ, ㄴ, ㄷ

B 중력과 역학적 시스템

17 중력이 지구 시스템과 생명 시스템에 미치는 영향에 대한 설명으로 옳은 것만을 <보기>에서 있는 대로 고른 것은?

보기

ㄱ. 지표 근처에 형성된 대기층으로 생명체가 호흡하며 살아간다.
ㄴ. 공기와 바다에서 대류 현상을 일으킨다.
ㄷ. 육상에서 살아가는 무거운 동물들은 강한 근육과 단단한 골격을 갖추었다.

① ㄱ ② ㄴ ③ ㄷ
④ ㄱ, ㄴ ⑤ ㄱ, ㄴ, ㄷ

18 지구에서 일어나는 다양한 현상들에 많은 영향을 미치고 있는 중력에 대해 무우, 상상, 알알이가 대화하고 있다.

옳게 말한 사람을 있는 대로 고른 것은?

① 무우 ② 상상 ③ 알알
④ 무우, 상상 ⑤ 상상, 알알

19 중력이 작용하는 곳과 무중력 상태인 곳에서 양초의 불꽃 모양을 각각 나타낸 것이다.

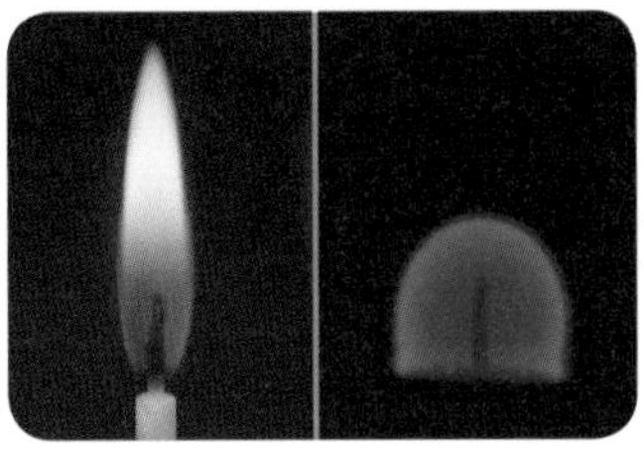

이와 같이 무중력 상태에서 일어날 수 있는 현상으로 옳은 것만을 <보기>에서 있는 대로 고른 것은?

보 기

ㄱ. 공기의 대류 현상이 일어나지 않는다.
ㄴ. 몸의 균형을 유지하기가 어렵다.
ㄷ. 수평 방향으로 던진 물체는 멀리 나아가지 못하고 정지한다.
ㄹ. 몸의 근육과 뼈가 약해진다.

① ㄱ, ㄴ ② ㄴ, ㄷ ③ ㄷ, ㄹ
④ ㄱ, ㄴ, ㄷ ⑤ ㄱ, ㄴ, ㄹ

서술형

20 자유 낙하하는 물체의 속력 변화에 대하여 쓰고, 그 이유도 함께 서술하시오.

서술형

21 수평 방향으로 던진 물체의 위치를 같은 시간 간격으로 나타낸 것이다. 공기의 저항을 무시할 때, 물체의 수평 방향의 운동과 연직 방향의 운동 종류를 각각 쓰시오.

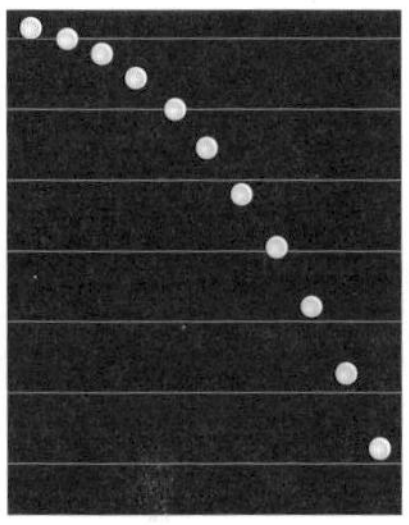

㉠ 수평 방향 (　　　　　　)
㉡ 연직 방향 (　　　　　　)

서술형

22 기린과 같이 목이 긴 동물은 중력의 영향으로 혈액이 머리 끝까지 순환하기 어렵지만, 다른 동물에 비해 심장이 크고, 혈압이 높아 혈액 순환이 가능하다.

이처럼 중력이 생명 시스템에 미치는 영향에 대해 한 가지 이상 서술하시오.

02 운동량과 충격량, 안전

핵심 Point

□ 관성 □ 운동량
□ 충격량 □ 충돌과 안전

운동량과 충격량이 무엇일까? 일상 생활에서 운동량과 충격량이 적용된 예는 무엇이 있을까?

A 관성

1. 관성 : 물체가 현재의 운동 상태를 계속 유지하려는 성질이다.

① **관성과 질량의 관계** : 물체의 질량이 클수록 관성이 크므로 운동 상태(속도)를 변화시키기 어렵다.

② **관성 법칙(뉴턴 운동 제1법칙)** : 물체에 힘이 작용하지 않으면 정지해 있던 물체는 계속 정지해 있고, 운동하던 물체는 계속 같은 속도로 운동한다.
(같은 속도로 운동 → 등속 직선 운동)

2. 관성에 의한 현상

▭ : 관성이 나타나는 물체

정지 상태를 유지하려는 관성(정지 관성) ❶		운동 상태를 유지하려는 관성(운동 관성) ❷	

정지해 있던 버스가 갑자기 출발하면 **승객들**의 몸은 버스 뒤쪽으로 쏠린다.	컵 위의 종이를 빠르게 잡아당기면 그 위에 놓인 **동전**은 컵 속으로 떨어진다.	앞으로 진행하던 버스가 갑자기 멈추면 **승객들**의 몸은 버스 앞쪽으로 쏠린다.	달리던 **사람**이 돌부리에 걸리면 앞으로 넘어진다.

3. 관성과 안전

관성 브레이크

자동차 뒤에 연결하는 트레일러에는 사람이 직접 작동할 수 있는 브레이크가 없다. 이때 앞에서 견인하는 차가 브레이크를 밟으면 트레일러가 관성에 의해 앞으로 쏠리게 되고, 이 힘(관성력)이 트레일러의 브레이크를 작동시킨다. 이것이 관성 브레이크의 원리이다.

안전띠

달리던 자동차가 무언가에 충돌할 경우 자동차 내부 사람은 관성에 의해 앞으로 쏠리거나 튀어나가게 된다. 이때 안전띠를 매고 있으면 몸이 갑자기 앞으로 쏠리거나 밖으로 튀어나가는 것을 방지하여 사고 피해를 줄여준다.

개념 +

❶ 정지 상태를 유지하려는 관성의 예

● 이불을 두드리면 먼지가 떨어진다.

❷ 운동 상태를 유지하려는 관성의 예

● 망치 자루를 치면 헐거워진 망치 머리가 고정된다.

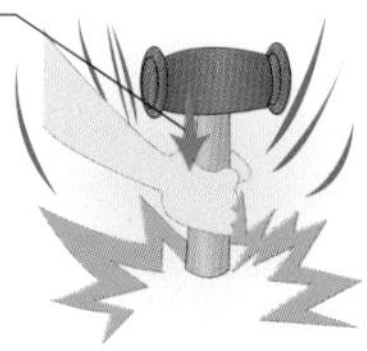

● 후추통을 흔들면 후추 가루가 나온다.

개념 체크

정답 및 해설 ➜ 41

Point

01 물체가 원래의 운동 상태를 유지하려고 하는 성질을 무엇이라고 하는가?

( )

02 빈칸에 알맞은 말을 각각 고르시오.

> 물체에 작용하는 알짜힘이 0 일 때, 정지해 있던 물체는 (㉠ 계속 정지해 있고 ㉡ 등속 직선 운동을 하고), 운동하던 물체는 (㉠ 정지 ㉡ 등속 직선 운동) 을/를 한다. 이때 질량이 (㉠ 작을수록 ㉡ 클수록) 운동 상태를 변화시키기가 어렵다.

B 운동량과 충격량

1. 운동량 : 운동하는 물체의 운동 효과를 나타낸다. 방향을 가지는 물리량이다.

① **크기** : 물체의 질량과 속도의 곱으로 나타낸다.

$$\text{운동량}(p) = \text{질량}(m) \times \text{속도}(v),\quad p = mv \quad [\text{단위} : \text{N·s, kg·m/s}]$$

② **방향** : 물체의 운동 방향(속도 방향)과 같다.

2. 충격량 : 운동량의 변화량(Δp)과 같으며, 충격의 정도이다. 방향을 가지는 물리량이다.

① **크기** : 충돌하는 동안 물체에 작용한 힘과 힘이 작용한 시간의 곱으로 나타낸다.

$$\text{충격량}(I) = \Delta p = \text{힘}(F) \times \text{시간}(t),\quad I = Ft \quad [\text{단위} : \text{N·s, kg·m/s}]$$

② **방향** : 물체에 작용한 힘의 방향과 같다. ❹

③ **힘-시간 그래프에서 충격량** : 물체에 작용한 힘을 시간에 따라 나타낸 그래프의 가로축과 이루는 아래 넓이는 충격량을 나타낸다. 이때 작용하는 힘을 충격력이라고 한다.

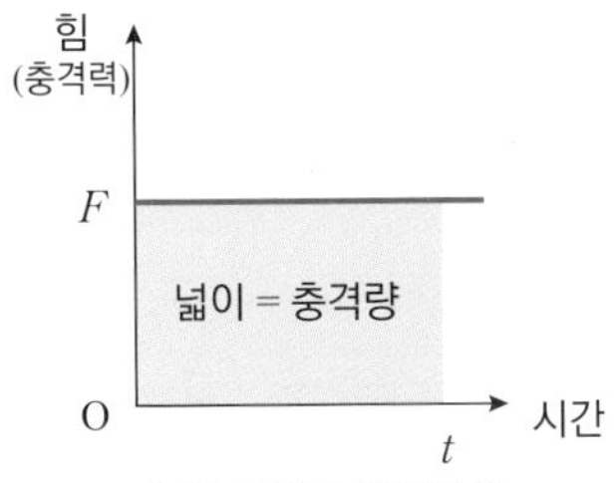

▲ 힘의 크기가 일정할 때

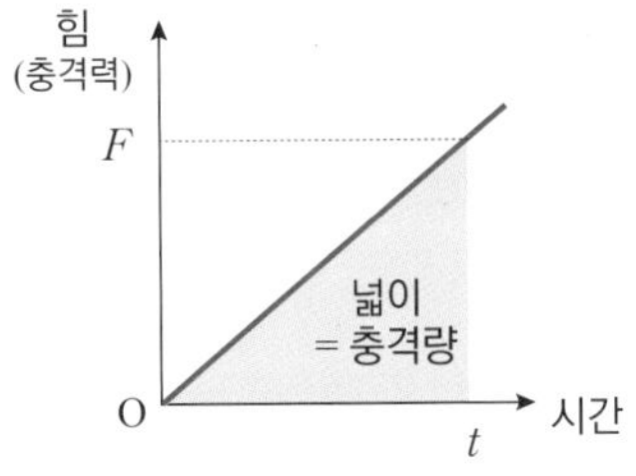

▲ 힘의 크기가 일정하게 증가할 때

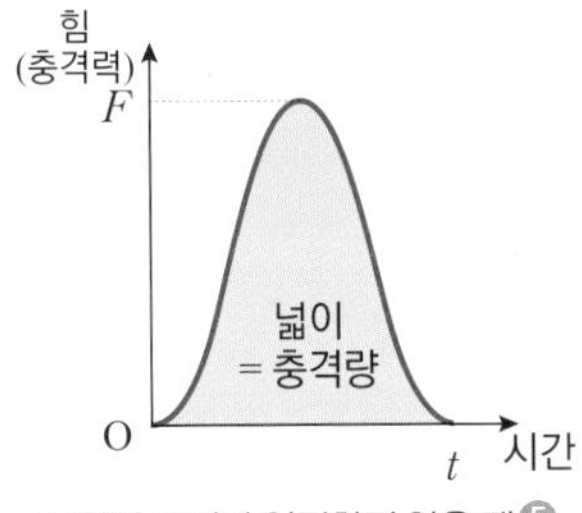

▲ 힘의 크기가 일정하지 않을 때 ❺

3. 운동량과 충격량 : 물체가 일정한 시간 동안 힘을 받으면 가속도가 발생하여 속도가 변한다. 따라서 운동량이 변하게 되므로 충격량이 발생한다.

① **운동량과 충격량의 관계** : 물체가 받은 충격량은 물체의 운동량 변화량과 같다.

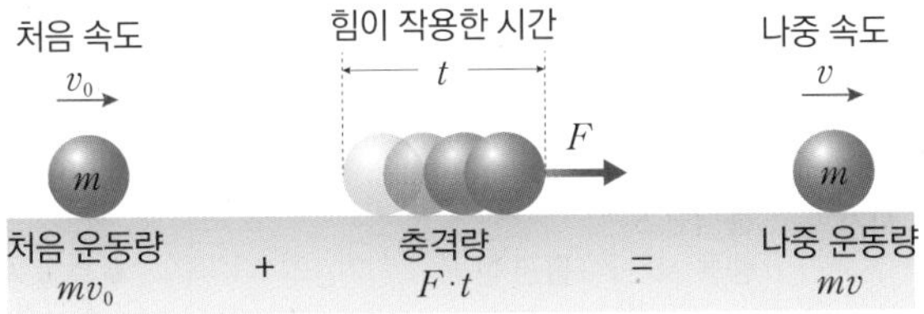

$$\text{충격량} = \text{운동량의 변화량} = \text{나중 운동량} - \text{처음 운동량}$$
$$I = \Delta p \;\Rightarrow\; F\cdot t = \Delta(mv) = mv - mv_0 \quad (F : \text{충격력})$$

② **충격량의 방향과 운동량** : 물체의 운동 방향과 같은 방향으로 힘(충격력)이 작용하면 운동량이 증가하고, 운동 반대 방향으로 힘(충격력)이 작용하면 운동량이 감소한다.

③ **충격량을 이용한 운동량의 변화** : 충격량을 크게 하려면 힘(충격력)이 작용하는 시간을 길게 하거나, 같은 시간이라면 물체에 작용하는 힘(충격력)을 크게 한다.

힘(충격력)이 작용하는 시간을 길게 하는 경우	물체에 작용하는 힘(충격력)을 크게 하는 경우
  사거리를 늘리려면 총신의 길이를 늘려야 한다.	  홈런을 치려면 방망이를 크게 휘둘러야 한다.
총의 총신이 길수록 총알이 힘을 받는 시간이 길어져서 충격량을 크게 주므로 총알의 발사 속도가 더 빨라진다.	야구공을 방망이로 더 세게 칠수록 야구공에 작용하는 힘이 커져서 충격량을 크게 주므로 야구공의 속력이 더 빨라진다.

개념 +

● 운동량과 충격량의 단위

$1\text{N·s} = 1\text{kg·m/s}^2\text{·s}$
$= 1\text{kg·m/s}$
$(F = ma)$
$1\text{N} = 1\text{kg·1m/s}^2 = 1\text{kg·m/s}^2$

❹ 운동량과 충격량의 방향

운동량과 충격량은 방향을 가진 물리량이므로 방향을 유의한다.

직선상 운동의 문제에서 한쪽 방향을 (+)로 정하면, 반대 방향은 (−)로 하여 계산한다.

❺ 힘의 크기가 일정하지 않을 경우 충격량

힘의 크기가 변할 경우 힘-시간 그래프에서 넓이를 직접 구하기 어렵다. 이때 물체가 받는 평균 힘을 이용하여 넓이를 구해 충격량으로 한다.

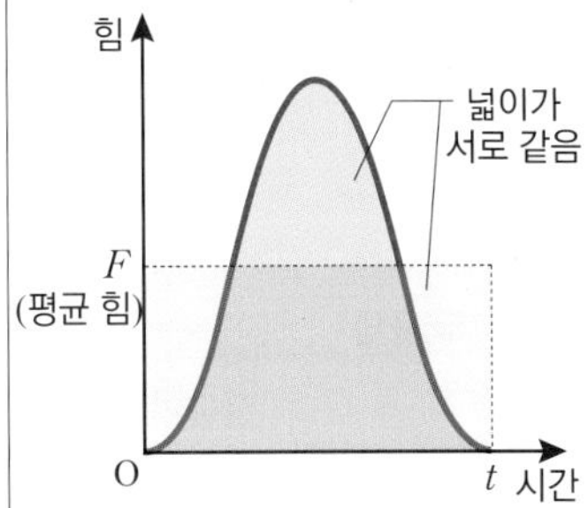

02 운동량과 충격량, 안전

더 알아보기 두 물체의 충돌

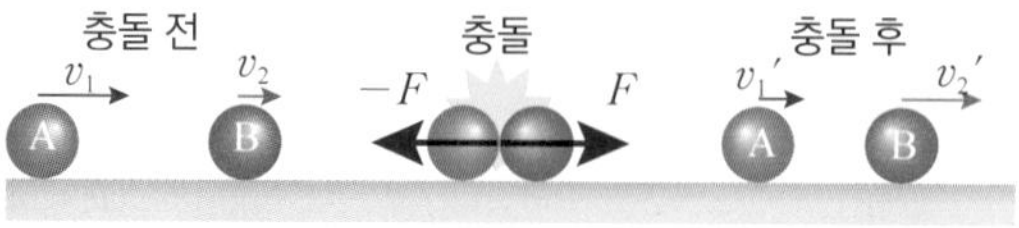

충돌 순간 두 물체가 각각 받는 힘(충격력)	작용 반작용 ⑥으로, 서로 크기가 같고 방향이 반대이다.
두 물체 각각 힘을 받는 시간	두 물체가 힘을 받는 시간은 접촉 시간이므로 각각 같다.
두 물체가 각각 받는 충격량(운동량의 변화량)의 크기	두 물체가 받는 힘의 크기와 힘을 받는 시간이 각각 같으므로 충격량의 크기는 같고, 방향은 서로 반대이다.
속도 변화량의 크기	충격량이 같을 때 질량이 작을수록 속도 변화량이 크다.

4. 충격력 : 충돌하는 동안 물체에 작용하는 평균 힘을 충격력이라고 한다.

→ 실제 충돌이 일어날 때에는 충격력이 일정하지 않은 경우가 대부분이다.

① **충격력의 크기** : 충격량을 시간으로 나눈 값으로 단위 시간 동안의 운동량 변화량과 같다.

$$\text{충격력(평균 힘)} = \frac{\text{충격량}}{\text{충돌 시간}},\quad \overline{F} = \frac{I}{t} = \frac{\Delta p}{t} = \frac{m\Delta v}{t}$$

② **충격력과 힘이 작용한 시간의 관계(충격량이 같을 때)** : 충돌 시간이 길수록 작용하는 힘(충격력)이 작아져 충격을 적게 받는다.

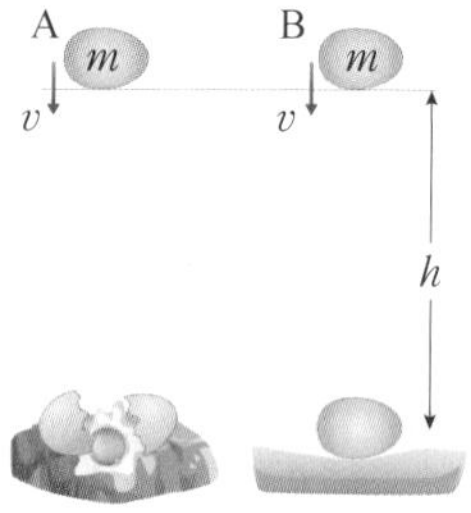

딱딱한 돌 푹신한 방석

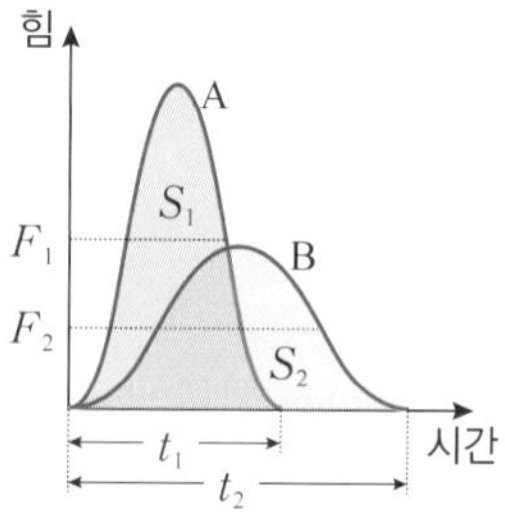

<질량 m 인 달걀 A의 물리량>
처음 속도 v, 나중 속도 0
충격량 S_1
충돌 시간 t_1, 평균 힘 F_1

<질량 m 인 달걀 B의 물리량>
처음 속도 v, 나중 속도 0
충격량 S_2
충돌 시간 t_2, 평균 힘 F_2

두 물체	비교
운동량 변화량 (충격량)	달걀이 바닥과 충돌하는 순간부터 정지하기까지의 과정에서 두 물체의 운동량 변화량(충격량)은 서로 같다. → 두 물체 모두 처음 운동량(바닥에 닿기 직전 운동량) mv, 나중 운동량 0 이다. → 그래프에서 시간 축과 이루는 넓이가 같다($S_1 = S_2$).
충돌 시간	방석 위에 떨어진 달걀의 충돌 시간이 더 길다($t_1 < t_2$).
충격력 크기	충돌 시간이 길어지면 달걀이 받는 충격력(평균 힘)의 크기는 작아지므로 방석 위에 떨어진 달걀은 깨지지 않는다($F_1 > F_2$).

5. 충격량과 안전 : 일반적으로 충격량이 일정할 때 물체에 작용하는 충돌 시간을 길게 하여 충격력의 크기를 줄이는 원리를 이용한다. ⑦

예 충돌 시간을 길게 하여 충돌 시 받는 힘을 줄이는 도구들

자동차의 에어백은 충돌 시 사람이 충격을 받는 시간을 길게 하여 사람에게 가해지는 충격력의 크기를 줄여준다.

▲ 자동차 에어백

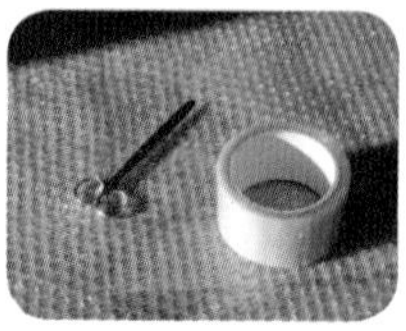

포장할 때 사용하는 에어캡은 외부와의 충돌 시 힘을 받는 시간을 길게 하여 물건이 받는 충격력의 크기를 줄여준다.

▲ 에어캡 포장

개념 +

⑥ 뉴턴 운동 제3법칙과 충돌

운동하던 두 물체 A와 B가 충돌할 때 물체 A가 B에 힘을 작용하면 B도 A에 힘을 작용한다. 이때 두 힘은 크기가 각각 같고, 방향은 서로 반대이다. 이를 작용 반작용(뉴턴 운동 제3법칙 ; 힘의 상호 작용)이라고 한다.

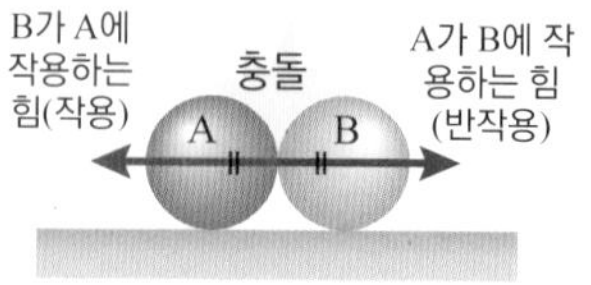

● 운동량과 충격량에 있어 운동 제2 법칙의 적용

① 운동 제2법칙 : 물체의 가속도 a 의 크기는 질량 m 에 반비례하고 물체에 작용한 알짜힘 F 의 크기에 비례한다(가속도 법칙).

$$a = \frac{\Delta v}{\Delta t} = \frac{F}{m}$$

② 처음 속도가 v_0, 질량이 m 인 물체에 시간 t 동안 일정한 힘 F 가 작용하여 나중 속도가 v 가 되었을 때

$$m\frac{v - v_0}{t} = F \text{ 이므로,}$$

$$I = Ft = mv - mv_0$$

이다. 따라서 충격량은 운동량의 변화량과 같다.

⑦ 일상 생활 속 충돌 안전 장치

● 충돌 시간을 길게 하여 충격을 감소시켜 주는 안전 장치 : 충격량이 일정하다면 충돌 시간을 길게 하면 충격력이 작아지게 되어 그만큼 안전해진다. 자동차 범퍼나 에어백 등이 그러한 것을 적용한 안전 장치이다.

▲ 자동차 범퍼 ; 탄력이 있게 만들어 충돌 시 차체를 보호한다.

▲ 도로 위 충격흡수장치 ; 탄성이 있는 재료로 만든 구조물이다.

포수가 공을 잡을 때 손을 뒤로 빼면서 받게 되면 손이 힘을 받는 시간이 길어져 손이 받는 충격력의 크기를 줄여준다.

▲ 포수 글러브와 공을 잡는 동작

운동선수들이 착용하는 헬멧과 보호대는 외부와의 충돌 시간을 길게 하여 선수가 받는 충격력의 크기를 줄여준다.

▲ 헬멧과 보호대

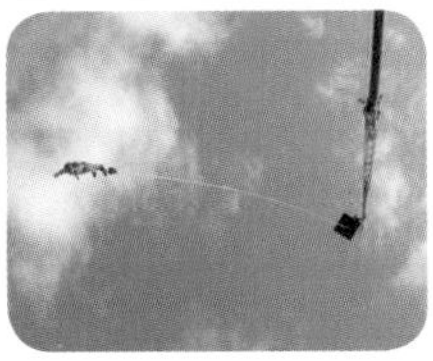

번지점프를 할 때 연결하는 줄은 떨어질 때 늘어나면서 힘을 받는 시간을 길게 하여 사람이 받는 충격력의 크기를 줄여준다.

▲ 번지점프 줄

운동할 때나 놀이방에 까는 매트는 바닥에 넘어졌을 때 바닥과 충돌하는 시간을 길게 하여 사람이 받는 충격력의 크기를 줄여준다.

▲ 매트

개념 +

● 센서를 활용한 안전 장치 : 자동차의 충돌 방지 센서, 후방 감지 센서

개념 체크

정답 및 해설 → 41

Point

03 운동량과 충격량에 대한 설명 중 옳은 것은 ○표, 옳지 않은 것은 ×표 하시오.

(1) 운동량의 방향은 속도의 방향과 같다. (　　)

(2) 충격량의 단위는 운동량의 단위와 같다. (　　)

(3) 충격량은 운동량 변화량과 같다. (　　)

04 질량이 2 kg 인 물체가 6 m/s 의 속력으로 직선 운동을 하고 있다. 이 물체의 운동량의 크기는 얼마인가?

(　　　　　　)kg·m/s

05 어떤 물체에 5 N 의 힘을 3초 동안 일정하게 가하였다. 이 물체가 받은 충격량의 크기는 얼마인가?

(　　　　　　)N·s

06 운동하는 물체가 벽에 충돌하는 순간부터 정지할 때까지 물체가 받는 힘의 크기를 시간에 따라 나타낸 것이다. 그래프 아랫 부분의 면적이 나타내는 물리량은 무엇인가?

(　　　　　　)

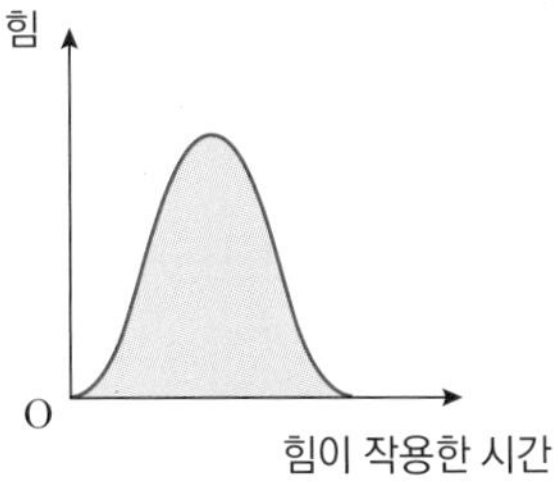

07 일상 생활에서 사용되는 안전 장치의 원리를 설명한 것이다. 빈칸에 알맞은 말을 각각 쓰시오.

> 운동 경기에서 선수들이 착용하는 보호대나 헬멧 등은 충돌 시 선수들의 몸에 힘이 작용하는 (㉠　　　　　)을/를 길게 하여 선수들이 받는 (㉡　　　　　) 을/를 줄여준다.

꼭 짚기!

1 관성

달리던 버스가 갑자기 정지할 때 승객의 몸이 차의 앞쪽으로 쏠리는 모습이다. 이와 관련된 현상에 대한 설명으로 옳은 것만을 <보기>에서 있는 대로 고른 것은?

보기

ㄱ. 정지 관성에 의해 나타나는 현상이다.
ㄴ. 운동하는 물체의 질량이 클수록 물체를 멈추기 위해서 더 큰 힘이 필요하다.
ㄷ. 자전거 페달을 밟으며 운동하다가 페달 밟기를 멈추었을 때 얼마 동안 계속 달릴 수 있는 것도 이러한 현상 때문이다.

① ㄴ ② ㄷ ③ ㄱ, ㄴ ④ ㄴ, ㄷ ⑤ ㄱ, ㄴ, ㄷ

2 운동량과 충격량

(1) 정지해 있던 같은 질량 m 인 두 물체 A와 B에 작용하는 힘의 크기를 시간에 따라 나타낸 것이다. 시간 t 일 때 물체 A와 B의 운동량의 크기 비 $p_A : p_B$ 를 구하시오.

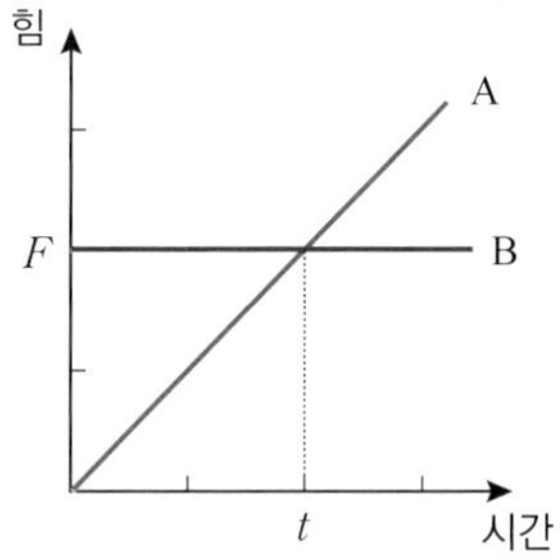

$p_A : p_B =$ (　　　:　　　)

(2) 같은 높이에서 질량과 크기가 같은 달걀을 각각 푹신한 방석과 단단한 시멘트 바닥으로 자유 낙하시켰을 때 달걀이 충돌하는 동안 받은 힘을 시간에 따라 나타낸 것이다. S_1 과 S_2 는 각각 그래프 A, B 가 시간축과 이루는 넓이이다. 이에 대한 설명으로 옳은 것만을 <보기>에서 있는 대로 고른 것은? (단, 공기의 저항은 무시한다.)

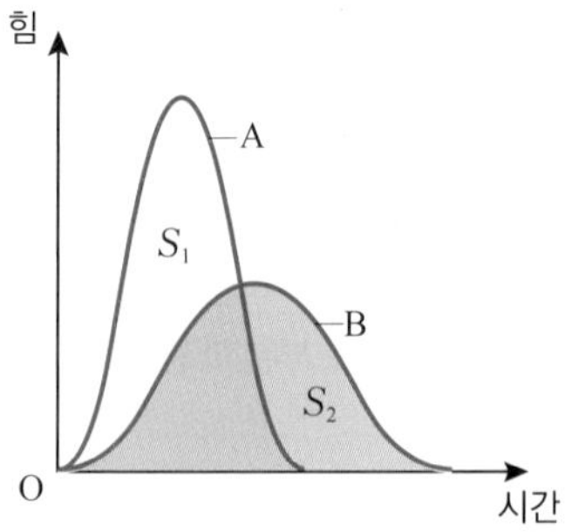

보기

ㄱ. $S_1 = S_2$ 이다.
ㄴ. S_2 는 단단한 시멘트에 떨어진 달걀이 받는 충격량이다.
ㄷ. 달걀에 작용하는 평균 힘의 크기는 단단한 시멘트에 떨어졌을 때보다 푹신한 방석에 떨어질 때가 더 크다.

① ㄱ ② ㄴ ③ ㄱ, ㄴ ④ ㄱ, ㄷ ⑤ ㄱ, ㄴ, ㄷ

A 관성

01 관성에 대한 설명 중 옳은 것은 ○표, 옳지 않은 것은 ×표 하시오.

(1) 물체의 질량이 클수록 물체의 운동 상태를 변화시키기 어렵다. ( )

(2) 질량이 같을 때 속력이 빠를수록 관성이 크다. ( )

(3) 물체에 작용하는 알짜힘이 0이면 운동하던 물체는 관성에 의해 정지한다. ( )

02 다음은 지진계가 지진을 기록하는 원리이다.

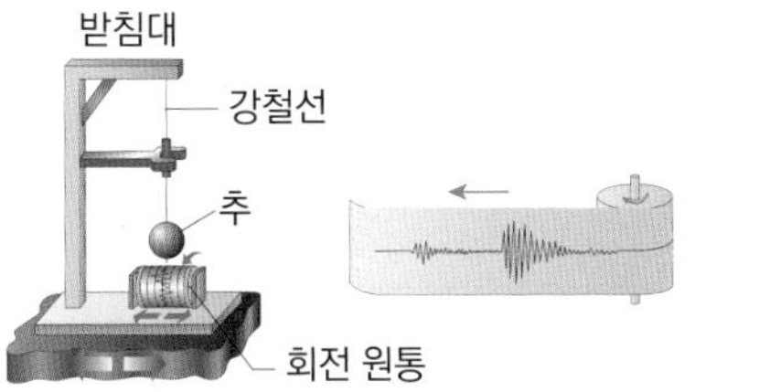

지진이 발생하여 지면이 흔들리면 받침대는 흔들리지만 무거운 추는 정지해 있게 된다. 이때 추 끝에 달린 펜에 의해 회전 원통에 감긴 기록지 위에 진동이 기록된다.

이와 같은 원리로 설명할 수 있는 현상만을 <보기>에서 있는 대로 고른 것은?

보기

ㄱ. 자동차를 탈 때 안전띠를 맨다.
ㄴ. 막대기로 이불을 털면 먼지가 떨어진다.
ㄷ. 야구공을 방망이로 칠 때 큰 힘으로 칠수록 야구공이 더 멀리 날아간다.
ㄹ. 기차는 자동차에 비해 질량이 매우 커서 자동차보다 정지시키기 어렵다.

① ㄱ, ㄴ ② ㄱ, ㄷ ③ ㄴ, ㄹ
④ ㄱ, ㄴ, ㄷ ⑤ ㄱ, ㄴ, ㄹ

B 운동량과 충격량

03 운동량에 대한 설명에는 '운', 충격량에 대한 설명에는 '충'을 쓰시오.

(1) 물체에 작용한 힘과 시간의 곱이다. ( )

(2) 방향이 물체의 운동 방향과 같다. ( )

(3) 물체의 질량과 속도의 곱이다. ( )

04 직선 도로 위에서 스쿠터와 트럭, 승용차가 각각 20 m/s, 10 m/s, 10 m/s 의 속력으로 등속 운동하고 있다. 스쿠터, 트럭, 승용차의 질량은 각각 150 kg, 5,000 kg, 1,000 kg 이다.

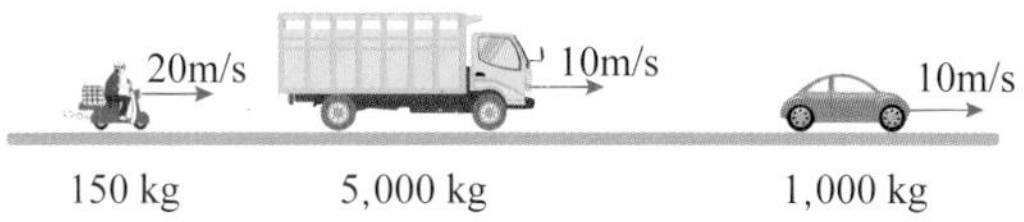

물리량을 옳게 비교한 것은?

① 스쿠터의 가속도가 가장 크다.
② 운동량이 가장 큰 것은 트럭이다.
③ 트럭과 승용차의 운동량의 크기는 같다.
④ 작용하는 알짜힘의 크기는 트럭이 가장 크다.
⑤ 같은 시간 동안 정지시키기 위해 가장 큰 힘이 필요한 것은 승용차이다.

05 질량이 2 kg인 물체의 운동을 타점 주기가 $\frac{1}{60}$ 초인 시간 기록계로 나타낸 것이다.

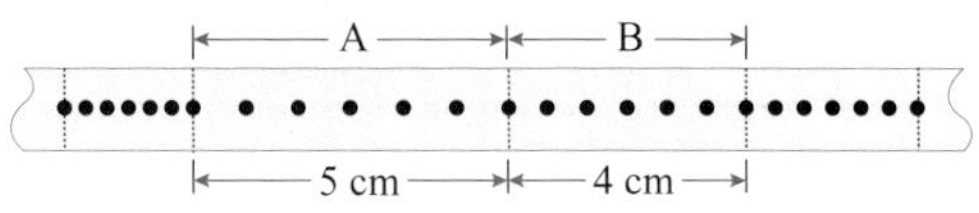

A 구간과 B 구간에서 물체의 운동량의 크기를 각각 옳게 짝지은 것은?

	A	B
①	0.1 kg·m/s	0.08 kg·m/s
②	1 kg·m/s	0.8 kg·m/s
③	6 kg·m/s	4.8 kg·m/s
④	10 kg·m/s	8 kg·m/s
⑤	60 kg·m/s	48 kg·m/s

06 정지하고 있던 질량 0.5 kg 인 공이 자유 낙하하기 시작하여 2초가 된 순간 운동량의 크기는 얼마인가? (단, 중력 가속도 $g = 10\ m/s^2$ 이고, 공기 저항은 무시한다.)

( ) kg·m/s

07 그림과 같이 1 kg 인 물체가 오른쪽으로 5 m/s 의 속력으로 운동하다가 벽과 충돌한 뒤 왼쪽으로 2 m/s 의 속력으로 운동하였다. 이 물체가 벽으로부터 받은 충격량의 크기는 얼마인가?

( )N·s

08 마찰이 없는 수평면에 정지해 있던 질량이 2 kg 인 물체에 작용한 힘을 시간에 따라 나타낸 것이다. ㉠ 3초일 때 물체의 속력과 ㉡ 물체가 0 ~ 4초 동안 받은 충격량의 크기를 옳게 짝지은 것은?

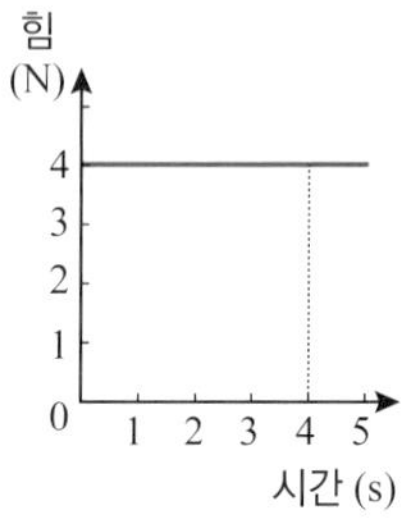

	㉠	㉡
①	3 m/s	8 N·s
②	3 m/s	16 N·s
③	6 m/s	8 N·s
④	6 m/s	16 N·s
⑤	12 m/s	32 N·s

09 질량 10 kg 인 물체가 5 m/s 의 일정한 속력으로 운동하고 있다. 이 물체에 20 N 의 힘을 3초 동안 작용했을 때, 물체가 받는 충격량의 크기는?

① 30 N·s ② 50 N·s ③ 60 N·s
④ 100 N·s ⑤ 200 N·s

[10~11] (가)는 마찰이 없는 수평면에서 15 m/s 의 속력으로 운동하고 있는 질량이 3 kg 인 물체에 운동 방향과 반대 방향으로 힘 F 가 작용하고 있는 것을 나타낸 것이다. 이때 힘 F 를 시간에 따라 나타낸 것이 그림 (나) 이다.

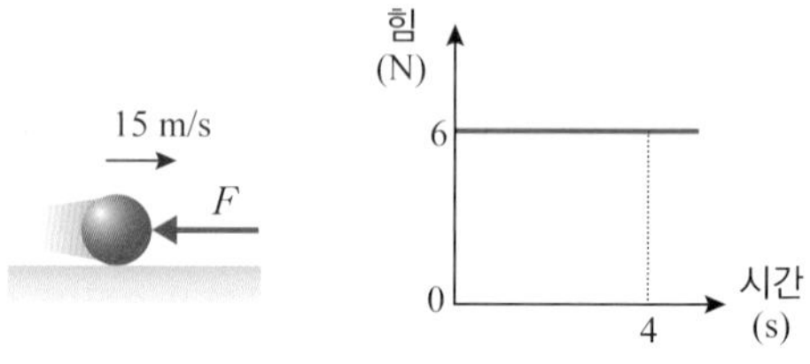

(가) (나)

10 4초일 때 물체의 속력은 얼마인가?

① 5 m/s ② 7 m/s ③ 10 m/s
④ 14 m/s ⑤ 15 m/s

11 물체의 운동량의 크기를 시간에 따라 나타낸 것으로 옳은 것은?

①
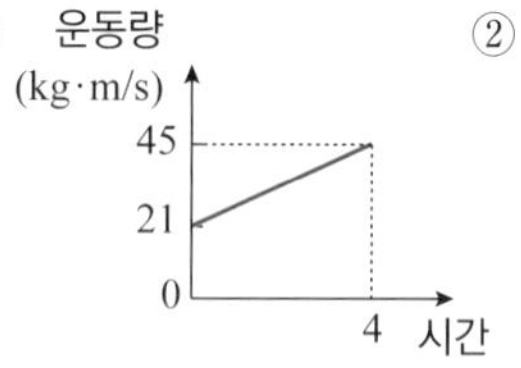

②
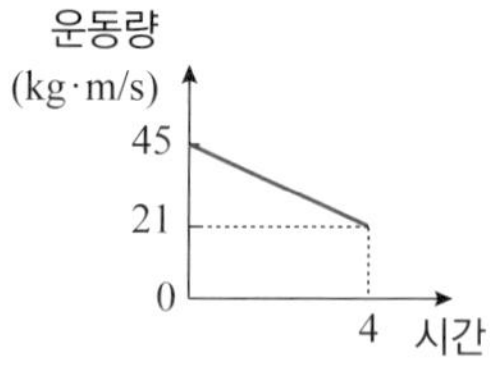

③
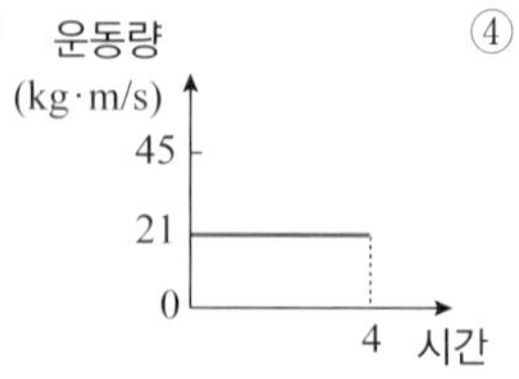

④
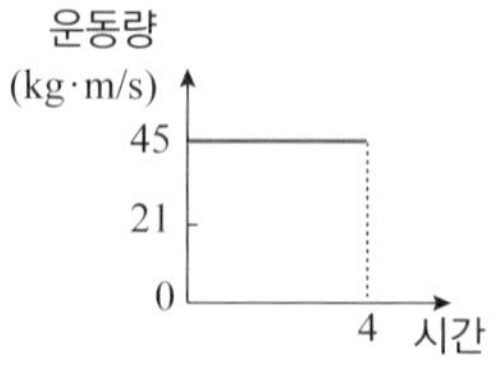

⑤
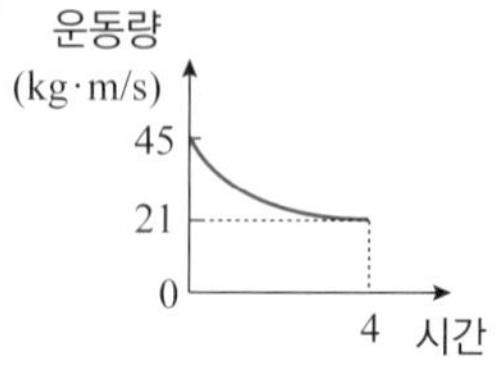

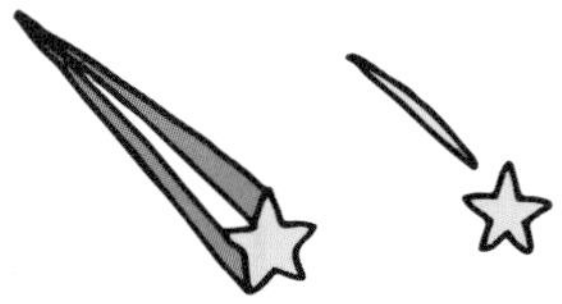

12 마찰이 없는 수평면 위에 정지해 있는 질량이 2 kg인 물체에 수평면과 나란한 방향으로 작용한 힘을 시간에 따라 나타낸 것이다. 5초일 때 물체의 속력은 얼마인가?

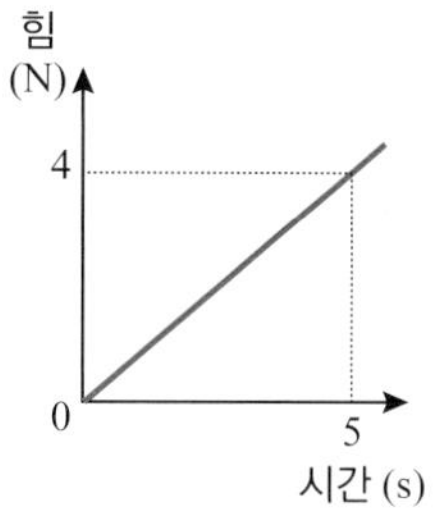

(　　　　　) m/s

13 마찰이 없는 수평면에서 2 m/s 의 속력으로 운동하던 질량이 6 kg 인 물체가 힘을 받아 3초 후 속력이 7 m/s 가 되었다. 3초 동안 물체에 작용한 평균 힘(F)은 얼마인가?

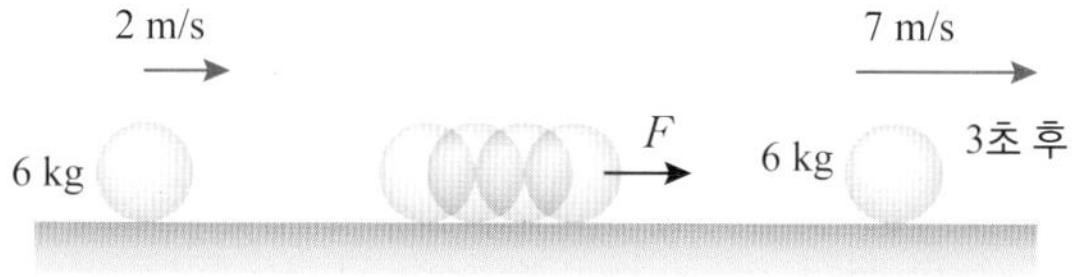

① 5 N　② 10 N　③ 30 N
④ 90 N　⑤ 120 N

14 마찰이 없는 수평면 위에서 운동하는 질량이 5 kg 인 물체의 운동량을 시간에 따라 나타낸 것이다. 이에 대한 설명으로 옳은 것만을 <보기>에서 있는 대로 고른 것은?

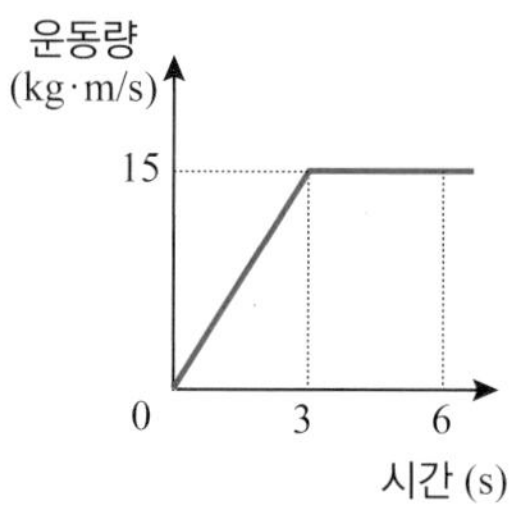

보 기

ㄱ. 3초 일 때 물체의 속력은 3 m/s 이다.
ㄴ. 0 ~ 3초 동안 물체에 작용한 평균 힘의 크기는 5 N 이다.
ㄷ. 0 ~ 6초 동안 물체가 받은 충격량은 15 N·s 이다.

① ㄱ　② ㄴ　③ ㄷ
④ ㄱ, ㄴ　⑤ ㄱ, ㄴ, ㄷ

15 마찰이 없는 수평면에서 질량이 m인 물체 A가 정지해 있는 질량이 $2m$인 물체 B를 향해 일정한 속력 v로 다가와 충돌하였다. 이에 대한 설명으로 옳은 것만을 <보기>에서 있는 대로 고른 것은?

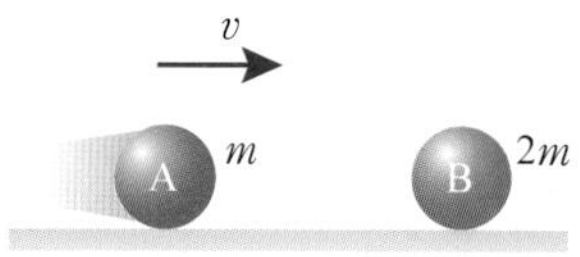

보 기

ㄱ. 두 물체가 충돌 시 받는 힘의 크기는 각각 같다.
ㄴ. 충돌 전후 속도 변화량의 크기는 A가 B 보다 크다.
ㄷ. 충돌 시 A의 충격량의 크기는 B의 충격량의 크기보다 크다.

① ㄱ　② ㄴ　③ ㄷ
④ ㄱ, ㄴ　⑤ ㄱ, ㄴ, ㄷ

16 질량이 m 으로 같은 달걀 A 와 B 를 같은 높이에서 떨어뜨렸을 때 푹신한 방석에 떨어진 A 는 깨지지 않고, 딱딱한 돌에 떨어진 B 는 깨지는 것을 나타낸 것이다. 이에 대한 설명으로 옳은 것만을 <보기>에서 있는 대로 고른 것은? (단, 공기의 저항은 무시한다.)

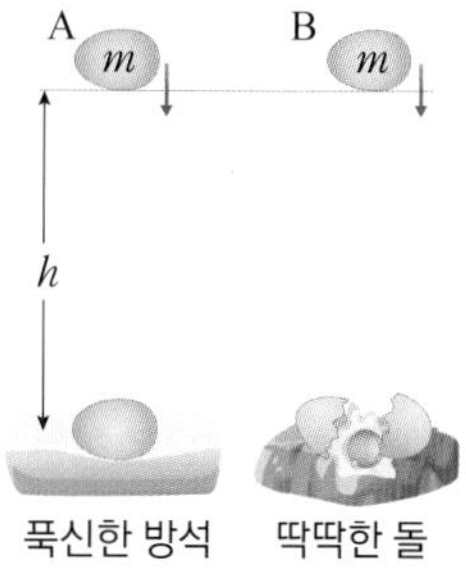

보 기

ㄱ. 달걀이 바닥에 닿기 직전의 속도는 각각 같다.
ㄴ. 충돌 과정에서 달걀이 받은 충격량의 크기는 B가 A보다 크다.
ㄷ. 충돌 과정에서 달걀이 받는 평균 힘의 크기는 B가 A 보다 크다.

① ㄱ　② ㄴ　③ ㄷ
④ ㄱ, ㄷ　⑤ ㄱ, ㄴ, ㄷ

17 질량 2 kg인 물체가 오른쪽으로 10 m/s의 속력으로 운동하다가 벽과 충돌한 뒤 왼쪽으로 5 m/s의 속력으로 운동하였다.

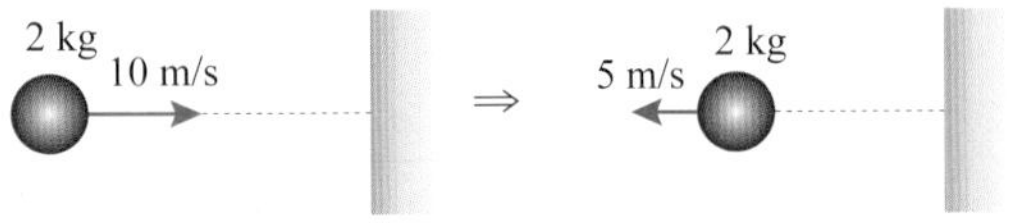

(1) 이 물체가 벽으로부터 받은 충격량의 크기는 얼마인가?

① 10 N·s ② 20 N·s ③ 30 N·s
④ 40 N·s ⑤ 50 N·s

(2) 충돌 중에 물체와 벽이 접촉한 시간이 0.05 초라면, 공이 벽으로 받은 평균 힘의 크기는 얼마인가?

① 200 N ② 300 N ③ 400 N
④ 500 N ⑤ 600 N

18 질량이 같은 두 자동차 A, B가 각각 v_A, v_B 의 일정한 속력으로 운동하다가 같은 벽에 충돌하여 정지하였다. 그림은 자동차 A와 B가 벽에 충돌하는 순간부터 정지할 때까지 A와 B에 작용하는 힘과 시간의 관계를 나타낸 것이다.

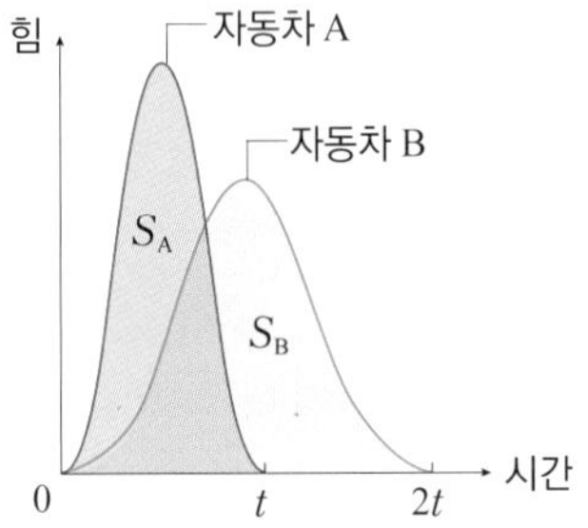

S_A, S_B 는 각각의 그래프의 면적을 의미하며, $3S_A = S_B$ 일 때 이에 대한 설명으로 옳은 것만을 <보기>에서 있는 대로 고른 것은?

보 기

ㄱ. $v_B = 3v_A$ 이다.
ㄴ. 벽과 충돌하는 동안 자동차 A와 B가 받는 평균 힘의 크기 비는 3 : 2 이다.
ㄷ. 정지할 때까지 자동차 A, B의 운동량 변화량은 같다.

① ㄱ ② ㄴ ③ ㄷ
④ ㄱ, ㄴ ⑤ ㄱ, ㄷ

19 다음은 마찰이 없는 수평면 위에 정지해 있는 질량이 2 kg인 물체에 수평면과 나란한 방향으로 작용한 힘을 시간에 따라 나타낸 것이다.

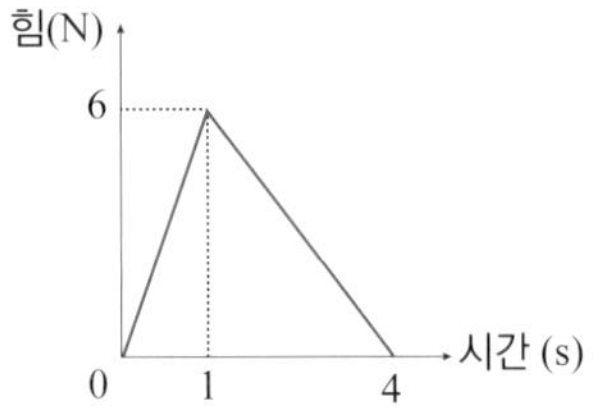

물체의 운동에 대한 설명으로 옳은 것만을 <보기>에서 있는 대로 고른 것은?

보 기

ㄱ. 4초일 때 물체의 운동량의 크기는 12 kg·m/s 이다.
ㄴ. 0~1초 동안 물체에 작용한 충격량의 크기는 3 N·s 이다.
ㄷ. 4초일 때 물체의 속도의 크기는 6 m/s 이다.

① ㄱ ② ㄷ ③ ㄱ, ㄴ
④ ㄴ, ㄷ ⑤ ㄱ, ㄴ, ㄷ

20 다음은 마찰이 없는 수평면 위에서 직선 운동하고 있는 두 물체 A, B의 운동량을 시간에 따라 나타낸 것이다. 두 물체의 질량은 2 kg으로 서로 같다.

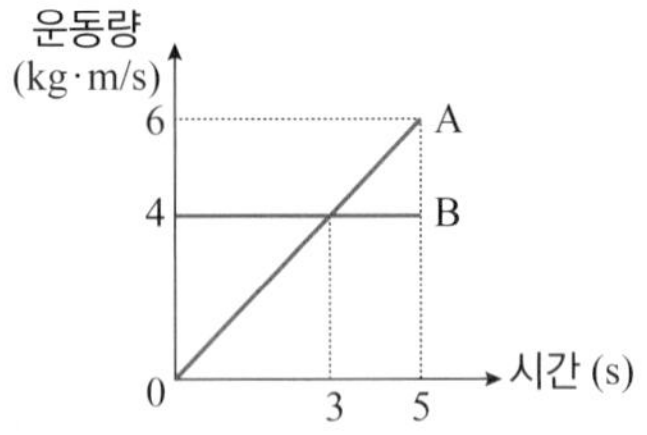

물체의 운동에 대한 설명으로 옳은 것만을 <보기>에서 있는 대로 고른 것은?

보 기

ㄱ. 3초일 때 두 물체의 속력은 2 m/s 로 서로 같다.
ㄴ. 0~5초 동안 물체 A에 작용한 충격량은 물체 B에 작용한 충격량보다 2 N·s 만큼 작다.
ㄷ. 5초일 때 물체 A의 속력이 물체 B 보다 빠르다.

① ㄱ ② ㄷ ③ ㄱ, ㄴ
④ ㄱ, ㄷ ⑤ ㄱ, ㄴ, ㄷ

정답 및 해설 → 41

21 체조 선수가 도마를 뛰어 넘어 착지할 때 무릎을 구부리는 모습을 나타낸다.

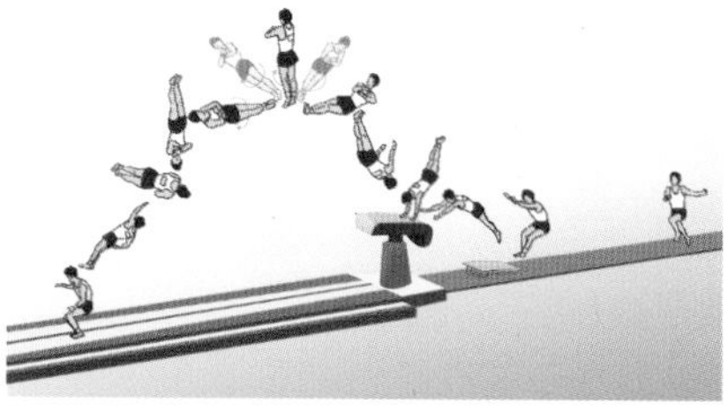

체조 선수가 같은 높이에서 착지할 때 무릎을 굽히는 것과 굽히지 않는 것의 차이에 대한 설명으로 옳은 것만을 <보기>에서 있는 대로 고른 것은?

보 기

ㄱ. 바닥으로부터 체조 선수가 받는 충격력은 무릎을 구부리지 않을 때가 더 크다.
ㄴ. 바닥으로부터 체조 선수가 받는 충격량은 무릎을 구부리지 않을 때가 더 크다.
ㄷ. 바닥에 닿기 직전 사람의 운동량은 무릎을 구부리지 않을 때가 더 작다.

① ㄱ　② ㄴ　③ ㄷ
④ ㄱ, ㄴ　⑤ ㄴ, ㄷ

서술형

22 멀리뛰기 선수의 착지 지점에는 모래가 깔려 있다. 모래가 착지하는 선수에게 주는 잇점을 다음 단어를 모두 포함하여 서술하시오.

충격량, 시간, 충격력

서술형

23 기차는 같은 속력으로 달리는 자동차에 비해 멈추기가 어렵다. 그 이유를 다음 단어를 모두 넣어 서술하시오.

관성, 질량, 운동 상태

24 다음은 포수가 날아오는 야구공을 잡을 때까지 발생하는 물리량의 변화에 대한 설명이다. 각 기호에 해당하는 물리량을 옳게 짝지은 것은?

투수가 던진 야구공이 포수 미트에 닿아 속력이 점점 작아지는 동안 야구공의 (㉠　　　)의 크기는 점점 작아진다. 포수가 공을 잡아 야구공을 정지시킬 때까지 야구공의 (㉠　　　)의 변화량은 (㉡　　　)과 같다. 이때 포수 미트는 다른 글러브에 비해 두툼한 재질의 글러브를 사용하며, 포수는 공을 받을 때 손을 뒤로 빼면서 받는다. 그 이유는 날아오는 야구공을 잡을 때 같은 (㉡　　　)을 받더라도 (㉢　　　)을 길게 하여 손에 전달되는 (㉣　　　)의 크기를 줄이기 위해서 이다.

	㉠	㉡	㉢	㉣
①	충격량	운동량	평균 힘(충격력)	충돌 시간
②	운동량	충격량	평균 힘(충격력)	충돌 시간
③	충격량	운동량	충돌 시간	평균 힘(충격력)
④	운동량	충격량	충돌 시간	평균 힘(충격력)
⑤	충돌시간	충격량	운동량	평균 힘(충격력)

01 중력과 역학적 시스템

01 중력에 대한 설명으로 옳은 것만을 <보기>에서 있는 대로 고른 것은?

보기

ㄱ. 중력은 지구상의 모든 물체와 생명체에 끊임없이 작용한다.
ㄴ. 지구가 물체를 당기는 힘의 크기가 물체가 지구를 당기는 힘의 크기보다 크다.
ㄷ. 중력은 지표면에서 높은 곳으로 올라갈수록 작아진다.

① ㄱ ② ㄴ ③ ㄷ
④ ㄱ, ㄷ ⑤ ㄱ, ㄴ, ㄷ

02 같은 높이에서 질량이 각각 $3m$, m인 물체 A, B를 동시에 가만히 놓아 낙하시켰다. 이에 대한 설명으로 옳은 것만을 <보기>에서 있는 대로 고른 것은? (단, 중력 가속도는 9.8 m/s^2이고, 공기 저항은 무시한다.)

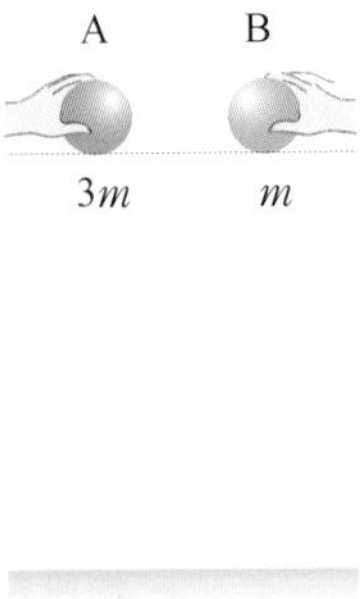

보기

ㄱ. A에 작용하는 중력의 크기는 B의 3배이다.
ㄴ. 1초마다 증가하는 속력은 A가 B의 3배이다.
ㄷ. 1초 후 물체 A의 속력과 3초 후 물체 B의 속력은 같다.

① ㄱ ② ㄴ ③ ㄷ
④ ㄱ, ㄷ ⑤ ㄱ, ㄴ, ㄷ

03 지표면에서 20 m 높이에서 수평 방향으로 100 m/s 로 운동하는 비행기에서 공을 가만히 놓았을 때 공의 운동 경로를 나타낸 것이다. 이에 대한 설명으로 옳은 것만을 <보기>에서 있는 대로 고른 것은? (단, 공기 저항은 무시하고, 중력 가속도는 10 m/s^2 이다.)

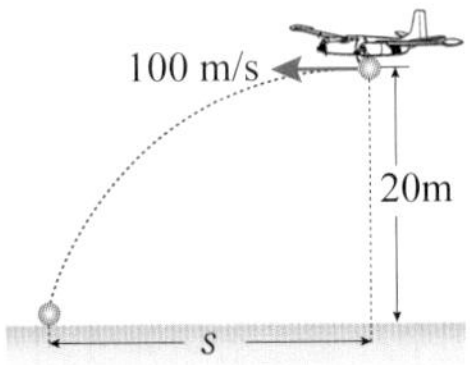

보기

ㄱ. 공이 지면에 도달하기까지 걸린 시간은 2초이다.
ㄴ. 공이 출발하여 지면에 도달하는 순간까지 이동한 수평 거리 s = 200 m 이다.
ㄷ. 공이 지면에 도달하는 순간 공의 연직 방향 속력은 20 m/s 이다.

① ㄱ ② ㄴ ③ ㄷ
④ ㄱ, ㄴ ⑤ ㄱ, ㄴ, ㄷ

04 지표면 근처에서 질량이 같은 대포알 A ~ C 를 수평 방향으로 쏘았을 때 각각의 운동 경로를 나타낸 것이다. 이에 대한 설명으로 옳은 것만을 <보기>에서 있는 대로 고른 것은? (단, 지구는 완전한 구형이고, 공기 저항은 무시한다.)

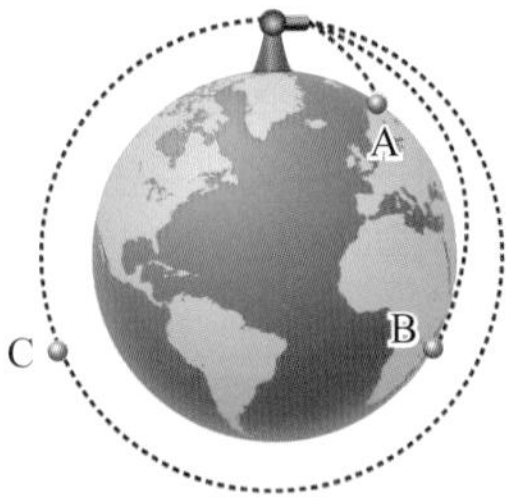

보기

ㄱ. 운동하는 동안 대포알에 작용하는 중력은 A가 가장 크다.
ㄴ. 대포알 A와 B는 지구 중심 방향 속도 변화량이 같다.
ㄷ. 대포알을 쏜 속력은 C 가 가장 크다.

① ㄱ ② ㄴ ③ ㄷ
④ ㄴ, ㄷ ⑤ ㄱ, ㄴ, ㄷ

[05~06] 다음은 높이가 h 인 곳에서 수평 방향으로 10 m/s 의 속력으로 던진 물체가 수평 거리가 30 m 인 지점에 떨어질 때까지의 운동 경로를 나타낸 것이다. 단, 공기 저항은 무시하고, 중력 가속도는 10 m/s² 이다.

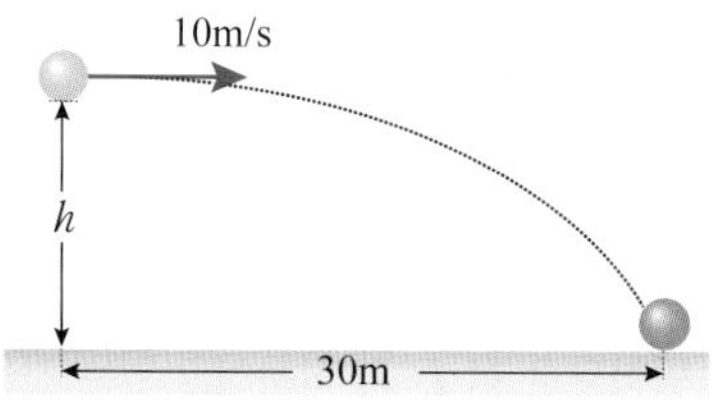

05 지면에 떨어질 때까지 ㉠ 수평 방향 및 ㉡ 연직 방향의 속력과 시간 그래프로 옳은 것을 <보기>에서 각각 고르시오.

보 기

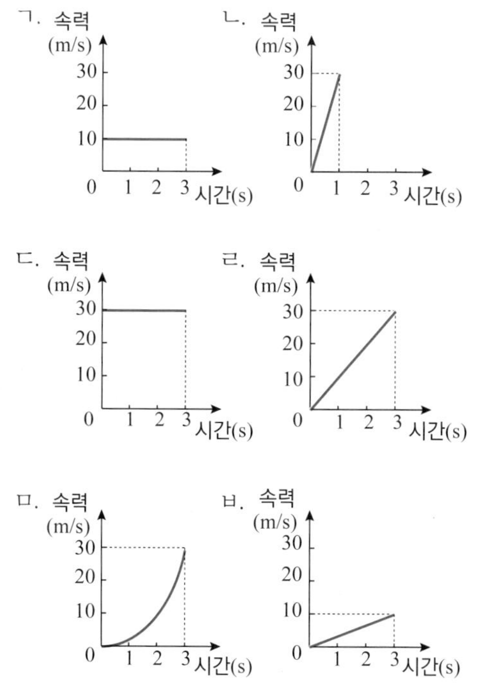

㉠ 수평 방향 (　　　　　　)
㉡ 연직 방향 (　　　　　　)

06 높이 h 를 구하시오.

(　　　　　　)m

07 같은 높이에 있는 질량이 m, $2m$ 인 물체 A와 B를 각각 수평 방향으로 $2v$, v 의 속력으로 동시에 던졌다. 두 물체의 운동에 대한 물리량을 등호 또는 부등호를 이용하여 각각 답하시오. (단, 공기 저항은 무시한다.)

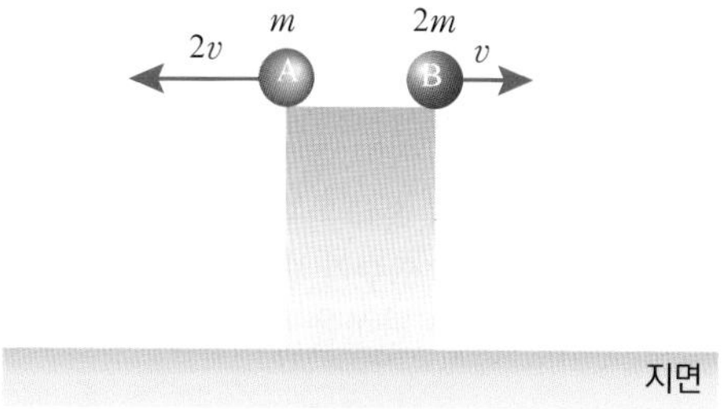

(1) 지면에 도달하는 시간

A (　　　　) B

(2) 지면에 도달할 때까지 수평 방향 이동 거리

A (　　　　) B

(3) 운동하는 동안 물체에 작용하는 중력의 크기

A (　　　　) B

(4) 지면에 도달하는 순간 연직 방향 속력

A (　　　　) B

서술형

08 지구가 처음 생성될 무렵 철, 니켈 성분의 핵이 형성되었고, 산소, 규소 성분의 맨틀과 지각을 형성하여 그림과 같이 층상 구조를 이루게 되었다.

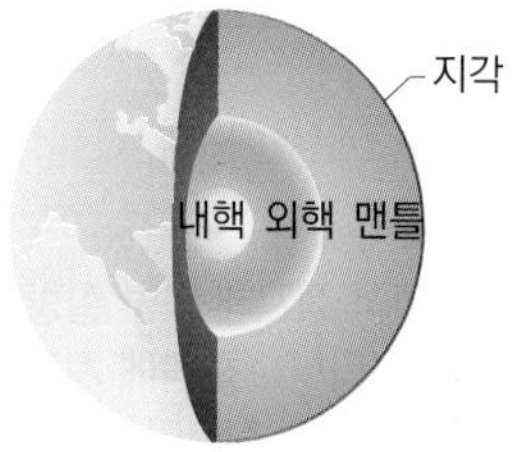

이렇게 지구가 각각 다른 성분으로 구성된 층상 구조를 이루게 된 원인을 '중력' 이라는 단어를 포함시켜 서술해 보시오.

02 운동량과 충격량, 안전

09 관성에 대한 설명으로 옳은 것은?

① 정지한 물체는 관성이 없다.
② 관성은 물체의 질량과는 관계가 없다.
③ 운동하던 물체는 운동 방향과 빠르기를 계속 유지하려고 한다.
④ 운동하고 있는 물체에 작용하는 알짜힘이 0이면 물체의 속력은 점점 느려진다.
⑤ 야구공을 포수가 받을 때 글러브를 뒤로 빼면서 받는 것은 관성을 줄이기 위해서이다.

10 운동하고 있는 물체에 나타나는 운동 관성과 관련된 현상으로 옳은 것만을 <보기>에서 있는 대로 고른 것은?

보기

ㄱ. 삽으로 흙을 파서 던지면 흙이 멀리 날아간다.
ㄴ. 나무 도막을 쌓아 놓고 가운데를 빠르게 치면 가운데 나무 도막만 빠져 나간다.
ㄷ. 움직이던 선풍기의 전원을 꺼도 선풍기 날개는 바로 멈추지 않는다.

① ㄱ ② ㄴ ③ ㄷ
④ ㄱ, ㄷ ⑤ ㄱ, ㄴ, ㄷ

11 높이 h_A 에서 정지해 있던 질량이 5kg 인 물체 A 를 자유 낙하시켰더니 2초 만에 지면에 도달하였고, 높이 h_B 에서 정지해 있던 질량이 2kg 인 물체 B 는 5초 만에 지면에 도달하였다. 물체 A 와 B가 지면에 의해 받은 충격량의 비 $I_A : I_B$ 는 얼마인가? (단, 중력 가속도는 9.8 m/s² 이고, 공기 저항은 무시한다.)

$I_A : I_B$ = (   )

12 정지해 있는 질량이 50g 인 골프공을 골프채로 쳐서 40 m/s 의 속력으로 날아가게 하였다. 이때 골프공이 받은 충격량의 크기는 얼마인가?

(   ) N·s

13 그림 (가)는 마찰이 없는 수평면에서 5 m/s 의 속력으로 운동하고 있는 질량이 2 kg 인 물체에 운동 방향과 같은 방향으로 힘 F 가 작용하고 있는 것을 나타낸 것이다. 이때 힘 F 를 시간에 따라 나타낸 것이 그림 (나) 이다.

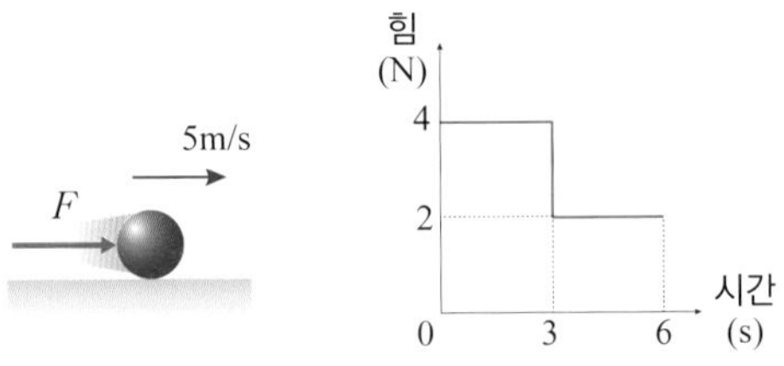

(가) (나)

6초일 때 물체의 속력은 얼마인가? (단, 모든 마찰은 무시한다.)

① 7 m/s ② 14 m/s ③ 21 m/s
④ 28 m/s ⑤ 35 m/s

14 질량이 m 인 물체가 $3v$ 의 속력으로 벽과 충돌한 뒤 처음 운동 방향과 반대 방향으로 튀어나왔다. 이때 물체가 벽과 충돌할 때 물체가 받은 충격량의 크기는 $4mv$ 였다. 이에 대한 설명으로 옳은 것만을 <보기>에서 있는 대로 고른 것은? (단, 물체의 처음 운동 방향을 (+)로 한다.)

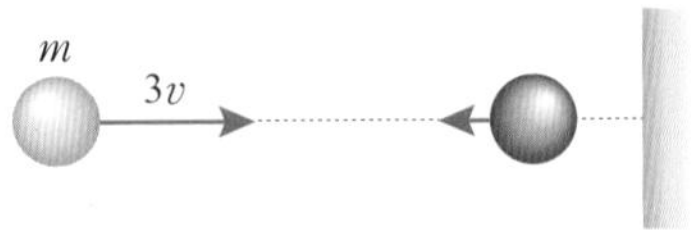

보기

ㄱ. 물체가 튀어나온 속력은 v 이다.
ㄴ. 물체와 벽이 0.1초 동안 접촉해 있었다면, 물체가 받은 평균 힘의 크기는 $40mv$ 이다.
ㄷ. 물체가 벽과 충돌할 때 물체가 벽에 가한 충격량의 크기는 $4mv$ 이다.

① ㄱ ② ㄴ ③ ㄷ
④ ㄱ, ㄴ ⑤ ㄱ, ㄴ, ㄷ

정답 및 해설 ➜ 44

15 마찰이 없는 수평면 위에서 3 m/s 의 속력으로 운동하는 있는 질량이 2 kg 인 물체에 운동 방향으로 작용한 힘의 크기를 시간에 따라 나타낸 것이다. 이에 대한 설명으로 옳은 것만을 <보기>에서 있는 대로 고른 것은?

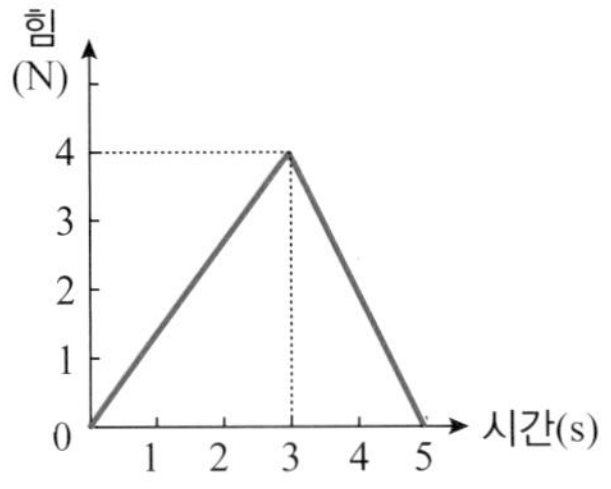

보 기

ㄱ. 0 ~ 5 초 동안 물체가 받은 충격량의 크기는 10 N·s 이다.
ㄴ. 5초일 때 물체의 속력은 3초일 때 물체의 속력의 2배이다.
ㄷ. 5초일 때 물체의 운동량은 16 kg·m/s 이다.

① ㄱ ② ㄷ ③ ㄱ, ㄴ
④ ㄱ, ㄷ ⑤ ㄱ, ㄴ, ㄹ

16 질량이 같은 두 유리컵을 같은 높이에서 시멘트 바닥에 떨어뜨렸을 때(A)와 푹신한 스펀지에 떨어뜨렸을 때(B) 유리컵에 작용한 힘의 크기를 시간에 따라 나타낸 것이다. 이에 대한 설명으로 옳지 않은 것은?

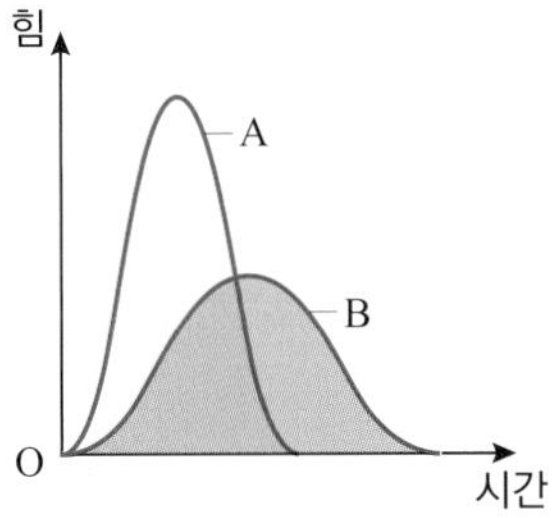

① A와 B의 그래프 아래 면적은 같다.
② B 경우보다 A 경우의 충격량이 더 크다.
③ B 경우보다 A 경우 유리컵이 깨지기 쉽다.
④ 유리컵이 받은 평균 힘은 A 경우가 B 경우보다 크다.
⑤ 유리컵에 힘이 작용한 시간은 A 경우보다 B 경우가 더 길다.

서술형

17 계속 정지해 있으려는 관성에 의해 나타나는 현상을 두 가지 이상 서술하시오.

서술형

18 같은 속력으로 달리던 질량이 같은 자동차 A, B가 각각 짚더미와 단단한 벽에 충돌하였다. 충돌 후 자동차는 모두 정지하였으며, 자동차 B 가 A 보다 더 크게 파손되었다. 자동차 B 가 A 보다 더 크게 파손된 이유를 서술하시오.

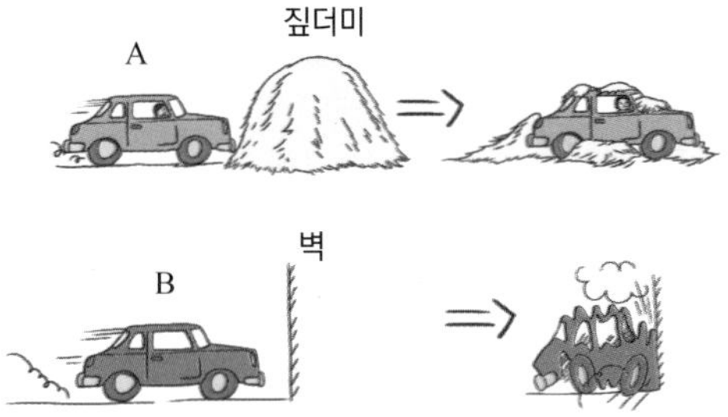

19 (배+사람 A)의 질량이 50 kg, (배+사람 B)의 질량이 100 kg 이고, 정지 상태에서 B가 A를 100N 의 일정한 힘으로 5초 동안 잡아당기는 것을 나타낸 것이다. 단, 배와 강물 사이의 마찰, 공기 저항은 무시한다.

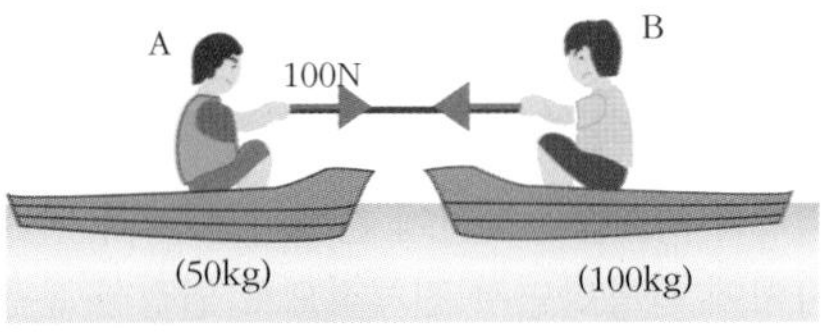

이에 대한 설명으로 옳은 것만을 <보기>에서 있는 대로 고른 것은?

보 기

ㄱ. (배+사람 B)가 받은 충격량은 500 N·s 이다.
ㄴ. 잡아당기기 시작한 5초 후 (배+사람 A)의 운동량이 (배+사람 B)의 운동량보다 더 크다.
ㄷ. 잡아당기기 시작한 5초 후 (배+사람 B)의 속력은 10 m/s 이다.

① ㄱ ② ㄴ ③ ㄷ
④ ㄱ, ㄷ ⑤ ㄱ, ㄴ, ㄷ

01. 중력과 역학적 시스템

1. 중력

정의	질량이 있는 모든 물체 사이에 상호 작용하는 서로 당기는 힘, 단위 N(뉴턴)
방향	지구 중심 방향 = (❶)
크기	(❷) = 질량 × 중력 가속도

2. 중력을 받는 물체의 운동

(1) 자유 낙하 운동 : 공기의 저항을 무시할 때, 처음 속도가 0인 상태에서 물체가 중력만을 받아 낙하하는 운동

① 가속도가 연직 아래 방향으로 9.8 m/s^2 으로 일정한 (❸) 운동을 한다.

② 같은 높이에서 자유 낙하하는 물체는 질량에 관계없이 동시에 바닥에 도달한다.

(2) 수평으로 던진 물체의 운동 : 공기의 저항을 무시할 때, 지표면에서 수평 방향으로 던진 물체는 운동 방향과 속력이 계속 변하는 운동을 한다.

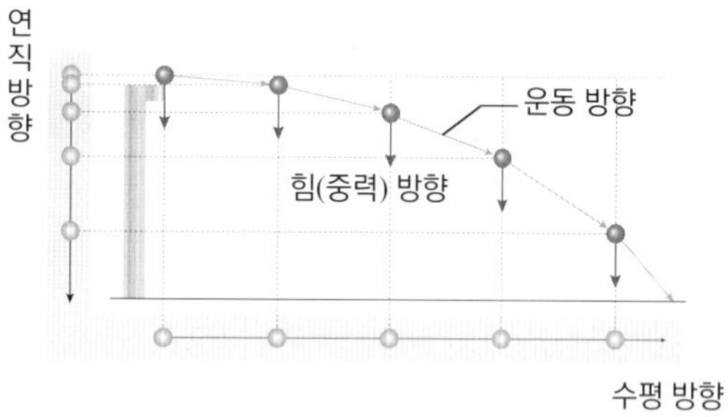

구분	작용하는 힘	속력	가속도	물체의 운동
수평 방향	없음	(❹)	(❺)	등속 직선 운동
연직 방향	(❻)	일정하게 증가	일정	등가속도 운동

3. 중력과 역학적 시스템

(1) 역학적 시스템 : 자연에 존재하는 여러 가지 힘이 물체들 사이에 작용하면서 전체적으로 일정한 운동 체계를 유지하고 있는 시스템

(2) 중력과 역학적 시스템 : 중력은 지구 시스템과 생명 시스템에서 일어나는 다양한 현상에 영향을 미치는 필수적인 역할을 한다.

지구 시스템에서의 중력	생명 시스템에서의 중력
● 지표 근처에 대기층이 형성 ● 공기와 바닷물의 대류 현상 ● 기상 현상 ● 밀물과 썰물 ● 지형 변화	● 중력 방향으로 자라는 식물의 뿌리 ● 척추 동물의 전정 기관 존재 ● 육상 동물의 골격과 근육 발달

02. 운동량과 충격량, 안전

1. 관성 : 물체가 현재의 운동 상태를 계속 유지하려는 성질

관성의 크기	물체의 (❶)이 클수록 관성이 크다.(운동 상태를 변화시키기 어렵다.)
관성 법칙	물체에 힘이 작용하지 않으면 정지해 있던 물체는 정지해 있고 운동하던 물체는 등속 직선 운동을 한다.
관성의 예	정지 관성 - 버스가 급출발하면 몸이 뒤로 쏠린다. 운동 관성 - 버스가 급정거하면 몸이 앞으로 쏠린다.
관성과 안전	관성 브레이크, 안전띠

2. 운동량과 충격량

(1) 운동량과 충격량

구분	(❷)	(❸)
정의	운동하는 물체의 운동 효과를 나타내는 물리량	물체가 받은 충격의 정도를 나타내는 물리량
크기	운동량 = 질량 × 속도 $p = mv$	충격량 = 힘 × 시간 $I = F\Delta t$ = 운동량 변화량
단위	kg·m/s	(❹)
방향	물체의 운동 방향과 같다.	물체에 작용한 힘의 방향과 같다.

(2) 힘-시간 그래프 : 그래프의 가로축(시간축)과 이루는 넓이는 물체가 받은 (❺)을 나타낸다.

(3) 운동량과 충격량의 관계 : 물체가 받은 충격량은 물체의 운동량 변화량과 같다.

충격량 = 나중 운동량 - 처음 운동량

(4) 충격력

① 충격력 : 충돌하는 동안 물체에 작용하는 평균 힘으로, 크기는 (❻)을 시간으로 나눈 값과 같다.

$$\text{충격력} = \frac{(❻\quad)}{\text{충돌 시간}} = \frac{\text{운동량 변화량}}{\text{충돌 시간}}$$

② 충격량이 같을 때 충격력과 힘이 작용한 시간의 관계 : 딱딱한 돌에 달걀이 떨어지는 경우(A)와 푹신한 방석 위에 떨어지는 경우(B) 달걀에 작용하는 힘-시간 그래프

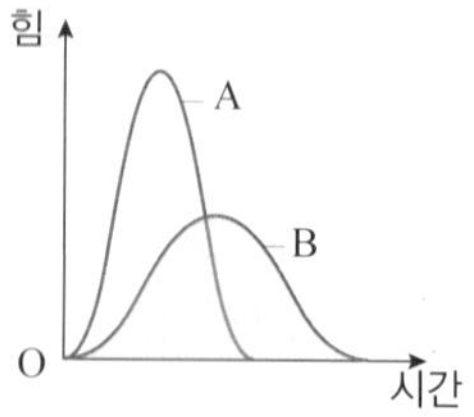

A: 달걀은 큰 힘을 짧은 시간 동안 받는다.
B: 달걀은 작은 힘을 긴 시간 동안 받는다.
→ 그래프 아래의 면적(충격량)은 서로 같다.

(5) 충격량과 안전 : 일반적으로 충격량이 일정할 때 물체에 작용하는 (❼)을 길게 하여 충격력의 크기를 줄이는 원리를 이용한다.

예 자동차 에어백, 자동차 범퍼, 포수 글러브, 헬맷과 보호대, 에어캡 포장, 놀이방 매트 등

내신 기출 모의고사 1회

15 문항 25분

01. 중력과 역학적 시스템

01 지구가 물체에 작용하는 중력에 대한 설명으로 옳지 않은 것은?

① 지구 중심 방향으로 작용한다.
② 물체의 질량이 클수록 중력이 크게 작용한다.
③ 지구 시스템과 생명 시스템을 유지하는 데 중요한 역할을 한다.
④ 중력의 크기를 질량이라고 하며, kg이라는 단위를 사용하여 그 크기를 나타낸다.
⑤ 지구 표면에서 지구 중심까지의 거리가 일정하지 않기 때문에 지표에서의 중력은 약간씩 다르다.

02 질량이 400 g인 축구공과 4 kg인 볼링공이 각각 지면에 놓여 있다. 이에 대한 설명으로 옳은 것만을 <보기>에서 있는 대로 고른 것은? (단, 공기의 저항은 무시한다.)

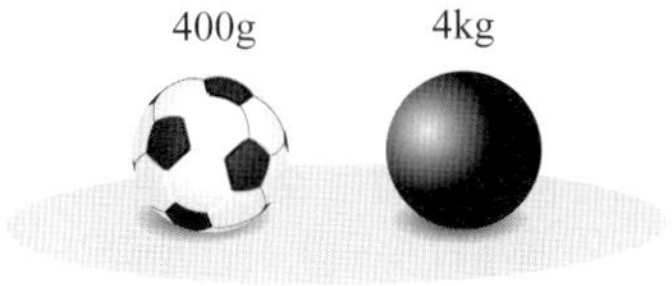

보기

ㄱ. 볼링공에 작용하는 지구에 의한 중력의 크기는 축구공의 10배이다.
ㄴ. 볼링과 축구공 사이에도 중력이 작용한다.
ㄷ. 두 공이 같은 높이에서 자유 낙하하면 지면에 동시에 도착한다.

① ㄱ ② ㄴ ③ ㄷ
④ ㄴ, ㄷ ⑤ ㄱ, ㄴ, ㄷ

03 질량이 2 kg인 물체 A를 공중에서 가만히 놓았더니 2초 후 물체 B를 지나갔다. 이 순간 물체 B를 가만히 놓아 낙하시켰다. B가 낙하하는 순간부터 4초 후 A의 속력은 B의 몇 배가 되는가? (단, 공기 저항은 무시한다.)

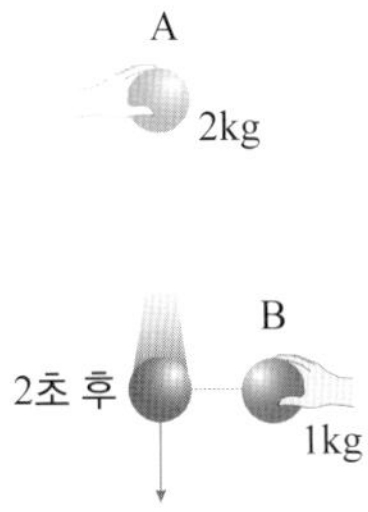

① 0.5배 ② 1배 ③ 1.5배
④ 2배 ⑤ 3배

04 질량이 서로 같은 쇠구슬과 깃털을 (가) 공기 중에서와 (나) 진공 중에서 같은 높이에서 동시에 놓아서 떨어뜨렸을 때의 모습을 일정한 시간 간격으로 나타낸 것이다.

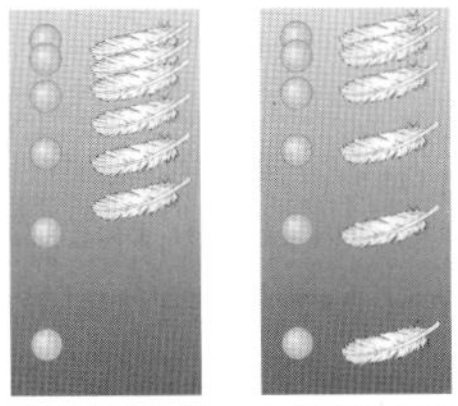
(가) 공기 중 (나) 진공 중

이에 대한 설명으로 옳은 것만을 <보기>에서 있는 대로 고른 것은?

보기

ㄱ. (가)에서 쇠구슬과 깃털에 작용하는 힘의 크기는 서로 같다.
ㄴ. (나)에서 쇠구슬과 깃털에 작용하는 중력의 크기는 서로 같다.
ㄷ. (나)에서 쇠구슬과 깃털은 바닥에 동시에 도달한다.

① ㄱ ② ㄴ ③ ㄷ
④ ㄴ, ㄷ ⑤ ㄱ, ㄴ, ㄷ

05 자유 낙하하는 물체의 속력을 시간에 따라 나타낸 것이다. 이에 대한 설명으로 옳은 것만을 <보기>에서 있는 대로 고른 것은? (단, 중력 가속도는 g이다.)

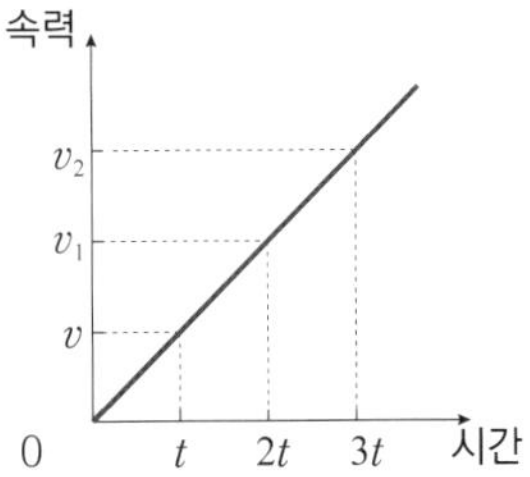

보기

ㄱ. $v_1 : v_2 = 2 : 3$ 이다.
ㄴ. 물체의 질량이 커질수록 그래프의 기울기도 커진다.
ㄷ. $t \sim 3t$ 동안 물체가 낙하한 거리는 $\frac{4v^2}{g}$ 이다.

① ㄱ ② ㄴ ③ ㄷ
④ ㄱ, ㄷ ⑤ ㄱ, ㄴ, ㄷ

서술형

06 높이가 h 인 곳에서 질량이 m 인 물체를 수평 방향으로 v 의 속력으로 던졌더니 수평 거리 s 만큼 떨어진 지점에 도달한 것을 나타낸 것이다. 물체를 수평 거리 s 보다 더 먼 지점에 떨어뜨릴 수 있는 방법을 그 이유와 함께 한 가지 이상 서술하시오. (단, 공기 저항은 무시한다.)

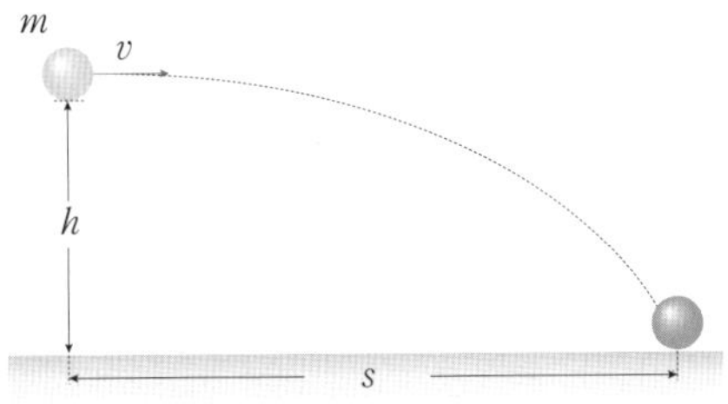

07 그림과 같이 지면에 놓여 있는 물체 A와 물체 A의 연직 위로 높이가 h 인 곳의 물체 B를 각각 지면과 나란한 방향으로 동시에 같은 속력 v 로 운동시켰다. 이에 대한 설명으로 옳은 것만을 <보기>에서 있는 대로 고른 것은? (단, 공기 저항, 물체의 크기, 바닥과의 마찰은 모두 무시한다.)

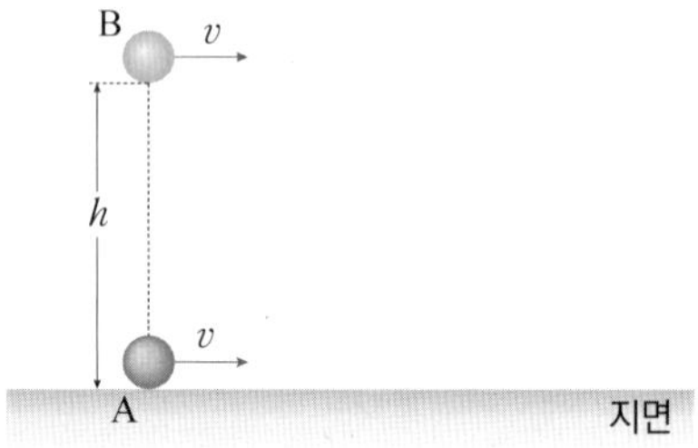

보 기

ㄱ. 물체 B가 지면에 닿는 순간 물체 A와 충돌한다.
ㄴ. 지면에 닿기 직전 물체 B의 속력은 v 보다 크다.
ㄷ. 운동 중 물체 A에 작용하는 힘의 크기는 B에 작용하는 힘의 크기보다 크다.

① ㄱ ② ㄴ ③ ㄷ
④ ㄱ, ㄴ ⑤ ㄱ, ㄴ, ㄷ

서술형

08 물체 A를 B를 향하여 수평으로 던짐과 동시에 B를 그 자리에서 가만히 놓았더니 물체 A, B는 오른쪽 그림과 같이 운동한 후 C점에서 부딪쳤다. 그 이유를 서술하시오. (단, 물체 A와 B는 지면으로부터 같은 높이에 있었다.)

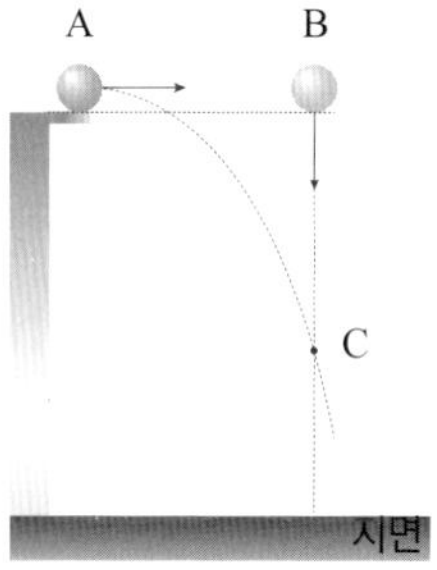

09 관성으로 설명할 수 있는 현상으로 옳은 것만을 <보기>에서 있는 대로 고른 것은?

보 기

ㄱ. 후추통을 흔들면 후추 가루가 나온다.
ㄴ. 자동차의 범퍼는 차체에 비해 쉽게 변형되도록 만들어진다.
ㄷ. 큰 화물선은 항구에 진입하기 전에 미리 엔진을 끄며, 작은 예인선에 의해 항구로 끌려 들어온다.

① ㄱ ② ㄴ ③ ㄷ
④ ㄱ, ㄷ ⑤ ㄱ, ㄴ, ㄷ

02. 운동량과 충격량, 안전

10 마찰을 무시할 수 있는 수평면 위에 정지해 있던 질량 2kg 인 물체에 다음 그래프와 같은 힘을 한 방향으로 작용하였다. 물음에 답하시오.

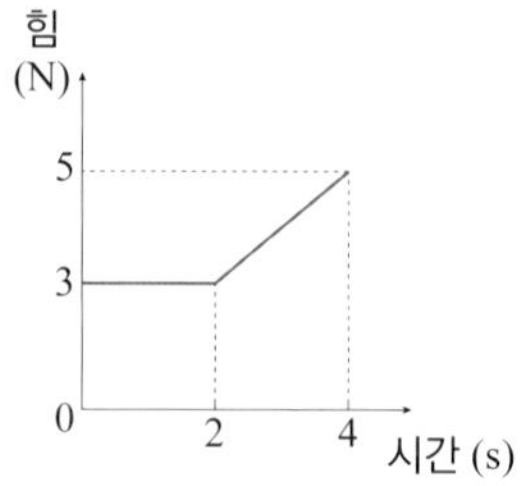

(1) 2초일 때 물체의 운동량은 얼마인가?

( )kg·m/s

(2) 2 ~ 4초 동안 물체가 받은 충격량은 얼마인가?

( )N·s

(3) 4초일 때 물체의 속력은 얼마인가?

( )m/s

11 다음은 마찰이 없는 수평면 위에서 직선 운동하는 질량 2 kg인 물체의 속도를 시간에 따라 나타낸 것이다.

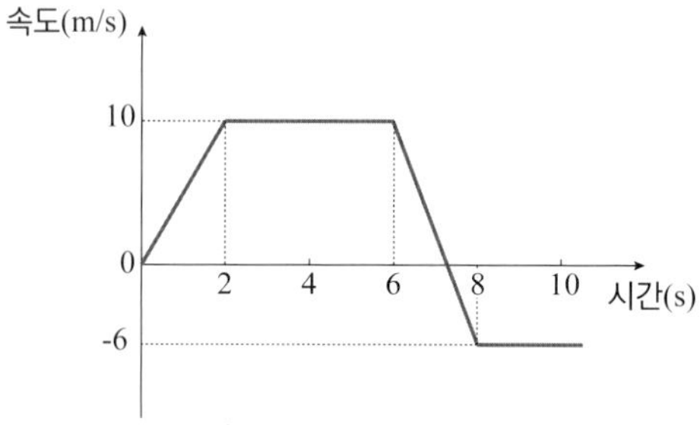

이에 대한 설명으로 옳은 것만을 <보기>에서 있는 대로 고른 것은? (단, 물체는 일직선 상을 운동하며, 모든 마찰과 물체의 크기는 무시한다.)

보 기

ㄱ. 0 ~ 10초 동안 물체의 최대 운동량의 크기는 20 kg·m/s 이다.
ㄴ. 0 ~ 2초, 6 ~ 8 초 구간에서 물체가 받는 평균 힘의 크기비는 5 : 8 이다.
ㄷ. 2 ~ 6초, 8 ~ 10 초 구간에서 힘이 작용하는 방향은 서로 반대 방향이다.

① ㄱ ② ㄷ ③ ㄱ, ㄴ
④ ㄱ, ㄷ ⑤ ㄱ, ㄴ, ㄷ

[12~13] 질량이 1 kg 인 야구공을 연직 위로 던져올렸다. (단, 중력 가속도는 10 m/s^2 이고, 공기의 저항은 무시한다.)

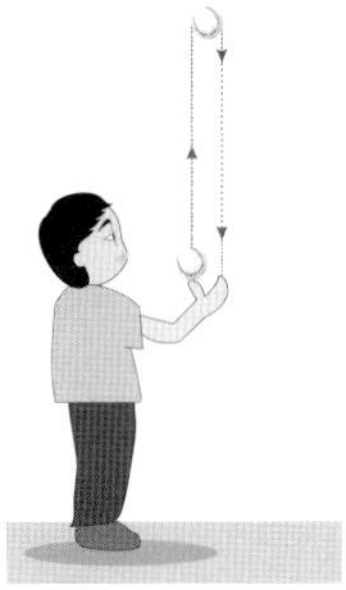

12 (가)는 5 m/s 의 속력으로 공을 던져 올리는 경우, (나)는 10 m/s 의 속력으로 공을 던져 올리는 경우라면, (가)와 (나)에서 야구공이 각각 던져 올린 위치로 되돌아오는 순간까지 야구공의 운동량을 시간에 따라 그래프에 각각 나타내시오. (단, 연직 위쪽 방향을 (+)로 한다.)

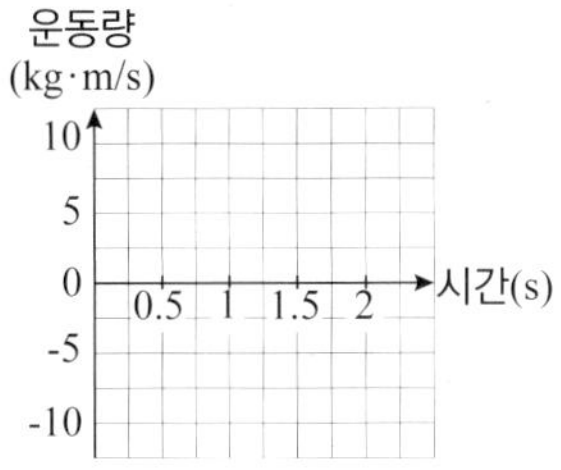

(가)

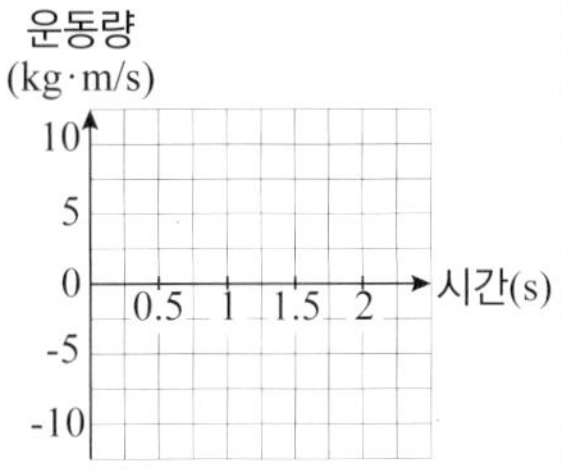

(나)

13 다음 그림은 (가)와 (나)의 경우 야구공을 던져올린 위치에서 되돌아 온 공을 받을 때 야구공이 손에 작용한 힘과 시간과의 그래프이다. A, B는 (가)와 (나) 그래프 각각의 시간축과의 넓이이다. 이에 대한 설명으로 옳은 것만을 <보기>에서 있는 대로 고른 것은?

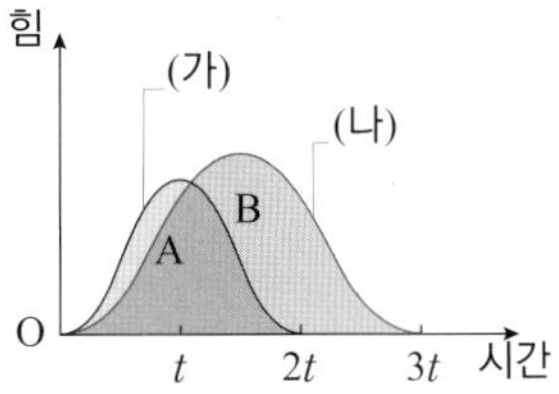

보 기

ㄱ. 야구공의 운동량 변화량은 (가)와 (나)가 같다.
ㄴ. B는 A의 2배이다.
ㄷ. 야구공이 손에 닿는 순간부터 손이 받은 평균 힘의 크기비 (가) : (나) = 3 : 4 이다.

① ㄴ ② ㄷ ③ ㄱ, ㄴ
④ ㄱ, ㄷ ⑤ ㄴ, ㄷ

14 그림은 인체 모형이 탄 자동차가 벽에 충돌하는 모의 실험을 나타낸 것이다.

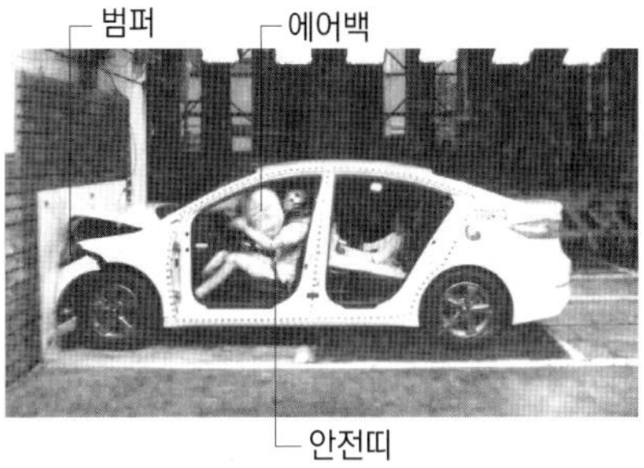

이에 대한 설명으로 옳은 것만을 <보기>에서 있는 대로 고른 것은?

보 기

ㄱ. 범퍼는 자동차의 충돌 시간을 늘린다.
ㄴ. 에어백은 인체 모형이 받는 충돌 시간을 늘린다.
ㄷ. 안전띠는 인체 모형이 받는 충돌 시간을 늘린다.

① ㄱ ② ㄷ ③ ㄱ, ㄴ
④ ㄱ, ㄷ ⑤ ㄱ, ㄴ, ㄷ

15 동일한 총에 총신의 길이를 각각 다르게 하여 질량이 같은 총알을 발사시킬 경우에 대해 세 사람이 이야기를 나누고 있다.

옳게 말한 사람만을 있는 대로 고른 것은? (단, 총알이 총신을 벗어날 때까지 총알에 작용하는 힘의 크기는 일정하다.)

① 상상 ② 무한, 상상 ③ 무한, 알탐
④ 상상, 알탐 ⑤ 무한, 상상, 알탐

내신 기출 모의고사 2회

18 문항 30분

01. 중력과 역학적 시스템

01 질량이 각각 m_1, m_2 인 두 물체 A와 B 사이에 상호 작용하는 힘 F_1, F_2 를 나타낸 것이다. 이에 대한 설명으로 옳은 것만을 <보기>에서 있는 대로 고른 것은?

보기

ㄱ. F_1 과 F_2 는 크기가 서로 같다.
ㄴ. m_1 만 커지면 F_1 은 커지고, F_2 는 변하지 않는다.
ㄷ. A, B가 가까워지다가 서로 접촉하는 순간 중력은 작용하지 않는다.

① ㄱ ② ㄴ ③ ㄷ
④ ㄱ, ㄷ ⑤ ㄱ, ㄴ, ㄷ

02 자연에 존재하는 물체들은 서로 끊임없이 상호 작용하면서 전체적으로 일정한 시스템을 유지하고 있다. 이러한 시스템 유지에 중요한 역할을 하는 중력의 영향에 대한 설명으로 옳은 것만을 <보기>에서 있는 대로 고른 것은?

보기

ㄱ. 식물의 뿌리는 땅속을 향해 자란다.
ㄴ. 물과 빙하는 오랜 기간에 걸쳐 흐르면서 지표를 변화시킨다.
ㄷ. 사람이 넘어지지 않고 평형을 유지할 수 있다.

① ㄱ ② ㄴ ③ ㄷ
④ ㄱ, ㄴ ⑤ ㄱ, ㄴ, ㄷ

03 그림과 같이 실험 장치를 꾸민 후 시간 기록계를 작동시키고 추를 자유 낙하시켰다. (단, 공기의 저항과 모든 마찰은 무시한다.)

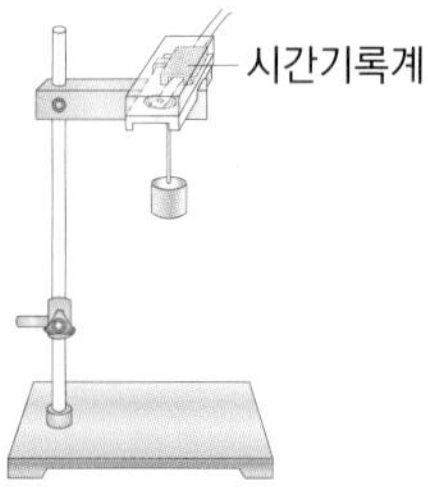

추에 작용하는 중력을 시간에 따라 나타낸 그래프로 옳은 것은?

①
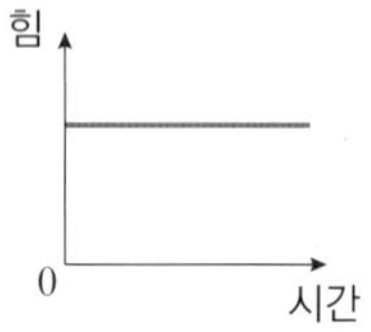

②
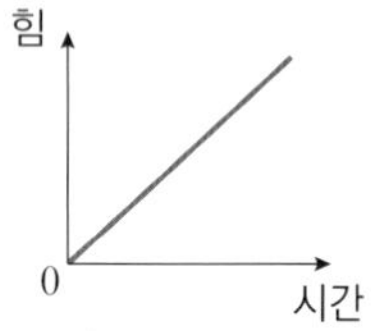

③
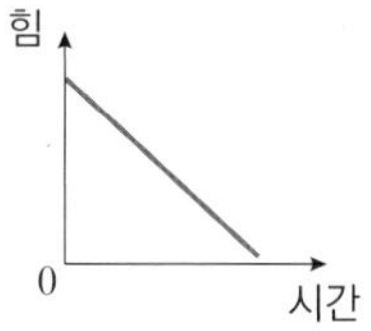

④
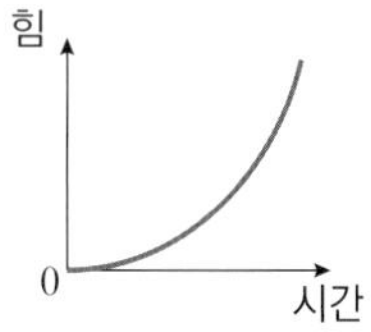

⑤
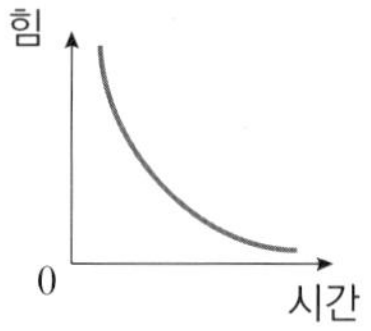

04 질량이 각각 m, $2m$ 인 두 공 A, B 를 동일한 높이 h 에서 동시에 자유 낙하시켰다. 두 공의 운동에 대한 설명으로 옳은 것만을 <보기>에서 있는 대로 고른 것은? (단, 공기의 저항은 무시한다.)

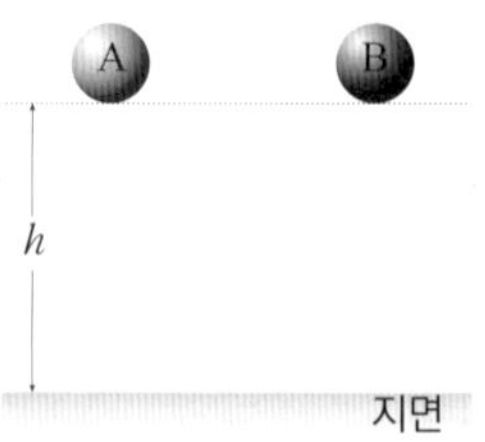

보기

ㄱ. A와 B의 지면에 닿을 때의 속력은 같다.
ㄴ. 1초 후 A와 B의 속력은 같다.
ㄷ. A와 B는 같은 시간 동안 같은 거리를 이동한다.

① ㄱ ② ㄴ ③ ㄷ
④ ㄱ, ㄷ ⑤ ㄱ, ㄴ, ㄷ

05 (가)와 같이 책상 위에 놓인 자 위의 A, B 지점에 각각 동전을 올려 놓은 후 잡고있다가 C 방향으로 자를 빠르게 쳤더니 그림 (나)와 같이 A는 자유 낙하하고, B는 포물선 궤도를 그리며 지면에 떨어졌다.

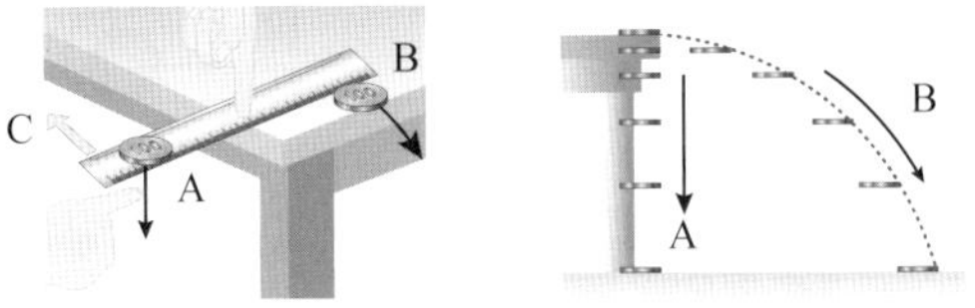

(가) (나)

이에 대한 설명으로 옳은 것만을 <보기>에서 있는 대로 고른 것은? (단, 공기의 저항과 모든 마찰은 무시한다.)

보 기

ㄱ. 동전 A의 속력은 일정하게 증가한다.
ㄷ. 동전 B의 수평 방향 속력은 일정하다.
ㄹ. 동전 A가 동전 B 보다 지면에 먼저 떨어진다.

① ㄱ ② ㄷ ③ ㄱ, ㄴ
④ ㄴ, ㄷ ⑤ ㄱ, ㄴ, ㄷ

06 동일한 두 공 A, B 를 같은 높이에서 A는 자유 낙하시키고, B는 수평 방향으로 던진 모습을 나타낸 것이다. 이에 대한 설명으로 옳은 것만을 <보기>에서 있는 대로 고른 것은? (단, 공기 저항은 무시한다.)

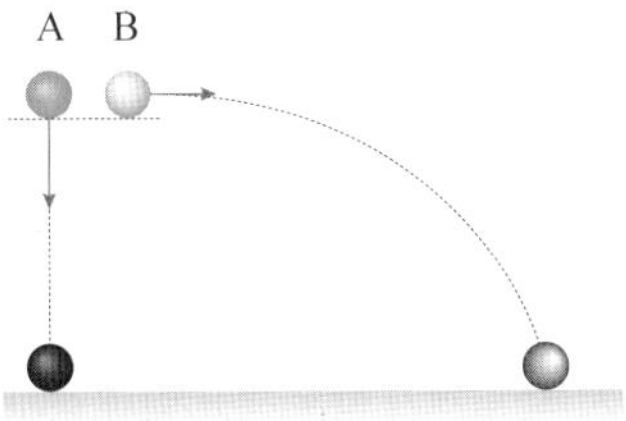

보 기

ㄱ. 공 A, B는 지면에 동시에 도달한다.
ㄴ. 공 A, B는 연직 방향으로 속력이 일정한 운동을 한다.
ㄷ. 공 A, B는 운동 방향과 같은 방향으로 힘이 작용한다.

① ㄱ ② ㄴ ③ ㄷ
④ ㄱ, ㄷ ⑤ ㄱ, ㄴ, ㄷ

07 물체를 수평 방향으로 3 m/s의 속력으로 던졌을 때, 5초 후 ㉠ 수평 방향 속력과 ㉡ 연직 방향 속력을 각각 구하시오. (단, 중력 가속도는 9.8 m/s^2 이고, 공기 저항은 무시한다.)

㉠ 수평 방향 (　　　　　)m/s
㉡ 연직 방향 (　　　　　)m/s

08 지구에 중력이 존재하기 때문에 나타나는 현상으로 옳은 것만을 <보기>에서 있는 대로 고르시오.

보 기

ㄱ. 물이 증발한다.
ㄴ. 높은 산에 올라갈수록 산소가 부족해진다.
ㄷ. 바닷물이 주기적으로 밀려왔다 밀려나간다.
ㄹ. 인공 위성이 지구 주위를 일정한 속력으로 회전한다.

09 다음은 동일한 두 공 A, B 를 같은 높이에서 동시에 A는 자유 낙하시키고, B는 수평 방향으로 속력 v로 던진 모습을 나타낸 것이다. 물체 B의 운동 경로 상의 p점의 높이는 h이다.

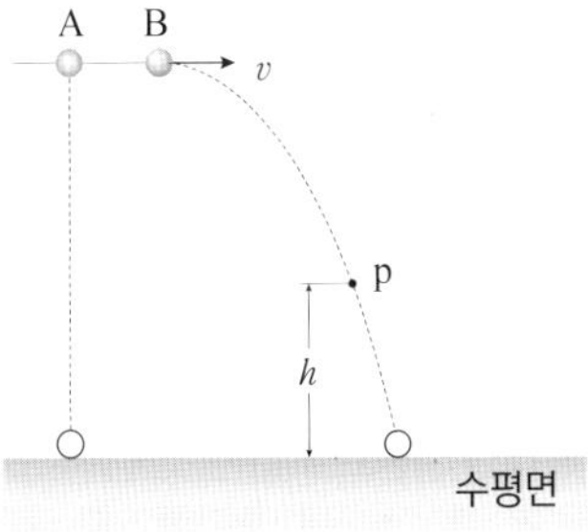

이에 대한 설명으로 옳은 것만을 <보기>에서 있는 대로 고른 것은? (단, 공기의 저항과 모든 마찰은 무시한다.)

보 기

ㄱ. A와 B는 모두 속력이 증가하는 운동을 한다.
ㄴ. B가 p점을 지나는 순간 A의 높이는 h이다.
ㄷ. B가 수평면에 도달하는 순간 B의 수평 방향 속력은 v이다.

① ㄱ ② ㄴ ③ ㄷ
④ ㄱ, ㄷ ⑤ ㄱ, ㄴ, ㄷ

10 그림처럼 무거운 물체를 실로 매달고 아래쪽으로 갑자기 당기면 추 아래와 손 사이의 실이 끊어진다. 그 이유를 바르게 설명한 것은?

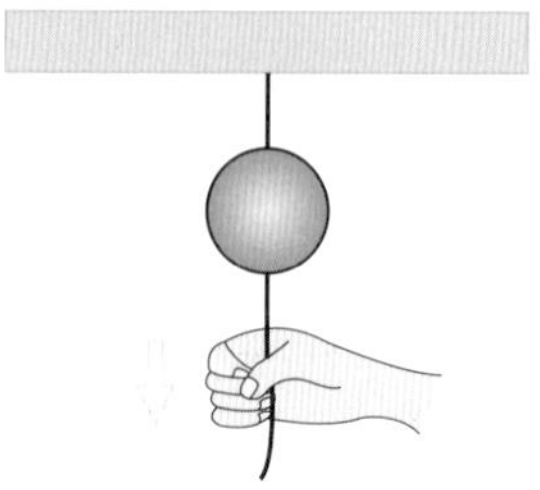

① 아래 방향의 중력 때문이다.
② 당기는 힘이 추 위쪽 실에는 작용하지 않기 때문이다.
③ 추 아래쪽 실을 당겼으므로 추 아래쪽 실이 끊어지는 것이 당연하다.
④ 추의 질량이 충분히 크지 않기 때문이다.
⑤ 추가 현재 정지해 있으므로 정지한 상태를 그대로 유지하려고 하기 때문이다.

02. 운동량과 충격량, 안전

11 다음은 질량이 같은 유리컵 두 개를 같은 높이에서 시멘트 바닥과 이불에 각각 떨어뜨리고, 닿는 순간부터 정지할 때까지 유리컵에 작용하는 힘을 시간에 따라 각각 나타낸 것이다.

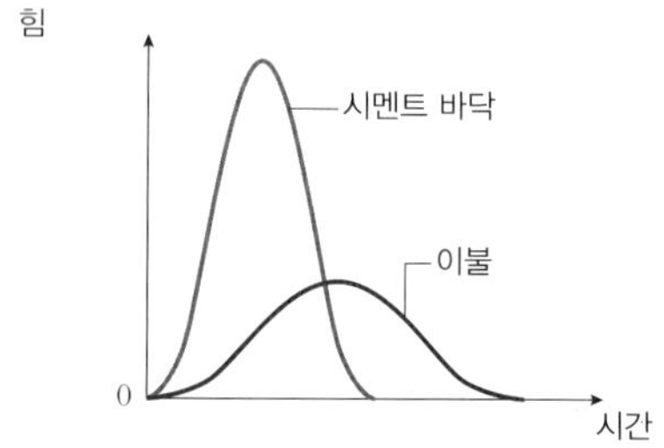

이에 대한 설명으로 옳은 것만을 <보기>에서 있는 대로 고른 것은? (단, 공기의 저항과 모든 마찰은 무시한다.)

보 기

ㄱ. 바닥에 충돌 직전 운동량은 두 경우에 서로 같다.
ㄴ. 바닥에 충돌하는 동안 유리컵이 받은 충격량은 두 경우에 서로 같다.
ㄷ. 바닥에 충돌하는 동안 유리컵이 받은 충격력은 두 경우에 서로 같다.

① ㄱ ② ㄴ ③ ㄷ
④ ㄱ, ㄴ ⑤ ㄱ, ㄴ, ㄷ

12 그림과 같이 질량 2 kg인 물체가 오른쪽으로 20 m/s의 속력으로 운동하다가 벽과 충돌한 뒤 왼쪽으로 5 m/s의 속력으로 튀어나왔다.

이에 대한 설명으로 옳은 것만을 <보기>에서 있는 대로 고른 것은?

보 기

ㄱ. 벽이 물체에 가한 충격량의 크기는 20 N·s이다.
ㄴ. 접촉 시간이 0.02초라면, 접촉하는 동안 이 물체가 받은 평균 힘의 크기는 3000 N이다.
ㄷ. 물체가 벽에 가한 충격량의 크기는 60 N·s이다.

① ㄱ ② ㄴ ③ ㄷ
④ ㄴ, ㄷ ⑤ ㄱ, ㄴ, ㄷ

13 질량이 150 g 인 야구공이 투수에 의해 던져져 144 km/h의 속력으로 직선 운동하고 있다. 이 야구공에 작용한 충격량의 크기는 얼마인가? (단, 공기와의 마찰은 무시한다.)

① 2.16 N·s ② 6 N·s ③ 21.6 N·s
④ 60 N·s ⑤ 216 N·s

14 마찰이 없는 수평면에서 질량이 같은 물체 A, B, C 가 각각 속력 v_A, v_B, v_C 의 속력으로 등속 직선 운동하고 있다. 다음 표는 물체 A, B, C 가 벽에 충돌한 후 정지할 때까지 각 물체가 받은 평균 힘과 정지할 때까지 걸린 시간을 각각 나타낸 것이다.

	평균 힘	걸린 시간
A	$2F$	t
B	$3F$	$2t$
C	$5F$	$2t$

물체 A, B, C 의 속력비 $v_A : v_B : v_C$ 는?

$v_A : v_B : v_C =$ (　　　　　　)

15 그림은 직선상에서 운동하는 질량 2kg인 물체의 운동량을 시간에 따라 나타낸 것이다.

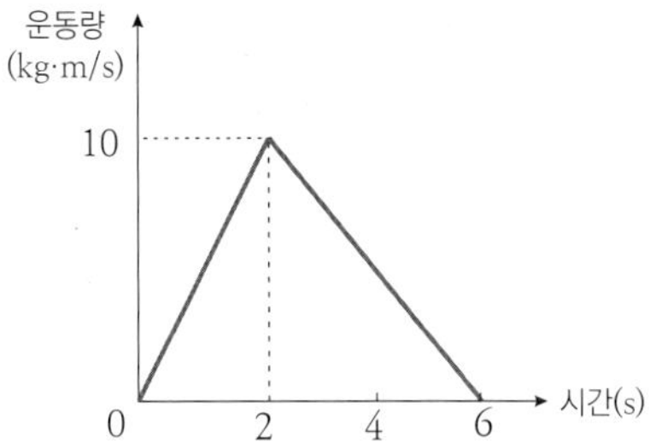

이에 대한 설명으로 옳은 것만을 <보기>에서 있는 대로 고른 것은? (단, 공기의 저항과 모든 마찰은 무시한다.)

보기

ㄱ. 0~2초 동안 물체가 받은 충격량의 크기는 5 N·s이다.
ㄴ. 2~6초 동안 물체가 받은 충격량의 크기는 10 N·s이다.
ㄷ. 0~2초 동안 물체가 받은 힘의 크기는 2~6초 동안 물체가 받은 힘의 크기의 2배이다.

① ㄱ ② ㄴ ③ ㄷ
④ ㄴ, ㄷ ⑤ ㄱ, ㄴ, ㄷ

16 그림 (가)는 물체가 수평면에서 벽을 향해 5 m/s의 속력으로 운동하는 모습이고, 그림(나)는 물체의 운동량을 시간에 따라 나타낸 것이다.

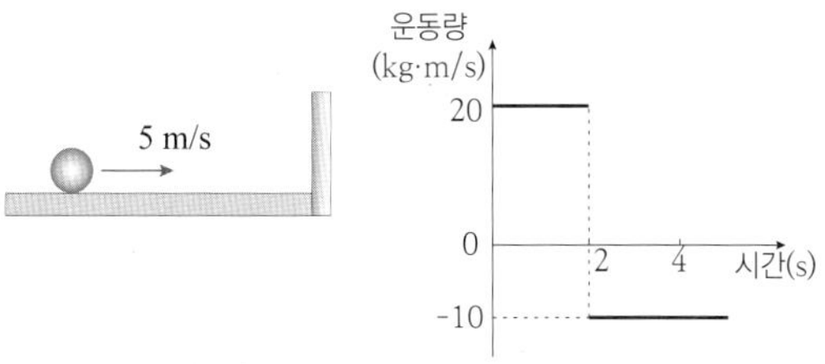

이에 대한 설명으로 옳은 것만을 <보기>에서 있는 대로 고른 것은?

보기

ㄱ. 충돌 전 물체의 속력은 충돌 후의 2배이다.
ㄴ. 물체의 질량은 4 kg이다.
ㄷ. 물체가 벽에 충돌하는 동안 물체가 벽에 가한 충격량의 크기는 15 N·s이다.

① ㄱ ② ㄴ ③ ㄱ, ㄴ
④ ㄴ, ㄷ ⑤ ㄱ, ㄴ, ㄷ

17 다음은 자동차 범퍼에 대한 설명이다.

> 자동차 범퍼란 사고가 일어날 때 충격을 흡수하기 위해 자동차 앞, 뒤에 설치된 구조물이다. 이때 범퍼의 재료는 강철보다는 구겨지기 쉬운 재료를 이용하여 만들어, 같은 충격량이 가해지더라도 자동차의 운동량이 변하는 데 걸리는 시간(충돌 시간)을 충분히 길게 하여 자동차에 전달되는 평균 힘의 크기를 줄여준다.

자동차 범퍼와 같이 물체가 받는 힘의 크기를 줄이는 원리가 적용된 예로 옳지 않은 것은?

① 자동차에 탑승할 때 안전띠를 맨다.
② 운동 선수들은 보호구와 보호대를 착용한다.
③ 자동차 교차로에 충격 흡수 장치를 설치한다.
④ 가구 모서리에 고무로 만든 보호대를 부착한다.
⑤ 번지점프 줄은 적당히 늘어날 수 있는 줄을 사용한다.

서술형

18 피겨 스케이팅의 점프 동작을 나타낸 것이다. 피겨 스케이팅 선수는 무릎을 굽혀 점프를 한 후, 착지할 때에도 무릎을 굽혀 착지한다.

이와 같은 동작을 하는 이유를 충격량을 이용하여 서술하시오.

01 지구 시스템의 구성

핵심 Point

- □ 지구 시스템 □ 기권 □ 지권
- □ 수권 □ 생물권 □ 외권

지구 시스템의 구성 요소와 그 특징은 무엇일까? 구성 요소 간에는 어떠한 상호 작용을 할까?

A 지구 시스템

1. 태양계 : 태양과 행성, 위성, 소행성 등 구성 천체의 중력❶으로 유지되는 역학적 시스템이다.
(태양이 태양계 전체 질량의 99.9%를 차지한다.)

① 지구를 비롯한 행성들은 태양의 중력에 붙잡혀 일정한 궤도를 따라 공전한다.

② 지구는 태양과 일정한 거리를 유지하며 일정한 양의 태양 에너지를 받기 때문에 비교적 온도가 일정하며, 액체 상태의 물이 있어 생명체가 존재한다.

2. 지구 시스템 : 지권, 기권, 수권, 생물권, 외권이 서로 영향을 주고받으면서 시스템을 이룬다.

① 태양계 역학적 시스템의 구성 요소이며, 태양계에서 유일하게 생명체❷를 포함하는 시스템이다.

② **지구 시스템의 구성 요소**

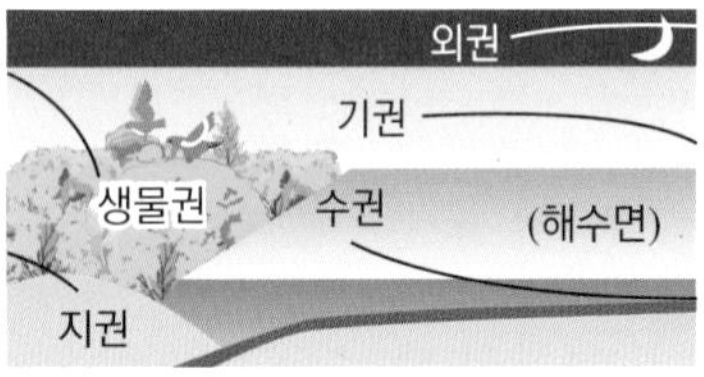

▲ 지구 시스템의 구성 요소

B 지구 시스템 구성 요소의 특징

1. 기권 : 지구를 둘러싸고 있는 대기층❸으로, 지표면으로부터 높이 약 1000 km 까지 분포한다. 지구 중력의 영향으로 대기의 약 99 % 가 높이 약 30 km 이내에 분포한다.

① **기권의 역할**

· 기상 현상으로 지표를 변화시킨다.
· 외권에서 들어오는 유성체를 막아 준다.
· 온실 효과를 일으켜 생물이 살기 적합한 온도를 유지한다.
· 생물의 호흡과 광합성에 필요한 산소와 이산화 탄소를 공급한다.
· 태양으로부터 오는 자외선을 차단하여 지상의 생명체를 보호한다.

② **기권의 층상 구조** : 높이에 따른 기온 분포를 기준으로 구분한다.

열권 (약 80 ~ 1000km)	· 높이 올라갈수록 기온이 상승하여 대류가 일어나지 않는다. (태양 복사 에너지를 직접 흡수한다.) · 공기가 매우 희박하여 낮과 밤의 기온 차가 매우 크다. · 고위도에서 오로라❹가 관측된다.
중간권 (약 50 ~ 80km)	· 높이 올라갈수록 기온이 하강하여 대류가 일어난다. · 수증기가 거의 없어 기상 현상은 일어나지 않는다. · 중간권 상부와 열권 하부에서 유성❺이 나타난다.
성층권 (약 11 ~ 50km)	· 높이 올라갈수록 기온이 상승하여 대류가 일어나지 않는다. (오존층의 오존이 태양의 자외선을 흡수한다.) · 높이 약 20 ~ 30km에 오존층❻이 존재한다.
대류권 (지표면 ~ 약 11km)	· 높이 올라갈수록 기온이 하강하여 대류가 일어난다. (대기의 지표에서 방출되는 지구 복사 에너지 흡수량이 감소한다.) · 수증기가 존재하여 눈, 비, 구름 등의 기상 현상이 일어난다.

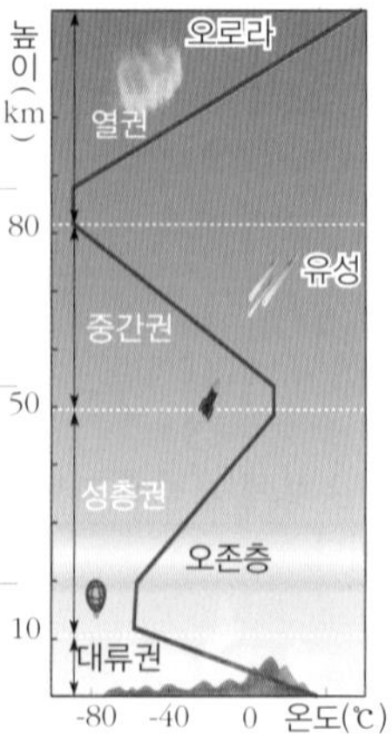

개념 +

❶ 중력의 영향

- 성운이 뭉쳐 태양이 탄생
- 미행성체들이 중력을 받아 충돌하여 지구가 형성
- 공전하는 행성과 태양 사이의 일정한 거리 유지
- 지권의 층상 구조 형성
- 지구에 다양한 성분의 대기 형성

❷ 생명체의 존재 조건

- 행성 주위에 안정적으로 에너지를 공급해주는 별이 존재할 것
- 행성 표면에 액체 상태의 물이 존재할 것
- 행성에 적절한 두께와 성분을 가진 대기가 존재할 것
- 행성에 자기장이 분포할 것

❸ 지구 대기의 구성 성분

전체 부피 중 질소가 약 78%, 산소가 약 21%를 차지한다.

❹ 오로라

태양에서 방출된 전기를 띤 입자가 지구 대기로 들어오면서 공기 입자와 충돌하여 빛을 내는 현상이다.

❺ 유성체

우주에서 행성 사이의 공간을 떠돌던 유성체가 지구 기권에 진입하면 공기와 마찰을 일으켜 타게 된다. 유성체가 커서 전부 타지 못하면 지표면에 떨어져 운석이 된다.

❻ 오존(ozone)층

대기 중 산소 분자(O_2)는 자외선을 흡수하여 산소 원자(O)로 분해되고, 산소 분자와 산소 원자가 결합하여 오존(O_3)이 생성된다. 이러한 과정이 반복되면서 높이 약 20 ~ 30km인 성층권 중간에 오존층이 발생하였다.

지구 시스템 전체에서 가장 큰 질량을 차지한다.

2. 지권 : 지표면 ~ 깊이 약 6400km까지의 영역으로 지각과 지구 내부를 포함한다.

① 지권의 역할

· 생물에게 서식 공간과 물질을 제공한다.
· 화산 활동으로 방출된 물질이 기후 변화를 일으킨다.
· 해양과 대륙의 분포는 대기와 해수의 순환에 영향을 준다.
· 태양 에너지를 흡수, 방출하며 온도를 조절한다.
· 지표의 풍화·침식 작용 및 해저의 화산 활동으로 수권에 물질이 공급되어 염류의 근원이 된다.

② 지권의 층상 구조 : 깊이에 따른 지진파의 속도⑦를 기준으로 구분한다.

지각⑧ (5~70km)		· 지구의 겉 부분으로 대륙 지각과 해양 지각으로 구분된다. · 비교적 가벼운 규산염 물질로 이루어져 있다.
맨틀 (~2900km)		· 지권 전체 부피의 약 80 %를 차지한다. · 고체 상태이지만 유동성이 있어 대류가 일어나며, 지구 내부의 물질과 에너지를 지표로 전달한다.
핵	**외핵**	· 철과 니켈 등 무거운 물질로 이루어져 밀도가 크다. · 외핵은 액체 상태, 내핵은 고체 상태이다.
	내핵	· 외핵에서 액체 상태의 철과 니켈 성분 물질이 대류하여 지구 자기장을 형성한다.

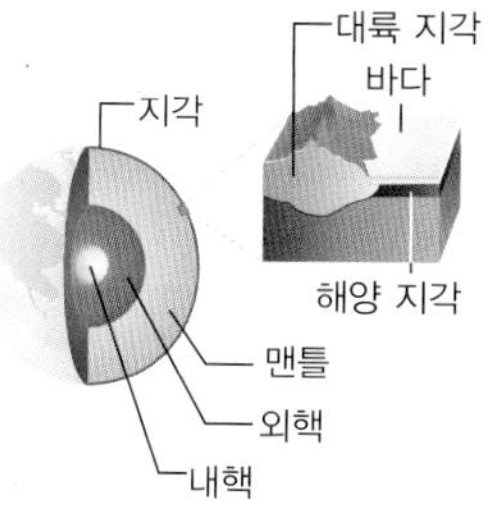

▲ 지권의 층상 구조

외핵 : 깊이 2900~5100 km, 내핵 : 깊이 5100~6400 km

3. 수권 : 지구에 분포하는 해수, 빙하, 지하수, 강, 호수 등의 물을 말하며, 지표면 넓이의 약 70%를 차지한다.⑨

① 수권의 역할

· 태양 복사 에너지를 저장하여 지구의 온도를 일정하게 유지한다.
· 해수의 순환을 통해 흡수한 열에너지를 지구 전체에 고르게 분산하고, 지형을 변화시킨다.
· 생물이 살아가는 데 필요한 물질을 공급하고, 서식처를 제공한다.

② 수권의 층상 구조 : 깊이에 따른 수온 변화를 기준으로 구분한다.

혼합층	· 태양 복사 에너지를 흡수하여 수온이 높다. · 바람에 의해 혼합되어 깊이에 따른 수온이 거의 일정하다. · 바람이 강할수록 두께가 두꺼워진다.
수온 약층	· 깊이가 깊어질수록 수온이 급격하게 낮아진다. · 매우 안정한 층으로 해수의 연직 운동이 일어나기 어려워 혼합층과 심해층 사이의 물질과 에너지 흐름을 차단한다.
심해층	· 태양 복사 에너지가 도달하지 않아 수온이 매우 낮다. · 계절이나 위도, 깊이에 따른 수온 변화가 거의 없다. · 전체 해수 부피의 약 80%를 차지한다.

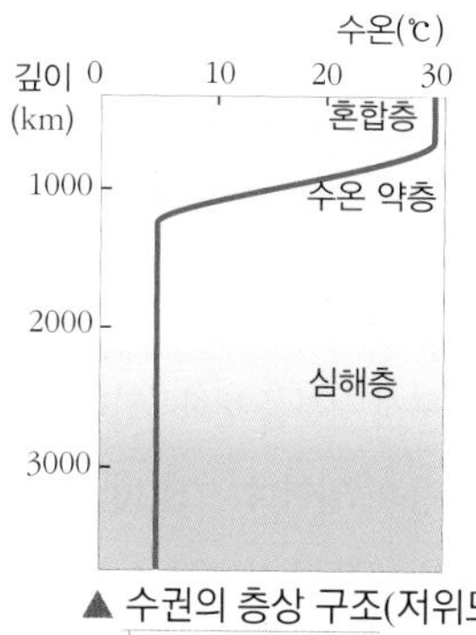

▲ 수권의 층상 구조(저위도)

각 층의 두께와 깊이에 따른 온도 변화는 위도에 따라 달라진다.

③ 위도에 따른 해수의 층상 구조

· 고위도 : 적은 태양 복사 에너지에 의해 층상 구조가 거의 나타나지 않는다.
· 중위도 : 위도 30° 부근의 강한 바람에 의해 혼합층의 두께가 가장 두껍게 나타난다.
· 저위도 : 강한 태양 복사 에너지에 의해 표층 수온이 높아 수온 약층이 잘 발달된다.

4. 생물권 : 미생물을 포함하여 지구에 살고 있는 모든 생물을 말하며, 지구 시스템의 구성 요소 중 가장 마지막에 형성되었다.

① 생물권의 역할

· 지권, 기권, 수권에 걸쳐 분포하며 풍화를 일으킨다.
· 광합성과 호흡을 통해 이산화 탄소와 산소 농도를 변화시켜 대기 조성에 영향을 준다.
· 토양 속 미생물들이 생물의 사체나 배설물을 분해하는 과정에서 토양의 성분을 변화시킨다.

개념+

⑦ 지권의 구분 기준

물질의 구성 성분과 상태에 따라 지진파의 전달 속도가 달라지므로, 지진파의 전달 속도에 따라 지권을 4개의 층으로 구분한다.

⑧ 지각의 분류

구분	대륙 지각	해양 지각
두께(km)	약 30~70	약 5~8
구성 암석	화강암질	현무암질
평균 밀도 (g/cm^3)	약 2.7	약 3.3

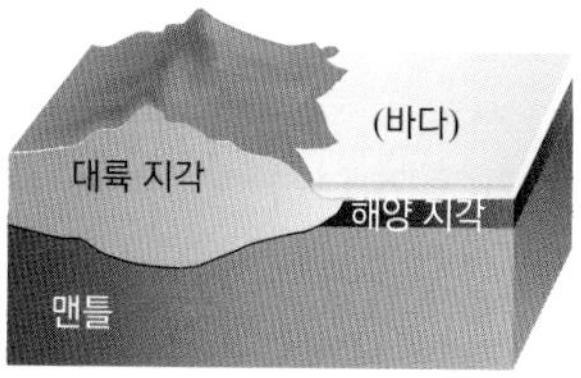

▲ 지각의 구조

⑨ 수권의 분포 비율

대기 중의 수증기는 수권에 포함되지 않는다.

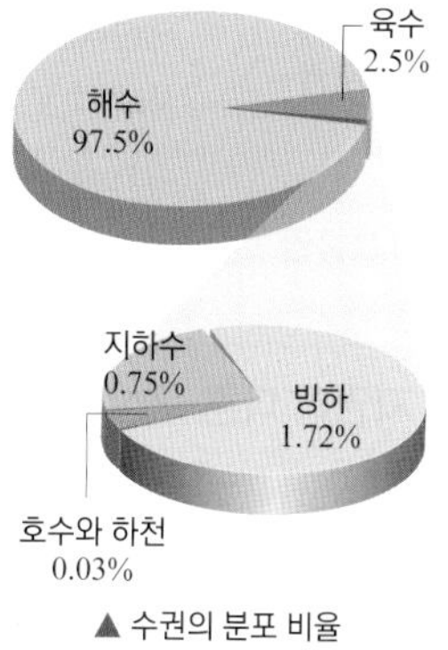

▲ 수권의 분포 비율

● 물이 생물권에 미치는 영향

- 비열이 크다 → 생명체가 체온을 일정하게 유지할 수 있다.
- 액체에서 고체로 변할 때 밀도가 작아진다. → 호수나 강물이 표면부터 얼어, 수면 아래의 생명체가 생존할 수 있다.
- 다른 물질을 잘 녹인다. → 생명체가 영양소를 공급받고 체내의 독성 물질을 배출할 수 있다.
- 기화열이 크다. → 땀 등이 기화할 때 기화열을 흡수해 체온을 낮추는데 효과적이다.

5. **외권** : 지구를 둘러싸고 있는 기권 밖의 우주 공간으로, 태양, 달, 은하 등이 모두 포함된다. ─● 지표로부터 높이 약 1000km 이상의 우주 공간이다.

- 외권과 지구 시스템의 나머지 요소 사이에서 운석 외의 물질 이동은 거의 없지만 에너지의 출입은 있다.
- 외권에서 오는 태양 에너지는 식물의 광합성에 이용되며, 대기와 해수를 순환시킨다.
- 외핵이 대류하면서 형성된 지구 자기장⑩은 유해한 우주선과 태양에서 방출되는 고에너지 입자인 태양풍으로부터 지구의 생명체를 보호한다.

C 지구 시스템의 상호 작용

1. 지구 시스템의 상호 작용 : 지구 시스템의 각 권은 서로 영향을 주고받으며 균형을 이루는데, 이때 물질의 순환과 에너지의 흐름이 일어난다.

① 한 권이 변화하면 다른 권에 영향을 미친다.
② 서로 다른 권 사이에서, 각 권 내에서 상호 작용이 일어난다.
예 생물권에서 산불이 나면 기권의 이산화 탄소 농도가 일시적으로 증가한다. 이 결과 지구 온난화로 인해 한류성 어종의 서식지가 줄어든다.

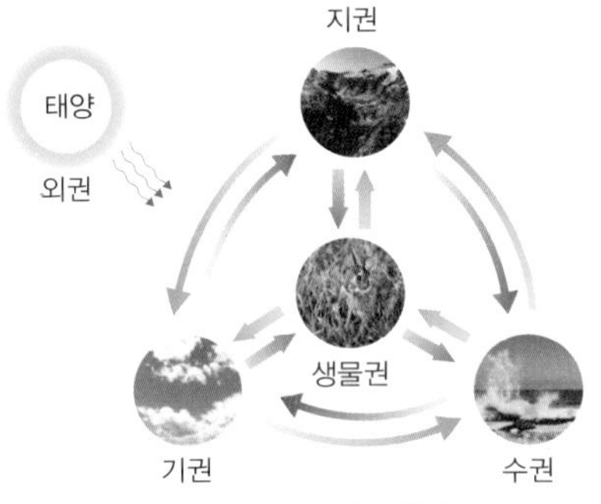

▲ 지구 시스템의 상호 작용

2. 지구 시스템 구성 요소의 상호 작용의 예

① 기권이 다른 구성 요소에 영향을 미치는 경우

수권	해수면 위에서 부는 바람의 영향으로 해류가 발생한다.
지권	· 사막에서 바람의 침식 작용으로 버섯바위가 형성된다. · 사막의 모래가 바람에 날려 황사⑪가 발생한다.
생물권	· 이산화 탄소를 제공하여 식물이 광합성을 할 수 있도록 한다. · 산소를 제공하여 생물이 호흡을 할 수 있도록 한다. · 태풍에 의해 생물 개체 수가 변한다.

② 지권이 다른 구성 요소에 영향을 미치는 경우

기권	· 화산 활동으로 화산재와 화산 가스가 분출하여 지구의 기온이 변한다. · 황사가 발생하여 대기의 구성 성분을 변화시킨다.
수권	해저에서 급격한 지각 변동이 일어나 지진 해일이 발생한다.
생물권	· 서식처를 제공하여 육상 생물이 살아갈 수 있도록 한다. · 황사에 의해 피해를 받는다.

③ 수권이 다른 구성 요소에 영향을 미치는 경우

기권	바다와 대기의 상호 작용으로 태풍 등의 다양한 기상 현상을 일으킨다.
지권	· 파도의 침식 작용으로 바닷가의 자갈을 둥글게 만들거나, 해안 절벽과 해식 동굴을 형성한다. · 지하수가 석회암 지대를 용해하여 석회 동굴이 형성된다.
생물권	서식처를 제공하여 수중 생물이 살아갈 수 있도록 한다.

④ 생물권이 다른 구성 요소에 영향을 미치는 경우

기권	생물의 광합성과 호흡으로 인해 대기 조성이 변화된다.
지권	바위에 뿌리를 내린 식물이 자라면서 암석의 틈을 넓혀 풍화를 일으킨다.
수권	· 광합성, 호흡 시 발생한 산소, 이산화 탄소가 물에 용해된다. · 배설물 등에 의한 부영양화로 인해 물속 용해 물질의 농도가 변화한다.

개념 +

⑩ 지구 자기장

지구의 자기력이 미치는 공간을 지구 자기장이라 한다.

● 지구에만 생명체가 존재하는 이유

- 대기의 두께가 적당하다.
- 지구 자기장이 우주선과 태양풍을 차단한다.
- 태양으로부터 적당한 거리만큼 떨어져 있어 지구 표면에 액체 상태의 물이 존재한다.

→ 금성의 경우 태양에 가까이 있어 물이 증발하고, 화성의 경우 태양으로부터 멀리 떨어져 있어 물이 얼어 있으므로 액체 상태의 물이 존재하기 어렵다.

⑪ 황사의 영향

중국 북부나 몽골 사막에서 바람에 날려 상공으로 올라간 미세한 모래 먼지가 대기의 조성의 변화시키고, 상층의 편서풍을 타고 이동하면서 서서히 지표면으로 내려와 생물권에 유해한 영향을 일으키는 현상으로 지권이 기권, 생물권에 영향을 미치는 경우라고 할 수 있다.

● 화산 활동과 석회 동굴

▲ 화산 활동 (지권과 기권)

▲ 석회 동굴 (수권과 지권)

영향(~으로) 근원(~에서)	지권	기권	수권	생물권
지권	판과 대륙의 이동	·화산 활동으로 화산 기체 방출 ·황사에 의한 성분 변화	지진 해일(쓰나미)	·육상 생물의 서식처 제공 ·황사에 의한 피해
기권	·풍화·침식, 운반, 퇴적 작용 ·황사의 발생	·대기 대순환, ·기단 간의 상호 작용	·해수의 표층 순환 ·강수 현상 ·엘리뇨	·산소와 이산화 탄소 공급 ·종자와 포자의 운반 ·태풍에 의한 개체수 변화
수권	·석회동굴 형성 ·물의 풍화·침식 작용	태풍 발생 시 수증기 공급	해수의 순환과 혼합	·수중 생물의 서식처 제공 ·오염된 물에 의한 피해
생물권	·석회암과 화석 연료⑫ 형성 ·풍화 작용 ·토양 생성	호흡과 광합성에 의한 기체 흡수 또는 방출	·광합성, 호흡 등으로 발생한 기체가 용해됨 ·배설물 등에 의한 오염	먹이 그물 형성

▲ 지구 시스템 구성 요소 간 상호 작용의 예

3. 지구 시스템 구성 요소가 생명 유지에 기여하는 원리

지권	과거에 판게아가 분리되면서 각 대륙에서 다양한 생물이 출현	기권	유해한 자외선을 차단, 강수 현상으로 인한 생물의 성장, 유성의 대부분을 차단
외권	적당한 크기의 태양이 적당한 거리에 있어 생물이 살기 알맞은 태양 복사 에너지를 흡수, 지구 자기장이 유해한 우주선이나 태양풍을 차단	생물권	광합성으로 대기 중에 산소와 이산화 탄소 농도 조절
		수권	원시 바다의 생성 후 대기 중 이산화 탄소가 바다에 녹으면서 대기 중 이산화 탄소의 농도 감소

개념+

외권이 다른 구성 요소와 상호 작용하는 경우

- 태양에서 방출된 대전 입자의 일부가 지구 자기장에 이끌려 대기로 들어오면 공기 입자와 충돌하면서 빛을 내는 오로라가 발생한다.(기권)
- 태양계를 떠도는 유성체가 지구 대기로 들어올 때 공기와의 마찰로 타면서 빛을 내는 유성이 나타난다.(기권) 타다 남은 운석은 지표나 수면에 떨어진다.(지권, 수권)
- 태양의 유해한 자외선을 성층권에 분포하는 오존층이 흡수하고 차단한다.(기권)
- 지구 외핵의 철과 니켈의 대류로 인해 지구 자기장이 형성된다.(지권)
- 태양 복사 에너지를 흡수하여 식물이 광합성을 한다.(생물권)
- 태양 복사 에너지를 흡수하여 대기의 대류와 기상 현상이 일어난다.(기권)

⑫ 화석 연료

생물의 유해가 땅 속에 묻혀 오랜 시간 동안 열과 압력을 받아 생성된 것으로 석탄, 석유, 천연 가스가 이에 해당한다. 지권에 속한다.

개념 체크

정답 및 해설 → 50

Point

01 지구 시스템의 구성 요소 다섯 가지를 쓰시오.

02 지구 시스템의 구성 요소에 대한 설명 중 옳은 것은 ○표, 옳지 않은 것은 ×표 하시오.

(1) 생물권은 지권과 수권에만 분포한다. ( )

(2) 지권은 모두 고체 상태로 대류가 일어나지 않는다. ( )

(3) 기권은 높이에 따른 기온 변화를 기준으로 층을 구분한다. ( )

03 지구 시스템의 구성 요소 사이의 상호 작용을 나타낸 것이다. 옳게 나타낸 것을 있는 대로 고르시오.

① 강수 현상 : 기권 ↔ 수권
② 태풍 발생 : 수권 ↔ 지권
③ 판의 이동 : 지권 ↔ 지권
④ 광합성으로 산소 공급 : 생물권 ↔ 기권
⑤ 화석 연료 생성 : 지권 ↔ 수권

04 지구 시스템의 구성 요소가 생명 유지에 기여하는 원리에 대한 설명이다. 이에 해당하는 구성 요소를 쓰시오.

(1) 과거에 판게아가 분리되면서 각 대륙에서 다양한 생물이 출현하였다. ( )

(2) 지구에 떨어지는 유성의 대부분은 마찰에 의해 연소되어 지표면에 도달하지 못한다. ( )

(3) 적당한 크기의 태양이 적당한 거리에 있어 생물이 살기 알맞은 태양 복사 에너지를 제공한다. ( )

1 지구 시스템 구성 요소의 특징

지구 시스템의 구성 요소를 나타낸 것이다. A ~ E에 대한 설명으로 옳지 않은 것은?

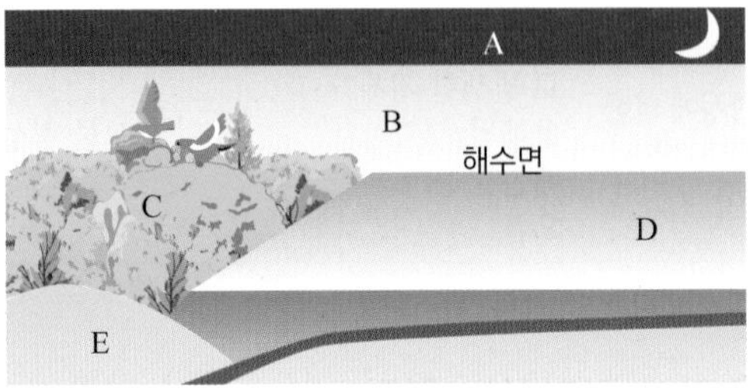

① A와 지구계의 다른 영역 사이에 에너지의 이동은 일어나지 않는다.
② B의 대부분은 지표면에서 높이 약 30km 이내에 분포한다.
③ C는 지구 외의 태양계 다른 행성에서는 존재하지 않는다.
④ D의 대부분은 해수가 차지하고, 육수 중에서는 빙하가 가장 많은 양을 차지한다.
⑤ E는 지구 전체에서 가장 큰 질량을 차지한다.

2 지구 시스템의 상호 작용

지구 시스템 구성 요소 간의 상호 작용을 나타낸 것이다.

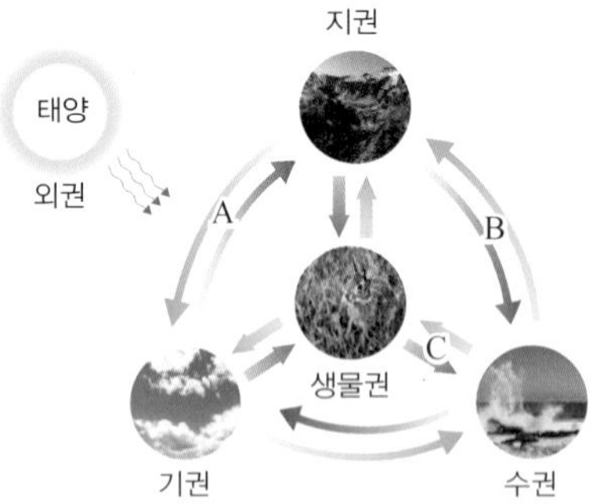

A ~ C에 해당하는 예를 <보기>에서 나타냈을 때 옳은 것만을 있는 대로 고른 것은?

보 기

ㄱ. A : 화산 폭발로 발생한 화산재에 의해 기온이 낮아진다.
ㄴ. B : 저위도에서 태풍이 발생한다.
ㄷ. C : 수중 식물의 광합성 작용으로 이산화 탄소 용해도가 낮아진다.

① ㄱ ② ㄴ ③ ㄷ ④ ㄱ, ㄷ ⑤ ㄱ, ㄴ, ㄷ

A 지구 시스템

01 태양계와 지구 시스템에 대한 설명 중 옳은 것은 ○표, 옳지 않은 것은 ×표 하시오.

(1) 태양계에는 지구 외에도 생명체가 존재하는 행성이 있다. ( )
(2) 중력 때문에 지구가 태양으로부터 일정한 거리를 유지할 수 있었다. ( )
(3) 지구와 태양과의 거리가 적당하여 지구에는 액체 상태의 물이 존재한다. ( )

02 태양계와 지구 시스템에 대한 설명으로 옳은 것을 있는 대로 고르시오. (2개)

① 지구는 태양계 역학적 시스템의 구성원이다.
② 수성과 금성에도 액체 상태의 물이 존재한다.
③ 행성들의 공전 궤도는 매우 불규칙하게 변한다.
④ 지구 시스템은 기권, 지권, 수권만으로 이루어졌다.
⑤ 태양계를 구성하는 천체들은 모두 태양을 중심으로 공전한다.

03 지구 시스템에 대한 설명으로 옳지 않은 것은?

① 생물권은 기권과 지권, 수권에 모두 분포한다.
② 수권은 기권, 지권, 생물권으로부터 모두 영향을 받는다.
③ 태양 에너지의 도달 외에 수권과 외권의 상호 작용은 없다.
④ 각 구성 요소 사이에는 물질 순환과 에너지 흐름이 지속적으로 일어난다.
⑤ 같은 구성 요소 내부에서, 서로 다른 구성 요소 사이에서 모두 상호 작용이 일어난다.

B 지구 시스템 구성 요소의 특징

04 지구 시스템의 구성 요소와 그 예가 옳게 연결된 것은?

① 기권 : 태양 ② 지권 : 미생물
③ 수권 : 빙하 ④ 외권 : 오존층
⑤ 생물권 : 지각

05 지구 시스템의 구성 요소에 대한 설명 중 옳은 것은 ○표, 옳지 않은 것은 ×표 하시오.

(1) 수권 중 가장 많은 양을 차지하는 것은 해수이다. ( )
(2) 지권의 층상 구조에서 중심으로 갈수록 밀도가 작아진다. ( )
(3) 생물권이 분포하는 공간은 지표면과 지하 얕은 곳으로 한정된다. ( )

06 지구 시스템의 구성 요소를 나타낸 것이다.

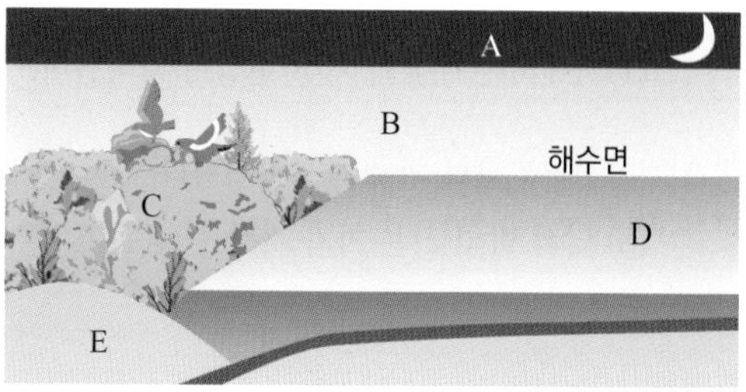

이에 대한 설명으로 옳지 않은 것은?

① A로부터 오는 물질은 B에 오로라를 일으킨다.
② B는 지표면으로부터 높이 약 100 km 까지 분포한다.
③ C는 산소와 이산화 탄소 농도를 변화시켜 B에 영향을 준다.
④ D의 대부분은 바닷물이 차지한다.
⑤ E 는 고체와 액체 상태로 이루어져 있다.

[07~09] 다음은 기권의 구조를 나타낸 것이다.

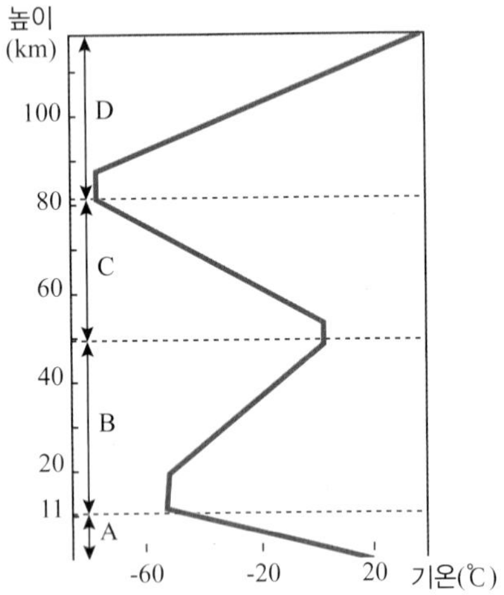

07 A ~ D층의 이름으로 옳게 연결된 것은?

① A : 성층권
② B : 열권
③ C : 중간권
④ D : 대류권
⑤ D : 성층권

08 이에 대한 설명 중 옳은 것은 ○표, 옳지 않은 것은 × 표 하시오.

(1) A에서는 대류와 기상 현상이 나타난다. (　　)

(2) B는 C보다 기층이 불안정하다. (　　)

(3) 낮과 밤의 기온 차가 가장 큰 층은 C이다. (　　)

09 위 그림에 대한 설명 중 옳은 것은?

① A는 B에 비해 기층이 불안정하다.
② 유성이 관측되는 층은 주로 B 이다.
③ 공기의 밀도는 B보다 C에서 더 크다.
④ 태양의 자외선이 주로 흡수되는 층은 C 이다.
⑤ B와 D에서는 대기의 대류 현상이 활발하다.

10 다음은 지구 시스템에서 자기장과 오존층이 형성된 과정이다.

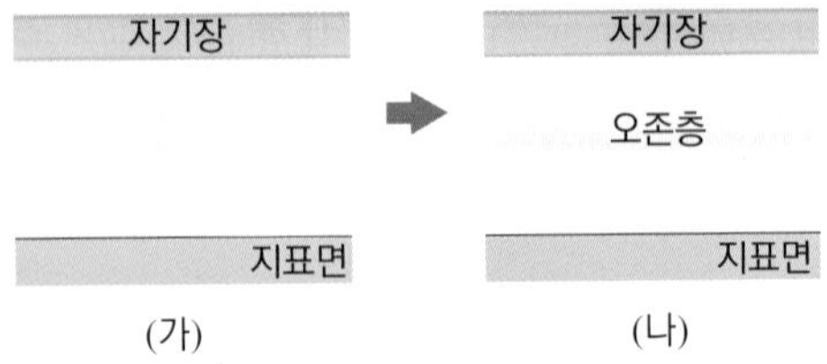

이에 대한 설명으로 옳은 것만을 <보기>에서 있는 대로 고른 것은?

보 기

ㄱ. (가) 시기에는 태양풍이 차단되었다.
ㄴ. (나) 시기 이후에 육지에 생물권이 형성되었다.
ㄷ. 기권의 연직 온도는 (가) 시기가 (나) 시기보다 복잡했다.

① ㄱ　② ㄷ　③ ㄱ, ㄴ　④ ㄱ, ㄷ　⑤ ㄴ, ㄷ

11 다음은 지권의 구조를 나타낸 것이다.

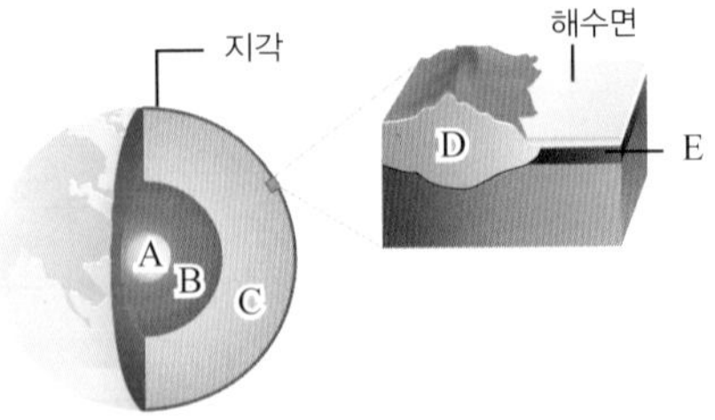

이에 대한 설명으로 옳은 것만을 <보기>에서 있는 대로 고른 것은?

보 기

ㄱ. A 는 고체 상태이고, B는 액체 상태이다.
ㄴ. C 는 지권 전체 부피의 약 80 % 를 차지한다.
ㄷ. D 는 E 보다 평균 밀도가 더 크다.

① ㄱ　② ㄴ　③ ㄷ　④ ㄱ, ㄴ　⑤ ㄴ, ㄷ

정답 및 해설 ➔ 50

[12~13] 지권의 구조를 나타낸 것이다.

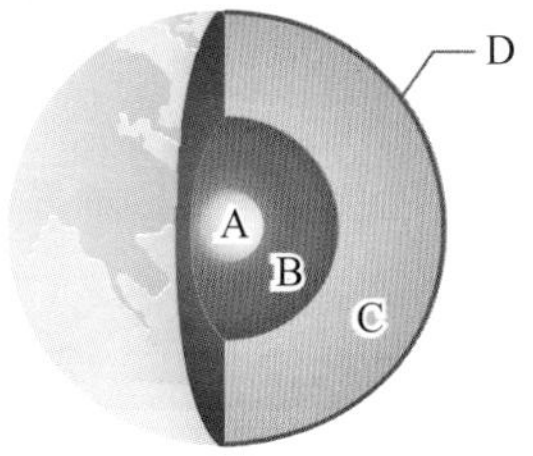

12 이에 대한 설명으로 옳은 것은?

① A는 주로 현무암질 암석으로 이루어져 있다.
② B는 고체 상태이다.
③ C는 대류가 일어나지 않는다.
④ D는 비교적 가벼운 규산염 광물로 이루어져 있다.
⑤ D에서 대륙 부분과 해양 부분의 밀도는 같다.

13 위 그림에 대한 설명으로 옳은 것만을 <보기>에서 있는 대로 고른 것은?

보기

ㄱ. 온도는 A가 B 보다 높다.
ㄴ. A~D 중 부피가 가장 큰 층은 C이다.
ㄷ. A~D 중 밀도가 가장 작은 층은 D이다.

① ㄱ ② ㄷ ③ ㄱ, ㄴ
④ ㄱ, ㄷ ⑤ ㄱ, ㄴ, ㄷ

14 지권을 지각, 맨틀, 외핵, 내핵으로 구분하는 기준을 있는 대로 고르시오. (2개)

① 온도 ② 압력 ③ 대륙 유무
④ 물질의 상태 ⑤ 물질의 구성 성분

15 다음은 해수의 층상 구조를 나타낸 것이다.

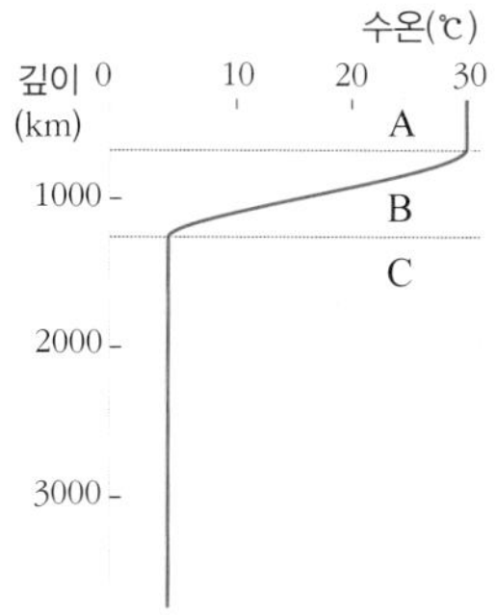

A ~ C 중 각 설명에 해당하는 층을 기호로 쓰시오.

(1) 전체 해수 부피의 약 80%를 차지한다. (　　)
(2) 바람의 세기가 강해지면 두께가 두꺼워진다. (　　)
(3) 매우 안정하여 해수의 연직 운동이 일어나지 않는다. (　　)

16 수권의 구성을 나타낸 것이다.

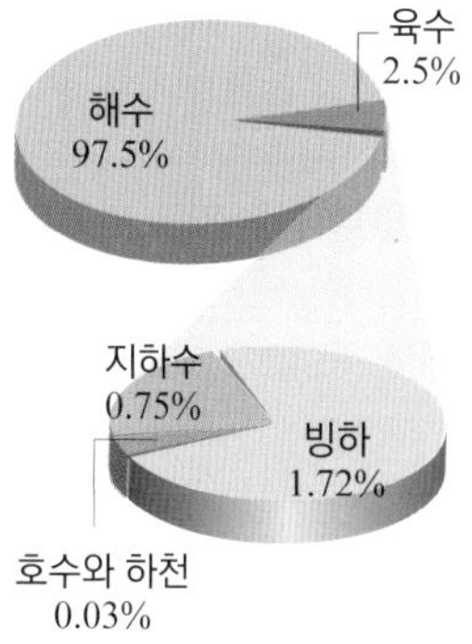

이에 대한 설명으로 옳은 것만을 <보기>에서 있는 대로 고른 것은?

보기

ㄱ. 수권의 대부분을 차지하는 것은 해수이다.
ㄴ. 지구 온난화가 진행될수록 빙하의 비율이 높아진다.
ㄷ. 육지에 있는 액체 상태의 물 중 가장 많은 것은 지하수이다.

① ㄱ ② ㄷ ③ ㄱ, ㄴ
④ ㄱ, ㄷ ⑤ ㄱ, ㄴ, ㄷ

17 다음과 같은 특징을 지닌 지구 시스템의 구성 요소는?

> 태양계 행성 중 지구에만 있는 구성 요소로, 지표의 변화와 대기 조성에 영향을 준다. 지구 시스템의 구성 요소 중 가장 나중에 형성되었다.

① 기권 ② 지권 ③ 수권
④ 외권 ⑤ 생물권

18 태양계 행성 중 지구에만 생명체가 존재하는 이유로 옳지 않은 것은?

① 지구 주위에 달이 있기 때문이다.
② 지구 자기장이 존재하기 때문이다.
③ 대기의 두께가 적절하게 존재하기 때문이다.
④ 지구 표면에 액체 상태의 물이 존재하기 때문이다.
⑤ 태양으로부터 적당한 거리만큼 떨어져 있기 때문이다.

19 생물권에 대한 설명으로 옳은 것만을 <보기>에서 있는 대로 고른 것은?

보기
ㄱ. 풍화와 침식을 일으킨다.
ㄴ. 지구 대기 조성이나 수권 용해 물질에 영향을 준다.
ㄷ. 지구 시스템의 구성 요소 중 가장 늦게 형성되었다.

① ㄱ ② ㄷ ③ ㄱ, ㄴ
④ ㄱ, ㄷ ⑤ ㄱ, ㄴ, ㄷ

20 다음은 태양풍과 지구 자기장을 나타낸 것이다.

이에 대한 설명으로 옳은 것만을 <보기>에서 있는 대로 고른 것은?

보기
ㄱ. 외핵의 대류에 의해 형성되었다.
ㄴ. 유성체가 진입할 때 마찰을 일으켜 타게 된다.
ㄷ. 우주선과 태양풍을 차단하여 지구의 생명체를 보호한다.

① ㄱ ② ㄷ ③ ㄱ, ㄴ
④ ㄱ, ㄷ ⑤ ㄱ, ㄴ, ㄷ

C 지구 시스템의 상호 작용

21 지구 시스템 구성 요소 사이의 상호 작용을 나타낸 것이다.

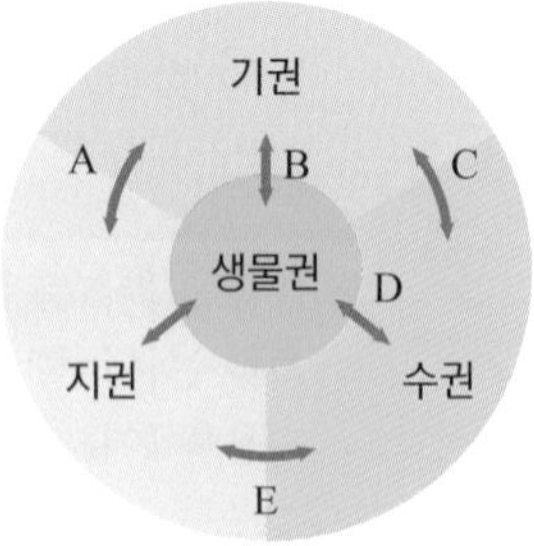

A ~ E에 해당하는 예로 옳지 않은 것은?

① A : 화산 폭발에 의한 이산화 탄소 방출
② B : 식물의 광합성에 의한 산소 방출
③ C : 바람에 의한 해류 발생
④ D : 지하수에 의한 석회 동굴 형성
⑤ E : 지진으로 인한 해일 발생

22 (가)는 암석 변화 과정의 일부를, (나)는 지권과 다른 지구 시스템 구성 요소 간의 상호 작용을 나타낸 것이다.

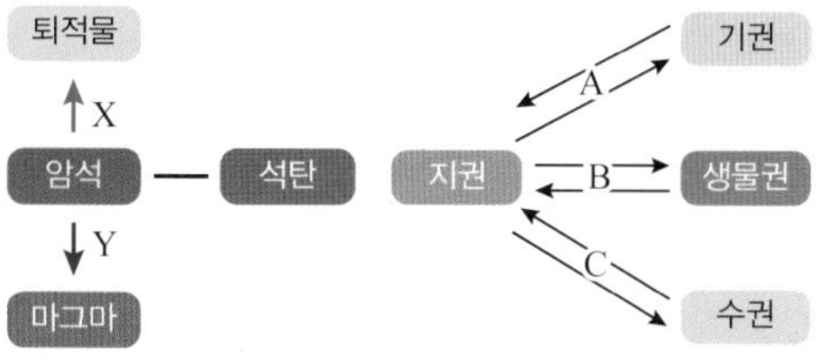

(가) (나)

이에 대한 설명으로 옳은 것만을 <보기>에서 있는 대로 고른 것은?

보기

ㄱ. 석회암은 (나)의 A 과정으로 생성된다.
ㄴ. (가)의 Y 과정에는 (나)의 B 과정이 영향을 미쳤다.
ㄷ. (가)의 X 과정에 영향을 미치는 것은 (나)의 A, B, C 모두이다.

① ㄱ ② ㄴ ③ ㄷ
④ ㄱ, ㄴ ⑤ ㄴ, ㄷ

23 (가)와 (나)는 지구 시스템에서 일어나는 상호 작용의 예를 나타낸 것이다.

(가) 태풍

(나) 석회 동굴

(가)와 (나)에서 상호 작용을 하는 각 권을 옳게 짝지은 것은?

	(가)	(나)
①	수권 ↔ 생물권	수권 ↔ 지권
②	수권 ↔ 지권	기권 ↔ 지권
③	기권 ↔ 수권	수권 ↔ 외권
④	수권 ↔ 기권	수권 ↔ 지권
⑤	외권 ↔ 기권	생물권 ↔ 지권

24 지구 시스템을 구성하는 요소들의 상호 작용과 그 예이다.

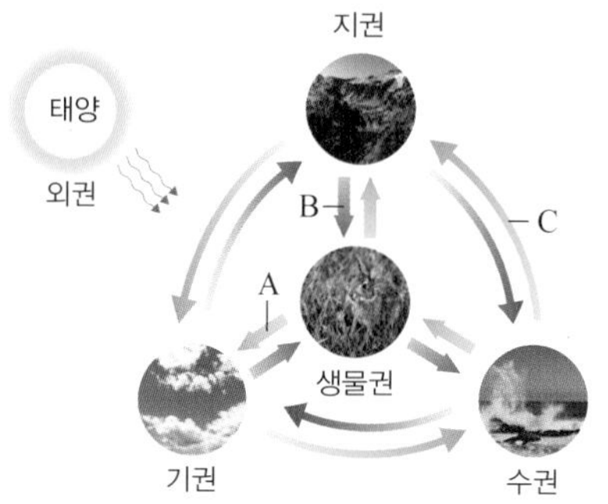

(가) 파도의 침식 작용으로 해안 절벽이 형성된다.
(나) 서식처를 제공하여 육상 생물이 살아갈 수 있도록 한다.
(다) 호흡과 광합성을 위해 기체를 흡수하거나 방출한다.

A ~ C 중 (가) ~ (다)에 해당하는 지구 시스템의 상호 작용을 옳게 짝지은 것은?

	(가)	(나)	(다)
①	A	B	C
②	A	C	B
③	B	A	C
④	C	A	B
⑤	C	B	A

25 지구 시스템의 구성 요소들 사이의 상호 작용에 대한 설명으로 옳은 것만을 <보기>에서 있는 대로 고른 것은?

보기

ㄱ. 상호 작용이 일어날 때 에너지의 흐름도 함께 나타난다.
ㄴ. 다른 권과 물질의 이동이 가장 활발한 권은 외권이다.
ㄷ. 생물권은 기권과 지권의 상호 작용에 영향을 미친다.

① ㄱ ② ㄷ ③ ㄱ, ㄴ
④ ㄱ, ㄷ ⑤ ㄱ, ㄴ, ㄷ

02 지구 시스템의 에너지와 물질 순환

핵심 Point

- □ 태양 에너지
- □ 지구 내부 에너지
- □ 조력 에너지
- □ 위도별 에너지 불균형
- □ 물의 순환
- □ 탄소의 순환

지구 시스템에서의 에너지 순환과 물 및 탄소 등의 물질 순환은 어떤 과정으로 일어날까?

A 지구 시스템의 에너지 흐름

1. 지구 시스템의 에너지원

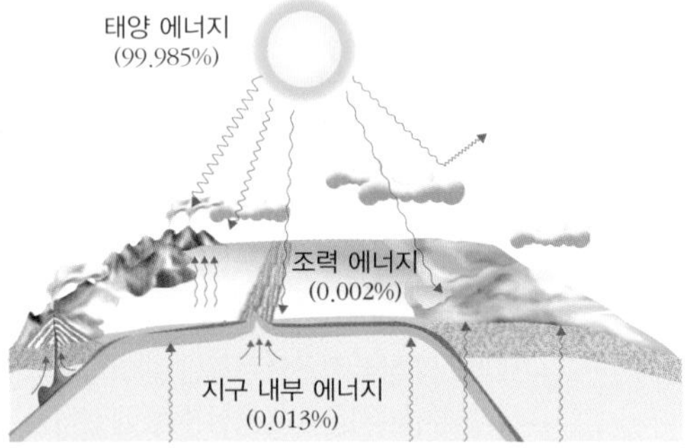

태양 에너지, 지구 내부 에너지, 조력 에너지는 상호 전환되지 않는다.

▲ 지구 시스템의 에너지원과 에너지양의 비율

태양 에너지	· 태양의 수소 핵융합 반응에 의해 발생한 에너지이다. · 지구 시스템의 에너지원의 대부분을 차지한다. · 기상 현상과 해류를 발생시켜 대기와 해수, 물의 순환을 일으킨다. · 풍화와 침식 작용을 일으켜 지표의 지형을 변화시킨다. · 식물의 광합성에 이용되어 생명 활동에 필요한 에너지원으로 이용되며, 화석 연료의 근원이 된다.
지구 내부 에너지 ❶	· 지구 내부의 방사성 원소의 붕괴로 인해 발생한 열에너지❷ 이다. · 외핵의 대류를 일으켜 지구 자기장을 형성한다. · 맨틀 대류를 일으켜 지진, 화산 활동, 판의 운동을 발생시킨다.
조력 에너지	· 달과 태양이 지구에 작용하는 인력에 의해 생기는 에너지이다. · 밀물과 썰물을 일으켜 해안 지형을 변하게 한다. · 해수면의 높이를 주기적으로 변하게 하여 해안 주변의 생태계에 영향을 준다.

2. 지구 시스템의 에너지 흐름 : 에너지는 각 권 사이를 이동하면서 다양한 자연 현상을 일으킨다.

① **위도별 에너지 불균형** : 지구는 구형이기 때문에 단위 면적의 지표면에 도달하는 태양 복사 에너지양이 위도에 따라 다르다.❸

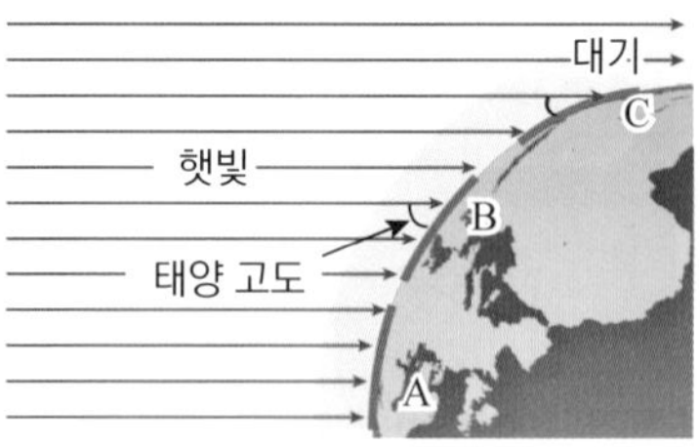

▲ 위도에 따른 태양 복사 에너지

② **지구 전체의 에너지 평형** : 주로 대기와 해수의 순환을 통해 저위도 지역의 남는 에너지가 고위도 지역으로 이동하여 지구는 전체적으로 에너지 평형을 이룬다.

㉠ 태풍 : 태풍을 발생시키는 근원적인 에너지는 태양 복사 에너지로, 저위도의 남는 에너지를 고위도로 운반하는 역할을 한다.

→ 태양 에너지로 인해 적도 부근의 수온 상승 → 바닷물이 에너지를 흡수하여 증발하여 상승하면서 구름 발생 → 회전하며 태풍으로 성장 → 육지에 상륙하면서 에너지를 방출하면서 비와 바람이 되어 피해 발생 → 지면과의 마찰로 에너지가 유실되어 점차 소멸

→ 기권과 수권의 상호 작용이다.

▲ 태풍의 에너지원은 태양 복사 에너지이다.

개념 +

❶ 지구 내부 에너지의 구성

방사성 원소의 붕괴열 이외에 지구 형성 초기의 운석 충돌에 의한 열에너지도 포함한다.

❷ 지구 내부의 방사선 원소의 붕괴

- 방사성 원소는 내부의 불안정한 원자핵이 스스로 붕괴하면서 방사선과 에너지를 방출하는 원소이다.
- 지구의 지각이나 맨틀에서 발생하는 방사성 원소의 붕괴열은 맨틀 상부와 하부의 온도 차를 발생시키므로 맨틀 대류의 원동력이 된다.
- 철이나 니켈 같은 안정된 원소로 구성되어 있는 핵에서는 방사성 원소의 붕괴가 거의 일어나지 않는다.

❸ 위도에 따른 태양 복사 에너지양

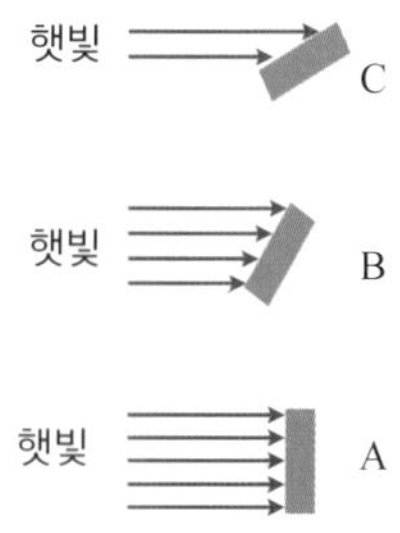

햇빛은 평행 광선으로 지구에 입사하고, 지표면이 구형이므로 위도에 따라 태양의 고도가 달라 단위 면적에 도달하는 태양 복사 에너지양이 다르다.
→ 단위 면적당 태양 복사 에너지는 저위도에서 크고, 고위도에서 작다 (A>B>C).
따라서 저위도 지방에 입사하는 태양 에너지는 많고, 고위도 지방은 적어서 에너지가 불균형하다.

B 지구 시스템의 물질 순환

1. 물의 순환

① **물의 순환을 일으키는 에너지원** : 태양 에너지

② **물의 순환 과정** : 물이 고체, 액체, 기체로 상태가 변할 때 에너지가 이동④하므로, 물이 지구 시스템의 각 권 사이를 순환하면서 에너지도 함께 이동한다.⑤

수권 → 기권	바다, 강, 호수의 물이 태양 에너지를 흡수하여 수증기로 증발한다.
기권 → 지권	수증기가 응결하여 구름을 형성하고, 눈과 비 등의 형태로 지표로 이동한다.
지권 → 수권	육지에 내린 비나 눈이 하천수나 지하수가 되어 해양으로 이동한다.
지권 → 기권	화산 활동으로 수증기가 방출되어 기권 중 수증기의 비율이 증가한다.
수권 → 생물권	지표와 바다에 내린 강수의 일부가 생물체에 흡수된다.
생물권 → 기권	식물의 증산 작용에 의해 수증기가 대기로 이동한다.

더 알아보기 물수지 평형

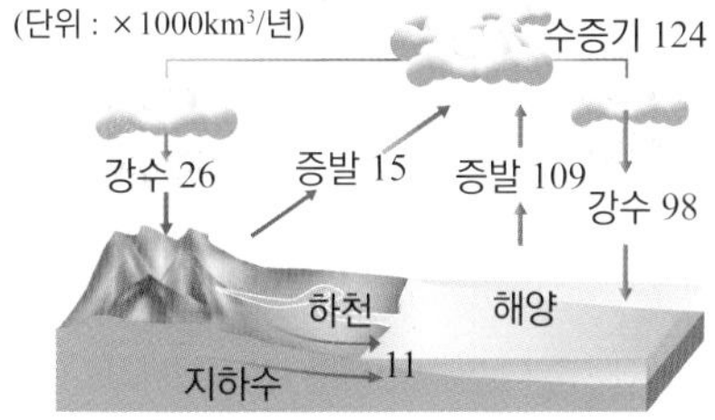

▲ 물의 순환과 물수지 평형

해양	강수(98) + 육지에서 유입(11) = 증발(109)
육지	강수(26) = 증발(15) + 해양으로 유출(11)
대기	해양 강수(98) + 육지 강수(26) = 해양 증발(109) + 육지 증발(15)

물의 순환에 의해 물이 각 권 사이를 이동하지만, 각 권에서와 지구 전체의 물의 양은 일정하게 유지된다.

→ 각 권에서 물을 얻은 양과 잃은 양이 같은 평형 상태(물수지 평형)를 이룬다.

개념 +

④ 물의 상태 변화와 에너지

물이 상태 변화할 때 흡수하거나 방출하는 열을 잠열 또는 숨은열이라고 한다. 물이 증발할 때는 열을 흡수하고, 물이 응결될 때는 열을 방출한다.

⑤ 물의 순환 과정에서 일어나는 현상 및 변화

- 구름, 강수, 태풍 등의 여러 가지 기상 현상
- 풍화와 침식 작용 과정에서 지표 변화 (예) 곡류, 폭포, 석회 동굴, U자곡 등
- 지권의 물질을 바다로 운반

● 태풍에 의한 물질과 에너지 순환

- 물질 순환 : 저위도의 바다에서 발생한 태풍이 고위도로 이동하면서 많은 양의 비를 뿌린다.

→ 저위도에서 고위도로 물이 이동

- 에너지 순환 : 태풍이 생성되는 과정에서 적도 부근 해수가 수증기로 증발할 때 열에너지를 흡수하고, 태풍이 육지에 상륙하면 수증기의 응결이 일어나면서 열에너지를 방출한다.

→ 수권과 기권 사이에서의 에너지 흐름

개념 체크

정답 및 해설 → 53

Point

01 지구 시스템의 에너지원과 에너지 흐름에 대한 설명 중 빈칸에 알맞은 말을 쓰시오.

(1) 밀물과 썰물을 일으키는 에너지는 (   ) 에너지이다.

(2) 방사성 원소의 붕괴로 인해 발생한 열에너지는 (   ) 에너지이다.

(3) 지구 시스템의 에너지원 중 가장 큰 영향을 미치는 것은 (   ) 에너지이다.

02 위도별 에너지 불균형과 에너지 흐름에 대한 설명에서 (   ) 안에 알맞은 말을 고르시오.

> 지구는 구형이므로 고위도로 갈수록 단위 면적당 받는 태양 복사 에너지양이 (많아진다 , 적어진다). 따라서 대기와 해수의 순환을 통해 (고위도 , 저위도)의 남는 에너지를 (고위도 , 저위도)로 이동시킴으로써 지구는 전체적으로 에너지 평형을 이룬다.

03 물의 순환에 대한 설명 중 옳은 것은 ○표, 옳지 않은 것은 ×표 하시오.

(1) 물의 순환을 일으키는 에너지원은 태양 에너지이다. (   )

(2) 수권의 물은 에너지를 방출하면서 증발하여 기권의 수증기가 된다. (   )

(3) 물이 순환하면서 각 권에서 유입된 물의 양과 방출된 물의 양이 다르다. (   )

02 지구 시스템의 에너지와 물질 순환

2. 탄소의 순환

① **탄소의 존재 형태 :** 탄소는 지구 시스템의 각 권에서 다양한 형태로 존재한다.⑥

기권	지권	수권	생물권
이산화 탄소(CO_2) 메테인(CH_4)	탄산염⑦(석회암), 화석 연료 ↑ $CaCO_3$	탄산(수소) 이온 (HCO_3^- 또는 CO_3^{2-})	탄소 화합물(유기물)

② **탄소의 순환 과정 :** 각 권 사이의 상호 작용을 통해 순환하며, 순환 과정에서 에너지 흐름이 함께 일어난다.

지권 ⇒	기권	화산 활동 과정이나 화석 연료의 연소 과정에서 이산화 탄소가 기권으로 배출된다.(①)
	수권	암석의 탄산 칼슘 성분이 강물과 지하수에 녹아 바다로 운반된다.(②)
기권 ⇒	생물권	식물이 광합성 과정에서 이산화 탄소를 흡수하여 화학 에너지로 저장한다.(③)
	수권	기권의 이산화 탄소가 해수에 녹아 탄산 이온이 된다.(④)
수권 ⇒	기권	수온이 상승하면 이산화 탄소가 기권으로 방출된다.(⑤)
	지권	수권의 탄산 이온이 침전되어 석회암이 만들어진다.(⑥)
생물권 ⇒	기권	생물의 호흡 과정에서 이산화 탄소를 기권으로 방출한다.(⑦)
	지권	생물의 사체가 오랜 시간이 지나 화석 연료가 된다.(⑧)

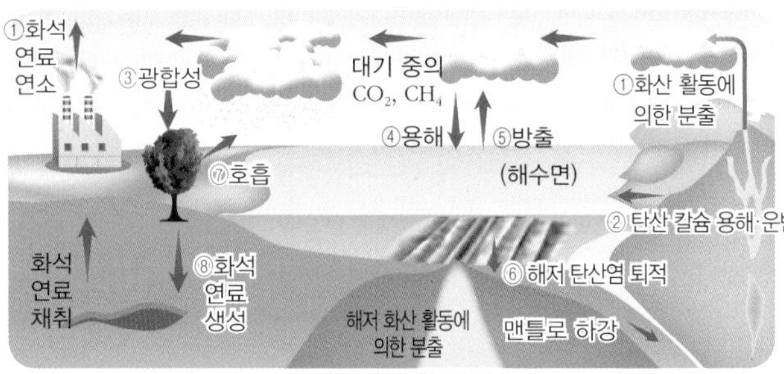

▲ 탄소의 순환 과정

3. 그 밖의 물질 순환

① **지각의 생성과 소멸, 암석의 순환 :** 지구 내부 에너지에 의한 맨틀 대류로 일어난다.

② **질소의 순환**

기권 ↓ 생물권	대기 중 질소는 토양 속 세균을 통해 질산 이온(NO_3^-)으로 바뀌어 식물에 흡수된다.
생물권 내 이동	동물이 질산 이온을 흡수한 식물을 먹어 단백질 구성 성분이 된다.
생물권 ↓ 기권	동식물의 배설물이나 사체가 분해자를 통해 분해되어 질소(N_2)가 대기로 방출된다.

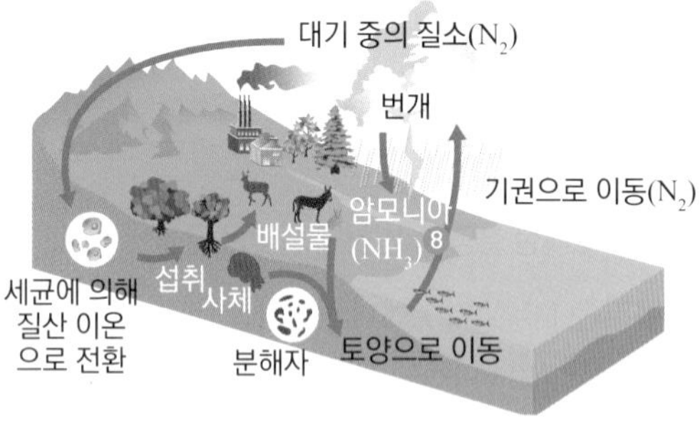

▲ 질소의 순환

개념+

⑥ 탄소(C)의 분포

구분	탄소의 양 ($\times 10^{12}$kg)
대기 (기권)	720
생물 (생물권)	2000
화석 연료 (지권)	4130
해양 (수권)	37400
석회암 (지권)	60,000,000

탄소의 대부분(약 99.9%)은 지권의 석회암의 형태로 분포한다.

⑦ 탄산염

이산화 탄소와 금속 산화물로 되어 있는 염으로, 탄산(H_2CO_3)의 수소 원자가 금속 원자와 바뀌면서 이루어진 화합물을 가리킨다.
탄산 칼륨(K_2CO_3), 탄산 칼슘($CaCO_3$), 탄산 나트륨(Na_2CO_3) 등이 이에 속한다.

⑧ 암모니아(NH_3)

번개의 강한 충격으로 공기 중의 질소가 수소와 결합하여 암모니아가 생성되기도 하는데, 암모니아는 비에 녹아 암모늄 이온(NH_4^+)이 되고, 식물체가 흡수하여 질소 순환이 일어난다.
$NH_3 + H_2O \rightarrow NH_4^+ + OH^-$

● 지구 시스템의 균형과 인류의 미래

- 지진이나 화산 폭발과 같은 급격한 변화는 일시적으로 지구 시스템의 균형을 무너뜨린다.
- 최근에는 인간 활동으로 환경 오염이 발생하여 지구 시스템의 균형이 깨지고 있다.
  예) 지구 온난화, 미세 먼지, 산성비, 해양의 적조 현상 등
- 인위적으로 발생한 환경 문제는 인간의 합리적인 활동으로 다시 회복될 수 있다.
  예) 인간에 의해 손상된 성층권의 오존층이 다시 원래의 모습으로 회복되어가고 있다.

개념 체크

정답 및 해설 → 53

Point

04 탄소의 순환에 대한 설명 중 알맞은 말을 고르시오.

(1) 지권에서 탄소는 (탄산염 , 탄산 이온)의 형태로 존재한다.
(2) 수권에서 탄소는 (탄산염 , 탄산 이온)의 형태로 존재한다.
(3) 기권의 이산화 탄소는 (광합성 , 호흡)을 통해 생물권으로 이동한다.

1 지구 시스템의 에너지 흐름

지구 시스템의 에너지원을 나타낸 것이다. 이에 대한 설명으로 옳은 것만을 <보기>에서 있는 대로 고른 것은?

에너지원	발생 원인
A	태양으로부터 오는 에너지
B	달과 태양의 인력에 의해 생기는 에너지
C	지구 내부의 방사성 물질에서 나오는 에너지

보 기

ㄱ. 에너지양의 크기는 A > B > C 순이다.
ㄴ. A는 생명 활동에 필요한 에너지원으로 이용된다.
ㄷ. C는 썰물과 밀물을 일으키고, B는 지구 자기장을 형성한다.

① ㄱ ② ㄴ ③ ㄷ ④ ㄱ, ㄴ ⑤ ㄴ, ㄷ

2 물의 순환

지구 시스템에서의 물의 순환을 나타낸 것이다. 이에 대한 설명으로 옳은 것만을 <보기>에서 있는 대로 고르시오.

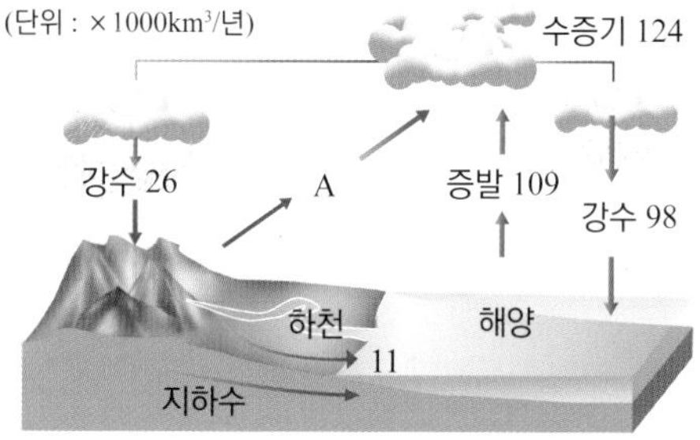

보 기

ㄱ. 강수량은 육지보다 바다에서 많다.
ㄴ. A과정에 의한 물의 이동량은 15단위이다.
ㄷ. 지구 전체로 볼 때 총 강수량보다 총 증발량이 많다.

① ㄱ ② ㄴ ③ ㄱ, ㄴ ④ ㄱ, ㄷ ⑤ ㄴ, ㄷ

3 탄소의 순환

지구 환경에서 탄소의 순환 과정을 나타낸 것이다. 이에 대한 설명으로 옳은 것은?

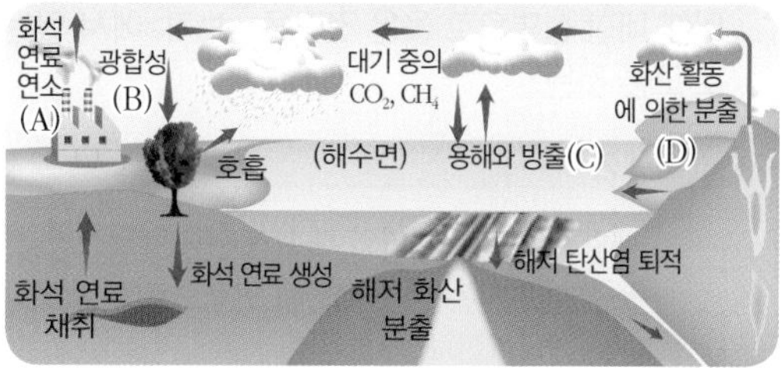

① 지권에서 탄소는 주로 유기물 형태로 존재한다.
② A 과정의 탄소 이동은 생물권과 기권의 상호 작용에 해당한다.
③ B 과정에서 탄소는 탄산 이온 형태로 저장된다.
④ C 과정은 지구 내부 에너지가 관여하여 일어난다.
⑤ D 과정은 대기 중의 탄소량을 증가시켜 지구 온난화를 촉진한다.

스스로 실력 높이기

A 지구 시스템의 에너지 흐름

01 지구 시스템의 에너지원이 미치는 영향에 대한 설명이다. (　　)안에 알맞은 에너지의 종류를 쓰시오.

(1) (　　　　　) 에너지는 풍화와 침식 작용을 일으켜 지표의 지형을 변화시킨다.

(2) (　　　　　) 에너지는 밀물과 썰물을 일으키고, 이로 인해 해수면의 높이가 주기적으로 변한다.

(3) (　　　　　) 에너지는 맨틀 대류를 일으켜 거대한 대륙을 움직이게 하고, 지진 해일이나 화산 활동 등이 일어나게 한다.

02 지구 시스템의 주요 에너지원을 나타낸 것이다.

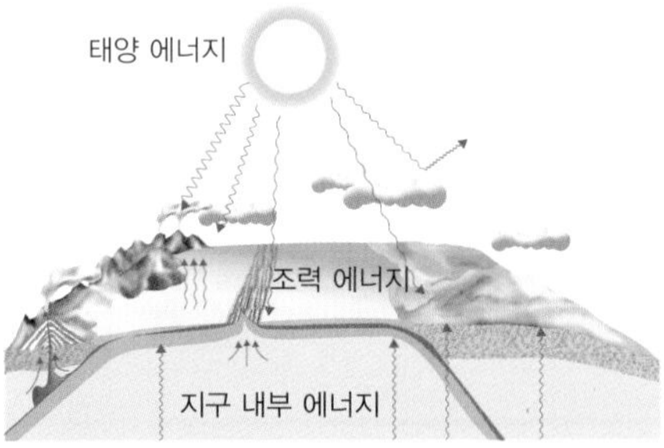

이에 대한 설명으로 옳은 것만을 <보기>에서 있는 대로 고른 것은?

보 기

ㄱ. 태양 에너지는 대기와 해수의 순환을 일으킨다.
ㄴ. 조력 에너지는 달과 태양의 인력으로 인해 발생하는 에너지이다.
ㄷ. 지구 내부 에너지는 지구 시스템의 에너지원 중 가장 많은 양을 차지한다.

① ㄱ　② ㄱ, ㄴ　③ ㄱ, ㄷ　④ ㄴ, ㄷ　⑤ ㄱ, ㄴ, ㄷ

03 지구 환경에서 일어나는 여러 가지 현상들이다.

(가) 편서풍에 의해 해류가 발생한다.
(나) 일본 오키나와 부근에서 지진이 발생하였다.
(다) 우리나라 남해안에서는 밀물과 썰물이 주기적으로 일어난다.

(가) ~ (다)의 현상을 일으키는 주된 에너지원을 옳게 짝지은 것은?

	(가)	(나)	(다)
①	태양 에너지	조력 에너지	지구 내부 에너지
②	태양 에너지	지구 내부 에너지	조력 에너지
③	조력 에너지	태양 에너지	지구 내부 에너지
④	조력 에너지	지구 내부 에너지	태양 에너지
⑤	지구 내부 에너지	태양 에너지	조력 에너지

04 지구 시스템의 에너지원이다.

구분	초당 에너지 양(W)	에너지의 근원
(가)	3.46×10^{12}	달과 태양의 인력
(나)	(㉠)	방사성 원소의 붕괴열 등
(다)	17.3×10^{16}	(㉡)

이에 대한 설명으로 옳은 것은?

① ㉠은 3.46×10^{12} 보다 작다.
② ㉡은 수소 핵융합 반응이다.
③ (가)는 물의 순환을 일으키는 주된 에너지원이다.
④ (나)는 탄소 순환을 일으키는 주된 에너지원이다.
⑤ (다)는 마그마가 생성되는데 주된 에너지원이다.

05 지구 시스템의 에너지 흐름에 대한 설명 중 옳은 것은 ○표, 옳지 않은 것은 ×표 하시오.

(1) 태풍은 지구 시스템의 에너지 불균형을 심화시킨다. (　　)

(2) 대기와 해수의 순환을 통해 지구는 에너지 평형을 이룬다. (　　)

(3) 지구 어느 곳에서나 태양 복사 에너지의 흡수량은 일정하다. (　　)

정답 및 해설 ➜ 54

B 물의 순환

[06~07] 물의 순환 과정을 연간 이동량으로 나타낸 것이다.

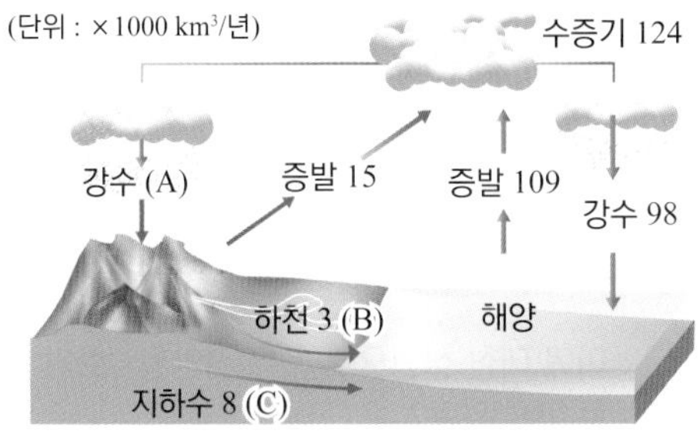

06 물음에 답하시오.

(1) 물의 순환을 일으키는 에너지원은 무엇인가? ( )

(2) A는 몇 단위인지 구하시오. ( )

07 위 그림에 대한 설명으로 옳은 것만을 <보기>에서 있는 대로 고른 것은?

보 기

ㄱ. A 과정은 주로 태양 에너지에 의해 일어난다.
ㄴ. 연간 이동하는 물의 양을 비교하면 A = B + C이다.
ㄷ. B와 C 과정의 물의 이동량이 늘어나면 육지에서의 지표 변화가 커진다.

① ㄱ ② ㄷ ③ ㄱ, ㄴ
④ ㄱ, ㄷ ⑤ ㄴ, ㄷ

08 물의 순환과 에너지 흐름에 대한 설명으로 옳은 것만을 <보기>에서 있는 대로 고른 것은?

보 기

ㄱ. 수증기는 에너지를 흡수하여 구름이 된다.
ㄴ. 물의 순환은 지구의 에너지 평형에 기여한다.
ㄷ. 수권의 물은 조력 에너지에 의해 수증기가 된다.

① ㄱ ② ㄴ ③ ㄷ
④ ㄱ, ㄴ ⑤ ㄴ, ㄷ

09 지구상에서 일어나는 물 순환 과정의 일부를 나타낸 것이다.

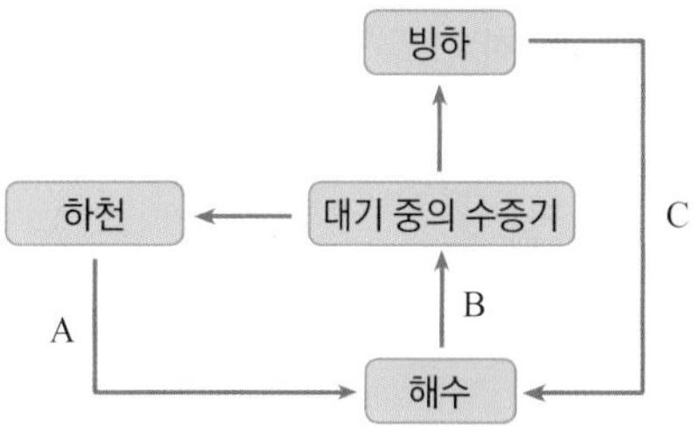

이에 대한 설명으로 옳은 것만을 <보기>에서 있는 대로 고른 것은?

보 기

ㄱ. A에서 지구 내부 에너지가 에너지원으로 작용한다.
ㄴ. B에서 수권과 기권이 상호 작용한다.
ㄷ. 지구 온난화가 가속되면 C의 이동이 증가한다.

① ㄱ ② ㄱ, ㄴ ③ ㄱ, ㄷ
④ ㄴ, ㄷ ⑤ ㄱ, ㄴ, ㄷ

10 지구 환경에서 물의 유입량과 유출량을 나타낸 것이다. 이에 대한 설명으로 옳은 것만을 <보기>에서 있는 대로 고른 것은?

	유입량($\times 10^3 km^3$)	유출량($\times 10^3 km^3$)
해양	A	B
육지	C	증발(60) + 바다로 유출(36)
대기	해양에서 증발(320) + 육지에서 증발(60)	해양에 강수(284) + 육지에 강수(96)

보 기

ㄱ. 해양에서 A 는 B 보다 크다.
ㄴ. C 는 육지에 내리는 강수로 96,000 km^3 이다.
ㄷ. A 는 해양에 내리는 강수와 육지에서 바다로 유출되는 양을 더한 값이다.
ㄹ. 순환하는 물의 총량은 380,000 km^3 로 항상 일정하다.

① ㄱ, ㄴ ② ㄱ, ㄷ ③ ㄴ, ㄹ
④ ㄱ, ㄴ, ㄷ ⑤ ㄴ, ㄷ, ㄹ

C 탄소의 순환

11 지구 시스템의 각 권에서 탄소가 존재하는 형태의 예를 옳게 연결하시오.

(1) 기권 ·	· ㉠ 유기물
(2) 수권 ·	· ㉡ 석회암
(3) 지권 ·	· ㉢ 탄산 이온
(4) 생물권 ·	· ㉣ 이산화 탄소

12 지구 시스템에서 탄소의 분포와 연간 이동량을 나타낸 것이다.

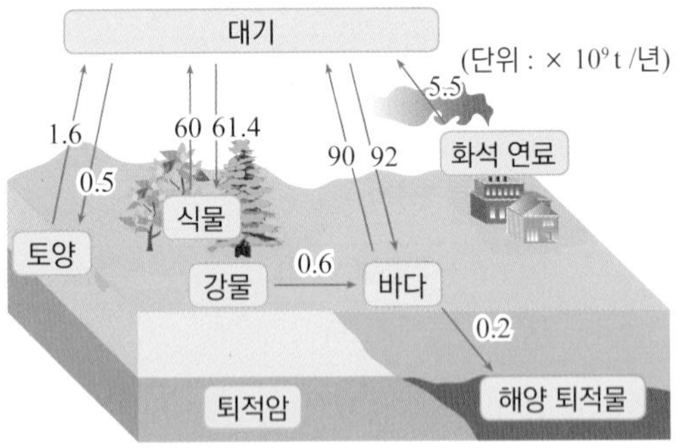

이에 대한 설명으로 옳은 것만을 <보기>에서 있는 대로 고른 것은?

보기

ㄱ. 대기 중 이산화 탄소 농도가 증가하고 있다.
ㄴ. 식물을 많이 심는 것은 지구 온난화를 늦추는 데 도움이 된다.
ㄷ. 바다에서 대기로 방출되는 이산화 탄소의 양은 대기에서 바다에 용해되는 양보다 많다.

① ㄱ ② ㄱ, ㄴ ③ ㄱ, ㄷ
④ ㄴ, ㄷ ⑤ ㄱ, ㄴ, ㄷ

13 탄소가 순환하는 과정과 지구 전체의 탄소 분포비이다.

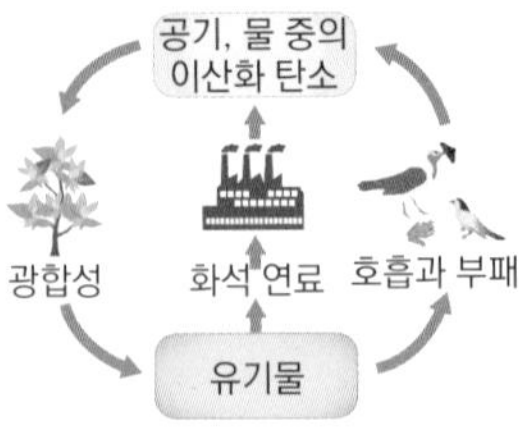

구분	분포비(%)
대기	0.001
생물체	0.07
석유, 석탄	0.012
해수	0.07
퇴적암 (유기 탄소)	13.5
탄산염(석회암)	86.41

이에 대한 설명으로 옳은 것만을 <보기>에서 있는 대로 고른 것은?

보기

ㄱ. 지권에 분포하는 탄소의 양이 가장 많다.
ㄴ. 기권과 생물권에서 탄소는 각각 동일한 형태로 존재한다.
ㄷ. 화석 연료의 사용량이 증가한다면 지구 전체의 탄소량이 증가할 것이다.

① ㄱ ② ㄱ, ㄴ ③ ㄱ, ㄷ
④ ㄴ, ㄷ ⑤ ㄱ, ㄴ, ㄷ

14 지구 시스템에서 일어나는 탄소 순환 과정의 일부를 나타내었다.

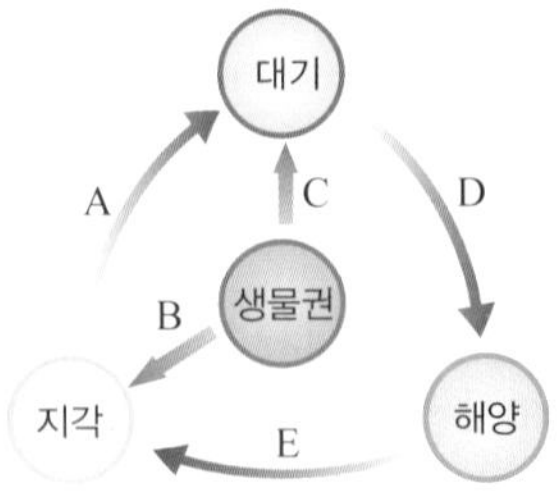

A~E에 해당되는 예로 옳은 것은?

① A - 석회암 생성 ② B - 화산 활동
③ C - 식물의 광합성 ④ D - 해수에 용해
⑤ E - 화석 연료 생성

정답 및 해설 → 54

15 지구 시스템에서 탄소의 존재 형태에 대한 설명이다. (　　) 안에 들어갈 알맞은 말을 차례대로 쓰시오.

> 탄소는 지구 시스템의 각 권에 다양한 형태로 분포하고 있다. 지권에서 탄소는 대부분 탄산염의 형태로 석회암 내에 포함되어 있거나 유기물의 형태로 (　　　) 내에 포함되어 있다. 기권에서는 (　　　)의 형태로 존재하며, 수권에서는 이산화 탄소가 물에 녹아 (　　　)의 형태로 존재한다.

16 대기 중 탄소가 증가하는 요인을 있는 대로 고르시오.

ㄱ. 광합성	ㄴ. 호흡
ㄷ. 화산 활동	ㄹ. 화석 연료 연소

17 지구 시스템에서 탄소의 순환 과정과 그 예이다. (가) ~ (다)에 해당하는 지구 시스템의 구성 요소를 각각 쓰시오.

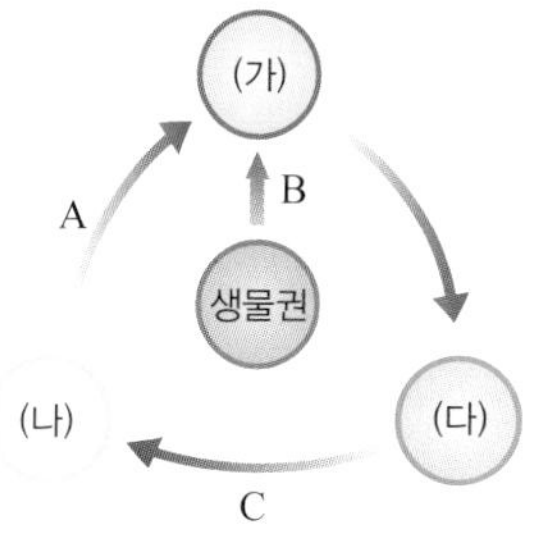

A : 화산 가스 분출
B : 생물의 호흡
C : 석회암 생성

서술형

18 화석 연료의 사용 증가로 지구 온난화가 진행될 때 기권과 지권, 그리고 지구 전체에 분포하는 탄소의 양에 각각 어떤 변화를 일으키는지 서술하시오.

19 지구 시스템의 각 권역에 분포하는 탄소의 존재 형태와 비율을 나타낸 것이다.

권	주요 존재 형태	분포비(%)
지권	A	99.93
	화석 연료	0.007
(가)	탄산 이온	0.062
생물권	B	0.003
(나)	이산화 탄소	0.001

(1) (가), (나)에 해당되는 권역을 각각 쓰시오.
(　　　　　　　　　)

(2) A, B에 해당되는 존재 형태를 각각 쓰시오.
(　　　　　　　　　)

D 질소와 기타 순환

20 질소가 순환하는 과정이다.

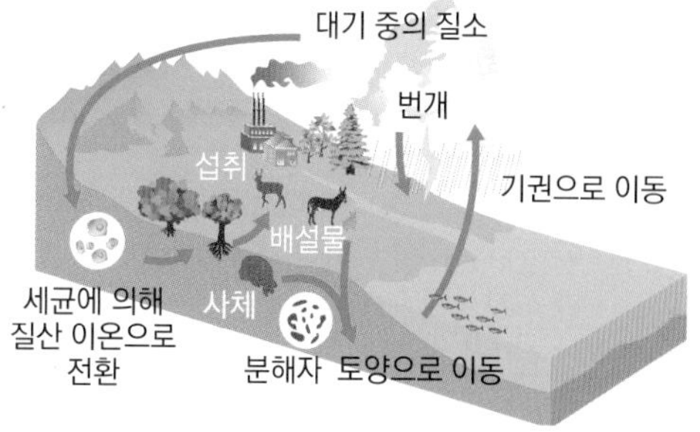

이에 대한 설명으로 옳은 것만을 <보기>에서 있는 대로 고른 것은?

보기

ㄱ. 질소는 생물체의 구성 성분 중 하나이다.
ㄴ. 식물에 저장된 질소는 질산 이온 형태로 흡수된 것이다.
ㄷ. 동식물의 배설물이나 사체가 분해자에 의해 분해되는 과정에서 질소가 기권으로 이동한다.

① ㄱ　② ㄱ, ㄴ　③ ㄱ, ㄷ　④ ㄴ, ㄷ　⑤ ㄱ, ㄴ, ㄷ

03 지구 시스템의 지권 변화

핵심 Point

□ 변동대와 판의 경계
□ 판 경계의 지각 변동
□ 판의 구조와 특징
□ 지권 변화의 영향

판 구조론이란 무엇일까?

A 지진과 화산 활동

1. 지진과 화산 활동 : 지구 내부 에너지가 방출될 때 일어나는 현상으로, 화산이 폭발할 때는 에너지뿐만 아니라 지구 내부 물질도 함께 방출된다.

2. 변동대 : 지진이나 화산 활동과 같은 지각 변동[1]이 자주 일어나는 지역이다.

화산대	화산 활동이 자주 일어나는 곳을 연결한 띠 모양의 지역
지진대	지진이 자주 일어나는 곳을 연결한 띠 모양의 지역
화산대와 지진대의 특징	· 화산대와 지진대는 대체로 일치한다.[2] · 주로 대륙 주변부에서 띠 모양으로 나타난다. → 이유 : 지진과 화산 활동은 주로 판 경계에서 발생하기 때문 · 화산대와 지진대는 대륙의 중앙부에는 거의 분포하지 않는다. 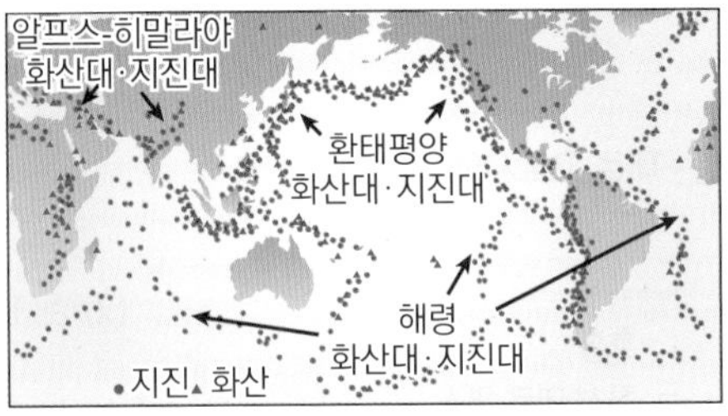 ▲ 화산과 지진의 분포 · 지진대는 화산대보다 광범위한 지역에서 나타난다. → 이유 : 지진이 발생하는 곳에서 반드시 화산 활동이 일어나지는 않기 때문이다. · 화산 활동과 지진은 환태평양 지역에서 가장 활발하다.[3]

B 지권 변화와 판 구조론

1. 판 구조론 : 지구의 표면은 크고 작은 여러 개의 판으로 이루어져 있고, 판의 상대적인 운동으로 판 경계에서 화산 활동이나 지진과 같은 지각 변동이 일어난다는 이론이다.

2. 판의 구조와 종류

① **판의 구조**

암석권 (판)	· 지각과 상부 맨틀의 일부(상층부)를 포함하는 두께 약 100 km 의 단단한 부분을 말한다. · 판 : 전세계적으로 암석권은 여러 개의 조각으로 나누어져 있는데, 각각의 조각을 판이라고 한다.
연약권	· 암석권 아래의 깊이 약 100 ~ 400 km 구간으로 맨틀에 속한다. · 고체 상태이나 맨틀이 부분적으로 용융★되어 유동성이 있고, 상부와 하부의 온도 차이로 대류가 일어나므로 판 이동의 원동력이 된다. · 암석권보다 밀도가 크다.

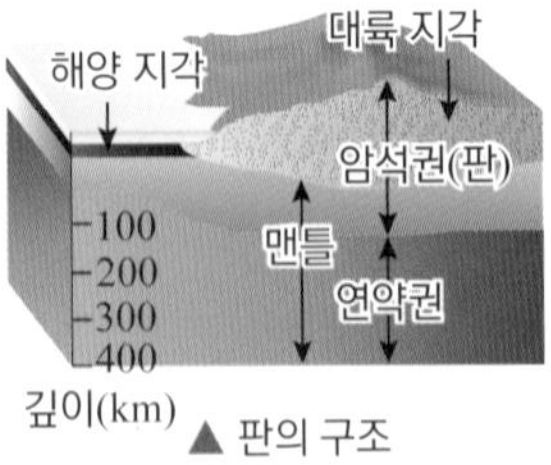

▲ 판의 구조

② **판의 종류** : 판을 구성하는 지각의 종류에 따라 크게 대륙판과 해양판으로 구분한다.

구분	구성	두께	밀도	대표적인 판
대륙판	대륙 지각 + 상부 맨틀 일부	두껍다	작다 →대륙 지각은 화강암질 암석으로 구성	유라시아판, 북아메리카판, 아프리카판 등
해양판	해양 지각 + 상부 맨틀 일부	얇다	크다 →해양 지각은 현무암질 암석으로 구성	태평양판, 필리핀판, 나스카판 등

개념 +

① **지각 변동의 원동력**

지구 내부 에너지는 지진, 화산 활동, 습곡 산맥의 형성, 대륙 이동 등의 현상을 일으키는데 이를 지각 변동이라고 한다.

② **화산대와 지진대가 일치하는 이유**

화산 활동과 지진은 대부분 판 경계에서 판의 상대적인 운동에 의해 발생하기 때문이다.

③ **전 세계 주요 화산대와 지진대**

- 환태평양 화산대와 지진대 : 태평양 주변부를 따라 분포하며, 전 세계 화산 활동의 약 80 %가 이곳에서 일어나 '불의 고리' 라고도 한다.
- 알프스-히말라야 화산대와 지진대 : 지중해, 히말라야산맥, 인도네시아로 이어지는 지역에 분포하고, 대규모 습곡 산맥이 발달해 있다.
- 해령 화산대와 지진대 : 태평양, 대서양, 인도양의 해저에 발달한 해령을 따라 분포하고, 화산 활동이 활발하다.

미니사전

★ **용융**
고체 물질이 가열되어 액체로 변하는 현상

③ 판의 분포

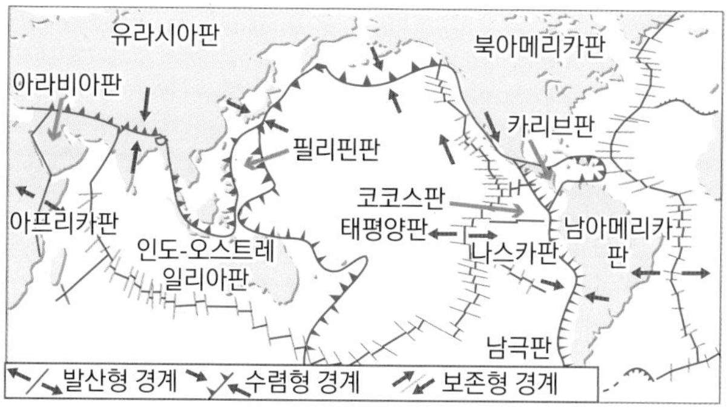

▲ 전 세계 판의 분포와 이동 방향

- 각각의 판은 약 1 ~ 10 cm/년의 속도로 이동하고 판마다 이동 속도와 방향이 다르다.
- 지구 표면은 10여 개의 크고 작은 판으로 구성되어 있는데, 인접한 두 판의 상대적인 이동 방향에 따라 판이 멀어지는 경계(발산형 경계), 판이 서로 모이는 경계(수렴형 경계), 판이 서로 어긋나는 경계(보존형 경계)로 구분된다.

④ 판 이동의 원동력 : 맨틀의 대류(연약권의 대류)[4]

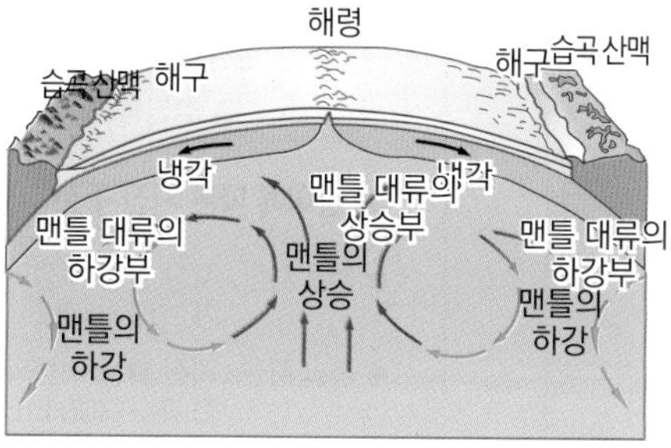

- 맨틀은 아래쪽부터 가열되어 온도가 높은 부분은 밀도가 작아져 상승한다.
- 상승한 맨틀은 양옆으로 이동하다가 점차 식으면서 밀도가 커지면 하강하여 대류가 일어난다.
- 연약권이 대류하면서 연약권 위에 떠 있는 판이 연약권을 따라 이동한다.
- 맨틀 대류가 상승하는 곳(상승부)은 발산형 경계, 하강하는 곳(하강부)은 수렴형 경계에 해당된다.

개념 +

우리나라의 지각 변동

우리나라 주변 판 경계는 일본 지역 근처의 수렴형 경계이다. 우리나라는 판 경계에서 상대적으로 멀리 떨어져 있기 때문에 일본에 비해 지진 등의 지각 변동이 적게 일어난다.

④ 판 이동의 원동력 실험

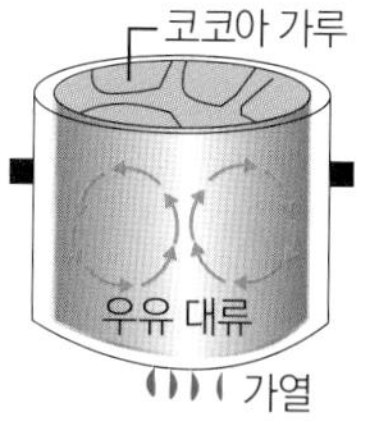

우유 표면에 코코아 가루를 뿌리고 우유를 가열하면 우유의 대류에 의해 코코아로 덮인 표면이 갈라져 여러 조각으로 분리되어 이동한다. 이때 우유는 연약권, 코코아 가루는 판에 해당한다. 이때 공급되는 열은 지구 내부 에너지라고 할 수 있다.

개념 체크

정답 및 해설 ➜ 57

Point

01 지진, 화산 활동 등의 지각 변동을 일으키는 에너지 원은 무엇인지 쓰시오.

02 변동대에 대한 설명으로 옳은 것은 ○표, 옳지 않은 것은 ×표 하시오.

(1) 변동대는 지진이나 화산 활동이 활발한 지역이다. ( )
(2) 화산대와 지진대는 거의 일치한다. ( )
(3) 지진이 발생하는 곳에서는 반드시 화산 활동이 일어난다. ( )
(4) 가장 많은 화산 활동과 지진이 발생하는 지역은 환태평양 화산대와 지진대이다. ( )
(5) 변동대는 주로 대륙의 중앙부에 분포한다. ( )

03 다음은 판 구조를 나타낸 것이다. ( ) 안에 알맞은 말을 쓰시오.

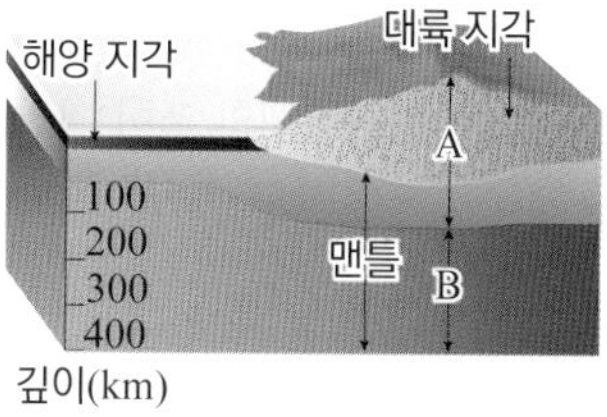

(1) A는 ( ), B는 ( )이다.
(2) 대륙판은 해양판보다 두께가 ( ).
(3) 대륙판은 해양판보다 밀도가 ( ).
(4) 판을 이동시키는 원동력은 ( )이다.

→ 암석권은 지각과 상부 맨틀 일부를 포함한 부분이고, 연약권은 암석권 아래 부분이고, 유동성이 있으며, 암석권보다 밀도가 크다.

04 맨틀 대류가 일어나는 과정에 대한 설명에서 ( ) 안에 알맞은 말을 쓰시오.

> 맨틀에서는 상부와 하부의 (㉠) 차이로 대류가 일어난다. 온도가 높은 부분은 밀도가 (㉡)져 상승하고, 옆으로 이동하다가 식어서 밀도가 (㉢)지면 하강한다. 이때 연약권 위에 떠 있는 판이 함께 이동한다.

C 판 경계에서 일어나는 지각 변동

1. 판 경계의 종류

① **발산형 경계** : 판과 판이 서로 멀어지는 경계 → 맨틀 대류의 상승부, 새로운 판 생성
② **수렴형 경계** : 판과 판이 서로 모여드는 경계 → 맨틀 대류의 하강부, 판 소멸
③ **보존형 경계** : 판과 판이 서로 어긋나는 경계 → 판이 생성되거나 소멸되지 않음

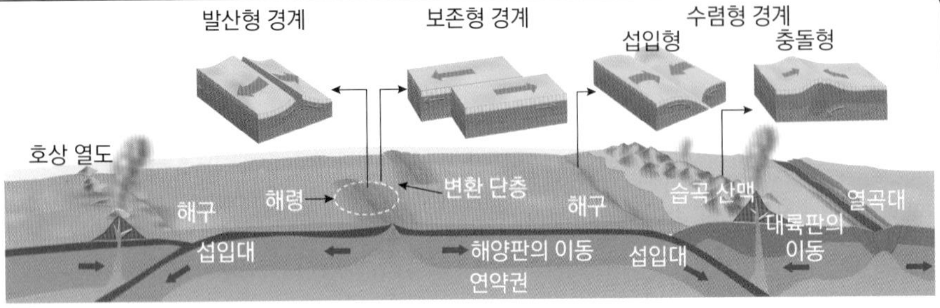

- 호상 열도 : 해구와 나란하게 활 모양으로 길게 배열되어 있는 화산섬들
- 해구 : 주로 태평양의 가장자리를 따라 발달한 깊은 해저 골짜기
- 해령 : 대양의 해저에서 발달하는 해저 산맥, 마그마가 상승하여 새로운 판이 만들어진다.
- 변환 단층 : 해령과 해령 사이에서 판이 어긋나면서 지층이 끊어진 지형
- 습곡 산맥 : 지층이 양쪽에서 압력을 받아 휘어지면서 융기* 하여 형성된 산맥
- 열곡대 : 폭이 좁고 긴 V자 모양의 골짜기인 열곡이 길게 이어져 있는 지형

2. 발산형 경계

① 맨틀 대류가 상승하는 곳에서 판이 양쪽으로 멀어진다.
② 맨틀 물질이 상승하면서 마그마가 생성되어 새로운 판이 생성된다.
③ 화산 활동이 활발하고, 판이 멀어지면서 천발 지진⑤ 이 활발하게 발생한다.
④ 발산형 경계에서 발달하는 지형은 해령, 열곡대이다.

• 해저에서는 생성된 새로운 판이 해구로 이동하면서 섭입되어 소멸하는데, 판 위에 쌓인 해저 퇴적물 지층은 해구 쪽으로 갈수록 두꺼워지고 암석의 나이가 많다.

해양판과 해양판의 발산	대륙판과 대륙판의 발산
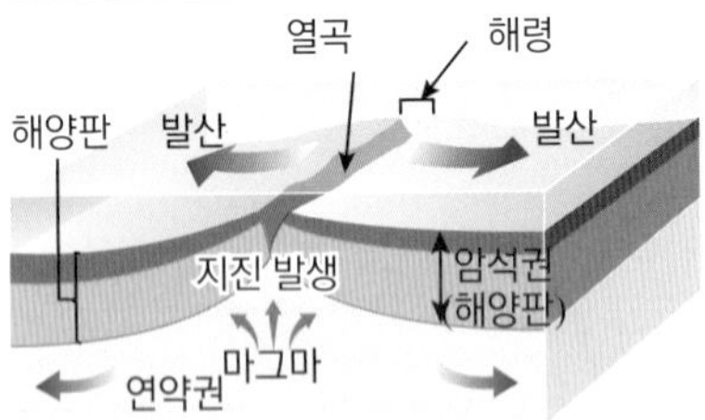	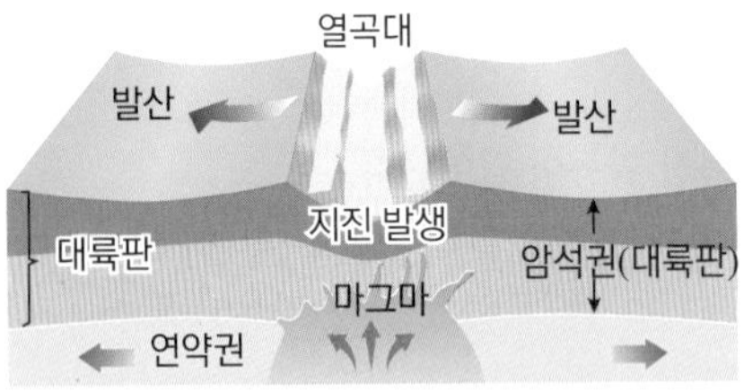
· 맨틀 대류가 상승하고, 마그마가 새로운 해양 지각을 생성하면서 해저 산맥인 해령 발달 예 대서양 중앙 해령, 동태평양 해령 · 해령에는 V자 모양의 열곡 발달	· 하나의 대륙판이 두 개의 대륙판으로 갈라지는 부분에 V자 모양의 열곡대 형성 예 동 아프리카 열곡대⑥, 아이슬란드 열곡대 · 열곡대의 폭이 점점 넓어지다가 결국 바닷물이 들어오면 새로운 바다 형성 예 홍해

<지각 변동> · 마그마가 상승하여 화산 활동 활발함 · 천발 지진 발생

3. 수렴형 경계

① 섭입* 형 경계와 충돌형 경계로 구분하고, 섭입형 경계는 화산 활동이 활발하지만, 충돌형 경계는 화산 활동이 거의 일어나지 않는다.
② 맨틀 물질이 하강하는 곳에서 판이 모여든다.
③ 판과 판이 충돌하거나 밀도가 큰 판이 밀도가 작은 판 아래로 들어가 소멸한다.
④ 수렴형 경계에서 발달하는 지형은 해구, 호상 열도, 습곡 산맥이다.

개념 +

발산형 경계의 구조

두 판이 벌어지면서 장력이 작용한다. 장력이 작용하면 지층이 끊어지면서 정단층이 나타날 수 있다.

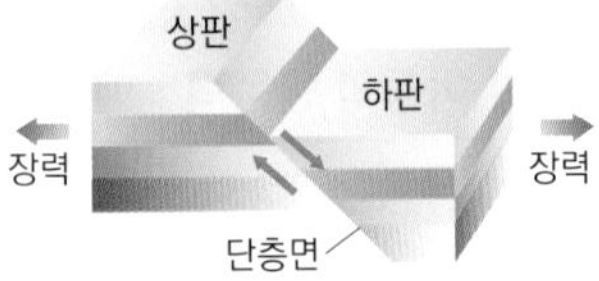

▲ 정단층

⑤ 깊이에 따른 지진 구분

- 천발 지진 : 지진 발생 지점의 깊이가 70 km 이내
- 중발 지진 : 지진 발생 지점의 깊이가 70 ~ 300 km
- 심발 지진 : 지진 발생 지점의 깊이가 300 km 이상

⑥ 동아프리카 열곡대

아프리카 동쪽의 대륙에 위치한 발산형 경계로, 장력에 의해 정단층이 발달해 있다.

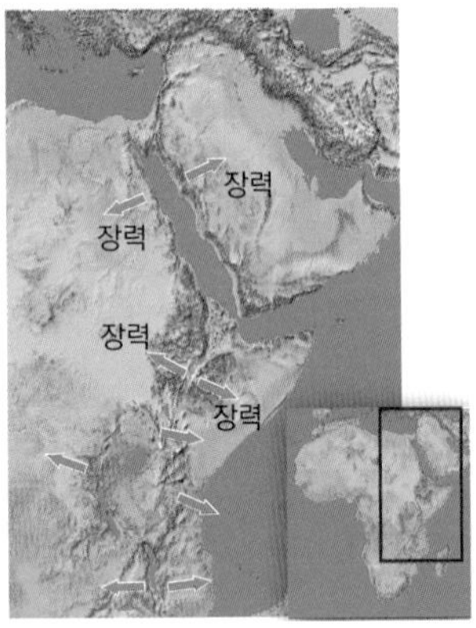

수렴형 경계의 지진

섭입형 경계에서는 천발 ~ 심발 지진, 충돌형 경계에서는 천발 ~ 중발 지진이 활발하다.

미니사전

★ **융기**
자연적인 원인에 의해 땅덩어리가 주변에 대하여 상대적으로 상승하는 현상

★ **섭입**
판과 판이 서로 수렴하여 한 판이 다른 판의 아래로 비스듬히 들어가는 현상

해양판과 대륙판(섭입형 경계)	해양판과 해양판(섭입형 경계)	대륙판과 대륙판(충돌형 경계)
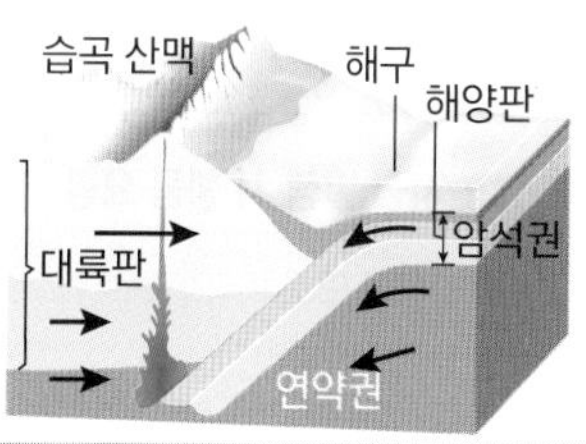	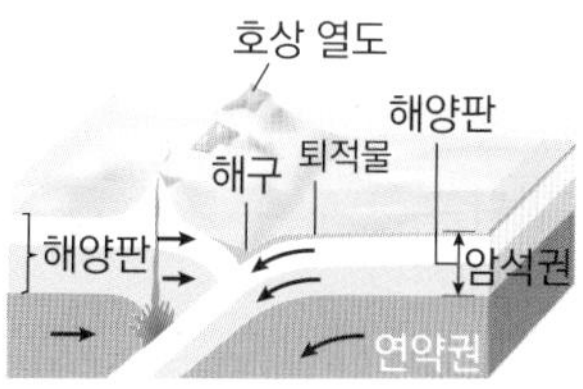	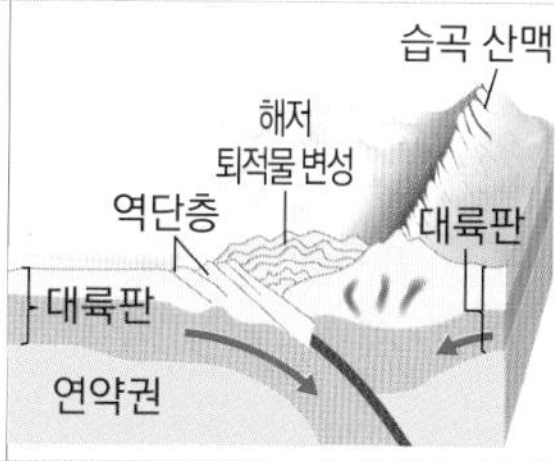
· 해구 : 밀도가 큰 해양판이 대륙판 아래로 섭입하면서 해구가 발달 예 일본 해구, 페루-칠레 해구 · 호상 열도 : 섭입대[7]에서 마그마가 생성되어 호상 열도가 발달 예 일본 열도 · 습곡 산맥 : 판이 모이면서 지각이 융기하여 습곡 산맥이 발달 예 안데스 산맥	· 해구 : 밀도가 큰 해양판이 밀도가 작은 해양판 아래로 섭입하면서 해구가 발달 예 마리아나 해구, 통가 해구 · 호상 열도 : 섭입대에서 마그마가 생성되어 밀도가 작은 판 쪽에서 화산 활동이 일어나 해구와 나란하게 호상 열도가 발달 예 마리아나 제도, 알류샨 열도	· 습곡 산맥 : 밀도가 비슷한 두 대륙판이 충돌하면서 두 대륙 사이에 있던 해저 퇴적층이 양쪽에서 미는 힘에 의해 융기하여 거대한 습곡 산맥이 발달 예 히말라야 산맥[8], 알프스 산맥
<지각 변동> · 판이 깊은 곳까지 들어가므로 마그마가 형성되어 화산 활동이 활발함 · 베니오프대(섭입대)를 따라 마찰에 의한 천발, 중발, 심발 지진 발생 → 섭입대 입구인 해구 근처에서 천발 지진, 깊어지면서 중~심발 지진 발생		· 판이 깊은 곳까지 들어가지 않으므로 마그마가 잘 형성되지 않아 화산 활동이 거의 일어나지 않음 · 천발, 중발 지진 발생

4. 보존형 경계

① 해양판과 해양판 또는 해양판과 대륙판이 서로 반대 방향으로 이동하며 스치는 경계이다.

② 맨틀 대류가 상승하거나 하강하는 곳이 아니므로 판이 생성되거나 소멸되지 않는다.

③ 천발 지진이 자주 발생하지만, 중발~심발 지진이나 화산 활동은 일어나지 않는다.

④ 보존형 경계에서 발달하는 지형은 변환 단층이다. 예 산안드레아스 단층[9]

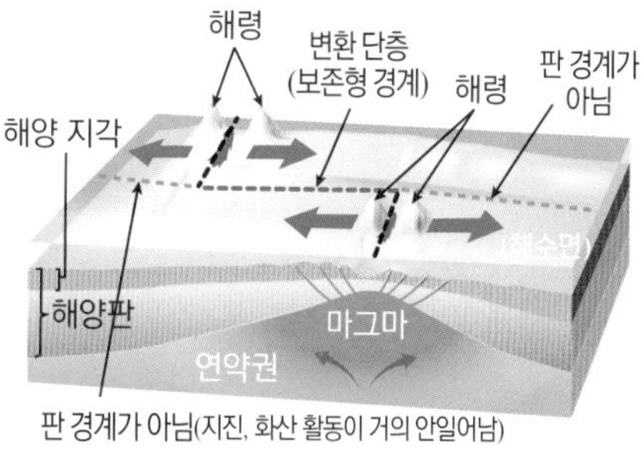

D 지권 변화가 지구 시스템에 미치는 영향

1. 화산 활동 : 마그마가 지각을 뚫고 상승하면서 화산 분출물[10]이 방출된다.

① 화산 활동의 영향

부정적인 영향(피해)	긍정적인 영향(이용)
· 화산 가스에 포함된 이산화 탄소, 이산화 황 등이 빗물에 녹아 산성비가 되므로 생태계에 피해를 준다. → 생물권, 지권, 수권에 영향 · 용암이 흘러 마을이나 농경지를 뒤덮어 인명과 재산 피해를 준다. → 지권, 생물권에 영향 · 화산 쇄설류가 흐르면서 산불 및 산사태가 발생한다. → 지권에 영향 · 대기로 분출된 다량의 화산재는 햇빛을 가려 일시적으로 기온을 낮춘다. → 기권에 영향 · 화산재가 항공기의 시야를 막고, 엔진 고장을 일으켜 항공기 운항에 방해가 된다. · 화산탄 등이 날아와 인명과 재산 피해가 발생한다.	· 화성 광상으로 유용한 금속 광물이 만들어진다. · 지열을 난방에 이용하거나 지열 발전소에서 전기를 생산한다. · 화산재가 쌓이고 오랜 시간이 지나면 식물이 자라기 좋은 비옥한 토양이 만들어진다. · 가열된 지하수로 인해 온천이 만들어지고, 온천 및 화산 활동으로 형성된 독특한 지형은 관광 자원으로 활용된다.

▲ 화산 가스

▲ 용암

▲ 화산재 피해

개념+

⑦ 섭입대(베니오프대)

밀도가 큰 판이 밀도가 작은 판 아래로 비스듬하게 밀려 들어가는 부분이다. 이 과정에서 마찰에 의해 지진이 발생한다.

● 수렴형 경계의 구조

두 판이 충돌하거나 소멸하면서 횡압력이 작용한다. 횡압력이 작용하면 습곡과 역단층이 나타날 수 있다.

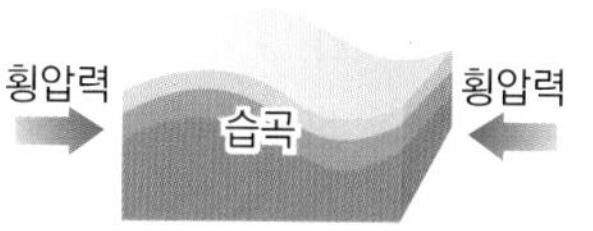

▲ 역단층

⑧ 히말라야 산맥

인도 - 오스트레일리아판이 북상하여 유라시아판과 충돌하여 생성된 거대한 습곡 산맥이다.

⑨ 산안드레아스 단층

대부분 변환 단층은 해저에 발달하지만, 미국 서부의 산안드레아스 단층은 지표에 노출되어 있다.

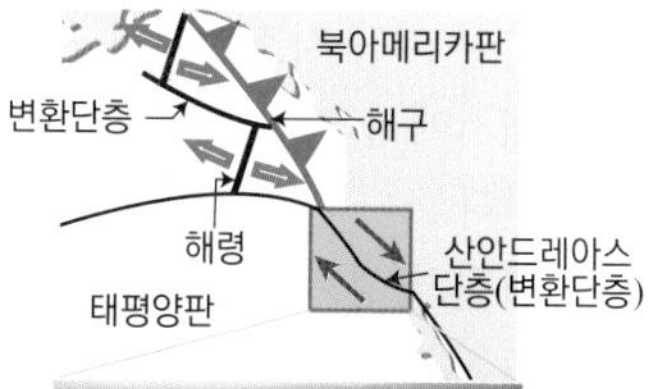

⑩ 화산 분출물

● 화산 가스 : 수증기, 이산화 탄소, 이산화 황 등

● 용암 : 마그마에서 화산 가스가 빠져 나가고 남은 고온의 액체

● 화산 쇄설물 : 화산 활동으로 분출되는 고체 상태의 암석 부스러기(크기에 따라 화산암괴, 화산력, 화산재, 화산진 등으로 구분)

▲ 화산 분출물

② 대처 방법

· 용암류에 바닷물을 뿌려 식히고 이동 속도를 줄인다.
· 화산 주변에 제방을 쌓거나 화산 분출구 주변에 댐과 수로를 건설한다.
· 화산 분출의 전조 현상에 대한 감시 체계, 경고 체계, 대피 체계를 강화한다.

2. 지진

① 지진의 영향

부정적인 영향(피해)	긍정적인 영향(이용)
· 땅의 진동으로 지표면이 갈라지고, 건물과 교량이 붕괴된다. • 지권에 영향 · 가스관과 전선이 끊기면서 합선이나 누전으로 인한 화재가 발생하고, 이로 인해 인명피해와 대기 오염이 발생한다. • 생물권, 기권에 영향 · 산사태나 낙석 및 구조물의 낙하 등으로 인해 피해가 발생한다. • 지권에 영향 · 해저에서 발생한 지진에 의해 지진 해일(쓰나미)이 발생하기도 한다. • 수권, 생물권에 영향	· 지진 기록을 분석하여 지구 내부 구조를 연구한다. · 인공 지진에 의한 지진파의 분석으로 지하의 구조를 파악하여 지하 자원을 찾는다. · 인공 지진을 통해 지질 구조를 파악하여 도로, 건물, 댐 등의 건설에 적합한 장소를 찾는다.

▲ 도로 붕괴

▲ 건물 붕괴

▲ 지진 해일

② 대처 방법

· 활성 단층★ 지역이나 지반이 약한 곳에는 건물을 짓지 않는다.
· 지진 발생 시 일어날 수 있는 진동이나 지표 파열에 견디도록 건물을 설계한다. • 내진 설계
· 지진 측정 시스템에서 지진파보다 빠르게 전파되는 라디오파(전파)를 이용한다.
· 해저에서 지진이 발생하면 발생 지점을 확인하고, 지진 해일 발생 예상 지역에 경보를 발령한다.
· 지진 발생 시 행동 요령을 숙지한다.⑪

개념+

⑪ 지진 발생 시 행동 요령

● 방석 등으로 머리를 보호하고, 탁자 밑으로 들어간다.
● 전기를 차단하고, 가스 밸브를 잠근다.
● 문을 열어 출구를 확보한다.
● 엘리베이터를 이용하지 않고, 계단을 이용한다.
● 산사태에 유의하고, 해안가에서는 지진 해일에 대비하여 높은 곳으로 대피한다.

● 화산 활동과 지진이 지구 시스템에 미치는 영향

● 지권 → 지권 : 용암, 화산 쇄설물의 흐름, 지진 등에 의한 지형 변화
● 지권 → 수권 : 해저 화산 폭발, 해저 지진 등에 의한 지진 해일 발생
● 지권 → 기권 : 화산 분출로 인한 기후 변화
● 지권 → 생물권 : 생물의 서식지 파괴, 화산 가스로 내린 산성비로 인한 생태계 파괴

미니사전

★ **활성 단층**
현재도 계속 운동하고 있는 단층

개념 체크

정답 및 해설 → 57

05 전 세계의 판 경계와 이동 방향을 나타낸 것이다. A ~ E 중 각 경계에 해당하는 것을 고르시오.

(1) 발산형 경계 (　　　)
(2) 수렴형 경계 (　　　)
(3) 보존형 경계 (　　　)

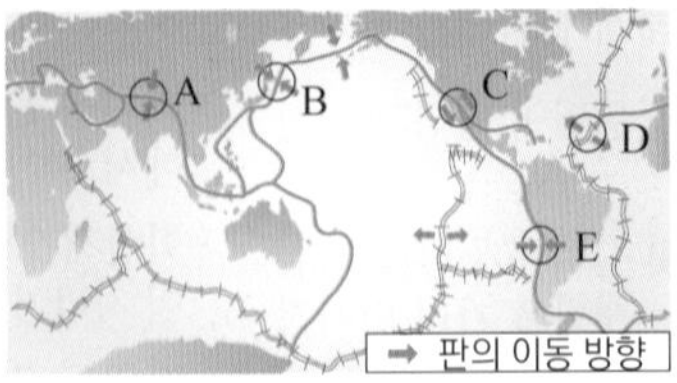

Point

→ 판과 판이 서로 멀어지는 경계를 발산형 경계, 판과 판이 서로 모여드는 경계를 수렴형 경계, 판과 판이 서로 어긋나는 경계를 보존형 경계라고 한다.

06 각각의 판 경계에서 발달하는 지형을 <보기>에서 있는 대로 고르시오.

(1) 발산형 경계
(2) 보존형 경계
(3) 대륙판과 대륙판이 충돌하는 경계
(4) 해양판이 대륙판 아래로 섭입하는 경계

보기

ㄱ. 해령　　ㄴ. 습곡 산맥
ㄷ. 해구　　ㄹ. 호상 열도
ㅁ. 열곡대　ㅂ. 변환 단층

강의

전 세계 판 경계에서 나타나는 지형

A 히말라야 산맥

대륙판(유라시아판)과 대륙판(인도-오스트레일리아판)이 충돌하는 수렴형 경계 지형이다. 습곡 산맥이 발달되고, 천발, 중발 지진이 활발하다. (심발 지진과 화산 활동은 일어나지 않음)

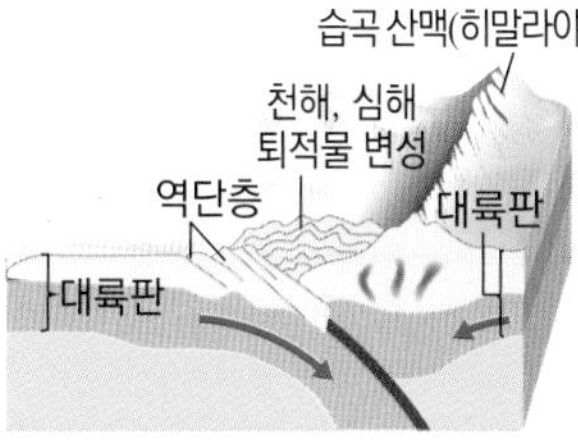

B 일본 해구

밀도가 큰 해양판(태평양판)이 대륙판(유라시아판) 아래로 섭입하는 수렴형 경계 지형이다. 유라시아판 쪽에서 화산 활동 외에 천발 ~ 심발 지진이 활발하다.

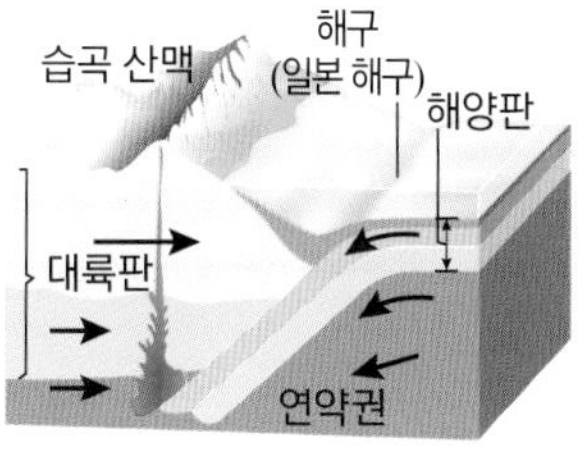

C 산안드레아스 단층

태평양판과 북아메리카판이 어긋나 반대 방향으로 이동하는 보존형 경계 지형이다. 변환 단층(산안드레아스 단층)이 육지로 드러나 있고, 화산 활동은 일어나지 않고, 천발 지진이 활발하다.

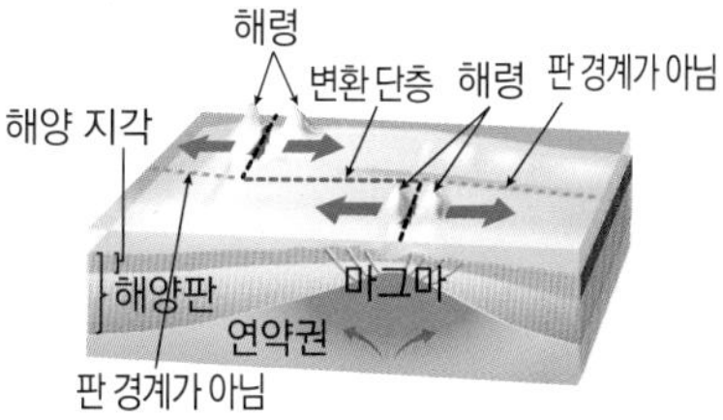

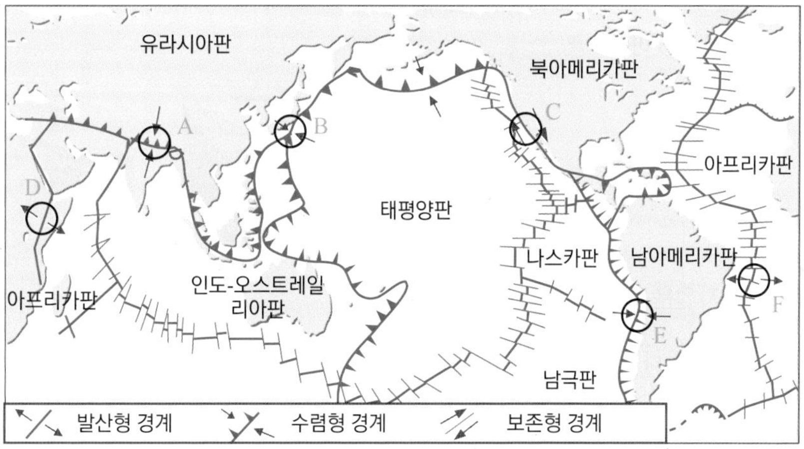

D 동아프리카 열곡대

하나의 대륙판이 두 개의 대륙판으로 갈라지는 발산형 경계 지형이다. V자 열곡대가 발달하고, 화산 활동, 천발 지진이 활발하다.

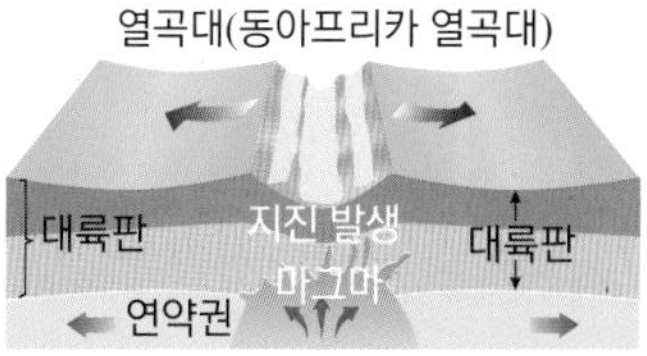

E 페루-칠레 해구, 안데스 산맥

밀도가 큰 해양판(나스카판)이 대륙판(남아메리카판) 아래로 섭입하는 수렴형 경계 지형이다. 화산 활동 외에 천발 ~ 심발 지진이 활발하다.

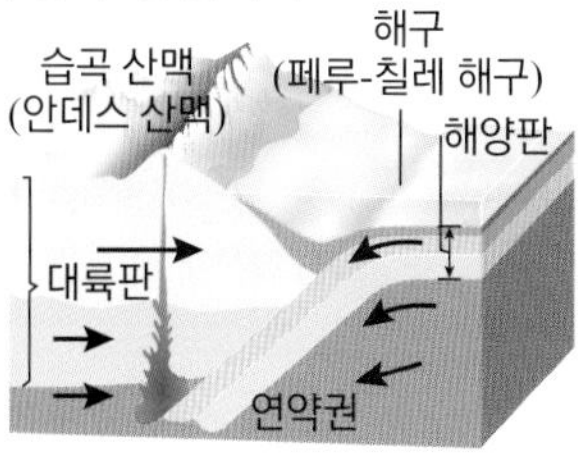

F 대서양 중앙 해령

해양판과 해양판이 멀어지는 발산형 경계 지형이다. 판이 양쪽으로 이동하면서 새로운 해양 지각이 만들어져, 거대한 해저 산맥인 해령과 열곡이 발달하고, 화산 활동, 천발 지진이 활발하다.

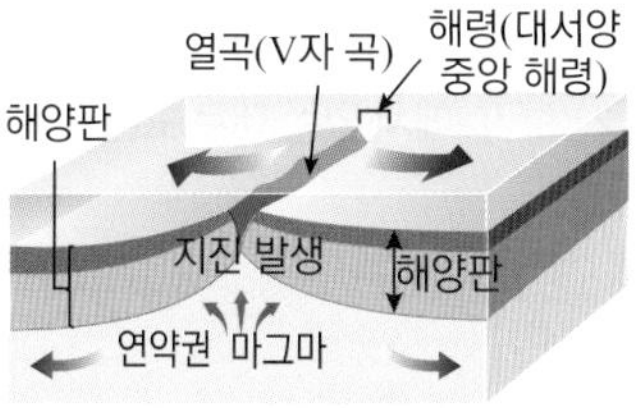

Q1 A ~ F 중 판이 생성되는 곳 (가)와 맨틀 대류의 하강부 (나)를 있는 대로 쓰시오.

정답 및 해설 ➜ 57

(가) (　　　　　　　　　　)

(나) (　　　　　　　　　　)

꼭 짚기!

정답 및 해설 → 57

1 지권 변화와 판 구조론

판의 구조를 나타낸 것이다. 이에 대한 설명으로 옳은 것만을 <보기>에서 있는 대로 고른 것은?

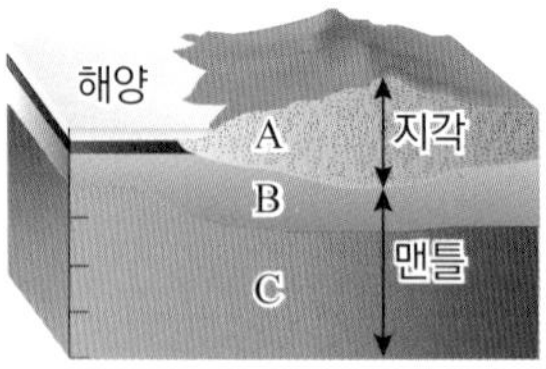

보 기

ㄱ. 판은 A 부분을 말한다.
ㄴ. B는 부분적으로 용융되어 유동성이 있다.
ㄷ. C에서는 맨틀의 대류가 일어난다.

① ㄱ ② ㄴ ③ ㄷ ④ ㄱ, ㄴ ⑤ ㄴ, ㄷ

2 판 경계에서 일어나는 지각 변동

그림 (가)와 (나)는 판 경계를 나타낸 것이다.

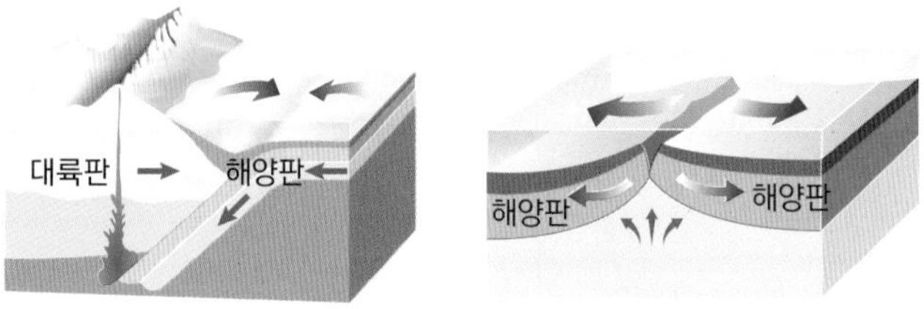

(가) (나)

(가)와 (나)에 대한 설명으로 옳지 않은 것은?

① (가)에서는 변환 단층이 발달한다.
② 거대한 습곡 산맥이 발달하는 지역은 (가)이다.
③ 맨틀 대류가 상승하는 곳은 (나)이다.
④ (가)에서는 천발 ~ 심발 지진, (나)에서는 천발 지진이 발생한다.
⑤ (가)에서는 해양 지각이 소멸되고, (나)에서는 해양 지각이 생성된다.

3 지권 변화가 지구 시스템에 미치는 영향

(가) ~ (다)는 화산 활동으로 분출되는 여러 가지 물질을 나타낸 것이다. 이에 대한 설명으로 옳은 것만을 <보기>에서 있는 대로 고른 것은?

(가) 화산재 (나) 용암 (다) 화산 가스

보 기

ㄱ. (가)는 토양을 황폐화시켜 농사를 지을 수 없게 한다.
ㄴ. (나)는 도로를 파괴하고 산불이나 산사태를 일으킨다.
ㄷ. (다)는 산성비를 내려 식물의 생장을 저하시킨다.

① ㄴ ② ㄷ ③ ㄱ, ㄴ ④ ㄴ, ㄷ ⑤ ㄱ, ㄴ, ㄷ

스스로 실력 높이기

A 지진과 화산 활동

01 화산 활동과 지진에 대한 설명으로 옳지 않은 것은?

① 지구 내부 에너지가 급격히 방출될 때 일어나는 현상이다.
② 화산 활동과 지진은 환태평양 지역에서 가장 활발하다.
③ 화산대는 지진대보다 광범위한 지역에서 나타난다.
④ 화산 활동이나 지진 등 지각 변동이 자주 일어나는 지역을 변동대라고 한다.
⑤ 전 세계적으로 지진이 일어나는 지역은 대륙 주변부에서 좁은 띠 모양으로 분포한다.

02 (가)는 지진이 발생한 지역을, (나)는 화산의 분포를 나타낸 것이다.

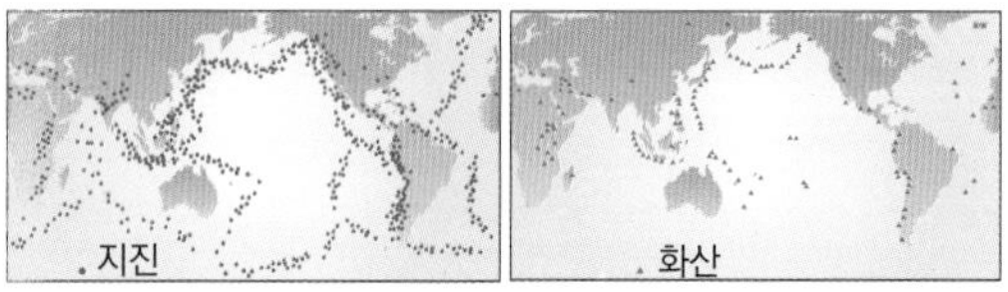

(가) (나)

이에 대한 설명으로 옳은 것만을 <보기>에서 있는 대로 고른 것은?

보 기

ㄱ. 지진은 일어나지만 화산 활동은 일어나지 않는 지역이 있다.
ㄴ. 지진과 화산 활동이 일어나는 지역은 대체로 일치한다.
ㄷ. 태평양 연안보다 대서양 연안에서 지진과 화산 활동이 더 활발하게 일어난다.

① ㄱ ② ㄴ ③ ㄱ, ㄴ
④ ㄴ, ㄷ ⑤ ㄱ, ㄴ, ㄷ

서술형

03 화산대와 지진대는 대체로 일치한다. 그 이유를 서술하시오.

04 변동대에 대한 설명으로 옳은 것만을 <보기>에서 있는 대로 고른 것은?

보 기

ㄱ. 좁고 긴 띠 모양으로 분포한다.
ㄴ. 대체로 판의 중앙부에 위치한다.
ㄷ. 화산 활동, 지진이 활발하게 일어나는 지역이다.

① ㄱ ② ㄴ ③ ㄱ, ㄷ
④ ㄴ, ㄷ ⑤ ㄱ, ㄴ, ㄷ

B 지권 변화와 판 구조론

05 판의 구조를 나타낸 것이다. 이에 대한 설명으로 옳은 것은?

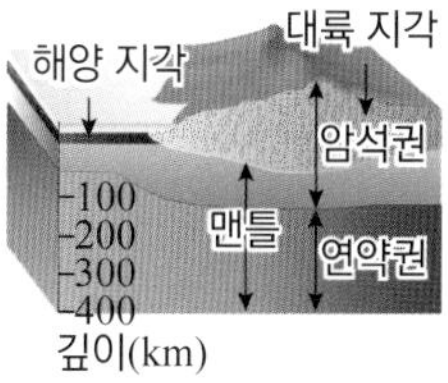

① 암석권은 하나의 조각으로 이루어져 있다.
② 연약권은 액체 상태이다.
③ 판은 두께가 약 400 km 이다.
④ 대륙판은 해양판보다 두께가 얇다.
⑤ 대륙판은 해양판보다 밀도가 작다.

06 판 구조론에 대한 설명으로 옳지 않은 것은?

① 지구 표면은 10여 개의 크고 작은 판으로 구성되어 있다.
② 암석권에서 일어나는 대류가 판이 이동하는 원동력이다.
③ 판은 지각과 상부 맨틀의 일부를 포함한다.
④ 판마다 이동하는 속도가 다르다.
⑤ 판들은 서로 다른 방향으로 이동한다.

C 판 경계에서 일어나는 지각 변동

07 다음은 판 경계와 판의 이동을 나타낸 것이다

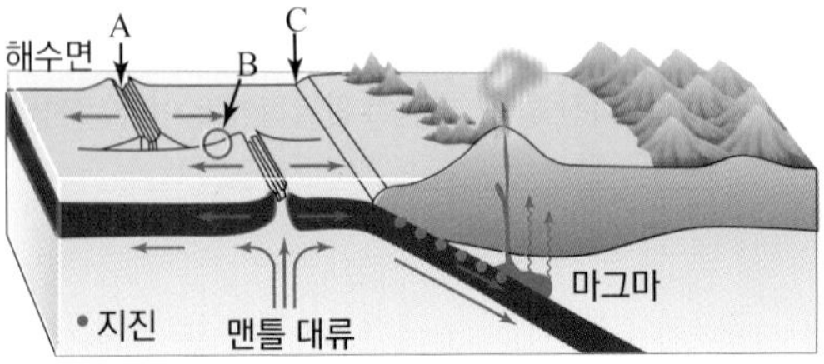

이에 대한 설명으로 옳지 않은 것은?

① A에서는 해령이 발달한다.
② B는 보존형 경계이다.
③ C 경계에서는 해양 지각이 소멸된다.
④ A ~ C 경계에서는 모두 지진이 자주 발생한다.
⑤ A ~ C 경계에서는 모두 화산 활동이 활발하게 발생한다.

08 판 경계를 구분하는 과정이다. (가) ~ (다)에 해당하는 판 경계의 유형을 각각 쓰시오.

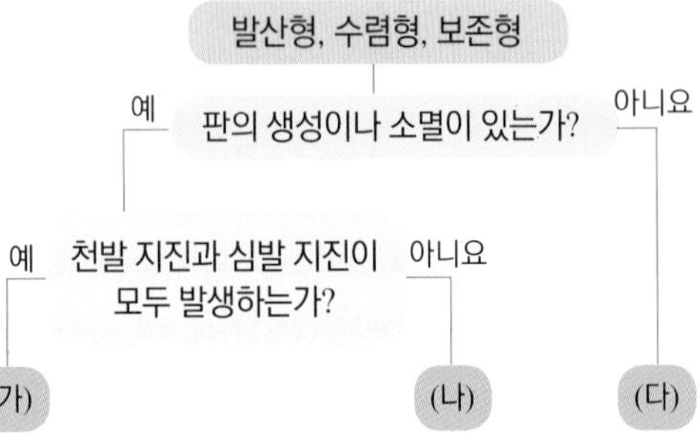

(가) (　　　　　　　　　　)
(나) (　　　　　　　　　　)
(다) (　　　　　　　　　　)

09 (가)와 (나)는 서로 다른 판 경계에서 판의 이동 방향을 나타낸 것이다.

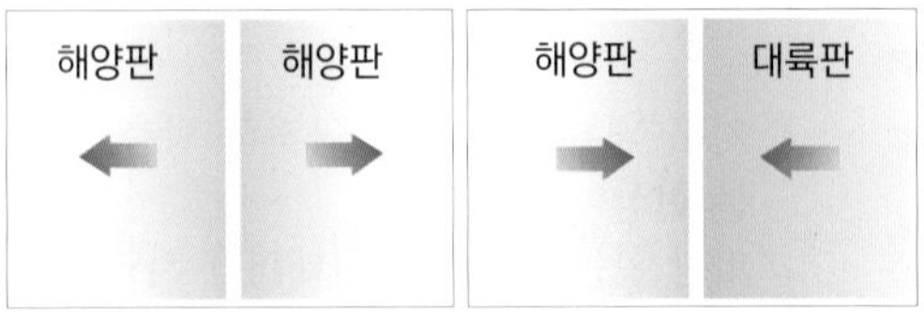

(가)　　　　(나)

이에 대한 설명으로 옳은 것만을 <보기>에서 있는 대로 고른 것은?

보 기

ㄱ. (가)에서는 해령이 발달한다.
ㄴ. (나)에서는 대륙판이 해양판 아래로 섭입한다.
ㄷ. (가)와 (나)는 모두 화산 활동과 천발 지진이 활발하게 일어난다.

① ㄱ　② ㄴ　③ ㄱ, ㄷ　④ ㄴ, ㄷ　⑤ ㄱ, ㄴ, ㄷ

10 다음은 전 세계의 판 경계를 나타낸 것이다.

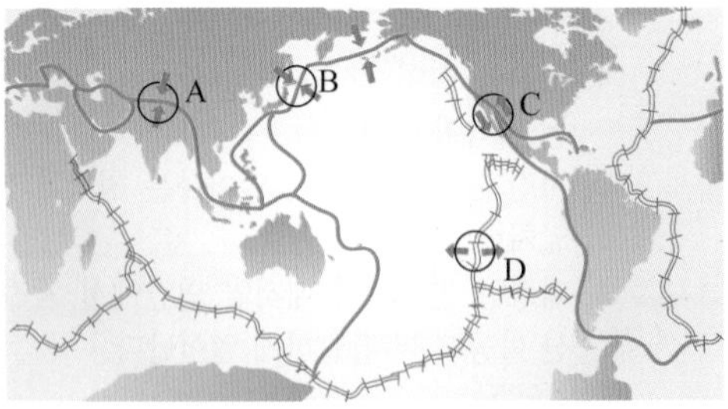

판 경계 A ~ D에 대한 설명으로 옳은 것만을 <보기>에서 있는 대로 고른 것은?

보 기

ㄱ. A에는 습곡 산맥, B에는 해구가 발달한다.
ㄴ. C는 변환 단층이 육지로 드러난 곳이다.
ㄷ. D에서 B로 갈수록 퇴적물의 두께가 두꺼워진다.

① ㄱ　② ㄴ　③ ㄱ, ㄴ　④ ㄴ, ㄷ　⑤ ㄱ, ㄴ, ㄷ

11 (가)와 (나)는 서로 다른 판 경계를 나타낸 것이다.

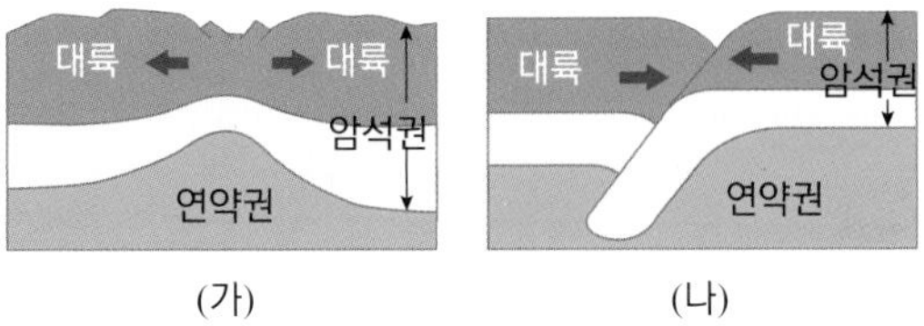

이에 대한 설명으로 옳은 것만을 <보기>에서 있는 대로 고른 것은?

보 기

ㄱ. (가)의 과정으로 동아프리카 열곡대가 형성된다.
ㄴ. 화산 활동은 (나)가 (가)보다 활발하게 일어난다.
ㄷ. 지진이 발생하는 평균 깊이는 (가)가 (나)보다 깊다.

① ㄱ ② ㄴ ③ ㄷ
④ ㄱ, ㄴ ⑤ ㄱ, ㄴ, ㄷ

서술형

12 그림은 해령 부근의 판 운동을 모식적으로 나타낸 것이다.

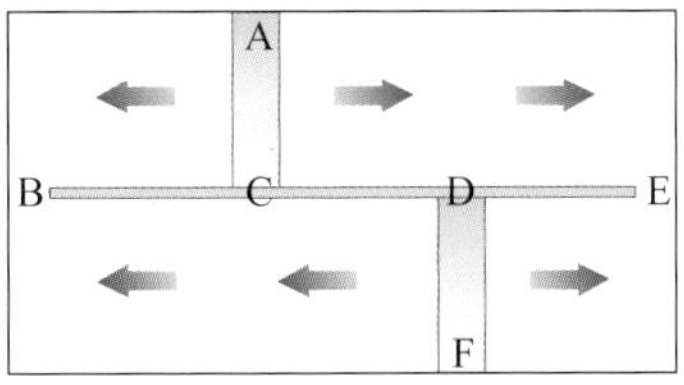

다음 물음에 답하시오. 단, 구간은 문자와 문자 사이를 말한다.

(1) 지진이 활발하게 발생하는 구간을 있는 대로 골라 고르시오.

(2) 지진이 발생하지 않는 구간과 지진이 발생하지 않는 이유를 쓰시오.

13 (가)는 안데스 산맥, (나)는 히말라야 산맥 부근의 판의 경계와 판의 이동을 나타낸 것이다.

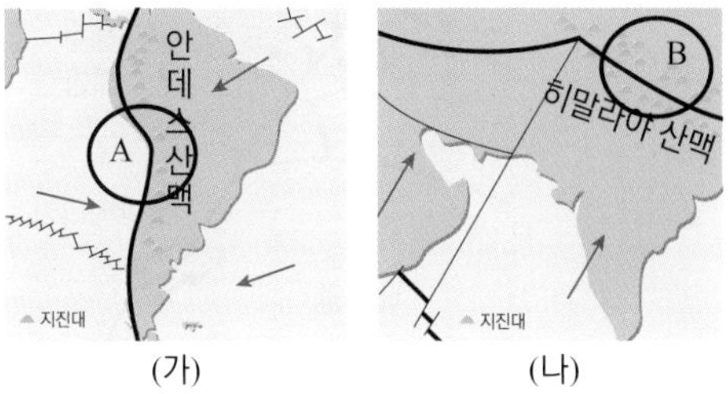

A와 B 지역의 공통점으로 옳은 것만을 <보기>에서 있는 대로 고른 것은?

보 기

ㄱ. 발산형 경계에 형성된다.
ㄴ. 맨틀 대류가 하강하는 곳이다.
ㄷ. 습곡 산맥뿐만 아니라 해구도 발달한다.

① ㄱ ② ㄴ ③ ㄷ
④ ㄱ, ㄷ ⑤ ㄱ, ㄴ, ㄷ

14 그림은 1990 ~ 2006년에 아프리카와 아라비아 반도에서 지진이 발생한 지점과 판의 이동 방향을 나타낸 것이다.

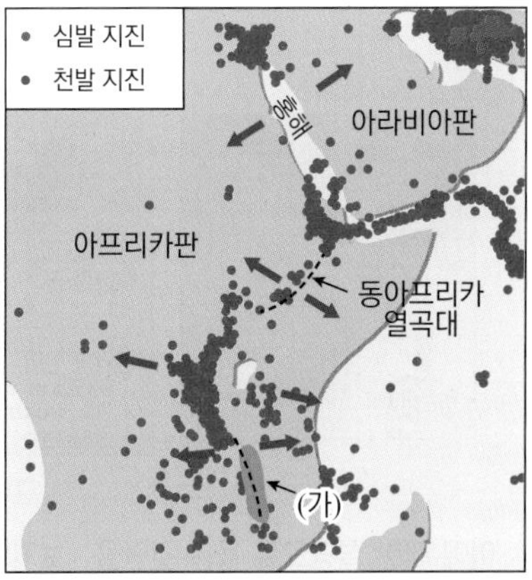

이에 대한 설명으로 옳은 것만을 <보기>에서 있는 대로 고른 것은?

보 기

ㄱ. 이 지역에서는 화산 활동이 활발하다.
ㄴ. 동아프리카 열곡대에는 역단층이 발달한다.
ㄷ. (가) 지역에 생성된 호수의 폭은 점차 넓어진다.

① ㄱ ② ㄴ ③ ㄱ, ㄷ
④ ㄴ, ㄷ ⑤ ㄱ, ㄴ, ㄷ

15 북아메리카 서해안 지역에서 해령, 해구, 변환 단층 분포를 나타낸 것이다.

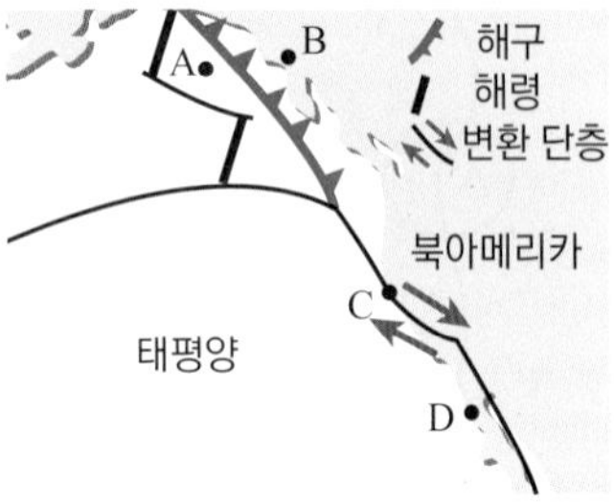

A ~ D 지역에 대한 설명으로 옳은 것만을 <보기>에서 있는 대로 고른 것은?

보기

ㄱ. 판의 평균 두께는 B가 위치한 판이 A가 위치한 판보다 두꺼울 것이다.
ㄴ. C에서는 화산 활동이 활발하게 일어난다.
ㄷ. D는 북아메리카판에 위치한다.

① ㄱ ② ㄷ ③ ㄱ, ㄴ
④ ㄴ, ㄷ ⑤ ㄱ, ㄴ, ㄷ

16 그림 (가)는 필리핀 판과 태평양 판의 경계 지역을, 그림 (나)는 1990년 이후 발생한 지진의 진앙 분포를 나타낸다.

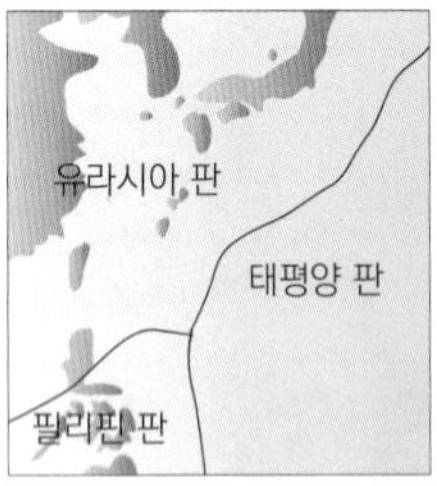

(가)

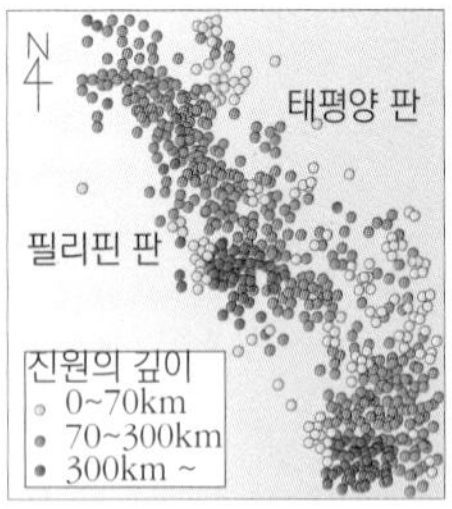

(나)

이에 대한 설명으로 옳은 것만을 <보기>에서 있는 대로 고른 것은?

보기

ㄱ. 두 판은 서로 수렴하고 있다.
ㄴ. 이 지역의 화산 활동은 주로 태평양 판에서 일어난다.
ㄷ. 진원의 깊이는 두 판의 경계에서 필리핀 판 쪽으로 갈수록 대체로 깊어진다.

① ㄴ ② ㄷ ③ ㄱ, ㄴ
④ ㄴ, ㄷ ⑤ ㄱ, ㄷ

D 지권 변화가 지구 시스템에 미치는 영향

17 지진으로 발생하는 피해를 줄이기 위한 대책으로 옳지 않은 것은?

① 조기 경보 시스템을 구축한다.
② 건물을 세울 때는 내진 설계를 한다.
③ 지진 발생 지점의 주변에 댐이나 수로를 건설한다.
④ 지진은 단기 예측이 어려우므로 재해 관리와 복구 시스템을 구축해 놓아야 한다.
⑤ 지진 발생 시 행동 요령을 숙지한다.

18 화산 활동의 영향에 대한 설명으로 옳은 것만을 <보기>에서 있는 대로 고른 것은?

보기

ㄱ. 화산 지대는 관광 자원으로 이용할 수 있다.
ㄴ. 화산 활동 중에 유용한 광물이 생성되기도 한다.
ㄷ. 퇴적된 화산재는 토양을 비옥하게 한다.

① ㄱ ② ㄷ ③ ㄱ, ㄴ
④ ㄴ, ㄷ ⑤ ㄱ, ㄴ, ㄷ

19 지권의 변화가 지구 환경과 인간 생활에 미치는 영향으로 옳지 않은 것은?

① 화산재에 의해 항공기 운항이 방해되어 경제적 손실이 발생할 수 있다.
② 지진이 발생하면 누전이나 합선에 의해 화재가 발생할 수 있다.
③ 지진파를 연구하여 석유가 매장된 지역을 찾을 수 있다.
④ 해저에서 발생한 지진은 인간 생활에 영향을 주지 않는다.
⑤ 지열을 이용하여 전기를 생산할 수 있다.

01 지구 시스템의 구성

01 지구 시스템의 특징에 대한 설명으로 옳은 것만을 <보기>에서 있는 대로 고른 것은?

보 기

ㄱ. 각 구성 요소들은 서로 유기적으로 연결되어 있다.
ㄴ. 외권은 기권, 지권, 수권과 활발하게 물질을 교환한다.
ㄷ. 구성 요소들 간의 상호 작용을 통해 물질과 에너지가 이동한다.

① ㄱ　② ㄷ　③ ㄱ, ㄴ
④ ㄱ, ㄷ　⑤ ㄴ, ㄷ

02 지구 시스템의 구성 요소에 대한 설명으로 옳은 것은?

① 지권은 지각 외에 모두 액체 상태이다.
② 해수의 혼합층은 바람의 세기가 강할수록 얇아진다.
③ 기권은 높이에 따른 성분 변화를 기준으로 구분한다.
④ 기권에서 일어나는 공기의 대류가 지구 자기장을 형성한다.
⑤ 지권의 층상 구조 중 가장 큰 부피를 차지하는 것은 맨틀이다.

서술형

03 기권의 층상 구조와 수권에 포함되는 해수의 층상 구조를 구분하는 기준은 무엇인지 각각 설명하시오.

04 기권과 지권의 층상 구조를 나타낸 것이다.

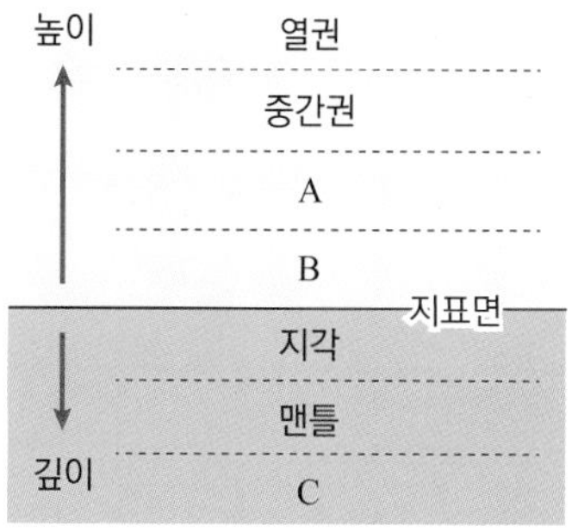

이에 대한 설명으로 옳은 것만을 <보기>에서 있는 대로 고른 것은?

보 기

ㄱ. A층은 성층권, B층은 대류권이다.
ㄴ. C층은 모두 고체로 구성되어 있다.
ㄷ. 기권과 지권은 모두 온도 변화를 기준으로 구분한다.

① ㄱ　② ㄷ　③ ㄱ, ㄴ
④ ㄱ, ㄷ　⑤ ㄴ, ㄷ

05 (가)는 기권 하부의 온도 분포를, (나)는 기권에서 높이에 따른 오존 농도를 나타낸 것이다.

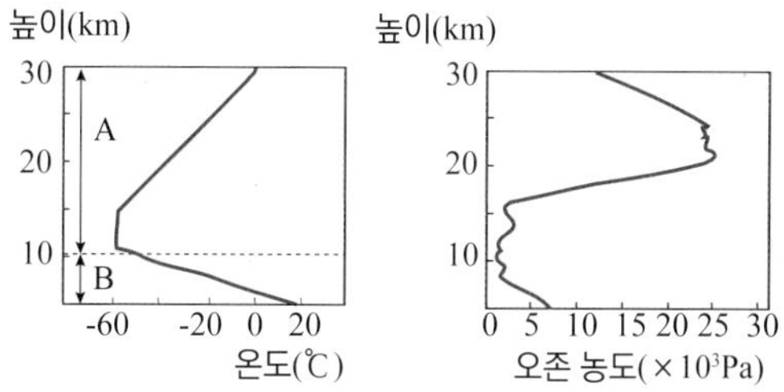

(가)　　(나)

이에 대한 설명으로 옳은 것만을 <보기>에서 있는 대로 고른 것은?

보 기

ㄱ. 오존층은 B에 존재한다.
ㄴ. A보다 B에서 공기의 연직 운동이 더 활발하다.
ㄷ. 오존층이 파괴되면 A의 평균 온도는 하강할 것이다.

① ㄱ　② ㄱ, ㄴ　③ ㄱ, ㄷ
④ ㄴ, ㄷ　⑤ ㄱ, ㄴ, ㄷ

06 지권의 층상 구조이다.

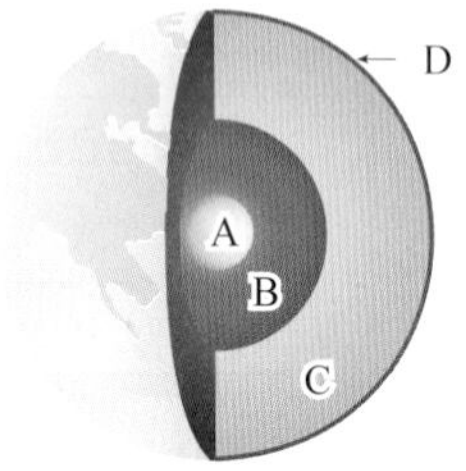

이에 대한 설명으로 옳은 것만을 <보기>에서 있는 대로 고른 것은?

보 기

ㄱ. 철의 함량비는 D에서 가장 높다.
ㄴ. C는 고체 상태로 대류가 일어나지 않는다.
ㄷ. 지구 자기장의 형성과 가장 관련이 깊은 층은 B이다.

① ㄱ ② ㄷ ③ ㄱ, ㄴ
④ ㄱ, ㄷ ⑤ ㄴ, ㄷ

07 해수의 층상 구조이다.

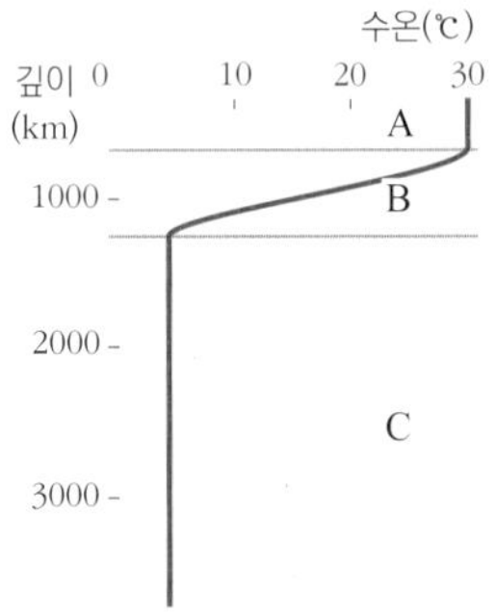

이에 대한 설명으로 옳은 것만을 <보기>에서 있는 대로 고른 것은?

보 기

ㄱ. A는 태양 복사 에너지를 흡수하여 온도가 높다.
ㄴ. B에서 매우 활발한 연직 운동이 일어나 물질과 에너지가 교환된다.
ㄷ. C는 계절이나 위도, 깊이에 따른 수온 변화가 거의 없다.

① ㄱ ② ㄱ, ㄴ ③ ㄱ, ㄷ
④ ㄴ, ㄷ ⑤ ㄱ, ㄴ, ㄷ

08 지구 시스템의 구성 요소를 나타낸 것이다.

생물권에 대한 설명으로 옳은 것만을 <보기>에서 있는 대로 고른 것은?

보 기

ㄱ. 기권, 지권, 수권보다 이후에 형성되었다.
ㄴ. 공간 상으로 기권, 지권, 수권에 모두 걸쳐 있다.
ㄷ. 기권, 지권, 수권에 영향을 주고 받으며 상호 작용한다.

① ㄱ ② ㄱ, ㄴ ③ ㄱ, ㄷ
④ ㄴ, ㄷ ⑤ ㄱ, ㄴ, ㄷ

02 지구 시스템의 에너지와 물질 순환

09 지구 시스템의 에너지원을 구분하는 과정과 지구 시스템의 에너지원에 의해 일어나는 현상의 예를 나타낸 것이다.

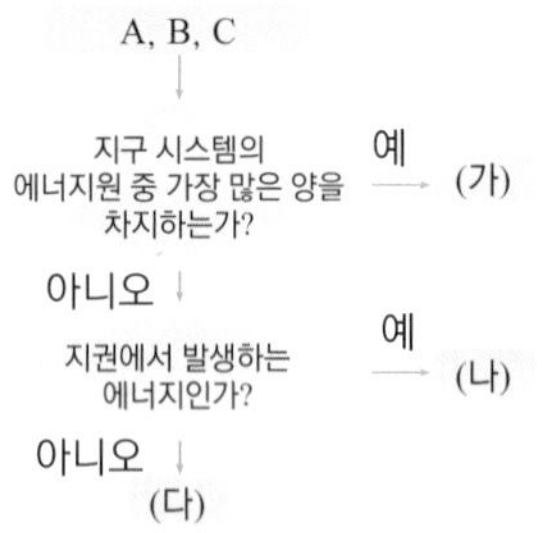

에너지원	현상
A	태풍
B	밀물과 썰물
C	화산 폭발

이에 대한 설명으로 옳은 것만을 <보기>에서 있는 대로 고른 것은?

보 기

ㄱ. (가)에 해당하는 에너지는 A이다.
ㄴ. (나)로 인해 지구 자기장이 형성되었다.
ㄷ. (다)에 해당하는 에너지는 B이다.

① ㄱ ② ㄱ, ㄴ ③ ㄱ, ㄷ
④ ㄴ, ㄷ ⑤ ㄱ, ㄴ, ㄷ

정답 및 해설 ➜ 60

서술형

10 지구 시스템에서 일어나는 어떤 현상이다.

(가) 황사	(나) 태풍	(다) 지진 해일

(가)~(다)의 발생 과정에서 상호 작용을 하는 지구 시스템의 구성 요소와 근원으로 작용하는 에너지원을 각각 서술하시오.

11 물의 순환 과정 중 일부이다.

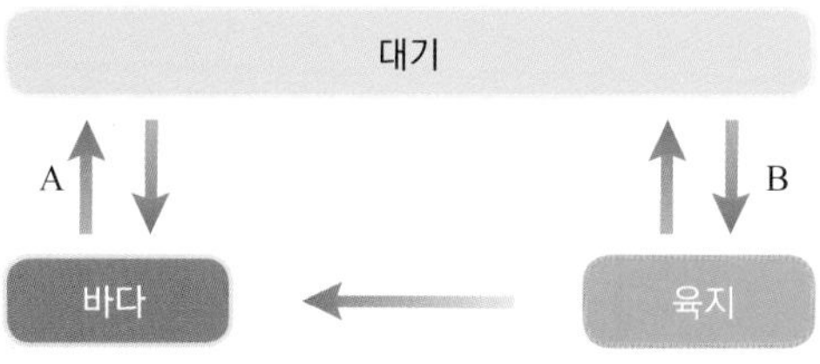

이에 대한 설명으로 옳은 것만을 <보기>에서 있는 대로 고른 것은?

보 기

ㄱ. A의 과정에 해당하는 자연 현상에는 비나 눈이 있다.
ㄴ. 지구 전체에서 대기의 물의 양은 일정하게 유지된다.
ㄷ. A 과정을 통해 이동하는 물의 양이 B 과정을 통해 이동하는 물의 양보다 적다.

① ㄱ ② ㄴ ③ ㄱ, ㄴ
④ ㄱ, ㄷ ⑤ ㄴ, ㄷ

12 지구 환경에서 일어나는 여러 가지 현상들을 나타낸 표와 물의 이동을 나타낸 도식이다.

구분	예
(가)	식물에 의한 증산 작용
(나)	증발로 인한 댐의 수위 감소
(다)	육지에 내린 비가 강물에 유입

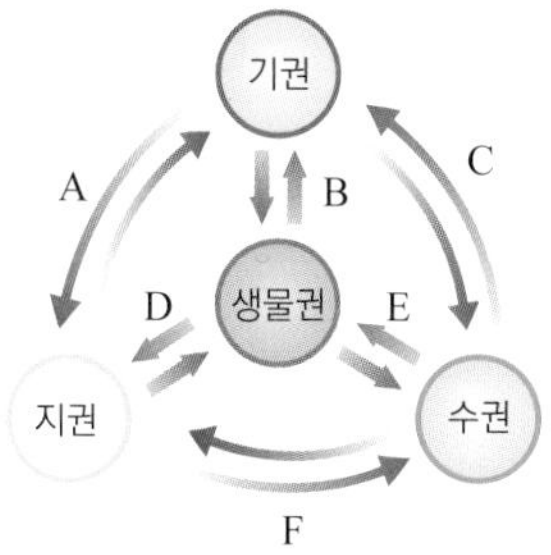

(가)~(다)에 해당하는 물의 이동을 옳게 짝 지은 것은?

	(가)	(나)	(다)
①	A	B	C
②	B	D	F
③	B	C	F
④	D	C	A
⑤	C	F	E

13 지구 시스템에서 일어나는 물의 순환을 간략하게 나타낸 것이다.

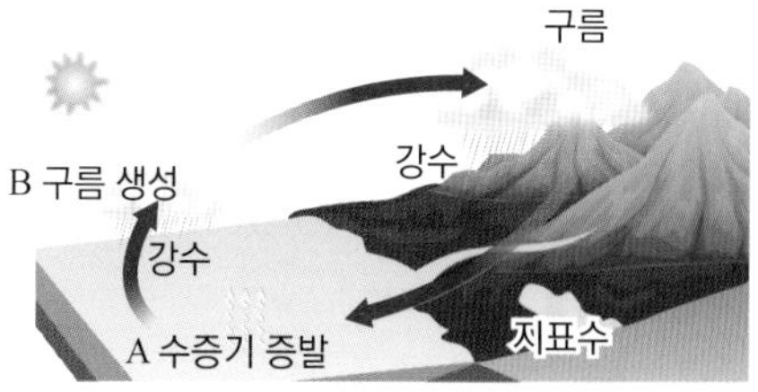

이에 대한 설명으로 옳은 것만을 <보기>에서 있는 대로 고른 것은?

보 기

ㄱ. A는 물이 에너지를 흡수하고, B는 물이 에너지를 방출한다.
ㄴ. 물의 순환을 일으키는 에너지원은 태양 에너지이다.
ㄷ. 물의 순환 과정에서 기상 현상과 지형 변화가 일어난다.

① ㄱ ② ㄱ, ㄴ ③ ㄱ, ㄷ
④ ㄴ, ㄷ ⑤ ㄱ, ㄴ, ㄷ

14 지구 시스템에서 탄소의 순환 과정이다.

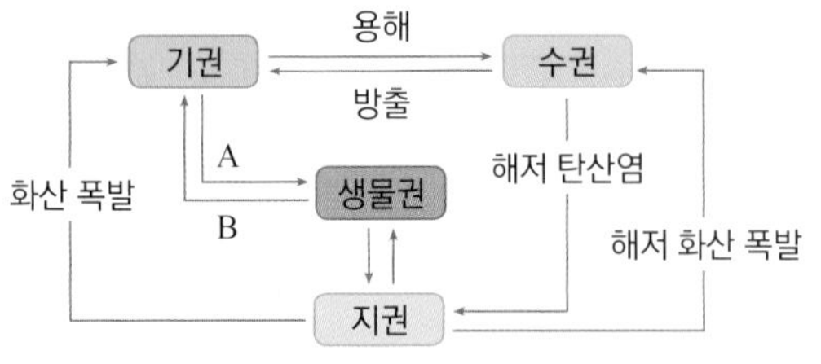

이에 대한 설명으로 옳은 것만을 <보기>에서 있는 대로 고른 것은?

보 기

ㄱ. 수권에서 탄소는 탄산염 상태로 저장된다.
ㄴ. A의 예로 식물의 광합성, B의 예로 생물의 호흡이 있다.
ㄷ. 해수의 수온이 낮아지면 이산화 탄소의 용해량이 방출량보다 많아진다.

① ㄱ ② ㄴ ③ ㄱ, ㄴ
④ ㄱ, ㄷ ⑤ ㄴ, ㄷ

15 지구 시스템에서 탄소가 순환하는 과정이다.

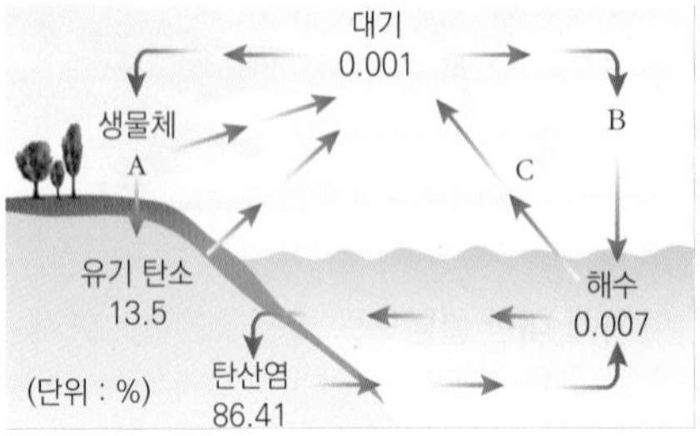

이에 대한 설명 중 옳은 것은 ○표, 옳지 않은 것은 ×표 하시오.

(1) 석회암의 생성 과정은 A에 해당한다. ( )
(2) B 과정이 활발하게 일어날수록 지구 온난화가 가속된다. ( )
(3) 해수의 수온이 상승하면 C 과정이 활발해진다. ( )

16 지구 시스템에서 탄소의 순환 과정의 일부를 나타낸 것이다.

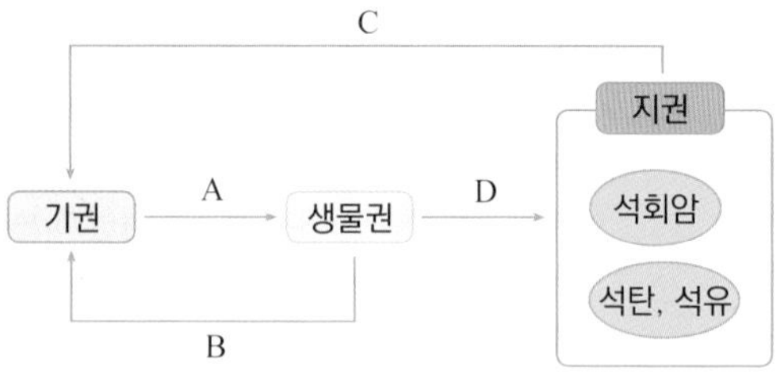

이에 대한 설명으로 옳은 것만을 <보기>에서 있는 대로 고른 것은?

보 기

ㄱ. 광합성은 A 과정의 예에 해당한다.
ㄴ. B 과정에서 태양 에너지가 필요하다.
ㄷ. C 과정에 의해 지구 시스템의 전체 탄소량이 증가한다.
ㄹ. D 과정을 거쳐 석탄, 석유가 될 때 탄소의 존재 형태는 유기물이 된다.

① ㄷ ② ㄱ, ㄴ ③ ㄱ, ㄹ
④ ㄴ, ㄷ ⑤ ㄱ, ㄷ, ㄹ

03 지구 시스템의 지권 변화

[17~18] 그림 (가)~(다)는 판 경계를 각각 나타낸 것이다.

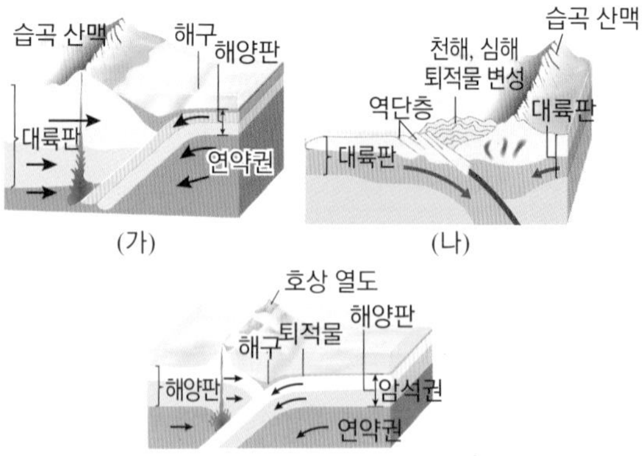

(가) (나) (다)

17 (가) ~ (다)에 해당하는 판의 경계에서 형성되는 지형의 예를 <보기>에서 각각 고르시오.

보 기

ㄱ. 히말라야 산맥 ㄴ. 마리아나 해구
ㄷ. 안데스 산맥

18 (   ) 안에 들어갈 알맞은 말을 쓰시오.

> (가) ~ (다)는 모두 두 판이 가까워져 충돌하거나 소멸하는 (㉠   )형 경계에 해당한다. 이 중 (가)와 (다)는 밀도가 (㉡   ) 판이 밀도가 (㉢   ) 다른 판 밑으로 섭입되는 섭입형 수렴형 경계로 판의 경계를 따라 (㉣   )와 (㉤   )가 발달하고, 섭입대 위에서 화산 활동이 발생한다. (나)는 대륙판끼리 충돌하는 (㉥   )형 수렴형 경계로 판의 경계에서 (㉦   ) 산맥이 형성된다.

19 동아프리카 열곡대 주변의 판 경계와 화산 분포를 나타낸 것이다. 이 지역에 대한 설명으로 옳은 것만을 <보기>에서 있는 대로 고른 것은?

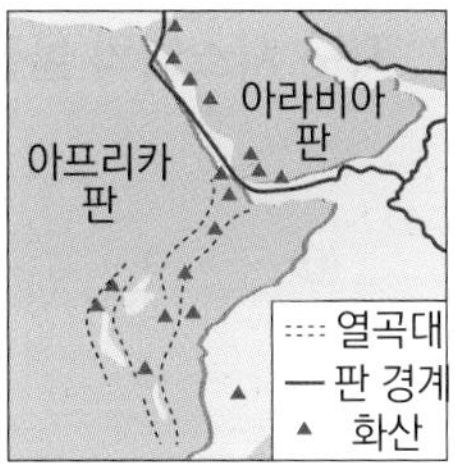

보 기

ㄱ. 열곡대를 중심으로 판이 서로 가까워지고 있다.
ㄴ. 천발 지진이 자주 발생한다.
ㄷ. 맨틀 대류가 하강한다.

① ㄱ ② ㄴ ③ ㄱ, ㄷ
④ ㄴ, ㄷ ⑤ ㄱ, ㄴ, ㄷ

20 그림 (가) ~ (라)는 여러 종류의 판 경계이다.

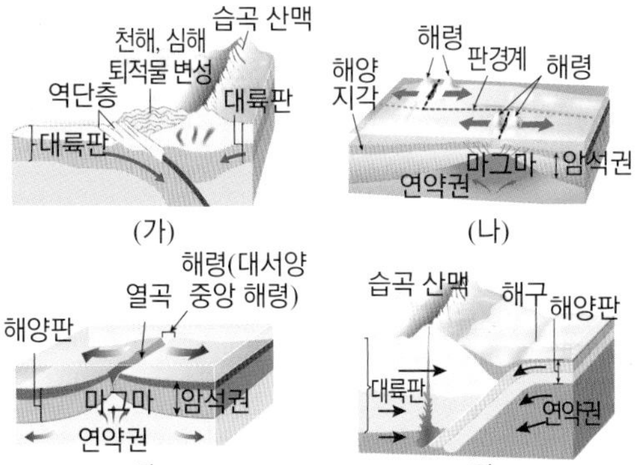

이에 대한 설명으로 옳은 것만을 <보기>에서 있는 대로 고른 것은?

보 기

ㄱ. (가)와 (라)는 수렴형 경계이다.
ㄴ. (나)의 판 경계에서는 판의 생성이나 소멸이 일어나지 않는다.
ㄷ. (다)는 맨틀 대류가 상승하는 곳에 발달한다.

① ㄱ ② ㄴ ③ ㄱ, ㄷ
④ ㄴ, ㄷ ⑤ ㄱ, ㄴ, ㄷ

서술형

21 판 경계를 나타낸 그림에 표시된 A ~ E 지역을 지각 변동의 종류에 따라 분류하였다.

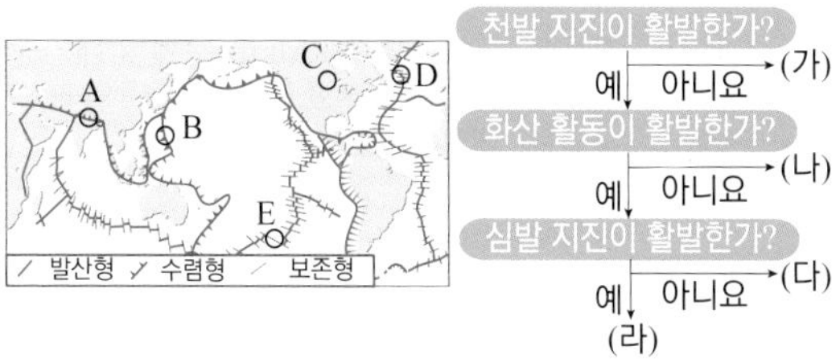

(라)에 해당하는 지역을 쓰고, 그 이유를 서술하시오.

22 (가)와 (나)는 해양판과 대륙판이 수렴하여 섭입하는 두 지역에서 일정 기간 동안 지진이 발생한 깊이를 나타낸 것이다.

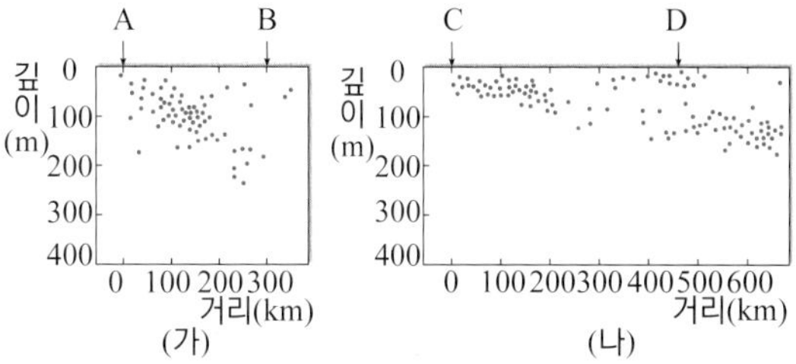

이에 대한 설명으로 옳은 것만을 <보기>에서 있는 대로 고른 것은? (단, (가)와 (나)는 판 경계 지역을 수직으로 자른 단면이다.)

보 기

ㄱ. 해구는 A보다 B에 가까운 곳에 있다.
ㄴ. 화산 활동은 C보다 D에서 활발하게 발생한다.
ㄷ. 두 판의 경계면의 평균 기울기는 (나)가 (가)보다 크다.

① ㄱ ② ㄴ ③ ㄱ, ㄷ
④ ㄴ, ㄷ ⑤ ㄱ, ㄴ, ㄷ

23 화산 활동이 지구 시스템에 미치는 영향에 대한 설명으로 옳은 것만을 <보기>에서 있는 대로 고른 것은?

보 기

ㄱ. 기권으로 방출된 화산재는 지구의 평균 기온을 낮춘다.
ㄴ. 화산 주변의 지열을 우리 생활에 이용할 수 있다.
ㄷ. 화산 활동으로 분출된 물질은 사회적, 경제적 피해를 준다.

① ㄱ ② ㄴ ③ ㄷ
④ ㄴ, ㄷ ⑤ ㄱ, ㄴ, ㄷ

01. 지구 시스템의 구성

1. 지구 시스템 : 지구를 구성하는 요소들이 서로 영향을 주고받으면서 이루어진 하나의 시스템이다.

2. 지구 시스템의 구성 요소

기권	· 지구를 둘러싼 약 1000km 두께의 대기층이다. · 높이에 따른 기온 분포를 기준으로 열권, 중간권, 성층권, 대류권으로 구분한다.
(❶)	· 지각과 지구 내부이다. · 깊이에 따른 지진파의 속도를 기준으로 지각, 맨틀, 외핵, 내핵으로 구분한다.
수권	· 지구에 분포하는 물이다. · 깊이에 따른 수온 분포를 기준으로 혼합층, 수온 약층, (❷)으로 구분한다.
생물권	· 지구상의 모든 생물이다. · 기권, 지권, 수권에 걸쳐 분포하며 가장 마지막에 형성된 구성 요소이다.
(❸)	· 지구 밖의 우주 공간이다. · 물질의 이동은 거의 없으나 에너지의 출입은 있다. · 지구 자기장은 유해한 우주선이나 태양풍을 차단하여 지구의 생명체를 보호한다.

3. 지구 시스템의 상호 작용

근원＼영향	지권	기권	수권	생물권
지권	판 운동	화산 폭발	지진 해일	서식처 제공
기권	풍화, 침식, 운반, 퇴적	대기 대순환	해류, 강수, 엘리뇨	호흡, 광합성
수권	석회암 형성	태풍 발생	해수의 혼합	서식처 제공
생물권	화석 연료 생성	호흡, 광합성	수중 생물의 광합성	(❹)

02. 지구 시스템의 에너지와 물질 순환

1. 지구 시스템의 에너지원

(1) 에너지원 : 태양 에너지, 지구 내부 에너지, (❶)가 있으며, (❷)가 가장 많은 양을 차지한다.

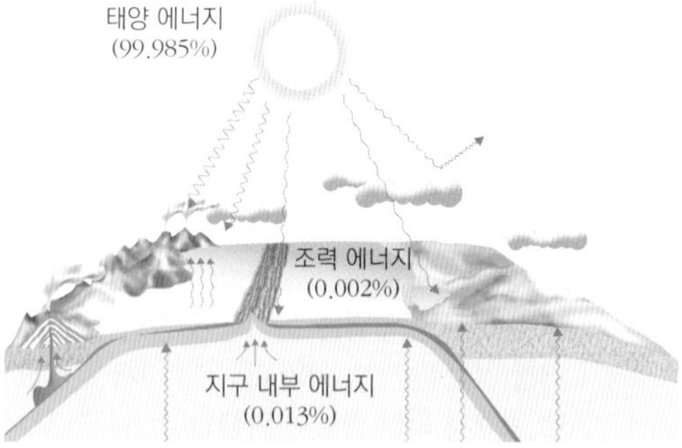

(2) 에너지 흐름 : 지구는 위도별로 에너지 불균형이 나타나지만, 저위도의 남는 에너지가 대기와 해수의 순환을 통해 고위도로 이동하여 지구는 전체적으로 (❸)을 이룬다.

2. 지구 시스템의 물질 순환

(❹)	· 근원 에너지는 태양 에너지이다. · 물수지 평형 : 물이 각 권 사이를 순환하지만 각 권에서와 지구 전체의 물의 양은 일정하게 유지된다.
탄소의 순환	· 탄소의 존재 형태 : (❺)(기권), 탄산염(지권), 탄산 이온(수권), 유기물(생물권) · 탄소는 다양한 형태로 각 권을 이동하며 순환한다.

03. 지구 시스템의 지권 변화

1. 지권 변화와 판 구조론

(1) 지진과 화산 활동 : (❶) 에너지가 방출될 때 일어나는 현상으로 지구 내부 물질도 함께 방출된다.

(2) 판 구조론 : 지구 표면을 이루는 판들의 상대적인 운동으로 (❷)에서 지각 변동이 일어난다는 이론

(3) 판의 구조와 원동력

판의 구조	암석권(판)	지각과 상부 맨틀의 일부인 두께 약 100 km의 단단한 부분 각각의 조각을 (❸)이라고 한다.
	연약권	암석권 아래의 깊이 약 100 ~ 400 km 부분
판의 분포와 이동		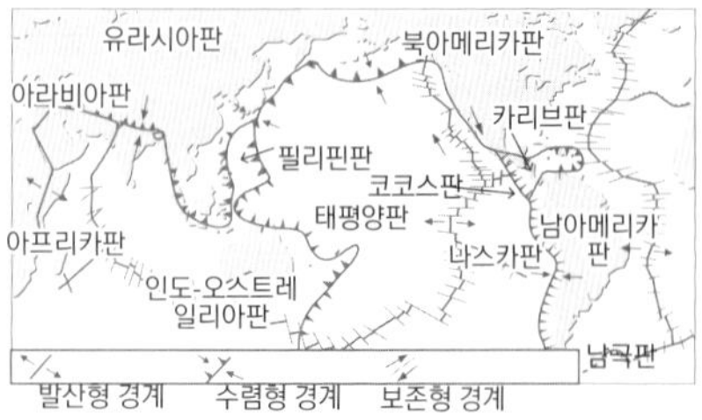 판은 서로 다른 방향과 속도로 이동한다.
판 이동의 원동력		(❹)

2. 판 경계에서 일어나는 지각 변동

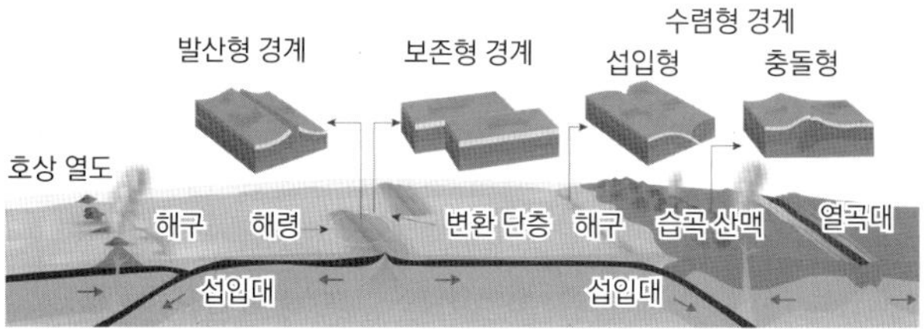

구분	(❺) 경계	수렴형 경계		보존형 경계
		섭입형	충돌형	
정의	맨틀 대류가 상승 ➔ 판과 판이 멀어지면서 판이 생성	맨틀 대류 하강 ➔ 밀도가 큰 판이 작은 판 아래로 섭입	맨틀 대류 하강 ➔ 대륙판과 대륙판이 충돌	판과 판이 어긋나는 경계로 판이 서로 반대 방향으로 이동
지각 변동	화산 활동, 천발 지진	화산 활동 천발 ~ 심발 지진	천발 ~ 중발 지진	(❻)
지형	(❼), 열곡대	해구, 호상 열도, 습곡 산맥	(❽)	변환 단층

4. 지권 변화가 지구 시스템이 미치는 영향

구분	화산 활동	지진
부정적인 영향(피해)	· 화산 가스에 의한 산성비 · 용암, 화산 쇄설류에 의한 재산과 인명 피해 · 화산재에 의한 기후 변화	· 진동에 의한 건물과 도로 붕괴 · 누전으로 인한 화재 및 대기 오염 · 산사태 및 낙석으로 인한 인명 피해 · 지진 해일
긍정적인 영향(이용)	· 유용한 광물 형성 · 난방 및 지열 발전 · 비옥한 토양 형성 · 관광 자원 활용(온천, 화산 지형 등)	· 지구 내부 구조 연구 · 지진파 분석 및 지하자원 위치 탐사 · 건설에 적합한 장소 탐색

내신 기출 모의고사 1회

(15 문항 20분)

01. 지구 시스템의 구성

01 다음 설명 중 (　　)안에 들어갈 알맞은 말을 차례대로 쓰시오.

> 지구를 구성하는 여러 요소들이 서로 영향을 주고 받으면서 하나의 시스템을 이루고 있는 것을 (　　　　)이라 하고, 기권, 지권, (　　　　), 생물권, 외권으로 구성되어 있다.

02 대기의 구성 성분을 나타낸 것이다.

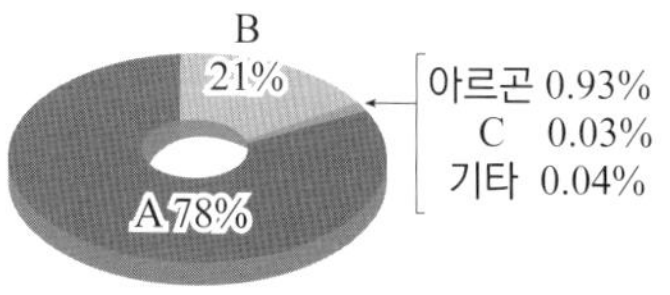

이에 대한 설명 중 옳은 것은 ○표, 옳지 않은 것은 ×표 하시오.

(1) A는 질소이다. (　　)
(2) B는 생물권의 광합성에 의해 소비된다. (　　)
(3) C는 성층권 내에 높은 밀도로 존재하며 자외선을 흡수한다. (　　)

03 외권에 대한 설명 중 옳은 것은 ○표, 옳지 않은 것은 ×표 하시오.

(1) 지구 자기장은 우주선과 태양풍을 차단한다. (　　)
(2) 지구 자기장은 자외선을 차단하여 지구의 생명체를 보호한다. (　　)
(3) 지구 시스템의 나머지 요소들과의 사이에서 물질의 이동이 활발하다. (　　)

04 그림은 지구 내부의 층상 구조를 나타낸 것이다.

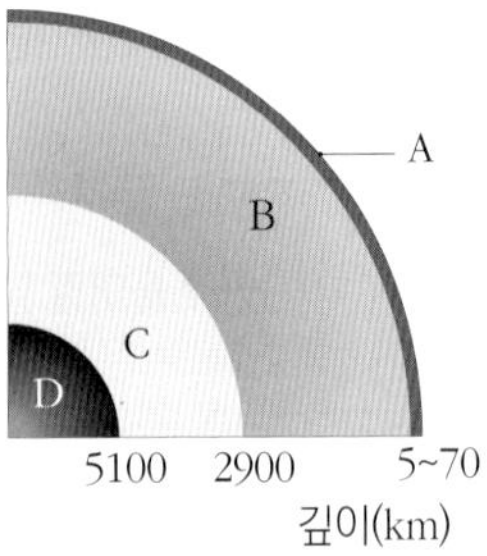

이에 대한 설명으로 옳은 것만을 <보기>에서 있는 대로 고른 것은?

보 기

ㄱ. A~D 층 중에서 부피가 가장 큰 층은 B이다.
ㄴ. C 층은 고체, D 층은 액체 상태이다.
ㄷ. C 층은 주로 규산염 광물로 이루어져 있다.

① ㄱ ② ㄷ ③ ㄱ, ㄴ
④ ㄴ, ㄷ ⑤ ㄱ, ㄴ, ㄷ

05 다음 그림 (가)는 위도에 따른 해수의 층상 구조 A, B, C를, (나)는 고위도, 중위도, 저위도 해수의 연직 수온 분포를 각각 나타낸 것이다.

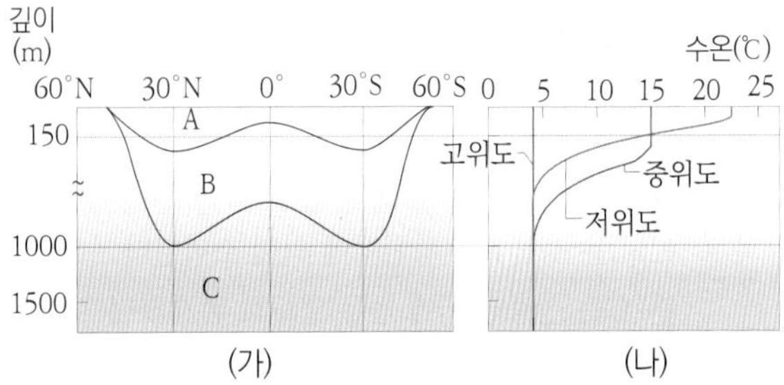

(가) (나)

이에 대한 설명으로 옳은 것만을 <보기>에서 있는 대로 고른 것은?

보 기

ㄱ. A는 바람이 강할수록 두껍게 발달한다.
ㄴ. B는 매우 안정하여 대류가 일어나지 않는다.
ㄷ. C는 수온 변화가 거의 없는 층이다.

① ㄱ ② ㄴ ③ ㄷ
④ ㄴ, ㄷ ⑤ ㄱ, ㄴ, ㄷ

06 맨틀 대류에 의해 대륙을 이동시키고 지진과 화산 활동을 일으키는 에너지원은 무엇인가?

( )

02. 지구 시스템의 에너지와 물질 순환

07 물의 순환 과정에서 일어나는 에너지의 이동에 대한 설명 중 알맞은 말을 고르시오.

(1) 강수 과정을 거쳐 물이 (수권 , 기권)에서 지권으로 이동한다.

(2) 물의 순환을 일으키는 근원 에너지는 (태양 , 조력)에너지이다.

(3) 바다에서 물이 증발할 때 열에너지는 (수권 , 기권)으로 이동한다.

08 지구 시스템에서 탄소의 순환을 나타낸 것이다.

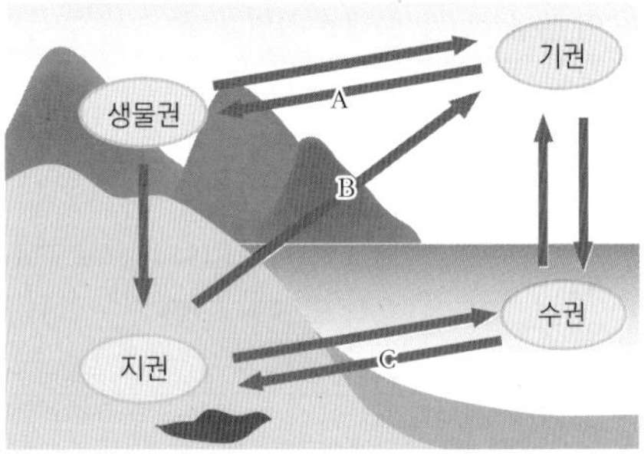

이에 대한 설명 중 옳은 것은 ○표, 옳지 않은 것은 ×표 하시오.

(1) 식물의 광합성은 A 과정에 해당한다. ( )
(2) B 과정이 활발해지면 지구 온난화의 속도가 빨라진다. ( )
(3) C 과정에 의해 탄소는 유기물 형태로 저장된다. ( )

09 다음은 지구 시스템에서 일어나는 탄소 순환 과정의 일부를 나타낸 것이다.

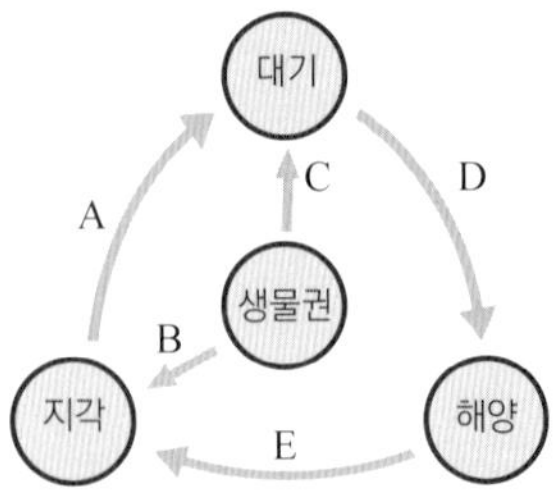

A~E 에 해당되는 예로 옳지 않은 것은?

① A - 화산 활동 ② B - 화석 연료 생성
③ C - 식물의 광합성 ④ D - 해수에 용해
⑤ E - 석회암 생성

03. 지구 시스템의 지권 변화

10 화산대와 지진대가 대체로 일치하는 까닭은?

① 지진의 충격으로 항상 화산이 폭발하기 때문이다.
② 마그마의 활동이 있어야만 지진이 발생하기 때문이다.
③ 화산 활동과 지진은 대륙의 중앙부에서 발생하기 때문이다.
④ 화산 활동과 지진은 대부분 판 경계에서 발생하기 때문이다.
⑤ 화산 활동과 지진은 판이 충돌하는 곳에서만 발생하기 때문이다.

11 그림은 판의 경계와 이동 방향을 나타낸 그림이다.

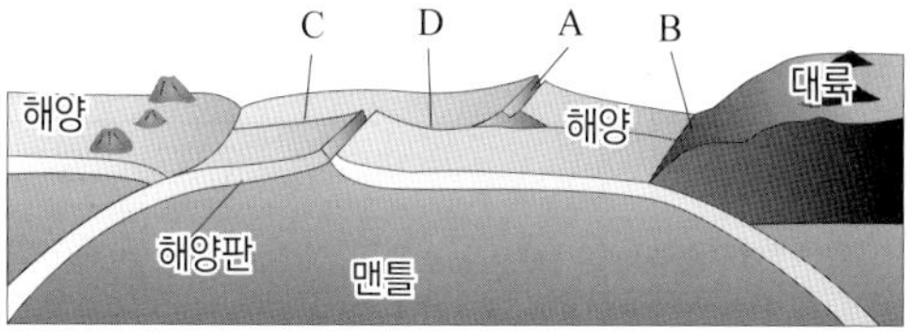

이에 대한 설명으로 옳은 것만을 <보기>에서 모두 고른 것은?

보 기

ㄱ. 지진이 발생하는 곳은 A, B, D이다.
ㄴ. B에서 해양판과 대륙판이 충돌하고 있다.
ㄷ. 화산 활동이 활발하게 일어나는 곳은 C와 D이다.

① ㄱ　② ㄷ　③ ㄱ, ㄴ
④ ㄴ, ㄷ　⑤ ㄱ, ㄴ, ㄷ

12 그림 (가)는 우리나라 주변의 판의 분포를, (나)는 A - B의 단면을 나타낸 것이다.

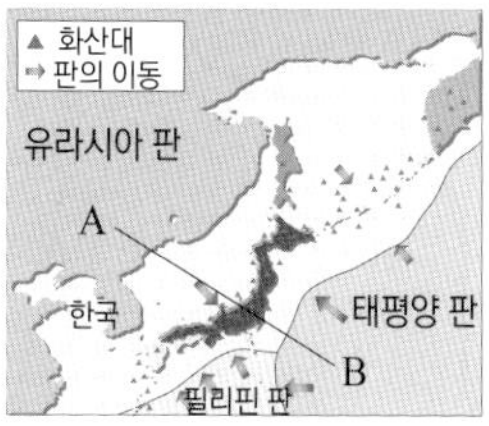

(가)

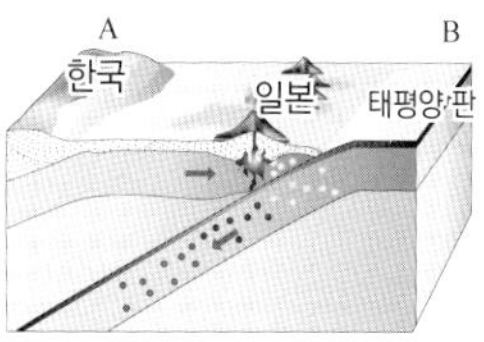

(나)

위 그림에 대한 설명으로 옳은 것은?

① B에서 A로 갈수록 천발 지진이 발생한다.
② 보존형 경계에서 위와 같은 지형이 만들어진다.
③ 대륙판과 대륙판이 만나 위와 같은 지형을 형성한다.
④ 일본과 같은 화산 활동에 의해 만들어진 섬을 호상 열도라고 한다.
⑤ 우리나라는 일본이 완충 역할을 해주기 때문에 지진과 화산 활동으로부터 안전하다.

13 맨틀 대류의 (가) 하강부와 (나) 상승부에서 형성되는 지형으로 옳게 짝지은 것은?

	(가)	(나)
①	해령	호상 열도, 해구
②	습곡 산맥, 해령	열곡대
③	해구, 호상 열도	해령
④	해구	습곡 산맥, 해령
⑤	호상 열도, 해령	습곡 산맥, 해구

14 그림은 남아메리카 대륙 주변의 판 경계를 나타낸 것이다.

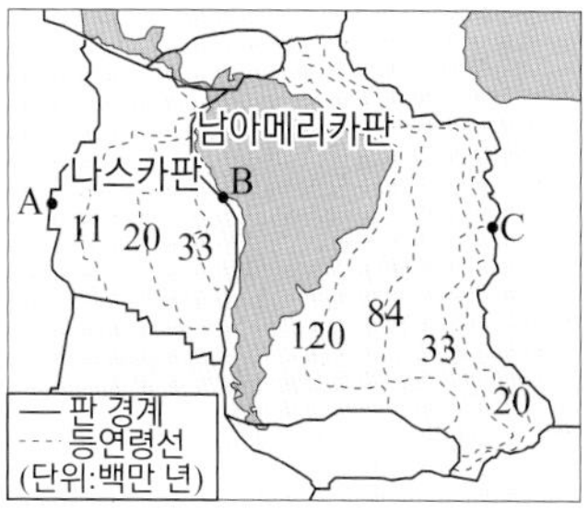

이에 대한 설명으로 옳은 것만을 <보기>에서 있는 대로 고른 것은?

보 기

ㄱ. A와 B에서 모두 판이 소멸된다.
ㄴ. B에는 해구가 발달한다.
ㄷ. C는 천발 지진이 활발하다.

① ㄱ　② ㄴ　③ ㄷ
④ ㄴ, ㄷ　⑤ ㄱ, ㄴ, ㄷ

15 화산 활동에 의한 피해를 설명한 것이다.

> 화산에서 분출된 엄청난 양의 (가) 화산재가 하늘을 뒤덮어 기온이 낮아지고, 화산재에 의해 (나) 지상 생물과 농작물이 큰 피해를 입었다. (다) 항공기 운항이 정지되고, 식료품 사재기 등의 혼란이 발생했으며, (라) 건물이 붕괴되어 여러 산업 분야에 타격을 주었다.

이에 대한 설명으로 옳은 것만을 <보기>에서 있는 대로 고른 것은?

보 기

ㄱ. (가)는 지권과 기권의 상호 작용이다.
ㄴ. (나)는 화산 활동이 생물권에 입힌 피해이다.
ㄷ. (다)와 (라)는 화산 활동에 의한 환경적 피해에 해당한다.

① ㄱ　② ㄷ　③ ㄱ, ㄴ
④ ㄴ, ㄷ　⑤ ㄱ, ㄴ, ㄷ

내신 기출 모의고사 2회

19 문항 25분

01. 지구 시스템의 구성

01 (가)는 기권의 층상 구조를, (나)는 수권 중 해수의 층상 구조를 나타낸 것이다.

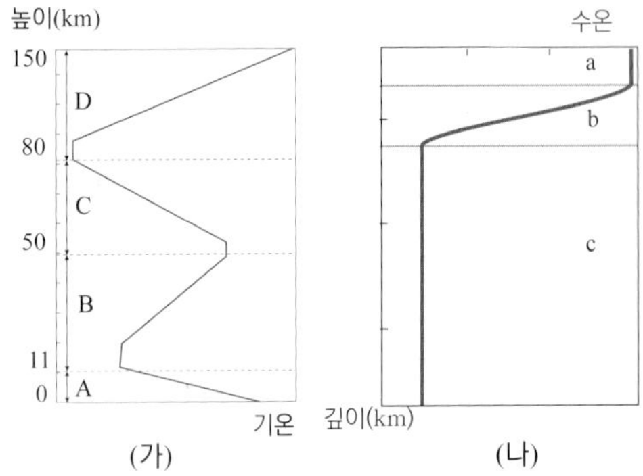

이에 대한 설명으로 옳은 것만을 보기에서 있는 대로 고른 것은?

보 기

ㄱ. (가)의 B층은 오존층에 의해 위로 올라갈수록 기온이 높아진다.
ㄴ. (가)의 C층과 (나)의 a층은 연직 운동이 일어나는 구간이다.
ㄷ. (가)와 (나) 모두 연직 온도 분포를 기준으로 층상 구조를 나눈다.

① ㄱ ② ㄱ, ㄴ ③ ㄱ, ㄷ
④ ㄴ, ㄷ ⑤ ㄱ, ㄴ, ㄷ

02 다음 그림은 지각의 구조를 나타낸 것이다.

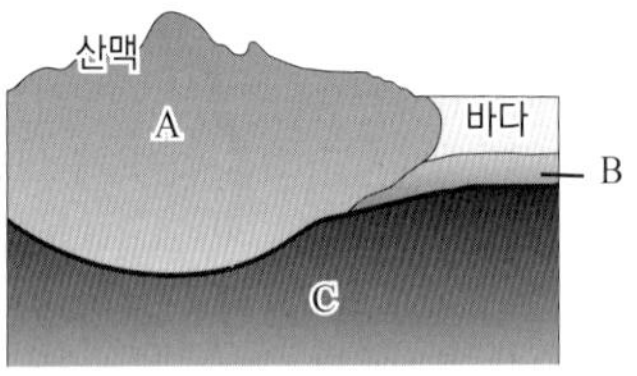

이에 대한 설명으로 옳은 것만을 <보기>에서 있는 대로 고른 것은?

보 기

ㄱ. A보다 B의 밀도가 크다.
ㄴ. A, B는 고체, C는 액체 상태이다.
ㄷ. C의 상부는 유동성이 있어 대류가 일어난다.

① ㄱ ② ㄷ ③ ㄱ, ㄴ
④ ㄱ, ㄷ ⑤ ㄱ, ㄴ, ㄷ

03 지권에 대한 설명으로 옳은 것은?

① 지권은 모두 고체 상태이다.
② 철의 함량비가 가장 높은 곳은 지각이다.
③ 깊이에 따른 지진파의 속도를 기준으로 구분한다.
④ 지권의 변화는 기권과 수권에 영향을 주지 않는다.
⑤ 지표면에서 깊이 약 500km까지만 지권에 포함된다.

04 지구상의 물의 존재 형태별 비율을 나타낸 것이다. B에 알맞은 형태는 무엇인지 쓰시오.

구분	A	B	C	D	E
비율(%)	97.2	2.15	0.62	0.03	0.01

① 해수 ② 지하수 ③ 강물
④ 빙하 ⑤ 수증기

05 그림은 A, B 두 해역에서 측정한 수온의 연직 분포를 나타낸 것이다.

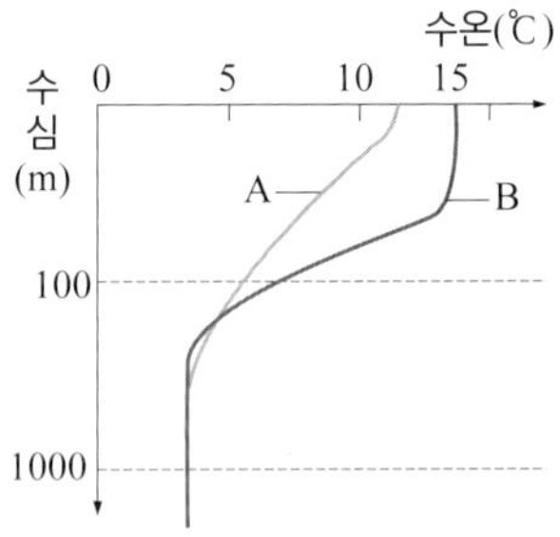

A 해역보다 B 해역에서 더 큰 값을 가지는 것만을 <보기>에서 있는 대로 고른 것은?

보 기

ㄱ. 일사량 ㄴ. 바람의 세기
ㄷ. 수온 약층의 두께 ㄹ. 심해층의 수온

① ㄱ, ㄴ ② ㄱ, ㄷ ③ ㄴ, ㄷ
④ ㄴ, ㄹ ⑤ ㄷ, ㄹ

서술형

06
지구 시스템을 구성하는 각 요소의 상호 작용 결과 나타나는 현상이다.

(가) 해수의 온도가 상승하면서 적조가 발생한다.
(나) 사막에서 바람의 침식 작용으로 버섯 바위가 형성된다.

(가)와 (나)는 각각 지구 시스템에서 어떤 구성 요소 사이의 상호 작용으로 일어나는 현상인지 서술하시오.

07
지구 시스템의 에너지원에 대한 설명으로 옳은 것은?

① 판의 운동은 조력 에너지에 의해 일어난다.
② 방사성 원소의 붕괴열은 조력 에너지의 근원이다.
③ 지구 생명체의 근원적인 에너지는 태양 에너지이다.
④ 달과 태양의 인력에 의해 지구 내부 에너지가 발생한다.
⑤ 태양 에너지의 일부는 지구 내부 에너지로 전환된다.

02. 지구 시스템의 에너지와 물질 순환

08
다음은 물의 순환 과정에서 일어나는 에너지의 이동에 대한 설명이다.

바다에서 물이 증발할 때 열에너지는 (A)에서 기권으로 이동하고, 상승한 수증기가 응결되어 구름이 될 때 열에너지를 (B)한다.

A와 B에 들어갈 말을 차례대로 나열한 것은?

	A	B
①	수권	방출
②	수권	흡수
③	지권	방출
④	지권	흡수
⑤	생물권	방출

09
다음은 탄소의 연간 이동량을 나타낸 것이다.

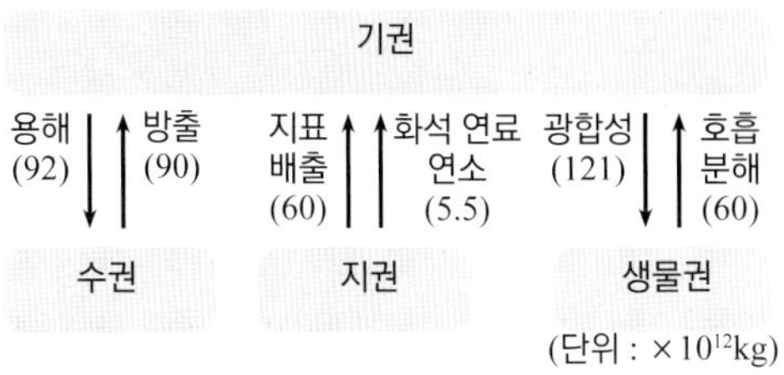

이에 대한 설명으로 옳은 것은?

① 지구 전체의 탄소량은 계속 감소하고 있다.
② 기권의 탄소량은 증가하고 있다.
③ 화산 활동이 일어나면 지권의 탄소량이 증가한다.
④ 화석 연료의 사용량이 증가하면 기권의 탄소량이 감소한다.
⑤ 수온이 상승하면 수권에서 기권으로 이동하는 탄소량이 감소한다.

10
지구 시스템의 주요 에너지원을 나타낸 것이다.

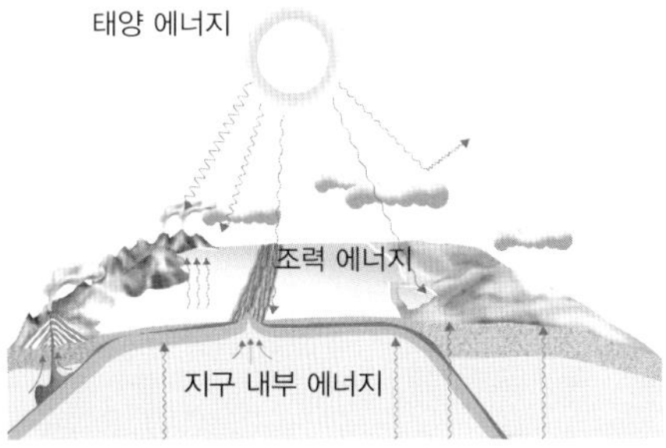

이에 대한 설명으로 옳은 것만을 <보기>에서 있는 대로 고른 것은?

보 기

ㄱ. 에너지의 양은 태양 에너지 〉 지구 내부 에너지 〉 조력 에너지이다.
ㄴ. 지구 내부 에너지에 의해 지권의 생태계가 유지된다.
ㄷ. 조력 에너지는 지진과 화산 활동을 일으킨다.

① ㄱ ② ㄱ, ㄴ ③ ㄱ, ㄷ
④ ㄴ, ㄷ ⑤ ㄱ, ㄴ, ㄷ

서술형

11
지각의 생성과 소멸, 암석의 순환에 관여하는 지구 시스템의 에너지원을 쓰고, 그 에너지가 외권에 미치는 영향에 대해 서술하시오.

12 그림은 지구계 구성 요소 사이의 상호 작용을 나타낸 것이다. A, B, C에 해당하는 예를 <보기>에서 찾아 쓰시오.

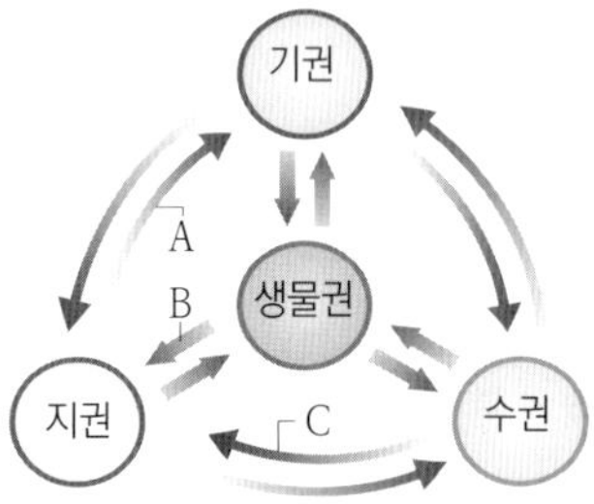

A, B, C 과정에 대한 설명으로 옳은 것만을 <보기>에서 있는 대로 고른 것은?

보 기

ㄱ. A : 화산 활동으로 수증기가 방출되었다.
ㄴ. B : 생물의 유해가 묻혀 석유가 된다.
ㄷ. C : 바닷가의 바위가 파도에 의해 깎인다.

① ㄱ ② ㄴ ③ ㄷ
④ ㄴ, ㄷ ⑤ ㄱ, ㄴ, ㄷ

13 지구 시스템에서 일어나는 탄소 순환 과정의 일부를 나타낸 것이다.

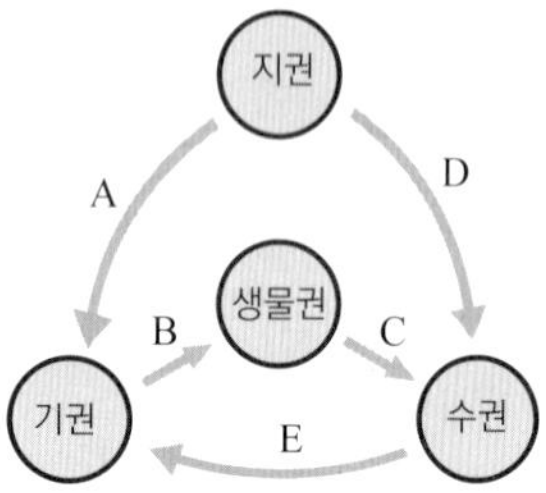

A~E 에 해당되는 예로 옳지 않은 것은?

① A - 화산 활동 과정에서 이산화 탄소 배출
② B - 식물의 광합성 과정에서 이산화 탄소 흡수
③ C - 물속 식물의 광합성에 의한 이산화 탄소 이동
④ D - 강물과 지하수가 석회암을 녹임
⑤ E - 수온 상승에 의한 물속 이산화 탄소의 방출

14 그림은 질소가 순환하는 과정을 간단히 나타낸 것이다.

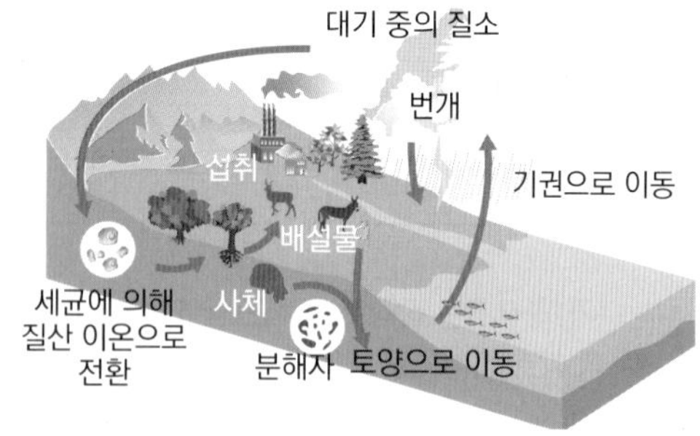

이에 대한 설명으로 옳은 것만을 <보기>에서 있는 대로 고른 것은?

보 기

ㄱ. 대기 중의 질소를 동식물이 직접 섭취한다.
ㄴ. 동물은 질산 이온이 있는 식물을 섭취하여 단백질 구성 성분이 된다.
ㄷ. 동식물의 배설물이나 사체가 분해자에 의해 분해되는 과정에서 질소가 기권으로 이동한다.

① ㄱ ② ㄱ, ㄴ ③ ㄱ, ㄷ
④ ㄴ, ㄷ ⑤ ㄱ, ㄴ, ㄷ

03. 지구 시스템의 지권 변화

15 판의 구조를 간단하게 나타낸 것이다. 이에 대한 설명으로 옳은 것만을 <보기>에서 있는 대로 고른 것은?

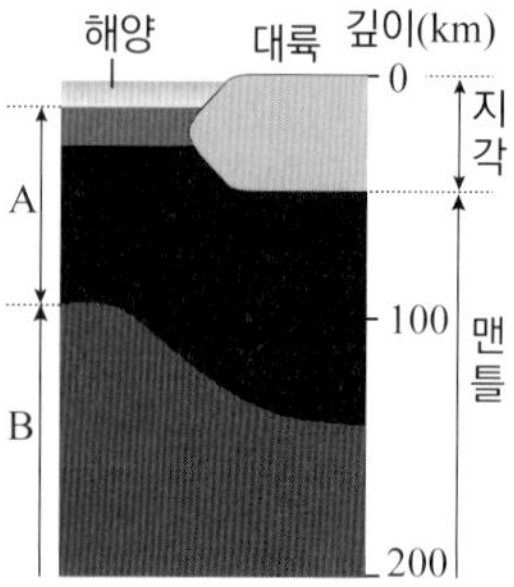

보 기

ㄱ. A는 암석권, B는 연약권이다.
ㄴ. 대류가 일어나는 곳은 B이다.
ㄷ. 해양판은 대륙판보다 두께가 얇고, 밀도가 크다.

① ㄱ ② ㄴ ③ ㄷ
④ ㄴ, ㄷ ⑤ ㄱ, ㄴ, ㄷ

16 다음은 판의 경계를 구분하는 과정을 나타낸 것이다.

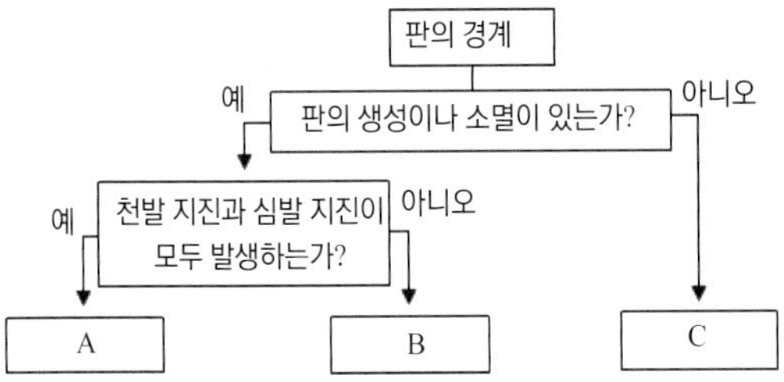

A, B, C 에 해당하는 지형이나 명칭을 바르게 짝지은 것은?

	A	B	C
①	해령	해구	변환 단층
②	해구	열곡대	변환 단층
③	해구	변환 단층	해령
④	변환 단층	해령	호상 열도
⑤	열곡대	해구	변환 단층

17 맨틀 대류와 판의 운동을 나타낸 것이다.

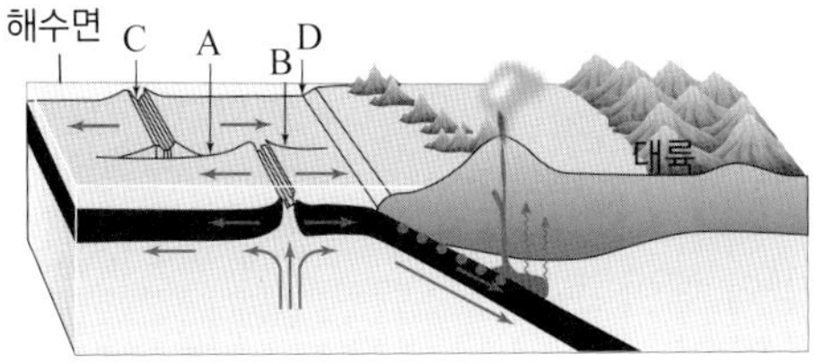

이에 대한 설명으로 옳은 것만을 <보기>에서 있는 대로 고른 것은?

보 기

ㄱ. 지진은 B보다 A에서 자주 일어난다.
ㄴ. C에서는 화산 활동이 일어난다.
ㄷ. D에서는 새로운 판이 생성된다.

① ㄱ ② ㄴ ③ ㄱ, ㄴ
④ ㄴ, ㄷ ⑤ ㄱ, ㄴ, ㄷ

18 다음은 대서양 중앙해령 주변의 판의 이동을 나타낸 것이다. 다음 물음에 답하시오. (단, 화살표는 판의 이동 방향을 나타낸 것이다.)

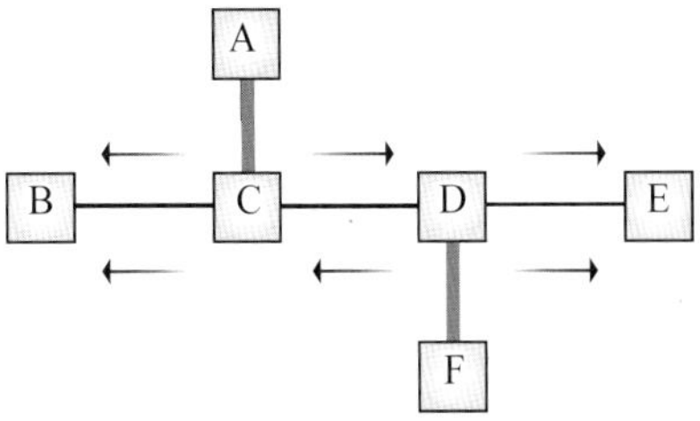

각 물음의 답으로 옳은 것만을 <보기>에서 있는 대로 골라 기호로 답하시오.

보 기

ㄱ. A - C ㄴ. B - C ㄷ. C - D
ㄹ. D - E ㅁ. D - F

(1) 해령에 해당하는 구간을 고르시오.

(2) 화산 활동은 일어나지 않고, 지진 활동만 일어나는 구간을 고르시오.

(3) 화산 활동과 지진 활동이 함께 일어나는 고르시오.

19 판 경계에서 형성되는 지형을 정리한 것이다.

경계부의 두 판	발산형 경계	수렴형 경계	보존형 경계
대륙판과 대륙판	(가)	(나)	
대륙판과 해양판		(다)	
해양판과 해양판	(라)		(마)

(가) ~ (마)에 해당하는 지형의 예로 옳지 않은 것은?

① (가) - 동아프리카 열곡대 ② (나) - 히말라야 산맥
③ (다) - 일본 해구 ④ (라) - 동태평양 해령
⑤ (마) - 대서양 중앙 해령

01 생명 시스템의 기본 단위

핵심 Point
- □ 식물 세포와 동물 세포의 세포 소기관
- □ 세포막의 선택적 투과성
- □ 확산과 삼투에 의한 물질 이동

세포의 구조는 어떠할까? 세포막을 통한 물질 이동은 어떻게 일어날까?

A 생명 시스템과 세포

1. 생명 시스템❶ : 여러 구성 요소가 상호 작용하여 다양한 생명 활동을 수행하는 시스템이다.

2. 생명 시스템의 구성 단계❷ : 세포 → 조직 → 기관 → 개체

① **세포 :** 생명 시스템을 구성하는 구조적 · 기능적 기본 단위이다.

② **조직 :** 모양과 기능이 비슷한 세포의 모임이다.

③ **기관 :** 여러 조직이 모여 고유한 형태와 기능을 나타낸 것이다.

(예) 동물의 심장 · 간 · 폐, 식물의 잎 · 줄기 · 뿌리 등

④ **개체 :** 여러 기관이 모여 독립된 구조와 기능을 가지고 생명 활동을 하는 하나의 생물체이다.

B 세포의 구조와 기능

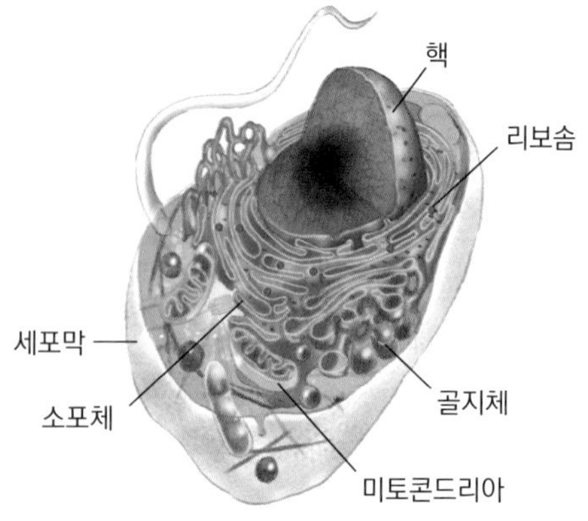

▲ 동물 세포

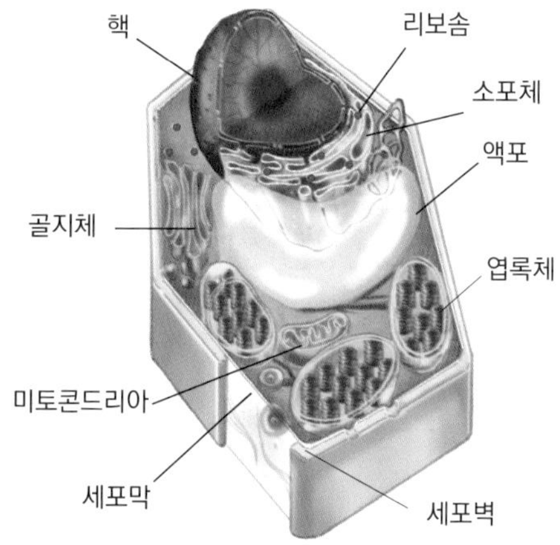

▲ 식물 세포

1. 세포의 구조 : 세포는 생물을 구성하는 기본 단위로서 세포막으로 둘러싸여 있으며, 핵과 세포질로 구분된다. → 세포질에는 여러 세포 소기관이 존재한다.

2. 식물 세포와 동물 세포의 비교

① **공통점 :** 다양한 종류의 세포 소기관 중 막으로 둘러싸인 뚜렷한 모양의 핵이 존재하며, 그 외 미토콘드리아, 소포체, 골지체, 리보솜을 공통으로 가지고 있다.

② **차이점 :** 엽록체와 세포벽은 식물 세포에만 있다.

3. 세포 소기관의 주요 기능

① **핵❸ :** 유전 물질인 DNA를 가지고 있어 유전 현상이 나타나게 하며, 세포의 생명 활동을 조절하는 중심이 된다.

② **리보솜 :** 핵으로부터 전달받은 DNA의 유전 정보에 따라 단백질이 합성되는 장소이다.

③ **소포체 :** 세포 내 물질 수송의 이동 통로 역할을 한다. → 리보솜에서 합성된 단백질을 골지체나 세포의 다른 부위로 운반한다.

④ **골지체 :** 소포체에서 전달받은 단백질이나 지질 등을 막으로 싸서 세포 밖으로 분비한다.

개념 +

❶ 생명 시스템

- 하나의 생물 개체는 다양한 세포가 서로 유기적으로 조직되어 상호 작용하는 생명 시스템이다.
- 세포는 세포막과 여러 가지 세포 소기관이 상호 작용하는 생명 시스템이다.
- 생명체는 조직, 조직계, 기관, 기관계 등의 구성 단위들이 서로 영향을 주고 받으며 하나의 시스템을 구성한다.

❷ 동물체와 식물체의 구성 단계

- 동물체의 구성 단계 : 세포 → 조직 → (조직계 없음) → 기관 → 기관계 → 개체
- 식물체의 구성 단계 : 세포 → 조직 → 조직계 → 기관 → (기관계 없음) → 개체

단세포 생물과 다세포 생물

- 단세포 생물 : 몸이 한 개의 세포로 이루어진 생물이다.
- 다세포 생물 : 몸이 여러 개의 세포로 이루어진 생물로서 세포마다 고유한 기능을 수행하면서 서로 유기적으로 조직되어 정교한 체제를 이루고 있다.

❸ 핵의 구조

- 2중막 구조의 핵막으로 싸여 있으며, 그 안에 염색사와 인이 있다.
- 염색사는 DNA와 단백질로 구성되며, 인은 RNA와 단백질로 구성된다.

세포에서 단백질의 합성과 이동

- 핵 속의 DNA에 저장된 유전 정보에 따라 리보솜에서 단백질이 합성된다.
- 합성된 단백질은 소포체를 통해 골지체로 운반되며, 골지체에서 막으로 싸여 세포 밖으로 분비된다.
- 단백질의 이동 : 리보솜 → 소포체 → 골지체 → 세포 밖

⑤ **미토콘드리아** : 세포 호흡이 일어나는 장소이다. → 산소를 이용하여 포도당을 분해함으로써 세포가 생명 활동을 하는 데 필요한 에너지를 생성, 공급한다.
유기물에 저장되어 있던 화학 에너지를 생명 활동의 직접적인 에너지원으로 전환한다.

⑥ **세포막** : 세포를 둘러싸는 얇은 막이다. → 세포 안팎으로의 물질 출입을 조절한다.

⑦ **액포** : 물 · 색소 · 노폐물 등을 저장한다. → 오래된 식물 세포일수록 발달하므로 성숙한 식물 세포에서 크게 발달한다.

⑧ **엽록체** : 광합성이 일어나는 장소이다. → 이산화 탄소와 물을 원료로 하여 포도당을 합성한다. 광합성을 통해 빛에너지를 화학 에너지로 전환하여 유기물 속에 저장한다.

⑨ **세포벽** : 식물 세포의 세포막 바깥을 둘러 싸고 있는 두껍고 단단한 막이다.→ 세포 모양을 유지하고, 세포를 보호하는 역할을 한다.

C 세포막의 구조와 선택적 투과성

1. 세포막의 구조

(1) 성분과 구조 : 인지질, 단백질로 구성되어 있으며, 인지질 2중층 곳곳에 막단백질이 파묻혀 있거나 관통하고 있다.

(2) 기능 및 특성

① 세포를 둘러싸는 얇은 막으로 세포의 형태를 유지시킨다.

② 인지질 2중층[4]은 유동성이 있어 인지질의 움직임에 따라 막단백질이 인지질층을 떠다닌다.

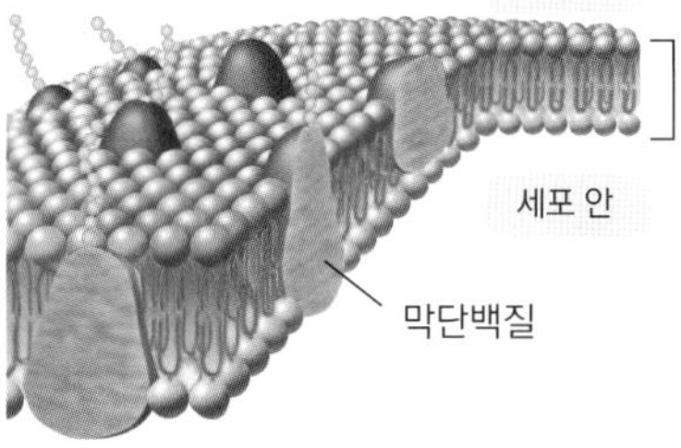

▲ 세포막의 구조

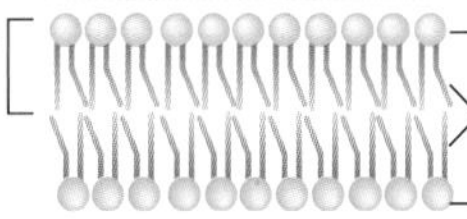

▲ 인지질 2중층 : 머리(인산)이 수용성인 세포 안팎을 향한다.

2. 세포막의 선택적 투과성 : 세포막은 단순한 반투과성 막이 아니라 물질을 선택적으로 투과시키는 막이다. 인지질 2중층은 친수성과 소수성 부분으로 이루어지므로, 세포막을 통과하는 물질들은 특성(크기, 친수성과 소수성, 전하를 띠는지의 여부 등)에 따라 각각 다른 방식으로 이동한다. → 세포막은 출입하는 물질의 종류와 이동 방향을 조절한다.

D 세포막을 통한 물질 이동 1 – 확산

1. 확산

① **확산** : 세포막을 경계로 물질의 농도 차가 존재할 때, 물질 분자들이 농도가 균일해질 때까지 농도가 높은 쪽에서 낮은 쪽으로 세포막을 통해 스스로 운동하여 이동하는 현상으로 에너지는 소비되지 않는다.

② **확산 속도** : 온도가 높을수록 분자의 운동 에너지가 커지므로 확산 속도가 빨라진다. 운동 에너지가 같을 경우 분자의 크기가 작을수록, 농도 차이가 클수록 확산 속도가 빨라진다. 또한, 지질에 대한 용해도가 클수록 확산 속도가 빨라진다.

개념 +

● **세포 소기관의 막의 유무**

막	세포 소기관
있음	핵, 엽록체, 액포, 소포체, 골지체, 미토콘드리아,
없음	리보솜

→ 세포 소기관 : 세포질에 포함되며, 각각 특정한 기능을 수행하는 구조물이다.

● **막성 소기관**

- 단일막 구조 : 소포체, 골지체, 액포
- 2중막 구조 : 핵, 엽록체, 미토콘드리아

④ **인지질 2중층**

- 친수성 머리 부분(인산)과 소수성 꼬리 부분(지방산)으로 구성되어 있다.
- 머리는 각각 세포의 안과 밖을 향하고 꼬리는 서로 마주보는 방식으로 2중층을 형성한다.
- 세포막은 인지질층이 2층으로 되어 있는 단일막이며, 2중막이 아니다.

⑤ **인지질의 구조**

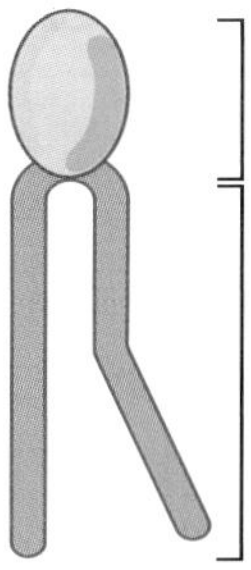

● **반투과성 막과 선택적 투과성 막의 차이**

- 반투과성 막은 분자의 크기에 따라서만 물질의 이동이 결정된다.
- 선택적 투과성 막인 세포막은 분자의 크기 외에도 지질에 대한 용해도, 수송 단백질의 종류 등의 요인에 의해 선택적으로 물질을 이동시킨다.

2. 인지질 2중층을 통한 확산(단순 확산) : 농도 차에 의해 물질이 인지질 2중층을 직접 통과하여 이동하는 현상이다.

① **인지질 2중층 투과 물질 :** 크기가 매우 작은 기체 분자, 지용성★ 물질, 지질 입자

② **단순 확산의 예 :** 폐포와 모세 혈관에서 일어나는 O_2와 CO_2의 교환, 에탄올, 지질 성분의 호르몬, 지방산, 글리세롤 등의 세포막 출입 등

3. 막단백질을 통한 확산(촉진 확산) : 분자나 이온이 특정 막단백질을 통해 세포막을 통과하여 확산되는 현상으로 농도 차이에 의해 일어나므로 에너지는 소비되지 않는다.

(1) 막단백질 : 친수성 분자들은 인지질 2중층을 통과하기 어렵기 때문에 수송 단백질인 막단백질을 통해 확산된다.

(2) 막단백질 투과 물질 : Na^+, K^+, Cl^- 등 전하를 띠는 이온, 포도당, 아미노산과 같은 비교적 크기가 큰 수용성 물질, 물과 같은 극성★ 물질 등이다.

(3) 막단백질의 종류

① **통로 단백질 :** 특정 분자나 이온이 세포막을 통과할 수 있도록 통로 역할을 하는 단백질이다.
→ 이온은 대부분 통로 단백질을 통해 확산한다.

② **운반체 단백질 :** 투과 물질과 결합한 다음 단백질의 모양을 변화시켜 투과 물질이 세포막을 통과할 수 있도록 한다.
→ 포도당이나 아미노산과 같은 물질은 운반체 단백질을 통해 확산한다.

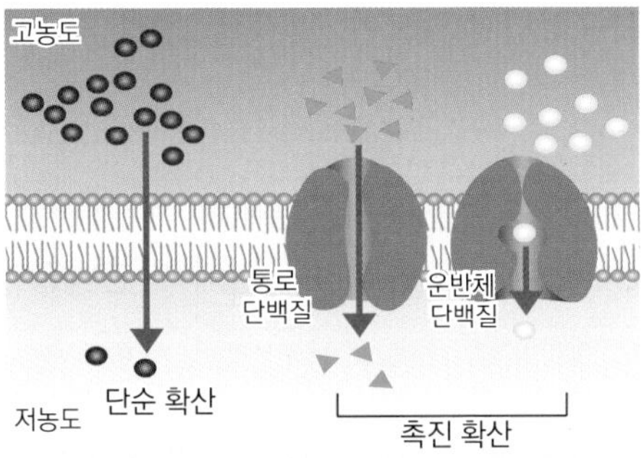

▲ 단순 확산과 촉진 확산

E 세포막을 통한 물질 이동 2 – 삼투

1. 삼투 : 반투과성 막★을 사이에 두고 두 용액의 농도가 서로 다를 때, 농도가 낮은 용액에서 농도가 높은 용액으로 용매(물)가 이동하는 현상으로 에너지는 소비되지 않는다.

① 용질 분자는 반투과성 막을 통과하지 못하고, 용액은 물 분자(용매)와 용질 분자가 서로 인력이 작용하여 결합하고 있는 상태이므로 농도가 낮은 용액(물 분자와 용질 분자의 결합 수가 적음) 쪽에서 농도가 높은 용액(물 분자와 용질 분자의 결합 수가 많음) 쪽으로 이동하는 물 분자의 수가 그 반대 방향으로 이동하는 물 분자의 수보다 많다.
→ 결과적으로 농도가 낮은 쪽에서 높은 쪽으로 물 분자(용매 분자)가 이동하게 된다.

② 삼투는 (용질 분자와 결합하지 않은) 물 분자가 많은 곳에서 물 분자가 적은 곳으로 물이 이동하는 현상으로 확산의 한 형태이다.

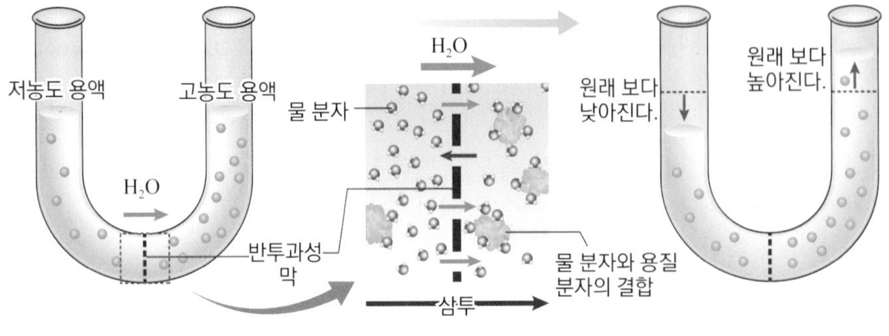

▲ 삼투의 원리

개념 +

단순 확산과 촉진 확산의 투과 속도 비교

- 인지질 2중층을 통해 단순 확산하는 물질은 세포막을 경계로 세포 안팎의 농도 차가 클수록 이에 비례하여 확산 속도가 빨라진다.
- 막단백질을 통해 촉진 확산하는 물질의 투과 속도는 초기에는 세포 안팎의 농도 차에 비례하여 단순 확산보다 확산 속도가 빠르지만, 막단백질을 통해 물질이 모두 이동한 후에는 더이상 빨라지지 않는다.

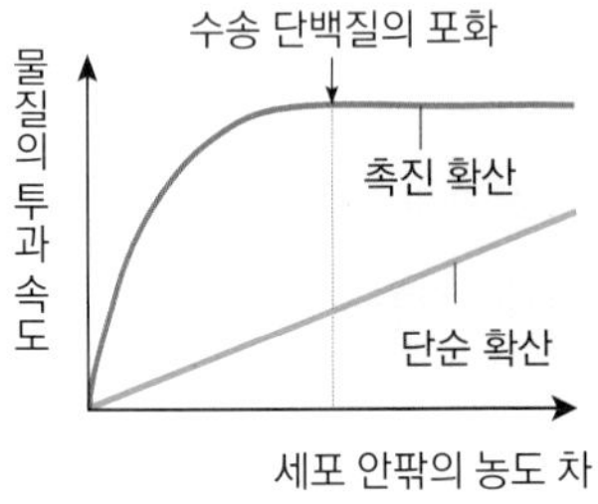

▲ 단순 확산과 촉진 확산의 투과 속도 비교

미니사전

★ **극성 분자**
[極 극진하다 性 성질 – 분자]
분자의 양쪽 끝에 각각 (+)전기와 (−)전기를 띠어 극이 발생한 분자

★ **지용성**
[脂 기름 鎔 녹다 性 성질]
어떤 물질이 기름에 녹는 성질

★ **반투과성 막**
[半 반 透 통하다 過 지나다 性 성질 膜 막]
미세한 구멍이 뚫려 있어 물과 같은 용매는 투과시키지만 용질은 투과시키지 않는 막. 세포막, 셀로판 막, 달걀 속 껍질 등이 있다.

2. 동물 세포에서의 삼투 현상⑥

① **저장액에 넣은 동물 세포 :** 삼투에 의해 물이 세포 안으로 들어가 세포가 점점 팽창한다.
→ 세포의 부피가 커지다가 결국 세포막이 터진다.

② **등장액에 넣은 동물 세포 :** 세포막을 경계로 물의 이동이 세포 안팎으로 일어나지만, 출입하는 물의 양은 같다. → 세포 부피에 변화가 없다.

③ **고장액에 넣은 동물 세포 :** 삼투에 의해 세포 바깥으로 물이 빠져나가 세포가 쭈그러든다. → 세포 부피가 줄어든다.

▲ 용액 농도에 따른 동물 세포(적혈구)의 변화

3. 식물 세포에서의 삼투 현상

① **저장액에 넣은 식물 세포 :** 삼투에 의해 세포 안으로 물이 들어와 세포가 팽창하게 된다.
→ 세포의 부피가 커지다가 일정해진다.
(식물 세포에는 단단한 세포벽이 존재하기 때문에 동물 세포와는 달리 터지지는 않는다.)

② **등장액에 넣은 식물 세포 :** 세포막을 경계로 물의 이동이 세포 안팎으로 일어나지만, 출입하는 물의 양은 같다. → 세포 부피에 변화가 없다.

③ **고장액에 넣은 식물 세포 :** 삼투에 의해 세포 바깥으로 물이 빠져나가 세포가 수축하게 된다. → 세포 부세포의 부피가 줄어들다가 세포막이 세포벽에서 분리된다. (원형질 분리⑦)

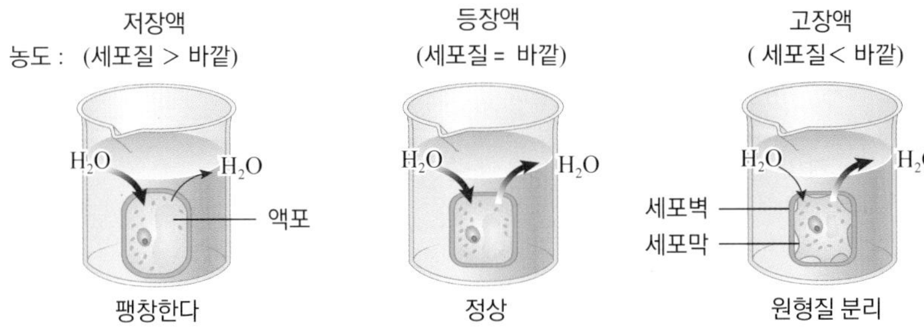

▲ 용액 농도에 따른 식물 세포의 변화

개념 +

⑥ 삼투 현상

- 세포를 둘러싸고 있는 수용액은 그 농도를 세포질의 농도와 비교하여 등장액, 저장액, 고장액으로 구분한다.
- 세포를 둘러싸고 있는 수용액의 농도가 세포질의 농도와 같으면 등장액, 세포질의 농도보다 낮으면 저장액, 세포질의 농도보다 높으면 고장액이라 한다.

⑦ 원형질 분리와 복귀

- 세포질의 부피가 작아지고 세포가 수축함에 따라 세포막이 세포벽으로부터 떨어지게 되는데, 이러한 현상을 원형질 분리라고 한다.
- 원형질 분리가 일어난 세포를 다시 저장액에 넣으면 세포가 물을 흡수하여 원래 상태로 되돌아가는데, 이러한 현상을 원형질 복귀라고 한다.

● 원형질

세포 내에서 생명 활동과 직접적으로 관련이 있는 부분으로서 세포막을 포함한 세포막 내부에 존재하는 유동성 물질이다.

→ 핵, 세포질, 미토콘드리아, 엽록체, 리보솜, 소포체, 골지체, 세포막을 모두 지칭한다.

개념 체크

정답 및 해설 ➜ 66

Point

01 옳은 것은 ○표, 옳지 않은 것은 ×표 하시오.

(1) 생명 시스템의 기본 단위는 조직이다. (　　)

(2) 리보솜, 세포벽, 미토콘드리아 중 식물 세포에만 존재하는 것은 세포벽이다. (　　)

02 물질의 종류에 따라 물질의 출입을 조절하는 세포막의 특성을 무엇이라 하는가?
(　　　　　　　　)

03 물질 분자가 분자 운동에 의해 농도가 높은 쪽에서 농도가 낮은 쪽으로 이동하는 현상을 무엇이라 하는가? (　　　　　　)

04 반투과성 막을 사이에 두고 농도 차이에 의해 용매가 이동하는 현상을 무엇이라 하는가?
(　　　　　　)

탐구

세포막을 통한 물질 이동

!주의

목표

세포막을 통한 물질의 이동에 대한 실험 결과를 분석하여 세포막이 생명 활동 유지에 어떤 역할을 하는지 설명할 수 있다.

준비물 붉은 양파, 핀셋, 증류수, 10% 설탕 용액, 20% 설탕 용액, 페트리접시, 슬라이드글라스, 커버글라스, 현미경

실험 과정

① 붉은 양파의 붉은 표피를 가로, 세로 각각 5 mm 크기로 칼집을 낸 후 핀셋을 이용하여 벗겨낸다. → 양파 표피는 한 겹의 세포층으로 이루어져 있기 때문에 현미경으로 세포를 관찰하기에 적합하다.

② 양파 표피 조각을 증류수, 10% 설탕 용액, 20% 설탕 용액이 담긴 페트리 접시에 각각 넣어 약 10분 동안 담가둔다.

③ 각 페트리 접시에서 양파 표피 조각을 꺼내서 프레파라트를 만든 다음, 현미경으로 관찰한다. → 붉은 양파 표피 세포는 붉은색을 띠기 때문에 염색을 하지 않아도 현미경으로 세포를 잘 관찰할 수 있다.

탐구 결과

용액	증류수	10% 설탕 용액	20% 설탕 용액
세포 모양	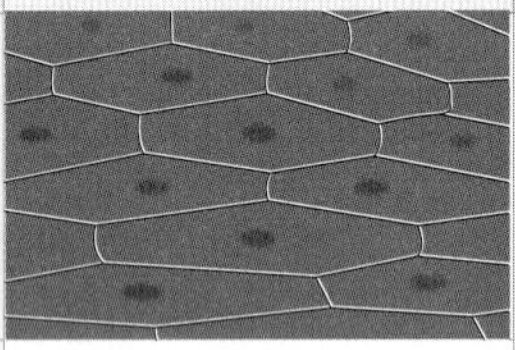	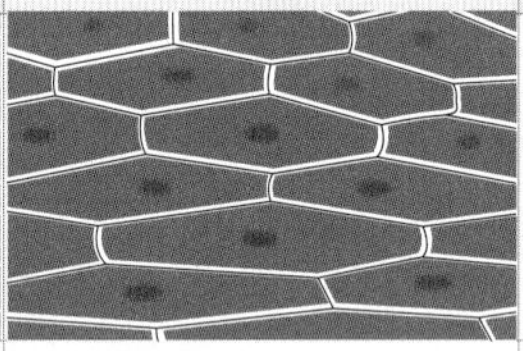	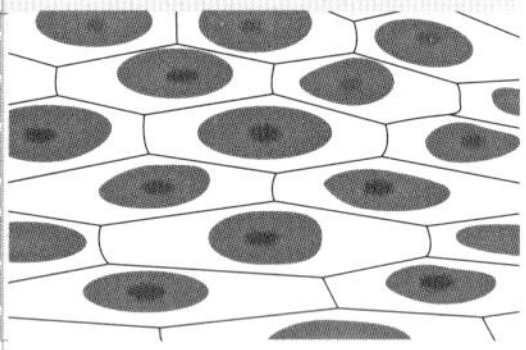
세포 부피	커진다	거의 변하지 않는다	줄어든다

결과 정리 및 해석

① 증류수와 농도가 서로 다른 설탕 용액을 사용한 이유는 무엇인가?
→ 세포막을 통해 일어나는 삼투에 의해 물이 세포 안팎으로 이동하는 것을 알아보기 위해서이다.

② 실험 결과 부피가 가장 큰 양파 표피 세포는 무엇이며, 그 이유는?
→ 증류수는 세포보다 농도가 낮기 때문에 삼투에 의해 물이 세포 안으로 이동했으므로 증류수에 담가둔 세포의 부피가 가장 크다.

③ 10% 설탕 용액에 담가둔 양파 표피 세포의 부피가 거의 변하지 않은 이유는 무엇인가?
→ 설탕 용액과 세포 내부의 농도 차이가 크지 않아 삼투에 의한 물의 이동량이 적었기 때문이다.

④ 20% 설탕 용액에 담가둔 양파 표피 세포에서 세포막이 세포벽으로부터 분리된 이유는 무엇인가?
→ 세포 안의 물은 세포보다 농도가 높은 설탕 용액 쪽으로 이동하므로 세포가 수축하는데, 식물 세포는 동물 세포와 달리 두껍고 단단한 세포벽을 가지고 있으므로 아무리 물이 빠져나가도 세포의 형태는 변하지 않고 세포막이 세포벽으로부터 분리되는 원형질 분리가 일어나는 것이다.

⑤ 위 실험을 통해 알 수 있는 세포막을 통한 물질 이동의 원리는 무엇인가?
→ 설탕과 같은 입자가 큰 물질은 세포막을 통과하지 못하며, 물은 세포막을 경계로 농도가 낮은 쪽에서 높은 쪽으로 이동한다. 즉, 세포막은 특정 물질만 통과시키는 선택적 투과성을 가지며, 세포 안팎으로의 물질 출입을 조절하여 세포 안에서 생명 활동이 일어날 수 있게 해준다.

정답 및 해설 ➜ 66

탐구 문제 1 시들어 있는 식물에 물을 주면 식물이 다시 살아나는 이유에 대해 서술하시오.

꼭 짚기!

1 동물 세포와 식물 세포 비교

식물 세포의 세포 소기관을 나타낸 모식도이다.

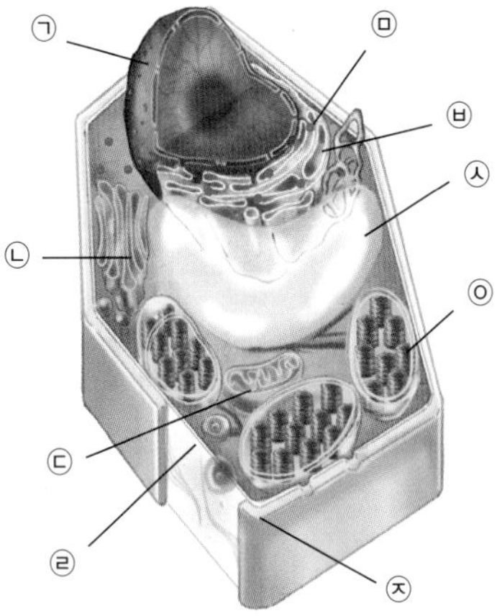

(1) 동물 세포에는 없고 식물 세포에만 존재하는 세포 소기관을 모두 고르시오. (　　　　)

(2) 리보솜에서 합성된 단백질을 골지체나 세포의 다른 부위로 운반하는 역할을 하는 세포 소기관은? (　　　　)

2 세포막의 선택적 투과성

세포막을 통한 물질 이동 방법(A ~ C)에 대한 모식도이다.

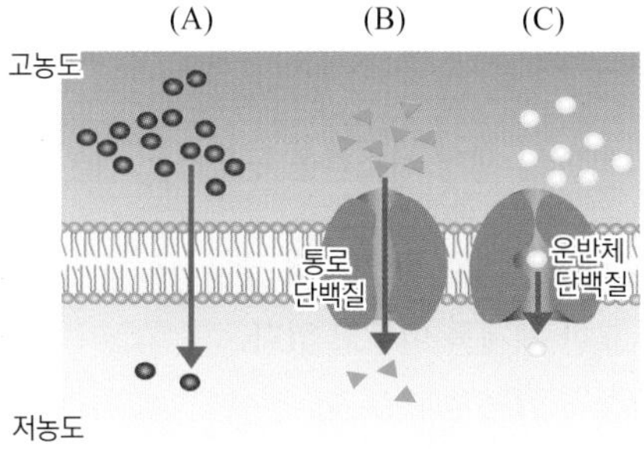

(1) A 방법으로 이동하는 물질을 2개 이상 쓰시오.
(　　　　　　　　　　)

(2) A ~ C 중 아미노산의 이동 방법에 해당하는 것은? (　　　　)

(3) A ~ C 중 Na^+와 K^+, Cl^-의 이동 방법에 해당하는 것은? (　　　　)

3 세포의 삼투 현상

같은 농도에 존재하던 어떤 세포를 각각 ㉠, ㉡ 용액에 넣었을 때 용액의 농도에 따른 삼투 현상을 나타낸 모식도이다. (㉠과 ㉡은 저장액 또는 고장액 중 하나이다.)

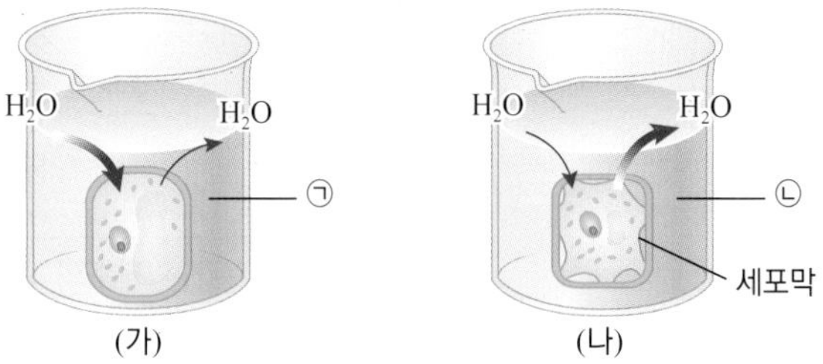

이에 대한 설명으로 옳은 것만을 <보기>에서 있는 대로 고른 것은?

보 기

ㄱ. 식물 세포의 삼투 현상을 나타낸 것이다.
ㄴ. 용액 ㉠은 저장액, 용액 ㉡은 고장액이다.
ㄷ. 등장액에서는 세포막을 통한 물의 이동이 일어나지 않는다.

① ㄱ　② ㄷ　③ ㄱ, ㄴ　④ ㄴ, ㄷ　⑤ ㄱ, ㄴ, ㄷ

A 생명 시스템과 세포

01 생명 시스템의 구성 단계에 대한 설명 중 옳은 것은 ○표, 옳지 않은 것은 ×표 하시오.

(1) 식물체와 동물체의 구성 단계는 동일하다. ( )

(2) 세포는 생명 시스템을 구성하는 기본 단위이다. ( )

(3) 단세포 생물은 세포가 유기적으로 조직되어 정교한 체제를 이루고 있다. ( )

02 생명 시스템 중 하나인 동물체의 구성 단계를 나타낸 것이다.

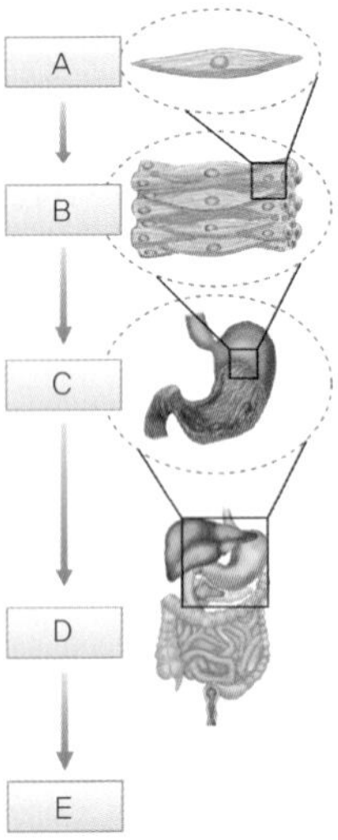

이에 대한 설명으로 옳지 않은 것은?

① A는 생명체를 구성하는 기본 단위이다.
② B는 식물체에도 존재하는 구성 단계이다.
③ C는 한 가지 조직으로 이루어진 구성 단계이다.
④ D는 식물체에 없는 구성 단계이다.
⑤ E는 개체이다.

B 세포의 구조와 기능

03 다음 설명에 해당하는 세포 소기관의 이름을 쓰시오.

(1) 광합성을 통해 포도당을 합성한다. ( )

(2) 세포 호흡을 통해 에너지를 생성한다. ( )

(3) 유전 정보에 따라 단백질을 합성한다. ( )

(4) DNA를 가지고 있고, 세포의 생명 활동을 조절한다. ( )

(5) DNA의 유전 정보에 따라 합성된 단백질을 운반한다. ( )

(6) 물, 노폐물 등을 저장하며, 오래된 식물 세포에서 크게 발달한다. ( )

(7) 소포체에서 전달받은 단백질을 막으로 싸서 세포 밖으로 분비한다. ( )

04 그림은 동물 세포와 식물 세포의 구조를 반반씩 나타낸 것이며, 표는 세포 소기관에 대한 설명이다.

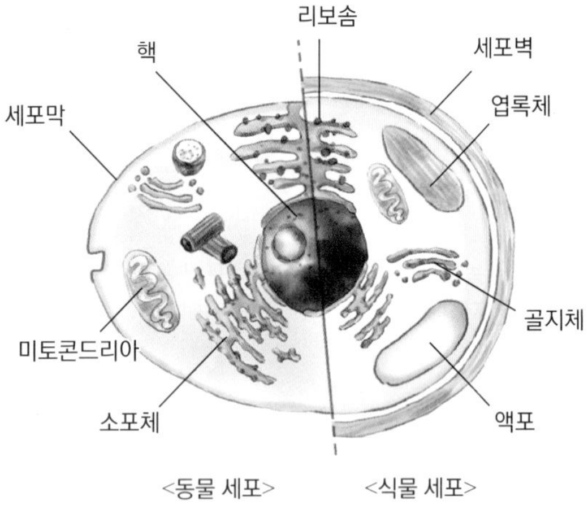

(가)	세포의 생명 활동을 조절하는 중심이다.
(나)	세포 안팎으로의 물질 출입을 조절한다.
(다)	생명 활동의 직접적인 에너지원을 생성한다.

(가)~(다)에 해당하는 것을 그림에서 옳게 고른 것은?

	(가)	(나)	(다)
①	핵	액포	엽록체
②	핵	세포막	미토콘드리아
③	핵	세포막	엽록체
④	리보솜	세포벽	엽록체
⑤	리보솜	세포벽	미토콘드리아

정답 및 해설 ➜ 66

05 다음과 같은 반응이 일어나는 세포 소기관의 이름을 쓰시오.

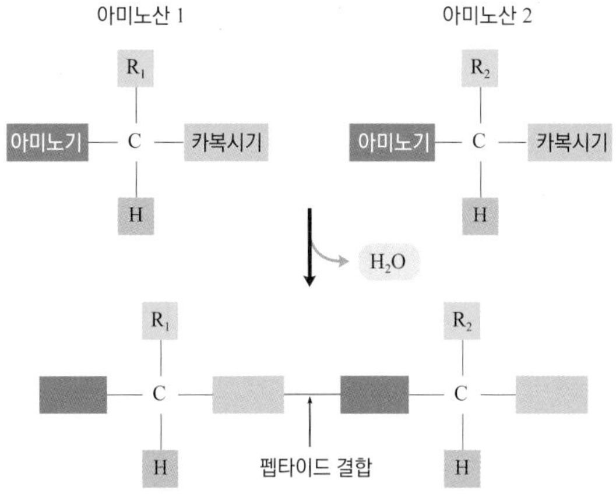

(　　　　　　　)

06 세포 소기관에 대한 설명으로 옳지 않은 것은?

① 세포벽은 동물 세포에 존재하지 않는다.
② 막으로 싸여 있지 않은 세포 소기관은 없다.
③ 핵, 엽록체, 미토콘드리아는 2중막 구조이다.
④ 오래된 식물 세포에는 액포가 크게 발달한다.
⑤ 리보솜은 RNA가 전달하는 유전 정보를 이용하여 단백질이 합성되는 장소이다.

C 세포막의 구조와 선택적 투과성

07 세포막의 구조를 나타낸 모식도이다. ㉠과 ㉡의 이름을 쓰시오.

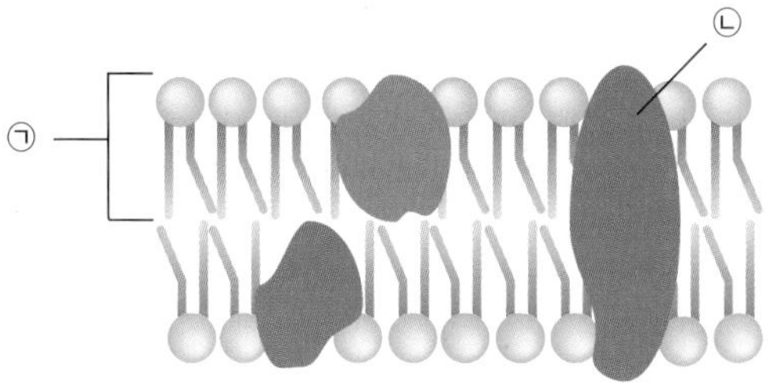

㉠ (　　　　　　) ㉡ (　　　　　　)

08 세포막에 대한 설명으로 옳은 것만을 <보기>에서 있는 대로 고른 것은?

보 기

ㄱ. 유동성을 갖는다.
ㄴ. 포도당은 막단백질을 통해 확산된다.
ㄷ. 물질을 종류에 관계없이 출입시킬 수 있다.

① ㄱ　② ㄱ, ㄴ　③ ㄱ, ㄷ
④ ㄴ, ㄷ　⑤ ㄱ, ㄴ, ㄷ

09 세포막에 대한 설명 중 옳은 것은 ○표, 옳지 않은 것은 ×표 하시오.

(1) 선택적 투과성을 가진다. (　　)
(2) 친수성 부분, 소수성 부분을 함께 가진다. (　　)
(3) 식물 세포의 가장 바깥쪽을 둘러싸고 있다. (　　)

D 세포막을 통한 물질 이동 - 확산

10 세포막을 통한 물질 이동에 대한 설명 중 옳은 것은 ○표, 옳지 않은 것은 ×표 하시오.

(1) 확산은 세포막을 경계로 농도가 높은 쪽에서 낮은 쪽으로 물이 이동하는 현상이다. (　　)
(2) 아미노산은 인지질 2중층을 직접 통과하여 세포 안팎으로 이동한다. (　　)
(3) 단순 확산의 속도는 농도 차에 비례한다. (　　)

11 물질 A ~ C가 각각 세포막을 통과하는 방식을 나타낸 것이다.

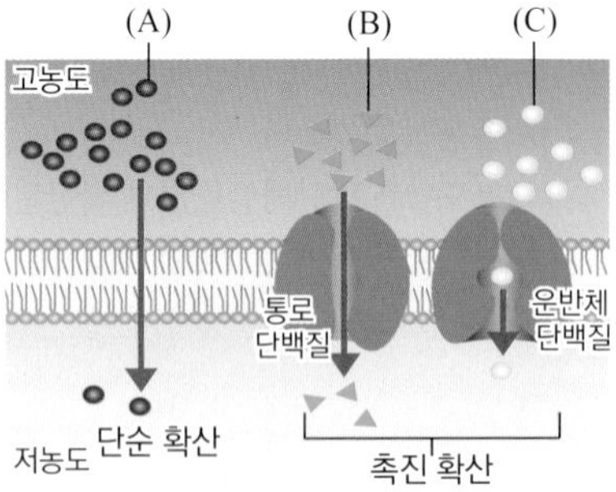

이에 대한 설명으로 옳은 것만을 <보기>에서 있는 대로 고른 것은? (단, A ~ C는 지방산, 포도당, Na^+ 중 하나이다.)

보 기

ㄱ. A는 지방산, B는 Na^+, C는 포도당이다.
ㄴ. B가 이동하기 위해서는 에너지가 필요하다.
ㄷ. C는 농도 차에 의해 세포막을 통과한다.

① ㄱ ② ㄴ ③ ㄱ, ㄷ
④ ㄴ, ㄷ ⑤ ㄱ, ㄴ, ㄷ

12 물질 A, B 가 각각 세포막을 통하여 이동하는 속도를 나타낸 것이다.

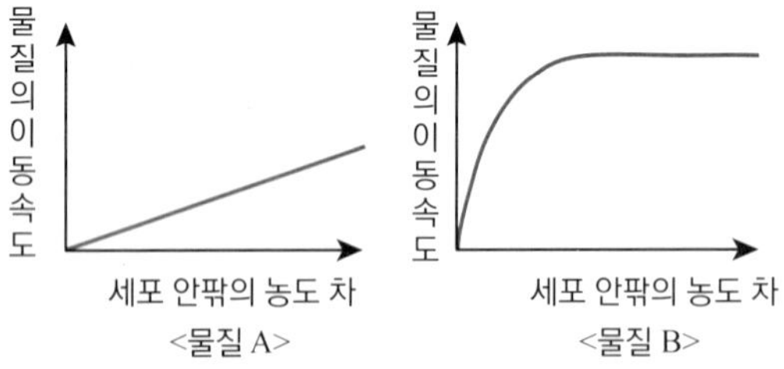

이에 대한 설명으로 옳은 것만을 <보기>에서 있는 대로 고른 것은?

보 기

ㄱ. 물질 A의 예로는 산소와 이산화 탄소가 있다.
ㄴ. 물질 B의 예로는 포도당이 있다.
ㄷ. 물질 A는 인지질 2중층을 직접 통과하여 이동한다.

① ㄱ ② ㄴ ③ ㄱ, ㄷ
④ ㄴ, ㄷ ⑤ ㄱ, ㄴ, ㄷ

E 세포막을 통한 물질 이동 – 삼투

13 U자관 가운데를 반투과성 막으로 막고 막을 경계로 좌우 소금 용액의 농도를 다르게 하였다.

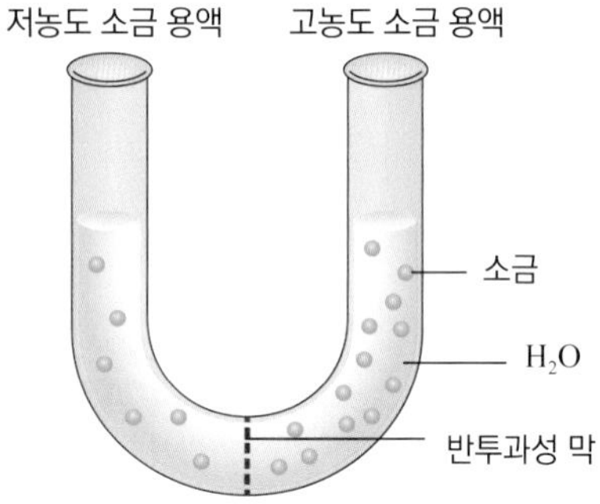

일정 시간이 지난 후 일어나는 변화에 대한 설명으로 옳은 것만을 <보기>에서 있는 대로 고른 것은?

보 기

ㄱ. 소금은 반투과성 막을 통과하지 못한다.
ㄴ. 시간이 지남에 따라 양쪽 용액의 농도 차는 커진다.
ㄷ. 소금 농도가 높은 용액에서 낮은 용액으로 물이 이동한다.

① ㄱ ② ㄴ ③ ㄱ, ㄴ
④ ㄴ, ㄷ ⑤ ㄱ, ㄴ, ㄷ

14 세포막을 통해 일어나는 삼투에 대한 설명으로 옳은 것만을 <보기>에서 있는 대로 고른 것은?

보 기

ㄱ. 물은 용질의 농도가 높은 곳에서 낮은 곳으로 이동한다.
ㄴ. 세포막이 선택적 투과성을 가지기 때문에 나타나는 현상이다.
ㄷ. 세포막을 통과하지 못하는 용질의 농도 차이에 의해 일어난다.

① ㄱ ② ㄷ ③ ㄱ, ㄴ
④ ㄴ, ㄷ ⑤ ㄱ, ㄴ, ㄷ

15 다음은 감자 세포에서 일어나는 삼투를 알아보기 위한 실험 과정과 결과를 나타낸 것이다.

[실험 과정]
(1) 비커 (가) ~ (다)에 농도가 서로 다른 설탕물을 각각 300ml 씩 넣는다.
(2) 한 변이 1cm인 정육면체 모양의 감자 조각을 3개 만들어 각각 무게를 측정하고, 비커 (가) ~ (다)에 각각 1개씩 넣는다.
(3) 30분 후 각 비커에서 감자 조각을 꺼내 무게를 측정하여 무게 변화량을 알아본다.

[실험 결과]

비커	(가)	(나)	(다)
감자 조각의 무게 변화량(g)	- 0.43	0	+ 0.22

위 실험에 대한 설명으로 옳은 것만을 <보기>에서 있는 대로 고른 것은?

보 기

ㄱ. (가)는 저장액, (다)는 고장액이다.
ㄴ. 원형질 분리는 비커 (가)에서 일어났다.
ㄷ. (나)에서는 감자 세포 안팎으로 물이 이동하지 않는다.

① ㄱ ② ㄴ ③ ㄱ, ㄴ
④ ㄴ, ㄷ ⑤ ㄱ, ㄴ, ㄷ

서술형

16 폐포와 모세 혈관 사이에서 일어나는 기체 교환을 나타낸 모식도이다. 이 과정에서 O_2(산소)와 CO_2(이산화탄소)가 세포막을 통해 이동하는 방식을 서술하시오.

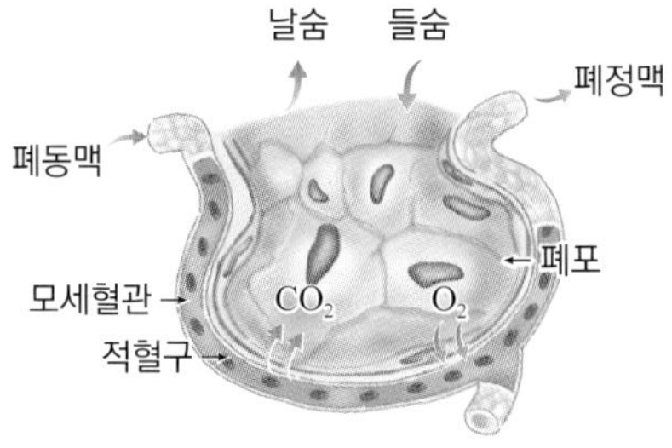

서술형

17 김장을 할 때 배추를 소금물에 담그는 이유를 삼투 현상과 연관지어 서술하시오.

서술형

18 세포 밖으로 단백질이 분비되는 과정을 나타낸 모식도이다.

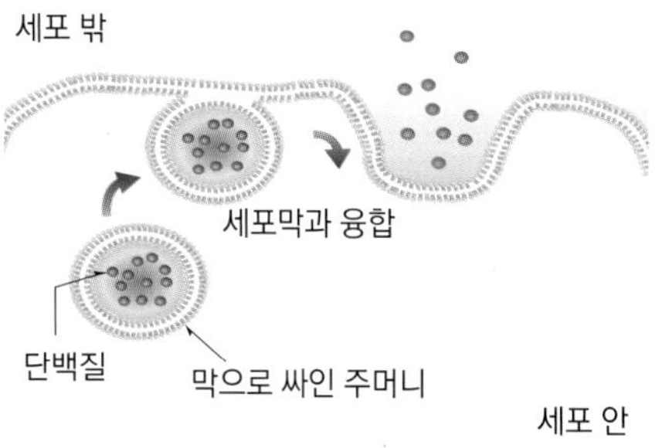

막으로 싸인 주머니는 세포 소기관 중 어디에서 형성된 것인지 서술하시오.

서술형

19 일반 과일보다 과일 절임을 더 오래 두고 먹을 수 있는 이유를 삼투와 관련지어 서술하시오.

02 물질대사와 효소

핵심 Point

- □ 물질대사와 촉매
- □ 효소와 활성화 에너지
- □ 효소(생체 촉매)의 역할
- □ 효소의 작용 원리와 특성

물질대사 과정에서 효소는 어떤 역할을 할까?

A 화학 반응과 촉매

1. 화학 반응 : 반응물에서 원자 간 결합이 끊어진 후 새로운 결합을 형성하여 반응물과는 다른 생성물이 만들어지는 반응이다.

2. 촉매 : 화학 반응에 참여하여 활성화 에너지를 변화시킴으로써 반응 속도를 변화시키는 물질이며, 반응 과정에서 촉매 물질이 소모되거나 변화되지는 않는다.

① **정촉매 :** 활성화 에너지[1]를 낮춰 반응 속도를 빠르게 한다.

② **부촉매 :** 활성화 에너지를 높여 반응 속도를 느리게 한다.

B 물질대사와 생체 촉매

1. 물질대사[2] : 생명 활동을 유지하기 위해 생명체 내에서 일어나는 모든 화학 반응이다.

① 세포는 물질대사를 통해 에너지를 얻으며, 세포를 구성하는 물질과 생리 작용을 조절하는 물질 등을 합성한다.

② 물질대사 과정에서는 효소가 필요하며, 이때 반드시 에너지 출입이 일어난다.

③ 물질대사의 구분

구분	동화 작용(흡열 반응)	이화 작용(발열 반응)
정의	작은 분자를 큰 분자로 합성하는 반응	큰 분자를 작은 분자로 분해하는 반응
예	광합성, 단백질 합성, 녹말 합성	세포 호흡, 소화, 글리코젠 분해
에너지 변화	에너지가 흡수된다.	에너지가 방출된다.
물질 변화와 에너지 출입	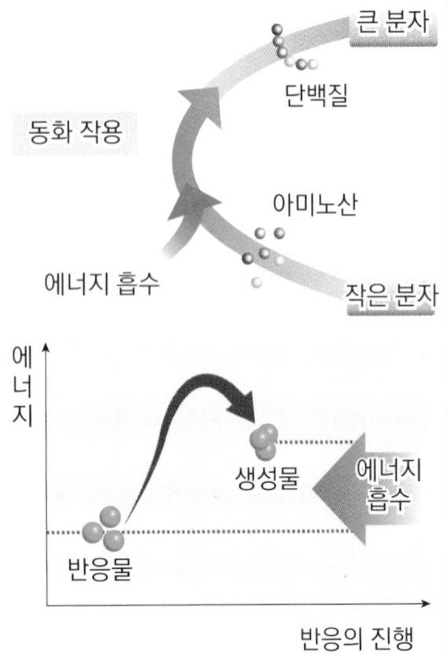	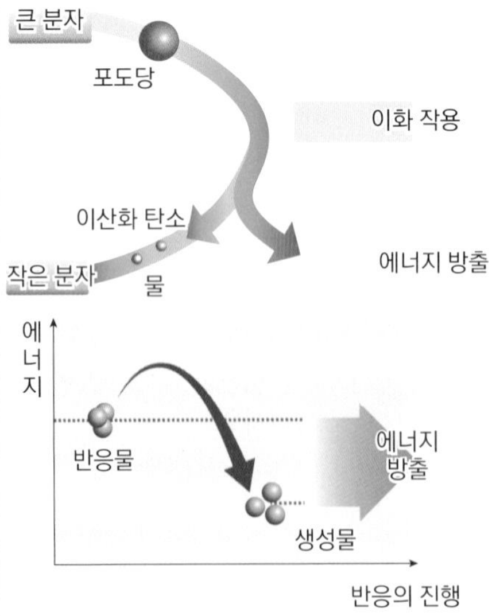

2. 생체 촉매[3] : 생명체 내에서 합성되어 물질대사를 촉진하는 물질로서 효소라고도 한다.

① 생명체에서 일어나는 모든 반응에 관여하여 생명을 유지할 수 있게 한다.

② 물질대사가 체온 정도의 낮은 온도에서 일어날 수 있는 이유는 생체 촉매(효소) 때문이다.

개념 +

❶ 활성화 에너지

- 화학 반응이 일어나기 위해 필요한 최소한의 에너지이다.
- 반응의 종류에 따라 양이 다르다.
- 활성화 에너지가 작으면 반응 속도가 빠르고, 활성화 에너지가 크면 반응 속도가 느리다.

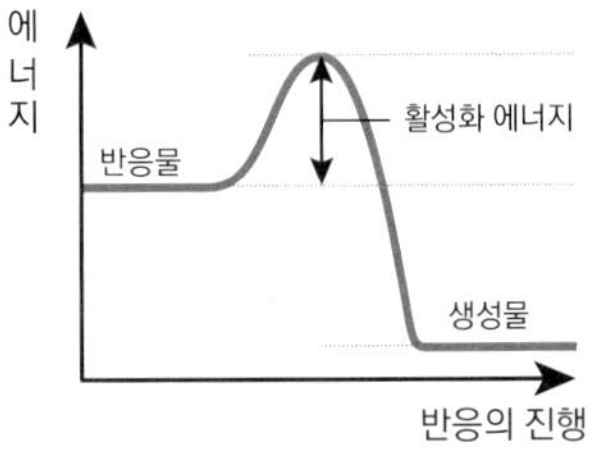

▲ 화학 반응 시 에너지 변화 (활성화 에너지)

❷ 생명체와 물질대사

생명체가 생명 활동을 수행(생명 시스템 유지)하기 위해서는 끊임없이 물질과 에너지를 얻어야 한다. 필요한 물질을 얻기 위해서는 새롭게 물질을 합성해야 하며, 에너지를 얻기 위해서는 에너지원이 되는 영양소를 분해해야 한다.

❸ 촉매, 효소, 생체 촉매

화학 반응에 참여하여 반응 속도를 변화시키지만 반응이 끝나도 변하지 않고 재사용 가능한 물질을 촉매라고 하며, 생명체 내에서 촉매 역할을 하는 단백질인 효소는 생명체 내에서만 합성되므로 생체 촉매라고 한다.

3. 물질대사와 생명체 밖 화학 반응 비교

구분	물질 대사	생명체 밖 화학 반응(연소)
반응 온도, 기압	저온(체온 범위), 저압(대기압)	고온, 고압
반응 단계	여러 단계에 걸쳐 진행	한 번에 진행
촉매 유무	생체 촉매(효소) 필요	촉매 필요 없음
에너지 출입	단계적으로 에너지가 소량씩 방출되거나 흡수된다. 예 세포 호흡 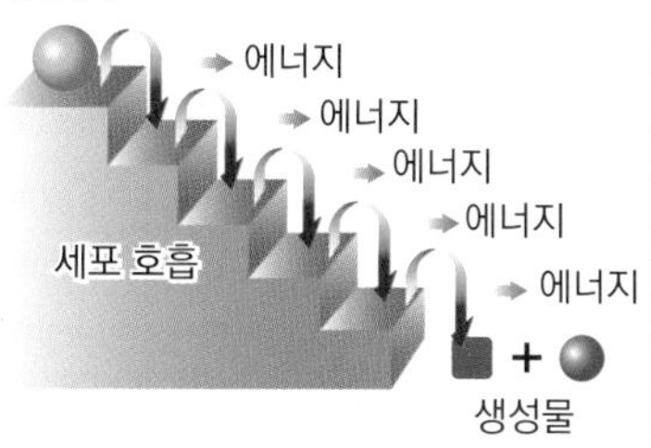 	에너지가 한꺼번에 방출되거나 흡수된다. 예 연소 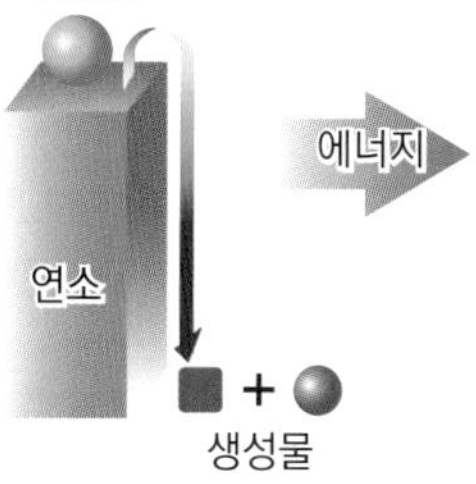

C 효소의 작용

1. 효소와 활성화 에너지

① **효소 :** 생물체 내에서 활성화 에너지를 감소시켜 물질대사의 반응 속도를 증가시키는 촉매 역할을 하는 단백질이다.

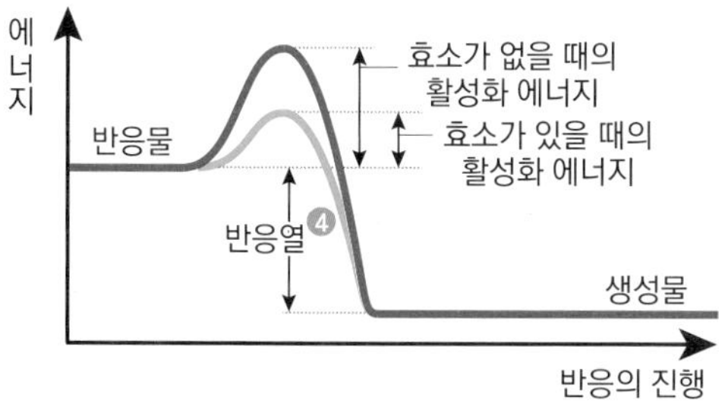

▲ 효소 유무에 따른 활성화 에너지

· 효소가 없을 때보다 효소가 있을 때 활성화 에너지가 낮으므로 반응이 빠르게 일어난다.

· 반응열은 반응물의 에너지와 생성물의 에너지 차이이며, 효소의 유무에 관계없이 일정하다.

· 반응물의 에너지가 생성물의 에너지보다 크므로 반응이 진행되면 반응열이 방출된다. → 발열 반응

② **활성화 에너지 :** 반응이 일어나기 위해 넘어야 할 에너지의 장벽으로서 이 에너지 장벽이 높으면 반응이 일어나기 어렵고 에너지 장벽이 낮으면 반응이 일어나기 쉽다.

2. 효소의 기질 특이성 : 한 종류의 효소는 입체 구조가 맞는 한 종류의 반응물하고만 결합한다.

→ 물질대사가 일어날 때 거치는 각 단계의 화학 반응마다 반응물이 다르므로 작용하는 효소의 종류도 다르다. 이처럼 많은 종류의 효소가 작용하여 생명 시스템을 유지한다.

예 · 수크레이스 → 설탕만 분해할 수 있다.
· 아밀레이스 → 녹말만 분해할 수 있다.
· 라이페이스 → 지방만 분해할 수 있다.

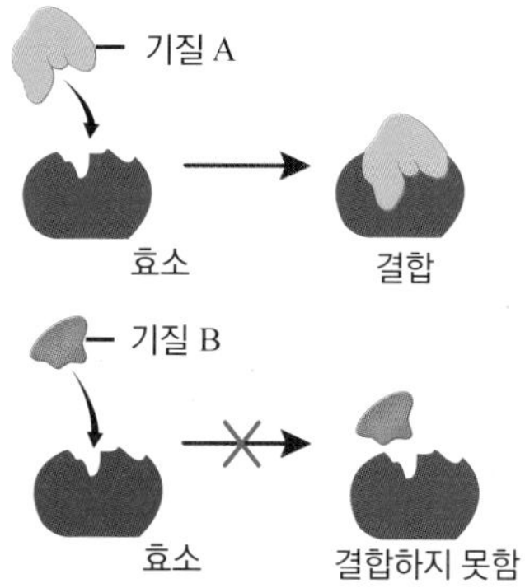

▲ 효소의 기질 특이성

개념 +

효소 반응에서 반응물의 농도와 초기 반응 속도

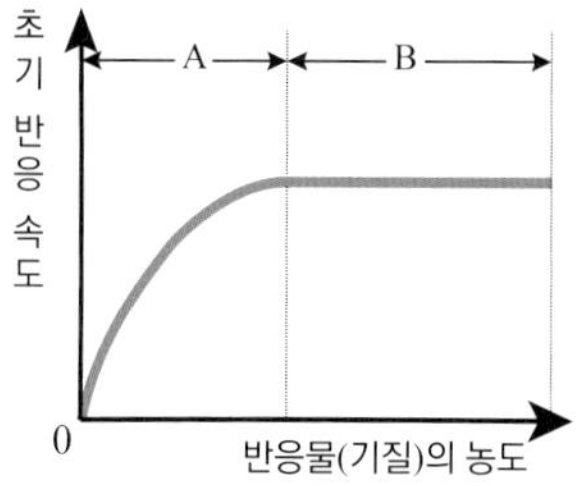

- A : 반응물의 농도가 증가할수록 초기 반응 속도가 빨라진다.
  → 반응물이 효소와 결합하는 빈도가 높아지기 때문이다.
- B : 반응물의 농도가 증가해도 초기 반응 속도는 더 이상 빨라지지 않고 일정해진다.
  → 모든 효소가 반응물과 결합했기 때문이다.
  이때 효소를 더 넣어주면 초기 반응 속도는 다시 증가한다.

❹ 반응열

화학 반응이 일어날 때 방출되거나 흡수되는 열량(반응물과 생성물의 에너지 차이)으로서 효소의 유무에 관계없이 일정하다.

3. **효소의 작용 원리 :** 효소는 반응 물질과 결합하여 활성화 에너지를 감소시켜 반응 속도를 증가(촉진)시킨다.

(1) **기질 :** 효소와 결합하는 특정 반응 물질(반응물)이다.

(2) **효소의 재사용 :** 효소는 촉매로 작용한 다음 회복되어 반복 사용된다.

(3) **효소의 특성**

① 단백질이 주성분이므로 효소마다 고유한 입체 구조를 갖는다.

② 반응 전후 구조와 성질이 변하지 않는다.

③ 적은 양의 효소만으로도 다량의 기질과 작용할 수 있다.

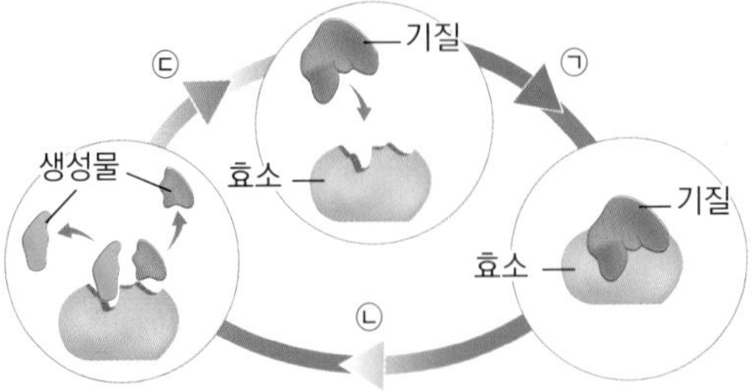

㉠ 효소는 특정 반응물(기질)하고만 결합한다.
㉡ 효소의 촉매 작용으로 생성 물질이 만들어진다.
→ 효소는 기질과 분리된다.
㉢ 생성물과 분리된 효소는 다른 반응에 참여하여 새로운 기질과 결합한다.

▲ 효소의 재사용

개념 +

⑤ **효소의 반응 온도**

효소의 주성분은 단백질이므로 체온 범위에서 가장 활발하게 적용되며, 높은 온도에서는 입체 구조가 변해 촉매 기능을 잃게 된다.

4. **효소의 반응 온도**[5] **:** 온도가 높아질수록 반응에 참여하는 분자들의 운동이 활발해져 효소와 기질의 결합 속도가 빨라지므로 반응 속도가 증가하지만, 최적 온도보다 높아지면 반응 속도는 급격하게 감소한다.

(1) **효소의 최적 온도**

① 생물체 내에서 효소에 의해 진행되는 화학 반응 속도는 보통 35 ~ 40℃에서 최대이며, 이때의 온도를 최적 온도라고 한다.

② 최적 온도는 효소의 종류에 따라 다르다.

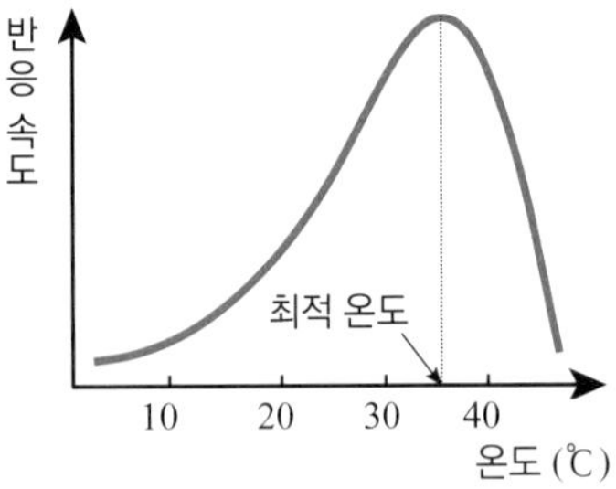

▲ 온도와 효소의 활성

(2) **효소의 변성**

① 효소의 주성분은 열에 약한 단백질이므로 온도가 증가하다가 최적 온도 범위를 넘어서면 반응 속도가 급격히 떨어진다.

② 최적 온도 이상이 되면 효소를 구성하는 단백질이 점차 열에 의해 변성되어 효소의 입체 구조가 변형, 파괴되므로 촉매 작용을 하지 못한다.

③ 고온에서 변성된 효소는 온도를 다시 낮추어도 회복되지 않는다.

D 효소의 활용

1. 효소와 생명 현상

우유를 많이 마시면 설사를 하는 경우 → 젖당 소화 효소가 없기 때문이다.

① **소화 :** 음식물 속에 들어 있는 큰 분자의 영양소가 몸속으로 흡수될 수 있도록 작은 분자로 분해하는 과정에서 여러 가지 소화 효소가 작용한다.

② **생장 :** 생장에 필요한 근육, 뼈 등의 몸 구성 성분을 합성하는 데 효소가 관여한다.

③ **혈액 응고 :** 상처 등으로 피가 나면 효소의 작용으로 혈액이 응고된다.

④ **해독 작용 :** 노폐물이나 해로운 물질의 독성을 약화시키는 데 효소가 관여한다.

예 간에서 독성 물질 분해(독성이 강한 암모니아를 독성이 약한 요소로 전환)

● **효소 사용의 장점**

화학 반응을 낮은 온도와 압력에서 빠르게 일어나도록 하므로 안정하며, 에너지와 반응 시간을 줄일 수 있어 경제적이고 친환경적이다.

2. 효소의 활용

일상생활에서의 활용	· 발효식품 : 미생물이 가지고 있는 효소를 이용하여 김치, 된장, 술, 치즈, 요구르트 등의 발효 식품을 만든다. · 식혜 : 엿기름에 들어 있는 아밀레이스로 밥 속의 녹말을 엿당으로 분해하여 만든다. · 연육제 : 배, 키위, 파인애플과 같은 과일에 들어 있는 단백질 분해 효소를 이용하여 고기를 연하게 한다. · 돼지고기를 새우젓과 함께 먹으면, 새우젓의 단백질 분해 효소와 지방 분해 효소가 돼지고기의 주성분인 단백질과 지방의 분해를 촉진한다.
의학 분야에서의 활용	· 요 검사지와 혈당 측정기⑥ : 포도당 산화 효소 등을 통해 오줌 속에 포도당이 있는지, 혈액 속에 포도당 양이 얼마나 되는지 알 수 있다. · 소화제 : 아밀레이스, 단백질 소화 효소, 지방 소화 효소가 들어 있어 음식물 속의 녹말, 단백질, 지방을 분해하여 소화를 돕는다.
산업 분야에서의 활용	· 생활용품 : 효소 치약(탄수화물 분해 효소), 효소 세제(단백질 분해 효소와 지방 분해 효소), 청바지 탈색(섬유소 분해 효소), 화장품(단백질 분해 효소, 지질 분해 효소) 등에 활용한다. · 식품 분야 : 치즈, 과즙 음료, 젖당 분해 우유 등의 생산에 이용된다. · 섬유 분야 : 다양한 효소를 이용하여 섬유의 친수성을 증가시킨다.
환경 분야에서의 활용	· 오염 물질 분해(환경 정화) : 유류 분해 효소를 이용한 기름 분해, 생활 하수 · 공장 폐수에 포함된 오염 물질을 분해하는 효소 등을 활용한다. · 바이오 에너지 생산⑦ : 미생물의 효소를 이용하여 식물체의 탄수화물을 분해함으로써 바이오 에탄올 등의 바이오 연료를 만든다.
생명 공학에서의 활용	· 옥수수 등을 이용한 바이오 에너지를 생산한다. · 새로운 유전자를 가진 DNA를 만들기 위해 효소를 이용하여 DNA를 자르거나 연결한다(유전자 가위).

개념+

⑥ 요 검사지와 혈당 측정기 원리

- 요 검사지 : 포도당 산화 효소 등의 작용으로 오줌 속에 포도당이 있으면 색이 달라진다.
- 혈당 측정기 : 포도당 산화 효소가 혈액 속 포도당을 산화하면서 발생하는 전류 세기로 혈당량을 측정한다.

⑦ 미생물을 이용한 오염 물질 분해

생활 하수, 공장 폐수 속의 암모니아, 황화 수소, 페놀 등과 같은 오염 물질을 분해하는 효소를 가지는 미생물을 이용해 오염 물질을 분해하기도 한다.

개념 체크

정답 및 해설 ➜ 68

Point

01 옳은 것은 ○표, 옳지 않은 것은 ×표 하시오.

(1) 생명체 내에서 일어나는 모든 화학 반응을 물질대사라고 한다. (　　)

(2) 화학 반응이 일어나기 위해 필요한 최소한의 에너지가 활성화 에너지이다. (　　)

02 단백질이 주성분이며, 생명체 내에서 물질대사의 반응 속도를 증가시키는 촉매 역할을 하는 물질을 무엇이라 하는가? (　　　　　)

03 물질대사 중 (　　　　　)은 큰 분자가 작은 분자로 분해되는 과정이며, 이때 에너지가 (　　　　　)된다.

04 한 종류의 효소는 (　　　　　)가 맞는 한 종류의 (　　　　　)하고만 결합하는 특성을 가진다.

탐구

카탈레이스 유무에 따른 과산화 수소 분해 반응

!주의

목표
카탈레이스가 과산화 수소를 분해하는 실험을 통해 효소의 역할을 설명할 수 있다.

준비물 플라스크 2개, 3% 과산화 수소, 증류수, 감자 즙, 고무풍선, 불씨

실험 과정
① 두 개의 플라스크 (가), (나)에 3% 과산화 수소를 3ml 씩 넣는다. → 과산화 수소(H_2O_2)는 자연적으로 물(H_2O)과 산소(O_2)로 분해된다.
② (가)에는 증류수, (나)에는 감자 즙을 첨가하고 각각의 입구에 고무풍선을 씌운다.
③ 시간이 지남에 따라 플라스크에 기포가 발생하는지, 고무풍선이 어떻게 변하는지 관찰한다. → 고무풍선이 부풀어 오르는 정도 및 시간을 비교한다.
④ 각 플라스크에 씌운 고무풍선을 뗀 직후 플라스크 입구에 꺼져가는 불씨를 대어 보면 어떻게 변하는지 관찰한다. → 산소는 꺼져가는 불씨를 다시 타오르게 한다.

● 증류수는 과산화 수소 반응에 영향을 주지 않는다.
→ 증류수를 첨가한 플라스크 (가)는 대조군이다.

탐구 결과

플라스크	(가)	(나)
기포 발생 유무	×	○
고무풍선 부피 변화	거의 변화 없음	부풀어 오름
꺼져가는 불씨	불이 붙지 않음	불이 붙음

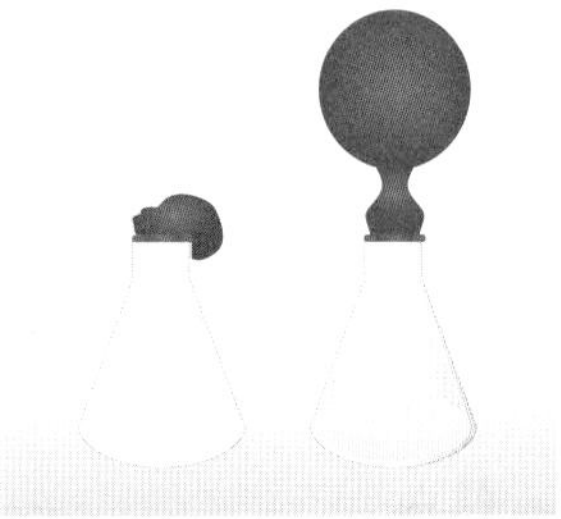

결과 정리 및 해석
① 플라스크 (나)에서 발생한 기포의 성분은 무엇이며, 그 이유는?
→ 산소(O_2), 플라스크 입구에 꺼져가는 불씨는 대어 보면 불씨에 불이 붙기 때문이다.

② 플라스크 (가)에서는 기포가 발생하지 않은 이유는 무엇인가?
→ 과산화 수소는 자연적으로 산소와 물로 분해되지만 반응 속도가 매우 느리기 때문에 플라스크 (나)처럼 기포가 눈에 띄게 발생하지 않는다.

③ 감자에는 카탈레이스라는 효소가 존재한다. 카탈레이스의 역할은 무엇인가?
→ 과산화 수소를 물과 산소로 분해하는 작용이 빠르게 일어날 수 있도록 한다.

$$\text{과산화 수소}(2H_2O_2) \xrightarrow{\text{카탈레이스}} O_2 + H_2O$$

④ 위 실험을 통해 알 수 있는 효소의 역할은 무엇인가?
→ 자연 상태에서는 쉽게 일어나지 않는 반응을 빠르고 쉽게 일어날 수 있도록 돕는 촉매 역할을 한다.

⑤ 기포 발생이 끝난 플라스크 (나)에 과산화 수소를 추가로 넣으면 다시 기포가 발생한다. 이를 통해 알 수 있는 효소의 특성은 무엇인가?
→ 효소는 화학 반응에 참여하지만 소모되지는 않으므로 반응 전후 효소의 양, 구조, 성질이 그대로이다. 따라서 기질(반응물)인 과산화 수소가 추가되면 분해 반응이 다시 일어나 촉매 역할을 수행한다. (효소의 재사용)

정답 및 해설 → 68

탐구 문제 1 플라스크 (나)에 감자 즙을 더 넣을 경우 기포의 발생 총량은 어떻게 될지 서술하시오.

1 물질대사와 에너지 변화

(가)는 물질의 변화(합성과 분해), (나)는 물질대사에 따른 에너지의 변화를 모식적으로 나타낸 것이다.

(가)

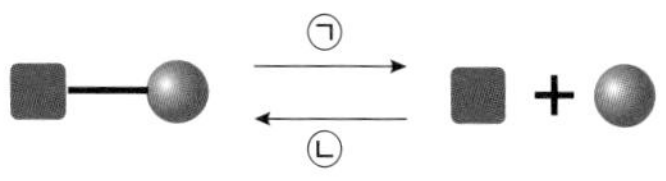

(나)

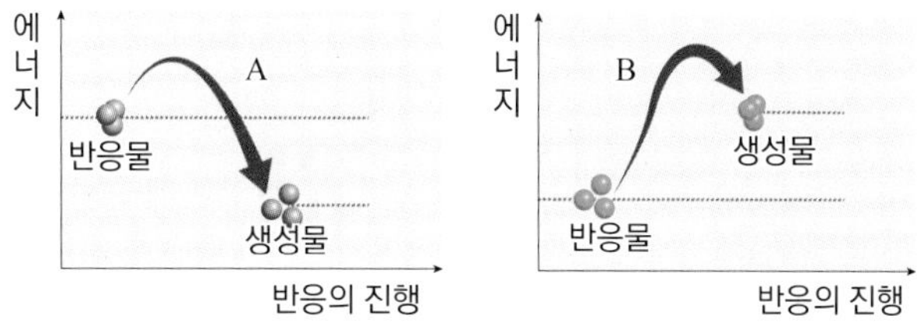

보 기

ㄱ. 동화 작용　　ㄴ. 이화 작용　　ㄷ. 발열 반응　　ㄹ. 흡열 반응

(1) A와 B 반응에 해당하는 것을 ㉠과 ㉡ 중 선택하시오.　A : (　　　　) B : (　　　　)

(2) ㉠과 ㉡에 해당하는 반응을 각각 〈보기〉에서 있는 대로 고르시오.　㉠ : (　　　　) ㉡ : (　　　　)

2 효소와 활성화 에너지

효소 유무에 따른 활성화 에너지를 나타내었다. 빈칸에 알맞은 말을 순서대로 기호로 답하시오.

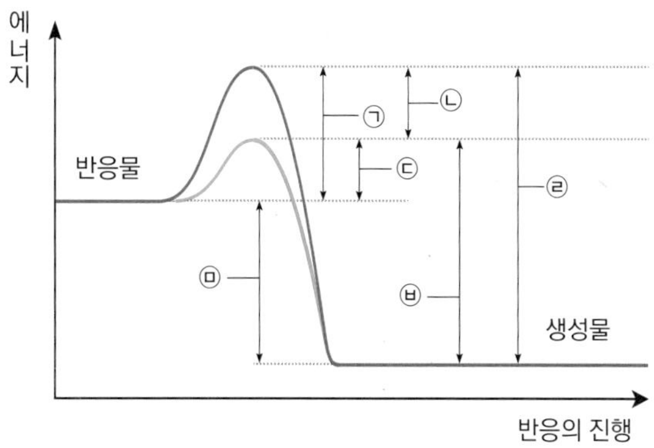

· 효소가 있을 때 활성화 에너지는 (　　　)이며, 효소가 없을 때 활성화 에너지는 (　　　)이다.
· 효소는 활성화 에너지를 (　　　)만큼 감소시킨다.
· (　　　)은(는) 반응물의 에너지와 생성물의 에너지 차이로서 효소의 유무에 관계없이 일정하다.

스스로 실력 높이기

A 화학 반응과 촉매

01 반응물에서 원자 간 결합이 끊어진 후 새로운 결합을 형성하여 반응물과는 다른 생성물이 만들어지는 과정을 무엇이라 하는가?

( )

B 물질대사와 생체 촉매

02 생명체에서 합성되어 물질대사를 촉진하는 물질을 무엇이라 하는가?

( )

03 물질대사에 대한 설명 중 옳은 것은 ○표, 옳지 않은 것은 ×표 하시오.

(1) 효소가 관여한다. ( )
(2) 동화 작용과 이화 작용이 있다. ( )
(3) 에너지 출입은 일어나지 않는다. ( )

[04~06] A, B는 물질대사에서 일어나는 에너지 출입을 각각 나타낸 것이다.

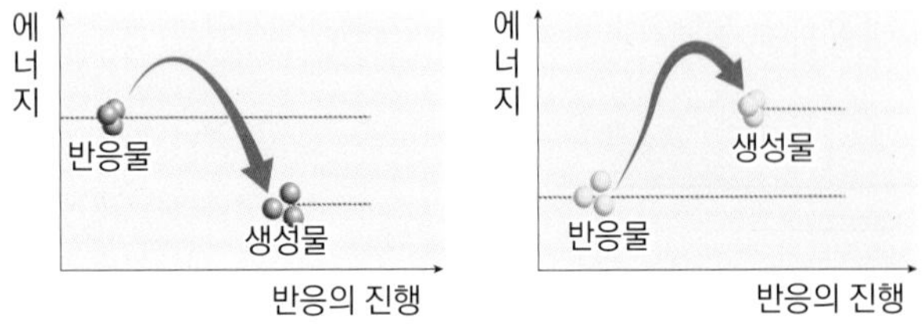

(A) (B)

04 A, B 중 엽록체에서 광합성이 일어날 때의 에너지 출입은 무엇인가?

( )

05 A, B 중 소화가 일어날 때의 에너지 출입은 무엇인가?

( )

06 B 에 대한 설명으로 옳은 것만을 <보기>에서 있는 대로 고른 것은?

보 기

ㄱ. 대표적인 예로 광합성이 있다.
ㄴ. 반응물의 크기가 생성물보다 크다.
ㄷ. 동물 세포에서는 일어나지 않는다.

① ㄱ ② ㄴ ③ ㄱ, ㄷ
④ ㄴ, ㄷ ⑤ ㄱ, ㄴ, ㄷ

C 효소의 작용

07 다음은 어떤 효소의 작용이다.

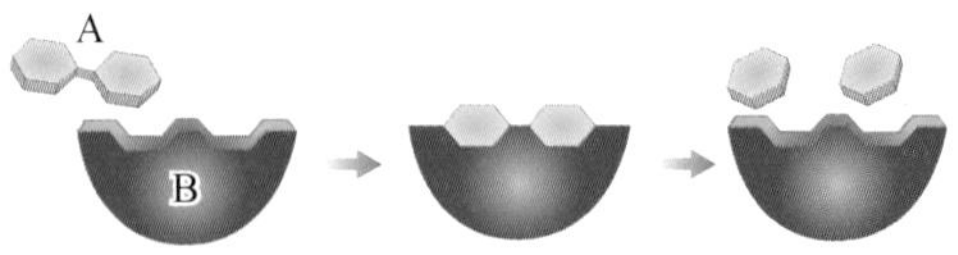

이에 대한 설명으로 옳은 것만을 <보기>에서 있는 대로 고른 것은?

보 기

ㄱ. A는 재사용 가능하다.
ㄴ. A는 반드시 B와 결합하여 반응한다.
ㄷ. B는 단백질로 이루어져 있다.

① ㄱ ② ㄷ ③ ㄱ, ㄴ
④ ㄴ, ㄷ ⑤ ㄱ, ㄴ, ㄷ

08 효소에 대한 설명으로 옳지 않은 것은?

① 반응열을 감소시킨다.
② 고유한 입체 구조를 갖는다.
③ 물질 대사의 반응 속도를 증가시켜 준다.
④ 반응이 끝난 후 또 다른 반응에 재사용이 가능하다.
⑤ 한 종류의 효소는 한 종류의 기질과만 결합할 수 있다.

09 효소에 대한 설명 중 옳은 것은 ○표, 옳지 않은 것은 ×표 하시오.

(1) 효소는 활성화 에너지를 높인다. (　　)
(2) 반응물이 달라도 물질대사의 각 단계마다 작용하는 효소는 모두 같다. (　　)
(3) 효소는 반응이 끝나면 생성물과 분리되어 반응 전과 같은 상태가 된다. (　　)

10 어떤 효소가 관여하는 화학 반응을 나타낸 모식도이다.

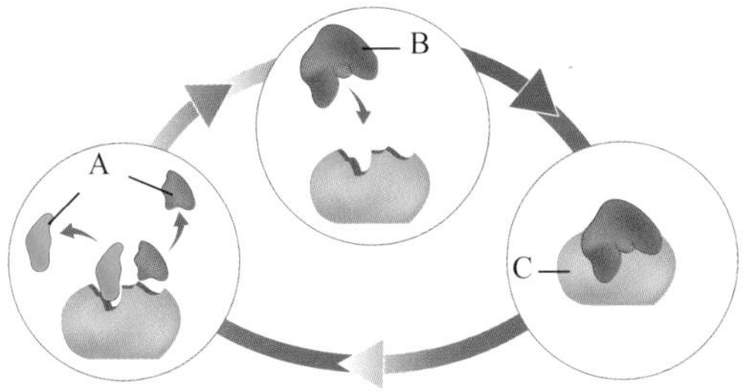

이에 대한 설명으로 옳은 것만을 <보기>에서 있는 대로 고른 것은?

보 기

ㄱ. B는 화학 반응의 활성화 에너지를 낮추어 준다.
ㄴ. B와 C가 결합하면 반응의 활성화 에너지가 낮아진다.
ㄷ. A는 낮은 온도에서도 화학 반응이 빠르게 일어나게 하며 반응 후 재사용될 수 있다.

① ㄱ　② ㄴ　③ ㄱ, ㄴ　④ ㄴ, ㄷ　⑤ ㄱ, ㄴ, ㄷ

11 옳은 것은 ○표, 옳지 않은 것은 ×표 하시오.

(1) 효소의 주성분은 지방산이다. (　　)
(2) 미생물을 통해 생활 하수의 오염 물질을 제거할 수 있다. (　　)
(3) 활성화 에너지는 효소가 없을 때보다 효소가 있을 때 더 높다. (　　)

12 (가)는 기질의 농도에 따른 효소 반응 속도를 나타낸 것이며, (나)는 A, B구간에서의 효소와 기질의 모습을 순서 없이 나타낸 모식도이다.

(가)

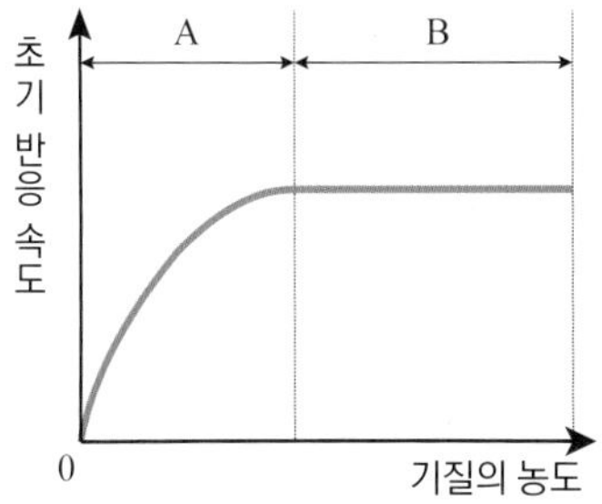

(나)

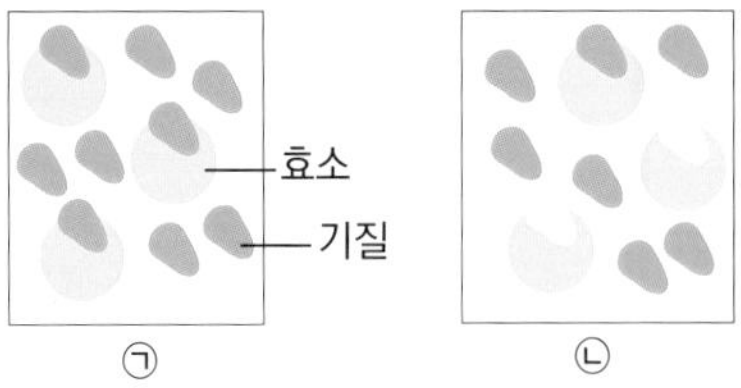

이에 대한 설명으로 옳은 것만을 <보기>에서 있는 대로 고른 것은?

보 기

ㄱ. A 구간에서의 효소와 기질의 모습은 ㉡이다.
ㄴ. B 구간에서의 효소와 기질의 모습은 ㉠이다.
ㄷ. A 구간에서 기질의 농도가 증가할수록 생성물의 생성 속도가 증가한다.

① ㄱ　② ㄷ　③ ㄱ, ㄴ　④ ㄴ, ㄷ　⑤ ㄱ, ㄴ, ㄷ

13 감자에 들어 있는 카탈레이스의 작용을 알아보기 위한 실험 과정이다.

> [실험 과정]
> (1) 거름 종이를 한 변이 1cm 인 정사각형으로 자른다.
> (2) 거름 종이를 감자즙에 넣는다.
> (3) 비커에 과산화 수소(H_2O_2) 3ml 를 넣고 감자즙에 적신 거름종이를 넣는다.
> (4) 거름종이가 수면까지 떠오르는 데 걸리는 시간을 측정한다.

위 실험에 대한 설명으로 옳은 것만을 <보기>에서 있는 대로 고른 것은?

보 기

ㄱ. 반응물은 카탈레이스이다.
ㄴ. 생성물은 수소와 산소이다.
ㄷ. 거름종이가 수면까지 떠오르는 이유는 산소가 거름종이 표면에 달라붙기 때문이다.

① ㄴ ② ㄷ ③ ㄱ, ㄴ
④ ㄴ, ㄷ ⑤ ㄱ, ㄴ, ㄷ

14 같은 양의 포도당이 세포 호흡으로 분해될 때와 생명체 밖에서 연소될 때의 과정이다.

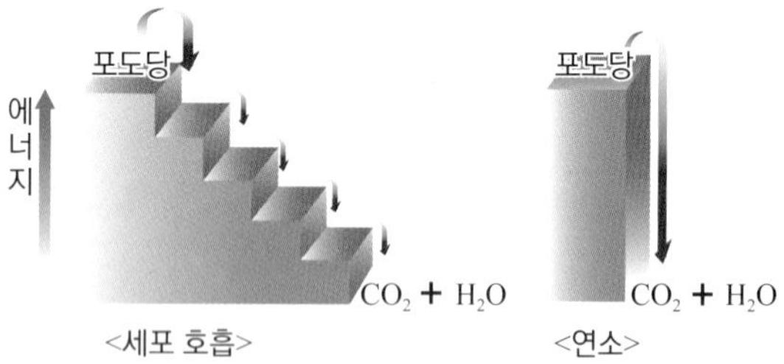

이에 대한 설명으로 옳은 것만을 <보기>에서 있는 대로 고른 것은?

보 기

ㄱ. 세포 호흡과 연소에서 방출되는 에너지의 총량은 서로 다르다.
ㄴ. 세포 호흡에서는 생체 촉매가 필요하고, 연소에서는 촉매가 필요없다.
ㄷ. 세포 호흡이 잘 일어나는 온도에서는 연소는 일어나지 않는다.

① ㄴ ② ㄷ ③ ㄱ, ㄴ
④ ㄴ, ㄷ ⑤ ㄱ, ㄴ, ㄷ

15 다음은 어떤 화학 반응에서 효소의 유무에 따른 에너지 변화이다.

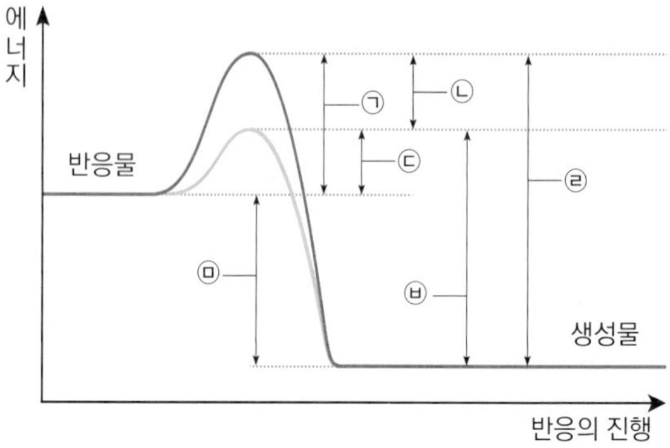

이에 대한 설명으로 옳은 것을 있는 대로 고르시오. (3개)

① 이화 작용에서 일어나는 에너지 변화이다.
② 효소가 있을 때의 활성화 에너지는 ㉢이다.
③ 효소가 없을 때의 활성화 에너지는 ㉣이다.
④ 효소는 활성화 에너지를 ㉡만큼 증가시켰다.
⑤ 효소를 사용하더라도 그 크기가 변하지 않는 것은 ㉤이다.

16 어떤 화학 반응에서의 효소의 작용을 나타낸 것이다.

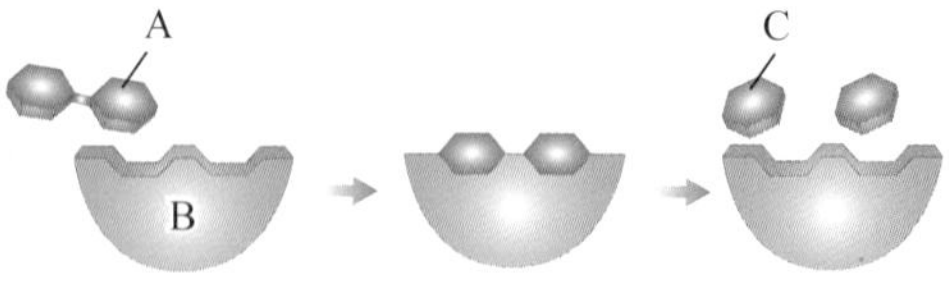

이에 대한 설명으로 옳은 것만을 <보기>에서 있는 대로 고른 것은?

보 기

ㄱ. A 는 이 과정에서 에너지를 흡수하였다.
ㄴ. B 는 이화 작용에 관여하였다.
ㄷ. A와 C의 에너지 차이가 활성화 에너지이다.

① ㄱ ② ㄴ ③ ㄷ
④ ㄴ, ㄷ ⑤ ㄱ, ㄴ, ㄷ

D 효소의 활용

17 효소의 이용에 대한 설명 중 옳은 것은 ○표, 옳지 않은 것은 ×표 하시오.

(1) 소화제에는 아밀레이스가 들어 있다. ( )
(2) 미생물의 효소를 이용하여 바이오 연료를 만들 수 있다. ( )
(3) 새로운 유전자를 가진 DNA를 만들 때 DNA를 자르거나 연결하기 위해 효소를 이용한다. ( )

18 각 효소 (1) ~ (4)의 활용 사례 (A) ~ (D)를 각각 바르게 연결하시오.

(1) 녹말 분해 효소 ·	· (A) 식혜
(2) 단백질 분해 효소 ·	· (B) 요 검사지
(3) 섬유소 분해 효소 ·	· (C) 청바지 탈색
(4) 포도당 산화 효소 ·	· (D) 고기 연화제

19 효소의 이용에 대한 설명 중 옳은 것은 ○표, 옳지 않은 것은 ×표 하시오.

(1) 감자를 반으로 잘라서 찌면 더 빨리 익는다. ( )
(2) 효소는 세포 내에서만 기능하기 때문에 현재 생명 공학 분야에서만 활용되고 있다. ( )
(3) 요 검사지와 혈당 측정기는 포도당 산화 효소를 이용하여 포도당을 확인하는 것이다. ( )

20 일상생활에서 효소를 활용한 사례에 대한 설명으로 옳은 것을 모두 고르시오. (3개)

① 식중독을 예방하기 위해 음식을 끓여 먹었다.
② 효소 치약의 양치 효과가 일반 치약보다 뛰어났다.
③ 미생물의 효소를 이용하여 된장, 김치 등 발효 식품을 만들었다.
④ 부드러운 고기를 먹기 위해 고기를 단백질 분해 효소가 있는 파인애플에 재워두었다.
⑤ 찌든 때가 많은 옷을 녹말 분해 효소가 들어 있는 효소 세제로 빨았더니 일반 세제를 사용하는 것보다 때가 잘 빠졌다.

서술형

21 그림의 효소의 작용 원리를 나타낸 순환도를 통해 알 수 있는 효소의 특성을 2가지 쓰시오.

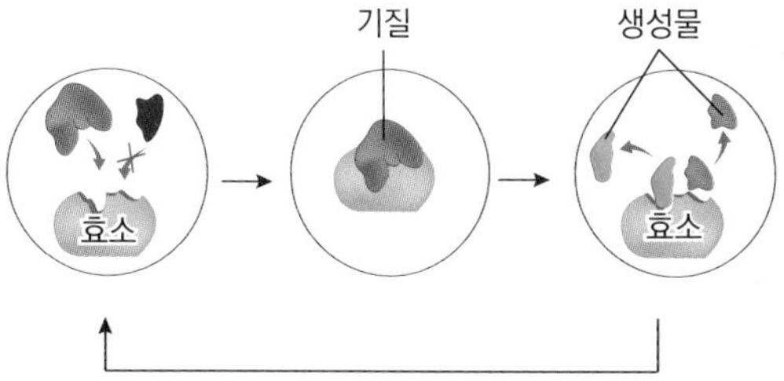

서술형

22 과산화 수소가 10 ml 씩 들어 있는 비커 2개에 각각 소의 생간과 익힌 소의 간을 넣었을 때 일어나는 현상에 대해 서술하시오.

03 세포 내 정보의 흐름

핵심 Point

□ DNA와 유전자 □ 단백질과 형질
□ 생명 중심 원리 □ 유전 암호 체계 □ 유전자 이상과 유전 질환

DNA 유전 정보의 흐름은 어떻게 일어나고, 유전 질환엔 무엇이 있을까?

A DNA 유전 정보와 단백질

1. 유전과 형질

① **유전 :** 부모의 형질이 자손에게 전달되는 현상이다.

② **형질 :** 생명체가 가지고 있는 고유한 특징으로서 눈동자 색, 피부색, 혈액형, 머리카락 모양, 털 색깔, 눈꺼풀 모양 등이 있다.

2. DNA와 유전자❶

(1) DNA : 핵산의 한 종류로서 세포의 핵 속에 있으며, 생명체의 모든 유전 정보가 저장되어 있다.

① 단백질과 결합한 상태로 핵 속에 존재한다.

② 세포 분열이 일어날 때 응축되어 막대 모양의 염색체로 나타난다.❷

(2) 유전자 : 생물의 형질을 결정하는 유전 정보가 저장되어 있는 DNA의 특정 부위이다.

① 한 분자의 DNA에는 수많은 유전자가 있다.

② 유전 정보는 유전자의 DNA 염기 서열에 저장되어 있다.

③ 유전자에는 형질의 발현뿐만 아니라 효소를 포함한 다양한 단백질 합성에 대한 정보가 저장되어 있다. → 유전자에 담긴 정보가 다르면 형질도 다르게 나타난다.

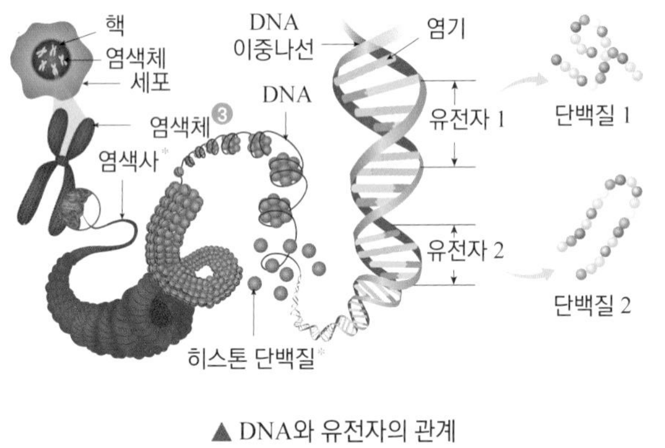

· 유전 정보는 DNA 염기 서열에 저장된다.
· DNA는 세포의 핵 속에서 히스톤 단백질과 결합한 상태(염색사)로 존재하며, 세포 분열 시 응축하여 염색체가 된다.
→ DNA의 유전 정보는 염색체 형태로 자손에게 전달된다.
· 유전자는 DNA의 특정 부위에 존재하며, 한 분자의 DNA에는 수많은 유전자가 있다.

▲ DNA와 유전자의 관계

* 염색사 : 핵 속에 존재하며, DNA가 히스톤 단백질을 휘감아 형성된 실 모양의 구조물이다.
* 히스톤 단백질 : 염색사가 형성되는 과정에서 DNA를 감는 실패와 같은 역할을 하는 단백질이다.

3. 유전자와 단백질

① 특정 유전자에는 특정 단백질을 구성하는 아미노산의 종류, 개수, 배열 순서에 관한 정보가 저장되어 있다.

② 생물은 유전자의 유전 정보에 따라 효소를 비롯한 다양한 단백질을 합성하며, 단백질의 작용에 의해 다양한 형질이 나타난다. → 유전자가 다르면 합성되는 단백질에 차이가 생겨 형질이 다르게 나타난다.

예 눈동자 색의 발현 과정 : 유전자에 저장된 정보에 따라 단백질(멜라닌 합성 효소)이 합성되고, 이 단백질이 특정 기능(멜라닌 합성)을 수행하여 형질(눈동자 색)이 나타난다.

개념 +

❶ 유전자의 정의

단백질 합성에는 관여하지 않고 RNA 합성만 하는 유전자가 최근 알려졌다. 그에 따라 유전자를 'DNA 염기 서열에서 특정 단백질이나 RNA를 만들 수 있는 단위'로 정의한다.

❷ DNA와 염색체

DNA는 히스톤 단백질과 결합한 상태인 염색사 형태로 핵 속에 있으며, 세포가 분열할 때 응축하여 염색체로 나타난다. → 하나의 염색체는 한 분자의 DNA로 이루어져 있다.

❸ 염색체

- 아세트산 카민과 같은 염색액에 잘 염색된다고 해서 붙여진 이름이다.
- 세포가 분열할 때 나타나는 막대 모양의 구조물로서 유전 물질이 DNA를 포함하고 있다.

염색체 상의 유전자 위치

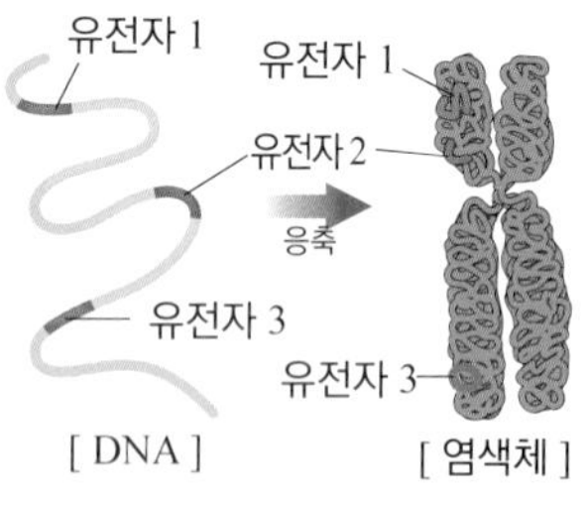

유전자의 전달

- 부모로부터 자손에게 전달되는 것은 단백질 합성에 필요한 정보가 저장되어 있는 DNA이다.
- 자손에서는 필요한 시기에 적절한 세포에서 DNA의 유전자에 따라 특정 단백질이 합성되어 부모로부터 물려받은 형질이 나타난다.

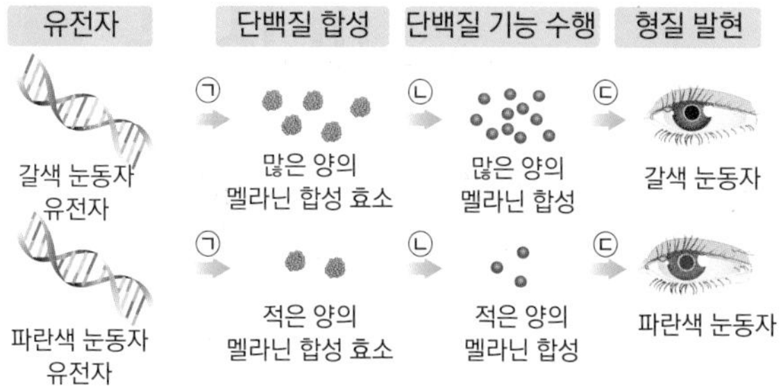

▲ 유전자에 의해 형질이 나타나는 과정

㉠ 눈동자 색을 결정짓는 유전자에 저장된 정보에 따라 단백질(멜라닌 합성 효소)이 합성된다.
㉡ 멜라닌 합성 효소의 작용으로 멜라닌이 합성된다.
㉢ 멜라닌의 작용으로 형질(눈동자 색)이 나타난다.

*단백질에 대한 정보는 유전자에 저장되어 있다.
*유전자가 다르면 합성되는 단백질의 양이나 종류가 달라지며, 그에 따라 형질이 다르게 나타난다.

③ 유전자의 DNA 염기 서열에 이상이 생기면 단백질 이상으로 인하여 유전 질환이 발생한다.

B 유전 정보의 흐름

1. 생명 중심 원리 : 세포 내에서 DNA의 유전 정보가 RNA로 전달되고, RNA가 단백질 합성에 관여하는 유전 정보의 흐름이다.

① **전사**[4] **:** 핵 속에서 DNA의 유전 정보가 RNA로 전달되는 과정이다. → DNA 염기 A(아데닌), G(구아닌), C(사이토신), T(타이민)에 각각 상보적인 염기 U(유라실), C(사이토신), G(구아닌), A(아데닌)을 갖는 RNA가 합성된다.[5]

② **번역**[4] **:** 세포질의 리보솜에서 RNA의 유전 정보에 따라 단백질이 합성되는 과정이다. 핵 속에서 합성된 RNA는 세포질로 이동한 후, 리보솜과 결합해 단백질을 합성한다.

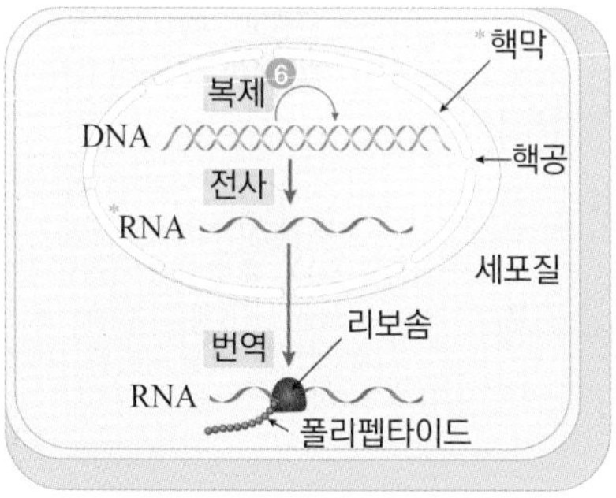

▲ 생명 중심 원리

· **복제** : 본래의 DNA와 정확하게 같은 DNA를 한 개 더 만든다.
· **전사** : DNA의 유전 정보가 RNA로 전달되는 과정으로서 핵 속에서 일어난다.
· **번역** : RNA의 유전 정보에 따라 단백질이 합성되는 과정으로서 세포질의 리보솜에서 일어난다.
→ 유전 정보의 원본인 DNA는 핵 속에 안전하게 보존되며, 유전 정보의 복사본인 RNA는 유전 정보를 전달하고 그 유전 정보에 따라 리보솜에서 단백질이 합성된다.

* RNA는 핵공을 통해 세포질로 빠져나온다.
* 핵막 → 동물 세포, 식물 세포와 같은 진핵 세포는 막으로 둘러싸인 뚜렷한 핵이 있으며(핵막 존재), 세균과 같은 원핵 세포는 막으로 둘러싸인 뚜렷한 핵이 없다.(핵막이 존재하지 않음)

2. 유전 정보의 저장과 유전 암호

① DNA 유전 정보는 A, G, C, T으로 구성된 염기 서열에 저장되어 있다. → 염기 서열에 따라 유전 정보가 달라진다.

② 유전자의 DNA 염기 서열에는 단백질을 구성하는 아미노산의 배열 순서가 암호화되어 저장되어 있다.

③ **DNA의 유전 암호 :** DNA에서 연속된 3개의 염기가 한 조가 되어 하나의 아미노산을 지정[7] 하는데, 이 유전 암호를 **3염기 조합**이라고 한다.

④ **RNA의 유전 암호 :** DNA로부터 전사된 RNA에서도 3개의 염기가 한 조가 되어 하나의 아미노산을 지정하는데, 이 유전 암호를 **코돈**이라고 한다.

· 코돈은 DNA의 3염기 조합과 상보적이므로 코돈의 종류는 64종류이다. (상보적: 서로 모자란(부족한) 부분을 보충하는 관계)

· 64종류의 코돈 중 61종류는 아미노산을 지정하는 코돈이며, 3종류는 지정하는 아미노산이 없고 번역을 끝마치는 종결 코돈이다.

개념+

● 유전자와 단백질의 관계를 알려주는 예

● 눈동자 색, 완두콩 모양과 사슴의 털색은 유전자에 의해 형질이 결정된다.
● 주름진 완두콩은 둥근 완두콩에 있는 특정 효소가 결핍되어 있다.
● 흰색 털을 가진 사슴은 갈색 털을 가진 사슴에 있는 멜라닌 합성 효소가 결핍되어 있다.
→ 유전자는 효소와 같은 단백질을 통해 형질로 발현된다.

④ 전사와 번역

● DNA로부터 RNA가 합성되는 과정은 DNA의 염기 서열을 RNA 염기 서열로 유전 정보를 베낀다는 의미로 '전사'라고 한다.
● RNA로부터 단백질이 합성되는 과정은 RNA의 코돈을 아미노산 서열로 바꾸는 과정이므로 '번역'이라고 한다.

⑤ 염기의 상보적 대응 관계

DNA 염기	전사	RNA 염기
A	→	U
G	→	C
C	→	G
T	→	A

→ RNA에는 타이민(T)이 없고 유라실(U)이 있다.
→ DNA 염기는 상보적인 RNA 염기로 전사된다.

⑥ DNA 복제

● 세포가 분열하기 전에 일어난다.
● 복제는 합성이 아니라 본래의 DNA와 정확하게 같은 DNA 분자를 한 개 더 만드는 것이다.

⑦ 3염기 조합 아미노산 지정

● DNA를 구성하는 염기는 4종류이고, 단백질을 구성하는 아미노산은 약 20종류이므로 염기 서열이 아미노산을 암호화하기 위해서는 4종류의 염기가 3개씩 조합을 이루어야 한다.(2개씩 조합을 이루면 16개의 아미노산만 암호화할 수 있다.)
● 4 종류의 염기가 3개가 한 조가 되면 4^3 = 64가지의 유전 암호를 만들 수 있으므로 20종류의 아미노산을 지정하고도 남는다.
→ 하나의 아미노산을 지정하는 유전 암호는 여러 개가 될 수 있다.

3. 정보의 전달과 발현

• 유전자의 작용에 의해 형질이 나타나는 현상

전사	DNA 2중 가닥 중 한쪽 가닥의 염기에 상보적인 염기를 가진 RNA 뉴클레오타이드가 결합한다. → DNA 염기 서열에 상보적인 염기 서열을 가진 RNA가 합성된다.
↓ 번역	리보솜에서 RNA의 코돈이 지정하는 아미노산이 차례대로 펩타이드 결합을 한다. → 폴리펩타이드가 합성된다.
↓ 형질 발현	폴리펩타이드는 아미노산의 종류와 배열 순서에 따라 접히고 구부러져 입체 구조를 갖는 단백질이 된다. → 합성된 단백질은 특정 기능을 수행하여 형질을 나타낸다.

유전 정보에 따라 생명체를 구성하는 다양한 단백질이 합성되는 과정을 유전자 발현이라고 한다.

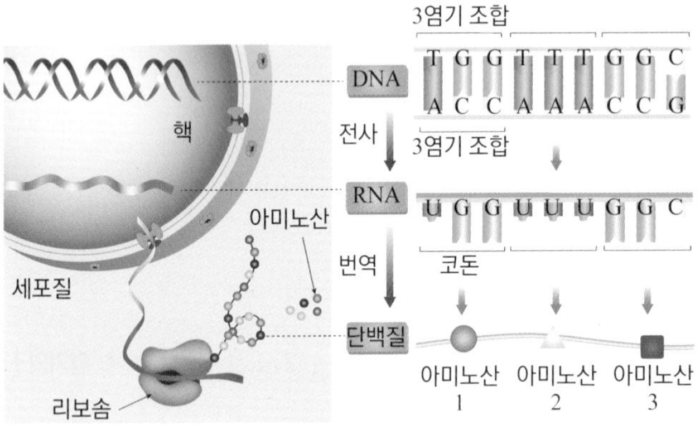

▲ 유전 정보의 전달과 단백질 합성 과정

4. 유전 암호 체계의 공통성과 응용

(1) 유전 암호 체계의 공통성⑧

① 세균에서 사람에 이르기까지 거의 모든 생명체의 유전 암호(3염기 조합, 코돈)와 전사 및 번역 과정이 동일하다.
→ 지구상의 모든 생명체가 공통 조상으로부터 진화해 왔기 때문이다.

② DNA의 유전 암호에 의해 결정되는 아미노산의 종류도 거의 모든 생물에서 동일하게 나타난다.
→ 사람의 유전자를 식물 또는 세균에 삽입해도 동일한 종류의 단백질을 얻을 수 있다.

(2) 유전 암호 체계의 응용⑨ : 사람의 유전자를 세균의 DNA에 넣어 발현시키면 세균에서 사람 유전자에 저장된 정보대로 아미노산이 결합하여 사람의 단백질이 합성된다.
→ 생명 공학 기술을 이용하여 유용한 단백질을 대량으로 생산할 수 있다.
예 사람의 인슐린, 생장 호르몬 등

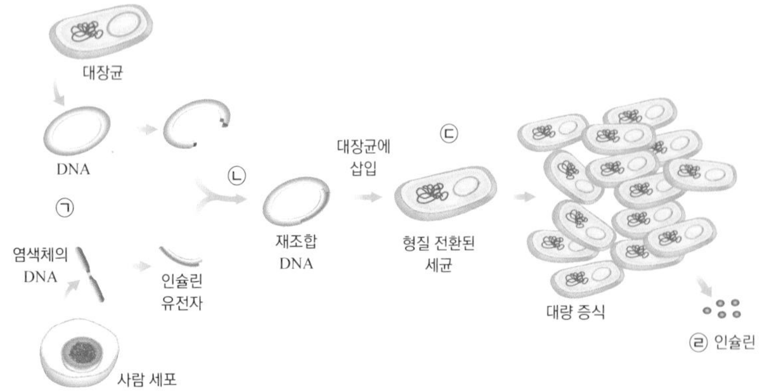

▲ 유전자 재조합을 통한 인슐린 대량 생산 과정

㉠ 사람과 대장균으로부터 각각 DNA를 추출한다.
㉡ 사람 DNA에서 인슐린 유전자를 잘라 대장균 DNA에 연결하여 재조합 DNA를 만든다.
㉢ 재조합 DNA를 대장균에 넣고, 대장균을 증식시킨다.
㉣ 사람의 인슐린과 아미노산 배열 순서가 동일한 단백질을 얻는다.

* 사람의 인슐린 유전자는 대장균 내에서 전사, 번역 과정을 거쳐 사람의 인슐린과 아미노산 배열 순서가 동일한 단백질을 합성한다.

개념+

⑧ 유전 암호 체계의 공통성

- DNA에 유전 정보를 저장한다.
- 유전 정보는 4종류 염기의 서열에 의해 결정된다.
- RNA가 유전 정보의 전달자로 이용된다.
- 리보솜에서 RNA의 정보에 따라 단백질이 합성된다.
- 유전 암호를 해석하는 방법은 모든 생명체에 있어 동일하다.

* 같은 종류의 코돈은 세균과 사람에서 같은 아미노산으로 번역된다.

⑨ 사람과 대장균의 유전 암호 체계가 같다는 것의 의미

사람과 대장균처럼 서로 다른 종류의 생물이라도 유전자가 발현될 조건(유전 암호와 전사 및 번역 과정 동일)이 충족되면 사람의 유전자가 대장균 내에서도 동일한 전사와 번역 과정을 거쳐 사람의 단백질을 합성한다는 것을 의미한다.

C 유전자 이상과 유전 질환

1. 유전자 이상 : DNA의 염기 서열에 이상이 생기는 것으로, DNA의 염기 일부가 없어지거나 끼어 들어가거나 다른 염기로 바뀌는 것이다.→ DNA 염기 서열이 바뀌는 것이다.

2. 유전자 이상에 의한 유전 질환 : DNA 염기 서열이 바뀌면 전사, 번역 과정이 정상적으로 일어나지 않거나, 바뀐 염기 서열이 비정상 단백질로 번역되어 유전 질환이 나타날 수 있다.

(1) 알비노증

원인	멜라닌 합성 효소 유전자의 이상
증상	· 멜라닌 합성 효소의 부족으로 멜라닌이 결핍된다. · 피부나 털 등이 하얗게 나타난다.

(2) 페닐케톤뇨증

원인	페닐알라닌 분해 유전자의 이상
증상	· 페닐알라닌을 타이로신으로 전환시키는 분해 효소가 만들어지지 않는다. · 페닐알라닌이 신체에 쌓이며, 축적된 페닐알라닌이 페닐 케톤 등으로 바뀌어 뇌 조직을 심하게 손상시킨다. → 지적 장애 등 증상이 나타난다.

(3) 낫 모양 적혈구 빈혈증⑩

원인	헤모글로빈 유전자의 이상 → 헤모글로빈 유전자의 염기 1개가 바뀐다.
증상	· 헤모글로빈의 입체 구조가 변형되어 적혈구가 낫 모양으로 바뀐다. · 낫 모양 적혈구는 정상 적혈구에 비해 수명이 짧고 산소 운반 기능이 떨어진다. → 빈혈을 일으키거나 모세 혈관을 막아 혈액의 흐름을 방해하여 심한 빈혈 증상 등 신체의 여러 기관에 손상을 입힌다.

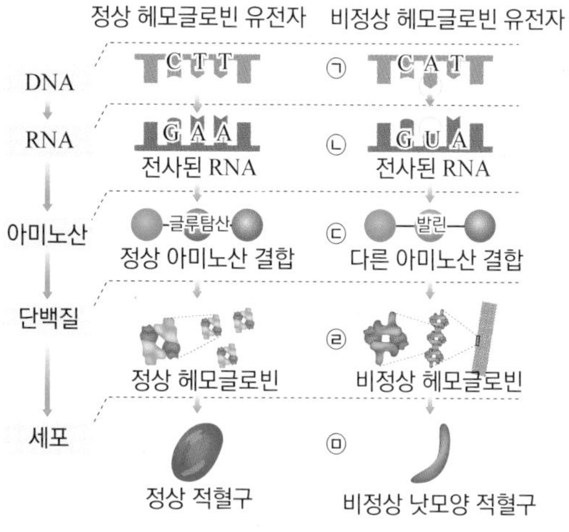

㉠ DNA의 염기 T이 A으로 바뀐다.

㉡ RNA의 코돈이 GAA에서 GUA로 달라진다.

㉢ 아미노산 하나가 다른 아미노산으로 바뀌어 아미노산 배열이 달라진다.

㉣ 비정상 헤모글로빈이 합성된다.

㉤ 적혈구가 낫 모양이 된다.

▲ 낫 모양 적혈구의 생성 과정

개념 +

돌연변이

- 부모에게 없던 형질이 갑자기 나타나는 현상으로서 다음 세대로 유전될 수 있다.
- 방사선(X선, 감마선), 자외선, 담배 연기 속의 타르 등이 돌연변이 유발원으로 작용한다.

유전자 이상의 원인

- 부모로부터 물려받은 유전적인 요인
- DNA가 복제될 때 자연적으로 발생
- 돌연변이를 일으키는 물질 또는 환경에 노출

⑩ 정상 적혈구와 낫 모양 적혈구

낫 모양 적혈구는 정상 적혈구보다 산소 운반 능력이 떨어지고 모세 혈관을 막아 혈액의 흐름을 방해함으로써 신체 여러 기관을 손상시킨다.

▲ 정상 적혈구

▲ 낫 모양 적혈구

03 세포 내 정보의 흐름

정답 및 해설 ➜ 71

개념 체크

Point

01 옳은 것은 ○표, 옳지 않은 것은 ×표 하시오.

(1) 유전자는 DNA에서 생물의 형질을 결정하는 유전 정보가 저장되어 있는 특정 부위이다. (   )

(2) RNA는 단백질과 결합한 상태로 핵 속에 존재하며, 생명체의 모든 유전 정보가 저장되어 있다. (   )

02 유전 암호에 대한 설명 중 옳은 것은 ○표, 옳지 않은 것은 ×표 하시오.

(1) DNA와 RNA에서 하나의 아미노산을 지정하는 유전 암호는 3개의 염기로 이루어져 있다. (   )

(2) 하나의 아미노산을 지정하는 DNA의 유전 암호는 코돈이며, 하나의 아미노산을 지정하는 RNA의 유전 암호는 3염기 조합이다. (   )

03 DNA로부터 RNA가 합성되는 과정을 (   )라고 하며, RNA로부터 단백질이 합성되는 과정을 (   )이라고 한다.

04 다음은 생명 공학 기술을 이용하여 사람의 단백질을 생산하는 것을 설명한 것이다. 빈칸에 알맞은 말을 쓰시오.

> 사람의 인슐린 유전자를 대장균에 주입하면 대장균에서 사람의 인슐린 단백질을 합성할 수 있는데, 이는 사람과 대장균의 (   )가 동일하게 때문에 가능한 것이다.

05 설명(1)~(3)에 해당하는 유전 질환(A)~(C)을 각각 바르게 연결하시오.

(1) 멜라닌 합성 효소 유전자의 이상으로 멜라닌이 결핍되어 나타난다. ·	· (A) 알비노증
(2) 헤모글로빈 유전자의 염기 1개가 바뀌어 글루탐산 대신 발린이 만들어진다. ·	· (B) 페닐케톤뇨증
(3) 페닐알라닌을 분해하는 효소가 만들어지지 않아 체내에 페닐알라닌이 축적된다. ·	· (C) 낫모양 적혈구 빈혈증

강의

유전 정보의 발현 - 유전 암호 해독

· DNA의 염기 서열에는 특정 단백질의 아미노산 배열 순서에 대한 정보가 저장되어 있다.
· DNA의 염기 서열을 알면 이로부터 합성될 단백질의 아미노산 배열 순서를 알 수 있다.
· 코돈에는 64 종류가 있다. 이중 61 종류는 각기 한 종류의 아미노산을 지정하며, 나머지 3종류는 지정하는 아미노산이 없다.
· 코돈에는 단백질 합성의 개시와 종결을 지정하는 코돈이 있다. AUG는 메싸이오닌을 지정하는 코돈이면서 단백질 합성을 시작하게 하는 개시 코돈이기도 하고, UAA, UAG, UGA는 지정하는 아미노산이 없으며 단백질의 합성을 끝마치게 하는 종결 코돈이다.

코돈 첫 번째 염기	코돈 두 번째 염기 U		코돈 두 번째 염기 C		코돈 두 번째 염기 A		코돈 두 번째 염기 G		코돈 세 번째 염기
U	UUU	페닐알라닌 (Phe)	UCU	세린 (Ser)	UAU	타이로신 (Tyr)	UGU	시스테인 (Cys)	U
	UUC		UCC		UAC		UGC		C
	UUA	류신 (Leu)	UCA		UAA	종결 코돈	UGA	종결 코돈	A
	UUG		UCG		UAG	종결 코돈	UGG	트립토판	G
C	CUU	류신 (Leu)	CCU	프롤린 (Pro)	CAU	히스티딘(His)	CGU	아르지닌 (Arg)	U
	CUC		CCC		CAC		CGC		C
	CUA		CCA		CAA	글루타민 (Gln)	CGA		A
	CUG		CCG		CAG		CGG		G
A	AUU	아이소류신 (Ile)	ACU	트레오닌 (Thr)	AAU	아스파라진 (Asn)	AGU	세린 (Ser)	U
	AUC		ACC		AAC		AGC		C
	AUA		ACA		AAA	라이신 (Lys)	AGA	아르지닌 (Arg)	A
	AUG	메싸이오닌 (개시 코돈)	ACG		AAG		AGG		G
G	GUU	발린 (Val)	GCU	알라닌 (Ala)	GAU	아스파트산 (Asp)	GGU	글라이신 (Gly)	U
	GUC		GCC		GAC		GGC		C
	GUA		GCA		GAA	글루탐산 (Glu)	GGA		A
	GUG		GCG		GAG		GGG		G
		↑ 아미노산		↑ 아미노산		↑ 아미노산		↑ 아미노산	

▲ RNA의 유전 암호 해독 틀(코돈 표)

정답 및 해설 ➜ 71

Q1 다음 DNA 염기 서열로부터 전사되는 RNA의 염기 서열(㉠)을 쓰시오. (단, 전사는 왼쪽 첫 번째 염기부터 시작된다.)

DNA 염기 서열	TACCGTAACGTTGCATCTCCCTTGCTAACGATCACC
RNA 염기 서열	㉠

Q2 코돈 표를 이용하여 ㉠에 따라 합성된 단백질의 아미노산 개수를 구하시오. (단, 번역은 왼쪽 첫 번째 염기부터 시작된다.)

( )

1 DNA와 유전자

세포 내에서 유전 정보를 저장하고 있는 물질의 구조를 나타낸 것이다.

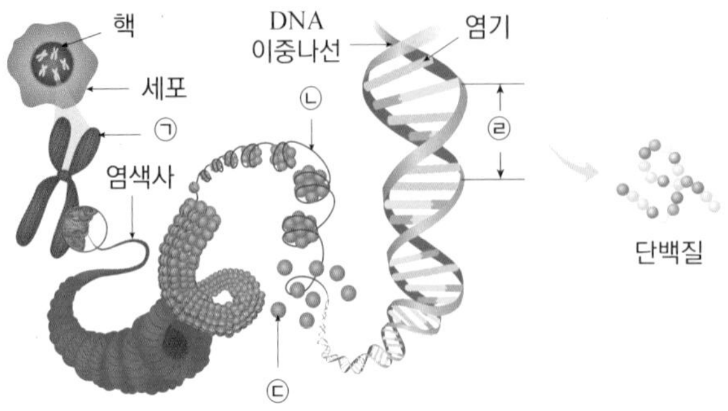

이에 대한 설명으로 옳은 것만을 <보기>에서 있는 대로 고른 것은?

보 기

ㄱ. ㉠에는 RNA가 존재하지 않는다.
ㄴ. ㉡을 구성하는 단위체는 아미노산이다.
ㄷ. ㉢을 구성하는 단위체는 뉴클레오타이드이다.
ㄹ. ㉣에는 특정 단백질의 아미노산 서열에 대한 정보가 저장되어 있다.

① ㄱ, ㄴ　② ㄱ, ㄹ　③ ㄴ, ㄷ　④ ㄱ, ㄴ, ㄷ　⑤ ㄴ, ㄷ, ㄹ

2 유전 정보의 흐름(전달과 발현)

(가) ~ (다)는 각각 DNA, DNA로부터 전사된 RNA, 전사된 RNA로부터 번역된 폴리펩타이드를 순서 없이 나타낸 것이다.

(가)

(나)

(다)

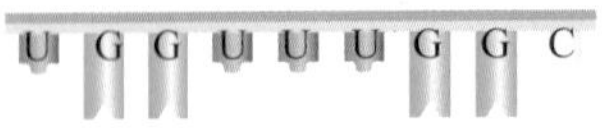

이에 대한 설명으로 옳은 것만을 <보기>에서 있는 대로 고른 것은?

보 기

ㄱ. 유전 정보의 흐름은 (가) - (다) - (나) 순이다.
ㄴ. (나)는 핵에서, (다)는 리보솜에서 합성된다.
ㄷ. (나)는 폴리펩타이드이다.
ㄹ. (다)는 가닥 I이 전사된 것이다.

① ㄱ, ㄴ　② ㄱ, ㄷ　③ ㄴ, ㄹ　④ ㄱ, ㄴ, ㄷ　⑤ ㄴ, ㄷ, ㄹ

스스로 실력 높이기

A DNA 유전 정보와 단백질

01 빈칸에 알맞은 말을 쓰시오.

> 눈동자 색, 피부색, 털 색깔, 눈꺼풀 모양 등 생명체가 가지고 있는 고유한 특징을 (㉠)이라고 하며, 부모의 (㉠)이 자손에게 전달되는 현상을 (㉡)이라고 한다.

㉠: ( ) ㉡ : ( )

02 유전자에 대한 설명 중 옳은 것은 ○표, 옳지 않은 것은 ×표 하시오.

(1) DNA 한 분자마다 하나의 유전자가 있다. ( )

(2) 유전자의 유전 정보는 DNA의 당에 저장된다. ( )

(3) 유전자의 정보에 따라 단백질의 입체 구조가 결정된다. ( )

03 유전자와 유전 정보의 흐름에 대한 설명 중 옳은 것은 ○표, 옳지 않은 것은 ×표 하시오.

(1) 유전자는 단백질 형태로 다음 세대에 전달된다. ( )

(2) RNA의 염기 서열로부터 전사에 사용된 DNA의 염기 서열을 알 수 있다. ( )

(3) 유전자로부터 전사된 RNA의 염기 서열에 의해 아미노산 배열 순서가 결정된다. ( )

[04~06] 다음은 사람의 유전 물질을 나타낸 것이다.

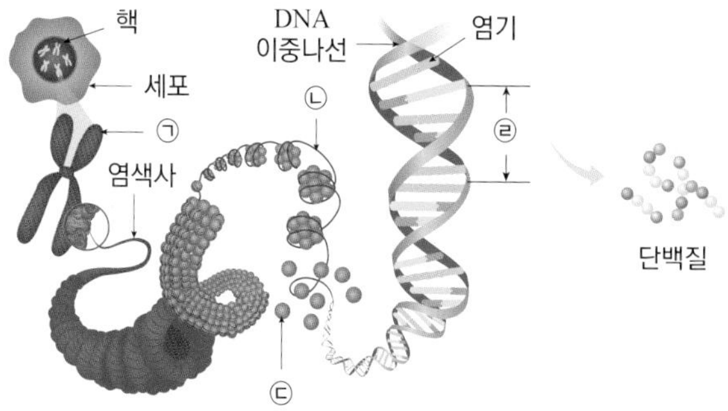

04 생명체의 모든 유전 정보가 저장되어 있으며, 세포가 분열할 때 나타나는 것은 무엇인지 기호와 이름을 차례대로 쓰시오.

( )

05 특정 단백질 합성에 대한 유전 정보가 저장되어 있는 것은 무엇인지 기호와 이름을 차례대로 쓰시오.

( )

06 ㉠ ~ ㉣에 대한 설명으로 옳은 것만을 <보기>에서 있는 대로 고른 것은?

보기

ㄱ. ㉠은 ㉡과 ㉢으로 구성되어 있다.
ㄴ. ㉡과 ㉢을 구성하는 단위체는 뉴클레오타이드이다.
ㄷ. ㉣은 RNA이다.

① ㄱ ② ㄴ ③ ㄱ, ㄷ
④ ㄴ, ㄷ ⑤ ㄱ, ㄴ, ㄷ

07 유전자와 형질에 대한 설명으로 옳은 것만을 <보기>에서 있는 대로 고른 것은?

보기

ㄱ. 형질은 유전자에 의해 결정된다.
ㄴ. 모든 유전자는 DNA의 염기 서열이 같다.
ㄷ. 유전자는 유전 정보가 저장된 DNA의 특정 부위이다.

① ㄱ ② ㄷ ③ ㄱ, ㄴ
④ ㄱ, ㄷ ⑤ ㄱ, ㄴ, ㄷ

08 유전자에 따라 눈동자 색이 나타나는 과정이다.

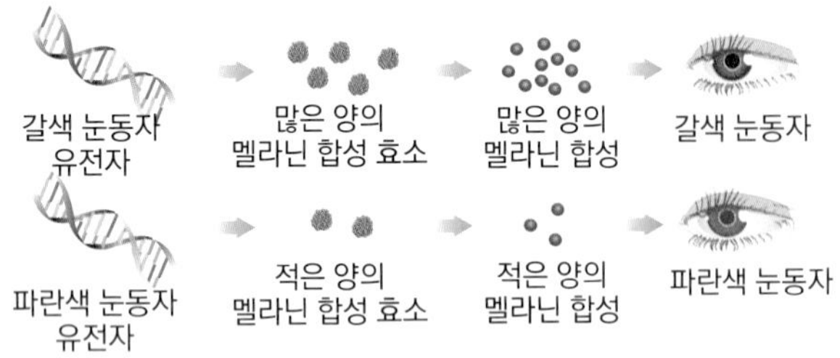

이에 대한 설명으로 옳은 것만을 <보기>에서 있는 대로 고른 것은?

보 기

ㄱ. 유전자는 단백질에 대한 정보를 저장하고 있다.
ㄴ. 눈동자 색깔은 유전자의 정보에 따라 합성된 단백질의 작용으로 나타난다.
ㄷ. 갈색 눈동자와 파란색 눈동자는 유전자에 의해 합성되는 색소의 종류가 다르다.

① ㄱ ② ㄴ ③ ㄱ, ㄴ
④ ㄴ, ㄷ ⑤ ㄱ, ㄴ, ㄷ

B 유전 정보의 흐름

09 유전 정보와 유전 암호에 대한 설명 중 옳은 것은 ○표, 옳지 않은 것은 ×표 하시오.

(1) RNA의 유전 암호는 DNA의 유전 암호와 상보적이다. ( )
(2) 유전 암호는 3개의 연속된 염기 조합으로 구성되어 있다. ( )
(3) 유전 정보는 RNA → DNA → 단백질 순으로 이동한다. ( )

10 코돈에 대한 설명으로 옳은 것을 모두 고르시오. (3개)

① 총 64종류가 있다.
② DNA의 유전 암호이다.
③ 3개의 염기로 구성되어 있다.
④ 하나의 코돈은 하나의 아미노산을 지정한다.
⑤ 한 종류의 아미노산을 지정하는 코돈은 한 종류만 있다.

11 동물 세포에서의 유전 정보의 흐름을 나타낸 것이다.

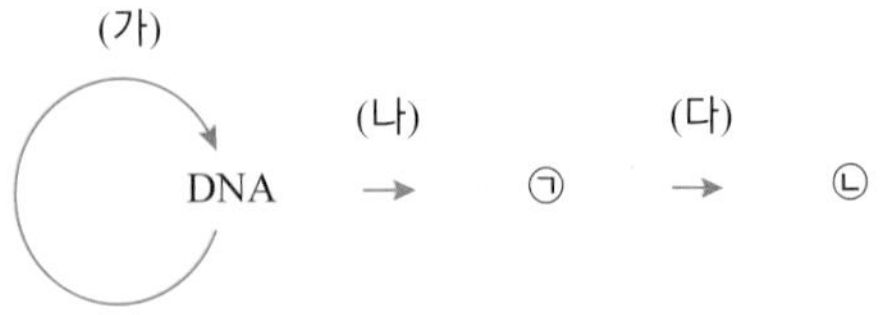

다음 유전 정보에 대한 설명으로 옳은 것은?

① ㉠은 아미노산이다.
② (다) 과정은 골지체에서 일어난다.
③ ㉡의 단위체는 뉴클레오타이드이다.
④ (가) 과정은 세포 분열 중에 일어난다.
⑤ (나) 과정에서 DNA의 염기 T(타이민)이 염기 A(아데닌)로 전사된다.

12 세포에서 유전 정보에 따라 단백질이 합성되는 과정을 나타낸 것이다.

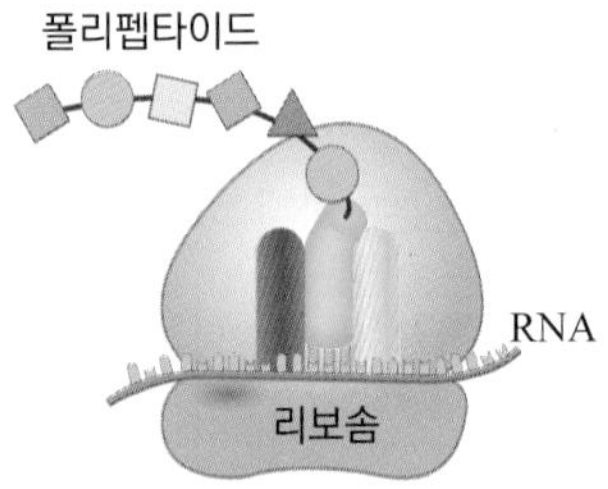

그림과 같은 형태의 폴리펩타이드가 합성되기까지 번역에 사용된 코돈의 개수는? (단, 아직 번역은 끝나지 않았다.)

① 4개 ② 6개 ③ 8개
④ 12개 ⑤ 18개

13 거의 모든 생명체가 동일한 유전 암호 체계를 갖는다는 사실로부터 알 수 있는 설명으로 옳은 것만을 <보기>에서 있는 대로 고른 것은?

보 기

ㄱ. 공통 조상으로부터 진화해 왔다.
ㄴ. 유전 암호 체계는 생명체의 고유한 특성이다.
ㄷ. 생명체는 진화하면서 유전 암호 체계가 변하였다.
ㄹ. 유전 암호 체계는 세대를 거듭하여도 달라지지 않고 보존되었다.

① ㄱ, ㄹ ② ㄴ, ㄷ ③ ㄷ, ㄹ
④ ㄱ, ㄴ, ㄷ ⑤ ㄴ, ㄷ, ㄹ

정답 및 해설 ➜ 71

14 DNA 재조합 기술을 이용하여 인슐린을 생산하는 과정을 나타낸 것이다.

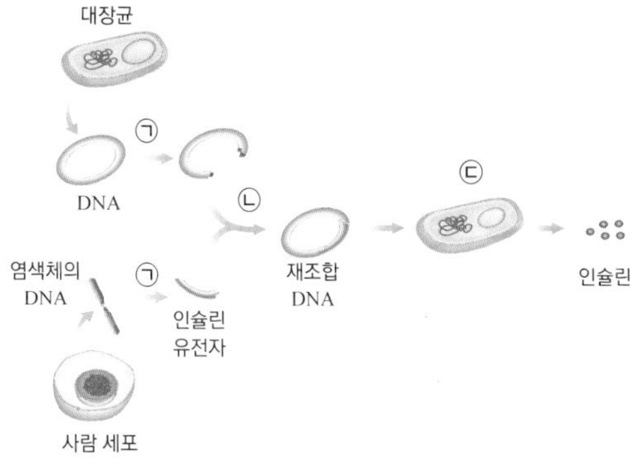

이에 대한 설명으로 옳은 것만을 <보기>에서 있는 대로 고른 것은?

보 기

ㄱ. ㉠과 ㉡ 과정에서는 효소가 필요하다.
ㄴ. ㉢에서 사람의 인슐린 유전자의 전사와 번역이 일어난다.
ㄷ. 사람과 대장균의 유전 암호 체계가 동일하기 때문에 가능한 과정이다.

① ㄱ ② ㄴ ③ ㄱ, ㄴ
④ ㄴ, ㄷ ⑤ ㄱ, ㄴ, ㄷ

C 유전자 이상과 유전 질환

15 낫 모양 적혈구 빈혈증이 발생하는 까닭에 대한 설명 중 옳은 것은 ○표, 옳지 않은 것은 ×표 하시오.

(1) 비정상 단백질은 세포의 모양을 바꿀 수 있다. ( )
(2) 낫 모양 적혈구 빈혈증은 DNA의 염기 서열에 이상이 생긴 것이 원인이다. ( )
(3) 낫 모양 적혈구 빈혈증은 헤모글로빈 유전자의 염기 3개가 바뀌어 발생한 유전 질환이다. ( )

16 유전자 이상과 유전 질환에 대한 설명 중 옳은 것은 ○표, 옳지 않은 것은 ×표 하시오.

(1) 이상이 생긴 유전자에서 전사된 RNA는 번역되지 않는다. ( )
(2) DNA의 염기 서열이 바뀌면 이로부터 전사되는 RNA의 코돈도 바뀐다. ( )
(3) DNA에서 염기가 하나만 바뀌는 경우에는 유전자 이상이 발생하지 않는다. ( )

17 헤모글로빈 유전자를 구성하는 염기 중 1개가 바뀌어 낫 모양 적혈구가 생기는 과정을 나타낸 것이다.

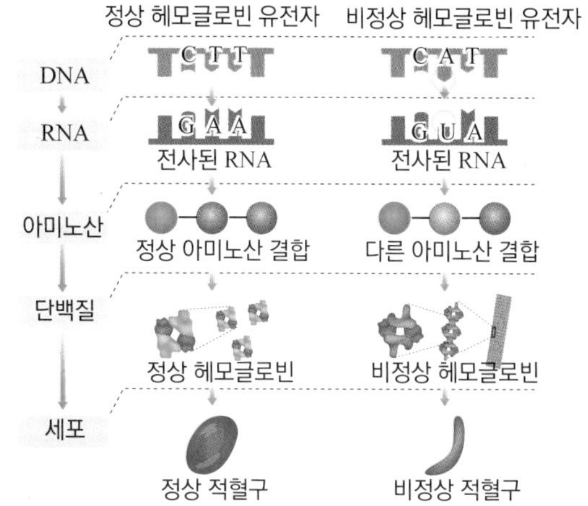

이에 대한 설명으로 옳은 것만을 <보기>에서 있는 대로 고른 것은?

보 기

ㄱ. 코돈 GAA와 GUA가 지정하는 아미노산은 서로 다르다.
ㄴ. 유전자에 이상이 생기면 단백질에 이상이 나타날 수 있다.
ㄷ. 비정상 헤모글로빈과 정상 헤모글로빈의 아미노산 개수는 같다.

① ㄱ ② ㄴ ③ ㄱ, ㄴ
④ ㄴ, ㄷ ⑤ ㄱ, ㄴ, ㄷ

서술형

18 DNA의 유전 정보가 전사와 번역 과정을 거쳐 단백질이 합성되는 과정을 나타낸 것이다.

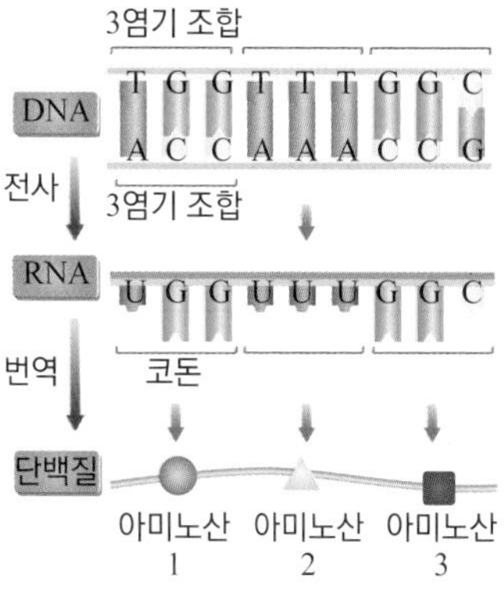

연속된 3개의 염기가 하나의 아미노산을 지정하는 이유를 서술하시오. (단, 단백질을 구성하는 아미노산은 20종류이다.)

서술형

19 알비노증과 같은 선천성 대사 이상 질환이 발생하는 이유를 유전자와 단백질의 관계와 관련지어 서술하시오.

단원마무리

01 생명 시스템의 기본 단위

01 (가) ~ (다)는 세포막을 통한 물질 이동을 설명한 것이다. 빈칸에 알맞은 말을 <보기>에서 고르시오.

(가) 세포막은 물질의 종류에 따라 투과 정도가 다른 성질인 (㉠   )을(를) 나타낸다.
(나) 산소(O_2)는 세포막의 인지질 이중층을 통해 농도가 높은 쪽에서 낮은 쪽으로 (㉡   )한다.
(다) 동물 세포를 저장액에 넣으면 (㉢   )에 의해 물이 세포 안으로 들어간다.

〈 보기 〉
확산   삼투   선택적 투과성

㉠ : (   )
㉡ : (   )
㉢ : (   )

02 세포막의 주성분 2가지를 고르시오.

① 인지질 ② 단백질 ③ 스테로이드
④ 아미노산 ⑤ 뉴클레오타이드

03 생장에 따른 식물 세포의 모습을 순서 없이 나타낸 모식도이다. 이에 대한 설명으로 옳은 것은?

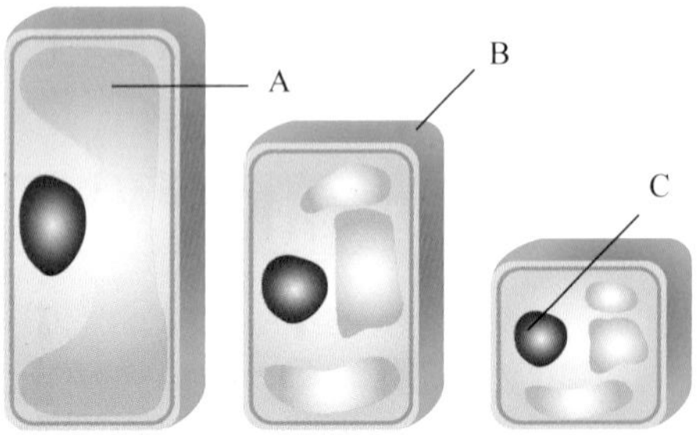

① (나)는 (다)보다 어린 식물 세포이다.
② A는 물, 노폐물, 색소 등을 저장한다.
③ A는 액포이며, B는 세포막, C는 리보솜이다.
④ (가) ~ (다) 중 가장 노화된 식물 세포는 (다)이다.
⑤ 성숙한 식물 세포가 될수록 (가)에서 (다)로 생장한다.

04 세포막의 구조를 나타낸 모식도이다.

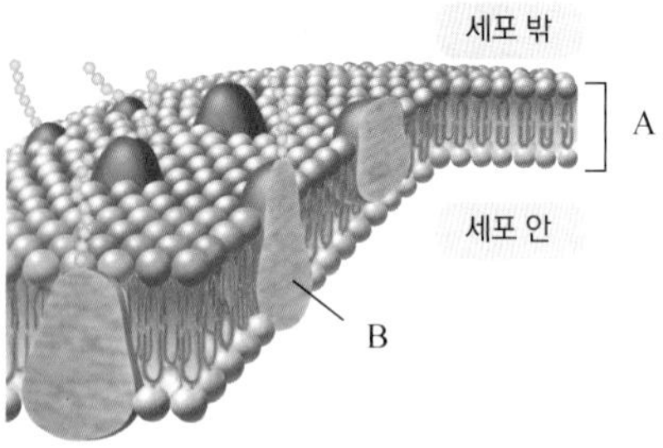

이에 대한 설명으로 옳은 것만을 <보기>에서 있는 대로 고른 것은?

보기
ㄱ. A는 인지질 2중막이다.
ㄴ. B는 리보솜에서 합성된다.
ㄷ. 산소(O_2)의 이동에 관여하는 것은 B이다.

① ㄱ ② ㄴ ③ ㄱ, ㄷ
④ ㄴ, ㄷ ⑤ ㄱ, ㄴ, ㄷ

05 폐포와 모세 혈관 사이에서 일어나는 기체 교환을 나타낸 모식도이다.

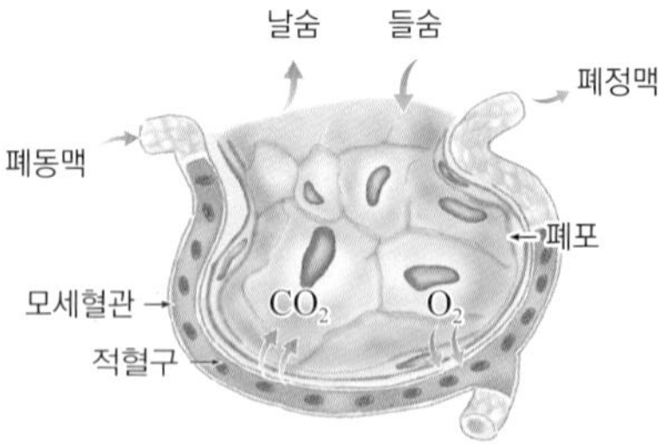

이에 대한 설명 중 옳은 것은 ○표, 옳지 않은 것은 ×표 하시오.

(1) CO_2의 농도는 폐포가 모세 혈관보다 높다. (   )

(2) O_2는 모세 혈관과 폐포의 세포막에서 인지질 2중층을 직접 통과한다. (   )

서술형

06 쥐 세포와 사람 세포의 막단백질을 각각 붉은색, 푸른색 형광으로 표시한 다음 두 세포를 융합시켰다. 융합 후 시간 경과에 따른 형광의 분포 변화를 관찰한 결과 시간이 경과하면서 푸른색과 붉은 색이 섞이는 것을 확인할 수 있었다. 이를 통해 알 수 있는 세포막의 특성을 세포막의 구성 물질을 이용하여 서술하시오.

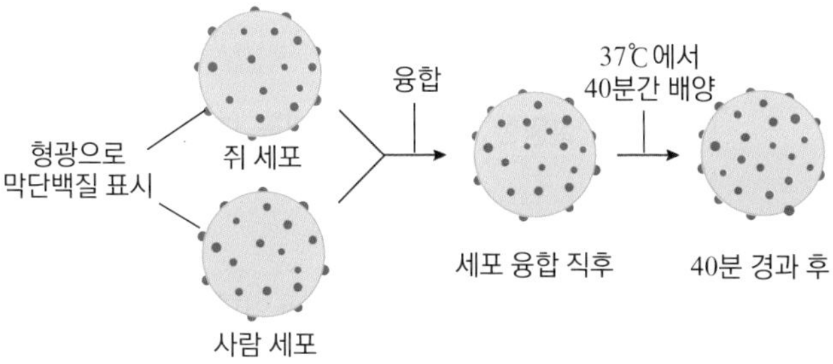

07 용질 A와 물로만 이루어진 용액 (가)에 식물 세포를 넣고 충분한 시간이 지났을 때의 모습을 나타낸 것이다.

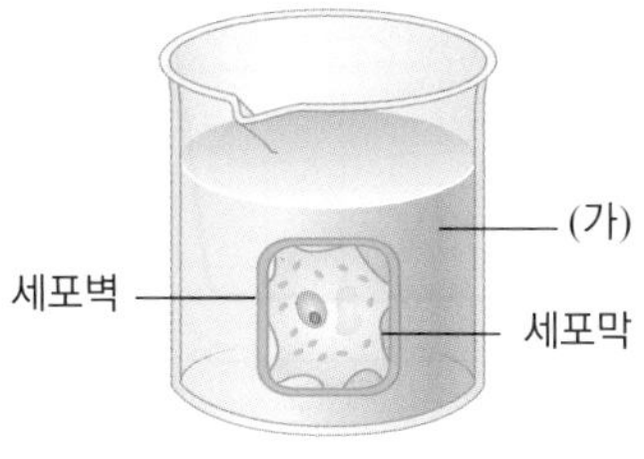

이에 대한 설명으로 옳은 것만을 <보기>에서 있는 대로 고른 것은?

보기

ㄱ. A는 세포막을 통과하지 못한다.
ㄴ. (가)의 A의 농도는 식물 세포 내부보다 높다.
ㄷ. 식물 세포 안의 용질의 농도는 (가)에 넣기 전보다 낮아졌다.

① ㄱ ② ㄷ ③ ㄱ, ㄴ
④ ㄴ, ㄷ ⑤ ㄱ, ㄴ, ㄷ

08 (가)는 물질 A, B, C가 세포막을 통하여 각각 이동하는 방식을 나타낸 것이며, (나)는 물질 A, B, C가 세포막을 통하여 이동하는 속도를 각 물질의 세포 안팎의 농도 차에 따라 나타낸 것이다.

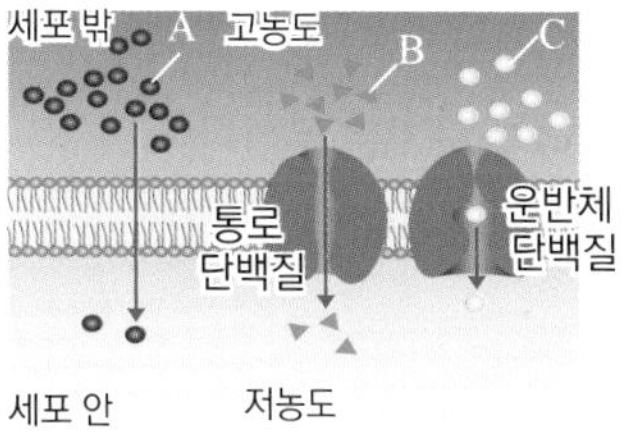

(가)

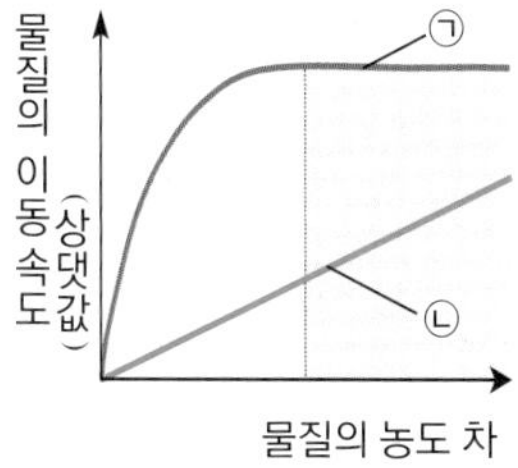

(나)

이에 대한 설명으로 옳은 것만을 <보기>에서 있는 대로 고른 것은?

보기

ㄱ. A와 B의 농도 차에 따른 이동 속도는 ㉠과 같다.
ㄴ. C의 농도 차에 따른 이동 속도는 ㉡이다.
ㄷ. A의 이동 방식에 의해 세포 안팎의 농도 차는 감소한다.

① ㄱ ② ㄷ ③ ㄱ, ㄷ
④ ㄴ, ㄷ ⑤ ㄱ, ㄴ, ㄷ

09 (가)와 (나)는 세포막을 통한 물질의 이동 방식의 특징을 정리한 것이다.

구분	막단백질 사용 여부	이동 물질
(가)	사용 안함	B
(나)	A	포도당

이에 대한 설명으로 옳은 것만을 <보기>에서 있는 대로 고른 것은?

보기

ㄱ. A는 '사용함'이다.
ㄴ. B는 이산화 탄소, 산소가 해당한다.
ㄷ. (가)와 (나)의 이동 방식 과정에서 모두 에너지가 소모된다.

① ㄱ ② ㄷ ③ ㄱ, ㄴ
④ ㄱ, ㄷ ⑤ ㄱ, ㄴ, ㄷ

02 물질 대사와 효소

10 촉매에 대한 설명 중 옳은 것은 ○표, 옳지 않은 것은 ×표 하시오.

(1) 화학 반응에 참여한다. (　　)
(2) 반응 속도를 느리게 하지는 못한다. (　　)
(3) 반응 과정에서 소모되거나 변화되지 않는다. (　　)

11 <보기>에서 이화 작용의 특징만을 있는 대로 모두 고르시오.

보 기

ㄱ. 에너지 흡수　　ㄴ. 물질 분해
ㄷ. 에너지 방출　　ㄹ. 물질 합성

(　　　　　　　　)

12 물질대사에 대한 설명으로 옳은 것만을 <보기>에서 있는 대로 고른 것은?

보 기

ㄱ. 이화 작용에서는 물질이 합성되고, 에너지가 방출된다.
ㄴ. 세포가 생명 활동에 필요한 물질과 에너지를 얻는 과정이다.
ㄷ. 자동차가 연료를 소비하여 에너지를 얻는 것은 물질대사의 예이다.

① ㄱ　② ㄴ　③ ㄱ, ㄷ
④ ㄴ, ㄷ　⑤ ㄱ, ㄴ, ㄷ

13 세포 호흡과 광합성의 에너지와 물질의 이동을 나타낸 것이다. (가)과 (나)는 각각 세포 호흡과 광합성 중 하나이다.

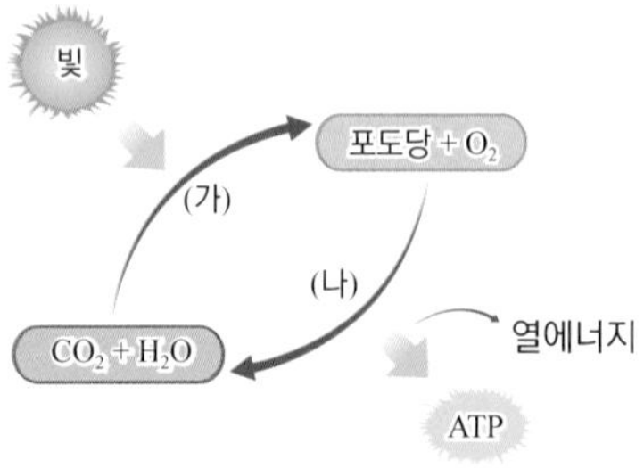

이에 대한 설명한 것으로 옳은 것을 모두 고르시오. (3개)

① (가)는 동화 작용이다.
② (가)는 동물에서 일어나는 작용이다.
③ (가)는 흡열 반응 (나)는 발열 반응이다.
④ (나)는 동물과 식물 모두에서 일어나는 작용이다.
⑤ (가)의 반응에서는 효소가 관여하고, (나)의 반응에서는 효소가 관여하지 않는다.

14 어떤 화학 반응에서 효소 유무에 따른 에너지 변화를 나타낸 것이다.

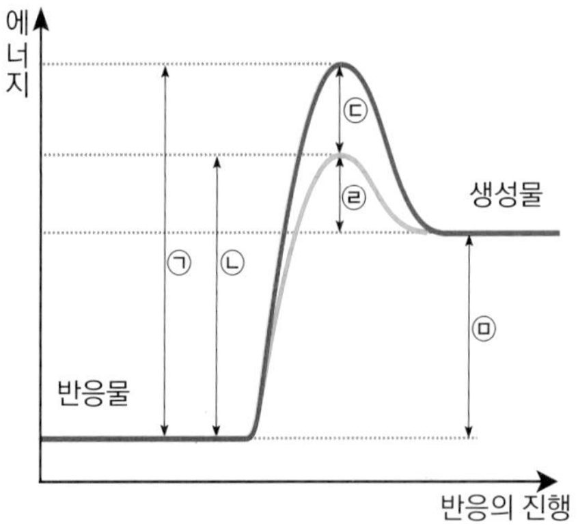

이에 대한 설명으로 옳은 것만을 <보기>에서 있는 대로 고른 것은?

보 기

ㄱ. 효소가 없을 때 활성화 에너지는 ㉠이다.
ㄴ. 효소가 있을 때 활성화 에너지는 ㉣이다.
ㄷ. 효소의 유무에 상관없이 일정한 값은 ㉤이다.
ㄹ. 이화 작용은 이와 같은 반응의 진행을 보인다.

① ㄱ, ㄷ　② ㄴ, ㄹ　③ ㄷ, ㄹ
④ ㄱ, ㄴ, ㄷ　⑤ ㄴ, ㄷ, ㄹ

정답 및 해설 ➜ 73

15 효소에 대한 설명으로 옳은 것만을 <보기>에서 있는 대로 고른 것은?

보 기

ㄱ. 생명체 내에서만 화학 반응을 촉매할 수 있다.
ㄴ. 효소가 작용하면 물질대사의 속도가 빨라진다.
ㄷ. 화학 반응의 단계마다 서로 다른 종류의 효소가 관여한다.

① ㄱ ② ㄷ ③ ㄱ, ㄴ
④ ㄴ, ㄷ ⑤ ㄱ, ㄴ, ㄷ

16 감자즙을 이용한 실험이다.

[실험 과정]
① 삼각 플라스크 (가)와 (나)에 3% 과산화 수소를 3ml 씩 넣는다.
② (가)에는 증류수, (나)에는 감자 즙을 첨가하고 각각의 입구를 고무 풍선으로 씌운다.
③ 시간이 지남에 따라 고무 풍선이 어떻게 변하는지 관찰한다.

[실험 결과]

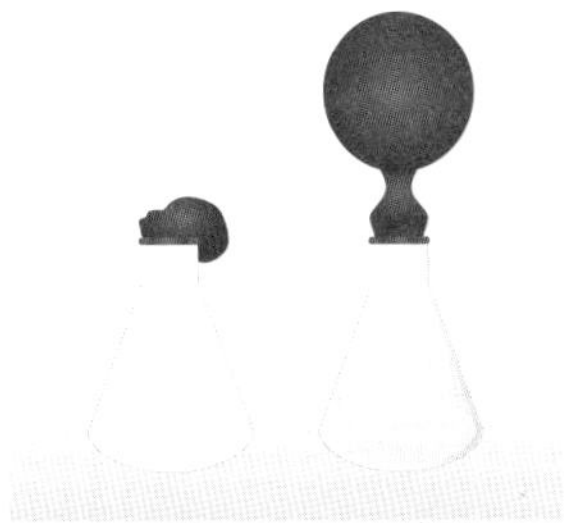

이에 대한 설명으로 옳은 것만을 <보기>에서 있는 대로 고른 것은?

보 기

ㄱ. (나)의 고무 풍선이 부풀어 오르는 것은 이산화 탄소가 발생했기 때문이다.
ㄴ. 과산화 수소수 대신 탄산수를 넣어도 동일한 결과를 얻을 수 있다.
ㄷ. 감자즙에는 과산화 수소를 분해하는 효소가 들어 있다.

① ㄴ ② ㄷ ③ ㄱ, ㄴ
④ ㄴ, ㄷ ⑤ ㄱ, ㄴ, ㄷ

17 다음은 식혜를 만드는 과정이다.

(A) 싹 튼 보리를 말려 빻은 후 엿기름물을 만든다.
(B) 엿기름물을 밥에 섞어 5~ 6시간 정도 따뜻하게 유지시킨다.
(C) 밥알이 떠오르면 끓인 후 식혀서 냉장고에 보관한다.

이에 대한 설명으로 옳은 것만을 <보기>에서 있는 대로 고른 것은?

보 기

ㄱ. 엿기름에는 엿당 분해 효소가 들어 있다.
ㄴ. 엿기름물을 밥과 섞기 전에 끓여도 식혜가 만들어진다.
ㄷ. C는 효소의 입체 구조를 변화시켜 반응이 중단되도록 하는 과정이다.

① ㄴ ② ㄷ ③ ㄱ, ㄴ
④ ㄴ, ㄷ ⑤ ㄱ, ㄴ, ㄷ

18 효소가 활용되는 사례이다.

(A) 포도당 산화 효소를 이용해 혈당을 측정한다.
(B) 단백질 분해 효소를 이용해 청바지를 탈색한다.
(C) 탄수화물 분해 효소를 이용해 효소 치약을 만든다.
(D) 단백질 분해 효소를 이용한 유전자 재조합 기술로 인슐린을 대량 생산한다.

(A)~(D) 중 옳은 예만을 있는 대로 고른 것은?

① (A), (B) ② (A), (C) ③ (B), (D)
④ (A), (C), (D) ⑤ (B), (C), (D)

03 세포 내 정보의 흐름

19 유전 정보에 대한 설명으로 옳지 않은 것은?

① 유전 정보에 따라 다양한 형질이 나타난다.
② 유전 정보에 따라 다양한 단백질이 합성된다.
③ 유전 정보는 세포의 핵 속 RNA에 저장되어 있다.
④ 유전 정보는 DNA의 염기 서열에 저장되어 있다.
⑤ 생물의 형질을 결정하는 유전 정보가 있는 DNA의 특정 부위를 유전자라고 한다.

20 유전자와 단백질(효소)와의 관계를 나타낸 것이다.

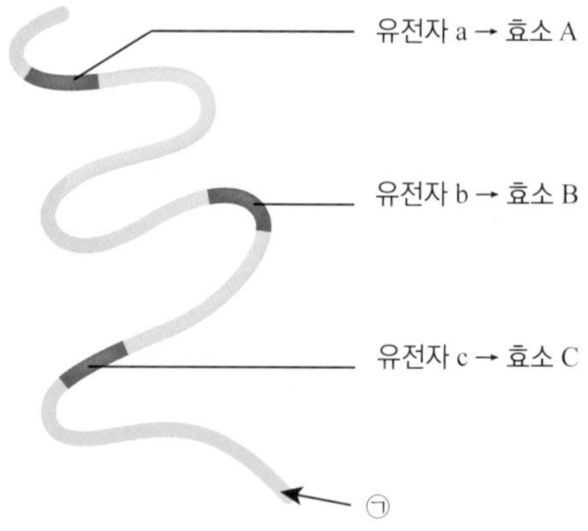

이에 대한 설명으로 옳은 것만을 <보기>에서 있는 대로 고른 것은?

보 기

ㄱ. 유전자에 저장된 정보에 따라 단백질이 합성된다.
ㄴ. 유전자 a, b, c 중 어느 하나라도 이상이 생기면 물질대사에 이상이 생길 수 있다.
ㄷ. ㉠에는 유라실(U)을 염기로 가지는 뉴클레오타이드가 존재한다.

① ㄱ ② ㄴ ③ ㄱ, ㄴ
④ ㄴ, ㄷ ⑤ ㄱ, ㄴ, ㄷ

21 유전자에 대한 설명으로 옳은 것만을 <보기>에서 있는 대로 고른 것은?

보 기

ㄱ. 생물의 유전자 수는 염색체 수보다 많다.
ㄴ. 유전자의 유전 정보는 RNA로 번역된다.
ㄷ. 유전자는 생식 과정을 통해 자손에게 전달된다.
ㄹ. 유전자에 이상이 생기면 유전 질환이 나타날 수 있다.

① ㄱ, ㄷ ② ㄴ, ㄹ ③ ㄷ, ㄹ
④ ㄱ, ㄴ, ㄷ ⑤ ㄱ, ㄷ, ㄹ

22 사람 세포에서 일어나는 유전 정보의 흐름을 나타낸 것이다.

이에 대한 설명으로 옳은 것만을 <보기>에서 있는 대로 고른 것은?

보 기

ㄱ. ㉠은 전사이다.
ㄴ. ㉡ 과정에서 DNA의 모든 유전 정보가 RNA로 전달된다.
ㄷ. ㉢ 과정은 리보솜에서 일어난다.

① ㄱ ② ㄷ ③ ㄱ, ㄴ
④ ㄴ, ㄷ ⑤ ㄱ, ㄴ, ㄷ

23 전사에 의해 합성된 RNA의 염기 서열의 일부를 나타낸 것이다. 전사에 사용된 DNA 가닥의 염기 서열을 쓰시오.

A C G U U C G A U C C G A A U A G G C A U

( )

24 동물 세포의 구조와 유전 정보의 흐름을 나타낸 것이다. (단, A는 막으로 싸여있지 않은 세포 소기관이다.)

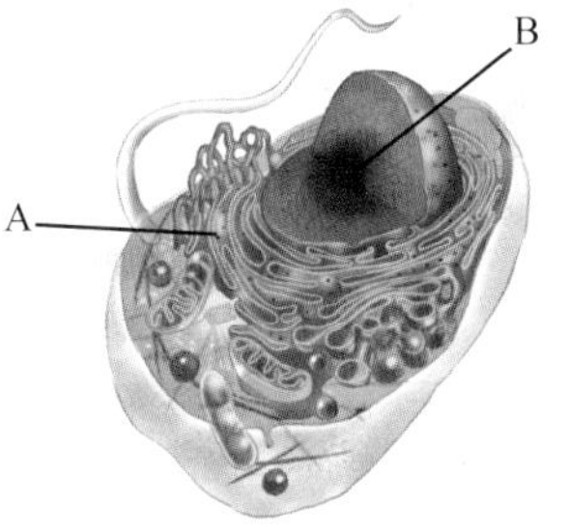

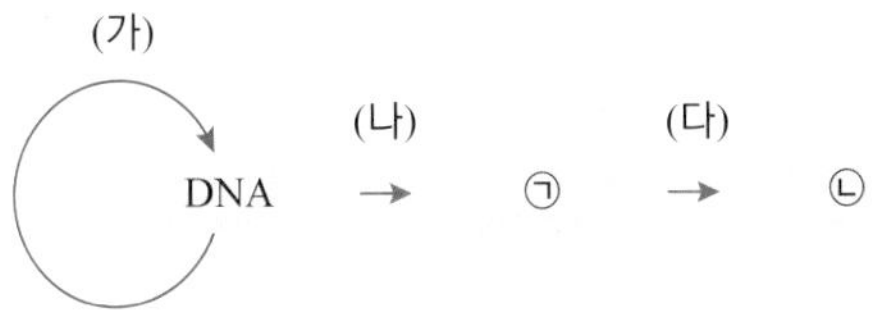

이에 대한 설명으로 옳은 것만을 <보기>에서 있는 대로 고른 것은?

보 기

ㄱ. (가)는 A에서 (나)는 B에서 일어난다.
ㄴ. (나)를 통해 RNA가 합성된다.
ㄷ. (다)는 유전 암호에 의해 아미노산이 펩타이드 결합을 하는 과정이다.

① ㄱ ② ㄴ ③ ㄱ, ㄴ
④ ㄴ, ㄷ ⑤ ㄱ, ㄴ, ㄷ

25 낫 모양 적혈구에 대한 설명으로 옳은 것만을 모두 고르시오. (3개)

① 보통 적혈구 보다 산소 운반 능력이 증가한다.
② 헤모글로빈의 입체 구조가 바뀐 것이다.
③ 유전자의 염기 1개가 다른 염기로 바뀐 것이다.
④ 모세 혈관을 막아 혈액의 흐름을 방해할 수 있다.
⑤ 헤모글로빈의 아미노산 배열 순서는 정상 적혈구와 같다.

26 생명체의 유전 암호 체계에 대한 설명으로 옳은 것만을 모두 고르시오. (3개)

① 생물종마다 고유한 유전 암호 체계를 갖는다.
② 생물종에 따라 코돈이 지정하는 아미노산의 종류가 다르다.
③ 거의 모든 생명체에서는 유전 정보를 저장하는 방식이 동일하다.
④ 유전 정보는 생명체의 진화 과정에서 달라졌지만 유전 암호 체계는 보존되어 왔다.
⑤ 사람의 인슐린 유전자를 대장균에 넣어 배양하면 대장균에서 사람의 인슐린이 합성될 수 있다.

27 유전자 이상에 의한 유전 질환에 대한 설명으로 옳은 것만을 <보기>에서 있는 대로 고른 것은?

보 기

ㄱ. 유전자 이상으로 인해 유전 질환을 가지는 사람은 염색체수가 정상인과 다르다.
ㄴ. 유전 질환은 특정 기능을 수행하는 정상 단백질이 생성되지 못해서 나타나는 것이다.
ㄷ. 유전 질환은 RNA 염기 서열은 정상이지만 DNA 염기 서열에 이상이 발생한 경우에 나타난다.

① ㄱ ② ㄴ ③ ㄱ, ㄴ
④ ㄴ, ㄷ ⑤ ㄱ, ㄴ, ㄷ

01. 생명 시스템의 기본 단위

1. 세포의 구조와 기능

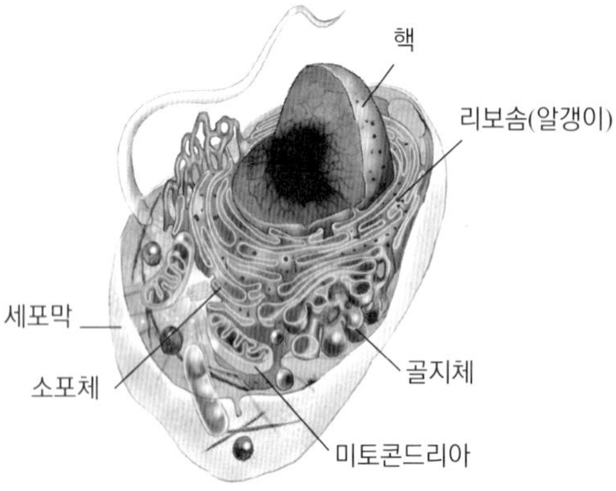

▲ 동물 세포

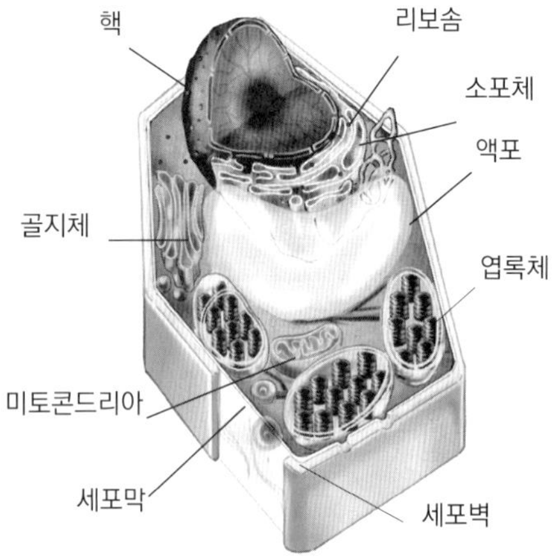

▲ 식물 세포

핵	유전 물질인 DNA가 있으며, 세포의 생명 활동을 조절한다.
(❶)	DNA 유전 정보에 따라 단백질이 합성되는 장소이다.
소포체	리보솜에서 합성된 단백질을 골지체로 운반한다.
골지체	소포체에서 운반된 단백질이나 지질을 변형하여 세포 안팎으로 분비한다.
(❷)	세포 호흡이 일어나는 장소이다.
세포막	세포를 둘러싸고 있는 막으로서 세포 안팎으로의 물질 출입을 조절한다.
액포	물, 색소 등을 저장하며, 주로 성숙한 식물 세포에서 발달한다.
엽록체	광합성이 일어나는 장소이다.
(❸)	식물 세포의 세포막 바깥을 둘러싸고 있으며, 세포 모양을 유지한다.

2. 세포막의 구조와 특성

성분	· (❹) : 머리 부분(친수성), 꼬리 부분(소수성) → 인지질 2중층을 형성한다. · 단백질 : 물질이 이동하는 통로가 된다.
구조	인지질 2중층에 단백질이 군데군데 박혀 있으며, 유동성이 있는 구조이다.
특성	물질의 종류에 따라 투과도가 다르다. → (❺) 투과성

3. 세포막을 통한 물질 이동

(1) (❻) : 분자가 스스로 운동하여 농도가 높은 쪽에서 낮은 쪽으로 퍼져 나가는 현상이다.

구분	인지질 2중층을 통한 확산 (단순 확산)	막단백질을 통한 확산 (촉진 확산)
이동 방식	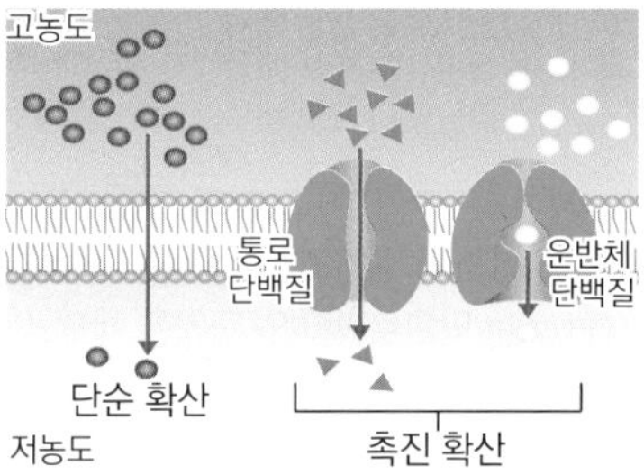 ▲ 단순 확산과 촉진 확산	
이동 물질	크기가 매우 작은 기체 분자, 지용성 물질, 지질 입자 등 예 폐포와 모세 혈관 사이의 O_2와 CO_2 교환	이온과 같이 전하를 띠는 물질, 비교적 분자 크기가 큰 수용성 물질 등 예 세포의 포도당 흡수

(2) 삼투 : 세포막을 경계로 (❼) 용액에서 (❽) 용액으로 용매인 물이 이동하는 현상이다.

세포	세포 안보다 낮은 농도의 용액 (저장액)	세포 안과 같은 농도의 용액 (등장액)	세포 안보다 높은 농도의 용액 (고장액)
동물 세포	세포로 들어오는 물의 양이 많아 세포 부피가 증가하다가 터진다. (용혈 현상)	세포 안팎으로 이동하는 물의 양이 같아 세포 부피에 변화가 없다.	세포에서 빠져나가는 물의 양이 많아 세포가 쭈그러든다.
식물 세포	세포로 들어오는 물의 양이 많지만 어느 정도까지만 부피가 팽창한다.	세포 안팎으로 이동하는 물의 양이 같아 세포 부피에 변화가 없다.	세포에서 빠져나가는 물의 양이 많아 수축하다가 원형질 분리가 일어난다.

02. 물질 대사와 효소

1. 물질대사와 생체 촉매

(1) 물질대사 : 생명체 내에서 일어나는 모든 화학 반응으로서 생체 촉매가 관여한다.

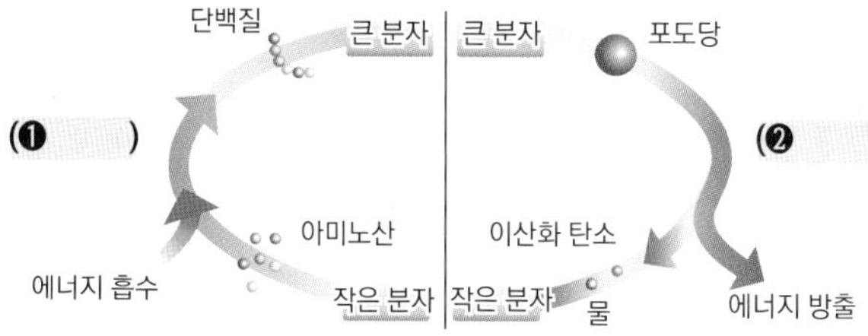

(2) 물질대사와 생명체 밖 화학 반응의 비교

물질대사	생명체 밖 화학 반응(연소)
· 저온에서 일어난다. · 여러 단계에 걸쳐 반응이 일어나며, 에너지가 소량씩 출입한다.	· 고온에서 일어난다. · 한 번에 반응이 일어나며, 다량의 에너지가 한꺼번에 출입한다.

2. 효소의 작용과 활용

(1) 효소의 작용 : 효소의 주성분은 단백질이며, (❸) 를 감소시켜 반응 속도를 증가시킨다.

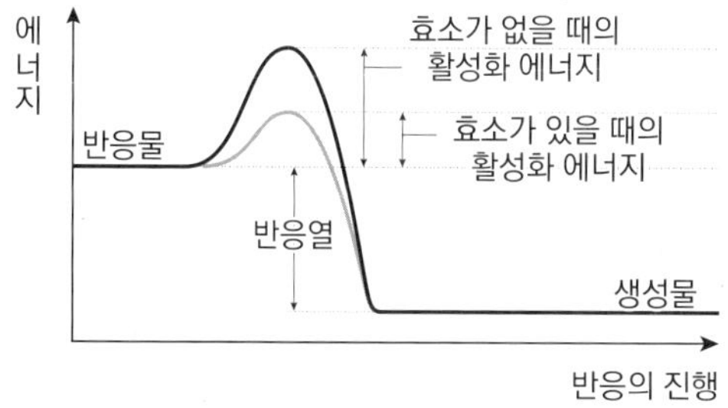

▲ 효소 유무에 따른 활성화 에너지

(2) 효소의 특성

① **(❹) :** 한 종류의 효소는 입체 구조가 들어맞는 한 종류의 반응물(기질)하고만 결합한다.

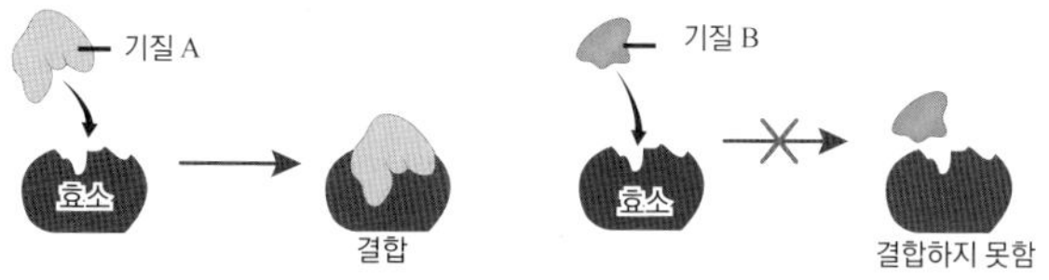

▲ 효소의 기질 특이성

② **재사용 :** 효소는 반응 전후에 변하지 않으므로 새로운 반응물(기질)과 결합하여 다시 반응에 참여할 수 있다.

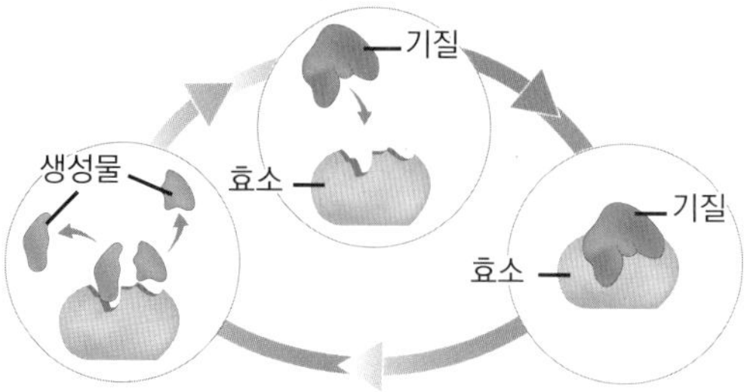

▲ 효소의 재사용

(3) 효소와 생명 현상 : 혈액 응고, 해독 작용, 물질 합성, 영양소 소화, 생장 등 대부분의 생명 현상에 효소가 관여한다.

(4) 효소의 활용

분야	이용 사례
일상생활	발효 식품(미생물 효소), 식혜(엿기름 속 아밀레이스), 연육제(과일 속 단백질 분해 효소)
(❺) 분야	요 검사지와 혈당 측정기(포도당 산화 효소), 소화제(소화 효소) 등
산업 분야	효소 세제, 효소 치약, 효소 화장품 등의 생활 용품, 식품 생산 및 섬유 가공에 이용
환경 분야	환경 오염 물질 분해, 바이오 연료 생산
생명 공학 분야	바이오 에너지 생산, DNA 절단 및 연결

03. 세포 내 정보의 흐름

1. 유전자와 단백질

(1) (❶) : DNA에서 생물의 형질을 결정하는 유전 정보가 저장되어 있는 부분이다. → 한 분자의 DNA에는 수많은 유전자가 존재한다.

(2) 유전자와 단백질 : 유전자에 저장된 유전 정보에 따라 단백질이 합성되고, 단백질에 의해 (❷)이 나타난다.

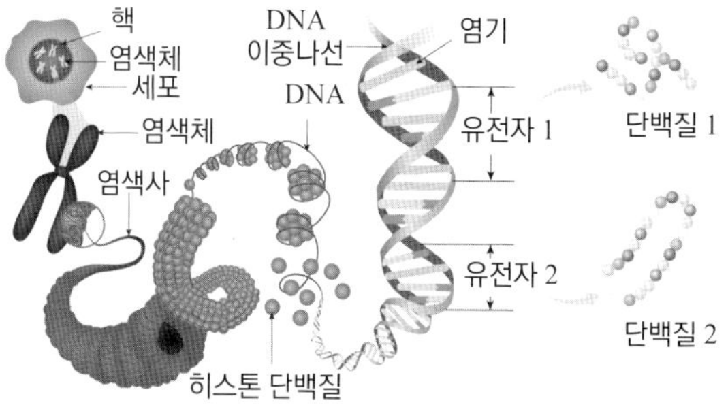

▲ DNA와 유전자의 관계

2. 유전 정보의 흐름

(1) (❸) : DNA의 유전 정보가 RNA로 전달되고, RNA가 단백질 합성에 관여한다.

▲ 생명 중심 원리

(2) 유전 정보의 저장 : DNA의 염기 서열에 유전 정보가 저장되며, DNA에서 연속된 3개의 염기가 한 조가 되어 하나의 아미노산을 지정한다. → (❹)

(3) 유전 정보의 전달(전사와 번역)

전사	· DNA 이중 나선 중 한쪽 가닥에 상보적인 염기 서열을 가진 RNA로 합성된다. **[염기의 상보적 대응 관계]** **〈 DNA 염기 〉 〈 RNA 염기 〉** A (아데닌) → U (유라실) G (구아닌) → C (사이토신) C (사이토신) → G (구아닌) T (타이민) → A (아데닌) · (❺) : RNA에서 하나의 아미노산을 지정하는 연속된 3개의 염기로서 64종류가 있다.
번역	RNA의 유전 정보에 따라 (❻)에서 단백질이 합성된다.

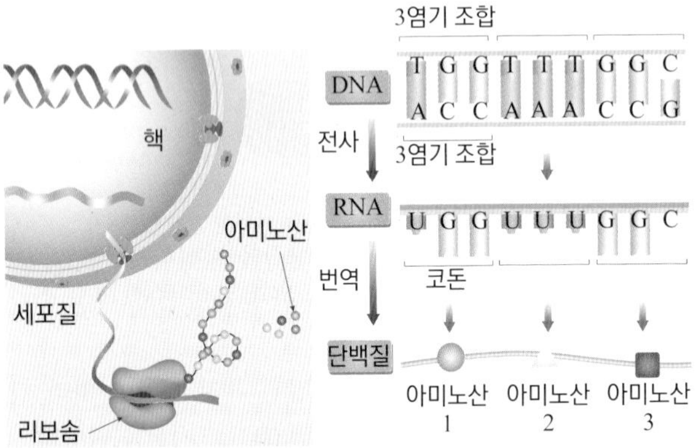

▲ 유전 정보의 전달과 단백질 합성 과정

3. 유전 암호 체계의 공통성

(1) 유전 암호 체계의 공통성 : 거의 모든 생명체는 DNA에 유전 정보를 저장하고, RNA가 유전 정보를 리보솜으로 전달하며, 리보솜에서 동일한 방식으로 암호를 번역한다.

(2) 유전 암호 체계의 공통성 응용 : 사람의 유전자를 세균의 DNA에 넣어 발현시키면 세균에서 사람의 (❼)을 합성할 수 있다.

4. 유전자 이상과 유전 질환

(1) 유전자 이상 : DNA의 염기 (❽)이 바뀌는 것이다.

(2) 유전자 이상에 의한 유전 질환 : 유전자 이상으로 정상 단백질이 합성되지 않아 유전 질환이 나타난다.

① **알비노증 :** 유전자 이상 → 멜라닌 합성 효소의 부족 → 멜라닌 결핍으로 피부나 털 등이 하얗게 나타난다.

② **페닐케톤뇨증 :** 유전자 이상 → 페닐알라닌 분해 효소 결핍 → 페닐알라닌 축적 결과 뇌가 손상된다.

③ (❾) : 헤모글로빈 유전자 이상 → 비정상 헤모글로빈 합성 → 적혈구가 낫 모양으로 바뀌어 심한 빈혈 증상이 나타난다.

내신 기출 모의고사 1회

(16 문항 22분)

01. 생명 시스템의 기본 단위

01 다세포 생물의 몸 구성에 대한 설명으로 옳은 것만을 <보기>에서 있는 대로 고른 것은?

보 기

ㄱ. 생명 활동이 일어나는 기능적 기본 단위는 기관이다.
ㄴ. 하나의 세포는 생명 활동을 수행하지 못하므로 생명 시스템이라고 볼 수 없다.
ㄷ. 개체는 다양한 세포가 유기적으로 조직되어 독립적으로 생명 활동을 할 수 있다.

① ㄱ ② ㄷ ③ ㄱ, ㄴ
④ ㄴ, ㄷ ⑤ ㄱ, ㄴ, ㄷ

02 동물 세포의 구조를 나타낸 것이다. A, B, C는 각각 리보솜, 소포체, 미토콘드리아 중 하나이다.

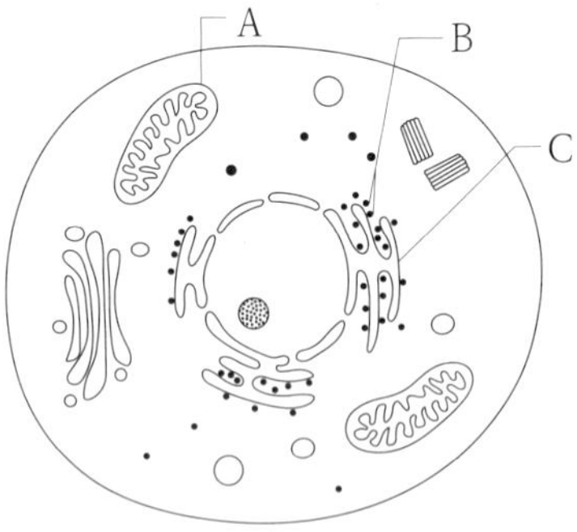

이에 대한 설명으로 옳은 것만을 <보기>에서 있는 대로 고른 것은?

보 기

ㄱ. A는 포도당을 분해한다.
ㄴ. B에서 단백질이 합성된다.
ㄷ. C는 단백질을 골지체 등으로 운반한다.

① ㄱ ② ㄷ ③ ㄱ, ㄷ
④ ㄴ, ㄷ ⑤ ㄱ, ㄴ, ㄷ

03 세포막을 구성하는 인지질 2중 층을 나타낸 모식도이다.

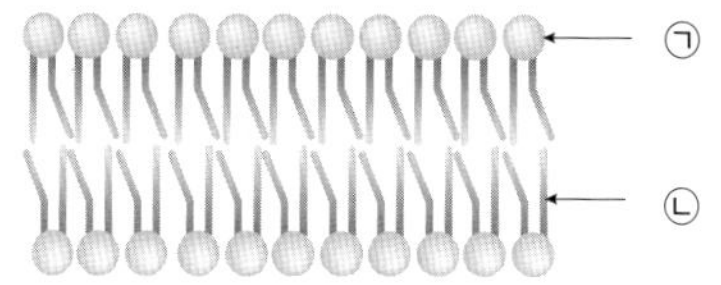

이에 대한 설명으로 옳은 것을 모두 고르시오. (3개)

① 세포막은 2중막이다.
② ㉠은 친수성, ㉡은 소수성을 띤다.
③ 세포를 둘러싸고 있는 얇은 막이다.
④ 세포 안팎은 모두 수용성 물질들로 구성되어 있다.
⑤ 지용성 물질들은 인지질 2중층을 통과하지 못한다.

04 물질 A, B가 세포막을 통과하는 모습을 나타낸 모식도이다.

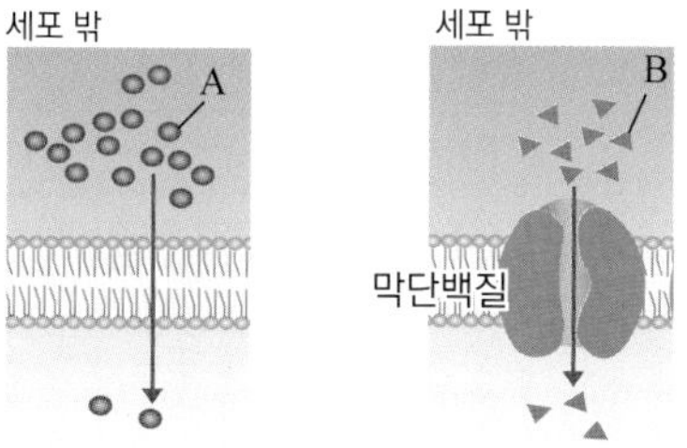

이에 대한 설명으로 옳은 것만을 <보기>에서 있는 대로 고른 것은?

보 기

ㄱ. 물질 A는 확산에 의해 이동한다.
ㄴ. 물질 B는 농도가 낮은 쪽에서 높은 쪽으로 이동한다.
ㄷ. 아미노산은 물질 B와 같은 방식으로 이동하며, 지용성 물질은 A와 같은 방식으로 이동한다.

① ㄱ ② ㄷ ③ ㄱ, ㄷ
④ ㄴ, ㄷ ⑤ ㄱ, ㄴ, ㄷ

05 삼투에 의한 세포의 모양 변화에 대한 설명으로 옳은 것은?

① 동물 세포를 등장액에 넣으면 팽창한다.
② 식물 세포를 저장액에 넣으면 팽창하다가 터진다.
③ 식물 세포를 고장액에 넣으면 세포막이 세포벽에서 분리된다.
④ 세포를 등장액에 넣으면 세포 안팎으로 물의 출입이 일어나지 않는다.
⑤ 동물 세포를 고장액에 넣으면 세포 안으로 들어오는 물의 양이 밖으로 나가는 물의 양보다 더 많다.

02. 물질 대사와 효소

06 화학 반응과 촉매에 대한 설명으로 옳은 것만을 <보기>에서 있는 대로 고른 것은?

보 기

ㄱ. 정촉매는 활성화 에너지를 낮춰 반응 속도를 빠르게 한다.
ㄴ. 부촉매는 활성화 에너지를 높여 반응 속도를 느리게 한다.
ㄷ. 활성화 에너지는 화학 반응이 일어나기 위해 필요한 최소한의 에너지이다.

① ㄱ ② ㄴ ③ ㄱ, ㄷ
④ ㄴ, ㄷ ⑤ ㄱ, ㄴ, ㄷ

07 물질대사와 연소를 비교 설명한 것으로 옳은 것을 모두 고르시오. (2개)

① 물질대사는 생명체 밖에서도 일어난다.
② 연소는 한꺼번에, 물질대사는 단계적으로 진행된다.
③ 효소는 물질대사에 관여하며, 연소에는 관여하지 않는다.
④ 물질대사와 연소 모두 에너지는 한꺼번에 방출되거나 흡수된다.
⑤ 연소는 체온 정도의 온도에서 일어나며, 물질대사는 고온에서 일어난다.

08 최적 온도 이상일 때 효소의 반응 속도가 급격하게 감소하는 이유로 옳은 것은?

① 효소가 분해되기 때문이다.
② 효소가 변성되기 때문이다.
③ 기질이 분해되기 때문이다.
④ 생성물이 증가하기 때문이다.
⑤ 기질과 효소의 결합이 포화 상태가 되었기 때문이다.

09 효소에 대한 설명으로 옳은 것만을 <보기>에서 있는 대로 고른 것은?

보기
ㄱ. 물질대사에 직접 사용되는 반응물이다.
ㄴ. 물질대사에 필요한 활성화 에너지를 낮추어 준다.
ㄷ. 체온 정도의 온도에서도 화학 반응이 빠르게 일어나게 한다.
ㄹ. 광합성에는 사용되지만, 세포 호흡에서는 사용되지 않는다.

① ㄱ, ㄴ ② ㄴ, ㄷ ③ ㄷ, ㄹ
④ ㄱ, ㄴ, ㄷ ⑤ ㄴ, ㄷ, ㄹ

10 어떤 효소의 농도가 X, Y일 때, 반응물의 농도에 따른 초기 반응 속도를 나타낸 것이다.

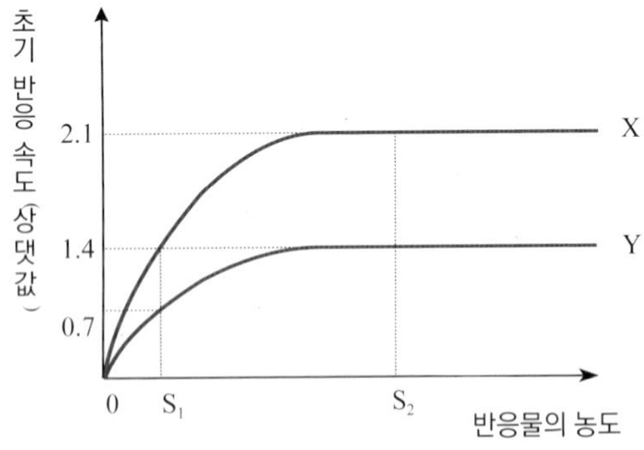

이에 대한 설명으로 옳은 것만을 <보기>에서 있는 대로 고른 것은?

보기
ㄱ. 효소의 농도는 X 가 Y 보다 2배 크다.
ㄴ. 반응물의 농도가 S_2일 때는 S_1일 때보다 활성화 에너지가 더 낮다.
ㄷ. 효소의 농도가 Y 이고 반응물의 농도가 S_1일 때 효소의 50%가 반응물과 결합한다.

① ㄱ ② ㄴ ③ ㄱ, ㄷ
④ ㄴ, ㄷ ⑤ ㄱ, ㄴ, ㄷ

11 효소와 관련된 생명 현상에 대한 설명으로 옳은 것만을 <보기>에서 있는 대로 고른 것은?

보기
ㄱ. 노폐물의 독성을 약화시키는 데 효소가 관여한다.
ㄴ. 생장에 필요한 몸 구성 성분을 합성하는 데 효소가 관여한다.
ㄷ. 한 가지 효소가 결핍되더라도 건강에는 영향을 미치지 않는다.

① ㄱ ② ㄷ ③ ㄱ, ㄴ
④ ㄴ, ㄷ ⑤ ㄱ, ㄴ, ㄷ

03. 세포내 정보의 흐름

12 유전자와 형질에 대한 설명으로 옳은 것만을 <보기>에서 있는 대로 고른 것은?

보기
ㄱ. 유전자의 유전 정보는 단백질로 전사된다.
ㄴ. 유전자는 단백질에 대한 정보를 저장하고 있다.
ㄷ. 형질은 부모로부터 물려받은 단백질에 의해 나타난다.

① ㄱ ② ㄴ ③ ㄱ, ㄴ
④ ㄴ, ㄷ ⑤ ㄱ, ㄴ, ㄷ

13 다음은 정상 유전자와 이 유전자에 이상이 생긴 비정상 유전자 ㉠, ㉡에서 각각 전사된 RNA의 코돈과 이에 대응하는 아미노산 배열을 나타낸 것이다.

정상	RNA	:- ACU - ACA - CAU -
	아미노산	:- 트레오닌 - 트레오닌 - 히스티딘 -
비정상 ㉠	RNA	:- ACU - ACA - CAC -
	아미노산	:- 트레오닌 - 트레오닌 - 히스티딘 -
비정상 ㉡	RNA	:- ACU - GCA - CAU -
	아미노산	:- 트레오닌 - 알라닌 - 히스티딘 -

이에 대한 설명으로 옳은 것만을 <보기>에서 있는 대로 고른 것은? (단, 표에 제시되어 있지 않은 나머지 코돈과 아미노산은 모두 일치한다.)

보기
ㄱ. ACU와 ACA는 같은 아미노산을 지정한다.
ㄴ. 비정상 유전자 ㉠은 유전 질환을 일으킨다.
ㄷ. 비정상 유전자 ㉡으로부터 합성된 단백질의 아미노산은 정상 단백질보다 1개 더 많다.

① ㄱ ② ㄴ ③ ㄱ, ㄴ
④ ㄴ, ㄷ ⑤ ㄱ, ㄴ, ㄷ

14 그림은 어떤 RNA의 염기 서열을, 표는 코돈이 지정하는 아미노산의 일부를 나타낸 것이다.

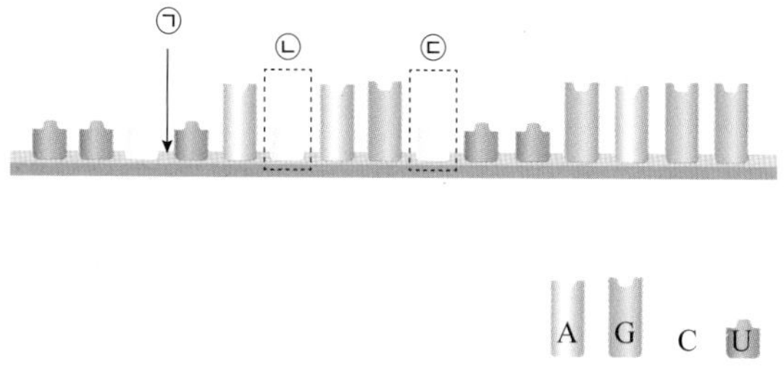

코돈 첫 번째 염기	코돈 두 번째 염기 U	C	A	G	코돈 세 번째 염기
U	페닐알라닌	세린	타이로신	시스테인	C
	류신		종결코돈	종결코돈	A
				트립토판	G
C	류신	프롤린	히스티딘	아르지닌	C
			글루타민		A
					G
A	아이소류신	트레오닌	아스파라진	세린	C
			라이신	아르지닌	A
	메싸이오닌				G

이에 대한 설명으로 옳은 것만을 <보기>에서 있는 대로 고른 것은? (단, 번역은 왼쪽 첫 번째 염기부터 시작되며 종결코돈에 의해 끝난다.)

보 기

ㄱ. 이 RNA의 전사에 사용된 DNA 가닥의 염기 서열은 AAG/AUG/UCG/AAC/UCC이다.
ㄴ. ㉠에 C을 삽입하고, ㉡ 부분의 염기를 U로 바꾸면, 2개의 아미노산만이 존재하는 단백질이 만들어진다.
ㄷ. ㉢ 부분의 염기를 A으로 바꾸면, 4종류의 아미노산으로 이루어진 폴리펩타이드가 합성된다.

① ㄱ ② ㄴ ③ ㄱ, ㄴ
④ ㄴ, ㄷ ⑤ ㄱ, ㄴ, ㄷ

15 다음은 헤모글로빈 유전자를 구성하는 염기 중 1개가 바뀌어 낫 모양 적혈구가 생기는 과정을 나타낸 것이다.

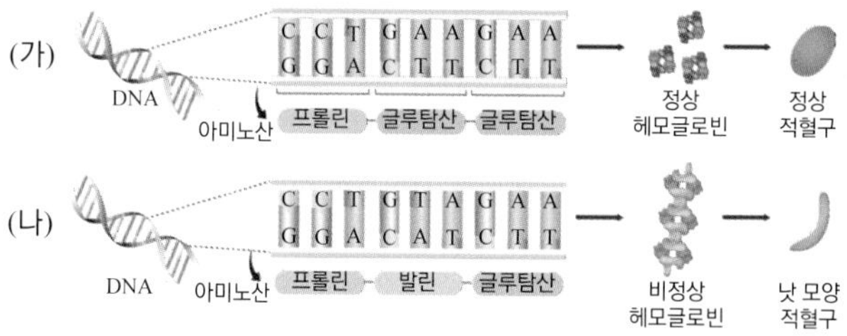

이에 대한 설명으로 옳은 것만을 <보기>에서 있는 대로 고른 것은? (단, 글루탐산을 지정하는 코돈은 GAA이며, 정상 헤모글로빈과 비정상 헤모글로빈을 암호화하는 DNA 염기 서열은 1개를 제외하고 모두 같다.)

보 기

ㄱ. 발린을 지정하는 코돈은 GUA이다.
ㄴ. 유전자 이상이 생기면 저장되는 정보가 달라질 수 있다.
ㄷ. 아미노산 배열 순서에 따라 단백질의 종류와 특성이 결정된다.
ㄹ. (가)의 헤모글로빈을 구성하는 아미노산의 개수는 (나)보다 많다.

① ㄱ, ㄹ ② ㄴ, ㄷ ③ ㄷ, ㄹ
④ ㄱ, ㄴ, ㄷ ⑤ ㄴ, ㄷ, ㄹ

서술형

16 단백질 X가 만들어지기 전 핵 속에서 RNA가 합성되는 전사 과정을 나타낸 것이다.

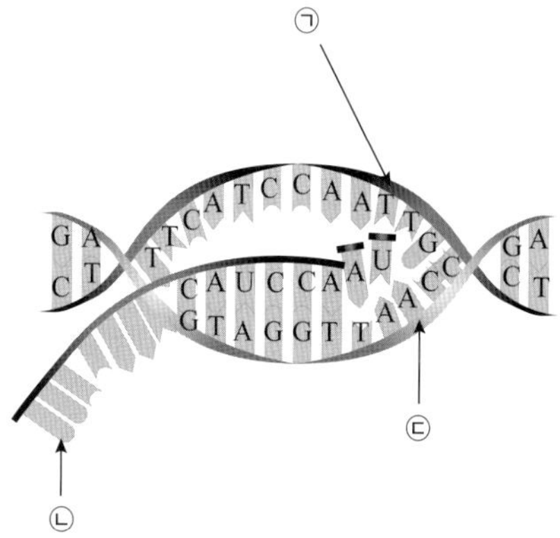

㉠ ~ ㉢ 중 단백질 X의 합성에 대한 유전 정보가 저장되어 있는 것을 모두 고르고 그 이유를 쓰시오.

내신 기출 모의고사 2회

(19 문항 25분)

01. 생명 시스템의 기본 단위

01 생명 시스템에 대한 설명으로 옳지 않은 것은?

① 여러 구성 요소가 상호 작용하여 생명 활동을 수행하는 시스템이다.
② 구조적·기능적 기본 단위는 세포이다.
③ 구성 단계는 세포 → 조직 → 기관 → 개체이다.
④ 모양과 기능이 비슷한 세포의 모임이 조직이다.
⑤ 여러 조직이 모여 독립된 구조와 기능을 가지고 생명 활동을 하는 생명체를 개체라고 한다.

02 벤다이어그램의 겹친 부분은 세포 소기관 (가) ~ (다)의 공통점을, 겹쳐지지 않은 부분은 세포 소기관 (가) ~ (다)의 고유한 특징을 나타낸 것이며, 표는 세포 소기관의 특징 A, B, C, D 를 순서 없이 나타낸 것이다. (단, (가) ~ (다)는 각각 리보솜, 엽록체, 미토콘드리아 중 하나이다.)

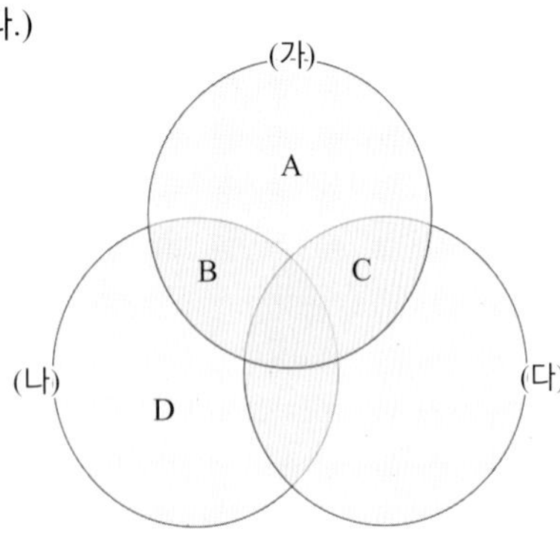

특징 (A, B, C, D)
· 막으로 싸여 있다. · 포도당을 분해한다. · 동물 세포에 존재한다. · 식물 세포에만 존재한다.

이에 대한 설명으로 옳은 것만을 <보기>에서 있는 대로 고른 것은?

보 기

ㄱ. (가)는 엽록체에 해당한다.
ㄴ. (다)에서는 세포 호흡이 일어난다.
ㄷ. B는 '막으로 싸여 있다.'에 해당한다.
ㄹ. '포도당을 합성한다.'는 D에 해당하는 또 다른 특징이다.

① ㄱ, ㄷ ② ㄴ, ㄹ ③ ㄷ, ㄹ
④ ㄱ, ㄴ, ㄷ ⑤ ㄴ, ㄷ, ㄹ

03 엽록체와 미토콘드리아의 공통점과 차이점을 벤다이어그램으로 나타낸 것이다.

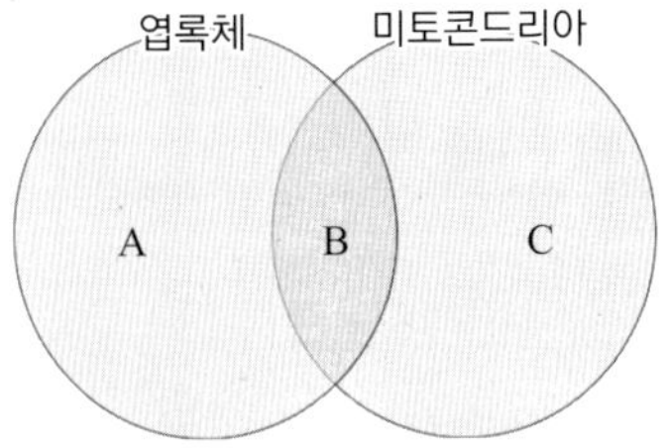

이에 대한 설명으로 옳은 것만을 <보기>에서 있는 대로 고른 것은?

보 기

ㄱ. A는 '이산화 탄소와 물을 원료로 하여 포도당을 합성한다.'에 해당한다.
ㄴ. B는 '식물 세포에 존재하는 세포 소기관'에 해당한다.
ㄷ. C는 '동물 세포에는 존재하고 식물 세포에는 존재하는 않는다.'에 해당한다.

① ㄱ ② ㄷ ③ ㄱ, ㄴ
④ ㄴ, ㄷ ⑤ ㄱ, ㄴ, ㄷ

04 사람의 적혈구를 고장액, 등장액, 저장액에 넣었을 때 일어나는 현상을 나타낸 것이다.

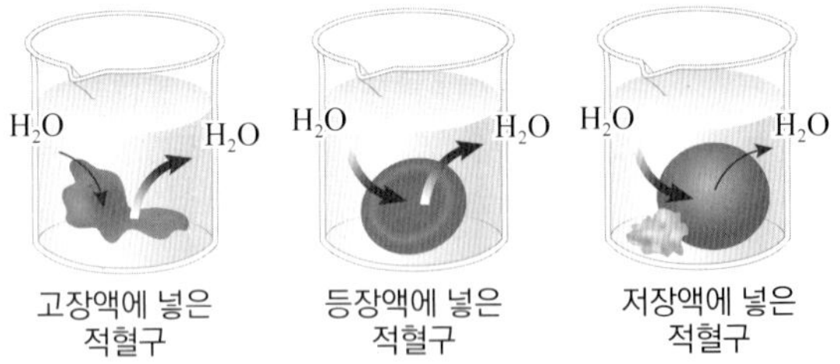

위 결과와 동일한 원리로 설명할 수 있는 현상에 해당하는 것만을 <보기>에서 있는 대로 고른 것은?

보 기

ㄱ. 바닷물은 생수보다 잘 얼지 않는다.
ㄴ. 김장을 할 때 배추를 소금물에 담가 절인다.
ㄷ. 밭에 비료를 너무 많이 뿌리면 농작물이 시들게 된다.

① ㄱ ② ㄷ ③ ㄱ, ㄴ
④ ㄴ, ㄷ ⑤ ㄱ, ㄴ, ㄷ

[05~06] 다음 그림은 어떤 세포를 농도가 다른 소금 용액 (가) ~ (다)에 넣고 일정 시간이 지난 후 현미경으로 관찰한 결과이다. 물음에 답하시오. (단, (나)는 등장액에 넣은 모습이다.)

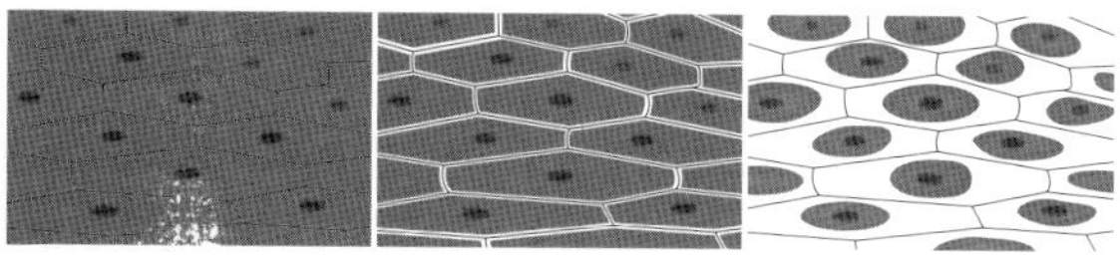

서술형

05 소금 용액 (가)와 (다)의 농도를 비교 서술하시오.

서술형

06 위 실험에 사용한 세포에 해당하는 것만을 <보기>에서 있는 대로 고르고 그 이유를 쓰시오.

보 기

ㄱ. 양파　　ㄴ. 구강 상피 세포
ㄷ. 적혈구　　ㄹ. 단풍잎

07 다음은 세포막의 구조를 나타낸 모식도이다.

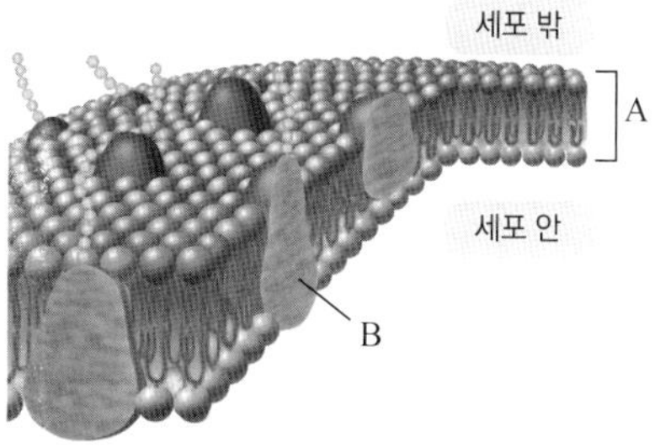

이에 대한 설명으로 옳은 것만을 <보기>에서 있는 대로 고른 것은?

보 기

ㄱ. A는 인지질 2중층이다.
ㄴ. B를 통해서 포도당이나 아미노산이 이동한다.
ㄷ. 폐포에서의 기체 교환은 A를 통해 이루어진다.

① ㄱ　② ㄴ　③ ㄱ, ㄷ
④ ㄴ, ㄷ　⑤ ㄱ, ㄴ, ㄷ

02. 물질 대사와 효소

08 다음은 물질대사의 과정을 나타낸 모식도이다.

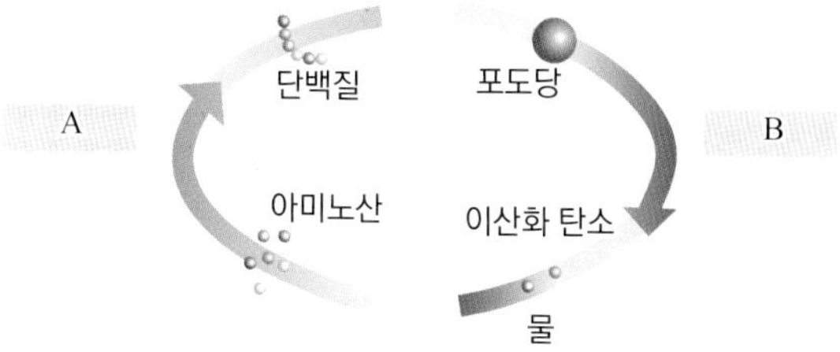

A와 B의 공통점에 대한 설명으로 옳은 것만을 <보기>에서 있는 대로 고른 것은?

보 기

ㄱ. 효소가 관여한다.
ㄴ. 에너지가 관여한다.
ㄷ. 고온, 고압에서 일어난다.

① ㄱ　② ㄷ　③ ㄱ, ㄴ
④ ㄴ, ㄷ　⑤ ㄱ, ㄴ, ㄷ

09 (가), (나)는 같은 양의 포도당이 생명체 내에서 세포 호흡을 통해 산화될 때와 생명체 밖에서 연소될 때의 에너지 변화를 순서 없이 나타낸 것이다.

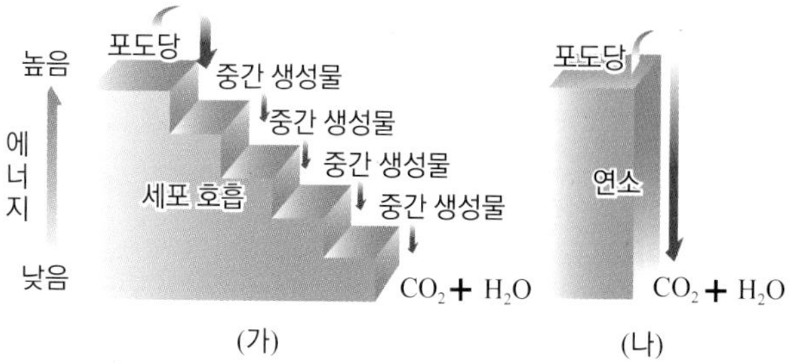

이에 대한 설명으로 옳은 것을 모두 고르시오. (2개)

① (가)는 (나)보다 느리게 일어난다.
② (가)와 (나) 모두에 효소가 관여한다.
③ (가)는 (나)보다 높은 온도에서 일어난다.
④ (가)와 (나) 결과 방출되는 에너지의 총량은 같다.
⑤ (가)는 에너지를 방출하는 반응이며, (나)는 에너지를 흡수하는 반응이다.

10 효소의 양이 일정할 때, 물질 X가 없을 때(A)와 있을 때(B)의 반응물 농도에 따른 초기 반응 속도를 나타낸 것이다.

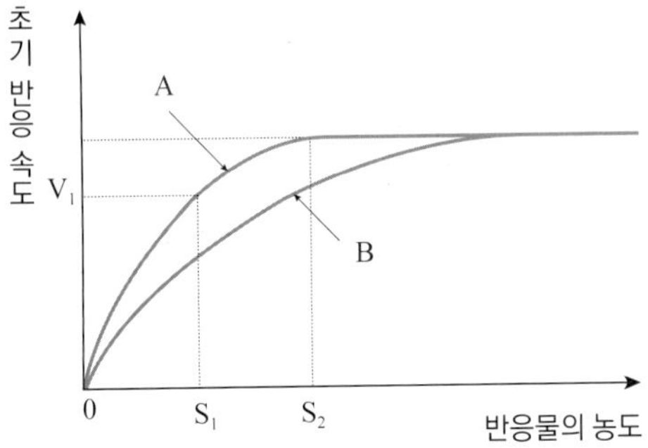

이에 대한 설명으로 옳은 것만을 <보기>에서 있는 대로 고른 것은?

보 기

ㄱ. 물질 X는 효소의 작용을 방해하는 물질이다.
ㄴ. A에서의 활성화 에너지는 B에서의 활성화 에너지와 같다.
ㄷ. A에서 반응물의 농도가 S_1일 때 물질 X를 넣어주면 V_1은 커진다.
ㄹ A에서 반응물의 농도가 S_2일 때 효소를 더 넣어주면 초기 반응 속도가 증가한다.

① ㄱ, ㄴ ② ㄴ, ㄷ ③ ㄱ, ㄴ, ㄷ
④ ㄱ, ㄴ, ㄹ ⑤ ㄴ, ㄷ, ㄹ

11 화학 반응에 비유해서 공을 산 반대편으로 옮기는 모습을 나타낸 것이다. (단, E는 에너지이다.)

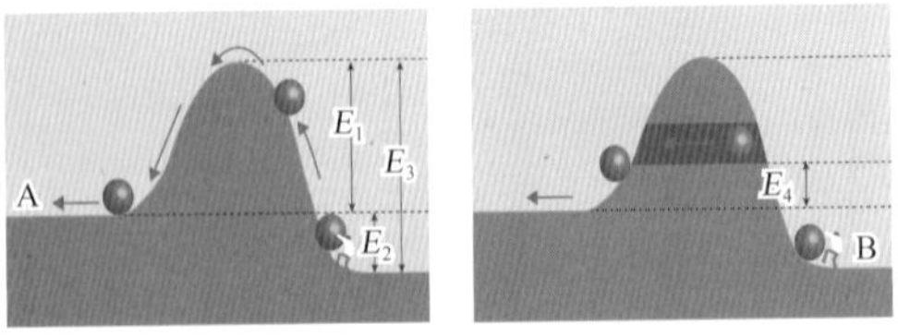

(가) (나)

위 그림을 토대로 효소의 유무에 따른 화학 반응에 대한 설명으로 옳지 않은 것은?

① (가)와 (나)는 흡열 반응이다.
② A는 생성물, B는 반응물이다.
③ 효소가 없을 때 활성화 에너지는 E_3이다.
④ 효소가 있을 때 활성화 에너지는 $E_2 + E_4$이다.
⑤ 효소가 없을 때 반응열은 E_1이며, 효소가 있을 때 반응열은 E_2이다.

12 일상 생활에서의 효소의 사용에 대한 설명으로 옳은 것만을 <보기>에서 있는 대로 고른 것은?

보 기

ㄱ. 돼지고기 수육을 먹을 때 새우젓과 함께 먹으면 소화가 잘 된다.
ㄴ. 치즈, 요구르트 등의 발효 식품은 미생물이 가지고 있는 효소를 이용하여 만드는 것이다.
ㄷ. 엿기름물을 밥에 넣어 식혜를 만드는 것은 물질 합성을 촉진하는 효소를 이용한 것이다.

① ㄱ ② ㄷ ③ ㄱ, ㄴ
④ ㄴ, ㄷ ⑤ ㄱ, ㄴ, ㄷ

13 (가) ~ (라)는 일상생활에서 접할 수 있는 몇 가지 현상들이다.

(가) 밥을 오래 씹으면 단맛이 난다.
(나) 돼지고기에 키위나 배를 갈아 넣어 재워두면 고기가 연해진다.
(다) 엿기름과 밥을 섞어 보온밥통에 4 ~ 5시간 보온하면 식혜가 된다.
(라) 옷의 얼룩을 제거할 때 효소 세제를 이용하면 합성 세제보다 세척력이 뛰어나다.

이에 대한 설명으로 옳지 않은 것은?

① (가) ~ (라) 모두 효소와 관련된 현상이다.
② (가)는 아밀레이스에 의해 녹말이 분해되었기 때문이다.
③ (나)는 키위나 배가 돼지고기에 들어있는 지방을 분해하는 효소이기 때문이다.
④ (다)에서 보온밥통을 사용하는 이유는 효소가 온도의 영향을 받기 때문이다.
⑤ (라)의 효소 세제에는 단백질을 분해하는 효소뿐만 아니라 지방 분해 효소도 들어있다.

03. 세포내 정보의 흐름

14 유전 암호에 대한 설명으로 옳은 것만을 <보기>에서 있는 대로 고른 것은?

보 기

ㄱ. 리보솜은 RNA의 유전 암호를 인식하여 단백질을 합성한다.
ㄴ. DNA의 유전 암호는 유전자에 존재하는 연속된 3개의 염기 조합이다.
ㄷ. 동일한 유전 암호라 하더라도 생명체마다 합성하는 단백질은 서로 다르다.

① ㄱ ② ㄴ ③ ㄱ, ㄴ
④ ㄴ, ㄷ ⑤ ㄱ, ㄴ, ㄷ

15 다음은 사람 세포에서 일어나는 유전 정보의 흐름을 나타낸 것이다.

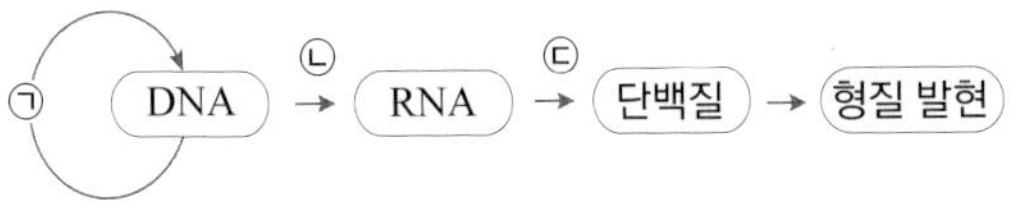

이에 대한 설명으로 옳은 것만을 <보기>에서 있는 대로 고른 것은?

보기

ㄱ. ㉠은 같은 DNA를 하나 더 만드는 과정이다.
ㄴ. ㉡은 두 가닥의 DNA가 쪼개져 한 가닥이 되는 과정이다.
ㄷ. ㉢은 핵 속에서 진행된다.

① ㄱ ② ㄷ ③ ㄱ, ㄴ
④ ㄴ, ㄷ ⑤ ㄱ, ㄴ, ㄷ

서술형

16 서로 다른 생명체들 사이에서도 동일한 종류의 단백질이 합성될 수 있는 원리를 유전 암호와 관련지어 서술하시오.

17 유전자에 대한 설명으로 옳은 것만을 <보기>에서 있는 대로 고른 것은?

보기

ㄱ. DNA 한 분자에는 여러 개의 유전자가 있다.
ㄴ. 세포 하나에 포함된 유전자 수는 염색체 수와 일치한다.
ㄷ. 유전 정보가 저장되어 있는 DNA의 특정 부위를 유전자라고 한다.
ㄹ. 서로 다른 유전자에는 서로 다른 단백질에 대한 유전 정보가 저장되어 있다.

① ㄱ, ㄷ ② ㄴ, ㄹ ③ ㄷ, ㄹ
④ ㄱ, ㄴ, ㄷ ⑤ ㄱ, ㄷ, ㄹ

18 다음은 세포에서 유전 정보에 따라 단백질이 합성되는 과정을 나타낸 그림이다.

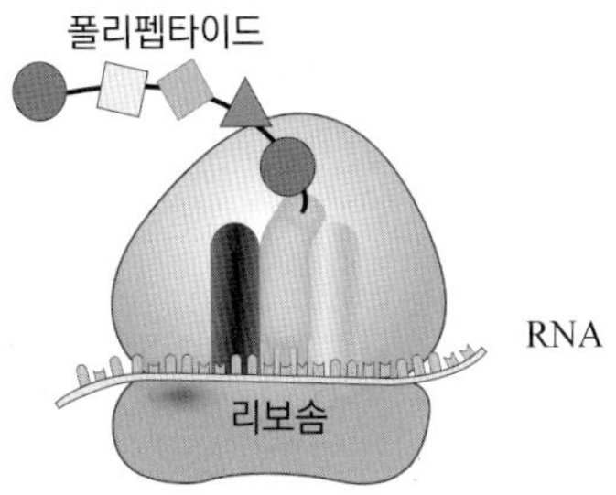

그림의 폴리펩타이드가 합성되기까지 사용된 염기의 개수는? (단, 아직 번역은 끝나지 않았다.)

① 4개 ② 5개 ③ 8개
④ 10개 ⑤ 15개

19 다음은 어떤 DNA의 2중 나선을 분리하여 얻은 두 가닥과 그 DNA로부터 전사된 RNA의 염기 조성 비율(%)을 나타낸 것이다.

구분	염기 조성 비율(%)					계 (%)
	A	G	C	T	U	
(가)	23	30	25	22	0	100
(나)	22	25	30	0	23	100
(다)	22	25	30	23	0	100

이에 대한 설명으로 옳은 것만을 <보기>에서 있는 대로 고른 것은?

보기

ㄱ. (가)는 (나)로 전사된 DNA 가닥이다.
ㄴ. (가)와 (다)는 상보결합하여 DNA 2중 나선을 이룬다.
ㄷ. (나)와 (다)는 서로 상보결합 할 수 있다.

① ㄱ ② ㄴ ③ ㄱ, ㄴ
④ ㄴ, ㄷ ⑤ ㄱ, ㄴ, ㄷ

III 변화와 다양성

지구상의 생물들은 어떻게 살아남았을까?

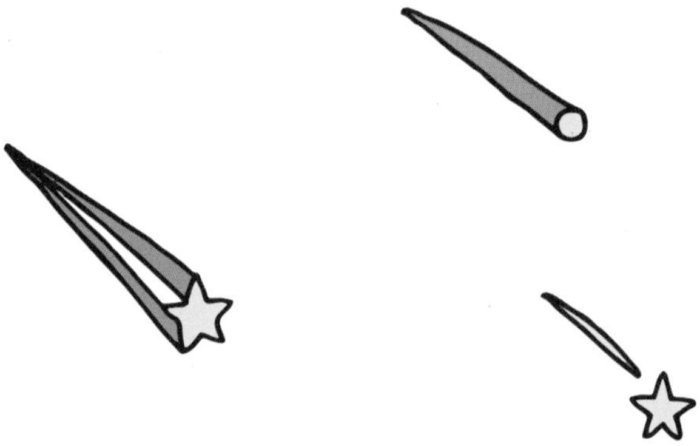

배울 내용 미리보기

1 화학 변화

2 생물 다양성과 유지

01 다양한 산화 환원 반응

핵심 Point

□ 지구와 생명의 역사를 바꾼 화학 반응　□ 산소 이동에 의한 산화 환원 반응
□ 전자 이동에 의한 산화 환원 반응　□ 우리 주변의 산화 환원 반응

산소 및 전자 이동에 의한 산화 환원 반응이란 무엇일까? 산화 환원 반응의 예는 무엇이 있을까?

A 산소의 이동에 의한 산화 환원 반응

1. 지구와 생명의 역사를 바꾼 화학 반응 : 광합성, 화석 연료의 연소, 철의 제련 등은 모두 지구와 생명의 역사에 큰 변화를 가져온 화학 반응이고, 모두 산소가 관여하는 반응이다.

화학 반응	내용
광합성과 호흡	〈**광합성**〉 식물이 빛 에너지를 이용하여 이산화 탄소와 물을 포도당과 산소로 만드는 반응이다. · 광합성으로 만들어진 산소가 대기 중으로 방출되어 오존층이 형성되었고, 그 결과 산소 호흡하는 생물들이 출현하였다.
	이산화 탄소 + 물 $\xrightarrow{\text{빛에너지}}$ 포도당 + 산소
	〈**호흡**〉 세포 호흡으로 포도당과 산소가 반응하여 이산화 탄소와 물이 생성되고, 에너지가 발생하는 반응이다. · 광합성과 같이 생명체의 출현과 진화 및 생명 유지에 큰 기여를 하였다.
	포도당 + 산소 ⟶ 이산화 탄소 + 물 + 에너지
화석 연료의 연소★	· 화석 연료❶가 공기 중에서 연소하면 산소와 반응하여 이산화 탄소와 물이 생성되고 많은 열이 방출된다. · 연소할 때 발생하는 열을 이용하여 증기 기관을 작동시켜 산업 혁명을 일으켰다.
	화석 연료 + 산소 ⟶ 이산화 탄소 + 물 + 에너지(열, 빛)
철의 제련★	· 철광석❷에서 산소를 제거하여 순수한 철을 얻는 과정이다. · 순수한 철을 얻어 산업 전반과 각종 생활용품에 널리 이용하고 있다.
	산화 철 + 일산화 탄소 ⟶ 철 + 이산화 탄소

2. 산소의 이동에 의한 산화 환원 반응

구분	내용	예
산화	산소를 얻는 반응	(예) $2CuO + C \longrightarrow 2Cu + CO_2$ (산화 구리(II), 탄소, 구리, 이산화 탄소) C → CO_2: 산화, CuO → Cu: 환원
환원	산소를 잃는 반응	

3. 구리의 산화 환원 반응 : 붉은색의 구리를 알코올램프의 겉불꽃❸에 가열하면 산화 구리(II)로 되어 검은색으로 변하고, 산화 구리(II)를 속불꽃❸에 넣으면 다시 붉은색으로 변한다.

겉불꽃 속 반응	속불꽃 속 반응
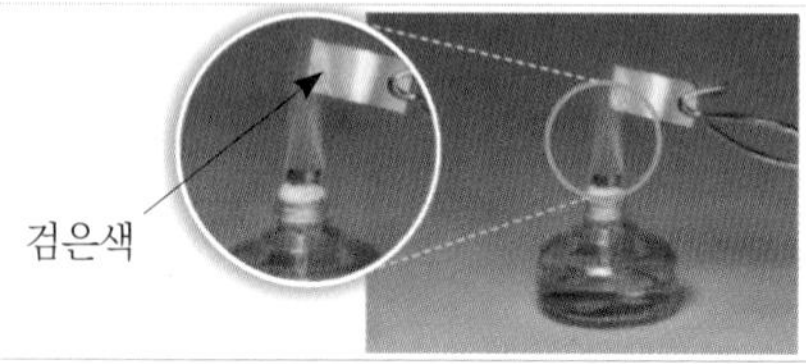	
구리판을 알코올램프의 겉불꽃에 넣고 가열하면 붉은색 구리판이 검은색으로 변한다. → 구리(붉은색)를 가열하면 공기 중의 산소와 반응하여(산화되어) 산화 구리(II)(검은색)가 되기 때문이다.	검은색으로 변한 부분을 알코올램프의 속불꽃에 넣고 가열하면 검은색 구리판이 다시 붉은색으로 변한다. → 산화 구리(II)(검은색)가 C, CO에 의해 산소를 잃고(환원) 다시 구리(붉은색)가 되기 때문이다.
산소 얻음(산화): $2Cu$(붉은색, 구리) + O_2(산소) ⟶ $2CuO$(검은색, 산화 구리(II))	산소 잃음(환원): $2CuO$(검은색, 산화 구리(II)) + C(탄소) ⟶ $2Cu$(붉은색, 구리) + CO_2(이산화 탄소)

개념+

❶ 화석 연료

주로 탄소(C)와 수소(H)로 이루어져 있으며, 지질 시대 생물이 땅속에 묻혀 화석화되어 생성되었다.
(예) 석탄, 석유, 천연가스 등

❷ 철광석

자연 상태에서 철은 주로 철광석 형태로 존재하는데, 철광석의 주성분은 철과 산소가 결합한 산화 철(III)(Fe_2O_3) 형태이다.

❸ 겉불꽃과 속불꽃

알코올램프의 겉불꽃은 산소가 많이 공급되어 온도가 높다. 속불꽃은 겉불꽃보다 산소가 충분히 공급되지 않아 에탄올의 불완전 연소가 일어나므로 탄소(C)또는 일산화 탄소(CO)가 존재하여 속불꽃 속 물질을 환원시키는 역할을 한다.

● 산소의 반응성

산소는 반응성이 커서 다른 물질과 쉽게 반응하므로 지구계에서 일어나는 많은 산화 반응에 관여하여 왔다.

미니사전

★ **연소** [燃 타다, 燒 타다]
어떤 물질이 빛과 열을 내면서 산소와 빠르게 결합하는 반응

★ **제련** [製 짓다, 鍊 단련하다]
광석을 용광로에서 녹인 후 광석에 포함된 순수한 금속을 얻는 과정

잠깐 탐구 산화 구리(II)와 탄소의 산화 환원 반응

그림과 같이 시험관에 검은색 산화 구리(II)와 탄소 가루를 넣고 충분히 가열하면서 관찰하였더니 석회수가 뿌옇게 흐려지면서 시험관 속에 붉은색 가루가 생성되었다.

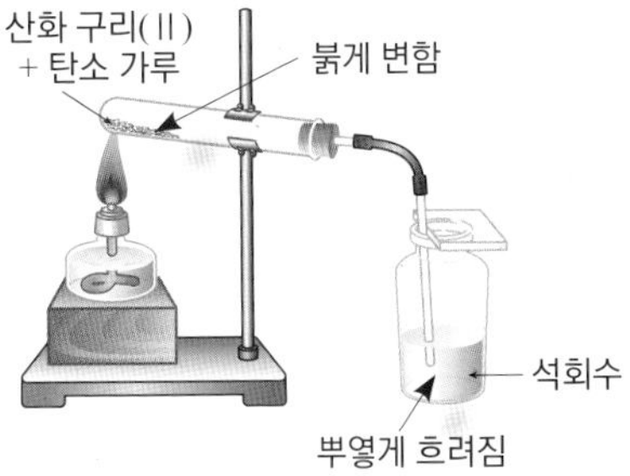

- 석회수가 뿌옇게 흐려지는 이유 : 산화 구리(II)와 탄소가 반응하여 생성된 이산화 탄소가 석회수와 반응하기 때문이다.④
- 시험관 속에 붉은색 가루가 생성되는 이유 : 구리가 생성되었기 때문이다.

(산화: C → CO_2)

$2CuO + C \longrightarrow 2Cu + CO_2$

산화 구리(II) 탄소 구리 이산화 탄소

(환원: CuO → Cu)

B 전자의 이동에 의한 산화 환원 반응

1. 전자의 이동에 의한 산화 환원 반응

산화	전자를 잃는 반응	
	$Mg \longrightarrow Mg^{2+} + 2e^-$	
환원	전자를 얻는 반응	
	$Cu^{2+} + 2e^- \longrightarrow Cu$	

예 (산화: Mg → Mg^{2+})

$Mg + Cu^{2+} \longrightarrow Mg^{2+} + Cu$

마그네슘 구리 이온 마그네슘 이온 구리

(환원: Cu^{2+} → Cu)

2. 질산 은 수용액과 구리의 반응 : 질산 은 수용액에 금속 구리를 넣으면 구리는 구리 이온이 되어 수용액이 푸른색으로 변하고, 은 이온은 석출★ 되어 금속 은이 된다.

[질산 은 수용액과 구리의 반응]

- 구리가 전자를 잃고 구리 이온으로 용액에 녹아 들어가므로 용액이 푸른색으로 변한다.
  → $Cu \longrightarrow Cu^{2+} + 2e^-$(산화)
- 은 이온이 전자를 얻어 구리선 표면에 금속 은으로 석출된다.
  → $Ag^+ + e^- \longrightarrow Ag$(환원)

(산화: Cu → Cu^{2+})

$Cu + 2Ag^+ \longrightarrow Cu^{2+} + 2Ag$

구리 은 이온 구리 이온 은

(환원: Ag^+ → Ag)

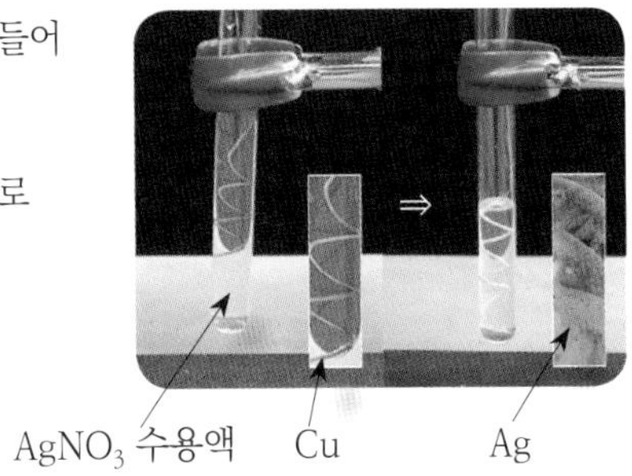

3. 묽은 염산과 아연의 반응 : 묽은 염산에 금속 아연을 넣으면 아연은 아연 이온이 되어 수용액 속에 존재하고, 수소 이온은 수소 기체로 발생된다.

[묽은 염산과 아연의 반응]

- 묽은 염산에 아연판을 넣으면 아연은 전자를 잃어 아연 이온이 되고, 수소 이온은 전자를 얻어 수소로 환원된다.

(산화: Zn → Zn^{2+})

$Zn + 2H^+ \longrightarrow Zn^{2+} + H_2$

(환원: H^+ → H_2)

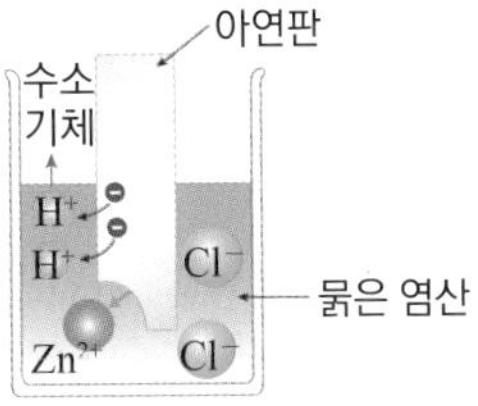

4. 산화 환원 반응의 동시성 : 어떤 물질이 산소를 얻거나 전자를 잃고 산화되면 다른 물질은 산소를 잃거나 전자를 얻어 환원된다. 즉, 산화와 환원은 항상 동시에 일어난다.

개념 +

④ 석회수를 이용한 이산화 탄소 기체 검출

석회수($Ca(OH)_2$)와 이산화 탄소(CO_2)가 반응하면 흰색 앙금인 탄산 칼슘($CaCO_3$)이 생성되어 석회수가 뿌옇게 흐려진다. 이를 통해 이산화 탄소 기체의 발생 여부를 확인할 수 있다.

$Ca(OH)_2 + CO_2 \rightarrow CaCO_3 + H_2O$

● 전자 이동과 산화 환원

어떤 물질이 산소와 결합하는 것은 산소에게 전자를 주어 전자를 잃는 것과 같으므로 산화 반응이다. 즉, 산소의 이동에 의한 산화 환원 반응을 전자의 이동으로도 설명할 수 있다.

예 마그네슘의 연소

(산화: Mg → Mg^{2+})

$2Mg + O_2 \rightarrow MgO(2Mg^{2+} + 2O^{2-})$

(환원: O_2 → O^{2-})

→ 마그네슘은 전자를 잃어 산화되고, 산소는 전자를 얻어 환원된다.

→ 마그네슘은 산소와 결합하여(연소되어) 이온 결합 화합물인 산화 마그네슘이 된다.

● 마그네슘과 드라이아이스의 반응

2족 금속인 마그네슘(Mg)은 산소, 물, 이산화 탄소와 잘 반응한다. 마그네슘 가루를 드라이아이스(고체 이산화 탄소) 통에 넣고 불을 붙인 후 뚜껑을 덮어두면 검은 탄소 가루가 생성된다.

(산화: Mg → MgO)

$2Mg + CO_2 \rightarrow 2MgO + C$

(환원: CO_2 → C)

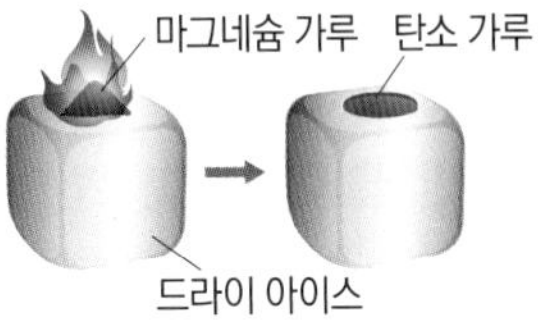

미니사전

★ **석출** 용액 상태의 물질에서 고체 상태의 물질이 생성되는 현상

C 우리 주변의 산화 환원 반응

1. 광합성과 호흡

① **광합성 :** 식물의 엽록체에서 빛에너지를 흡수하여 이산화 탄소와 물로부터 포도당과 산소를 만드는 반응이다.

$$6CO_2 + 6H_2O \xrightarrow{\text{빛에너지}} C_6H_{12}O_6 + 6O_2$$

(이산화 탄소, 물 → 포도당, 산소 / 산화: H_2O → O_2, 환원: CO_2 → $C_6H_{12}O_6$)

② **호흡 :** 생물 세포 내 미토콘드리아에서 세포 호흡이 일어나면 포도당이 산소와 반응하여 물과 이산화 탄소로 분해하고, 에너지가 발생한다.

$$C_6H_{12}O_6 + 6O_2 \longrightarrow 6CO_2 + 6H_2O + \text{에너지}$$

(포도당, 산소 → 이산화 탄소, 물 / 산화: $C_6H_{12}O_6$ → CO_2, 환원: O_2 → H_2O)

2. 메테인의 연소

도시가스의 주성분인 메테인이 공기 중에서 연소할 때에는 산소와 반응하여 이산화 탄소와 물이 생성된다.

$$CH_4 + 2O_2 \longrightarrow CO_2 + 2H_2O$$

(메테인, 산소 → 이산화 탄소, 물 / 산화: CH_4 → CO_2, 환원: O_2 → H_2O)

3. 철의 제련

철광석과 코크스★를 용광로에 넣고 가열하면 순수한 철을 얻을 수 있다.

[용광로에서 철의 제련]

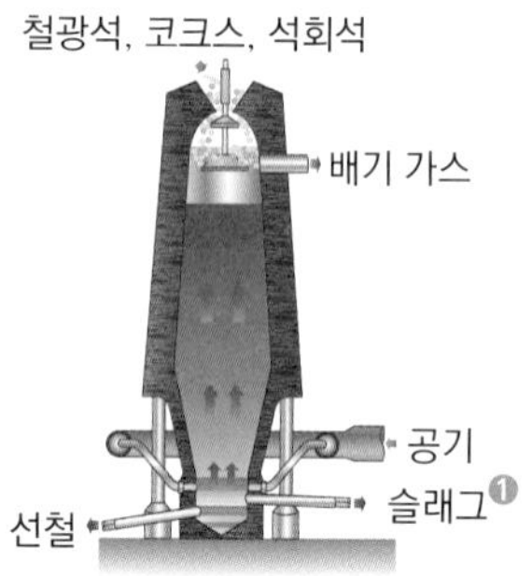

- 코크스의 산화 : 코크스가 산화되어 일산화 탄소가 된다.

$$2C + O_2 \longrightarrow 2CO$$

(코크스, 산소 → 일산화 탄소 / 산화: C → CO)

- 산화 철(Ⅲ) : 철광석에 들어 있는 산화 철(Ⅲ)이 일산화 탄소와 반응하여 철로 환원된다.

$$Fe_2O_3 + 3CO \longrightarrow 2Fe + 3CO_2$$

(산화 철(Ⅲ), 일산화 탄소 → 철, 이산화 탄소 / 산화: CO → CO_2, 환원: Fe_2O_3 → Fe)

4. 일상생활 속 산화 환원 반응

① **사과의 갈변 :** 사과를 깎아 공기 중에 두면 산화되어 갈색으로 변한다.

② **음식물의 부패 :** 오래된 음식물이 산화되어 썩는다.

③ **일회용 손난로 :** 철 가루가 들어 있는 손난로를 흔들면 철이 산화되면서 열이 발생한다.

④ **반딧불이의 불빛 :** 반딧불이 몸속에서 루시페린이라는 물질이 산화될 때 불빛이 난다.

⑤ **섬유 표백 :** 섬유의 얼룩을 표백제로 세탁하면 산화 환원 반응이 일어나 하얗게 된다.

⑥ **머리카락 염색 :** 염색약에 들어 있는 과산화 수소가 머리카락의 멜라닌 색소를 산화시켜 없어지게 하고, 염료는 색을 물들인다.

⑦ **불꽃놀이 :** 폭죽에 들어 있는 화약이 폭발할 때 산화되면서 매우 높은 열이 발생하여 금속의 불꽃색이 나타난다.

⑧ **색이 변하는 렌즈 :** 색이 변하는 안경의 렌즈는 햇빛을 받으면 산화 환원 반응이 일어나 렌즈의 색이 어두워지고, 햇빛을 받지 않으면 렌즈가 다시 투명해진다.

⑨ **전통 도자기 :** 도자기를 생산할 때 흙에 포함된 철 성분은 산화 환원 반응을 통해 백색, 청색 등을 띠며, 이에 따라 백자, 청자 등이 된다.

개념 +

● 호흡에서 발생한 에너지

세포 호흡에서 발생한 에너지의 일부는 생명 현상을 유지하는 데 사용된다.

❶ 슬래그

철광석에서 철을 분리하고 남은 찌꺼기로 도로포장재, 건축재 등으로 유용하게 사용된다.
석회석($CaCO_3$)이 용광로에서 열분해 되어 산화 칼슘(CaO)이 생성된다.
$CaO + SiO_2$(철광석 불순물) → $CaSiO_3$(슬래그)

● 철의 부식(산화) 방지

철은 공기 중의 산소, 수분과 반응하여 붉은 녹(산화 철)을 만든다. 따라서 철의 부식을 방지하기 위해서는 철을 공기 중의 산소나 수분으로부터 보호해야 한다. 다음과 같은 방법이 있다.

① 철 표면에 페인트를 칠하거나 기름을 칠한다.
② 철 표면에 산화가 잘되는 다른 금속으로 얇게 입히는 도금을 한다. (주석 도금-양철, 아연 도금-함석)
③ 철과 다른 금속의 합금을 만든다. (스테인레스)
④ 철보다 반응성이 큰 금속을 철과 연결해 철 대신 금속이 산화하도록 한다. (음극화 보호법)

미니사전

★ **코크스**

석탄을 높은 온도에서 오랫동안 구운 것으로 주성분은 탄소(C)이다.

개념 +

사과의 갈변- 멜라닌 색소 형성	반딧불이의 불빛- 루시페린의 산화	섬유 표백- 얼룩, 물감 산화

머리카락 염색- 멜라닌 색소 산화	불꽃놀이- 금속의 산화	전통 도자기- 철 성분의 산화

개념 체크

정답 및 해설 ➜ 80

Point

01 산화 환원 반응에 대한 설명으로 옳은 것은 ○표, 옳지 않은 것은 ×표 하시오.

(1) 전자를 얻는 반응은 산화이고, 전자를 잃는 반응은 환원이다. ( )
(2) 광합성은 포도당이 산소와 반응하여 물과 이산화 탄소로 분해되는 반응이다. ( )
(3) 철의 제련 과정에서 산화 철(Ⅲ)을 환원시켜 순수한 철을 얻는다. ( )
(4) 산화와 환원은 항상 동시에 일어난다. ( )

02 화학 반응식의 ( ) 안에 산화 또는 환원을 써서 답하시오.

(1) (㉠): $3CO \rightarrow 3CO_2$, (㉡): $Fe_2O_3 \rightarrow 2Fe$

$$Fe_2O_3 + 3CO \longrightarrow 2Fe + 3CO_2$$

산화 철(Ⅲ) 일산화 탄소 철 이산화 탄소

(2) (㉠): $Zn \rightarrow Zn^{2+}$, (㉡): $Cu^{2+} \rightarrow Cu$

$$Cu^{2+} + Zn \longrightarrow Cu + Zn^{2+}$$

(3) (㉠): $Zn \rightarrow Zn^{2+}$, (㉡): $2H^+ \rightarrow H_2$

$$2H^+ + Zn \longrightarrow H_2 + Zn^{2+}$$

(4) (㉠): $Cu \rightarrow Cu(NO_3)_2$, (㉡): $2AgNO_3 \rightarrow 2Ag$

$$2AgNO_3 + Cu \longrightarrow 2Ag + Cu(NO_3)_2$$

03 지구와 생명의 역사를 바꾼 광합성, 화석 연료의 연소, 철의 제련 등의 화학 반응에 공통으로 관여하는 원소를 쓰시오.

04 철광석으로부터 순수한 철을 얻는 제련 과정에 대한 설명이다. ( ) 안에 들어갈 알맞은 말을 쓰시오.

> 철의 제련 과정에서 철광석의 주성분인 산화 철(Ⅲ)이 일산화 탄소와 반응하면 산화 철(Ⅲ)은 ( )되어 철이 되고, 일산화 탄소는 ( )되어 이산화 탄소가 된다.

탐구

황산 구리(II) 수용액과 아연의 반응

목표

황산 구리(II) 수용액과 아연이 반응할 때 전자의 이동에 따른 산화 환원 반응을 알아본다.

준비물 비커, 황산 구리(II) 수용액, 금속 아연

실험 과정 및 결과

· 푸른색 황산 구리(II)($CuSO_4$) 수용액에 금속 아연(Zn)판을 넣었더니 시간이 지난 후 황산 구리(II) 수용액의 푸른색이 점점 옅어지고, 아연판에 붉은색 구리가 석출되었다.

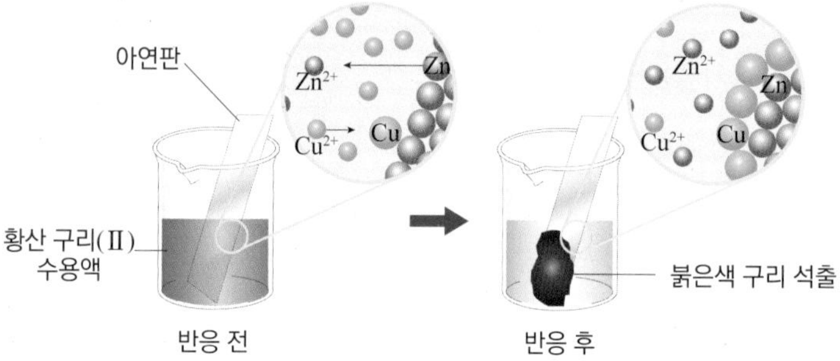

정리 및 해석

구분	반응 전	반응 후
수용액의 색	구리 이온(Cu^{2+})에 의해 푸른색을 띤다.	구리 이온(Cu^{2+})의 수가 감소하여 푸른색이 옅어진다.
금속 표면 상태	아연(Zn) 고유의 은백색 광택을 띤다.	아연(Zn)판에 붉은색 구리가 석출되어 달라붙는다.

· 구리 이온(Cu^{2+})이 전자를 2개 얻어 구리(Cu)가 되므로 구리 이온(Cu^{2+})은 환원된다.
· 아연(Zn)이 전자를 2개 잃어 아연 이온(Zn^{2+})이 되므로 아연(Zn)은 산화된다.
· 산화 환원 반응은 항상 동시에 일어나고, 산화된 물질의 잃은 전자 수와 환원된 물질의 얻은 전자 수가 같다. 따라서 1개의 Cu와 Zn^{2+}이 생성될 때 이동한 전자 수는 2개이고, 반응식은 다음과 같다.

$$Cu^{2+} + Zn \longrightarrow Cu + Zn^{2+}$$

!주의

● 전자를 잃기 쉬운 금속일수록 이온으로 되기 쉬우며, 산화가 잘 된다. 전자를 잃기 쉬운 금속부터 전자를 잃기 어려운 금속 순서는 다음과 같다. H_2(수소)는 비교를 위해 넣었다.

(K, Ca, Na) > Mg > (Al, Zn, Fe) > (H_2, Cu) > Ag

예를 들어, 아연을 구리 이온과 반응시키면 아연(Zn)은 구리보다 전자를 잃기 쉬워 아연 이온(Zn^{2+})으로 되고(녹고), 구리 이온(Cu^{2+})은 전자를 얻어 구리(Cu)로 석출되지만, 구리를 아연 이온과 반응시키면 아무런 반응이 일어나지 않는다.

$Zn + Cu^{2+} \rightarrow Zn^{2+} + Cu$

$Cu + Zn^{2+} \rightarrow$ 변화 없음

마찬가지로 구리(Cu)를 은 이온(Ag^+)과 반응시키면 구리는 은보다 전자를 잃기 쉬워 구리 이온(Cu^{2+})으로 되고(녹고), 은 이온(Ag^+)은 전자를 얻어 은(Ag)으로 석출되지만, 은(Ag)을 구리 이온(Cu^{2+})과 반응시키면 아무런 반응이 일어나지 않는다.

$Cu + 2Ag^+ \rightarrow Cu^{2+} + 2Ag$

$2Ag + Cu^{2+} \rightarrow$ 변화 없음

정답 및 해설 ➜ 80

탐구 문제 1 질산 은($AgNO_3$) 수용액에 금속 구리(Cu)판을 넣고 두었더니 용액이 푸른색을 띠고, 구리판 표면에 은백색 금속이 석출되었다. 이에 대한 설명으로 옳은 것은?

① 수용액 속 은 이온(Ag^+)의 수는 증가한다.
② 수용액 속 구리 이온(Cu^{2+})의 수는 감소한다.
③ 은 이온(Ag^+)은 산화된다.
④ 구리 원자 1개와 반응한 은 이온의 수는 1개이다.
⑤ 이 반응의 반응식은 $2Ag^+ + Cu \longrightarrow 2Ag + Cu^{2+}$ 이다.

1 산소 이동에 의한 산화 환원 반응

지구와 생명의 역사에 영향을 준 광합성을 화학 반응식으로 나타내었다.

$$6CO_2 + 6H_2O \longrightarrow C_6H_{12}O_6 + 6\ \boxed{(가)}$$

이에 대한 설명으로 옳은 것은?

① (가)는 H_2이다.
② 에너지가 방출된다.
③ 이산화 탄소는 산화된다.
④ 생명체 세포의 미토콘드리아에서 반응이 일어난다.
⑤ 반응 결과 오존층이 형성되어 수많은 생명체의 출현과 진화가 가능해졌다.

2 전자 이동에 의한 산화 환원 반응

질산 은($AgNO_3$) 수용액에 구리(Cu)판을 넣었을 때 일어나는 반응이다. 이때 수용액의 색이 푸른색으로 변하였다. 이에 대한 설명으로 옳지 않은 것은?

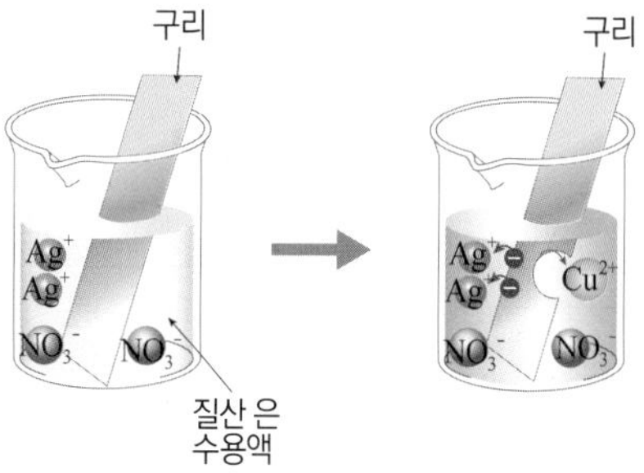

① 구리는 산화된다.
② 은 이온은 환원된다.
③ 질산 이온의 수는 변하지 않는다.
④ 수용액 속의 은 이온 수는 점점 감소한다.
⑤ 수용액이 푸른색을 띠는 것은 은 이온 때문이다.

3 우리 주변의 산화 환원 반응

철광석에 코크스(C)를 넣어 철을 제련하는 과정에서 일어나는 반응의 일부를 화학 반응식으로 나타내었다. 이에 대한 설명으로 옳은 것만을 <보기>에서 있는 대로 고른 것은?

(가) $2C + O_2 \longrightarrow 2CO$
(나) $Fe_2O_3 + 3CO \longrightarrow 2Fe + 3CO_2$

보 기

ㄱ. (가)에서 C 는 산화된다.
ㄴ. (나)에서 Fe_2O_3 은 환원된다.
ㄷ. (가)와 (나)는 물질 사이에 산소가 이동한다.

① ㄱ ② ㄷ ③ ㄱ, ㄴ ④ ㄴ, ㄷ ⑤ ㄱ, ㄴ, ㄷ

1 산소의 이동에 의한 산화 환원 반응

01 광합성이 지구와 생명에 미친 영향에 대한 설명으로 옳은 것만을 <보기>에서 있는 대로 고른 것은?

보기

ㄱ. 광합성은 산소가 관여하는 산화 환원 반응이다.
ㄴ. 광합성으로 생성된 산소로 오존층이 생성되었다.
ㄷ. 광합성은 생명체 출현과 진화 및 생명 유지에 큰 기여를 하였다.

① ㄱ ② ㄴ ③ ㄱ, ㄷ
④ ㄴ, ㄷ ⑤ ㄱ, ㄴ, ㄷ

02 지구와 생명의 역사를 바꾼 물질 (가)에 대한 설명이다.

(가) 은/는 지질 시대의 생물이 땅속에 묻혀 생성된 것으로, ㉠연소 과정에서 물과 (나) 이/가 생성되며 이때 많은 열이 방출된다. 산업 혁명 이후 현재까지 난방과 운송 수단의 연료로 사용되고 있다.

이에 대한 설명으로 옳은 것만을 <보기>에서 있는 대로 고른 것은?

보기

ㄱ. (가)에는 석탄, 석유 등이 있다.
ㄴ. ㉠에서 (가)는 환원된다.
ㄷ. (나)는 산소이다.

① ㄱ ② ㄴ ③ ㄱ, ㄷ
④ ㄴ, ㄷ ⑤ ㄱ, ㄴ, ㄷ

03 다음은 2 가지 산화 환원 반응의 화학 반응식이다.

· $2Mg + O_2 \longrightarrow 2MgO$
· $CuO + CO \longrightarrow Cu + CO_2$

위 두 반응의 반응물인 Mg, O_2, CuO, CO 중에서 산화되는 물질을 있는 대로 쓰시오.

04 두 가지 화학 반응에 대한 설명이다.

A. 식물은 빛에너지를 이용하여 물과 (㉠)로부터 포도당과 (㉡)를 만드는 광합성을 한다.
B. 천연가스를 연소시키면 (㉠)와 물이 생성된다.

이에 대한 설명으로 옳은 것만을 <보기>에서 있는 대로 고른 것은?

보기

ㄱ. ㉠은 이산화 탄소, ㉡은 산소이다.
ㄴ. A는 발열 반응이다.
ㄷ. A와 B는 모두 산화 환원 반응이다.

① ㄱ ② ㄴ ③ ㄱ, ㄷ
④ ㄴ, ㄷ ⑤ ㄱ, ㄴ, ㄷ

05 다음은 2가지 화학 반응의 화학 반응식이다.

· $CuO + H_2 \longrightarrow Cu +$ (㉠)
· $CH_4 + 2O_2 \longrightarrow CO_2 +$ (㉡)

이에 대한 설명으로 옳은 것만을 <보기>에서 있는 대로 고른 것은?

보기

ㄱ. ㉠은 산소, ㉡은 물이다.
ㄴ. H_2는 산화되었다.
ㄷ. CH_4는 환원되었다.

① ㄱ ② ㄴ ③ ㄱ, ㄷ
④ ㄴ, ㄷ ⑤ ㄱ, ㄴ, ㄷ

06 구리를 이용한 실험이다.

[실험]
(가) 붉은색 구리판을 알코올램프의 겉불꽃에 넣고 가열하였더니 검은색으로 변하였다.
(나) (가)에서 검은색으로 변한 부분을 속불꽃에 넣고 가열하였더니 다시 붉은색으로 변하였다.

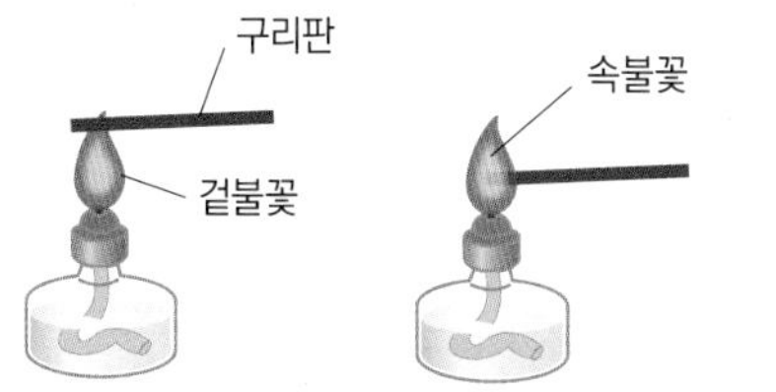

이에 대한 설명으로 옳은 것만을 <보기>에서 있는 대로 고른 것은?

보 기

ㄱ. (가)에서 구리는 산화되었다.
ㄴ. (나)에서 산화 구리는 환원되었다.
ㄷ. (나)에서 알코올램프의 속불꽃에는 탄소(C)가 존재한다

① ㄱ ② ㄴ ③ ㄱ, ㄷ
④ ㄴ, ㄷ ⑤ ㄱ, ㄴ, ㄷ

07 드라이아이스에 마그네슘 가루를 넣고 연소시키는 실험과 이때 일어나는 반응을 화학 반응식으로 나타내었다.

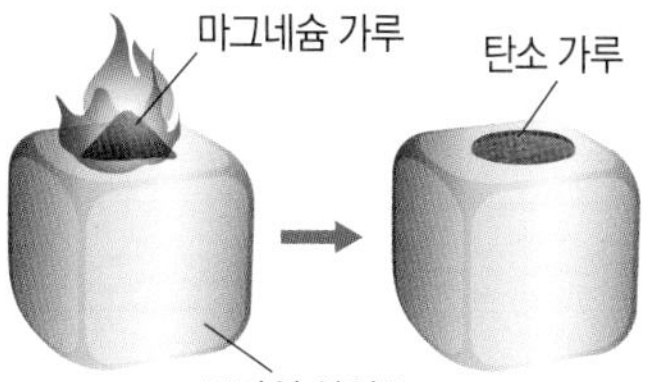

$$2Mg + CO_2 \longrightarrow 2MgO + C$$

이에 대한 설명으로 옳은 것은?

① 산화되는 물질은 이산화 탄소이다.
② 물질 사이에 산소가 이동한다.
③ 환원되는 물질은 마그네슘이다.
④ 산화만 일어나고 환원은 일어나지 않는다.
⑤ 마그네슘은 전자를 얻는다.

2 전자의 이동에 의한 산화 환원 반응

08 산화 환원 반응에 대한 설명으로 옳은 것만을 <보기>에서 있는 대로 고른 것은?

보 기

ㄱ. 어떤 물질이 전자를 잃는 반응을 산화라고 한다.
ㄴ. 어떤 물질이 산소를 얻는 반응을 환원이라고 한다.
ㄷ. 산화와 환원은 항상 동시에 일어난다.

① ㄱ ② ㄴ ③ ㄱ, ㄷ
④ ㄴ, ㄷ ⑤ ㄱ, ㄴ, ㄷ

09 질산 은($AgNO_3$) 수용액에 구리(Cu) 선을 넣어 주었더니 일정 시간이 지난 후 수용액은 푸른색을 띠고, 구리 선 표면에 금속이 석출되었다.

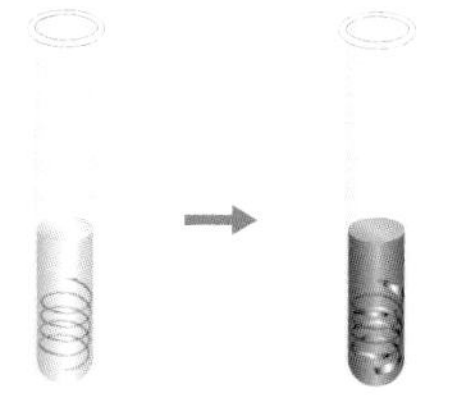

이에 대한 설명으로 옳은 것만을 <보기>에서 있는 대로 고른 것은?

보 기

ㄱ. 석출된 금속은 은(Ag)이다.
ㄴ. 반응 후 수용액 속에는 구리 이온(Cu^{2+})이 존재한다.
ㄷ. 전자는 은 이온에서 구리로 이동한다.

① ㄱ ② ㄷ ③ ㄱ, ㄴ
④ ㄴ, ㄷ ⑤ ㄱ, ㄴ, ㄷ

10 황산 구리(Ⅱ) 수용액에 아연판을 넣었더니 아연판 표면에 구리가 석출되었다.

이에 대한 설명으로 옳은 것만을 <보기>에서 있는 대로 고른 것은?

보 기

ㄱ. 아연은 전자를 잃고 산화된다.
ㄴ. 수용액 속 구리 이온의 수는 반응 후가 반응 전보다 많다.
ㄷ. 산소의 이동이 없으므로 산화 환원 반응이 아니다.

① ㄱ ② ㄴ ③ ㄱ, ㄷ
④ ㄴ, ㄷ ⑤ ㄱ, ㄴ, ㄷ

11 구리(Cu)와 관련된 3 가지 화학 반응식이다.

(가) $2Cu + O_2 \longrightarrow 2CuO$
(나) $CuO + H_2 \longrightarrow Cu + H_2O$
(다) $Cu + 2AgNO_3 \longrightarrow Cu(NO_3)_2 + 2Ag$

위 반응에서 환원되는 물질을 옳게 짝지은 것은?

	(가)	(나)	(다)
①	Cu	H_2	Cu
②	Cu	CuO	$AgNO_3$
③	O_2	CuO	$AgNO_3$
④	O_2	CuO	Cu
⑤	O_2	H_2	Cu

12 아연판을 묽은 염산에 넣었을 때 일어나는 반응이다.

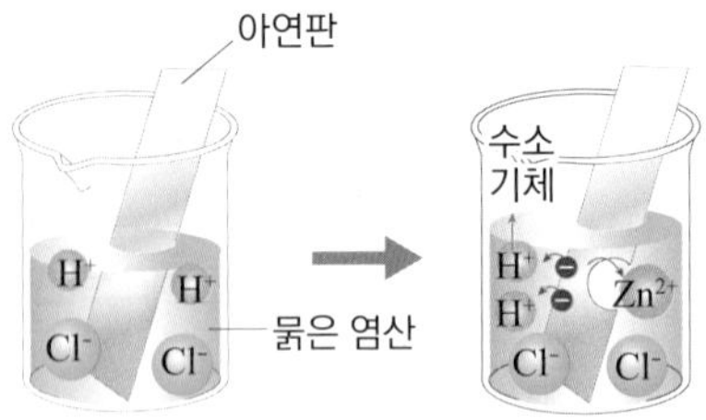

이에 대한 설명으로 옳지 않은 것은?

① 아연은 산화된다.
② 수소 이온은 환원된다.
③ 아연판의 질량은 점점 증가한다.
④ 염화 이온의 수는 변하지 않는다.
⑤ 수용액의 양이온 수는 점점 감소한다.

13 질산 은 수용액에 철판을 넣었을 때 반응 전의 모습과 반응 후의 모습이다.

이때 반응 전후에 일어나는 화학 반응식은 다음과 같다.

$$2Ag^+ + Fe \longrightarrow 2Ag + Fe^{2+}$$

이에 대한 설명으로 옳은 것만을 <보기>에서 있는 대로 고른 것은? (단, 원자량은 은이 철보다 크다.)

보 기

ㄱ. 질산 이온은 환원된다.
ㄴ. 철판의 질량은 증가한다.
ㄷ. 수용액의 전체 이온 수는 감소한다

① ㄱ ② ㄴ ③ ㄱ, ㄷ
④ ㄴ, ㄷ ⑤ ㄱ, ㄴ, ㄷ

3 우리 주변의 산화 환원 반응

14 생명체에서 일어나는 2 가지 반응을 화학 반응식으로 나타내었다.

(가) $6CO_2 + 6H_2O \longrightarrow C_6H_{12}O_6 + 6O_2$
(나) $C_6H_{12}O_6 + 6O_2 \longrightarrow 6CO_2 + 6H_2O$

이에 대한 설명으로 옳은 것만을 <보기>에서 있는 대로 고른 것은?

보 기

ㄱ. (가)에서 이산화 탄소는 환원된다.
ㄴ. (나)에서 포도당은 산화된다.
ㄷ. (나)에서는 에너지가 발생한다.

① ㄱ ② ㄴ ③ ㄱ, ㄷ
④ ㄴ, ㄷ ⑤ ㄱ, ㄴ, ㄷ

서술형

15 철제 다리의 녹슨 모습이다. 다리의 부식을 방지할 수 있는 방법을 철의 산화와 관련지어 서술하시오.

16 메테인(CH_4)이 연소되는 반응의 화학 반응식이다.

$CH_4 + 2O_2 \longrightarrow$ (가) $+ 2H_2O$

이에 대한 설명으로 옳지 않은 것은?

① 메테인은 산화된다.
② 빛과 열이 발생한다.
③ 메테인은 산소와 느리게 결합한다.
④ (가)는 이산화 탄소(CO_2)이다.
⑤ 메테인은 도시가스의 주성분이다.

17 용광로의 단면도와 철의 제련 과정에서 일어나는 화학 반응의 일부를 화학 반응식으로 나타내었다.

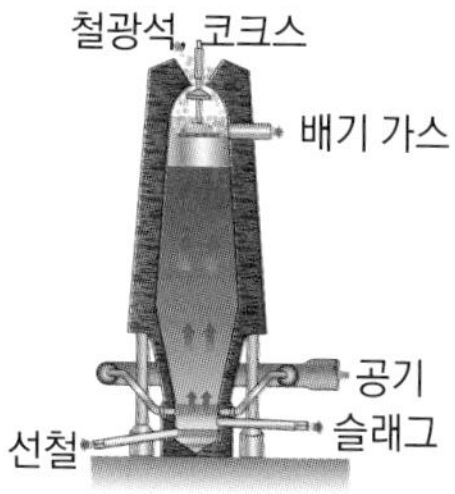

[반응 Ⅰ]
$2C + O_2 \longrightarrow 2CO$
[반응 Ⅱ]
$Fe_2O_3 + 3CO \longrightarrow 2Fe + 3CO_2$

이에 대한 설명으로 옳은 것만을 <보기>에서 있는 대로 고른 것은?

보 기

ㄱ. 반응 Ⅰ에서 코크스(C)는 산화되어 일산화 탄소(CO)가 된다.
ㄴ. 반응 Ⅱ에서 산화 철(Ⅲ)(Fe_2O_3)은 환원되어 철(Fe)이 된다.
ㄷ. 반응 Ⅱ에서 일산화 탄소(CO)는 환원되어 이산화 탄소(CO_2)가 된다.

① ㄱ ② ㄴ ③ ㄷ
④ ㄱ, ㄴ ⑤ ㄴ, ㄷ

4 일상생활 속 산화 환원 반응

18 산화 환원 반응이 일어나는 예로 옳지 않은 것은?

① 오래된 음식물이 썩는다.
② 생선에 레몬즙을 뿌려 비린내를 제거한다.
③ 누런 옷을 표백제로 세탁하면 하얗게 된다.
④ 도시가스를 연소시켜 난방을 한다.
⑤ 철 가루가 들어 있는 손난로를 흔들면 따뜻해진다.

02 우리 주변의 산과 염기

핵심 Point

□ 산과 염기의 정의 □ 산과 염기의 성질
□ 지시약과 pH □ 이산화 탄소가 지구에 미치는 영향

산과 염기는 어떻게 구분할까? 우리 주변의 산과 염기에는 어떤 것이 있을까?

A 산과 염기

1. 산 : 물에 녹아 수소 이온(H^+)을 내놓는 물질이다.

예 염산(HCl), 황산(H_2SO_4), 아세트산(CH_3COOH), 탄산(H_2CO_3), 질산(HNO_3) 등

(1) 산의 이온화★ : 산은 물에 녹아 수소 이온(H^+)과 음이온(A^-)으로 나뉘어진다.

[이온화 모형]

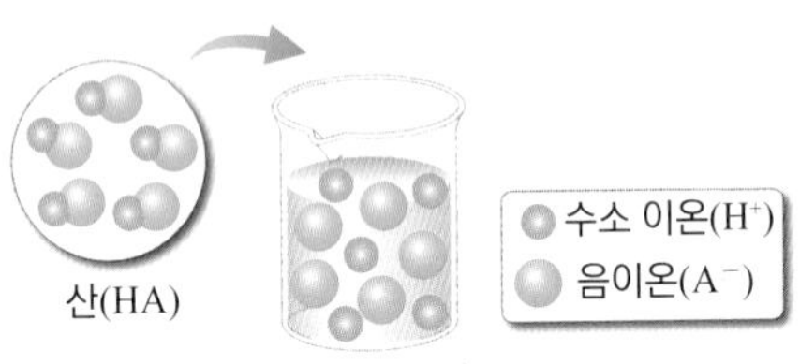

HCl (염산) ⟶ H^+ (수소 이온) + Cl^- (염화 이온)

H_2SO_4 (황산) ⟶ $2H^+$ (수소 이온) + SO_4^{2-} (황산 이온)

CH_3COOH (아세트산) ⟶ H^+ (수소 이온) + CH_3COO^- (아세트산 이온)

H_2CO_3 (탄산) ⟶ $2H^+$ (수소 이온) + CO_3^{2-} (탄산 이온)

(2) 산성 : 산이 가지는 공통적인 성질로 수소 이온(H^+) 때문에 나타난다.

① 대부분 신맛이 난다.

② 수용액에서 전류가 흐른다.

③ 금속과 반응하여 수소 기체를 발생시킨다.❶

예 $Mg + 2HCl \longrightarrow MgCl_2 + H_2$

④ 달걀 껍데기(탄산 칼슘)와 반응하여 이산화 탄소 기체를 발생시킨다.

예 $CaCO_3 + 2HCl \longrightarrow CaCl_2 + H_2O + CO_2$

⑤ 지시약의 색 변화가 다음과 같다.

지시약	푸른색 리트머스 종이	페놀프탈레인 용액	메틸 오렌지 용액	BTB 용액
색	붉은색	무색	붉은색	노란색

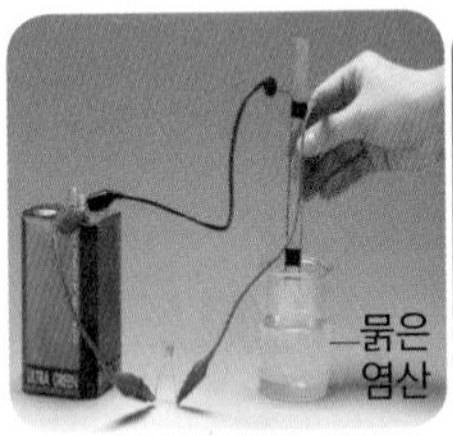

▲ 수용액의 전기 전도성

▲ 금속과의 반응

▲ 달걀 껍데기와의 반응

▲ 리트머스 종이 색 변화

(3) 우리 주변의 산성 물질 : 식초, 과일, 탄산 음료, 김치, 유산균 음료, 해열제, 진통제 등

[산성을 나타내는 이온의 확인]

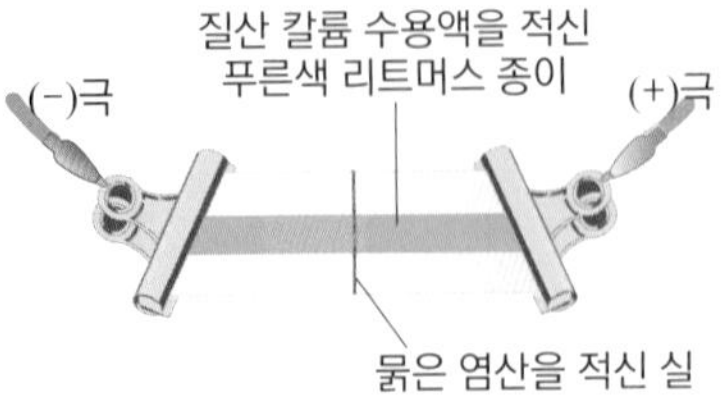

· 그림과 같이 장치하고 전류를 흘려 주면 푸른색 리트머스 종이가 실에서부터 (−)극 쪽으로 붉게 변해 간다.
→ H^+이 (−)극으로 이동하면서 리트머스 종이의 색깔이 변한다.

· 다른 산 수용액을 이용하여 실험해도 같은 결과가 나타난다.
→ 산에 공통으로 들어 있는 성질은 수소 이온(H^+) 때문이다.

개념 +

❶ 산과 금속의 반응

묽은 산은 마그네슘(Mg), 철(Fe)과 같은 금속과 반응하여 수소 기체를 발생시킨다. 하지만 금이나 은과 같은 금속과는 반응하지 않는다. 즉, 산이 모든 금속과 반응하는 것은 아니다.

● 우리 주변의 산성 물질과 포함된 산

산성 물질	포함된 산
식초	아세트산
레몬	시트르산
사과	말산
탄산 음료	탄산
개미, 벌의 분비물	폼산
김치	젖산
유산균 음료	젖산
진통제	아세틸 살리실산
해열제	아세틸 살리실산

● 전극에서 이온의 이동 방향

수소 이온(H^+) 외에 다른 이온들도 이동한다. 이때 Cl^-, NO_3^-은 (+)극 쪽으로 이동하고, K^+은 (−)극 쪽으로 이동한다. 그러나 이들 이온은 리트머스 종이의 색을 변화시키지 않으므로 이온의 이동을 눈으로 확인할 수 없다.

● 리트머스 종이를 질산 칼륨 수용액에 적시는 이유

질산 칼륨(KNO_3)은 이온 결합 물질로 수용액에서 K^+, NO_3^-으로 이온화되어 전기를 잘 통하게 하기 때문이다.

미니사전

★ 이온화

어떤 물질이 이온으로 나누어지는 현상

2. 염기 : 물에 녹아 수산화 이온(OH^-)을 내놓는 물질이다.

예 수산화 나트륨($NaOH$), 수산화 칼륨(KOH), 수산화 칼슘($Ca(OH)_2$), 암모니아(NH_3), 수산화 바륨($Ba(OH)_2$), 수산화 마그네슘($Mg(OH)_2$) 등 암모니아는 물에 녹아 OH^-을 생성한다. $NH_3 + H_2O \rightarrow NH_4^+ + OH^-$

(1) 염기의 이온화 : 염기가 물에 녹아 양이온(B^+)과 수산화 이온(OH^-)으로 나뉘어진다.

[이온화 모형]

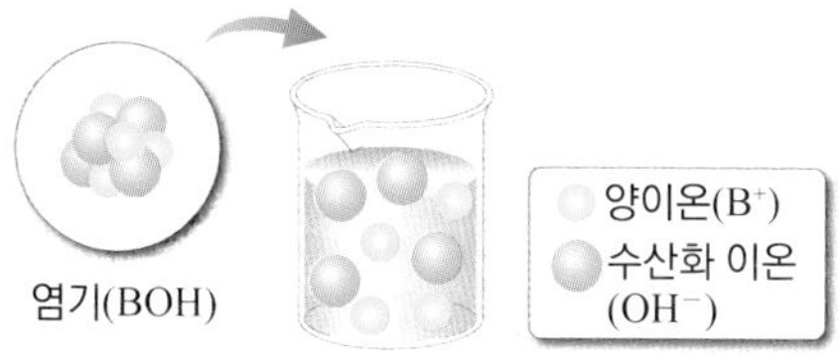

$NaOH \longrightarrow Na^+ + OH^-$ (수산화 나트륨 → 나트륨 이온 + 수산화 이온)

$KOH \longrightarrow K^+ + OH^-$ (수산화 칼륨 → 칼륨 이온 + 수산화 이온)

$Ca(OH)_2 \longrightarrow Ca^{2+} + 2OH^-$ (수산화 칼슘 → 칼슘 이온 + 수산화 이온)

(2) 염기성 : 염기가 가지는 공통적인 성질로 수산화 이온(OH^-) 때문에 나타난다.

① 대부분 쓴맛이 난다.
② 수용액에서 전류가 흐른다.
③ 금속이나 달걀 껍데기(탄산 칼슘)과 반응하지 않는다.
④ 단백질을 녹이는 성질이 있어 손으로 만지면 미끈거린다.
⑤ 지시약의 색 변화가 다음과 같다.

지시약	붉은색 리트머스 종이	페놀프탈레인 용액	메틸 오렌지 용액	BTB 용액
색	푸른색	붉은색	노란색	파란색

▲ 수용액의 전기 전도성

▲단백질을 녹이는 성질

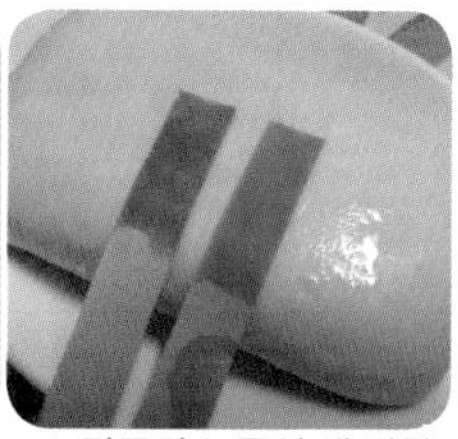
▲ 리트머스 종이 색 변화

▲ 페놀프탈레인 용액 색 변화

(3) 우리 주변의 염기성 물질 : 비누, 하수구 세정제, 제산제, 치약, 유리 세정제, 소다 등

[염기성을 나타내는 이온의 확인]

· 그림과 같이 장치하고 전류를 흘려 주면 붉은색 리트머스 종이가 실에서부터 (+)극 쪽으로 푸르게 변해간다.
→ OH^-이 (+)극으로 이동하면서 리트머스 종이의 색깔이 변한다.

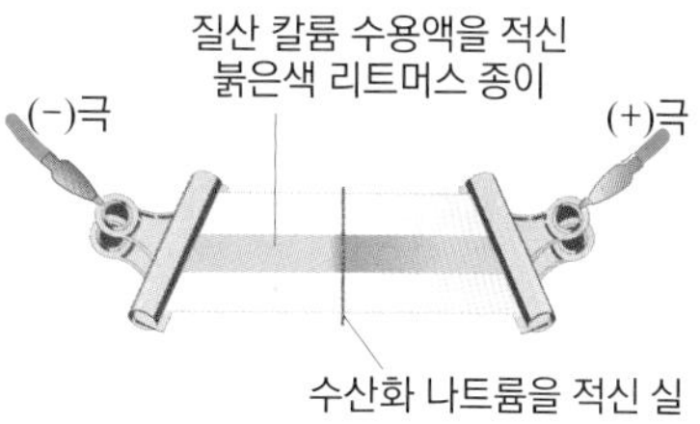

· 다른 염기 수용액을 이용하여 실험해도 같은 결과가 나타난다.
→ 염기에 공통으로 들어 있는 성질은 수산화 이온(OH^-) 때문이다.

개념 +

● 우리 주변의 염기성 물질과 포함된 염기

염기성 물질	포함된 염기
비누	수산화 나트륨
하수구 세정제	수산화 나트륨
제산제★	수산화 마그네슘
베이킹 소다	탄산 수소 나트륨
전지, 비누	수산화 칼륨
석회수	수산화 칼슘

● 알코올은 염기일까?

메탄올(CH_3OH), 에탄올(C_2H_5OH)은 분자에 OH가 있지만 물속에서 OH^- 이온을 내놓지 못하므로 염기가 아니다.

● 탄산 수소 나트륨

베이킹 소다의 주성분으로 열을 가할 때 이산화 탄소가 발생하여 빵을 부풀게 한다.

$2NaHCO_3 \xrightarrow{열} Na_2CO_3 + H_2O + CO_2$

고체 탄산 수소 나트륨을 물에 녹이면 약 염기성을 띤다.

● 산과 염기가 각각 독특한 성질을 가지는 이유

산의 경우 음이온이 각각 다르고, 염기의 경우 양이온이 각각 다르기 때문에 산과 염기는 종류에 따라 성질이 다르다.

미니사전

★ 제산제 [制酸劑]

위액의 산도를 감소시켜 소화제로 사용되는 물질로 수용액은 염기성이다.

개념 체크

정답 및 해설 → 83

Point

01 (　　) 에 물질의 액성(산성, 중성, 염기성)을 쓰시오.

(1) KOH (　　　) (2) H_2SO_4 (　　　)
(3) $NaOH$ (　　　) (4) H_2CO_3 (　　　)
(5) $Ca(OH)_2$ (　　　) (6) CH_3COOH (　　　)

B 지시약과 pH

1. 지시약 : 용액의 액성★을 확인하기 위해 사용하는 물질로, 액성에 따라 달라진다.

① 수용액의 액성에 따른 지시약의 색 변화

지시약	리트머스 종이	페놀프탈레인 용액	메틸 오렌지 용액	BTB 용액
산성	푸른색 → 붉은색	무색	붉은색	노란색
중성	-	무색	노란색 →주황색이 라고도 함	초록색
염기성	붉은색 → 푸른색	붉은색	노란색	파란색

② **천연 지시약** ❷ : 붉은색 양배추 ❸, 붉은색 장미꽃, 포도 껍질, 검은 콩, 블루베리 등에서 추출한 용액은 액성에 따라 색이 변하므로 지시약으로 사용할 수 있다.

2. pH : 수용액에 들어 있는 수소 이온(H^+)의 농도를 숫자로 나타낸 것으로, 수소 이온(H^+)의 농도가 진할수록 산성이 강하고, pH가 작다.

pH < 7 : 산성 pH = 7 : 중성 pH > 7 : 염기성

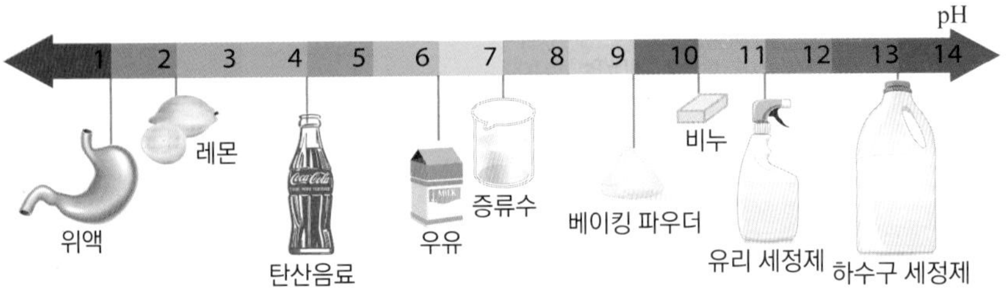

C 산과 염기가 지구 환경에 미치는 영향

1. 이산화 탄소에 의한 해양 산성화 : 이산화 탄소는 화석 연료의 연소, 동식물의 호흡, 산불, 화산 폭발 등으로 대기 중에 배출된다. 이때 이산화 탄소는 바닷물에 녹아 들어가 해양을 산화시킨다.

대기 중에 배출된 이산화 탄소(CO_2)가 바닷물에 녹아 탄산(H_2CO_3)이 생성된다. $CO_2+H_2O \rightarrow H_2CO_3$ → 탄산이 이온화되어 바닷물 속 H^+의 농도가 증가하고, pH가 낮아져 산성화된다. $H_2CO_3 \rightarrow H^+ + HCO_3^-$ → 바닷물 속 H^+은 산호나 조개류의 탄산 칼슘($CaCO_3$) 껍데기를 부식시킨다. → 산호나 조개류의 개체 수가 감소하여 해양 생태계에 전반적인 영향을 미친다.

2. 산성비에 의한 토양의 산성화와 문화재 훼손 : 공기 중에서 이산화 탄소와 수증기는 서로 반응하여 약한 탄산(H_2CO_3)을 형성하고, 자동차와 공장에서 나오는 산화 황(SO_2, SO_3)과 산화 질소(NO, NO_2)는 공기 중의 수증기와 서로 반응하여 각각 강한 산인 황산(H_2SO_4)과 질산(HNO_3)을 형성한다. 이것이 비에 녹아 내리는 것이 산성비이다. 산성비는 토양을 산성화시켜 식물의 생장을 저하시키고, 대리석을 녹여 문화재를 훼손시킨다.

개념+

❷ 천연 지시약

붉은 장미꽃, 포도 껍질, 검은콩 등을 이용한 천연 지시약은 액성에 따라 색 변화가 나타나는데, 대부분 산성에서는 붉은색 계열, 염기성에서는 녹색이나 푸른색 계열의 색을 나타낸다.

❸ 붉은색 양배추 지시약

붉은색 양배추를 잘게 썰어서 물에 넣어 끓인 용액은 액성에 따라 색이 달라지므로 지시약으로 사용될 수 있다.

● pH 측정

pH 측정기나 pH 시험지를 이용하여 pH를 알 수 있다.

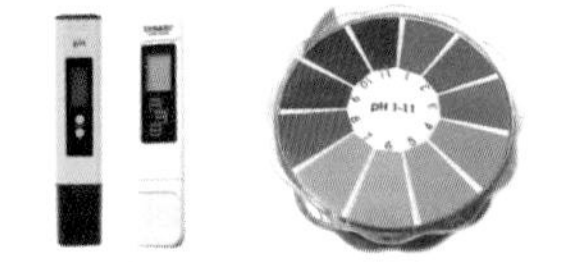

▲ pH 측정기 ▲ pH 시험지

● 이산화 탄소와 지구 온난화

산업 혁명 이후 대기 중의 이산화 탄소 농도가 증가하였고, 이로 인해 지구 온난화 등 여러 가지 지구 환경 상 문제가 발생하였다.

미니사전

★ **액성**

용액의 성질로 산성, 중성, 염기성으로 구분한다.

개념 체크

정답 및 해설 ➜ 83

Point

02 산과 염기의 성질에 대한 설명으로 옳은 것은 ○표, 옳지 않은 것은 ×표 하시오.

(1) 산과 염기는 수용액에서 이온화한다. ( )
(2) 산은 페놀프탈레인 용액을 붉게 변화시킨다. ( )
(3) 염기는 푸른색 리트머스 종이를 붉게 변화시킨다. ( )
(4) 산은 단백질을 녹이는 성질이 있다. ( )
(5) 산은 금속과 반응하여 수소 기체(H_2)를 발생시킨다. ( )

03 이온화 반응식을 완성하시오.

(1) $HCl \longrightarrow (\quad) + Cl^-$
(2) $NaOH \longrightarrow Na^+ + (\quad)$
(3) $H_2SO_4 \longrightarrow (\quad) + SO_4^{2-}$
(4) $(\quad) \longrightarrow 2H^+ + CO_3^{2-}$
(5) $CH_3COOH \longrightarrow (\quad) + H^+$

04 지시약과 pH에 대한 설명으로 옳은 것은 ○표, 옳지 않은 것은 ×표 하시오.

(1) 산성 용액과 중성 용액은 페놀프탈레인 용액으로 구별할 수 있다. ( )
(2) pH가 7보다 작은 용액의 액성은 산성이다. ( )
(3) pH가 7보다 큰 용액은 붉은색 리트머스 종이를 푸르게 변화시킨다. ( )
(4) 붉은색 양배추에서 추출한 용액을 지시약으로 사용할 수 있다. ( )
(5) 레몬즙과 비눗물에 BTB 용액을 떨어뜨리면 같은 색을 띤다. ( )

05 몇 가지 물질과 BTB 용액을 떨어뜨렸을 때 나타나는 색을 옳게 연결하시오.

(1) 베이킹 파우더 ·		· ㉠ 노란색
(2) 증류수 ·		· ㉡ 초록색
(3) 식초 ·		· ㉢ 파란색

06 생명체의 호흡이나 화석 연료의 연소 과정에서 발생하며, 바닷물에 녹아 수소 이온(H^+)의 농도를 증가시켜 지구 환경에 영향을 미치는 물질을 쓰시오.

탐구

산과 염기의 공통적인 성질

목표

산성과 염기성을 확인하는 실험을 통해 산과 염기의 공통적인 성질을 알 수 있다.

준비물 12홈판, 묽은 염산, 아세트산 수용액, 수산화 나트륨 수용액, 석회수, 간이 전도계, BTB 용액, 마그네슘 조각

실험 과정

① 12홈판 1 줄에 묽은 염산, 아세트산 수용액, 수산화 나트륨 수용액, 석회수를 순서대로 그림과 같이 넣는다. 2, 3 줄에도 같은 방법으로 용액을 채운다.
② 1 줄에 간이 전도계를 이용해 각 용액의 전기 전도성을 측정한다.
③ 2 줄에 BTB 용액을 떨어뜨리고 색 변화를 관찰한다.
④ 3 줄에 마그네슘 조각을 넣고 변화를 관찰한다.

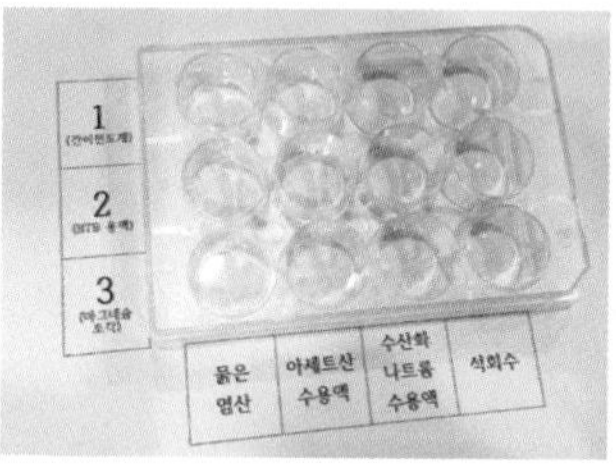

!주의

· 아세트산은 식초의 주성분이다.

· 석회수는 석회가 녹아 있는 물을 말하며, 석회는 칼슘(Ca)이 들어있는 무기 화합물을 뜻한다. 석회수는 수산화 칼슘($Ca(OH)_2$) 용액이다.

실험 결과

구분	묽은 염산	아세트산 수용액	수산화 나트륨 수용액	석회수
1 전기 전도성	O	O	O	O
2 BTB 용액의 색 변화	무색 → 노란색	무색 → 노란색	무색 → 파란색	무색 → 파란색
3 마그네슘 조각과의 반응	기체 발생	기체 발생	변화 없음	변화 없음

정리 및 해석

- 산과 염기의 수용액에서 모두 이온화하므로 모두 전기 전도성이 있다.
- BTB 용액의 색은 산성에서 노란색, 염기성에서는 파란색을 띤다.
  → 묽은 염산과 아세트산 수용액은 산성, 수산화 나트륨 수용액과 석회수는 염기성이다.
- 마그네슘은 산과 반응하여 수소 기체를 발생하지만 염기와는 반응하지 않는다.

정답 및 해설 → 83

탐구 문제 1 어떤 수용액에 간이 전도계를 넣었더니 전기 전도성이 있고, 마그네슘 조각을 넣었더니 수소 기체가 발생하였다. 또한 BTB 용액을 넣었더니 용액의 색이 노란색으로 변하였다. 미지의 수용액으로 예상되는 물질을 <보기>에서 있는 대로 고르시오.

보기		
ㄱ. 식초	ㄴ. 비눗물	ㄷ. 레몬즙
ㄹ. 탄산음료	ㅁ. 유리 세정제	ㅂ. 유산균 음료

탐구 문제 2 산과 염기의 성질에 대한 설명으로 옳은 것은 ○표, 옳지 않은 것은 ×표 하시오.

(1) 수산화 나트륨 수용액은 전류가 흐른다. (　　)
(2) 석회수에 마그네슘 조각을 넣으면 기체가 발생한다. (　　)
(3) 묽은 염산과 아세트산 수용액에 들어 있는 양이온의 종류는 같다. (　　)

1 산과 염기

다음은 묽은 염산에 대한 실험이다.

질산 칼륨 수용액을 적신 푸른색 리트머스 종이에 묽은 염산을 적신 실을 올려놓고 전류를 흘려 주었더니 리트머스 종이가 실에서부터 A극 쪽으로 붉게 변하였다.

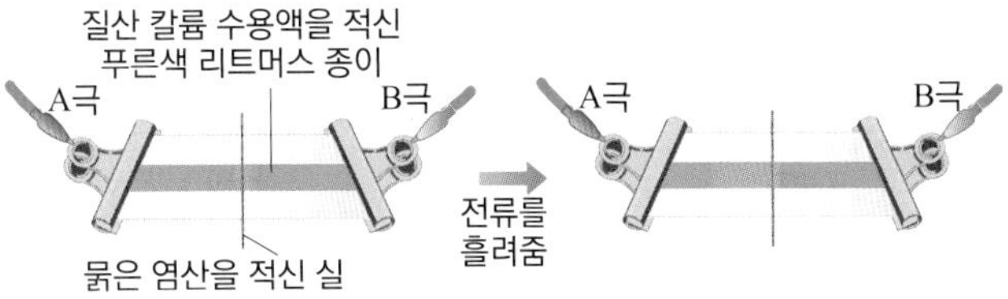

이에 대한 설명으로 옳은 것만을 <보기>에서 있는 대로 고른 것은?

보 기

ㄱ. A극은 (+)극이고, B극은 (-)극이다.
ㄴ. 리트머스 종이가 붉게 변하는 것은 수소 이온(H^+) 때문에 나타난다.
ㄷ. 묽은 염산 대신 묽은 황산으로 실험해도 같은 결과가 나타난다.

① ㄱ ② ㄷ ③ ㄱ, ㄴ ④ ㄴ, ㄷ ⑤ ㄱ, ㄴ, ㄷ

2 지시약과 pH

A ~ D 수용액에 지시약을 떨어뜨렸을 때 색 변화이다.

구분	A 수용액	B 수용액	C 수용액	D 수용액
페놀프탈레인 용액	무색	붉은색	무색	(다)
메틸 오렌지 용액	붉은색	(가)	노란색	붉은색
BTB 용액	노란색	파란색	(나)	노란색

이에 대한 설명으로 옳은 것만을 <보기>에서 있는 대로 고른 것은?

보 기

ㄱ. (가)와 (나)는 노란색, (다)는 무색이다.
ㄴ. A 수용액의 pH는 7보다 크다.
ㄷ. 마그네슘 조각을 넣었을 때 기체가 발생하는 수용액은 두 가지이다.

① ㄱ ② ㄷ ③ ㄱ, ㄴ ④ ㄴ, ㄷ ⑤ ㄱ, ㄴ, ㄷ

스스로 실력 높이기

1 산과 염기

01 산의 공통적인 성질에 해당하는 것으로 옳은 것은?

① 손으로 만져보면 미끈거린다.
② 묽힌 용액의 맛을 보면 쓴맛이 난다.
③ 붉은색 리트머스 종이를 푸르게 변화시킨다.
④ 수용액에 달걀 껍데기를 넣어주면 기체가 발생한다.
⑤ 페놀프탈레인 용액을 떨어뜨리면 붉은색을 나타낸다.

02 산과 염기에 대한 설명 중 옳지 않은 것은?

① 산은 신 맛이 난다.
② 염기 수용액은 탄산 칼슘과 반응한다.
③ 산 수용액은 알루미늄과 반응한다.
④ 염기 수용액은 붉은색 리트머스 종이를 푸르게 변화시킨다.
⑤ 산 수용액과 염기 수용액은 모두 전류가 흐른다.

03 다음은 3 가지 물질의 화학식이다.

HCl	H_2SO_4	CH_3COOH

3 가지 물질의 공통점으로 옳은 것만을 <보기>에서 있는 대로 고른 것은?

보 기

ㄱ. 수용액에서 양이온과 음이온으로 이온화된다.
ㄴ. 아연과 반응하여 수소 기체를 발생한다.
ㄷ. BTB 용액을 떨어뜨리면 노란색으로 변한다.

① ㄱ ② ㄴ ③ ㄱ, ㄷ
④ ㄴ, ㄷ ⑤ ㄱ, ㄴ, ㄷ

04 몇 가지 물질을 기준 (가)에 따라 분류하였다.

기준	((가))	
구분	예	아니요
물질	HCl, HNO_3	KOH, $Mg(OH)_2$

기준 (가)로 적절한 것만을 <보기>에서 있는 대로 고르시오.

보 기

ㄱ. 수용액에서 전류가 흐르는가?
ㄴ. 수용액에서 탄산 칼슘을 넣으면 기체가 발생하는가?
ㄷ. 수용액에서 페놀프탈레인 용액을 넣으면 붉게 변하는가?
ㄹ. 수용액에서 수소 이온(H^+)을 내놓는가?

서술형

05 염기가 종류에 따라 성질이 각각 다른 이유를 쓰시오.

06 어떤 물질의 수용액에 들어 있는 이온을 모형으로 나타내었다.

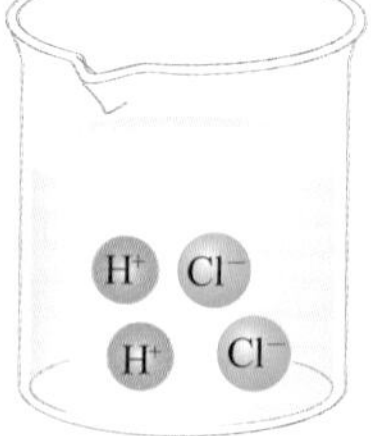

이 수용액에 대한 설명으로 옳은 것만을 <보기>에서 있는 대로 고른 것은?

보 기

ㄱ. 푸른색 리트머스 종이를 붉게 변화시킨다.
ㄴ. 마그네슘을 넣으면 수소 기체가 발생한다.
ㄷ. 탄산 칼슘을 넣으면 수소 기체가 발생한다.

① ㄱ ② ㄷ ③ ㄱ, ㄴ
④ ㄴ, ㄷ ⑤ ㄱ, ㄴ, ㄷ

정답 및 해설 ➜ 84

07 질산 칼륨(KNO_3) 수용액을 적신 붉은색 리트머스 종이 위에 수산화 나트륨(NaOH) 수용액에 적신 실을 올려놓고 전류를 흘려 주었더니 실의 오른쪽으로 색 변화가 나타났다.

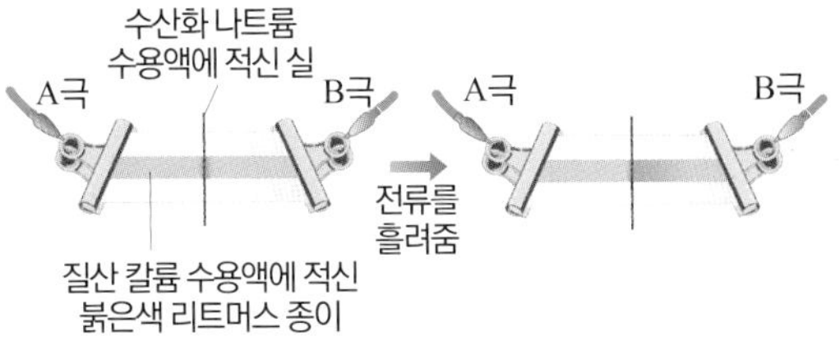

이에 대한 설명으로 옳은 것은?

① 푸른색으로 변하는 것은 Na^+ 때문이다.
② A극 쪽으로는 NO_3^-이 이동한다.
③ A극과 B극을 서로 바꾸어 연결하면 실의 왼쪽으로 색 변화가 일어난다.
④ 푸른색 리트머스 종이로 실험하면 A극 쪽으로 색 변화가 일어난다.
⑤ 수산화 나트륨 대신 아세트산으로 실험해도 같은 결과가 나타난다.

08 달걀 껍데기와 묽은 염산을 반응시켰을 때 발생하는 기체를 석회수에 통과시키는 실험이다.

이에 대한 설명으로 옳은 것만을 <보기>에서 있는 대로 고른 것은?

보기

ㄱ. 석회수가 뿌옇게 흐려진다.
ㄴ. 발생하는 기체는 이산화 탄소 기체이다.
ㄷ. 달걀 껍데기의 성분 원소 중에는 C와 O가 포함되어 있다.

① ㄱ ② ㄷ ③ ㄱ, ㄴ
④ ㄴ, ㄷ ⑤ ㄱ, ㄴ, ㄷ

09 산 염기의 여러 가지 성질이다.

(가) 수용액에서 양이온과 음이온으로 이온화한다.
(나) 수용액에 아연 조각을 넣으면 산화 환원 반응이 일어난다.
(다) 수용액에 BTB 용액을 넣으면 파란색이 된다.
(라) 수용액에 달걀 껍질을 넣으면 녹는다.

위 성질을 A와 B로 분류하여 다음과 같이 도표로 나타내었다. 이때 A는 묽은 염산이 가지는 성질이고, 겹친 곳은 A와 B의 공통 성질이다.

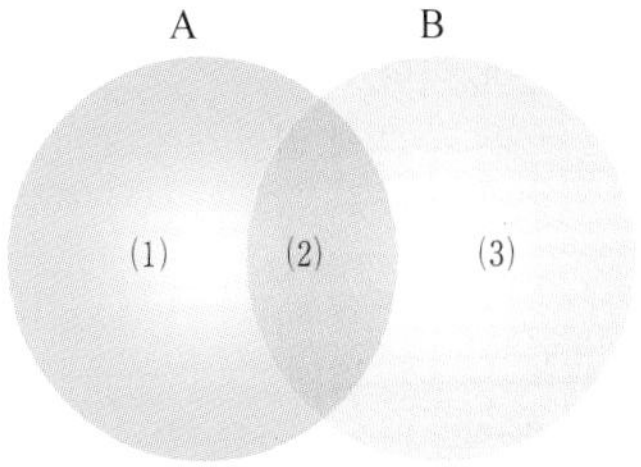

(1) ~ (3) 영역에 해당하는 성질을 바르게 짝지은 것은?

	(1) 영역	(2) 영역	(3) 영역
①	(가)	(나),(라)	(다)
②	(나),(라)	(다)	(가)
③	(다)	(가)	(나),(라)
④	(나)	(가),(라)	(다)
⑤	(나),(라)	(가)	(다)

10 우리 주변의 산과 염기에 대한 설명으로 옳지 않은 것은?

① 식초는 4 ~ 6 % 아세트산 수용액으로 신맛이 난다.
② 탄산 음료에는 이산화 탄소를 물에 녹인 탄산이 들어 있다.
③ 제산제에는 염기성 물질인 수산화 마그네슘이 들어 있다.
④ 베이킹 소다의 주성분인 탄산수소 나트륨은 염기성 물질로 쓴맛이 난다.
⑤ 개미, 벌과 같은 곤충에 물리면 통증을 느끼는 이유는 분비물에 염기성 물질이 있기 때문이다.

11 아세트산(CH_3COOH), 질산(HNO_3), 수산화 칼륨(KOH)의 이온화식이다.

· CH_3COOH ⟶ ㉠ + ㉡
· HNO_3 ⟶ ㉠ + NO_3^-
· KOH ⟶ K^+ + ㉢

이에 대한 설명으로 옳은 것만을 <보기>에서 있는 대로 고른 것은?

보 기

ㄱ. 산의 신 맛은 ㉠ 때문에 나타난다.
ㄴ. BTB 용액을 노란색으로 변화시키는 물질은 ㉡이다.
ㄷ. ㉢은 푸른색 리트머스 종이를 붉게 변화시킨다.

① ㄱ ② ㄴ ③ ㄱ, ㄷ
④ ㄴ, ㄷ ⑤ ㄱ, ㄴ, ㄷ

12 질산 칼륨(KNO_3) 수용액을 적신 푸른색 리트머스 종이 위에 묽은 염산 수용액에 적신 실을 올려놓고 전류를 흘려 주었더니 그림과 같이 결과가 나타났다.

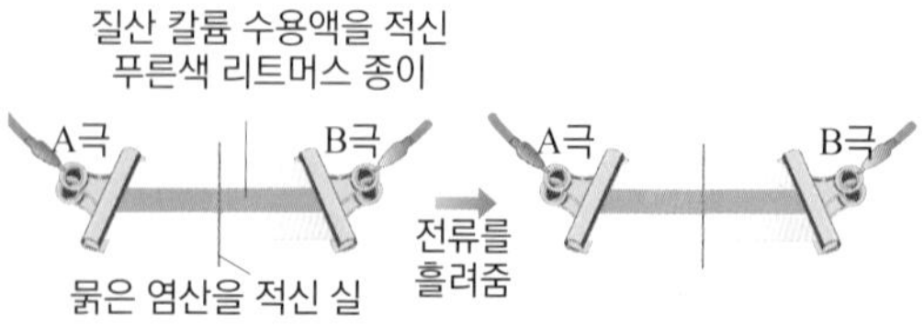

이에 대한 설명으로 옳은 것만을 <보기>에서 있는 대로 고른 것은?

보 기

ㄱ. 붉은 색은 Cl^- 때문에 나타나는 현상이다.
ㄴ. A극은 (-)극이고, B극은 (+)극이다.
ㄷ. NO_3^- 는 B극 쪽으로 끌려간다.

① ㄱ ② ㄴ ③ ㄱ, ㄷ
④ ㄴ, ㄷ ⑤ ㄱ, ㄴ, ㄷ

2 지시약과 pH

13 일상생활에서 쓰이는 물질 중 메틸 오렌지 용액을 떨어뜨릴 때 붉은색으로 변하는 것만을 <보기>에서 있는 대로 고른 것은?

보 기

ㄱ. 식초 ㄴ. 제산제
ㄷ. 탄산음료 ㄹ. 하수구 세정제

① ㄱ ② ㄱ, ㄷ ③ ㄱ, ㄹ
④ ㄱ, ㄴ, ㄷ ⑤ ㄴ, ㄷ, ㄹ

14 묽은 염산에 몇 가지 지시약을 떨어뜨렸을 때의 결과이다.

지시약	메틸 오렌지 용액	페놀프탈레인 용액	BTB 용액
색	㉠	㉡	㉢

㉠ ~ ㉢에 들어갈 용액의 색을 쓰시오.

(㉠)
(㉡)
(㉢)

15 몇 가지 물질에 들어 있는 주성분 물질을 이온화식으로 나타내었다.

· 비누 : NaOH ⟶ $Na^+ + OH^-$
· 식초 : CH_3COOH ⟶ $H^+ + CH_3COO^-$
· 탄산음료 : H_2CO_3 ⟶ $2H^+ + CO_3^{2-}$

이에 대한 설명으로 옳은 것만을 <보기>에서 있는 대로 고른 것은?

보 기

ㄱ. 비누의 pH는 7보다 크다.
ㄴ. 식초는 탄산 칼슘과 반응하지 않는다.
ㄷ. 비누와 탄산음료는 모두 푸른색 리트머스 종이를 붉게 변화시킨다.

① ㄱ ② ㄴ ③ ㄱ, ㄷ
④ ㄴ, ㄷ ⑤ ㄱ, ㄴ, ㄷ

16 다음은 3 가지 수용액을 주어진 기준에 따라 분류하는 과정이다.

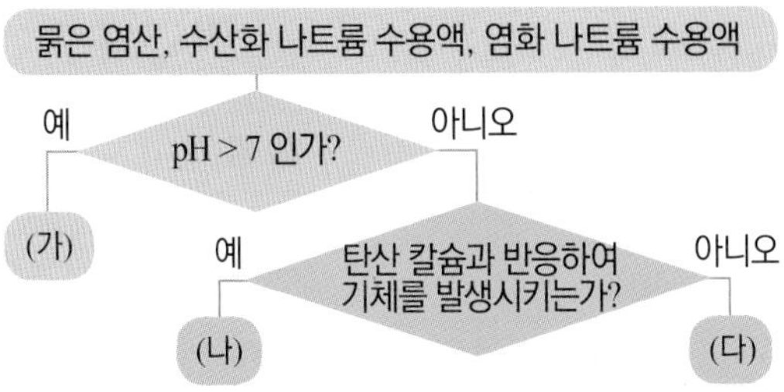

이에 대한 설명으로 옳은 것만을 <보기>에서 있는 대로 고른 것은?

보 기

ㄱ. (가)에 아연 조각을 넣으면 기체가 발생한다.
ㄴ. (나)에 메틸 오렌지 용액을 떨어뜨리면 용액의 색은 노란색으로 변한다.
ㄷ. (가)와 (다)에는 모두 Na^+이 들어 있다.

① ㄱ ② ㄷ ③ ㄱ, ㄴ
④ ㄴ, ㄷ ⑤ ㄱ, ㄴ, ㄷ

서술형

17 붉은색 양배추에서 추출한 용액을 천연 지시약으로 사용할 수 있는 이유를 서술하시오.

18 여러 가지 물질의 pH이다.

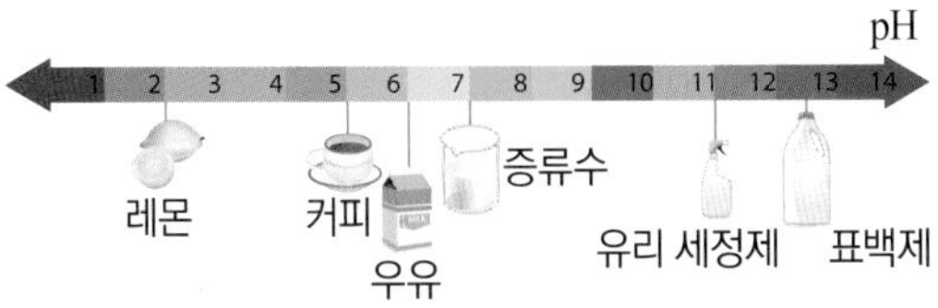

이에 대한 설명으로 옳은 것은?

① 레몬에는 OH^-이 들어 있다.
② 커피는 염기성 물질이다.
③ 산성이 가장 강한 물질은 표백제이다.
④ 증류수에 BTB 용액을 떨어뜨리면 초록색을 띤다.
⑤ 붉은색 리트머스 종이를 푸르게 변화시키는 물질은 3개이다.

3 이산화 탄소가 지구 환경에 미치는 영향

19 이산화 탄소가 지구 환경에 미치는 영향에 대한 자료이다.

> 동식물의 호흡이나 화석 연료의 연소 과정에서 발생하는 이산화 탄소는 바닷물 속 (가) 의 농도를 증가시키고, (가) 은 산호나 조개류 등의 껍데기를 부식시켜 개체 수를 감소시킨다.

이에 대한 설명으로 옳은 것만을 <보기>에서 있는 대로 고른 것은?

보 기

ㄱ. 이산화 탄소는 바닷물에 녹아 탄산을 생성한다.
ㄴ. (가)는 수소 이온(H^+)이다.
ㄷ. (가)의 농도가 증가하면 바닷물의 pH가 커진다.

① ㄱ ② ㄷ ③ ㄱ, ㄴ
④ ㄴ, ㄷ ⑤ ㄱ, ㄴ, ㄷ

20 이산화 탄소가 지구 환경에 미치는 영향에 대한 설명 중 옳지 않은 것은?

① 대기 중의 이산화 탄소는 해수에 녹아들어가 해수의 pH 가 낮아진다.
② 대기 중에 포함된 이산화 탄소는 산성비의 원인이 아니다.
③ 해수에 녹아들어간 이산화 탄소는 산호나 조개류의 개체 수를 감소시킨다.
④ 산성비에 의해 토양이 산성화되어 식물의 생장을 저하시킨다.
⑤ 산성비는 대리석 또는 석회암으로 만들어진 유적을 훼손시킨다.

03 환경을 살리는 중화 반응

핵심 Point

- □ 중화 반응의 정의
- □ 중화 반응에서 온도 변화
- □ 중화 반응에서 지시약 색 변화
- □ 중화 반응의 예

중화 반응이 무엇일까? 우리 주변의 중화 반응은 어떻게 일어날까?

A 중화 반응

1. 중화 반응 : 산과 염기가 반응하여 물과 염을 생성하는 반응이다.

➡ 산 + 염기 ⟶ 물 + 염❶

[묽은 염산(HCl)과 수산화 나트륨(NaOH) 수용액의 반응]

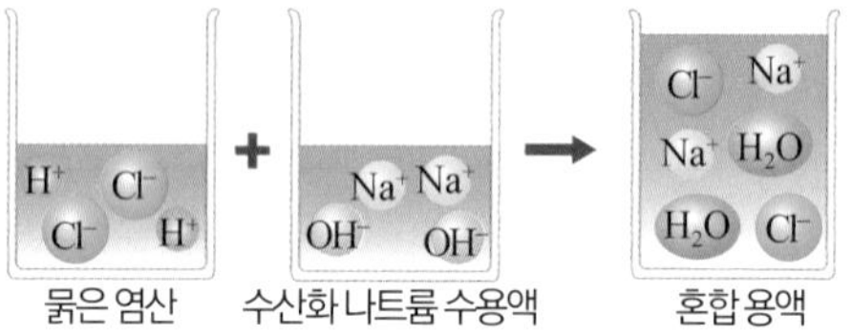

$HCl \longrightarrow H^+ + Cl^-$

$NaOH \longrightarrow OH^- + Na^+$

$HCl + NaOH \longrightarrow H_2O + NaCl$(염)

수용액에서 Na^+과 Cl^- 상태로 존재한다.

① 중화★ 반응에서는 산의 수소 이온(H^+)과 염기의 수산화 이온(OH^-)이 1 : 1의 개수비로 반응하여 물(H_2O)이 생성된다.

$$H^+ + OH^- \longrightarrow H_2O$$

② **혼합 용액의 액성** : 혼합하는 수용액 속 수소 이온(H^+)과 수산화 이온(OH^-)의 수에 따라 중화 반응 후 혼합 용액의 액성이 달라진다.

구분	반응	용액의 액성
H^+의 수 > OH^-의 수	$H^+ + OH^- \longrightarrow H_2O + H^+$ 10개 5개 5개 5개 → 반응 후 용액 속에 H^+이 남아 있다.	산성
H^+의 수 = OH^-의 수	$H^+ + OH^- \longrightarrow H_2O$ 10개 10개 10개 → 반응 후 용액 속에 H^+이나 OH^-이 남아 있지 않다.	중성
H^+의 수 < OH^-의 수	$H^+ + OH^- \longrightarrow H_2O + OH^-$ 5개 10개 5개 5개 → 반응 후 용액 속에 OH^-이 남아 있다.	염기성

2. 중화 반응에서의 변화

(1) 중화점 : 산의 수소 이온(H^+)과 염기의 수산화 이온(OH^-)이 모두 반응하여 중화 반응이 완결된 지점이다.

(2) 이온 수의 변화와 지시약의 색 변화

[이온 수 변화 그래프]

묽은 염산(HCl)에 수산화 나트륨(NaOH) 수용액을 가할 때 이온의 수 변화를 종류에 따라 나타낸 것이다.

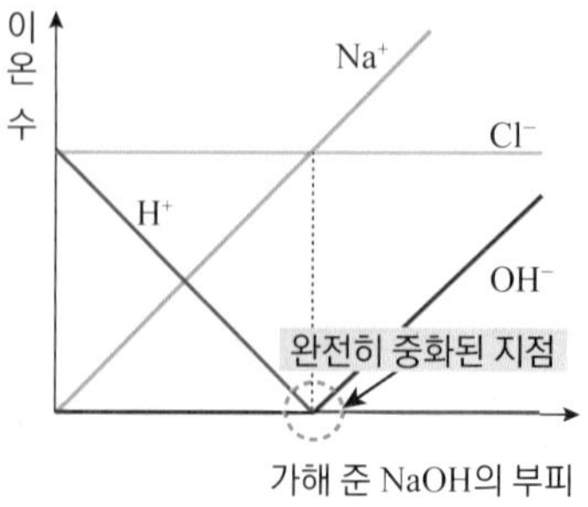

- H^+ : OH^-과 반응하여 감소하다가 중화 반응이 완결된 이후에는 존재하지 않는다.
- OH^- : H^+과 반응하므로 처음에는 모두 반응하여 이온이 존재하지 않으나, 중화 반응이 완결된 이후에는 점점 증가한다.
- Na^+ : 반응에 참여하지 않으므로 NaOH 수용액을 넣는대로 이온 수가 증가한다.
- Cl^- : 반응에 참여하지 않으므로 이온 수가 일정하다.

개념 +

❶ 염

중화 반응에서 물과 함께 생성되는 물질로, 산의 음이온과 염기의 양이온이 결합하여 생성된다.
묽은 염산과 수산화 나트륨 수용액의 중화 반응에서 염화 이온과 나트륨 이온은 반응에 참여하지 않고 용액에 그대로 남아 있는데(그래서 구경꾼 이온이라고 한다.) 이 용액을 가열하여 물을 증발시키면 염화 나트륨을 얻을 수 있다. 이 물질을 염이라고 한다.

● 중화 반응의 알짜 이온 반응식

알짜 이온 반응식은 실제로 반응에 참여한 이온만을 나타낸 화학 반응식을 말한다.
중화 반응에서 실제로 반응에 참여한 이온은 산의 수소 이온(H^+)과 염기의 수산화 이온(OH^-)이므로 두 이온을 알짜 이온이라고 한다.
알짜 이온 반응식 : $H^+ + OH^- \rightarrow H_2O$

미니사전

★ **중화**

산과 염기가 반응하여 산과 염기로서의 성질을 잃는 현상이다.

[일정량의 묽은 염산(HCl)에 수산화 나트륨(NaOH) 수용액을 조금씩 넣을 때의 변화] ❷❸

중화 반응 모형	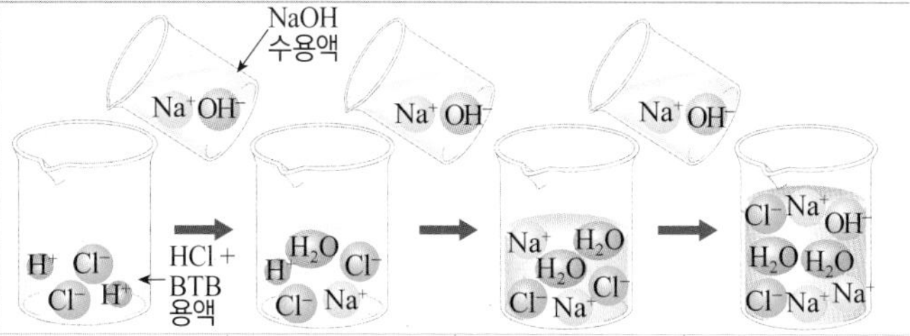			
H^+의 수(개)	2	1	0	0
Cl^-의 수(개)	2	2	2	2
Na^+의 수(개)	0	1	2	3
OH^-의 수(개)	0	0	0	1
용액의 액성	산성	산성	중성	염기성
BTB 용액의 색	노란색	노란색	초록색	파란색

(3) 혼합 용액의 온도 변화

① **중화열** : 중화 반응이 일어날 때 발생하는 열이다.

② **혼합 용액의 온도** : 반응하는 수소 이온(H^+)과 수산화 이온(OH^-)이 많을수록 중화열이 많이 발생하므로 완전히 중화되었을 때 혼합 용액의 온도가 가장 높다.

잠깐 탐구 중화 반응과 온도 변화

다음은 묽은 염산(HCl)과 수산화 나트륨(NaOH) 수용액의 부피를 달리하여 섞은 후 혼합 용액의 최고 온도를 측정하고, BTB 용액을 떨어뜨려 색 변화를 관찰한 결과이다. (단, 각 용액의 처음 온도와 농도는 같다.)

구분	A	B	C	D	E
HCl의 부피(mL)	2	4	6	8	10
NaOH 수용액의 부피(mL)	10	8	6	4	2
최고 온도(℃)	25	27	29	27	25
BTB 용액의 색	파란색	파란색	초록색	노란색	노란색
용액의 액성	염기성	염기성	중성	산성	산성
용액에 존재하는 이온	Cl^-, Na^+, OH^-	Cl^-, Na^+, OH^-	Cl^-, Na^+	H^+, Cl^-, Na^+	H^+, Cl^-, Na^+

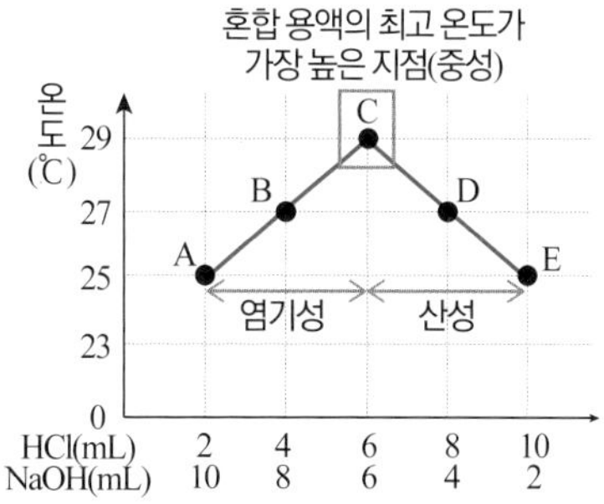

· **온도가 가장 높은 지점 C** : 완전히 중화된 지점으로 생성된 물의 양이 가장 많다. H^+과 OH^-이 많이 반응할수록 생성된 물의 양이 가장 많고, 발생하는 중화열이 가장 크다.

· **지점 A와 B** : 같은 농도의 산과 염기 수용액은 1 : 1의 부피비로 반응하므로 A와 B 지점에는 반응하지 않은 OH^-이 존재한다. → A와 B는 염기성이다.

· **지점 D와 E** : 같은 농도의 산과 염기 수용액은 1 : 1의 부피비로 반응하므로 D와 E 지점에는 반응하지 않은 H^+이 존재한다. → D와 E는 산성이다.

개념 +

● **BTB 용액의 색 변화**

액성	산성	중성	염기성
BTB 용액			
	노랑	초록	파랑

❷ **생성된 물 분자 수 변화**

중화 반응에서 생성된 물 분자 수는 중화점에서 최대이며, 중화점 이후에는 더 이상 중화 반응이 일어나지 않으므로 물이 생성되지 않는다.

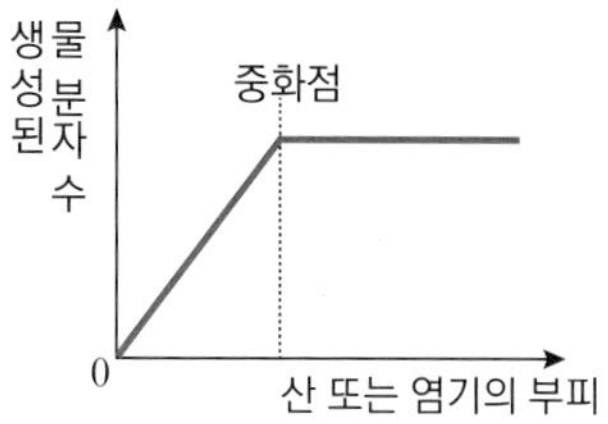

❸ **전체 이온 수 변화**

H^+과 OH^-이 1 : 1로 반응하고, Na^+과 Cl^-은 반응하지 않고 용액에 남아 있기 때문에 중화점까지의 전체 이온 수는 같다. 중화점 이후에는 넣어주는 용액의 이온 수 만큼 증가한다.

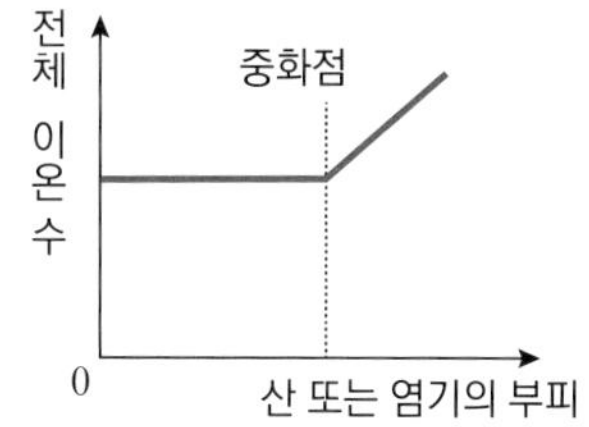

● **중화점 이후 혼합 용액의 온도가 낮아지는 이유**

산과 염기가 완전히 중화된 이후에는 중화 반응이 더 이상 일어나지 않으므로 중화열도 더 이상 발생하지 않는다. 하지만 처음과 같은 온도의 수용액을 계속 가하므로 혼합 용액의 온도는 점점 낮아진다.

● **산과 염기의 반응에서 완전히 중화된 지점 찾기**

일정량의 산(염기) 수용액을 염기(산) 수용액으로 중화시킬 때 완전히 중화된 지점(중화점)을 찾는 방법은 다음과 같다.

- 지시약의 색 변화 : 지시약이 중성에서 띠는 색으로 변하는 지점을 찾는다.
- 온도 변화 : 온도가 가장 높은 지점을 찾는다.

B 생활 속의 중화 반응

제산제	생선 비린내 제거	산성화된 토양
속이 쓰릴 때 약한 염기성인 제산제를 복용하면 강산인 위산을 중화시킨다.	생선 비린내의 원인인 염기성 물질을 산성인 레몬즙으로 중화시킨다.	산성비에 의해 산성화된 토양은 석회 가루(산화 칼슘, 수산화 칼슘)를 뿌려 중화시킨다.
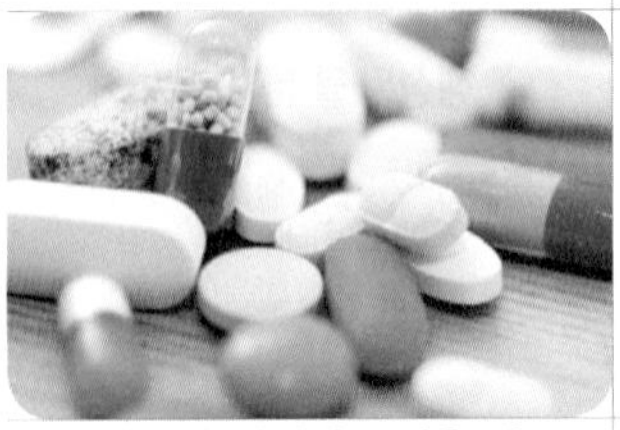	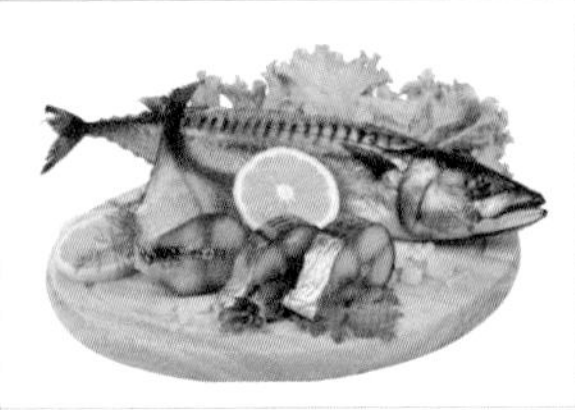	
벌이나 개미에 물렸을 때	**치약**	**뿌리혹박테리아**
벌에 쏘이거나 개미에 물리면 폼산이라는 산성 물질 때문에 통증이 생긴다. 이때 염기성 물질인 암모니아수를 발라 중화시킨다.	입속의 산성 물질이 염기성 물질이 들어 있는 치약에 의해 중화된다.	콩의 뿌리에 사는 뿌리혹박테리아는 염기성을 띤 질소 화합물을 합성하여 산성화된 토양을 중화시킨다.
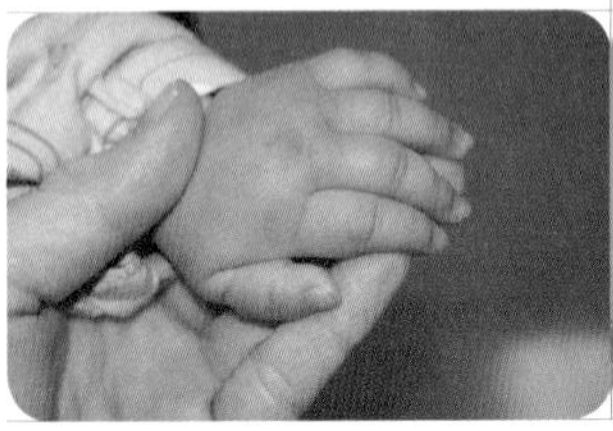		

개념 +

중화 반응 이용의 다른 예

- 산이 포함된 종이는 누렇게 변하면서 부서지는데, 종이를 만들 때 탄산수소 칼슘($Ca(HCO_3)_2$) 등으로 중화시켜 만들면 종이를 오래 사용할 수 있다.
- 공장에서 배출하는 산성비의 원인 물질인 이산화 황은 산화 칼슘으로 중화하여 제거한다.
- 하수 처리장에서 나는 악취의 원인 중 하나는 황화 수소이므로 염기인 수산화 나트륨으로 중화시킨다.
- 김치의 신맛을 줄이기 위해 달걀 껍데기를 씻어서 넣어준다.
- 수영장의 물은 염소로 소독한 수돗물인데, 산성을 띠므로 염기성 물질을 넣어 중화시킨다.

개념 체크

정답 및 해설 ➔ 86

Point

01 중화 반응에 대한 설명으로 옳은 것은 ○표, 옳지 않은 것은 ×표 하시오.

(1) 산과 염기가 완전히 중화된 지점에서는 혼합 용액 속에 이온이 존재하지 않는다. ( )

(2) 중화 반응에서 산의 H^+과 염기의 OH^-은 항상 1 : 1의 개수비로 반응한다. ( )

(3) 염은 산의 양이온과 염기의 음이온이 결합한 물질이다. ( )

(4) 중화점에 도달한 용액에 BTB 용액을 넣으면 노란색을 띤다. ( )

(5) 공장에서 이산화 황을 배출하기 전에 산화 칼슘으로 제거한다. ( )

02 그림은 어떤 산과 염기의 혼합 용액을 모형으로 나타낸 것이다.

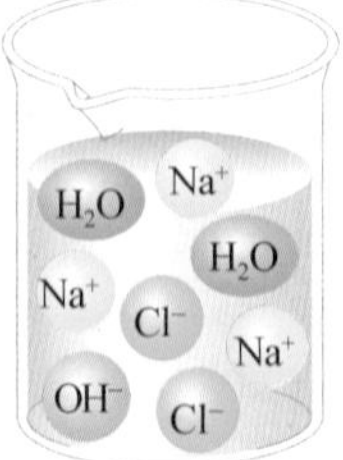

(1) 혼합 용액의 액성을 쓰시오.

(2) 혼합 용액에 BTB 용액을 떨어뜨리면 어떤 색깔을 나타내는지 쓰시오.

03 H^+의 수가 18개인 산성 용액과 OH^-의 수가 11개인 염기성 용액을 혼합하였을 때 이 혼합 용액의 액성을 쓰시오.

04 중화 반응에서 산의 H^+과 염기의 OH^-이 모두 반응하여 중화가 완결되는 지점을 무엇이라고 하는지 쓰시오.

농도가 다른 산과 염기의 중화 반응에서 생성된 물 분자 수 구하기

농도가 다른 묽은 염산(HCl)과 수산화 나트륨(NaOH) 수용액의 부피를 다르게 하여 잘 섞은 혼합 용액의 최고 온도를 측정하였다.

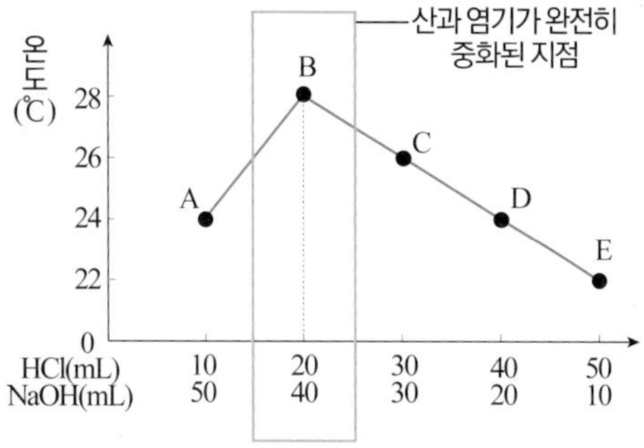

STEP 1. 중화점 찾기

혼합 용액의 온도가 가장 높은 지점이 중화점이다.

→ 점 B가 중화점이다.

STEP 2. 반응 전 용액에 들어 있는 이온 수 파악하기

수소 이온(H^+)과 수산화 이온 (OH^-)은 1 : 1의 개수비로 반응한다.

→ 묽은 염산(HCl) 20 mL 에 들어 있는 H^+ 과 Cl^-의 수를 각각 2N이라고 가정하면 수산화 나트륨(NaOH) 수용액 40 mL 에 들어 있는 Na^+과 OH^-의 수도 각각 2N이다.

→ 중화점에서 H^+과 OH^-의 수는 같으므로 묽은 염산 20 mL 와 수산화 나트륨 수용액 40 mL 에 들어 있는 H^+과 OH^-의 수는 같다.

→ 따라서, 수산화 나트륨(NaOH) 수용액 20 mL 에 들어 있는 Na^+과 OH^-의 수는 각각 N이다.

STEP 3. 반응 전 용액에 들어 있는 이온 수 파악하기

A ~ C에서 반응 전 용액에 들어 있는 H^+ 과 OH^-의 수, 반응 후 생성된 물 분자 수는 다음과 같다.

구분	H^+	OH^-	반응 후 생성된 물 분자수
A	N	2.5N	N
B	2N	2N	2N
C	3N	1.5N	1.5N
D	4N	N	N
E	5N	0.5N	0.5N

정답 및 해설 ➜ 86

Q1 위 그림에 대한 설명으로 옳은 것만을 <보기>에서 있는 대로 고르시오.

보 기

ㄱ. 같은 부피에 들어 있는 이온 수는 묽은 염산이 수산화 나트륨 수용액의 2배이다.
ㄴ. B 점에서 혼합 용액에 들어 있는 이온의 종류는 2 가지이다.
ㄷ. C 점에 페놀프탈레인 용액을 떨어뜨리면 붉은색으로 변한다.

Q2 점 A ~ E 중 탄산 칼슘을 넣었을 때 기체가 발생하는 용액을 모두 고르시오.

1 중화 반응에서의 변화

그림은 일정량의 수산화 나트륨 수용액에 묽은 염산을 조금씩 넣어 줄 때, 혼합 용액에 들어 있는 이온 수 변화를 나타낸 것이다.

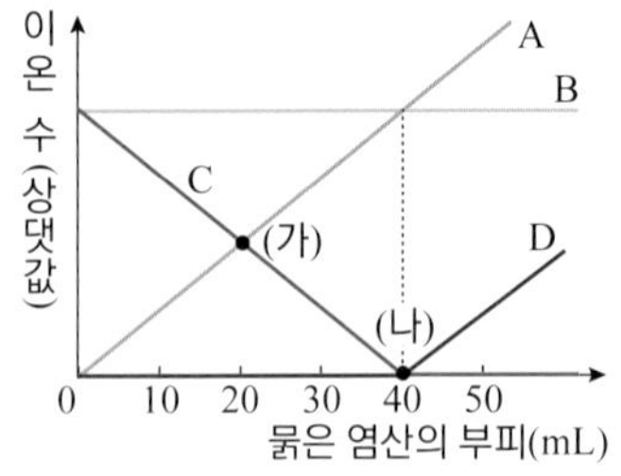

이에 대한 설명으로 옳지 않은 것은?

① A와 B는 반응에 참여하지 않는다.
② C와 D는 1 : 1의 개수비로 중화 반응한다.
③ 용액 (가)는 염기성이다.
④ 혼합 용액의 최고 온도는 (나)가 (가)보다 높다.
⑤ 용액 속 Na^+의 수는 (가)가 (나)보다 많다.

2 중화 반응에서의 변화

그림은 묽은 염산과 수산화 나트륨 수용액을 서로 다른 부피로 혼합한 (가)~(다) 세 혼합 용액에 들어 있는 이온을 모형으로 나타낸 것이다. 이에 대한 설명으로 옳은 것만을 <보기>에서 있는 대로 고른 것은?

보 기

ㄱ. 생성된 물 분자 수가 가장 적은 용액은 (가)이다.
ㄴ. (가)와 (나)에 페놀프탈레인 용액을 떨어뜨려도 색 변화가 없다.
ㄷ. (다)의 pH는 7보다 크다.

① ㄱ ② ㄷ ③ ㄱ, ㄴ ④ ㄴ, ㄷ ⑤ ㄱ, ㄴ, ㄷ

3 중화 반응에서의 변화

그림은 묽은 염산(HCl) 10 mL 에 수산화 나트륨(NaOH) 수용액을 넣어줄 때, 혼합 용액의 최고 온도를 나타낸 것이다. 이에 대한 설명으로 옳은 것만을 <보기>에서 있는 대로 고른 것은?

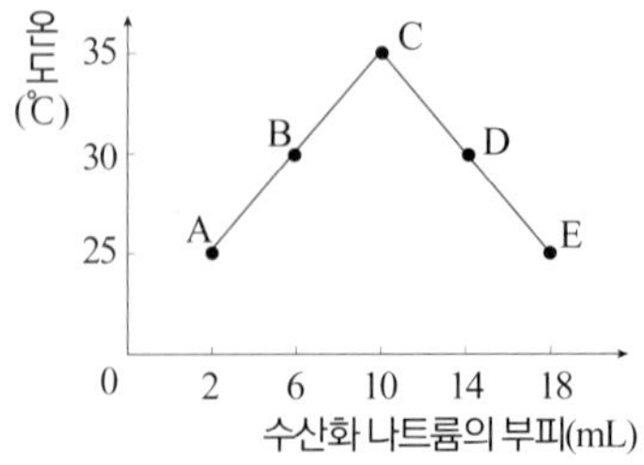

보 기

ㄱ. 용액 A와 B에 BTB 용액을 떨어뜨리면 노란색을 나타낸다.
ㄴ. 생성된 물 분자 수는 용액 C가 용액 D보다 작다.
ㄷ. 용액 E에 가장 많이 들어 있는 이온은 나트륨 이온(Na^+)이다.

① ㄱ ② ㄴ ③ ㄱ, ㄷ ④ ㄴ, ㄷ ⑤ ㄱ, ㄴ, ㄷ

1 중화 반응

01 중화 반응에 대한 설명으로 옳지 않은 것은?

① 산과 염기가 반응하여 물이 생성된다.
② 중화 반응이 일어날 때 열이 발생한다.
③ 중화 반응이 완결된 지점을 중화점이라고 한다.
④ 반응하는 산과 염기의 종류가 달라도 생성되는 염의 종류는 같다.
⑤ 염은 산의 음이온과 염기의 양이온이 결합한 물질이다.

02 OH^- 50개가 들어 있는 수산화 나트륨 수용액을 완전히 중화시키기 위해 필요한 황산의 분자 수는?

① 10개 ② 15개 ③ 20개
④ 25개 ⑤ 50개

03 2 가지 화학 반응식이다.

· $2HCl + Ca(OH)_2 \longrightarrow 2$ ㉠ $+ CaCl_2$
· $HNO_3 + KOH \longrightarrow$ ㉠ $+ KNO_3$

㉠에 해당하는 물질의 화학식을 쓰시오.

04 묽은 질산과 수산화 칼륨 수용액을 혼합하여 완전히 중화시켰을 때 혼합 용액 속에 들어 있는 이온을 옳게 짝 지은 것은?

① H^+, OH^- ② H^+, NO_3^- ③ H^+, K^+
④ NO_3^-, OH^- ⑤ NO_3^-, K^+

05 묽은 황산 (가)와 수산화 칼륨 수용액 (나)의 반응을 입자 모형으로 나타낸 것이다.

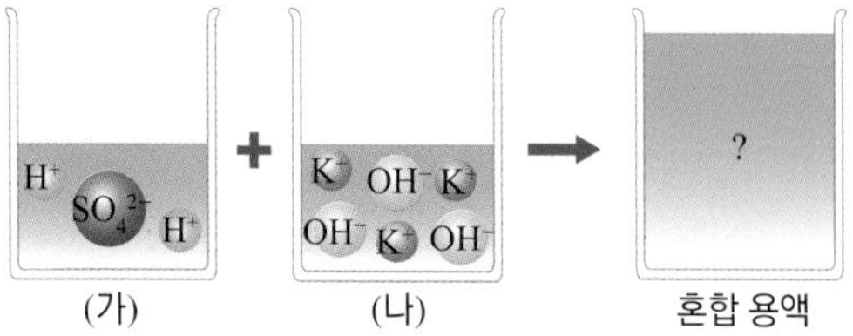

이에 대한 설명으로 옳은 것만을 <보기>에서 있는 대로 고른 것은? (단, 혼합 전 두 수용액의 온도는 같다.)

보 기

ㄱ. 혼합 용액의 pH는 7보다 크다.
ㄴ. 혼합 용액에 들어 있는 이온의 종류는 2 가지이다.
ㄷ. 혼합 후 생성된 물 분자 수는 (나)에 들어 있는 K^+의 수와 같다.

① ㄱ ② ㄷ ③ ㄱ, ㄴ
④ ㄴ, ㄷ ⑤ ㄱ, ㄴ, ㄷ

06 일정량의 묽은 황산과 수산화 나트륨 수용액에 들어 있는 이온 모형이다.

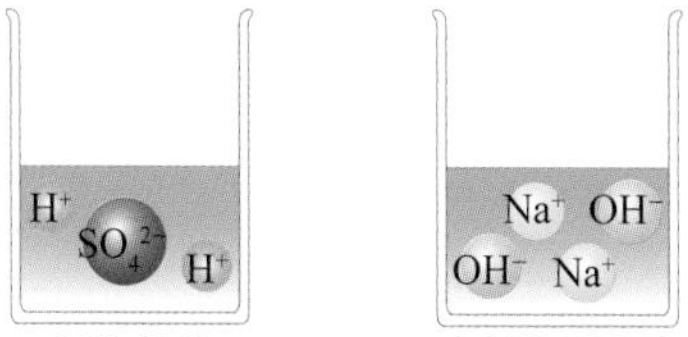

두 수용액을 섞었을 때 혼합 용액에 들어 있는 입자를 모형으로 나타낸 것으로 옳은 것은?

①

②

③
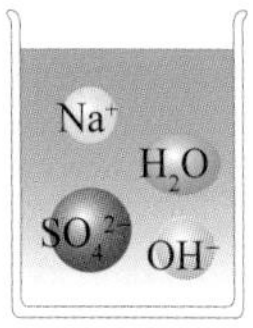

④
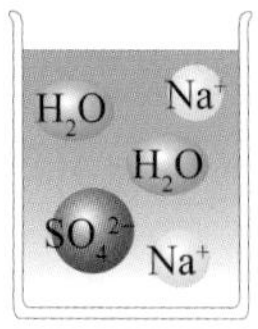

⑤
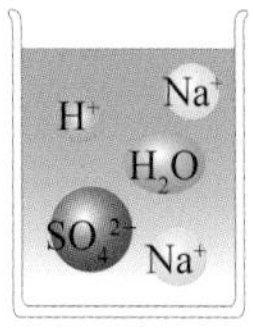

07 일정량의 묽은 염산(HCl)에 수산화 칼륨(KOH) 수용액을 조금씩 넣을 때 용액에 들어 있는 이온 수를 나타내었다.

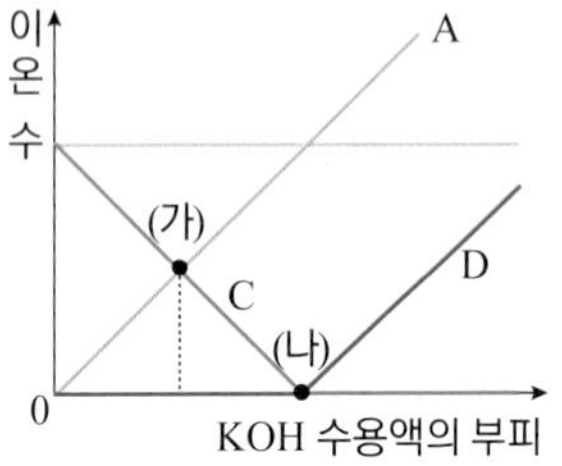

이에 대한 설명으로 옳은 것만을 <보기>에서 있는 대로 고른 것은?

보기

ㄱ. (가) 용액에는 H^+이 존재한다.
ㄴ. 생성된 물의 양은 (나)가 (가)보다 크다.
ㄷ. 용액의 pH는 (나)가 (가)보다 크다.

① ㄱ ② ㄷ ③ ㄱ, ㄴ
④ ㄴ, ㄷ ⑤ ㄱ, ㄴ, ㄷ

08 같은 농도의 묽은 염산과 수산화 나트륨 수용액을 다른 부피로 혼합하였을 때의 자료이다.

구분	(가)	(나)	(다)	(라)
묽은 염산의 부피(mL)	10	20	30	40
수산화 나트륨 수용액의 부피(mL)	50	40	30	20

이에 대한 설명으로 옳은 것만을 <보기>에서 있는 대로 고른 것은? (단, 혼합 전 두 수용액의 온도는 같다.)

보기

ㄱ. 용액의 최고 온도는 (가)가 가장 높다.
ㄴ. 생성된 물의 양은 (다)가 (나)보다 크다.
ㄷ. H^+은 (다)보다 (라)에 많이 존재한다.

① ㄱ ② ㄷ ③ ㄱ, ㄴ
④ ㄴ, ㄷ ⑤ ㄱ, ㄴ, ㄷ

서술형

09 수산화 나트륨 수용액 10 mL 에 묽은 염산을 조금씩 넣어줄 때 혼합 용액의 온도를 나타내었다.

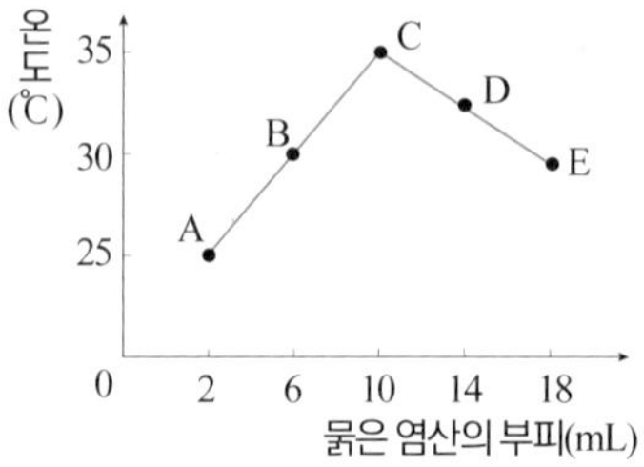

용액 A ~ E 중 중화 반응이 완결된 용액을 그 이유와 함께 설명하시오.

10 BTB 용액을 넣은 일정량의 염기 수용액에 산 수용액을 조금씩 넣을 때 중화 반응이 완결된 지점으로 옳은 것만을 <보기>에서 있는 대로 고른 것은?

보기

ㄱ. 혼합 용액의 온도가 가장 높은 지점
ㄴ. 용액이 초록색으로 변하는 지점
ㄷ. 생성된 물의 양이 가장 적은 지점

① ㄱ ② ㄷ ③ ㄱ, ㄴ
④ ㄴ, ㄷ ⑤ ㄱ, ㄴ, ㄷ

11 온도와 농도가 같은 묽은 염산(HCl)과 수산화 칼륨(KOH) 수용액의 부피를 달리하여 혼합하는 과정에서 용액의 최고 온도를 측정하여 나타내었다.

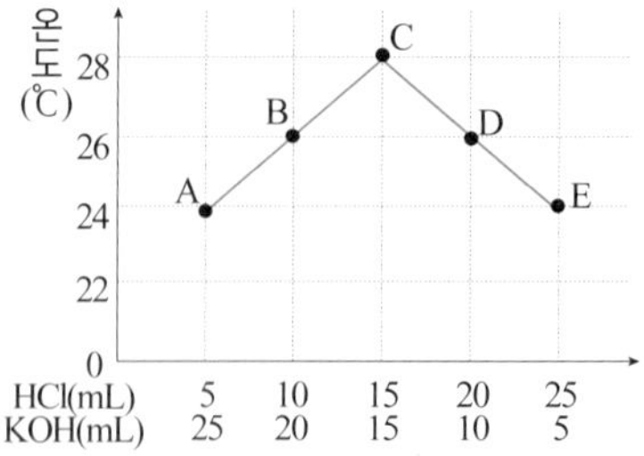

이에 대한 설명으로 옳은 것은?

① A와 B의 액성은 산성이다.
② C는 중화 반응이 완결된 상태이다.
③ C와 D에서 생성된 물의 양은 같다.
④ E에 E와 온도가 같은 수산화 나트륨 수용액을 넣으면 용액의 온도가 낮아진다.
⑤ D와 E에 페놀프탈레인 용액을 떨어뜨리면 모두 붉은색을 띤다.

12 묽은 염산(HCl)과 수산화 나트륨(NaOH) 수용액의 부피를 다르게 하여 혼합하는 과정에서 용액의 최고 온도를 나타내었다.

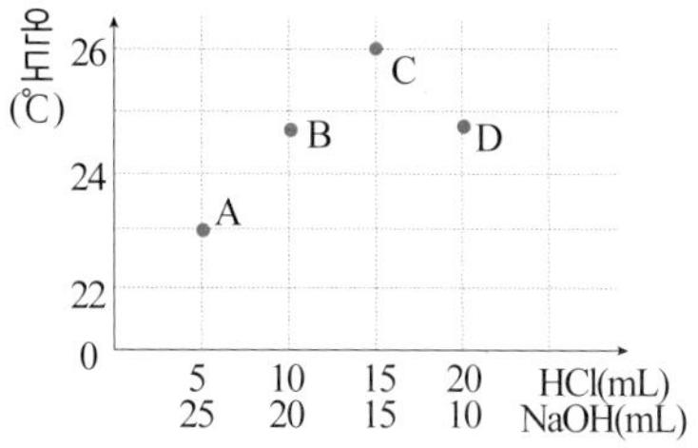

혼합 용액 A ~ D에 대한 설명으로 옳지 <u>않은</u> 것은?

① A는 염기성 용액이다.
② B에 BTB 용액을 떨어뜨리면 파란색을 나타낸다.
③ C는 전류가 흐르지 않는다.
④ D에 Mg을 넣으면 기체가 발생한다.
⑤ Na^+의 수는 C가 D보다 많다.

13 일정량의 묽은 염산에 수산화 나트륨 수용액을 조금씩 추가로 넣을 때 용액에 들어 있는 입자의 변화를 모형으로 나타내었다.

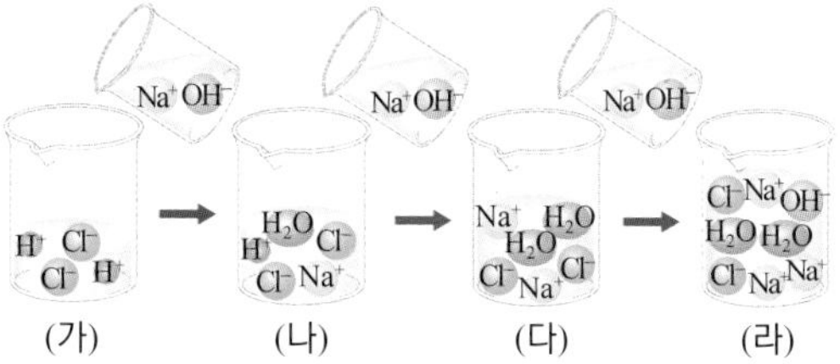

이에 대한 설명으로 옳은 것만을 <보기>에서 있는 대로 고른 것은?

보기

ㄱ. pH가 가장 작은 용액은 (가)이다.
ㄴ. (나)와 (라)를 혼합한 용액에 BTB 용액을 떨어뜨리면 초록색을 띤다.
ㄷ. (라)에 수산화 칼륨 수용액을 넣으면 물이 생성된다.

① ㄱ ② ㄴ ③ ㄷ
④ ㄱ, ㄴ ⑤ ㄴ, ㄷ

14 그림은 수산화 나트륨 (NaOH) 수용액 20 mL에 묽은 염산(HCl)을 10 mL 씩 넣을 때 용액에 들어 있는 음이온을 모형으로 나타낸 것이다.

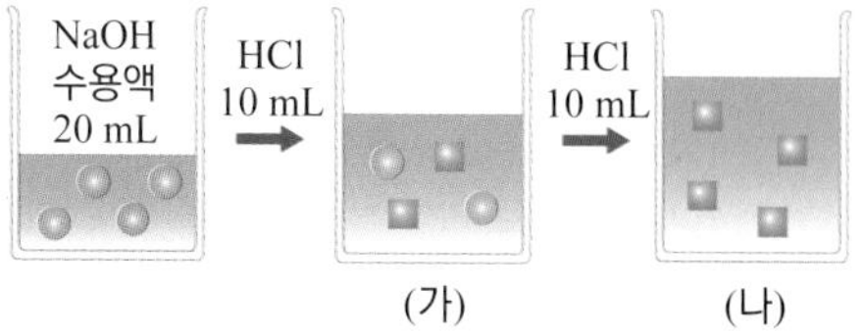

이에 대한 설명으로 옳은 것만을 <보기>에서 있는 대로 고른 것은? (단, 혼합 전 두 수용액의 온도는 같다.)

보기

ㄱ. ■은 Cl^-이다.
ㄴ. 용액의 최고 온도는 (나)가 (가)보다 높다.
ㄷ. 혼합 전 단위 부피당 전체 이온 수는 수산화 나트륨 수용액과 묽은 염산이 같다.

① ㄱ ② ㄷ ③ ㄱ, ㄴ
④ ㄴ, ㄷ ⑤ ㄱ, ㄴ, ㄷ

2 생활 속의 중화 반응

15 우리 생활에서 이용되는 반응의 예이다.

생선 비린내를 없애기 위해 ㉠ <u>레몬즙</u>을 뿌린다.

이에 대한 설명으로 옳은 것만을 <보기>에서 있는 대로 고른 것은?

보기

ㄱ. 중화 반응을 이용한 예이다.
ㄴ. ㉠에는 약한 염기성 물질이 들어 있다.
ㄷ. 이 과정에서 생선의 pH가 작아진다.

① ㄱ ② ㄴ ③ ㄷ
④ ㄱ, ㄷ ⑤ ㄴ, ㄷ

16 산성화된 토양을 중화시킬 수 있는 방법을 2 가지 서술하시오.

단원마무리

01 다양한 산화 환원 반응

01 다음은 지구와 생명의 역사에 큰 변화를 가져온 반응의 화학 반응식이다.

(가) 이산화 탄소 + 물 ⟶ 포도당 + (　　)
(나) 화석 연료 + (　　) ⟶ 물 + 이산화 탄소
(다) 산화 철 + 일산화 탄소 ⟶ 철 + 이산화 탄소

이에 대한 설명으로 옳은 것만을 <보기>에서 있는 대로 고른 것은?

보기

ㄱ. (가)는 호흡 반응이다.
ㄴ. (가) ~ (다)는 모두 산소가 관여하는 반응이다.
ㄷ. (　　　) 안에 공통으로 들어갈 물질은 산소이다.

① ㄱ　② ㄷ　③ ㄱ, ㄴ　④ ㄴ, ㄷ　⑤ ㄱ, ㄴ, ㄷ

02 황산 구리(Ⅱ)($CuSO_4$) 수용액에 알루미늄판을 넣었을 때의 모형과 이때의 화학 반응식을 나타내었다. 이때 알루미늄판 표면에 구리가 석출되었다.

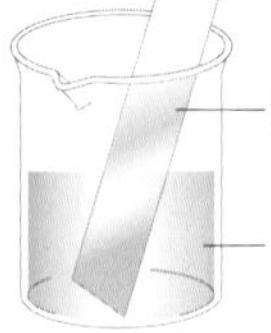

$$2Al + 3Cu^{2+} \longrightarrow 2Al^{3+} + 3Cu$$

위 실험에 대한 설명으로 옳지 않은 것은?

① 수용액의 푸른색이 옅어진다.
② 수용액에서 알루미늄 이온의 수는 증가한다.
③ 수용액에서 황산 이온(SO_4^{2-})의 수는 일정하다.
④ 알루미늄은 산화된다.
⑤ 수용액의 전체 이온 수는 증가한다.

03 구리를 이용한 실험이다.

[실험]
(가) 도가니에 구리 가루 3 g을 넣고 공기 중에서 충분히 가열하였더니 검은색으로 변하였다.
(나) (가)에서 생성된 검은색 물질을 잘 부수어 탄소 가루와 함께 시험관에 넣은 뒤 가열하면서 생성된 기체를 석회수에 통과시켰더니 석회수가 뿌옇게 흐려졌다.

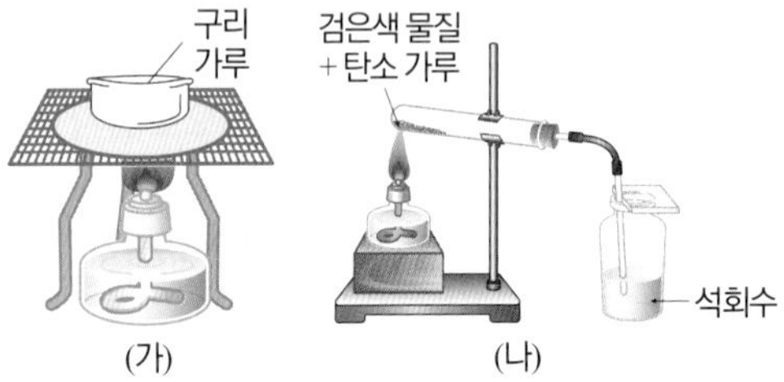

이에 대한 설명으로 옳은 것만을 <보기>에서 있는 대로 고른 것은?

보기

ㄱ. (가)에서 구리는 산화되어 산화 구리(CuO)가 된다.
ㄴ. (나)에서 탄소는 환원된다.
ㄷ. (나)에서 생성된 기체는 이산화 탄소이다.

① ㄱ　② ㄴ　③ ㄱ, ㄷ　④ ㄴ, ㄷ　⑤ ㄱ, ㄴ, ㄷ

04 금속과 관련된 3가지 화학 반응을 화학 반응식으로 나타내었다.

(가) $2Ca + CO_2 \longrightarrow 2CaO + C$
(나) $2Na + Cl_2 \longrightarrow 2NaCl$
(다) $2CuO + C \longrightarrow 2Cu + CO_2$

이에 대한 설명으로 옳은 것만을 <보기>에서 있는 대로 고른 것은?

보기

ㄱ. (가)에서 C는 환원된다.
ㄴ. (나)에서 Na는 산화된다.
ㄷ. (가)~(다) 중 산화 환원 반응은 2가지이다.

① ㄱ　② ㄷ　③ ㄱ, ㄴ　④ ㄴ, ㄷ　⑤ ㄱ, ㄴ, ㄷ

서술형

05 철(Fe)못을 질산 은($AgNO_3$) 수용액에 넣었을 때 반응 결과와 화학 반응식을 나타내었다.

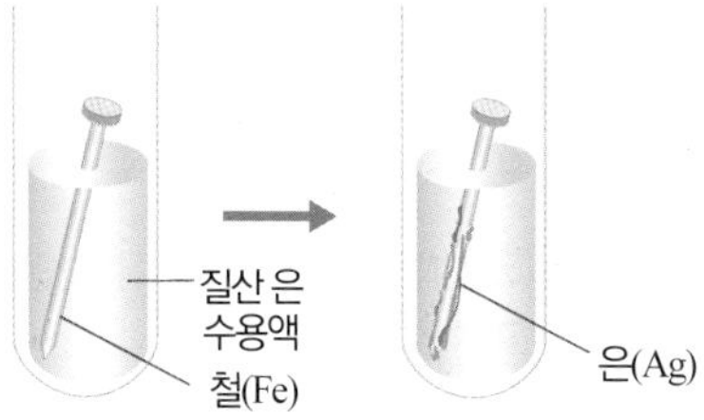

$$2Ag^{+} + Fe \longrightarrow 2Ag + Fe^{2+}$$

이 반응을 산화 환원 반응으로 설명하고, 반응 전후의 수용액 속의 총 이온 수를 비교하시오.

06 지구와 생명의 역사를 바꾼 3 가지 화학 반응이다.

· 메테인의 연소에서 메테인은 [㉠]된다.
· 광합성을 통해 이산화 탄소가 [㉡]되어 포도당이 합성된다.
· 철광석에 포함된 산화 철(Ⅲ)을 [㉢]시켜 순수한 철을 얻는다.

(가) ~ (다)에 알맞은 말을 옳게 짝지은 것은?

	㉠	㉡	㉢
①	산화	환원	환원
②	산화	환원	산화
③	산화	산화	환원
④	환원	환원	산화
⑤	환원	산화	환원

02 우리 주변의 산과 염기

07 3 가지 수용액에 들어 있는 음이온과 BTB 용액을 떨어뜨렸을 때의 색을 나타내었다.

구분	(가)	(나)	(다)
음이온 모형	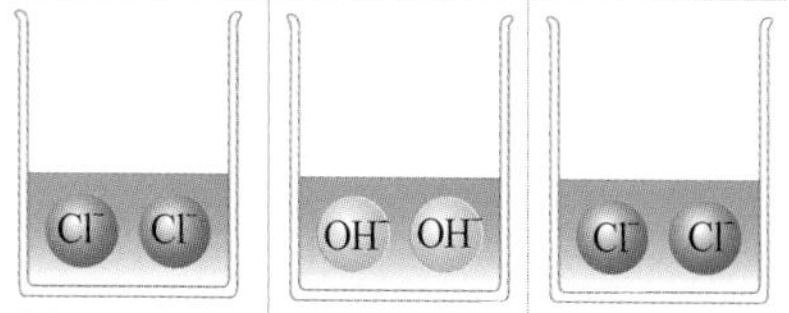		
BTB 용액	초록색	파란색	노란색

이에 대한 설명으로 옳은 것만을 <보기>에서 있는 대로 고른 것은? (단, (가) ~ (다)는 각각 묽은 염산, 염화 나트륨 수용액, 수산화 나트륨 수용액 중 하나이다.)

보기

ㄱ. (가)에 마그네슘 조각을 넣으면 기체가 발생한다.
ㄴ. (가)와 (나)에는 같은 종류의 양이온이 들어 있다.
ㄷ. (나)와 (다)를 혼합하면 물과 염이 생성된다.

① ㄱ ② ㄴ ③ ㄷ
④ ㄱ, ㄴ ⑤ ㄴ, ㄷ

08 산 염기의 수용액에서의 이온화 식을 각각 쓰시오.

(1) $HCl \longrightarrow$ (　　) + (　　)
(2) $Ca(OH)_2 \longrightarrow$ (　　) + (　　)
(3) $KOH \longrightarrow$ (　　) + (　　)
(4) $H_2SO_4 \longrightarrow$ (　　) + (　　)
(5) $CH_3COOH \longrightarrow$ (　　) + (　　)

09 산성을 나타내는 이온을 확인하기 위한 실험이다.

[실험]
(가) 그림과 같이 질산 칼륨 수용액을 적신 푸른색 리트머스 종이 위에 묽은 염산을 적신 실을 올려 놓는다.

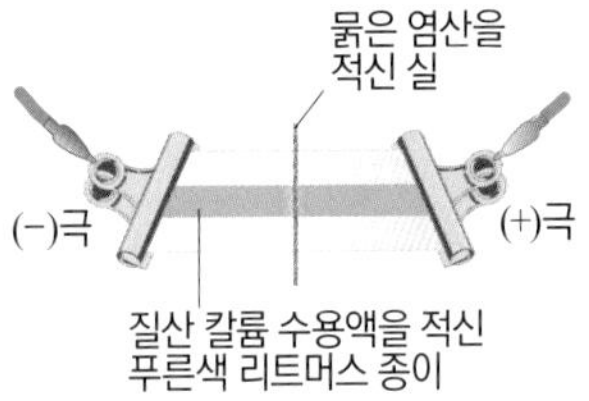

(나) 전류를 흘려 주면서 변화를 관찰한다.

이에 대한 설명으로 옳은 것만을 <보기>에서 있는 대로 고른 것은?

보 기

ㄱ. 푸른색 리트머스 종이를 붉게 변화시키는 것은 NO_3^-이다.
ㄴ. (나)에서 리트머스 종이의 색이 (-)극 쪽으로 붉게 변해간다.
ㄷ. 묽은 염산 대신 암모니아수로 실험해도 색의 이동 방향은 같다.

① ㄱ ② ㄴ ③ ㄱ, ㄷ
④ ㄴ, ㄷ ⑤ ㄱ, ㄴ, ㄷ

10 수용액 A ~ C에 BTB 용액을 떨어뜨렸을 때의 색 변화이다.

수용액	A	B	C
색	파란색	노란색	초록색

이에 대한 설명으로 옳은 것만을 <보기>에서 있는 대로 고른 것은?

보 기

ㄱ. A는 마그네슘과 반응하여 수소 기체를 발생시킨다.
ㄴ. B는 전류가 흐른다.
ㄷ. C의 액성은 중성이다.

① ㄱ ② ㄴ ③ ㄱ, ㄷ
④ ㄴ, ㄷ ⑤ ㄱ, ㄴ, ㄷ

11 몇 가지 이온화식을 나타내었다.

· $HNO_3 \longrightarrow$ ㉠ $+ NO_3^-$
· $CH_3COOH \longrightarrow$ ㉡ $+ CH_3COO^-$
· $H_2SO_4 \longrightarrow 2$ ㉢ $+ SO_4^{2-}$

㉠ ~ ㉢에 대한 설명으로 옳은 것만을 <보기>에서 있는 대로 고른 것은?

보 기

ㄱ. 산의 공통적인 성질이 나타나게 한다.
ㄴ. 푸른색 리트머스 종이를 붉게 변화시킨다.
ㄷ. 단백질을 녹인다.

① ㄱ ② ㄷ ③ ㄱ, ㄴ
④ ㄴ, ㄷ ⑤ ㄱ, ㄴ, ㄷ

12 몇 가지 물질을 기준 (가)에 따라 분류하였다.

기준	((가))	
구분	예	아니요
물질	비눗물, 제산제	레몬즙, 진통제

이 물질들을 분류하는 기준 (가)로 적절한 것만을 <보기>에서 있는 대로 고른 것은?

보 기

ㄱ. 푸른색 리트머스 종이를 붉게 변화시키는가?
ㄴ. 페놀프탈레인 용액을 붉게 변화시키는가?
ㄷ. 수용액에서 전류가 흐르는가?

① ㄱ ② ㄴ ③ ㄱ, ㄷ
④ ㄴ, ㄷ ⑤ ㄱ, ㄴ, ㄷ

정답 및 해설 → 88

13 3 가지 물질의 화학식이다.

NaOH	$Ba(OH)_2$	KOH

3 가지 물질의 수용액의 공통점으로 옳은 것만을 <보기>에서 있는 대로 고른 것은?

보 기

ㄱ. 아연과 반응하면 기체가 발생한다.
ㄴ. 메틸 오렌지 용액을 떨어뜨리면 노란색으로 변한다.
ㄷ. 단백질을 녹인다.

① ㄱ ② ㄷ ③ ㄱ, ㄴ
④ ㄴ, ㄷ ⑤ ㄱ, ㄴ, ㄷ

14 3 가지 수용액 A, B, C에 대한 실험이다.

(가) A~C 에 각각 BTB 용액을 한 두 방울 떨어뜨렸더니 노란 색으로 변한 것은 C 였다.
(나) A~C 에 각각 유리관으로 날숨을 불어넣었더니 뿌옇게 흐려진 것은 A였다.

이에 대한 설명으로 옳은 것만을 <보기>에서 있는 대로 고른 것은? (단, A~C 는 각각 묽은 염산, 석회수, 수산화 나트륨 수용액 중 하나이다.)

보 기

ㄱ. A와 B를 섞어서 반응시키면 열이 발생한다.
ㄴ. B는 손으로 만지면 미끈거린다.
ㄷ. C의 PH는 7보다 크다.

① ㄴ ② ㄷ ③ ㄱ, ㄴ
④ ㄴ, ㄷ ⑤ ㄱ, ㄴ, ㄷ

서술형

15 에탄올의 화학식은 C_2H_5OH이지만 에탄올은 염기성 물질이 아니다. 에탄올이 수산화 나트륨(NaOH)과 같은 염기의 성질을 가지지 않는 이유를 쓰시오.

03 환경을 살리는 중화 반응

16 중화점에 대한 설명으로 옳은 것만을 <보기>에서 있는 대로 고른 것은?

보 기

ㄱ. 수소 이온(H^+)과 수산화 이온(OH^-)이 모두 반응한 지점이다.
ㄴ. 혼합 용액의 전류의 세기가 0이 되는 지점이다.
ㄷ. 혼합 용액의 온도가 가장 높은 지점이다.

① ㄴ ② ㄷ ③ ㄱ, ㄴ
④ ㄱ, ㄷ ⑤ ㄱ, ㄴ, ㄷ

17 산과 염기의 중화 반응식이다.

산 + 염기 ⟶ [A] + 염

이에 대한 설명으로 옳은 것만을 <보기>에서 있는 대로 고른 것은?

보 기

ㄱ. 반응이 진행되면 산과 염기의 성질을 잃는다.
ㄴ. A는 산의 음이온과 염기의 양이온으로 이루어진다.
ㄷ. 염은 산의 양이온과 염기의 음이온으로 이루어진 물질이다.

① ㄱ ② ㄴ ③ ㄱ, ㄷ
④ ㄴ, ㄷ ⑤ ㄱ, ㄴ, ㄷ

18 일정량의 수산화 칼륨 수용액에 묽은 염산을 조금씩 넣어 줄 때 혼합 용액의 이온 수 변화이다.

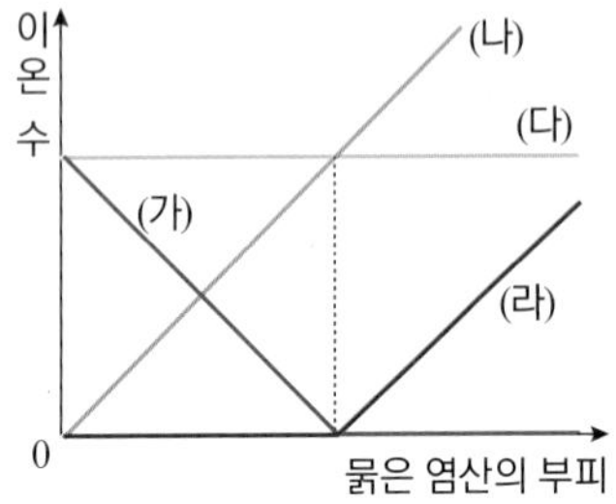

(가) ~ (라)에 해당하는 이온의 이온식을 각각 쓰시오.

19 같은 농도의 묽은 염산과 수산화 나트륨 수용액의 부피를 달리하여 혼합한 후 각 용액의 최고 온도를 측정한 결과이다.

구분	(가)	(나)	(다)	(라)
묽은 염산의 부피(mL)	10	20	40	60
수산화 나트륨 수용액의 부피(mL)	70	60	40	20
혼합 용액의 최고 온도(℃)	24	25	27	㉠

이에 대한 설명으로 옳은 것만을 <보기>에서 있는 대로 고른 것은?

보 기

ㄱ. 수산화 이온의 수가 가장 많은 것은 (가)이다.
ㄴ. ㉠은 27보다 작다.
ㄷ. (라)에 메틸 오렌지 용액을 떨어뜨리면 붉은색으로 변한다.

① ㄴ ② ㄷ ③ ㄱ, ㄴ
④ ㄱ, ㄷ ⑤ ㄱ, ㄴ, ㄷ

20 일정량의 묽은 질산(HNO_3)에 수산화 나트륨(NaOH) 수용액을 조금씩 넣을 때 혼합 용액에 존재하는 어떤 이온 X의 수를 나타내었다.

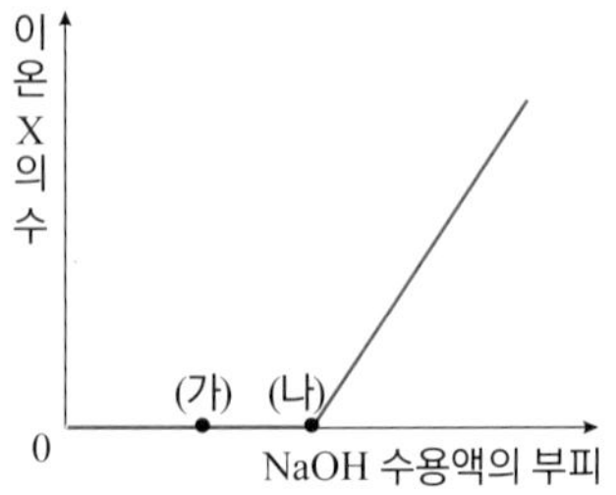

이에 대한 설명으로 옳은 것은? (단, 혼합 전 두 수용액의 온도는 같다.)

① X는 수소 이온이다.
② (가) 용액에 달걀 껍데기를 넣으면 기체가 발생한다.
③ (나) 용액에 BTB 용액을 떨어뜨리면 노란색으로 변한다.
④ 용액의 pH는 (가)와 (나)가 같다.
⑤ 용액의 최고 온도는 (가)가 (나)보다 높다.

서술형

21 (가) ~ (다)는 일정량의 수산화 나트륨 수용액에 묽은 질산(HNO_3)을 조금씩 넣어 반응시킨 혼합 용액을 시간의 순서 없이 모형으로 나타낸 것이다.

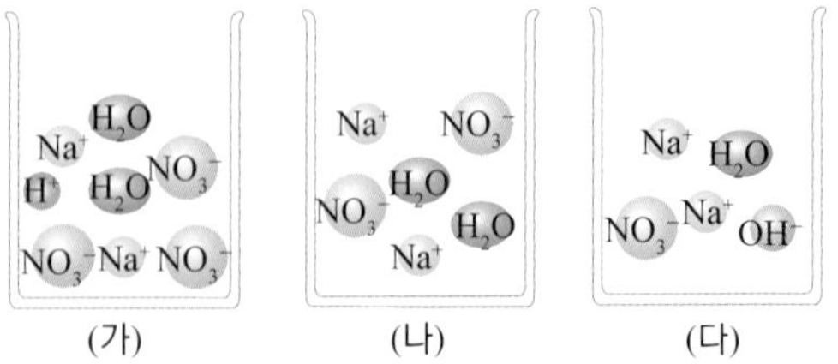

(가) ~ (다)를 묽은 질산을 넣어 준 시간 순서대로 쓰고, 그 이유를 서술하시오. (단, 모형에서 수용액의 양은 나타내지 않았다.)

정답 및 해설 ➜ 88

서술형

22 일정량의 묽은 염산(HCl)에 같은 온도의 수산화 나트륨(NaOH) 수용액을 조금씩 넣어 줄 때, 넣어 준 수산화 나트륨 수용액의 부피에 따라 생성된 물 분자 수를 나타내었다.

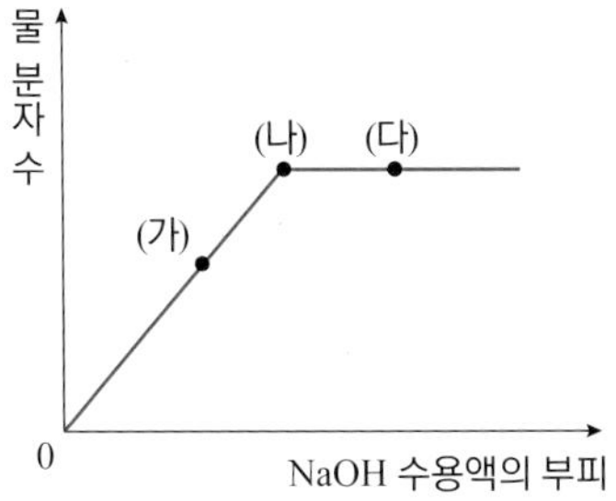

물음에 답하시오.

(1) (가) ~ (다)의 액성을 각각 쓰시오.

(2) (가) ~ (다) 중 온도가 가장 높은 것을 고르고, 그 이유를 서술하시오.

23 일정량의 묽은 염산(HCl)에 수산화 칼륨(KOH) 수용액을 조금씩 넣어 줄 때, 혼합 용액의 온도 변화를 나타내었다.

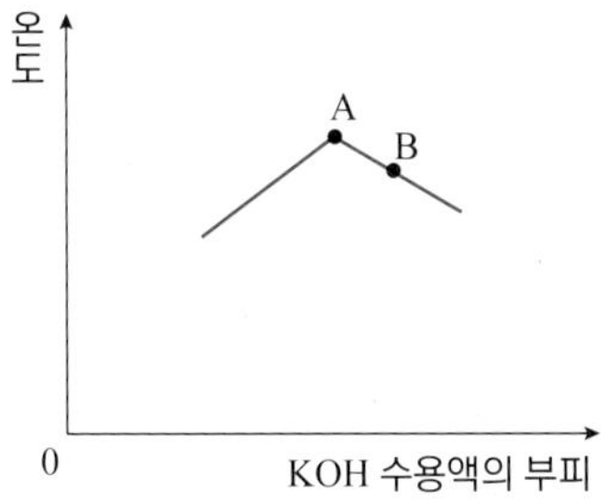

B 용액이 A 용액보다 큰 값을 갖는 것만을 <보기>에서 있는 대로 고른 것은?

보 기

ㄱ. 용액의 pH
ㄴ. Cl^-의 수
ㄷ. 생성된 물 분자 수

① ㄱ ② ㄷ ③ ㄱ, ㄴ
④ ㄴ, ㄷ ⑤ ㄱ, ㄴ, ㄷ

24 일정량의 묽은 염산에 수산화 나트륨 수용액을 조금씩 추가로 넣을 때 용액에 들어 있는 입자의 변화를 모형으로 나타내었다.

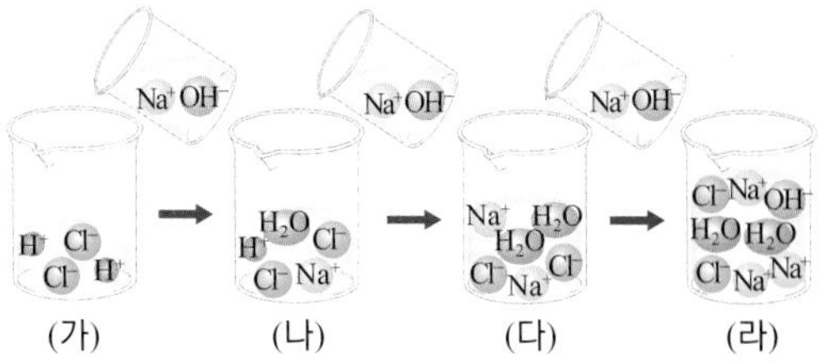

이에 대한 설명으로 옳은 것만을 <보기>에서 있는 대로 고른 것은?

보 기

ㄱ. pH가 가장 큰 용액은 (라)이다.
ㄴ. (나)와 (라)를 혼합한 용액에 페놀프탈레인 용액을 떨어뜨리면 붉은색을 띤다.
ㄷ. (라)에 수산화 칼륨 수용액을 넣으면 물이 생성된다.

① ㄱ ② ㄴ ③ ㄷ
④ ㄱ, ㄴ ⑤ ㄴ, ㄷ

서술형

25 벌의 침 속에는 산성 물질이 포함되어 있다. 다음 중 벌의 침에 쏘였을 때 가라앉히기 위해 바르기 적당한 물질을 있는 대로 고르고, 그 이유를 서술하시오.

레몬즙 소금물 치약 암모니아수

26 실생활에 중화 반응이 이용되는 예이다.

산성화된 토양에 석회 가루를 뿌린다.

이와 같은 원리가 이용되지 않은 것은?

① 벌에 물렸을 때 치약을 바른다.
② 김치의 신맛을 줄이기 위해 소다를 넣는다.
③ 생선 비린내를 없애기 위해 레몬즙을 뿌린다.
④ 위액 과다 분비로 속이 쓰릴 때 제산제를 먹는다.
⑤ 겨울철 눈이 내린 도로에 염화 칼슘을 뿌린다.

01. 다양한 산화 환원 반응

1. 산화 환원 반응

구분	산화	환원
산소의 이동	산소를 (❶) 반응	산소를 (❷) 반응
	[산화 구리(II)와 탄소의 반응] $2CuO + C \longrightarrow 2Cu + CO_2$ 산화 구리(II), 탄소 → 구리, 이산화 탄소 (산화: C → CO_2, 환원: CuO → Cu)	
전자의 이동	전자를 (❸) 반응	전자를 (❹) 반응
	[마그네슘과 구리 이온의 반응] $Mg + Cu^{2+} \longrightarrow Mg^{2+} + Cu$ 마그네슘, 구리 이온 → 마그네슘 이온, 구리 (산화: Mg → Mg^{2+}, 환원: Cu^{2+} → Cu)	
동시성	어떤 물질이 산소를 얻거나 전자를 잃고 산화되면 다른 물질은 산소를 잃거나 전자를 얻어 환원된다. 즉, 산화와 환원은 항상 동시에 일어난다.	

2. 우리 주변의 산화 환원 반응

(❺)	식물의 엽록체에서 빛에너지를 흡수하여 이산화 탄소와 물로부터 포도당과 산소를 만드는 반응 $6CO_2 + 6H_2O \xrightarrow{빛에너지} C_6H_{12}O_6 + 6O_2$ 이산화 탄소, 물 → 포도당, 산소 (산화: H_2O → O_2, 환원: CO_2 → $C_6H_{12}O_6$)
호흡	미토콘드리아에서 세포 호흡이 일어나면 포도당이 산소와 반응하여 물과 이산화 탄소로 분해되고 에너지가 발생하는 반응 $C_6H_{12}O_6 + 6O_2 \longrightarrow 6CO_2 + 6H_2O +$ 에너지 포도당, 산소 → 이산화 탄소, 물 ((❻): $C_6H_{12}O_6$ → CO_2, (❼): O_2 → H_2O)
메테인의 연소	도시가스의 주성분인 메테인이 공기 중에서 연소할 때 산소와 반응하여 이산화 탄소와 물이 생성되는 반응 $CH_4 + 2O_2 \longrightarrow CO_2 + 2H_2O$ 메테인, 산소 → 이산화 탄소, 물 ((❽): CH_4 → CO_2, (❾): O_2 → H_2O)
철의 (❿)	철광석과 코크스를 넣고 용광로에 가열하여 순수한 철을 얻는 반응 $2C + O_2 \longrightarrow 2CO$ 코크스, 산소 → 일산화 탄소 (산화: C → CO, 환원: O_2 → CO) $Fe_2O_3 + 3CO \longrightarrow 2Fe + 3CO_2$ 산화 철(III), 일산화 탄소 → 철, 이산화 탄소 (산화: CO → CO_2, 환원: Fe_2O_3 → Fe)

02. 우리 주변의 산과 염기

1. 산과 염기

구분	산	염기
정의	물에 녹아 (❶) 을 내놓는 물질	물에 녹아 (❷) 을 내놓는 물질
예	염산, 아세트산, 황산, 질산 등	수산화 나트륨, 수산화 칼륨, 암모니아 등
성질	· 대부분 신맛이 나고, 수용액에서 전류가 흐른다. · 금속과 반응하여 (❸)를 발생시킨다. · 달걀 껍데기(탄산 칼슘)와 반응하여 (❹)를 발생시킨다.	· 대부분 쓴맛이 나고, 수용액에서 전류가 흐른다. · (❺)을 녹이는 성질이 있어 손으로 만지면 미끈거린다.

2. 산성과 염기성을 나타내는 이온의 확인

산성을 나타내는 이온의 확인	염기성을 나타내는 이온의 확인
산성은 푸른색 리트머스 종이를 (❻) 변화시킨다.	염기성은 붉은색 리트머스 종이를 (❼) 변화시킨다.
질산 칼륨 수용액을 적신 푸른색 리트머스 종이 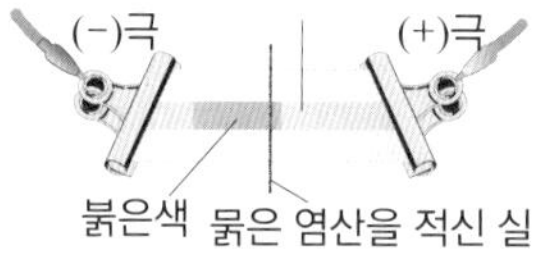	질산 칼륨 수용액을 적신 붉은색 리트머스 종이 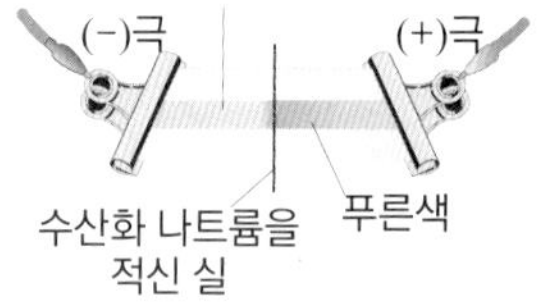

3. 지시약과 pH

(1) **지시약 :** 용액의 액성을 확인하기 위해 사용하는 물질

구분	산성	중성	염기성
페놀프탈레인 용액	무색	무색	붉은색
메틸 오렌지 용액	(❽)	노란색	노란색
BTB 용액	(❾)	(❿)	파란색

(2) **pH(수소 이온 농도) :** 수용액에 들어 있는 수소 이온의 농도를 상대적인 숫자로 나타낸 것

pH < 7 : 산성　pH = 7 : 중성　pH > 7 : 염기성

4. 지구 환경에 영향을 미치는 산과 염기

해양의 산성화	이산화 탄소는 바닷물에 녹아 탄산이 생성되고 이온화되어 수소 이온 농도를 증가시킨다. → 수소 이온은 산호나 조개류의 껍데기(탄산 칼슘)를 부식시켜 개체 수를 감소시킨다.

토양의 산성화 문화재 훼손	공기 중 이산화 탄소 + 수증기 → 약한 탄산 자동차, 공장 배출 산화 황, 산화 질소 + 수증기 → 황산, 질산 → 비에 녹아 내림(산성비) → 토양 산성화, 문화재(석회암, 대리석) 훼손

03. 환경을 살리는 중화 반응

1. 중화 반응

(1) 중화 반응 : 산과 염기가 반응하여 (❶)과 염이 생성되는 반응

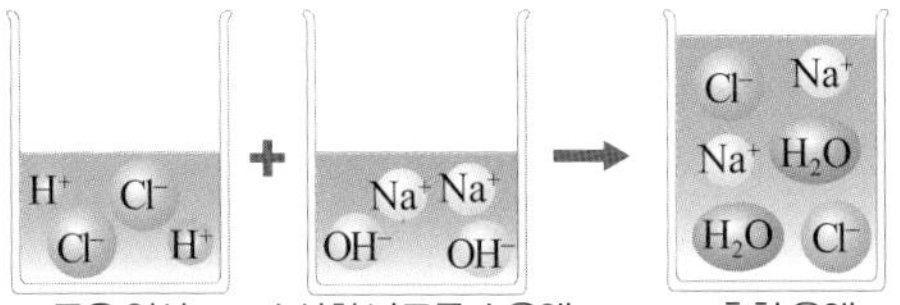

→ $HCl + NaOH \longrightarrow H_2O + NaCl$

(2) 중화 반응에서의 변화

중화점	산의 수소 이온과 염기의 수산화 이온이 모두 반응하여 중화 반응이 완결된 지점 → $H^+ + OH^- \longrightarrow H_2O$ 수소 이온과 수산화 이온이 (❷)의 개수 비로 반응하여 물을 생성
이온 수 변화	[일정량의 묽은 염산에 수산화 나트륨 수용액을 넣을 때] 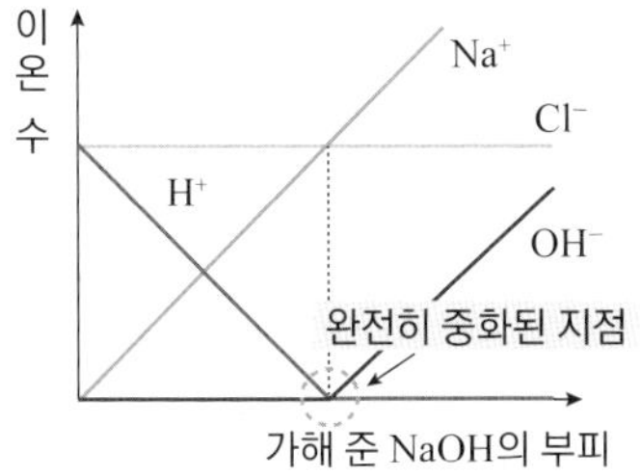 · (❸) : OH^-과 반응하여 감소하다가 중화 반응이 완결된 이후에는 존재하지 않는다. · (❹) : H^+ 과 반응하므로 처음에는 모두 반응하고, 중화 반응이 완결된 이후에는 점점 증가한다. · (❺) : 반응에 참여하지 않으므로 NaOH 수용액을 넣는 대로 이온 수가 증가한다. · (❻) : 반응에 참여하지 않으므로 이온 수가 일정하다.
온도 변화	중화 반응이 일어나면 (❼)이 발생하므로 혼합 용액의 온도가 높아진다. 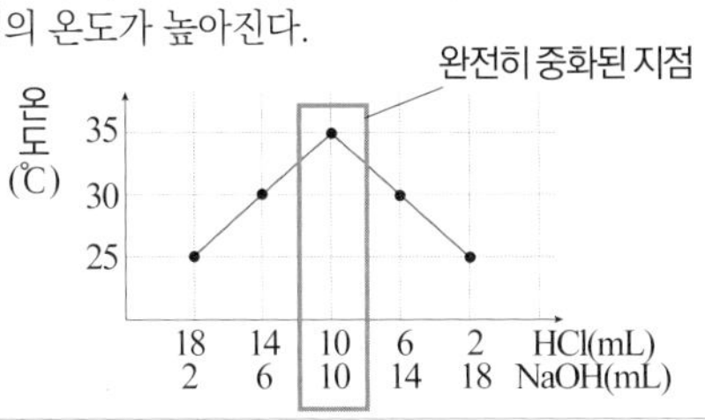

지시약의 색 변화	[일정량의 묽은 염산에 BTB 용액을 떨어뜨린 후 수산화 나트륨 수용액을 넣을 때] 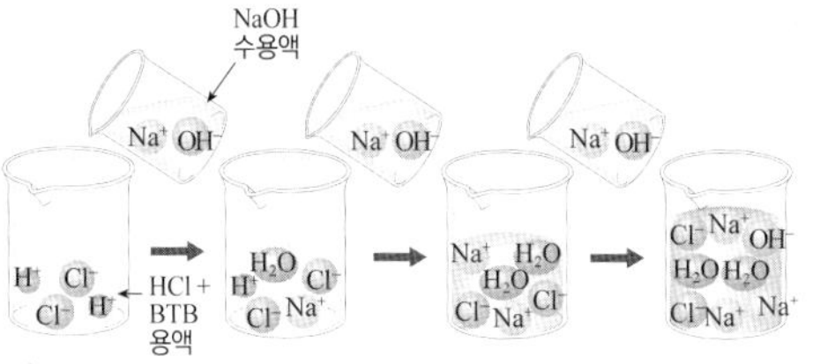 산성 : 노란색 중성 : 초록색 염기성 : (❽)

2. 생활 속 중화 반응

· 벌이나 개미에 물렸을 때 염기성 물질인 암모니아수를 바른다.
· 속이 쓰릴 때 (❾)를 복용한다.
· 생선 비린내를 없애기 위해 레몬즙을 뿌린다.
· 산성화된 토양을 중화시키기 위해 (❿)를 뿌린다.
· 입속의 산성 물질이 염기성의 치약에 의해 중화된다.
·김치의 신맛을 줄이기 위해 달걀 껍데기를 넣어준다.
· 하수처리장의 악취를 없애기 위해 황화 수소를 중화시킬 수 있는 수산화 나트륨을 넣어준다.
· 종이가 누렇게 변하는 것은 산이 포함되었기 때문인데, 제조 과정에서 탄산 수소 칼슘을 넣어 중화시킨다.
· 뿌리혹박테리아는 염기성 물질인 질소 화합물을 합성하여 산성화된 토양을 중화시킨다.
· 수돗물에 염기성 물질을 넣어 중화시킨다.

내신 기출 모의고사 1회

17문항 25분

01. 다양한 산화 환원 반응

01 지구와 생명의 역사에 영향을 준 화학 반응에 대한 설명으로 옳지 않은 것은?

① 광합성과 호흡은 모두 산소가 관여하는 반응이다.
② 호흡 과정에서 포도당은 산화되고 산소는 환원된다.
③ 광합성 결과 생성된 산소로 인해 오존층이 형성되었다.
④ 화석 연료가 완전 연소하면 물과 이산화 탄소가 생성되면서 에너지가 발생한다.
⑤ 철광석을 산화시켜 순수한 철을 얻는 제련 기술의 발달은 철 이용의 확대를 가져왔다.

02 산화 환원 반응에대한 설명으로 옳은 것만을 <보기>에서 있는 대로 고른 것은?

보 기

ㄱ. 물질이 다른 물질과 반응하며 전자를 얻으면 그 물질은 산화된 것이다.
ㄴ. 산화는 물질이 산소와 결합하는 반응이다.
ㄷ. 반응식에서 한 물질이 산화되면, 동시에 환원되는 물질이 존재한다.

① ㄱ ② ㄴ ③ ㄱ, ㄷ
④ ㄴ, ㄷ ⑤ ㄱ, ㄴ, ㄷ

03 철의 제련 과정에서 일어나는 반응의 일부와 철이 산화될 때 일어나는 반응을 나타낸 것이다.

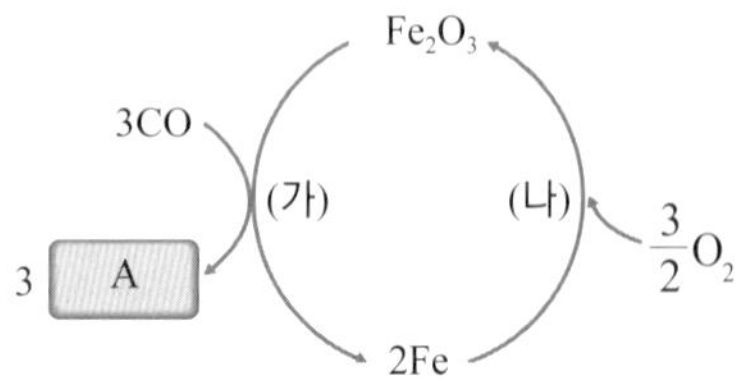

이에 대한 설명으로 옳은 것만을 <보기>에서 있는 대로 고른 것은?

보 기

ㄱ. A는 이산화 탄소이다.
ㄴ. (가)에서 산화 철(Ⅲ)은 환원된다.
ㄷ. (나)에서 철은 산화된다.

① ㄱ ② ㄷ ③ ㄱ, ㄴ
④ ㄴ, ㄷ ⑤ ㄱ, ㄴ, ㄷ

04 다음은 A^+이 들어 있는 수용액에 금속 B를 넣었을 때의 실험 결과이다.

· 금속 B판의 표면에 금속 A가 석출된다.
· 수용액 속의 이온 수는 감소한다.

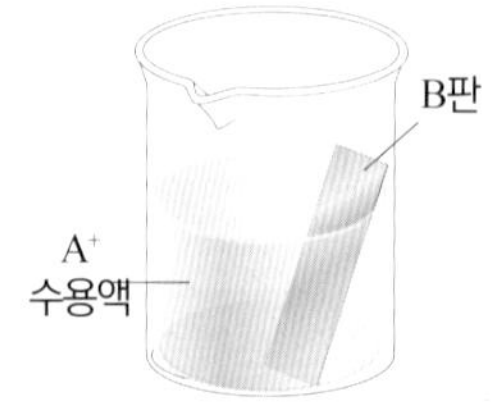

이에 대한 설명으로 옳은 것만을 <보기>에서 있는 대로 고른 것은? (단, 원자량은 A > B이다.)

보 기

ㄱ. 금속 B는 산화된다.
ㄴ. 금속판의 질량은 감소한다.
ㄷ. 이온 1개의 전하량은 B가 A보다 크다.

① ㄱ ② ㄴ ③ ㄱ, ㄷ
④ ㄴ, ㄷ ⑤ ㄱ, ㄴ, ㄷ

05 나트륨(Na)과 관련된 2 가지 화학 반응이다.

(가) $4Na + O_2 \longrightarrow 2Na_2O$
(나) $2Na + Cl_2 \longrightarrow 2NaCl$

이에 대한 설명으로 옳은 것만을 <보기>에서 있는 대로 고른 것은?

보 기

ㄱ. (가)에서 Na은 산화된다.
ㄴ. (나)에서 Cl_2는 전자를 잃는다.
ㄷ. (가)와 (나)는 산화 환원 반응이다.

① ㄱ ② ㄴ ③ ㄱ, ㄷ
④ ㄴ, ㄷ ⑤ ㄱ, ㄴ, ㄷ

06

다음은 광합성을 화학 반응식으로 나타낸 것이다.

$$6CO_2 + 6H_2O \longrightarrow C_6H_{12}O_6 + 6O_2$$

이에 대한 설명으로 옳은 것만을 <보기>에서 있는 대로 고른 것은?

보 기

ㄱ. 에너지가 발생하는 반응이다.
ㄴ. 산소가 이동하는 산화 환원 반응이다.
ㄷ. 이산화 탄소는 산화되었다.

① ㄱ ② ㄴ ③ ㄷ
④ ㄴ, ㄷ ⑤ ㄱ, ㄴ, ㄷ

07

다음은 구리를 이용한 실험이다.

[실험 과정 및 결과]

(가) 그림 A와 같이 붉은 색 구리 가루 5 g을 도가니에 넣고 충분히 가열하였더니 가루가 검게 변하였다.

(나) (가)에서의 검은 색 가루에 충분한 양의 탄소 가루를 섞어서 시험관에 넣고 그림 B와 같이 가열하였더니 시험관에 연결된 석회수가 뿌옇게 흐려졌다.

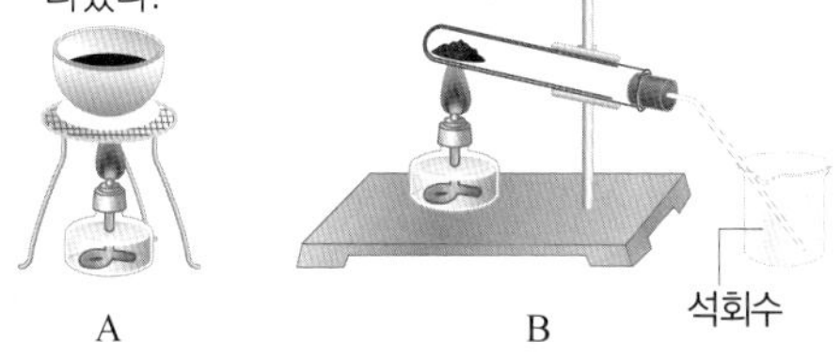

이에 대한 설명으로 옳은 것만을 <보기>에서 있는 대로 고른 것은?

보 기

ㄱ. (가)에서 생성된 검은색 가루의 질량은 5 g보다 크다.
ㄴ. (나)에서 탄소는 산화되었다.
ㄷ. (나)에서 생성된 기체는 수증기이다.

① ㄱ ② ㄴ ③ ㄱ, ㄴ
④ ㄴ, ㄷ ⑤ ㄱ, ㄴ, ㄷ

02. 우리 주변의 산과 염기의 반응

08

묽은 염산과 아세트산 수용액을 이용한 실험 결과를 정리한 것이다.

구분	묽은 염산	아세트산 수용액
마그네슘 조각을 넣었을 때	기체 발생	(가)
달걀 껍데기를 넣었을 때	(나)	기체 발생
BTB 용액의 색 변화	(다)	노란색

이에 대한 설명으로 옳은 것만을 <보기>에서 있는 대로 고른 것은?

보 기

ㄱ. 묽은 염산과 아세트산 수용액에는 모두 수소 이온(H^+)이 들어 있다.
ㄴ. (가)와 (나)에서 발생하는 기체의 종류는 같다.
ㄷ. (다)는 초록색이다.

① ㄱ ② ㄴ ③ ㄱ, ㄷ
④ ㄴ, ㄷ ⑤ ㄱ, ㄴ, ㄷ

09

그림과 같이 장치한 후 A, B 중 한쪽에는 묽은 염산을, 다른 한쪽에는 수산화 나트륨 수용액을 같은 양씩 떨어뜨렸더니 한쪽에만 붉은색을 띠었다. 이 거름종이에 전류를 흘려 주었더니 붉은색이 거름종이의 가운데로 이동하였다.

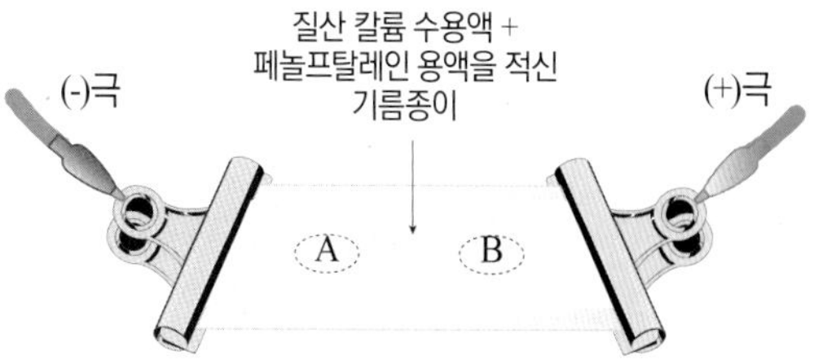

이에 대한 설명으로 옳은 것만을 <보기>에서 있는 대로 고른 것은?

보 기

ㄱ. A에는 수산화 나트륨 수용액을 떨어뜨렸다.
ㄴ. 가운데로 이동한 붉은색은 무색으로 변한다.
ㄷ. 붉은색을 띠게 하는 것은 수산화 이온이다.

① ㄱ ② ㄴ ③ ㄱ, ㄷ
④ ㄴ, ㄷ ⑤ ㄱ, ㄴ, ㄷ

10 다음은 산, 염기와 관련된 여러 가지 성질이다.

> ㉠ 단백질을 녹이는 성질이 있어 만지면 미끈거린다.
> ㉡ BTB 용액을 노랗게 변화시킨다.
> ㉢ 메틸 오렌지 용액을 붉게 변화시킨다.
> ㉣ 수용액에서 양이온과 음이온으로 나누어진다.
> ㉤ 아연 조각을 넣으면 산화 환원 반응이 일어난다.

㉠ ~ ㉤를 (가) 황산 수용액이 가지는 성질과 (나) 암모니아수가 가지는 성질로 구분하려고 한다. 아래 그림의 Ⅰ, Ⅱ, Ⅲ 영역에 해당하는 성질로 옳게 분류된 것은?

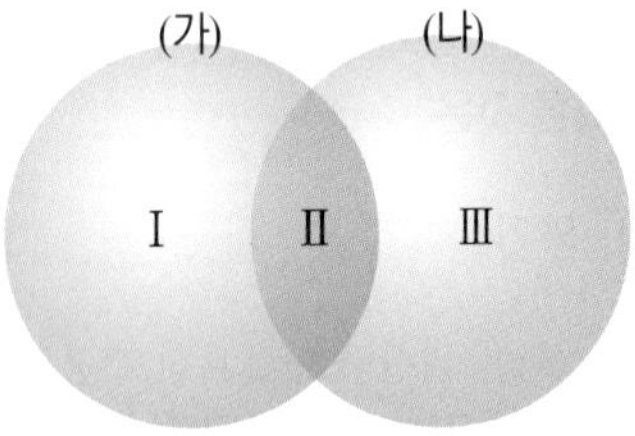

	Ⅰ 영역	Ⅱ 영역	Ⅲ 영역
①	㉤	㉢㉣	㉠㉡
②	㉢㉤	㉣㉠	㉡
③	㉠㉡㉢	㉣	㉤
④	㉡㉢	㉤㉣	㉠
⑤	㉡㉢㉤	㉣	㉠

11 그림은 같은 온도, 같은 부피의 수용액 (가)와 (나)에 들어있는 이온을 모식적으로 나타낸 것이다.

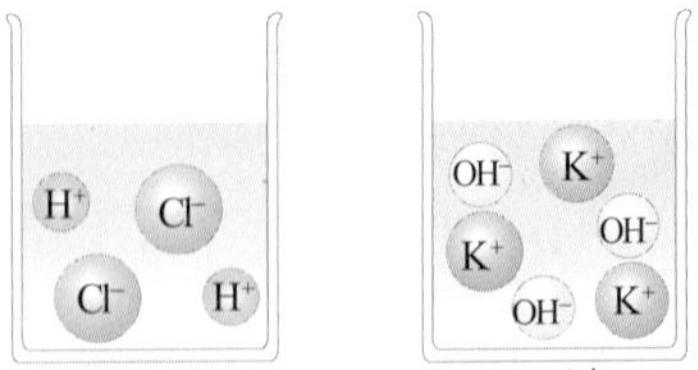

(가) (나)

이에 대한 설명으로 옳은 것만을 <보기>에서 있는 대로 고른 것은?

보기

ㄱ. (가)에 아연 조각을 넣으면 기체가 발생한다.
ㄴ. (나)에 탄산 칼슘 조각을 넣으면 기체가 발생한다.
ㄷ. 용액의 pH는 (가)가 (나)보다 크다.

① ㄱ ② ㄷ ③ ㄱ, ㄴ
④ ㄴ, ㄷ ⑤ ㄱ, ㄴ, ㄷ

03. 환경을 살리는 중화 반응

12 그림은 같은 온도의 묽은 염산 (가)와 수산화 나트륨 수용액 (나)의 반응을 이온 모형으로 나타낸 것이다.

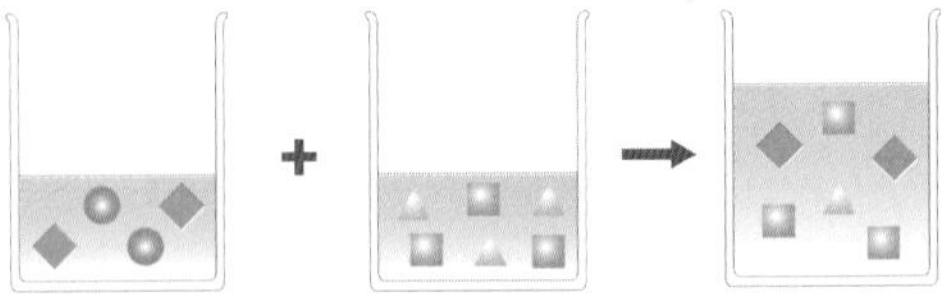

(가) (나) (다)

이에 대한 설명으로 옳은 것만을 <보기>에서 있는 대로 고른 것은?

보기

ㄱ. ▲ 는 OH^- 이다.
ㄴ. (다)에 페놀프탈레인 용액을 넣으면 붉은색을 띤다.
ㄷ. 용액의 최고 온도는 (나)가 (다)보다 높다.

① ㄱ ② ㄷ ③ ㄱ, ㄴ
④ ㄴ, ㄷ ⑤ ㄱ, ㄴ, ㄷ

13 묽은 염산(HCl) 10 mL 에 온도가 같은 수산화 나트륨(NaOH) 수용액 5 mL 를 넣어주었을 때 혼합 용액에 들어 있는 이온의 모형을 나타낸 것이다. 혼합 용액에 대한 설명으로 옳은 것만을 <보기>에서 있는 대로 고른 것은?

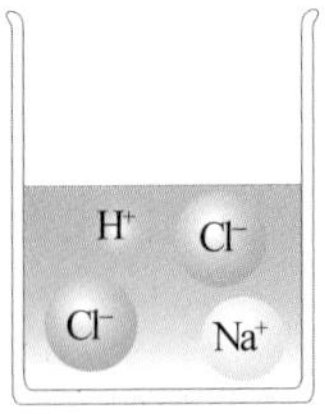

보기

ㄱ. 반응 전 묽은 염산(HCl)의 온도보다 높다.
ㄴ. 탄산 칼슘을 넣어주면 기체가 발생한다.
ㄷ. 수산화 나트륨(NaOH) 수용액 5 mL 를 더 넣어 주면 용액의 액성은 중성이 된다.

① ㄱ ② ㄷ ③ ㄱ, ㄴ
④ ㄴ, ㄷ ⑤ ㄱ, ㄴ, ㄷ

14 일정량의 산(HA) 수용액에 염기(BOH) 수용액을 조금씩 넣어 줄 때의 과정을 모형으로 나타낸 것이다. 이때 BTB 용액을 떨어뜨렸을 때 혼합 용액 (나)에서 초록색을 띠었다.

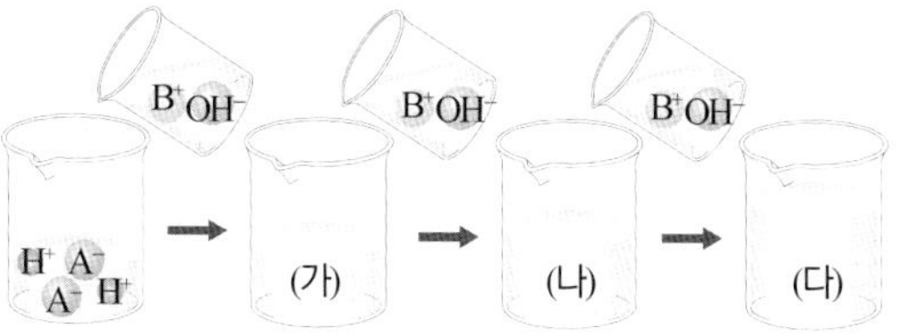

혼합 용액 (가) ~ (다)에 대한 설명으로 옳은 것만을 <보기>에서 있는 대로 고른 것은? (단, 산과 염기의 수용액의 온도는 같다.)

보 기

ㄱ. (가)는 중성 용액이다.
ㄴ. 페놀프탈레인 용액을 떨어뜨렸을 때 (가)와 (나)의 색이 같다.
ㄷ. 용액의 온도는 (다)가 (나)보다 높다.

① ㄱ ② ㄴ ③ ㄱ, ㄷ
④ ㄴ, ㄷ ⑤ ㄱ, ㄴ, ㄷ

15 묽은 염산(HCl)과 수산화 나트륨(NaOH) 수용액의 부피를 다르게 하여 혼합한 용액의 온도 변화를 나타낸 것이다.

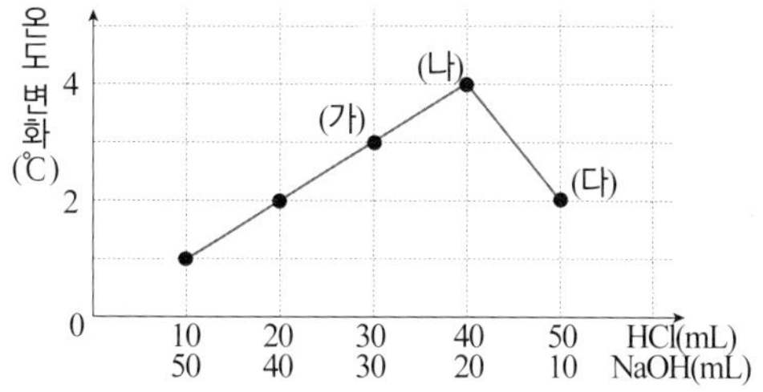

이에 대한 설명으로 옳은 것은? (단, 혼합 전 두 수용액의 온도는 같다.)

보 기

ㄱ. (가)는 염기성 용액이다.
ㄴ. 생성된 물 분자 수는 (나)가 (다)의 2배이다.
ㄷ. (가)와 (다)를 혼합하면 물이 생성된다.

① ㄱ ② ㄴ ③ ㄱ, ㄷ
④ ㄴ, ㄷ ⑤ ㄱ, ㄴ, ㄷ

16 그림은 일정량의 수산화 칼륨 수용액에 묽은 염산을 조금씩 넣어 줄 때 혼합 용액의 이온 수 변화이다.

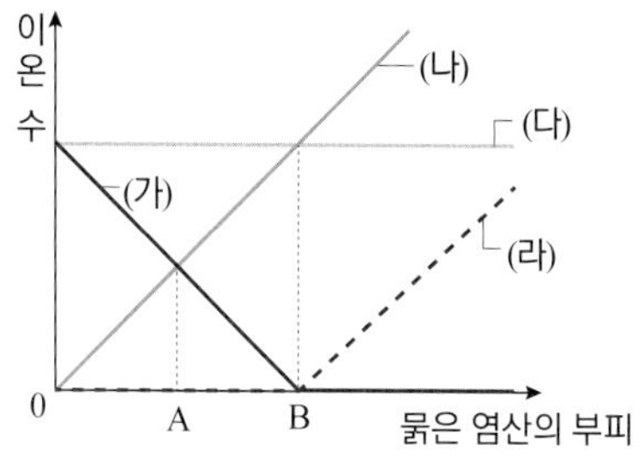

이에 대한 설명으로 옳은 것만을 <보기>에서 있는 대로 고른 것은?

보 기

ㄱ. 생성된 물의 양은 A보다 B가 많다.
ㄴ. (나)와 (다)는 음전하를 띤다.
ㄷ. B는 중화점이며 수용액에 전류가 흐르지 않는다.

① ㄱ ② ㄷ ③ ㄱ, ㄴ
④ ㄴ, ㄷ ⑤ ㄱ, ㄴ, ㄷ

17 일정량의 수산화 칼륨(KOH) 수용액에 묽은 질산(HNO_3)을 조금씩 넣어줄 때 혼합 용액의 X 의 수을 측정하여 나타낸 것이다.

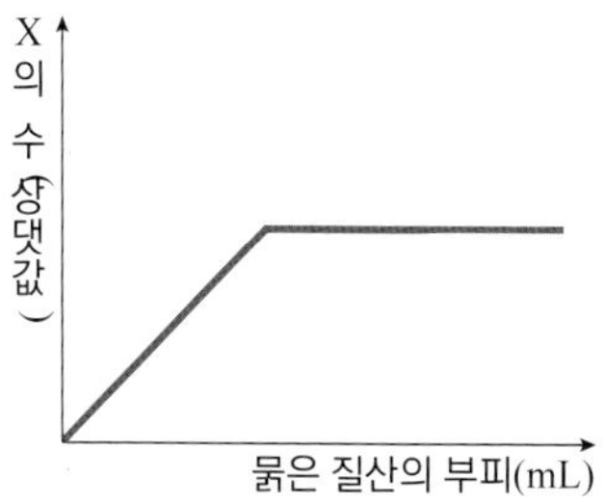

X로 적절한 것은 무엇인지 쓰시오.

내신 기출 모의고사 2회

19문항 30분

01. 다양한 산화 환원 반응

01 다음은 지구와 생명의 역사에 영향을 준 3가지 반응이다.

> (가) 6 [A] + $6H_2O \longrightarrow C_6H_{12}O_6$ + 6 [B]
> (나) $C_6H_{12}O_6 + 6O_2 \longrightarrow 6CO_2 + 6H_2O$
> (다) $CH_4 + 2O_2 \longrightarrow CO_2 + 2H_2O$

이에 대한 설명으로 옳은 것만을 <보기>에서 있는 대로 고른 것은?

보 기

ㄱ. A는 CO_2이고, B는 O_2이다.
ㄴ. (나)는 광합성을 나타내는 화학 반응식이다.
ㄷ. (가)~(다) 모두 탄소를 포함하고 있는 화합물이 산화된다.

① ㄱ ② ㄷ ③ ㄱ, ㄴ
④ ㄴ, ㄷ ⑤ ㄱ, ㄴ, ㄷ

02 화학 반응식에서 밑줄 친 물질이 산화되지 않는 것은?

① $\underline{2H_2} + O_2 \longrightarrow 2H_2O$
② $2\underline{Mg} + O_2 \longrightarrow 2MgO$
③ $2\underline{CuO} + C \longrightarrow 2Cu + CO_2$
④ $Fe_2O_3 + 2\underline{C} \longrightarrow 3Fe + 2CO_2$
⑤ $\underline{C_2H_4} + 3O_2 \longrightarrow 2CO_2 + 2H_2O$

03 염화 구리(Ⅱ)($CuCl_2$) 수용액에 마그네슘(Mg) 조각을 넣을 때 일어나는 반응의 화학 반응식이다.

$$Mg + CuCl_2 \longrightarrow MgCl_2 + Cu$$

이에 대한 설명으로 옳은 것만을 <보기>에서 있는 대로 고른 것은?

보 기

ㄱ. 구리는 환원된다.
ㄴ. 수용액의 푸른색이 점점 옅어진다.
ㄷ. 반응이 일어날 때 수용액 속 양이온 수가 증가한다.

① ㄱ ② ㄷ ③ ㄱ, ㄴ
④ ㄴ, ㄷ ⑤ ㄱ, ㄴ, ㄷ

04 철의 제련 과정에서 일어나는 반응의 화학 반응식이다.

> (가) $2C + O_2 \longrightarrow$ 2 [X]
> (나) Fe_2O_3 + a [X] $\longrightarrow$ bFe + $3CO_2$

이에 대한 설명으로 옳은 것만을 <보기>에서 있는 대로 고른 것은?

보 기

ㄱ. X는 CO이다.
ㄴ. b는 a보다 크다.
ㄷ. (나)에서 X는 환원된다.

① ㄱ ② ㄴ ③ ㄱ, ㄷ
④ ㄴ, ㄷ ⑤ ㄱ, ㄴ, ㄷ

05 다음은 구리를 이용한 실험이다.

[실험]
(가) 붉은색 구리판을 알코올램프의 겉불꽃에 넣고 가열하였더니 검은색으로 변하였다.
(나) (가)에서 검은색으로 변한 부분을 속불꽃에 넣고 가열하였더니 다시 붉은색으로 변하였다.

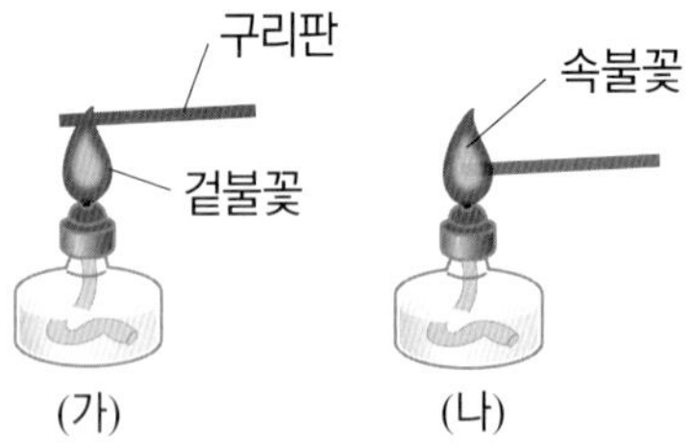

이에 대한 설명으로 옳은 것만을 <보기>에서 있는 대로 고른 것은?

보 기

ㄱ. (가)에서 생성된 검은색 물질은 산화 구리(Ⅱ)(CuO)이다.
ㄴ. (나)에서 구리는 전자를 잃는다.
ㄷ. (나)에서 구리는 환원된다.

① ㄱ ② ㄴ ③ ㄱ, ㄷ
④ ㄴ, ㄷ ⑤ ㄱ, ㄴ, ㄷ

06 다음은 마그네슘을 이용한 실험이다.

[실험 과정 및 결과]

(가) 그림 A와 같이 마그네슘 리본에 불을 붙였더니 밝은 빛을 내며 연소하여 연소 생성물이 생겼다.

(나) 그림 B와 같이 마그네슘 가루를 드라이아이스로 만든 통 속에 넣고 불을 붙인 후 뚜껑을 덮어 불이 꺼진 후 뚜껑을 열어보니 검은색 가루가 생성되었다.

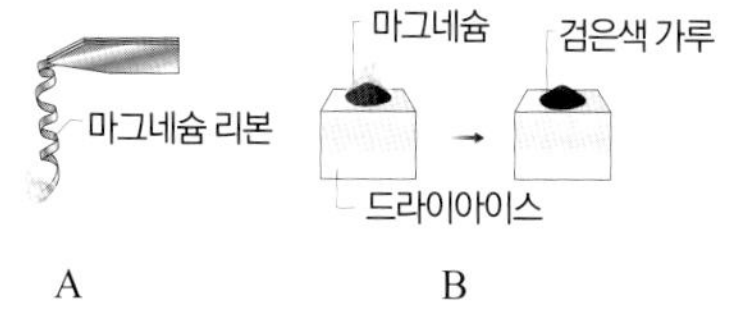

이에 대한 설명으로 옳은 것만을 <보기>에서 있는 대로 고른 것은?

보 기

ㄱ. (가)에서 마그네슘은 산화되었다.
ㄴ. (나)에서 마그네슘은 환원되었다.
ㄷ. (나)의 반응식은 $2Mg + CO_2 \rightarrow 2MgO + C$ 이다.

① ㄱ ② ㄴ ③ ㄱ, ㄴ
④ ㄱ, ㄷ ⑤ ㄱ, ㄴ, ㄷ

07 다음과 같이 서로 다른 두 물질의 수용액 (가)와 (나)를 입자 모형으로 나타낸 것이다. (가)와 (나) 수용액에 메틸 오렌지 용액을 떨어뜨렸더니 (가) 수용액만 붉은색으로 변하였다.

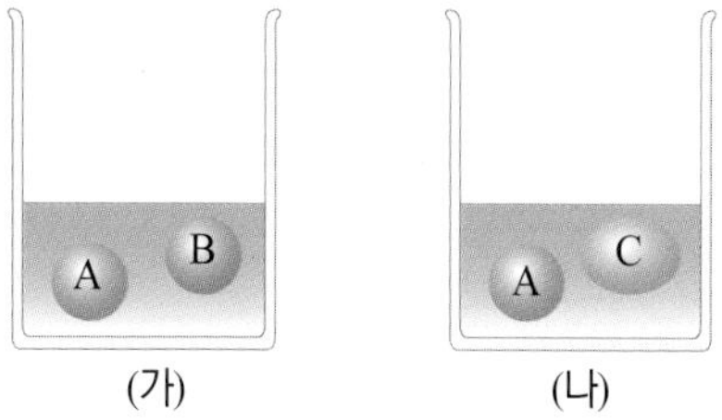

이에 대한 설명으로 옳은 것만을 <보기>에서 있는 대로 고른 것은?

보 기

ㄱ. A는 수소 이온이다.
ㄴ. (가)에 달걀 껍데기를 넣으면 기체가 발생한다.
ㄷ. (나)에 전극을 연결하면 C는 (-)극 쪽으로 이동한다.

① ㄱ ② ㄷ ③ ㄱ, ㄴ
④ ㄴ, ㄷ ⑤ ㄱ, ㄴ, ㄷ

08 지구 환경에 영향을 주는 물질 X에 대한 자료이다.

· 생명체가 호흡하거나 화석 연료의 연소에 의해 발생한 X는 바닷물에 녹아 (가) 의 농도를 증가시킨다.
· 바닷물 속 (가) 농도의 증가는 산호나 조개류의 개체 수를 (나) 시킨다.

다음 물음에 답하시오.

(1) X는 무엇인가?

(2) (가), (나)에 들어갈 말을 쓰시오.

09 그림 (가), (나)와 같이 금속 막대 A를 각각 B, C 이온 수용액에 넣었더니 (가)에서 금속 막대 A의 질량은 증가하였으나 (나)에서는 금속 막대 A의 질량이 감소하였다.

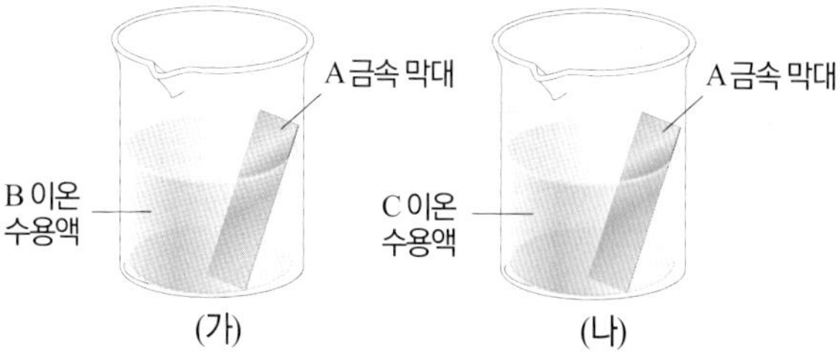

이에 대한 설명으로 옳은 것만을 <보기>에서 있는 대로 고른 것은? (단, A~C는 임의의 금속 원소 기호이고, 수용액에서 모두 +2가 이온으로 존재한다.)

보 기

ㄱ. 금속의 원자량은 B > A > C이다.
ㄴ. 금속의 반응성은 A > B > C이다.
ㄷ. (가)와 (나)의 수용액 속 양이온 수는 반응 전후 동일하다.

① ㄱ ② ㄴ ③ ㄱ, ㄷ
④ ㄴ, ㄷ ⑤ ㄱ, ㄴ, ㄷ

02. 우리 주변의 산과 염기의 반응

10 그림은 같은 온도, 같은 부피의 수용액 (가)와 (나)에 들어있는 이온을 모식적으로 나타낸 것이다.

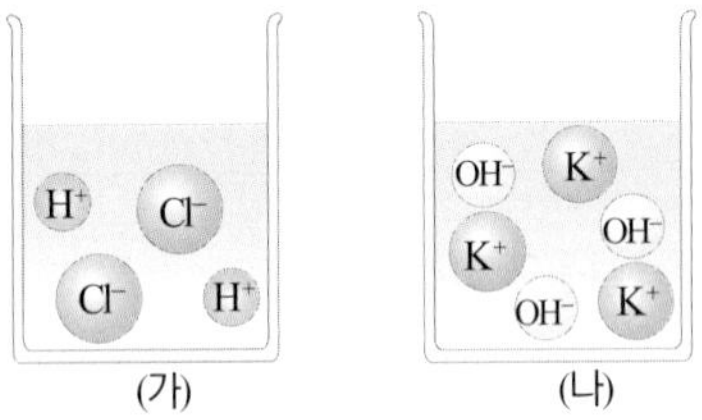

(가) (나)

이에 대한 설명으로 옳은 것만을 <보기>에서 있는 대로 고른 것은?

보 기

ㄱ. (가)는 BTB 용액을 파랗게 변화시킨다.
ㄴ. (나)는 단백질을 녹이는 성질이 있다.
ㄷ. (가)와 (나)는 전기 전도성을 측정하여 구별할 수 있다.

① ㄱ ② ㄴ ③ ㄱ, ㄴ
④ ㄴ, ㄷ ⑤ ㄱ, ㄴ, ㄷ

11 표는 4가지 수용액의 성질을 나타낸 것이다. A~D는 각각 염산 수용액, 수산화 나트륨 수용액, 탄산 수용액, 소금 수용액 중 하나이다.

구분	A	B	C	D
페놀프탈레인 용액을 넣음	무색	무색	(가)	붉은색
아연 조각을 넣음	(나)	변화 없음	기체 발생	(다)

이에 대한 설명으로 옳은 것만을 <보기>에서 있는 대로 고른 것은?

보 기

ㄱ. (가)는 무색이다
ㄴ. (나)는기체 발생이며, (다)는 변화 없음이다.
ㄷ. C와 D를 혼합하면 온도가 높아진다.

① ㄱ ② ㄴ ③ ㄱ, ㄷ
④ ㄴ, ㄷ ⑤ ㄱ, ㄴ, ㄷ

12 다음은 3 가지 물질의 화학식이다.

NaOH $Ba(OH)_2$ KOH

3 가지 물질의 수용액의 공통점으로 옳은 것만을 <보기>에서 있는 대로 고른 것은?

보 기

ㄱ. 탄산 칼슘과 반응하면 기체가 발생한다.
ㄴ. BTB 용액을 떨어뜨리면 노란색으로 변한다.
ㄷ. 수용액을 손으로 만지면 미끈거린다.

① ㄱ ② ㄷ ③ ㄱ, ㄴ
④ ㄴ, ㄷ ⑤ ㄱ, ㄴ, ㄷ

13 다음은 몇 가지 물질에 들어 있는 주성분 물질을 이온화식으로 나타낸 것이다.

· 비누 : $NaOH \longrightarrow Na^+ + OH^-$
· 식초 : $CH_3COOH \longrightarrow H^+ + CH_3COO^-$
· 탄산음료 : $H_2CO_3 \longrightarrow 2H^+ + CO_3^{2-}$

이에 대한 설명으로 옳은 것만을 <보기>에서 있는 대로 고른 것은?

보 기

ㄱ. 비누의 pH는 7보다 작다.
ㄴ. 식초는 탄산 칼슘과 반응하여 이산화 탄소를 낸다.
ㄷ. 비누와 탄산음료는 모두 푸른색 리트머스 종이를 붉게 변화시킨다.

① ㄱ ② ㄴ ③ ㄱ, ㄷ
④ ㄴ, ㄷ ⑤ ㄱ, ㄴ, ㄷ

14 다음은 산과 염기의 이온화 반응식을 나타낸 것이다.

$$HCl \longrightarrow \boxed{(가)} + Cl^-$$
$$NaOH \longrightarrow Na^+ + \boxed{(나)}$$

이에 대한 설명으로 옳은 것만을 <보기>에서 있는 대로 고른 것은?

보 기

ㄱ. 산과 염기의 공통적인 성질은 각각 (가)와 (나) 때문이다.
ㄴ. (가) 때문에 산과 금속이 반응할 때 기체가 발생한다.
ㄷ. 대리석과 (나)가 반응하면 기체가 발생한다.

① ㄱ ② ㄷ ③ ㄱ, ㄴ
④ ㄴ, ㄷ ⑤ ㄱ, ㄴ, ㄷ

03. 환경을 살리는 중화 반응

15 산과 염기의 중화 반응에 대한 설명으로 옳지 <u>않은</u> 것은?

① 물과 함께 염이 생성된다.
② 중화점에서 혼합 용액의 액성은 중성이다.
③ 수소 이온(H^+)과 수산화 이온(OH^-)이 1 : 1의 개수 비로 반응한다.
④ 일정량의 묽은 염산에 수산화 나트륨 수용액을 계속 넣어주면 혼합 용액의 최고 온도는 계속 증가한다.
⑤ 일정량의 묽은 염산에 수산화 나트륨 수용액을 계속 넣어주면 용액의 액성은 산성 → 중성 → 염기성이 된다.

16 같은 농도의 묽은 염산(HCl)과 수산화 칼륨(KOH) 수용액의 부피를 달리하여 혼합한 후 각 용액의 최고 온도를 측정한 결과를 나타낸 것이다.

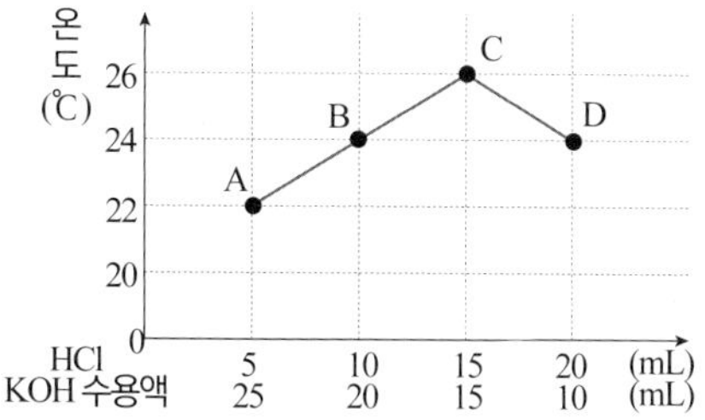

이에 대한 설명으로 옳은 것은? (단, 혼합 전 두 수용액의 온도는 같다.)

① A의 액성은 산성이다.
② 반응 결과 생성된 물의 양은 B가 D보다 많다.
③ C에서 중화열이 가장 적게 발생한다.
④ D에는 H^+이 OH^-보다 많다.
⑤ D에 BTB 용액을 떨어뜨리면 파란색으로 변한다.

17 산 수용액 (가)와 염기 수용액 (나)의 부피를 다르게 혼합하여 혼합 용액 (다)가 생성되는 반응을 모형으로 나타낸 것이다.

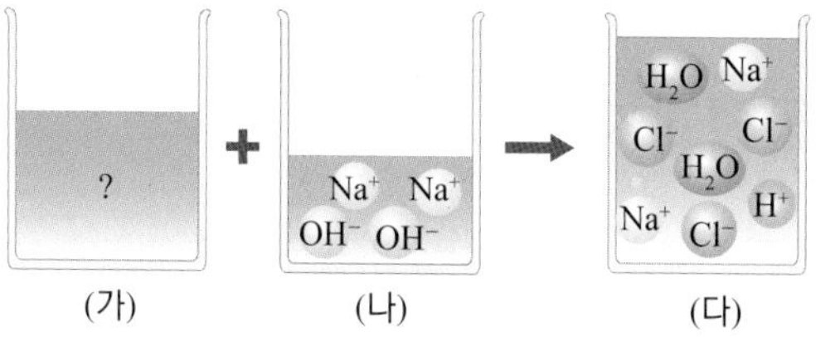

(가) ~ (다)에 대한 설명으로 옳지 <u>않은</u> 것은? (단, 수용액 (가)와 (나)의 온도는 같다.)

① Cl^-의 수는 (가)와 (다)에서 같다.
② 용액의 온도는 (다)가 (나)보다 높다.
③ 용액 속 총 이온의 수는 (다)가 (가)보다 많다.
④ (가)에 마그네슘 조각을 넣으면 수소 기체가 발생한다.
⑤ (나)에 페놀프탈레인 용액을 떨어뜨리면 붉은색을 띤다.

18 일정량의 묽은 염산에 수산화 나트륨 수용액을 조금씩 넣어 줄 때, 넣어 준 수산화 나트륨 수용액의 부피에 따라 혼합 용액 속에 들어 있는 이온 A와 B의 이온 수 변화를 나타낸 것이다.

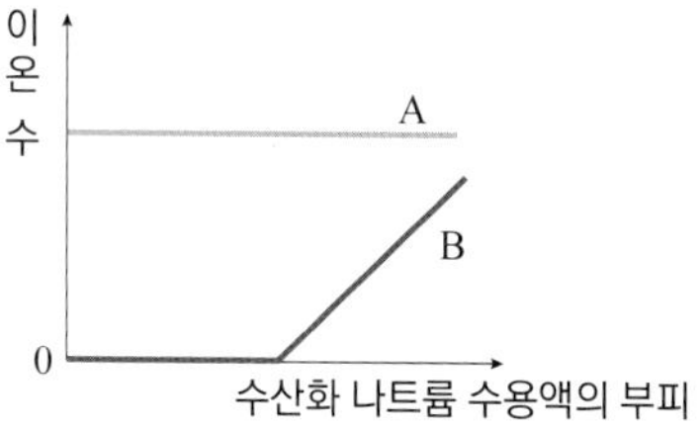

A와 B에 해당하는 이온을 쓰고, 그 이유를 설명하시오.

19 우리 생활에서 이용되는 반응의 예이다.

> 산성화된 토양에서 식물이 잘 자라게 하기 위해 석회 가루(산화 칼슘, ㉠수산화 칼슘 등)를 뿌린다.

이에 대한 설명으로 옳은 것만을 <보기>에서 있는 대로 고른 것은?

보 기

ㄱ. 중화 반응을 이용하는 예이다.
ㄴ. ㉠은 물과 반응하여 수산화 이온을 낸다.
ㄷ. 이 과정에서 토양의 pH가 작아진다.

① ㄱ ② ㄴ ③ ㄱ, ㄴ
④ ㄴ, ㄷ ⑤ ㄱ, ㄴ, ㄷ

01 지질 시대와 생물 다양성

핵심 Point

☐ 화석 ☐ 표준 화석 ☐ 시상 화석
☐ 지질 시대 ☐ 대멸종 ☐ 생물 다양성

화석을 이용하여 지질 시대를 구분할 수 있을까? 대멸종이 생물 다양성에 미친 영향은 무엇일까?

A 화석과 지질 시대

1. 화석[1] : 지질 시대에 살았던 생물의 유해나 흔적이 지층 속에 남아 있는 것이다.

예 뼈, 알, 발자국, 배설물, 기어간 흔적, 생물이 뚫은 구멍, 빙하나 호박 속에 갇힌 생물 등

① **화석의 생성 과정** : 홍수나 산사태 등에 의해 생물의 유해나 흔적이 갑자기 퇴적물에 묻힌다. → 퇴적층이 쌓여 오랜 시간이 지나면 화석이 만들어진다. → 지각 변동으로 퇴적층이 땅 위로 올라온 후 침식 작용을 받아 지층이 깎이면 화석이 드러난다.[2]

② **화석의 종류** : 생존 기간과 분포 면적에 따라 표준 화석과 시상 화석으로 구분한다.[3]

표준 화석	시상 화석
· 지층의 생성 시대를 알려주는 화석 · 생존 기간이 짧고, 분포 면적이 넓다.	· 지층의 생성 환경을 알려주는 화석 · 생존 기간이 길고, 분포 면적이 좁다.

③ **화석의 이용** : 지질 시대 구분, 지층이 생성된 시기, 생물이 살던 당시의 환경, 수륙 분포의 변화, 지층의 융기, 과거 생물의 구조와 모습, 생물의 진화 과정 등을 알 수 있다.

지층의 생성 시기	특정 시기에만 번성하였다가 멸종한 생물의 화석(표준 화석)을 이용하여 지층의 생성 시기를 알 수 있다. 예 
지층이 생성될 당시의 환경	특정 환경에서만 서식하는 생물의 화석(시상 화석)을 이용하여 지층이 생성될 당시의 환경을 알 수 있다. 예 산호(따뜻하고 수심이 얕은 바다 환경), 고사리(따뜻하고 습한 육지 환경)
과거 육지와 바다 환경	육지에 서식하는 생물이 발견되는 지층은 육지 환경에서, 바다에 서식하는 생물이 발견되는 지층은 바다 환경에서 퇴적된 것이다. 예 공룡, 매머드, 고사리, 참나무 잎 화석 등이 발견되는 지층 → 육지에서 퇴적 삼엽충, 암모나이트, 화폐석, 산호 화석 등이 발견되는 지층 → 바다에서 퇴적
지형의 변화	바다에 살았던 생물의 화석이 육지에서 발견되는 것은 지층이 과거에 바다 밑에서 퇴적된 후 융기했음을 의미하는 것이다. 예 히말라야 산맥에서 산출되는 암모나이트 화석, 강원도 태백 산지의 고생대 지층에서 발견되는 삼엽충 화석
대륙의 이동[4]	화석 분포의 연속성을 이용하여 과거에 대륙이 어떻게 분포했는지 알 수 있다. 예 고생대 말의 초대륙 : 글로소프테리스 화석의 분포 지역을 연결하면 고생대 말에 대륙이 하나로 모여 있었음을 추정할 수 있다.

개념 +

❶ 화석의 생성 조건

- 개체 수가 많아야 한다.
- 단단한 뼈나 껍데기가 있어야 한다.
- 훼손되기 전에 빨리 묻혀야 한다.
- 지각 변동을 받지 않아야 한다.
- 화석화 작용을 받아야 한다.

*생물의 유해나 흔적이 다른 물질로 치환되거나, 빈틈에 광물질이 침투하거나, 탄소로 변하여 화석으로 보존되는 작용

❷ 화석이 발견되는 암석

대부분의 화석은 석회암, 셰일, 사암과 같은 퇴적암에서 발견된다. 화성암은 마그마가 식어서 생성되고 변성암은 높은 열과 압력을 받아 생성되는데, 화성암과 변성암에서는 생물의 유해가 파손되거나 형태가 사라지기 때문에 화석이 발견되기 어렵다.

❸ 시상 화석과 표준 화석의 조건

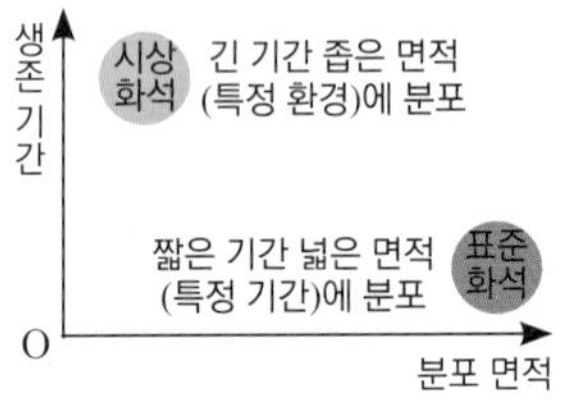

❹ 대륙의 이동

현재 떨어져 있는 대륙에서 멸종된 생물의 화석이 연속적으로 발견된다.
→ 과거 한 덩어리였던 대륙이 분리되어 이동하였음을 추측할 수 있다.

더 알아보기 화석을 이용한 지층이 퇴적될 당시의 환경 변화 해석

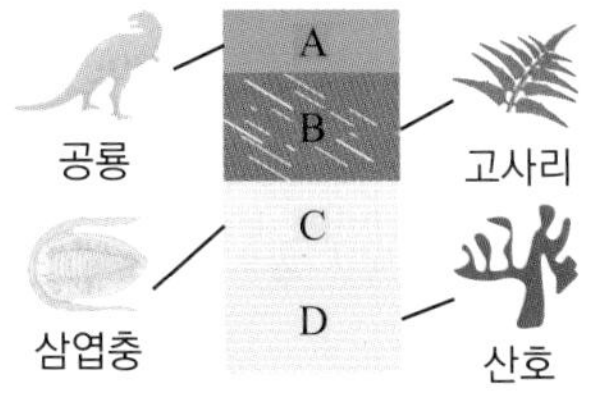

지층	화석	과거의 환경
A	공룡	중생대 육지 환경
B	고사리	따뜻하고 습한 육지
C	삼엽충	고생대 바다 환경
D	산호	따뜻하고 얕은 바다

→ 지층이 역전되지 않았다면, 이 지역은 지층 C, D가 생성될 때는 바다였다가 융기하여 지층 A, B가 생성될 때는 육지가 되었다.

2. 지질 시대 : 약 46억 년 전 지구의 탄생으로부터 현재까지의 기간을 말한다.⑤

① **지질 시대의 구분 기준** : 화석의 변화(생물계의 급격한 변화)를 기준으로 구분한다.

② **지질 시대의 구분** : 화석이 거의 발견되지 않는 선캄브리아 시대와 화석이 많이 발견되는 고생대, 중생대, 신생대로 구분한다.

▲ 지질 시대의 구분과 상대적 길이

· 선캄브리아 시대는 생물의 개체 수가 적었고, 대부분 생물에 단단한 골격이 없었으며, 화석이 되어도 많은 지각 변동과 풍화 작용을 받아 훼손되어 화석이 거의 발견되지 않는다.
· 화석이 많이 발견되는 시대는 생물계의 변화를 기준으로 고생대, 중생대, 신생대로 구분한다.

개념 +

● 부정합

● 부정합 : 지각 변동을 거친 지층 위에 새로운 지층이 퇴적되어 아래위 두 지층 사이의 시간이 연속적이지 않은 관계를 말한다.

● 부정합면 : 부정합을 이루는 두 층의 경계면으로, 부정합면을 기준으로 위층과 아래층 사이에 긴 시간의 단절이 있다.
→ 부정합면을 경계로 상하 지층의 시간 차이가 크고, 화석의 종류가 뚜렷하게 달라진다.

⑤ 지질 시대의 시작과 마지막 시점

지질 시대의 시작 시점을 최초의 암석이나 지층이 형성된 약 40억 년 전으로 판단하기도 하며, 또한 지질 시대의 마지막 시점을 인류의 역사가 시작된 시점까지로 판단하기도 한다.

개념 체크

정답 및 해설 ➜ 95

Point

01 화석에 대한 설명 중 옳은 것은 ○표, 옳지 않은 것은 ×표 하시오.

(1) 화석은 주로 변성암에서 발견된다. ( )
(2) 단단한 뼈나 껍데기가 있으면 화석이 되기 쉽다. ( )
(3) 지질 시대 생물의 발자국이 남은 것은 화석이라 할 수 없다. ( )

02 표준 화석에 대한 것은 '표', 시상 화석에 대한 것은 '시'라 쓰시오.

(1) 특정 시대에 살았던 생물의 화석이다. ( )
(2) 삼엽충, 방추충, 공룡, 매머드 등이 해당된다. ( )
(3) 생존 기간이 길고, 분포 면적이 좁은 생물의 화석이다. ( )

03 지질 시대를 상대적 길이에 따라 나타낸 것이다. A ~ D에 알맞은 지질 시대를 쓰시오.

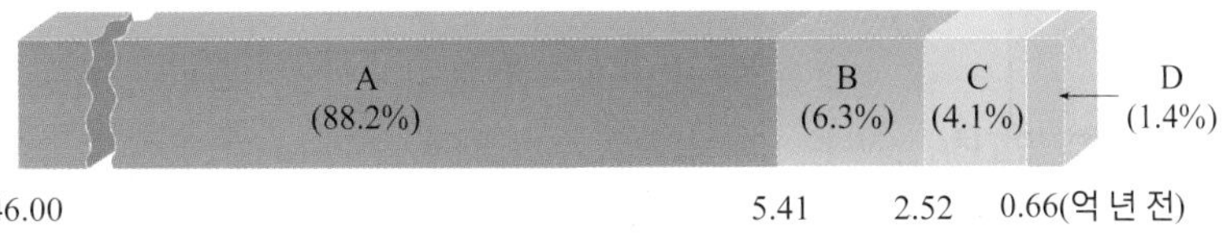

B 지질 시대의 환경과 생물

1. 선캄브리아 시대 : 바다에서 최초의 생명체가 출현하였다.

환경

기후 대체로 온난하였고, 말기에 빙하기가 있었을 것으로 추정된다.

수륙 분포 지각 변동을 많이 받았고, 화석이 드물게 발견되어 정확히 알기 어렵다.

· 초기 대기에는 산소가 없고 오존층이 없어 강한 자외선이 지표에 도달하였다.
→ 육지에서 생물이 출현하지 못하였다.

생물⑥

· 생물의 개체 수가 적고 생물체에 단단한 뼈나 껍데기가 없었으며, 화석이 되어도 오랜 시간 동안 지각 변동을 받아 훼손되었다. → 발견되는 화석이 드물다.
· 생물에 유해한 자외선이 바다 속에는 닿지 않았다.
→ 바다에서 최초의 생명체인 단세포 원시 해조류가 출현하였다.
· 광합성을 하는 남세균(사이아노박테리아)의 출현으로 대기 중 산소량이 증가하였다.
→ 스트로마톨라이트 화석이 산출되었다.
· 말기에 다세포 생물이 출현하고 화석화되어 에디아카라 동물군 화석이 생성되었다.

▲ 선캄브리아 시대의 복원도

● 선캄브리아 시대 말기에 형성된 오존층이 고생대에 들어와 육상 생물이 출현할 수 있을 만큼 두꺼워졌다.

2. 고생대 : 해양 생물이 번성하였으며, 육상 생물이 출현하였고, 양치식물이 번성하였다.

환경

기후 전반적으로 온난하였고, 중기와 말기에 빙하기가 있었다.

수륙 분포 말기에 대륙들이 하나로 합쳐져 판게아⑦가 형성되었다.

· 대기 중 산소량 증가로 오존층이 두꺼워지면서 지표에 도달하는 자외선이 차단되었다.

▲ 고생대 말기 수륙 분포

생물

· 바다와 대기 중 산소 농도가 높아졌다.
→ 생물 수가 폭발적으로 증가하였다.⑧
· 오존층에 의해 지표에 도달하는 자외선이 차단되었다.
→ 육상 생물이 출현하였다.
· 말기에 삼엽충, 방추충 등 생물의 대멸종이 있었다.
· 양치식물이 대량으로 묻혀 석탄층을 형성하였다.

바다 무척추동물(삼엽충, 방추충, 완족류 등), 어류(갑주어 등) 번성

육지 양서류, 곤충류(대형 잠자리 등), 양치식물(고사리 등), 이끼류 번성, 파충류와 겉씨식물 출현

▲ 고생대의 복원도

3. 중생대 : 파충류와 겉씨식물이 번성하였으며, 지각 변동이 활발하였다.

환경

기후 활발한 화산 활동으로 온실 기체가 증가하여 빙하기 없이 전반적으로 온난한 기후가 유지되었다.

수륙 분포 판게아가 분리되면서 전 세계적으로 지각 변동이 활발하게 일어났고, 대륙과 해양의 분포가 다양해졌다. (인도양과 대서양 형성 시작)

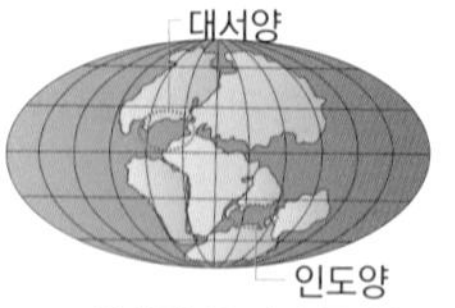

▲ 중생대 중기 수륙 분포

생물

· 다양한 서식지가 형성되면서 고생대 말기의 대멸종 이후 생물이 다시 번성하였다.
· 고생대 말에 출현한 파충류가 크게 번성하였다.
· 말기에 공룡, 암모나이트 등 생물의 대멸종이 있었다. (운석 충돌, 화산 활동 등이 원인으로 추정)

바다 암모나이트 번성

육지 파충류(공룡 등), 겉씨식물(소철, 은행나무, 잣나무, 소나무) 번성, 속씨식물과 작은 포유류, 조류 등의 출현

▲ 중생대의 복원도

개념+

⑥ 선캄브리아 시대의 화석

● 스트로마톨라이트 : 35억 년 전에 남세균이 여러 겹으로 쌓여 만들어진 퇴적 구조로, 가장 오래된 생물의 흔적이다.

● 에디아카라 동물군 : 오스트레일리아의 에디아카라 언덕에서 발견된 해파리, 해면 등 다세포 생물의 화석군이다.

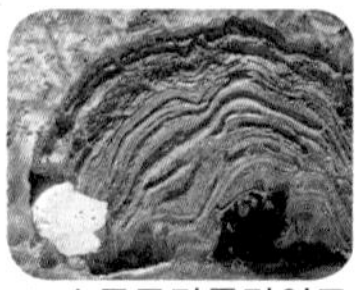
▲ 스트로마톨라이트

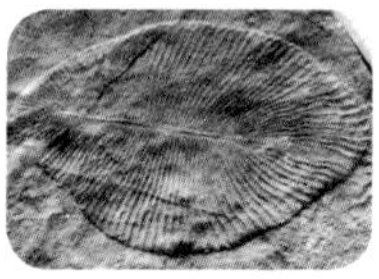
▲ 에디아카라 동물군

⑦ 판게아(Pangaea)

● 고생대 말기부터 중생대 초기까지 존재했던 초대륙을 말한다.

● 대륙이 남쪽에 모여 있어 기후가 따뜻하고, 대기 중 산소 증가와 오존층 형성으로 생물의 서식에 좋은 환경이 조성되었다.

● 완족류 (화석)

삼엽충, 방추충과 함께 고생대에 바다에 번성했던 무척추 동물이다.

⑧ 대기 중 산소 농도(상댓값) 변화와 생물의 관계

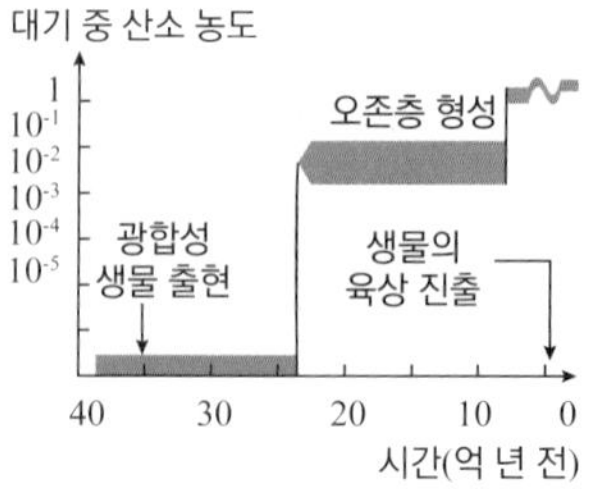

남세균의 광합성으로 산소가 바다에 포화된 후 대기로 방출되었다.

→ 대기 중 산소 농도가 증가하면서 오존층이 형성되었고, 생물의 육상 진출이 가능해졌다.

→ 서식지가 확대되어 생물의 종 수 및 개체 수가 증가하였다.

4. 신생대 : 포유류와 속씨식물이 번성하고 인류가 출현하였다.

환경	**기후** 전기에는 대체로 온난하지만, 후기에는 빙하기(4회)와 간빙기★(3회)가 반복되었다. **수륙 분포** 대서양과 인도양이 넓어지고, 태평양이 좁아져 현재와 비슷한 수륙 분포가 형성되었다. · 대륙판의 충돌로 히말라야 산맥과 알프스 산맥이 형성되었다.  ▲ 신생대 말기 수륙 분포
생물	· 중생대 말기에 출현한 포유류는 적응력이 강하여 신생대에 다양한 종으로 진화하여 번성하였다. · 빙하기에 해수면이 낮아지면서 얕은 바다였던 곳이 육지로 드러나 생물이 여러 대륙으로 이동하였다. **바다** 화폐석(대형 유공충으로 플랑크톤의 일종) 번성 **육지** 대형 포유류(매머드 등), 속씨식물(참나무, 포플러나무, 단풍나무 등) 번성, 후기에 인류의 조상 출현  ▲ 신생대의 복원도

C 대멸종과 생물 다양성

1. 대멸종 : 지구상의 많은 생물들이 한꺼번에 멸종하는 사건을 의미한다.

· 생물의 수 급증 시기 : 고생대 초
· 대멸종이 일어난 횟수 : 5번⑨

고생대 말의 대멸종	지질 시대 동안 가장 큰 규모의 멸종이 일어나 삼엽충을 비롯한 해양 생물의 대부분이 멸종하였다.(③)
중생대 말의 대멸종	공룡과 암모나이트 등이 멸종하였다.(⑤)

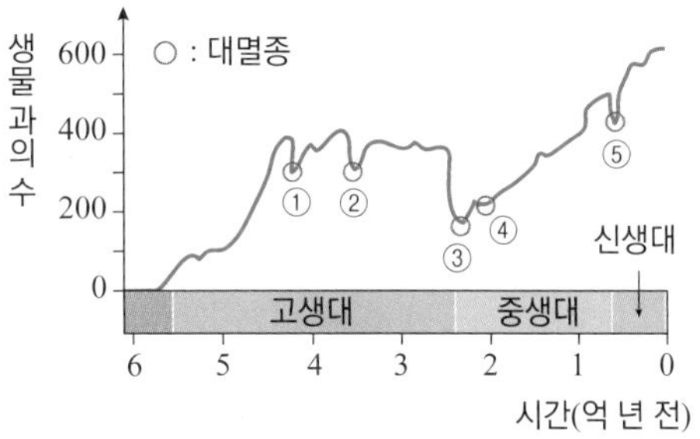

▲ 지질 시대 동안 존재한 생물 과의 수 변화

2. 대멸종의 원인 : 지구 환경의 급격한 변화에 의해 일어난다.

예 대륙 이동에 따른 수륙 분포 및 해수면의 변화, 운석 충돌, 화산 폭발에 따른 온실 기체 증가와 화산재의 태양빛 차단, 기후 변화, 대기와 해양의 산소량 급감 등

판게아 형성	대륙이 합쳐지면서 해류와 기후대가 단순해졌다.⑩
소행성 충돌	소행성 충돌로 생긴 재와 먼지가 햇빛을 차단하여 기온이 하강하였다.
화산 폭발	· 이산화 탄소, 메테인 등이 대기로 유입되어 산성비가 내렸고, 온실 효과를 일으켜 기온이 상승하였다. (고생대 말기 시베리아) · 화산 폭발로 생긴 구름 먼지와 화산재가 햇빛을 차단하여 기온이 하강하였다. (중생대 말기)

3. 생물 다양성 : 급격하게 변한 지구 환경에 적응하지 못한 생물은 멸종하지만, 새로운 환경에 적응한 생물은 넓은 생태 공간을 채우며 다양한 종으로 진화하였다.

→ 생물 다양성의 증가

예 중생대 말 공룡이 멸종한 후 신생대의 지구상에서 포유류가 번성하였다.

개념+

생물의 진화 과정

- 척추동물 : 어류 → 양서류 → 파충류 → 조류와 포유류
- 식물 : 해조류 → 양치식물 → 겉씨식물 → 속씨식물

⑨ 대멸종의 원인

- 1차 대멸종(고생대) : 빙하의 확장으로 인한 해수면 하강, 기온 저하 등
- 2차 대멸종(고생대) : 해양의 무산소화, 기후 냉각, 소행성 충돌 등
- 3차 대멸종(고생대 말) : 대규모 화산 폭발에 의한 극단적 온난화 등
- 4차 대멸종(중생대) : 판게아의 분리에 따른 화산 활동, 기후 변동 등
- 5차 대멸종(중생대 말) : 소행성 충돌, 대규모 화산 폭발, 기온 저하 등

⑩ 대륙이 이동할 때 환경 변화

- 대륙이 합쳐질 때 : 해안선의 길이가 감소 → 얕은 바다의 면적이 감소하여 해양 생물의 서식지가 감소, 해류의 단순화로 인해 단순해진 기후 → 생물종 수 감소
- 대륙이 분리될 때 : 해안선의 길이가 증가 → 얕은 바다의 면적이 증가하여 해양 생물의 서식지가 증가, 해류의 복잡화로 인해 복잡해진 기후 → 생물종 수 증가

미니사전

★ **간빙기**
[間 사이 氷 얼음 期 기간]
빙하기와 다음 빙하기 사이에 있는 기간으로 전후의 빙하기에 비해서 따뜻한 시기가 비교적으로 오래 계속되는 시기

개념 체크

정답 및 해설 ➜ 95

Point

04 그림은 지질 시대의 상대적 길이를 나타낸 것이다.

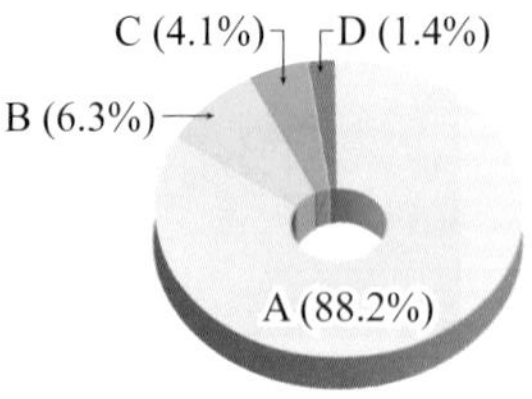

A ~ D에 해당하는 지질 시대에 대한 설명 중 옳은 것은 ○표, 옳지 않은 것은 ×표 하시오.

(1) A 시대에는 파충류가 번성하였다. ( )
(2) B 시대에는 육상 생물이 출현하였다. ( )
(3) C 시대에는 판게아가 분리되면서 활발한 지각 변동이 일어났다. ( )
(4) D 시대에는 온실 기체가 증가하여 빙하기 없이 온난한 기후를 유지했다. ( )

05 <보기>는 지질 시대에 번성했던 생물의 화석을 나타낸 것이다.

보 기

ㄱ. 공룡	ㄴ. 산호	ㄷ. 방추충	ㄹ. 화폐석
ㅁ. 삼엽충	ㅂ. 고사리	ㅅ. 매머드	ㅇ. 암모나이트

(1) 고생대의 표준 화석을 모두 고르시오.
(2) 중생대의 표준 화석을 모두 고르시오.
(3) 육지 환경에서 살았던 생물의 화석을 모두 고르시오.

06 (가) ~ (다)는 서로 다른 지질 시대의 수륙 분포를 나타낸 것이다.

(가) (나) (다)

각 수륙 분포가 나타났던 지질 시대의 이름을 쓰고, 수륙 분포가 변화한 순서대로 나열하시오.

07 대멸종에 대한 설명 중 옳은 것은 ○표, 옳지 않은 것은 ×표 하시오.

(1) 대멸종 이후 생물 다양성이 감소하였다. ( )
(2) 지질 시대 동안 대멸종은 여러 번 일어났다. ( )
(3) 화산 폭발에 의한 대멸종은 항상 기온이 하강하여 일어났다. ( )

강의

지질 시대의 구분과 지층의 생성 환경

지층에서 산출되는 화석을 이용하여 지질 시대 구분하기

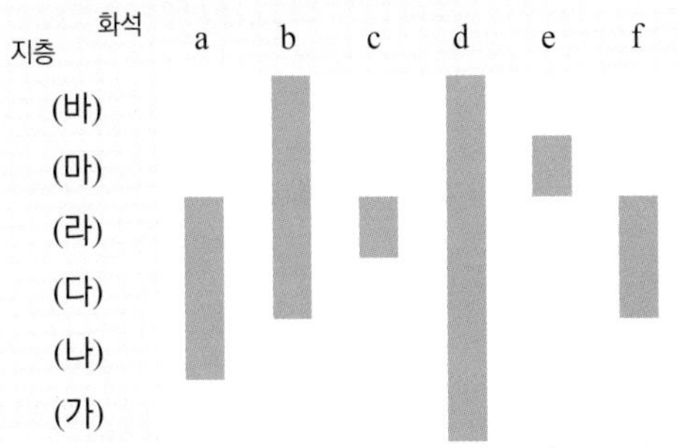

예 어느 지역에서 산출되는 화석 분포를 이용하여 지질 시대를 둘로 구분해 보자. (단, 지층의 생성 순서는 (가)에서 (바) 순이다.)

분석 각 지층 사이에서 나타나는 생물의 출현과 멸종 여부를 조사한다.

· 지층 (가)와 (나) 사이 : 생물 a 출현
· 지층 (나)와 (다) 사이 : 생물 b, f 출현
· 지층 (다)와 (라) 사이 : 생물 c 출현
· 지층 (라)와 (마) 사이 : 생물 a, c, f 멸종, 생물 e 출현 → **가장 큰 변화**
· 지층 (마)와 (바) 사이 : 생물 e 멸종

해석 이 지역의 지층에서 생물계의 변화가 가장 크게 나타나는 경계는 지층 (라)와 (마) 사이이므로 이 지역에서는 (라)와 (마) 사이의 경계를 기준으로 두 지질 시대로 구분할 수 있다.

화석을 이용하여 지층 생성 당시의 환경과 생성 순서 파악하기

예 다음 지역의 지층의 분포와 지층에서 발견되는 화석의 종류를 이용하여 지층이 생성될 때의 환경과 생성 순서를 파악해 본다.

분석 각 지층 사이에서 산출되는 화석의 생물이 번성한 시대와 환경을 조사한다.

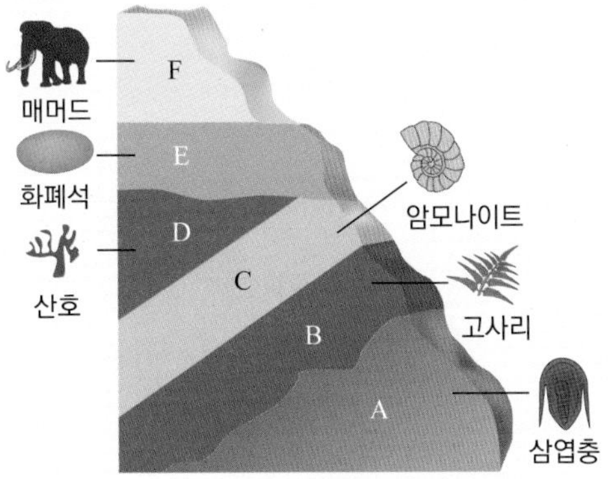

· A층 : 삼엽충 화석 산출 → 고생대, 바다
· B층 : 고사리 → 따뜻하고 습한 육지
· C층 : 암모나이트 → 중생대, 바다
· D층 : 산호 → 따뜻하고 얕은 바다
· E층 : 화폐석 → 신생대, 바다
· F층 : 매머드 → 신생대, 육지

해석 육지에서 퇴적된 지층 : B, F　바다에서 퇴적된 지층 : A, C, D, E
지층의 생성 순서 : A(고생대) → C(중생대) → E, F(신생대)

→ 이 지층은 고생대에서 신생대까지 퇴적되었으며, 바다였다가(A) 융기하여 육지가 되었다가(B) 다시 침강하여 얕은 바다가 되고(C, D) 신생대 때 다시 융기하여(E → F) 육지가 되었다.

정답 및 해설 → 96

Q1 다음 표는 어느 지역의 지층 (가) ~ (바)에서 산출되는 화석 a ~ g의 분포를 나타낸 것이다. 이 지역의 지층을 두 지질 시대로 구분할 때 경계가 되는 위치로 가장 적절한 곳은? (단, 지층의 생성 순서는 (가)에서 (바) 순이다.)

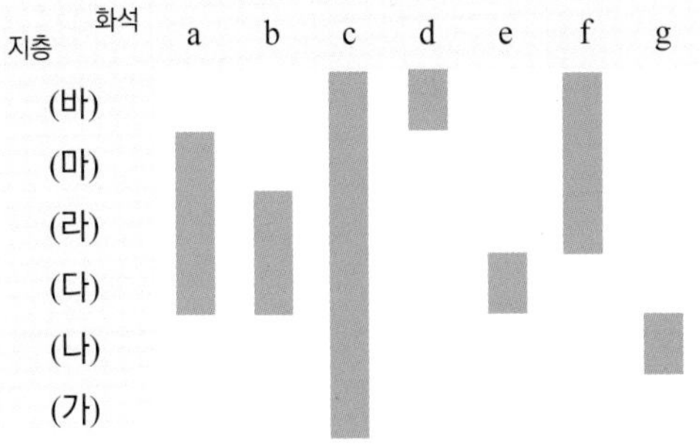

Q2 그림은 어느 지역에 퇴적된 지층 A, B와 각 지층에서 산출되는 화석을 나타낸 것이다.

(1) A와 B 중 먼저 퇴적된 지층은?
(2) A와 B 중 육지 환경에서 퇴적된 지층은?
(3) A와 B 중 바다 환경에서 퇴적된 지층은?

1 화석과 지질 시대

지질 시대를 상대적 길이에 따라 구분하였다. 이에 대한 설명으로 옳은 것만을 <보기>에서 있는 대로 고른 것은?

보 기

ㄱ. A 시대는 고생대이다.
ㄴ. B 시대는 C 시대보다 오래 지속되었다.
ㄷ. B 시대는 다른 A, C, D 시대에 비해 화석이 가장 적게 발견된다.

① ㄱ ② ㄴ ③ ㄷ ④ ㄱ, ㄷ ⑤ ㄱ, ㄴ, ㄷ

2 지질 시대의 환경과 생물

각 지질 시대에 일어난 대표적인 동물계의 변화를 순서 없이 나타내었다. 이에 대한 설명으로 옳지 않은 것은?

(가) 암모나이트 번성	(나) 삼엽충 번성	(다) 남세균 출현	(라) 인류의 출현

① (가) 시대에는 모든 생물이 바다에서 생활하였다.
② (나) 시대의 말기에 초대륙 판게아가 형성되었다.
③ (다) 시대의 대표적인 화석으로는 스트로마톨라이트가 있다.
④ (라) 시대의 말기에는 빙하기와 간빙기가 반복되었다.
⑤ 오래된 시대부터 순서대로 나열하면 (다) → (나) → (가) → (라)이다.

3 대멸종과 생물 다양성

지질 시대 동안 생물 과의 수 변화이다. 이에 대한 설명으로 옳은 것만을 <보기>에서 있는 대로 고른 것은?

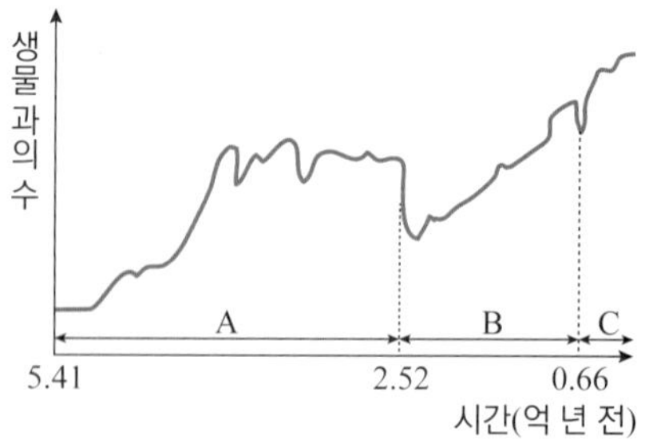

보 기

ㄱ. A 시대 말기에 가장 큰 규모의 대멸종이 일어났다.
ㄴ. B 시대 말기에 일어난 멸종의 원인은 판게아의 형성이다.
ㄷ. C 시대 말기에서는 대멸종이 일어나지 않았다.
ㄹ. 지질 시대 동안 대멸종은 총 5번 일어났다.

① ㄱ, ㄴ ② ㄴ, ㄹ ③ ㄱ, ㄴ, ㄷ ④ ㄱ, ㄷ, ㄹ ⑤ ㄴ, ㄷ, ㄹ

A 화석과 지질 시대

01 화석과 지질 시대에 대한 설명 중 옳은 것은 ○표, 옳지 않은 것은 ×표 하시오.

(1) 화석은 대부분 퇴적암에서 발견된다. ( )
(2) 생물이 빠르게 퇴적물에 묻히고 퇴적층이 쌓여 오랜 시간이 지나면 화석이 생성된다. ( )
(3) 지질 시대 중 선캄브리아 시대는 화석이 가장 많이 발견되는 시대이다. ( )

02 화석의 생성 조건으로 옳지 않은 것은?

① 생물의 개체 수가 많아야 한다.
② 지층의 지각 변동이 많이 일어나야 한다.
③ 생물에 뼈나 단단한 껍질이 있어야 한다.
④ 생물의 유해나 흔적이 화석화 작용을 받아야 한다.
⑤ 생물의 유해나 흔적이 훼손되기 전에 빨리 묻혀야 한다.

03 생물을 생존 기관과 분포 면적에 따라 분류하였다.

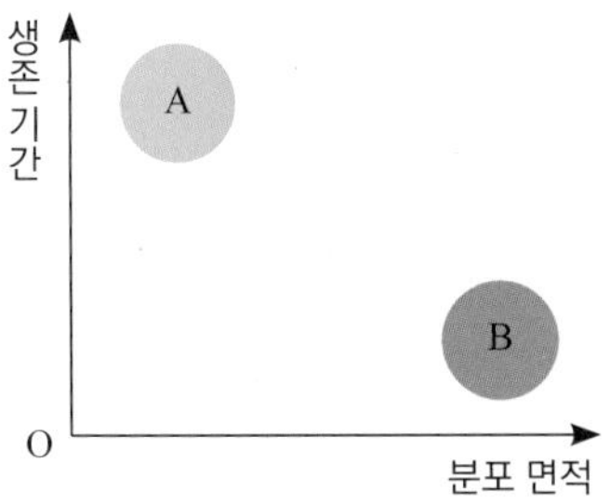

A, B에 해당하는 생물의 화석을 옳게 짝 지은 것은?

	A	B		A	B
①	산호	고사리	②	삼엽충	암모나이트
③	조개	공룡	④	화폐석	매머드
⑤	갑주어	활엽수			

서술형

04 대부분의 화석은 석회암, 셰일 등 퇴적암에서 발견된다. 그 이유를 서술하시오.

05 화석의 종류에 대한 설명 중 ( )안에 들어갈 알맞은 말을 차례대로 쓰시오.

> 지층이 생성된 시대를 알려주는 화석을 ( ) 화석이라 하고, 생물이 살았던 당시의 환경을 알려주는 화석을 ( ) 화석이라 한다.

06 서로 다른 세 지역의 지층 (가) ~ (다)에서 발견된 화석이다.

지층	(가)	(나)	(다)
화석	공룡 고사리	화폐석 조개	삼엽충 갑주어

이에 대한 설명으로 옳은 것만을 <보기>에서 있는 대로 고른 것은?

보기

ㄱ. (가)는 (나)보다 먼저 생성되었다.
ㄴ. 지층 (다)는 육지에서 퇴적되었다.
ㄷ. 지층 (다)는 (가) ~ (다) 중 가장 마지막에 생성되었다.

① ㄱ ② ㄷ ③ ㄱ, ㄴ
④ ㄱ, ㄷ ⑤ ㄴ, ㄷ

07 그림 (가)는 어느 지역의 지층 A ~ E이고, (나)는 지층 A ~ E에서 각각 화석 a ~ e가 발견된 범위이다. (단, 이 지역에 지층의 역전은 없었고, 표준 화석은 생존 기간만을 고려한다.)

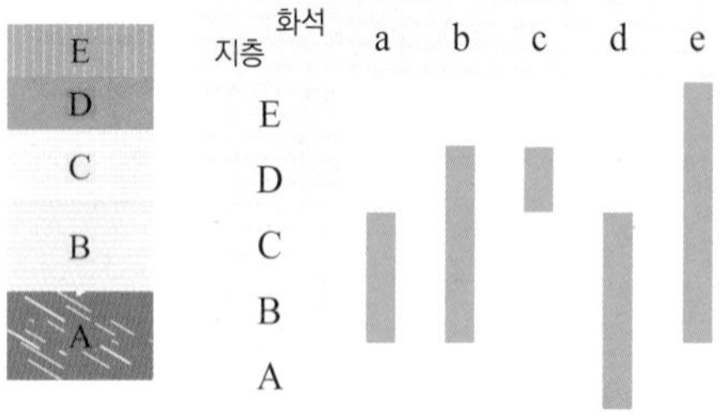

(가) (나)

(1) 화석 a ~ e 중 표준 화석으로 가장 적합한 것은?

(2) 지층 A ~ E를 세 지질 시대로 구분할 때 가장 적합한 경계 두 곳을 고르시오.

① A와 B 사이 ② B와 C 사이
③ C와 D 사이 ④ D와 E 사이
⑤ E 시대 이후

B 지질 시대의 환경과 생물

08 선캄브리아 시대에 대한 설명으로 옳은 것을 있는 대로 고르시오. (2개)

① 은행나무 등 겉씨식물이 번성하였다.
② 화석이 가장 많이 발견되는 시대이다.
③ 지질 시대 중 상대적 길이가 가장 길다.
④ 지구상에 최초의 육상 생물이 출현하였다.
⑤ 초기에는 강한 자외선이 지표에 도달하였다.

[09~10] 서로 다른 지질 시대의 복원도이다.

(가)

(나)

(다)

(라)

09 (가) ~ (라)를 오래된 시대부터 순서대로 나열한 것은?

① (가) → (나) → (다) → (라)
② (다) → (가) → (나) → (라)
③ (다) → (나) → (라) → (가)
④ (라) → (가) → (나) → (다)
⑤ (라) → (나) → (다) → (가)

10 지질 시대 (가) ~ (라)에 대한 설명으로 옳은 것만을 <보기>에서 있는 대로 고른 것은?

보기

ㄱ. (가) 시대에 육상 생물이 출현하였다.
ㄴ. (나) 시대에 양치식물이 대량으로 묻혀 석탄층을 형성하였다.
ㄷ. (다) 시대는 (라) 시대보다 상대적 길이가 길다.

① ㄱ ② ㄷ ③ ㄱ, ㄴ
④ ㄱ, ㄷ ⑤ ㄴ, ㄷ

정답 및 해설 ➔ 97

11 지질 시대에 번성한 생물의 모습이다.

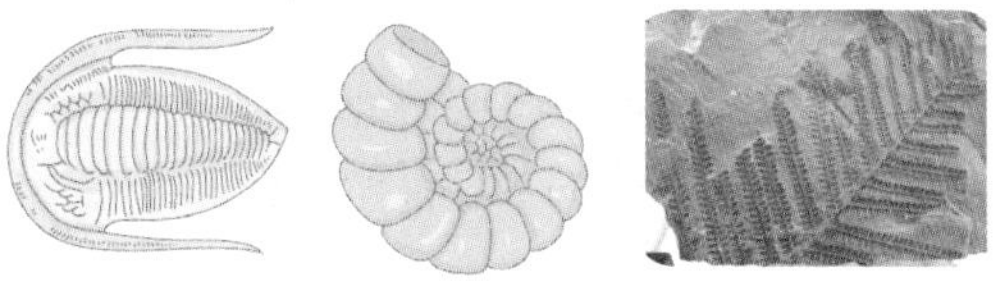

(가) 삼엽충　　(나) 암모나이트　　(다) 고사리

이에 대한 설명으로 옳은 것만을 <보기>에서 있는 대로 고른 것은?

보 기

ㄱ. (가)는 고생대에 번성하였다.
ㄴ. (다)는 따뜻하고 얕은 바다에서 서식하였다.
ㄷ. (나)는 (가)보다 나중에 생성된 지층에서 발견된다.

① ㄱ　② ㄱ, ㄴ　③ ㄱ, ㄷ
④ ㄴ, ㄷ　⑤ ㄱ, ㄴ, ㄷ

서술형

12 대기 중 산소 농도의 상대값 변화와 생물과의 관계이다.

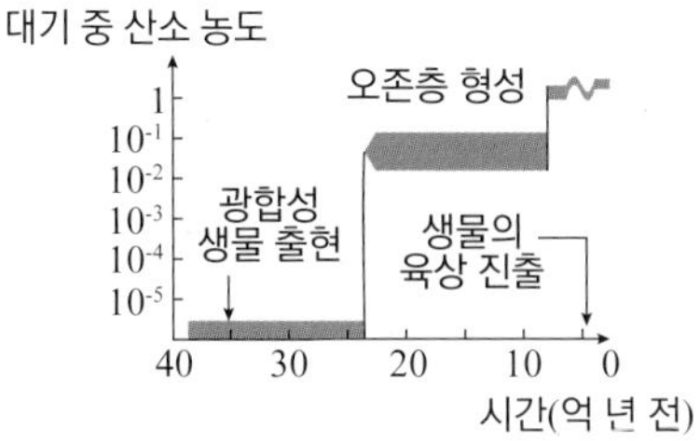

이를 이용하여 고생대에 생물종이 폭발적으로 늘어난 원인을 서술하시오.

13 어느 지질 시대의 수륙 분포이다.

이 지질 시대에 대한 설명 중 옳은 것은 ○표, 옳지 않은 것은 ×표 하시오.

(1) 대륙과 해양의 분포가 다양했다. (　　)
(2) 지질 시대의 말기에 대멸종이 있었다. (　　)
(3) 해양 생물이 번성하고 육상 생물이 출현하였다. (　　)

14 어느 지질 시대에 번성했던 생물을 나타내었다.

화폐석　　매머드

이 지질 시대에 대한 설명으로 옳은 것을 있는 대로 고르시오. (2개)

① 속씨식물과 포유류가 번성하였다.
② 대표적인 화석으로는 공룡이 있다.
③ 말기에 빙하기와 간빙기가 반복되었다.
④ 파충류가 번성하였고 공룡이 출현하였다.
⑤ 오랜 지각 변동으로 화석이 드물게 발견된다.

서술형

15 어느 지층에서 산출된 다세포 생물 화석이다.

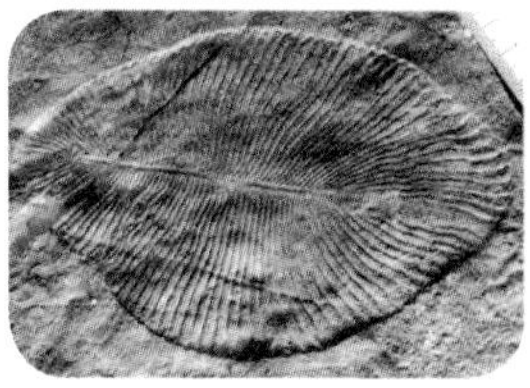

이 화석이 퇴적된 지질 시대를 쓰고, 이 지질 시대의 산소가 생성되는 과정을 서술하시오.

스스로 실력 높이기

16 지질 시대 기간의 평균 기온 변화이다.

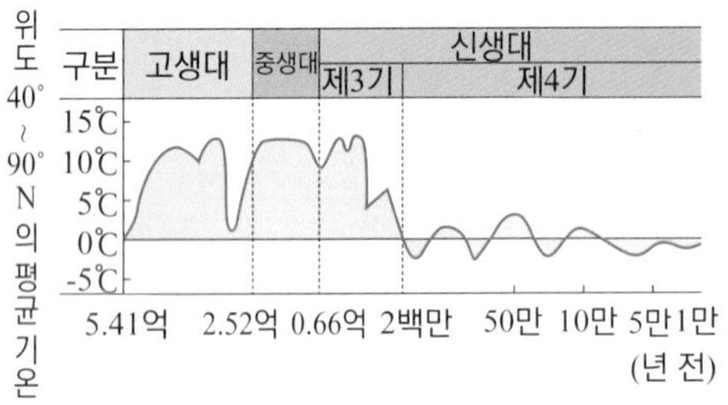

이에 대한 설명으로 옳은 것만을 <보기>에서 있는 대로 고른 것은?

보 기

ㄱ. 중생대 말기에 빙하기가 있었다.
ㄴ. 고생대에는 빙하기 없이 전반적으로 온난한 기후가 유지되었다.
ㄷ. 신생대 전기에는 대체로 온난했으나 후기에 빙하기와 간빙기가 반복되었다.

① ㄱ ② ㄷ ③ ㄱ, ㄴ
④ ㄱ, ㄷ ⑤ ㄴ, ㄷ

17 시간에 따른 생물의 변화를 나타내었다.

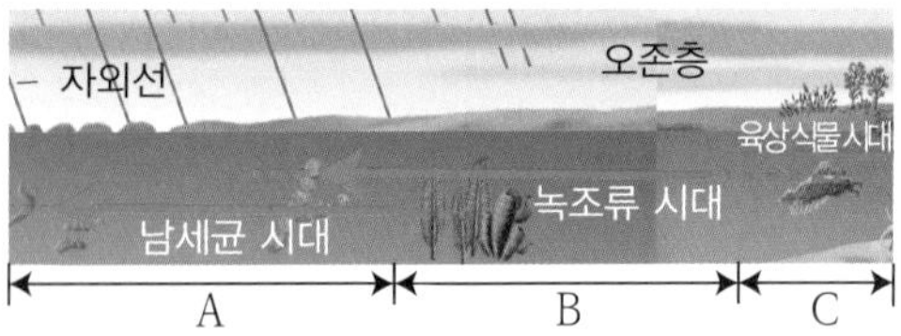

이에 대한 설명으로 옳은 것만을 <보기>에서 있는 대로 고른 것은?

보 기

ㄱ. A 시기에 형성된 지층에서 스트로마톨라이트 화석이 산출될 수 있다.
ㄴ. B 시기보다 C 시기에 대기 중 산소의 농도가 높다.
ㄷ. C 시기는 중생대부터 시작되었다.

① ㄱ ② ㄷ ③ ㄱ, ㄴ
④ ㄱ, ㄷ ⑤ ㄴ, ㄷ

18 서로 다른 두 지역 A, B에서 산출되는 화석을 나타내었다.

이에 대한 설명으로 옳은 것만을 <보기>에서 있는 대로 고른 것은? 단, 이 지역에서 지층이 역전되는 지각 변동은 일어나지 않았다.

보 기

ㄱ. 가장 오래 된 화석은 B 지역에서 산출된다.
ㄴ. 두 지역의 석회암 지층은 같은 시기에 생성되었다.
ㄷ. 두 지역은 모두 바다에서 퇴적된 지층으로만 이루어졌다.

① ㄱ ② ㄷ ③ ㄱ, ㄴ
④ ㄱ, ㄷ ⑤ ㄴ, ㄷ

19 그림 (가)와 (나)는 두 종류의 화석이다.

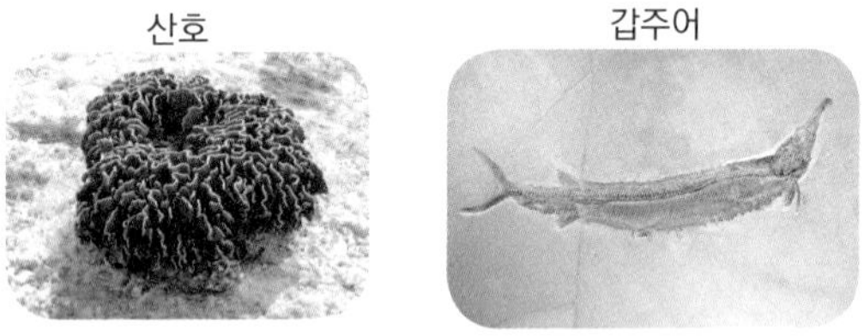

(가) (나)

이에 대한 설명으로 옳은 것만을 <보기>에서 있는 대로 고른 것은?

보 기

ㄱ. (가)는 시상 화석, (나)는 표준 화석이다.
ㄴ. (가)가 산출된 지층은 고위도의 한랭한 바다에서 퇴적되었다.
ㄷ. (나)가 산출된 지층은 중생대에 퇴적되었다.

① ㄱ ② ㄷ ③ ㄱ, ㄴ
④ ㄱ, ㄷ ⑤ ㄴ, ㄷ

정답 및 해설 ➔ 97

20 어느 지층에서 산출된 활엽수의 잎 화석이다.

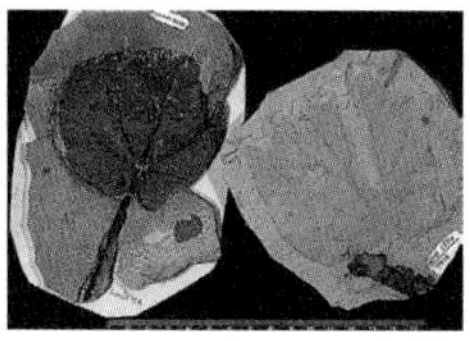

이에 대한 설명으로 옳은 것만을 <보기>에서 있는 대로 고른 것은?

보 기

ㄱ. 표준 화석이다.
ㄴ. 이 식물은 중생대에 출현하였다.
ㄷ. 이 식물이 번성한 지질 시대에 현재와 비슷한 수륙 분포가 형성되었다.

① ㄱ ② ㄷ ③ ㄱ, ㄴ
④ ㄱ, ㄷ ⑤ ㄴ, ㄷ

C 대멸종과 생물 다양성

21 ( )안에 들어갈 알맞은 말을 쓰시오.

급격하게 변한 지구 환경에 적응하지 못한 생물은 멸종했지만, 새로운 환경에 적응한 생물들은 진화하여 다양한 종이 나타나면서 생물 (   )이 증가하였다.

22 대멸종의 원인에 대한 설명으로 옳지 않은 것은?

① 초대륙 판게아가 형성되면서 해류와 기후대가 단순해졌다.
② 지각 변동으로 인해 대륙과 해양의 분포가 다양해졌다.
③ 소행성의 충돌로 생긴 재와 먼지가 햇빛을 차단하여 기온이 하강하였다.
④ 화산 폭발로 생긴 구름 먼지와 화산재가 햇빛을 차단하여 기온이 하강하였다.
⑤ 화산 폭발로 인해 이산화 탄소, 메테인 등이 대기로 유입되어 온실 효과를 일으켜 기온이 상승하였다.

23 생물 대멸종에 대한 설명 중 옳은 것은 ○표, 옳지 않은 것은 ×표 하시오.

(1) 지질 시대에 대멸종이 일어난 횟수는 총 3번이다. ( )
(2) 지질 시대 동안 가장 큰 멸종은 고생대 말에 일어났다. ( )
(3) 대멸종의 전후 생물종의 종류는 거의 달라지지 않는다. ( )

24 고생대에서 신생대까지의 지질 시대 동안 해양 동물군과 육상 식물군의 수 변화이다.

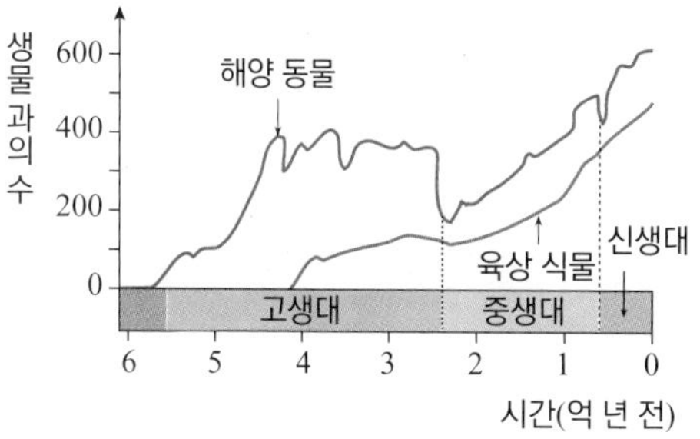

이에 대한 설명으로 옳은 것만을 <보기>에서 있는 대로 고른 것은?

보 기

ㄱ. 가장 큰 대멸종은 중생대 말기에 일어났다.
ㄴ. 생물의 종류가 가장 다양한 시대는 신생대이다.
ㄷ. 지질 시대를 구분하는 데에는 해양 동물이 육상 식물보다 더 유용하다.

① ㄱ ② ㄴ ③ ㄱ, ㄷ
④ ㄴ, ㄷ ⑤ ㄱ, ㄴ, ㄷ

서술형

25 중생대 말에 일어난 5차 대멸종의 원인을 현재 가장 유력한 가설로 설명하시오.

02 진화와 자연 선택

핵심 Point

□ 진화 □ 변이
□ 자연 선택 □ 항생제 내성 세균의 출현

생물의 진화 원리인 자연 선택이란 어떤 과정일까? 항생제 내성 세균의 출현 과정을 알아낼 수 있을까?

A 생물의 진화 원리

1. 진화❶ : 생물이 오랜 시간 동안 주어진 환경에 적응하여 변화하는 과정으로, 이로 인해 다양한 생물종이 나타났다.

2. 변이★ : 같은 생물종의 개체 간에 나타나는 형질의 차이로, 진화가 일어나는 원동력이다.❷

• 생물 분류의 기초 단위로, 생식을 통해 자손을 남길 수 있는 개체들의 모임이다.

비유전적 변이 (환경적 변이)	· 유전자의 변화 없이 환경의 영향으로 나타난다. · 형질이 자손에게 유전되지 않는다. 예 태어난 계절에 따른 호랑나비의 크기 차이, 빛의 양 차이에 의한 나무의 키 차이, 훈련으로 단련된 운동 선수의 근육, 카렌족 여인의 링에 의한 긴 목 등
유전적 변이	· 개체가 가진 유전자의 차이로 나타난다. · 형질이 자손에게 유전되어, 진화가 일어나는 원동력이 된다. 예 알비노 악어와 정상 악어의 차이, 유럽정원달팽이의 다양한 껍데기 차이, 사람의 피부색 차이, 앵무의 깃털 색 차이, 무당벌레 겉날개의 색과 무늬 차이, 장미꽃의 색 차이 등

→ 진화를 설명하는 변이는 일반적으로 유전적 변이를 의미한다.

▲ 사람의 피부색

▲ 무당벌레의 겉날개 색과 무늬

▲ 달팽이 껍데기의 색과 무늬

(1) 유전적 변이가 나타나는 원인 : 유전적 변이는 오랫동안 축적된 돌연변이 유전자와 유성 생식 과정에서 나타나는 다양한 유전자 조합으로 발생한다.❸

① **돌연변이** : 돌연변이로 기존에 없던 새로운 유전자가 만들어져 다양한 형질이 나타날 수 있다.

· 붉은색 딱정벌레 무리의 자손 중 돌연변이로 인해 초록색 딱정벌레가 새롭게 나타났다.(새로운 변이의 출현)
· 초록색 딱정벌레가 무리와 교배하여 초록색 유전자를 가진 자손을 낳는다.(새로운 변이의 전달)
→ 딱정벌레 집단의 유전적 변이가 다양해진다.

② **생식세포의 다양한 조합** : 유성 생식 과정에서 생식세포가 다양하게 조합되어 자손이 부모와 다른 형질을 나타낼 수 있다.

· 흰색 털과 검은색 털을 가진 부모 사이에서 얼룩무늬 강아지가 태어났다.
· 얼룩무늬 강아지는 흰색 털 유전자와 검은색 털 유전자를 모두 가진다.
· 얼룩무늬 강아지는 자손에게 흰색 털 유전자와 검은색 털 유전자를 물려줄 수 있다.
→ 세대를 거듭하면서 자손의 유전자 조합이 다양해진다.(변이의 다양성)

개념 +

❶ 멸종도 진화이다

진화는 오랜 시간에 걸쳐 일어난 생물의 변화를 의미하는 것으로, 지질 시대를 거치며 일어나는 생물의 멸종 역시 진화의 결과라고 할 수 있다.

❷ 비유전적 변이와 유전적 변이의 예

▲ 비유전적 변이 : 어릴 적부터 여러 개의 링을 목에 걸고 생활하여 비유전적 변이로 인해 목이 점점 길어진 카렌 족 여인

▲ 유전적 변이 : 유전적 변이로 인해 멜라닌 색소가 결핍된 알비노 악어(위)와 정상 악어(아래)

❸ 생식세포의 다양한 유전자 조합

사람의 체세포 염색체는 각각 부모에게서 하나씩 물려받은 염색체가 쌍을 이루어 총 23쌍이 있는데, 이들의 분리로 형성되는 암수 생식세포의 유전자 조합은 각각 수백 가지이다.

미니사전

★ **변이** [變 변하다 異 다르다]
같은 종의 생물 개체에서 나타나는 서로 다른 특성

(2) 변이가 나타나는 과정 : 변이는 주로 개체가 가진 유전자의 유전 정보 차이에 따라 나타난다.

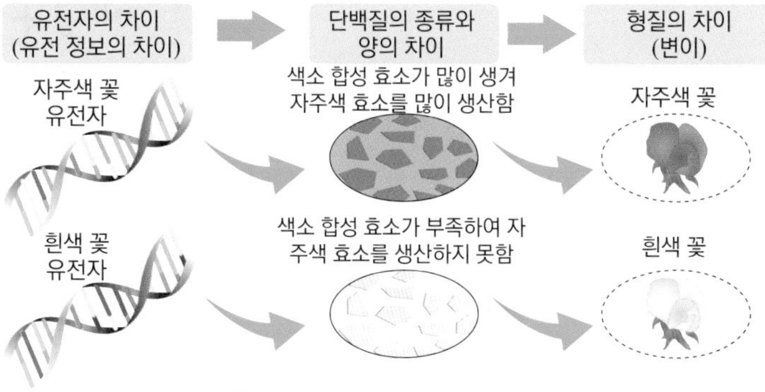

▲ 완두 꽃 색깔의 변이가 나타나는 과정

B 다윈의 자연 선택설

1. 자연 선택 : 다양한 변이가 있는 개체들 중 환경에 잘 적응할 수 있는 유리한 형질을 가진 개체가 살아남아 자손에게 유리한 형질을 전달하는 과정이다.

→ 자연 선택이 오랜 시간 여러 세대에 걸쳐 반복되면서 새로운 종으로 분화④할 수 있다.

2. 다윈⑤의 자연 선택설에 따른 진화 과정

과잉 생산	생물은 주어진 환경에서 살아남을 수 있는 것보다 더 많은 수의 자손을 낳는다.
↓ **개체 변이**	같은 종 내의 개체군을 이루는 개체들 간의 형태, 습성, 기능 등의 형질이 조금씩 달라 환경에 따른 적응력도 각기 다르다.
↓ **생존 경쟁**	과잉 생산된 개체들이 먹이와 서식지 등을 두고 생존 경쟁을 한다.
↓ **자연 선택**	생존에 유리한 변이를 가진 개체는 그렇지 않은 개체에 비해 잘 살아남아 자손을 더 많이 남기고 자신의 형질을 자손에게 물려준다. (적자생존)
↓ **종의 분화(진화)**	자연 선택이 반복되면서 생존에 유리한 변이를 가진 개체의 비율이 높아지며, 오랜 시간 동안 누적되어 생물의 진화가 일어난다.

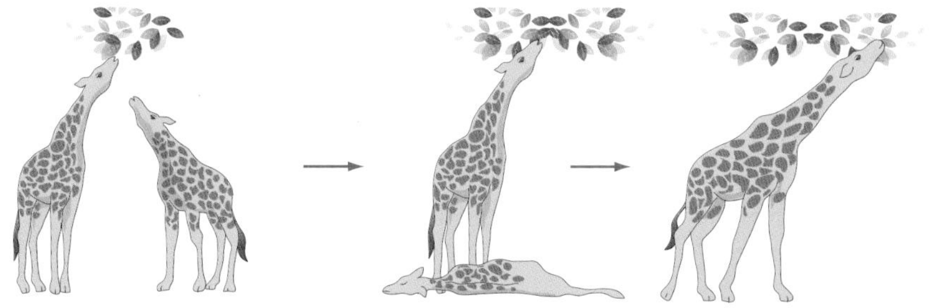

▲ 다윈의 자연선택설

3. 다윈의 자연 선택설이 사회에 미친 영향 : 다윈의 시대에는 유전자의 개념이 성립되지 못한 시기였다.⑥

① **긍정적** : 생물 사이의 동일성과 다양성을 설명하여 진화적 관점으로 생물을 분류할 수 있는 이론을 제공하였고, 산업 구조를 생산성을 높이는 방향으로 변화시키는데 아이디어를 제공하였다.

② **부정적** : 적자생존과 생존경쟁의 개념이 왜곡되어 사회의 불평등 구조와 경쟁, 인종 차별, 식민 지배와 제국 주의를 정당화하는 데에 이용되었다.

개념+

④ 종 분화

생물학적 종은 자연 상태에서 자유로이 교배하여 생식 능력이 있는 자손을 낳는 개체의 집단을 말한다.

종 분화는 하나의 생물종이 2개 이상의 종으로 나뉘는 것으로, 서로 교배하지 않고 각각 다른 환경에 적응하여 오랜 시간이 지나는 경우에 일어날 수 있다.

⑤ 다윈(Darwin C. R, 1809 ~ 1882)

영국의 생물학자로, 1859년에 저서 '종의 기원'을 발표하여 자연선택을 바탕으로 하는 진화론을 주장하였다.

● 다윈 이전의 진화설

다윈 이전의 라마르크는 '사용하는 기관은 발달하고 사용하지 않는 기관은 퇴화한다.'는 용불용설을 주장하였으나 환경에 의한 후천적 형질은 유전되지 않아 틀린 것으로 밝혀졌다. 단, 환경이 생물의 진화에 영향을 끼칠 수 있다는 것을 제안하였다는 의의가 있다.

▲ 라마르크의 용불용설

⑥ 자연 선택설의 한계

다윈의 시대에는 유전자의 개념이 성립되지 못한 시기였기 때문에 한계가 있었다.

- 개체 간의 변이가 나타나는 원인을 제대로 설명하지 못하였다.
- 부모의 형질이 자손에게로 전달되는 과정을 설명하지 못하였다.

C 자연 선택의 사례

1. 갈라파고스 군도의 핀치 진화 : 같은 종이라도 환경에 따라 다르게 자연 선택된다.

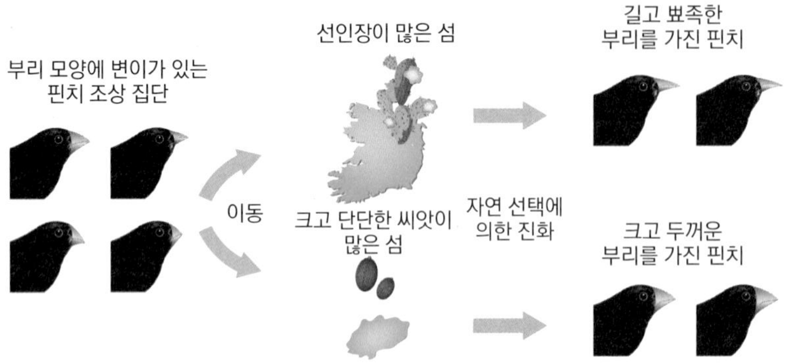

- 원래 같은 종이었던 남아메리카의 핀치가 갈라파고스 군도의 여러 섬으로 날아들어 각각의 환경에 따라 다른 먹이를 먹게 되었다.
- 섬의 환경에 적응하면서 섬마다 다른 부리를 가진 핀치가 살게 되었다.

→ 같은 종이었더라도 오랜 시간 동안 다른 먹이 환경에 적응하면서 서로 다른 모습으로 진화하였다.

2. 낫 모양 적혈구의 자연 선택 : 말라리아[7]가 많이 발생하는 곳에서는 낫 모양 적혈구[8] 유전자를 가진 사람의 비율이 다른 곳에 비해 높다.

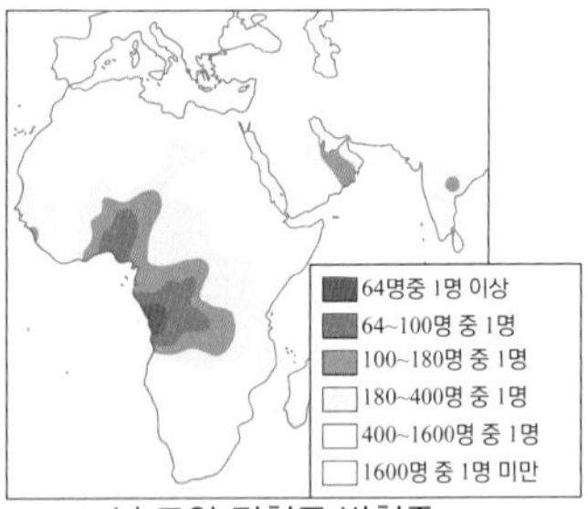

▲ 낫 모양 적혈구 빈혈증 발생 지역과 빈도

▲ 말라리아가 많이 발생하는 지역

- 헤모글로빈 유전자의 돌연변이로 나타나는 낫 모양 적혈구 빈혈증은 일반적으로 생존에 불리한 형질이다.
- 낫 모양 적혈구는 생존에 치명적인 말라리아 병원균에 저항성이 있다.
- 말라리아가 자주 발생하는 지역에서는 낫 모양 적혈구 유전자를 가진 사람들이 생존에 유리하다.

→ 환경에 따라 낫 모양 적혈구 유전자가 생존에 유리한 형질이 된다.

3. 항생제 내성 세균의 자연 선택 : 항생제★를 지속적으로 사용하는 환경에서 항생제 내성 세균이 자연 선택이 되어 비율이 점차 높아진다.[9]

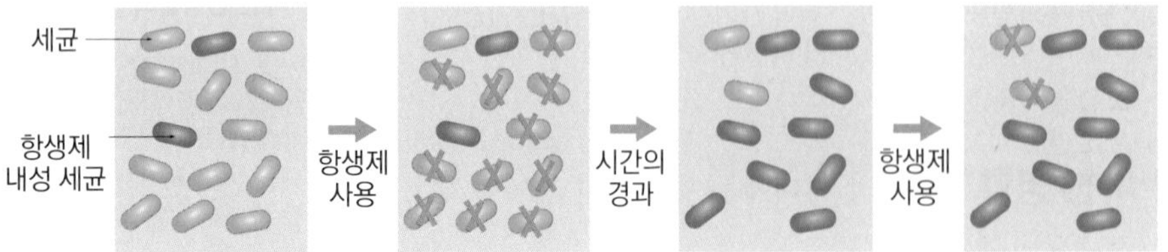

많은 세균들 중 항생제 내성 세균이 돌연변이에 의해 일부 존재한다. | 항생제를 사용하면 항생제 내성이 없는 세균들이 대부분 죽는다. | 항생제 내성을 가진 세균이 살아남아 자손을 남겨 항생제 세균이 점점 증가한다. | 대부분의 세균이 항생제 내성을 가지므로 항생제를 사용해도 세균이 줄어들지 않는다.

→ 항생제를 지속적으로 사용하게 되면 항생제 내성 세균이 자연 선택되어 항생제 내성 세균 집단이 형성된다.

개념 +

● 나방의 개체 수 변화 – 나방의 자연 선택

어느 지역에는 원래 흰 날개를 가진 나방의 수가 많았으나, 환경 오염에 의해 나무줄기의 하얀 지의류가 줄어들자 흰 날개의 후추나방이 천적의 눈에 더 잘 띄게 되었다. 이 환경 변화로 인해 검은 날개를 가진 후추나방의 수가 더 많아지게 되었다.

▲ 지의류가 있을 때　▲ 지의류가 사라졌을 때

● 환경에 따른 자연 선택의 방향

자연 선택된 변이라고 할지라도 생존에 불리한 환경으로 바뀌면 자연 선택되지 않아 점차 소멸될 수 있다.

⑦ 말라리아

말라리아 원충에 감염되어 나타나는 질병으로, 모기에 의해서 전파되며 발열, 오한, 구토, 혈소판 감소 등의 증세를 보인다. 한국에서는 학질이라고 불렸으며, 원충의 종류에 따라 치사율이 다른데 특히 열대 지방의 원충이 치사율이 매우 높다.

⑧ 정상 적혈구와 낫 모양 적혈구의 모양

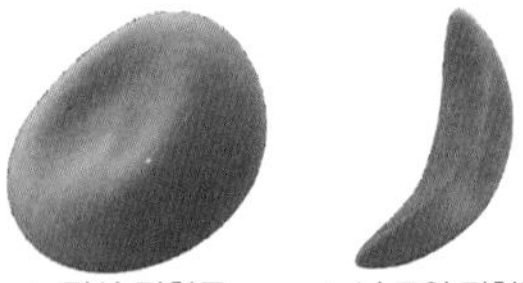

▲ 정상 적혈구　▲ 낫 모양 적혈구

돌연변이가 일어난 헤모글로빈이 산소와 결합하지 않은 상태에서 서로 달라붙어 긴 바늘 모양의 구조를 형성하기 때문에 적혈구의 모양이 길게 찌그러진 낫 모양으로 바뀐다.

⑨ 슈퍼 박테리아의 출현

항생제 내성 세균의 자연 선택으로 인해 갈수록 더 강력한 항생제를 사용해야 세균성 질병을 치료할 수 있게 되는 문제가 발생한다.

여러 가지의 항생제에 내성을 가진 세균을 '슈퍼 박테리아'라고 부른다. 슈퍼 박테리아의 출현 과정도 자연 선택의 예라고 할 수 있다.

4. **자연 선택과 생물 다양성의 증가** : 지구의 다양한 생태계에서 각 생물은 생태계 환경에 자연 선택되었고, 이 과정이 반복되며 다양한 생물종이 출현하며 진화하였다. 자연 선택의 과정에서 생물 다양성이 증가하였고 환경의 급격한 변화 속에서도 종이 멸종되지 않고 유지되었다.

개념 +

원시 지구의 환경

원시 지구의 대기 성분은 대부분이 수증기이고 이외에 메테인, 암모니아, 수소 , 이산화 탄소 등으로 구성되었을 것으로 추정된다. 이때 원시 지구에는 에너지가 풍부하여 화학 반응이 활발하였을 것으로 추정된다.

D 지구 생명체 출현 과정을 설명하는 가설

원시 생명체가 진화한 지구 최초의 단세포 생명체는 선캄브리아 시대의 사이아노박테리아(남세균)으로 추정되나 원시 생명체는 유기물로부터 발현되었다는 가설이 유력하다. 유기물의 유래에 따라 다음과 같이 세가지 가설이 제시되었다.

우주 기원설	우주로부터 유기물이 운석과 함께 지구로 유입되고, 이것이 지구 생명체 탄생의 근거라고 본다.
화학 진화설	화학 반응에 의해 무기물로부터 간단한 유기물이 합성되었고, 간단한 유기물은 물속에서 화학 반응하여 단백질, 핵산과 같은 복잡한 유기물로 합성되어 생명체가 탄생했다고 본다.
심해 열수구설	해구에 존재하는 열수구는 메테인이나 암모니아가 풍부하고 유기물이 합성되기에 좋은 높은 온도가 유지되므로 이곳에서 생명체가 탄생했다고 본다.

미니사전

★ **항생제** [antibiotics]

세균 등의 미생물을 죽이거나 생장을 막는 물질

개념 체크

정답 및 해설 ➜ 100

Point

01 다윈의 자연 선택설에 따른 진화 과정이다. 빈칸에 알맞은 말을 쓰시오.

과잉 생산 → 개체 변이 → (   ) → 자연 선택 → 종의 분화

02 생물의 진화 원리에 대한 설명 중 옳은 것은 ○표, 옳지 않은 것은 ×표 하시오.

(1) 다른 생물종 간에 나타나는 형질의 차이를 변이라 한다. (   )
(2) 유성 생식은 부모에게 없던 새로운 유전자를 만들어낸다. (   )
(3) 훈련으로 단련된 운동 선수의 근육은 자손에게 전달되지 않는다. (   )

03 자연 선택설의 과정을 순서대로 나열하시오.

(가) 목 길이가 다양한 많은 수의 기린이 태어났다.
(나) 높은 곳의 나뭇잎을 먹기 위해 목을 길게 늘리는 노력이 지속되었다.
(다) 목이 긴 기린이 자손을 남기는 것이 반복되면서 기린의 목이 지금처럼 길어졌다.
(라) 목이 긴 기린이 높은 곳의 나뭇잎을 먹는 데 유리하여 살아남았다.

04 자연선택의 사례에 대한 설명 중 옳은 것은 ○표, 옳지 않은 것은 ×표 하시오.

(1) 핀치의 부리 진화는 환경의 변화와 상관없이 이루어졌다. (   )
(2) 낫 모양 적혈구 유전자는 말라리아가 많이 발생하는 지역에서 유리하다. (   )
(3) 항생제를 한번도 사용하지 않은 환경에서 항생제 내성 세균이 더 많다. (   )

탐구

항생제 내성 세균 집단의 출현 모의실험

목표

항생제 내성 세균 집단의 출현을 모의실험으로 재현하여 환경의 변화와 자연 선택이 진화에 미치는 영향을 알아본다.

준비물 빨강, 노랑, 파랑, 초록, 갈색의 초콜릿, 갈색 도화지

실험 과정

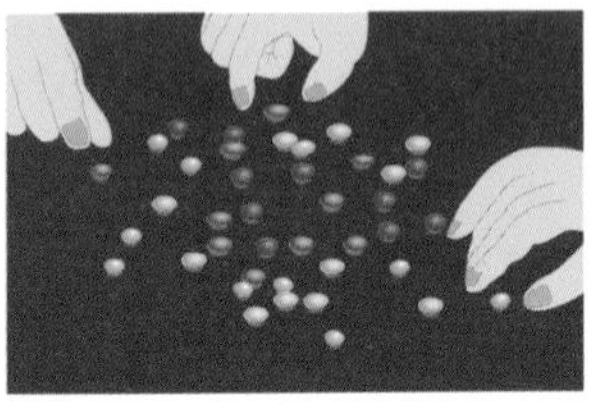

(가) 갈색 도화지 위에 빨간색, 노란색, 파란색, 초록색 초콜릿을 각각 10개씩 뿌려 놓고, 이중 4개를 골라 갈색 초콜릿으로 바꾼다.
(나) 눈을 감았다가 떴을 때 가장 먼저 눈에 띄는 초콜릿을 도화지 위에서 1개씩 제거하되 전체 개수의 합이 20개가 될 때까지 반복한다.
(다) 남아 있는 초콜릿의 색과 수를 확인한 후, 남아 있는 초콜릿의 수만큼 같은 색깔의 초콜릿을 추가한다.
(라) 과정 (나) ~ (다)를 3회 반복한다.

탐구 결과

구분	(빨강, 노랑, 파랑, 초록) 초콜릿의 총 개수	갈색 초콜릿의 개수
처음	36개	4개
1회	32개 (남은 16개 +추가 16개)	8개 (남은 4개 + 추가 4개)
2회	24개 (남은 12개 + 추가 12개)	16개 (남은 8개 +추가 8개)
3회	8개 (남은 4개 +추가 4개)	32개 (남은 16개 +추가 16개)

해석과 정리

① 갈색 초콜릿은 항생제 내성 세균에 해당한다.
② 실험을 반복할수록 도화지와 색깔이 같은 갈색 초콜릿의 비율이 증가한다. → 항생제를 지속적으로 사용하는 환경에서 세대를 거듭하면서 항생제 내성 세균의 비율이 증가한다.

!주의

[탐구 결과]
<1회> (갈색은 눈에 띄지 않으므로 다른 색깔 구슬을 집어낸다.)
(가) (빨, 노, 파, 초) 합 36개, 갈색 4개
(나) (빨, 노, 파, 초) 합 16개, 갈색 4개
(다) (빨, 노, 파, 초) 합 32개, 갈색 8개
<2회> (갈색은 눈에 띄지 않는다.)
(나) (빨, 노, 파, 초) 합 12개, 갈색 8개
(다) (빨, 노, 파, 초) 합 24개, 갈색 16개
<3회> (갈색은 눈에 띄지 않는다.)
(나) (빨, 노, 파, 초) 합 4개, 갈색 16개
(다) (빨, 노, 파, 초) 합 8개, 갈색 32개

- 과정 (가)에서 기존의 초콜릿을 새로운 갈색 초콜릿으로 바꾸는 것은 돌연변이에 의해 새로운 형질을 가진 개체가 출현하는 현상을 나타낸 것이다.
- 과정 (나)는 항생제를 사용하는 환경에서 일부 세균이 자연 도태되는 과정이다.
- 과정 (다)는 자연 도태되지 않고 살아 남은 세균이 자손을 남기는 과정이다.
- 과정 (라)는 세대를 거듭하면서 항생제 내성 세균이 자연 선택되어 그 비율이 증가하는 과정이다.

정답 및 해설 ➔ 100

탐구 문제 1 위의 실험 과정 (가)~(라) 중에서 아래 질문에 해당하는 실험 과정을 골라 기호를 쓰시오.

(1) 항생제 사용에 해당하는 실험 과정은? (　　)
(2) 항생제 내성 세균의 증식이 일어나는 실험 과정은? (　　)
(3) 돌연변이의 출현에 해당하는 실험 과정은? (　　)

탐구 문제 2 과정 (다)에서 남아 있는 초콜릿의 수만큼 같은 색깔의 초콜릿을 추가하는 것은 어떤 생명 현상에 해당하는가?

① 진화　② 생식　③ 생장　④ 유전적 변이　⑤ 비유전적 변이

탐구 문제 3 과정 (라) 이후 도화지를 노란색으로 바꾸어 (나) ~ (다)를 반복하면 어떤 결과가 나타날지 서술하고 이에 해당하는 진화 과정을 쓰시오.

꼭 짚기!

1 생물의 진화 원리

딱정벌레와 개의 변이에 대해 각각 설명한 것이다.

(가) 붉은색 유전자를 가진 딱정벌레 무리에서 초록색 유전자를 가진 딱정벌레가 나타나 붉은색 딱정벌레와 교배하여 자손을 남겼다.
(나) 털색이 흰 개와 검은 개 사이에서 얼룩무늬를 가진 강아지들이 태어났다.

이에 대한 설명으로 옳은 것만을 <보기>에서 있는 대로 고른 것은?

보 기

ㄱ. (가)에서 초록색 형질은 자손에게 전달된다.
ㄴ. (나)는 부모에게 없던 새로운 유전자가 나타난 것이다.
ㄷ. (가)에서 초록색 딱정벌레와 붉은색 딱정벌레는 다른 종이다.
ㄹ. (나)에서 흰 개와 검은 개 사이에 태어나는 강아지들의 털색은 모두 다르게 나타날 수 있다.

① ㄱ, ㄴ ② ㄴ, ㄷ ③ ㄱ, ㄹ ④ ㄱ, ㄴ, ㄷ ⑤ ㄴ, ㄷ, ㄹ

2 다윈의 자연 선택설

어느 과학자가 주장한 진화설을 기반으로 기린의 진화 과정을 설명하였다. 옳은 것을 고르시오.

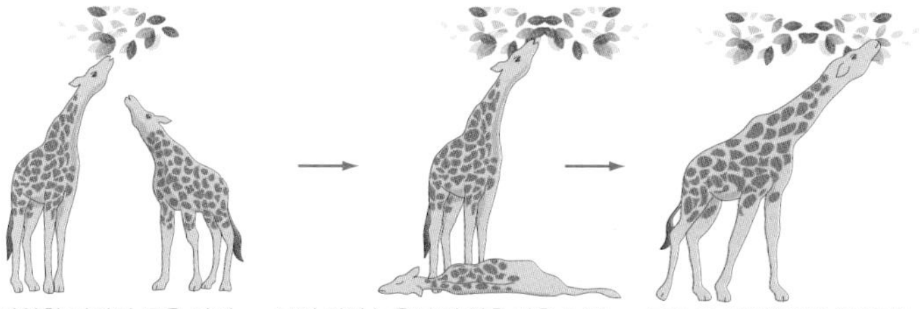

다양한 길이의 목을 가진 많은 기린들이 태어났다.
(가)

목이 길어 높은 곳의 잎을 먹을 수 있는 기린만 살아남아 자손을 남겼다.
(나)

목이 긴 기린이 자손을 남기는 과정이 반복되어 기린의 목이 길어졌다.
(다)

① 라마르크가 주장한 진화설이다.
② (가)에서 기린은 주어진 환경에서 모두 살아남을 수 있는 만큼의 자손을 낳았다.
③ (나)의 기린은 높은 곳의 나뭇잎을 먹기 위해 목을 빼면서 점점 목이 길어졌다.
④ (다) 이후의 기린은 (가) 이전의 기린보다 목이 긴 기린의 비율이 매우 높아졌다.
⑤ 이 진화설은 자연 과학 분야에서는 큰 영향을 끼쳤지만 사회적으로는 크게 주목받지 못했다.

3 자연 선택의 변화 사례 1

원래 같은 종이었던 핀치가 갈라파고스 제도의 여러 섬에 흩어져 살게 되면서 부리 모양이 다르게 진화한 것을 나타내었다.

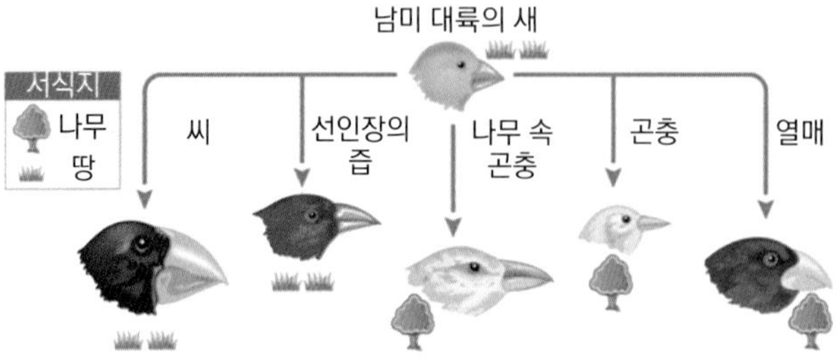

이에 대한 설명으로 옳은 것만을 <보기>에서 있는 대로 고른 것은?

보기

ㄱ. 환경에 의해 서로 다른 형질이 자연 선택되었다.
ㄴ. 핀치 부리 모양의 진화에는 먹이와 서식지가 직접적인 원인으로 작용하였다.
ㄷ. 진화가 일어나기 전 남미 대륙의 핀치 종의 부리 모양에는 변이가 존재하지 않았다.

① ㄱ ② ㄷ ③ ㄱ, ㄴ ④ ㄴ, ㄷ ⑤ ㄱ, ㄴ, ㄷ

4 자연 선택의 변화 사례 2

항생제 내성 세균 집단의 출현 과정을 나타내었다. 이에 대한 설명으로 옳은 것은? (단, 항생제 사용 외의 환경 변화는 없고, 세균 A, B 중 하나는 항생제에 내성이 있으며 다른 하나는 항생제에 내성이 없다.)

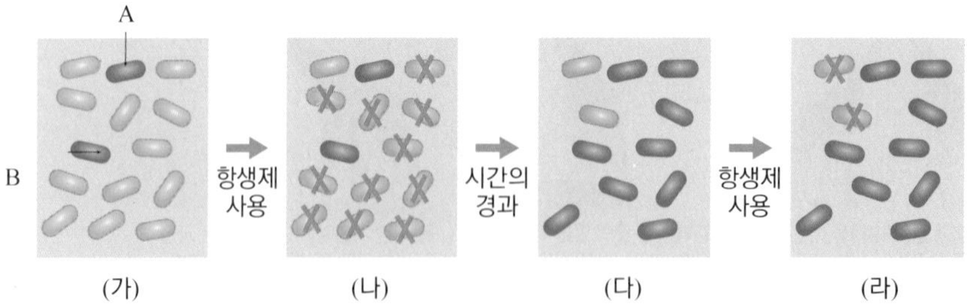

① A 세균은 항생제에 내성이 없는 세균이다.
② (가)에서 돌연변이로 인해 항생제 내성 형질이 나타났다.
③ (나)와 (다) 사이에 세균의 외부 유입이 일어나 수가 늘었다.
④ (라) 이후 항생제를 사용하면 A 세균의 수가 줄어들 것이다.
⑤ 항생제를 사용하지 않았더라도 (가)에서 (라)의 비율로 진화했을 것이다.

스스로 실력 높이기

A 생물의 진화 원리

[01~02] 여러 생물에서 관찰되는 사례 (가) ~ (다)이다.

> (가) 앵무의 깃털 색은 개체마다 차이가 있다.
> (나) 무당벌레는 개체마다 겉껍질의 색과 무늬에 차이가 있다.
> (다) 카렌족의 여성은 어려서부터 여러 개의 링을 목에 걸고 생활하여 목이 길어졌다.

01 이에 대한 설명 중 빈칸에 알맞은 말을 쓰시오.

> (가) ~ (다)는 같은 생물 종의 개체 간에 나타나는 형질의 차이인 (　　　　)의 예시이다.

02 (가) ~ (다)에 대한 설명으로 옳은 것만을 <보기>에서 있는 대로 고른 것은?

보기

ㄱ. (가)는 유전자의 차이로 인한 것이다.
ㄴ. (나)에서의 차이는 자손에게 전달되지 않는다.
ㄷ. (다)에서의 차이는 진화에 영향을 미친다.

① ㄱ　② ㄴ　③ ㄷ　④ ㄱ, ㄴ　⑤ ㄱ, ㄷ

03 변이의 원인에 대한 설명이다. 빈칸에 알맞은 말을 차례대로 쓰시오.

> (　　　　)은/는 암수 생식세포의 결합으로 자손이 만들어지는 생식 방법이다. 이 방법에 의해 부모의 유전자가 다양하게 조합되어 자손에게 전달되므로 부모와 자손의 (　　　　)이/가 달라져 변이가 나타난다.

04 자주색과 흰색 완두꽃의 형질이 발현되는 과정이다.

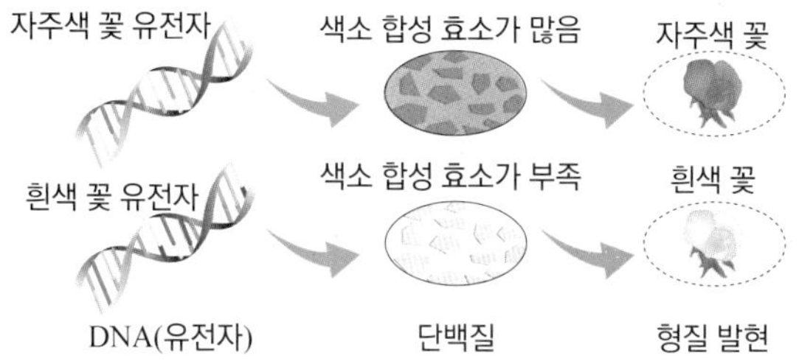

이에 대한 설명 중 옳은 것은 ○표, 옳지 않은 것은 ×표 하시오.

(1) 자주색 꽃의 형질은 자손에게 전달된다.(　　)
(2) 흰색 완두꽃도 자주색 완두꽃과 같은 유전자를 가지고 있다.(　　)
(3) 앵무의 깃털 색이 개체마다 다른 것과 같은 변이의 예이다.(　　)

05 같은 종의 딱정벌레 무리에서 나타나는 형질에 대한 설명이다.

> 붉은색 유전자만 가지고 있던 딱정벌레 무리에서 존재하지 않던 초록색 유전자가 만들어져 자손 중에 초록색 딱정벌레가 나타났다.

이에 대한 설명으로 옳은 것만을 <보기>에서 있는 대로 고른 것은?

보기

ㄱ. 초록색 형질은 자손에게 전달된다.
ㄴ. 초록색 유전자는 환경의 변화에 의해 나타났다.
ㄷ. 초록색 형질이 생존에 유리할 경우 초록색 딱정벌레의 수가 늘어날 수 있다.

① ㄱ　② ㄱ, ㄴ　③ ㄱ, ㄷ　④ ㄴ, ㄷ　⑤ ㄱ, ㄴ, ㄷ

스스로 실력 높이기

06 유전적 변이를 일으키는 2가지 원인의 예이다. (가)와 (나)는 각각 유성 생식과 돌연 변이 중 하나이다.

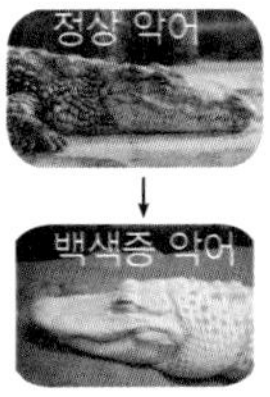

(가) 정상인 개체만 있는 악어 무리에서 백색증을 나타내는 악어가 태어났다.

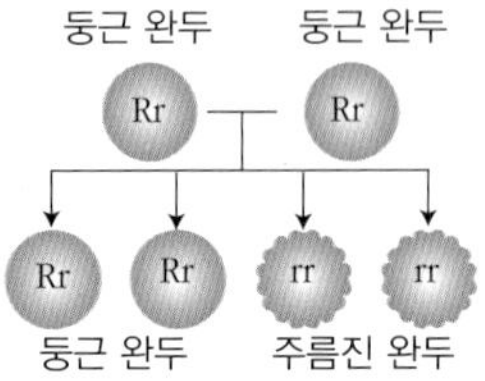

(나) 둥근 완두(Rr)를 자가 수분한 결과 주름진 완두(rr)가 나타났다.

이에 대한 설명으로 옳은 것만을 <보기>에서 있는 대로 고른 것은?

보 기

ㄱ. (가)는 돌연변이의 예이다.
ㄴ. (가)의 변이는 자손에게 전달되지 않는다.
ㄷ. (나)에서 부모의 유전자가 다양하게 조합되어 자손에게 전달된다.

① ㄱ ② ㄴ ③ ㄱ, ㄴ
④ ㄱ, ㄷ ⑤ ㄱ, ㄴ, ㄷ

07 생물의 진화에 대한 학생들의 설명이다.

무한 : 같은 종일지라도 환경이 서로 다른 곳에서 오래 생활하면 서로 다른 형질을 가지게 되지.
상상 : 생물이 서로 다른 환경에 적응하며 변화가 쌓이면서 진화가 일어나지.
알탐 : 서로 다른 형질을 가지게 되면 새로운 종이 출현하게 되는 것이므로 생물 다양성이 증가하는 것이지.

옳게 설명한 학생을 있는 대로 고른 것은?

① 무한 ② 상상 ③ 무한, 상상
④ 상상, 알탐 ⑤ 무한, 상상, 알탐

B 다윈의 자연 선택설

08 자연 선택에 의한 생물의 진화 과정을 나타내었다.

과잉 생산 → A → 생존 경쟁 → B → 생물의 진화

A와 B에 알맞은 과정을 각각 쓰시오.

[09~10] 다윈이 주장한 진화설로 기린의 진화 과정을 설명하였다.

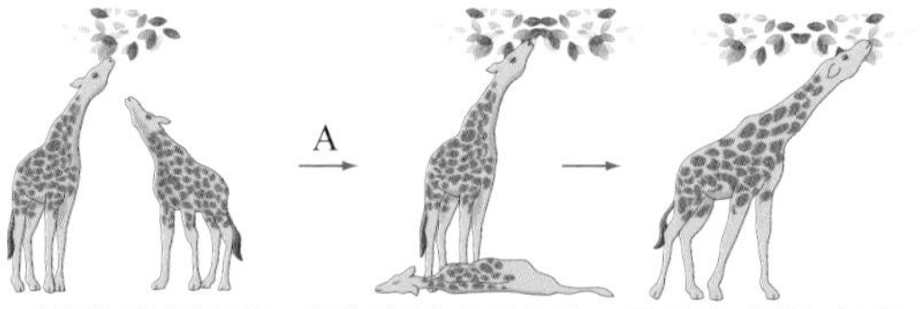

다양한 길이의 목을 가진 많은 기린들이 태어났다. | 목이 길어 높은 곳의 잎을 먹을 수 있는 기린만 살아남아 자손을 남겼다. | 목이 긴 기린이 자손을 남기는 과정이 반복되어 기린의 목이 길어졌다.

09 기린의 진화 과정에 대한 설명 중 옳은 것은 ○표, 옳지 않은 것은 ×표 하시오.

(1) A 과정에서 돌연변이가 일어났다. ( )
(2) 초기의 기린은 개체마다 목의 길이가 달랐다. ( )
(3) 생존 경쟁에서 목이 짧은 기린이 자연 선택되었다. ( )

10 이에 대한 설명으로 옳은 것만을 <보기>에서 있는 대로 고른 것은?

보 기

ㄱ. 진화의 주된 원인은 돌연변이이다.
ㄴ. 기린의 목 길이는 생존에 영향을 미쳤다.
ㄷ. 기린이 높은 곳의 나뭇잎을 먹기 위해 목을 길게 뺀 것이 자손에게 전달되었다.

① ㄱ ② ㄴ ③ ㄱ, ㄴ
④ ㄱ, ㄷ ⑤ ㄴ, ㄷ

정답 및 해설 ➜ 101

11 자연 선택설에 의한 진화 과정을 설명한 글이다.

> 생물들이 자손들을 ㉠ 하더라도 집단 크기는 시간이 흐름에 따라 비교적 일정하게 유지된다. 과잉생산된 같은 종의 자손들에게는 형태, 습성, 기능 등 형질이 조금씩 다른 ㉡ 가 나타나고, 자손의 과잉생산에 따라 생겨나는 식량, 생활 공간, 배우자를 차지하기 위한 ㉢ 에서 약하거나 부적당한 생물은 죽게 되고 적당한 생물만이 살아남기 때문이다.
> 그 결과 환경에 유리한 형질이 ㉣ 되어 대를 이어 내려옴으로서 결국 새로운 종이 생겨난다.

㉠~㉣에 알맞는 말을 옳게 짝지은 것은?

	㉠	㉡	㉢	㉣
①	생존경쟁	개체변이	과잉생산	자연선택
②	생존경쟁	개체변이	자연선택	과잉생산
③	자연선택	개체변이	생존경쟁	과잉생산
④	과잉생산	개체변이	자연선택	생존경쟁
⑤	과잉생산	개체변이	생존경쟁	자연선택

12 자연 선택설과 관련된 내용으로 옳지 않은 것을 있는 대로 고르시오.

① 생물들은 생존 가능한 것보다 더 많은 자손을 생산한다.
② 생물들이 낳은 개체들 사이에는 변이가 존재한다.
③ 개체 간에 유전자가 다르므로 변이가 나타난다.
④ 개체들은 먹이나 서식지를 두고 경쟁하여 유리한 개체만 살아남는다.
⑤ 부모의 형질이 유전자를 통해 자손에게로 전달된다.

13 다윈의 진화론이 과학과 사회에 준 영향에 대한 설명으로 옳은 것만을 <보기>에서 있는 대로 고른 것은?

> **보 기**
> ㄱ. 진화적 관점으로 생물을 분류하게 되었다.
> ㄴ. 사회의 식민 지배, 인종 차별을 정당화하는데 이용되었다.
> ㄷ. 산업 구조의 생산성을 높이는 방향으로 아이디어를 제공하였다.

① ㄱ ② ㄱ, ㄴ ③ ㄱ, ㄷ
④ ㄴ, ㄷ ⑤ ㄱ, ㄴ, ㄷ

B 자연 선택의 변화 사례

14 영국 지역에 서식하는 후추나방에 대한 자료이다.

> 영국의 공업 도시 근처의 숲에는 주로 검은색 후추나방이, 농촌 숲에는 주로 흰색 후추나방이 많이 분포한다.
>
> 

이에 대한 설명 중 옳은 것은 ○표, 옳지 않은 것은 ×표 하시오.

(1) 자연 선택에 의한 변화이다. ( )
(2) 공업 도시 근처의 숲은 농촌 숲보다 색이 어두울 것이다. ( )
(3) 공업 도시에 공장이 세워지기 전에도 공업 도시 근처의 숲에는 검은색 후추나방이 주로 분포했을 것이다. ( )

스스로 실력 높이기

15 갈라파고스 제도의 섬에 살고 있는 서로 다른 종의 핀치 A, B의 진화 과정이다.

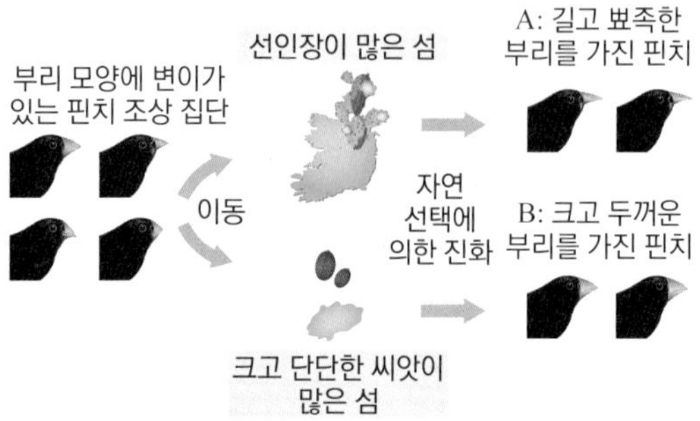

이에 대한 설명으로 옳은 것만을 <보기>에서 있는 대로 고른 것은?

보 기

ㄱ. A와 B는 환경 조건이 동일하다.
ㄴ. A와 B 모두 용불용설에 의해 진화했다.
ㄷ. A와 B의 핀치는 부리 모양에 대한 유전자 구성이 다르다.

① ㄱ ② ㄴ ③ ㄷ
④ ㄱ, ㄴ ⑤ ㄱ, ㄷ

16 (가)는 아프리카에서 낫 모양 적혈구 빈혈증 발생 지역과 빈도를, (나)는 말라리아가 많이 발생하는 지역을 조사한 것이다.

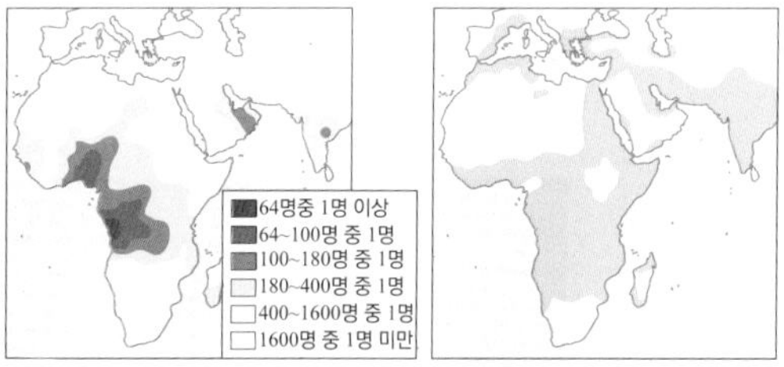

(가) 낫 모양 적혈구 빈혈증 발생 지역과 빈도 (나) 말라리아가 많이 발생하는 지역

이에 대한 설명으로 옳은 것만을 <보기>에서 있는 대로 고른 것은?

보 기

ㄱ. 이 자료에서 자연 선택은 생존에 불리한 방향으로 이루어졌다.
ㄴ. 낫 모양 적혈구 빈혈증 환자는 말라리아에 걸릴 확률이 더 낮다.
ㄷ. 말라리아는 낫 모양 적혈구 빈혈증 환자의 자연 선택에 유리하게 작용한다.

① ㄱ ② ㄴ ③ ㄱ, ㄴ
④ ㄱ, ㄷ ⑤ ㄴ, ㄷ

17 어떤 생물 개체군에서 여러 세대를 거치는 동안 일어난 몸 색깔의 변화를 나타내었다.

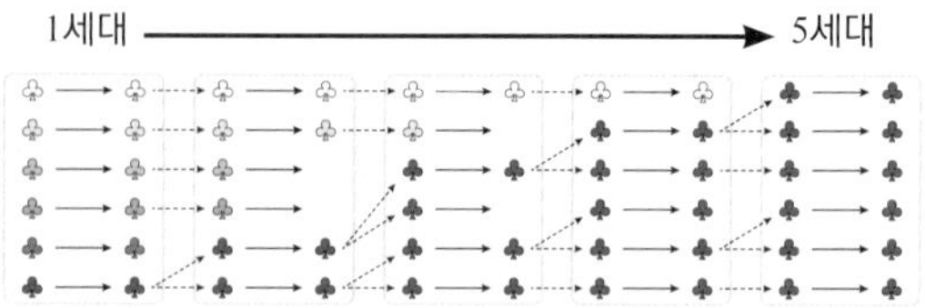

이에 대한 설명 중 옳은 것은 ○표, 옳지 않은 것은 ×표 하시오.

(1) 몸 색깔이 진한 개체가 자연 선택되었다. ( )

(2) 세대가 지날수록 개체군 내의 몸 색깔 변이가 다양해진다. ( )

(3) 몸 색깔이 연한 개체가 진한 개체보다 환경에 더 잘 적응하였다. ( )

18 항생제 내성 세균의 출현과 진화 과정을 나타내었다.

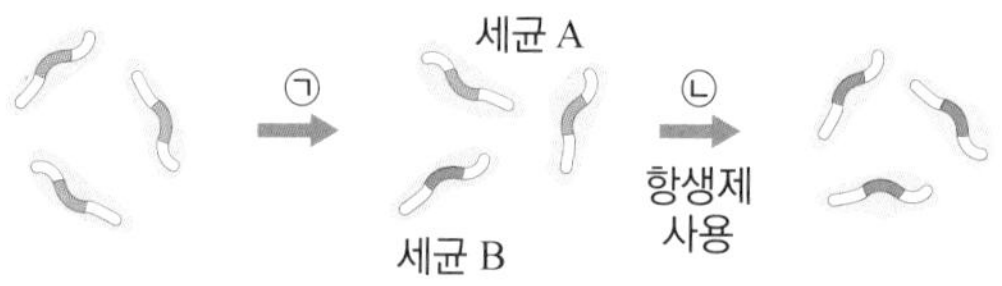

이에 대한 설명으로 옳은 것만을 <보기>에서 있는 대로 고른 것은?(단, 세균 A와 B는 각각 항생제 내성 여부에 관련된 형질이 다르다.)

보 기

ㄱ. A는 항생제에 내성이 있는 세균이다.
ㄴ. ㉠에서 유성 생식에 의해 항생제 저항성 유전자가 나타났다.
ㄷ. ㉡ 이후의 세균 집단은 ㉠ 이전 세균 집단에 비해 특정 유전자의 비율이 달라졌다.

① ㄱ ② ㄷ ③ ㄱ, ㄴ
④ ㄴ, ㄷ ⑤ ㄱ, ㄴ, ㄷ

19 어떤 핀치 집단의 부리 크기 변화에 대한 자료이다.

(가) 가뭄 전에는 핀치가 먹기 좋은 작고 연한 씨가 풍부했다.
(나) 심한 가뭄이 들면서 씨앗의 총 수는 감소하였고, 상대적으로 크고 딱딱한 씨가 많아졌다.
(다) 작은 부리를 가진 핀치는 크고 딱딱한 씨를 먹지 못해 살아남기 어려웠다.
(라) 그래프는 가뭄 전과 가뭄 후 핀치의 부리 크기에 따른 개체수를 나타낸 것이다.

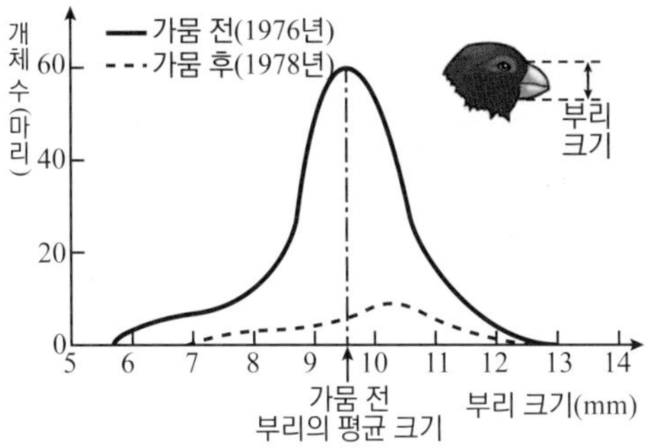

이에 대한 설명으로 옳은 것만을 <보기>에서 있는 대로 고른 것은?

보 기

ㄱ. 가뭄 전에는 핀치의 부리가 모두 작았다.
ㄴ. 가뭄 전보다 가뭄 후에 부리의 평균 크기가 커졌다.
ㄷ. 가뭄 후에는 부리가 큰 핀치가 생존 경쟁에 불리하다.

① ㄱ ② ㄴ ③ ㄱ, ㄴ
④ ㄱ, ㄷ ⑤ ㄴ, ㄷ

서술형

20 항생제를 지속적으로 사용했을 때 항생제에 내성이 있는 세균 집단이 출현하게 되는 과정을 '돌연변이', '자연 선택'의 단어를 포함시켜 서술하시오.

21 항생제 내성 세균의 출현과 관련된 모의실험 과정이다.

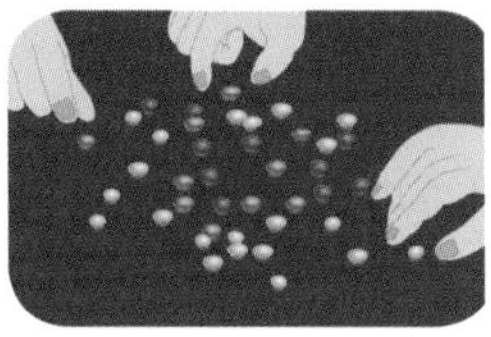

(가) 갈색 도화지 위에 초록색, 빨간색, 파란색 초콜릿을 각각 10개씩 뿌리고, 이 중 4개를 갈색 초콜릿으로 바꾼다.
(나) 눈을 감았다가 떴을 때 제일 먼저 눈에 띄는 초콜릿 1개씩을 제거하되, 남은 전체 초콜릿 개수가 20개가 될 때까지 반복한다.
(다) 도화지 위에 남은 초콜릿의 수만큼 같은 색의 초콜릿을 추가한다.
(라) 과정 (나) ~ (다)를 3회 반복한다.

이에 대한 설명으로 옳은 것만을 <보기>에서 있는 대로 고른 것은?

보 기

ㄱ. 빨간색 초콜릿이 항생제 내성 세균을 의미한다.
ㄴ. 이 모의실험에서 돌연변이와 생식이 표현되었다.
ㄷ. (라) 과정이 끝난 후 갈색 초콜릿의 비율이 처음보다 늘어났을 것이다.

① ㄱ ② ㄱ, ㄴ ③ ㄱ, ㄷ
④ ㄴ, ㄷ ⑤ ㄱ, ㄴ, ㄷ

22 지구 생명체 출현 가설에 대한 학생들의 설명이다.

무우 : 심해 열수구설에 따르면 생명체 출현은 유기물과 관련이 없어.
알알 : 화학 진화설에서는 물속에서 무기물이 유기물로 합성되었다고 봐.
제이 : 우주 기원설에서는 세균 등의 작은 생명체가 운석을 통해 지구로 유입되었다고 하지.

옳게 설명한 학생을 있는 대로 고른 것은?

① 무우 ② 알알 ③ 제이
④ 무우, 알알 ⑤ 알알, 제이

03 생물 다양성과 보전

핵심 Point

□ 생물 다양성 □ 유전적 다양성 □ 종 다양성
□ 생태계 다양성 □ 생태계 평형 □ 생물 다양성 보전

생물 다양성이란 무엇일까? 생물 다양성을 보전하기 위해 어떤 노력을 해야 할까?

A 생물 다양성의 3가지 요소

1. 생물 다양성[1] : 일정한 지역에 사는 생물의 다양한 정도를 의미하며, 유전적 다양성, 종 다양성, 생태계 다양성을 모두 포함한다.

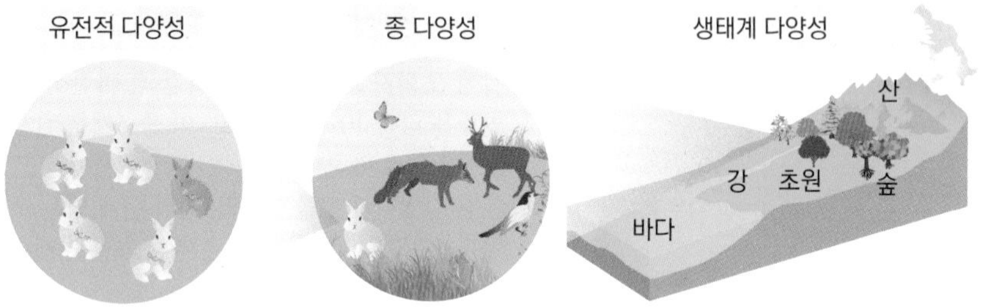

▲ 생물 다양성의 구성 요소

유전적 다양성	· 같은 생물종 내에서도 서로 다른 유전자를 가지고 있어 다양한 형질이 나타나는 것을 말한다. · 환경이 급격하게 변하거나 전염병 등이 발생했을 때 유전자가 다양하지 못하면 적응하지 못하고 멸종할 가능성이 높다. 예 아시아무당벌레의 다양한 겉날개 색과 반점 무늬, 채프먼 얼룩말의 서로 다른 줄무늬, 토끼의 다양한 털색 등  ▲ 무당벌레의 무늬 다양성  ▲ 달팽이 껍질의 다양성  ▲ 얼룩말의 무늬 다양성
종 다양성	· 한 생태계에 서식하는 생물종의 다양함을 말한다. · 생태계에 생물종이 많고, 그 생물종의 분포 비율이 각각 균등할 때 종 다양성이 높은 생태계이다. · 지역에 따라 차이가 나며, 종 다양성이 높을수록 생태계가 안정적으로 유지된다. 예 숲에는 곰, 여우, 토끼 등의 동물과 다양한 종류의 식물, 버섯 등이 서식한다.

더 알아보기 종 다양성 비교하기

다음은 어떤 두 지역 (가)와 (나)에 서식하는 식물종과 그 개체 수를 그림과 표로 나타낸 것이다.

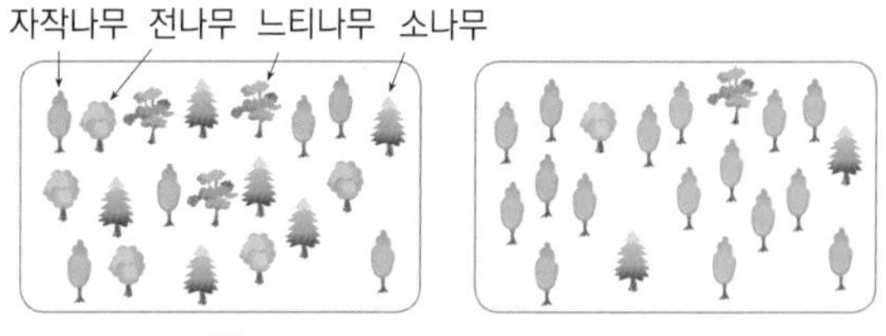

구분	(가)	(나)
전나무	5	1
소나무	6	2
자작나무	6	16
느티나무	3	1

⇒ (가)와 (나)에 서식하는 식물종 4종과 총 개체 수는 20개체로 같으나, (가)가 (나)보다 각 식물종의 개체 수가 균등하여 (가)가 (나)보다 종 다양성이 높다.

개념 +

1 생물 다양성

생물이 최초의 생명체로부터 다양한 환경에 적응하여 진화한 결과, 현재 지구에는 알려진 생물종만 약 200만 종에 이른다. 보고되지 않은 종까지 고려하면 지구에 약 1000만 종 이상이 존재할 것으로 추정된다. 지금까지 발견된 생물종은 곤충이 가장 많다.

● 멸종 위기의 바나나

구분	씨가 없는 식용 바나나	씨가 있는 야생 바나나
번식 방법	무성생식★ (뿌리를 잘라 옮겨 심음)	유성생식 (암수 생식세포의 수정)
유전적 다양성	낮다	높다
변이	적다	많다

⇒ 급격한 환경 변화가 일어났을 때 씨가 없는 식용 바나나는 유전적 다양성이 낮아 멸종될 가능성이 높다.

▲ 씨가 있는 야생 바나나 : 유성 생식을 하여 유전적 다양성이 높다.

미니사전

★ **무성생식** [無 없다 性 성 生 살다 殖 번식하다]
암수 개체없이 한 개체가 단독으로 새로운 개체를 형성하는 방법

생태계 다양성

· 한 지역에 존재하는 생태계의 다양함을 말한다.
· 지구에는 대륙과 해양의 분포, 위도, 기온, 강수량, 계절 등의 환경 차이로 인한 다양한 생태계가 존재한다.
· 사막, 습지대, 삼림지, 산, 호수, 강 및 농경지 등 생태계가 다양할수록 다양한 종류의 생물이 서식하고 진화할 수 있다.❷

예 우리나라에는 숲, 산, 강, 바다, 호수, 늪, 갯벌 등 다양한 생태계가 존재한다.

열대 우림

호수(습지)

갯벌

2. 생물 다양성의 구성과 기능

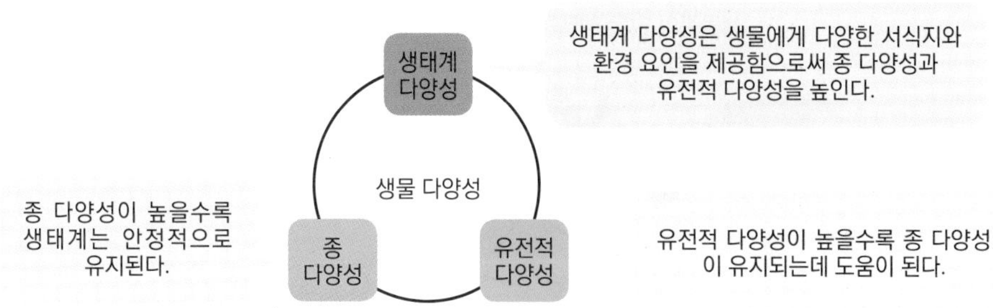

개념+

❷ 생태계와 종 다양성

종 다양성은 생태계에 따라 차이가 있다.

- 열대 우림은 강수량이 2000 mm 이상으로 많고 연중 기온이 높아 생물들이 서식하기 유리한 환경으로, 전 세계 생물종의 절반 이상이 열대 우림에 서식하는 것으로 여겨진다.
- 갯벌과 습지는 육상 생태계와 수상 생태계를 이어 주는 완충 지역으로, 두 생태계의 자원을 모두 이용하는 생물들이 공존하기 때문에 종 다양성이 상대적으로 높다.

개념 체크

정답 및 해설 ➜ 103

Point

01 다음 설명에 해당하는 생물 다양성의 요소를 각각 쓰시오.

(가) 어떤 생태계 내에 존재하는 생물종이 다양한 정도를 말한다.
(나) 동일한 생물종이라도 색, 모양, 크기 등의 형질이 다양하게 나타난다.
(다) 대륙과 해양의 분포, 기온, 강수량 등의 환경 차이로 인해 사막, 습지대, 산, 호수 등 다양한 생태계가 형성된다.

02 생물 다양성에 대한 설명 중 옳은 것은 ○표, 옳지 않은 것은 ×표 하시오.

(1) 사람들의 피부색이 다양한 것은 생태계 다양성에 해당한다. ( )
(2) 유전적 다양성이 낮은 종은 환경의 급격한 변화에도 살아남을 가능성이 높다. ( )
(3) 두 지역에 같은 식물종이 분포한다면 개체 수가 균등한 쪽이 종 다양성이 높다. ( )

03 생물 다양성의 구성과 기능에 대한 설명 중 옳은 것은 ○표, 옳지 않은 것은 ×표 하시오.

(1) 종 다양성이 높으면 생태계의 안정성이 높아진다. ( )
(2) 유전적 다양성은 생물 다양성을 유지하는 것과 관련이 없다. ( )
(3) 생태계 다양성이 높아져도 종 다양성에는 영향을 주지 않는다. ( )

B 생물 다양성의 중요성

1. 유전적 다양성의 중요성 : 유전적 다양성이 높을수록 환경 변화에 대한 적응력이 높아 그 생물종이 멸종할 확률이 낮아진다.

유전적 다양성이 높은 집단	개체 사이에서 변이가 다양하게 나타나므로 환경이 급격하게 변했을 때 적응하여 살아남는 개체가 있을 가능성이 높다.
유전적 다양성이 낮은 집단	개체 사이에서 변이가 다양하지 않으므로 전염병과 같은 급격한 환경 변화에 적응하지 못해 생물이 멸종할 확률이 높다.❸

2. 종 다양성의 중요성 : 종 다양성이 높을수록 먹이 관계가 복잡하고, 어떤 생물종이 멸종해도 그 생물종을 대체할 수 있는 다른 생물종이 있어 생태계가 안정적으로 유지된다.

생물종이 적은 생태계	생물종이 많은 생태계
	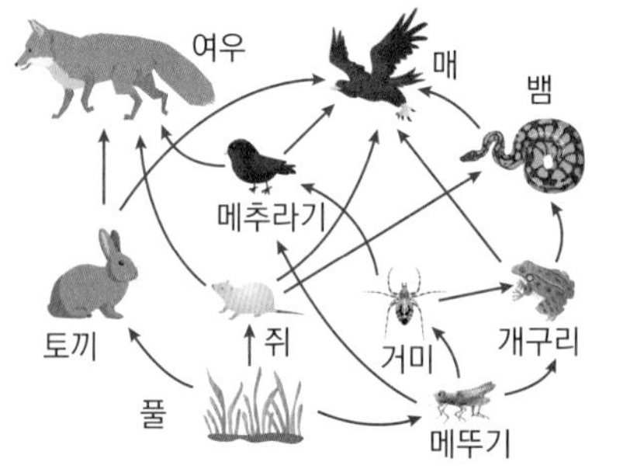
· 먹이 관계가 단순하다. · 한 종의 생물이 사라지면 그 포식자도 연속적으로 사라진다. 예 개구리가 멸종하면 뱀과 뱀을 잡아먹는 매도 멸종한다.	· 먹이 관계가 복잡하다. · 한 종의 생물이 사라져도 그 포식자가 다른 종을 먹이로 할 수 있어 사라지지 않는다. 예 개구리가 멸종해도 뱀과 매는 토끼, 들쥐 등을 먹고 생존한다.

3. 생태계 다양성의 중요성 : 다양한 생태계는 공기, 물, 토양 등을 보호하고, 지구 환경을 안정되게 유지한다.

열대 우림의 생태계	공기 중의 산소와 이산화 탄소의 균형을 유지하고, 식물 뿌리에서 물을 흡수하여 홍수를 방지한다.
늪, 호수, 갯벌 등의 생태계	육지에서 유입되는 오염 물질을 분해하여 생물들의 서식지를 정화한다.
해양 생태계	물고기의 산란장과 서식지가 된다.

4. 생물 자원 : 생물 다양성이 높을수록 인간이 활용할 수 있는 자원이 풍부해진다.❹

의식주	인간의 삶에 반드시 필요한 식량, 의복, 주택의 자원을 제공한다. 예 식량(쌀, 콩, 소, 돼지 등), 의복 재료(목화, 누에, 마 등), 주택 재료(나무 등)
의약품	다양한 생물로부터 의약품의 원료를 얻거나, 생물을 이용하여 의약품을 만들어낸다. 예 해열 진통제 아스피린(버드나무 껍질), 항생제 페니실린(푸른곰팡이), 항암제(주목), 진통제(청자고둥), 독감 치료제(팔각), 말라리아 치료제(개똥쑥) 등
생물 에너지 자원	오래전에 살았던 생물의 유해로부터 석탄, 석유, 천연 가스 등의 화석 연료를, 식물과 미세 조류 등으로부터 바이오 연료를 얻는다.
미래 유전자 자원	생물 다양성은 미래에 생명 공학의 소재로 사용할 수 있는 유전자 자원을 제공한다. 예 질병이나 해충에 대해 저항력을 가지는 새로운 농작물 개발
지구 환경 유지	잘 보존된 생태계의 생물은 물질 순환의 주요 매개체가 되어 대기, 수질, 토양 등의 생태계 보전에 기여하고 쾌적한 환경을 유지시킨다. 예 잘 조성된 숲은 홍수나 산사태 예방에 도움을 준다.
사회적 · 심미적 가치	다양한 생태계는 인간에게 휴식과 여가 활동 및 생태 관광 장소 등을 제공한다. 예 제주도 올레길, 순천만 자연생태공원 등

개념+

❸ 아일랜드 대기근

1800년대 아일랜드는 품종 개량된 동일한 종류의 감자만을 키우고 있었다. 그런데 1847년 감자잎마름병이 유행하게 되었고, 유전적 다양성이 부족했기 때문에 이 병에 대한 저항성이 있는 감자가 없어 병이 계속 퍼졌다. 지역 전체에서 감자를 더 이상 생산할 수 없게 되자, 150여만 명이 기아로 사망하였다.

❹ 생물 자원

인간의 생활과 생산 활동에 실질적 또는 잠재적으로 사용될 가치가 있는 유전자, 생물체, 생태계 등의 생물적 자원을 통틀어 생물 자원이라고 한다. 따라서 생물 자원은 생물 다양성으로부터 인간이 얻는 모든 혜택을 아우른 것이라 할 수 있다.

▲ 목화(의복 재료)

▲ 주목(항암제)

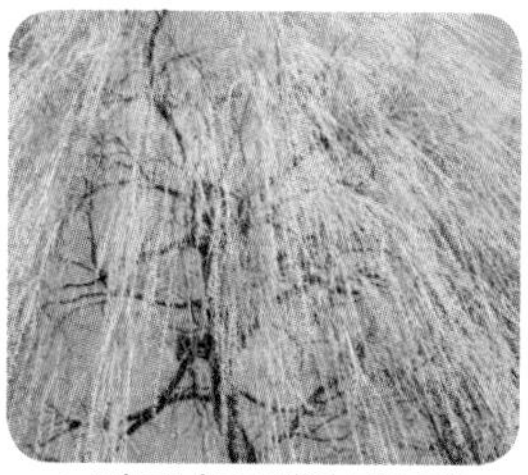
▲ 버드나무(해열 진통제)

C 생물 다양성 보전

1. 생물 다양성 감소 원인 : 지구의 생물 다양성은 형재 매우 빠른 속도로 감소하고 있는데, 주요 원인은 인간의 활동이다. 인간은 범세계적 생물 군집에 가장 큰 영향을 미친다.

서식지 파괴	생물 다양성 감소의 가장 큰 원인이다. 삼림의 벌채, 습지의 매립 등 서식지가 직접적으로 파괴되어 면적이 줄어들면 생물 다양성이 급격히 감소한다.
서식지 단편화	도로 건설, 택지 개발 등으로 서식지가 소규모로 분할되는 것이다. 서식지가 분할되면 서식지의 전체 면적도 감소하지만 생물종의 이동을 제한하여 고립시킴으로써 멸종 위험이 높아진다.⑤
불법 포획★과 남획★	야생 동식물을 불법으로 많이 잡아들이거나 채집할 경우 해당 종의 개체 수가 급격하게 감소하여 멸종할 수 있다. 예 코끼리 상아 밀매, 참치 남획 등
외래종★ 유입	외래종이 새로운 환경에 적응할 경우 천적이나 질병이 없어 대량으로 번식함으로써 고유종★의 서식지를 차지하여 생존을 위협하고 먹이 관계를 변화시킴으로써 생태계의 안정이 깨진다. 예 뉴트리아, 블루길, 큰입배스(큰입우럭), 황소개구리, 가시박, 돼지풀 등  뉴트리아  블루길  큰입배스
환경 오염	대기 오염으로 생성된 산성비로 인해 토양, 호수 등이 산성화되고, 강이나 바다에 유입된 대량의 가축 배설물 등은 부영양화를 일으키며 화학 물질이나 중금속이 생물체 내에 쌓이는 생물 농축이 일어나 피해를 입힌다.

2. 생물 다양성 보전을 위한 노력 : 인간의 활동이 생물에게 영향을 줄 수 있다는 인식이 필요하다.

개인적 활동	에너지 절약, 자원 재활용, 저탄소 제품 사용, 일회용품 사용 줄이기, 음식물 쓰레기 줄이기 등
사회적 · 국가적 활동	· 환경 단체의 생태 모니터링 및 환경 영향 평가 등을 통해 무분별한 개발로 인한 생태계 파괴 방지 · 생물 다양성에 대한 법률을 지정하여 불법 포획과 남획을 금지하고, 멸종 위기종⑥을 지정하여 보호한다. · 지나친 개발을 억제하여 생물의 서식지를 보전하고, 생태 통로를 설치하여 단편화된 생태계를 연결해 야생 동물이 자유롭게 이동할 수 있게 한다. · 외래종의 불법 유입을 막고 우리나라 고유종인 식물이나 멸종 위기종의 식물 종자를 별도로 관리하기 위한 종자 은행을 설립한다.
국제적 활동	국제 협약 체결을 통해 국가 간 의견을 조율하고, 생물 다양성을 보전하기 위해 함께 협조한다. 예 물새 서식지인 습지 생태계 보전을 위한 람사르 협약, 멸종 위기종의 국제적 수출입을 규제하는 멸종 위기에 처한 야생 동식물의 국제 거래에 관한 협약 등

개념+

⑤ 서식지 단편화의 영향

- 서식지 단편화가 발생하면 가장자리의 면적은 넓어지고 중앙의 면적은 좁아진다.
→ 서식지의 가장자리에 살던 생물보다 가운데에 살던 생물의 피해가 더 크다.
- 서식지가 단절되면 생물종의 이동이 제한되어 고립된다.
→ 고립된 생물종의 개체 수가 감소하여 멸종으로 이어질 수 있다.
- 야생 동물이 도로를 건너다가 자동차에 치여 죽는 로드킬이 발생할 가능성이 높아진다.

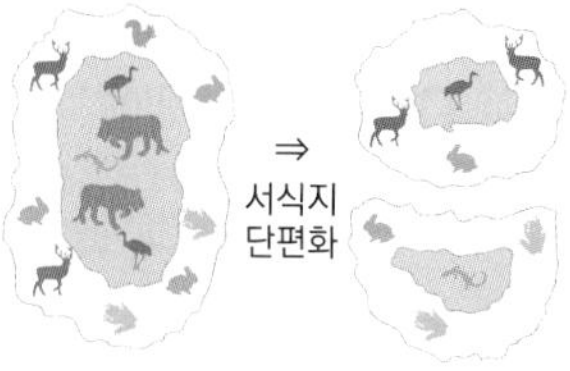

▲ 서식지 단편화는 생물의 다양성을 감소시킨다.

⑥ 멸종 위기종과 희귀종

- 멸종 위기종 : 개체수가 급격하게 감소하여 멸종으로 가고 있는 생물종이 해당된다.
- 희귀종 : 특정한 지역에 살며 개체 수가 매우 적어 환경 조건이 악화될 경우 멸종될 가능성이 큰 생물종이 해당된다.

미니사전

★ **포획** [捕 잡다 獲 얻다]
짐승이나 물고기를 잡다.

★ **남획** [濫 넘치다 獲 얻다]
짐승이나 물고기를 마구 잡다.

★ **외래종** [外 밖 來 오다 種 종]
다른 나라에서 들여온 씨나 품종

★ **고유종** [固 원래 有 있다 種 종]
어느 한 지역에만 있는 특정한 생물종

개념 체크

정답 및 해설 ➜ 103

Point

04 생물 다양성의 중요성에 대한 설명에서 알맞은 말을 고르시오.

(1) 유전적 다양성이 (높을수록 , 낮을수록) 환경 변화에 대한 적응력이 높다.

(2) 종 다양성이 높을수록 먹이 관계가 (복잡하고 , 단순하고), 생태계가 안정적으로 유지된다.

05 생물 자원에 대한 설명으로 옳지 않은 것은?

① 생태 관광 장소를 제공한다.
② 홍수나 산사태 예방에 도움을 준다.
③ 버드나무 껍질을 이용하여 해열 진통제를 만든다.
④ 새로운 형질을 갖는 생물을 만드는 데 필요한 유전자 자원을 제공한다.
⑤ 생물 자원은 의식주에 주로 이용되며 에너지 자원으로는 거의 쓰이지 않는다.

06 생물 다양성의 감소 원인에 대한 설명 중 옳은 것은 ○표, 옳지 않은 것은 ×표 하시오.

(1) 환경 오염으로 인해 생물체 내에 화학 물질이나 중금속이 농축된다. (   )

(2) 생물 다양성 감소의 가장 큰 원인은 생물종의 불법 포획 및 남획이다. (   )

(3) 서식지를 가로지르는 도로 건설은 생물을 고립시켜 멸종 위험을 높인다. (   )

07 낙동강 일대에 서식하는 뉴트리아는 남미 지역이 원산지로, 1987년 식용과 모피를 판매할 목적으로 수입되었다가 수요 부족으로 야생에 방사되었다. 이와 같이 원래 살고 있던 서식지가 아닌 다른 지역으로 이동한 생물을 무엇이라고 하는가?

08 생물 다양성을 보전하기 위한 대책으로 옳은 것을 있는 대로 고르시오. (2개)

① 서식지를 단편화시켜 국립 공원으로 지정한다.
② 오염 물질 배출을 줄이는 설비의 설치를 의무화한다.
③ 멸종 위기의 생물종을 모두 포획하여 동물원에서 번식시킨다.
④ 여러 종이 함께 사는 서식지보다는 한 종만 사는 서식지를 보호 구역으로 지정한다.
⑤ 국제 협약 체결을 통해 국가 간 의견을 조율하고, 생물 다양성을 보전하기 위해 범국가적으로 협조한다.

1 생물 다양성의 3가지 요소

생물 다양성의 3가지 요소이다.

> (가) 어떤 생태계에 서식하는 생물종의 다양한 정도를 의미한다.
> (나) 동일한 생물종 내에서도 개체 간에 형질이 다르게 나타나는 것을 의미한다.
> (다) 삼림, 갯벌, 사막, 초원, 늪, 강 등 생태계가 다양하게 형성되는 것을 의미한다.

(가) ~ (다)에 해당하는 생물 다양성의 요소를 옳게 짝 지은 것은?

	(가)	(나)	(다)
①	종 다양성	유전적 다양성	생태계 다양성
②	종 다양성	생태계 다양성	유전적 다양성
③	유전적 다양성	종 다양성	생태계 다양성
④	생태계 다양성	종 다양성	생태계 다양성
⑤	생태계 다양성	생태계 다양성	종 다양성

2 생물 다양성의 중요성

서로 다른 생태계 A와 B에서의 생물들 사이의 먹이 관계이다.

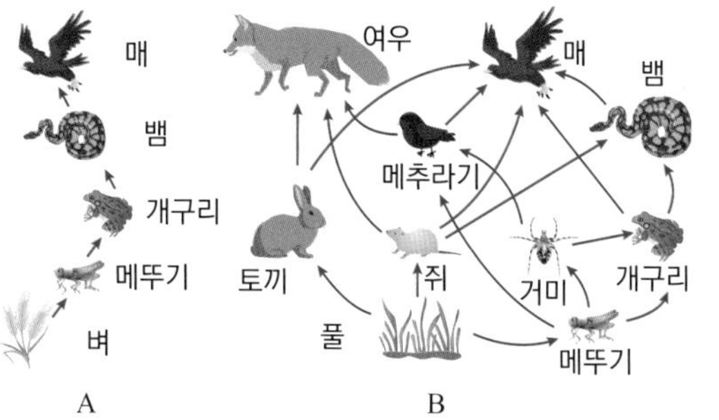

이에 대한 설명으로 옳은 것만을 <보기>에서 있는 대로 고른 것은?

보 기

ㄱ. 생태계 A가 생태계 B보다 종 다양성이 높다.
ㄴ. 생태계 A가 생태계 B보다 더 불안정하다.
ㄷ. 개구리가 멸종할 경우 두 생태계 모두 뱀이 멸종할 것이다.

① ㄱ ② ㄴ ③ ㄱ, ㄷ
④ ㄴ, ㄷ ⑤ ㄱ, ㄴ, ㄷ

3 생물 다양성의 보전

서식지가 분할되었을 때 나타나는 생물종 A ~ E의 분포와 분할 전 후 A ~ E 의 총 개체 수이다.

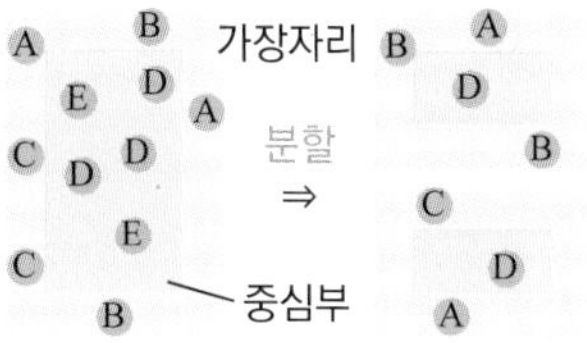

구분	전	후
A	200	200
B	200	180
C	160	120
D	80	40
E	40	0

이에 대한 설명으로 옳은 것만을 <보기>에서 있는 대로 고른 것은? (단, 제시된 생물종만 고려하며, A ~ E 의 위치는 생물의 분포 지역을 나타낸 것이다.)

보 기

ㄱ. 종 다양성이 이전보다 낮아졌다.
ㄴ. 중심부에 살던 종이 가장자리에 살던 종보다 더 피해를 입었다.
ㄷ. 생물 다양성을 보전하기 위해서는 생물의 서식지를 소규모로 분할시켜야 한다.

① ㄱ ② ㄱ, ㄴ ③ ㄱ, ㄷ
④ ㄴ, ㄷ ⑤ ㄱ, ㄴ, ㄷ

스스로 실력 높이기

A 생물 다양성의 3가지 요소

01 생물 다양성의 세 가지 요소를 나타내었다.

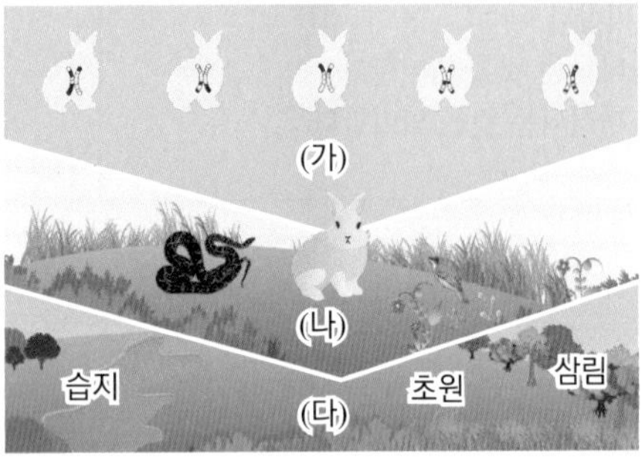

이에 대한 설명 중 옳은 것은 ○표, 옳지 않은 것은 × 표 하시오.

(1) (가)는 유전적 다양성을 의미한다. ( )
(2) 무당벌레 등날개 무늬가 개체마다 다른 것은 (나)의 예이다. ( )
(3) (다)는 일정 지역에 존재하는 생태계가 다양한 정도를 의미한다. ( )

02 생물 다양성에 대한 학생들의 대화이다.

> 학생 A : 생태계 다양성이 높을수록 유전적 다양성도 높아져.
> 학생 B : 달팽이 개체마다 껍질 색과 모양이 다른 것은 유전적 다양성에 해당해.
> 학생 C : 종 다양성이 높을수록 먹이 관계가 복잡해서 생태계가 안정적으로 유지될 수 있어.

생물 다양성에 대해 옳게 말한 학생만을 있는 대로 고른 것은?

① A ② A, B ③ A, C
④ B, C ⑤ A, B, C

서술형

03 갯벌 생태계가 종 다양성이 높은 이유를 서술하시오.

04 생물 다양성에 대한 설명으로 옳지 않은 것은?

① 생물 다양성은 생물권 내의 모든 생물에 해당한다.
② 한 생태계에서 관찰되는 생물의 다양한 정도를 뜻한다.
③ 어떤 지역에 서식하는 생물 종이 다양할수록 생물 다양성이 높다.
④ 어떤 지역에 서식하는 생물의 개체 수가 많을수록 생물 다양성이 높다.
⑤ 어떤 지역에 존재하는 생태계가 다양할수록 생물 다양성이 높다.

05 그림은 위도에 따라 서식하는 생물종의 수를 나타낸 것이다.

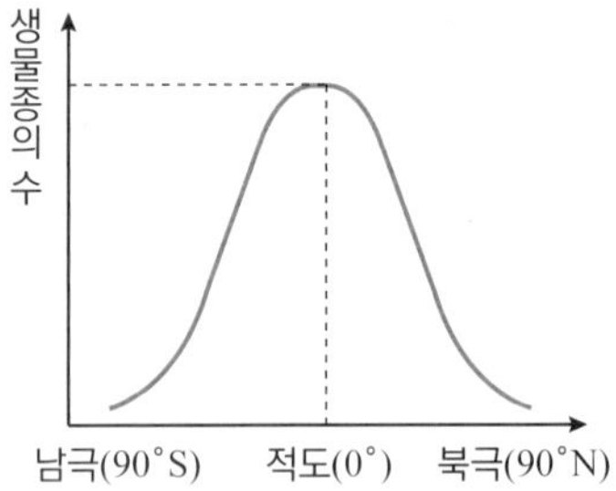

이에 대한 설명으로 옳은 것만을 <보기>에서 있는 대로 고른 것은?

보 기

ㄱ. 적도와 남극의 생물 다양성은 동일하다.
ㄴ. 남극에서 적도로 갈수록 종 다양성이 감소한다.
ㄷ. 남극보다 적도의 생태계가 더 안정적으로 유지된다.

① ㄱ ② ㄷ ③ ㄱ, ㄴ
④ ㄱ, ㄷ ⑤ ㄴ, ㄷ

06 감자를 재배하는 경작지 (가)와 (나)에서 감자마름병이라는 전염병이 유행했을 때의 결과를 나타내었다.

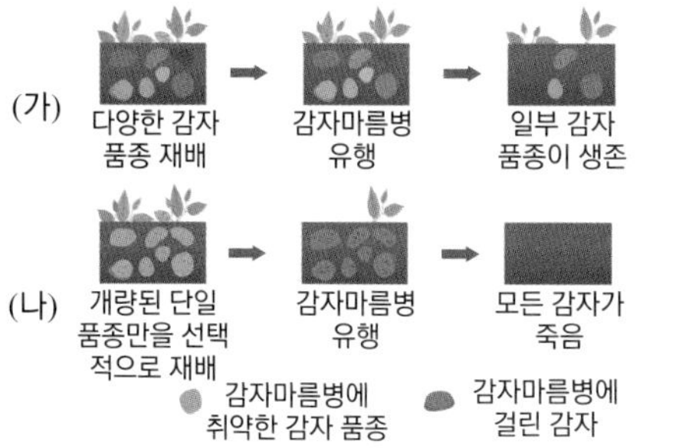

이에 대한 설명으로 옳은 것만을 <보기>에서 있는 대로 고른 것은?

보 기

ㄱ. (가)는 (나)보다 유전적 다양성이 높다.
ㄴ. 유전적 다양성이 낮으면 짧은 시간 내에 멸종할 수 있다.
ㄷ. 단일 품종만을 재배하는 경우 유전적 다양성이 높아진다.

① ㄱ　② ㄷ　③ ㄱ, ㄴ
④ ㄱ, ㄷ　⑤ ㄴ, ㄷ

07 (가)와 (나) 두 지역에 서식하는 식물 종과 개체 수이다.

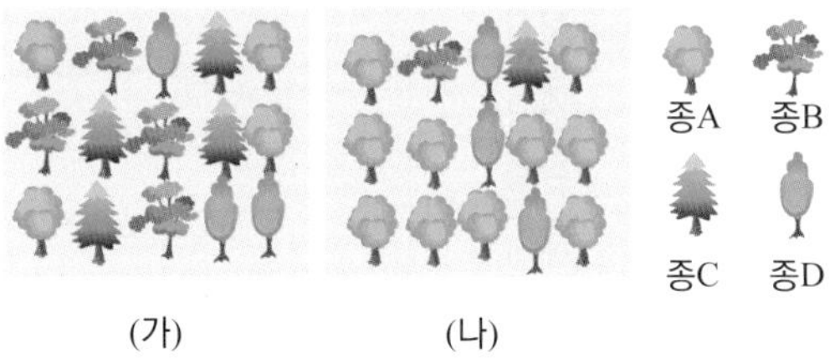

이에 대한 설명으로 옳은 것만을 <보기>에서 있는 대로 고른 것은?

보 기

ㄱ. (가)와 (나) 지역에 서식하는 식물종 수는 같다.
ㄴ. (가) 지역이 (나) 지역보다 종 다양성이 더 높다.
ㄷ. 종 A의 유전적 다양성은 (나)보다 (가)에서 더 높게 나타난다.

① ㄱ　② ㄴ　③ ㄱ, ㄴ
④ ㄱ, ㄷ　⑤ ㄴ, ㄷ

B 생물 다양성의 중요성

08 서로 다른 생태계 (가)와 (나)에서 생물들 사이의 먹이 관계이다.

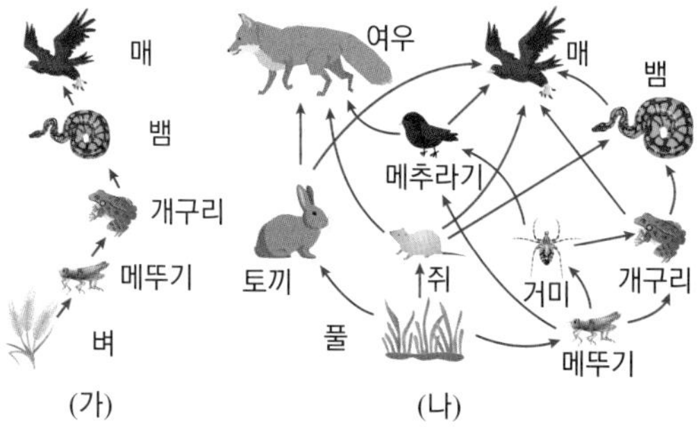

이에 대한 설명으로 옳은 것만을 <보기>에서 있는 대로 고른 것은?

보 기

ㄱ. (가)보다 (나)가 더 안정한 생태계이다.
ㄴ. 개구리가 사라질 경우 (가)에서 뱀이 사라질 것이다.
ㄷ. (가)와 (나)에 살충제를 사용한다면 (가)는 (나)보다 더 쉽게 다시 안정될 수 있다.

① ㄱ　② ㄱ, ㄴ　③ ㄱ, ㄷ
④ ㄴ, ㄷ　⑤ ㄱ, ㄴ, ㄷ

09 생물 자원의 활용에 대한 설명으로 옳지 않은 것은?

① 콩은 식량으로 이용된다.
② 푸른곰팡이에서 해열 진통제를 얻는다.
③ 순천만의 자연생태공원은 관광 자원으로 활용된다.
④ 울창하게 잘 조성된 숲은 비가 많이 내릴 때 홍수를 막아준다.
⑤ 오래 전에 살았던 생물의 유해로부터 석탄, 석유, 천연 가스 등의 연료를 얻는다.

10 생물 자원 (가) ~ (다)에 대한 설명이다.

> (가) 식량을 제공한다.
> (나) 항생제인 페니실린을 만든다.
> (다) 질병이나 해충에 대해 저항력을 갖는 새로운 농작물을 개발한다.

(가) ~ (다)에 해당하는 이용 분야를 옳게 짝 지은 것은?

	(가)	(나)	(다)
①	의식주 재료	의약품 원료	유전자 자원
②	의식주 재료	유전자 자원	의약품 원료
③	의약품 원료	의식주 재료	유전자 자원
④	유전자 자원	의약품 원료	의식주 재료
⑤	유전자 자원	의식주 재료	의약품 원료

11 생물 다양성의 중요성을 보여 주는 사례이다. 이 사례와 가장 관련이 깊은 생물 다양성의 요소를 쓰시오.

> 씨가 있는 야생 바나나와 달리, 상업적으로 대량 재배되는 씨 없는 바나나는 단일 품종이다. 현재 이 바나나 품종은 특정 곰팡이에 의한 질병으로 멸종 위기에 처해 있다.

C 생물 다양성의 보전

12 다음 사례들은 생물 다양성의 감소 원인 중 무엇에 해당하는지 <보기>에서 각각 고르시오.

보기

> ㄱ. 불법 포획　　ㄴ. 환경 오염
> ㄷ. 외래종 도입　　ㄹ. 서식지 단편화

(1) 산 사이를 깎아내고 도로를 건설했다. (　　)

(2) 가축 분뇨가 강물에 버려져 부영양화가 일어났다. (　　)

(3) 웅담을 얻기 위해 반달가슴곰을 밀렵했다. (　　)

(4) 방생용으로 미시시피에서 붉은귀거북을 들여와 하천에 방류하였다. (　　)

13 우리나라에 서식하고 있는 외래종 뉴트리아와 블루길의 모습이다.

뉴트리아

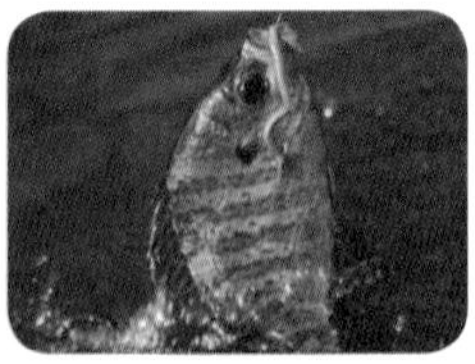
블루길

이와 같은 외래종의 유입이 생태계와 생물 다양성에 미치는 영향으로 옳은 것만을 <보기>에서 있는 대로 고른 것은?

보기

> ㄱ. 고유종의 서식지와 먹이를 빼어 생태계의 안정을 위협한다.
> ㄴ. 고유종과 교배하여 다양한 잡종 생물이 만들어지므로 생물 다양성이 높아진다.
> ㄷ. 시간이 지나면서 외래종의 개체 수가 자연적으로 감소하여 큰 영향을 미치지 않는다.

① ㄱ　　② ㄷ　　③ ㄱ, ㄴ
④ ㄱ, ㄷ　　⑤ ㄴ, ㄷ

14 서식지의 보존되는 면적과 살아남은 생물종의 비율 관계이다.

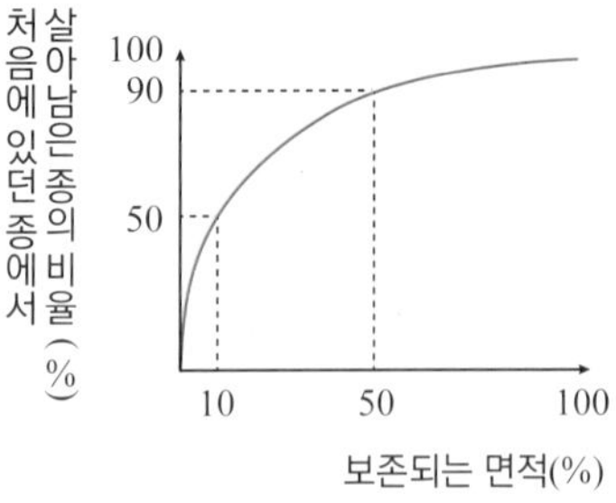

이에 대한 설명 중 옳은 것은 ○표, 옳지 않은 것은 ×표 하시오.

(1) 서식지 면적이 감소하면 그 지역의 생물 다양성이 감소한다. (　　)

(2) 서식지 감소 면적이 커질수록 줄어드는 종의 비율이 작아진다. (　　)

(3) 서식지 면적이 절반으로 줄어들면 그 지역에서 살아가는 생물종의 수도 절반으로 줄어든다. (　　)

15 어떤 서식지가 도로와 철도에 의해 분할되었을 때의 변화이다.

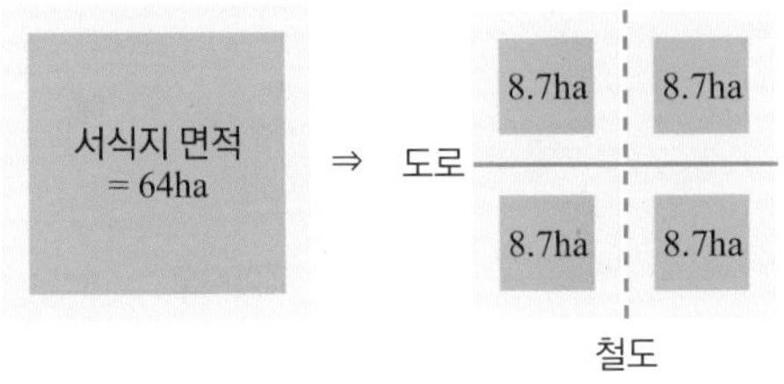

이와 같은 서식지의 변화가 일어났을 때 나타나는 현상으로 옳은 것만을 <보기>에서 있는 대로 고른 것은?

보 기

ㄱ. 생물의 서식지 면적은 변하지 않는다.
ㄴ. 생태계가 다양해져서 생물 다양성이 높아진다.
ㄷ. 서식지 중심부에 살던 생물이 가장자리에 살던 생물보다 피해가 크다.

① ㄱ ② ㄷ ③ ㄱ, ㄴ
④ ㄱ, ㄷ ⑤ ㄴ, ㄷ

16 환경 오염이 생물 다양성에 미치는 영향으로 옳은 것만을 <보기>에서 있는 대로 고른 것은?

보 기

ㄱ. 오염에 민감한 생물이 더 쉽게 멸종할 수 있다.
ㄴ. 토양, 호수 등이 산성화되어 생물의 생존 능력을 감소시킨다.
ㄷ. 중금속이나 화학 물질이 생물체 내에 쌓이는 생물 농축이 일어나면 생물 다양성이 증가한다.

① ㄱ ② ㄷ ③ ㄱ, ㄴ
④ ㄱ, ㄷ ⑤ ㄴ, ㄷ

17 생물 다양성과 관련된 자료이다.

(가) 포획이 금지된 새끼까지 마구 잡아들여 대게의 어획량이 감소하였다.
(나) 식용, 모피용으로 도입한 뉴트리아로 인해 생태계의 먹이 관계가 파괴되었다.
(다) 농경지의 면적을 늘리기 위해 갯벌이나 습지를 매립하는 간척 사업을 실시하였다.

(가) ~ (다)에 해당하는 생물 다양성의 감소 원인을 옳게 짝 지은 것은?

	(가)	(나)	(다)
①	남획	환경 오염	외래종
②	남획	외래종 유입	서식지 파괴
③	환경 오염	서식지 파괴	서식지 단편화
④	환경 오염	외래종 유입	서식지 파괴
⑤	서식지 파괴	환경 오염	서식지 단편화

18 생물 다양성 보전을 위한 방안으로 적절한 것은 ○표, 적절하지 않은 것은 ×표 하시오.

(1) 갯벌의 매립 ( )
(2) 외래종의 도입 ( )
(3) 서식지 단편화 ( )
(4) 종자 은행 설립 ( )
(5) 저탄소 제품 사용 ( )

19 생물 다양성 보전을 위한 국제적 협약에 대한 설명으로 옳은 것만을 <보기>에서 있는 대로 고른 것은?

보 기

ㄱ. 람사르 협약은 물새 서식지인 습지를 보전하기 위한 조약이다.
ㄴ. 생물 다양성 협약은 생물종을 보전하기 위해 채택한 국제 협약이다.
ㄷ. 멸종 위기에 처한 야생 동물을 보호하기 위해 협약을 통해 국제적 거래를 권장하고 있다.

① ㄱ ② ㄷ ③ ㄱ, ㄴ
④ ㄱ, ㄷ ⑤ ㄴ, ㄷ

01 지질 시대와 생물 다양성

01 화석을 이용하여 알 수 있는 것이 아닌 것은?

① 지층의 융기 ② 지질 시대 구분
③ 수륙 분포의 변화 ④ 과거의 화산 활동
⑤ 지층이 생성된 환경

02 그림은 지질 시대의 길이를 상대적으로 나타낸 것이다.

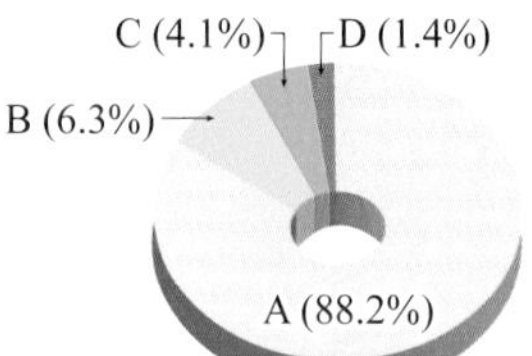

지질 시대 A ~ D 와 그 시대에 살았던 생물이 옳게 연결된 것은?

① A : 삼엽충 ② B : 공룡
③ B : 매머드 ④ C : 겉씨식물
⑤ D : 암모나이트

03 생물을 생존 기관과 분포 면적에 따라 분류하였다.

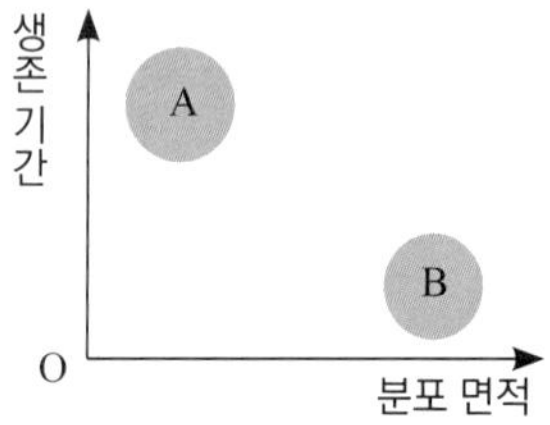

A, B에 해당하는 생물의 화석을 옳게 짝 지은 것은?

	A	B		A	B
①	필석	암모나이트	②	산호	활엽수
③	조개	고사리	④	화폐석	매머드
⑤	산호	갑주어			

04 선캄브리아 시대에 대한 설명은 '선', 고생대에 대한 설명은 '고', 중생대에 대한 설명은 '중', 신생대에 대한 설명은 '신'이라고 쓰시오.

(1) 파충류가 번성하였다. ( )
(2) 말기에 초대륙이 형성되었다. ( )
(3) 말기에 빙하기와 간빙기가 반복되었다. ( )
(4) 말기에 최초의 다세포 생물이 출현하였다. ( )

05 세 지질 시대를 구분하는 과정이다.

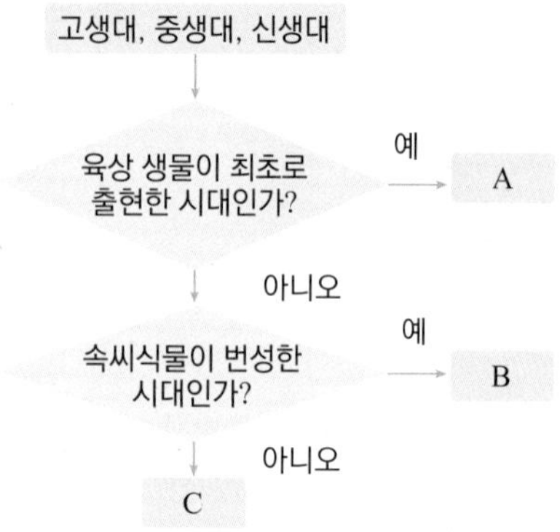

이에 대한 설명으로 옳은 것만을 보기에서 있는 대로 고른 것은?

보기
ㄱ. A 시대는 신생대이다.
ㄴ. B 시대에는 대륙판의 충돌로 히말라야 산맥이 형성되었다.
ㄷ. C 시대에서는 겉씨식물이 번성하였다.

① ㄱ ② ㄷ ③ ㄱ, ㄴ
④ ㄱ, ㄷ ⑤ ㄴ, ㄷ

06 지질 시대 동안 지구 대기 중 산소 농도 변화이다.

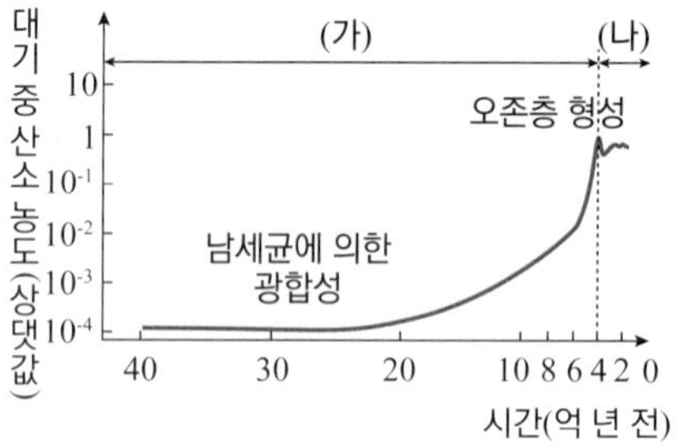

이에 대한 설명 중 옳은 것은 ○표, 옳지 않은 것은 ×표 하시오.

(1) (가) 시기보다 (나) 시기에 생물의 수가 더 많이 증가하였다. ( )
(2) 남세균에 의해 생성된 산소는 대기에 포화된 후 바다로 방출되었다. ( )
(3) 육지에 도달하는 자외선의 양은 (나) 시기보다 (가) 시기에서 더 많았다. ( )

07 다음은 서로 다른 두 지역 A, B에서 산출되는 화석을 나타낸 것이다.

이에 대한 설명으로 옳은 것만을 <보기>에서 있는 대로 고른 것은? 단, A, B 지역에서 지층이 역전되는 지각 변동은 일어나지 않았다.

보 기

ㄱ. A 지역은 중생대 이후 바다 지층의 융기가 있었다.
ㄴ. 두 지역의 셰일 지층은 같은 시기에 생성되었다.
ㄷ. B 지역은 지층 생성 당시 바다였다.

① ㄱ ② ㄷ ③ ㄱ, ㄴ
④ ㄱ, ㄷ ⑤ ㄱ, ㄴ, ㄷ

08 그림은 지질 시대의 생물 과의 수 변화를 나타낸 것이다.

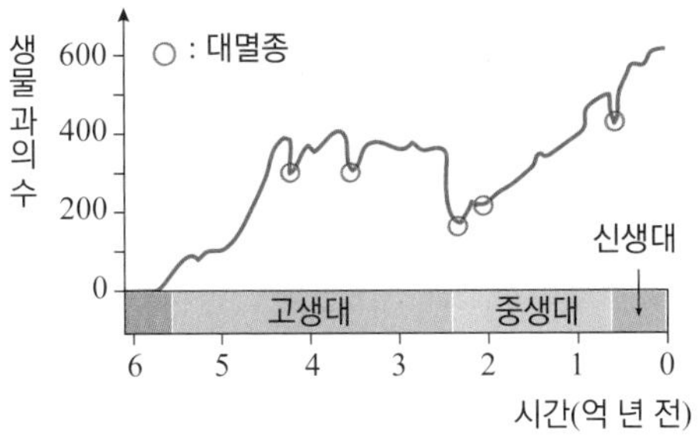

이에 대한 설명으로 옳은 것만을 <보기>에서 있는 대로 고른 것은?

보 기

ㄱ. 대멸종 때 감소한 생물종의 수는 회복되지 않는다.
ㄴ. 고생대 말기에 판게아의 형성으로 인해 대멸종이 일어났다.
ㄷ. 대멸종 이후 멸종한 생물종이 살던 서식지는 계속 비워져 있다.

① ㄱ ② ㄴ ③ ㄷ
④ ㄱ, ㄴ ⑤ ㄴ, ㄷ

02 진화와 자연 선택

09 카렌 족 여인의 사진이다. 카렌 족은 어려서부터 여러 개의 링을 목에 걸고 생활하여 목이 점점 길어졌다.

이 사례와 변이의 요인이 같은 사례만을 <보기>에서 있는 대로 고른 것은?

보 기

ㄱ. 사람마다 피부색이 다르다.
ㄴ. 운동 선수는 오랜 훈련으로 인해 몸에 근육량이 매우 많다.
ㄷ. 여름에 태어난 호랑나비는 봄에 태어난 호랑나비보다 크다.

① ㄱ ② ㄴ ③ ㄷ
④ ㄱ, ㄴ ⑤ ㄴ, ㄷ

10 어떤 초파리 무리에서 일어난 변이의 원인 (가)와 (나)의 사례이다. (가)와 (나)는 각각 유성 생식과 돌연변이 중 하나이며, A와 a는 대립 유전자이다.

원인	사례
(가)	붉은색 눈의 초파리 부모(Aa) 사이에서 자주색 눈의 초파리 자손(aa)이 태어났다.
(나)	붉은색 눈의 초파리(AA)만 존재하는 집단에서 갑자기 자주색 눈의 초파리(aa)가 태어났다.

이에 대한 설명으로 옳은 것만을 <보기>에서 있는 대로 고른 것은?

보 기

ㄱ. (가)는 유성 생식, (나)는 돌연변이이다.
ㄴ. (가)에 의해 초파리 집단의 유전자 조합이 다양해진다.
ㄷ. (나)에서 새로운 유전자가 나타나 집단의 변이를 증가시킨다.

① ㄱ ② ㄱ, ㄴ ③ ㄱ, ㄷ
④ ㄴ, ㄷ ⑤ ㄱ, ㄴ, ㄷ

서술형

11 어떤 무당벌레 개체군의 겉날개 색과 무늬의 변이를 나타내었다.

이와 같이 무당벌레 개체들의 다양한 색과 무늬를 가진 겉날개의 변이가 나타나는 원리를 유성 생식을 이용하여 설명하시오.

12 (가)는 생김새가 서로 다른 악어를, (나)는 같은 종의 나비의 크기와 색이 서로 다른 것을 나타낸 것이다.

(가)	 알비노 악어	 정상 악어
(나)	 봄에 태어난 호랑나비	 여름에 태어난 호랑나비

이에 대한 설명으로 옳은 것만을 <보기>에서 있는 대로 고른 것은?

보 기

ㄱ. (가)는 환경의 차이에 의해 형질이 달라진 것이다.
ㄴ. (나)는 유전자의 차이에 의해 형질이 달라진 것이다.
ㄷ. (가)와 (나)에서처럼 개체 간의 형질 차이가 있으면 환경에 따라 적응할 수 있는 정도가 다르다.

① ㄱ ② ㄷ ③ ㄱ, ㄴ
④ ㄱ, ㄷ ⑤ ㄴ, ㄷ

13 다윈의 자연 선택설에 따른 생물의 진화 과정을 순서 없이 나열하였다.

(가) 개체들이 먹이와 서식 공간을 두고 생존 경쟁을 한다.
(나) 개체들 사이에 형태, 기능 등의 형질이 조금씩 차이가 있다.
(다) 환경에 유리한 형질을 가진 개체가 살아남아 자손을 남긴다.
(라) 생물은 주어진 환경에서 살아남을 수 있는 수보다 더 많은 자손을 낳는다.

진화가 일어나는 과정을 순서대로 옳게 나열한 것은?

① (가) → (다) → (나) → (라)
② (나) → (라) → (다) → (가)
③ (다) → (가) → (나) → (라)
④ (라) → (나) → (가) → (다)
⑤ (라) → (다) → (나) → (가)

14 다윈의 진화론에 대한 설명으로 옳은 것만을 <보기>에서 있는 대로 고른 것은?

보 기

ㄱ. 변이가 일어나는 원리를 명확히 설명하였다.
ㄴ. 경쟁을 바탕으로 하는 자본주의 발달을 촉진하였다.
ㄷ. 진화적 관점으로 생물의 유연관계를 이해하는 데 도움을 주었다.

① ㄱ ② ㄷ ③ ㄱ, ㄴ
④ ㄴ, ㄷ ⑤ ㄱ, ㄴ, ㄷ

서술형

15 기린의 목이 길어진 원인을 라마르크의 용불용설로 설명한 것이다. 다음 물음에 답하시오.

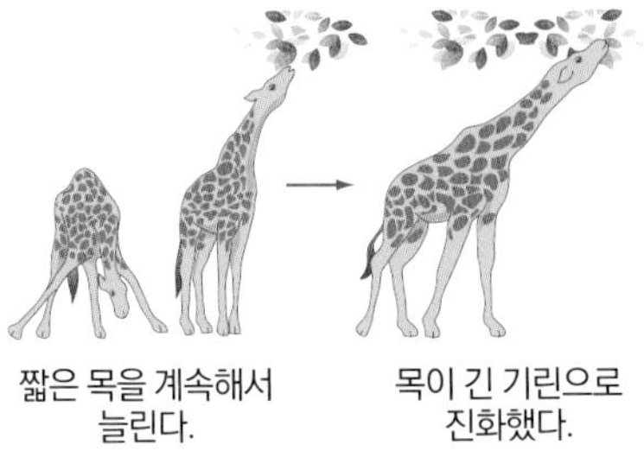

(1) 용불용설이 왜 틀렸는지 설명하시오.

(2) 기린의 목이 길어진 과정을 '변이', '생존 경쟁', '자연 선택'의 단어를 모두 포함하여 설명하시오.

16 낫 모양 적혈구 빈혈증에 대한 설명이다.

> 낫 모양 적혈구는 헤모글로빈 유전자에 이상이 생겨 나타난다. 낫 모양 적혈구는 산소 운반 능력이 정상 적혈구에 비해 떨어지며, 모세 혈관을 막아 혈관의 흐름을 늦추어 악성 빈혈을 유발하여 사망률이 높다. 그러나 낫 모양 적혈구를 가진 사람은 말라리아에 저항성을 가지기 때문에 말라리아가 자주 발생하는 지역에서는 다른 지역보다 낫 모양 적혈구를 가진 사람의 비율이 높다.

이에 대한 설명으로 옳은 것만을 <보기>에서 있는 대로 고른 것은?

보기

ㄱ. 돌연변이를 통해 유전적 변이가 증가했다.
ㄴ. 낫 모양 적혈구 유전자는 자손에게 유전된다.
ㄷ. 낫 모양 적혈구 유전자는 말라리아가 없는 환경에서 유리한 형질이다.

① ㄱ ② ㄱ, ㄴ ③ ㄱ, ㄷ
④ ㄴ, ㄷ ⑤ ㄱ, ㄴ, ㄷ

17 다음은 슈퍼 박테리아에 대한 신문 기사이다.

> 항생제는 전염병과 같은 감염증을 치료할 수 있는 약물로, 너무 많이 사용하다 보면 병원균 스스로 항생제에 저항할 수 있는 힘을 길러주게 된다. 따라서 ㉠더욱 강력한 항생제를 사용하는 과정을 반복하면서, 결국 어떤 항생제에도 저항할 수 있는 '슈퍼 박테리아'가 탄생하게 된다.
> 항생제를 투여할 경우 박테리아 내에서 유전적으로 항생제에 대항할 수 있는 돌연변이 현상이 일어나는데, 이 돌연변이 박테리아들은 항생제 공격에서 살아남아 번식을 계속하기 때문에 약한 박테리아는 소멸되고, 강한 박테리아만 살아남게 된다.

이에 대한 설명으로 옳은 것만을 <보기>에서 있는 대로 고른 것은?

보기

ㄱ. ㉠의 환경에서 항생제 내성은 유리한 형질이다.
ㄴ. 슈퍼 박테리아의 출현은 자연 선택의 결과이다.
ㄷ. 항생제 내성 유전자는 항생제를 사용하기 전부터 박테리아에 포함되어 있었다.

① ㄱ ② ㄷ ③ ㄱ, ㄴ
④ ㄱ, ㄷ ⑤ ㄴ, ㄷ

18 어떤 생물 개체군에서 여러 세대를 거치는 동안 일어난 몸 색깔의 변화이다.

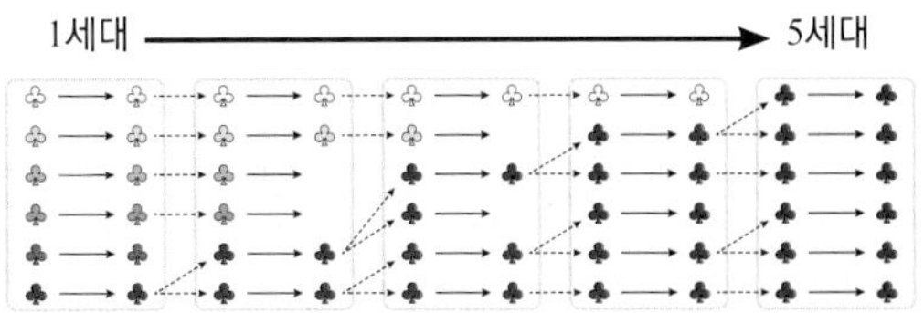

이에 대한 설명으로 옳은 것만을 <보기>에서 있는 대로 고른 것은?

보기

ㄱ. 몸 색깔이 진한 개체가 자연 선택되었다.
ㄴ. 세대가 지날수록 개체군 내의 몸 색깔 변이가 다양해진다.
ㄷ. 몸 색깔이 연한 개체가 진한 개체보다 환경에 더 잘 적응하였다.

① ㄱ ② ㄱ, ㄴ ③ ㄱ, ㄷ
④ ㄴ, ㄷ ⑤ ㄱ, ㄴ, ㄷ

03 생물 다양성과 보전

19 생물 다양성의 세 가지 의미를 나타내었다.

(가) (나) (다)

이에 대한 설명으로 옳은 것만을 <보기>에서 있는 대로 고른 것은?

보 기

ㄱ. (가)는 유전적 다양성을 의미한다.
ㄴ. (나)의 예로는 얼룩말의 개체마다 다른 털 줄무늬가 있다.
ㄷ. (다)는 일정한 생태계 안에 존재하는 생물종의 다양한 정도를 나타낸다.

① ㄱ ② ㄷ ③ ㄱ, ㄴ
④ ㄱ, ㄷ ⑤ ㄴ, ㄷ

20 어떤 종의 개체 수에 따른 유전자 변이의 수이다.

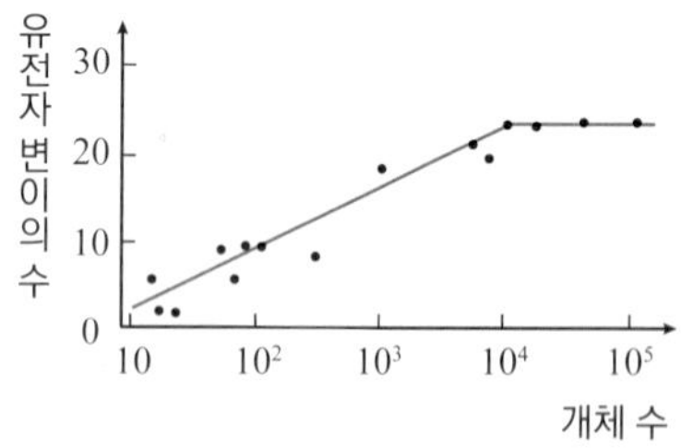

이에 대한 설명으로 옳은 것만을 <보기>에서 있는 대로 고른 것은?

보 기

ㄱ. 생물 다양성 중 유전적 다양성에 해당한다.
ㄴ. 개체 수가 많아질수록 유전자 변이는 계속해서 증가한다.
ㄷ. 개체 수가 10^3보다 10^5일 때 환경 변화에 대한 적응력이 더 높다.

① ㄱ ② ㄷ ③ ㄱ, ㄴ
④ ㄱ, ㄷ ⑤ ㄴ, ㄷ

21 생물 다양성의 중요성에 대한 설명 중 옳은 것은 ○표, 옳지 않은 것은 ×표 하시오.

(1) 종 다양성이 높게 나타날수록 특정 생물 종이 쉽게 멸종한다. ( )
(2) 유전적 다양성이 높게 나타날수록 환경이 급격하게 변했을 때 적응하여 살아남을 가능성이 높다. ( )
(3) 늪, 호수, 갯벌 등의 생태계는 육지에서 유입되는 오염 물질을 분해하여 생물들의 서식지를 정화한다. ( )

22 서로 다른 생태계 (가)와 (나)에 서식하는 생물들 사이의 먹이 관계이다.

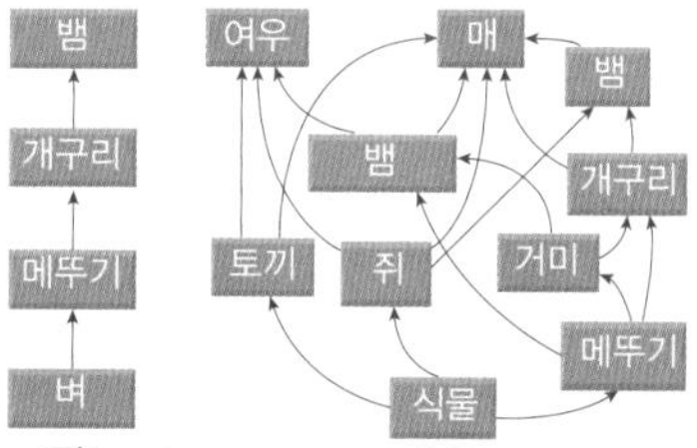

(가) (나)

이에 대한 설명으로 옳은 것은?

① (가)는 (나)보다 종 다양성이 높다.
② (가)는 (나)보다 안정된 생태계이다.
③ (가)는 (나)보다 생물의 개체 수가 많다.
④ 환경 변화가 생길 때 (가)는 (나)보다 멸종되는 생물이 많다.
⑤ (가)와 (나)에서 메뚜기가 사라지면 개구리와 뱀도 사라질 것이다.

23 생물 자원이 지닌 가치에 대한 설명으로 옳은 것만을 <보기>에서 있는 대로 고른 것은?

보 기

ㄱ. 질병을 치료할 수 있는 의약품의 재료를 제공한다.
ㄴ. 휴식 장소를 제공하고 생태 관광 자원으로 활용한다.
ㄷ. 새로운 농작물 개발에 필요한 유전자 자원을 제공한다.

① ㄱ ② ㄴ ③ ㄱ, ㄷ
④ ㄴ, ㄷ ⑤ ㄱ, ㄴ, ㄷ

정답 및 해설 ➔ 106

24 다음 설명에 해당하는 생물 다양성의 감소 원인은 무엇인지 쓰시오.

> 원래 살고 있던 서식지가 아닌 다른 지역으로 생물을 이동시키는 것으로, 새로운 서식지 환경에 적응하는 경우 이 생물의 천적이 없어 대량으로 번식함으로써 서식지의 생물 다양성을 감소시킨다. 황소개구리, 블루길, 큰입배스 등이 있다.

25 바위 위에서 자라는 이끼를 그림과 같이 나눈 다음 6개월 후에 이끼 밑에서 서식하는 소형 동물의 종 수 변화를 조사한 결과이다.

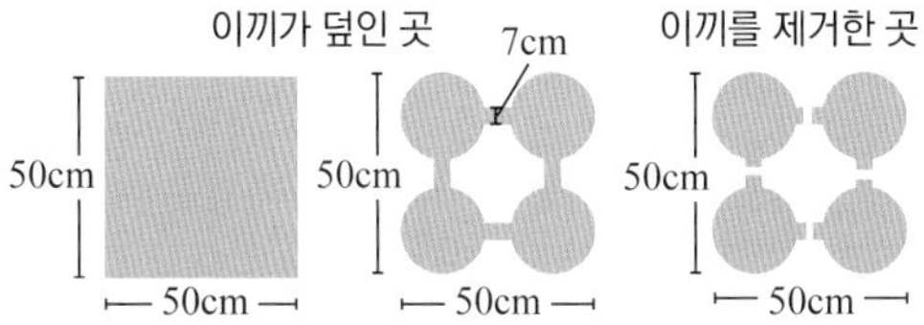

(가)　　(나)　　(다)

이에 대한 설명으로 옳은 것만을 <보기>에서 있는 대로 고른 것은?

보기

ㄱ. (다)는 서식지가 단편화된 결과이다.
ㄴ. (가)에서 동일한 생물종끼리만 서식하도록 공간을 분리하면 종 다양성이 증가할 것이다.
ㄷ. (나)를 보았을 때 도로, 철도 등을 건설할 때 생태 통로를 설치하면 종 다양성을 보전할 수 있다.

① ㄱ　② ㄷ　③ ㄱ, ㄴ
④ ㄱ, ㄷ　⑤ ㄴ, ㄷ

26 (가)와 (나) 두 지역에 서식하는 식물 종과 개체 수이다.

(가)　　(나)

이에 대한 설명으로 옳은 것만을 <보기>에서 있는 대로 고른 것은?

보기

ㄱ. (가) 지역이 (나) 지역보다 종 다양성이 더 높다.
ㄴ. 종 A의 유전적 다양성은 (나)보다 (가)에서 더 높게 나타난다.
ㄷ. (가)지역보다 (나)지역이 생태계가 더 안정하다.

① ㄱ　② ㄴ　③ ㄱ, ㄴ
④ ㄱ, ㄷ　⑤ ㄴ, ㄷ

27 생물 다양성 보전을 위한 실천 방안 (가) ~ (다)를 나타내었다. (가) ~ (다)는 각각 국가적, 개인적, 국제적 수준에서의 실천 방안 중 하나이다.

구분	실천 방안 예시
(가)	에너지 절약, 친환경 제품 사용
(나)	생물 다양성 협약의 체결
(다)	멸종 위기종 복원, ㉠생물의 유전자 관리

이에 대한 설명으로 옳은 것만을 <보기>에서 있는 대로 고른 것은?

보기

ㄱ. ㉠의 예시로는 종자 은행이 있다.
ㄴ. (가)는 개인적 수준에서의 실천 방안이다.
ㄷ. 국립 공원 지정은 (나)의 예시에 해당한다.
ㄹ. 천적이 없는 외래종의 도입은 (나)에 해당한다.

① ㄱ　② ㄱ, ㄴ　③ ㄷ, ㄹ
④ ㄱ, ㄴ, ㄷ　⑤ ㄴ, ㄷ, ㄹ

01. 지질 시대와 생물 다양성

1. 화석과 지질 시대

(1) 화석 : 지질 시대에 살았던 생물의 유해나 흔적이 지층 속에 남아 있는 것으로서 지질 시대의 시대와 환경을 알 수 있다.

구분	(❶) 화석	(❷) 화석
특징	· 지층의 생성 시대를 알려준다. · 생존 기간이 짧고, 분포 면적이 넓어야 한다.	· 지층의 생성 환경을 알려준다. · 생존 기간이 길고, 분포 면적이 좁아야 한다.
예	· 고생대 : 삼엽충, 방추충 · 중생대 : 공룡, 암모나이트 · 신생대 : 화폐석, 매머드	· 고사리 : 따뜻하고 습한 육지 · 산호 : 따뜻하고 얕은 바다 · 조개 : 얕은 바다나 갯벌

(2) 화석을 이용한 과거의 해석 : 지층이 생성된 시대와 지층이 생성될 당시의 환경, 생물의 진화 과정, 대륙의 이동, 과거 육지와 바다 환경, 지층의 융기 등을 알 수 있다.

(3) 지질 시대의 구분 기준 : 생물계의 큰 변화 → 화석의 변화

① **화석이 거의 발견되지 않은 시대 :** 지질 시대 중 가장 긴 시간을 차지하는 선캄브리아 시대이다.

② **화석이 많이 발견되는 시대 :** 고생대, 중생대, 신생대이다.

2. 지질 시대의 환경과 생물

(❸)	· 발견되는 화석이 드물다. → 스트로마톨라이트, 에디아카라 동물군 화석이 발견되었다. · 광합성을 하는 남세균이 출현하였다.
고생대	· 초기에 해양 생물이 폭발적으로 증가하였고, 말기에 생물의 (❹)이 있었다. · 오존층이 형성되었고, 오존층이 자외선을 차단하여 최초의 육상 생물이 출현하였다. · 말기에 빙하기가 있었고, 판게아가 형성되었다. · 무척추동물(삼엽충, 방추충), 어류(갑주어), 곤충류, 양서류, 양치식물 등이 번성하였다.
중생대	· 대체로 온난하였고, 말기에 생물의 대멸종이 있었다. · (❺)가 분리되면서 대서양과 인도양이 형성되었다. · 시조새가 출현하였고, 암모나이트, 파충류(공룡), 겉씨식물 등이 번성하였다.
신생대	· 알프스 산맥과 히말라야 산맥이 형성되었다. · 후기에 여러 번의 빙하기와 간빙기가 반복되었고, 현재와 비슷한 수륙 분포가 형성되었다. · 인류가 출현하였고, 화폐석, 포유류(매머드), 속씨식물 등이 번성하였다.

3. 대멸종과 생물 다양성 : 지질 시대에 여러 번의 대멸종이 있었고, 이를 계기로 생물 다양성이 증가하였다. → 생물의 다양성 증가는 지질 시대를 통해 끊임없이 반복되어 왔다.

02. 진화와 자연 선택

1. 생물의 진화 원리

(1) 생물의 진화 : 생물이 오랜 시간 동안 여러 세대를 거치며 환경에 적응하면서 몸의 구조나 특성이 변화하는 현상이다. → 지구에 다양한 생물이 살게 되었다.

(2) (❶) : 같은 종의 개체들 사이에서 나타나는 형태, 기능, 습성 등의 형질의 차이이다.

(3) 변이의 종류

① **유전적 변이 :** 개체가 가진 유전자의 차이로 나타나는 변이이다. → 형질이 자손에게 유전되어 진화의 원동력이 된다.

② **비유전적 변이 : (❷)**의 영향으로 나타나는 변이이다. → 형질이 자손에게 유전되지 않아 진화에 영향을 주지 않는다.

(4) 변이가 나타나는 이유 : 오랫동안 축적된 돌연변이와 유성생식 과정에서 생식세포의 다양한 유전자 조합으로 발생한다.

2. 다윈의 자연 선택설 : 다윈은 생물의 진화에 대한 과학적 이론의 핵심 원리인 자연 선택을 제안하였다.

과잉 생산 및 변이	· 과잉 생산 : 생물은 주어진 환경에서 살아남을 수 있는 것보다 많은 수의 자손을 낳는다. · 변이 : 같은 종의 개체들 사이에는 형태, 습성, 기능 등 형질이 조금씩 다른 변이가 존재한다.
생존 경쟁	과잉 생산된 개체들 사이에는 먹이, 서식지 등을 두고 생존 경쟁이 일어난다.
(❸)	환경에 적응하기 유리한 변이를 가진 개체가 더 많이 살아남아 더 많은 자손을 남긴다.
진화	생존 경쟁에 살아남은 개체는 자신의 변이를 자손에게 물려주며, 이와 같은 자연 선택 과정이 누적되어 진화가 일어난다.

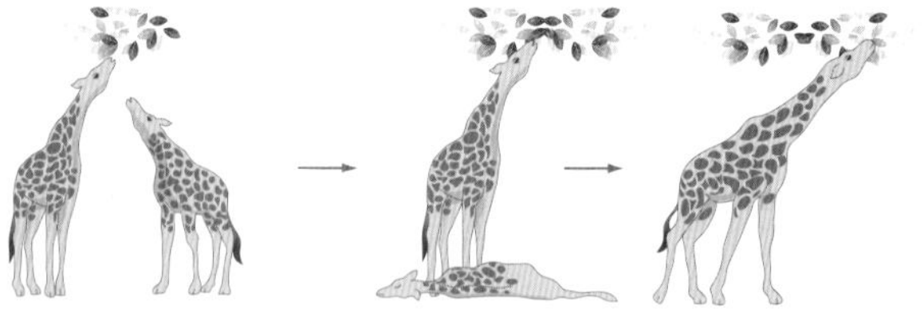

다양한 길이의 목을 가진 기린들이 많은 수가 태어났다. → 목이 길어 높은 곳의 잎을 먹을 수 있는 기린만 살아남아 자손을 남겼다. → 목이 긴 기린이 자손을 남기는 과정이 반복되어 기린의 목이 길어졌다.

(1) 자연 선택설의 한계점 : 다윈의 자연 선택설을 발표하던 당시에는 유전자에 의한 유전의 원리가 알려지지 않았기 때문에 변이가 나타나는 원인과 부모의 형질이 자손에게 유전되는 원리를 명확하게 설명하지 못하였다.

(2) 다윈의 진화론이 과학과 사회에 준 영향

과학	생명 과학에 중요한 이론적 기반을 제시하였다.
사회	· 자본주의 사회 발달에 영향을 주었다. · 제국주의 출현과 식민 지배를 정당화 하였다. · 법학, 사회학, 경제학 등 인문 사회학 분야에 영향을 주었다.

3. 자연 선택의 변화 사례

핀치 부리 모양의 자연 선택	① 원래 같은 종이었던 핀치 사이에는 부리 모양이 다른 변이가 있었고, 이들은 갈라파고스 군도의 여러 섬에 흩어져 살게 되었다. ② 섬마다 먹이 환경이 달라서 각 섬에 풍부한 먹이에 적합한 부리를 가진 핀치가 살아남아 자손을 남겼다. ③ 각 섬의 먹이 환경에 적합한 부리 모양을 가진 핀치가 자연 선택됨에 따라 오늘날 부리 모양이 다른 여러 종의 핀치로 진화되었다.
낫 모양 적혈구 유전자의 자연 선택	① 낫 모양 적혈구 유전자를 가진 사람은 생존에는 불리하지만 말라리아에 저항성이 있다. ② 말라리아가 자주 발생하는 지역에서는 낫 모양 적혈구 유전자를 가진 사람이 생존에 유리하여 자연 선택되었다. ③ 다른 지역에 비해 말라리아가 자주 발생하는 지역에서는 낫 모양 적혈구를 가진 사람의 빈도가 (❹).
항생제 내성 세균의 자연 선택	① 세균 집단 내에 일부는 항생제 내성이 있다. ② 항생제를 지속적으로 사용하는 환경에서는 항생제 내성 세균이 자연 선택되어 그 비율이 점점 높아졌다. ③ 항생제 내성 세균 집단이 형성되었다.

03. 생물 다양성과 보전

1. 생물 다양성 : 일정한 지역에 존재하는 생물의 다양한 정도이다.

유전적 다양성	· 같은 종의 개체라도 서로 다른 유전자를 가지고 있어 다양한 형질을 나타내는 것을 의미한다. · 유전적 다양성이 높으면 변이가 다양하여 급격한 환경 변화에도 살아남는 개체가 존재할 가능성이 높다. 예 아시아무당벌레는 날개의 색과 반점 무늬가 개체마다 다르다.
(❶) 다양성	· 일정한 지역에 얼마나 많은 생물종이 고르게 분포하며 살고 있는지를 의미한다. · 생물종이 많을수록, 각 종이 균등하게 분포할수록 종 다양성이 높다. · (❶) 다양성이 높을수록 생태계가 안정적으로 유지되어 생태계 평형이 잘 유지된다.
생태계 다양성	· 열대 우림, 하천, 갯벌, 사막, 초원, 농경지 등 생물 서식지(생태계)의 다양한 정도를 의미한다. · 생태계에 따라 환경 요인과 서식하는 생물종이 다르다. · 생태계 다양성이 높을수록 종 다양성과 유전적 다양성이 높아진다.

2. 생물 다양성의 중요성

(1) 생태계 평형 : 생물 다양성이 (❷)으면 생태계 평형이 잘 유지된다.

(2) (❸) : 인간의 생활과 생산 활동에 이용되는 모든 생물을 의미한다. → 생물 다양성이 높을수록 생물 자원이 풍부해진다.

의복	목화, 누에고치, 양 등을 의복 재료로 사용한다.
식량	벼, 밀, 옥수수, 콩, 감자 등을 식량으로 섭취한다.
주택	나무, 풀 등을 주택 재료로 사용한다.
의약품	· 푸른곰팡이에서 페니실린(항생제)을 얻는다. · 주목 열매에서 항암제의 원료를 얻는다. · 버드나무 껍질에서 아스피린의 원료를 얻는다. · 개똥쑥에서 말라리아 치료제의 원료를 얻는다. · 팔각에서 독감 치료제의 원료를 얻는다. · 청자고둥에서 진통제를 얻는다.
생물 유전자 자원	병충해에 저항성이 있는 생물의 유전자를 활용하여 새로운 농작물을 개발한다. 예 해충 저항성 옥수수 등
사회적 · 심미적 가치	생태계는 휴식 장소, 여가 활동 공간, 생태 관광 등의 장소를 제공한다.

3. 생물 다양성 보전

(1) 생물 다양성 감소 원인

서식지 파괴 및 (❹)	· 서식지 파괴 : 살림의 벌채, 습지 매립 등으로 생물의 서식지 면적이 감소한다. · 서식지 (❹) : 도로나 댐 건설 등으로 서식지가 소규모로 분할되는 것이다. → 생물종의 이동을 제한하고 고립시켜 멸종 위험이 높아진다.
남획과 불법 포획	남획과 불법 포획은 생물종의 멸종 위험을 높인다. → 특정 생물종의 멸종으로 인해 생태계의 먹이 관계에 영향을 주어 생물 다양성을 감소시킨다.
외래종 유입	새로운 환경에 적응한 일부 외래종은 천적이 없어 대량으로 번식하여 고유종의 서식지를 차지하고 생존을 위협한다. → 생태계 평형을 파괴한다.
환경 오염	· 대기 오염으로 인한 산성비는 하천과 토양 등을 산성화시킨다. · 강이나 바다로 유입된 화학 물질 등 폐수 배출은 수중 생물에게 피해를 입힌다.

(2) 생물 다양성 보전을 위한 노력

개인적 노력	쓰레기 분리 배출, 자원 재활용, 에너지 절약 등
사회적 · 국가적 노력	보호 구역 지정(국립 공원 지정), 생태 통로 설치, 관련 법률 제정, 멸종 위기 생물 보호 및 복원 사업 등
국제적 노력	생물 다양성에 관한 국제 (❺)을 체결한다. 예 생물 다양성 협약, 람사르 협약, 이동성 야생동물 종 보전에 관한 협약, 멸종 위기에 처한 야생 동식물의 국제 거래에 관한 협약 등

내신 기출 모의고사 1회

19 문항 30분

01. 지질 시대와 생물 다양성

01 지질 시대와 화석에 대한 설명 중 옳은 것은 ○표, 옳지 않은 것은 ×표 하시오.

(1) 화석의 변화는 지질 시대를 구분하는 중요한 기준이다. ( )

(2) 지질 시대는 인류의 역사가 시작된 시점부터 시작된다. ( )

(3) 생물이 화석으로 남으려면 생물의 유해 또는 흔적이 화석화 작용을 받아야 한다. ( )

02 화석의 생성 조건으로 옳은 것만을 <보기>에서 있는 대로 고른 것은?

보기

ㄱ. 생물의 개체 수가 많아야 한다.
ㄴ. 지층의 지각 변동이 많이 일어나야 한다.
ㄷ. 생물의 유해나 흔적이 천천히 묻혀서 훼손되지 말아야 한다.

① ㄱ ② ㄴ ③ ㄷ
④ ㄱ, ㄷ ⑤ ㄱ, ㄴ, ㄷ

03 생물들을 지구에 번성한 오래된 순서대로 나열하시오.

ㄱ. 파충류	ㄴ. 양서류
ㄷ. 남세균	ㄹ. 속씨식물

04 (가), (나)는 서로 다른 지질 시대의 환경을 복원한 모습을 순서 없이 나타낸 것이다.

(가)

(나)

이에 대한 설명으로 옳은 것만을 <보기>에서 있는 대로 고른 것은?

보기

ㄱ. (가)는 (나)보다 오래된 지질 시대이다.
ㄴ. (가) 시대에 산소 농도가 높아지면서 생물 수가 폭발적으로 증가하였다.
ㄷ. (나) 시기는 온실 기체가 증가하여 빙하기 없이 전반적으로 온난한 기후가 유지되었다.

① ㄱ ② ㄷ ③ ㄱ, ㄴ
④ ㄱ, ㄷ ⑤ ㄴ, ㄷ

05 어느 지역의 지층에서 발견된 이리듐 함량을 나타낸 것이다.

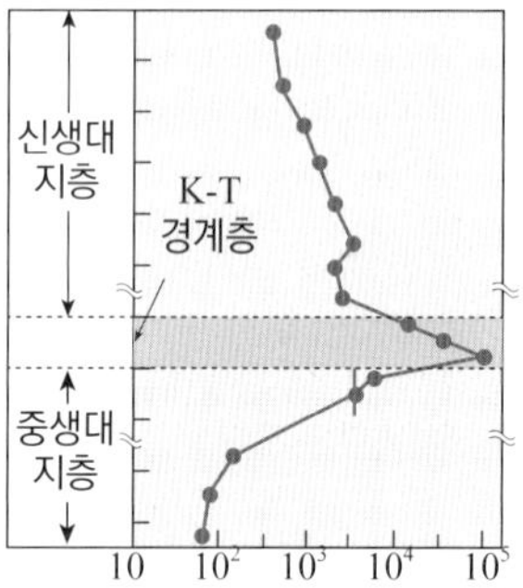

K-T 경계층의 특징에 대한 설명으로 옳은 것만을 <보기>에서 있는 대로 고른 것은? (단, 이리듐은 지각에는 거의 없으나 운석에 풍부한 원소이다.)

보기

ㄱ. K-T 경계층의 위아래 지층에서 발견되는 화석의 종류가 비슷하다.
ㄴ. 다른 지역의 K-T 경계층에서도 이리듐 함량이 높게 검출될 것이다.
ㄷ. K-T 경계층에서 강한 충돌에 의해 형성되는 광물이 발견될 수 있다.

① ㄴ ② ㄱ, ㄴ ③ ㄱ, ㄷ
④ ㄴ, ㄷ ⑤ ㄱ, ㄴ, ㄷ

06

그림 (가)는 어느 지역의 지층 A ~ E이고, (나)는 지층 A ~ E에서 각각 화석 a ~ e가 발견된 범위이다.

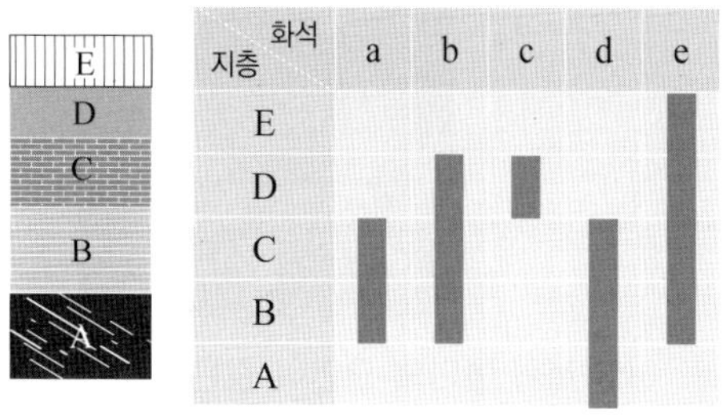

(가) (나)

이에 대한 설명으로 옳은 것만을 <보기>에서 있는 대로 고른 것은?

보 기

ㄱ. 화석 c는 시상 화석으로 적합하다.
ㄴ. 화석 e는 표준 화석으로 적합하다.
ㄷ. 지질 시대의 경계로 적합한 곳은 지층 A와 B 사이, 지층 C와 D 사이이다.

① ㄱ ② ㄴ ③ ㄷ
④ ㄴ, ㄷ ⑤ ㄱ, ㄴ, ㄷ

07

고생대에서 신생대까지의 지질 시대 동안 해양 동물군과 육상 식물군의 과의 수 변화이다. '과'는 생물 분류 단계 중 하나이다.

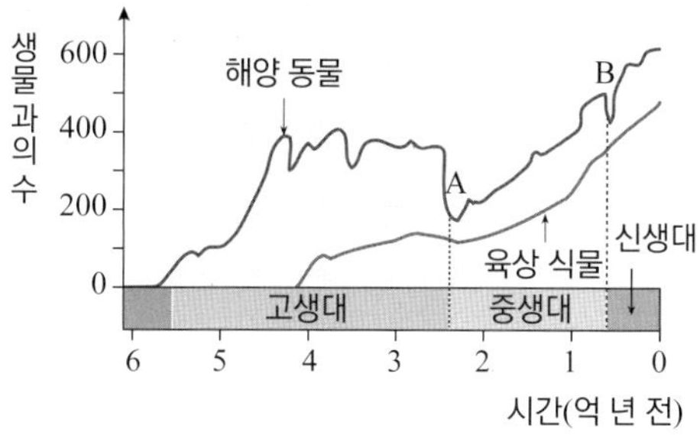

이에 대한 설명으로 옳은 것만을 <보기>에서 있는 대로 고른 것은?

보 기

ㄱ. A 시기에 가장 큰 규모의 대멸종이 일어났다.
ㄴ. B 시기에 일어난 멸종의 원인은 대륙의 이동이다.
ㄷ. 고생대가 끝날 무렵 최초의 육상 식물이 출현하였다.

① ㄱ ② ㄴ ③ ㄱ, ㄷ
④ ㄴ, ㄷ ⑤ ㄱ, ㄴ, ㄷ

02. 진화와 자연 선택

08

부모 개 (가), (다)와 그 사이에서 태어난 강아지 (나)의 털색 유전자의 구성을 각각 나타낸 것이다.

(가) (나) (다)

이에 대한 설명으로 옳은 것만을 <보기>에서 있는 대로 고른 것은?

보 기

ㄱ. (가), (나), (다) 사이에는 변이가 있다.
ㄴ. (나)는 돌연변이에 의한 형질을 가지고 있다.
ㄷ. (나)는 유성 생식에 의해 유전자 조합이 부모와 다르다.

① ㄱ ② ㄴ ③ ㄷ
④ ㄱ, ㄴ ⑤ ㄱ, ㄷ

09

다음은 여러 생물에서 관찰되는 특징 (가) ~ (다)를 나타낸 것이다.

(가) 낙타는 30일 정도 물을 마시지 않고도 살 수 있다.
(나) 남극에 사는 펭귄은 추위를 견디기 쉽게 두꺼운 지방층을 가지고 있다.
(다) 치타는 순간적으로 최대 120 km/h 의 속력을 낼 수 있는 신체 구조를 가지고 있다.

이에 대한 설명으로 옳은 것만을 <보기>에서 있는 대로 고른 것은?

보 기

ㄱ. (가) ~ (다)는 모두 자연 선택의 사례이다.
ㄴ. (가)는 물이 적은 사막에 적응하는 과정에서 가지게 된 형질이다.
ㄷ. (나)는 지방층이 두껍지 않은 펭귄이 많이 살아남아 자손을 남긴 결과이다.

① ㄱ ② ㄱ, ㄴ ③ ㄱ, ㄷ
④ ㄴ, ㄷ ⑤ ㄱ, ㄴ, ㄷ

10 어떤 진화 원리에 대한 설명이다.

> 다양한 변이가 있는 개체들 중에서 환경에 잘 적응하게 해 주는 유리한 형질을 가진 개체가 더 잘 살아남아 자손에게 유리한 형질을 전달한다.

이에 대한 설명 중 옳은 것은 ○표, 옳지 않은 것은 ×표 하시오.

(1) 돌연변이가 없는 경우에는 적용되지 않는다. ( )

(2) 생존률에 영향을 미치는 형질에 대해서 적용될 수 있다. ( )

(3) 유리한 형질을 가진 개체가 점점 늘어나는 방향으로 진화하도록 한다. ( )

11 (가)는 아프리카에서 낫 모양 적혈구 빈혈증 발생 지역과 빈도를, (나)는 말라리아가 많이 발생하는 지역을 조사한 것이다.

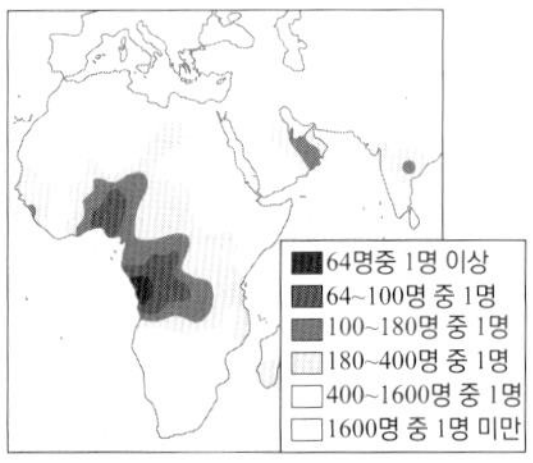

(가) 낫 모양 적혈구 빈혈증 발생 지역과 빈도

(나) 말라리아가 많이 발생하는 지역

이에 대한 설명으로 옳은 것만을 <보기>에서 있는 대로 고른 것은?

보 기

ㄱ. 낫 모양 적혈구 빈혈증 환자는 보통 사람보다 말라리아에 걸릴 확률이 더 낮다.
ㄴ. 이 자료에서 자연 선택은 생존에 유리한 방향으로 이루어졌다.
ㄷ. 말라리아는 낫 모양 적혈구 빈혈증 환자의 자연 선택에 불리하게 작용한다.

① ㄱ ② ㄴ ③ ㄱ, ㄴ
④ ㄱ, ㄷ ⑤ ㄴ, ㄷ

12 그림은 카렌 족 여인의 사진이다. 카렌 족은 어려서부터 여러 개의 링을 목에 걸고 생활하여 목이 점점 길어졌다.

이 사례와 변이의 요인이 같은 사례만을 <보기>에서 있는 대로 고른 것은?

보 기

ㄱ. 사람의 눈동자 색은 각각 다르다.
ㄴ. 운동 선수는 오랜 훈련으로 인해 몸에 근육량이 매우 많다.
ㄷ. 야생의 호랑이는 동물원에서 자란 호랑이보다 사냥을 더 잘한다.

① ㄱ ② ㄴ ③ ㄷ
④ ㄱ, ㄴ ⑤ ㄴ, ㄷ

13 다음은 영국 지역에 서식하는 후추나방에 대한 자료이다.

> 영국의 공업 도시 근처의 숲에는 주로 검은색 후추나방이, 농촌 숲에는 주로 흰색 후추나방이 많이 분포한다.
>
> 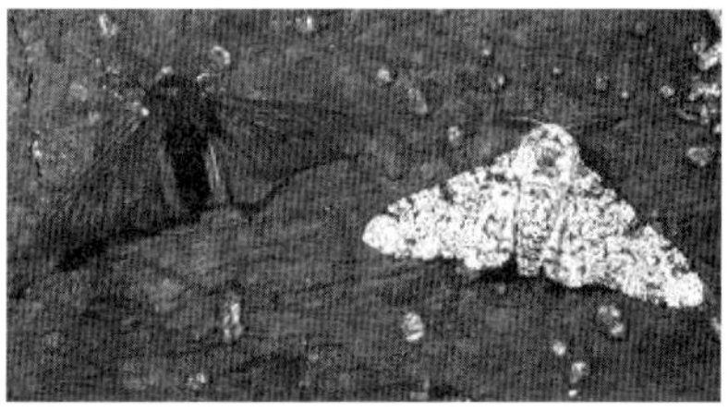

이에 대한 설명으로 옳은 것만을 <보기>에서 있는 대로 고른 것은?

보 기

ㄱ. 자연 선택에 의한 변화이다.
ㄴ. 농촌 숲의 색은 공업 도시 근처의 숲보다 색이 어두울 것이다.
ㄷ. 공업 도시에 공장이 세워지기 전에도 공업 도시 근처의 숲에는 검은색 후추나방이 주로 분포했을 것이다.

① ㄱ ② ㄴ ③ ㄷ
④ ㄱ, ㄴ ⑤ ㄴ, ㄷ

03. 생물 다양성과 보전

14 그림은 생물 다양성의 세 가지 요소를 나타낸 것이다.

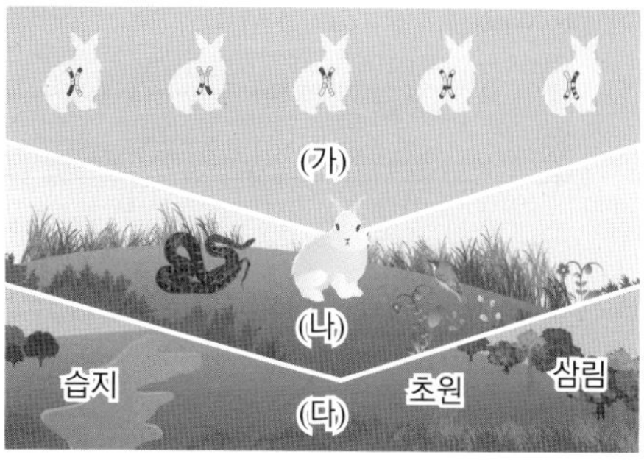

이에 대한 설명으로 옳은 것만을 <보기>에서 있는 대로 고른 것은?

보기

ㄱ. 얼룩말의 무늬가 개체마다 다른 것은 (가)의 예이다.
ㄴ. 각 종이 균등하게 분포할수록 종 다양성이 높아지는 것은 (나)의 예이다.
ㄷ. (다)의 다양성이 높을수록 (가)와 (나)의 다양성은 낮아진다.

① ㄱ ② ㄴ ③ ㄷ
④ ㄱ, ㄴ ⑤ ㄴ, ㄷ

15 생물 자원이 지닌 가치에 대한 설명으로 옳은 것만을 <보기>에서 있는 대로 고른 것은?

보기

ㄱ. 인간의 삶에 반드시 필요한 의식주를 제공한다.
ㄴ. 오래 전에 살았던 생물의 유해로부터 바이오 연료를 얻는다.
ㄷ. 인간에게 휴식과 여가 활동 및 생태 관광 장소 등을 제공한다.

① ㄱ ② ㄴ ③ ㄱ, ㄷ
④ ㄴ, ㄷ ⑤ ㄱ, ㄴ, ㄷ

16 생물 다양성에 대한 설명으로 옳지 않은 것은?

① 지금까지 발견된 생물종의 종 다양성은 곤충이 가장 높다.
② 유전적 다양성이 높아져도 종 다양성의 유지에는 영향을 주지 않는다.
③ 생태계 다양성은 삼림, 습지, 사막 등 생물 서식지의 다양한 정도이다.
④ 종 다양성은 생물종의 수가 많고, 각 종의 분포 비율이 균등할수록 높다.
⑤ 같은 종의 생물에서 하나의 형질에 대한 유전자가 다양할수록 유전적 다양성이 높다.

서술형

17 면적이 같은 서로 다른 지역 (가)와 (나)에 서식하는 식물종과 그 개체 수를 나타낸 것이다.

식물종	(가)	(나)
A	23	72
B	33	12
C	10	2
D	20	1
E	14	13
총 개체 수	100	100

(가)와 (나) 중 어느 지역의 종 다양성이 높은지 쓰고, 그 까닭을 설명하시오.

18 생물 다양성의 중요성에 대한 설명 중 옳은 것은 ○표, 옳지 않은 것은 ×표 하시오.

(1) 종 다양성이 높은 생태계일수록 먹이 관계가 복잡하다. ( )
(2) 종 다양성이 높으면 한 생물종이 멸종했을 때 다른 생물종이 멸종할 확률이 높다. ( )
(3) 씨 없는 바나나가 특정 질병에 의해 멸종 위기에 처해 있는 것은 종 다양성이 낮아졌기 때문이다. ( )

19 생물 다양성을 보전하기 위한 노력으로 옳은 것은 ○표, 옳지 않은 것은 ×표 하시오.

(1) 외래종을 들여와 종 다양성을 높인다. ( )
(2) 갯벌과 습지를 매립하고 생태 공원을 조성한다. ( )
(3) 화석 연료의 사용을 줄이고, 친환경 에너지원을 개발한다. ( )

내신 기출 모의고사 2회

19 문항 30분

01. 지질 시대와 생물 다양성

01 그림은 지질 시대의 길이를 순서 없이 상대적으로 나타낸 것이다.

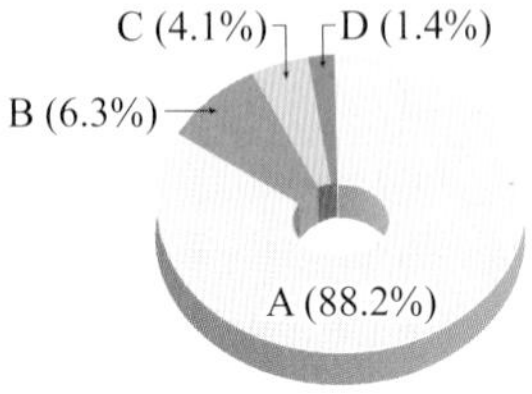

이에 대한 설명으로 옳은 것만을 <보기>에서 있는 대로 고른 것은?

보기

ㄱ. A 시기에 광합성을 하는 생물이 출현하였다.
ㄴ. B 시기에 파충류가 출현하였다.
ㄷ. C 시기에 속씨식물이 번성하였다.

① ㄱ ② ㄱ, ㄴ ③ ㄱ, ㄷ
④ ㄴ, ㄷ ⑤ ㄱ, ㄴ, ㄷ

02 고생물 A ~ C의 지리적 분포 면적과 생존 기간을 나타낸 것이다.

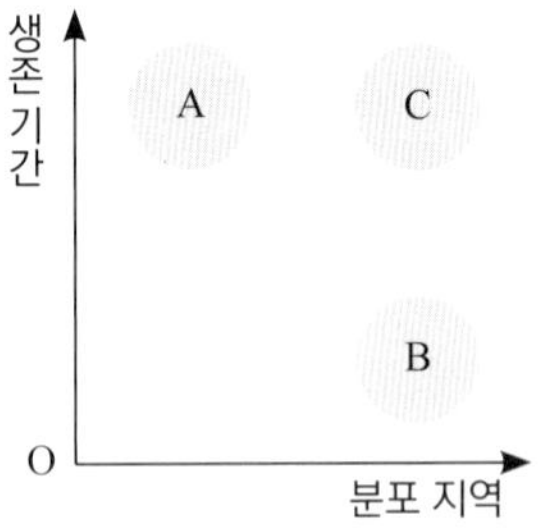

이에 대한 설명으로 옳은 것만을 <보기>에서 있는 대로 고른 것은?

보기

ㄱ. 고사리는 A에 해당한다.
ㄴ. 지질 시대를 구분하는 데 가장 유용한 것은 B이다.
ㄷ. C는 지층의 생성 환경을 알아내는 데 가장 유용하다.

① ㄱ ② ㄱ, ㄴ ③ ㄱ, ㄷ
④ ㄴ, ㄷ ⑤ ㄱ, ㄴ, ㄷ

03 지질 시대의 시간에 따른 생물의 변화를 나타내었다.

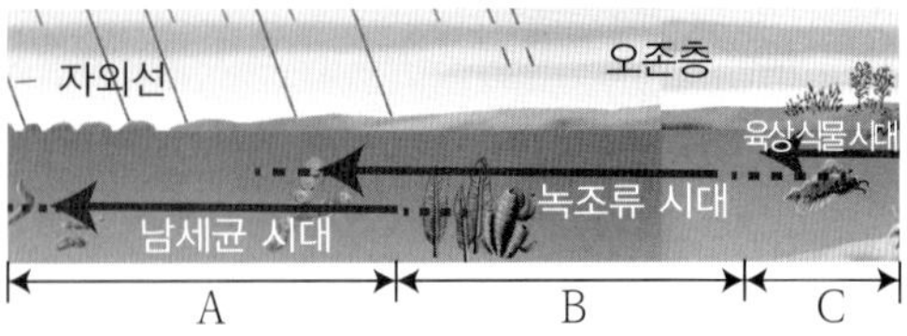

이에 대한 설명으로 옳은 것만을 <보기>에서 있는 대로 고른 것은?

보기

ㄱ. A 시기에 바다에서 최초의 생명체인 단세포 원시 해조류가 출현하였다.
ㄴ. B 시기보다 C 시기에 대기 중 산소의 농도가 높다.
ㄷ. C 시기는 고생대부터 시작되었다.

① ㄱ ② ㄷ ③ ㄱ, ㄴ
④ ㄱ, ㄷ ⑤ ㄱ, ㄴ, ㄷ

04 다음 그림 (가) ~ (다)는 서로 다른 지질 시대의 수륙 분포를 나타낸 것이다.

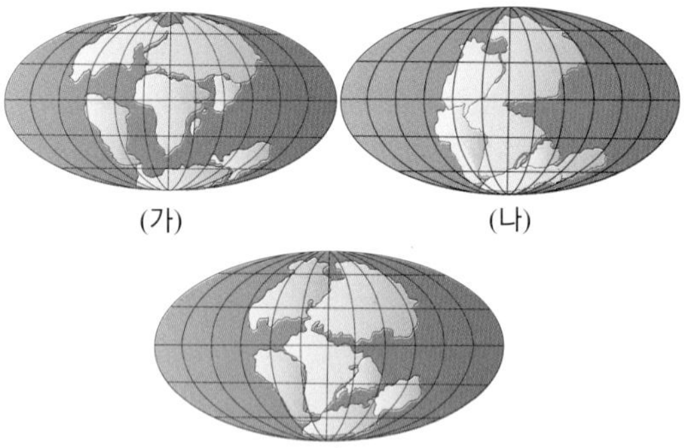
(가) (나)
(다)

이에 대한 설명으로 옳은 것만을 <보기>에서 있는 대로 고른 것은?

보기

ㄱ. 암모나이트는 (가) 시기의 표준 화석이다.
ㄴ. (나) 시기에 양치식물이 대량으로 묻혀 석탄층을 형성하였다.
ㄷ. (다) 시기에 겉씨식물이 번성하였다.

① ㄱ ② ㄷ ③ ㄱ, ㄴ
④ ㄴ, ㄷ ⑤ ㄱ, ㄴ, ㄷ

05 그림은 서로 다른 지층에서 발견된 화석을 나타낸 것이다.

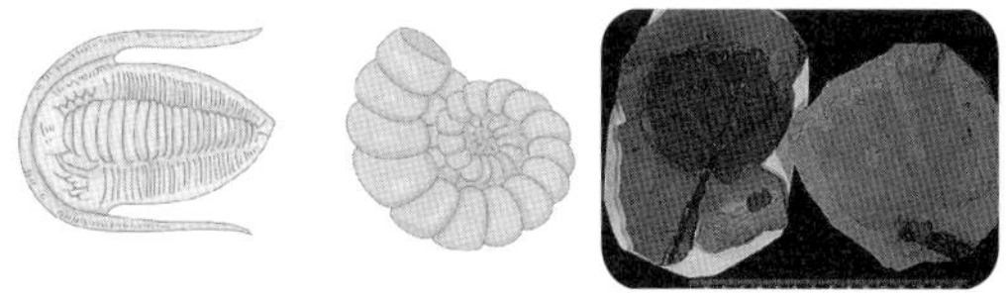

(가) 삼엽충 (나) 암모나이트 (다) 활엽수

이에 대한 설명으로 옳은 것만을 <보기>에서 있는 대로 고른 것은?

보 기

ㄱ. (가)는 표준 화석이다.
ㄴ. (나)가 번성했던 시기에 속씨식물이 출현하였다.
ㄷ. (다)는 분포 면적이 넓고 생존 기간이 짧다.

① ㄱ ② ㄴ ③ ㄱ, ㄴ
④ ㄴ, ㄷ ⑤ ㄱ, ㄴ, ㄷ

서술형

06 선캄브리아 시대에 최초의 생명체가 육지에서 출현하지 못한 이유를 서술하시오.

07 지질 시대별 생물의 멸종 비율을 나타낸 것이다.

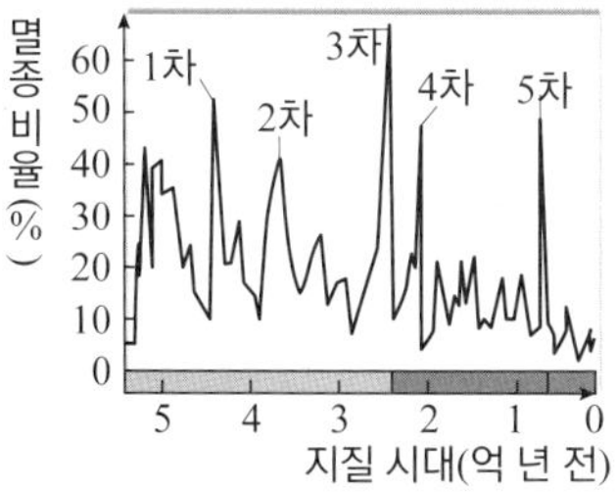

이에 대한 설명 중 옳은 것은 ○표, 옳지 않은 것은 ×표 하시오.

(1) 고생대 말기에 생물의 멸종 비율이 가장 높았다. ( )

(2) 5차 대멸종은 중생대와 신생대를 구분하는 기준으로 이용된다. ( )

(3) 최근으로 올수록 생물의 멸종 비율이 대체로 증가하는 경향을 보인다. ( )

02. 진화와 자연 선택

08 어떤 달팽이 개체군의 껍질 색과 무늬의 변이를 나타낸 것이다. 이에 대한 설명으로 옳은 것은?

① 생물의 진화에 영향을 주지 않는다.
② 개체가 환경에 적응하는 능력과는 상관없다.
③ 주로 환경의 변화로 인해 발생하는 차이이다.
④ 서로 다른 종 사이에 나타나는 형질의 차이이다.
⑤ 기존과 다른 색깔의 유전적 형질을 가진 개체가 나타났을 경우, 이 형질은 자손에게 전달될 수 있다.

09 다윈의 자연 선택설에 대한 설명으로 옳은 것 만을 있는 대로 고르시오. (2개)

① 진화의 원리는 환경에 의한 후천적 형질 변화이다.
② 개체 간의 변이가 나타나는 원인을 명확하게 해명하지 못했다.
③ 환경에 적응하기 불리한 변이를 가진 개체가 자손을 더 많이 남긴다.
④ 생물은 유전자를 자손 세대로 전달함으로써 자손 세대에서도 부모의 형질을 나타낼 수 있다.
⑤ 생명 과학 분야에서는 생물 사이의 동일성과 다양성을 설명하여 진화적으로 분류할 수 있게 하였으나, 사회적으로는 큰 영향을 끼치지 못했다.

서술형

10 어떤 세균 집단에서 항생제를 처리한 후 항생제에 내성이 있는 세균과 내성이 없는 세균의 비율 변화를 시간의 흐름에 따라 나타낸 것이다.

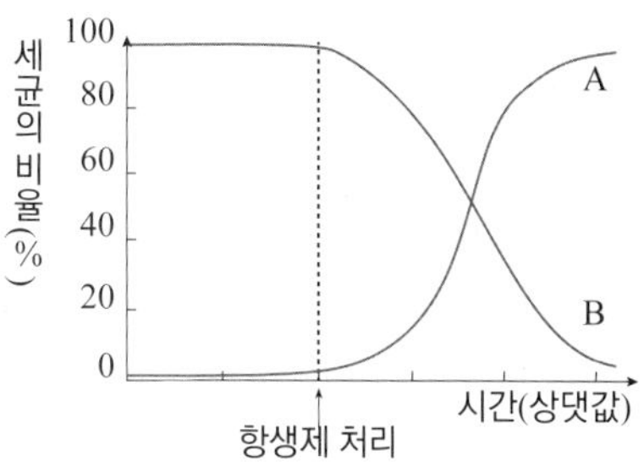

A, B 중 항생제에 내성이 있는 세균은 무엇인지 쓰고, 그 이유를 서술하시오.

11 그림은 갈라파고스 제도의 섬에 살고 있는 서로 다른 종의 핀치 A, B의 진화 과정이다.

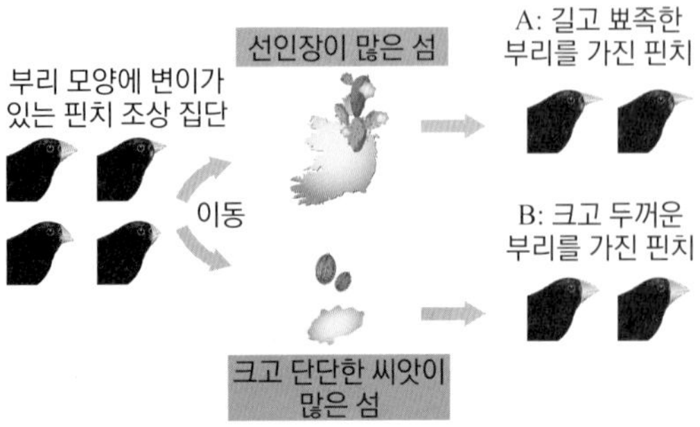

이에 대한 설명으로 옳은 것만을 <보기>에서 있는 대로 고른 것은?

보 기

ㄱ. A와 B 모두 용불용설에 의해 진화했다.
ㄴ. A와 B의 핀치는 서로 다른 환경에서 자연 선택되었다.
ㄷ. A와 B는 서로 같은 유전자를 가지고 있어서 진화할 수 있었다.

① ㄱ ② ㄴ ③ ㄷ
④ ㄱ, ㄴ ⑤ ㄱ, ㄷ

12 다음은 어떤 생물 개체군에서 여러 세대를 거치는 동안 일어난 몸 색깔의 변화를 나타낸 것이다.

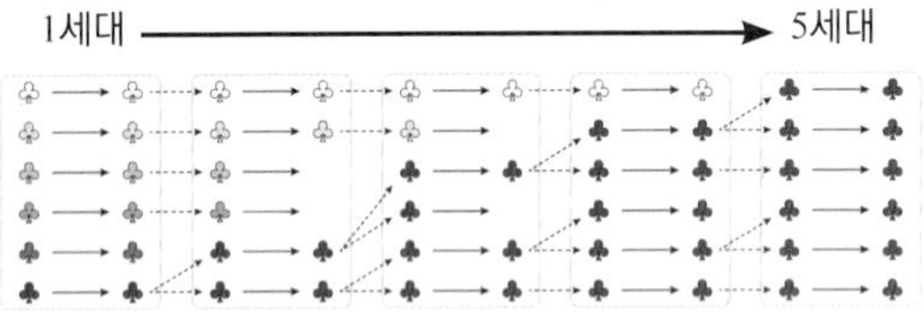

이에 대한 설명 중 옳은 것만을 <보기>에서 있는 대로 고른 것은?

보 기

ㄱ. 몸 색깔이 진한 개체가 자연 선택되었다.
ㄴ. 세대가 지날수록 개체군 내의 몸 색깔 변이가 다양해진다.
ㄷ. 몸 색깔이 진한 개체가 연한 개체보다 환경에 더 잘 적응하였다.

① ㄱ ② ㄴ ③ ㄷ
④ ㄱ, ㄴ ⑤ ㄱ, ㄷ

13 다음은 항생제 내성 세균의 출현과 관련된 모의 실험의 과정이다.

(가) 갈색 도화지 위에 초록색, 빨간색, 파란색 초콜릿을 각각 10개씩 뿌리고, 이 중 4개를 갈색 초콜릿으로 바꾼다.

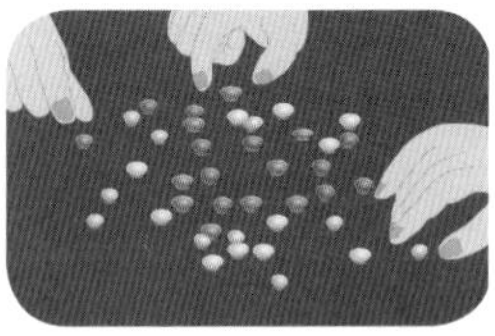

(나) 눈을 감았다가 떴을 때 제일 먼저 눈에 띄는 초콜릿 1개씩을 제거하되, 남은 전체 초콜릿 개수가 20개가 될 때까지 반복한다.
(다) 도화지 위에 남은 초콜릿의 수만큼 같은 색의 초콜릿을 추가한다.
(라) 과정 (나) ~ (다)를 3회 반복한다.

이에 대한 설명으로 옳은 것만을 <보기>에서 있는 대로 고른 것은?

보 기

ㄱ. 갈색 초콜릿은 항생제 내성 세균을 의미한다.
ㄴ. (가) 과정은 돌연 변이의 출현을 의미한다.
ㄷ. (다) 과정은 생식의 과정을 의미한다.

① ㄱ ② ㄱ, ㄴ ③ ㄱ, ㄷ
④ ㄴ, ㄷ ⑤ ㄱ, ㄴ, ㄷ

14 지구의 생명체 출현 가설에 대한 설명으로 옳은 것만을 <보기>에서 있는 대로 고른 것은?

보 기

ㄱ. 심해 열수구설에 따르면 심해 열수구에서 무기물이 합성되었다.
ㄴ. 화학 진화설에 따르면 무기물에서 간단한 유기물이 합성되었다.
ㄷ. 우주 기원설에 따르면 우주에서 만들어진 유기물이 운석을 통해 지구로 유입되었다.

① ㄱ ② ㄱ, ㄴ ③ ㄱ, ㄷ
④ ㄴ, ㄷ ⑤ ㄱ, ㄴ, ㄷ

03. 생물 다양성과 보전

15 생물 다양성의 구성 요소를 모식도로 나타낸 것이다.

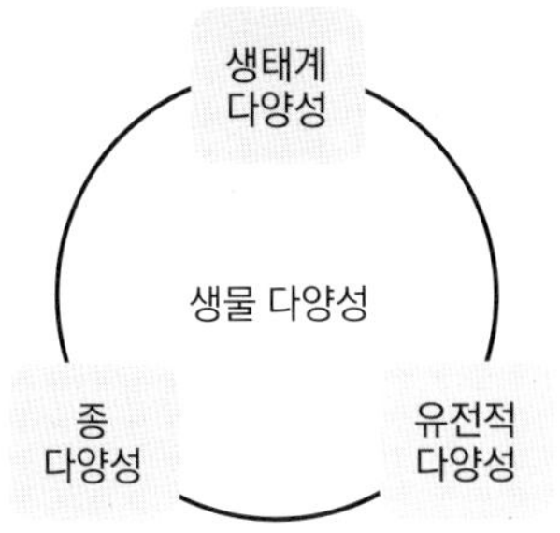

이에 대한 설명으로 옳은 것만을 <보기>에서 있는 대로 고른 것은?

보 기

ㄱ. 생태계 다양성이 높으면 종 다양성이 높아진다.
ㄴ. 유전적 다양성이 높으면 종 다양성이 낮아진다.
ㄷ. 유전적 다양성은 생태계의 안정을 유지하는 것과 관련이 없다.

① ㄱ ② ㄷ ③ ㄱ, ㄴ
④ ㄱ, ㄷ ⑤ ㄴ, ㄷ

16 바위 위에서 자라는 이끼를 그림과 같이 나눈 다음 6개월 후에 이끼 밑에서 서식하는 소형 동물의 종 수 변화를 조사한 결과이다.

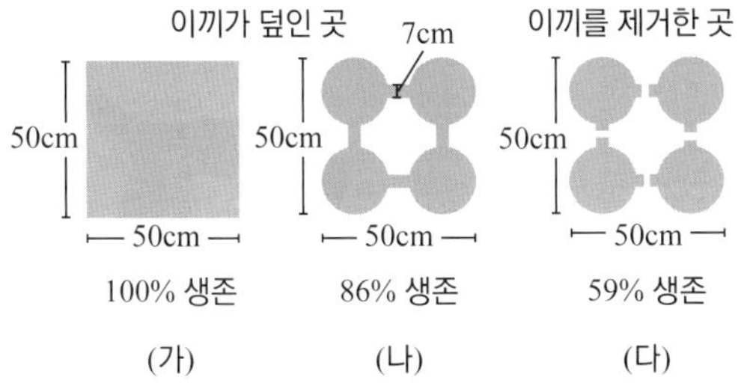

이에 대한 설명으로 옳은 것만을 <보기>에서 있는 대로 고른 것은?

보 기

ㄱ. (다)는 서식지가 단편화된 결과이다.
ㄴ. (가)→(다)로 분리하면 가운데 살던 생물보다 가장자리에 살던 생물의 피해가 커진다.
ㄷ. (나)와 (다)를 보았을 때 도로, 철도 등을 건설할 때 생태 통로를 설치하면 종 다양성을 보전할 수 있다.

① ㄱ ② ㄷ ③ ㄱ, ㄴ
④ ㄱ, ㄷ ⑤ ㄴ, ㄷ

17 생물 자원과 이용 방법을 연결한 것으로 옳지 않은 것은?

① 목화 - 주택 재료
② 석유, 석탄 - 에너지
③ 자연 휴양림 - 휴식 장소
④ 벼, 밀, 옥수수 - 식량 재료
⑤ 버드나무 껍질 - 진통 해열제

18 (가)와 (나) 두 지역에 서식하는 식물 종과 개체 수를 나타낸 것이다.

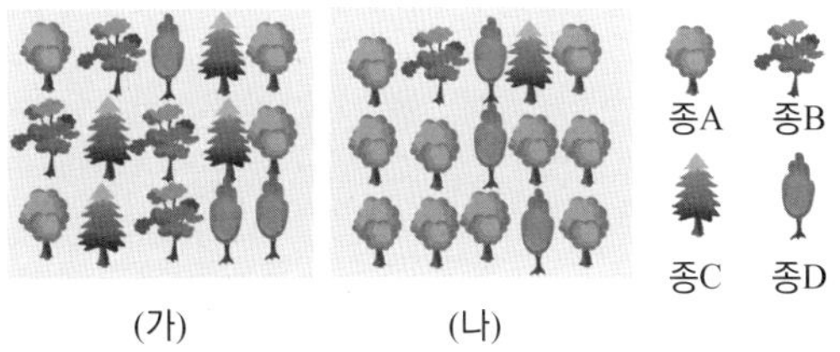

이에 대한 설명으로 옳은 것만을 <보기>에서 있는 대로 고른 것은?

보 기

ㄱ. (가)와 (나) 지역에 서식하는 식물종 수는 같다.
ㄴ. (나) 지역이 (가) 지역보다 종 다양성이 더 높다.
ㄷ. 종 A의 유전적 다양성은 (가)보다 (나)에서 더 높게 나타난다.

① ㄱ ② ㄴ ③ ㄱ, ㄴ
④ ㄱ, ㄷ ⑤ ㄴ, ㄷ

19 환경 오염이 생물 다양성에 미치는 영향으로 옳은 것만을 <보기>에서 있는 대로 고른 것은?

보 기

ㄱ. 가축 배설물 등은 강이나 바다의 부영양화를 일으켜 생물 다양성을 감소시킨다.
ㄴ. 산성비로 인해 토양, 호수 등이 산성화되어 생물 다양성을 감소시킨다.
ㄷ. 중금속이나 화학 물질이 생물체 내에 쌓이는 생물 농축이 일어나면 생물 다양성이 감소한다.

① ㄱ ② ㄷ ③ ㄱ, ㄴ
④ ㄱ, ㄷ ⑤ ㄱ, ㄴ, ㄷ

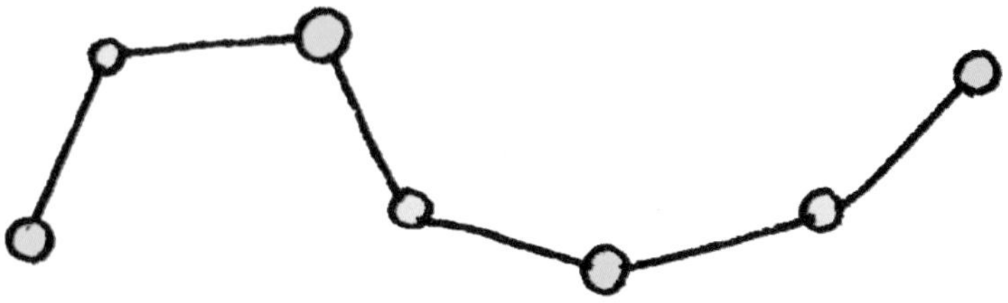

IV 환경과 에너지

우리가 지구의 환경 변화에 적응하며 살아갈 수
있는 방법은 무엇일까?

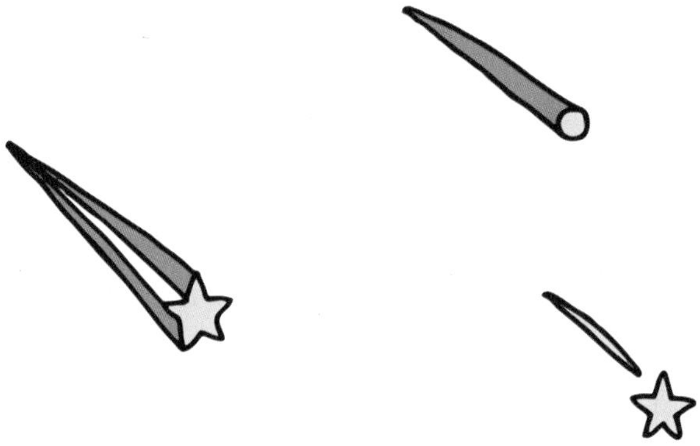

배울 내용 미리보기

1 생태계와 환경

2 발전과 신재생 에너지

01 생태계 구성 요소와 환경

핵심 Point
- □ 생태계
- □ 생태계 구성 요소
- □ 빛, 온도, 물, 토양, 공기와 생물

생태계 구성 요소에는 무엇이 있을까? 구성 요소들 간에는 어떤 상호 작용이 있을까?

A 생태계 구성 요소

1. 생태계❶ : 생물이 일정한 지역에서 다른 생물 및 환경과 서로 밀접한 관계를 맺으며 영향을 주고 받아 이룬 하나의 커다란 시스템으로서 개체 → 개체군 → 군집 → 생태계 순으로 점점 규모가 커지는 위계적인 구조를 이루고 있다.
(위계: 계층 따위의 등급)

① **개체 :** 하나의 독립된 생명체이다.
② **개체군 :** 일정한 지역에서 함께 사는 같은 종의 개체들 무리이다.
③ **군집 :** 일정한 지역에서 함께 사는 여러 개체군의 집합이다.
④ **생태계 :** 생물이 다른 생물 및 환경과 영향을 주고받는 시스템이다.

▲ 생태계의 위계적인 구조

2. 생태계의 종류 : 열대 우림, 삼림, 초원, 갯벌, 사막, 연못, 저수지, 공원, 어항 등이 있다.
① 어항과 같은 작은 생태계부터 바다와 같은 큰 생태계까지 다양하다.
② 초원, 사막, 갯벌 등 자연적으로 형성된 생태계도 있으며, 공원, 저수지, 텃밭 등 인위적으로 만들어진 생태계도 있다.

3. 생태계의 구성 요소 : 생태계는 생물적 요인과 비생물적 요인으로 구성된다.

(1) 생물적 요인❷ : 생태계에 존재하는 모든 생물 군집으로서 생태계에서의 역할에 따라 생산자, 소비자, 분해자로 구분한다.

생산자	소비자	분해자
빛에너지, 이산화 탄소, 물을 이용하여 광합성을 함으로써 생명 활동에 필요한 영양분(유기물)을 스스로 생산할 수 있는 생물이다. → 독립 영양 생물	스스로 양분을 만들지 못하고 다른 생물을 섭취하여 영양분(유기물)을 얻는 생물이다. → 종속 영양 생물	다른 생물의 사체나 배설물에 포함된 유기물을 무기물로 분해하여 영양분을 얻는 생물이다.
예 식물, 조류, 식물 플랑크톤❸  ▲ 민들레	예 인간, 동물, 동물 플랑크톤❸  ▲ 사슴	예 세균, 곰팡이, 버섯, 이끼 등  ▲ 버섯

① **소비자의 구분 :** 먹이 관계에 따라 1차, 2차, 3차 소비자로 구분한다.
· 1차 소비자 : 생산자를 먹이로 하는 소비자 → 초식 동물
· 2차 소비자 : 1차 소비자를 먹이로 하는 소비자 → 육식 동물
· 3차 소비자 : 2차 소비자를 먹이로 하는 소비자 → 육식 동물

② **분해자와 물질 순환 :** 분해자가 분해한 물질은 비생물적 환경으로 돌아가 생물이 다시 이용할 수 있게 된다.
→ 분해자는 생태계에서 물질을 순환시키는 역할을 담당한다.

개념+

❶ 생태계와 시스템

생태계는 생물들이 환경(비생물적 요인)으로부터 생존에 필요한 에너지와 물질을 얻으며 다른 생물과 상호 작용하면서 살아가는 터전이 되는 하나의 시스템이다.

● 생태계와 생물 다양성

개체군 내에서는 유전적 다양성이 나타나고, 군집 내에서는 종 다양성이 나타난다.

❷ 생물적 요인의 구분

- 생명체는 유기물의 에너지를 이용하여 살아가며, 생태계의 생물적 요인은 양분을 얻는 방법에 따라 구분한다.
- 생물적 요인에는 양분을 생산하는 생산자, 양분를 소비하는 소비자, 유기물을 분해하는 분해자가 있다.

❸ 플랑크톤

- 물에 서식하는 생물의 일종이며, 스스로 운동할 수 있는 능력이 거의 없어 물에 떠다니므로 부유 생물이라고도 한다.
- 영양분을 생산, 섭취하는 방식에 따라 식물 플랑크톤(생산)과 동물 플랑크톤(식물 플랑크톤 섭취)으로 구분된다.

(2) 비생물적 요인

① 생물을 둘러싸고 있는 모든 무기 환경 요인으로서 생물에게 필요한 물질을 제공하는 등 생물에게 영향을 주는 빛, 온도, 물, 공기, 토양, 무기염류 등이 있다.

② 생물이 살아가는 터전을 제공하여 생태계를 안정적으로 유지시킨다.

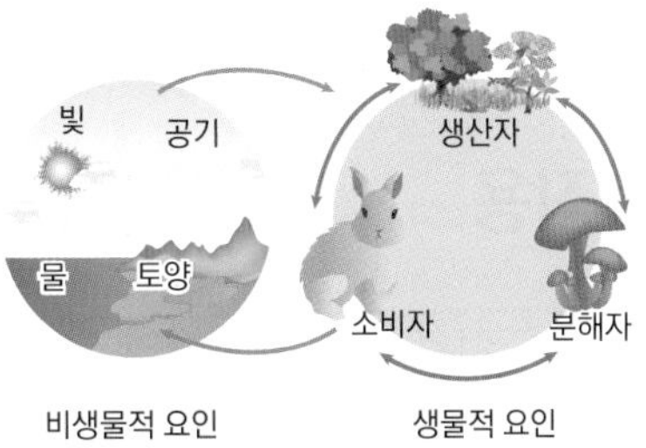

▲ 생태계의 구성 요소

4. 생태계 구성 요소 간의 관계 : 생태계에서 생물적 요인과 비생물적 요인을 구성하는 요소들은 서로 영향을 주고받는다.

① **작용** : 비생물적 요인이 생물의 형태와 생활 방식에 영향을 주는 것이다.

예 햇빛이 잘 들고 토양에 양분이 풍부하면 식물이 잘 자란다, 가을에 기온이 낮아지면 은행나무 잎이 노랗게 변한다.

② **반작용**❹ : 생물이 비생물적 요인에 영향을 주는 것이다.

예 낙엽이 쌓여 분해되면 토양이 비옥해진다. 식물의 광합성으로 공기의 기체 성분이 변한다. 지렁이는 흙 속을 이리저리 돌아다니며 토양의 통기성을 높인다, 식물의 증산 작용으로 인해 숲은 다른 곳보다 시원하다.

③ **상호 작용** : 생물과 생물이 서로 영향을 주고 받는 것이다.

예 동물은 배설물을 통해 식물의 씨를 퍼뜨린다. 풀이 무성해지자 토끼의 개체 수가 증가하였다. 과일박쥐는 식물의 열매와 씨를 먹고 산다. 개구리가 증가하자 메뚜기의 수가 감소하였다.

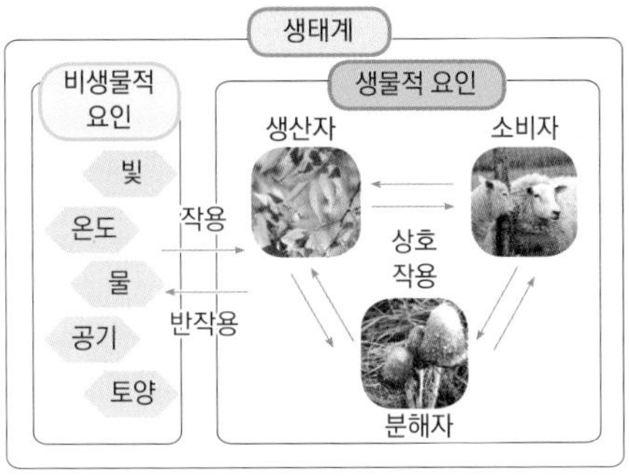

▲ 생태계 구성 요소 간의 관계

개념+

● 생물적 요인과 비생물적 요인의 관계

- 생물적 요인은 비생물적 요인의 구성이나 성분에 영향을 준다.
- 비생물적 요인은 생물적 요인의 생활 방식, 번식 방법, 분포 등에 영향을 준다.

❹ 생물적 요인이 비생물적 요인에 영향을 주는 예

- 식물이 광합성을 활발히 하면 공기 중 산소 농도가 높아진다.
- 지렁이는 낙엽이나 썩은 뿌리 등을 분해함으로써 토양에 양분을 공급해 토양을 비옥하게 만든다.

개념 체크

정답 및 해설 ➜ 113

Point

01 일정한 지역에서 같이 사는 여러 개체군의 무리를 무엇이라 하는가? (　　　　　)

02 생태계를 구성하는 각 요소에 해당하는 예를 <보기>에서 있는 대로 고르시오.

보기

ㄱ. 보리	ㄴ. 물	ㄷ. 곰팡이	ㄹ. 공기	ㅁ. 세균
ㅂ. 빛	ㅅ. 사자	ㅇ. 연꽃	ㅈ. 버섯	ㅊ. 뱀
ㅋ. 참새	ㅌ. 토양	ㅍ. 메뚜기		

(1) 생산자 ·································(　　　　　　　　　)

(2) 소비자 ·································(　　　　　　　　　)

(3) 분해자 ·································(　　　　　　　　　)

(4) 비생물적 요인 ·························(　　　　　　　　　)

B 생물과 환경의 상호 작용

1. 빛과 생물 : 빛의 세기와 파장, 일조 시간 등은 생물의 몸의 형태나 생활 방식에 영향을 준다.

(1) 빛의 세기⑤

① 숲의 위쪽에는 강한 빛에 적응한 식물이, 숲의 아래쪽에는 약한 빛에 적응한 식물이 잘 자란다.
→ 강한 빛에 잘 자라는 식물에는 소철, 소나무 등이 있으며, 약한 빛에 잘 자라는 식물에는 산세베리아 등이 있다.

▲ 소철 - 강한 빛에서 잘 자란다.

② 빛의 세기가 강한 곳에 서식하는 식물의 잎은 두껍고, 빛의 세기가 약한 곳에 서식하는 식물의 잎은 얇고 넓다.

③ 한 식물체 내에서도 강한 빛을 받는 잎(양엽)은 울타리 조직⑥이 발달하기 때문에 약한 빛을 받는 잎(음엽)보다 두껍다.

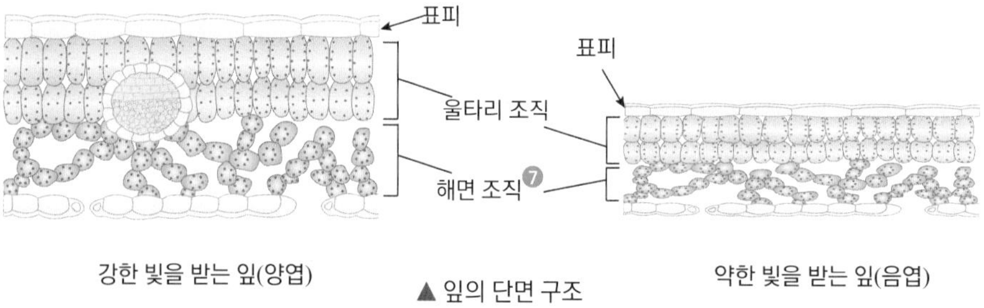

▲ 잎의 단면 구조

(2) 빛의 파장⑧ **:** 바다의 깊이에 따라 도달하는 빛의 파장과 양이 다르기 때문에 수심에 따라 서식하는 해조류⑨의 종류가 다르다.

① 파장이 긴 적색광은 수심이 얕은 곳까지만 투과한다.
→ 얕은 바다에는 적색광을 주로 이용하여 광합성하는 녹조류가 많이 분포한다.

② 파장이 짧은 청색광은 수심이 깊은 곳까지 투과한다.
→ 깊은 바다에는 청색광을 주로 이용하여 광합성하는 홍조류가 분포한다.

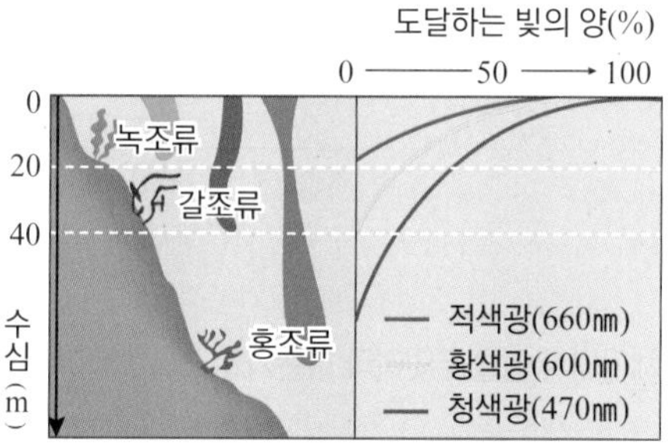

▲ 바다 깊이에 따른 해조류의 분포

③ 중간 파장의 황색광은 중간 정도의 수심까지만 투과한다.
→ 중간 깊이의 바다에는 황색광을 주로 이용하여 광합성하는 갈조류가 분포한다.

(3) 일조 시간 : 하루 중 구름이나 안개 등에 가려지지 않고 햇빛이 실제로 내리쬐는 시간으로서 동물의 번식이나 행동, 식물의 개화에 영향을 준다.

① **일조 시간에 따른 동물의 행동과 번식 :** 온대 지역의 곤충은 늦여름과 가을에 낮의 길이가 짧아지면 겨울잠을 자고, 이른 봄에 낮의 길이가 길어지면 활동을 시작하며 번식한다.

일조 시간에 따른 번식 시기 (일조 시간이 성호르몬 분비에 영향을 주기 때문에 일조 시간에 따라 동물의 번식 시기가 다르다.)	예
일조 시간이 길어지는 봄	종달새, 꾀꼬리 등 대부분의 새
일조 시간이 짧아지는 가을	노루, 송어 등

개념 +

⑤ 빛의 세기와 식물

- 식물은 빛에너지를 이용하여 양분을 합성하기 때문에 빛의 영향을 많이 받는다.
- 강한 빛에 적응하여 잘 자라는 식물을 양지 식물이라 하며, 약한 빛에 적응하여 잘 자라는 식물을 음지 식물이라고 한다.

→ 양지 식물과 음지 식물에 의해 한 지역의 식물 분포가 달라진다.

⑥ 울타리 조직

잎의 표피 밑에 있는 조직으로서 엽록체가 있는 세포가 밀집해 있어 광합성이 활발하게 일어난다.
→ 책상 조직이라고도 한다.

⑦ 해면 조직

식물 잎에서 울타리 조직 아래쪽에 위치한 조직으로서 울타리 조직에 비해 광합성이 덜 일어난다.

⑧ 빛의 파장과 투과도

빛은 파장이 짧을수록 투과도가 크다.
→ 수심이 깊은 곳까지 도달할 수 있다.

⑨ 해조류

- 조류는 물 속에 서식하며 광합성하는 식물이며, 바다에 사는 조류를 해조류라고 한다. 해조류에는 녹조류, 갈조류, 홍조류가 있다.
- 녹조류 : 엽록소가 많아 녹색을 띠는 조류로서 파래, 청각, 해캄 등이 있다.
- 갈조류 : 엽록소와 갈조소가 있어 갈색을 띠는 조류로서 미역, 다시마 등이 있다.
- 홍조류 : 엽록소와 홍조소가 있어 붉은색을 띠는 조류로서 김, 우뭇가사리 등이 있다.

→ 엽록소, 갈조소, 홍조소는 식물에 존재하는 색소로서 광합성에 관여한다.

② 일조 시간에 따른 식물의 개화

장일 식물	단일 식물
일조 시간이 길어지는 봄과 초여름에 꽃이 피는 식물	일조 시간이 짧은 가을에 꽃이 피는 식물
예 시금치, 붓꽃, 유채, 수선화, 보리, 상추 등	예 코스모스, 나팔꽃, 국화 등

개념+

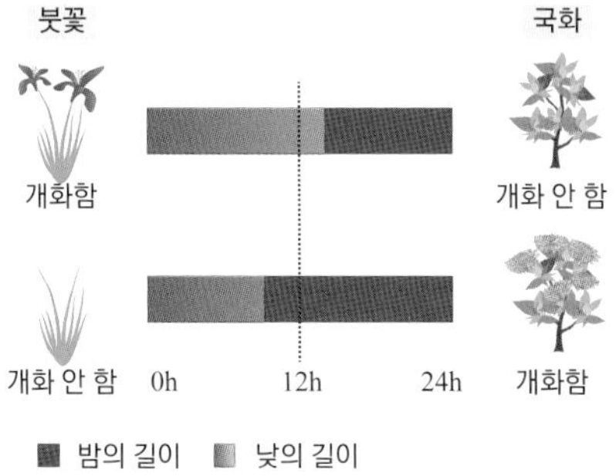

▲ 일조 시간에 따른 식물의 개화
└• 꽃이 피는 현상

2. 온도와 생물 : 온도는 생명체에서 일어나는 물질대사 과정에 영향을 주므로 생물의 생명 활동은 온도의 영향을 많이 받는다.

→ 동물과 식물은 주변 온도에 따라 다양한 적응 현상을 나타낸다.

(1) 동물의 온도 적응 현상

변온 동물 체온 조절 능력이 없어 주변 온도에 따라 체온이 변하는 동물로서 어류, 양서류, 파충류 등이 있다.	· 개구리와 같은 양서류는 기온이 내려가는 겨울에 물질대사가 잘 일어나지 않으므로 땅속에서 겨울잠을 잔다. · 카멜레온은 온도가 높을 때 몸 색이 밝아져 열을 방출하고, 온도가 낮을 때에는 몸 색이 어두워져 열을 흡수한다.
정온 동물 체온 조절 능력이 있어 주변 온도에 관계없이 체온이 항상 일정한 동물로서 조류, 포유류가 있다.	· 철새의 이동 : 기러기와 같은 철새는 계절에 따라 적합한 온도의 장소로 이동한다. · 곰, 박쥐, 다람쥐와 같은 포유류는 먹이가 부족한 겨울에 에너지를 줄이려고 겨울잠을 잔다. · 추운 지방에 사는 조류와 포유류는 몸집이 크고 귀, 코, 입 등 몸의 말단부가 작으며, 깃털이나 털이 발달하고 피하 지방층이 두껍다. → 열 방출량이 줄어들어 체온 유지에 효율적이다. 예 사막 여우는 몸집이 작고 몸의 말단부가 커서 열을 잘 방출하지만, 북극 여우는 몸집이 크고 몸의 말단부가 작아 열이 방출되는 것을 막는다.  ▲ 북극여우  ▲ 온대여우  ▲ 사막여우 예 호랑나비는 계절에 따라 몸의 크기, 형태, 색이 달라지며, 일반적으로 여름에 태어난 호랑나비가 봄에 태어난 호랑나비보다 더 크고 화려한 무늬를 지닌다.

(2) 식물의 온도 적응 현상

① 기온이 매우 낮은 툰드라에 사는 털송이풀은 잎이나 꽃에 털이 나 있어 체온이 낮아지는 것을 막는다.

② 단풍과 낙엽 : 온대 지방의 낙엽수는 기온이 낮아지면 단풍이 들고 잎을 떨어뜨리지만, 동백나무와 같은 상록수는 잎의 큐티클층⑩이 두꺼워 잎을 떨어뜨리지 않고 겨울을 난다.

▲ 단풍나무(낙엽수⑪) : 잎을 떨어뜨린다.

▲ 소나무(상록수⑪) : 잎을 떨어뜨리지 않는다.

● **생물이 온도에 따라 다양한 적응 현상을 나타내는 까닭**

생물의 물질대사에는 효소가 관여하는데, 효소의 작용은 일정 온도 범위에서 일어난다. 따라서 온도 변화는 물질대사에 영향을 주므로 생물의 생명 활동은 온도의 영향을 많이 받는다.

⑩ **식물의 큐티클층**

- 식물의 줄기나 잎, 특히 잎의 표피 조직 표면을 싸고 있는 투명하고 얇은 막으로서 식물체 안의 수분이 빠져나가는 것을 막고, 외부로부터 식물체를 보호한다.
- 고무나무, 사철나무처럼 큐티클층이 두껍게 발달된 잎은 표면이 단단하고 윤이 난다.

⑪ **낙엽수와 상록수**

- 낙엽수 : 가을이나 겨울에 기온이 낮아지면 초록색의 엽록소가 파괴되어 황색이나 붉은색을 띠는 색소가 드러나 노란색이나 붉은색의 단풍이 들어 잎이 떨어졌다가 봄에 새잎이 나는 나무이다.
- 상록수 : 사계절 내내 잎이 푸른 나무이다.

3. 물과 생물 : 물은 생명체를 구성하는 성분 중 가장 많으며 체온 유지, 화학 반응의 용매로서 중요한 기능을 담당하는 등 생명 유지에 반드시 필요하므로 생물은 주변 환경에 따라 체내 수분을 적절하게 보존하기 위해 다양한 방법으로 적응하였다.

(1) 동물의 적응 : 육상에 사는 동물은 몸속의 수분 증발을 막고, 수분 손실을 최소화하는 방법으로 적응하였다.

수분 증발 방지	· 육상에 사는 곤충은 몸 표면이 키틴질[12]로 되어 있고, 키틴질 바깥에는 큐티클층(몸 표면의 투명하고 딱딱한 층)도 있다. · 사막의 파충류는 몸 표면이 비늘로 덮여 있다. 예) 도마뱀, 이구아나 등 · 조류와 파충류의 알은 단단한 껍데기로 싸여 있다.
수분 손실 억제	· 사막의 낙타는 땀을 잘 흘리지 않음으로서 몸에서 빠져나가는 수분의 양을 줄인다. · 사막에 사는 포유류는 농도가 진한 오줌을 소량 배출함으로써 몸에서 빠져나가는 수분의 양을 최소화 한다.

키틴질

▲ 메뚜기

▲ 이구아나

(2) 식물의 적응 : 식물은 서식하는 곳에 따라 몸의 구조가 다르게 적응하였다.

육상 식물	· 대부분의 육상 식물은 뿌리, 줄기, 잎이 잘 발달되어 있다. 예) 은행나무, 민들레, 소나무 등
수생 식물 물속에 사는 식물	· 관다발이나 뿌리가 잘 발달해 있지 않다. · 통기 조직[13]이 발달하여 물 위에 떠서 살 수 있다. 예) 연꽃, 생이가래, 수련 등 (통기 조직: 식물체에서 공기가 이동할 수 있도록 세포 사이의 틈이 많은 조직)
건생 식물 건조한 지역에 사는 식물	· 물을 저장하는 저수 조직(물을 저장하는 조직)이 발달하였다. · 선인장과 같은 일부 식물은 잎이 가시로 변해 수분 증발을 막는다. 예) 각종 선인장, 알로에 등

▲ 소나무 - 육상 식물

▲ 연꽃 - 수생 식물

▲ 선인장 - 건생 식물

4. 토양과 생물 : 수많은 생물이 살아가는 터전을 제공하는 토양은 토양 속 무기염류, 공기, 수분 함량 등을 통해 물질과 에너지를 원활하게 순환하게 함으로써 생물의 생활에 영향을 준다.

(1) 두더지와 지렁이 등 생물은 토양을 돌아다니며 양분을 얻고, 토양의 통기성을 높여주므로 산소가 필요한 식물과 미생물들이 살아가기 좋은 환경을 만든다.

(2) 미생물은 토양에서 동식물의 사체나 배설물을 분해하여 다른 생물에게 양분을 제공하거나, 비생물 환경으로 돌려보낸다. → 물질과 에너지가 순환되도록 한다.

(3) 토양 속 공기의 양은 깊이에 따라 다르므로 분포하는 세균의 서식에 영향을 준다.

① 공기를 비교적 많이 포함하고 있는 토양의 표면에는 호기성 세균이 살기 적합하다.
(호기성 세균: 산소를 이용해 유기물을 분해하여 살아가는 세균)

② 공기를 적게 포함하고 있는 토양의 깊은 곳은 혐기성 세균이 살기 적합하다.
(혐기성 세균: 산소 없이 유기물을 분해하여 살 수 있는 세균)

개념+

⑫ 키틴질

곤충류나 갑각류의 외골격을 이루고 있는 물질로서 내부의 연한 살을 보호하고 수분이 증발되는 것을 막는다.

⑬ 통기 조직의 기능

- 식물에서 세포 사이의 공간이 그물이나 관 모양으로 연결되어 공기의 이동 및 저장을 담당하는 조직이다.
- 공기가 부족한 물속에서 광합성과 호흡에 필요한 기체를 공급하고, 물에 뜨게 하는 역할을 한다.

● 식충 식물

파리지옥과 같은 식충 식물은 토양에 부족한 질소를 얻기 위해 곤충을 잡아 분해한다.

▲ 파리지옥 - 식충식물

5. 공기와 생물 : 공기는 생물의 생활에 영향을 준다.

① 나무는 자신을 보호하는 살균 물질을 분비한다. → 주변 공기의 성분이 변한다.

② 공기 중의 산소는 생물의 호흡에 이용되며, 이산화 탄소는 식물의 광합성에 이용된다. → 호흡과 광합성으로 공기의 성분이 변한다

③ 공기가 희박한 고산 지대에 사는 사람들은 평지에 사는 사람들에 비해 혈액 속 적혈구의 수가 많아 산소를 효율적으로 운반한다. → 산소가 부족한 환경에 적응하였다.

폐에서 흡수된 산소는 적혈구에 있는 헤모글로빈에 의해 조직 세포로 운반된다.

개념 +

인간과 생태계 보전

인간을 포함한 모든 생물은 환경과 상호 작용을 하며 살아간다. 인간도 생태계를 구성하고 있는 구성원이므로 생물이 살고 있는 터전인 생태계를 보전하는 것은 인간의 생활 환경을 쾌적하게 유지하는 것이며, 인간의 생존을 위해 중요하다.

개념 체크

정답 및 해설 → 113

Point

03 각 생명 현상 (1) ~ (3)이 어떤 비생물적 요인 (A) ~ (C)의 영향으로 나타나는 것인지 각각 바르게 연결하시오.

(1) 바다 깊이에 따라 서로 다른 해조류가 분포한다. · · (A) 빛의 세기
(2) 수선화는 낮의 길이가 긴 봄과 초여름에 꽃을 피운다. · · (B) 일조 시간
(3) 식물체 내에서 잎이 달린 위치에 따라 잎의 두께가 다르다. · · (C) 빛의 파장

04 생명의 적응 현상과 관련이 깊은 비생물적 요인에 대한 설명 중 옳은 것은 ○표, 옳지 않은 것은 ×표 하시오.

(1) 붓꽃이 봄과 초여름에 피는 것은 물과 관련이 있다. ( )
(2) 사막여우와 북극여우의 생김새가 다른 것은 온도와 관련이 있다. ( )
(3) 고산 지대 사람들의 적혈구가 평지의 사람들보다 많은 것은 빛과 관련이 있다. ( )
(4) 선인장은 잎이 가시로 변해 있고, 저수 조직이 발달해 있는 것은 공기와 관련이 있다. ( )

05 인간과 생태계에 대한 설명이다. 빈칸에 알맞은 말을 쓰시오.

> 인간은 생태계의 구성원으로서 다양한 생물로부터 생물 자원을 얻으며 환경과 (㉠)을 하며 살아가므로, 인간이 생태계를 (㉡)하는 것은 인간의 생존을 위해, 인간의 생활 환경을 쾌적하게 유지하기 위해 필요하다.

06 옳은 것은 ○표, 옳지 않은 것은 ×표 하시오.

(1) 토양 표면에는 호기성 세균이, 토양 깊은 곳에는 혐기성 세균이 분포한다. ( )
(2) 도마뱀의 몸 표면이 비늘로 덮여 있는 것은 생명의 적응 현상 중 빛과 관련이 있다. ( )

생태계 구성 요소 간의 관계

생태계는 생물적 요인과 비생물적 요인으로 구성되어 있으며, 생물적 요인과 비생물적 요인은 서로 영향을 주고 받으며 살아간다.

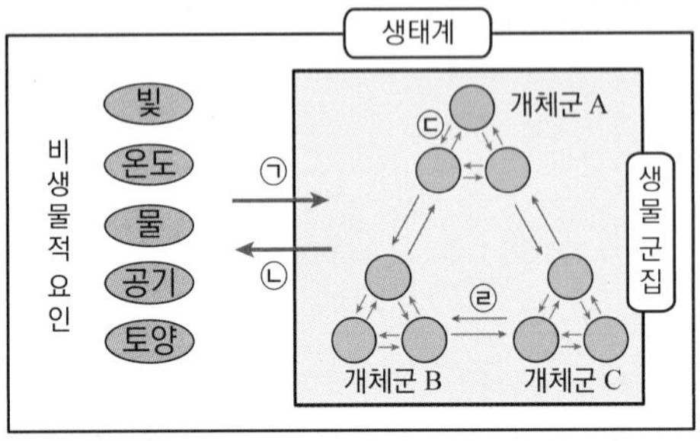

◀ 생태계 구성 요소의 관계

① **작용(㉠)** : 비생물적 요인(환경)에 의해 생물적 요인(생명체)이 영향을 받는 것으로서 생명체가 환경에 적응하는 것은 모두 작용에 해당한다.

② **반작용(㉡)**: 생물적 요인(생명체)에 의해 비생물적 요인(환경)이 영향을 받는 것으로서 생물적 요인에 해당하는 생산자, 소비자, 분해자는 각각 다양한 방법으로 환경에 영향을 준다.

③ **상호 작용(㉢, ㉣)** : 생물적 요인이 생물체 간에 서로 영향을 주고 받는 것으로서 개체들끼리의 생존 경쟁과 같이 같은 종 개체 간에 영향을 주고 받는 것(㉢)과 포식자와 피식자의 먹이 관계와 같이 서로 다른 종 개체 간에 영향을 주고 받는 것(㉣)이 있다.

생태계 구성 요소 간의 관계	예
작용 (㉠)	· 강수량이 적으면 옥수수의 생장이 저하된다. · 빛의 파장에 따라 해조류의 분포가 달라진다. · 일조량이 많을수록 식물의 광합성이 활발하게 일어난다. · 무기염류가 풍부하고 수온이 높으면 돌말 개체 수가 크게 증가한다. · 위도에 따라 온도와 강수량이 달라져 식물 군집의 분포가 달라진다. · 토양의 얕은 곳에는 호기성 세균이 살고, 깊은 곳에는 혐기성 세균이 산다.
반작용(㉡)	· 숲의 나무는 하천의 수량에 영향을 준다. · 지의류에 의해 바위의 토양화가 촉진된다. · 생물의 호흡과 광합성으로 공기의 성분이 변한다. · 토양 속 질소 고정 세균에 의해 토양이 비옥해진다. · 탈질소 세균에 의해 질산 이온이 질소 기체로 된다.
같은 종 개체 간의 상호 작용 (㉢)	· 일본원숭이는 힘의 세기로 순위를 정한다. · 개미는 여왕개미, 병정개미, 일개미로 역할을 나눈다. · 코끼리는 나이와 경험이 많은 리더가 집단을 통솔한다. · 수사자는 암사자 몇 마리와 새끼를 함께 돌보며 무리 지어 생활한다. · 얼룩말은 일정한 공간을 차지하고 다른 얼룩말이 침입하는 것을 막는다.
다른 종 개체 간의 상호 작용 (㉣)	· 스라소니가 눈신토끼를 잡아먹는다. · 외래종과 고유종이 먹이나 서식지를 두고 경쟁한다. · 풀의 생산량이 감소하면 사슴의 개체 수도 감소한다. · 진딧물은 개미에게 먹이를 주고, 개미는 진딧물을 지켜준다. · 가시박은 다른 식물을 감고 올라가서 그 식물의 광합성을 방해한다.

정답 및 해설 ➜ 113

Q1 피라미는 은어가 있으면 먹이와 서식 공간을 바꾸는데, 이는 생태계 구성 요소의 관계 중 어느 것에 해당하는가?

( )

Q2 낙엽이 지속적으로 쌓여 토양의 성분이 점차 변하는 것은 생태계 구성 요소의 관계 중 어느 것에 해당하는가?

( )

1 생태계 구성 요소 간의 관계

안정된 생태계를 구성하고 있는 여러 요소들 간의 관계를 나타낸 모식도이다.

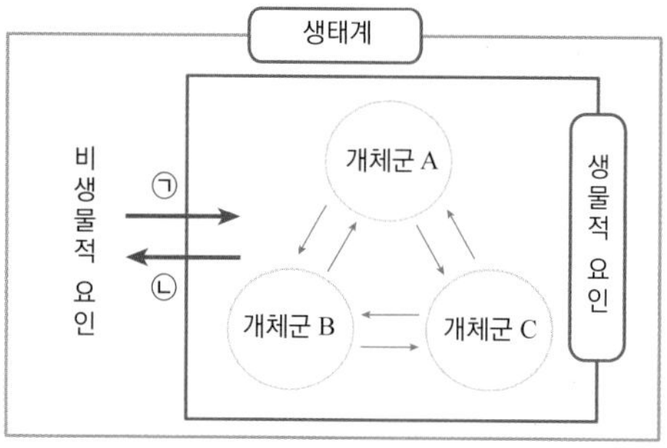

이에 대한 설명으로 옳은 것을 모두 고르시오. (2개)

① 개체군 A와 C는 서로 다른 종으로 구성되어 있다.
② 개체군 A ~ C는 모두 동물 또는 식물로만 구성되어 있다.
③ 위도에 따라 식물의 분포가 달라지는 현상은 ㉡에 해당한다.
④ 개체군 A ~ C가 서로 영향을 주고받는 것을 상호 작용이라고 한다.
⑤ '지렁이는 낙엽 등을 분해하여 토양을 비옥하게 한다.'는 ㉠에 해당한다.

2 빛과 생물 – 일조 시간

낮과 밤의 길이에 따른 식물 A, B의 개화 여부를 나타낸 것이다.

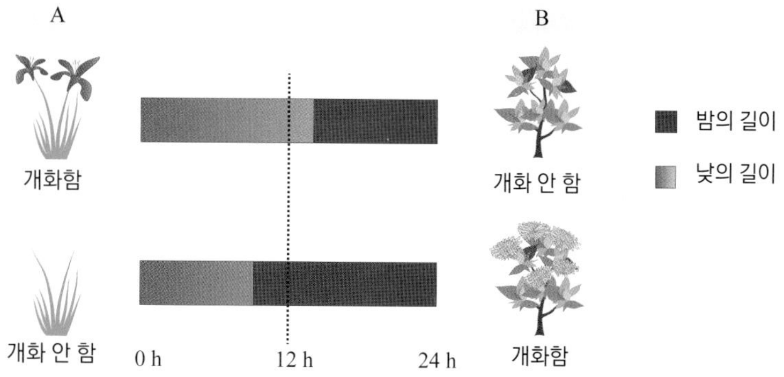

이에 대한 설명으로 옳은 것만을 <보기>에서 있는 대로 고른 것은?

보기

ㄱ. A의 개화는 일조 시간에 영향을 받는다.
ㄴ. B의 개화는 일조 시간에 영향을 받지 않는다.
ㄷ. 동물의 경우 일조 시간은 번식에 영향을 준다.
ㄹ. 붓꽃, 유채의 개화는 A와 같은 조건에 해당한다.

① ㄱ, ㄴ ② ㄱ, ㄷ ③ ㄴ, ㄹ ④ ㄱ, ㄴ, ㄷ ⑤ ㄱ, ㄷ, ㄹ

스스로 실력 높이기

A 생태계 구성 요소

01 생태계의 구성 요소 중 생물적 요인에 대한 설명이다. 빈칸에 알맞은 말을 쓰시오.

> 생태계의 생물적 요인은 영양분을 얻는 방법에 따라 광합성을 하는 (㉠), 다른 생물을 잡아먹는 (㉡), 생물의 사체와 배설물에 포함된 유기물을 분해하는 (㉢)로 구분한다.

㉠: (　　　　) ㉡ : (　　　　) ㉢ : (　　　　)

02 생태계에 대한 설명으로 옳은 것을 있는 대로 고르시오. (2개)

① 하나의 개체군으로 구성된다.
② 한 생태계는 하나의 군집으로 구성된다.
③ 생물적 요인과 비생물적 요인으로 구성된다.
④ 일정 지역에서 같이 사는 같은 종의 개체들을 군집이라고 한다.
⑤ 생물과 환경이 서로 영향을 주고받으며 이룬 하나의 커다란 시스템이다.

03 생태계를 구성하는 요소가 종류별로 모두 포함된 것은?

① 빛, 벼, 개구리, 멸치
② 메뚜기, 버섯, 민들레, 물
③ 토양, 메뚜기, 참새, 곰팡이
④ 뱀, 동물 플랑크톤, 세균, 나무
⑤ 식물 플랑크톤, 버섯, 온도, 공기

04 생태계를 구성하는 생물적 요인과 비생물적 요인의 관계를 나타낸 그림이다.

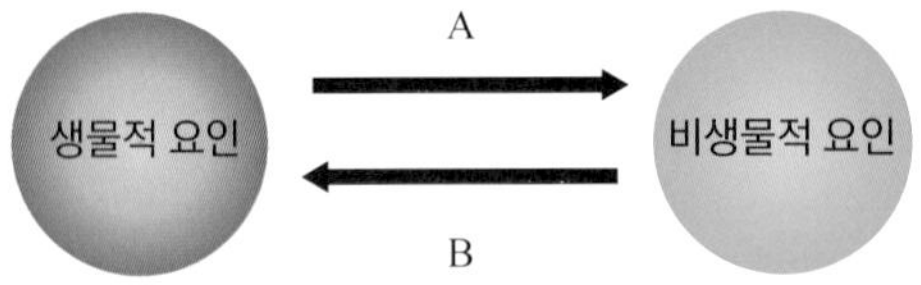

이에 대한 설명으로 옳은 것만을 <보기>에서 있는 대로 고른 것은?

보 기

ㄱ. 생물의 호흡과 광합성에 의해 공기의 성분이 변하는 것은 A에 해당한다.
ㄴ. 사막에 사는 선인장에 가시와 저수 조직이 발달해 있는 것은 A에 해당한다.
ㄷ. 산소가 부족한 고산 지대에 사는 사람은 평지에 사는 사람보다 적혈구 수가 많은 것은 B에 해당한다.

① ㄱ　② ㄴ　③ ㄱ, ㄷ
④ ㄴ, ㄷ　⑤ ㄱ, ㄴ, ㄷ

05 다음은 생태계를 구성하는 생물적 요인들의 상호 관계를 나타낸 것이다.

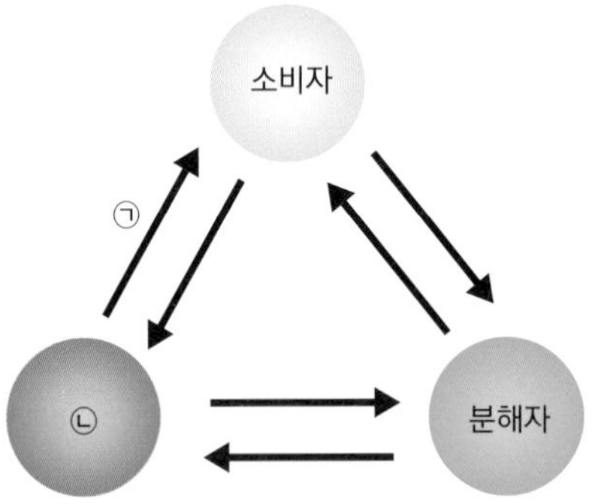

이에 대한 설명으로 옳은 것만을 <보기>에서 있는 대로 고른 것은?

보 기

ㄱ. 버섯은 ㉡에 해당한다.
ㄴ. 분해자는 생태계 내의 물질 순환에 관여한다.
ㄷ. 풀의 생산이 감소하면 사슴의 개체 수도 감소하는 것은 ㉠의 예이다.

① ㄱ　② ㄴ　③ ㄱ, ㄴ
④ ㄴ, ㄷ　⑤ ㄱ, ㄴ, ㄷ

06 다음은 생태계를 구성하는 요소 사이의 관계를 나타낸 것이다.

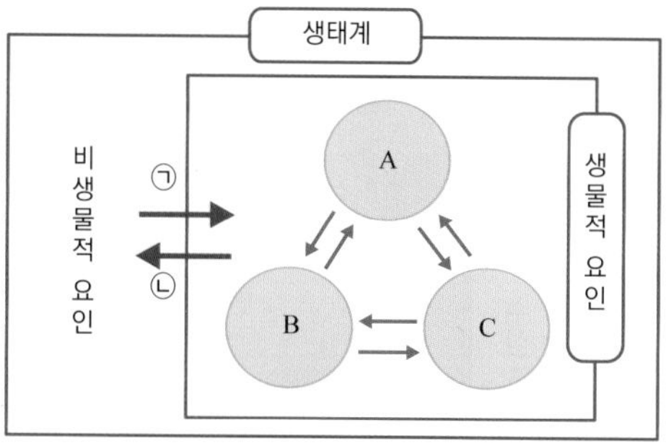

이에 대한 설명으로 옳은 것만을 <보기>에서 있는 대로 고른 것은?

보 기

ㄱ. A ~ C는 생산자, 소비자, 분해자에 해당한다.
ㄴ. 가을에 낙엽이 지고 단풍이 드는 것은 ㉡에 해당한다.
ㄷ. ㉠은 비생물적 요인이 생물적 요인에 영향을 주는 '작용'이다.
ㄹ. 식물의 광합성에 의해 숲의 공기 성분이 달라지는 것은 ㉠에 해당한다.

① ㄱ, ㄷ ② ㄴ, ㄷ ③ ㄷ, ㄹ
④ ㄱ, ㄴ, ㄷ ⑤ ㄴ, ㄷ, ㄹ

07 생태계에 대한 학생들의 설명이다.

학생 A : 생태계를 구성하는 생물적 요소에는 생산자, 분해자, 소비자가 있어.
학생 B : 생태계는 생물로만 구성된 역동적인 커다란 시스템이지.
학생 C : 생태계는 인간의 개입으로 유지될 수 있지.

옳게 설명한 학생만을 있는 대로 고른 것은?

① A ② B ③ C
④ A, B ⑤ B, C

08 생태계의 구성 요소와 특징이다.

구성 요소	특징
(가)	생물을 둘러싸고 있는 모든 무기 환경 요인이다.
(나)	생산자 또는 다른 소비자를 먹이로 하는 생물이다.
(다)	빛에너지를 이용하여 생명 활동에 필요한 영양분을 스스로 생산하는 생물이다.
(라)	죽은 생물 또는 다른 생물의 배설물을 분해하여 영양분을 얻는 생물이다.

이에 대한 설명으로 옳은 것만을 <보기>에서 있는 대로 고른 것은?

보 기

ㄱ. 빛의 파장, 토양은 (가)에 속한다.
ㄴ. (나)는 먹이 관계에 따라 구분된다.
ㄷ. (다)는 생산자, (라)는 분해자이다.

① ㄱ ② ㄴ ③ ㄱ, ㄷ
④ ㄴ, ㄷ ⑤ ㄱ, ㄴ, ㄷ

09 식물의 생태에 관한 설명이다.

식물이 광합성을 활발히 하면 공기 중 산소 농도가 높아진다.

이 자료에 나타난 생태계 구성 요소 간의 관계에 해당하는 사례로 옳은 것만을 <보기>에서 있는 대로 고른 것은?

보 기

ㄱ. 도토리가 많이 열리면 다람쥐가 늘어난다.
ㄴ. 건조한 환경에 사는 선인장은 잎이 가시로 변하였다.
ㄷ. 지의류는 산성 물질을 분비하여 암석의 풍화를 촉진시킨다.

① ㄴ ② ㄷ ③ ㄱ, ㄷ
④ ㄴ, ㄷ ⑤ ㄱ, ㄴ, ㄷ

B 생물과 환경의 상호 관계

10 생물이 환경에 적응한 현상에 대한 설명 중 옳은 것은 ○표, 옳지 않은 것은 ×표 하시오.

(1) 파충류의 몸 표면이 비늘로 덮여 있는 것은 물 조절에 적응한 현상이다. ( )

(2) 북극여우의 몸집이 사막여우보다 큰 것은 빛의 세기에 적응한 현상이다. ( )

(3) 바다 수심에 따라 분포하는 해조류가 다른 것은 온도에 적응한 현상이다. ( )

11 (가), (나)는 하나의 식물체에서 서로 다른 곳에 달린 잎의 단면 구조이다.

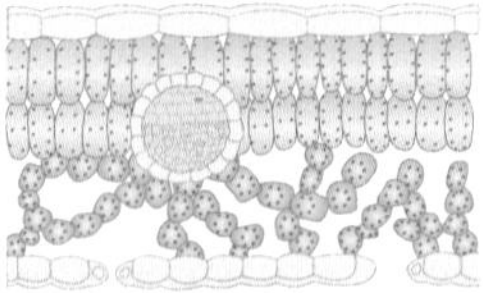
(가)

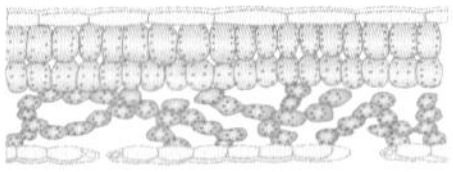
(나)

이에 대한 설명으로 옳은 것만을 <보기>에서 있는 대로 고른 것은?

보 기

ㄱ. (가)는 (나)보다 약한 빛을 받는다.
ㄴ. (가)는 (나)보다 광합성이 활발하게 일어난다.
ㄷ. (나)는 (가)보다 울타리 조직이 더 발달하였다.

① ㄱ ② ㄴ ③ ㄱ, ㄷ
④ ㄴ, ㄷ ⑤ ㄱ, ㄴ, ㄷ

12 수심에 따른 해조류의 분포와 수심에 따라 도달하는 빛의 파장을 나타내었다.

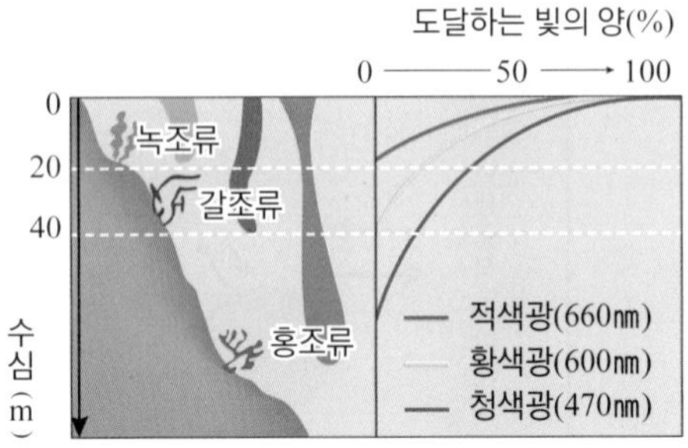

이에 대한 설명으로 옳은 것만을 <보기>에서 있는 대로 고른 것은?

보 기

ㄱ. 녹조류는 광합성에 주로 적색광을 이용한다.
ㄴ. 청색광은 파장이 길어 수심 깊은 곳까지 투과한다.
ㄷ. 해조류의 분포가 수심에 따라 다르게 나타나는 것은 빛의 파장에 따른 투과도가 다르기 때문이다.

① ㄱ ② ㄴ ③ ㄱ, ㄷ
④ ㄴ, ㄷ ⑤ ㄱ, ㄴ, ㄷ

13 A ~ C는 위도가 서로 다른 지역에 서식하는 여우의 모습이다.

(A)

(B)

(C)

(A) → (B) → (C)로 가면서 나타나는 현상으로 옳은 것만을 <보기>에서 있는 대로 고른 것은?

보 기

ㄱ. 몸의 말단부가 작아진다.
ㄴ. 서식지의 온도가 낮아진다.
ㄷ. 몸의 말단부를 통한 열 방출량이 많아진다.

① ㄱ ② ㄴ ③ ㄷ
④ ㄱ, ㄴ ⑤ ㄴ, ㄷ

14 환경에 대한 여러 가지 생물의 적응 현상이다.

> (가) 조류의 알은 단단한 껍데기로 싸여 있다.
> (나) 꾀꼬리는 봄에 번식하고 노루는 가을에 번식한다.
> (다) 고산 지대에 사는 사람들은 평지에 사는 사람들보다 혈액 속에 적혈구가 많다.

(가) ~ (다)의 현상에 주로 영향을 주는 비생물적 요인을 옳게 짝지은 것은?

	(가)	(나)	(다)
①	물	일조 시간	공기
②	토양	온도	물
③	빛	온도	물
④	물	일조 시간	온도
⑤	일조 시간	빛의 세기	온도

15 위도에 따라 다르게 분포하는 펭귄의 크기와 무게를 나타내었다.

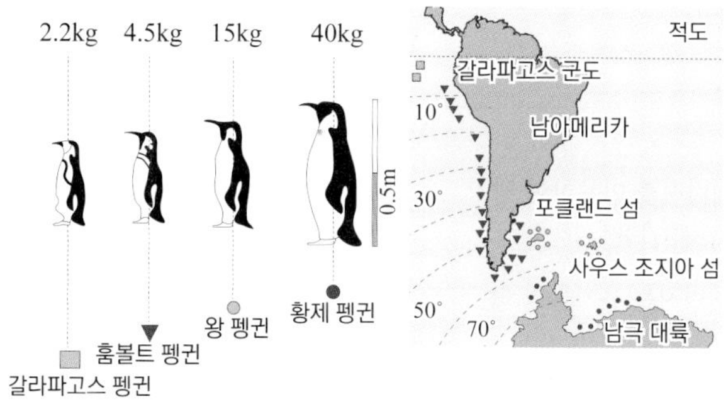

이에 대한 설명으로 옳은 것만을 <보기>에서 있는 대로 고른 것은?

보기

> ㄱ. 펭귄의 크기 차이는 온도에 대한 적응 결과이다.
> ㄴ. 훔볼트 펭귄은 황제 펭귄보다 열 방출량이 많다.
> ㄷ. 갈라파고스 군도에 사는 펭귄은 사우스 조지아 섬에 사는 펭귄보다 크다.

① ㄱ ② ㄴ ③ ㄱ, ㄴ
④ ㄴ, ㄷ ⑤ ㄱ, ㄴ, ㄷ

서술형

16 다음은 생태계를 구성하는 요소 사이의 관계이다.

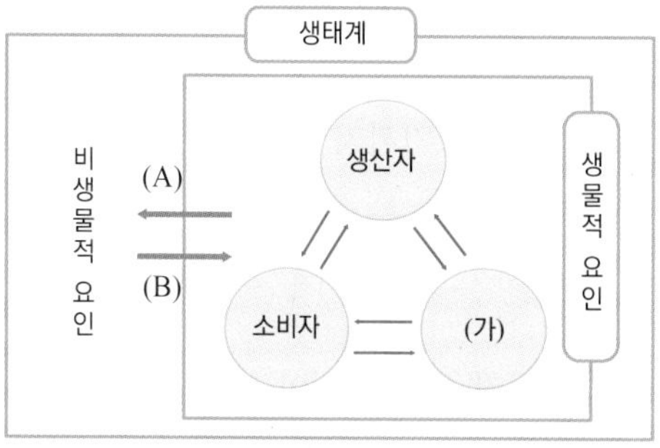

(1) (가)의 생물이 양분을 얻는 방법을 쓰시오.

(2) A와 B의 예를 1가지씩 쓰시오.

서술형

17 하나의 식물체의 다른 위치에 달린 두 잎의 단면 구조이다. (가)와 (나)의 잎의 두께가 차이나는 이유를 비생물적 요인과 관련지어 서술하시오.

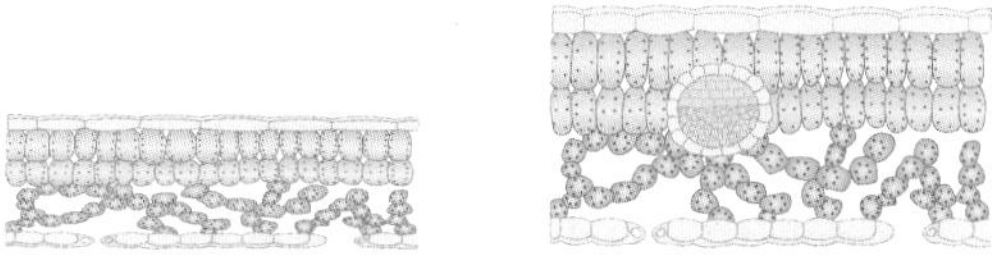

(가) (나)

서술형

18 잠자리는 여름에 햇볕이 뜨거워지면 풀잎에 앉아 꼬리를 쳐들고 물구나무를 서는데, 그 이유는 이와 같은 자세로 있으면 햇볕에 닿는 면적이 줄어들고, 땅에서 올라오는 열을 적게 받기 때문이다. 잠자리의 행동에 영향을 준 환경 요인을 쓰고, 이와 같은 예를 2가지 적으시오.

02 생태계 평형

핵심 Point

- □ 먹이 관계(먹이 사슬, 먹이 그물)
- □ 생태계 평형 유지 원리
- □ 생태 피라미드
- □ 환경 변화가 생태계에 미치는 영향

먹이 관계, 환경 변화가 생태계에 어떻게 영향을 미칠까?

A 먹이 관계와 생태 피라미드

1. 생태계에서의 먹이 관계❶ : 생태계의 생물들은 먹고 먹히는 관계로 얽혀 있다.

① **먹이 사슬❷** : 생태계를 구성하는 생물들 사이의 먹고 먹히는 관계를 생산자에서부터 최종 소비자에 이르기까지 영양 단계를 사슬 모양으로 나타낸 것이다.

• 생태계의 먹이 관계에서 더 이상 다른 생물에게 잡아먹히지 않는 최상위 단계의 포식자

생산자 → 1차 소비자 → 2차 소비자 → 3차 소비나 ⋯ → 최종 소비자

② **먹이 그물❷** : 여러 생물의 먹이 사슬이 복잡하게 얽혀 그물 모양을 이루는 것이다.

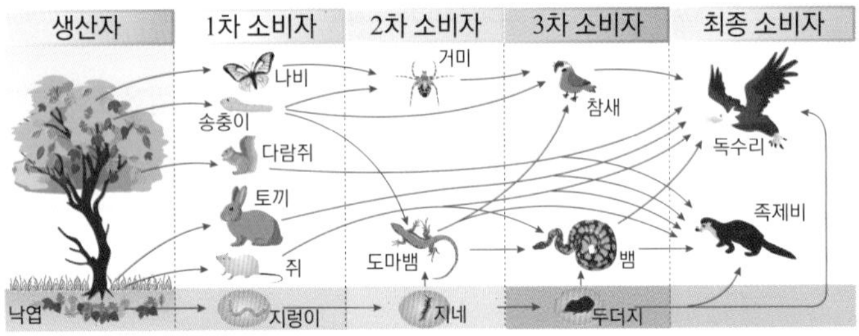

◀ 먹이 그물

2. 먹이 사슬과 에너지 흐름

① 생태계에서 에너지는 먹이 관계를 통해 유기물의 형태로 상위 영양 단계★로 이동한다. → 에너지는 생산자로부터 영양 단계를 거쳐 최종 소비자로 이동한다.

② 생산자가 광합성을 하여 유기물에 저장한 에너지는 각 영양 단계에 속한 생물의 생명 활동을 하는 데 쓰이거나 세포 호흡을 통해 열에너지로 방출되며, 남은 것은 상위 영양 단계로 이동한다. → 상위 영양 단계로 갈수록 총 에너지양은 감소한다.

더 알아보기 생태계에서 물질 순환과 에너지 이동 과정(흐름)

- 생태계의 모든 에너지의 근원은 태양 에너지이며, 생산자는 이 태양 에너지를 이용하여 광합성을 한다. → 세포 호흡으로 방출된 열에너지는 생물이 다시 이용하지 못하므로 생태계가 유지되기 위해서는 태양의 빛에너지가 계속 공급되어야 한다.
- 생산자의 광합성 결과 빛에너지가 화학 에너지로 전환되고, 이 화학 에너지는 유기물의 형태로 저장된다.
- 생산자는 저장된 유기물을 통해 생명 활동에 필요한 에너지를 얻고, 이 과정에서 세포 호흡을 통해 에너지의 일부가 손실된다. → 생태계에서 물질은 순환하지만, 에너지는 순환하지 않는다.
- 생산자의 에너지가 1차 소비자에게 전달될 때 세포 호흡, 고사 등에 의한 손실 에너지만큼은 제외되어 전달된다. → 상위 단계로 갈수록 이동하는 에너지의 양은 감소한다.

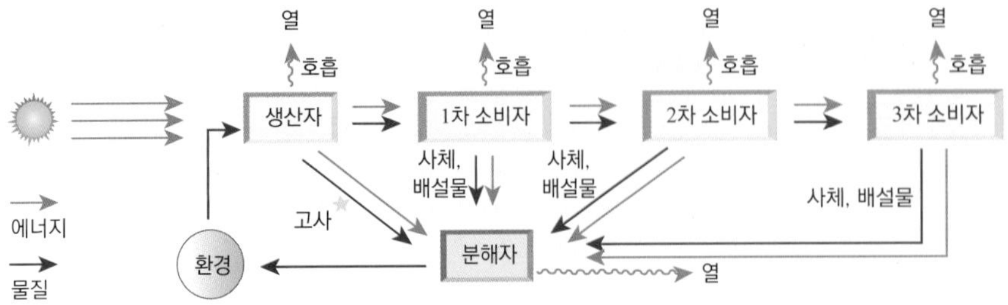

▲ 생태계에서의 에너지 흐름

개념 +

❶ 먹이 관계

먹이 관계를 따라 물질과 에너지가 생산자 → 1차 소비자 → 2차 소비자 → 3차 소비자의 순으로 전달된다.

❷ 먹이 사슬과 먹이 그물

실제 생태계에서는 하나의 생물종이 여러 생물종에게 잡아먹히고, 또 다른 하나의 생물종은 여러 생물종을 잡아먹기도 하므로 여러 개의 먹이 사슬이 얽혀 복잡한 먹이 그물을 나타낸다.

• 생태계를 구성하는 생물종이 다양할수록 먹이 그물이 복잡해진다.

● 각 생물의 영양 단계

생태계의 먹이 그물에서 각 생물에 따라 영양 단계는 달라질 수 있다.

예 뱀은 2차 소비자일 수도, 3차 소비자일 수도 있다.

● 먹이 사슬이 무한하게 이어지지 못하는 이유

먹이 사슬에서 다음 영양 단계로 전달되는 에너지양은 점차 줄어들기 때문에 영양 단계는 3~5단계 이상으로 이어지기 어렵다.

미니사전

★ **영양 단계**

먹이 사슬에서 한 생물이 차지하는 위치로서 생산자, 1차 소비자, 2차 소비자 등이 있다.

★ **고사**

[枯 마르다 死 죽다]

식물이 말라서 죽는 것으로서 가을에 나뭇잎이 떨어지는 것도 고사의 예에 해당한다.

3. 생태 피라미드

(1) 생태 피라미드 : 먹이 사슬에서 각 영양 단계에 속하는 생물의 개체 수, 생물량, 에너지양을 하위 영양 단계부터 상위 영양 단계로 차례로 쌓아올린 것이다. 일반적으로 안정된 생태계에서는 개체 수, 생물량, 에너지양이 상위 영양 단계로 갈수록 줄어들어 피라미드 형태로 나타난다.

(2) 생태 피라미드의 종류

① **개체 수 피라미드 :** 개체 수는 일정한 공간에 서식하는 생물의 개체 수로서 일반적으로 하위 영양 단계의 생물일수록 개체 수가 많다. → 먹히는 생물의 개체 수가 먹는 생물의 개체 수보다 많아야 생태계가 유지될 수 있다.

② **생물량 피라미드 :** 생물량은 일정한 공간에 서식하는 생물 전체의 무게로서 생물의 몸을 구성하는 유기물에 에너지가 저장되어 있으며, 일반적으로 상위 영양 단계로 갈수록 생물량은 감소한다. → 하위 영양 단계의 생물은 개체의 무게가 작아도 개체 수가 많기 때문에 상위 영양 단계의 생물보다 생물량이 많다.

어느 지역 내에 생활하고 있는 생물의 현존량으로서 단위 면적당 생물체의 양을 무게로 나타낸 것이다.

③ **에너지 피라미드 :** 먹이 사슬을 통해 하위 영양 단계에서 상위 영양 단계로 에너지가 전달되는데, 하위 영양 단계가 가지고 있던 에너지는 그 생물의 생명 활동에 쓰이거나 배설물 등으로 배출되고 남은 일부만이 상위 영양 단계로 전달된다.

→ 각 영양 단계에 속한 생물의 생명 활동을 통해 방출된 에너지는 다음 영양 단계로 전달되지 않는다. 즉, 에너지양은 상위 영양 단계로 갈수록 감소한다.

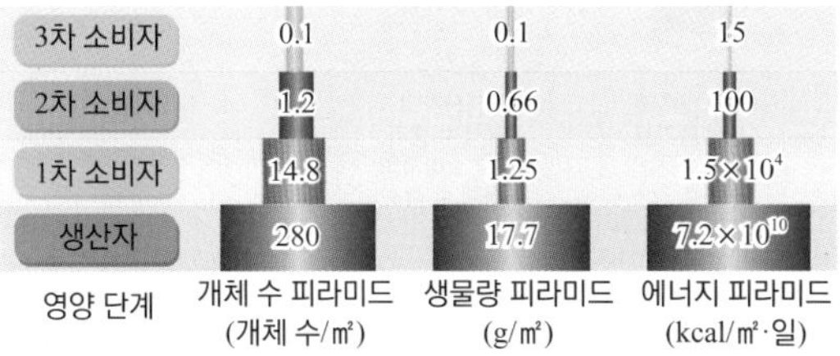

▲ 생태 피라미드

B 생태계 평형

1. 생태계 평형 : 생태계를 구성하는 생물의 종류와 개체 수, 물질의 양, 에너지의 흐름 등이 안정된 상태를 유지하는 것이다.

① 생태계 평형은 기본적으로 먹이 관계에 의해 유지되므로 생물종이 다양하여 먹이 그물이 복잡할수록 생태계 평형이 잘 유지된다.

② 생태계 평형이 유지되는 안정된 생태계에서 개체 수, 생물량, 에너지양은 위로 갈수록 줄어드는 피라미드 형태를 나타낸다. 생태 피라미드가 역전되지 않고 안정적으로 유지되는 상태를 생태계 평형이라고 한다.

2. 생태계 평형에 영향을 주는 요인

① **먹이 관계 :** 생물이 살아가는 데 필요한 에너지는 먹이 관계를 통해 전달되므로 생태계 평형은 먹이 관계에 의해 유지된다.

② **생물 군집 :** 생물 군집은 생태계를 구성하는 요소이므로 생태계가 평형을 유지하기 위해서는 생물 군집이 안정적으로 유지되어야 한다.

③ **비생물적 요인**[3] **:** 빛, 온도, 물, 공기, 서식 공간 등의 비생물적 요인에 의해서 생태계 평형이 유지되기도 한다.

잠깐 탐구 종 다양성과 생태계 평형

자료 분석

① 생태계 A는 하나의 먹이 사슬로 이루어진 생태계로서 개구리가 사라질 경우 뱀은 먹이가 없어 사라진다.

② 생태계 B는 여러 개의 먹이 사슬이 복잡하게 얽힌 생태계로서 개구리가 사라질 경우 뱀은 토끼나 들쥐를 먹으며 살아갈 수 있다.

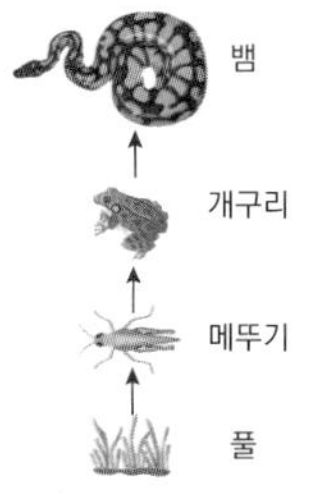

▲ 생물종이 적은 생태계 A

▲ 생물종이 다양한 생태계 B

정리

· 생태계 A의 어느 한 생물종이 사라지면 그 생물종과 먹고 먹히는 관계를 맺는 생물종이 직접 영향을 받는다. → 생태계 평형이 쉽게 깨진다.

· 생태계 B의 어느 한 생물종이 사라져도 대체할 수 있는 생물종이 있다. → 생태계의 평형이 잘 깨지지 않는다.

결론 생물종이 다양하고 먹이 사슬이 복잡할수록 생태계 평형이 잘 유지된다.

개념 +

에너지 근원

생명체가 살아가는 데 필요한 에너지의 근원은 태양의 빛에너지이며, 빛에너지는 생산자의 광합성에 의해 화학 에너지로 전환되어 유기물에 저장된다. 생태계가 유지되려면 끊임없이 태양 에너지가 유입되어야 한다.

에너지 효율

- 생태계의 한 영양 단계에 대한 다음 영양 단계로 이동하는 에너지의 비율이다.
- 일반적으로 에너지 효율은 상위 영양 단계로 갈수록 높아진다.
- 에너지 효율(%) $= \frac{\text{현 영양 단계의 에너지양}}{\text{전 영양 단계의 에너지양}} \times 100$

③ 비생물적 요인의 예

남극 펭귄의 개체 수 조절 : 남극과 같이 매우 추운 환경에서 서식하는 펭귄 개체군은 먹이가 풍부하더라도 개체 수가 계속 증가하지 않고 일정한 수준을 유지한다.

02 생태계 평형

3. 생태계 평형 유지 원리

(1) 안정된 생태계는 어떤 요인에 의해 일시적으로 생태계 평형이 깨지더라도 시간이 지나면 먹이 사슬에 의해 대부분 생태계 평형이 회복된다. • 한 개체군의 개체 수가 변하면 먹이 관계로 연결된 다른 개체군의 개체 수도 연쇄적으로 변하여 평형 상태를 회복한다.

(2) 생태계 평형이 회복되는 과정

① 안정된 생태계에서 1차 소비자의 개체 수가 일시적으로 증가하여 생태계 평형이 깨진다.

② 1차 소비자의 증가에 따라 생산자의 개체 수는 감소하고, 2차 소비자의 개체 수가 증가한다.

③ 2차 소비자가 증가함에 따라 먹이 부족, 천적 증가로 1차 소비자의 개체 수가 감소한다.

④ 생산자의 개체 수가 증가하고, 2차 소비자의 개체 수는 감소하여 다시 생태계 평형이 회복된다.

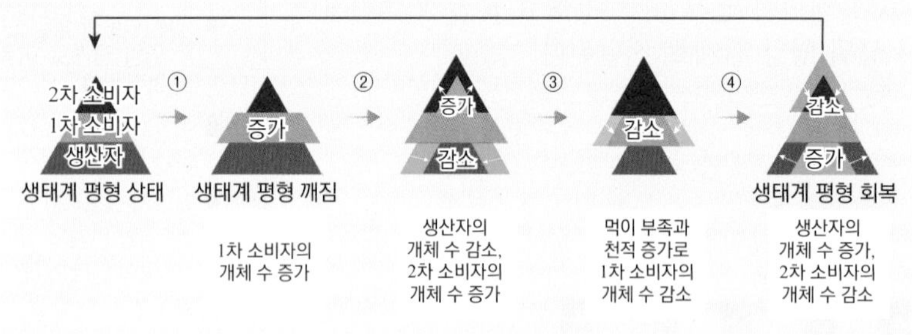

▲ 생태계 평형의 회복 과정

개념+

④ 화산 폭발로 생태계 평형이 깨진 예

1883년 크라카타우라는 인도네시아의 작은 섬에서 거대한 화산 폭발이 일어났다. 그로 인해 섬 면적의 $\frac{2}{3}$ 가 사라졌으며, 매우 큰 해일로 인해 대부분의 생물이 사라졌다.

더 알아보기 카이바브 고원의 생태계 변화

1905년 미국 카이바브 고원에서 사슴을 보호하기 위해 늑대 사냥을 허가한 이후 사슴과 늑대의 개체 수, 초원의 생산량이 변화

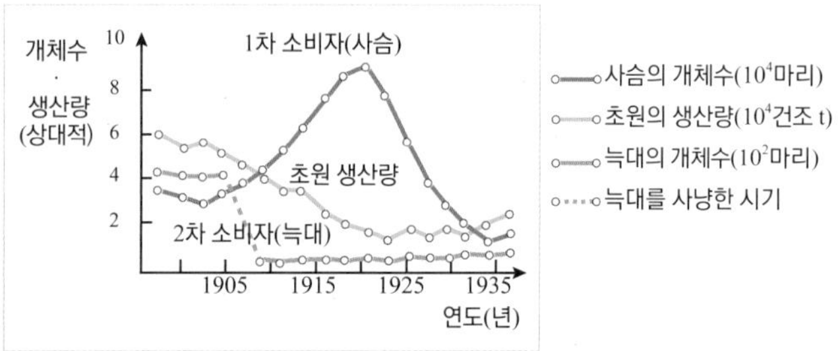

→ 사슴을 보호하기 위해 늑대 사냥을 허가한 것처럼 인위적인 인간의 간섭은 일시적으로 생태계 평형을 파괴할 수 있다.

- 1905년 이후 : 사슴의 포식자인 늑대의 개체 수가 줄어들었기 때문에 사슴의 개체 수가 크게 증가하였다.
- 1920년 이후 : 늘어난 사슴에 의해 초원의 풀이 감소하여 사슴의 먹이가 부족해졌기 때문에 사슴의 개체 수가 급격하게 감소하였다.
- 1935년 이후 : 초원의 생산량이 증가하면서 사슴의 개체 수는 다시 증가하였고, 늑대의 개체 수도 증가하는 과정을 거쳐 생태계는 평형을 회복하게 되었다.

C 환경 변화와 생태계

1. 환경 변화와 생태계 : 안정된 생태계에서는 환경 변화가 일어나 일시적으로 생물의 종류와 개체 수가 변하더라도 대부분 생태계 평형을 회복할 수 있지만, 인간의 활동을 비롯한 여러 요인으로 인해 그 한계를 넘어서는 환경 변화가 일어나면 생태계 평형은 깨질 수 있다.

2. 생태계 평형이 깨지는 요인

① **자연재해에 의한 생태계 파괴 :** 가뭄, 홍수, 산사태, 산불, 화산 폭발④ 등에 의해 숲이 파괴되거나 토양이 유실되면, 생물의 서식지가 사라져 생물 다양성이 낮아지고⑤ 생태계의 먹이 그물에 변화가 일어나 생태계 평형이 깨진다.

⑤ 생물 다양성의 감소 원인

서식지 파괴와 단편화, 외래종의 도입 등과 같은 생물 다양성의 감소 원인은 생태계의 먹이 관계에 영향을 미쳐 생태계 평형을 깨뜨리는 원인이 되기도 한다.

② 인간의 활동에 의한 생태계 파괴

무분별한 벌채★와 남획★	· 인구의 증가로 목재를 얻고 도로, 도시, 댐 등을 건설하기 위해 숲의 나무를 무분별하게 벌목하고 훼손하며, 야생 동물을 포획·채집한다. → 숲의 생태계가 파괴되고, 삼림의 토양이 쉽게 침식된다.
경작지 개발	· 인구의 증가로 식량을 대량 생산하기 위해 대평원을 경작지로 개발한다. → 생물의 서식지가 파괴되어 생태계가 불안정해지고 단순해진다.
무질서한 대규모 건설 사업	· 무질서하게 세워진 도시의 건물 때문에 공기 순환이 원활하지 못해 오염 물질이 쌓이게 되고, 기온이 높아져 열섬 현상⑥ 이 나타난다.
인구의 도시 집중과 산업화에 따른 기후 변화⑦	· 인구의 도시 집중과 산업화(화석 연료 사용 증가)에 따른 대기 중 이산화 탄소의 농도 증가로 지구 온난화가 심화되어 지구 전체의 기후가 변한다. → 기후 변화로 생물의 서식지가 변하거나 파괴되어 생물종이 멸종되기도 한다.
수질 오염	· 공장 폐수, 생활 하수, 축산 폐수에 의한 수질 오염은 하천 생태계 생물의 생존을 위협한다. → 공장 폐수 : 강한 산성 물질이나 중금속을 함유하고 있어 물속에 사는 생물의 생존율과 번식률을 감소시킨다. → 생활 하수, 축산 폐수 : 유기물을 많이 함유하고 있어 하천이나 해양의 플랑크톤 증식에 영향을 미친다.
토양 오염	· 농약 비료 등을 살포하면 토양이 오염되고 작물로 흡수되어 작물을 먹는 조류, 포유류 등에게도 영향을 미친다.
대기 오염	· 자동차 배기가스와 산업 현장에서 발생하는 분진 등이 대기를 오염⑧ 시킨다.

3. 생태계 보전을 위한 노력 : 한번 파괴된 생태계와 생물 다양성을 회복하기 위해서는 많은 비용과 노력이 필요하므로 생태계를 보전하고 생물 다양성을 유지하기 위해 노력해야 한다. → 생태적 기능을 잃은 하천을 복원하여 평형이 깨진 생태계를 되살린다.

① 생물의 서식지를 보호하고 훼손된 서식지를 복원한다. 예 자연형 하천 복원⑨
② 멸종 위기에 처한 생물을 천연 기념물★로 지정하여 보호한다.
③ 도로, 댐의 건설 등으로 단편화된 서식지를 연결하는 생태 통로를 설치한다.
도로나 댐 등의 건설로 단절된 야생 동물의 서식지를 연결하기 위해 인공적으로 만들어 놓은 야생 동물의 이동 통로
④ 생물 다양성이 풍부하여 생태적으로 보전 가치가 있는 곳을 국립 공원으로 지정한다.
⑤ 도시 열섬 현상을 완화하기 위해 옥상 정원을 가꾸고, 도시 중심부에 숲이나 공원을 지정한다.
⑥ 무분별한 환경 개발을 제도적으로 규제한다.

▲ 복원된 완주군 생태 하천

▲ 생태 통로

▲ 옥상 정원

(출처 : 환경부 자연보전국 국토환경평가과 보도 자료)

개념+

⑥ 열섬 현상

- 도심의 기온이 주위의 기온보다 높은 현상이다.
- 자동차, 공장, 주택 등에서 사용하는 열기관으로부터 방출되는 열은 도심의 기온을 높이는 원인이 된다.

⑦ 기후 변화

기상이 지난 30년간의 평균과 크게 다른 현상을 기상 이변이라고 한다. 최근 들어 세계 곳곳에서 극심한 가뭄, 폭우로 인한 홍수, 불볕더위, 오랜 한파 등의 기상 이변이 발생하고 있다.
이러한 기후 변화는 인간뿐 아니라 많은 생물들에게도 큰 영향을 준다.

⑧ 대기 오염

지구 온난화와 같은 기후 변화에 의해 생물의 서식지가 파괴되며 식물의 개화 시기, 동물의 산란 시기 등을 교란시킨다.

⑨ 자연형 하천 복원

콘크리트 제방 대신에 나무, 풀, 흙, 돌 등과 같은 자연 재료를 이용하여 하천 주변에 생물 군집을 조성하고, 수질 정화 시설을 설치하여 물길을 자연스럽게 만들어 준다.
자정 능력을 갖춘 하천을 만들어 생물들의 서식지를 제공하고, 인근 주민들의 휴식처 기능을 하게 된다.

미니사전

★ **벌채**
[伐 베다 採 채집하다]
나무를 베어 내거나 깎아 냄

★ **남획**
[濫 넘치다 獲 얻다]
짐승이나 물고기 따위를 마구 잡음

★ **천연 기념물**
[天 하늘 然 그러하다 記 기록하다 念 생각하다 物 만물]
학술이나 관상적 가치가 높아 이를 보호하기 위해 법률로 지정한 것

개념 체크

정답 및 해설 ➔ 116

Point

01 (㉠)은(는) 생물 사이의 먹고 먹히는 관계를 사슬 모양으로 나타낸 것이고, (㉡)은(는) (㉠)이(가) 복잡하게 얽혀서 형성된 것이다.

02 생태계에서의 먹이 관계와 에너지 흐름에 대한 설명 중 옳은 것은 ○표, 옳지 않은 것은 ×표 하시오.

(1) 유기물에 저장된 에너지는 하위 영양 단계에서 상위 영양 단계로 이동한다. ( )

(2) 먹이 사슬을 통해 이동하는 에너지양은 상위 영양 단계로 갈수록 증가한다. ( )

03 생태계의 먹이 관계와 생태계 피라미드에 대한 설명 중 옳은 것은 ○표, 옳지 않은 것은 ×표 하시오.

(1) 토끼풀 → 토끼 → 뱀의 먹이 관계에서 뱀은 3차 소비자이며, 최종 소비자에 해당한다. ( )

(2) 생태 피라미드에서 생물의 개체 수, 생물량, 에너지양은 상위 단계로 올라갈수록 감소한다. ( )

04 그림처럼 어떤 안정된 생태계에서 1차 소비자의 개체 수가 일시적으로 증가하였을 때 그 다음 단계에서 2차 소비자의 개체 수는 ㉠(감소 , 증가)하고, 생산자의 개체 수는 ㉡(감소 , 증가) 한다.

05 환경 변화와 생태계에 대한 설명 중 옳은 것은 ○표, 옳지 않은 것은 ×표 하시오.

(1) 자연재해는 생태계 평형에 영향을 주지 않는다. ( )

(2) 무질서하게 세워진 도시의 건물은 주변 온도를 낮추는 역할을 한다. ( )

(3) 기후 변화로 생물의 서식지가 변하거나 파괴되어 생물종이 멸종되기도 한다. ( )

탐구

멸치를 통해 알아보는 해양 생태계의 먹이 관계

목표

멸치의 위 속에 들어 있는 먹이를 관찰하여 해양 생물의 먹이 관계를 이해할 수 있다.

준비물 마른 멸치, 뜨거운 물, 비커, 해부칼, 해부침, 받침 유리, 스포이드, 덮개 유리, 현미경

실험 과정

① 마른 멸치를 뜨거운 물에 넣어 5 ~ 10분 정도 불린다. → 멸치의 위를 쉽게 분리하기 위한 과정이다.

② 해부칼로 멸치의 몸통을 가로로 길게 나누고, 해부침을 이용하여 위 속의 내용물을 꺼낸다. → 멸치 위 속에 들어 있는 내용물을 꺼내는 과정으로서 유문수(대부분 어류의 위와 창자 사이에 있으며, 소화 효소를 분비하고, 양분을 흡수하는 기관이다.)를 조심스럽게 제거하면 안쪽에 있는 노란색의 위를 꺼낼 수 있다.

③ 위 속의 내용물을 받침 유리 위에 올려놓고 스포이드로 물을 한 방울 떨어뜨린다.

④ 덮개 유리를 덮은 후 현미경으로 관찰한다. → 위 속에 들어 있는 플랑크톤 등의 생물을 확인하기 위한 과정이다.

!주의

- 크고 곧은 멸치를 사용하는 것이 멸치 위 속의 내용물을 관찰하기 용이하다.
- 멸치의 위는 투명한 막에 싸여 있으며, 검게 보이는 간 아래쪽에 있다.

탐구 결과

멸치의 위 속에서 다양한 식물 플랑크톤, 동물 플랑크톤, 작은 생물들이 관찰된다.

결과 정리 및 해석

① 마른 멸치를 뜨거운 물에 불리는 이유는 무엇인가?
→ 멸치를 뜨거운 물에 불리면 멸치의 위를 쉽게 분리할 수 있으며, 위 속에 들어 있는 플랑크톤을 더 자세하게 관찰할 수 있기 때문이다.

② 멸치와 플랑크톤 중 더 상위 영양 단계의 생물은 무엇인가?
→ 멸치가 플랑크톤을 섭취하였기 때문에 멸치가 플랑크톤보다 더 상위 영양 단계의 생물이다.

③ 멸치 속에 들어 있는 생물은 먹이 관계의 영양 단계에서 어디에 위치하는가?
→ 식물 플랑크톤은 생산자이며, 동물 플랑크톤 등 작은 생물은 소비자이다.

④ 위 실험을 통해 알 수 있는 것은 무엇인가?
→ 멸치는 바다에 사는 식물 플랑크톤 및 동물 플랑크톤을 먹이로 섭취하므로 멸치를 통해 해양 생태계의 먹이 관계를 예상할 수 있다.

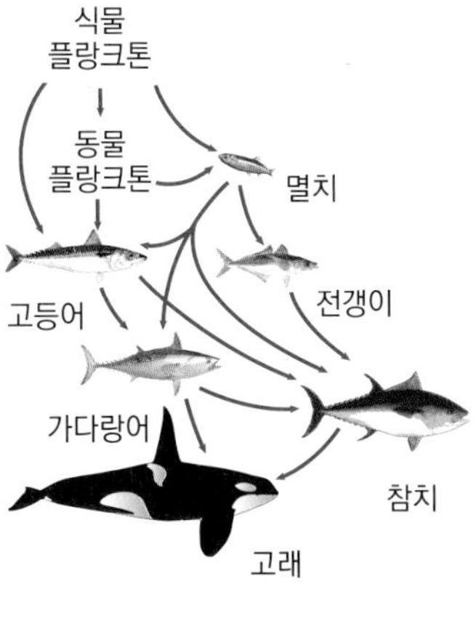

▲ 해양 생태계의 먹이 관계

정답 및 해설 ➔ 116

탐구 문제 1 상어, 오징어, 플랑크톤, 멸치가 함께 서식하는 안정된 해양 생태계에서 멸치의 개체 수가 갑자기 감소했을 때 생태계 평형이 회복되는 과정에 대한 다음 설명의 빈 칸에 알맞은 말을 쓰시오

멸치의 개체 수가 감소하면 플랑크톤의 개체 수는 (㉠)하고, 오징어와 상어의 개체 수는 (㉡)한다. 그 결과 멸치의 개체 수가 (㉢)하므로 플랑크톤의 개체 수는 (㉣)하고, 오징어와 상어의 개체 수는 (㉤)하여 생태계 평형이 회복된다.

1 종 다양성과 생태계 평형

생태계 (가)와 (나)에서의 먹이 관계이다.

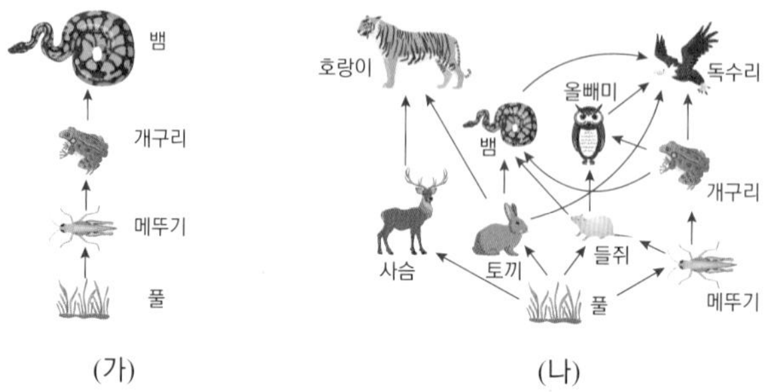

이에 대한 설명으로 옳은 것만을 <보기>에서 있는 대로 고른 것은? (단, 제시된 먹이 관계만 고려한다.)

보 기

ㄱ. (가)에서 개구리의 에너지는 모두 뱀에게로 전달된다.
ㄴ. (나)에서 뱀은 어떤 먹이를 먹느냐에 따라 영양 단계가 달라진다.
ㄷ. 환경의 변화에 대해 안정된 생태계는 (가)이며, 생물 다양성은 (나)가 높다.

① ㄱ　② ㄴ　③ ㄱ, ㄷ　④ ㄴ, ㄷ　⑤ ㄱ, ㄴ, ㄷ

2 생태계 평형의 회복

환경 변화에 의해 안정된 생태계의 평형이 일시적으로 깨진 것을 나타내었다.

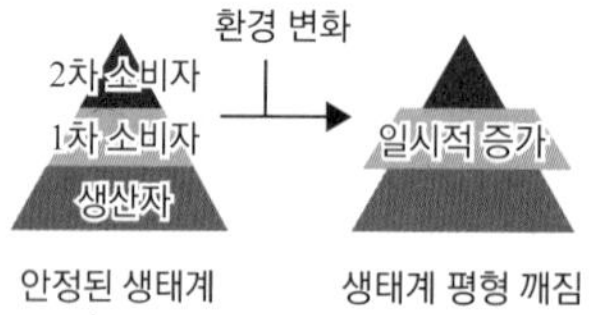

이 생태계가 다시 평형을 회복하는 과정을 <보기>에서 골라 순서대로 옳게 나열한 것은?

보 기

ㄱ.

ㄴ.

ㄷ.

① ㄱ → ㄴ → ㄷ　② ㄱ → ㄷ → ㄴ　③ ㄴ → ㄱ → ㄷ
④ ㄷ → ㄱ → ㄴ　⑤ ㄷ → ㄴ → ㄱ

스스로 실력 높이기

A 먹이 관계와 생태 피라미드

01 옳은 것은 ○표, 옳지 않은 것은 ×표 하시오.

(1) 상위 영양 단계로 갈수록 에너지양은 증가한다. ( )

(2) 생태계에서는 여러 먹이 사슬이 복잡하게 얽혀 먹이 그물을 이룬다. ( )

(3) 먹이 사슬에서 생산자, 1차 소비자와 같은 단계를 영양 단계라고 한다. ( )

02 어떤 생태계의 먹이 사슬이다.

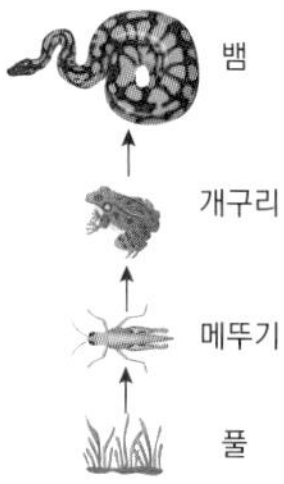

뱀은 이 먹이 사슬의 영양 단계에서 어느 단계에 해당하는가?

( )

03 그림은 생태계에서 측정된 물리량을 하위 영양 단계부터 상위 영양 단계까지 차례로 쌓아올린 것이다.

안정적인 생태계에서 이와 같은 형태로 나타내는 물리량만을 <보기>에서 있는 대로 고른 것은?

보 기

ㄱ. 개체 수　ㄴ. 개체의 무게　ㄷ. 생물량
ㄹ. 에너지양　ㅁ. 에너지 효율

① ㄱ, ㄷ　② ㄴ, ㄹ　③ ㄷ, ㅁ
④ ㄱ, ㄷ, ㄹ　⑤ ㄴ, ㄹ, ㅁ

04 어떤 생태계의 먹이 관계이다.

이에 대한 설명으로 옳은 것만을 <보기>에서 있는 대로 고른 것은?

보 기

ㄱ. 올빼미는 2차 소비자이면서 3차 소비자이다.
ㄴ. 토끼의 개체 수가 증가하면 사슴의 개체 수도 증가한다.
ㄷ. 생태계에서 생물들은 여러 개의 먹이 사슬에 동시에 연결된다.

① ㄱ　② ㄴ　③ ㄱ, ㄷ
④ ㄴ, ㄷ　⑤ ㄱ, ㄴ, ㄷ

05 생태계 (가) ~ (마)에서 각 영양 단계의 개체 수를 상댓값으로 나타내었다.

구분	(가)	(나)	(다)	(라)	(마)
생산자	30	1	55	1000	20
1차 소비자	25	5	55	260	50
2차 소비자	1	13	10	13	70
3차 소비자	15	100	50	2	5

가장 안정된 생태계는 어느 것인가?

① (가)　② (나)　③ (다)　④ (라)　⑤ (마)

B 생태계 평형

06
생태계 평형에 대한 설명이다. 빈칸에 공통으로 들어갈 알맞은 말을 쓰시오.

> 생태계에서 생물이 살아가는데 필요한 에너지는 유기물의 형태로 (　　　)를 통해 하위 영양 단계에서 상위 영양 단계로 전달되므로 생태계의 평형은 (　　　)에 의해 유지된다.

07
생태계 평형에 대한 설명 중 옳은 것은 ○표, 옳지 않은 것은 ×표 하시오.

(1) 생물 다양성이 높으면 생태계 평형이 잘 유지되지 않는다. (　　)

(2) 생태계가 평형을 유지하기 위해서는 생물 군집이 안정적으로 유지되어야 한다. (　　)

(3) 안정된 생태계에서는 생물의 개체 수가 일시적으로 증감하더라도 회복될 수 있다. (　　)

08
미국 카이바브 고원에서 사슴 개체군을 보호하기 위해 1905년에 늑대의 사냥을 허용하기 전과 후에 사슴과 늑대의 개체 수 및 초원의 생산량 변화이다.

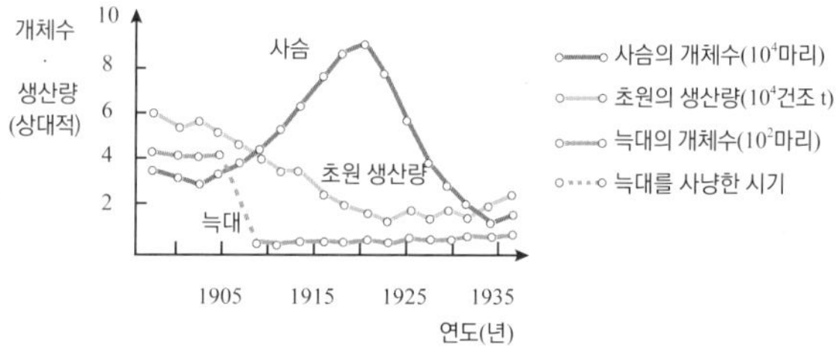

이에 대한 설명으로 옳은 것만을 <보기>에서 있는 대로 고른 것은?

보 기

ㄱ. 이 지역의 먹이 사슬은 풀 → 사슴 → 늑대이다.
ㄴ. 인위적으로 포식자를 제거하면 생태계의 안정성이 높아진다.
ㄷ. 1920년대 이후 사슴 개체 수가 감소한 것은 사람들이 사슴을 사냥하였기 때문이다.

① ㄱ　② ㄴ　③ ㄱ, ㄷ　④ ㄴ, ㄷ　⑤ ㄱ, ㄴ, ㄷ

09
생태계 평형에 대한 학생 A ~ C의 대화 내용이다.

> 학생 A : 생물 다양성은 생태계 평형과 관련이 없어.
> 학생 B : 환경 변화에도 생물의 종류와 개체 수가 변하지 않는 것을 말해.
> 학생 C : 평형을 이룬 생태계에서는 에너지 흐름이 급격하게 변하지 않아.

옳은 얘기를 한 학생만을 있는 대로 고른 것은?

① A　② C　③ A, C　④ B, C　⑤ A, B, C

10
어떤 안정된 생태계에 환경 변화가 발생하여 생태계의 평형이 일시적으로 깨진 후 다시 평형 상태로 회복하기까지의 과정에서의 개체 수 피라미드의 변화이다.

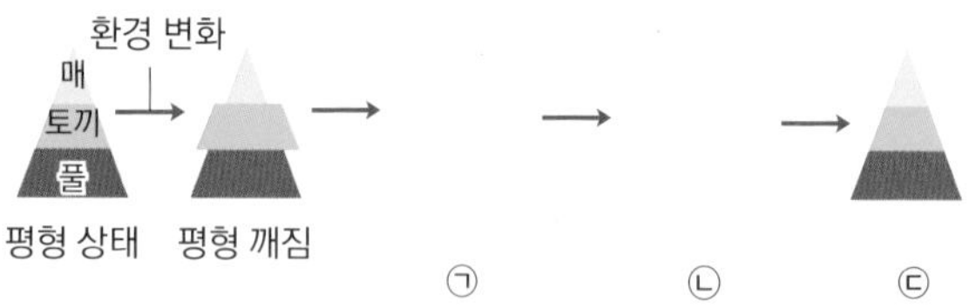

이에 대한 설명으로 옳은 것만을 <보기>에서 있는 대로 고른 것은?

보 기

ㄱ. ㉠에서 생산자의 개체 수는 증가한다.
ㄴ. 1차 소비자의 개체 수는 ㉡보다 ㉠에서 더 많다.
ㄷ. ㉢에서 각 영양 단계 생물의 개체 수는 생태계 평형이 파괴되기 이전과 같다.

① ㄱ　② ㄴ　③ ㄱ, ㄴ　④ ㄴ, ㄷ　⑤ ㄱ, ㄴ, ㄷ

정답 및 해설 ➜ 116

C 환경 변화와 생태계

11 생태계 평형 유지를 위한 노력에 대한 설명이다. 이 인공 구조물은 무엇인가?

> 도로, 댐 건설 등으로 인해 생물의 서식지가 단절되거나 훼손 또는 파괴되는 것을 방지하고, 생물의 이동 등 생태계의 연속성 유지를 위하여 인공 구조물을 설치한다.

(　　　　　)

12 환경 변화와 생태계에 대한 설명 중 옳은 것은 ○표, 옳지 않은 것은 ×표 하시오.

(1) 도심에서는 건물이 공기의 순환을 막아 열섬 현상이 나타나 생물의 생태계가 깨진다. (　　)

(2) 경작지 개발, 무분별한 벌목, 생태 통로 설치 등으로 인해 생물의 서식지가 사라진다. (　　)

(3) 홍수, 가뭄, 산불 등 자연재해는 생태계 평형을 깨뜨리지 않는 한계 내에서만 일어난다. (　　)

13 사진은 생태계의 보전을 위한 인간의 활동 중 하나를 나타낸 것이다.

이 활동에 대한 설명으로 옳은 것만을 <보기>에서 있는 대로 고른 것은?

보 기

ㄱ. 멸종 위기종을 복원하기 위한 것이다.
ㄴ. 서식지가 단절된 생물들의 서식지를 복원하기 위한 것이다.
ㄷ. 생물의 먹이 관계를 단순화시켜 생태계의 평형 유지 능력을 높이기 위한 것이다.

① ㄱ　② ㄴ　③ ㄱ, ㄴ　④ ㄴ, ㄷ　⑤ ㄱ, ㄴ, ㄷ

14 생태계 보전을 위한 노력으로 옳은 것만을 <보기>에서 있는 대로 고른 것은?

보 기

ㄱ. 멸종 위기에 처한 생물을 천연기념물로 지정한다.
ㄴ. 산을 깎아 도로를 건설할 때 생태 통로를 설치한다.
ㄷ. 간척 사업을 활발하게 하여 갯벌을 경작지로 만든다.

① ㄱ　② ㄴ　③ ㄱ, ㄴ　④ ㄴ, ㄷ　⑤ ㄱ, ㄴ, ㄷ

서술형

15 A는 사람이 고구마를 식량으로 하였을 때, B는 같은 양의 고구마로 돼지를 키워 돼지고기를 식량으로 하였을 때의 에너지 피라미드이다.

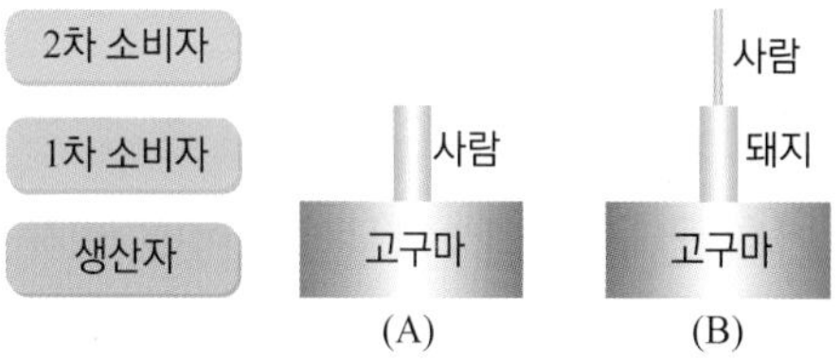

A와 B 중 같은 양의 고구마로 더 많은 사람을 부양할 수 있는 방법을 근거와 함께 서술하시오.

서술형

16 어떤 초원 생태계에서 사슴 개체군을 보호하기 위해 1905년에 늑대의 사냥을 허용한 후 사슴과 늑대의 개체 수 및 초원의 생산량 변화이다. 이를 통해 알 수 있는 사슴과 초원의 생산량의 관계를 서술하시오.

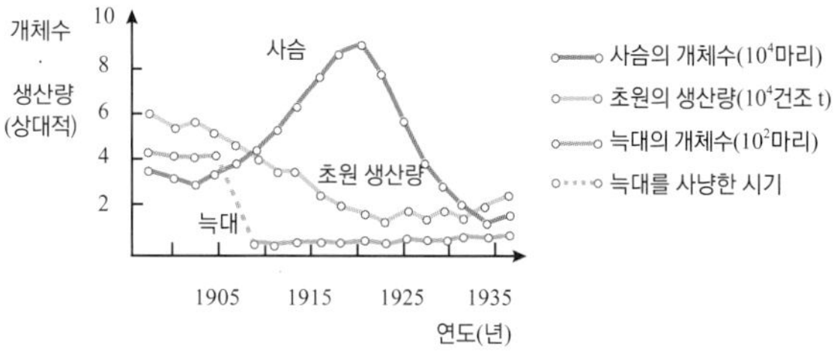

서술형

17 인구의 증가와 인공 시설물의 증가로 인해 도시 중심부의 기온이 높게 나타나는 현상은 무엇인지 쓰고, 이를 해결할 수 있는 방법을 서술하시오.

03 지구 환경 변화와 인간 생활

핵심 Point

- □ 기후 변화
- □ 지구 온난화
- □ 대기와 해수의 순환
- □ 사막화
- □ 엘니뇨

지구 온난화에 의해 인간 생활은 어떤 영향을 받을까?

A 기후 변화

1. 기후 변화 : 일정 지역에서 오랜 기간에 걸쳐 기후❶가 변화하는 현상이다.

2. 기후 변화의 원인 : 지구에서 일어나는 활동에 의한 지구 내적 원인과 지구의 운동과 관련된 지구 외적(천문학적) 원인 그리고 인위적 원인이 있다.

지구 내적 원인	· **지표면의 변화** : 빙하 면적이 증가하거나 숲이 줄어들면 지표면의 반사율이 증가한다. · **대규모 화산 활동** : 다량의 화산재가 대기로 방출되면 햇빛의 대기 투과율이 낮아져 기온이 하강한다. · **수륙 분포 변화** : 대륙이 이동하면 대기와 해수의 순환이 변하여 기후가 변한다. · **대기 조성의 변화** : 대기 중의 이산화 탄소 농도 변화 등에 의해 기후가 변한다.
지구 외적 원인	· 태양 활동에 따라 지구로 들어오는 태양 에너지양이 변한다. · 지구 자전축의 기울기, 지구 자전축의 경사 방향, 지구 공전 궤도 모양이 주기적으로 변한다. → 태양 복사 에너지의 입사량이 변하여 기후가 변한다. 예 지구 자전축의 기울기가 커지면 여름과 겨울의 태양 복사 에너지의 입사량 차이가 커져 기온의 연교차가 커진다.
인위적 원인	· 화석 연료의 사용에 의해 대기 조성이 변한다. · 지나친 삼림 벌채에 의해 지표면 반사율이 변한다.❷

수로 인간의 활동에 의해 기후 변화를 일으키는 요인

3. 기후 변화 연구 방법 : 나무의 나이테, 빙하 시추물, 지층 및 화석 연구가 있다.

나무의 나이테 연구	· 기온이 높고 강수량이 많을수록 나무의 생장 속도가 빨라 나이테의 간격이 넓고 밀도가 작아진다. · 나이테는 1년에 하나씩 형성되므로 1년 단위의 기후 변화를 알 수 있다. → 생존 기간이 겹치는 여러 나무의 나이테를 비교하면 수천 년 전까지의 기후를 알 수 있다.
빙하 시추물 연구	· 빙하 얼음 속 공기 방울로부터 눈이 내릴 당시의 대기 성분을 알 수 있다. · 빙하의 얼음을 구성하는 물 분자의 산소 동위 원소비❸ ($^{18}O/^{16}O$)로부터 기온 변화를 추정할 수 있다. · 빙하 코어에는 1년에 하나씩 형성된 층이 존재한다.❹ (빙하에 구멍을 뚫어 채취한 얼음 기둥) → 빙하의 생성 시기와 수십만 년 전까지의 기후를 알 수 있다.
지층 연구	· 지층의 구성 광물이나 암석의 종류, 퇴적 구조 등을 연구하여 과거의 기후 변화를 알 수 있다.
화석 연구	· 해저 퇴적물이나 퇴적암 속에는 서식 환경이 다양한 생물의 화석이 포함되어 있다. → 화석의 종류와 분포로부터 퇴적층이 형성될 당시 번성하였던 생물의 종을 연구하여 수억 ~ 수십억 년 전까지의 기후를 알 수 있다. 예 석탄층(열대 육지 환경), 산호 화석(온난한 해양 환경)

▲ 나무의 나이테

▲ 빙하 시추물

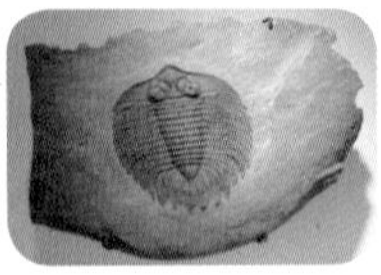
▲ 삼엽충 화석

4. 과거의 기후 변화 : 지질 시대에는 빙하기와 간빙기가 여러 차례 있었고 작은 기후 변동이 계속되었으며, 20세기 중반 이후로 지구의 평균 기온이 급격히 상승하고 있다.

개념 +

❶ 기후와 기상

- 기후 : 오랜 시간 동안 평균적으로 나타나는 대기 상태를 의미한다.
- 기상 : 짧은 기간 동안 나타나는 기온, 강수 등의 대기 상태로서 시시각각 변하는 현재의 날씨를 의미한다.

❷ 지표면의 반사율 변화에 따른 기후 변화

삼림 면적 감소 → 지표의 반사율 증가 → 지구에 흡수되는 태양 복사 에너지양 감소 → 기온 하강

❸ 빙하의 산소 동위 원소비

빙하의 산소 동위 원소비($^{18}O/^{16}O$)를 측정하여 빙하가 쌓일 당시의 기온을 추정할 수 있다. 기온이 높을수록 그 시기에 생성된 빙하의 산소 동위 원소비($^{18}O/^{16}O$)가 높다. 기온이 높을수록 상대적으로 무거운 ^{18}O을 포함한 수증기가 많이 증발하기 때문이다.

❹ 빙하의 줄무늬

- 극지방에서 눈이 쌓이는 과정은 계절에 따라 차이가 있다.
- 여름철에는 겨울철과 달리 눈의 표면이 약간 녹으면서 쌓이므로 빙하에도 나무의 나이테처럼 줄무늬가 형성된다.

B 지구 온난화

1. 지구 온난화 : 대기 중 온실 기체의 양이 증가하면서 지구의 평균 기온이 계속 상승하는 현상이다.

① **온실 기체⑤ :** 지구 복사 에너지를 흡수하여 온실 효과를 일으키는 기체이다. 예 수증기, 이산화 탄소, 메테인, 산화 이질소, 오존, 클로로플루오로탄소(CFC) 등

② **지구 온난화에 가장 큰 영향을 미치는 온실 기체 :** 이산화 탄소

2. 지구 온난화의 원인 : 온실 기체의 농도 증가로 인해 온실 효과⑥가 심화되어 지구 온난화가 일어난다.

① 산업 혁명 이후 화석 연료의 사용량이 급격하게 증가하여 대기 중 이산화 탄소의 농도가 증가하였다. (최근 일어나는 지구 온난화의 주요 원인)

② 과도한 삼림 벌채로 인해 광합성량이 감소함으로써 온실 기체의 농도가 증가하였다.

③ 가축 사육 : 가축의 호흡으로 인해 이산화 탄소가 배출되고, 가축의 소화 활동에 의해 메테인이 배출된다.

3. 지구 온난화의 영향

해수면 상승	· 빙하의 융해와 해수의 열팽창이 일어나 해수면이 상승한다. (수온의 상승으로 해수의 부피 팽창) (극지방과 고산 지대의 빙하가 녹아 해수로 유입) → 해안 저지대가 침수되어 생활공간(서식지)이 줄어들고, 육지 면적과 곡물 생산량이 감소한다.
기상 이변	· 수온이 상승하면서 강수량과 증발량이 변하여 집중 호우와 홍수, 가뭄 등 이상 이변이 발생하고, 폭풍 해일이나 대규모 태풍이 발생한다. (해수면에서 증발한 수증기가 응결할 때 방출되는 열에 의해 발달)
생태계 변화	· 멸종 위기 생물종의 증가로 생물 다양성이 낮아질 수 있고, 육지와 해양 생태계가 변할 수 있다.
해양 산성화	· 해수에 녹은 이산화 탄소는 해양 산성화를 일으켜 해양 생물의 서식 환경을 바꾼다. → 해양 생물의 대량 멸종을 유발할 수 있다.
기타	· 말라리아나 뎅기열과 같은 질병의 발생 지역이 확대된다.

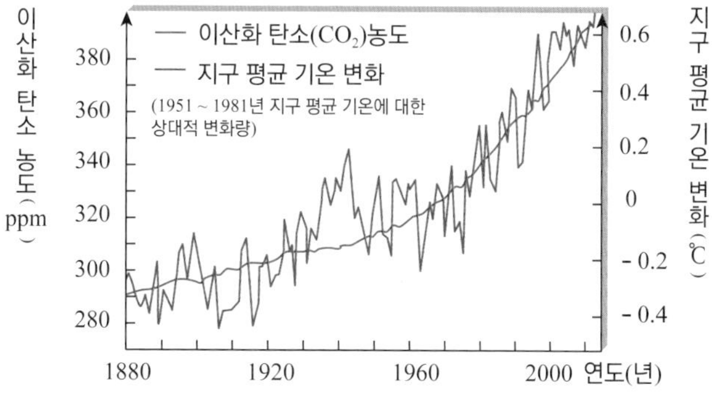

▲ 대기 중 이산화 탄소 농도와 평균 기온 변화

4. 한반도의 지구 온난화

(1) 기후 변화 경향성 : 지구 온난화의 영향으로 우리나라의 평균 기온은 상승하고 있다.

① 20세기에 우리나라의 평균 기온 상승률은 지구 전체 평균 기온 상승률의 약 2배이다.

② 대기 중 온실 기체 농도의 증가로 인해 최근 약 30년 간 평균 기온이 급격하게 상승하였다.

개념 +

⑤ 온실 기체의 성질

적외선을 잘 흡수하므로 태양 복사 에너지(주로 가시광선)는 거의 흡수하지 않고, 지구가 방출하는 지구 복사 에너지를 잘 흡수한다.

⑥ 온실 효과

대기 중의 온실 기체가 태양 복사 에너지는 통과시키고, 지구 복사 에너지 중 일부를 흡수하여 지표로 재방출함으로써 지구의 평균 기온이 높게 유지되는 현상이다.

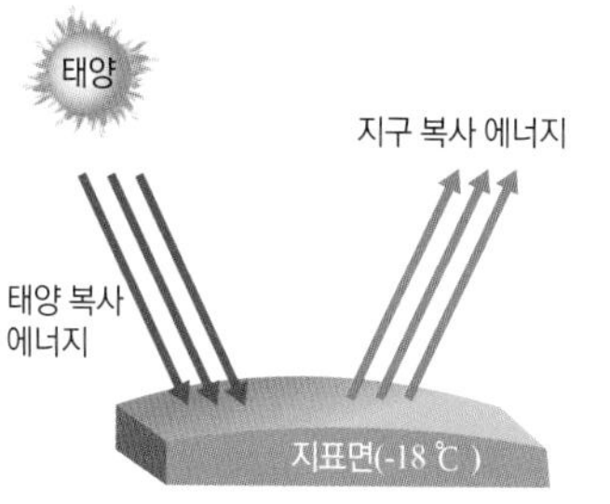

▲ 대기가 없다고 가정할 경우

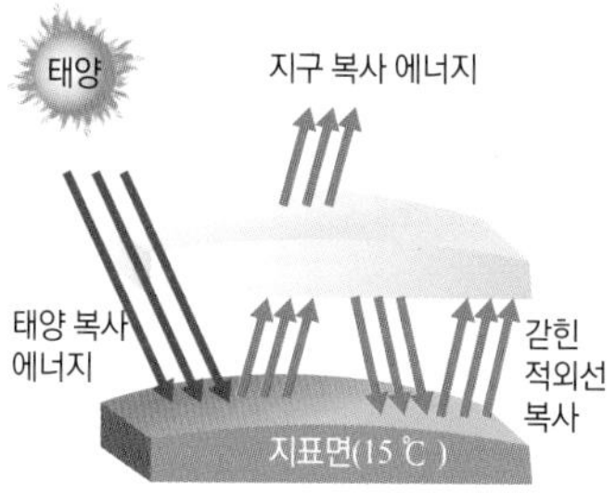

▲ 대기에 의한 온실 효과

기후 변화의 다양한 원인

- 화산 분출물 중 화산재는 빛을 차단하여 기온을 낮추고, 수증기나 이산화 탄소는 온실 효과로 기온을 높인다.
- 숲이 줄어들면 지표면의 반사율이 증가하여 기온이 낮아지며, 광합성량이 감소하여 기온이 높아진다.

(2) 기후 변화로 나타나는 영향

① **아열대 기후구★ 확대 :** 아열대 기후구가 북쪽으로 확대된다. • 21세기 말에는 아열대 기후가 산지를 제외한 남부 지방의 전 역으로 확대될 것이다.

• 열대와 온대의 중간에 해당하는 기후

② **계절의 길이 변화 :** 여름은 점점 길어지고, 겨울은 점점 짧아진다.

③ **봄꽃의 개화 시기 변화 :** 벚꽃, 개나리 등 봄꽃의 개화 시기가 점차 빨라진다.

④ **동식물의 서식지 변화 :** 사과, 한라봉 등 농작물의 재배지가 북상하고, 연안 수온이 상승하여 난류성 어종의 서식지가 북상한다. • 오징어와 갈치 어획량 증가, 해파리 피해 증가

5. 지구 온난화를 막기 위한 노력

: 온실 기체의 배출량을 줄이는 노력을 해야 한다.

① 화석 연료의 사용을 억제하고, 화석 연료를 대체할 수 있는 신재생 에너지(태양열, 태양광, 바람, 지열 등)를 개발하며, 에너지 효율을 높이는 기술을 개발한다.

② 숲의 면적을 늘려 대기 중 이산화 탄소의 농도를 낮춘다.

③ 국제 협약에 가입하고, 협약의 내용을 이행하기 위해 노력한다.

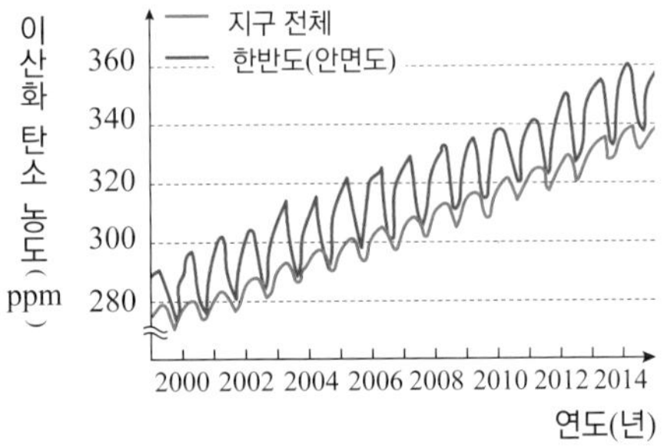

[대기 중 이산화 탄소 농도 변화]

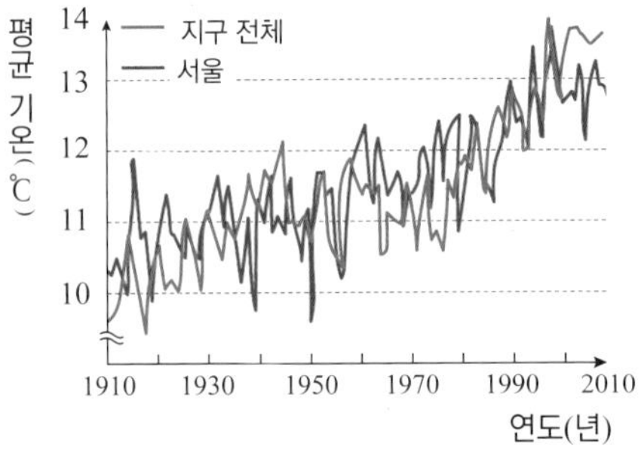

[연평균 기온 변화]

▲ 한반도와 지구 전체의 기후 변화 경향성

개념 +

기후 변화 협약

● 유엔 기후 변화 협약 : 온실 기체의 배출 감축 전략을 수립하고 시행하는 국제 협약으로서 현재 195개국이 가입되어 있다.

● 파리 협정 : 2015년 열린 유엔 기후변화협약 당사국 총회에서 2020년 이후의 기후 변화에 대응하기 위해 채택한 합의문으로서 모든 국가가 자발적으로 이산화 탄소 배출 감축에 참여할 것을 촉진한다.

미니사전

★ **기후구**

[氣 候 기후, 區 나누다]

같은 위도의 지역은 대체로 동일한 기후를 보이므로 기후대라고 하며, 동일한 기후대에서도 지역에 따라 작은 차이가 있으므로 기후의 차이가 뚜렷한 지역을 세분하여 기후구라고 한다.

개념 체크

정답 및 해설 → 118

Point

01 기후 변화에 대한 설명 중 옳은 것은 ○표, 옳지 않은 것은 ×표 하시오.

(1) 기온이 높을수록 나무의 나이테 간격은 좁게 나타난다. (　　)

(2) 지질 시대에는 빙하기와 간빙기가 여러 차례 반복되었다. (　　)

(3) 빙하 면적이 감소한 지역은 지표면의 반사율이 감소한다. (　　)

(4) 대규모 화산 활동은 기후 변화의 지구 외적 원인에 해당한다. (　　)

02 지구 온난화의 원인이 아닌 것은?

① 해수면 상승　② 과도한 삼림 벌채　③ 화석 연료 사용

④ 메테인 배출　⑤ 이산화 탄소 농도의 증가

03 한반도의 기후 변화에 대한 설명 중 옳은 것은 ○표, 옳지 않은 것은 ×표 하시오.

(1) 아열대 기후 지역이 북쪽으로 확대된다. (　　)

(2) 봄꽃의 개화 시기가 점점 늦어지고 있다. (　　)

(3) 한반도의 연평균 기온 상승률은 지구 전체의 평균 기온 상승률보다 크다. (　　)

C 대기와 해수의 순환

1. 위도별 에너지 불균형 : 지구는 구형이므로 저위도 지역이 고위도 지역보다 단위 면적당 태양 에너지를 많이 받아 위도별 에너지 불균형이 발생한다.

① **위도별 복사 에너지 :** 저위도는 에너지가 과잉이고, 고위도는 에너지가 부족하다.

② **에너지 불균형 해소 :** 대기와 해수의 순환으로 저위도의 남은 에너지가 고위도로 이동하여 지구는 전체적으로 균형을 유지하게 된다. ← 대기 대순환과 해수의 표층 순환의 역할

2. 대기 대순환 : 크고 작은 여러 규모의 대기 순환 중 지구 전체 규모로 일어나는 순환이다.

① **발생 원인 :** 위도에 따른 에너지 불균형에 의해 발생하고, 지구 자전의 영향을 받는다.

② **대기 대순환 모형 :** 적도에서 가열된 공기가 상승하고, 극에서 냉각된 공기가 하강하여 순환을 이루는데, 지구 자전의 영향을 받아 적도에서 극 사이에 3개의 순환 세포가 형성된다.

해들리 순환 (적도 ~ 위도 30°)	· 적도 부근에서 가열되어 상승한 공기가 고위도로 이동하다가 위도 30° 부근에서 하강하여 다시 적도 지방으로 이동하는 순환이다. → 지상에는 무역풍이 분다.
페렐 순환 (위도 30°~ 60°)	· 30° 부근에서 하강한 공기가 고위도로 이동하다가 극에서 저위도로 이동하는 공기와 위도 60° 부근에서 만나 상승하는 순환이다. → 지상에는 편서풍이 분다.
극순환 (위도 60°~ 극)	· 극에서 냉각되어 하강한 공기가 저위도로 이동하다가 위도 60° 부근에서 다시 극지방으로 상승하는 순환이다. → 지상에는 극동풍이 분다.
대기 대순환의 기압대	· 적도 : 상승 기류에 의해 적도 저압대가 형성된다. → 습한 기후, 열대 우림 분포 · 위도 30° : 하강 기류에 의해 아열대 고압대가 형성된다. → 건조한 기후, 사막 분포 · 위도 60° : 편서풍과 극동풍이 만나 한대 전선대(저압대)가 형성된다.

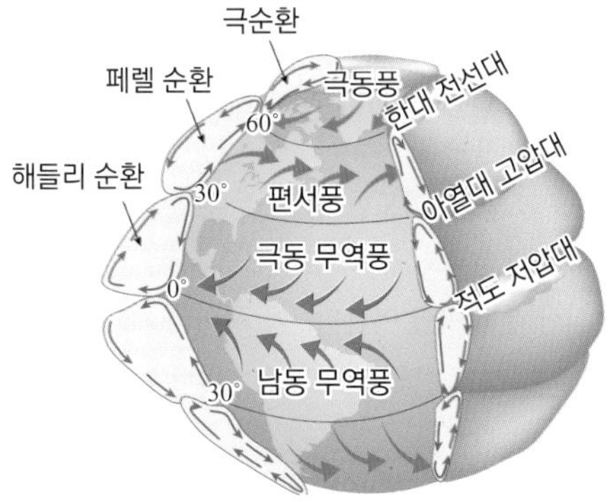

▲ 대기 대순환 모형

3. 해수의 표층 순환

① **표층 해류의 발생 원인 :** 해수면 위에서 지속적으로 부는 바람에 의해 발생한다.

② **해수의 표층 순환 :** 대기 대순환의 바람과 대륙의 영향으로 표층 해류가 순환한다.

동서 방향의 표층 해류	대기 대순환의 바람에 의해 동서 방향의 해류가 발생한다. · 무역풍대 : 동 → 서로 해류가 흐른다. 예 북적도 해류, 남적도 해류 · 편서풍대 : 서 → 동으로 해류가 흐른다. 예 북태평양 해류, 북대서양 해류, 남극 순환 해류
남북 방향의 표층 해류	동서 방향으로 흐르는 해류가 대륙에 막히면 해류의 방향이 남북 방향으로 바뀐다. · 난류 : 저위도 → 고위도로 흐르는 해류이다. 예 쿠로시오 해류, 멕시코 만류, 동오스트레일리아 해류 · 한류 : 고위도 → 저위도로 흐르는 해류이다. 예 캘리포니아 해류, 카나리아 해류, 페루 해류

개념 +

위도별 복사 에너지양 분포

- 적도 ~ 위도 약 38°
  : 태양 복사 에너지 흡수량 > 지구 복사 에너지 방출량
  → 에너지 과잉
- 위도 약 38°~ 극
  : 태양 복사 에너지 흡수량 < 지구 복사 에너지 방출량
  → 에너지 부족
- 위도별 에너지 불균형을 해소하기 위해 대기와 해수의 순환이 일어난다.

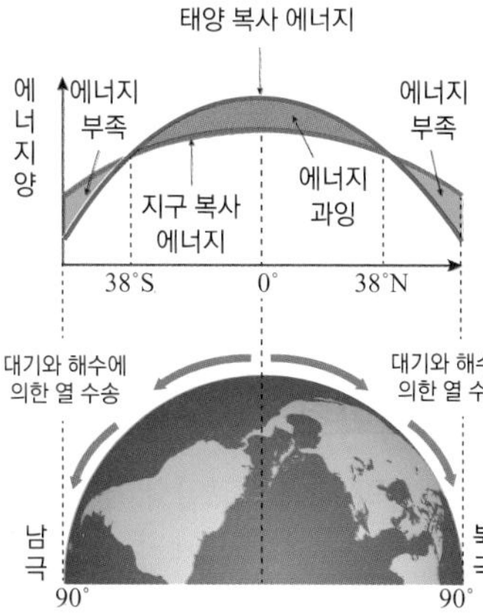

▲ 위도별 복사 에너지 수지

대기 대순환에 따른 기후와 식생

- 적도 : 저압대가 형성되어 습한 기후 → 열대 우림 형성
- 위도 30° : 고압대가 형성되어 건조한 기후 → 사막이 많이 분포

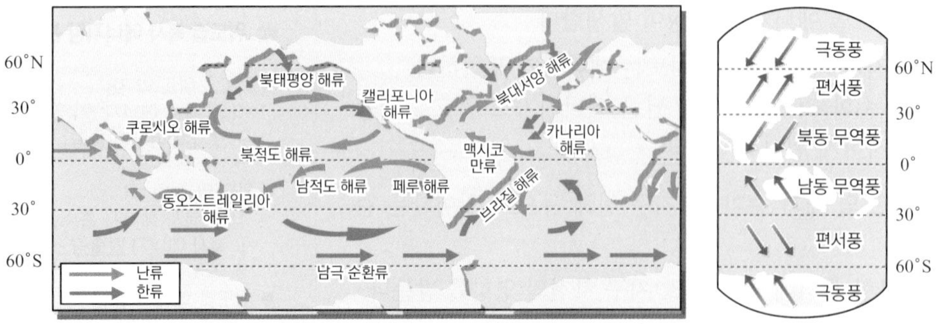

▲ 대기 대순환과 해수의 표층 순환

→ 동서 방향으로 흐르는 해류가 대륙에 막히면 해류의 방향이 남북 방향으로 바뀌어 대체로 원형을 그리며 표층 순환을 형성하며, 아열대 해역에서 북반구는 시계 방향, 남반구는 시계 반대 방향으로 순환하여 적도를 경계로 대칭을 이룬다.⑦

D 사막화

연평균 강수량이 250mm 이하인 건조한 지역

1. 사막화 : 사막 주변 지역의 토지가 황폐해져 점차 사막으로 변하는 현상이다.

① **사막 지역 :** 고압대가 형성되는 위도 30° 부근에 주로 분포한다.

→ 하강 기류가 발달하여 대체로 날씨가 맑고 기후가 건조하기 때문이다.

② **사막화 지역 :** 사막 주변에 분포하며, 건조 지역이 확대되면서 사막이 넓어진다.

발생 원인	· 자연적인 원인 : 지구 온난화에 의한 대기 대순환의 변화에 따른 지속적인 가뭄이다. · 인위적인 원인 : 과도한 방목, 과도한 경작, 무분별한 삼림 벌채 등으로 인해 토양이 황폐화된다.
피해	· 토지가 황폐해져 식량 부족이 일어난다. 예 사하라 사막 남쪽의 사헬 지역 · 중국과 몽골 지역의 사막화로 인해 우리나라의 연평균 황사⑧ 일수가 증가한다. 예 고비 사막 주변 · 생물이 서식지를 잃어 생태계에 변화가 일어난다.
대책	· 삼림 벌채 및 가축의 과잉 방목을 줄인다. · 숲의 면적을 늘린다. · 사막화 관련 국제 협약을 준수한다.

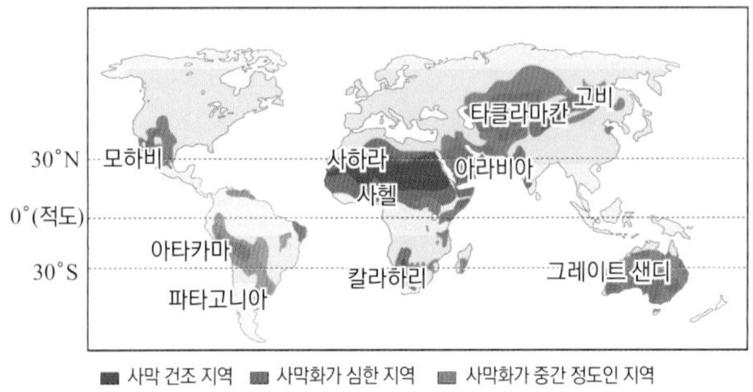

→ 사막 : 강수량이 적고 증발량이 많은 위도 20 ~ 40° 부근의 중위도 고압대

→ 사막화 현상 : 아프리카 대륙, 중국 등지에 강수량이 크게 줄어들어 삼림이 파괴된 곳에서 잘 일어난다.

▲ 사막과 사막화 지역

개념+

⑦ 아열대 순환

- 북태평양 아열대 순환 : 북적도 해류 → 쿠로시오 해류 → 북태평양 해류 → 캘리포니아 해류 (시계 방향)
- 북대서양 아열대 순환 : 북적도 해류 → 멕시코만류 → 북대서양 해류 → 카나리아 해류(시계 방향)
- 남태평양 아열대 순환 : 남적도 해류 → 동오스트레일리아 해류 → 남극 순환류 → 페루 해류 (시계 반대 방향)

사막화 원인과 영향의 예

- 아프리카 사하라 사막 남쪽의 사헬 지역은 초원을 개간하여 토양이 황폐해지면서 사막화가 급격히 진행되고 있다.
- 고비 사막 주변의 사막화로 우리나라에 황사가 자주 발생한다.

⑧ 황사

중국 내륙, 몽골의 황토 지대에서 강한 바람에 의해 상공으로 올라간 모래 먼지가 편서풍을 타고 와 한반도 부근에서 가라앉는 현상이다.

E 엘니뇨 ── 기권과 수권의 상호 작용

1. 엘니뇨[9] : 적도 부근 동태평양 해역의 표층 수온이 평년보다 높은 상태로 지속되는 현상이다.

① **발생 원인 :** 무역풍의 약화로 인한 표층 해수의 흐름이 둔해져 발생한다.

② **평상시와 엘니뇨 발생 시의 기후 비교**

구분	평상시	엘니뇨 발생 시
대기와 해수의 흐름 모식도	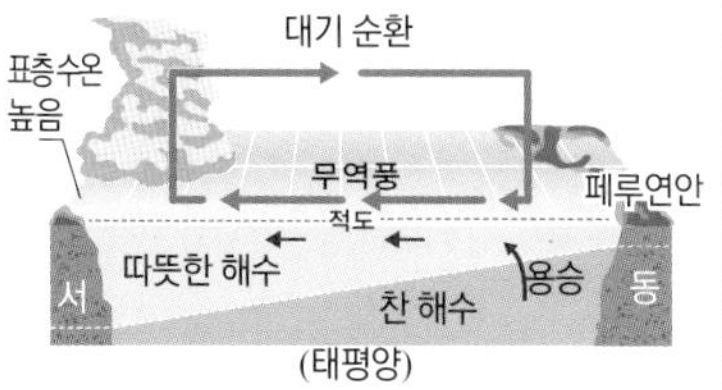 (태평양)	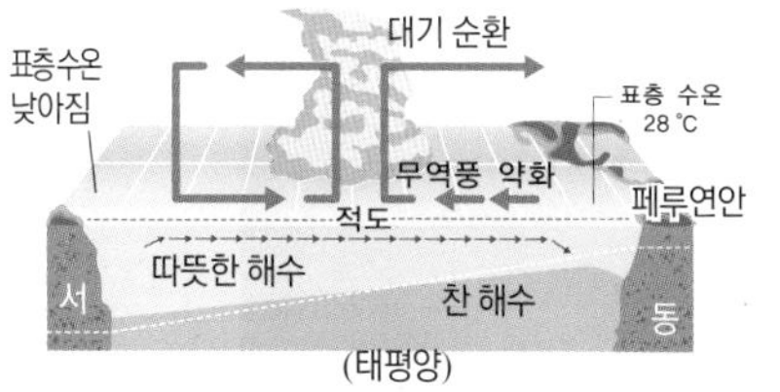 (태평양)
대기 순환과 해수 이동	· 무역풍이 적도 부근의 따뜻한 표층 해수를 서쪽으로 운반한다.	· 무역풍이 평상시보다 약해질 때, 적도 부근의 따뜻한 표층 해수가 동쪽으로 이동한다. 저기압이 발생하는 위치가 동쪽으로 이동한다.
동태평양의 기후	· 따뜻한 해수가 서쪽으로 이동하고 차가운 해수가 용승[10]하여 표층 수온이 낮다. · 고기압이 분포하고, 하강 기류가 발달한다. → 맑고 건조하다.	· 차가운 해수의 용승 약화로 평상시보다 표층 수온이 높아진다. · 해수의 증발이 활발하고, 기압이 낮아져 상승 기류가 발달한다. → 강수량이 증가하여 홍수와 폭우가 발생한다.
서태평양의 기후	· 따뜻한 해수가 이동하여 표층 수온이 높다. · 해수의 증발이 활발하고, 저기압이 분포하며 상승 기류가 발달한다. → 비가 많이 내린다.	· 평상시보다 표층 수온이 낮아진다. · 해수의 증발이 감소하고, 기압이 높아져 하강 기류가 발달한다. → 강수량이 감소하여 가뭄이 심해지고, 대규모 산불이 발생한다.

2. 엘니뇨가 세계 기후에 미치는 영향 : 규모가 작은 엘니뇨는 남태평양 주변 지역에만 영향을 주지만, 규모가 큰 엘니뇨는 대기의 순환을 변화시켜 전 세계에 기상 이변을 일으킨다.

개념 +

⑨ 라니냐 발생 시

엘니뇨와 반대로 무역풍이 평상시보다 강해져서 적도 부근 동태평양 해역의 표층 수온이 평년보다 낮은 상태가 지속되는 현상이다.
→ 따뜻한 해수가 더 강하게 서쪽으로 이동한다.

- 동태평양은 강수량이 감소하여 가뭄과 산불이 발생한다.
- 서태평양은 강수량이 증가하여 홍수와 폭우가 발생한다.

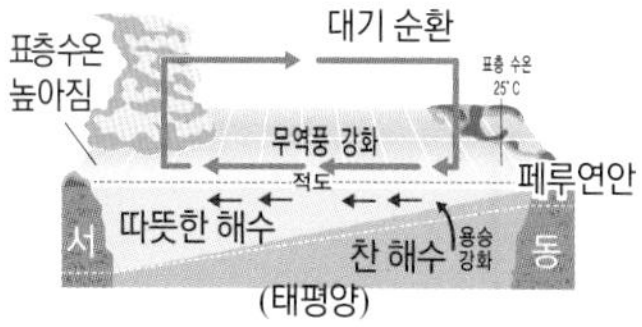

(태평양)

⑩ 용승

- 연안 지역에서 바람이 한 방향으로 계속 불면서 표층의 해수가 먼 바다 쪽으로 이동할 때 심층의 찬 해수가 솟아오르는 현상이다.
- 용승이 일어나는 해역은 영양 염류가 풍부하고, 용존 산소량이 많아 플랑크톤이 풍부하므로 좋은 어장이 형성된다.

개념 체크

정답 및 해설 → 118

Point

04 사막화의 원인이 아닌 것은?

① 과도한 방목 ② 무분별한 삼림 벌채 ③ 대기 대순환의 변화
④ 황사 발생 빈도 증가 ⑤ 지속적인 가뭄

05 표층 순환과 엘니뇨에 대한 설명 중 옳은 것은 ○표, 옳지 않은 것은 ×표 하시오.

(1) 아열대 해역의 표층 순환은 북반구에서 시계 반대 방향으로 순환한다. ( )

(2) 엘니뇨는 무역풍이 약해질 때, 적도 부근 동태평양 해역의 표층 수온이 높아지는 현상이다. ( )

1 과거의 기후 변화 연구

(가)는 시추한 빙하의 모습을, (나)는 남극 대륙 빙하를 분석하여 알아낸 과거 40만 년 동안의 대기 중 CO_2 농도와 지구의 기온 편차(당시 기온 - 현재 기온)를 나타낸 것이다. 이에 대한 설명으로 옳은 것만을 <보기>에서 있는 대로 고른 것은?

(가)

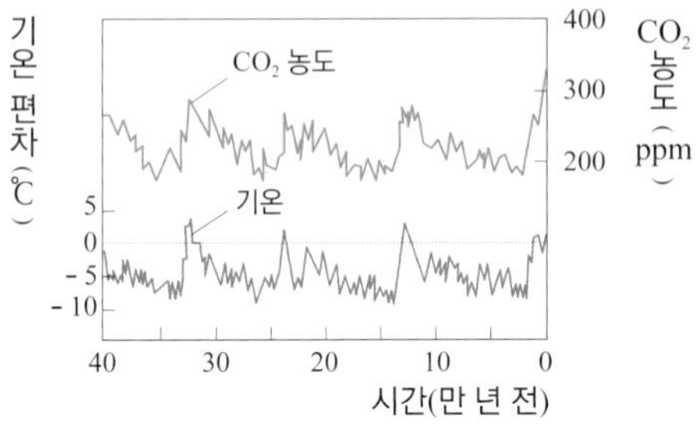

(나)

보 기

ㄱ. 지구의 기온과 CO_2 농도는 비례하는 경향이 있다.
ㄴ. 과거 40만 년 동안 지구의 기온은 현재보다 대체로 낮았다.
ㄷ. (가)에 포함된 공기 방울을 분석하면 당시의 식생 변화를 알 수 있다.

① ㄱ ② ㄷ ③ ㄱ, ㄴ ④ ㄴ, ㄷ ⑤ ㄱ, ㄴ, ㄷ

2 온실 기체와 지구 온난화

지구 전체의 대기 중 이산화 탄소 농도와 평균 기온 변화를 나타내었다. 이에 대한 설명으로 옳은 것만을 <보기>에서 있는 대로 고른 것은?

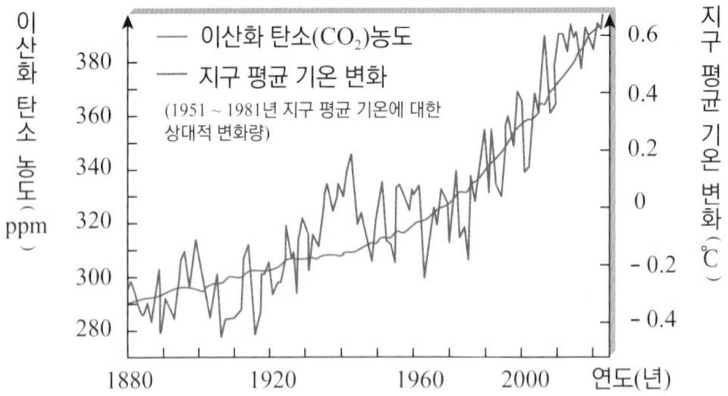

보 기

ㄱ. 기온과 이산화 탄소의 농도는 대체로 비례한다.
ㄴ. 기온 증가율은 1920년대보다 2000년대에 더 작다.
ㄷ. 이산화 탄소 농도 증가의 주요 원인은 화석 연료의 사용량 증가이다.

① ㄱ ② ㄴ ③ ㄱ, ㄷ ④ ㄴ, ㄷ ⑤ ㄱ, ㄴ, ㄷ

정답 및 해설 ➜ 119

3 대기 대순환과 해수의 표층 순환

다음은 표층 해류와 대기 대순환을 나타낸 그림이다.

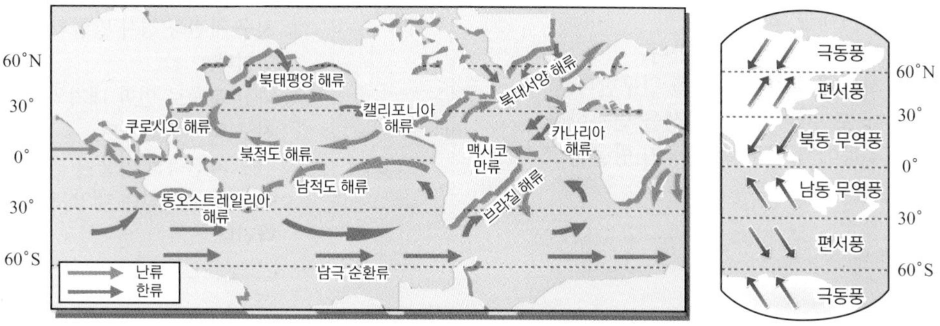

(1) 무역풍에 의해 발생하는 표층 해류를 있는 대로 쓰시오. (　　　　　　　　)

(2) 아열대 해역에서 북반구의 표층 해류는 (시계 , 반시계) 방향으로, 남반구의 표층 해류는 (시계 , 반시계) 방향으로 순환하여 적도를 경계로 (대칭 , 비대칭)을 이룬다.

4 엘니뇨 발생 시 기후 변화

적도 부근에서의 대기와 해수의 흐름을 나타내었다. (가)와 (나)는 각각 평상시와 엘니뇨 발생 시 중 하나이다. 이에 대한 설명으로 옳은 것만을 <보기>에서 있는 대로 고른 것은?

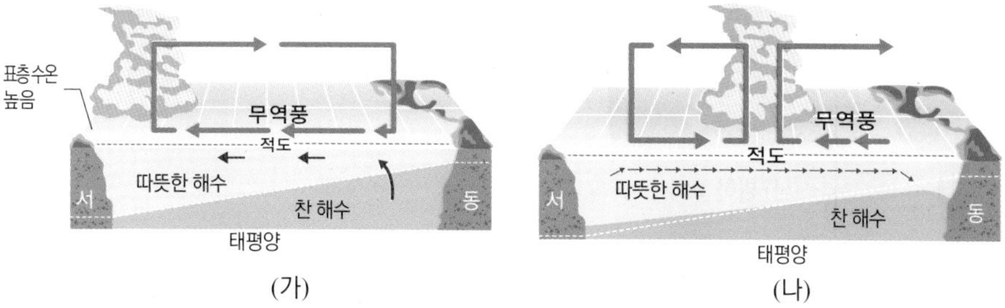

보 기

ㄱ. 무역풍의 세기는 (가)보다 (나)가 약하다.
ㄴ. (가)는 (나)보다 적도 부근 서태평양의 표층 수온이 높다.
ㄷ. 동태평양 적도 부근의 표층 수온은 엘니뇨가 발생할 때 낮아진다.

① ㄱ　② ㄷ　③ ㄱ, ㄴ　④ ㄴ, ㄷ　⑤ ㄱ, ㄴ, ㄷ

스스로 실력 높이기

A 기후 변화

01 과거의 기후 변화를 연구하는 방법으로 옳지 않은 것은?

① 나무의 나이테를 조사한다.
② 지구 내부의 지진파를 조사한다.
③ 해저 퇴적물에서 산호 화석을 연구한다.
④ 지층 속에 포함된 꽃가루 화석을 연구한다.
⑤ 빙하 시추물에서 빙하 속의 공기 방울을 조사한다.

02 (가), (나)는 과거의 기후 변화를 연구하는 방법이다.

(가) 나무의 나이테

(나) 빙하 코어

이에 대한 설명으로 옳은 것만을 <보기>에서 있는 대로 고른 것은?

보 기

ㄱ. (가)를 통해 과거의 대기 조성을 알 수 있다.
ㄴ. (가)의 나이테 간격은 기온이 높을수록 넓다.
ㄷ. (나)로부터 생성 당시의 기온을 추정할 수 있다.

① ㄱ ② ㄴ ③ ㄷ
④ ㄴ, ㄷ ⑤ ㄱ, ㄴ, ㄷ

03 지구 기후 변화의 원인에 대한 설명으로 옳은 것만을 <보기>에서 있는 대로 고른 것은?

보 기

ㄱ. 지구 자전축 경사 방향의 변화는 지구 외적 원인이다.
ㄴ. 화산 분출로 인한 대기의 햇빛 투과율 변화는 지구 외적 원인이다.
ㄷ. 지구 자전축의 기울기 변화로 인해 여름과 겨울에 지구가 받는 태양 복사 에너지의 양이 달라진다.

① ㄴ ② ㄷ ③ ㄱ, ㄷ
④ ㄴ, ㄷ ⑤ ㄱ, ㄴ, ㄷ

B 지구 온난화

04 지구 온난화에 대한 설명 중 옳은 것은 ○표, 옳지 않은 것은 ×표 하시오.

(1) 지구 온난화로 인해 태풍의 세력은 약해진다. ( )
(2) 지구 온난화로 우리나라의 아열대 기후 지역이 넓어지고 있다. ( )
(3) 대기 중 온실 기체의 농도가 증가할수록 해수면의 높이는 상승한다. ( )

05 한반도의 기후 변화로 인해 나타나는 영향에 대한 설명이다. 빈칸에 알맞은 말을 고르시오.

(1) 난류성 어종의 서식지가 (남하 , 북상)한다.
(2) 아열대 기후구가 점차 (남쪽, 북쪽)으로 이동한다.
(3) 봄꽃의 개화 시기가 점차 (늦어지고 , 빨라지고) 있다.

06 지구 온난화의 원인과 영향을 나타낸 모식도이다.

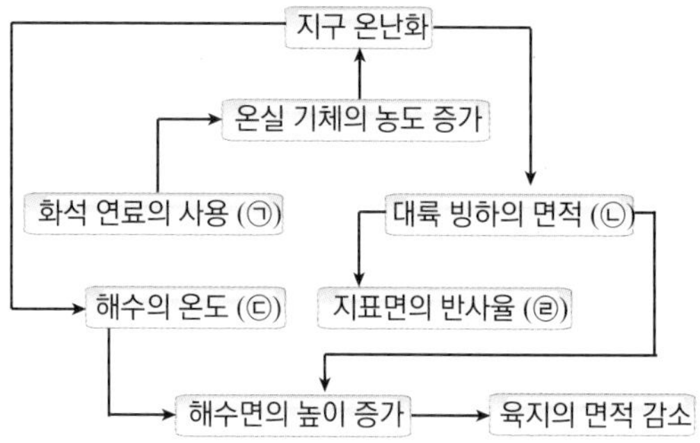

㉠ ~ ㉣ 중 값이 감소하는 것만을 있는 대로 고른 것은?

① ㉠, ㉡ ② ㉠, ㉢ ③ ㉡, ㉢
④ ㉡, ㉣ ⑤ ㉢, ㉣

07 지난 100년 동안 우리나라와 지구 전체 평균 기온의 변화이다.

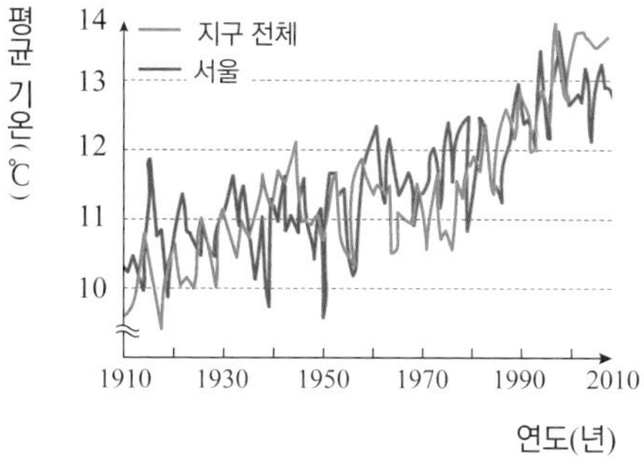

이에 대한 설명으로 옳은 것만을 <보기>에서 있는 대로 고른 것은?

보 기

ㄱ. 우리나라는 지구 온난화가 진행되고 있다.
ㄴ. 연평균 기온의 변동의 폭은 우리나라가 지구 전체보다 작다.
ㄷ. 해수면 상승률은 우리나라가 지구 전체 평균보다 낮을 것이다.

① ㄱ ② ㄷ ③ ㄱ, ㄴ
④ ㄴ, ㄷ ⑤ ㄱ, ㄴ, ㄷ

C 대기와 해수의 순환

08 지구가 에너지 평형을 이루는 과정에 대한 설명이다. 빈칸에 알맞은 말을 쓰시오.

> 대기 대순환과 표층 해류의 순환을 통해 (㉠)의 남은 에너지가 (㉡)으(로) 이동하면서 위도에 따른 에너지 불균형을 해소한다.

㉠ ( ) ㉡ ( )

09 위도에 따른 태양 복사 에너지와 지구 복사 에너지의 분포이다.

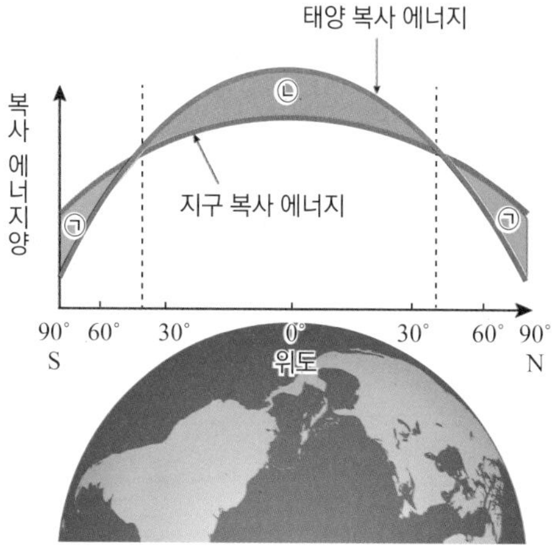

이에 대한 설명으로 옳은 것만을 <보기>에서 있는 대로 고른 것은?

보 기

ㄱ. 에너지 이동 방향은 저위도에서 고위도이다.
ㄴ. ㉠은 에너지 과잉, ㉡은 에너지 부족 상태이다.
ㄷ. 위도별 에너지 불균형으로 인해 대기와 해수의 순환이 일어난다.

① ㄱ ② ㄴ ③ ㄱ, ㄷ
④ ㄴ, ㄷ ⑤ ㄱ, ㄴ, ㄷ

스스로 실력 높이기

10 북반구의 대기 대순환 (가) ~ (다)를 나타낸 것이다.

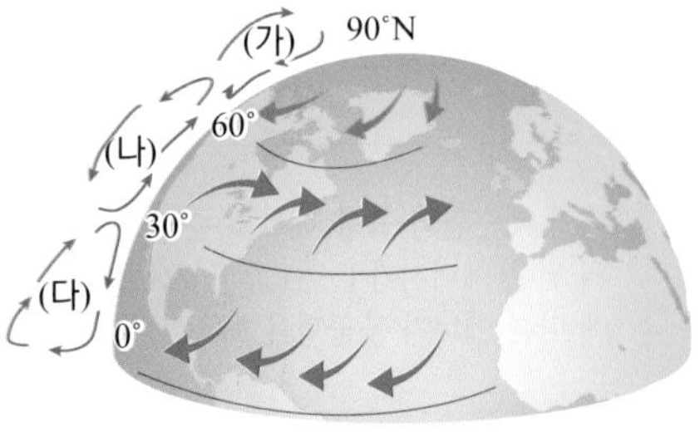

이에 대한 설명으로 옳은 것만을 <보기>에서 있는 대로 고른 것은?

보기

ㄱ. (나)의 지상에는 북동 무역풍이 분다.
ㄴ. (나)는 페렐 순환, (다)는 해들리 순환이다.
ㄷ. 대기 대순환이 (가) ~ (다) 순환을 형성하는 것은 지구가 자전하기 때문이다.

① ㄱ ② ㄴ ③ ㄱ, ㄷ
④ ㄴ, ㄷ ⑤ ㄱ, ㄴ, ㄷ

[11~12] 주요 표층 해류의 분포이다.

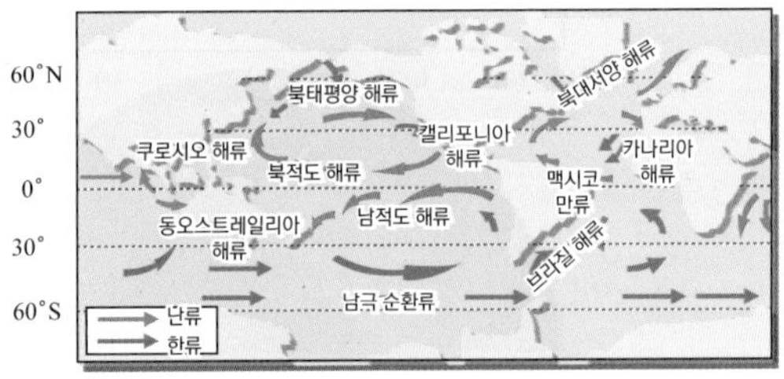

11 편서풍에 의해 형성된 표층 해류를 <보기>에서 있는 대로 고른 것은?

보기

ㄱ. 북적도 해류 ㄴ. 북태평양 해류
ㄷ. 남적도 해류 ㄹ. 북대서양 해류
ㅁ. 남극 순환류

① ㄱ, ㄷ ② ㄴ, ㅁ ③ ㄷ, ㄹ
④ ㄱ, ㄴ, ㄹ ⑤ ㄴ, ㄹ, ㅁ

12 해수의 표층 순환에 대한 설명 중 옳은 것은 ○표, 옳지 않은 것은 ×표 하시오.

(1) 쿠로시오 해류는 난류이다. ( )
(2) 남극 순환 해류는 남쪽으로 흐른다. ( )
(3) 대기 대순환의 바람에 의해 형성된 표층 해류는 동서 방향과 남북 방향으로 흐른다. ( )

D 사막화

13 사막과 사막화 지역을 나타낸 것이다.

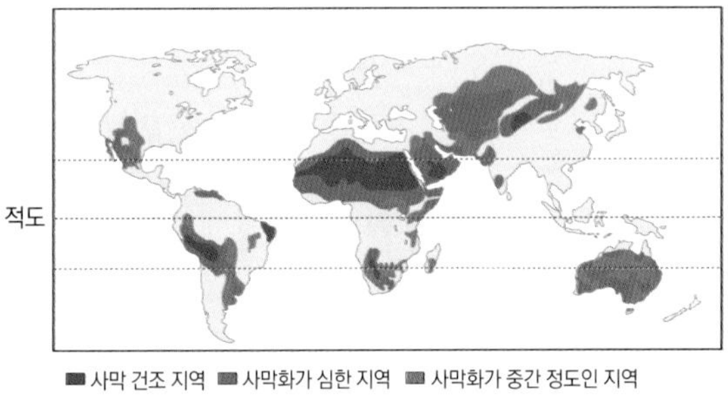

이에 대한 설명으로 옳은 것만을 <보기>에서 있는 대로 고른 것은?

보기

ㄱ. 사막은 주로 적도와 고위도 지역에 분포한다.
ㄴ. 대기 대순환의 변화는 사막화 현상의 원인이 될 수 있다.
ㄷ. 사막은 대기 대순환에서 공기가 하강하는 지역에 잘 발달한다.

① ㄱ ② ㄴ ③ ㄱ, ㄷ
④ ㄴ, ㄷ ⑤ ㄱ, ㄴ, ㄷ

E 엘니뇨

14 태평양에서 어떤 현상이 나타났을 때 대기와 해수의 순환에 대한 설명이다. 빈칸에 알맞은 말을 고르시오.

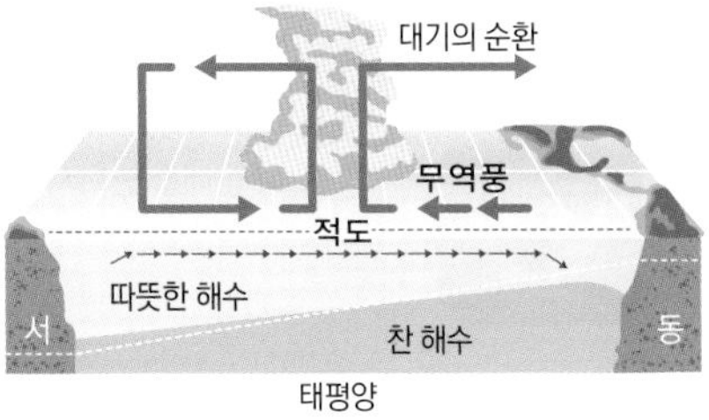

태평양의 적도 부근에서 부는 무역풍이 평상시보다 (약 , 강)해지면, 평상시보다 태평양 동쪽 페루 연안 해역의 표층 수온이 (낮아 , 높아)진다. 이와 같은 현상을 (엘리뇨 , 라니냐)라고 한다.

15 1980년부터 2017년까지 적도 부근의 동태평양에서 관측한 해수면의 수온 편차(관측 수온 - 평균 수온)를 나타낸 것이다.

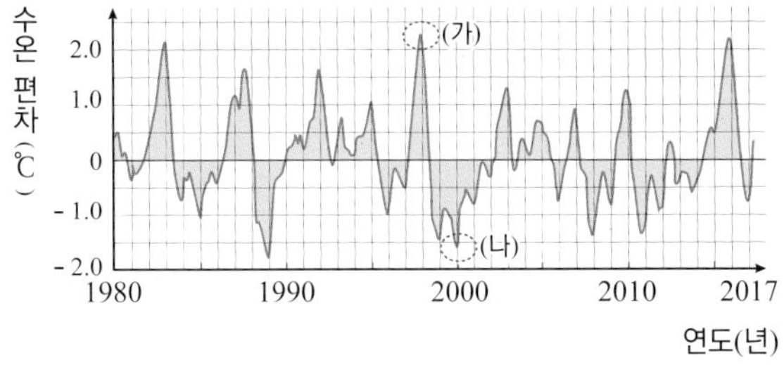

(가), (나) 시기에 대한 설명으로 옳은 것만을 <보기>에서 있는 대로 고른 것은?

보 기

ㄱ. (가)는 라니냐, (나)는 엘니뇨가 발생한 것이다.
ㄴ. 페루 해역의 강수량은 (나)보다 (가) 시기에 많다.
ㄷ. 태평양 남적도 해류의 유속은 (가) 시기가 (나) 시기보다 강하다.

① ㄴ ② ㄷ ③ ㄱ, ㄷ
④ ㄴ, ㄷ ⑤ ㄱ, ㄴ, ㄷ

16 엘니뇨가 발생했을 때 나타나는 현상으로 옳지 않은 것은?

① 무역풍이 약해진다.
② 동태평양의 수온이 높아진다.
③ 서태평양 지역에 고기압대가 형성된다.
④ 서태평양 지역에 홍수와 폭우가 자주 발생한다.
⑤ 동태평양의 페루 연안에서 찬물이 평상시보다 적게 올라온다.

서술형

17 다음 단어를 모두 사용하여 지구 온난화의 발생 과정에 대해 서술하시오.

· 이산화 탄소 · 온실 효과 · 화석 연료 · 평균 기온

서술형

18 저위도 지방이 흡수하는 태양 복사 에너지양은 방출하는 지구 복사 에너지양보다 많다. 하지만 온도가 계속해서 상승하지는 않고 평균 온도가 거의 일정하게 유지된다. 그 이유를 서술하시오.

04 에너지의 전환과 효율적 이용

핵심 Point

☐ 에너지 ☐ 에너지 전환과 보존
☐ 열효율 ☐ 에너지 효율

지구 환경과 에너지 문제를 해결하기 위해서 에너지를 어떻게 이용하면 좋을까?

A 에너지 전환과 보존

1. 에너지

① **에너지** : 일을 할 수 있는 능력으로, 단위는 J(줄) 이다.

② **에너지의 종류**

운동 에너지 운동하는 물체가 가지는 에너지 	**퍼텐셜 에너지** → 위치 에너지 물체가 위치에 따라 잠재적으로 가지는 에너지 
전기 에너지 전하의 이동에 의해 발생하는 에너지 (전류의 흐름) 	**화학 에너지** → 화석 연료, 음식물, 전지 등이 가진다. 화학 결합에 의해 물질 속에 저장되어 있는 에너지 
열에너지❶ 물체를 이루는 원자나 분자의 운동에 의한 에너지 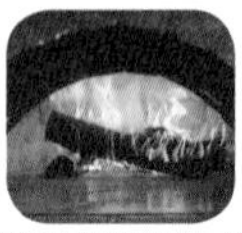	**핵에너지** 핵반응❷ 을 할 때 방출되거나 흡수되는 에너지 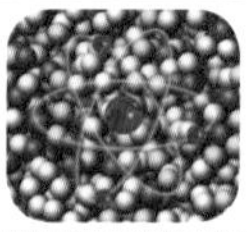
빛에너지 빛이 가지고 있는 에너지 	**소리 에너지** 공기와 같은 매질의 진동에 의해 전달되는 에너지 

운동 에너지 + 퍼텐셜 에너지 = 역학적 에너지

2. 에너지 전환 : 한 형태의 에너지가 다른 형태의 에너지로 바뀌는 것을 말한다.

① **자연에서 일어나는 에너지 전환의 예**❸

광합성	번개	태풍	반딧불이	폭포
		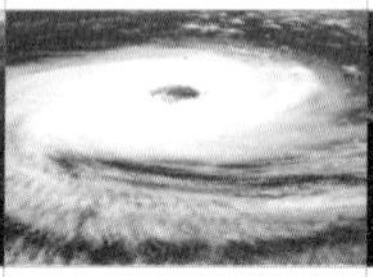		
빛에너지 → 화학 에너지	전기 에너지 → 빛에너지	열에너지 → 퍼텐셜 에너지 → 운동 에너지	화학 에너지 → 빛에너지	퍼텐셜 에너지 → 운동 에너지

② **일상 생활 속에서 일어나는 에너지 전환의 예**

TV	자동차	전기 다리미	음식물 섭취	전등
		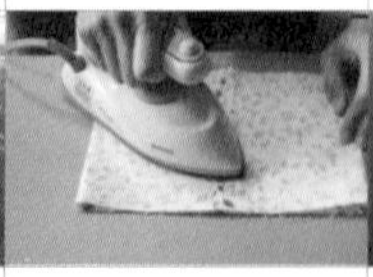		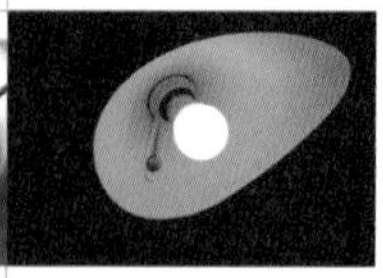
전기 에너지 → 열, 빛, 소리 에너지	화학 에너지 → 열에너지 → 운동 에너지	전기 에너지 → 열에너지	화학 에너지 → 열, 운동에너지	전기 에너지 → 빛, 열에너지

3. 에너지 보존 법칙 : 에너지는 다른 형태의 에너지로 전환되는 과정에서 새로 생기거나 사라지지 않으며, 에너지의 총량은 항상 일정하게 보존된다.❹

전환 전 에너지의 총량 = 전환 후 에너지의 총량

개념 +

❶ **열에너지**

열에너지는 온도가 높은 물체에서 낮은 물체로 이동하여 물체의 온도와 상태를 변화시키는 에너지이다.

❷ **핵반응**

- 핵분열 : 무거운 원자핵이 쪼개져서 더 가벼운 원자핵이 되는 반응
- 핵융합 : 가벼운 원자핵이 서로 합쳐져서 더 무거운 원자핵이 되는 반응

❸ **자연에서 일어나는 에너지 전환**

- 화산
지구 내부의 열에너지
→ 역학적 에너지(용암, 화산재 등)

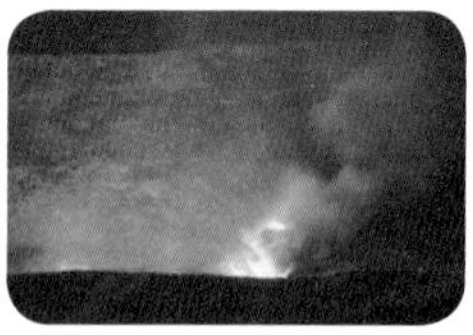

▲ 화산

- 지진
지구 내부의 열에너지
→ 운동, 퍼텐셜 에너지(지각의 운동)
→ 파동 에너지(지진파)

❹ **에너지 보존 법칙과 역학적 에너지 보존**

바닥에서 튀는 공은 튀어오르는 높이가 점점 낮아져 역학적 에너지가 점점 감소하는데, 이는 에너지가 사라지는 것이 아니라 열에너지나 소리 에너지 등으로 전환되는 것이다. 따라서 전체 에너지는 일정하게 보존된다.

→ 역학적 에너지 보존 : 마찰이나 공기 저항이 없을 때, 역학적 에너지는 일정하게 유지된다.

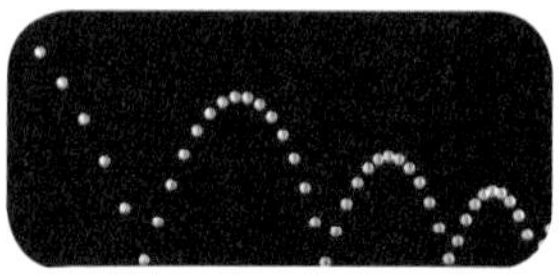

더 알아보기 여러 가지 에너지 전환

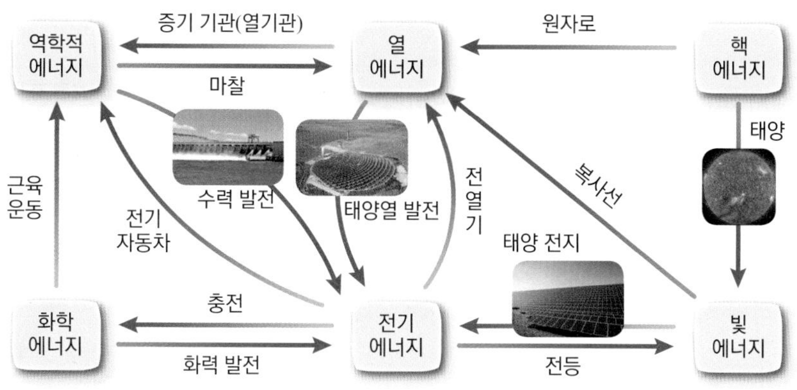

B 에너지의 효율적 이용

1. 열기관 : 엔진과 같이 화석 연료를 연소시켜 발생한 열에너지를 역학적 일로 전환하는 장치이다.

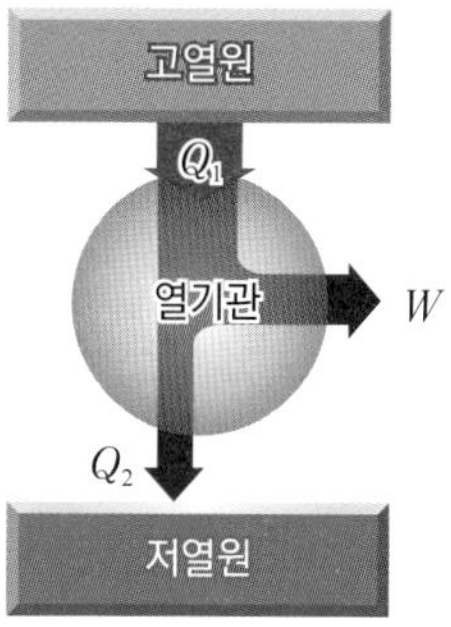

① **열기관에서의 에너지 보존 법칙** : 열기관이 높은 온도의 고열원에서 열에너지 Q_1 을 공급받으면 외부에 일 W 를 하고, 나머지 열에너지 Q_2 는 낮은 온도의 저열원으로 방출한다.

$$Q_1 = W + Q_2$$

→ 에너지 보존 법칙이 성립한다.

② **열효율(e)**[5] : 열기관에 공급된 열에너지 Q_1 중 실제로 열기관에서 한 일 W 로 전환되는 비율로, 열기관의 열효율이 높을수록 저열원으로 방출되는 열에너지 Q_2 의 양이 적다.

$$e = \frac{W}{Q_1} = \frac{Q_1 - Q_2}{Q_1} = 1 - \frac{Q_2}{Q_1}$$

→ 열효율은 항상 1보다 작다. 즉, 열효율이 100% 가 되는 것은 불가능하다.[6]

개념 +

휴대 전화에서 일어나는 에너지 전환

- 휴대 전화 충전 : 전기 에너지 → 화학 에너지의 형태로 배터리에 저장
- 휴대 전화의 배터리에 의해 공급된 전기 에너지는 소리·빛·운동·열에너지로 각각 전환된다.

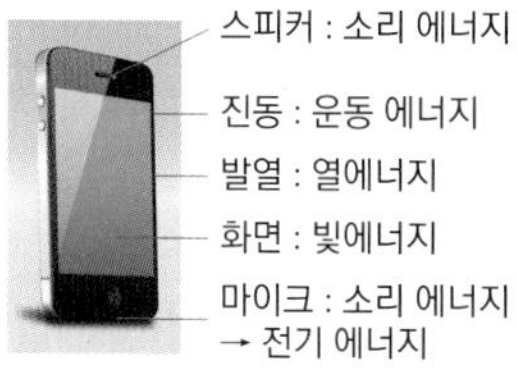

⑤ 열효율을 백분율로

열효율은 100을 곱하여 백분율(%)로 나타낼 수 있다.

$$e\,(\%) = \frac{W}{Q_1} \times 100$$

⑥ 열효율이 100% 인 열기관이 존재할 수 없는 이유

열역학 제2법칙에 의하면 열은 항상 고온의 물체에서 저온의 물체로 흐르지만 그 반대 방향으로는 흐를 수 없다.

→ 열이 이동하는 동안 버려지는 열에너지는 막을 수 없기 때문에 100%의 열효율을 갖는 열기관은 불가능하다.

개념 체크

정답 및 해설 → 121

Point

01 고열원에서 250J 의 열에너지를 공급받은 열기관이, 외부에 100J 의 일을 하고 나머지 열에너지는 저열원으로 방출하였다.

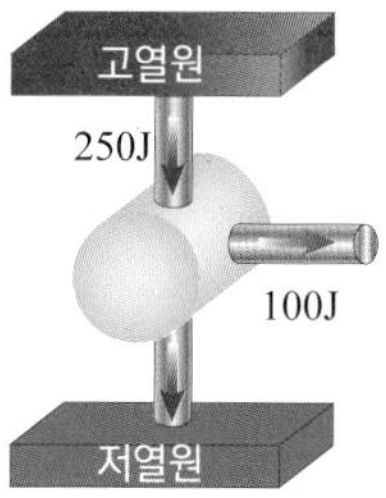

(1) 열기관에서 저열원으로 방출한 열에너지는 몇 J 인가?

( ) J

(2) 열기관의 열효율은 몇 % 인가? ( ) %

2. 에너지 절약과 에너지의 효율적 이용

(1) 열효율과 에너지 절약 : 우리가 사용하는 전기 에너지의 대부분은 열기관에서 화석 연료를 연소시켜서 얻고 있으며, 이 과정에서 여러 오염 물질이 방출되고, 버려지는 열에너지도 많다. 따라서 전기 에너지를 효율적으로 이용하여 화석 연료의 사용량을 줄여야 한다.

→ 열효율이 높은 열기관을 사용하면 화석 연료의 사용량을 감소시켜 환경 오염을 줄일 수 있고, 지구 온난화 현상도 줄일 수 있다.

(2) 에너지 효율 : 공급한 에너지 중에서 유용하게 사용된 에너지의 비율이다.

$$\text{에너지 효율(\%)} = \frac{\text{유용하게 사용된 에너지}}{\text{공급한 에너지}} \times 100$$

→ 에너지 효율은 항상 1(= 100%)보다 작다.

(3) 에너지 보존과 에너지 절약 : 에너지의 총량은 보존되지만, 에너지가 전환되는 과정에서 다시 사용하기 어려운 형태의 열에너지로 전환되므로 공급되는 에너지를 모두 사용할 수 없다.

→ 에너지를 사용할수록 우리가 다시 사용하기 어려운 열에너지 형태로 전환되는 양이 점점 많아지고 사용 가능한 에너지의 양은 감소하므로 에너지를 효율적으로 사용해야 한다.

(4) 에너지의 효율적 이용

① 에너지 효율이 높은 제품을 사용한다.

에너지 소비 효율 등급 ⑦ 고려		LED 전구 사용		하이브리드 자동차 ⑧
	전기 제품을 구입할 때 1등급에 가까운 제품을 선택한다.		형광등보다 수명이 길고, 효율도 높은 LED 전구를 사용한다.	운행 중 버려지는 에너지를 전기 에너지로 전환하여 다시 사용하므로 에너지 효율이 일반 자동차보다 높다.

② **에너지 제로 하우스** : 필요한 에너지를 화석 연료를 사용하지 않고 태양, 지열, 풍력 등의 재생 에너지를 통해 얻고, 낭비되는 에너지를 최소화하는 미래형 주택이다.

더 알아보기 에너지 제로 하우스

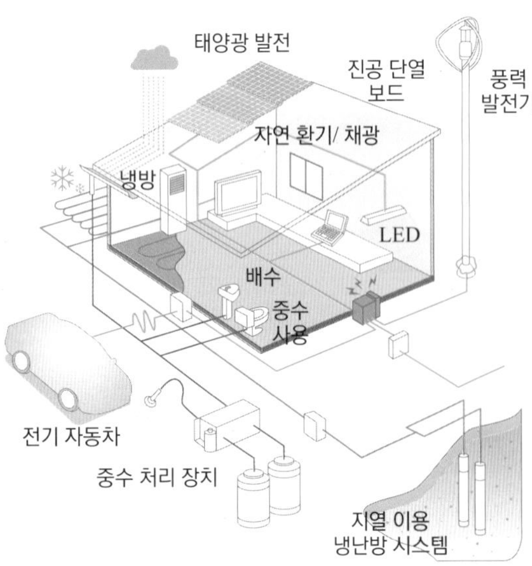

● **에너지를 생산하는 방법**

① 지붕의 태양광 발전 설비
② 지열을 이용한 냉난방 시스템
③ 풍력 발전기

● **에너지 소비를 줄이는 방법**

① 중수(한 번 사용한 물을 처리한 이후 한번 혹은 반복적으로 사용하는 물) 및 빗물 활용
② 단열재 사용
③ 자연 환기 및 채광 설비
④ 절전형 고효율 전기 제품 사용

개념+

⑦ 에너지 소비 효율 등급

전기 제품의 에너지 소비 효율을 1 ~ 5등급으로 나누어 표시한 것으로 1등급에 가까운 제품일수록 에너지 효율이 높아 손실되는 에너지가 적은 제품이다.

⑧ 하이브리드 자동차

엔진, 전기 모터, 배터리를 함께 사용하는 자동차를 말한다.

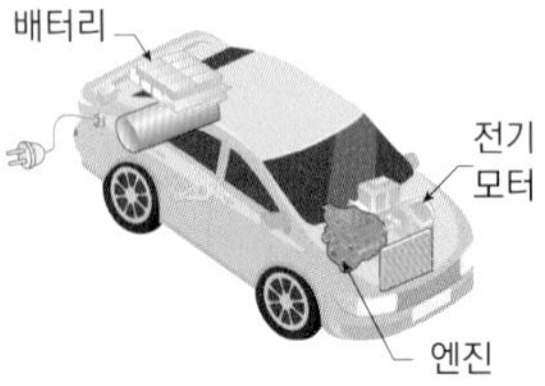

● 열기관의 종류

● 내연 기관 : 연료를 기관의 내부에서 연소시키는 열기관으로 자동차 엔진에 주로 사용되는 가솔린 기관, 디젤 기관 등이 있다.

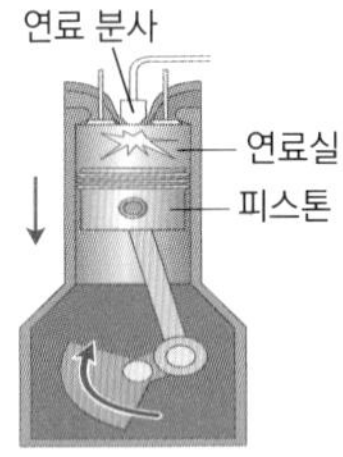

● 외연 기관 : 연료를 기관의 외부에서 연소시키는 열기관으로 발전소나 대형 유조선 등에 사용되는 증기 기관이 대표적인 외연 기관이다.

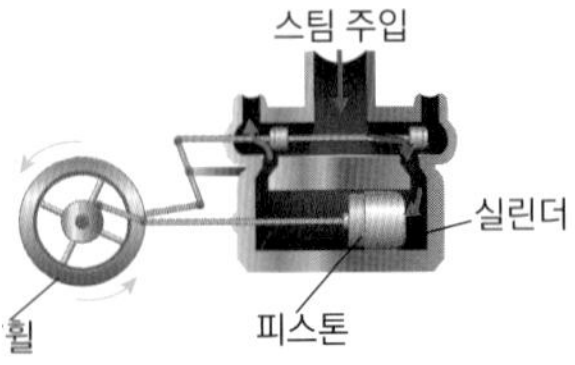

정답 및 해설 ➜ 121

Point

02 <보기>는 여러 가지 에너지를 나열한 것이다.

보기		
ㄱ. 운동 에너지	ㄴ. 열에너지	ㄷ. 전기 에너지
ㄹ. 화학 에너지	ㅁ. 핵에너지	ㅂ. 퍼텐셜 에너지

(1) 다음 설명에 해당하는 에너지를 보기에서 골라 각각 기호로 쓰시오.

① 화학 결합에 의해 물질 속에 저장되어 있는 에너지 (　　)
② 물체의 온도와 상태를 변화시키는 에너지 (　　)
③ 원자핵이 분열하거나 융합할 때 방출하는 에너지 (　　)

(2) 다음은 에너지 전환 과정을 나타낸 것이다. 빈칸에 알맞은 에너지 형태를 보기에서 골라 각각 기호로 쓰시오.

① 폭포 : (　　) → 운동 에너지
② 광합성 : 빛에너지 → (　　)
③ 전기 난로 : (　　) → 열에너지
④ 휴대 전화 충전 : 전기 에너지 → (　　)

03 에너지 효율이 40 % 인 조명 기구에 500 J 의 전기 에너지를 공급하였다. 이때 조명 기구에서 빛에너지 외에 사용할 수 없는 에너지로 전환된 에너지는 몇 J 인가?

(　　　　)J

04 에너지의 효율적 이용에 대한 설명 중 옳은 것은 ○표, 옳지 않은 것은 ×표 하시오.

(1) 에너지 소비 효율 등급이 1등급에 가까운 제품일수록 에너지 절약형 제품이다. (　　)

(2) 에너지 보존 법칙에 의해 사용 가능한 에너지의 양은 항상 일정하게 보존된다. (　　)

(3) 전기 에너지를 효율적으로 이용하면 화석 연료의 사용을 줄일 수 있으므로 지구 온난화 현상도 줄일 수 있다. (　　)

05 엔진, 전기 모터, 배터리를 함께 사용하여 버려지는 열에너지의 양이 일반 자동차보다 적어 에너지 효율이 높은 자동차를 무엇이라고 하는가?

(　　　　)

06 필요한 에너지를 재생 에너지를 통해 얻고, 낭비되는 에너지를 줄여 외부의 에너지 공급 없이 자급할 수 있는 미래형 주택을 무엇이라고 하는가?

(　　　　)

강의

자동차와 에너지

자동차에서의 에너지 전환

달리는 자동차에서는 연료의 화학 에너지가 열에너지와 자동차의 운동 에너지로 전환된다.

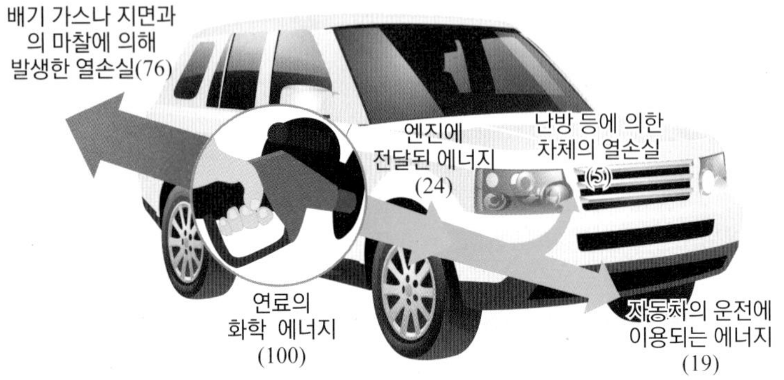

연료의 화학 에너지(100)
= 자동차 운전에 이용되는 에너지(19)
+ 난방 등에 의한 차체의 열손실(5)
+ 배기 가스나 지면과의 마찰에 의해 발생한 열손실(76)
→ 자동차의 에너지 효율 = 19%

→ 자동차의 운동 에너지도 공기와의 마찰로 인해 공간으로 퍼져 나가므로 연료의 화학 에너지는 최종적으로 모두 열에너지로 전환된다.

하이브리드 자동차

하이브리드 자동차란 두 가지의 동력원을 함께 사용하는 자동차를 의미한다. 즉, 내연 기관(엔진)과 전기 모터, 배터리를 동시에 사용하는 차이다.

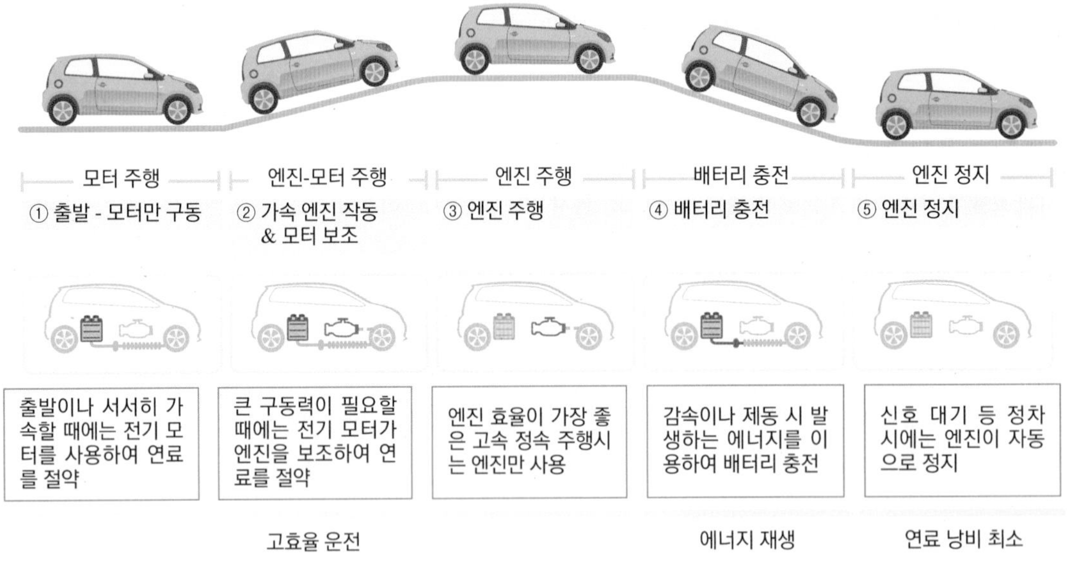

정답 및 해설 ➜ 121

Q1 '① 출발 - 모터만 구동' 하는 경우와 '④ 배터리 충전' 하는 경우에서 에너지 전환 과정을 각각 서술하시오.

Q2 하이브리드 자동차의 장점과 단점을 서술하시오.

1 에너지 전환과 보존

우리 주변에서 볼 수 있는 여러 가지 에너지 전환과 이용 형태를 나타낸 것이다.

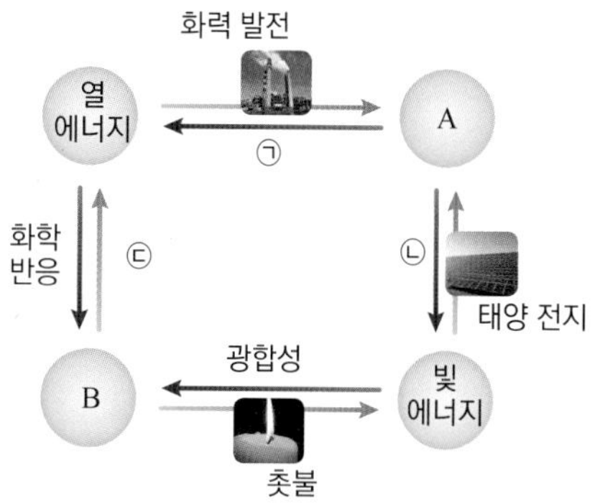

(1) A, B에 알맞은 에너지의 형태를 각각 쓰시오.

A (　　　　　　), B (　　　　　　)

(2) 에너지 전환이 ㉠, ㉡, ㉢ 과 같은 과정으로 일어나는 예를 각각 한 가지 이상 쓰시오.

㉠ (　　　　　　), ㉡ (　　　　　　), ㉢ (　　　　　　)

2 열기관의 열효율 계산

열기관이 한 일 W 과 방출되는 열 Q_2 가 주어진 경우

(1) 어떤 열기관에 열을 공급하였더니 열기관이 외부에 210 J 의 일을 한 후, 90 J 의 열을 방출하였다. 열기관의 열효율은?

(　　　　　　)

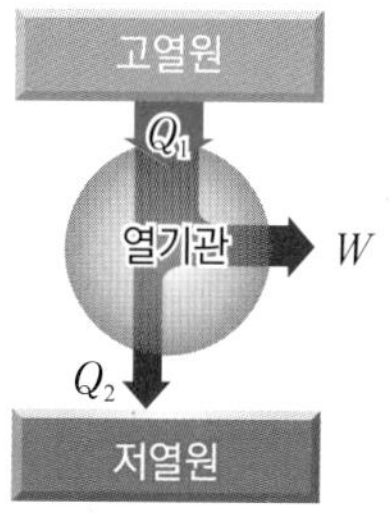

공급받은 열 Q_1 과 방출되는 열 Q_2 가 주어진 경우

(2) 400 J 의 열을 열기관에 공급하였더니 열기관이 외부에 일을 한 후, 300 J 의 열을 방출하였다. 열기관의 열효율은?

(　　　　　　)

열효율 e 와 공급받은 열 Q_1 이 주어진 경우

(3) 열효율이 0.3 인 열기관에 500J 의 열을 공급하였을 때, 열기관이 방출하는 열에너지는?

(　　　　　　) J

열효율 e 와 방출되는 열 Q_2 가 주어진 경우

(4) 열효율이 0.2 인 열기관에 열을 공급하였더니 200J 의 열을 방출하였다. 열기관에 공급된 열에너지는?

(　　　　　　) J

스스로 실력 높이기

A 에너지 전환과 보존

01 에너지에 대한 설명 중 옳은 것은 ○표, 옳지 않은 것은 ×표 하시오.

(1) 에너지는 일을 할 수 있는 능력이다. ( )

(2) 물체가 외부에 일을 해도 물체가 가지고 있던 에너지의 양은 변하지 않는다. ( )

(3) 에너지는 서로 다른 형태로 전환될 수 있다. ( )

02 에너지가 전환되는 예를 나타낸 것이다. 전환 과정이 옳지 않은 것은?

① 헤어 드라이어 : 전기 에너지 → 열에너지
② 노트북 : 전기 에너지 → 빛, 소리 에너지
③ 휴대 전화의 진동 : 전기 에너지 → 운동 에너지
④ 가스 레인지로 물 끓이기 : 열에너지 → 운동 에너지
⑤ 화산 : 지구 내부의 열에너지 → 화산 분출물의 역학적 에너지

03 롤러코스터에서 일어나는 에너지 전환에 대한 설명이다.

그림에서 롤러코스터가 내려갈 때는 (㉠) → (㉡)로 에너지 전환이 일어나고, 롤러코스터가 올라갈 때는 (㉡) → (㉠) 로 에너지 전환이 일어난다. 이때 마찰이나 공기 저항이 없을 경우 (㉢) 는 항상 일정하다.

㉠, ㉡, ㉢에 해당하는 에너지를 옳게 짝지은 것은?

	㉠	㉡	㉢
①	운동 에너지	퍼텐셜 에너지	역학적 에너지
②	퍼텐셜 에너지	운동 에너지	역학적 에너지
③	역학적 에너지	운동 에너지	퍼텐셜 에너지
④	운동 에너지	역학적 에너지	퍼텐셜 에너지
⑤	퍼텐셜 에너지	역학적 에너지	운동 에너지

04 (가), (나), (다) 의 설명에서 공통적으로 나타나는 에너지의 형태에 대한 설명으로 옳은 것은?

(가) (나) (다)

(가) 반딧불이는 배에 있는 화학 물질이 산소와 반응하여 빛을 낸다.
(나) 식물은 광합성을 통해 포도당을 합성하고, 산소를 대기 중에 방출한다.
(다) 사람은 음식물을 섭취하여 얻은 에너지로 호흡 등 여러 가지 활동을 한다.

① 운동하는 물체가 가지는 에너지이다.
② 전하의 이동에 의해 발생하는 에너지이다.
③ 화학 결합을 통하여 물질에 저장된 에너지이다.
④ 가시광선이나 자외선 등의 형태로 전달되는 에너지이다.
⑤ 온도가 높은 물체에서 낮은 물체로 이동하는 에너지이다.

05 여러 가지 에너지 전환을 나타낸 것이다. (가), (나), (다)의 예로 알맞은 것을 바르게 짝지은 것은?

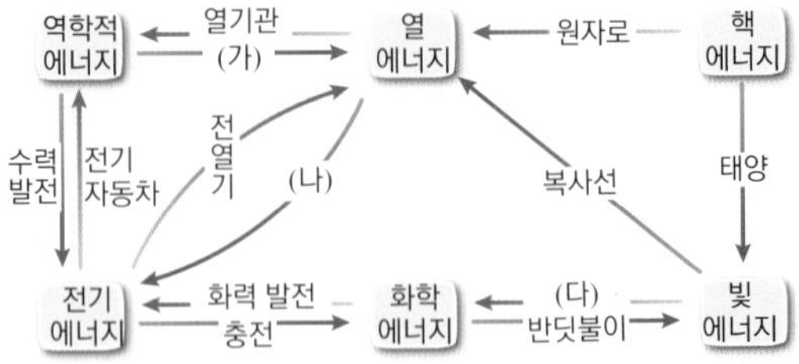

	(가)	(나)	(다)
①	열기관	수력 발전	충전
②	전열기	태양 전지	광합성
③	열기관	태양열 발전	전지
④	마찰	태양열 발전	광합성
⑤	마찰	태양전지	호흡

06 드론에 대한 설명이다.

> 드론은 조종사가 탑승하지 않고 무선전파 유도에 의해 비행과 조종이 가능한 비행기나 헬리콥터 모양의 무인기를 뜻한다.
>
> 
>
> 드론은 ⓐ 충전 가능한 ⓑ 배터리로 날개를 회전시켜 공중에 떠서 비행하며, 야간에 드론의 위치를 파악하도록 ⓒ LED 램프를 장착하였다. 그 외에 고공영상·사진 촬영과 배달, 기상정보 수집, 농약 살포 등 다양한 분야에서 활용되고 있다.

ⓐ ~ ⓒ 에서 일어나는 에너지 전환에 대한 설명으로 옳은 것만을 <보기>에서 있는 대로 고른 것은?

보 기

ㄱ. ⓐ 는 전기 에너지가 화학 에너지로 전환된다.
ㄴ. ⓑ의 전환 과정에는 열에너지가 포함된다.
ㄷ. ⓒ에서 화학 에너지가 빛에너지로 전환된다.

① ㄱ ② ㄴ ③ ㄷ
④ ㄱ, ㄴ ⑤ ㄴ, ㄷ

07 에너지 전환 과정에서 항상 버려지는 에너지가 발생하므로 우리에게 유용한 에너지는 점점 감소하게 된다. 이와 같이 사용 과정에서 버려지는 에너지의 대부분은 어떤 형태의 에너지인가?

( )

B 에너지의 효율적 이용

08 열기관과 열효율에 대한 설명으로 옳은 것은?

① 열효율은 항상 1보다 크다.
② 열기관은 일을 열로 바꾸는 장치이다.
③ 열효율이 높을수록 열기관에서 방출되는 열에너지의 양이 많다.
④ 열효율이란 열기관에서 공급한 열에너지 중에서 방출된 열에너지의 비율이다.
⑤ 같은 양의 연료를 공급했을 때, 열효율이 높은 열기관일수록 더 많은 일을 한다.

09 LED 전구 A, B의 에너지 효율을 나타낸 것이다.

	LED 전구 A	LED 전구 B
에너지 효율	50 %	60 %

이에 대한 설명으로 옳은 것만을 <보기>에서 있는 대로 고른 것은?

보 기

ㄱ. 같은 전지에 연결하면 B가 A보다 밝다.
ㄴ. 같은 양의 에너지를 공급하면 A가 B보다 더 많은 일을 한다.
ㄷ. 같은 전지에 연결하였을 때 버려지는 에너지는 A가 B보다 많다.

① ㄱ ② ㄷ ③ ㄱ, ㄴ
④ ㄱ, ㄷ ⑤ ㄱ, ㄴ, ㄷ

10 고열원에서 Q_1 의 열에너지가 공급되어 외부에 일 W 을 하고, 저열원으로 Q_2 의 열에너지를 방출하는 열기관이 있다. 이 열기관의 열효율을 Q_1 과 Q_2 를 이용하여 나타낸 것으로 옳은 것은?

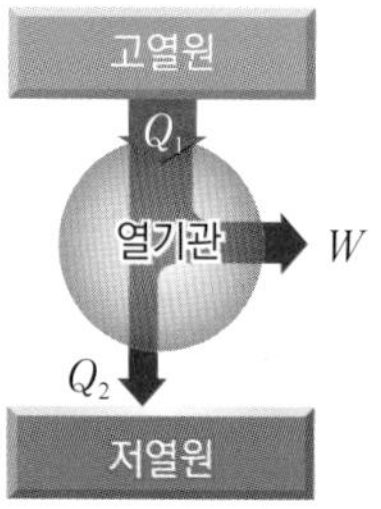

① $\frac{Q_2}{Q_1}$ ② $\frac{Q_1}{Q_2}$ ③ $\frac{Q_1 - Q_2}{Q_1}$
④ $\frac{Q_2 - Q_1}{Q_2}$ ⑤ $Q_1 - Q_2$

11 (가)와 (나)는 각각 대표적인 열기관인 자동차의 엔진과 화력 발전소의 발전기이다.

(가)

(나)

각각의 열기관에 동일한 화석 연료를 1 L 씩 넣어서 가동시키면 자동차 엔진에서는 27,000 kJ , 발전기에서는 18,000 kJ 의 열이 각각 발생한다. 각각의 열효율을 구하시오. (단, 화석 연료 1 L를 태울 때 발생하는 열에너지는 36,000 kJ 이다.)

㉠ 자동차 엔진 ( )
㉡ 화력 발전소 발전기 ( )

12 고열원에서 Q_1 의 열에너지가 공급되어 외부에 18 J 의 일을 하고, 저열원으로 Q_2 의 열에너지를 방출하는 열기관이다. 열기관의 열효율이 20% 일 때, Q_1 과 Q_2 를 바르게 짝지은 것은?

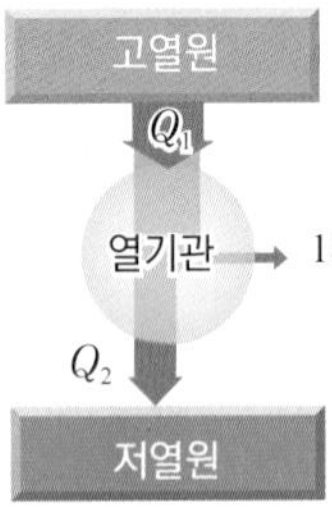

	Q_1	Q_2		Q_1	Q_2
①	90 J	54 J	②	90 J	72 J
③	108 J	90 J	④	108 J	72 J
⑤	162 J	90 J			

13 열효율이 15 % 인 열기관에 420 kJ 의 에너지를 공급하였다. 이 열기관이 한 일은 얼마인가?

( )kJ

14 LED 전구에 전기 에너지를 공급하였더니 25 J 의 빛에너지와 75 J 의 열에너지가 방출되었다. LED 등의 에너지 효율을 몇 % 인가? (단, 전기 에너지가 빛에너지와 열에너지 이외의 다른 에너지로 전환되지 않는다.)

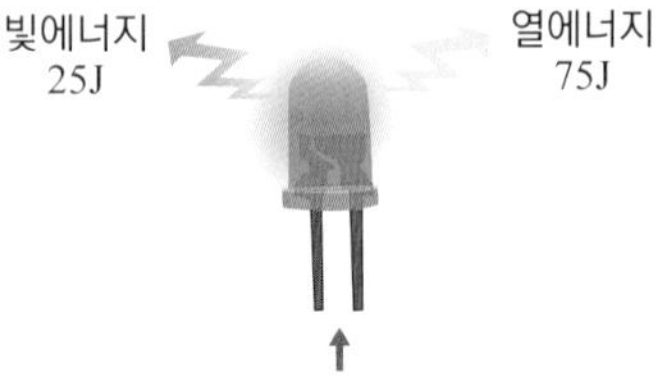

① 15 % ② 20 % ③ 25 %
④ 30 % ⑤ 75 %

15 엔진, 배터리, 전기 모터를 함께 사용하는 자동차를 나타낸 것이다.

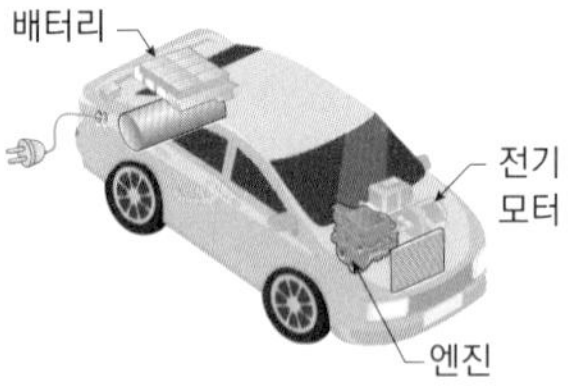

이에 대한 설명으로 옳은 것만을 <보기>에서 있는 대로 고른 것은?

보 기

ㄱ. 엔진만 사용하는 자동차보다 에너지 효율이 높다.
ㄴ. 엔진에서 발생하는 열에너지를 전기 에너지로 전환하여 다시 사용한다.
ㄷ. 엔진과 전기 모터가 동시에 작동할 때는 열에너지와 전기 에너지가 각각 역학적 에너지로 전환된다.

① ㄱ ② ㄷ ③ ㄱ, ㄴ
④ ㄱ, ㄷ ⑤ ㄱ, ㄴ, ㄷ

정답 및 해설 ➜ 122

16 어떤 가전 제품에 부착된 에너지 소비 효율 등급을 나타낸 마크이다. 이에 대한 설명으로 옳은 것만을 <보기>에서 있는 대로 고른 것은?

보기

ㄱ. 1등급인 가전 제품에 공급된 전기 에너지는 모두 일로 전환된다.
ㄴ. 같은 일을 할 때, 등급 숫자가 클수록 방출하는 열이 많다.
ㄷ. 같은 조건일 때, 1등급에 가까운 제품일수록 에너지를 절약할 수 있다.

① ㄱ ② ㄴ ③ ㄷ
④ ㄱ, ㄴ ⑤ ㄴ, ㄷ

17 에너지 제로 하우스의 구조를 개략적으로 나타낸 것이다. 이에 대한 설명으로 옳은 것만을 <보기>에서 있는 대로 고른 것은?

보기

ㄱ. 필요한 에너지는 대부분 화석 연료에 의존한다.
ㄴ. 태양열 집광기로 얻은 열은 난방이나 온수에 사용된다.
ㄷ. 성능이 좋은 단열재와 환기 시스템으로 낭비되는 에너지를 줄인다.

① ㄴ ② ㄷ ③ ㄱ, ㄴ
④ ㄴ, ㄷ ⑤ ㄱ, ㄴ, ㄷ

서술형

18 무한이 집의 거실 속 풍경이다.

거실에서 사용하고 있는 전기 제품들에서 에너지의 전환 과정을 각각 쓰시오.

서술형

19 두 자동차 A, B에 공급하는 에너지와 각 부분에서 소비하는 에너지의 양을 나타낸 것이다.

	A	B
연료의 화학 에너지 (공급하는 에너지)	100kJ	150kJ
마찰이나 저항에 의한 열에너지	34kJ	68kJ
대기로 방출되는 열에너지	30kJ	30kJ
주행하는 데 사용된 에너지	21kJ	39kJ
기타(진동, 소리 등)	15kJ	13kJ

같은 양의 연료를 주입하였을 때, 주행 거리가 더 긴 자동차를 고르고, 그 이유를 열효율을 이용하여 서술하시오.

서술형

20 에너지 보존 법칙에 따르면 에너지는 사라지지 않고 총량이 항상 일정하게 보존되지만 우리는 에너지를 절약해야 한다. 그 이유를 서술하시오. (에너지 전환, 열에너지)

01 생태계 구성 요소와 환경

01 생태계를 구성하는 생물적 요인에 대한 설명으로 옳지 않은 것은?

① 여우 한 마리는 개체이다.
② 생태계에는 여러 군집이 서식한다.
③ 개체군은 일정한 지역에서 함께 사는 같은 종의 무리이다.
④ 생태계의 규모는 개체 < 군집 < 개체군으로 나타낼 수 있다.
⑤ 군집은 일정한 지역에서 같이 사는 서로 다른 종 개체군들의 집합이다.

02 생태계를 구성하는 요소 사이의 관계를 나타낸 것이다.

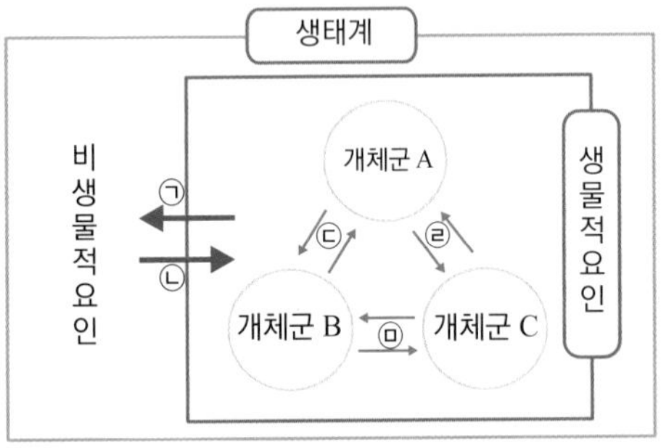

이에 대한 설명으로 옳은 것만을 <보기>에서 있는 대로 고른 것은?

보기

ㄱ. 개체군은 서로 다른 종들의 무리이다.
ㄴ. ㉡은 비생물적 요인이 생물적 요인에 영향을 주는 '반작용'이다.
ㄷ. ㉢ ~ ㉤은 개체군들 사이의 상호 작용을 나타낸 것이다.
ㄹ. 위도에 따라 식물의 분포가 달라지는 현상은 ㉡에 해당한다.

① ㄱ, ㄷ　② ㄴ, ㄷ　③ ㄷ, ㄹ
④ ㄱ, ㄴ, ㄷ　⑤ ㄴ, ㄷ, ㄹ

03 생태계의 구성 요소와 그 예이다.

구성 요소	예
(가)	두더지, 사슴, 호랑이 지렁이
(나)	버섯, 세균, 곰팡이
(다)	물, 공기, 일조 시간, 온도, 토양
(라)	붓꽃, 소나무, 녹조류, 식물 플랑크톤

이에 대한 설명으로 옳은 것만을 <보기>에서 있는 대로 고른 것은?

보기

ㄱ. (가)와 (나)는 서로 상호 작용한다.
ㄴ. (나)가 (다)에 영향을 주는 것은 '작용'이다.
ㄷ. (다)가 (라)에 영향을 주는 것은 '반작용'이다.

① ㄱ　② ㄴ　③ ㄱ, ㄷ
④ ㄴ, ㄷ　⑤ ㄱ, ㄴ, ㄷ

04 (가), (나)는 하나의 식물체에서 서로 다른 곳에 달린 잎의 단면 구조이다.

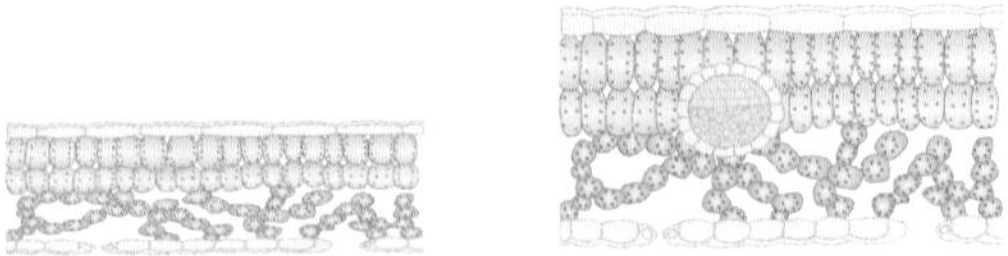

(가)　(나)

이에 대한 설명으로 옳은 것만을 <보기>에서 있는 대로 고른 것은?

보기

ㄱ. 빛의 파장에 식물이 적응한 결과이다.
ㄴ. (가)는 빛을 많이 받는 잎, (나)는 빛을 적게 받는 잎이다.
ㄷ. (가)와 (나)의 잎의 두께 차이는 빛의 세기와 관련이 있다.

① ㄱ　② ㄷ　③ ㄱ, ㄴ
④ ㄴ, ㄷ　⑤ ㄱ, ㄴ, ㄷ

05 A와 B는 생물과 환경의 상호 관계를 나타낸 것이며, (가), (나)는 어떤 환경에 적응한 생물을 각각 나타낸 것이다.

A. 지렁이는 낙엽이나 썩은 뿌리 등을 분해한다.
B. 건조한 지역에 사는 식물에는 저수 조직이 발달해 있다.

(가)

(나)

이에 대한 설명으로 옳은 것만을 <보기>에서 있는 대로 고른 것은?

보기

ㄱ. A와 관련된 환경 요인은 토양이다.
ㄴ. B와 관련된 환경 요인은 물이다.
ㄷ. (가)와 (나)는 B와 같은 환경 요인에 의해 적응하였다.

① ㄱ ② ㄴ ③ ㄱ, ㄴ
④ ㄴ, ㄷ ⑤ ㄱ, ㄴ, ㄷ

06 수심에 따른 해조류의 분포를 나타낸 것이다.

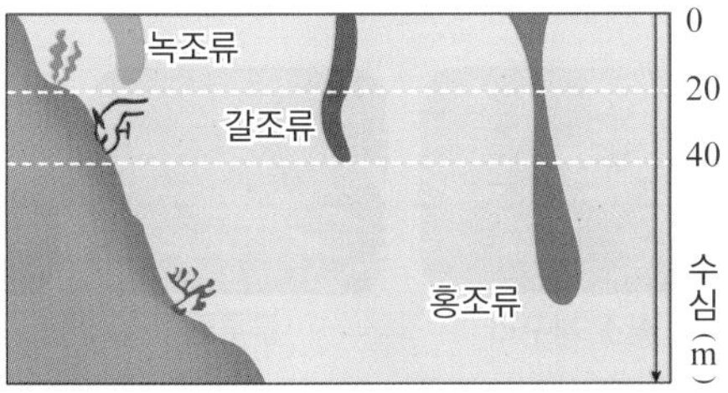

해조류가 위 그림과 같이 분포하는 주된 요인으로 옳은 것은?

① 수심에 따라 빛의 세기가 다르기 때문이다.
② 수심이 깊어질수록 수온이 낮아지기 때문이다.
③ 수심이 깊어질수록 빛의 파장에 따른 투과도가 다르기 때문이다.
④ 수심에 따라 해조류의 호흡에 필요한 산소의 양이 다르기 때문이다.
⑤ 수심이 깊어질수록 해조류의 광합성에 필요한 이산화 탄소의 용해도가 많기 때문이다.

07 서로 다른 지역에 서식하는 여우의 모습이다.

(A) (B) (C)

이에 대한 설명으로 옳은 것만을 <보기>에서 있는 대로 고른 것은?

보기

ㄱ. 사막 여우는 북극여우에 비해 체외로 방출되는 열의 양이 많다.
ㄴ. 추운 지역일수록 몸집이 크고, 더운 지역일수록 몸의 말단부가 크다.
ㄷ. 이와 같은 예로는 봄에 태어난 나비와 여름에 태어난 나비의 생김새가 서로 다른 것이 있다.

① ㄱ ② ㄴ ③ ㄱ, ㄴ
④ ㄴ, ㄷ ⑤ ㄱ, ㄴ, ㄷ

02 생태계 평형

08 생태 피라미드의 모양을 나타낸 것이다.

안정된 생태계에서 이와 같은 피라미드 모양을 나타내는 것만을 <보기>에서 있는 대로 고른 것은?

보기

ㄱ. 에너지양 ㄴ. 생물량 ㄷ. 개체 수
ㄹ. 에너지 효율 ㅁ. 개체의 크기

① ㄱ, ㄷ ② ㄴ, ㅁ ③ ㄱ, ㄴ, ㄷ
④ ㄱ, ㄷ, ㅁ ⑤ ㄴ, ㄷ, ㄹ

09 평형을 이루는 연못의 생태계이다.

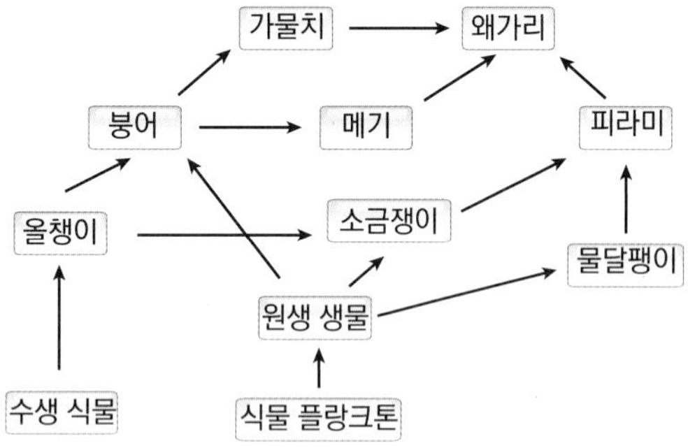

이에 대한 설명으로 옳은 것만을 <보기>에서 있는 대로 고른 것은?

보 기

ㄱ. 피라미의 개체 수가 증가하면 원생 생물도 증가할 것이다.
ㄴ. 생산자는 수생 식물과 식물 플랑크톤이며, 왜가리는 4차 소비자이다.
ㄷ. 개체군에 저장된 에너지양은 '원생 생물 > 붕어 + 소금쟁이 + 물달팽이'로 나타낼 수 있다.

① ㄱ ② ㄷ ③ ㄱ, ㄴ
④ ㄴ, ㄷ ⑤ ㄱ, ㄴ, ㄷ

10 생태계에서 일어나는 에너지 흐름에 대한 설명으로 옳은 것만을 <보기>에서 있는 대로 고른 것은?

보 기

ㄱ. 생태계에서 열에너지는 순환하지 않는다.
ㄴ. 상위 영양 단계로 갈수록 전달되는 에너지양은 증가한다.
ㄷ. 비생물적 요인은 생태계 평형에 영향을 주는 요인이 아니다.

① ㄱ ② ㄷ ③ ㄱ, ㄴ
④ ㄴ, ㄷ ⑤ ㄱ, ㄴ, ㄷ

11 어떤 지역에서 사슴을 보호하기 위해 늑대 사냥을 허용한 이후 약 30년 동안 사슴과 늑대의 개체 수 및 초원 생산량이 어떻게 변화했는지를 조사한 결과이다.

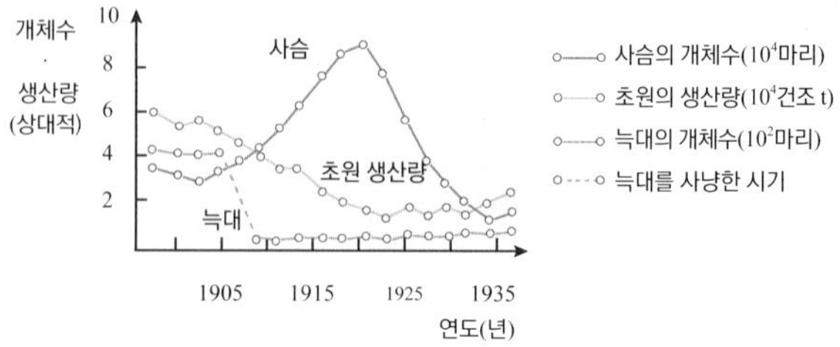

이에 대한 설명으로 옳은 것만을 <보기>에서 있는 대로 고른 것은?

보 기

ㄱ. 이 생태계에서 늑대는 1차 소비자, 사슴은 2차 소비자이다.
ㄴ. 1930년대 초반까지 초원 생산량이 감소한 것은 늑대 사냥과 관련이 없다.
ㄷ. 이 자료를 통해 인간의 개입은 생태계 평형을 깨뜨릴 수 있다는 것을 알 수 있다.

① ㄴ ② ㄷ ③ ㄱ, ㄷ
④ ㄴ, ㄷ ⑤ ㄱ, ㄴ, ㄷ

12 외부 생태계에서 유입된 황소 개구리, 블루길, 뉴트리아이다.

황소 개구리

블루길

뉴트리아

이에 대한 설명으로 옳은 것만을 <보기>에서 있는 대로 고른 것은?

보 기

ㄱ. 토착 생태계에서 적응하기 어렵다.
ㄴ. 토착 생태계의 생물 다양성을 감소시킨다.
ㄷ. 천적이 없기 때문에 기존 생태계의 먹이 관계에 피해를 입히지는 않는다.

① ㄱ ② ㄴ ③ ㄱ, ㄴ
④ ㄴ, ㄷ ⑤ ㄱ, ㄴ, ㄷ

정답 및 해설 ➔ 124

13 초원 생태계, 삼림 생태계, 해양 생태계의 에너지 피라미드이다.

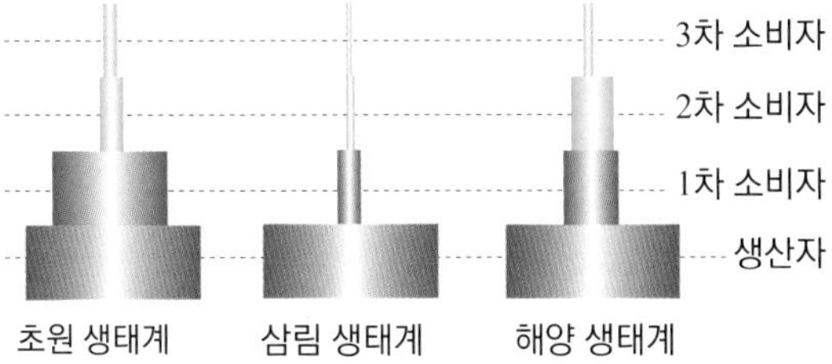

생태계에서 일어나는 에너지 흐름에 대한 설명으로 옳은 것만을 <보기>에서 있는 대로 고른 것은? (단, 에너지 피라미드에서 각 영양 단계의 에너지양은 상대적으로 나타낸 것이며, 생산자의 에너지는 모든 생태계에서 동일하게 나타난다.)

보 기

ㄱ. 1차 소비자의 에너지 효율은 초원 생태계가 가장 높다.
ㄴ. 삼림 생태계는 불안정한 에너지 피라미드를 나타낸다.
ㄷ. 삼림 생태계는 에너지의 대부분이 생산자에 저장되어 있다.
ㄹ. 1차 소비자가 생산자로부터 가장 많은 에너지를 얻는 생태계는 해양 생태계이다.

① ㄱ, ㄴ　② ㄱ, ㄷ　③ ㄴ, ㄷ
④ ㄱ, ㄴ, ㄹ　⑤ ㄴ, ㄷ, ㄹ

14 생태계 (가) ~ (마)에서 각 영양 단계의 개체 수를 상댓값으로 나타낸 것이다.

구분	(가)	(나)	(다)	(라)	(마)
생산자	50	1	50	1200	15
1차 소비자	31	5	55	250	50
2차 소비자	1	30	20	12	70
3차 소비자	10	150	40	2	5

가장 안정된 생태계는 어느 것인가?

① (가)　② (나)　③ (다)　④ (라)　⑤ (마)

15 생물종 A ~ H 로만 구성된 어떤 안정된 생태계에서의 먹이 관계를 나타낸 것이다.

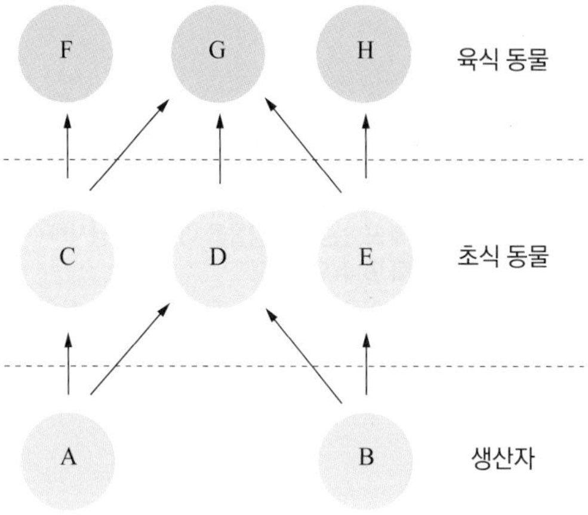

이에 대한 설명으로 옳은 것만을 <보기>에서 있는 대로 고른 것은?

보 기

ㄱ. D가 사라지면 일시적으로 생태계의 평형은 깨질 것이다.
ㄴ. H가 사라지면 B의 개체 수는 일시적으로 증가할 것이다.
ㄷ. 생산자 중 한 종이 사라지면 적어도 두 종의 생물이 사라진다.

① ㄴ　② ㄷ　③ ㄱ, ㄷ
④ ㄴ, ㄷ　⑤ ㄱ, ㄴ, ㄷ

16 생태계 보전을 위한 노력으로 옳지 않은 것은?

① 삼림의 훼손을 제도적으로 규제한다.
② 산을 깎아 도로를 건설할 때 생태 통로를 설치한다.
③ 도시 중심에 숲을 조성하고 건물 옥상에 정원을 설치한다.
④ 하천에 콘크리트 제방을 쌓고 물길을 직선화하여 하천을 만든다.
⑤ 생물 다양성이 풍부하여 생태적 가치가 높은 지역을 국립 공원으로 지정한다.

03 지구 환경 변화와 인간 생활

17 과거의 기후 변화를 연구하는 방법에 대한 설명이다. 빈칸에 알맞은 말을 쓰시오.

> · 시추된 빙하 속의 줄무늬를 통해 빙하의 생성 시기를 알 수 있다.
> · 빙하에 포함된 공기 방울을 이용하여 당시의 (㉠   ) 성분을 알 수 있다.
> · 빙하의 얼음을 구성하는 물 분자의 산소 동위 원소비로부터 (㉡   ) 변화를 추정할 수 있다.

18 (가), (나)는 과거의 기후 변화를 연구하는 방법이다.

(가) 나무의 나이테

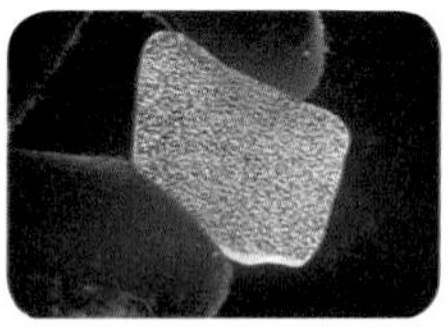

(나) 빙하 코어

이에 대한 설명으로 옳은 것만을 <보기>에서 있는 대로 고른 것은?

보 기

ㄱ. (가)의 나이테 간격은 기후가 온난할수록 좁다.
ㄴ. (나)에는 1년에 하나씩 형성되는 줄무늬가 있다.
ㄷ. (나)에는 눈이 내릴 당시의 공기 방울이 포함되어 있다.

① ㄴ   ② ㄷ   ③ ㄱ, ㄷ
④ ㄴ, ㄷ   ⑤ ㄱ, ㄴ, ㄷ

19 지구 온난화의 영향으로 인해 일어나는 현상으로 옳지 않은 것은?

① 해수면의 하강
② 해안 저지대의 침수
③ 생물 다양성의 감소
④ 해일이나 대규모 태풍 발생
⑤ 수온의 상승으로 해수의 증발량 증가

20 위도에 따른 태양 복사 에너지와 지구 복사 에너지의 분포이다.

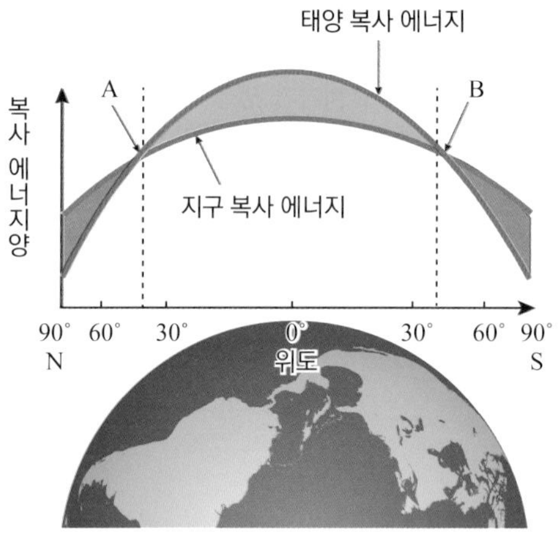

이에 대한 설명으로 옳은 것만을 <보기>에서 있는 대로 고른 것은?

보 기

ㄱ. A, B지역에서는 에너지의 이동이 일어나지 않는다.
ㄴ. 극지방은 태양 복사 에너지보다 지구 복사 에너지양이 더 많다.
ㄷ. 위도에 따른 에너지양의 차이는 지구 복사 에너지가 태양 복사 에너지보다 작다.

① ㄱ   ② ㄴ   ③ ㄱ, ㄷ
④ ㄴ, ㄷ   ⑤ ㄱ, ㄴ, ㄷ

21 북반구의 대기 대순환 ㉠ ~ ㉢을 나타낸 것이다.

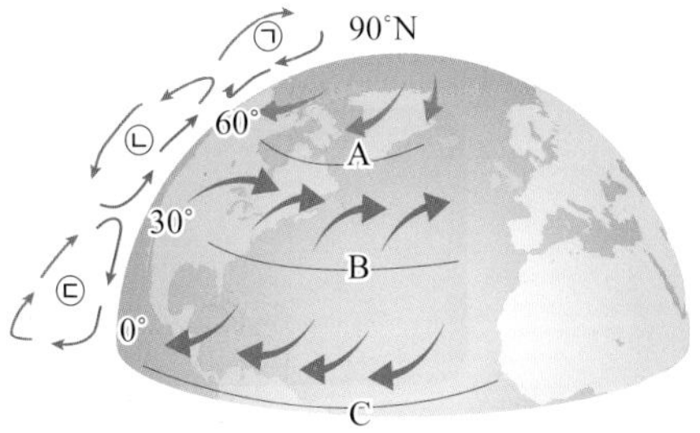

이에 대한 설명으로 옳은 것만을 <보기>에서 있는 대로 고른 것은?

보 기

ㄱ. 연평균 강수량은 B보다 C에서 더 많다.
ㄴ. ㉠ ~ ㉢ 순환은 지구의 자전과 관련이 있다.
ㄷ. ㉠은 극순환, ㉡은 페렐 순환, ㉢은 해들리 순환이다.

① ㄱ　② ㄴ　③ ㄱ, ㄷ　④ ㄴ, ㄷ　⑤ ㄱ, ㄴ, ㄷ

22 엘니뇨 발생 시 서태평양에서 나타나는 현상으로 옳은 것만을 <보기>에서 있는 대로 고른 것은?

보 기

ㄱ. 강수량 증가　ㄴ. 표층 수온 하강
ㄷ. 기압 하강　ㄹ. 산불 발생

① ㄱ, ㄷ　② ㄴ, ㄹ　③ ㄷ, ㄹ　④ ㄱ, ㄴ, ㄷ　⑤ ㄴ, ㄷ, ㄹ

23 해수의 표층 순환에 대한 설명으로 옳은 것만을 <보기>에서 있는 대로 고른 것은?

보 기

ㄱ. 수온과 염분의 차이로 발생한다.
ㄴ. 대륙의 영향으로 해류의 방향이 바뀐다.
ㄷ. 남반구의 아열대 해역에서는 시계 반대 방향의 순환을 이룬다.

① ㄱ　② ㄴ　③ ㄱ, ㄷ　④ ㄴ, ㄷ　⑤ ㄱ, ㄴ, ㄷ

24 대기 대순환과 표층 해류를 나타낸 것이다.

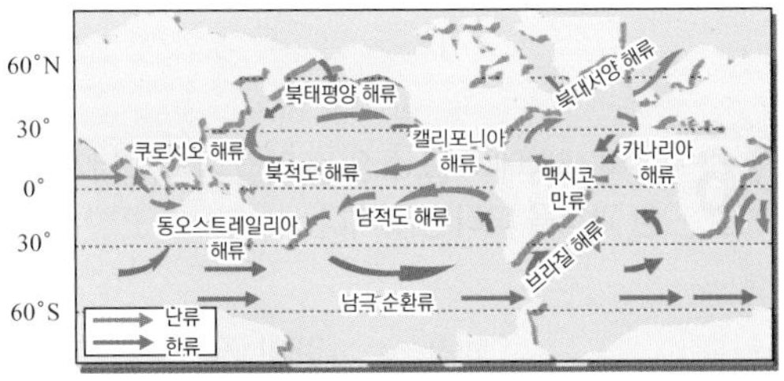

다음 중 해수의 표층 순환에 대한 설명으로 옳은 것만을 <보기>에서 있는 대로 고른 것은?

보 기

ㄱ. 쿠로시오 해류는 캘리포니아 해류보다 염분이 높다.
ㄴ. 해수 순환의 방향은 북반구와 남반구에서 같은 방향이다.
ㄷ. 위도에 따른 에너지 불균형은 해수 순환의 주요 원인이다.

① ㄱ　② ㄴ　③ ㄱ, ㄷ　④ ㄴ, ㄷ　⑤ ㄱ, ㄴ, ㄷ

04 에너지의 전환과 효율적 이용

25 에너지 전환에 대한 설명으로 옳은 것만을 <보기>에서 있는 대로 고른 것은?

보기

ㄱ. 에너지는 전환 과정에서 새로 생기거나 소멸되지 않는다.
ㄴ. 에너지가 전환될 때마다 에너지의 총량은 감소한다.
ㄷ. 에너지는 전환될 때마다 에너지의 일부가 다시 사용하기 어려운 형태의 열에너지로 전환된다.

① ㄱ ② ㄴ ③ ㄷ
④ ㄱ, ㄷ ⑤ ㄱ, ㄴ, ㄷ

26 우리 생활에서 볼 수 있는 여러 가지 에너지와 에너지 전환 과정을 나타낸 것이다.

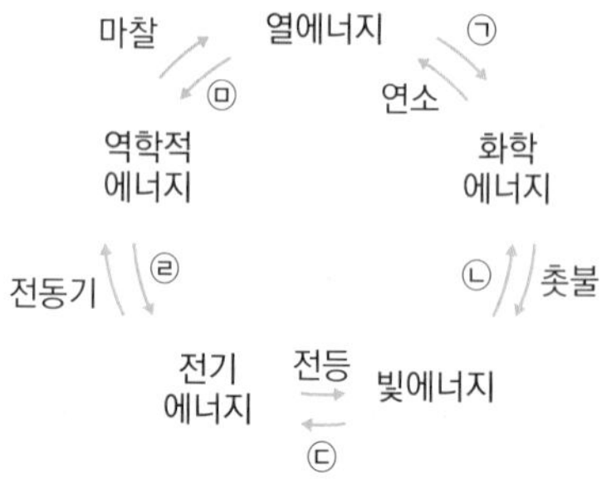

㉠ ~ ㉤에 해당하는 예를 옳게 짝지은 것은?

① ㉠ - 광합성
② ㉡ - 반딧불이
③ ㉢ - 발광 다이오드(LED)
④ ㉣ - 건전지
⑤ ㉤ - 열기관

27 밤하늘의 유성이 열과 빛을 내며 떨어지고 있다. 이에 대한 설명으로 옳은 것만을 <보기>에서 있는 대로 고른 것은?

보기

ㄱ. 유성의 퍼텐셜 에너지가 감소한 만큼 운동 에너지가 증가한다.
ㄴ. 유성의 역학적 에너지는 보존된다.
ㄷ. 유성의 전체 에너지 양은 일정하게 보존된다.

① ㄱ ② ㄴ ③ ㄷ
④ ㄱ, ㄴ ⑤ ㄱ, ㄴ, ㄷ

28 열기관과 열효율에 대한 설명으로 옳은 것만을 <보기>에서 있는 대로 고른 것은?

보기

ㄱ. 열효율은 열기관의 에너지 효율이다.
ㄴ. 같은 양의 일을 하는 두 개의 열기관이 있을 때, 열효율이 높은 열기관일수록 공급받은 열에너지가 적다.
ㄷ. 같은 양의 열에너지를 공급받은 두 개의 열기관이 있을 때, 열효율이 높은 열기관일수록 더 많은 일을 한다.

① ㄱ ② ㄴ ③ ㄷ
④ ㄱ, ㄴ ⑤ ㄱ, ㄴ, ㄷ

정답 및 해설 → 124

29 고열원에서 Q_1 의 열에너지를 공급받아서 W 의 일을 하고, Q_2 의 열에너지를 저열원으로 방출하는 열기관을 나타낸 것이다.

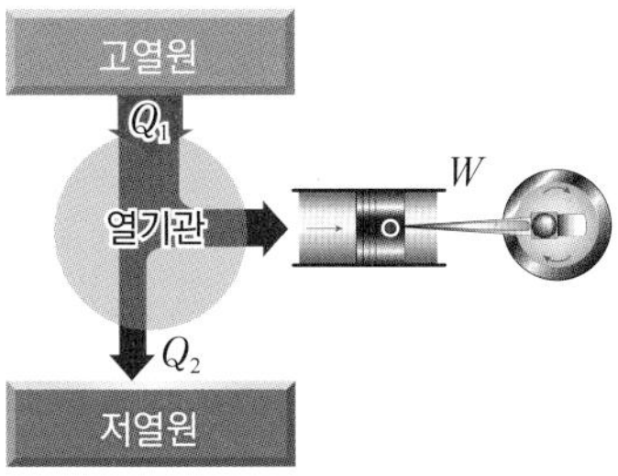

이에 대한 설명으로 옳은 것만을 <보기>에서 있는 대로 고른 것은?

보 기

ㄱ. $\frac{W}{Q_1}=1$ 인 열기관은 없다.
ㄴ. Q_1 이 일정할 때 W 가 클수록 열효율이 높다.
ㄷ. $\frac{Q_2}{Q_1}$ 가 클수록 열효율이 높다.

① ㄱ ② ㄴ ③ ㄷ
④ ㄱ, ㄴ ⑤ ㄱ, ㄴ, ㄷ

30 에너지 효율이 높다는 의미를 가장 잘 설명한 것은?

① 에너지 전환이 잘된다.
② 에너지의 총량이 일정하게 보존된다.
③ 쓸 수 있는 에너지의 양과 버려지는 에너지의 양이 같다.
④ 쓸 수 없는 에너지에서 쓸 수 있는 에너지로의 전환이 잘된다.
⑤ 쓸 수 없는 에너지의 양이 적게 발생한다.

31 에너지를 절약하고 효율적으로 사용해야 하는 이유로 적절하지 <u>않은</u> 것은?

① 전기 에너지를 만드는 과정에서 버려지는 열에너지가 많기 때문이다.
② 에너지를 사용할수록 유용한 에너지의 양이 점점 줄어들기 때문이다.
③ 화석 연료를 적게 사용하게 되므로 환경 오염을 줄일 수 있기 때문이다.
④ 에너지가 다른 형태의 에너지로 전환될 때 에너지의 총량이 감소하기 때문이다.
⑤ 에너지가 전환되는 과정에서 다시 사용하기 어려운 열에너지가 생성되기 때문이다.

서술형

32 에너지를 효율적으로 이용할 수 있는 실천 방법을 두 가지 이상 서술하시오.

서술형

33 에너지 효율은 항상 $1(=100\%)$보다 작다. 그 이유를 서술하시오.

01. 생태계 구성 요소와 환경

1. 생태계의 구성

(1) 생태계의 구성

개체	하나의 생명체를 의미한다.
개체군	일정한 지역에서 함께 사는 같은 종의 개체들로 이루어진 무리이다.
(❶)	일정한 지역에서 서로 관계를 맺고 살아가는 여러 개체군 집단이다.
생태계	일정한 공간에서 자연 환경과 생물이 일정한 관계를 맺으며 서로 영향을 주고 받는 체계이다.

(2) 생태계의 구성 요소

생물적 요인	**생산자**	광합성을 통해 스스로 영양분을 생산하는 생물이다.	예 식물, 식물 플랑크톤, 해조류 등
	소비자	생산자나 다른 동물을 섭취하여 영양분을 얻는 생물이다.	예 초식·육식 동물, 동물 플랑크톤 등
	(❷)	생산자와 소비자의 사체나 배설물을 분해하여 영양분을 얻는 생물이다.	예 버섯, 곰팡이, 세균 등
비생물적 요인		빛, 온도, 물, 토양, 공기 등 자연 환경이다.	

(3) 생태계 구성 요소 간의 관계 : 생태계는 비생물적 요인과 생물적 요인의 상호 작용으로 유지된다.

① **작용 :** 비생물적 요인이 생물적 요인에 영향을 준다.

② **(❸) :** 생물적 요인이 비생물적 요인에 영향을 준다.

③ **상호 작용 :** 생물적 요인 간에 서로 영향을 주고 받는다.

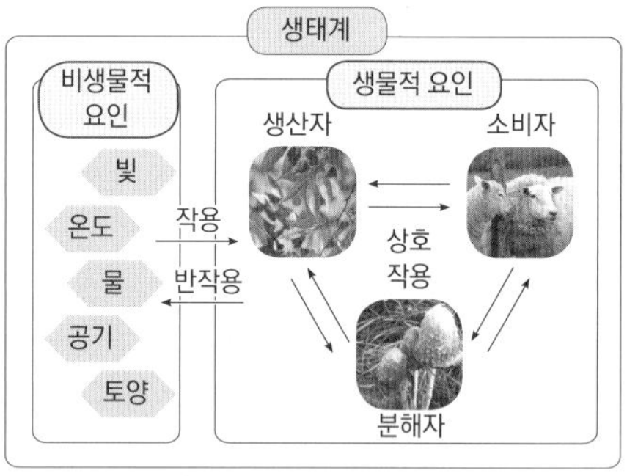

▲ 생태계 구성 요소 간의 관계

2. 생물과 환경의 상호 관계

(1) 빛과 생물

(❹)	· 숲의 위쪽에는 강한 빛에 적응한 식물이, 아래쪽에는 약한 빛에 적응한 식물이 잘 자란다. · 한 식물에서도 강한 빛을 받는 쪽의 잎은 약한 빛을 받는 쪽의 잎보다 두껍다.
빛의 파장	바다의 깊이에 따라 도달하는 빛의 파장과 양이 달라 수심에 따른 해조류 분포가 다르다.
일조 시간	일조 시간에 따라 동물의 생식 시기와 식물의 개화 시기가 다르다.

(2) (❺)와 생물

동물의 적응	· 북극여우는 사막여우보다 몸집이 크고, 귀와 같은 말단 부위가 작다. · 개구리, 곰, 박쥐 등은 겨울에 겨울잠을 잔다.
식물의 적응	· 낙엽수는 기온이 내려가면 잎을 떨어뜨린다. · 상록수는 잎의 큐티클층이 두꺼워 잎을 떨어뜨리지 않고 겨울을 날 수 있다.

(3) 물과 생물

동물의 적응	· 곤충의 몸 표면은 키틴질로 되어 있고, 파충류의 몸 표면은 비늘로 덮여 있다. · 조류와 파충류의 알은 단단한 껍데기로 싸여 있다.
식물의 적응	· 알로에는 물을 저장하는 (❻) 조직이 발달해 있다. · 선인장은 잎이 가시로 변해 수분의 증발을 줄인다.

(4) 토양과 생물 : 토양의 깊이에 따라 공기 함량이 달라 분포하는 세균의 종류가 달라진다.

(5) 공기와 생물 : 공기가 희박한 고산 지대에 사는 사람은 평지에 사는 사람보다 혈액에 (❼) 수가 많아 산소를 효율적으로 운반할 수 있다.

02. 생태계 평형

1. 먹이 관계와 생태 피라미드

(1) 생태계에서의 먹이 관계 : 생태계의 생물들은 먹고 먹히는 관계로 얽혀 먹이 사슬과 먹이 (❶)을 이룬다.

(2) 생태계에서 에너지 흐름

① 생태계에서 에너지는 먹이 사슬(생산자 → 1차 소비자 → 2차 소비자 → ··· ··· → 최종 소비자)을 통해 상위 (❷)로 이동한다.

② 유기물에 저장된 에너지는 각 영양 단계를 이동할 때마다 생물의 생명 활동을 통해 열에너지로 방출되고 남은 에너지가 다음 영양 단계로 이동한다. → 상위 영양 단계로 갈수록 에너지양은 (❸)한다.

(3) (❹) : 안정된 생태계에서 각 영양 단계의 에너지양, 생물량, 개체 수를 하위 영양 단계에서 상위 영양 단계로 차례로 쌓아 피라미드 형태로 나타낸 것이다.

2. 생태계 평형

(1) 생태계 평형 : 생태계를 구성하는 생물의 종류와 개체 수, 에너지 흐름, 물질의 양 등이 급격히 변하지 않아 생태계가 안정적으로 유지되는 상태이다.

→ 먹이 그물이 (❺)할수록 생태계 평형이 잘 유지된다.

(2) 생태계 평형의 유지 원리 : 안정된 생태계에서는 어떤 요인에 의해 한 영양 단계의 개체 수가 일시적으로 깨지더라도 먹이 관계에 의해 다른 영양 단계의 개체 수가 변함으로써 다시 평형을 (❻)할 수 있다.

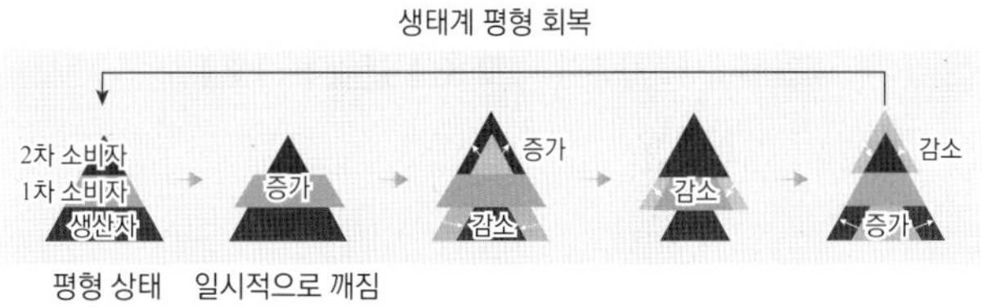

3. 환경 변화와 생태계

(1) 생태계 평형의 파괴 요인 : 생태계 평형을 유지할 수 있는 한계를 넘는 환경 변화가 일어나면 생태계 평형이 깨질 수 있다.

① **자연 재해 :** 홍수, 산사태, 지진, 화산 폭발 등 자연 재해에 의해 생물의 서식지가 사라지고, 생태계가 파괴된다.

② **인간 활동 :** 자동차 배기가스, 무분별한 벌목, 경작지 개발 등 인간의 활동에 의해 환경 오염을 유발하여 생태계가 파괴된다.

(2) 생태계 보전을 위한 노력

① 무분별한 환경 개발을 제도적으로 규제한다.

② 옥상 정원을 가꾸고, 도시에 숲이나 공원을 조성한다.

③ 도로나 댐 등을 건설할 때 (❼) 을/를 설치한다.

④ 생태계 기능을 잃은 하천을 복원하여 평형을 깨진 생태계를 되살린다.

⑤ 생태적 가치가 높은 구역을 국립 공원으로 지정한다.

⑥ 멸종 위기에 처한 생물을 (❽)로 지정하여 보호한다.

03. 지구 환경 변화와 인간 생활

1. 기후 변화

(1) 기후 변화의 원인 : 지표면의 변화, 지구 자전축의 기울기 변화 등이 있다.

(2) 기후 변화 연구 방법 : 나무의 (❶) 연구, (❷) 시추물 연구, 지층 및 화석 연구 등이 있다.

2. 지구 온난화

(1) 정의 : 대기 중 (❸)의 양이 증가하면서 지구의 평균 기온이 상승하는 현상이다.

(2) 영향 : 빙하의 융해와 해수의 (❹)으로 인해 해수면의 높이 (❺), 기상 이변, 생태계 변화 등이 나타난다.

(3) 해결을 위한 노력 : 화석 연료 사용 억제, 신재생 에너지 개발, 국제 협약 가입 등이 있다.

3. 대기와 해수의 순환

구분	대기 대순환	해수의 표층 순환
원인	위도별 에너지 불균형	지속적인 바람
특징	지구의 자전의 영향으로 적도에서 극까지 (❻)개의 순환 세포가 형성된다. · 적도 ~ 위도 30° : 무역풍 · 위도 30°~ 60° : 편서풍 · 위도 60°~ 90° : 극동풍	· 바람과 해류의 방향이 일치한다. · 북반구와 남반구의 아열대 순환의 모습은 (❼) 을 이룬다. · 대양의 서쪽에는 난류, 동쪽에는 한류가 흐른다.
역할	(❽) 지방에서 (❾) 지방으로 열에너지를 수송한다.	

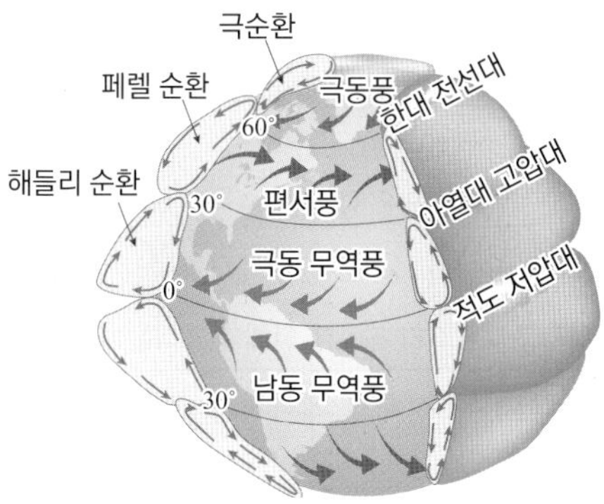

4. (❿)

(1) 정의 : 사막 주변 지역의 토지가 황폐해져 사막 지역이 넓어지는 현상으로서 위도 30° 부근에 주로 분포한다.

(2) 발생 원인

① **자연적인 원인 :** 대기 대순환의 변화에 따른 지속적인 가뭄이 원인이다.

② **인위적인 원인 :** 과잉 방목, 과잉 경작, 무분별한 삼림 벌채로 인해 토양이 황폐화된다.

(3) 대책 : 가축의 방목 줄이기, 삼림 벌채 줄이기, 숲의 면적 늘리기, 사막화 관련 국제 협약 준수하기 등이 있다.

5. 엘니뇨

구분	평상시	엘니뇨 발생 시
해수의 흐름	무역풍에 의해 따뜻한 표층 해수가 서쪽으로 이동한다.	무역풍이 (⓫)되어 따뜻한 표층 해수가 동쪽으로 이동한다.
(⓬) 의 기후	수온 낮음, 강수량 적음	수온 상승, 어획량 감소, 강수량 증가, 홍수 발생
(⓭) 의 기후	수온 높음, 강수량 많음	수온 하강, 강수량 감소, 가뭄 발생

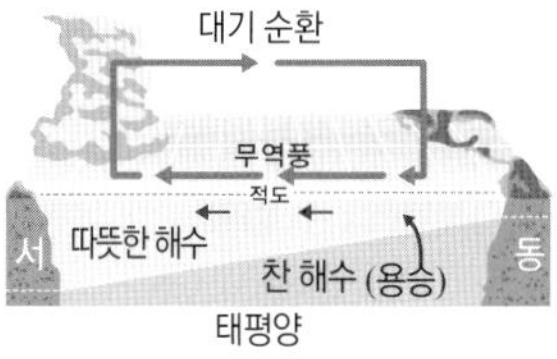

▲ 평상시

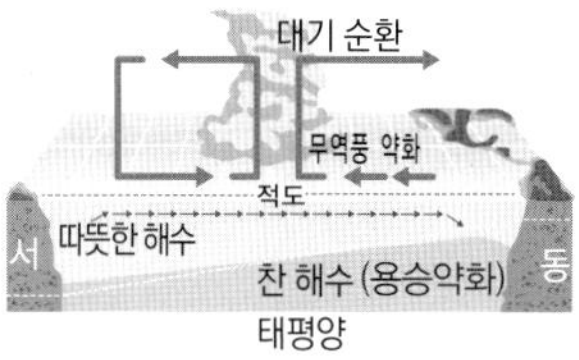

▲ 엘니뇨 발생 시

04. 에너지의 전환과 효율적 이용

1. 에너지 전환과 보존

(1) (❶) : 일을 할 수 있는 능력, 단위는 J(줄)

운동 에너지	운동하는 물체가 가지는 에너지
(❷)	물체가 위치에 따라 잠재적으로 가지는 에너지
전기 에너지	전하의 이동에 의해 발생하는 에너지
화학 에너지	화학 결합에 의해 물질 속에 저장되어 있는 에너지

(❸)	물체를 이루는 원자나 분자의 운동에 의한 에너지
핵에너지	핵반응을 할 때 방출·흡수되는 에너지
빛에너지	빛이 가지고 있는 에너지
소리 에너지	매질의 진동에 의해 전달되는 에너지

(2) 에너지 전환 : 한 형태의 에너지가 다른 형태의 에너지로 바뀌는 것

자연에서 일어나는 에너지 전환	**광합성**	빛에너지 → (❹)
	번개	전기 에너지 → 빛에너지
	반딧불이	화학 에너지 → 빛에너지
	폭포	퍼텐셜 에너지 → 운동 에너지
일상 생활 속에서 일어나는 에너지 전환	**TV**	전기 에너지 → 열·빛·소리 에너지
	다리미	전기 에너지 → 열에너지
	음식물 섭취	화학 에너지 → 열·운동 에너지
	전등	(❺) → 빛·열에너지

(3) 에너지 보존 법칙 : 에너지는 다른 형태의 에너지로 전환되는 과정에서 새로 생기거나 사라지지 않으며, 에너지의 총량은 일정하게 보존된다.

2. 에너지의 효율적 이용

(1) (❻) : 화석 연료를 연소시켜 발생한 열에너지를 역학적 일로 전환하는 장치

열기관에서의 에너지 보존 법칙	열기관이 고열원에서 열에너지 Q_1을 공급받으면 외부에 일 W를 하고, 나머지는 저열원으로 열에너지 Q_2를 방출한다. → $Q_1 = W + Q_2$	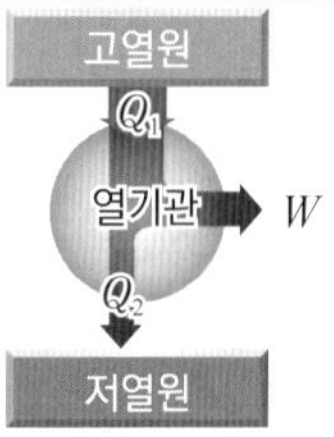
열효율(e)	$e = \frac{W}{Q_1} = 1 - \frac{Q_2}{Q_1}$ → 열효율은 1(100%)보다 클 수 없다.	

(2) 에너지 효율 : 공급한 에너지 중에서 유용하게 사용된 에너지의 비율

(3) 에너지 절약과 에너지의 효율적 이용 : 에너지를 사용할수록 우리가 다시 사용하기 어려운 에너지 형태로 전환되는 양이 점점 많아지고 사용 가능한 에너지의 양은 감소하므로 에너지를 효율적으로 사용해야 한다.

① 열효율이 높은 열기관을 사용한다.
② 에너지 효율이 높은 제품(LED 전구, 하이브리드 자동차)을 사용한다.
③ 에너지 제로 하우스 건설 : 필요한 에너지를 화석 연료 대신 재생 에너지를 통해 얻고, 낭비되는 에너지를 최소화하는 미래형 주택을 건설한다.

내신 기출 모의고사 1회

24 문항 40분

01. 생태계 구성 요소와 환경

01 수심에 따른 해조류의 분포와 수심에 따라 도달하는 빛의 파장을 나타낸 것이다.

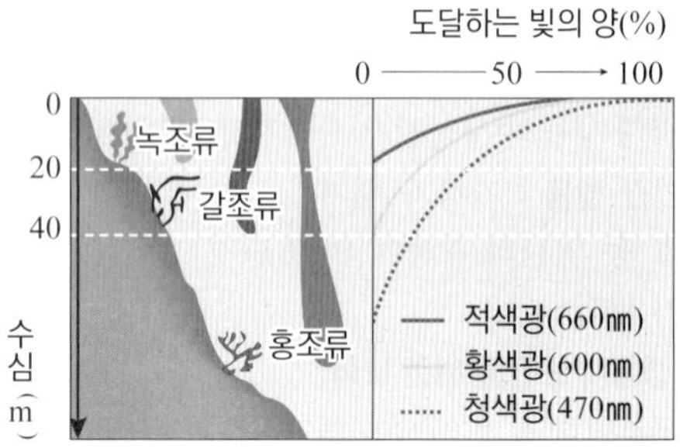

이에 대한 설명으로 옳은 것만을 <보기>에서 있는 대로 고른 것은?

보 기

ㄱ. 녹조류는 적색광만 이용한다.
ㄴ. 갈조류에는 미역, 김 등이 있다.
ㄷ. 홍조류는 적색광보다 청색광을 잘 이용한다.

① ㄴ ② ㄷ ③ ㄱ, ㄷ
④ ㄴ, ㄷ ⑤ ㄱ, ㄴ, ㄷ

02 생태계를 구성하는 생물적 요인에 대한 설명으로 옳은 것만을 <보기>에서 있는 대로 고른 것은?

보 기

ㄱ. 버섯은 생산자에 속하는 생물이다.
ㄴ. 소비자는 생산자 또는 다른 소비자를 섭취하여 영양분을 얻는 생물이다.
ㄷ. 분해자는 사체나 배설물에 포함된 무기물을 분해하여 영양분을 얻는 생물이다.

① ㄱ ② ㄴ ③ ㄱ, ㄴ
④ ㄴ, ㄷ ⑤ ㄱ, ㄴ, ㄷ

03 (가), (나)는 잎의 단면 구조를 나타낸 것이다.

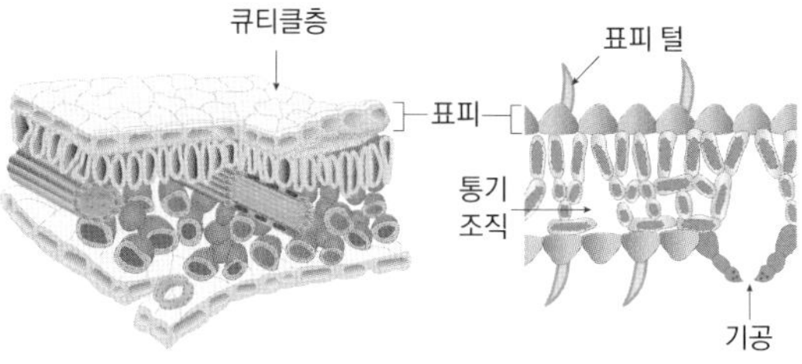

(가) (나)

이에 대한 설명으로 옳은 것만을 <보기>에서 있는 대로 고른 것은? (단, (가)와 (나)는 각각 물에 사는 식물과 건조한 환경에서 사는 식물 중 하나이다.)

보 기

ㄱ. (가)는 (나)보다 뿌리가 잘 발달하였다.
ㄴ. (나)는 물이 풍부한 환경에서 서식한다.
ㄷ. 큐티클층은 체내 수분의 증발을 돕는다.

① ㄴ ② ㄴ ③ ㄱ, ㄴ
④ ㄴ, ㄷ ⑤ ㄱ, ㄴ, ㄷ

04 생태계 구성 요소 간의 관계에 대한 설명으로 옳은 것을 모두 고르시오. (3개)

① 가을에 토끼가 털갈이를 하는 것은 '작용'의 예이다.
② 동물이 배설물을 통해 식물의 씨를 퍼뜨리는 것은 '반작용'의 예이다.
③ 외래종과 고유종이 먹이나 서식지를 두고 경쟁하는 것은 '상호 작용'의 예이다.
④ 지구의 평균 기온이 상승한 결과 고랭지 농업 생산량이 감소한 것은 '작용'의 예이다.
⑤ 화석 연료를 이용한 산업 활동이 증가하면서 지구 온난화 현상이 가속화된 것은 '작용'의 예이다.

05 식물의 생태에 관한 설명이다.

지렁이는 흙 속을 이동하면서 토양의 통기성을 높인다.

이 자료에 나타난 생태계 구성 요소 간의 관계에 해당하는 사례로 옳은 것만을 <보기>에서 있는 대로 고른 것은?

보 기

ㄱ. 강수량이 적으면 옥수수의 생장이 저하된다.
ㄴ. 식물의 증산 작용으로 인해 숲의 온도가 낮아진다.
ㄷ. 생물의 호흡과 광합성으로 공기의 성분이 변한다.
ㄹ. 토양의 얕은 곳에는 호기성 세균이 살고, 깊은 곳에는 혐기성 세균이 산다.

① ㄱ, ㄹ ② ㄴ, ㄷ ③ ㄷ, ㄹ
④ ㄱ, ㄴ, ㄷ ⑤ ㄴ, ㄷ, ㄹ

06 (가)는 민들레, (나)는 선인장, (다)는 연꽃을 나타낸 것이다.

(가)

(나)

(다)

이에 대한 설명으로 옳은 것만을 <보기>에서 있는 대로 고른 것은?

보 기

ㄱ. (가)는 (다)보다 뿌리가 잘 발달되어 있다.
ㄴ. (나)는 통기 조직이 발달하였다.
ㄷ. 알로에의 서식 환경은 (가) ~ (다) 중 (다)와 유사하다.

① ㄱ ② ㄴ ③ ㄱ, ㄷ
④ ㄴ, ㄷ ⑤ ㄱ, ㄴ, ㄷ

07 환경에 대한 여러 가지 생물의 적응 현상이다.

(가) 육상에 사는 곤충은 몸 표면이 키틴질로 되어 있다.
(나) 유채화는 봄에 피고, 국화는 가을에 핀다.
(다) 고산 지대에 사는 사람들은 평지에 사는 사람들보다 혈액 속에 적혈구가 많다.

(가) ~ (다)의 현상에 주로 영향을 주는 비생물적 요인을 옳게 짝지은 것은?

	(가)	(나)	(다)
①	물	일조 시간	공기
②	토양	온도	물
③	빛	온도	물
④	물	일조 시간	온도
⑤	일조 시간	빛의 세기	온도

08 생태계의 구성 요소와 특징을 나타낸 것이다.

구성 요소	특징
(가)	생물을 둘러싸고 있는 모든 무기 환경 요인이다.
(나)	생산자 또는 다른 소비자를 먹이로 하는 생물이다.
(다)	빛에너지를 이용하여 생명 활동에 필요한 영양분을 스스로 생산하는 생물이다.
(라)	죽은 생물 또는 다른 생물의 배설물을 분해하여 영양분을 얻는 생물이다.

이에 대한 설명으로 옳은 것만을 <보기>에서 있는 대로 고른 것은?

보 기

ㄱ. 가을에 단풍이 드는 것은 (다)가 (가)에 영향을 주는 것이다.
ㄴ. 질소 고정 세균에 의해 토양이 비옥해지는 것은 (라)가 (가)에 영향을 주는 것이다.
ㄷ. 공기가 희박한 고산 지대에 사는 사람들이 평지에 사는 사람들에 비해 혈액 속 적혈구의 수가 많은 것은 (가)가 (나)에 영향을 주는 것이다.

① ㄱ ② ㄴ ③ ㄱ, ㄷ
④ ㄴ, ㄷ ⑤ ㄱ, ㄴ, ㄷ

02. 생태계 평형

09 해양 생태계의 먹이 관계를 나타낸 것이다.

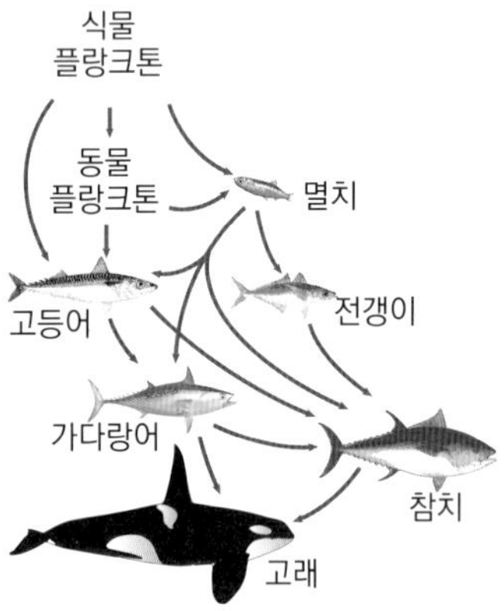

이에 대한 설명으로 옳은 것만을 <보기>에서 있는 대로 고른 것은?

보 기

ㄱ. 참치는 최종 소비자이다.
ㄴ. 전갱이는 2차 소비자이면서 3차 소비자이다.
ㄷ. 식물 플랑크톤과 동물 플랑크톤은 생산자이다.

① ㄱ ② ㄴ ③ ㄱ, ㄴ
④ ㄴ, ㄷ ⑤ ㄱ, ㄴ, ㄷ

10 어떤 안정된 생태계에서 영양 단계 (가) ~ (라)의 에너지양을 상댓값으로 나타낸 것이다. (가) ~ (라)는 각각 생산자, 1차 소비자, 2차 소비자, 3차 소비자 중 하나이며, 에너지양과 개체 수는 모두 상위 영양 단계로 갈수록 감소한다.

영양 단계	(가)	(나)	(다)	(라)
에너지양	1	0.1	20	100

이에 대한 설명으로 옳은 것만을 <보기>에서 있는 대로 고른 것은?

보 기

ㄱ. (나)는 2차 소비자이다.
ㄴ. (다)에서 (가)로 에너지가 전달된다.
ㄷ. (다)의 개체 수가 일시적으로 증가하면 (나)의 개체 수는 감소한다.

① ㄱ ② ㄴ ③ ㄱ, ㄷ
④ ㄴ, ㄷ ⑤ ㄱ, ㄴ, ㄷ

11 어떤 생태계를 구성하는 개체군 A ~ C의 관계를 나타낸 모식도이다.

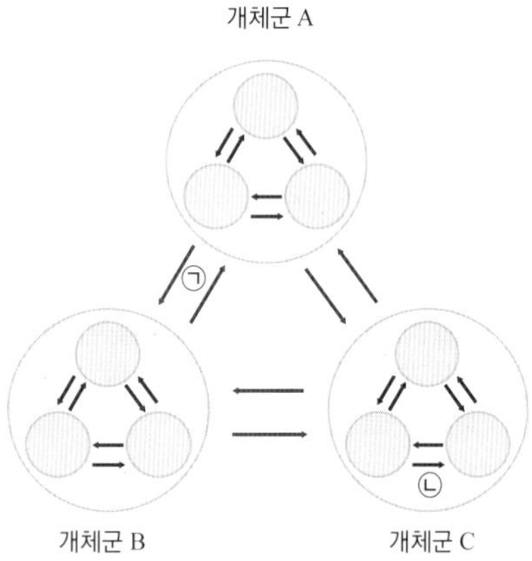

이에 대한 설명으로 옳은 것만을 <보기>에서 있는 대로 고른 것은?

보 기

ㄱ. 개체군 A ~ C는 같은 군집에 속한다.
ㄴ. 토끼가 여우에게 잡혀먹는 것은 ㉠에 해당한다.
ㄷ. 수컷 원숭이들이 힘의 세기로 순위를 정하는 것은 ㉡에 해당한다.

① ㄱ ② ㄴ ③ ㄱ, ㄴ
④ ㄴ, ㄷ ⑤ ㄱ, ㄴ, ㄷ

12 (가) ~ (다)는 환경에 대한 여러 가지 생물의 적응 현상을 나타낸 것이다.

(가)

(나)

(다)

(가) 식충 식물은 곤충을 잡아 분해한다.
(나) 식물의 줄기는 창가 쪽으로 굽어 자란다.
(다) 사막에 사는 여우는 몸의 말단부가 크다.

(가) ~ (다)의 현상과 관련있는 비생물적 요인을 옳게 짝지은 것은?

	(가)	(나)	(다)
①	물	빛	온도
②	토양	온도	물
③	빛	온도	물
④	물	토양	공기
⑤	토양	빛	온도

13 어떤 생태계의 먹이 그물을 나타낸 것이다.

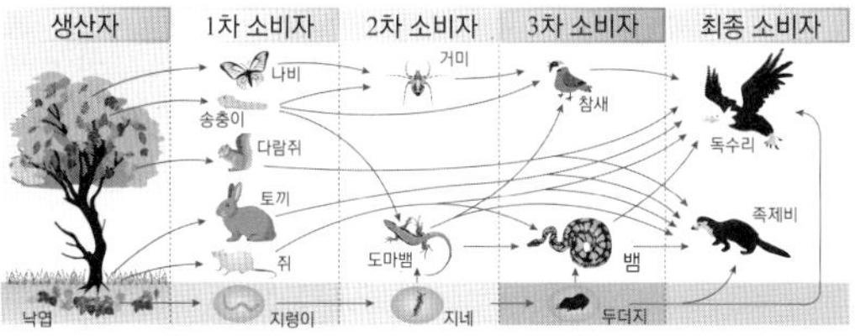

이에 대한 설명으로 옳은 것만을 <보기>에서 있는 대로 고른 것은?

보 기

ㄱ. 도마뱀은 어느 먹이 사슬로 가더라도 2차 소비자이다.
ㄴ. 이 먹이 그물에서 지렁이가 사라지면 두더지도 사라진다.
ㄷ. 족제비의 영양 단계는 2차, 3차, 4차, 5차 소비자에 모두 해당한다.

① ㄱ ② ㄴ ③ ㄱ, ㄴ
④ ㄴ, ㄷ ⑤ ㄱ, ㄴ, ㄷ

14 어떤 지역에서 일정 기간 동안 매년 가을에 목본 식물, 눈신토끼, 스라소니 개체군의 생물량을 조사하여 나타낸 것이다.

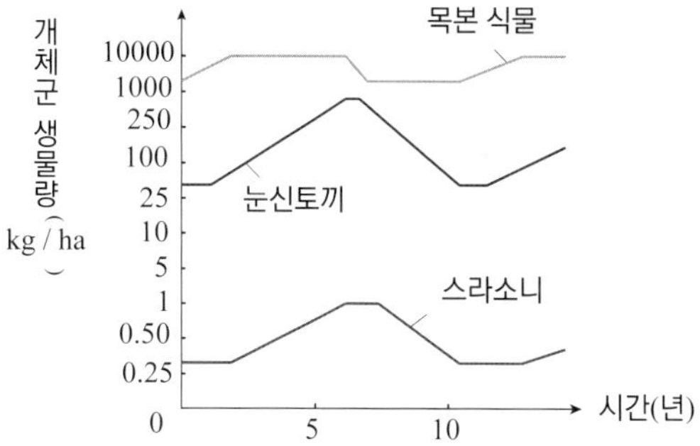

이에 대한 설명으로 옳은 것만을 <보기>에서 있는 대로 고른 것은? (단, 3종류의 개체군은 먹이 사슬을 이룬다.)

보 기

ㄱ. 목본 식물의 모든 에너지는 눈신토끼에 전달된다.
ㄴ. 먹이 사슬의 상위 영양 단계로 갈수록 생물량은 감소한다.
ㄷ. 스라소니가 사라지면 일시적으로 눈신토끼가 증가할 것이다.

① ㄱ ② ㄴ ③ ㄱ, ㄴ
④ ㄴ, ㄷ ⑤ ㄱ, ㄴ, ㄷ

03. 지구 환경 변화와 인간 생활

15 (가) ~ (다)는 과거의 기후 변화를 조사하는 방법을 나타낸 것이다.

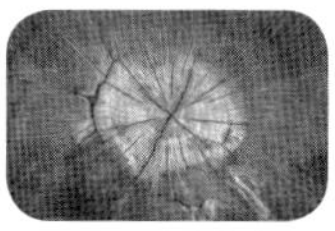

(가) 나무의 나이테 분석

(나) 빙하 코어 연구

(다) 화석 연구

이에 대한 설명으로 옳은 것만을 <보기>에서 있는 대로 고른 것은?

보 기

ㄱ. 과거 대기 조성 연구에는 (가)보다 (나)가 적합하다.
ㄴ. (나)와 (다)에는 1년에 하나씩 형성되는 층이 존재한다.
ㄷ. (가) ~ (다) 중 가장 오래된 과거의 기후를 추정할 수 있는 것은 (다)이다.

① ㄴ ② ㄷ ③ ㄱ, ㄷ
④ ㄴ, ㄷ ⑤ ㄱ, ㄴ, ㄷ

16 지구 온난화의 원인과 영향을 나타낸 모식도이다.

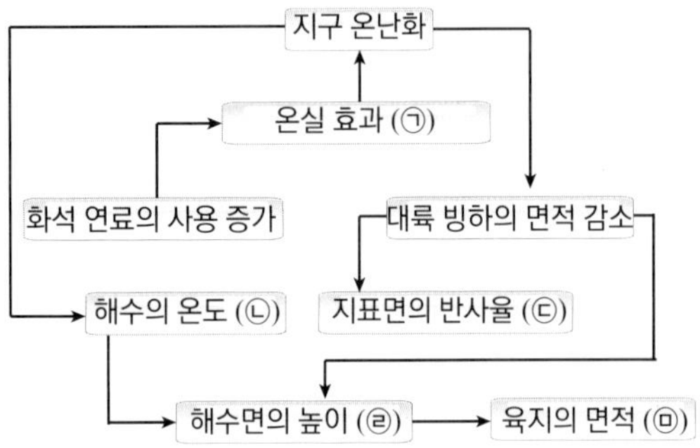

㉠ ~ ㉤ 중 값이 증가하는 것만을 있는 대로 고른 것은?

① ㉠, ㉡ ② ㉡, ㉣ ③ ㉢, ㉤
④ ㉠, ㉡, ㉣ ⑤ ㉠, ㉢, ㉤

17 사막과 사막화 지역을 나타낸 것이다.

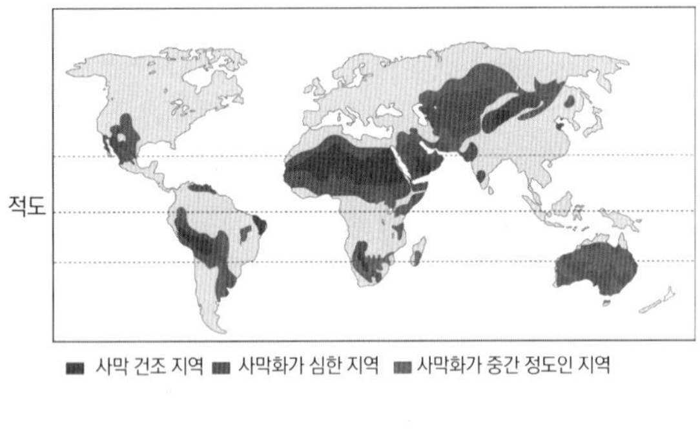

이에 대한 설명으로 옳은 것만을 <보기>에서 있는 대로 고른 것은?

보 기

ㄱ. 사막은 주로 적도 지역에 분포한다.
ㄴ. 지구온난화는 사막화 현상의 원인이 될 수 있다.
ㄷ. 사막은 대기 대순환에서 공기가 하강하는 지역에 잘 발달한다.

① ㄱ ② ㄴ ③ ㄱ, ㄷ
④ ㄴ, ㄷ ⑤ ㄱ, ㄴ, ㄷ

18 온실 기체에 대한 설명으로 옳은 것만을 <보기>에서 있는 대로 고른 것은?

보 기

ㄱ. 수증기는 온실 기체가 아니다.
ㄴ. 화산 활동 시 온실 기체가 발생한다.
ㄷ. 온실 기체는 태양 복사 에너지보다 지구 복사 에너지를 잘 흡수한다.

① ㄴ ② ㄷ ③ ㄱ, ㄷ
④ ㄴ, ㄷ ⑤ ㄱ, ㄴ, ㄷ

19 1980년부터 2017년까지 적도 부근의 동태평양에서 관측한 해수면의 수온 편차(관측 수온 - 평균 수온)를 나타낸 것이다.

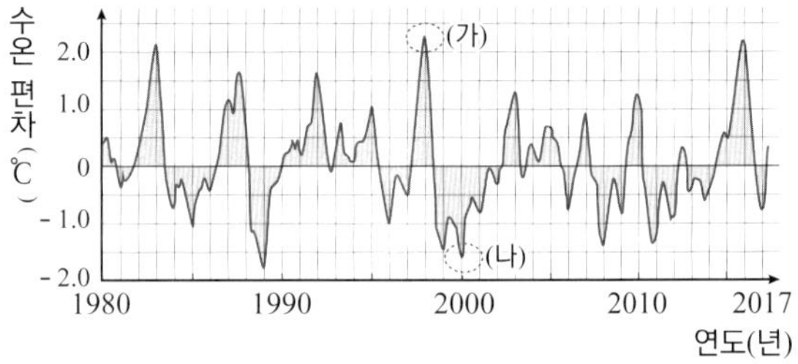

(가), (나) 시기에 대한 설명으로 옳은 것만을 <보기>에서 있는 대로 고른 것은?

보 기

ㄱ. 무역풍은 (가) 보다 (나) 시기에 약하다.
ㄴ. 동태평양의 용승은 (가)보다 (나) 시기에 강하다.
ㄷ. (나) 시기에 동태평양에서는 가뭄이 발생할 가능성이 높다.

① ㄴ ② ㄷ ③ ㄱ, ㄷ
④ ㄴ, ㄷ ⑤ ㄱ, ㄴ, ㄷ

04. 에너지의 전환과 효율적 이용

20 에너지에 대한 설명으로 옳지 않은 것은?

① 에너지의 단위는 일의 단위와 같은 J(줄)이다.
② 에너지는 한 형태에서 다른 형태로 전환될 수 있다.
③ 물체가 외부에 한 일의 양만큼 물체의 에너지가 변한다.
④ 에너지가 전환되는 과정에서 열에너지가 항상 발생한다.
⑤ 에너지 보존 법칙에 따라 유용한 에너지의 양도 일정하게 보존된다.

21 일정한 높이에서 공을 떨어뜨리면 공이 튀어오르는 높이가 점점 감소하다가 멈추게 된다.

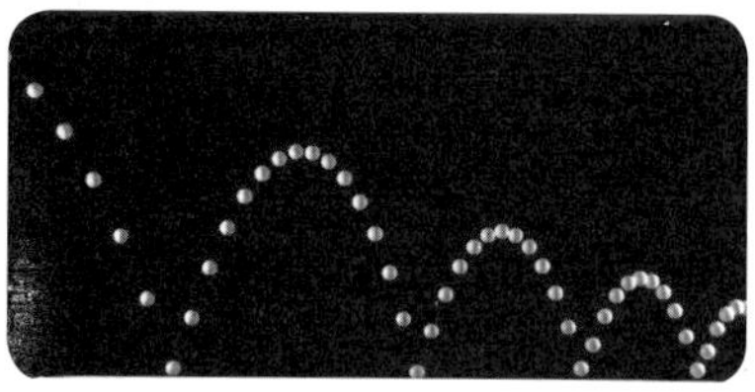

이에 대한 설명으로 옳은 것만을 <보기>에서 있는 대로 고른 것은?

보 기

ㄱ. 공의 역학적 에너지는 보존된다.
ㄴ. 공이 운동하는 동안 에너지의 총량은 점점 감소한다.
ㄷ. 공의 역학적 에너지 일부가 열, 소리 에너지로 전환된다.

① ㄱ ② ㄴ ③ ㄷ
④ ㄱ, ㄴ ⑤ ㄴ, ㄷ

22 열기관 (가)와 (나)의 에너지 소비 효율 등급을 나타낸 것이다.

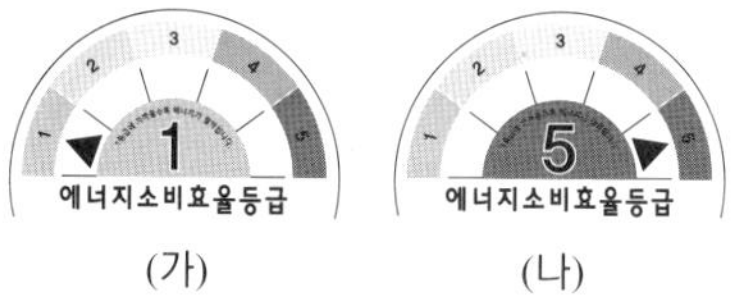

이에 대한 설명으로 옳은 것만을 <보기>에서 있는 대로 고른 것은?

보 기

ㄱ. 에너지 효율은 (가)가 (나)보다 크다.
ㄴ. 공급한 에너지가 같을 때, 저열원으로 방출된 에너지는 (가)가 (나)보다 많다.
ㄷ. 한 일의 양이 같을 때, 열기관에 공급한 에너지는 (가)가 (나)보다 많다.

① ㄱ ② ㄴ ③ ㄷ
④ ㄱ, ㄷ ⑤ ㄱ, ㄴ, ㄷ

23 고열원으로부터 열에너지 Q_1을 공급 받아서 저열원으로 열에너지 Q_2를 방출할 때, W 만큼 일을 하는 열기관을 나타낸 것이다.

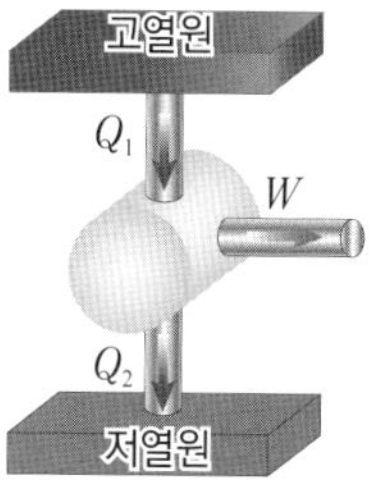

이에 대한 설명으로 옳은 것만을 <보기>에서 있는 대로 고른 것은?

보 기

ㄱ. $Q_2 = 0$인 열기관은 만들 수 없다.
ㄴ. 열기관이 한 일은 $Q_1 - Q_2$이다.
ㄷ. Q_2가 일정할 때, Q_1이 커질수록 열기관의 열효율은 커진다.

① ㄱ ② ㄴ ③ ㄷ
④ ㄱ, ㄴ ⑤ ㄱ, ㄴ, ㄷ

24 자동차가 운행하는 동안 연료로부터 공급된 에너지가 사용되는 비율을 각각 나타낸 것이다.

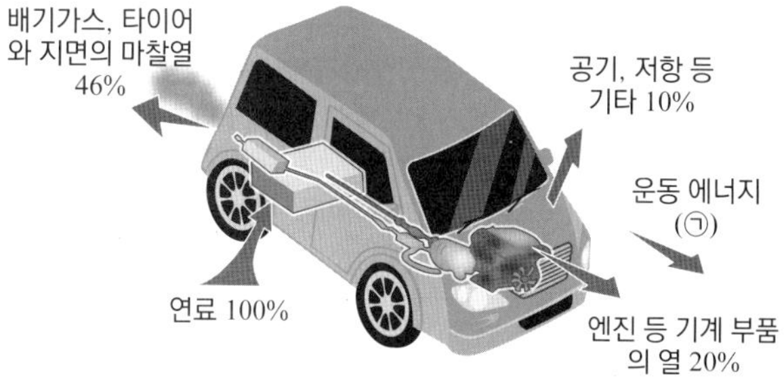

이에 대한 설명으로 옳은 것만을 <보기>에서 있는 대로 고른 것은?

보 기

ㄱ. 자동차의 에너지 효율은 24%이다.
ㄴ. 연료의 화학 에너지의 일부는 소멸되고, 나머지는 열에너지와 운동 에너지 등으로 전환된다.
ㄷ. 연료에서 발생한 에너지는 최종적으로 열에너지로 전환된다.

① ㄱ ② ㄴ ③ ㄷ
④ ㄱ, ㄷ ⑤ ㄱ, ㄴ, ㄷ

내신 기출 모의고사 2회

17 문항 25분

01. 생태계 구성 요소와 환경

01 다음은 생태계 구성 요소 사이의 관계를 나타낸 것이다.

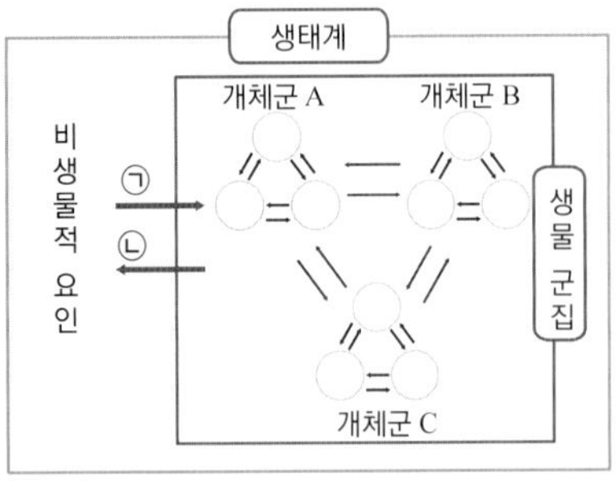

이에 대한 설명으로 옳은 것만을 <보기>에서 있는 대로 고른 것은?

보 기

ㄱ. 개체군 A는 먹이를 두고 서로 경쟁하지 않는다.
ㄴ. 개체군 B, C는 각각 같은 종의 개체로 구성되어 있다.
ㄷ. 지의류에 의해 바위의 토양화가 촉진되는 것은 ㉡에 해당한다.
ㄹ. 강수량이 감소하여 옥수수가 잘 생장하지 못하는 것은 ㉠에 해당한다.

① ㄱ, ㄷ ② ㄴ, ㄷ ③ ㄷ, ㄹ
④ ㄱ, ㄴ, ㄷ ⑤ ㄴ, ㄷ, ㄹ

02 일조 시간이 식물 X의 개화에 주는 영향을 나타낸 것이다.

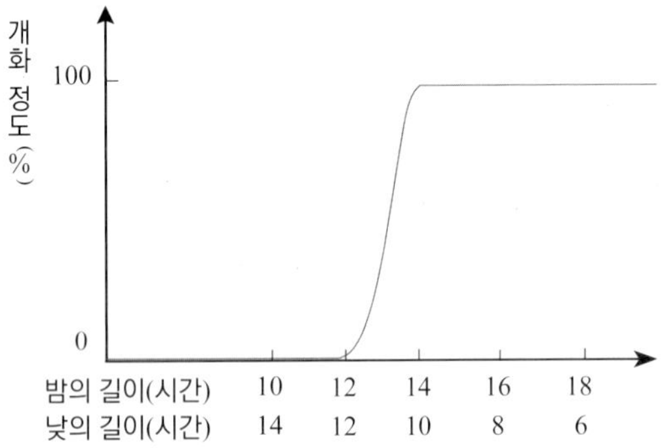

이에 대한 설명으로 옳은 것만을 <보기>에서 있는 대로 고른 것은?

보 기

ㄱ. 수선화도 비슷한 그래프를 나타낸다.
ㄴ. 식물 X는 가을에 꽃이 피는 식물이다.
ㄷ. 식물 X는 낮의 길이가 짧아져야 꽃이 핀다.

① ㄴ ② ㄷ ③ ㄱ, ㄷ
④ ㄴ, ㄷ ⑤ ㄱ, ㄴ, ㄷ

03 남아메리카의 다양한 펭귄의 크기와 무게, 서식 분포도를 나타낸 것이다.

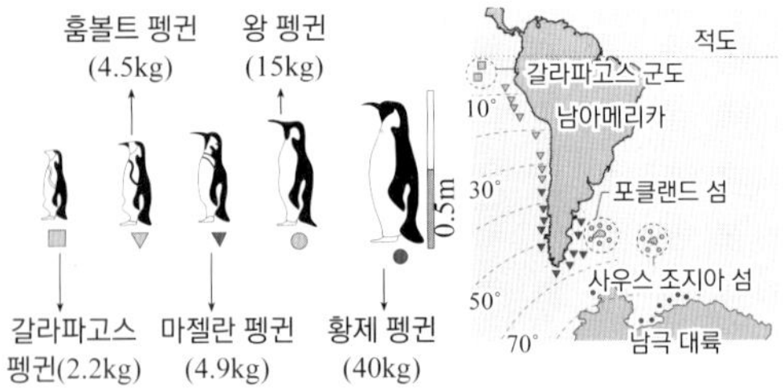

이에 대한 설명으로 옳은 것만을 <보기>에서 있는 대로 고른 것은?

보 기

ㄱ. 몸집이 커질수록 열 방출량이 많다.
ㄴ. 부피에 대한 표면적의 비가 작을수록 추위에 유리하다.
ㄷ. 낙엽수가 낙엽을 떨어뜨리는 것은 위와 같은 환경 요인에 적응한 결과이다.

① ㄱ ② ㄴ ③ ㄱ, ㄴ
④ ㄴ, ㄷ ⑤ ㄱ, ㄴ, ㄷ

02. 생태계 평형

04 어떤 생태계의 생물 군집 내에서 유기물의 이동을 나타낸 것이다.

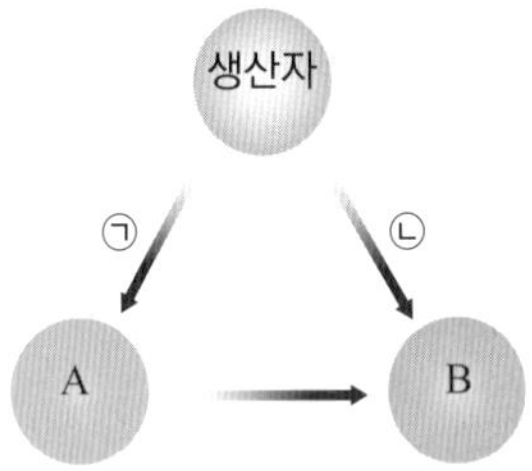

이에 대한 설명으로 옳은 것만을 <보기>에서 있는 대로 고른 것은? (단, A와 B는 각각 소비자와 분해자 중 하나이며, A의 예로는 사슴이 있다.)

보 기

ㄱ. A는 소비자이며, B는 분해자이다.
ㄴ. ㉠에서 유기물은 먹이 사슬을 통해 상위 영양 단계로 이동한다.
ㄷ. ㉡에서 유기물은 주로 생물의 사체 형태로 이동한다.

① ㄱ ② ㄷ ③ ㄱ, ㄷ
④ ㄴ, ㄷ ⑤ ㄱ, ㄴ, ㄷ

05 어떤 생태계에서 생산자와 소비자의 에너지양을 상댓값으로 나타낸 생태 피라미드이다.

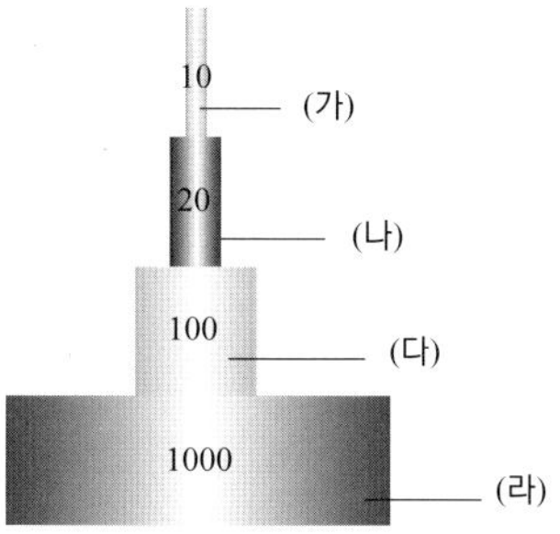

이에 대한 설명으로 옳은 것만을 <보기>에서 있는 대로 고른 것은?

보 기

ㄱ. (가)는 생산자, (라)는 3차 소비자이다.
ㄴ. 2차 소비자의 에너지양은 1차 소비자의 20% 이다.
ㄷ. 상위 영양 단계로 갈수록 에너지 효율은 증가하였다.

① ㄴ ② ㄷ ③ ㄱ, ㄴ
④ ㄴ, ㄷ ⑤ ㄱ, ㄴ, ㄷ

06 생태계의 평형, 생태계에서의 먹이 관계와 그에 따른 에너지 흐름에 대한 설명으로 옳은 것만을 <보기>에서 있는 대로 고른 것은?

보 기

ㄱ. 1차 소비자의 생명 활동에 사용된 에너지는 2차 소비자로 이동하지 않는다.
ㄴ. 한 영양 단계가 감소하거나 증가하면 다른 영양 단계도 따라서 감소하거나 증가하여 평형 상태를 회복한다.
ㄷ. 3차 소비자는 2차 소비자를 잡아먹으며 영양분을 섭취하는 생물로서 모든 생태계의 먹이 관계에서 최종 소비자에 해당한다.

① ㄴ ② ㄷ ③ ㄱ, ㄴ
④ ㄴ, ㄷ ⑤ ㄱ, ㄴ, ㄷ

07 어떤 안정된 생태계의 먹이 그물과, 이 생태계에 어떤 생물 X가 도입된 후 (나), (바), (아), (타)의 개체 수 변화를 나타낸 것이다.

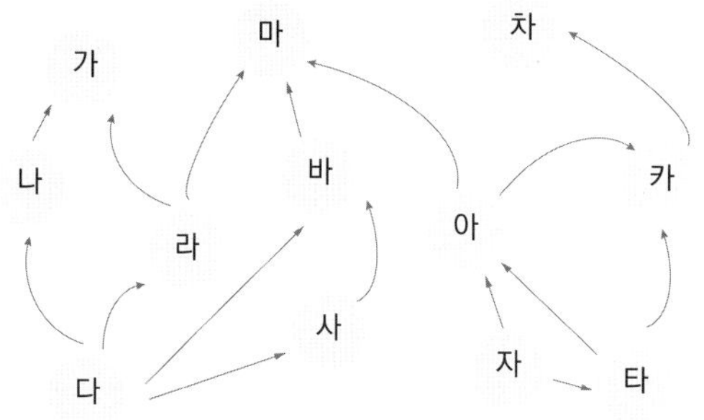

생물	(나)	(바)	(아)	(타)
X 도입 전 개체 수	34	52	29	37
X 도입 후 개체수	15	22	17	31

이에 대한 설명으로 옳은 것만을 <보기>에서 있는 대로 고른 것은?

보 기

ㄱ. (다)와 (타)는 생산자이다.
ㄴ. (아)는 (자)가 멸종되면 함께 멸종된다.
ㄷ. X가 도입된 후 (사)의 개체 수는 일시적으로 증가한다.

① ㄱ ② ㄴ ③ ㄱ, ㄴ
④ ㄴ, ㄷ ⑤ ㄱ, ㄴ, ㄷ

08 어떤 안정된 생태계에서 환경 변화 X가 발생하여 메뚜기의 개체 수가 일시적으로 감소한 후 평형 상태로 회복하기까지의 과정을 순서없이 나타낸 것이다.

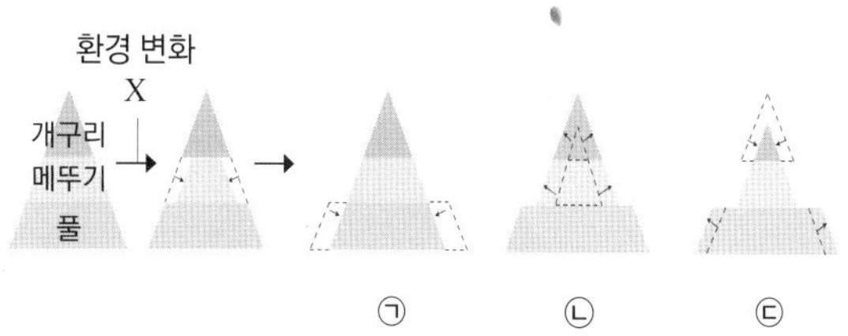

이에 대한 설명으로 옳은 것만을 <보기>에서 있는 대로 고른 것은?

보 기

ㄱ. X의 예로 제초제의 살포가 있다.
ㄴ. 생태계 평형이 회복되는 과정은 ㉢ → ㉡ → ㉠ 순이다.
ㄷ. 생태계 평형은 주로 비생물적 요인에 의해 유지된다.

① ㄱ ② ㄴ ③ ㄱ, ㄴ
④ ㄴ, ㄷ ⑤ ㄱ, ㄴ, ㄷ

03. 지구 환경 변화와 인간 생활

09 지구 기후 변화의 원인에 대한 설명으로 옳은 것만을 <보기>에서 있는 대로 고른 것은?

보 기

ㄱ. 지구 자전축 경사 방향의 변화는 지구 외적 원인이다.
ㄴ. 지구 자전축의 기울기가 변하면 지구가 태양으로부터 받는 총 에너지양이 변한다.
ㄷ. 화산 분출로 인한 대기의 투과율 변화는 지구 외적 원인이며, 일시적인 기후 변화에 영향을 준다.

① ㄱ ② ㄷ ③ ㄱ, ㄷ
④ ㄴ, ㄷ ⑤ ㄱ, ㄴ, ㄷ

10 위도에 따른 태양 복사 에너지와 지구 복사 에너지의 분포를 나타낸 것이다.

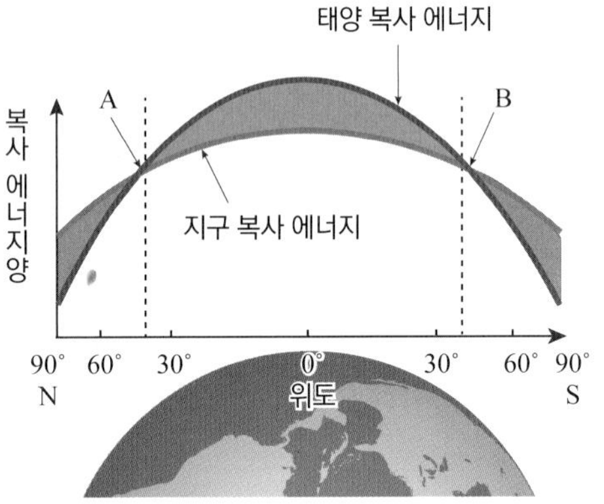

이에 대한 설명으로 옳은 것만을 <보기>에서 있는 대로 고른 것은?

보 기

ㄱ. 에너지 이동은 A, B 지역에서 가장 활발하다.
ㄴ. 지구가 내보내는 에너지는 저위도보다 고위도에서 적다.
ㄷ. 위도별 에너지 불균형은 해수와 대기의 순환 때문에 발생한다.

① ㄱ ② ㄴ ③ ㄱ, ㄴ
④ ㄴ, ㄷ ⑤ ㄱ, ㄴ, ㄷ

11 북반구의 대기 대순환 (가) ~ (다)를 나타낸 것이다.

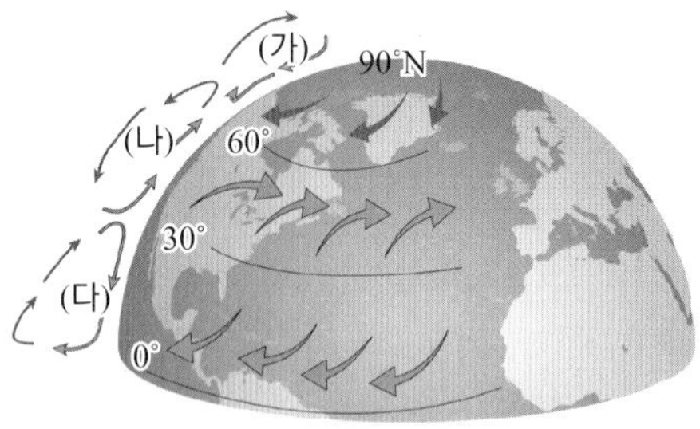

이에 대한 설명으로 옳은 것만을 <보기>에서 있는 대로 고른 것은?

보 기

ㄱ. (나)의 지상에는 편서풍이 분다.
ㄴ. (나)는 해들리 순환, (다)는 페렐 순환이다.
ㄷ. 대기 대순환이 (가) ~ (다) 순환을 형성하는 것은 지구가 자전하기 때문이다.

① ㄱ ② ㄴ ③ ㄱ, ㄷ
④ ㄴ, ㄷ ⑤ ㄱ, ㄴ, ㄷ

12 엘니뇨와 라니냐가 발생할 때의 모습을 순서 없이 나타낸 것이다.

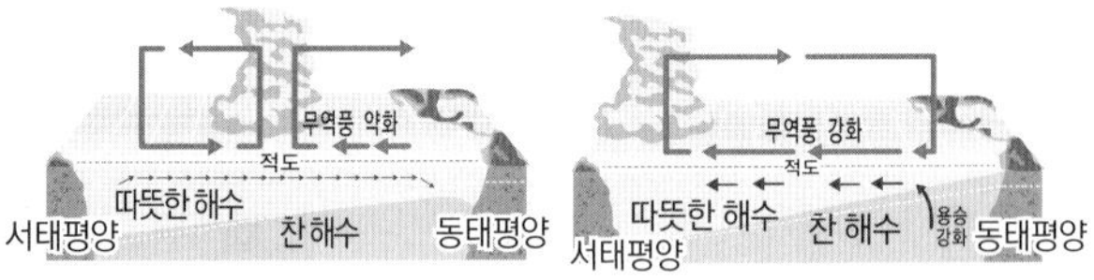

(가) (나)

이에 대한 설명으로 옳은 것만을 <보기>에서 있는 대로 고른 것은?

보 기

ㄱ. (가)는 엘니뇨, (나)는 라니냐이다.
ㄴ. 엘니뇨가 발생하면 동태평양 지역의 기압이 상승한다.
ㄷ. 라니냐의 발생은 대기 대순환의 영향을 거의 받지 않는다.

① ㄱ ② ㄴ ③ ㄱ, ㄴ
④ ㄴ, ㄷ ⑤ ㄱ, ㄴ, ㄷ

04. 에너지의 전환과 효율적 이용

13 여러 가지 에너지에 대한 설명으로 옳은 것은?

① 빛에너지 - 전하의 이동에 의해 발생하는 에너지
② 핵에너지 - 주로 원자력 발전에 이용되는 에너지
③ 열에너지 - 석유, 석탄, 음식물 등에 포함된 에너지
④ 퍼텐셜 에너지 - 물체를 이루는 원자나 분자의 운동에 의한 에너지
⑤ 운동 에너지 - 다른 형태의 에너지로 전환하기 쉬워 일상생활에서 가장 많이 사용하는 에너지

[14~15] 다음은 에너지가 전환되는 예를 나타낸 것이다.

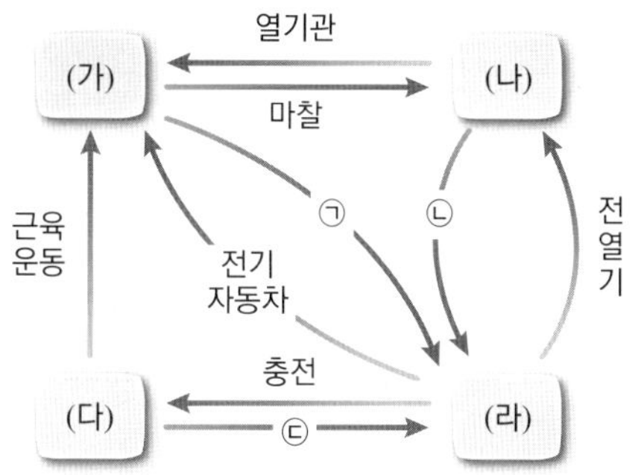

14 (가) ~ (라)에 알맞은 에너지의 형태를 각각 쓰시오.

(가) (　　　　　　), (나) (　　　　　　)
(다) (　　　　　　), (라) (　　　　　　)

15 다양한 발전 방식에 대한 설명이다.

(A)　　　(B)　　　(C)

(A) 집열부에서 태양 에너지를 모아 만든 고온의 수증기로 터빈을 돌려 발전기를 통해 에너지를 생산한다.
(B) 높은 곳에 있는 물이 낮은 곳으로 흘러내리면서 터빈을 돌려 발전기를 통해 에너지를 생산한다.
(C) 화석 연료를 연소시켜 발생하는 에너지로 물을 끓여 만들어진 고온·고압의 수증기로 터빈을 돌려 발전기를 통해 에너지를 생산한다.

㉠ ~ ㉢ 과 같은 과정으로 일어나는 발전 방식을 각각 기호로 쓰시오.

㉠ (　　　), ㉡ (　　　), ㉢ (　　　)

16 그림 (가)는 열기관에 300 J의 열을 공급하였더니 W_A의 일을 하고, 180 J의 열을 방출하는 모습을, 그림 (나)는 열기관에 Q_B 의 열을 공급하였더니 80 J의 일을 하고, 160 J의 열을 방출하는 모습을 나타낸 것이다.

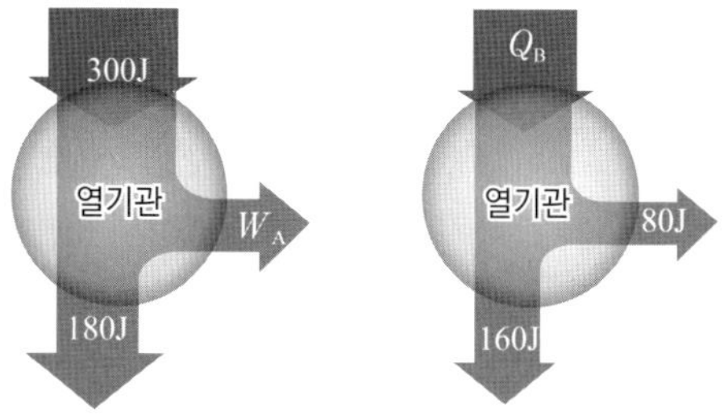

(가)　　　(나)

이에 대한 설명으로 옳은 것만을 <보기>에서 있는 대로 고른 것은?

보기

ㄱ. $2W_A = Q_B$ 이다.
ㄴ. (가)의 열기관에 250 J의 열을 공급하면, 방출하는 열은 160 J보다 적다.
ㄷ. 같은 양의 일을 할 때 같은 시간 동안 연료를 소비하는 양은 (가)가 (나) 보다 많다.

① ㄱ　② ㄴ　③ ㄱ, ㄴ　④ ㄱ, ㄷ　⑤ ㄱ, ㄴ, ㄷ

17 (가)는 과거에 주로 사용했던 조명 기구인 백열등, (나)는 현재 많이 사용하고 있는 조명 기구인 LED 등을 나타낸 것이다.

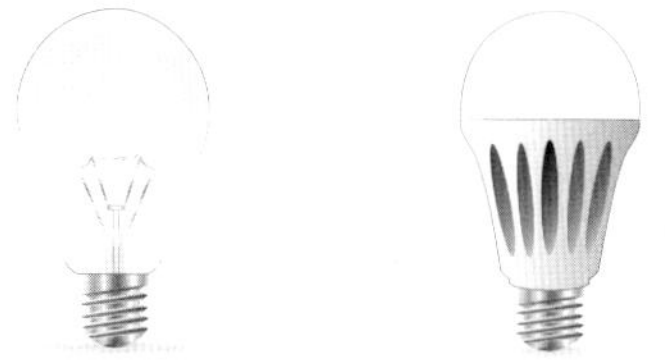

(가) 백열등
효율 : 5 ~ 10%

(나) LED등
효율 : 20 ~ 30%

이에 대한 설명으로 옳은 것만을 <보기>에서 있는 대로 고른 것은?

보기

ㄱ. 같은 양의 전기 에너지를 공급하면, (가)가 (나)보다 더 많은 열에너지를 발생시킨다.
ㄴ. 같은 양의 전기 에너지를 공급하면, (가)가 (나)보다 더 밝다.
ㄷ. 같은 밝기라면 같은 시간 동안 소비하는 전기 에너지는 (가)가 (나)보다 많다.

① ㄱ　② ㄴ　③ ㄷ　④ ㄱ, ㄷ　⑤ ㄱ, ㄴ, ㄷ

01 발전과 전력 수송

핵심 Point

- □ 전자기 유도
- □ 전기 에너지 생산(발전)
- □ 전력 수송

전기는 어떻게 만들어지고, 어떤 과정을 거쳐서 우리집까지 오는 걸까?

A 전자기 유도

1. 자기장 : 자석이나 전류가 흐르는 코일 주위에는 자기장이 형성된다. 자기장 속에서 나침반의 N극이 가리키는 방향을 자기장의 방향이라고 하고, 이를 연속적으로 이은 것을 자기력선이라고 한다.

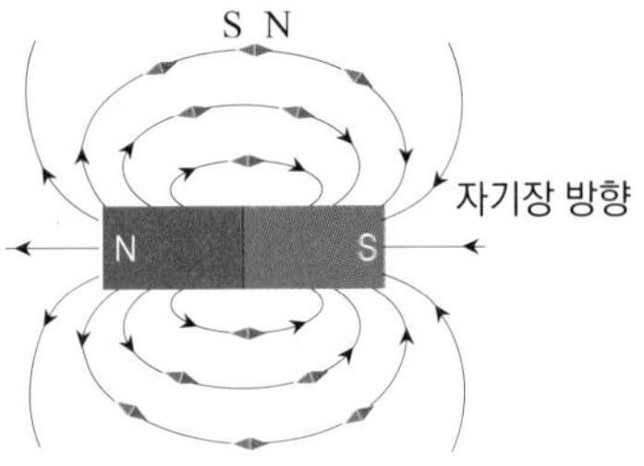

▲ 막대자석 주위의 자기장

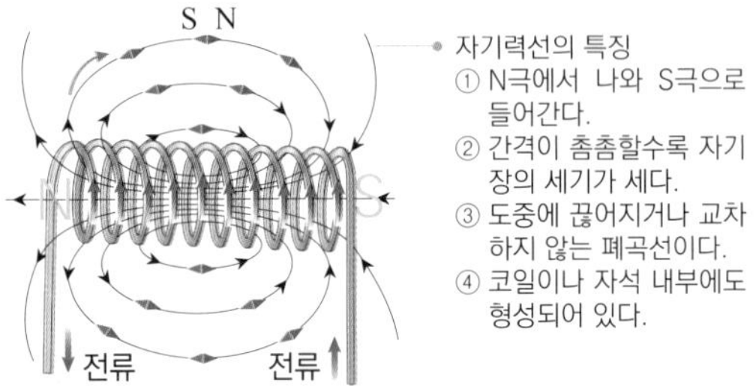

▲ 전류가 흐르는 코일(전자석) 주위의 자기장

2. 전자기 유도[1] : 코일 주위에서 자석이 움직이거나 자석 주위에서 코일이 움직일 때 코일 내부를 지나는 자기장이 변하면서 코일에 전류가 흐르는 현상이다.

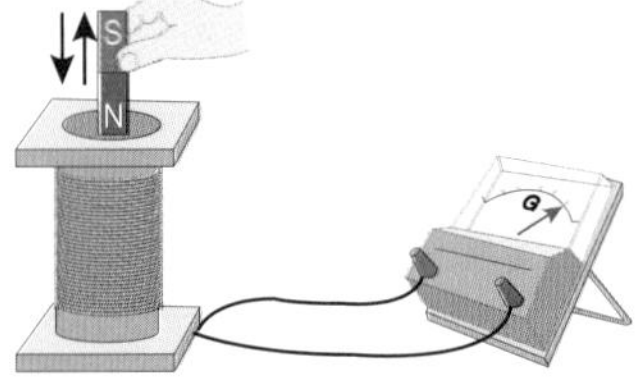

▲ 전자기 유도

3. 유도 전류 : 전자기 유도에 의해 코일에 흐르는 전류이다.

① **유도 전류의 세기** : 자석의 세기가 셀수록, 자석이나 코일을 빠르게 움직일수록, 코일의 감은 수가 많을수록 유도 전류가 많이 흐른다.

② **유도 전류의 방향**[2] : 코일 내부를 통과하는 자기장의 변화를 방해하는 방향으로 흐른다.

코일 내부를 통과하는 자기장 증가	코일 내부를 통과하는 자기장 감소

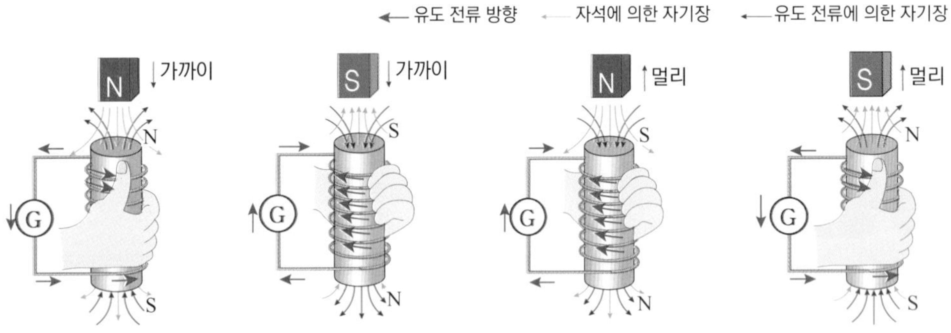

자석에 의한 자기장의 증가를 방해하는 방향으로 유도 전류가 흐름 → 코일의 위쪽에 자석과 같은 자극이 유도되어 자석을 밀어내는 힘이 발생한다.	자석에 의한 자기장의 감소를 방해하는 방향으로 유도 전류가 흐름 → 코일의 위쪽에 자석과 반대되는 자극이 유도되어 자석을 잡아당기는 힘이 발생한다.

▲ 코일과 자석의 상대적 운동에 의한 유도 전류의 발생

③ **유도 기전력** : 코일에 전류가 흐르는 것은 코일 양단에 전압이 발생하였기 때문이다. 이처럼 전자기 유도에 의해 코일에 생기는 전압을 유도 기전력이라고 한다.
→ 유도 기전력이 클수록 유도 전류가 많이 흐른다.

개념 +

❶ 전자기 유도의 이용

실생활에서 전자기 유도가 사용되는 예는 다음과 같다.

▲ 무선 충전

▲ 교통 카드

▲ 인덕션 레인지

▲ 도난 방지 장치

❷ 유도 전류의 방향

코일에 유도된 자기장의 방향(N극)으로 엄지 손가락을 향하고, 나머지 네 손가락으로 코일을 감아쥐었을 때, 감아쥐는 방향이 유도 전류의 방향이다.

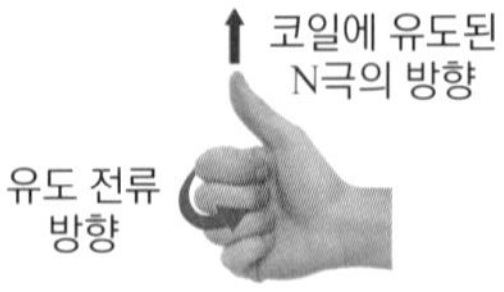

B 전기 에너지의 생산(발전)

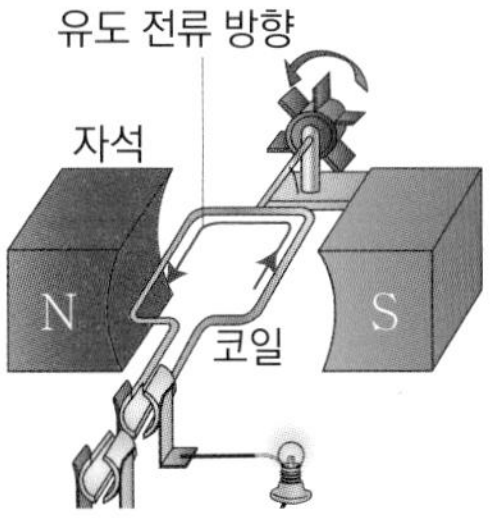

1. 발전기 : 전자기 유도를 이용하여 전기 에너지를 생산하는 장치이다.

① **발전기 구조** : 자석과 자석 사이에 회전하는 코일로 구성된다.

② **발전기 원리** : 코일을 회전시키면 코일의 단면을 수직으로 통과하는 자기장이 시간에 따라 변하고, 전자기 유도에 의해 유도 전류(발전 전류)가 흐른다.❸

90° 회전하는 순간 유도 전류(발전 전류) 방향이 바뀜
: 발전 전류의 방향은 주기마다 반대로 바뀜(교류)

처음 상태	45° 회전했을 때	90° 회전했을 때	135° 회전했을 때	180° 회전했을 때

코일의 단면적을 통과하는 자기력선이 증가 → 유도 전류(+방향) 발생			코일의 단면적을 통과하는 자기력선이 감소 → 유도 전류(-방향) 발생	

③ **발전기에서 에너지 전환** : 운동 에너지 → 전기 에너지

개념 +

❸ 발전기와 전동기

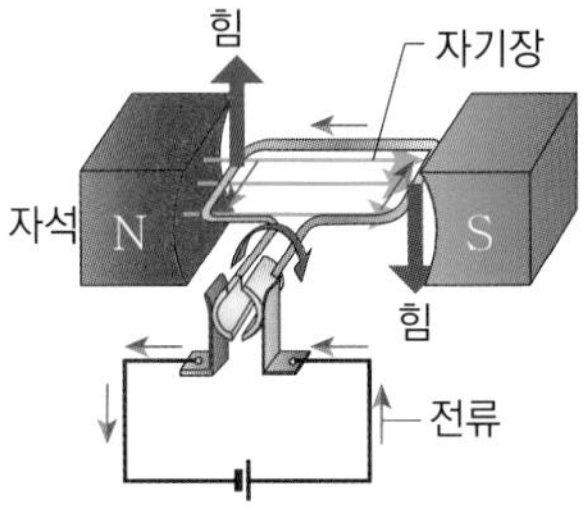

▲ 전동기 구조

코일에 전류가 흐르면 코일이 자석의 자기장으로부터 힘을 받아 회전하여 날개가 돌아간다. → 자기장 속에서 전류가 흐르는 도선이 받는 힘을 이용 → 회전 모터 등에 이용함.

전동기는 발전기와 구조가 유사하지만 전기 에너지 → 운동 에너지로 전환되므로 에너지 전환 과정은 서로 반대이다.

개념 체크

정답 및 해설 ➜ 132

Point

01 코일에 검류계 Ⓖ 를 연결한 후, 막대 자석의 S극을 코일에 가까이 가져갔다.

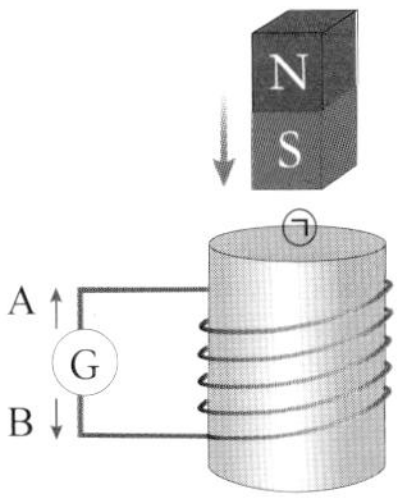

(1) 코일의 ㉠ 부분에 유도되는 극을 쓰시오.

( )

(2) 코일에 흐르는 유도 전류의 방향을 A, B 중 고르시오.

( )

02 전자기 유도에 대한 설명 중 옳은 것은 ○표, 옳지 않은 것은 ×표 하시오.

(1) 코일을 통과하는 자기장의 변화를 방해하는 방향으로 유도 전류가 흐른다. ( )

(2) 코일에 막대자석의 N극이 가까워질 때와 S극이 가까워질 때 각각 유도되는 전류의 방향은 같다. ( )

(3) 자석 근처에서 코일이 빠르게 움직일수록 코일에 발생하는 유도 전류가 크다. ( )

03 발전기에 대한 설명이다. 빈칸에 알맞은 말을 각각 쓰시오.

발전기란 (㉠) 를 이용하여 전기 에너지를 생산하는 장치로, 발전기에 연결된 터빈이 돌아갈 때, 터빈의 (㉡) 에너지가 (㉢) 에너지로 전환된다.

2. 발전기를 이용한 여러 가지 발전 방식 : 발전기에 연결된 터빈❹ 을 회전시키는 에너지원에 따라 구분된다.

(1) 화력 발전

① **에너지원과 원리** : 석유나 석탄과 같은 화석 연료가 연소될 때 발생하는 열에너지로 물을 끓이고, 이때 발생하는 고온·고압의 수증기로 터빈을 돌린다.

② **에너지 전환** : 화학 에너지 → 열에너지 → 운동 에너지 → 전기 에너지

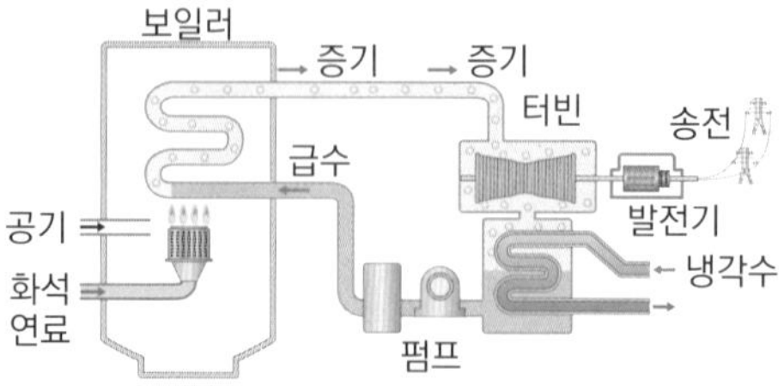

▲ 화력 발전소의 구조

(2) 수력 발전

① **에너지원과 원리** : 높은 곳에 있는 물이 낮은 곳으로 흘러내리면서 터빈을 돌린다.

② **에너지 전환** : 퍼텐셜 에너지 → 운동 에너지 → 전기 에너지

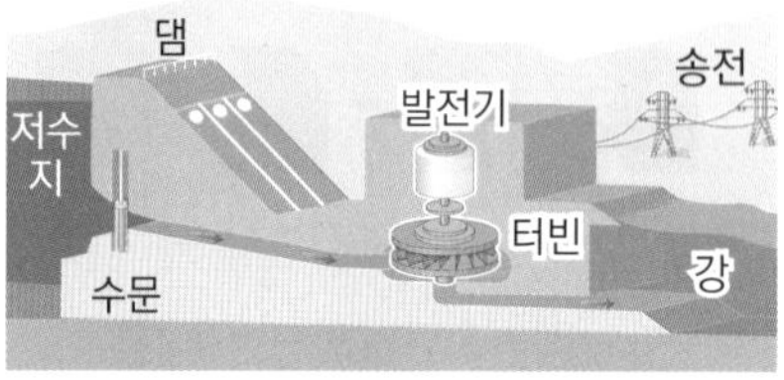

▲ 수력 발전소의 구조

(3) 핵발전

(원자력 발전)

① **에너지원과 원리** : 우라늄과 같은 핵연료가 핵분열할 때 발생하는 에너지로 물을 끓이고, 이때 발생하는 고온·고압의 수증기로 터빈을 돌린다.

② **에너지 전환** : 핵에너지 → 열에너지 → 운동 에너지 → 전기 에너지

→ Ⅳ-2-02 단원(다음 단원)에서 더 자세히 배운다.

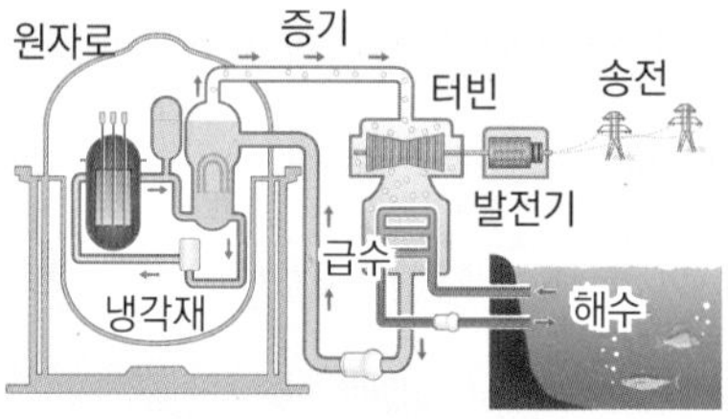

▲ 핵발전소의 구조

개념 +

❹ 터빈

높은 압력의 기체나 액체가 가지는 에너지를 이용하여 수많은 날개가 달린 회전체를 회전시키는 장치이다.

발전소에서는 터빈을 이용하여 발전기의 자석을 회전시킨다.

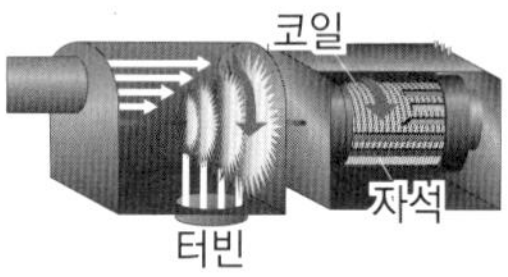

▲발전기

● 화력, 수력, 핵발전의 공통점

화력, 수력, 핵발전은 터빈을 돌리는 에너지원은 서로 다르지만 터빈과 연결된 발전기에서 일어나는 전자기 유도 현상을 이용하여 전기 에너지를 생산한다는 공통점이 있다.

개념 체크

정답 및 해설 → 132

Point

04 발전 방식에서 일어나는 에너지 전환 과정에 해당하는 에너지를 <보기>에서 골라 각각 기호로 쓰시오.

보 기

ㄱ. 열에너지	ㄴ. 운동 에너지	ㄷ. 전기 에너지
ㄹ. 핵에너지	ㅁ. 퍼텐셜 에너지	ㅂ. 화학 에너지

(1) 화력 발전 : (　　　) → (　　　) → 운동 에너지 → 전기 에너지

(2) 수력 발전 : (　　　) → 운동 에너지 → (　　　)

(3) 핵발전　 : (　　　) → 열에너지 → (　　　) → 전기 에너지

05 발전 방식과 그에 해당하는 에너지원을 옳게 연결하시오.

(1) 화력 발전 •　　　　• ㉠ 우라늄의 핵에너지

(2) 수력 발전 •　　　　• ㉡ 높은 곳에 있는 물의 퍼텐셜 에너지

(3) 핵발전　 •　　　　• ㉢ 화석 연료를 연소시킬 때 발생하는 에너지

C 에너지 문제를 해결하기 위한 노력

1. 전력

① **전기 에너지**(E) : 전류가 흐를 때 전기 장치 등으로 공급되는 에너지로 단위는 J(줄)이다.

$$\text{전기 에너지} = \text{전압} \times \text{전류} \times \text{시간},\quad E = VIt \quad [\text{단위 : J(줄)}]$$

② **전력**⑤(P) : 단위 시간당 생산하거나 사용하는 전기 에너지로, 전기 기구나 전기 장치의 일률이다. 총 사용하거나 소비한 전기 에너지(J)를 시간(초)으로 나눠서 구한다. 단위는 W(와트), kW(킬로와트)를 쓴다. (1kW = 1000W 이다.)

$$\text{전력} = \frac{\text{전기 에너지}}{\text{시간}} = \text{전압} \times \text{전류},\quad P = \frac{E}{t} = VI \quad [\text{단위 : W(와트)}]$$

2. 전력 수송 과정

① **송전** : 발전소에서 생산한 전력을 소비지까지 전달하는 과정이다.

② **변전** : 송전 과정에서 전력의 전압을 높이거나 낮추는 과정이다.

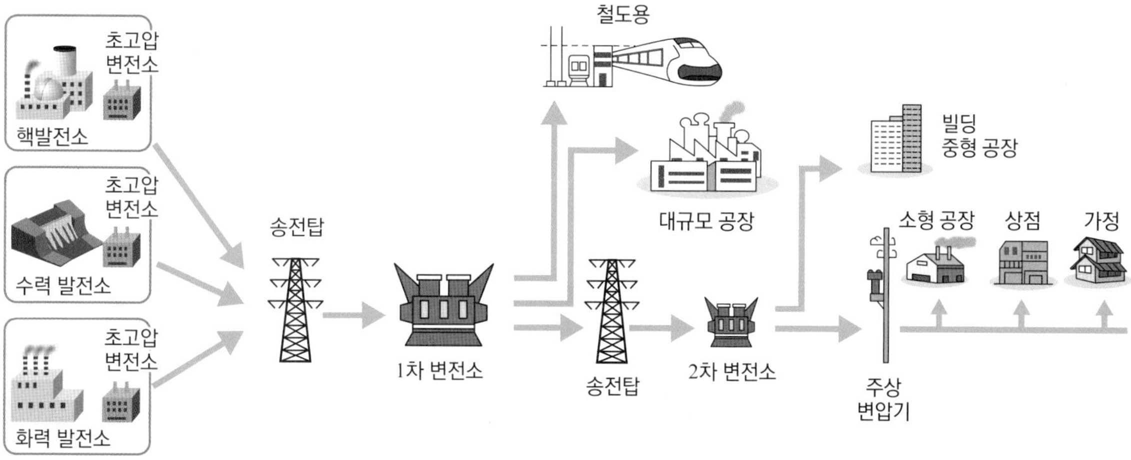

발전소	초고압 변전소	1차 변전소	2차 변전소	주상 변압기	소비지
10 kV ~ 20 kV의 고전압으로 전력을 생산	154 kV, 345 kV, 765 kV로 전압을 높임	154 kV로 전압을 낮춤	22.9 kV, 11.4 kV, 6.6 kV로 전압을 낮춤	220 V, 380 V로 전압을 낮춤	가정 → 220 V 소형 공장 → 380 V

3. 변압기와 손실 전력

(1) 변압기 : 전자기 유도를 이용하여 전압을 변화시키는 장치로, 송전 과정에서 변압기를 이용하여 전압을 낮추거나 높인다.

① **변압기의 구조** : 얇은 철판을 여러 장 붙인 ◻ 모양의 철심 양쪽에 코일을 감은 구조이다.

② **변압기의 원리** : 1차 코일에 교류⑥ 전류가 흐를 때 발생하는 자기장의 변화로 코일이 철심을 감은 수에 따라 2차 코일에 더 세거나 더 약한 전류가 유도된다.

1차 코일에 세기와 방향이 변하는 전류(교류)가 흐름 ⇒ 1차 코일 주위에 세기와 방향이 변하는 자기장 발생 ⇒ 철심을 통해 2차 코일에 자기장의 변화가 전달됨 ⇒ 전자기 유도에 의해 2차 코일에 유도 전류가 흐름

개념+

⑤ 전력

옴의 법칙 $V = IR$을 전력 $P = VI$에 적용하면, 전력을 다음과 같이 나타낼 수 있다.

$$P = VI = \frac{V^2}{R} = I^2R$$

⑥ 교류와 직류

- 교류 : 발전소에서 생산된 전류와 같이 전류의 세기와 방향이 변하는 전류
- 직류 : 건전지에 흐르는 전류와 같이 한 방향으로 흐르는 전류

더 알아보기 변압기의 구조와 원리

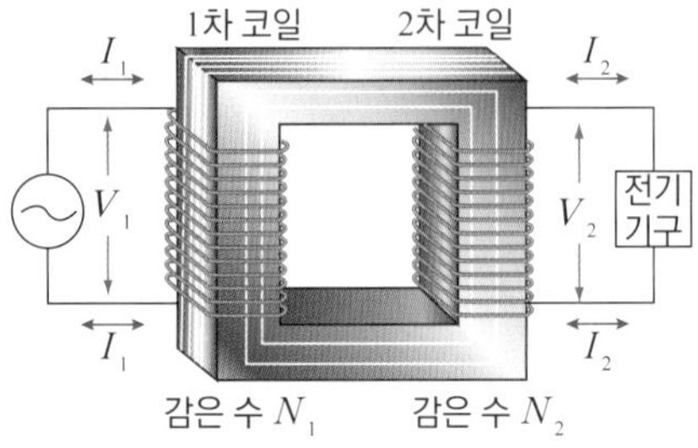

변압기에서 에너지 손실이 없다면,

① **에너지 보존 법칙** : 1차 코일에 공급되는 전력 = 2차 코일에 유도되는 전력

$P_1 = P_2 \rightarrow V_1I_1 = V_2I_2 \rightarrow \frac{V_1}{V_2} = \frac{I_2}{I_1}$

② **전자기 유도** : 전압은 코일의 감은 수에 비례

$V_1 : V_2 = N_1 : N_2 \rightarrow \frac{V_1}{V_2} = \frac{N_1}{N_2}$

∴ 전압은 코일의 감은 수에 비례하고, 전류의 세기는 코일의 감은 수에 반비례한다.

$$\frac{V_1}{V_2} = \frac{N_1}{N_2} = \frac{I_2}{I_1}$$

(2) 손실 전력 : 송전 과정에서 송전선의 저항에 의해 열이 발생하여 전력이 일부 손실된다. 송전 과정에서 열로 손실되는 전기 에너지를 손실 전력이라고 한다.

① **손실 전력의 크기** : 송전선에 흐르는 전류의 제곱과 송전선의 저항에 비례한다.

$$\text{손실 전력} = (\text{송전 전류})^2 \times \text{송전선의 저항}, \quad P_{손실} = I^2r$$

② **손실 전력을 줄이는 방법** : 송전선의 저항⑦ 을 줄이거나, 송전선에 흐르는 전류의 세기를 줄인다.

송전선의 저항을 줄인다.	송전선에 흐르는 전류의 세기를 줄인다.⑧
저항이 작은 재질의 물질을 사용한다. 문제점 저항이 가장 작은 재질인 은(Ag)은 가격이 비싸다.	송전 전압을 n 배로 증가시킨다. → 송전 전류가 $\frac{1}{n}$ 배로 감소한다. → 손실 전력은 $\frac{1}{n^2}$ 배로 감소한다.
송전선을 굵게 만들어 사용한다. 문제점 단면적이 커지면 송전선의 무게가 무거워지므로 운반, 설치할 때 비용이 많이 든다.	
송전선의 길이를 줄인다. 문제점 발전소와 가정까지의 거리가 짧아지는 것은 현실적으로 불가능하다.	

4. 효율적이고 안전한 전력 수송

(1) 효율적인 전력 수송 방법

① **고전압 송전** : 전압을 높여 송전하면 손실 전력을 줄일 수 있어 경제적이다.

② **초전도 케이블을 송전선으로 사용** : 송전선의 저항을 0으로 만들 수 있는 초전도 케이블을 이용하면 손실 전력이 거의 없이 전력을 송전할 수 있다.

③ **복잡한(거미줄 모양) 송전 전력망 구축** : 송전망을 거미줄과 같이 복잡하게 구축해 놓을 경우 송전 과정에서 이상이 발생한 부분만을 차단하고 우회하여 송전할 수 있고, 전력을 수송하는 거리를 줄여 송전선의 저항을 작게 하는 효과가 있다.

④ **초고압 직류 송전** : 전력용 반도체를 이용하여 발전소에서 생산된 교류를 전압이 매우 높은 직류로 바꾸어 송전하는 방식이다.

· **장점** : 기존 송전 방식에 비해 전력 손실과 전자파 발생이 적고, 비용이 적게 드는 장점이 있다. 대용량의 전력을 먼 거리로 보내는 데 적합하다.

개념+

⑦ 도선의 전기 저항

도선의 전기 저항은 도선의 단면적이 굵을수록, 길이가 짧을수록 작다. 비저항이 작은금속(구리, 은 등)을 사용할수록 저항이 작아진다.

⑧ 송전 전력과 손실 전력

송전 전력 P_0, 송전 전압 V_0, 송전 전류 I_0일 때,

$$P_0 = V_0I_0 \rightarrow I_0 = \frac{P_0}{V_0}$$

이때 저항이 r 인 송전선에 의해 손실되는 전력

$$P_{손실} = I_0^2r = \left(\frac{P_0}{V_0}\right)^2 r$$

즉, 송전 전력 P_0와 송전선의 저항 r이 일정하면

$$P_{손실} \propto \frac{1}{V_0^2}$$

이므로, V_0가 n 배가 되면 $P_{손실}$는 $\frac{1}{n^2}$ 배가 된다.

⑤ **스마트 그리드(지능형 전력망)** : 전력을 공급하는 시설과 소비자 사이에서 정보를 실시간으로 주고 받아 수요량에 맞춰 전력을 공급하는 전력망이다.

· **장점** : 전력 수요량을 바탕으로 전력을 생산할 수 있으므로 전력이 낭비되는 것을 줄일 수 있고, 한 지역의 소비량이 갑자기 급증할 경우 소비 전력량이 적은 쪽으로 공급하던 전력을 끌어들여 공급함으로써 대규모 정전 사태도 막을 수 있다.

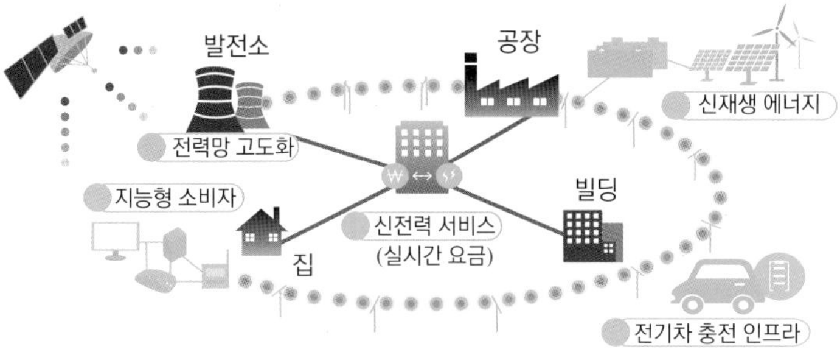

▲ 스마트 그리드(SmartGrid)

(2) 안전한 전력 수송 방법

① **전선 지중화 사업** : 고압 송전선을 지하에 묻게 되면 고압 송전탑 주변에서 일어날 수 있는 안전 사고를 방지할 수 있고, 도시 미관을 개선할 수 있는 장점이 있다. 하지만 비용이 많이 들고 보수가 어려운 단점이 있다.

② **안전 장치**[9] **설치** : 고압 송전선 주변에 구조물이나 안전 장치를 설치하고, 사람들의 접근을 막는다.

③ 송전탑을 인적이 드문 지역에 높게 설치한다.

개념 +

⑨ 안전 장치

고압 송전선이나 송전탑에 설치되어 있는 대표적인 안전 장치로는 '애자'가 있다.

▲ 다양한 모양의 애자

애자란 송전선을 송전탑 또는 전봇대에 고정하여 전기가 통하지 않게 하기 위하여 사용하는 지지물이다.

개념 체크

정답 및 해설 ➜ 132

Point

06 전력과 관련된 설명 중 옳은 것은 ○표, 옳지 않은 것은 ×표 하시오.

(1) 전력은 전류와 저항의 곱으로 구한다. ( )

(2) 1W는 1V의 전압에서 1A의 전류가 흐를 때의 전력이다. ( )

(3) 손실 전력을 줄이기 위해서는 송전선에 흐르는 전류를 크게 해야 한다. ( )

07 변압기의 구조를 나타낸 것이다. 이에 대한 설명으로 옳은 것은 ○표, 옳지 않은 것은 ×표 하시오. (단, 변압기에서 에너지 손실은 무시한다.)

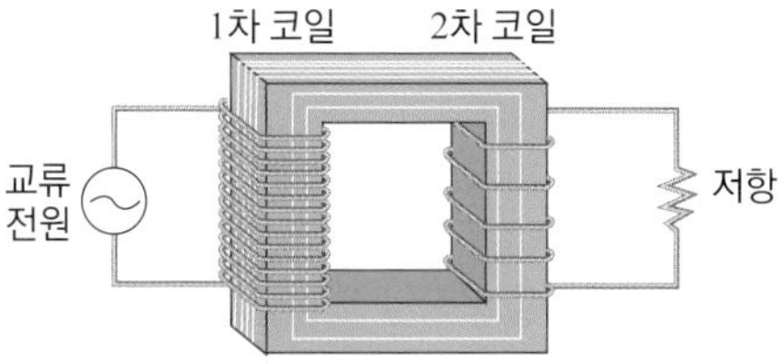

(1) 송전 과정에서 교류를 이용하여 전압을 변화시키는 장치이다. ( )

(2) 1차 코일에 공급되는 전력과 2차 코일에 유도되는 전력은 같다. ( )

(3) 변압기에서 전압을 높이기 위해서는 1차 코일에 감긴 횟수보다 2차 코일에 감긴 횟수가 더 적어야 한다. ( )

08 전력을 공급하는 시설과 소비자 사이에서 정보를 실시간으로 주고 받아 수요량에 맞춰 전력을 공급하는 전력망을 무엇이라고 하는가?

( )

탐구

전자기 유도 실험

목표 : 자석 주위에서 코일이 움직이거나 코일 주위에서 자석이 움직일 때 전류가 유도되는 것을 확인할 수 있다.

준비물 막대자석, 원통형 코일, 집게 달린 전선, 검류계

> **!주의**
>
> 검류계는 약한 전류가 흐를 때 전류를 측정하는 실험 기구이다.

실험 과정

① 원통형 코일과 검류계를 집게 전선으로 연결한다.
② 코일 속에 막대자석의 N극을 넣을 때와 뺄 때 검류계 바늘의 움직임을 비교한다.
③ 코일 속에 막대자석의 S극을 넣을 때와 뺄 때 검류계 바늘의 움직임을 비교한다.
④ 막대자석을 빠르게 움직이면서 검류계 바늘의 움직임을 관찰한다.
⑤ 코일 속에 막대자석을 넣은 채로 가만히 있을 때 검류계 바늘의 움직임을 관찰한다.

> 자석 대신 코일을 움직이면 어떤 현상이 발생할까?
>
> → 자석 대신 코일을 움직이더라도 유도 전류가 흐르면서 검류계의 바늘이 움직인다.

탐구 결과

검류계 바늘의 움직임			
N극을 움직일 때		S극을 움직일 때	
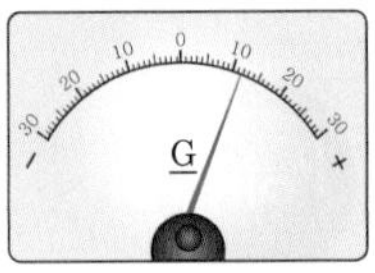		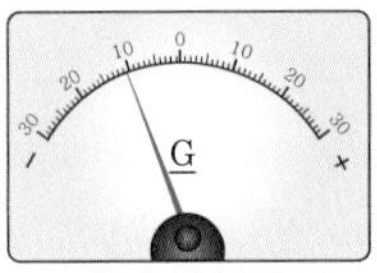	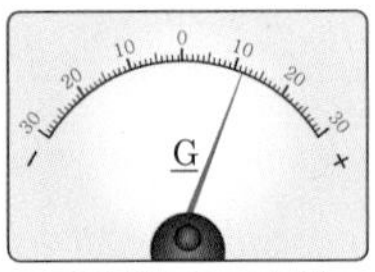
코일 속에 넣을 때	코일 밖으로 뺄 때	코일 속에 넣을 때	코일 밖으로 뺄 때
막대 자석을 빠르게 움직였을 때		막대자석이 정지해 있을 때	
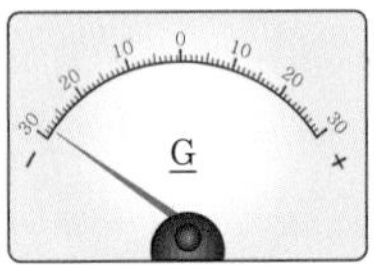	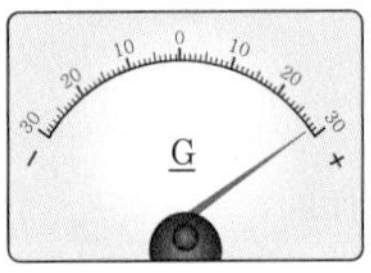		

정답 및 해설 ➜ 133

결과 해석

탐구 문제 1 막대자석의 N극을 움직일 때와 S극을 움직일 때 검류계의 바늘이 반대로 움직인 이유는 무엇인가?

탐구 문제 2 막대자석을 빠르게 움직일 때 검류계의 바늘이 더 많이 움직인 이유는 무엇인가?

탐구 문제 3 막대자석이 정지해 있을 때 검류계의 바늘이 움직이지 않은 이유는 무엇인가?

강의

전자기 유도의 이용

일상 생활에서 전자기 유도의 이용

① 외부에서 힘을 주어 자석이나 코일에 일을 해주면 그 일은 자석이나 코일의 운동 에너지로 전환되고, 자석이나 코일의 운동 에너지는 전자기 유도에 의해서 코일의 전기 에너지로 전환된다.

도난 방지 장치	교통 카드 판독기
	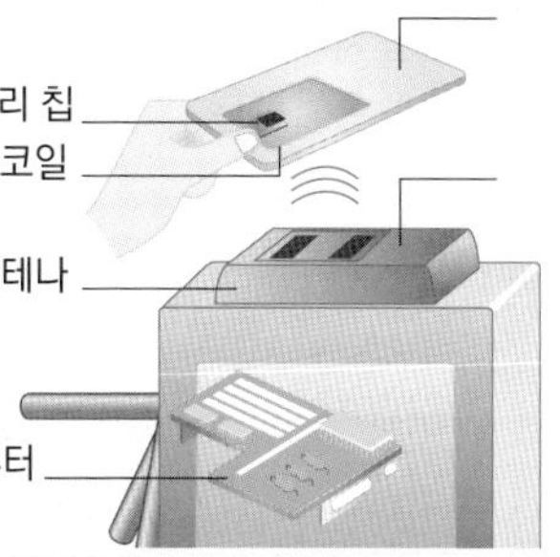
원리 사람이 통과할 수 있는 문의 형태로 되어 있는 도난 방지 장치는 문 가장 자리에 코일을 설치하여 닫힌 회로로 만든 장치이다. 얇은 자기 테이프가 붙어 있는 상품을 들고 도난 방지 장치 사이를 통과하면 코일에 유도 전류가 흐르게 되어 자기장이 변하고, 이를 전자 장치가 감지하여 경고음이 울린다.	원리 버스나 지하철에 설치된 교통 카드 판독기에 코일이 들어 있는 교통 카드를 가까이 하면 코일 내부를 지나는 자기장이 변하면서 유도 전류가 흐른다. 이 유도 전류가 교통 카드 속의 메모리 칩을 작동시켜 요금 등의 정보가 전송된다.

② 코일에 시간에 따라 세기와 방향이 변하는 전류(교류)가 흐를 때 근처 코일이나 도체에 전류가 유도된다.

무선 충전기	인덕션 레인지
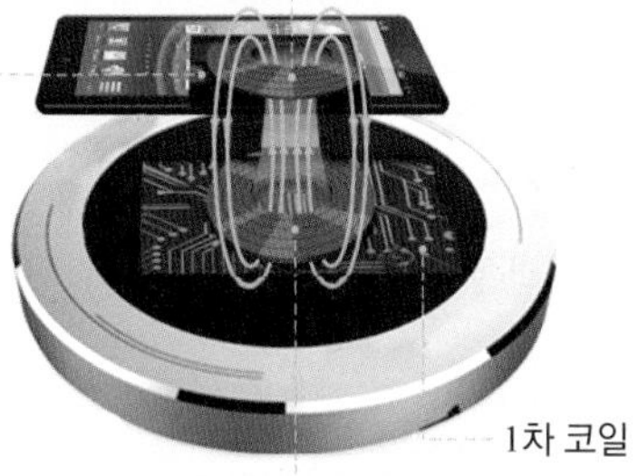	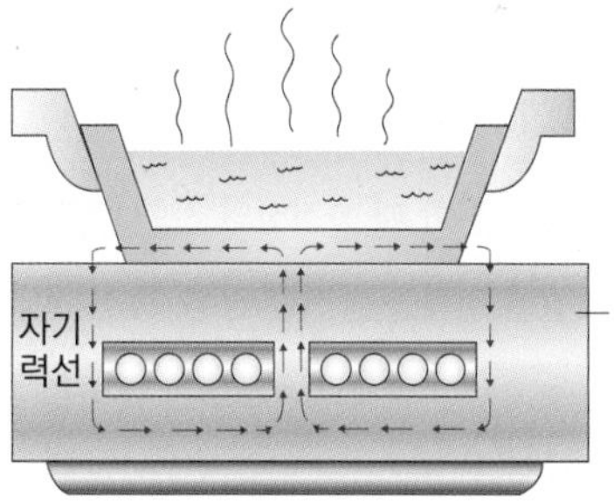
원리 충전 패드 안에 있는 1차 코일에 교류 전류가 흐르면 스마트폰 내의 수신 회로에 있는 2차 코일에 유도 전류가 흐르게 되어 충전이 된다.	원리 인덕션 레인지의 톱플레이트에는 교류 전류가 흐르는 코일이 설치되어 있다. 이 코일에 교류 전류가 흐르면 조리 기구에 유도 전류가 흐르게 되어 발생하는 열로 음식을 가열한다.

정답 및 해설 ➔ 133

Q1 자전거 바퀴에 달린 소형 발전기이다. 자전거를 타고 달리면 바퀴가 회전하면서 바퀴에 접촉해 있는 회전축을 회전시키고 전조등에 불이 들어온다.

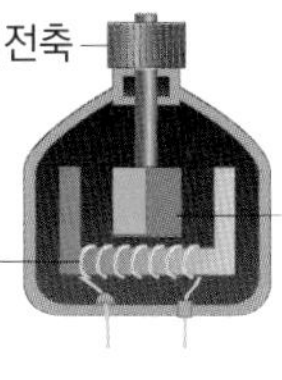

(1) 자전거 전조등에 불이 들어오는 원리를 전자기 유도를 이용하여 설명하시오.

(2) 전조등이 켜질 때까지 일어나는 에너지 전환 과정을 쓰시오.

꼭 짚기!

1 전자기 유도

코일로부터 자석을 멀리할 때 일어나는 현상에 대한 설명으로 옳은 것만을 <보기>에서 있는 대로 고른 것은?

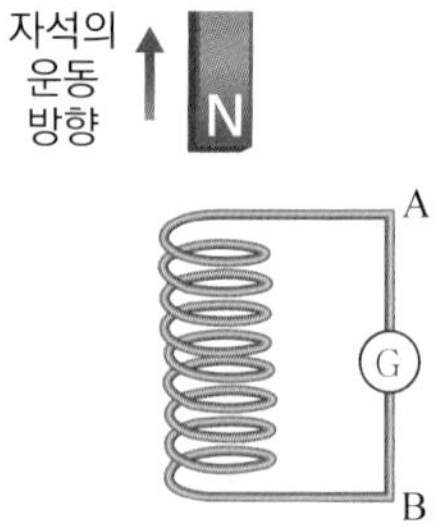

보 기

ㄱ. 코일에 유도되는 전류의 방향은 A → Ⓖ → B이다.
ㄴ. 자석과 코일 사이에는 서로 잡아당기는 힘이 작용한다.
ㄷ. 코일 내부를 통과하는 자기장의 세기는 감소한다.

① ㄱ ② ㄴ ③ ㄷ ④ ㄱ, ㄷ ⑤ ㄱ, ㄴ, ㄷ

2 전력 수송

(1) 발전소에서 생산한 전기를 가정으로 보내는 과정을 나타낸 것이다. 이와 관련된 설명으로 옳은 것만을 <보기>에서 있는 대로 고른 것은?

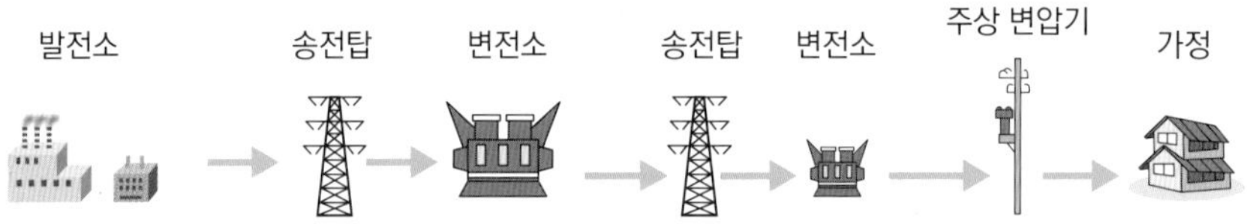

보 기

ㄱ. 송전을 할 때 송전선의 저항 때문에 발생하는 열로 인하여 손실되는 전력이 발생한다.
ㄴ. 같은 전력을 송전할 경우, 송전 전압을 2배로 승압시키면, 손실 전력은 $\frac{1}{4}$ 로 줄어든다.
ㄷ. 송전선의 길이를 줄이거나 굵기를 굵게 하면, 손실되는 전력이 증가한다.

① ㄱ ② ㄴ ③ ㄷ ④ ㄱ, ㄴ ⑤ ㄱ, ㄴ, ㄷ

(2) 전압이 $V_1 = 110V$ 인 교류 전원이 연결된 변압기이다. 이에 대한 설명으로 옳은 것만을 <보기>에서 있는 대로 고른 것은? (단, 1차 코일과 2차 코일의 감은 수의 비 $N_1 : N_2 = 1 : 2$ 이고, 변압기에서 에너지 손실은 없다.)

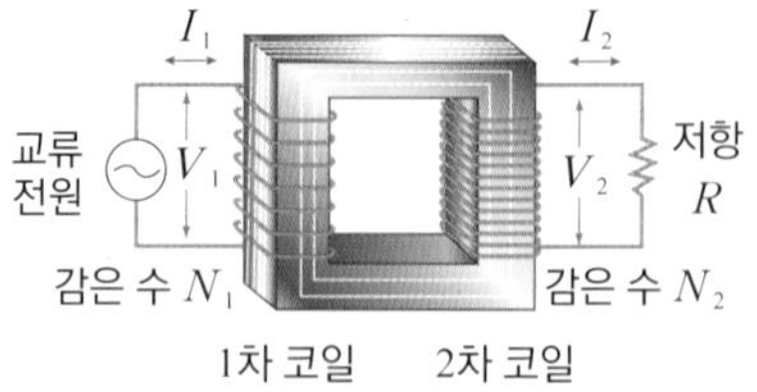

보 기

ㄱ. 저항 R 에 걸리는 전압 $V_2 = 220V$ 이다.
ㄴ. 1차 코일에 공급되는 전력과 2차 코일에 유도되는 전력은 같다.
ㄷ. 1차 코일에 흐르는 전류 $I_1 = 6A$ 라면, 2차 코일에 흐르는 전류 $I_2 = 12A$ 이다.

① ㄱ ② ㄴ ③ ㄱ, ㄴ ④ ㄱ, ㄷ ⑤ ㄱ, ㄴ, ㄷ

A 전자기 유도

01 전자기 유도 현상이 일어나는 경우로 옳은 것은 ○표, 옳지 않은 것은 ×표 하시오.

(1) 자석의 N극을 코일에서 멀리한다. ( )
(2) 자석의 S극을 코일에 가까이 가져간다. ( )
(3) 코일 속에 자석을 넣고 가만히 있는다. ( )
(4) 코일을 정지해 있는 자석 가까이 가져간다. ( )

02 전자기 유도를 이용한 장치가 아닌 것은?

① 발전기 ② 무선 충전기
③ 발광 다이오드 ④ 도난 방지 장치
⑤ 교통 카드 판독기

03 철심에 코일을 감고 전류를 흘려 주었더니 자석의 성질을 띠었다. 각 그림의 ⓐ와 ⓑ 부분은 각각 무슨 극을 띠는가?

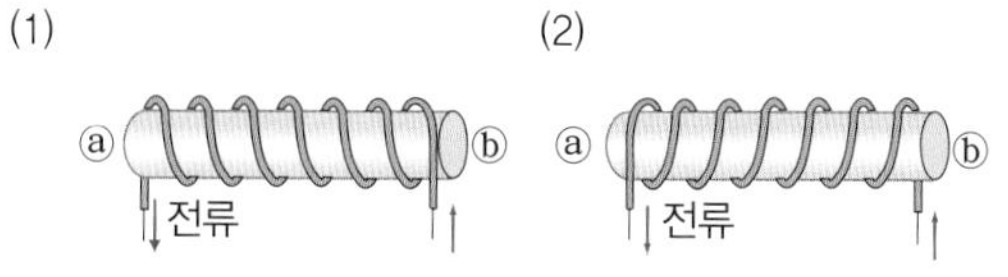

(1) ⓐ : ( )극 (2) ⓐ : ( )극
ⓑ : ( )극 ⓑ : ( )극

04 <보기>는 검류계가 연결된 코일 주위에서 화살표 방향으로 자석을 움직이는 것을 각각 나타낸 것이다.

보기

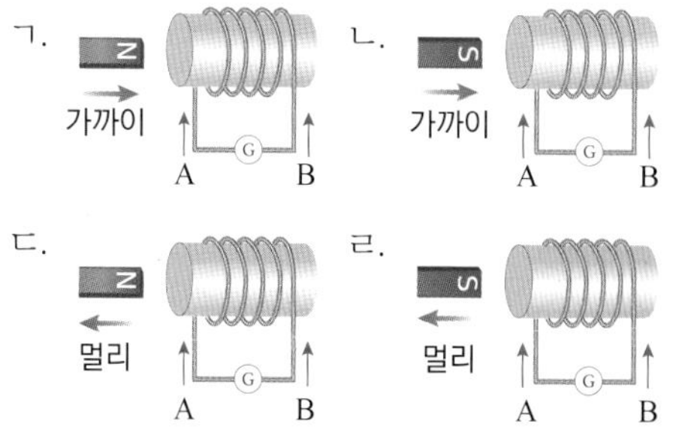

(1) 코일에 유도된 전류의 방향이 A로 같은 것을 있는 대로 고르시오. ( )

(2) 코일과 자석 사이에 서로 밀어내는 자기력이 작용하는 경우를 있는 대로 고르시오.
( )

05 검류계가 연결된 원통형 코일 쪽으로 막대자석의 N극을 그림과 같이 가까이 하였더니 검류계의 바늘이 B 방향으로 움직였다.

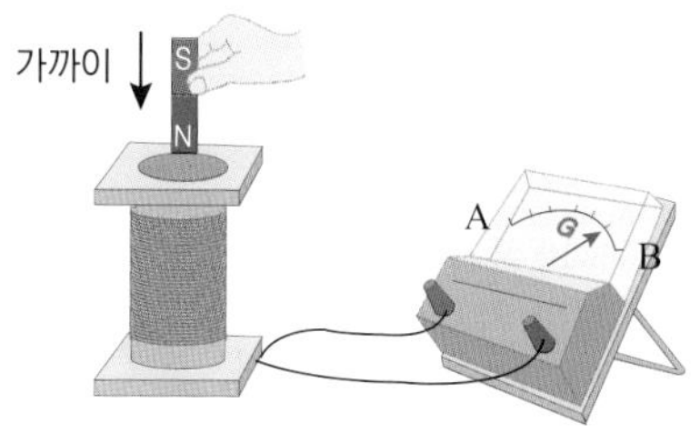

이에 대한 설명으로 옳은 것만을 <보기>에서 있는 대로 고른 것은?

보기

ㄱ. 자석을 빠르게 움직일수록 검류계 바늘이 크게 움직인다.
ㄴ. 막대자석의 S극을 코일 쪽으로 가까이 하면 검류계의 바늘은 A쪽으로 움직인다.
ㄷ. 감은 수가 더 많은 코일을 사용하면 검류계 바늘은 양쪽으로 진동한다.

① ㄱ ② ㄴ ③ ㄱ, ㄴ
④ ㄴ, ㄷ ⑤ ㄱ, ㄴ, ㄷ

06 코일에 자석의 S극을 가까이 가져갔다. Ⓖ 는 검류계이다.

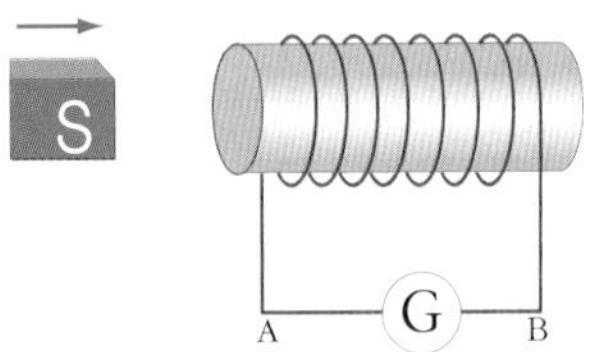

이에 대한 설명으로 옳은 것만을 <보기>에서 있는 대로 고른 것은?

보 기

ㄱ. 코일과 자석 사이에는 밀어내는 힘이 작용한다.
ㄴ. 코일을 통과하는 자기장의 세기가 증가한다.
ㄷ. 코일에 흐르는 유도 전류의 방향은 A→ Ⓖ →B 방향이다.

① ㄱ ② ㄷ ③ ㄱ, ㄴ
④ ㄱ, ㄷ ⑤ ㄱ, ㄴ, ㄷ

07 자전거 바퀴가 회전할 때 불이 켜지는 발광 바퀴의 구조를 나타낸 것이다. 이에 대한 설명으로 옳은 것만을 <보기>에서 있는 대로 고른 것은?

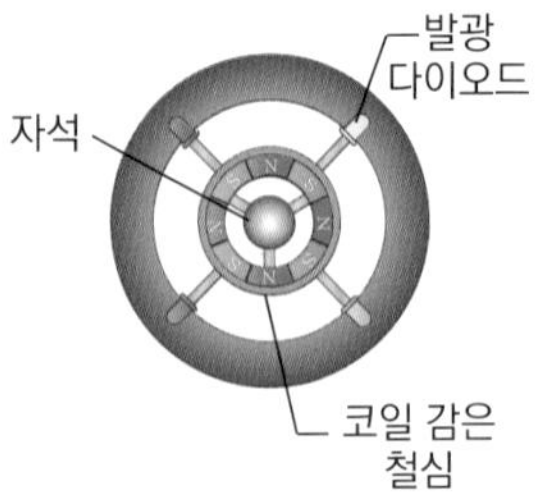

보 기

ㄱ. 전자기 유도 현상을 이용한 기구이다.
ㄴ. 바퀴가 회전할 때 코일에 유도 전류가 흐른다.
ㄷ. 바퀴의 회전이 빠를수록 발광 다이오드는 더 밝게 빛난다.

① ㄱ ② ㄴ ③ ㄱ, ㄷ
④ ㄴ, ㄷ ⑤ ㄱ, ㄴ, ㄷ

B 전기 에너지의 생산(발전)

08 자석 속 코일이 회전할 때 전구에 불이 켜지는 발전기의 기본 구조를 나타낸 것이다.

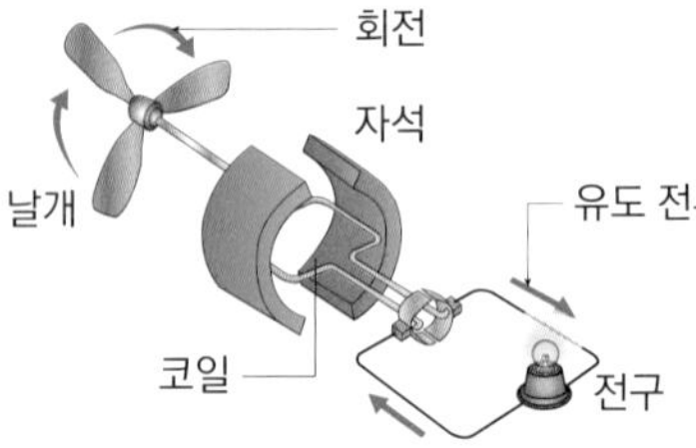

이에 대한 설명으로 옳은 것만을 <보기>에서 있는 대로 고른 것은?

보 기

ㄱ. 전자기 유도에 의해 전구에 불이 켜진다.
ㄴ. 전기 에너지가 코일의 운동 에너지로 전환된다.
ㄷ. 코일이 회전할 때 코일의 단면을 통과하는 자기장의 세기가 시간에 따라 변한다.

① ㄱ ② ㄴ ③ ㄷ
④ ㄱ, ㄷ ⑤ ㄱ, ㄴ, ㄷ

09 (가)와 (나)는 핵발전소와 화력 발전소의 발전 과정을 각각 나타낸 것이다.

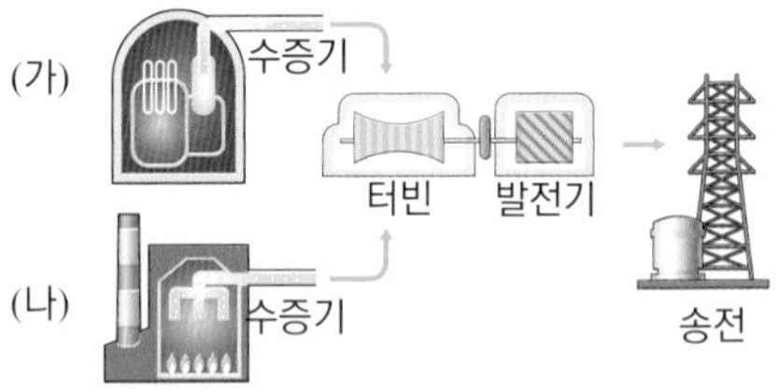

이에 대한 설명으로 옳은 것만을 <보기>에서 있는 대로 고른 것은?

보 기

ㄱ. (가)에서는 핵융합할 때 발생하는 에너지로 증기를 발생시킨다.
ㄴ. (나)에서는 화석 연료의 화학 에너지가 열에너지로 전환된다.
ㄷ. (가)와 (나)의 발전 과정에서 터빈의 운동 에너지가 전기 에너지로 전환된다.

① ㄴ ② ㄷ ③ ㄱ, ㄷ
④ ㄴ, ㄷ ⑤ ㄱ, ㄴ, ㄷ

정답 및 해설 ➜ 133

10 수력 발전소의 구조를 나타낸 것이다.

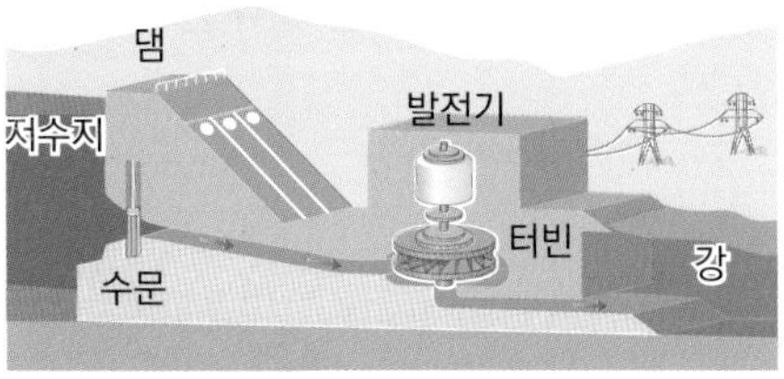

이에 대한 설명으로 옳은 것만을 <보기>에서 있는 대로 고른 것은?

보 기

ㄱ. 전자기 유도 현상을 이용하여 전기 에너지를 얻는다.
ㄴ. 고온·고압의 수증기로 터빈을 회전시킨다.
ㄷ. 퍼텐셜 에너지 → 운동 에너지 → 전기 에너지로 전환되는 과정을 거친다.

① ㄱ　② ㄷ　③ ㄱ, ㄷ　④ ㄴ, ㄷ　⑤ ㄱ, ㄴ, ㄷ

11 서로 다른 에너지원을 이용하여 전기 에너지를 생산하는 과정이다.

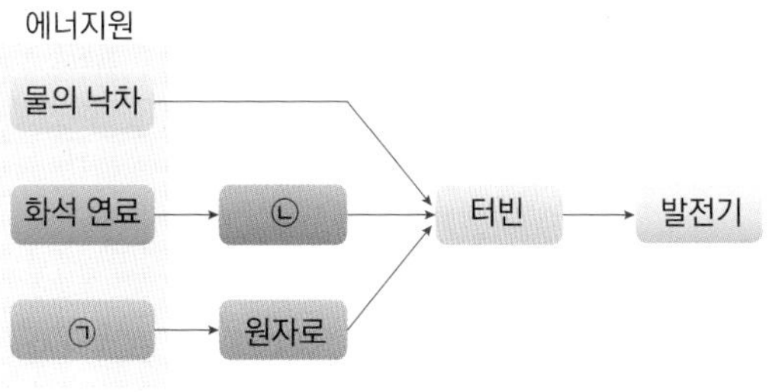

이에 대한 설명으로 옳은 것만을 <보기>에서 있는 대로 고른 것은?

보 기

ㄱ. ㉠은 우라늄과 같은 핵연료이다.
ㄴ. ⓛ에서 화학 에너지가 열에너지로 전환된다.
ㄷ. 물의 낙차를 이용하는 발전 방식에서는 수증기를 이용하지 않는다.

① ㄱ　② ㄴ　③ ㄷ　④ ㄱ, ㄴ　⑤ ㄱ, ㄴ, ㄷ

C 전력 수송

12 <보기>의 ㄱ ~ ㄹ의 경우와 같이 전력을 사용할 때 사용 전력이 큰 순서대로 나열하시오.

보 기

ㄱ. 220V 의 전압으로 3A 의 전류를 공급하였을 때
ㄴ. 50J 의 전기 에너지를 2초 동안 사용할 때
ㄷ. 80Ω 의 저항에 40V 의 전압이 걸려있을 때
ㄹ. 4Ω 의 저항에 5A 의 전류가 흐를 때

(　　　　　)

13 발전소에서 소비지까지 전기를 송전하는 과정에 대한 설명으로 옳은 것은?

① 굵기가 얇은 송전선을 이용하면 손실 전력을 줄일 수 있다.
② 송전 전압을 2배로 높여 송전하면 손실 전력은 0.5배가 된다.
③ 변압기에서 전압이 변화될 때에는 전자기 유도 현상이 일어난다.
④ 송전 전압을 2배로 높여 송전하면 송전선의 저항은 4배가 된다.
⑤ 대규모 공장으로 송전할 때에는 일반 가정보다 더 낮은 전압으로 송전한다.

14 발전소에서 생산한 전력을 송전 전압 V, 송전 전류 I 로 저항이 r 인 송전선을 통해 소비지로 송전하였다. 소비지에 공급된 전력은?

① VI　② I^2r　③ $\frac{I^2r}{V}$　④ $VI - I^2r$　⑤ $I^2r - VI$

15 다음은 LED 전구에 적힌 표시이다.

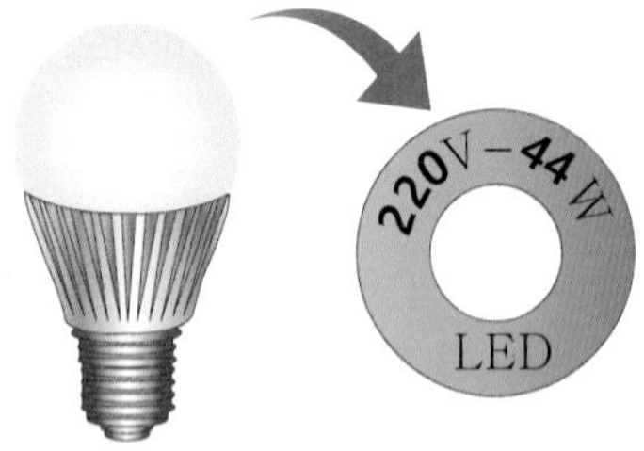

이에 대한 설명으로 옳은 것만을 <보기>에서 있는 대로 고른 것은?

보기

ㄱ. 220 V 전압에서 올바르게 작동한다.
ㄴ. 220 V 전압을 걸었을 때 0.2 A 의 전류가 흐른다.
ㄷ. 220 V 전압을 걸었을 때, 1초에 44 J 의 전기 에너지를 소비한다.

① ㄱ ② ㄴ ③ ㄷ
④ ㄱ, ㄴ ⑤ ㄱ, ㄴ, ㄷ

16 우리나라의 발전소에서 생산한 전력을 가정으로 수송하는 과정을 나타낸 것이다.

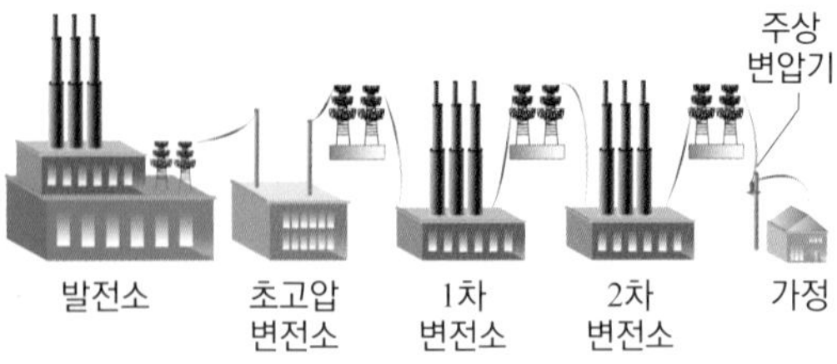

이에 대한 설명으로 옳은 것만을 <보기>에서 있는 대로 고른 것은?

보기

ㄱ. 초고압 변전소에서는 전압을 높인다.
ㄴ. 1차 변전소의 변압기에서 1차 코일의 감은 수는 2차 코일의 감은 수보다 많다.
ㄷ. 2차 변전소에서는 전압을 220V로 낮춘다.

① ㄱ ② ㄴ ③ ㄷ
④ ㄱ, ㄴ ⑤ ㄱ, ㄴ, ㄷ

17 발전소에서 송전 전압이 250 kV 일 때 송전선에서 발생한 손실 전력이 2,700 W 였다. 송전 전압을 3배로 높였을 때 손실되는 전력은 몇 W 인가?

( )W

18 같은 양의 전력을 생산하여 도심으로 송전하는 발전소 A, B 의 송전 전압과 송전선의 저항을 각각 나타낸 것이다. 발전소 A, B 에서 도심까지 송전할 때 송전 과정에서 손실되는 전력의 비 $P_A : P_B$ 는?

	송전 전압	송전선의 저항
발전소 A	$3V$	R
발전소 B	V	$2R$

① 1 : 3 ② 2 : 9 ③ 1 : 18
④ 9 : 2 ⑤ 18 : 1

19 발전소 A, B 에서 소비지까지 전력을 송전할 때 발전소의 송전 전력, 송전선의 저항값을 나타낸 것이다.

	송전 전력	송전선의 저항값
발전소 A	P	$4R$
발전소 B	$3P$	R

발전소 A, B 에서 소비지까지 송전 과정에서 손실되는 전력이 같을 때, 송전 전압의 비 $V_A : V_B$ 는?

( )

20 전압이 V_1 인 교류 전원이 연결된 변압기의 구조를 나타낸 것이다. 1차 코일과 2차 코일에 흐르는 전류는 각각 I_1, I_2 이고, 저항 R에 걸린 전압은 V_2, 1차 코일과 2차 코일의 감은 수의 비는 3 : 1 이다.

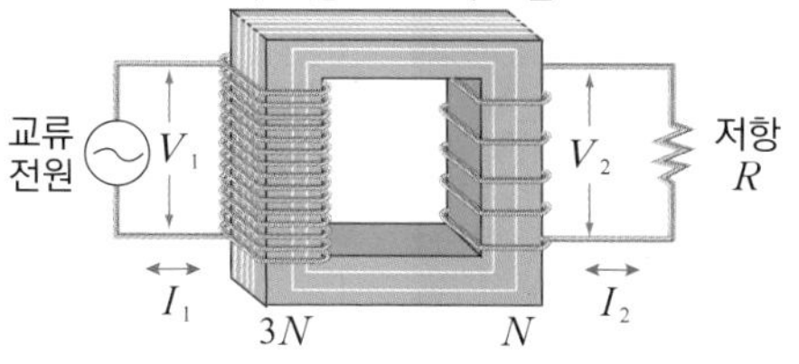

이에 대한 설명으로 옳은 것만을 <보기>에서 있는 대로 고른 것은? (단, 변압기에서의 에너지 손실은 무시한다.)

보기

ㄱ. $V_1 : V_2 = 3 : 1$ 이다.
ㄴ. $I_1 : I_2 = 1 : 3$ 이다.
ㄷ. 저항 R 에 흐르는 전류의 크기는 일정하다.
ㄹ. 1차 코일에 공급된 전력은 2차 코일에 유도된 전력보다 크다.

① ㄱ, ㄴ ② ㄷ, ㄹ ③ ㄱ, ㄴ, ㄷ
④ ㄱ, ㄴ, ㄹ ⑤ ㄱ, ㄷ, ㄹ

21 발전소에서 소비지까지 전력을 효율적이고 안전하게 수송하는 방법과 거리가 먼 것은?

① 전압을 높여 송전한다.
② 송전 전력망을 단순화한다.
③ 송전탑의 높이를 높게 한다.
④ 고압 송전선을 지하에 묻는다.
⑤ 로봇을 이용하여 선로를 점검하고 수리한다.

서술형

22 전지 없이 불을 켤 수 있는 자가발전 손전등이다.

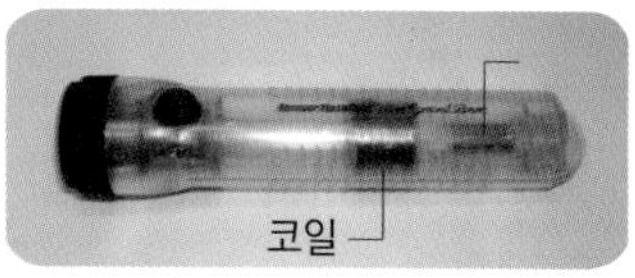

손전등을 흔들면 손전등 내부의 자석이 코일을 통과하면 불이 켜진다. 손전등에 불이 들어오는 원리를 전자기 유도를 이용하여 서술하시오.

서술형

23 (가) ~ (다)는 화력 발전소, 수력 발전소, 핵발전소를 나타낸 것이다.

(가) (나) (다)

화력 발전소, 수력 발전소, 핵발전소의 공통점을 한 가지 이상 쓰시오.

서술형

24 전력 거래소에서 실시간으로 소비지의 전력 수요량과 전력 회사의 공급량에 대한 정보를 주고 받는 시스템을 나타낸 것이다.

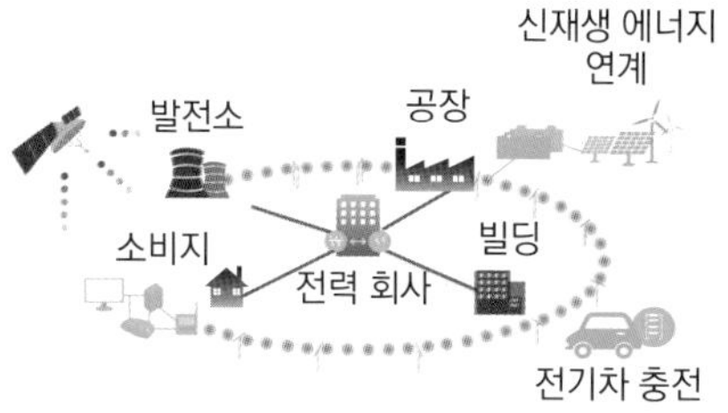

이 시스템을 사용할 때 얻을 수 있는 장점을 한 가지 이상 서술하시오.

02 태양 에너지와 대체 에너지

핵심 Point

□ 태양 에너지의 생성
□ 태양 에너지의 순환과 전환
□ 수소 핵융합 반응
□ 태양광·핵·풍력 발전

태양 에너지는 어떻게 이용할까? 그외의 재생 에너지는 무엇이 있을까?

A 태양 에너지의 생성

1. 태양

① **태양** : 태양계에서 유일하게 스스로 에너지를 생성하는 항성인 태양은 태양계 전체 질량의 약 99.8%를 차지한다.

② **태양의 내부 구조** : 태양은 주로 수소와 헬륨으로 이루어져 있으며, 중심에서부터 핵, 복사층, 대류층 ❶으로 구분된다.

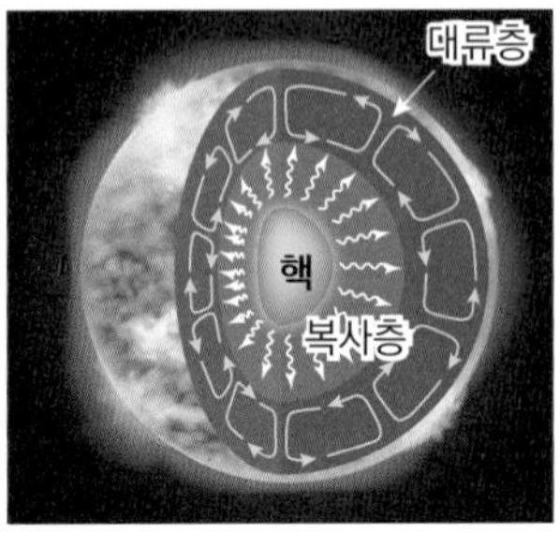

2. 태양 에너지 : 태양으로부터 오는 열에너지와 빛에너지로, 지구상에서 일어나는 대부분의 자연 현상을 일으키고, 생명체가 생명 활동을 유지하는 에너지의 근원이 된다. 태양 에너지는 태양의 핵에서 일어나는 수소 핵융합 반응에 의해 생성된다.

더 알아보기 태양 에너지의 생성

수소 원자핵 4개 질량 > 헬륨 원자핵 1개 질량

● **수소 핵융합 반응**

4개의 수소 원자핵이 융합하여 1개의 헬륨 원자핵이 만들어지면서 에너지가 방출된다.
→ 반응 후 헬륨 원자핵 1개의 질량이 반응 전 수소 원자핵 4개의 질량보다 작다. 이때 질량이 감소한 만큼 에너지를 방출하며, 이 에너지가 태양 에너지이다.

● **핵융합 반응과 질량 결손** ❷

질량은 에너지로, 에너지는 질량으로 서로 전환될 수 있다. 핵반응이 일어날 때 질량의 일부가 에너지로 전환되어 감소한다. 이때 질량 차이(감소한 질량)를 질량 결손이라고 하며, 방출하는 에너지 E 와 질량 결손 Δm 사이에는 다음과 같은 관계식이 성립한다(질량 에너지 등가 원리).

$$E = \Delta mc^2 \quad (c : \text{빛의 속도})$$

개념 +

❶ **태양의 내부 구조**

구조	내용
핵	태양의 중심부인 핵은 약 1,500만 K 인 초고온(플라스마★) 상태
복사층	핵에서 생성된 에너지가 복사에 의해 대류층으로 전달됨.
대류층	대류에 의해 열이 태양 표면으로 전달됨.

❷ **핵융합 반응과 질량 결손**

양성자 2개와 중성자 2개가 핵융합 반응을 통해 융합하여 헬륨 원자핵을 만든다.

	질량(u)
양성자	1.0073
중성자	1.0087

① 양성자 2개 + 중성자 2개 = 4.0320u
② 헬륨 원자핵의 질량 = 4.0015u
① − ② = 0.0305 > 0
→ 헬륨 원자핵의 질량은 이를 구성하는 양성자와 중성자의 질량의 합보다 작다.

미니사전

★ **플라스마 상태**
초고온 상태에서 원자가 원자핵과 전자가 분리되어 활발하게 움직이는 제 4의 상태

개념 체크

정답 및 해설 → 136

Point

01 태양의 구조를 나타낸 것이다. 다음 설명에 해당하는 부분의 기호와 명칭을 각각 쓰시오.

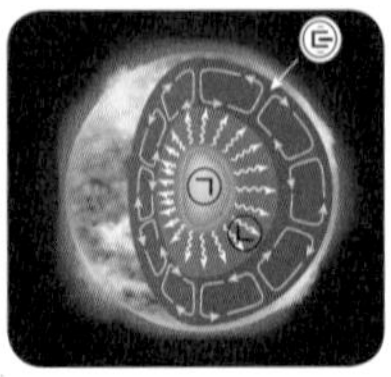

온도가 약 1,500만 K 인 초고온 상태로, 수소와 헬륨의 원자핵과 전자가 분리된 플라스마 상태로 존재한다.

B 태양 에너지의 전환과 순환

1. 지구에서 태양 에너지의 전환 : 태양 에너지는 지구에서 직접 다른 에너지로 전환되기도 하고, 전환되어 축적된 후 다른 에너지로 전환되기도 한다.

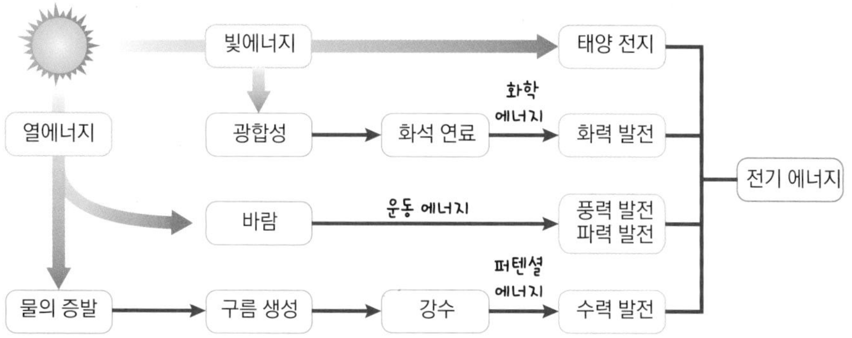

태양 에너지와 생명 활동	태양 에너지는 식물의 광합성에 이용되어 포도당 속에 화학 에너지 형태로 저장되고, 먹이 사슬을 통해 동물이 이를 영양분으로 섭취함으로써 생명을 유지한다.
태양 에너지와 화석 연료	동식물이 죽어 땅속에 묻히면, 오랜 시간 동안 열과 압력을 받아 분해되어 화석 연료가 된다.
태양 에너지와 기상 현상❸	태양의 열에너지에 의해 물이 증발하여 대기와 물을 순환시키고, 여러 가지 기상 현상을 일으킨다.
태양 에너지와 발전	태양 에너지를 근원으로 하는 다양한 발전 방식(수력, 화력, 풍력, 파력, 태양광 발전)으로 전기 에너지가 만들어진다.

2. 지구에서 태양 에너지의 순환 : 태양 에너지는 지구에서 일어나는 에너지 순환의 근원이 된다.

대기와 해수의 순환	탄소의 순환 → 탄소를 매개로 하는 순환
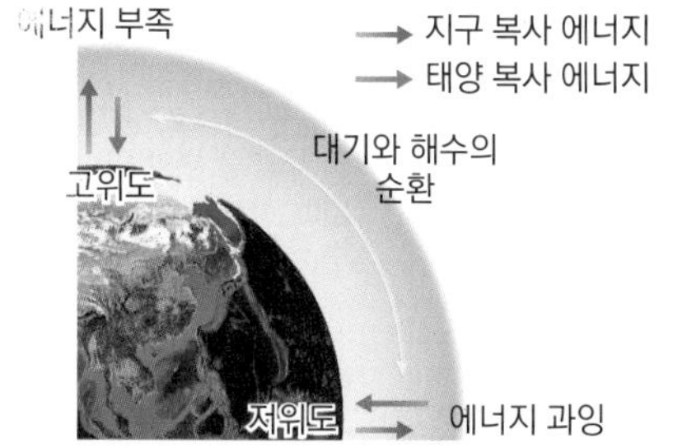	
위도별로 흡수하는 태양 복사 에너지와 방출하는 지구 복사 에너지의 차이가 있다. 저위도의 남는 에너지가 에너지가 부족한 고위도로 이동하는 과정에서 대기와 해수가 순환한다. → 지구의 에너지 평형 → 생명체 생존에 적합한 기온이 일정하게 유지된다.	대기 중의 이산화 탄소가 태양 에너지와 함께 화학 에너지의 형태로 저장되고, 생명체의 사체는 축적되어 화석 연료가 된다. 화석 연료가 사용되면서 기권으로 이동한 탄소는 다시 광합성을 통해 생물권으로 이동한다.

개념 +

원자 질량 단위 u

원자나 분자 등 매우 작은 질량의 단위는 u 를 사용한다. 안정한 상태의 탄소 12 원자 질량의 $\frac{1}{12}$ 이 1u 이며, $1u = 1.66 \times 10^{-27}$ kg 이다.

❸ 기상 현상에서 에너지 전환

● 물의 순환

① 물이 증발한 후 냉각되어 구름이 됨 (열에너지 → 퍼텐셜 에너지)

② 비나 눈이 되어 내림 (퍼텐셜 에너지 → 비, 눈 등의 운동 에너지)

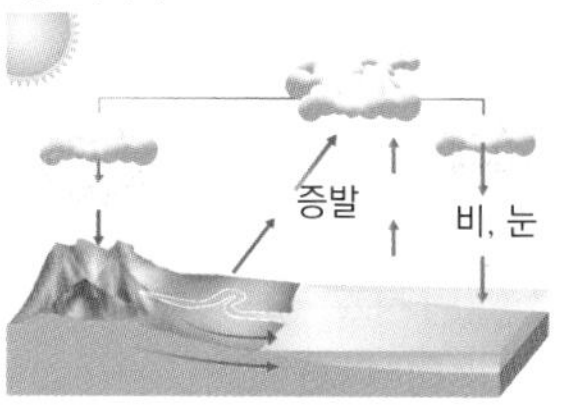

● 대기의 순환

① 태양 에너지에 의해 가열된 공기가 팽창하면 가벼워져서 상승하고, 상대적으로 차가운 공기는 무거워 하강하면서 대기가 순환하고 바람이 분다.

(태양 에너지 → 열에너지 → 운동 에너지, 퍼텐셜 에너지(역학적 에너지))

② 바람에 의해 파도가 친다.

(바람의 운동 에너지 → 파도의 운동 에너지

지구에 도달하는 태양 에너지

지구에 도달하는 태양 에너지의 양은 태양이 우주 공간으로 방출하는 전체 에너지의 약 $\frac{1}{20억}$ 에 불과하다.

개념 체크

정답 및 해설 → 136

Point

02 (1) 식물의 광합성을 통해 태양 에너지는 포도당 속의 (   ) 에너지 형태로 저장된다.

(2) 태양 에너지에 의해 물이 순환하는 과정에서 구름이 생성되어 비가 내릴 때 구름 속 물의 (   ) 에너지가 비의 (   ) 에너지로 전환된다.

(3) 지구에 도달한 태양 에너지는 (   ) 에너지 형태로 기권과 수권에 흡수되어 다양한 기상 현상을 일으킨다.

C 대체 에너지 - 핵발전, 태양광 발전, 풍력 발전

현재 화석 연료를 대체하여, 발전을 위해 가장 널리 쓰이는 에너지이다.

1. 핵발전 : 원자로에서 우라늄과 같이 무거운 원자핵이 분열할 때 방출하는 에너지를 이용하여 전기 에너지를 생산하는 발전 방식이다.

태양 에너지가 근원이 아니고 지구 내부 에너지가 근원이다.

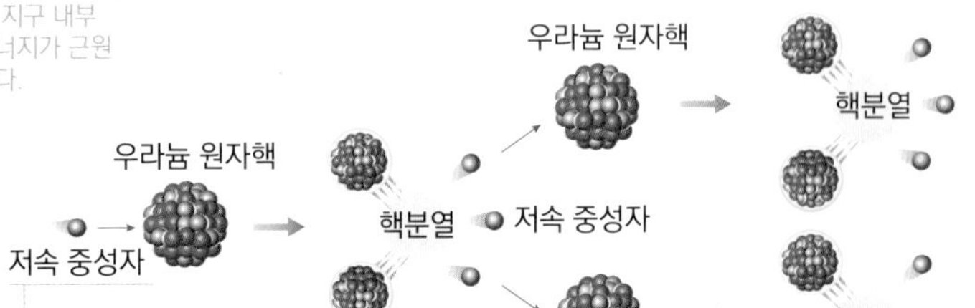

속도가 큰 중성자(고속 중성자)는 연쇄 반응을 일으킬 수 없다.

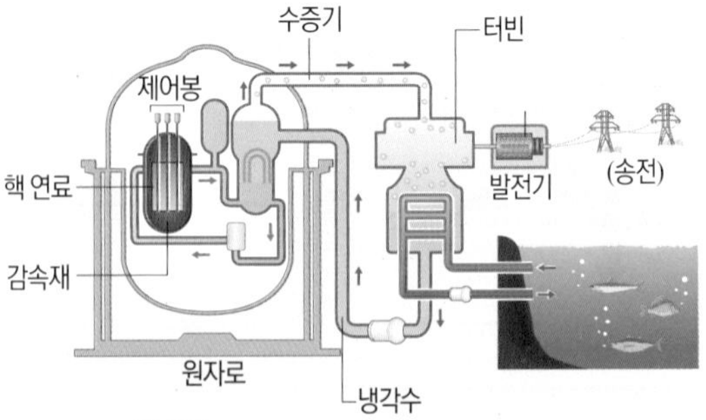

▲ 핵발전

저속(속도 느린)중성자가 우라늄 원자핵에 충돌 ⇒ 2개의 원자핵으로 분열 + 에너지와 함께 2, 3개의 저속 중성자 방출 ⇒ 저속 중성자들이 다른 우라늄 원자핵에 계속 충돌하는 연쇄 반응 발생 ④

① **원리** : 핵분열 후 질량의 총합은 핵분열 전에 비해 감소하고, 이때 감소한 질량의 일부가 에너지로 전환되어 방출된다. 이러한 핵분열이 연쇄적으로 일어나면서 방출되는 막대한 에너지로 물을 끓여 만든 수증기가 터빈을 돌려 발전기에서 전기를 생산한다.

② **장점과 단점**

장점	단점
· 환경 문제를 일으키는 이산화 탄소를 거의 배출하지 않는다. · 화력 발전보다 연료비가 저렴하고 에너지 효율⑤이 높아 대용량 발전이 가능하다. · 원료가 전 세계에 고루 분포하고 있기 때문에 원료의 안정적인 공급이 가능하다.	· 매장량이 한정되어 있으므로 핵연료가 고갈될 우려가 있다. · 발전 과정에서 발생하는 방사능 유출 위험과 방사성 폐기물⑥ 처리 문제가 발생한다. · 냉각수가 바다로 배출되어 해수 온도가 상승한다.

2. 태양광 발전 : 두 종류의 반도체(p-n 접합 반도체)를 붙여 만든 태양 전지⑦를 이용하여 빛 에너지를 직접 전기 에너지로 전환하는 발전 방식이다.

① **원리** : 태양 전지에 빛을 비추면 태양 전지 내부에 발생한 자유 전자가 한쪽 전극으로 이동하면서 기전력(전압)이 발생하여 전류가 흐른다.

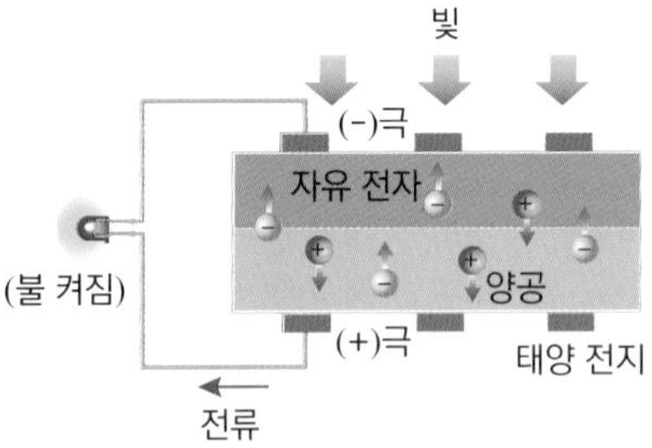

▲ 태양 전지의 원리

② **장점과 단점**

장점	단점
· 태양 에너지는 고갈되지 않고, 연료비가 들지 않는다. · 환경 오염 물질을 거의 배출하지 않는다. · 진동·소음이 적고, 수명이 길다. · 유지·보수 비용이 적고, 간편하다.	· 계절이나 날씨에 영향을 많이 받으므로 발전 시간이 제한적이고, 발전량도 일정하지 않다. · 대용량 발전을 하기 위해서는 넓은 면적이 필요하고, 초기 설치 비용이 많이 든다. · 다른 발전 방식에 비해 발전 효율이 낮다.

개념+

④ 연쇄 반응 속도 조절

- 감속재 : 고속 중성자의 속도를 느리게 하여 연쇄 반응이 잘 일어나도록 한다. 경수(H_2O), 중수 등
- 제어봉 : 연쇄 반응으로 만들어지는 중성자를 흡수하여 연쇄 반응 속도를 조절한다. 붕소(B)나 카드뮴(Cd)으로 되어 있다.

⑤ 핵분열 시 발생 에너지

우라늄 1g이 핵분열할 때 발생하는 에너지는 석탄 3톤이나 석유 약 1,800 L를 태울 때 발생하는 에너지양에 해당한다.

⑥ 방사성 폐기물

발전소나 방사성 물질을 다루는 작업장 또는 실험실에서 나오는 폐기물, 핵분열 생성물, 냉각수, 냉각 가스 등의 누출물 분만 아니라 실험이나 작업에 사용된 공구, 헝겊, 종이, 세척수 등도 방사성 폐기물에 포함된다.

⑦ 태양 전지

태양 전지 1개가 생산할 수 있는 전력은 매우 작다. 따라서 태양 전지(셀) 여러 개를 모아 만든 모듈을 다시 여러 개 조립한 어레이 형태로 태양 전지판을 구성한다.

셀 모듈 어레이

태양 에너지

- 수소 1g 이 핵융합할 때 방출되는 에너지 = 석유 8톤으로 만들 수 있는 에너지 량
- 1초 동안 방출되는 태양 에너지 = 인류가 약 1,000만 년 동안 전기 에너지로 사용할 수 있는 양

3. 풍력 발전⑧ : 바람의 운동 에너지를 이용하여 전기 에너지를 생산하는 발전 방식이다.

① **원리** : 바람이 불어 날개가 회전하면 날개와 연결된 발전기도 함께 회전하면서 전기가 생산된다. 바람의 세기가 세거나 날개의 길이가 길수록 전력 생산량이 증가한다.

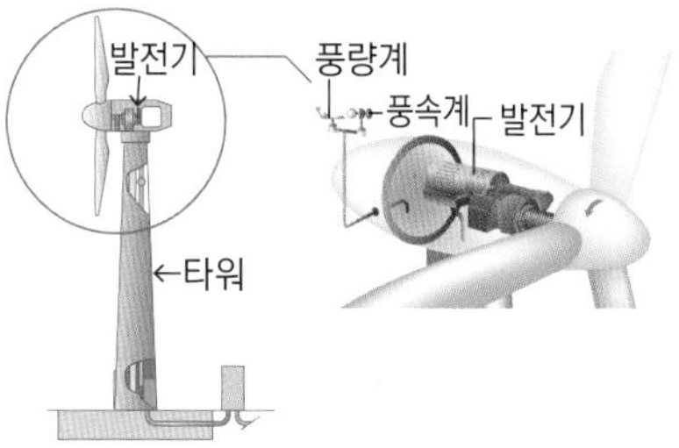

▲ 풍력 발전

② **장점과 단점**

장점	단점
· 원료가 고갈되지 않고, 연료비가 들지 않는다. · 환경 오염 물질을 거의 배출하지 않는다. · 사람이 많이 살지 않는 산간, 해안 등에 설치가 가능하므로 국토를 효율적으로 이용할 수 있다. · 설비가 비교적 간단하고, 발전 효율이 높다.	· 바람의 세기와 방향이 일정하지 않으므로 발전량의 정확한 예측이 어렵다. · 발전 지역이 제한적이다. · 날개의 회전 소음이 발생한다. · 설치 과정에서 삼림이나 자연 경관을 훼손하기도 한다. · 강한 바람에는 고장과 안전 문제로 회전을 멈춰야 하고, 새와 충돌하는 문제도 발생한다.

개념+

⑧ 풍력 발전 방식

회전 날개에 터빈과 발전기가 직접 달려있어 날개 회전 → 터빈 회전 → 전자기 유도에 의한 발전(발전기)의 과정으로 전기를 생산한다.

개념 체크

정답 및 해설 ➔ 136

Point

03 해당하는 발전 방식을 <보기>에서 골라 각각 기호로 쓰시오.

보기		
ㄱ. 태양광 발전	ㄴ. 핵발전	ㄷ. 풍력 발전

(1) 태양에서 방출되는 빛에너지를 직접 전기 에너지로 전환한다. (　　)

(2) 바람의 운동 에너지를 이용하여 발전기와 연결된 날개를 돌려 전기 에너지를 생산한다. (　　)

(3) 무거운 원자핵이 가벼운 원자핵으로 쪼개질 때 발생하는 열에너지로 터빈을 돌려 전기 에너지를 생산한다. (　　)

04 그림과 같이 빛에너지를 직접 전기 에너지로 전환시키는 장치를 무엇이라고 하는가?

05 태양광 발전, 풍력 발전, 핵발전 중 전자기 유도 현상을 이용하여 전기 에너지를 생산하는 발전 방식을 모두 쓰시오.

06 핵발전의 원리에 대한 설명이다. 빈칸에 알맞은 말을 각각 쓰시오.

> 원자로 속 우라늄 원자핵이 속도가 느린 (㉠ 　　　　)와/과 충돌하면 (㉡ 　　　　)이/가 일어나 원자핵이 가벼운 원자핵으로 쪼개지는 과정에서 중성자와 에너지를 방출한다. 이때 방출한 에너지로 터빈을 돌려 전기 에너지를 생산한다.

강의

핵융합 반응과 핵분열 반응 비교

핵융합 반응

태양의 핵에서 일어나는 핵융합 반응은 가벼운 원자핵이 융합하여 무거운 원자핵이 될 때 에너지를 방출하는 반응이다. 이를 이용한 핵융합 발전은 바닷물에 풍부한 중수소와 3중 수소를 융합하여 헬륨 원자핵을 만드는 과정에서 에너지를 얻는 발전 방식이다.

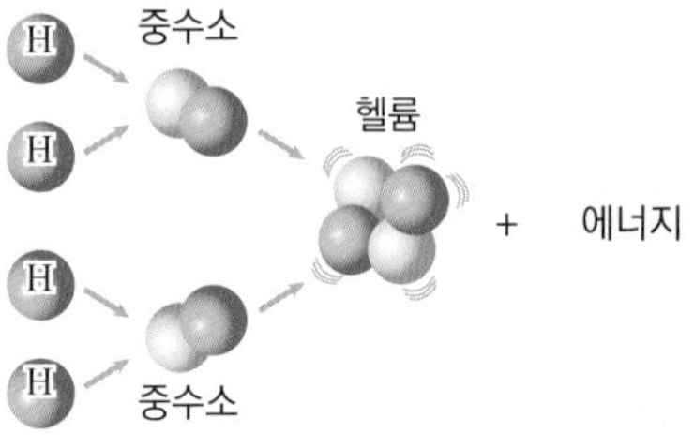

▲ 태양에서의 핵융합

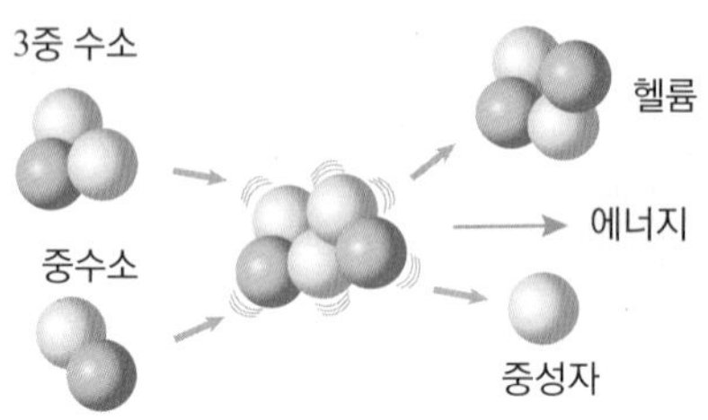

▲ 핵융합로에서의 핵융합

핵분열 반응

핵발전소에서 이용하는 우라늄 핵분열 반응은 무거운 원자핵이 분열하여 가벼운 원자핵이 될 때 에너지를 방출하는 반응이다. 우라늄 원자핵이 저속(속도가 느린) 중성자와 충돌하여 2개의 원자핵으로 분열하면서 2 ~ 3 개의 중성자와 함께 에너지를 방출한다.

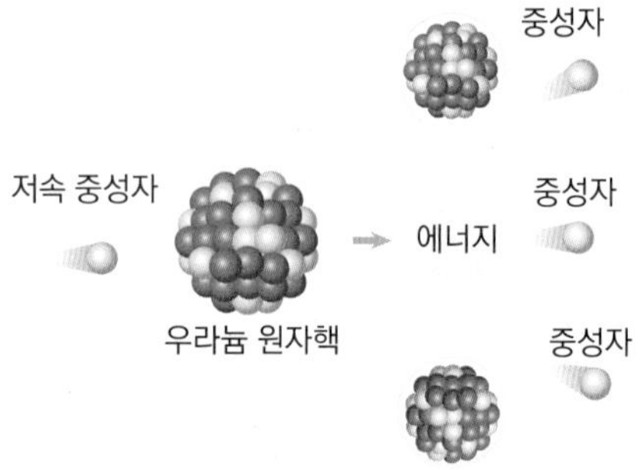

핵융합 반응과 핵분열 반응의 공통점

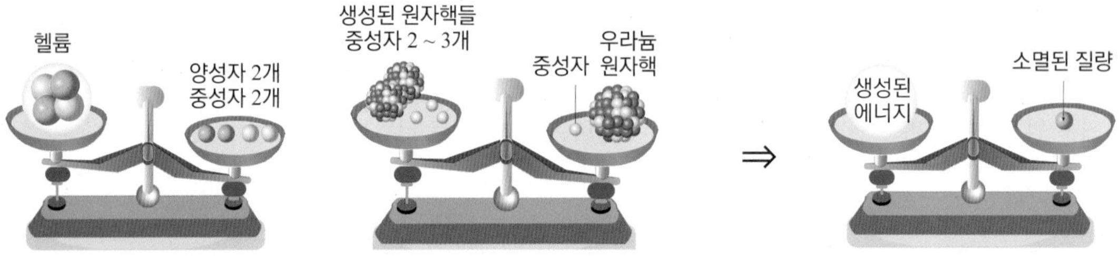

반응 후 물질들의 총 질량 < 반응 전 물질들의 총 질량 ⇒ 감소한 질량만큼 에너지로 방출

핵분열이나 핵융합과 같은 핵반응이 일어날 때 질량의 일부가 에너지로 전환되어 감소하며, 이때 감소한 질량(질량 결손, Δm)과 에너지 E 사이에는 다음과 같은 관계식이 성립한다.

$$E = \Delta mc^2 \quad (c : \text{빛의 속도})$$

정답 및 해설 → 137

Q1 질량이 각각 m_1, m_2 인 양성자 2개, 중성자 2개가 핵융합 반응을 하여 헬륨 원자핵이 만들어졌다. 이때 생성된 헬륨 원자핵의 질량이 m_3 일 때, 핵융합 반응시 방출된 에너지는 얼마인가? (단, 빛의 속도는 c 이다.)

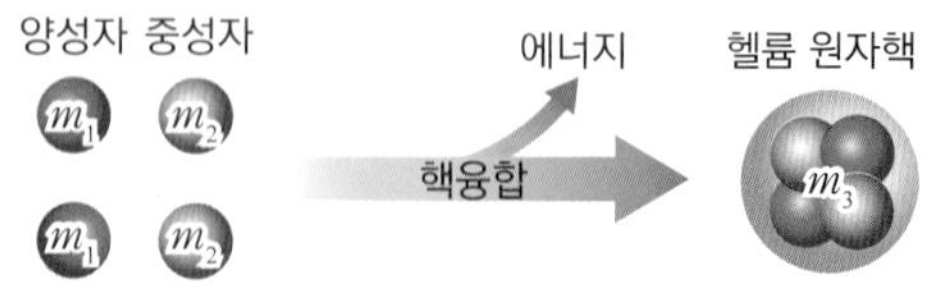

1 태양 에너지의 생성

태양 에너지가 발생하는 과정을 모식적으로 나타낸 것이다. 이에 대한 설명으로 옳은 것만을 <보기>에서 있는 대로 고른 것은?

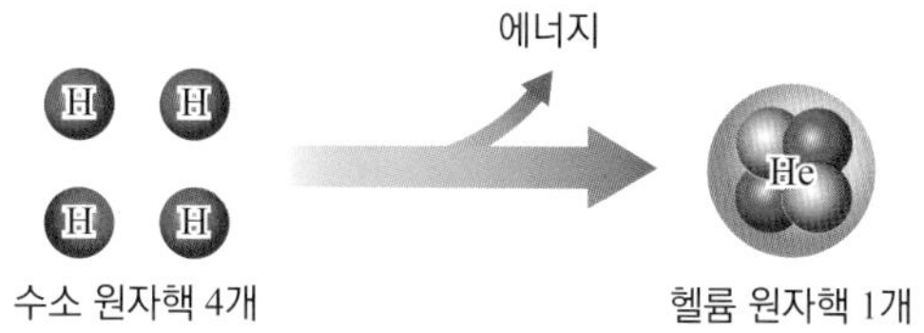

보 기

ㄱ. 태양의 표면에서 일어나는 반응이다.
ㄴ. 수소 원자핵 4개가 융합하여 1개의 헬륨 원자핵이 되는 과정에서 에너지가 생성된다.
ㄷ. 수소 원자핵 4개의 질량의 합은 헬륨 원자핵 1개의 질량보다 작다.

① ㄱ ② ㄴ ③ ㄷ ④ ㄱ, ㄴ ⑤ ㄴ, ㄷ

2 태양 에너지의 전환과 순환

태양 에너지가 ㉠ ~ ㉥ 의 다양한 형태의 에너지로 전환되는 과정을 나타낸 것이다. 이에 대한 설명으로 옳은 것만을 <보기> 에서 있는 대로 고르시오.

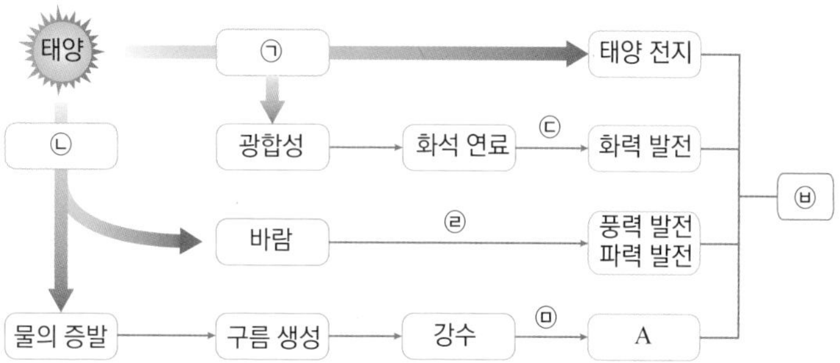

보 기

ㄱ. ㉠은 열에너지, ㉡은 빛에너지이다.
ㄴ. 광합성 과정을 통해 ㉠이 ㉢으로 전환되어 식물에 저장된다.
ㄷ. 화석 연료의 ㉢는 핵발전의 에너지원이다.
ㄹ. A는 수력 발전이다.

3 핵발전, 태양광 발전, 풍력 발전

(가)는 풍력 발전, (나)는 태양광 발전을 나타낸 것이다. 두 발전 방식의 공통점으로 옳은 것만을 <보기>에서 있는 대로 고른 것은?

(가)

(나)

보 기

ㄱ. 화력 발전 방식에 비해 발전 효율이 높다.
ㄴ. 발전 과정에서 환경 오염 물질을 거의 배출하지 않는다.
ㄷ. 발전량이 안정적이지 못하다.

① ㄴ ② ㄷ ③ ㄱ, ㄴ ④ ㄴ, ㄷ ⑤ ㄱ, ㄴ, ㄷ

스스로 실력 높이기

A 태양 에너지의 생성

[01~02] 태양의 내부 구조이다.

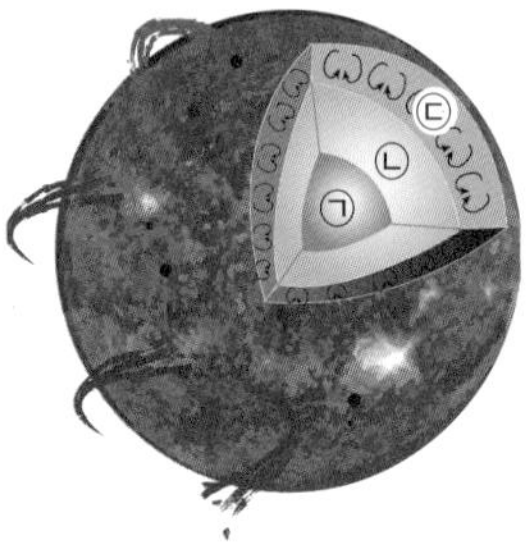

01 이에 대한 설명으로 옳은 것만을 <보기>에서 있는 대로 고른 것은?

보 기

ㄱ. ㉠에서 태양 에너지가 생성된다.
ㄴ. ㉡에서 수소 핵융합 반응이 일어난다.
ㄷ. ㉢에서는 수소와 헬륨이 플라스마 상태로 존재한다.

① ㄱ ② ㄴ ③ ㄷ
④ ㄱ, ㄴ ⑤ ㄱ, ㄴ, ㄷ

02 ㉠에서 일어나는 반응을 나타낸 것이다.

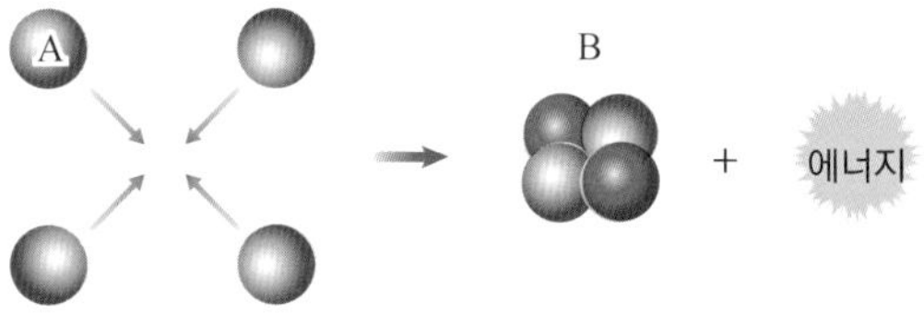

물음에 답하시오.

(1) A, B는 각각 무엇인가?
A ( ), B ( )

(2) 빈칸에 알맞은 말을 각각 고르시오.

태양의 중심부에서 일어나는 (㉠ 핵분열 ㉡ 핵융합) 반응에서 반응 전 질량의 합은 반응 후 질량의 합보다 (㉠ 크며 ㉡ 작으며), 이 차이만큼 에너지가 발생한다.

03 태양 에너지에 대한 설명 중 옳은 것은 ○표, 옳지 않은 것은 ×표 하시오.

(1) 지구에 있는 거의 모든 에너지와 생명의 근원이 된다. ( )
(2) 태양이 우주 공간으로 방출한 에너지는 모두 지구에 도달한다. ( )
(3) 핵융합 반응 과정에서 감소한 질량만큼 에너지가 발생한다. ( )

04 질량과 에너지의 관계에 대한 설명으로 옳은 것만을 <보기>에서 있는 대로 고른 것은? (단, c는 빛의 속력이다.)

보 기

ㄱ. 질량과 에너지는 서로 변환될 수 있다.
ㄴ. 핵반응 전후에 질량 결손이 Δm이라면 Δmc^2만큼 에너지가 발생한다.
ㄷ. 질량 m인 물체가 가지는 에너지는 $\frac{1}{2}mc^2$이다.

① ㄱ ② ㄴ ③ ㄷ
④ ㄱ, ㄴ ⑤ ㄱ, ㄴ, ㄷ

B 태양 에너지의 전환과 순환

05 태양 에너지가 전환되면서 일어나는 현상으로 옳은 것만을 모두 고르시오. (2개)

①

밀물과 썰물

②

지진

③

태풍

④

화산

⑤

화석 연료 생성

서술형

06 바람이 부는 현상도 태양 에너지가 전환되면서 일어나는 현상이다. 바람이 불 때 태양 에너지의 전환 과정을 서술하시오.

○○● **07** 물이 순환하는 모습을 모식적으로 나타낸 것이다. 물음에 답하시오.

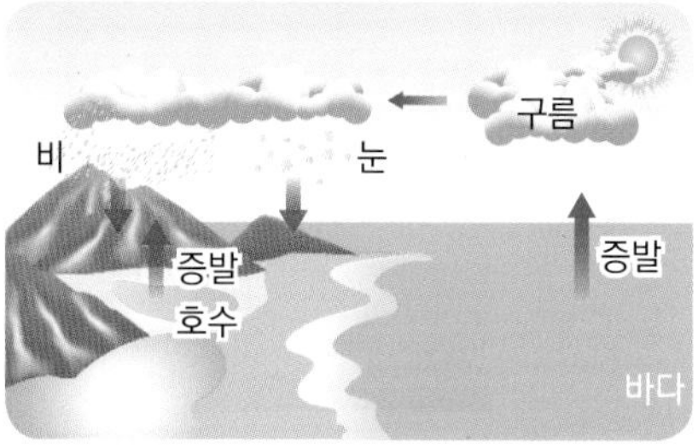

(1) 구름이 비나 눈이 되어 떨어지는 과정에서 일어나는 에너지 전환을 쓰시오.

( )

(2) 바닷물이나 호수가 증발하여 구름이 될 때 일어나는 에너지 전환을 쓰시오.

( )

(3) 물의 순환을 일으키는 에너지의 근원은?

( )

○○● **08** 지구에서 일어나는 대기와 해수의 순환을 나타낸 것이다.

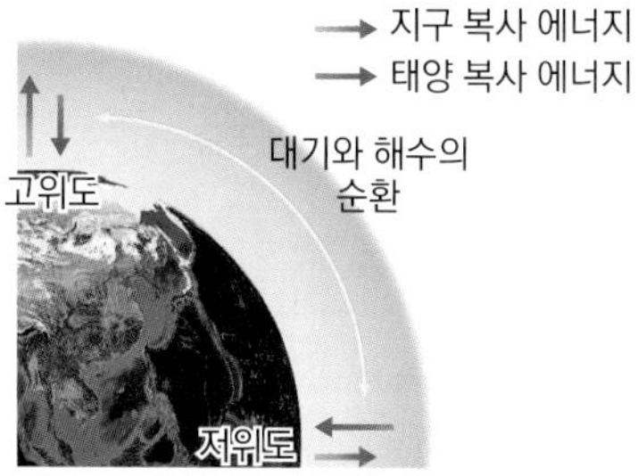

이에 대한 설명으로 옳지 않은 것은?

① 에너지는 저위도에서 고위도로 이동한다.
② 태양 에너지가 근원이 되어 일어나는 현상이다.
③ 대기와 해수의 순환으로 지구는 에너지 평형을 유지한다.
④ 대기와 해수의 순환으로 생명체가 살기 적합한 기온이 일정하게 유지된다.
⑤ 고위도에서는 태양 복사 에너지 흡수량이 지구 복사 에너지 방출량보다 많다.

○●● **09** 지구에서 일어나는 어느 순환 과정이다.

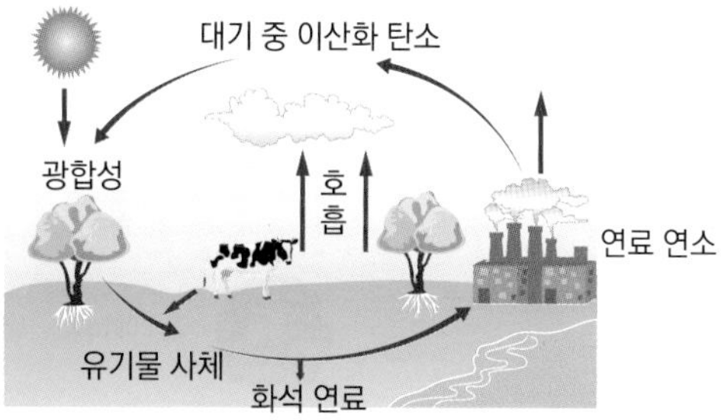

이에 대한 설명으로 옳은 것만을 <보기>에서 있는 대로 고른 것은?

보기

ㄱ. 화석 연료는 지구 내부 에너지가 화학 에너지로 저장된 것이다.
ㄴ. 식물의 광합성 과정에서 이산화 탄소와 태양 에너지는 포도당의 화학 에너지로 저장된다.
ㄷ. 생명체의 호흡과 화석 연료의 연소로 탄소는 기권으로 이동한다.

① ㄴ ② ㄷ ③ ㄱ, ㄴ
④ ㄴ, ㄷ ⑤ ㄱ, ㄴ, ㄷ

C 핵발전, 태양광 발전, 풍력 발전

10 다음은 핵발전소의 원자로 구조이다.

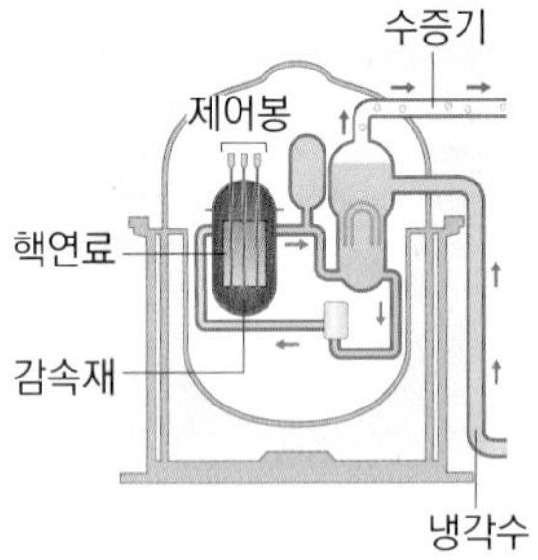

이에 대한 설명으로 옳은 것만을 <보기>에서 있는 대로 고른 것은?

보 기

ㄱ. 원자로에서 일어나는 핵융합 반응 시 발생하는 에너지를 이용하여 터빈을 돌린다.
ㄴ. 감속재는 중성자의 속력을 느리게 하여 연쇄 반응이 잘 일어나도록 돕는다.
ㄷ. 우라늄의 화학 에너지를 전기 에너지로 전환시킨다.

① ㄱ ② ㄴ ③ ㄷ
④ ㄴ, ㄷ ⑤ ㄱ, ㄴ, ㄷ

11 핵발전소의 원자로에서 일어나는 핵분열 과정이다.

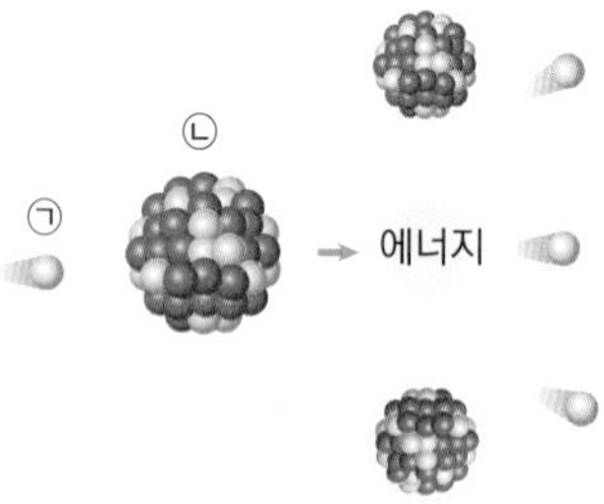

이에 대한 설명으로 옳은 것만을 <보기>에서 있는 대로 고른 것은?

보 기

ㄱ. ㉠은 중성자, ㉡은 우라늄 원자핵이다.
ㄴ. 핵분열은 연쇄적으로 일어난다.
ㄷ. 반응 전후 입자들의 질량의 합은 보존된다.

① ㄱ ② ㄴ ③ ㄷ
④ ㄱ, ㄴ ⑤ ㄱ, ㄴ, ㄷ

12 그림은 태양을 이용하여 전기 에너지를 생산하는 발전 시설을 나타낸 것이다.

이에 대한 설명으로 옳지 않은 것은?

① 발전 시간이 제한적이다.
② 자원 고갈의 우려가 없다.
③ 유지·보수 비용이 많이 든다.
④ 다른 발전 방식에 비해 발전 효율이 낮다.
⑤ 대용량 발전을 위해 넓은 면적이 필요하다.

13 다음은 태양 전지의 구조를 나타낸 것이다.

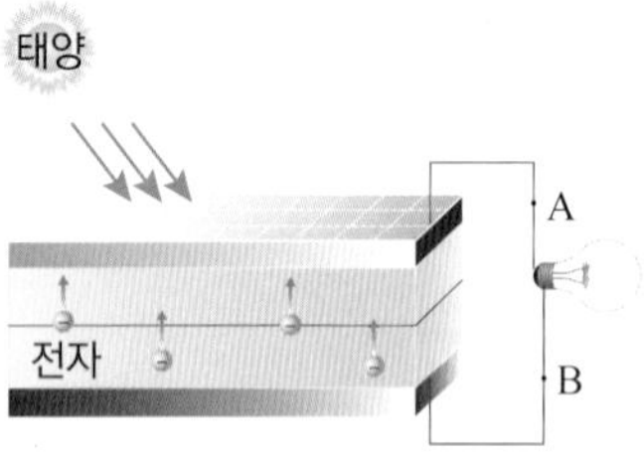

이에 대한 설명으로 옳은 것만을 <보기>에서 있는 대로 고른 것은?

보 기

ㄱ. 전류는 A → 전구 → B 방향으로 흐른다.
ㄴ. 태양 전지 1개에서 생산되는 전력은 매우 크다.
ㄷ. 빛에너지를 직접 전기 에너지로 전환한다.

① ㄱ ② ㄴ ③ ㄷ
④ ㄱ, ㄷ ⑤ ㄱ, ㄴ, ㄷ

정답 및 해설 ➜ 137

14 풍력 발전기의 구조를 나타낸 것이다.

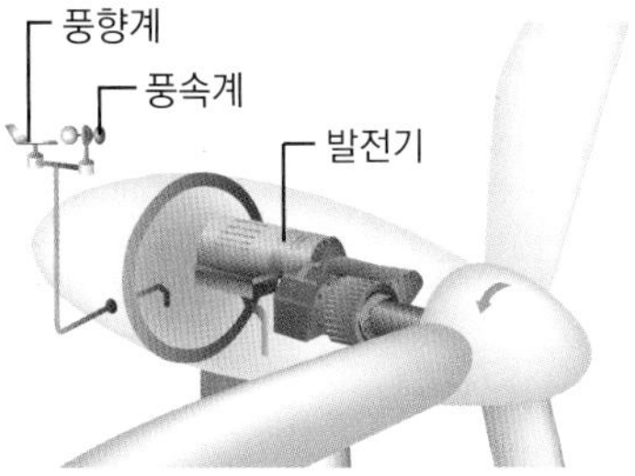

이를 이용한 발전 방식에 대한 설명으로 옳은 것만을 <보기>에서 있는 대로 고른 것은?

보 기

ㄱ. 회전 날개의 길이가 길수록 전력 생산량이 증가한다.
ㄴ. 회전 날개의 운동 에너지가 전기 에너지로 전환된다.
ㄷ. 설치 장소에 제한이 없다.

① ㄱ　② ㄴ　③ ㄷ
④ ㄱ, ㄴ　⑤ ㄱ, ㄴ, ㄷ

15 (가)는 태양광 발전, (나)는 풍력 발전, (다)는 핵발전을 나타낸 것이다.

(가)

(나)

(다)

이에 대한 설명으로 옳은 것을 있는 대로 고르시오.

① (가)의 발전량 예측이 가장 쉽다.
② (가)와 (나)에서 근원 에너지는 서로 같다.
③ (다)는 사고가 발생하면 큰 재앙을 초래한다.
④ (나)와 (다)는 발전기를 돌려 전기 에너지를 생산한다.
⑤ (가) ~ (다)에서 사용하는 원료는 모두 고갈될 염려가 없다.

16 (가)는 광합성을 하는 식물의 잎을, (나)는 천연 가스가 타고 있는 모습이다.

(가) 광합성

(나) 천연 가스

이에 대한 설명으로 옳은 것만을 <보기>에서 있는 대로 고른 것은?

보 기

ㄱ. (가)에서는 빛에너지가 화학 에너지로 전환된다.
ㄴ. (나)에서는 태양 에너지가 역학적 에너지로 전환된다.
ㄷ. (가)의 과정과 (나)의 과정에서 탄소는 서로 반대 권역으로 이동하여 순환한다.

① ㄱ　② ㄴ　③ ㄷ
④ ㄱ, ㄷ　⑤ ㄱ, ㄴ, ㄷ

서술형

17 핵발전소의 원자로를 나타낸 것이다. 원자로에서 우라늄의 핵분열이 연쇄적으로 일어나는 과정을 서술하시오.

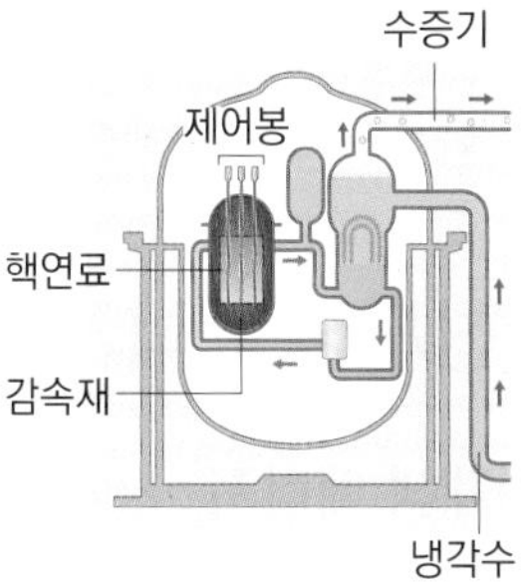

서술형

18 핵발전 방식이 화력 발전에 비해 가지는 장점을 두 가지 이상 서술하시오.

03 미래를 위한 에너지 기술

핵심 Point

□ 화석 연료 □ 신재생 에너지
□ 조력·파력 발전 □ 연료 전지

화석 연료의 문제점은 무엇일까? 지속가능한 친환경적 에너지인 신재생 에너지에는 무엇이 있을까?

A 화석 연료

1. 화석 연료 : 생명체의 유해가 땅속에 묻힌 후 오랜 시간 동안 높은 열과 압력을 받아 만들어진 에너지 자원이다. 예 석탄, 석유, 천연가스 등 → 지권에 속한다.

화석 연료	생성 과정
석탄	지질 시대의 식물이 땅속에 묻힘 → 그 위에 점토 등이 섞여 퇴적됨 → 산소로부터 차단되어 산화·분해되는 것으로부터 보호 → 오랜 시간에 걸쳐 열과 압력을 받아 고체 상태의 석탄 생성
석유, 천연가스 ❶	지질 시대에 바다에 살던 플랑크톤이나 바다 생물의 유해가 바다에 묻힘 → 그 위에 점토 등이 섞여 퇴적됨 → 오랜 시간에 걸쳐 열과 압력을 받아 액체 상태인 석유와 기체 상태인 천연가스 생성

2. 화석 연료의 문제점

① **화석 연료의 고갈 :** 매장량이 한정되어 있으므로 고갈의 위험이 있다.

② **화석 연료 재생의 어려움 :** 화석 연료는 생성되는 데 시간이 매우 오래 걸리므로 새로운 화석 연료가 생성되는 것보다 화석 연료를 사용하는 속도가 매우 빠르다.

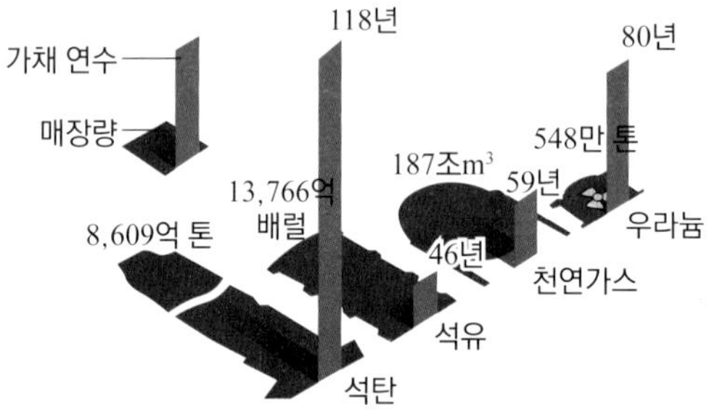

▲ 화석 연료의 잔여 매장량 고갈 시점

③ **화석 연료에 의한 환경 오염** : 화석 연료가 연소할 때 발생하는 이산화 탄소(CO_2)와 이산화 황 (SO_2)은 다양한 환경 오염 문제를 일으킨다. (이산화 탄소: 온실 가스, 이산화 황: 산성비 성분)

④ **매장 지역의 편중** : 매장 지역이 편중되어 있어 공급이 불안정하고, 국가 간 갈등의 원인이 된다.

→ 화석 연료를 대체할 수 있으며, 고갈되지 않는 친환경적 에너지를 개발해야 한다.

B 신재생 에너지

1. 신재생 에너지 : 신에너지와 재생 에너지의 합성어이고, 자원의 고갈 우려가 없고 지속 가능한 에너지를 통칭한다.

	신에너지	재생 에너지
정의	기존에 사용하지 않았던 새로운 형태의 에너지 예 수소 에너지, 연료 전지, 석탄의 액화 및 가스화	고갈의 위험이 없고 계속해서 재생하여 사용할 수 있는 에너지 예 태양광, 태양열❷, 수력, 풍력, 지열❸, 바이오, 폐기물, 해양
장점	· 화석 연료와 같은 자원 고갈의 위험이 없다. · 환경 오염 물질 및 온실 기체의 배출이 적은 친환경적인 에너지이다. · 재생 가능하고, 지속적인 발전이 가능한 에너지이다.	
단점	· 기존 에너지원에 비해 초기 투자 비용이 많이 든다. · 화력 발전보다 효율이 낮아 지속적인 개발이 필요하다.	

개념 +

❶ 천연가스

천연가스는 대부분 석유와 함께 매장되어 있다. 기체 상태이므로 안전하게 운반·저장하고, 부피를 줄이기 위해 압력을 가해 LNG(액화 천연가스)★ 로 만든다.

❷ 태양열 발전

● 구조 및 원리 : 집열판으로 모은 태양 열에너지로 만든 고온, 고압의 수증기로 터빈을 돌려 전기 에너지를 생산한다.

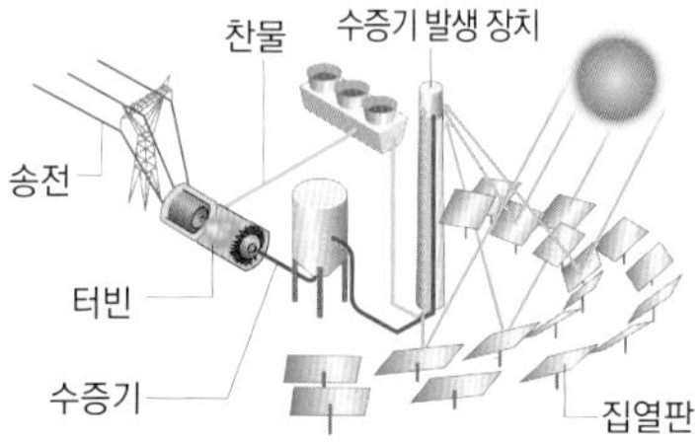

● 특징 : 계절이나 기후의 영향을 많이 받으며, 넓은 설치 면적이 필요하다.

❸ 지열 발전

● 구조 및 원리 : 지구 내부의 열에너지에 의해 가열된 뜨거운 지하수나 수증기로 터빈을 돌려 전기 에너지를 생산한다.

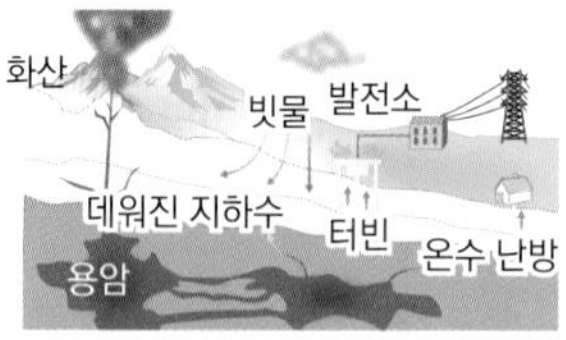

● 특징 : 화산 지역에만 설치가 가능하고, 발전과 난방 효과를 동시에 얻을 수 있다.

미니사전

★ LNG(액화 천연가스)
메테인이 주성분인 천연가스에 압력을 가하여 −162℃로 냉각시켜 액화한 가스로 주로 도시 가스용으로 사용함

2. 해양 에너지 : → 재생 에너지의 한 형태이다.

(1) 조력 발전 : 밀물과 썰물 때의 해수면의 높이 차이를 이용하여 전기 에너지를 생산한다.
→ 조수 간만의 차이

① 구조 및 원리 ④

밀물 때 해수면의 높이 상승

⇓

바다 쪽에서 호수 쪽으로 바닷물이 이동하면서 터빈을 돌림

⇓

터빈과 연결된 발전기에서 전기 에너지 생산

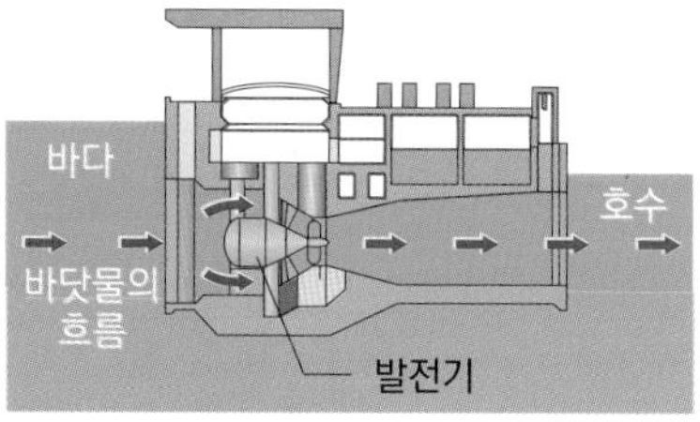

▲ 조력 발전소의 구조

② 장점과 단점

장점	단점
· 발전에 드는 비용이 비교적 저렴하다. · 환경 오염 물질을 배출하지 않는다. · 한번 설치하면 오랫동안 사용할 수 있다. · 자원 고갈의 걱정이 없다.	· 갯벌이 파괴되어 해양 생태계에 악영향을 끼친다. · 조수 간만의 차이에 따른 발전량의 차이가 크다. · 설치 장소가 제한적이다. · 발전소 건설 비용이 많이 든다.

(2) 파력 발전 : 파도가 칠 때 해수면의 움직임을 이용하여 전기 에너지를 생산한다.
→ 파도의 운동 에너지

① 구조 및 원리 ⑤

파도가 치면 바닷물이 안으로 들어와 공기를 압축시킴

⇓

밀려난 공기가 빠져나가면서 터빈을 돌림

⇓

터빈과 연결된 발전기에서 전기 에너지 생산

→ 반대로 파도가 물러날 때에는 수면의 높이가 낮아져 공기가 안으로 들어오면서 터빈을 돌린다.

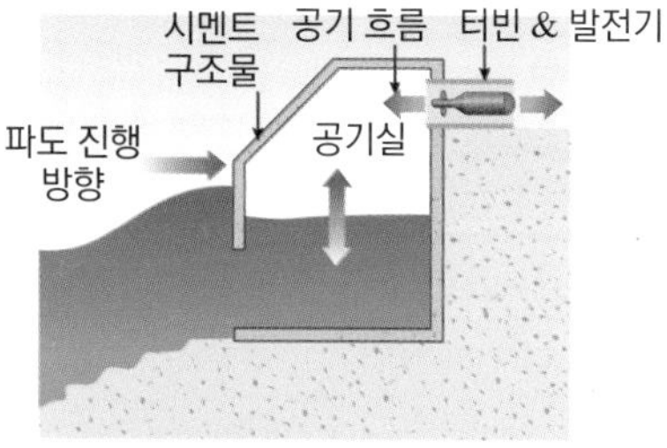

▲ 파력 발전소의 구조

② 장점과 단점

장점	단점
· 소규모 발전이 가능하다. · 환경에 미치는 영향이 적다. · 자원 고갈의 걱정이 없다. · 발전 방식에 따라 방파제로 활용할 수 있어 실용적이다.	· 기후 및 조류 조건에 따라 발전량이 일정하지 않다. · 파도에 직접 노출되므로 내구성이 약하다. · 바람이 많이 불어 파도가 생기는 곳에서만 가능하므로 설치 장소가 제한적이다.

개념+

④ 조력 발전의 조류 이용 방식

- 단류식 : 밀물일 때 또는 썰물일 때 한 시기에만 전기 에너지를 생산하는 방식
- 복류식 : 밀물일 때와 썰물일 때 모두 전기 에너지를 생산하는 방식

● 우리나라 시화호 조력 발전소의 발전 방식

시화호 조력 발전소는 밀물 때 바닷물을 시화호로 유입하여 발전을 하고, 유입된 바닷물을 썰물 때 수문으로 배수하는 단류식을 택하고 있다.

▲ 시화호 조력 발전소

⑤ 파력 발전 방식

- 파도의 힘으로 직접 터빈을 돌리는 방식이다.
- 파도에 의한 해수면의 높이 차이로 공기를 압축하여 터빈을 돌리는 방식이다.

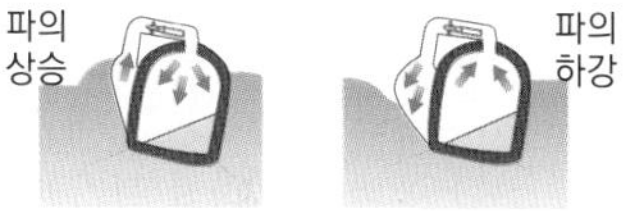

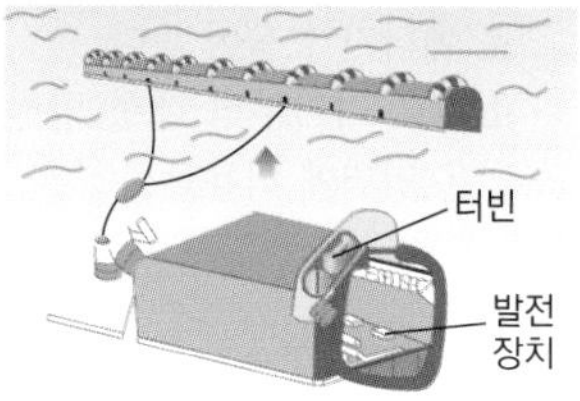

개념 체크

정답 및 해설 ➜ 139

Point

01 동물 또는 식물의 유해가 땅속에 묻혀 오랜 시간 동안 높은 압력과 열을 받아 생성된 에너지 자원을 무엇이라고 하는가?

( )

02 다음에 해당하는 발전 방식을 각각 쓰시오.

(1) 파도의 역학적 에너지를 이용하여 전기 에너지를 생산하는 방식 ( )
(2) 조석 간만의 차를 이용하여 전기 에너지를 생산하는 방식 ( )

3. 연료 전지 : 수소와 산소의 화학 반응을 이용하여 전기 에너지를 생산하는 장치이다.
→ 신 에너지이다.

① 구조 및 원리

(−)극에서 수소가 산화되어 수소 이온과 전자가 발생

⇓

전자는 외부 회로를 통해 (+)극으로 이동하고, 수소 이온은 전해질을 통해 (+)극으로 이동

⇓

(+)극에서 산소가 수소 이온, 전자와 결합하여 물이 생성(산소의 환원)

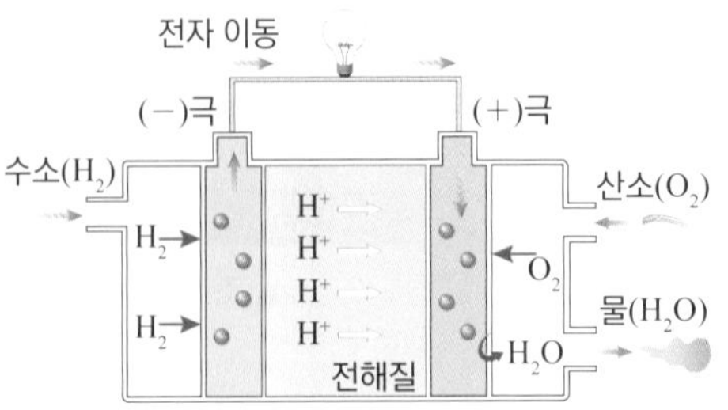

더 알아보기 연료 전지에서 일어나는 반응

연료 전지에서 일어나는 반응

수소 + 산소 ⟶ 물 + 전기 에너지 + 열에너지

연료 전지에서 일어나는 반응의 반응식

- (−)극 : $2H_2 \longrightarrow 4H^+ + 4e^-$ → 수소의 산화 반응(전자를 잃음)
- (+)극 : $4H^+ + 4e^- + O_2 \longrightarrow 2H_2O$ → 산소의 환원 반응(전자를 얻음)
- 전체 반응식 : $2H_2 + O_2 \longrightarrow 2H_2O$

② 장점과 단점

장점	단점
· 소음이 거의 발생하지 않는다. · 환경 오염 물질이 거의 배출되지 않는다. · 화학 에너지가 직접 전기 에너지로 전환되므로 에너지 효율이 높다. · 소규모 기기부터 대형 발전소에 이르기까지 넓은 영역에 적용할 수 있다.	· 현재 기술로는 수소를 생산하는 비용이 많이 든다. · 수소 기체의 액화가 어려워 저장, 운송이 어렵다. · 수소 기체가 폭발할 위험이 있다.

C 에너지 문제를 해결하기 위한 노력

1. 친환경 에너지 도시⑥ 건설

: 지역 환경에 맞는 신재생 에너지를 활용하여 에너지 문제와 환경 문제를 함께 해결할 수 있는 도시인 친환경 에너지 도시를 건설한다.

예 영국의 베드제드, 독일의 프라이부르크, 스웨덴의 하마비 허스타드, 브라질의 쿠리치바, 미국 채터누가 등

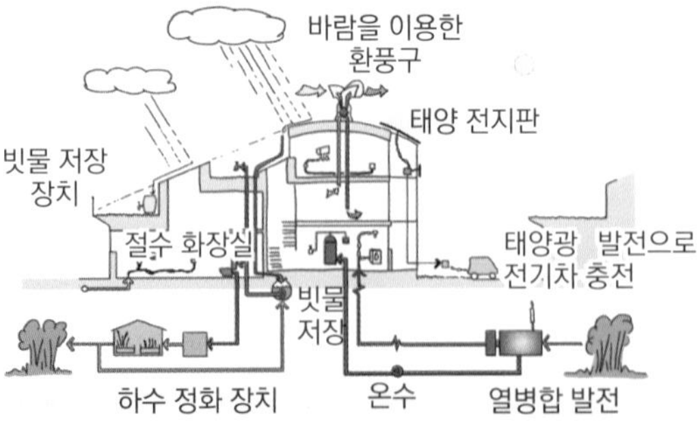

▲ 친환경 에너지 도시의 예 - 영국의 베드제드(BdeZED)

2. 적정 기술 개발 : 적정 기술이란 그 기술이 사용되는 사회 공동체의 정치적, 문화적, 환경적 조건을 고려해 해당 지역에서 지속적인 생산과 소비가 가능하도록 만들어진 단순한 수준의 친환경적 기술이다.

개념 +

● 기타 발전 방식

● 조류 발전

① 구조 및 원리 : 조석 현상에 따른 해수의 흐름을 이용하여 전기 에너지를 생산한다.

② 특징 : 전기 에너지의 생산 효율은 낮지만, 대규모 발전이 가능하다.

● 폐기물 발전

① 구조 및 원리 : 폐기물 매립장에서 발생하는 가스를 이용하거나 소각 과정에서 발생하는 열을 이용하여 전기 에너지를 생산한다.

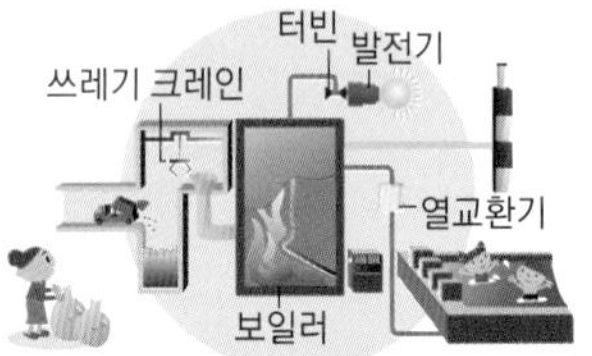

② 특징 : 폐기물 처리 문제를 해소하고, 발전과 난방 효과를 동시에 얻을 수 있지만 폐기물 처리장 설치로 인한 악취와 오염 물질로 설치에 어려움을 겪을 수 있다.

⑥ 친환경 에너지 도시에 적용 가능한 기술

● 에너지 공급 기술

① 태양광, 풍력 발전을 이용하여 전기 에너지를 생산한다.

② 열병합 발전소★를 이용한다.

● 에너지 절약 기술

① 환풍구를 지붕에 설치하여 건물 내 공기를 순환시켜 적정 온도를 유지한다.

② 빗물을 저장하고, 오수를 정화하여 활용한다.

③ 고효율 단열재와 채광이 잘되는 3중 유리창을 사용한다.

미니사전

★ **열병합 발전소**

전력 생산 과정에서 버려지는 폐열을 모아 난방이나 온수 등으로 활용하는 발전 방식

(1) 적정 기술의 조건 ⑦

① 현지 자원을 활용할 수 있어야 한다. ② 현지의 문화 및 환경에 적합해야 한다.
③ 유지 비용이 없거나 적게 들어야한다. ④ 대규모 사회 기반 시설이 필요 없어야 한다.

(2) 적정 기술의 예

Q 드럼	항아리 냉장고	페트병 전구	생명 빨대

식수에 필요한 물을 보다 쉽게 운반할 수 있도록 물통을 줄로 굴릴수 있도록 설계됐다.	크기가 다른 두 항아리 사이 모래에 물을 부어 젖은 천으로 덮으면 안쪽 항아리 안의 온도가 낮아진다.	물을 채운 페트병과 약간의 표백제 만으로 빛의 산란을 이용하여 전기 없이도 빛을 낼 수 있도록 설계됐다.	휴대용 개인 정수기로 땅에 고인 더러운 물도 깨끗한 물로 걸러준다.

3. 에너지 수확 기술 ⑧ 개발 :

일상 생활에서 버려지거나 소모되는 적은 양의 에너지를 모아(harvest) 전기 에너지로 변환하고 이용하는 것으로 에너지 하베스팅이라고도 한다.

예 신체에서 발생하는 열이나 운동 에너지를 이용하거나 진동이나 충격에서 발생한 진동 에너지를 이용하여 전기 에너지를 생산한다.

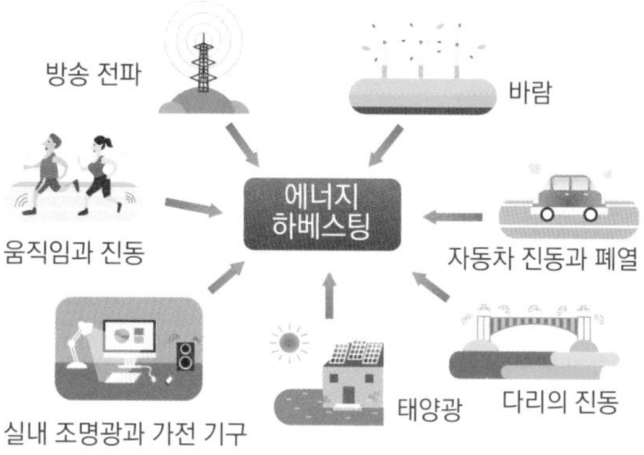

▲ 에너지 수확 기술(Energy Harvesting)

개념 +

⑦ 적정 기술

적정 기술은 주로 과학 기술 혜택에서 소외된 최빈국과 개발 도상국의 국민의 삶의 질을 향상시키기 위해 적용하는 기술이다. 새로운 기술이 아니라 우리가 알고 있는 여러 기술 중 하나이다.

⑧ 에너지 수확 기술의 예

발전 마루 : 압력을 주면 전기가 흐르는 소자인 압전 소자를 이용한 보도 블록으로 사람이 걸을 때마다 전기 에너지가 생산되어 하루 최대 200 kW 의 전기를 생산할 수 있다.

▲ 일본 도쿄 지하철 환승 통로에 설치된 발전 마루

개념 체크

정답 및 해설 ➔ 139

Point

03 수소 연료 전지의 구조이다. 수소 연료 전지의 ㉠ (−)극과 ㉡ (+)극에 각각 공급하는 물질과 반응 후 생성되는 물질 ㉢ 을 각각 쓰시오.

㉠ ( ), ㉡ ( )
㉢ ( )

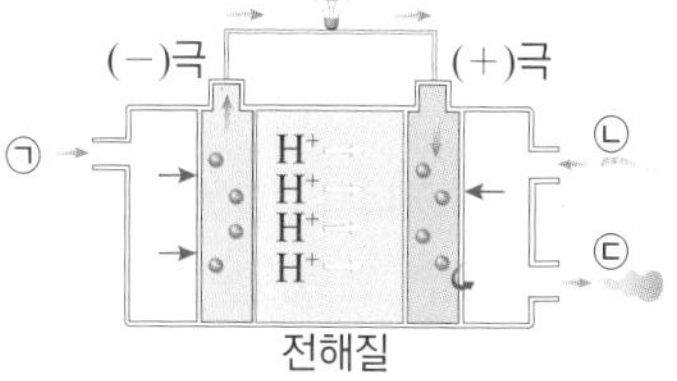

04 친환경 에너지 도시에 대한 설명 중 옳은 것은 ○표, 옳지 않은 것은 ×표 하시오.

(1) 신재생 에너지를 이용하여 에너지 문제를 해결한다. ( )

(2) 그 지역의 기후 및 지역 조건의 특성을 이용하여 설계한다. ( )

05 에너지 문제를 해결하기 위한 과학 기술에 대한 설명이다. 각 설명에 해당하는 기술을 각각 쓰시오.

(1) 기술이 사용되는 사회의 조건을 고려하여 지속적인 생산과 소비를 할 수 있는 단순한 수준의 친환경적 기술 ( )

(2) 우리 주변에서 버려지는 적은 양의 에너지를 모아 전기 에너지로 전환하는 기술 ( )

탐구

물의 전기 분해와 연료 전지

목표 : 물을 전기 분해하여 얻은 수소를 이용하여 수소 연료 전지를 만들고, 그 원리를 알 수 있다.

준비물 수산화 나트륨 수용액, 백탄, 알루미늄박, 집게 전선, 전지, 비커, 발광 다이오드
→ 흰색 빛이 있는 숯으로 연필심을 사용해도 된다.

실험 과정

① 백탄 2개를 알루미늄박으로 감싼 뒤 수산화 나트륨 수용액이 들어 있는 비이커에 담근다.
② 백탄을 각각 전지의 (+)극과 (−)극에 연결하여 물을 전기 분해한 후 백탄 주위를 관찰한다.
③ 10분 정도 시간이 지난 후, 전지를 떼어 내고 발광 다이오드를 연결하여 불이 들어오는지 관찰한다.

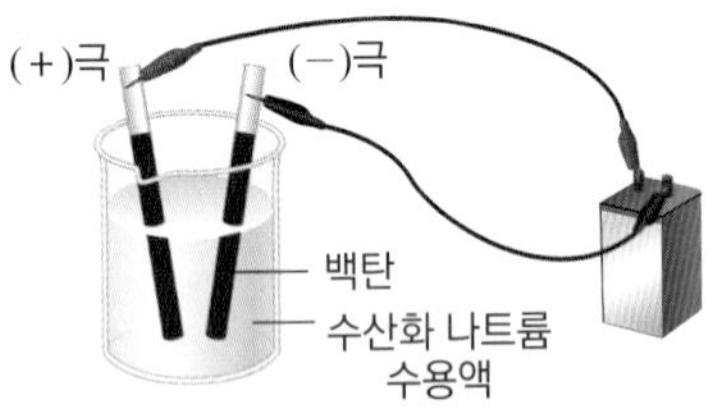

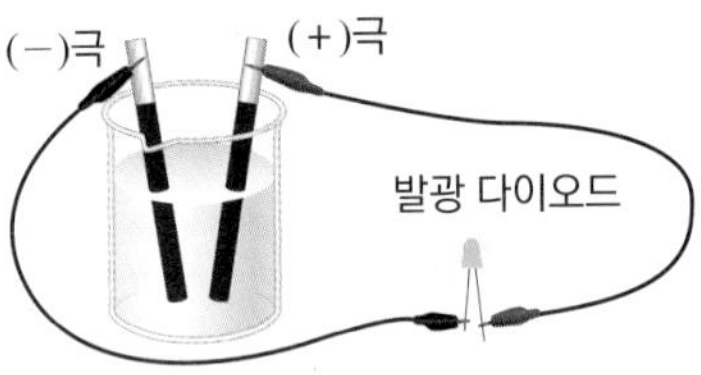

탐구 결과

과정 ② → 각각의 백탄에는 기포가 발생한다. (물의 전기 분해)
과정 ③ → 발광 다이오드에 불이 들어온다. (연료 전지의 원리)

결과 분석

1. 과정 ②에서 (+)극과 (−)극에서 발생한 기체는 각각 무엇인가?
→ (+)극에는 산소 기체가, (−)극에는 수소 기체가 발생하며, 기포 형태로 붙어 있다. → 수소 기체 발생량 > 산소 기체 발생량

2. 과정 ③에서 발광 다이오드에 불이 켜지도록 전기가 발생하는 원리는 무엇인가?
→ (−)극에 발생한 수소가 산화되면서 내놓은 전자가 전선을 통해 (+)극으로 이동하여 전류가 흐른다. → 연료 전지에서 일어나는 반응은 물의 전기 분해 반응과 반대의 과정이다.

물의 전기 분해 반응식
$2H_2O \longrightarrow 2H_2 + O_2$

연료 전지 반응식
$2H_2 + O_2 \longrightarrow 2H_2O$

3. 과정 ③의 수소 연료 전지에서 일어난 에너지 전환은?
→ 수소와 산소의 화학 에너지가 전기 에너지로 전환된다.

!주의

● 전해질로 왜 물이 아닌 수산화 나트륨 수용액을 사용할까?
→ 순수한 물은 전기가 통하지 않아 전기 분해를 할 수 없다. 따라서 물에 수산화 나트륨을 녹여 만든 전해질인 수산화 나트륨 수용액을 사용한다.

● 발광 다이오드를 전지에 연결할 때, 다리가 긴 쪽을 (+)극에, 짧은 쪽을 (−)극에 연결한다.

● 백탄 : 맑지 않은 흰 빛깔의 화력이 매우 센 참숯. '흰숯'이라고도 한다.

정답 및 해설 → 139

탐구문제 1 수소 연료 전지의 화학 반응식을 완성하시오.

(1) (−)극
$2(\quad) \longrightarrow 4H^+ + 4e^-$

(2) (+)극
$4H^+ + 4e^- + (\quad) \longrightarrow 2(\quad)$

탐구문제 2 수소 연료 전지에 대한 설명 중 옳은 것은 ○표, 옳지 않은 것은 ×표 하시오.

(1) 전기 에너지를 화학 에너지로 전환하는 장치이다. ( )
(2) 전자는 전해질을 통해 이동한다. ( )
(3) 공급된 수소가 이온화되는 전극은 (−)극이다. ( )

1 화석 연료

그림 (가)는 우리나라의 에너지원별 에너지 공급량의 비율을, 그림 (나)는 화석 연료의 매장량과 해당 자원을 얼마동안 채굴할 수 있는지 나타내는 지표를 각각 나타낸 것이다.

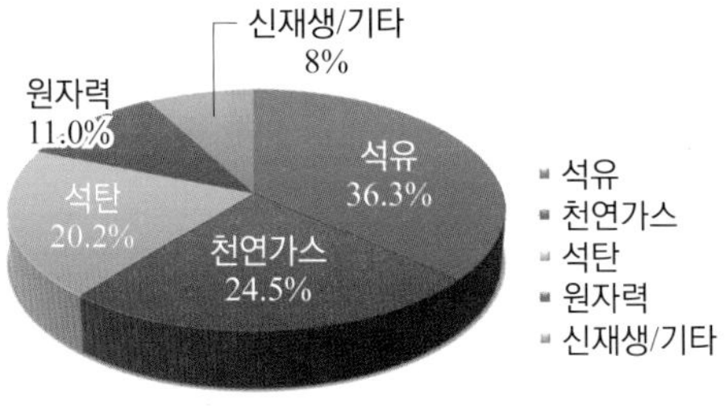

(가)

(나)

이와 관련된 설명으로 옳은 것만을 <보기>에서 있는 대로 고른 것은?

보 기

ㄱ. 석탄은 가장 오래 사용할 수 있으므로 사용량을 늘려야 한다.
ㄴ. 현재 석유, 천연가스 등의 화석 연료를 주 에너지원으로 사용하고 있다.
ㄷ. 화석 연료는 매장량에 한계가 있으므로 언젠가는 고갈될 에너지이다.

① ㄴ　② ㄷ　③ ㄱ, ㄴ　④ ㄴ, ㄷ　⑤ ㄱ, ㄴ, ㄷ

2 신재생 에너지

그림 (가)는 연료 전지의 구조를, (나)는 조력 발전소의 구조를 각각 나타낸 것이다.

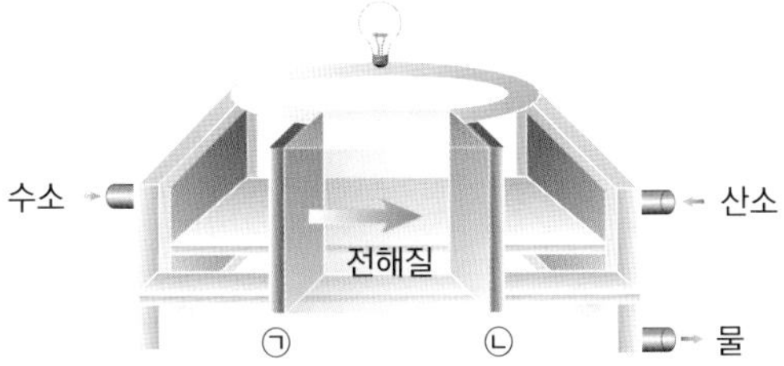

(가)

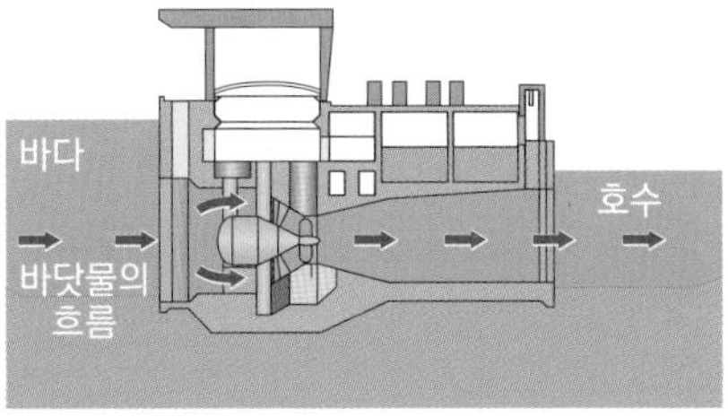

(나)

이에 대한 설명으로 옳은 것만을 <보기>에서 있는 대로 고른 것은?

보 기

ㄱ. ㉠ (+)극, ㉡ (−)극 이다.
ㄴ. (나)는 파도의 운동 에너지를 이용하는 발전 방식이다.
ㄷ. (가)와 (나)의 에너지원은 친환경적이며 지속적인 발전이 가능한 에너지이다.

① ㄷ　② ㄱ, ㄴ　③ ㄱ, ㄷ　④ ㄴ, ㄷ　⑤ ㄱ, ㄴ, ㄷ

스스로 실력 높이기

A 화석 연료

01 그림 (가)는 석유, (나)는 석탄 (다)는 천연 가스가 사용되는 것을 각각 나타낸 것이다.

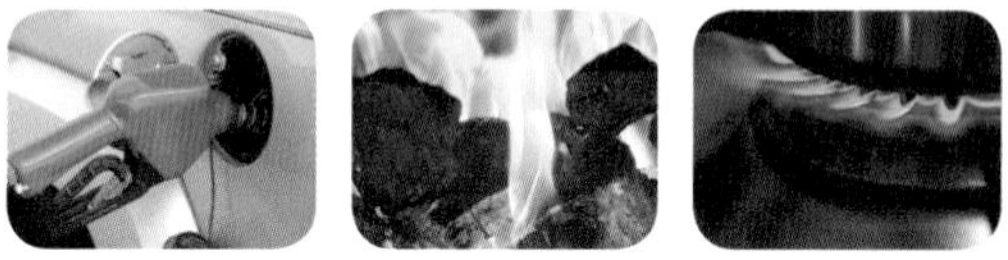

(가) (나) (다)

세 종류의 에너지원에 대한 설명으로 옳은 것만을 <보기>에서 있는 대로 고른 것은?

보 기

ㄱ. (가)와 (다)는 대부분 함께 매장되어 있다.
ㄴ. (나)는 주로 식물이 땅속에 묻혀 생성된 것이다.
ㄷ. 계속해서 다시 사용할 수 있는 에너지이다.

① ㄱ ② ㄴ ③ ㄷ
④ ㄱ, ㄴ ⑤ ㄱ, ㄴ, ㄷ

02 화석 연료 사용의 문제점에 대한 설명으로 옳지 않은 것은?

① 이산화 탄소를 배출한다.
② 매장 지역이 편중되어 있다.
③ 신재생 에너지에 비해 에너지 효율이 낮다.
④ 지구 온난화로 인한 기후 변화의 원인이 된다.
⑤ 매장량이 한정되어 있으므로 이용하는 데 한계가 있다.

B 신재생 에너지

03 신재생 에너지에 해당하는 것을 있는 대로 고르시오. (3개)

① 천연 가스 ② 태양 에너지
③ 수소 에너지 ④ 해양 에너지
⑤ 우라늄의 핵에너지

04 신재생 에너지에 대한 설명으로 옳지 않은 것은?

① 친환경적인 에너지이다.
② 자원 고갈의 위험이 없다.
③ 지속적인 발전이 가능한 에너지이다.
④ 기존의 화석 연료를 변환하는 방식도 포함된다.
⑤ 기존의 에너지원에 비해 초기 투자 비용이 적게 든다.

05 그림은 우리나라 시화호 조력 발전소의 발전 방식을 나타낸 것이다.

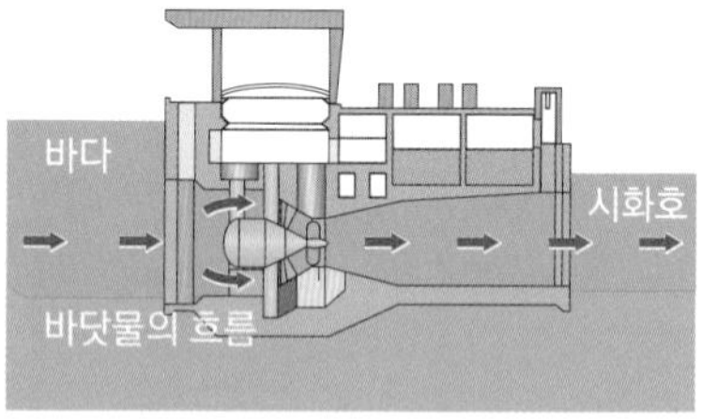

이에 대한 설명으로 옳은 것만을 <보기>에서 있는 대로 고른 것은?

보 기

ㄱ. 파도의 역학적 에너지를 이용한다.
ㄴ. 전자기 유도 현상을 이용하여 전기 에너지를 생산한다.
ㄷ. 바다가 있는 지역은 어디서나 가능한 발전 방식이다.

① ㄱ ② ㄴ ③ ㄷ
④ ㄱ, ㄴ ⑤ ㄱ, ㄴ, ㄷ

정답 및 해설 ➜ 140

06 해양 에너지를 이용하여 전기 에너지를 생산하는 발전 방식 중 하나를 나타낸 것이다.

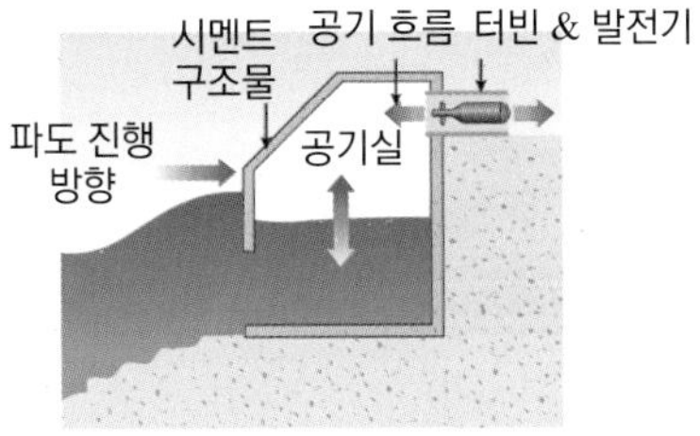

이에 대한 설명으로 옳은 것만을 <보기>에서 있는 대로 고른 것은?

보 기

ㄱ. 소규모 발전이 가능하다.
ㄴ. 발전량의 예측이 쉽다.
ㄷ. 파도가 칠 때 공기실로 유입된 바닷물로 인해 압축된 공기로 터빈을 돌린다.

① ㄱ ② ㄴ ③ ㄱ, ㄴ
④ ㄱ, ㄷ ⑤ ㄱ, ㄴ, ㄷ

[07~08] 다음은 수소 연료 전지의 구조를 나타낸 것이다.

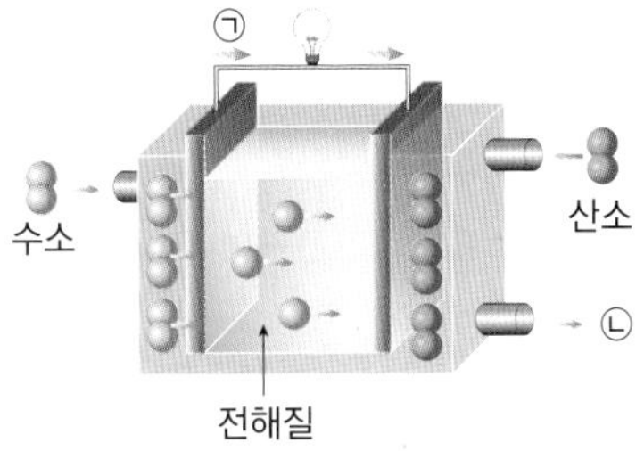

07 이에 대한 설명으로 옳은 것만을 <보기>에서 있는 대로 고른 것은?

보 기

ㄱ. ㉠은 전류가 흐르는 방향이다.
ㄴ. ㉡으로 H_2O 와 CO_2 가 배출된다.
ㄷ. (−)극에서는 수소의 산화 반응이 일어난다.

① ㄱ ② ㄴ ③ ㄷ
④ ㄴ, ㄷ ⑤ ㄱ, ㄴ, ㄷ

08 수소 연료 전지의 장·단점에 대한 설명으로 옳은 것만을 <보기>에서 있는 대로 고른 것은?

보 기

ㄱ. 에너지 효율이 높다.
ㄴ. 소규모 기기에만 적용이 가능하다.
ㄷ. 현재 기술로 우주 질량의 약 75%를 차지하는 가장 풍부한 원소인 수소를 사용하므로 경제적이다.

① ㄱ ② ㄴ ③ ㄷ
④ ㄱ, ㄷ ⑤ ㄱ, ㄴ, ㄷ

09 그림 (가)는 물을 전기 분해하는 모습을, 그림 (나)는 (가)에서 일정한 시간이 지난 후 기포가 발생하였을 때 전지를 떼어내고 발광 다이오드를 연결한 것을 나타낸 것이다.

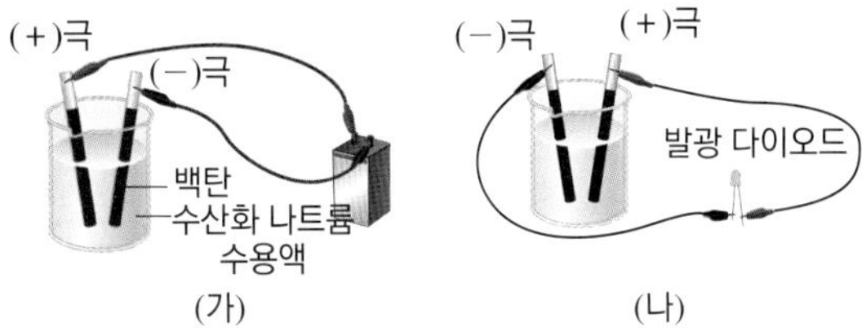

이에 대한 설명으로 옳은 것만을 <보기>에서 있는 대로 고른 것은?

보 기

ㄱ. (가)의 (−)극에는 수소 기체, (+)극에는 산소 기체가 발생한다.
ㄴ. (나)의 (+)극에서 수소 이온, 전자, 산소가 반응하여 물이 생성된다.
ㄷ. (가)와 (나) 모두에서 화학 에너지가 전기 에너지로 전환된다.

① ㄱ ② ㄴ ③ ㄷ
④ ㄱ, ㄴ ⑤ ㄱ, ㄴ, ㄷ

10 그림 (가)는 태양열 발전, 그림 (나)는 지열 발전을 각각 나타낸 것이다.

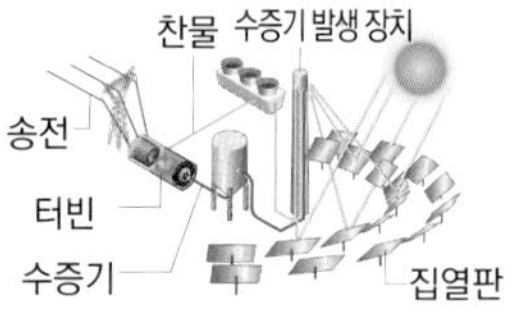

(가)

(나)

이에 대한 설명으로 옳은 것만을 <보기>에서 있는 대로 고른 것은?

보 기

ㄱ. (가)는 넓은 설치 면적이 필요하다.
ㄴ. (나)는 우리나라에 적합한 발전 방식이다.
ㄷ. (가)와 (나)의 근원 에너지는 태양 에너지이다.
ㄹ. (가)와 (나)는 재생 에너지를 이용한 발전 방식이다.

① ㄱ, ㄷ ② ㄱ, ㄹ ③ ㄴ, ㄷ
④ ㄱ, ㄴ, ㄷ ⑤ ㄱ, ㄷ, ㄹ

11 그림은 폐기물 발전을 모식적으로 나타낸 것이다.

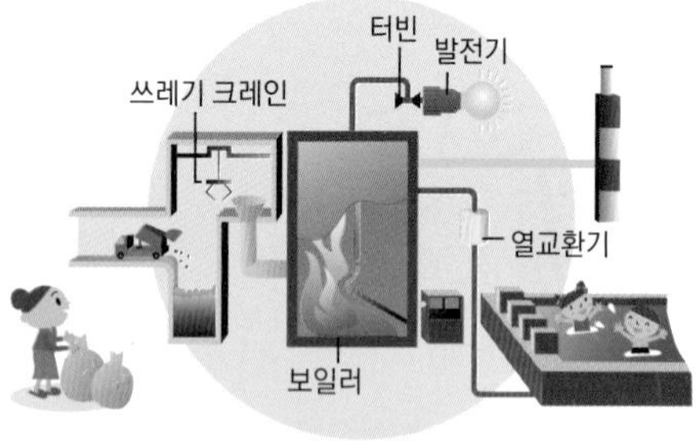

이에 대한 설명으로 옳은 것만을 <보기>에서 있는 대로 고른 것은?

보 기

ㄱ. 신재생 에너지 생산 방식이다.
ㄴ. 폐기물 발생 가스와 폐기물 소각 시 발생하는 열을 이용한다.
ㄷ. 쓰레기가 발생하는 어느 곳에서나 설치가 용이하다.

① ㄱ ② ㄴ. ③ ㄱ, ㄴ
④ ㄴ, ㄷ ⑤ ㄱ, ㄴ, ㄷ

서술형

12 그림 (가)는 태양광 발전소, (나)는 조력 발전소, (다)는 파력 발전소를 각각 나타낸 것이다.

(가)

(나)

(다)

각 발전에 사용된 에너지의 공통점을 두 가지 이상 서술하시오.

[13~14] 다음은 여러 가지 발전 방식을 분류한 것이다. 물음에 답하시오.

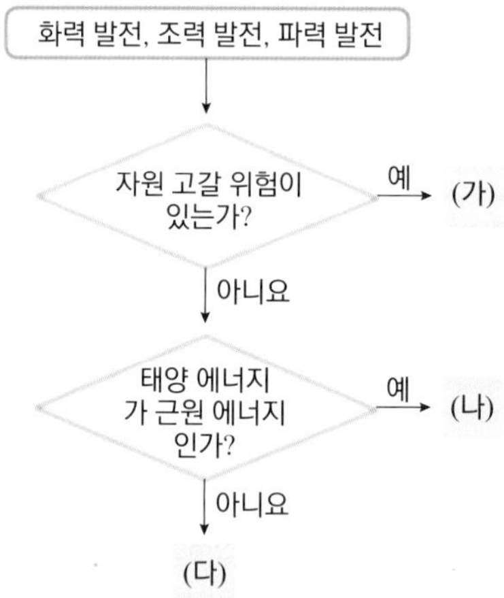

13 (가) ~ (다)에 해당하는 발전 방식을 각각 쓰시오.

14 (다)에서 에너지의 전환 과정을 간단히 서술하시오.

C 에너지 문제를 해결하기 위한 노력

15 다음은 우리나라 홍천에 건설된 친환경 에너지 타운의 조감도이다.

이러한 도시를 설계할 때 고려해야 할 사항으로 옳은 것만을 <보기>에서 있는 대로 고른 것은?

보 기

ㄱ. 이산화 탄소 발생을 최소화한다.
ㄴ. 그 지역의 기후 및 지역 조건의 특성을 이용하여 설계한다.
ㄷ. 필요한 에너지를 신재생 에너지로 얻는다.

① ㄱ ② ㄴ ③ ㄷ
④ ㄱ, ㄴ ⑤ ㄱ, ㄴ, ㄷ

서술형

16 그림은 여러 기술이 적용된 영국의 친환경 에너지 도시 '베드제드'를 모식적으로 나타낸 것이다.

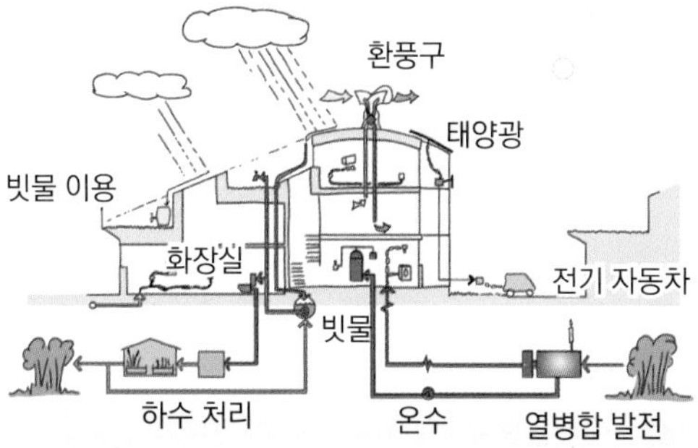

그림에서 에너지 문제와 환경 문제를 해결하기 위한 기술을 2가지 이상 적용하여 용도를 서술해 보시오.

17 적정 기술을 이용한 '와카 워터 탑' 에 대한 설명이다.

아프리카에서 흔히 구할 수 있는 와카나무로 뼈대를 세운 와카 워터 탑은 밤낮의 온도 차이로 인해 설치해 놓은 그물에 맺힌 이슬들이 아래로 흘러 하단의 물받이에 모이게 된다. 이러한 원리로 하루 50 L 이상의 물을 생산한다.

이와 같은 적정 기술에 대한 설명으로 옳은 것만을 <보기>에서 있는 대로 고른 것은?

보 기

ㄱ. 전문가들이 설치하고, 누구나 이용할 수 있는 기술이다.
ㄴ. 대규모의 사회 기반 시설이 있어야 가능하다.
ㄷ. 해당 지역에서 지속적인 생산과 소비가 가능해야 한다.

① ㄱ ② ㄴ ③ ㄷ
④ ㄱ, ㄷ ⑤ ㄱ, ㄴ, ㄷ

18 상대적으로 과학 기술의 혜택에서 소외된 지역의 사람들을 위해 만들어진 장치들이다.

적정 기술	내용
(가)	정수 장치가 되어 있는 빨대를 통해 물을 깨끗하게 한다.
(나)	물의 증발을 이용하여 항아리 안의 온도를 낮춘다.
(다)	물을 담아 옮길 때 줄이 연결된 통을 바닥에 굴리면서 옮긴다.

이에 대한 설명으로 옳은 것만을 <보기>에서 있는 대로 고르시오.

보 기

ㄱ. 적정 기술을 이용하여 만든 장치들이다.
ㄴ. 최소한의 전기 에너지가 필요한 장치들이다.
ㄷ. (가)와 (다)는 식수난 해결에 도움을 준다.
ㄹ. (나)는 물이 열을 방출하면서 증발하는 원리를 이용하여 농작물을 보관한다.

단원마무리

01 발전과 전력 수송

01 그림처럼 막대자석의 S극을 코일 쪽으로 가까이 가져갈 경우, ㉠ 유도 전류의 방향과 ㉡ 자석과 코일 사이에 작용하는 힘을 옳게 짝지은 것은?

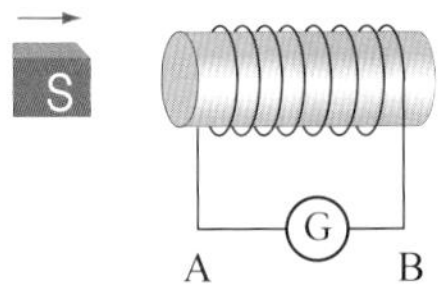

	㉠	㉡
①	A → Ⓖ → B	인력
②	A → Ⓖ → B	척력
③	B → Ⓖ → A	인력
④	B → Ⓖ → A	척력
⑤	전류가 흐르지 않음	

02 전자기 유도 실험 장치이다. 검류계에 흐르는 전류를 크게 하기 위한 방법을 있는 대로 고르시오.

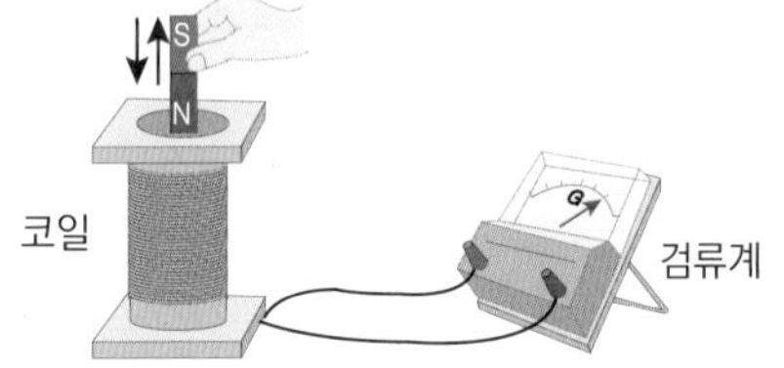

① 코일의 감은 수를 늘려준다.
② 막대자석의 움직임을 더 느리게 한다.
③ 막대자석을 코일 안에 정지시켜 놓는다.
④ 막대자석을 자기력이 더 센 것으로 바꾼다.
⑤ 막대자석을 자기력이 더 약한 것으로 바꾸고, 막대자석의 움직임도 더 느리게 한다.

서술형

03 화력 발전소, 수력 발전소, 핵발전소의 발전 과정을 나타낸 것이다. 각 발전 방식에서의 에너지 전환 과정을 각각 설명하시오.

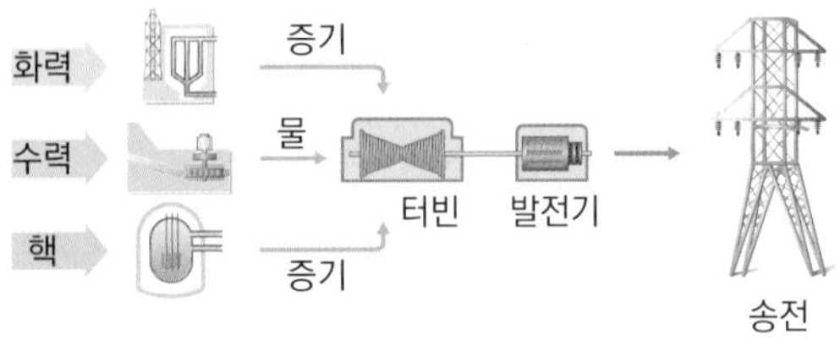

04 전기 에너지와 전력에 대한 설명으로 옳은 것은?

① 전력의 단위로 J(줄)을 사용한다.
② 전력은 전류가 흐를 때 공급되는 에너지이다.
③ 전력이 일정할 때 전류는 전압에 비례한다.
④ 전기 에너지의 단위로 W(와트)를 사용한다.
⑤ 발생하는 전기 에너지는 전류가 흐르는 시간에 비례한다.

05 발전소에서 10 kV의 전압으로 생산한 전력이 가정에 220 V의 전압으로 공급되는 과정을 나타낸 것이다.

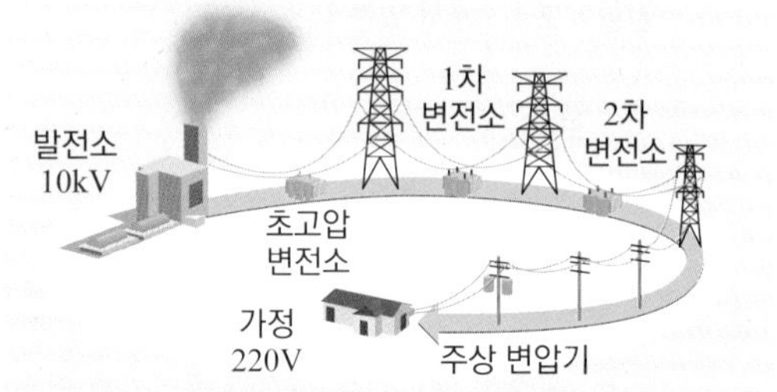

이에 대한 설명으로 옳은 것만을 <보기>에서 있는 대로 고른 것은?

보 기

ㄱ. 초고압 변전소의 변압기에서 1차 코일의 감은 수는 2차 코일의 감은 수보다 적다.
ㄴ. 1차 변전소에서는 전압을 더 높여 2차 변전소로 송전한다.
ㄷ. 주상 변압기에서는 교류를 직류로 전환한다.

① ㄱ ② ㄴ ③ ㄷ
④ ㄱ, ㄴ ⑤ ㄱ, ㄴ, ㄷ

06 발전소에서 100,000 V의 전압으로 생산한 전력을 변전소에서 50,000 V로 낮춰서 송전하였다. 이때 송전선에서 전력 손실은 전압을 낮추기 전의 몇 배인가?

① 1배 ② 2배 ③ 4배
④ $\frac{1}{2}$ 배 ⑤ $\frac{1}{4}$ 배

서술형

07 발전소에서 생산한 전력을 소비지까지 전달하는 과정에서 전력의 일부가 손실되는 이유를 쓰고, 손실 전력을 줄일 수 있는 방법을 한 가지 이상 쓰시오.

08 스마트 그리드에 대한 설명으로 옳은 것만을 <보기>에서 있는 대로 고른 것은?

보기

ㄱ. 손실 전력이 거의 없이 송전할 수 있다.
ㄴ. 전력 공급자와 소비자가 전력에 대한 정보를 실시간으로 주고 받을 수 있다.
ㄷ. 전력 사용량이 급증하여 대규모 정전 사태가 일어나는 것을 막을 수 있다.

① ㄱ ② ㄴ ③ ㄱ, ㄴ
④ ㄴ, ㄷ ⑤ ㄱ, ㄴ, ㄷ

02 태양 에너지와 대체 에너지

09 태양이 에너지를 방출할 때 일어나는 반응에 대해 대화하는 모습을 나타낸 것이다.

옳게 말한 사람만을 있는 대로 고른 것은?

① 알탐 ② 상상 ③ 알탐, 무한
④ 알탐, 상상 ⑤ 알탐, 무한, 상상

10 태양 에너지에 대한 설명으로 옳은 것은?

① 지구 내부 에너지의 근원이 된다.
② 태양 에너지는 빛에너지 형태로만 전달된다.
③ 태양 에너지는 전기 에너지로 직접 전환될 수 없다.
④ 태양이 우주 공간으로 방출하는 전체 에너지의 약 $\frac{1}{20억}$ 만 지구에 도달한다.
⑤ 단위 면적당 지표면이 받는 태양 에너지의 양은 고위도에서 저위도로 갈수록 감소한다.

11 태양 에너지로 인해 일어나는 현상으로 옳지 않은 것은?

① 대기와 해수가 순환한다.
② 우라늄의 핵에너지로 전환된다.
③ 가열된 공기가 움직이면서 바람이 분다.
④ 식물이 광합성을 통해 포도당을 만든다.
⑤ 강물이나 바닷물이 증발하여 구름이 된다.

12 지구에서 일어나는 탄소 순환 과정을 나타낸 것이다. 이에 대한 설명으로 옳은 것만을 <보기>에서 있는 대로 고른 것은?

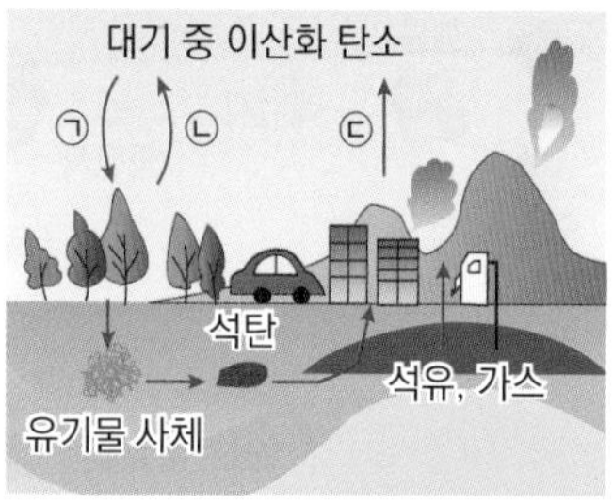

보기

ㄱ. ㉠을 통해 태양의 빛에너지는 화학 에너지 형태로 저장된다.
ㄴ. ㉢을 통해 배출되는 이산화 탄소는 환경 오염을 일으킨다.
ㄷ. 태양 에너지가 탄소를 매개로 하여 일으키는 에너지 순환 과정이다.

① ㄱ ② ㄴ ③ ㄷ
④ ㄱ, ㄷ ⑤ ㄱ, ㄴ, ㄷ

서술형

13 다음은 태양 에너지에 의해 지구상의 물이 순환하는 과정을 나타낸 것이다. 물이 증발하여 구름이 되고, 비나 눈이 내리기까지 일어나는 에너지 전환 과정을 간단히 서술하시오.

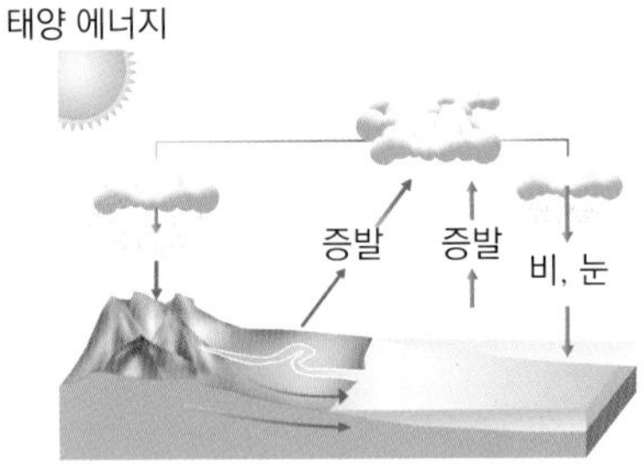

14 그림 (가)는 태양 에너지가 생성되는 반응, 그림 (나)는 원자로에서 일어나는 반응을 나타낸 것이다.

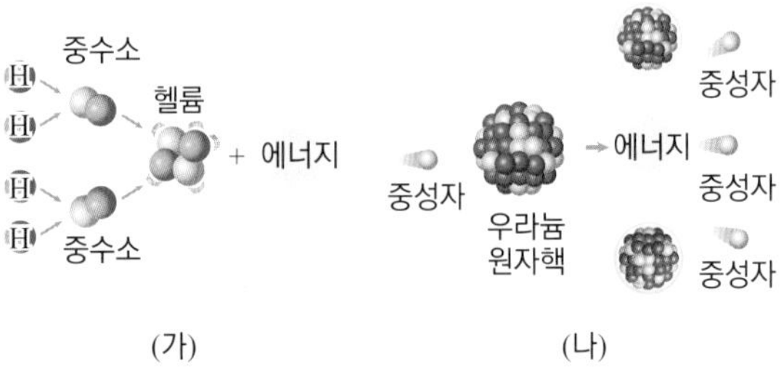

(가) (나)

이에 대한 설명으로 옳은 것만을 <보기>에서 있는 대로 고른 것은?

보 기

ㄱ. (가)는 핵융합 반응이다.
ㄴ. (나)에서 핵분열이 연쇄적으로 일어나게 하려면 방출되는 중성자의 속력을 느리게 해야 한다.
ㄷ. (가)와 (나)의 반응 과정에서 발생하는 에너지는 반응 전, 후의 질량 차이에 의한 것이다.

① ㄱ ② ㄴ ③ ㄱ, ㄴ
④ ㄱ, ㄷ ⑤ ㄱ, ㄴ, ㄷ

15 풍력 발전에 대한 설명으로 옳은 것만을 <보기>에서 있는 대로 고른 것은?

보 기

ㄱ. 바람의 세기에 제한없이 계속 발전이 가능하다.
ㄴ. 발전 과정에서 온실 기체를 거의 배출하지 않는다.
ㄷ. 설비는 비교적 간단하지만 전력 생산 단가가 높다.

① ㄱ ② ㄴ ③ ㄷ
④ ㄴ, ㄷ ⑤ ㄱ, ㄴ, ㄷ

16 그림 (가)는 화력 발전, 그림 (나)는 핵발전을 나타낸 것이다.

(가) (나)

이에 대한 설명으로 옳은 것만을 <보기>에서 있는 대로 고른 것은?

보 기

ㄱ. (가)와 (나)는 태양 에너지가 근원인 청정 에너지원이다.
ㄴ. (나)는 (가)에 비해 이산화 탄소 배출량이 적다.
ㄷ. 같은 양의 전력을 생산할 때, (나)는 (가)에 비해 많은 비용이 든다.

① ㄱ ② ㄴ ③ ㄷ
④ ㄴ, ㄷ ⑤ ㄱ, ㄴ, ㄷ

서술형

17 태양 전지를 이용하여 휴대 전화를 충전하고 있는 것을 나타낸 것이다. 태양 전지를 이용한 발전 방식의 장점과 단점을 각각 한 가지 이상 서술하시오.

03 미래를 위한 에너지 기술

18 화석 연료에 대한 설명으로 옳지 않은 것은?

① 석탄, 석유 등이 이에 해당된다.
② 오랜 시간에 걸쳐 생성된다.
③ 사용 시 환경 오염 문제를 일으킨다.
④ 전 세계에 걸쳐 고르게 분포되어 있다.
⑤ 매장량이 한계가 있어 언젠가는 고갈될 에너지이다.

19 신재생 에너지에 대한 설명으로 옳은 것만을 <보기>에서 있는 대로 고른 것은?

보 기

ㄱ. 사용 과정에서 대기 오염 물질이 거의 발생하지 않는다.
ㄴ. 계속해서 다시 사용할 수 있는 에너지이다.
ㄷ. 화석 연료를 이용한 발전 방식보다 효율이 높다.

① ㄱ ② ㄴ ③ ㄷ
④ ㄱ, ㄴ ⑤ ㄱ, ㄴ, ㄷ

20 그림 (가)와 (나)는 해양 에너지를 이용한 발전 방식이다.

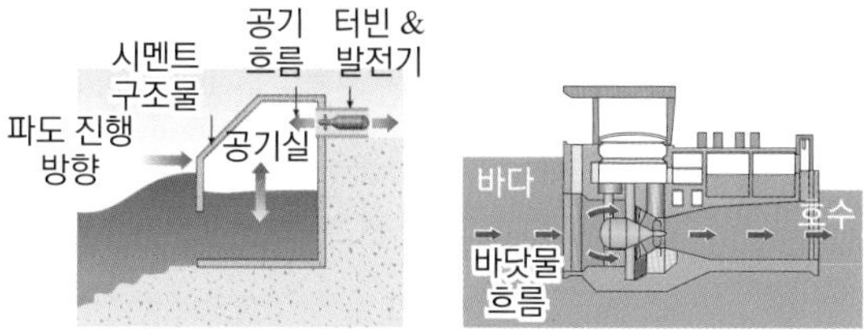

(가) (나)

(가)와 (나)의 공통점에 대한 설명으로 옳은 것만을 <보기>에서 있는 대로 고른 것은?

보 기

ㄱ. 설치 장소가 제한적이다.
ㄴ. 역학적 에너지가 전기 에너지로 전환된다.
ㄷ. 발전소 건설 비용이 많이 든다.

① ㄱ ② ㄴ ③ ㄱ, ㄴ
④ ㄱ, ㄷ ⑤ ㄱ, ㄴ, ㄷ

서술형

21 수소 연료 전지의 원리를 나타낸 것이다. (−)극와 (+)극에서 일어나는 화학 반응을 각각 서술하시오.

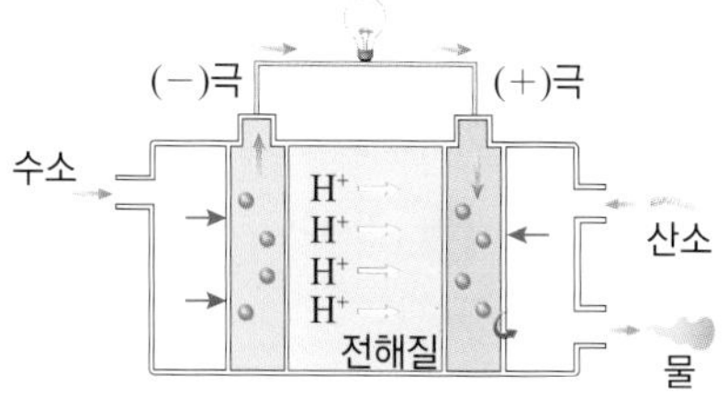

22 수소 연료 전지에 대한 설명으로 옳지 않은 것은?

① 수소와 산소를 연료로 사용한다.
② 환경 오염 물질이 거의 배출되지 않는다.
③ 전기를 생산할 때 소음이 거의 발생하지 않는다.
④ 에너지 효율이 낮아 대규모 발전소에 적용하기는 어렵다.
⑤ 수소 기체와 산소 기체만 지속적으로 공급해주면 계속 사용할 수 있다.

23 친환경 에너지 도시를 설계할 때 적용할 수 있는 기술로 옳은 것만을 <보기>에서 있는 대로 고른 것은?

보 기

ㄱ. 외부로 열출입을 막기 위해 창의 크기는 최소화 한다.
ㄴ. 오수를 정화한 후 화장실에 사용한다.
ㄷ. 건물 지붕에 태양 전지판을 설치한다.

① ㄴ ② ㄷ ③ ㄱ, ㄴ
④ ㄱ, ㄷ ⑤ ㄴ, ㄷ

서술형

24 물의 증발을 이용하여 항아리 안의 온도를 낮추는 항아리 냉장고의 모습을 나타낸 것이다. 이와 같은 적정 기술의 조건을 한 가지 이상 서술하시오.

01. 발전과 전력 수송

1. 전자기 유도

(1) (❶) : 코일 주위에서 자석이 움직이거나 자석 주위에서 코일이 움직일 때 코일 내부를 지나는 자기장이 변하면서 코일에 전류가 흐르는 현상

(2) 유도 전류 : 전자기 유도에 의해 코일에 흐르는 전류

	N극을 가까이 할 때	N극을 멀리 할 때
방향	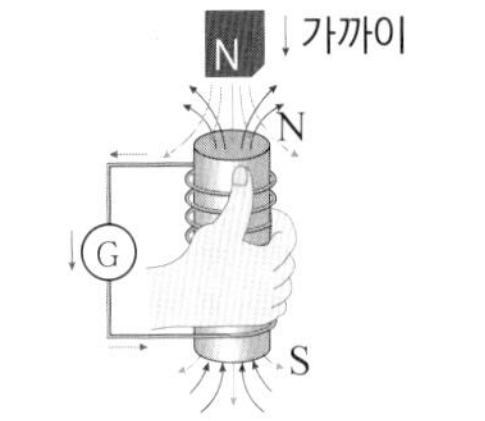 → 코일 위쪽이 N극이 되도록 유도 전류가 흐름	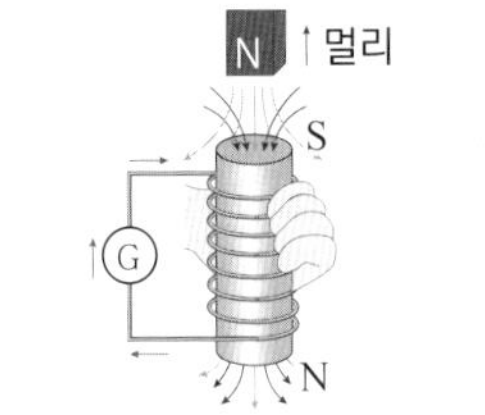 → 코일 위쪽이 S극이 되도록 유도 전류가 흐름
세기	자석의 세기가 셀수록, 자석이나 코일을 빠르게 움직일수록, 코일의 감은 수가 많을수록 유도 전류가 (❷) 발생한다.	

2. 전기 에너지의 생산(발전)

(1) 발전기 : (❸)를 이용하여 전기 에너지를 생산하는 장치

구조 및 원리	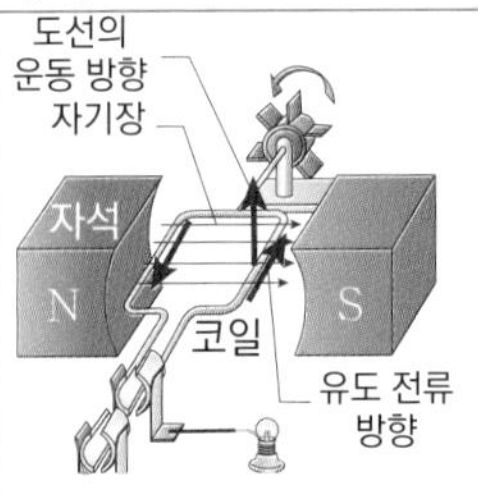	영구 자석 사이에서 코일 회전 ⇓ 코일의 단면을 통과하는 자기장이 변화 ⇓ 전자기 유도에 의해 코일에 유도 전류가 흐름
에너지 전환	(❹) → (❺)	

(2) 발전기를 이용한 여러 가지 발전 방식 : 발전기에 연결된 터빈을 회전시키는 에너지원에 따라 구분된다.

	화력 발전	핵발전	수력 발전
에너지 원	화석 연료	핵연료	물의 낙차
터빈을 돌리는 물질	고온·고압의 수증기		높은 곳에서 떨어지는 물
에너지 전환	화학 에너지 → (❻) → 운동 에너지 → 전기 에너지	핵에너지 → (❻) → 운동 에너지 → 전기 에너지	퍼텐셜 에너지 → 운동 에너지 → 전기 에너지

3. 에너지 문제를 해결하기 위한 노력

(1) 전력

① 전기 에너지 : 전류가 흐를 때 공급되는 에너지

전기 에너지 = 전압 × 전류 × 시간

② 전력 : 단위 시간당 생산한 또는 사용한 전기 에너지

전력 = 전압 × 전류

(2) 전력 수송 과정 : 발전소에서 생산산 전력을 소비지까지 전달하는 과정을 (❼)이라고 한다.

전압을 낮춤 (1, 2차 변전소 → 주상 변압기)

발전소 ⇒ 초고압 변전소 ⇒ 1, 2차 변전소 ⇒ 주상 변압기 ⇒ 소비지

전압을 높임 (초고압 변전소)

▲ 전력 수송 과정

(3) 변압기와 손실 전력

① 변압기 : 전자기 유도를 이용하여 전압을 변화시키는 장치로 송전 과정에서 변압기를 이용하여 전압을 낮추거나 높인다.

구조	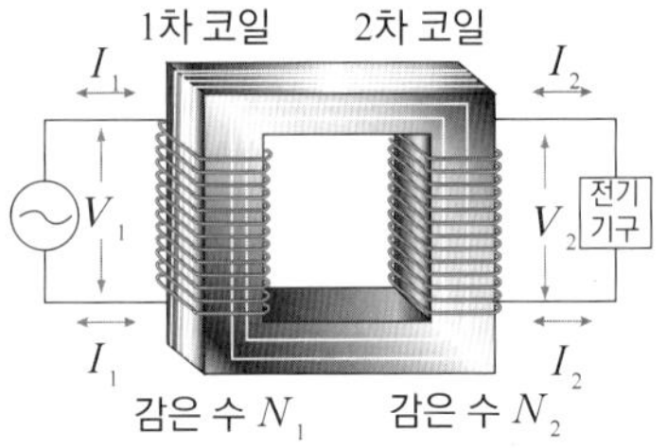
원리	1차 코일에 교류 전류가 흐를 때 발생하는 자기장의 변화로 2차 코일에 유도 전류를 발생시킨다.
전압 전류 코일 감은수 관계	1차 코일에 공급되는 전력 = 2차 코일에 유도되는 전력 $V_1I_1 = V_2I_2 \rightarrow \frac{V_1}{V_2} = \frac{I_2}{I_1}$ 전자기 유도에 의해 전압은 코일의 감은수에 비례 $V_1 : V_2 = N_1 : N_2 \rightarrow \frac{V_1}{V_2} = \frac{N_1}{N_2}$ $\therefore \frac{V_1}{V_2} = \frac{I_2}{I_1} = \frac{N_1}{N_2}$

② 손실 전력 : 송전 과정에서 열로 손실되는 전기 에너지

크기	손실 전력 = (송전 전류)^2 × 송전선의 저항
줄이는 방법	송전선의 (❽)을 줄인다. → 저항이 작은 재질의 물질 사용, 송전선의 굵기 증가, 송전선의 길이 감소
	송전선에 흐르는 전류의 세기를 줄인다. → 송전 전압을 n 배로 증가시키면 송전 전류가 (❾)배로 감소하므로 손실 전력은 (❿)배로 감소

(4) 효율적이고 안전한 전력 수송

	효율적인 전력 수송 방법	안전한 전력 수송 방법
방향	● 전압을 높여 송전한다. ● 초전도 케이블을 송전선으로 사용한다. ● 송전망을 복잡하게 구축한다. ● 스마트 그리드 : 실시간으로 전력의 수요와 공급을 파악하여 전력을 공급한다.	● 고압 송전선을 지하에 묻는다. ● 송전선 주변에 안전 장치를 설치한다. ● 송전탑을 인적이 드문 지역에 높게 설치한다.

02. 태양 에너지와 대체 에너지

1. 태양 에너지의 생성

생성되는 곳	태양의 중심부인 (❶)에서 일어나는 (❷) 반응에 의해 생성
생성 과정	4개의 수소 원자핵이 융합하여 1개의 헬륨 원자핵이 만들어지면서 에너지가 방출
핵융합 반응과 질량 결손	반응 전 수소 원자핵 4개의 질량 > 반응 후 헬륨 원자핵 1개의 질량 → 감소한 질량(질량 결손)만큼 에너지 방출

2. 태양 에너지의 전환과 순환

(1) 태양 에너지의 전환 : 태양 에너지는 지구에서 직접 다른 에너지로 전환되기도 하고, 전환되어 축적된 후 다른 에너지로 전환되기도 한다.

전환	● 생명 활동 : 식물의 (❸)에 이용되어 영양분으로 저장됨 ● 화석 연료 : 동·식물에 화학 에너지의 형태로 축적됨 ● 기상 현상 : 태양 열에너지에 의해 물이 증발하여 기상 현상을 일으킴 ● 발전 : 태양 에너지를 이용한 다양한 발전 방식으로 전기 에너지 생산

(2) 태양 에너지의 순환 : 태양 에너지는 지구에서 일어나는 에너지 순환(대기와 해수의 순환, 탄소의 순환)의 근원이 된다.

3. 핵발전, 태양광 발전, 풍력 발전

(1) 핵발전 : 원자로에서 원자핵이 연쇄적으로 분열할 때 방출하는 에너지를 이용하여 터빈을 돌려 발전기에서 전기 에너지를 생산

장점	화력 발전보다 (❹) 배출량이 적고, 연료비가 저렴하며, 에너지 효율이 높다.
단점	발전 과정에서 발생하는 방사능 유출 위험과 방사성 폐기물 처리 문제가 발생한다.

(2) 태양광 발전 : (❺)를 이용하여 태양 빛에너지를 직접 전기 에너지로 전환

장점	● 연료의 고갈 염려가 없고, 발전 과정에서 환경 오염 물질을 배출하지 않는다. ● 유지 보수 비용이 적고, 간편하다.
단점	● 발전량이 일정하지 않고, 발전 시간도 제한적이다. ● 다른 발전에 비해 발전 효율이 낮다.

(3) 풍력 발전 : 바람의 (❻)를 이용하여 터빈을 돌려 발전기에서 전기 에너지를 생산

장점	● 연료의 고갈 염려가 없고, 발전 과정에서 환경 오염 물질을 배출하지 않으며, 발전 효율이 높다. ● 설비가 비교적 간단하고, 국토를 효율적으로 이용할 수 있다.
단점	● 발전량의 정확한 예측이 어렵고, 발전 지역이 제한적이다. ● 날개의 회전 소음이 발생한다.

03. 미래를 위한 에너지 기술

1. (❶)

정의	생명체의 유해가 땅속에 묻힌 후 오랜 시간 동안 높은 열과 압력을 받아 만들어진 에너지 자원 ㈜ 석탄, 석유, 천연 가스 등
문제점	● 매장량이 한정되어 있으므로 고갈의 위험이 있다. ● 생성되는 데 시간이 매우 오래 걸리므로 재생이 어렵다. ● 연소할 때 환경 오염 물질이 발생한다. ● 매장 지역이 편중되어 있어 공급이 불안정하다.

2. 신재생 에너지

(1) 신재생 에너지 : 신에너지와 재생 에너지의 합성어

(❷)	(❸)
기존에 사용하지 않았던 새로운 에너지 (예) 수소 에너지, 연료 전지, 석탄 액화 가스화 등	고갈의 위험이 없고 계속해서 재생하여 사용할 수 있는 에너지 (예) 태양광, 태양열, 수력, 풍력, 지열, 바이오, 해양 등

(2) (❹) : 밀물과 썰물 때의 해수면의 높이 차이를 이용하여 전기 에너지를 생산

장점	● 환경 오염 물질을 배출하지 않고, 자원 고갈의 걱정이 없다. ● 한번 설치하면 오랫동안 사용할 수 있다.
단점	● 설치 장소가 제한적이고, 건설 비용이 많이 든다. ● 해양 생태계를 파괴한다.

(3) 파력 발전 : 파도의 (❺)를 이용하여 전기 에너지를 생산

장점	● 환경 오염 물질을 배출하지 않고, 자원 고갈의 걱정이 없다. ● 소규모 발전이 가능하고, 방파제로 활용할 수 있다.
단점	● 설치 장소가 제한적이고, 발전량이 일정하지 않다. ● 파도에 직접 노출되므로 내구성이 약하다.

(4) (❻) : 수소와 산소의 화학 반응을 이용하여 전기 에너지를 생산하는 장치

반응	● (-)극 : $2H_2 \longrightarrow 4H^+ + 4e^-$ → 수소의 산화 반응 ● (+)극 : $4H^+ + 4e^- + O_2 \longrightarrow 2H_2O$ → 산소의 환원 반응 ● 전체 반응식 : 2(❼) + O_2 ⟶ 2(❽)
장점	● 환경 오염 물질을 거의 배출하지 않는다. ● 소규모 기기부터 대형 발전소에 이르기까지 넓은 영역에 적용할 수 있다. ● 에너지 효율이 높다.
단점	● 수소 생산 비용이 많이 든다. ● 수소 기체의 액화가 어려워 저장, 운송이 어렵다.

3. 에너지 문제를 해결하기 위한 노력

(1) 친환경 에너지 도시 건설 : 지역 환경에 맞는 신재생 에너지를 활용하여 에너지 문제와 환경 문제를 함께 해결할 수 있는 도시 건설
(예) 영국의 베드제드, 독일의 프라이부르크 등

(2) (❾) 개발 : 기술이 사용되는 사회 공동체의 정치적, 문화적, 환경적 조건을 고려해 해당 지역에서 지속적인 생산과 소비가 가능하도록 만들어진 단순한 수준의 친환경적 기술을 개발
(예) 생명 빨대, Q 드럼, 항아리 냉장고, 페트병 전구 등

내신 기출 모의고사 1회

18 문항 25분

01. 발전과 전력 수송

01 코일에 막대자석의 N극을 가까이 하는 모습을 나타낸 것이다.이에 대한 설명으로 옳은 것만을 <보기>에서 있는 대로 고른 것은?

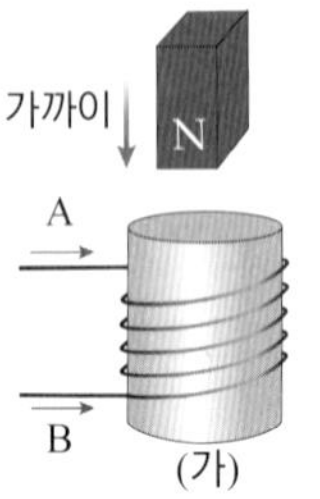

(가)

보기

ㄱ. 코일에서 오른손 엄지 손가락을 (가) 쪽으로 향할 때, 나머지 네 손가락이 감아쥐는 방향이 유도 전류의 방향이다.
ㄴ. 코일과 자석 사이에는 척력이 작용한다.
ㄷ. 유도 전류는 A 방향으로 흐른다.

① ㄱ ② ㄴ ③ ㄷ
④ ㄴ, ㄷ ⑤ ㄱ, ㄴ, ㄷ

02 그림은 검류계가 연결된 코일 주위에서 화살표 방향으로 자석을 움직이는 것을 각각 나타낸 것이다.

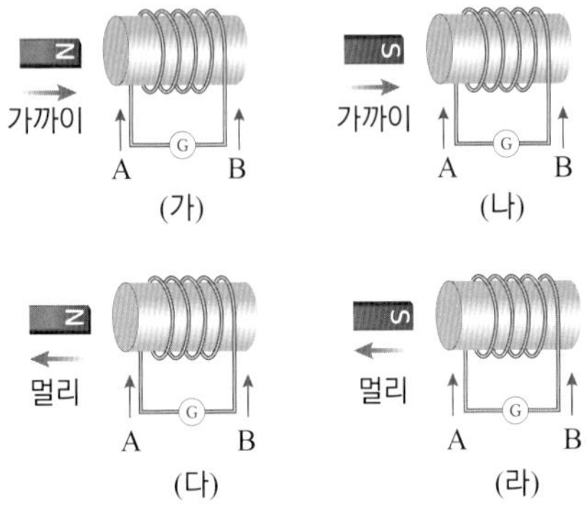

이에 대한 설명으로 옳은 것만을 <보기>에서 있는 대로 고른 것은?

보기

ㄱ. (가)와 (라)는 코일에 유도된 유도 전류의 방향이 A로 같다.
ㄴ. (다)와 (라)는 코일과 자석 사이에 인력이 작용한다.
ㄷ. (가)~(라)는 자석의 운동을 방해하는 자기력이 발생하도록 코일에 유도 전류가 발생한다.

① ㄱ ② ㄴ ③ ㄱ, ㄴ
④ ㄴ, ㄷ ⑤ ㄱ, ㄴ, ㄷ

03 그림은 자석 사이에서 코일이 회전하고 있는 발전기의 구조를 나타낸 것이다.

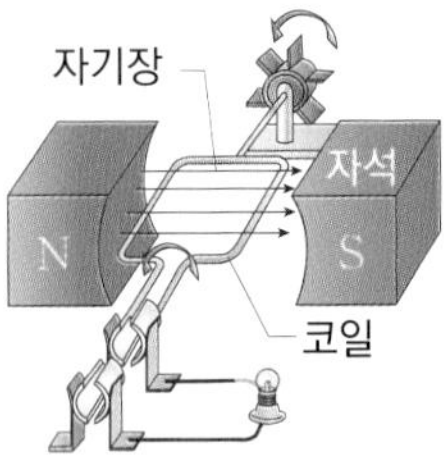

이에 대한 설명으로 옳은 것만을 <보기>에서 있는 대로 고르시오.

보기

ㄱ. 전자기 유도에 의해 코일에 전류가 흐른다.
ㄴ. 발전기는 전기 에너지를 빛에너지로 전환한다.
ㄷ. 코일에 흐르는 전류의 세기와 방향은 일정하다.
ㄹ. 코일이 빨리 회전할수록 전구의 불이 밝아진다.

( )

04 그림은 서로 다른 에너지원을 이용하여 전기 에너지를 생산하는 과정이다.

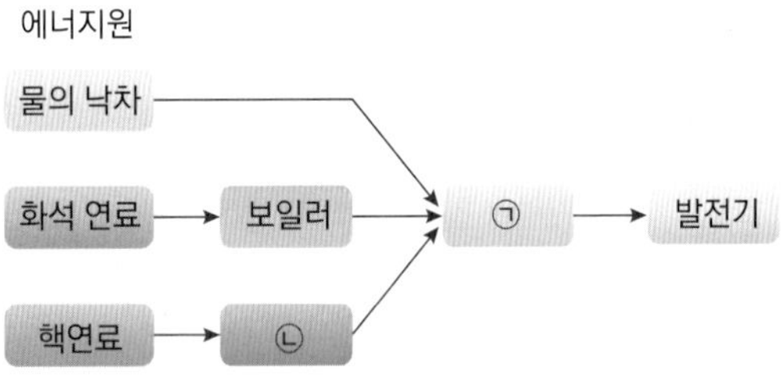

이에 대한 설명으로 옳은 것만을 <보기>에서 있는 대로 고른 것은?

보기

ㄱ. ㉠은 수증기 발생 장치이다.
ㄴ. ㉡에서 화학 에너지가 열에너지로 전환된다.
ㄷ. 물의 낙차를 이용하는 발전 방식에서는 수증기를 이용하지 않는다.

① ㄱ ② ㄴ ③ ㄷ
④ ㄱ, ㄴ ⑤ ㄱ, ㄴ, ㄷ

05 발전소에서 생산한 전력이 소비지에 220V 의 전압으로 공급되는 과정을 나타낸 것이다. 2차 변전소의 변압기의 1차 코일과 2차 코일에 걸린 전압은 각각 154kV, 22kV 이고, 코일의 감은 수는 각각 N_1, N_2 이다.

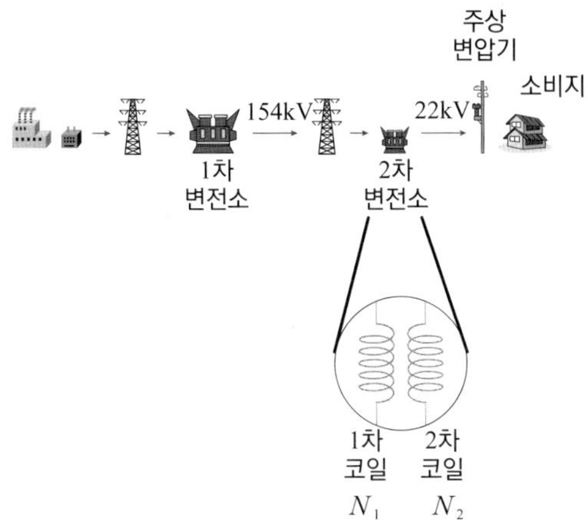

이에 대한 설명으로 옳은 것만을 <보기>에서 있는 대로 고른 것은?

보 기

ㄱ. 1차 변전소에는 154kV 보다 높은 전압의 전력이 공급된다.
ㄴ. $N_1 : N_2 = 7 : 1$ 이다.
ㄷ. 주상 변압기의 1차 코일의 감은 수가 N_1 과 같다면, 주상 변압기의 2차 코일의 감은 수는 N_2 보다 많다.

① ㄱ ② ㄴ ③ ㄱ, ㄴ
④ ㄱ, ㄷ ⑤ ㄱ, ㄴ, ㄷ

06 효율적이고 안전한 전력 수송 방법의 장점에 대한 설명이다.

㉠ 손실 전력을 줄일 수 있다.
㉡ 손실 전력이 거의 없이 전력을 송전할 수 있다.
㉢ 대용량의 전력을 먼 거리로 보내는 데 적합하다.
㉣ 도시 미관을 개선하고, 안전 사고의 위험을 줄일 수 있다.
㉤ 전기 요금이 저렴한 시간대를 골라 전력을 효율적으로 사용할 수 있다.

각각의 방법과 장점을 옳게 짝지은 것은?

① 전선 지중화 사업 - ㉠
② 초고압 직류 송전 - ㉡
③ 복잡한 송전 전력망 구축 - ㉢
④ 초전도 케이블을 이용한 송전선 사용 - ㉣
⑤ 스마트 그리드 - ㉤

02. 태양 에너지와 대체 에너지

07 태양의 내부 구조와 태양 에너지에 대한 설명으로 옳은 것은?

① 태양의 대류층이 중심부보다 온도가 높다.
② 태양 표면에서 태양 에너지가 만들어진다.
③ 태양 에너지는 핵분열 과정에서 생성된 에너지이다.
④ 태양에서 방출한 에너지는 대부분 지구에 도달한다.
⑤ 태양의 핵에는 수소와 헬륨이 원자핵과 전자가 분리된 상태로 존재한다.

08 어떤 발전 방식의 단점을 설명한 것이다.

· 발전 시설 주변에 소음이 발생할 수 있다.
· 발전 지역이 제한적이고, 발전량을 예측하기 어렵다.
· 설치 과정에서 삼림이나 자연 경관을 훼손하기도 한다.

이 발전 방식은 무엇인가?

① 핵발전 ② 풍력 발전 ③ 수력 발전
④ 화력 발전 ⑤ 태양광 발전

09 그림은 태양 에너지가 발생하는 과정을 모식적으로 나타낸 것이다.

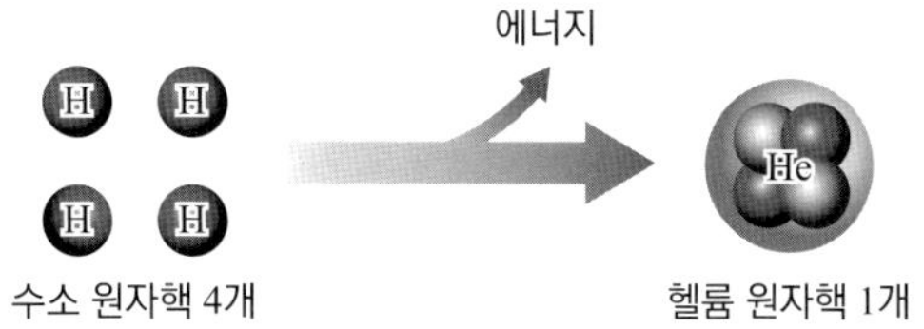

보 기

ㄱ. 태양의 중심부에서 일어나는 반응이다.
ㄴ. 수소 원자핵 4개가 융합하여 1개의 헬륨 원자핵이 되는 과정에서 에너지가 생성된다.
ㄷ. 수소 원자핵 4개의 질량의 합은 헬륨 원자핵 1개의 질량보다 크다.

① ㄱ ② ㄴ ③ ㄱ, ㄴ
④ ㄱ, ㄷ ⑤ ㄱ, ㄴ, ㄷ

10 그림은 지구상에서 물이 순환하는 모습을 모식적으로 나타낸 것이다.

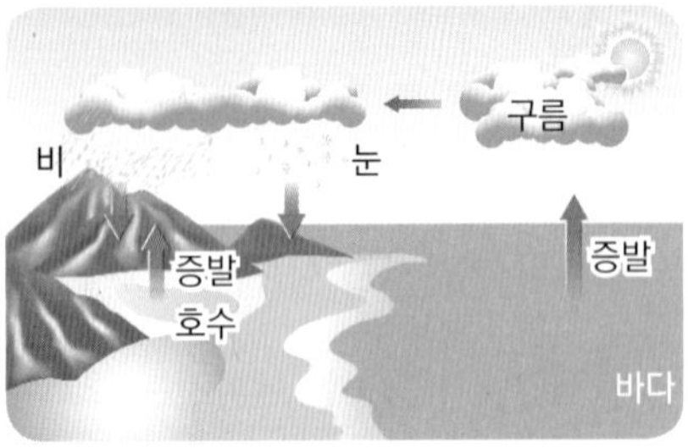

이에 대한 설명으로 옳은 것만을 <보기>에서 있는 대로 고른 것은?

보 기

ㄱ. 구름이 비나 눈이 되어 떨어지는 과정에서 일어나는 에너지 전환은 열에너지 → 운동 에너지이다.
ㄴ. 물이 증발하여 구름이 될 때 일어나는 에너지 전환은 열에너지 → 퍼텐셜 에너지이다.
ㄷ. 지구상에서 물의 순환은 일으키는 에너지의 근원은 태양 에너지이다.

① ㄱ ② ㄴ ③ ㄱ, ㄴ
④ ㄴ, ㄷ ⑤ ㄱ, ㄴ, ㄷ

11 그림은 핵발전소의 원자로 구조이다.

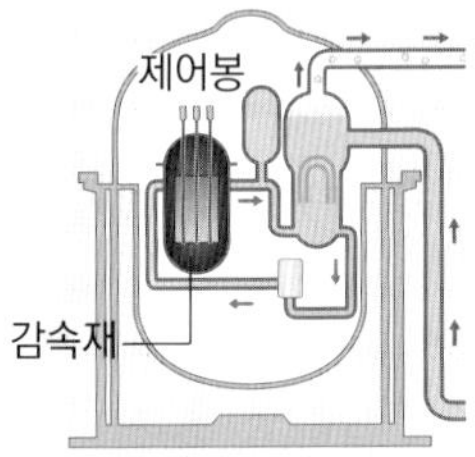

이에 대한 설명으로 옳은 것만을 <보기>에서 있는 대로 고른 것은?

보 기

ㄱ. 느린 중성자가 핵연료와 충돌하여 핵분열 연쇄 반응이 일어난다.
ㄴ. 물과 중수는 중성자의 속력을 느리게 하여 연쇄 반응이 잘 일어나도록 돕는다.
ㄷ. 핵발전 시 일어나는 에너지 전환은 핵에너지→ 열에너지 → 운동 에너지 → 전기 에너지이다.

① ㄱ ② ㄴ ③ ㄷ
④ ㄴ, ㄷ ⑤ ㄱ, ㄴ, ㄷ

12 태양 전지에 빛을 쪼여 주었더니 전류가 화살표 방향으로 흘렀다.

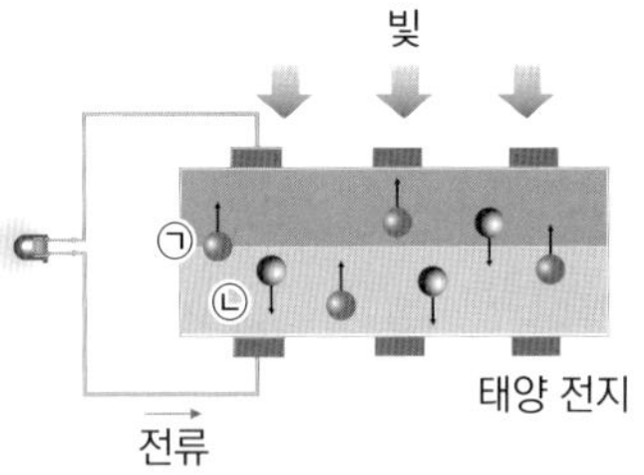

이에 대한 설명으로 옳은 것은?

① ㉠은 전자이다.
② 태양 전지는 수명이 짧다.
③ 이러한 원리를 이용한 발전 방식을 태양열 발전이라고 한다.
④ 태양 전지를 이용하면 항상 일정한 양의 전기 에너지를 생산할 수 있다.
⑤ 태양 전지를 이용하여 우주에서 인공위성이 전기 에너지를 공급 받을 수 있다.

13 핵발전소의 원자로에서 일어나는 원자핵 분열 과정을 나타낸 것이다.

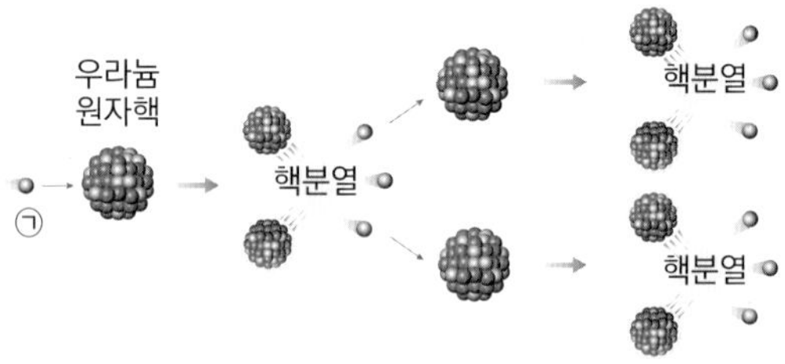

이에 대한 설명으로 옳은 것만을 <보기>에서 있는 대로 고른 것은?

보 기

ㄱ. ㉠은 매우 빠르게 운동하여 우라늄과 충돌한다.
ㄴ. 원자로의 제어봉에서는 ㉠을 흡수하여 연쇄 반응 속도를 조절한다.
ㄷ. 연쇄 반응에서 감소한 에너지가 질량으로 전환된다.

① ㄱ ② ㄴ ③ ㄱ, ㄴ
④ ㄴ, ㄷ ⑤ ㄱ, ㄴ, ㄷ

03. 미래를 위한 에너지 기술

14 그림은 수소 연료 전지를 이용한 발전을 나타낸 것이다.

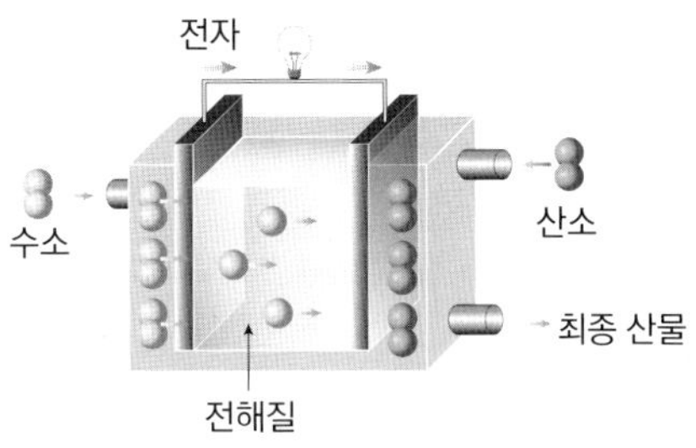

이에 대한 설명으로 옳은 것만을 <보기>에서 있는 대로 고른 것은?

보 기

ㄱ. 최종 산물은 물(H_2O)이다.
ㄴ. 공급하는 수소가 환원될 때 발생하는 전자가 도선을 통해 이동하도록 하여 전기를 발생시킨다.
ㄷ. 소규모 기기부터 대형 발전소에 이르기까지 넓은 영역에 적용할 수 있다.

① ㄱ ② ㄴ ③ ㄱ, ㄷ
④ ㄴ, ㄷ ⑤ ㄱ, ㄴ, ㄷ

15 현재 주 에너지원으로 가장 많이 사용하고 있는 석유가 만들어지는 과정에 대한 설명으로 옳은 것만을 <보기>에서 있는 대로 고른 것은?

보 기

ㄱ. 오랜 시간 동안 높은 열과 압력을 받아 만들어진다.
ㄴ. 플랑크톤이나 동물의 유해가 바다에 퇴적되어 만들어진다.
ㄷ. 대부분 천연 가스와 함께 매장되어 있다.

① ㄱ ② ㄴ ③ ㄷ
④ ㄱ, ㄴ ⑤ ㄱ, ㄴ, ㄷ

16 다음 중 적정 기술을 사용한 예가 <u>아닌</u> 것은?

① 폐기물을 연소시켜 필요한 전기를 얻는다.
② 빨대에 간단한 정수기 기능을 설치한다.
③ 물이 든 페트병과 표백제로 빛을 낸다.
④ 두 항아리를 겹치고, 사이에 물을 붓고 천으로 덮는다.
⑤ 물통을 줄로 굴릴 수 있도록 하여 식수에 필요한 물을 쉽게 운반할 수 있게 하였다.

17 (가)와 (나)는 신재생 에너지를 이용한 발전 방식을 각각 나타낸 것이다.

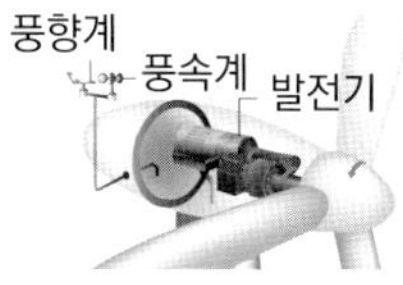

(가)

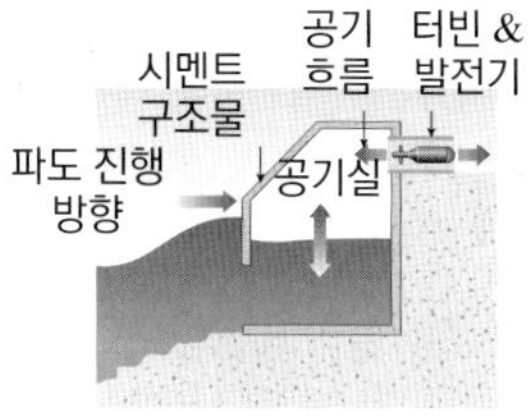

(나)

(가)와 (나)의 공통점에 대한 설명으로 옳은 것만을 <보기>에서 있는 대로 고른 것은?

보 기

ㄱ. 바람과 관련 있는 발전 방식이다.
ㄴ. 자원 고갈 우려가 없는 에너지원을 이용한 발전 방식이다.
ㄷ. 내구성이 강하여 영구적으로 사용할 수 있다.

① ㄱ ② ㄱ, ㄴ ③ ㄱ, ㄷ
④ ㄴ, ㄷ ⑤ ㄱ, ㄴ, ㄷ

18 <보기>는 다양한 발전 방식을 나타낸 것이다.

보 기

ㄱ. 태양광 발전 ㄴ. 풍력 발전
ㄷ. 수력 발전 ㄹ. 조력 발전
ㅁ. 연료 전지 ㅂ. 핵발전
ㅅ. 화력 발전 ㅇ. 파력 발전

각 기준에 해당하는 것으로 옳은 것만을 있는 대로 골라 기호로 쓰시오.

(1) 신재생 에너지원이다.
( )

(2) 태양 에너지가 근원 에너지이다.
( )

(3) 전자기 유도를 이용한다.
( )

(4) 발전 과정에서 이산화 탄소가 거의 발생하지 않는다.
( )

내신 기출 모의고사 2회

19 문항 30분

01. 발전과 전력 수송

01 그림과 같이 검류계가 연결된 원통형 코일 쪽으로 막대 자석의 N극을 그림과 같이 가까이 하였더니 검류계의 바늘이 B 방향으로 움직였다.

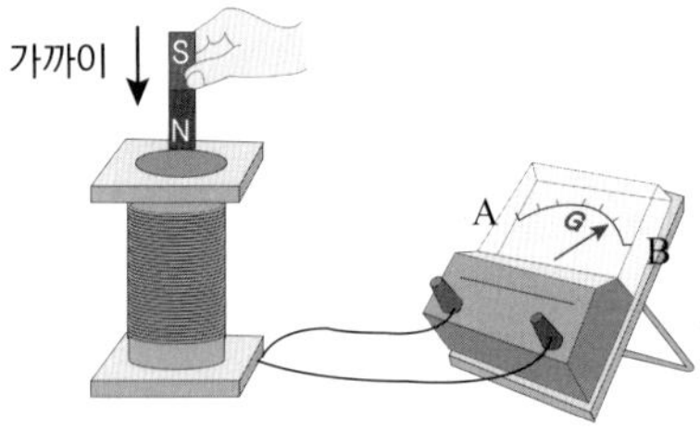

이에 대한 설명으로 옳은 것만을 <보기>에서 있는 대로 고른 것은?

보 기

ㄱ. 자석을 코일 가까이 접근시켰다가 정지하면 검류계 바늘이 움직인 상태에서 정지한다.
ㄴ. 막대자석의 S극을 코일 쪽으로 가까이 하면 검류계의 바늘은 A쪽으로 움직인다.
ㄷ. 감은 수가 더 많은 코일을 사용하면 검류계 바늘이 더 큰 진폭으로 운동한다.

① ㄱ ② ㄴ ③ ㄱ, ㄴ
④ ㄴ, ㄷ ⑤ ㄱ, ㄴ, ㄷ

02 원형 도선의 중심부에 자석의 N 극을 가까이 하는 모습을 나타낸 것이다. 이에 대한 설명으로 옳은 것만을 <보기>에서 있는 대로 고른 것은?

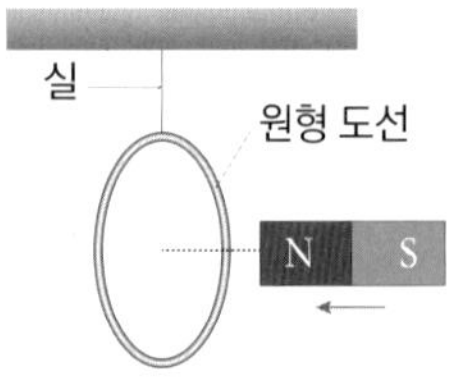

보 기

ㄱ. 원형 도선에 전류가 흐른다.
ㄴ. 원형 도선은 자석 쪽으로 끌려간다.
ㄷ. 원형 도선에 흐르는 전류는 자석 쪽에서 보면 시계 방향으로 흐른다.

① ㄱ ② ㄴ ③ ㄷ
④ ㄱ, ㄴ ⑤ ㄱ, ㄴ, ㄷ

[03~04] 여러 발전 방식에서의 에너지 전환 과정을 모식적으로 나타낸 것이다. .

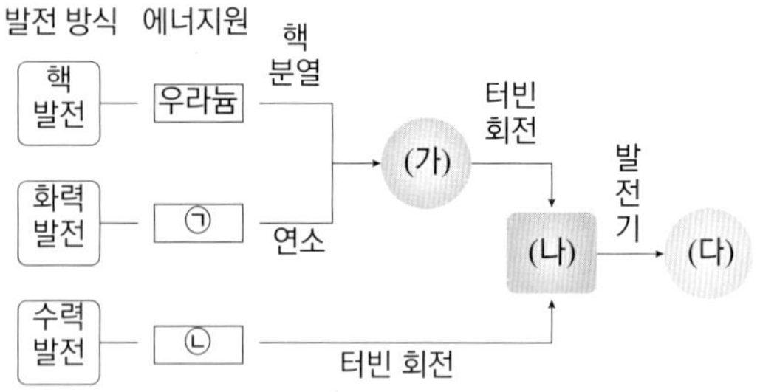

03 이에 대한 설명으로 옳은 것만을 <보기>에서 있는 대로 고른 것은?

보 기

ㄱ. ㉠은 석유, 천연 가스, ㉡은 물의 낙차이다.
ㄴ. 세 가지 발전 방식은 전자기 유도의 이용 여부에 따라 구분한다.
ㄷ. 세 가지 발전 방식은 모두 고온·고압의 수증기로 터빈을 돌린다.

① ㄱ ② ㄴ ③ ㄱ, ㄴ
④ ㄱ, ㄷ ⑤ ㄱ, ㄴ, ㄷ

04 (가) ~ (다)에 들어갈 에너지 종류를 옳게 짝지은 것은?

	(가)	(나)	(다)
①	열에너지	전기 에너지	운동 에너지
②	열에너지	운동 에너지	전기 에너지
③	퍼텐셜 에너지	열에너지	운동 에너지
④	화학 에너지	운동 에너지	전기 에너지
⑤	운동 에너지	화학 에너지	전기 에너지

05 발전소 A, B 에서 소비지로 공급하는 전력과 송전 전압을 나타낸 것이다.

	공급 전력	송전 전압
발전소 A	P	V
발전소 B	$3P$	$2V$

송전선의 저항이 같을 때, 발전소 A, B 에서 소비지까지 전달되는 동안 송전선에서 손실되는 전력의 비 $P_A : P_B$는?

① 2 : 3 ② 3 : 1 ③ 3 : 4
④ 4 : 9 ⑤ 9 : 4

06 그림은 LED 전구에 적힌 표시이다.

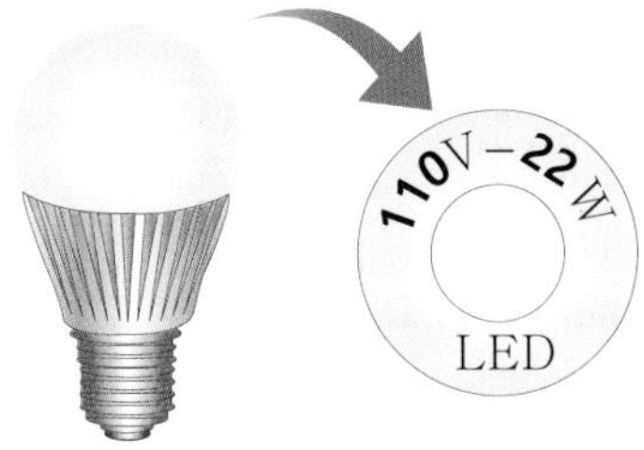

이에 대한 설명으로 옳은 것만을 <보기>에서 있는 대로 고른 것은?

보 기

ㄱ. LED는 전자기 유도 현상을 이용한다.
ㄴ. 110 V 전압을 걸었을 때 0.2 A 의 전류가 흐른다.
ㄷ. 110 V 전압을 걸었을 때, 1 시간에 22 J 의 전기 에너지를 소비한다.

① ㄱ　② ㄴ　③ ㄷ
④ ㄱ, ㄴ　⑤ ㄱ, ㄴ, ㄷ

07 (가)는 변압기의 구조를, 표 (나)는 변압기의 1차 코일과 2차 코일의 감은 수, 전압, 전류, 전력을 각각 나타낸 것이다. 물음에 답하시오. (단, 변압기에서 에너지 손실은 무시한다.)

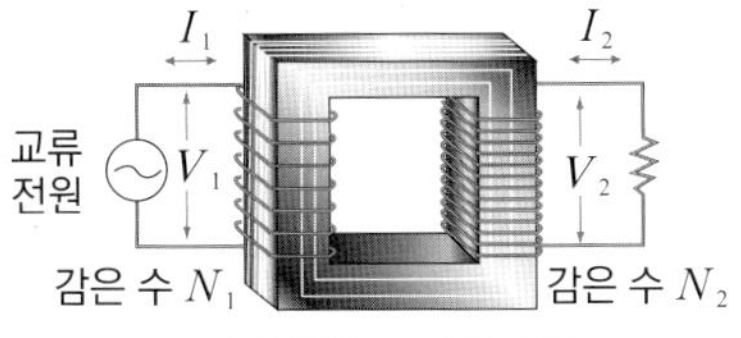

(가)

	코일 감은 수(회)	전압(V)	전류(A)	전력(W)
1차 코일	100	V_1	I_1	720
2차 코일	300	V_2	2	P_2

(나)

(1) 1차 코일에 흐르는 전류와 2차 코일의 전력을 각각 구하시오.

I_1 = (　　　　)A, P_2 = (　　　　)W

(2) 1차 코일과 2차 코일의 전압을 각각 구하시오.

V_1 = (　　　　)V, V_2 = (　　　　)V

02. 태양 에너지와 대체 에너지

08 태양 에너지의 순환과 전환에 대한 설명으로 옳은 것만을 <보기>에서 있는 대로 고른 것은?

보 기

ㄱ. 태양 에너지는 지구에서 탄소의 순환과 같은 물질 순환을 일으킨다.
ㄴ. 지구상의 대부분의 생명체는 태양 에너지를 흡수하여 만든 유기 양분을 섭취함으로써 생명을 유지한다.
ㄷ. 화력 발전에 사용되는 에너지원은 태양 에너지가 그 근원이다.

① ㄱ　② ㄴ　③ ㄷ
④ ㄱ, ㄴ　⑤ ㄱ, ㄴ, ㄷ

09 (가)는 풍력 발전, 그림 (나)는 핵발전을 나타낸 것이다.

(가)

(나)

이에 대한 설명으로 옳은 것만을 <보기>에서 있는 대로 고른 것은?

보 기

ㄱ. (가)는 설비가 복잡하여 설치 기간이 길고, 에너지 효율이 낮다.
ㄴ. (나)는 우라늄의 핵융합 과정에서 전기 에너지가 발생한다.
ㄷ. (가)와 (나) 모두 운동 에너지 → 전기 에너지로 전환되는 과정을 거친다.

① ㄱ　② ㄴ　③ ㄷ
④ ㄴ, ㄷ　⑤ ㄱ, ㄴ, ㄷ

10 그림은 태양 전지의 구조를 나타낸 것이다.

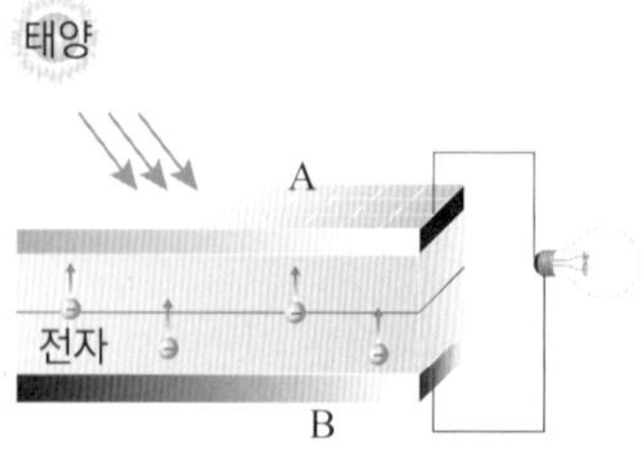

이에 대한 설명으로 옳은 것만을 <보기>에서 있는 대로 고른 것은?

보 기

ㄱ. A는 (+)극이다.
ㄴ. 태양 전지는 반도체를 이용한다.
ㄷ. 빛에너지를 직접 전기 에너지로 전환한다.

① ㄱ ② ㄴ ③ ㄱ, ㄷ
④ ㄴ, ㄷ ⑤ ㄱ, ㄴ, ㄷ

11 그림 (가)는 태양광 발전, (나)는 풍력 발전, (다)는 핵발전을 나타낸 것이다.

(가) (나) (다)

이에 대한 설명으로 옳지 않은 것은?

① (가)~(다)는 이산화 탄소를 거의 배출하지 않는다.
② (가)는 유지 보수 비용이 적게 든다.
③ (나)는 설비가 간단하고 발전 효율이 높다.
④ (다)는 원료의 안정적인 공급이 가능하다.
⑤ (가)~(다)에서 사용하는 원료는 모두 고갈될 염려가 없다.

서술형

12 태양 에너지가 생성되는 과정을 다음 단어들을 이용하여 서술하시오.

수소 원자핵	헬륨 원자핵	질량 결손

13 그림은 지구에서 일어나는 어느 순환 과정이다.

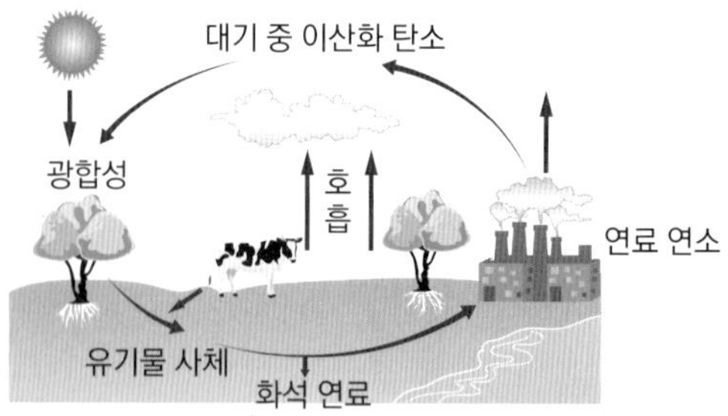

이에 대한 설명으로 옳은 것만을 <보기>에서 있는 대로 고른 것은?

보 기

ㄱ. 생명체의 호흡과 화석 연료의 연소로 탄소는 지권으로 이동한다.
ㄴ. 식물의 광합성 과정에서 탄소는 기권에서 생물권으로 이동한다.
ㄷ. 화석 연료는 지구 내부 에너지가 화학 에너지로 전환되어 저장된 것이다.

① ㄴ ② ㄷ ③ ㄱ, ㄴ
④ ㄴ, ㄷ ⑤ ㄱ, ㄴ, ㄷ

14 그림은 핵발전소의 원자로 구조이다.

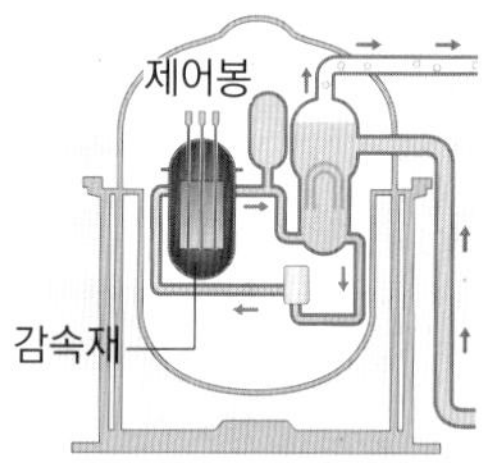

이에 대한 설명으로 옳은 것만을 <보기>에서 있는 대로 고른 것은?

보 기

ㄱ. 감속재는 중성자의 속력을 느리게 하여 연쇄 반응이 잘 일어나도록 돕는다.
ㄴ. 카드뮴을 이용하여 중성자를 흡수하여 연쇄 반응의 속도를 조절한다.
ㄷ. 느린 중성자가 핵연료와 충돌하여 핵융합 반응이 일어나 많은 에너지가 발생한다.

① ㄱ ② ㄴ ③ ㄱ, ㄴ
④ ㄴ, ㄷ ⑤ ㄱ, ㄴ, ㄷ

03. 미래를 위한 에너지 기술

15 신재생 에너지에 대한 설명으로 옳지 않은 것은?

① 친환경적인 에너지이다.
② 자원 고갈의 위험이 없다.
③ 지속적인 발전이 가능한 에너지이다.
④ 기존의 화석 연료를 변환하는 방식도 포함된다.
⑤ 기존의 에너지원에 비해 초기 투자 비용이 적게 든다.

16 다음 그림은 우리나라 시화호 조력 발전소의 발전 방식을 나타낸 것이다.

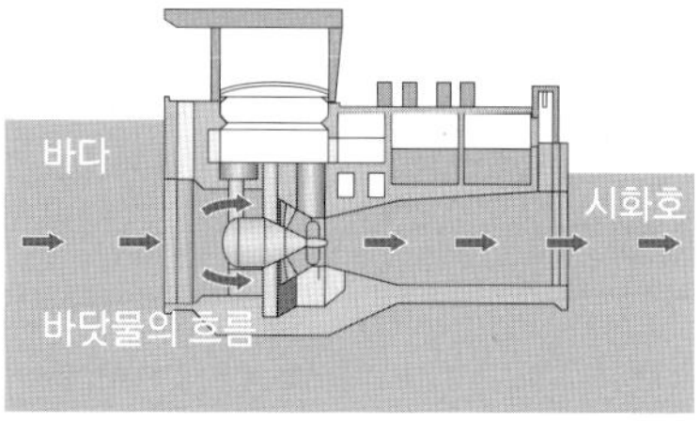

이에 대한 설명으로 옳은 것만을 <보기>에서 있는 대로 고른 것은?

보 기

ㄱ. 밀물과 썰물 때의 해수면의 높이 차이를 이용한다.
ㄴ. 자원의 고갈이 없고, 지속 가능한 에너지이다.
ㄷ. 전자기 유도 현상을 적용하지 않는 발전 방식이다.

① ㄱ ② ㄴ ③ ㄷ
④ ㄱ, ㄴ ⑤ ㄱ, ㄴ, ㄷ

17 수소 연료 전지의 구조를 모식적으로 나타낸 것이다. 이에 대한 설명으로 옳은 것은?

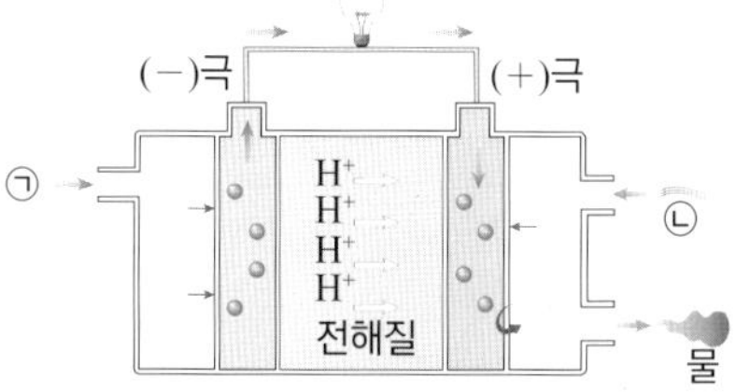

① (−) 극에서 산소는 전자를 잃는다.
② (+) 극에서 수소의 환원 반응이 일어난다.
③ 연료의 화학 에너지가 전기 에너지로 전환된다.
④ 화석 연료를 사용할 때보다 에너지 효율이 낮다.
⑤ 수소 이온은 (+)극 → 전구 → (−)극으로 이동한다.

18 친환경 에너지 도시를 설계할 때 적용할 수 있는 기술로 옳은 것만을 <보기>에서 있는 대로 고른 것은?

보 기

ㄴ. 빗물을 정수하여 사용한다.
ㄱ. 실내 통풍이 잘 되도록 설계하여 적정 온도를 유지한다.
ㄷ. 채광이 잘되도록 창문은 크게 하고, 고효율 단열재와 3중 유리창을 설치한다.

① ㄴ ② ㄷ ③ ㄱ, ㄴ
④ ㄱ, ㄷ ⑤ ㄱ, ㄴ, ㄷ

19 (가)와 (나)는 적정 기술을 이용한 Q 드럼과 생명 빨대를 각각 나타낸 것이다.

(가)

(나)

이와 같은 기술에 대한 설명으로 옳은 것만을 <보기>에서 있는 대로 고른 것은?

보 기

ㄱ. 누구나 쉽게 사용할 수 있다.
ㄴ. 대규모 사회 기반 시설이 필요한 기술이다.
ㄷ. 단순하면서 효용이 커서 삶의 질을 향상시킨다.

① ㄱ ② ㄷ ③ ㄱ, ㄷ
④ ㄴ, ㄷ ⑤ ㄱ, ㄴ, ㄷ

http://cafe.naver.com/creativeini

누구나 마음속에

고래 한 마리가 살지

가끔은

마음 속에 살고 있는 고래를 위해서

밤 하늘의 별들을 바라보렴-

무한상상